Allgemeine Mechanik

der Punkte und starren Systeme.

Ein Lehrbuch für Hochschulen

von

E. Budde.

Berlin.
Druck und Verlag von Georg Reimer.
1891.

Allgemeine Mechanik

der Punkte und starren Systeme.

Ein Lehrbuch für Hochschulen

von

E. Budde.

Zweiter Band.

Mechanische Summen und starre Gebilde.

Berlin.
Druck und Verlag von Georg Reimer.
1891.

Zwischenstück: Nähere Betrachtung wichtiger Summen.

D. Trägheitsmomente.

Zweites Buch: Die starren Gebilde.

Erster Theil: Ein starres Gebilde.

A. Die Wurzel des Dualismus zwischen Dynamik und Phoronomie starrer Gebilde.

1. Das Ergebniss der Bewegung eines starren Körpers; seine Elemente, Rotationswinkel und Verschiebungsvector.

2. Die Kräfte am starren Körper.

3. Der Dualismus.

B. Die allgemeine Reduction und Coordinatirung linienflüchtiger Vectoren.

1. Die Reduction auf geometrische Normalformen.

2. Die Coordinaten der linienflüchtigen Vectoren und Vectorensysteme.

3. Windung und Dyname; ihre gegenseitige geometrische Beziehung.

C. Die willkürliche Ausdehnung der heteraptischen Summation auf beliebige Vectoren am starren Körper; das Bewegungsgesetz des freien starren Körpers.

D. Der starre Körper mit fester Axe.

E. Der starre Körper mit einer gebundenen Ebene. (Starres Gebilde in zwei Dimensionen.)

1) Lage und Lagenunterschiede eines ebenen Gebildes.

2) Die continuirliche Bewegung von F; erste Differentialquotienten.

3) Die zweiten Differentialquotienten.

Seite

4) Die freie Fläche *F* unter dem Einfluss von Kräften.

5) Die Fläche *F* unter Bedingungen.

F. Der starre Körper mit einem festen Punkt.

1. Lage und Lagenunterschied.

2. Continuirliche Bewegung; erste Differentialquotienten.

3. Die zweiten Differentialquotienten.

G. Phoronomie der Windungen von endlichem Parameter.

H. Der freie starre Körper.

I. Der starre Körper unter beliebigen Bedingungen.

Zweiter Theil: Verbindungen mehrerer starren Gebilde.

Nähere Betrachtung wichtiger Summen, welche in der Theorie der zusammengesetzten Gebilde eine Rolle spielen: Massen, Ortsquantitäten, Potentialfunctionen, Trägheitsmomente.

147. Wir haben in der Theorie des Punkthaufens eine Anzahl von Summen auftreten sehen, z. B. die folgenden:

1) Die Masse $\Sigma\mu$.
2) Die Summen $\Sigma\mu x$, $\Sigma\mu y$, $\Sigma\mu z$, welche in der Schwerpunktsformel auftreten, resp. deren Resultante „Ortsquantität" $\hat{\Sigma}\mu\varrho$.
3) Die Potentialfunction $\Sigma\frac{\mu}{r}$ und die entsprechende Summe, welche in den Anziehungscomponenten des Punkthaufens vorkommt.
4) Die lebendige Kraft $\frac{1}{2}\Sigma\mu v^2$.
5) Die geometrische Summe „Bewegungsmenge" $\hat{\Sigma}\mu v$, resp. deren Componenten $\Sigma\mu v_x$ u. s. w.

Die drei ersten von diesen hängen nur von der jeweiligen Gestaltung des Punkthaufens ab, nicht von den gleichzeitig vorhandenen Bedingungen; sie können daher ohne Weiteres einer etwas eingehenderen Betrachtung unterzogen werden. Dabei wird vornehmlich die Frage zu erörtern sein, wie sie sich gestalten, wenn unendlich viele materielle Elemente zu einem continuirlichen materiellen Gebilde zusammentreten.

Ist statt discreter Punkte ein ausgedehntes Gebilde K gegeben, so denken wir uns dasselbe in Elemente dK zerlegt. Für jedes einzelne Element dK ist die Masse eine bestimmte, im Allgemeinen unendlich kleine Grösse, ferner ist für jedes dK sowohl die Coordinate x, wie die Geschwindigkeit v_x eine bestimmte Grösse. Es lassen sich also für jedes Element dK die Grössen μx, $\frac{\mu}{r}$, u. s. w. bilden, und, nachdem sie gebildet sind, summiren. Diese Summation wird, da es sich um unendlich kleine Elementargrössen handelt, durch Integriren vorgenommen werden.

A. Das Massenintegral.

148. Räumliche Dichtigkeit und Masse. Das continuirliche Gebilde K kann ein Körper, eine Fläche oder eine Linie sein. Wir nehmen zunächst an, es sei ein Körper. Das Element dK desselben wird eine gewisse Masse dM enthalten; wir nennen den Quotienten

$$\frac{dM}{dK}$$

die räumliche Dichtigkeit oder die Dichtigkeit schlechthin des Elements dK. Es kann auch „specifische Masse" genannt werden.

Anm. 1. Wie in allem, was sich auf Gewichts- und Maassenbestimmung bezieht, so auch im Gebrauch des Wortes Dichtigkeit herrscht in der Literatur keine volle Uebereinstimmung; doch braucht die grosse Mehrzahl der Autoren den Begriff Dichtigkeit im obigen Sinn. Für das vorliegende Buch gilt ausschliesslich die Definition: „Dichtigkeit ist der Quotient aus Masse und Volumen des Körperelements".

Anm. 2. dK hat gleichzeitig ein bestimmtes Gewicht dP, und der Quotient $\frac{dP}{dK}$ heisst das specifische Gewicht des Elements dK. a) Nach der Gauss'schen Definition der Kraft- und Gewichtseinheit, welche wir willkürlich acceptirt haben, ist das Gewicht eines Körpers gleich seiner Masse, also das specifische Gewicht identisch mit der Dichtigkeit. b) Behält man unsere Definition des Begriffes „Gewicht", wie sie in **88.** gegeben wurde, bei, acceptirt aber die Krafteinheit der französischen Mathematiker, so ist das Gewicht eines Körpers G mal grösser als seine Masse, also auch das specifische Gewicht G mal grösser als die Dichtigkeit. c) Braucht man das Wort „Gewicht" im Sinne von „Druck aus der Erdschwere", so müsste man folgerichtiger Weise auch das „specifische Gewicht" als den variablen Quotienten aus Gravitationsdruck und Volumen des Elements definiren. Das geschieht aber nirgendwo; auch diejenigen Autoren, welche das „Gewicht" als Kraftgrösse definiren, brauchen den Ausdruck „specifisches Gewicht" im Sinne von (b).

Wir bezeichnen die Dichtigkeit eines Körperelements durch den Buchstaben ϱ oder k. Ein Körper, dessen Dichtigkeit in allen Punkten dieselbe ist, heisst (mechanisch) homogen.

Die Definition der Dichtigkeit spricht sich aus in der Gleichung

$$(1) \qquad \varrho = \frac{dM}{dK}.$$

Häufig bietet sich nun der Fall dar, dass für einen bestimmten Körper K die Grösse ϱ als Function der Coordinaten gegeben ist. Daran schliesst sich dann die Aufgabe, die Masse des Körpers zu bestimmen.

Aus (1) folgt unmittelbar

$$(2) \qquad dM = \varrho dK,$$

und hieraus, wenn M die Gesammtmasse von K ist

$$(3) \qquad M = \int \varrho dK,$$

wo das Integral rechts über den Gesammtinhalt des Körpers auszudehnen ist. Ist der Körper homogen, also ϱ constant, so wird aus (3)

$$(4) \qquad M = \varrho \int dK = \varrho K.$$

Die Massenbestimmung reducirt sich also dann auf die Bestimmung des Volumens.

Im practischen Fall präsentirt sich dK verschieden, je nachdem man die Coordinaten wählt. Bei Anwendung cartesischer Coordinaten theilt man das Volumen K durch Ebenen, die den Coordinatenebenen parallel sind, in parallelepipedische Elemente, deren eines die Grösse $dx\,dy\,dz$ hat; dann ist also

$$(3\text{a}) \qquad M = \iiint \rho\, dx\, dy\, dz.$$

Bei Anwendung von Polarcoordinaten sei r der Abstand des betrachteten Elements vom Mittelpunkt des Coordinatensystems, φ der Winkel, den r mit der Fundamentalaxe macht, ϑ der Winkel, den die durch r und die Fundamentalaxe gelegte Ebene mit der Fundamentalebene einschliesst. Dann ist das Volumenelement $r^2 \sin\varphi\, d\vartheta\, d\varphi\, dr$, also

$$(3\text{b}) \qquad M = \iiint \rho\, r^2 \sin\varphi\, d\vartheta\, d\varphi\, dr.$$

Beispiele. 1) Concentrisch geschichtete Kugel. Gegeben sei eine Kugel vom Radius a. Die Dichtigkeit ihrer Elemente sei eine blosse Function des Abstandes vom Mittelpunkt, also $f(r)$. Dann ist nach Gl. (3b)

$$M = \int_{r=0}^{r=a} \int_{\vartheta=0}^{\vartheta=2\pi} \int_{\varphi=0}^{\varphi=\pi} f(r)\, r^2 \sin\varphi\, d\varphi\, d\vartheta\, dr$$

$$= 4\pi \int_{r=0}^{r=a} f(r) \,.\, r^2 dr.$$

Also z. B., wenn $f(r) = c + b(a-r)$ gesetzt wird, $M = 4\pi \left\{ (c+ab)\frac{a^3}{3} - b\frac{a^4}{4} \right\}$ u. s. w.

2) Aehnlich geschichtetes Ellipsoid. Gegeben sei ein Ellipsoid, dessen Halbaxen a, b, c sind. Dasselbe zerfalle in homogene Schichten von unendlich geringer Dicke, deren Begrenzungsflächen sämmtlich der Oberfläche des Ellipsoids ähnlich sind. Die Dichtigkeit der einzelnen Schicht wird sich ausdrücken lassen als Function ihres auf der Halbaxe a gemessenen Abstandes vom Mittelpunkt, den wir mit x bezeichnen. Jede Schicht ist eingeschlossen von zwei ähnlichen

Ellipsoiden, deren inneres durch den Abstand x bestimmt ist, während das äussere den Abstand $x+dx$ hat. Das innere hat demnach die Halbaxen $x, x\frac{b}{a}, x\frac{c}{a}$, somit das Volumen $\frac{4\pi}{3}x^3\frac{bc}{a^2}$; das äussere hat die Halbaxen $x+dx$, $\frac{b}{a}(x+dx)$, $\frac{c}{a}(x+dx)$ also das Volumen $\frac{4\pi}{3}\frac{bc}{a^2}(x+dx)^3$ oder $\frac{4\pi}{3}\frac{bc}{a^2}(x^3+3x^2\,dx)$. Die zwischen beiden enthaltene Schicht hat demnach das Volumen $4\pi\frac{bc}{a^2}x^2dx$, und die Dichtigkeit $f(x)$; also ist die Masse des ganzen Ellipsoids

$$M = 4\pi\frac{bc}{a^2}\int_0^a f(x)x^2\,dx.$$

Mittlere Dichtigkeit des Körpers K heisst der mittlere Werth von ϱ im Innern des Volumens K, also gemäss der Definition eines Mittelwerths die Grösse

$$\bar{\varrho} = \frac{1}{K}\int \varrho\, dK \quad \text{oder} \quad \frac{M}{K}.$$

Sie ist leicht bestimmbar, sobald M bestimmt ist.

Anm. 1. Die physikalisch-chemischen Erfahrungen machen es wahrscheinlich, dass die ponderable Materie aus discreten Atomen besteht, dass also die ponderablen Körper nicht eigentlich continuirlich ausgedehnt sind, zugleich aber auch, dass die Discontinuitäten derselben äusserst klein sind, so dass Körper von experimentellen Dimensionen im Mittel als continuirliche Körper behandelt werden können. Es ist aber nicht zu vergessen, dass das Abstractum „continuirlicher Körper“ eben nur ein Abstractum ist, welches die physikalischen Körper in weitgehender Annäherung versetzen kann, so lange man Eigenschaften der letzteren betrachtet, die von messbaren oder sehr grossen Entfernungen und Dimensionen abhängen. Diese Anmerkung gilt für alle folgenden Integrale mit.

Anm. 2. Das Volumen K kann auch andere Agentien als ponderable Masse enthalten. Ist dQ die Menge des betreffenden Agens (z. B. Wärme, Electricität), welche im Element dK enthalten ist, so nennt man allgemein $\frac{dQ}{dK}$ die Dichtigkeit des Agens Q an der Stelle dK. Es gilt für sie offenbar alles, was oben über ρ gesagt wurde, mit Ausnahme der Bemerkung über das „specifische Gewicht“. Doch ist dabei vorauszusetzen, dass Q eine Grösse sei, deren Theile, ähnlich wie Massen, durch einfache algebraische Addition zusammengefügt werden, also eine ungerichtete, scalare Grösse. Für Agentien, die ihrer Natur nach Vectoren sind (z. B. Magnetismus) existirt der Begriff der körperlichen Dichtigkeit im obigen Sinne nicht. Es wird dort durch einen verwandten Begriff „Intensität“ ersetzt, auf den wir hier nicht eingehen können.

149. Flächen- und Liniendichtigkeit. Man kann in abstracto annehmen, dass die mathematische Fläche F eine endliche Masse M

enthalte. Enthält dann das Element dF die Masse dM, so heisst der Quotient

$$(1)\qquad \sigma = \frac{dM}{dF}$$

die Flächendichtigkeit von M. Es ist

$$(2)\qquad dM = \sigma dF,$$

$$(3)\qquad M = \int \sigma dF.$$

Ferner kann man annehmen, die begrenzte Linie L enthalte eine endliche Masse M. Enthält dann dL die Masse dM, so heisst

$$(4)\qquad \tau = \frac{dM}{dL}$$

die Liniendichtigkeit von M, und es ist $dM = \tau dL$,

$$(5)\qquad M = \int \tau dL.$$

Es ist selbstverständlich, dass, wenn eine Fläche oder Linie endliche Masse besitzt, die räumliche Dichtigkeit ρ dieser Masse in der Fläche oder in der Linie unendlich gross, und zwar bei der Linie ein unendlich grosses zweiter Ordnung ist. Ponderable Masse kennen wir nur in endlicher Dichtigkeit, Flächen- und Liniendichtigkeiten kommen also streng genommen bei derselben nicht vor. Dennoch kann man sie zur angenäherten Darstellung der Verhältnisse an dünnen Platten oder Drähten benutzen. Hat man z. B. eine dünne (ebene oder gekrümmte) Platte, so kann man sich denken, dass sie immer dünner und dünner, schliesslich unendlich dünn werde, ohne dabei ihren Massengehalt zu ändern. Man kann zugleich festsetzen, dass, wenn aus der Platte durch einen beliebigen kleinen Cylinder ein Stück herausgeschnitten wird, die Masse dieses Stückes beim Dünnerwerden stets erhalten bleibe. Die räumliche Dichtigkeit der Platte wächst bei dem Process fortwährend, und wenn die Platte unendlich dünn wird, so ist die räumliche Dichte unendlich gross. Dann aber ist die Platte zur Fläche geworden, und besitzt eine bestimmte Flächendichtigkeit σ, so zwar, dass, wenn aus dem Plattenstück dK das Flächenstück dF geworden ist, schliesslich σdF gleich dem ursprünglichen ρdK sein muss. Die Fläche F kann dann statt der Platte K in alle Rechnungen eingeführt werden, bei denen es auf die Dickendimensionen nicht ankommt. Ganz ähnlich kann man einen Draht oder Faden, bei dem man nur die Längendimension berücksichtigen will, unter Beibehaltung seiner Masse zur Linie zusammenschrumpfen lassen, wo dann τdL gleich dem ursprünglichen ρdK sein muss, wenn dL durch Schrumpfung aus dK entstanden ist.

Ruhende Electricität auf leitenden Körpern kennen wir nur in Form von Oberflächenladungen; wir schreiben der Ladung (ob das streng richtig oder nur eine Abstraction ist, bleibe dahingestellt) unendlich geringe Dicke, also eine Flächendichtigkeit σ zu, wo $\sigma = \frac{dQ}{dF}$, wenn Q die Quantität der Ladung.

B. Schwerpunktsbestimmung.

150. Allgemeines. Sind $\mu_1, \mu_2, \ldots, \mu_n$ die Punkte eines Haufens, und hat jeder von ihnen die entsprechend markirten Coordinaten x, y, z, so sind bekanntlich die Coordinaten des Schwerpunkts, ξ, η, ζ, bestimmt durch die Gleichungen

$$(1) \qquad \xi\Sigma\mu = \Sigma\mu x, \quad \eta\Sigma\mu = \Sigma\mu y, \quad \zeta\Sigma\mu = \Sigma\mu z.$$

Die Grössen μx, μy, μz sind Producte aus einer Masse und ihrem Abstand von einer Ebene. Man nennt sie gewöhnlich „Momente" oder „statische Momente in Bezug auf die betreffende Ebene". Wir haben früher als „Moment" das Product eines Vectors (Geschwindigkeit etc.) in seinen Abstand von einer Axe bezeichnet. Massen sind aber nicht Vectoren, sondern scalare, richtungslose Grössen. Damit nun nicht die verwirrende Inconsequenz eintrete, dass zwei wesentlich von einander verschiedene Begriffe durch ein und dasselbe Wort bezeichnet werden, sollen in diesem Buch die Grössen μx, μy etc. als Abstandsquantitäten bezeichnet werden. Wie μx die Abstandsquantität von μ in Bezug auf die Ebene der zy, so soll $\Sigma\mu x$ die Abstandsquantität des ganzen Punkthaufens $\Sigma\mu$ in Bezug auf dieselbe Ebene genannt werden. Wir halten dabei an der früheren Convention fest, dass dem Schwerpunkt ξ, η, ζ die fingirte Masse $\Sigma\mu$ zugeschrieben werde. Gl. (1) lässt sich dann bequem in die Worte fassen:

Die Abstandsquantität des Schwerpunkts von $\Sigma\mu$ in Bezug auf eine beliebige Ebene ist gleich der Abstandsquantität der ganzen Masse $\Sigma\mu$ in Bezug auf dieselbe Ebene.

Legt man durch den Schwerpunkt eine beliebige Ebene und bezeichnet sie als Ebene der yz, so folgt wegen $\xi = 0$, dass $\Sigma\mu x = 0$. Also, die Abstandsquantität einer Massengruppe, bezogen auf eine durch ihren Schwerpunkt gelegte Ebene, ist Null.

Der Satz lässt sich leicht umkehren: Ist die Abstandsquantität einer Massengruppe, bezogen auf eine Ebene E, gleich Null, so geht die Ebene E durch den Schwerpunkt der Gruppe.

Denn wenn wir E als Ebene der yz bezeichnen, so ist $\Sigma\mu x = 0$, also auch für den Schwerpunkt $\xi = 0$, d. h. er liegt in der yz-Ebene E.

Sind drei sich schneidende Ebenen E, E' und E'' so beschaffen, dass für sie die Abstandsquantität der Masse $\Sigma\mu$ verschwindet, so bestimmt ihr Durchschnitt den Schwerpunkt, und jede vierte Ebene, die durch diesen geht, hat die gleiche Eigenschaft.

Tritt nun an die Stelle des Punkthaufens $\Sigma\mu$ ein continuirliches Gebilde K, so fassen wir dasselbe als Summe seiner Elemente dK auf.

Das Element dK hat die Masse dM und die Coordinaten x, y, z. In den Ausdrücken (1) tritt also dM an die Stelle von μ und das Integralzeichen an die Stelle von Σ. Zugleich wird $\Sigma dM = \int dM =$ der Masse M des ganzen Gebildes K. Also gelten für die Coordinaten des Schwerpunkts von K die Gleichungen

$$(2) \qquad \xi = \frac{1}{M}\int x dM, \quad \eta = \frac{1}{M}\int y dM, \quad \zeta = \frac{1}{M}\int z dM.$$

Die in Worten wieder dasselbe sagen wie (1). K kann eine Linie, eine Fläche oder ein Körper sein; dem entsprechend ist

für eine Linie $dM = \tau dK$, wenn τ die Liniendichtigkeit,

für eine Fläche $dM = \sigma dK$, wenn σ die Flächendichtigkeit,

für einen Körper $dM = \varrho dK$, wenn ϱ die räumliche Dichtigkeit ist.

Das Integral $\int x dM$ wird sonach ein Doppelintegral für Flächen, ein dreifaches für Körper.

Sind mehrere continuirliche Gebilde K_1, K_2, ... zu gleicher Zeit gegeben, und will man den Schwerpunkt ihrer Gesammtheit kennen, so suche man erst nach (2) durch Integration die Schwerpunkte der einzelnen Gebilde, hierauf nach (1) den Schwerpunkt der erhaltenen Theilschwerpunkte.

Ist K homogen, so ist ϱ, σ oder τ constant und zugleich $M = \varrho K$ oder σK oder τK, jenachdem es sich um einen Körper, eine Fläche oder eine Linie handelt. Gl. (2) nimmt also in x die Form an

$$\xi = \frac{1}{\varrho K}\int \varrho x dK \quad \text{oder} \quad \frac{1}{\sigma K}\int \sigma x dK \quad \text{oder} \quad \frac{1}{\tau K}\int \tau x dK,$$

d. h.

$$\xi = \frac{1}{K}\int x dK, \quad \eta = \frac{1}{K}\int y dK, \quad \zeta = \frac{1}{K}\int z dK.$$

Die Bestimmung des Schwerpunkts ist also dann eine rein geometrische Operation, aus der die Dichtigkeit verschwindet; die Lage des Schwerpunkts ist durch die geometrische Form des Gebildes K völlig bestimmt. Sie kann dann häufig durch geometrische Construction bequem gefunden werden.

Dazu dienen folgende Bemerkungen:

1) Besitzt ein homogenes Gebilde K eine Symmetrieebene, so liegt sein Schwerpunkt in dieser Symmetrieebene. Denn seine Abstandsquantität in Bezug

auf diese ist offenbar Null, weil die Elemente von K paarweise gleiche Masse und entgegengesetzt gleichen Abstand von der Symmetrieebene haben.

2) Lässt sich ein Gebilde in Elemente zerlegen, deren Schwerpunkte auf einer Geraden oder in einer Ebene liegen, so liegt der Schwerpunkt des Gebildes auf jener Geraden, resp. in jener Ebene. Dann der Schwerpunkt des Ganzen ist identisch mit dem Schwerpunkt der Schwerpunkte seiner Theile, also ist der Schwerpunkt von K identisch mit dem Schwerpunkt jener Geraden (bez. Ebene). Der Schwerpunkt einer Geraden (oder einer Ebene) fällt aber in die Gerade, (Ebene) selbst, weil die Abstandsquantität der Geraden (Ebene) für einen ausser ihr liegenden Punkt nicht Null werden kann.

3) Aus (1) folgt, dass, wenn K eine Symmetrieaxe hat, diese den Schwerpunkt enthält, aus (2), dass Diametralebenen und Durchmesser die gleiche Eigenschaft besitzen, endlich aus beiden, dass, wenn K einen Mittelpunkt besitzt, dieser zugleich Schwerpunkt ist.

Beispiele.

151. Punktgruppen. 1) Drei gleich schwere Punkte A, B, C. Der Schwerpunkt q von B und C liegt auf der Mitte von BC, also der Schwerpunkt von A und q auf der Geraden Aq, welche eine Mittellinie des Dreiecks ist. Aehnliches gilt für die beiden andern Mittellinien, also liegt der Schwerpunkt von A, B, C im Durchschnittspunkt der Mittellinien des Dreiecks A, B, C.

Fig. 53.

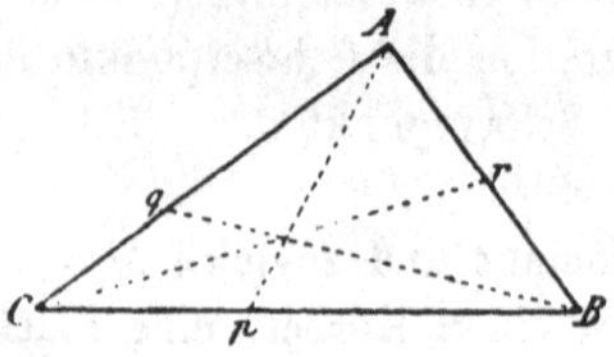

2) Drei Punkte A, B, C. Fig. 53. Der Schwerpunkt von $A+B$ liegt in r, wenn $Br : Ar = A : B$. Entsprechend liegt der Schwerpunkt von $B+C$ in p und der von $A+C$ in q. Der Schwerpunkt der Gesammtheit $A+B+C$ liegt also im Durchschnittspunkt der drei Geraden Ap, Bq, Cr und es folgt aus der Schwerpunktstheorie, dass die drei Geraden, deren Endpunkte durch die Proportionen $Br : Ar = A : B$ u. s. w. bestimmt sind, sich in einem Punkte schneiden müssen. Ein besonders einfacher Fall tritt ein, wenn $A : B : C = \overline{BC} : \overline{CA} : \overline{AC}$, wenn also die Massen der drei Punkte sich verhalten wie die gegenüberliegenden Seiten des aus ihnen gebildeten Dreiecks. Dann ist nämlich

$$\overline{Bp} : \overline{pC} = C : B = \overline{AB} : \overline{CA},$$

dann ist also nach einem bekannten Satz der Winkel CAB halbirt; dasselbe gilt für $\angle BAC$ und CBA, also ist der Schwerpunkt identisch mit dem Mittelpunkt des dem Dreieck ABC eingeschriebenen Kreises.

3) 4 Punkte A, B, C, D. Wie vorhin bestimme man die Theilschwerpunkte von $A+B$ und $C+D$, von $A+C$ und $B+D$, von $A+D$ und $B+C$. Verbindet man sie paarweise miteinander, so liegt der Schwerpunkt im Durchschnitt der so erhaltenen 3 Linien. Ist $A = B = C = D$, so verbinden die Hülfslinien die Mitten der Gegenkanten miteinander. Verhalten sich die Massen von A, B, C, D zueinander wie die ihnen gegenüberliegenden Flächen des von den 4 Punkten gebildeten Tetraeders, so fällt ihr Schwerpunkt in den Mittelpunkt der dem Tetraeder eingeschriebenen Kugel.

Fig. 54.

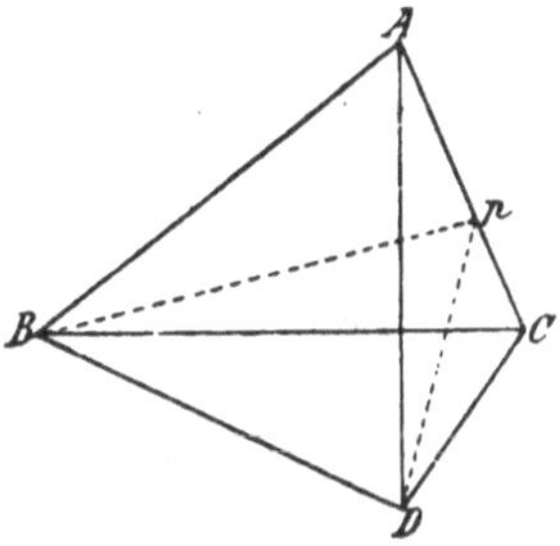

Ist nämlich p, Fig. 54, der Schwerpunkt von $A+C$, so ist

$$\overline{Cp}:\overline{pA} = A:C = CBD:ABD.$$

Hieraus folgt aber nach einem bekannten stereometrischen Satz, dass die Ebene pBD den Flächenwinkel der beiden in BD zusammenstossenden Tetraederflächen halbirt. Entsprechendes gilt für die Ebenen, welche die drei anderen Flächenwinkel des Tetraeders halbiren; also liegt der Schwerpunkt im Durchschnittspunkt der 4 Ebenen, welche die 4 Flächenwinkel an den Kanten des Tetraeders halbiren, d. i. im Mittelpunkt der dem Tetraeder eingeschriebenen Kugel.

152. Schwerpunkte von Linien. 1) Homogene gerade Strecke. Sie ist symmetrisch gegen ihren Mittelpunkt, also ist dieser der Schwerpunkt.

2) Gerade Strecke, deren Dichtigkeit dem Abstande von einem Ende proportional ist. (Geschrumpfter Kegel.) Das Ende, welches die Dichtigkeit Null hat, sei Coordinatenanfang, die Richtung der Strecke sei die Richtung der x. Ihr Element ist dann dx und hat die Masse $\varepsilon x dx$, wo ε eine Constante. Also, wenn l die Länge der Strecke,

$$\xi \int_0^l \varepsilon x dx = \int_0^l \varepsilon x^2 dx \quad \text{oder} \quad \xi = \tfrac{2}{3} l.$$

Fig. 55.

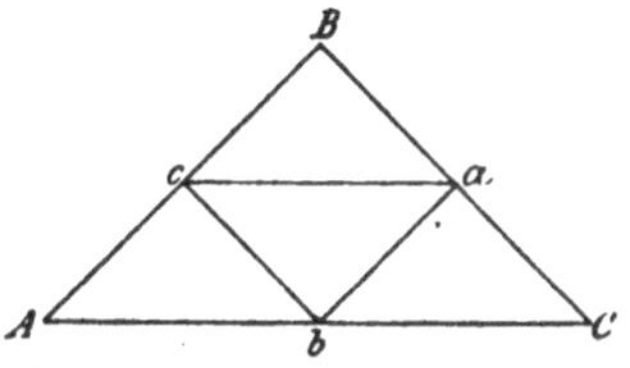

3) Homogener Umfang eines Dreiecks. Derselbe besteht aus drei Stücken, den drei Seiten des Dreiecks. Der Schwerpunkt jeder einzelnen Seite liegt in ihrer Mitte und hat die Masse der Seite. Der Schwerpunkt des Umfangs $ABCA$, Fig. 55, ist also zugleich Schwerpunkt der drei Punkte a, b, c, wenn a die Masse BC u. s. w. hat. Nun ist aber $BC = 2bc$, $AB = 2ab$, $CA = 2ca$, also verhalten sich in dem Dreieck abc die Massen der Ecken wie die gegenüberliegenden Seiten. Also ist der Mittelpunkt des dem Dreieck abc eingeschriebenen Kreises der Schwerpunkt von $ABCA$.

4) Homogener Umfang des Parallelogramms und des Vierecks.

5) Homogener Kreisbogen. Der Radius, welcher die Mitte des Bogens mit dem Kreiscentrum verbindet, ist Symmetrieaxe, enthält also den Schwerpunkt. Nehmen wir ihn zur Axe der x und des Centrum zum Anfangspunkt, so bleibt nur noch das x des Schwerpunkts zu bestimmen. Der Radius r, welcher das Centrum mit dem Element ds des Bogens verbindet, mache mit der Axe der x den Winkel φ. Dann ist $ds = r d\varphi$, $x = r\cos\varphi$. Heisst die halbe Oeffnung des Bogens ϑ, so ist demnach

$$\xi \int_{-\vartheta}^{+\vartheta} r d\varphi = \int_{-\vartheta}^{+\vartheta} r^2 \cos\varphi d\varphi, \quad \text{oder} \quad \xi = \frac{r\sin\vartheta}{\vartheta}.$$

Die Abstandsquantität des Bogens ist $2r^2\sin\vartheta$, und da $2r\sin\vartheta$ die Sehne des Bogens ist, so ist sie gleich dem Produkt aus Sehne und Radius. Für den Halbkreis wird $\vartheta = \frac{\pi}{2}$, also $\xi = \frac{2r}{\pi}$.

Fig. 56.

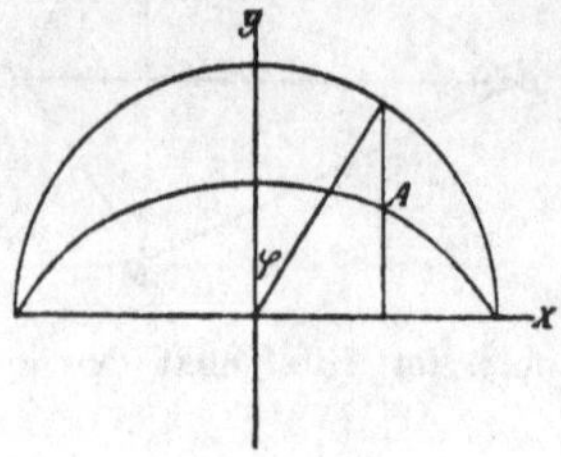

5) **Homogener elliptischer Bogen.** Die Axe der x falle in die grosse, die Axe der y in die kleine Axe der Ellipse, deren Halbaxen a und b seien. Als Grundvariable nehmen wir das Complement der excentrischen Anomalie, den Winkel φ der Fig. 56. Der zum Werth φ gehörige Punkt A der Ellipse hat dann, wie leicht zu sehen, die Coordinaten $x = a\sin\varphi$, $y = b\cos\varphi$. Also ist

$$dx = a\cos\varphi\, d\varphi, \quad dy = -b\sin\varphi\, d\varphi,$$

also das Bogenelement

$$ds = d\varphi\sqrt{a^2\cos^2\varphi + b^2\sin^2\varphi} \quad \text{oder} \quad ds = d\varphi\sqrt{a^2 - (a^2 - b^2)\sin^2\varphi},$$

d. i., wenn man $\frac{a^2 - b^2}{a^2} = k^2$ setzt und die Bogen von $\varphi = 0$ ab rechnet,

$$s = a\int_0^\varphi \sqrt{1 - k^2\sin^2\varphi}\, d\varphi,$$

$$\xi s = a^2\int_0^\varphi \sin\varphi\sqrt{1 - k^2\sin^2\varphi}\, d\varphi, \quad \eta s = ab\int_0^\varphi \cos\varphi\sqrt{1 - k^2\sin^2\varphi}\, d\varphi.$$

Das Integral für s ist das elliptische Integral zweiter Gattung $E(\varphi, k)$, wo k nach dem obigen die numerische Excentricität ist. Die beiden andern lassen sich durch die Substitutionen $\cos\varphi = p$ und $\sin\varphi = q$ auf die Form bringen

$$\xi s = -a^2\int_1^{\arccos\varphi} \sqrt{1 - k^2 + k^2p^2}\, dp \quad \text{und} \quad \eta s = a^2\int_0^{\arcsin\varphi} \sqrt{1 - k^2q^2}\, dq.$$

Auf gewöhnliche Art rationalisirt geben diese

$$\xi s = \tfrac{1}{2}a^2\left\{1 - \cos\varphi\sqrt{1 - k^2\sin^2\varphi} + \frac{1 - k^2}{k}\log\frac{1 + k}{k\cos\varphi + \sqrt{1 - k^2\sin^2\varphi}}\right\},$$

$$\eta s = \tfrac{1}{2}ab\left\{\sin\varphi\sqrt{1 - k^2\sin^2\varphi} + \frac{1}{k}\arcsin(k\sin\varphi)\right\}.$$

Hiernach ist

$$\xi = \frac{a}{2E(\varphi, k)}\left\{1 - \cos\varphi\sqrt{1 - k^2\sin^2\varphi} + \frac{1 - k^2}{k}\log\frac{1 + k}{k\cos\varphi + \sqrt{1 - k^2\sin^2\varphi}}\right\},$$

$$\eta = \frac{b}{2E(\varphi, k)}\left\{\sin\varphi\sqrt{1 - k^2\sin^2\varphi} + \frac{1}{k}\arcsin(k\sin\varphi)\right\}.$$

Für die halbe Ellipse, deren Sehne die kleine Axe ist, ist $\varphi = \pi$, also

$$\eta = 0, \quad \xi = \frac{a}{2E(\frac{1}{2}\pi, k)}\left\{1 + \frac{1 - k^2}{2k}\log\frac{1 + k}{1 - k}\right\}.$$

Für die halbe Ellipse, deren Sehne die grosse Axe ist, liegt der Schwerpunkt auf der kleinen Axe in der Verbindungslinie der Schwerpunkte beider Quadranten, also ist für ihn $\xi = 0$, und in η ist $\varphi = \frac{1}{2}\pi$ zu setzen; das giebt

$$\xi = 0, \quad \eta = \frac{b}{2E(\frac{1}{2}\pi, k)}\left\{\sqrt{1-k^2} + \frac{1}{k}\arcsin k\right\}.$$

Der Leser bearbeite selbst den homogenen

(6) Bogen der Cycloide $x = a(\omega - \sin\omega)$, $y = a(1-\cos\omega)$,

(7) Bogen der Sinusoide $y = a\sin\frac{x}{a}$ von $x = 0$ bis $x = \pi a$,

(8) Halben Umfang des Ovals $r^2 = 2a\cos^3\vartheta$ und halbe Lemniscate $r^2 = 2a\cos 2\vartheta$,

(9) Schraubenlinie $x = r\cos t$, $y = r\sin t$, $z = rat$.

153. Schwerpunkte von Flächen. 1) Homogenes Parallelogramm. Die Geraden, welche die Mittelpunkte je zweier gegenüberliegenden Seiten verbinden, sind Durchmesser, also liegt der Schwerpunkt in ihrem Durchschnittspunkt, d. i. im Kreuzungspunkt der Diagonalen. Haben die vier Ecken des Parallelogramms von irgend einer Ebene die Abstände x_1, x_2, x_3, x_4, so hat der Mittelpunkt den Abstand $\frac{x_1+x_3}{2}$ oder $\frac{x_2+x_4}{2}$, oder auch, da diese beiden Grössen identisch sind, $\frac{x_1+x_2+x_3+x_4}{4}$. Jede Coordinate des Schwerpunkts ist also das arithmetische Mittel aus den entsprechenden Coordinaten der vier Ecken.

2) Homogenes Dreieck. Die Medianen sind Durchmesser, also liegt der Schwerpunkt in ihrem Durchschnitt. Haben die drei Ecken die x-Coordinaten x_1, x_2, x_3, so liegt der Endpunkt der von x_1 ausgehenden Mediane in $\frac{x_2+x_3}{2}$, der Schwerpunkt nach bekanntem Satz in $\frac{1}{3}$ der Höhe über der Grundlinie, also in $\frac{1}{3}x + \frac{2}{3}\frac{x_2+x_3}{2}$, d. i. in $\frac{1}{3}(x_1+x_2+x_3)$. Es ist also auch hier jede Coordinate des Schwerpunkts das arithmetische Mittel aus den entsprechenden Coordinaten der drei Ecken.

3) Homogenes Trapez. Jede Diagonale theilt dasselbe in zwei Dreiecke, deren Schwerpunkte nach (2) zu bestimmen sind; die Verbindungslinie der Schwerpunkte des ersten Dreieckspaares schneidet sich mit der Verbindungslinie der Schwerpunkte des zweiten Dreieckpaares im Schwerpunkt des Trapezes. Die Construction ist auf beliebige Vierecke anwendbar.

Fig. 57.

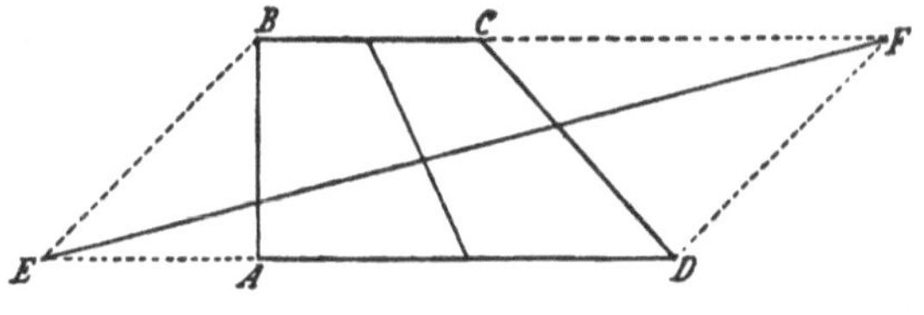

Für das Trapez ist ferner die Gerade, welche die Mitten der parallelen Seiten miteinander verbindet, ein Durchmesser, enthält also den Schwerpunkt. Um die Lage des letzteren auf der genannten Linie zu bestimmen, bilden wir die Abstandsquantitäten 1) des ganzen Trapezes,

2) der Theildreiecke in Bezug auf die beiden parallelen Seiten. Sie sind, wenn h die Höhe, ξ der Abstand des Schwerpunkts von AD und ξ' der von BC heisst,

$$\tfrac{1}{2}(AD+BC)h.\xi = \tfrac{1}{2}AD.h.\tfrac{1}{3}h+\tfrac{1}{2}BC.h.\tfrac{2}{3}h,$$

$$\tfrac{1}{2}(AD+BC)h.\xi' = \tfrac{1}{2}AD.h.\tfrac{2}{3}h+\tfrac{1}{2}BC.h.\tfrac{1}{3}h,$$

woraus

$$\xi:\xi' = AD+2BC:2AD+BC.$$

Macht man also $AE = BC$ und $CF = AD$, so geht die Diagonale EF durch den Schwerpunkt.

4) Homogener Kreissector. Der den Sector halbirende Radius sei Axe der x, das Kreiscentrum Anfangspunkt, ein Radiusvector, gezogen nach irgend einem Element des Sectors, heisse r und mache mit der Axe der x den Winkel φ. Der Radius des Kreises sei a, die Oeffnung des halben Sectors ϑ. Das Element des Sectors ist $r d\varphi . dr$, die Coordinaten desselben sind $x = r\cos\varphi$, $y = r\sin\varphi$. Also

$$\int_{-\vartheta}^{+\vartheta}\int_{r=0}^{r=a} r\,d\varphi . dr = K, \quad K\xi = \int_{-\vartheta}^{+\vartheta}\int_{0}^{a} r^2\cos\varphi\, d\varphi\, dr, \quad K\eta = \int_{-\vartheta}^{+\vartheta}\int_{0}^{a} r^2 \sin\varphi\, d\varphi\, dr,$$

woraus

$$K = a^2\vartheta, \quad \xi = \tfrac{2}{3}a\frac{\sin\vartheta}{\vartheta}, \quad \eta = 0.$$

5) Homogenes Kreissegment. Bezeichnung wie ad 4. Die Abstandsquantität des ganzen Sectors in x ist nach der vorigen Aufgabe $\tfrac{2}{3}a^3\sin\vartheta$. Das von der Sehne und den beiden Grenzradien gebildete Dreieck hat den Inhalt $a^2\cos\vartheta\sin\vartheta$, und sein Schwerpunkt hat vom Mittelpunkt des Kreises den Abstand $\tfrac{2}{3}a\cos\vartheta$, also hat es die Abstandsquantität $\tfrac{2}{3}a^3\cos^2\vartheta\sin\vartheta$. Zieht man diese von der Abstandsquantität des Sectors ab, so erhält man die Abstandsquantität des Segments, d. i. $\tfrac{2}{3}a^3\sin^3\vartheta$. Der Inhalt des Segments ist $a^2\vartheta - a^2\cos\vartheta\sin\vartheta$, also der Schwerpunktsabstand desselben $\tfrac{2}{3}a\dfrac{\sin\vartheta}{\vartheta - \cos\vartheta\sin\vartheta}$. Für den Halbkreis, wo $\vartheta = \dfrac{\pi}{2}$, ergiebt sich daraus $\xi = \dfrac{4a}{3\pi}$. η ist selbstverständlich Null. Directe Behandlung dem Leser überlassen.

6) Fläche der Parabel $y^2 = 2px$, begrenzt von der Axe, einer Ordinate und dem vom Scheitel ab gerechneten Bogen.

$$K = \int_0^x y\,dx = \int_0^y \frac{y^2}{p}\,dy = \frac{1}{3p}y^3 = \tfrac{2}{3}xy,$$

$$K\xi = \int_0^x xy\,dx = \int_0^y \frac{y^4}{2p^2}\,dy = \frac{y^5}{10p^2} = \tfrac{2}{5}x^2y,$$

$$K\eta = \int_0^y y.x\,dy = \int_0^y \frac{y^3}{2p}\,dy = \frac{y^4}{8p} = \tfrac{1}{4}xy^2. \quad \text{Also } \xi = \tfrac{3}{5}x, \quad \eta = \tfrac{3}{8}y.$$

Der Leser begründe namentlich die Gleichung für $K\eta$.

9) Halbe Ellipse, begrenzt durch irgend einen Durchmesser. (Theile die

Fläche durch Sehnen, welche dem Durchmesser parallel sind, in Elemente, und benutze den conjugirten Durchmesser.)

10) Kugelcalotte von der Oeffnung 2ϑ, Kugelradius a. Der Schwerpunkt liegt offenbar auf dem Radius, welcher den Pol der Calotte mit dem Centrum der Kugel verbindet. Wir bezeichnen diesen Radius als Axe der x, und nehmen ihn zur Fundamentallinie von Polarcoordinaten; der zum Element dK gezogene Radius mache mit der Axe der x den Winkel φ, der Längenwinkel sei ω. Es ist $dK = a^2 \sin\varphi \, d\varphi \, d\omega$, $x = a\cos\varphi$

$$K = \int_{\omega=0}^{\omega=2\pi} \int_{\varphi=0}^{\varphi=\vartheta} a^2 \sin\varphi \, d\varphi \, d\omega = 2\pi a^2 (1-\cos\vartheta),$$

$$K\xi = \int_{\omega=0}^{\omega=2\pi} \int_{\varphi=0}^{\varphi=\vartheta} a^3 \sin\varphi \cos\varphi \, d\varphi \, d\omega = \pi a^3 \sin^2\vartheta.$$

Also
$$\xi = \frac{a}{2} \frac{\sin^2\vartheta}{1-\cos\vartheta}, \quad a - \xi = \frac{a}{2}(1-\cos\vartheta).$$

$a(1-\cos\vartheta)$ ist aber die Höhe h der Calotte, also $a-\xi = \frac{1}{2}h$, d. h. der Schwerpunkt liegt auf der Mitte der Höhe.

11) Kegelmantel. Schwerpunkt auf der Axe in einem Abstand vom Scheitel, der gleich $^2/_3$ der Axenlänge ist. Beweis dem Leser überlassen.

12) Rotationsfläche. Das ebene Curvenstück $s_1 s_2$ drehe sich um eine ausserhalb desselben in seiner Ebene liegende Gerade, die wir zur Axe der x nehmen. Der beschriebene Winkel sei ϑ. Die Curve s habe in ihrer Anfangslage mit Bezug auf diese Axe die Gleichung $y = f(x)$. Heisst φ der von der Nulllage ab gerechnete Drehungswinkel, r der Abstand des Elements ds von der Axe der x, so ist das Element der Fläche $ds . r\,d\varphi$, und

$$ds = \sqrt{dy^2 + dx^2} = dx\sqrt{1+f'(x)^2}, \quad r = y.$$

Also

$$K = \int_{\varphi=0}^{\varphi=\vartheta} \int_{x_1}^{x_2} f(x)\sqrt{1+f'(x)^2}\,dx\,d\varphi = \vartheta \int_{x_1}^{x_2} f(x)\sqrt{1+f'(x)^2}\,dx$$

$$\xi K = \vartheta \int_{x_1}^{x_2} x f(x)\sqrt{1+f'(x)^2}\,dx.$$

Da die Ebene $\varphi = 0$ zur xy-Ebene genommen war, ist das y des Elementes $ds . r\,d\varphi$ gleich $r\cos\varphi$, das z desselben gleich $r\sin\varphi$; also

$$\eta K = \int_0^{\vartheta} \int_{x_1}^{x_2} f(x) f(x)\sqrt{1+f'(x)^2}\cos\varphi\,dx\,d\varphi = \sin\vartheta \int_{x_1}^{x_2} [f(x)]^2 \sqrt{1+f'(x)^2}\,dx$$

$$\zeta K = (1-\cos\vartheta) . \int [f(x)]^2 \sqrt{1+f'(x)^2}\,dx.$$

Beispiel. Das Stück einer Kugelfläche, welches zwischen einer Diametralebene und einem Parallelkreis enthalten ist. $\eta = \zeta = 0$ wegen $\vartheta = 2\pi$. Der Bogen, welcher die Fläche erzeugt, hat in seiner Anfangslage die Gleichung $x^2 + y^2 = a^2$, also $f(x) = \sqrt{a^2 - x^2}$, $f'(x) = \frac{-x}{\sqrt{a^2-x^2}}$, $\sqrt{1+f'(x)^2} = \frac{a}{\sqrt{a^2-x^2}}$.

Rechnet man die x von der Diametralebene ab, so ist demnach

$$K = 2\pi\int_0^x a\,dx = 2a\pi x, \quad \xi K = 2\pi\int_0^x ax\,dx = a\pi x^2, \quad \xi = \frac{x}{2}.$$

Man behandle hiernach das Rotationsparaboloid, begrenzt durch eine zur Axe senkrechte Ebene. Ferner: wie gestaltet sich die vorstehende Nummer, wenn man annimmt, die Gleichung der erzeugenden Curve sei von vorn herein in Polarcoordinaten gegeben?

154. Die Pappus-Guldin'schen Sätze. Hat eine ebene Curve s die Gleichung $y = f(x)$ und beschreibt die Ebene derselben, um die x-Axe rotirend, den Winkel ϑ, so beschreibt das Curvenelement ds einen Bogen mit dem Radius y, das von ds erzeugte Streifenelement der Rotationsfläche ist also $d\Omega = \vartheta . y ds$, der Inhalt der Fläche ist $\Omega = \vartheta\int y ds$. Zugleich hat der Schwerpunkt der Curve s die Ordinate $\eta = \frac{1}{s}\int y ds$, legt also den Weg $S = \frac{\vartheta}{s}\int y ds$ zurück. Somit ist

$$\Omega = s . S, \quad \text{d. h.}$$

der Flächeninhalt der Rotationsfläche ist das Product aus der Länge der Meridiancurve in den Weg, welchen der Schwerpunkt der Meridiancurve bei Erzeugung der Fläche zurücklegt.

Ebenso: Ist F eine ebene Fläche, welche durch eine Rotation vom Betrage ϑ um die Axe der x das Rotationskörpervolumen K beschreibt, so hat das Element dF der Fläche F den Drehungsradius y, beschreibt also einen Ring vom Volumen $\vartheta y . dF$. Das ganze Volumen des beschriebenen Körpers ist somit $K = \vartheta\int y dF$, wo die Integration über die ganze Fläche F zu erstrecken ist. Der Schwerpunkt von F hat aber die Ordinate $\eta = \frac{1}{F}\int y dF$, er macht also bei der Rotation den Weg $S = \frac{\vartheta}{F}\int y dF$. Folglich ist

$$K = FS.$$

Der Theil eines Rotationskörpers, welcher durch zwei einseitig von der Axe aus gelegte Meridianebenen begrenzt wird, hat zum Volumen das Product aus dem Flächeninhalt des Meridianschnittes und dem Weg, welchen der Schwerpunkt dieses Meridianschnitts bei der Rotation zurücklegt.

Wenn die Axe der x im ersten Fall die Curve s, im zweiten die Fläche F durchschneidet, so wird ein Theil der erzeugten Rotationsgebilde negativ, die Integralausdrücke $\vartheta\int y ds$ und $\vartheta\int y dF$ bedeuten in Folge dessen nicht mehr das, was wir gewöhnlich das Volumen des Rotationskörpers nennen. Die Sätze gelten also nur dann ohne Einschränkung, wenn die Rotationsaxe ganz ausserhalb des rotirenden Gebildes liegt. Lässt man z. B. einen ganzen Kreis um seinen Durchmesser rotiren, so beschreibt jeder Halbkreis eine Kugel, und von diesen beiden Kugeln ist eine negativ zu zählen. Ihre Summe hat also das Volumen Null, und der obige Satz liefert dies Volumen, nicht das der einfachen Kugel.

Die obigen Sätze rühren von Pappus her, gehen aber unter dem Namen der Guldin'schen Regeln.

155. Schwerpunkte von Körpern. 1) Homogenes Parallelepiped. Der Schwerpunkt ist der Mittelpunkt. Werden die x der acht Ecken der Reihe noch mit Zahlen markirt, x_1, x_2 u. s. w. so ist

$$\xi = \tfrac{1}{8} \sum_{n=1}^{n=8} x_n.$$

2) Homogenes Prisma und Cylinder von beliebig geformter Grundfläche. Der Schwerpunkt fällt mit dem Schwerpunkt des Mittelquerschnitts zusammen. Für das Prisma ist $\xi = \frac{1}{6}\sum_{n=1}^{n=6} x_n$, wenn x_1, x_2 etc. die x der 6 Ecken sind.

3) Homogenes Tetraeder. Die Ecken seien A, B, C, D. Legt man einen Querschnitt parallel BCD durch das Tetraeder, so ist das herausgeschnittene Dreieck ähnlich BCD. Zerlegt man also das Tetraeder durch solche Querschnitte in Elementarschichten, und verbindet A mit dem Schwerpunkt von BCD, so geht die Gerade durch die Schwerpunkte aller Elementarschichten. Eine solche Schicht, die den Abstand x von A besitzt, hat die Masse $qx^2 dx$ wo q eine Constante. Das ganze Tetraeder hat also die Masse $\int_0^h qx^2 dx$ oder $\frac{q}{3}h^3$, wenn h die Länge der obigen Geraden ist. Seine Abstandsquantität in Bezug auf A ist $\int_0^h qx^3 dx$ oder $\frac{q}{4}h^4$. Also ist der Abstand des Schwerpunkts von der Spitze A gleich $\frac{3}{4}h$. Dasselbe gilt für seinen Abstand von den andern Ecken. In einem beliebigen Coordinatensystem seien x_1, x_2, x_3, x_4 Coordinaten der vier Ecken; dann hat der Schwerpunkt von BCD die Coordinate $\xi_1 = \frac{1}{3}(x_2 + x_3 + x_4)$, also hat der Schwerpunkt des Tetraeders die Coordinate $\xi = \frac{1}{4}x_1 + \frac{3}{4}\xi_1 = \frac{1}{4}(x_1 + x_2 + x_3 + x_4)$.

4) Kugelsector von der halben Oeffnung ϑ. Abstand des Schwerpunkts vom Centrum der Kugel $\frac{3}{4} r \cos^2 \frac{\vartheta}{2}$ oder $\frac{3}{8} r (1 + \cos\vartheta)$. Für die Halbkugel ergiebt sich $\frac{3}{8} r$.

5) Kugelsegment von der halben Oeffnung ϑ. Theile das Segment durch Ebenen senkrecht zum Polradius in scheibenförmige Elemente. Der zu einem Element gehörige halbe Oeffnungwinkel sei φ. Dann hat das Element den Radius $r\sin\varphi$, den Mittelpunktsabstand $r\cos\varphi$, die Fläche $\pi(r\sin\varphi)^2$, die Dicke $\pm r . d(\cos\varphi)$ d. i. $r\sin\varphi\, d\varphi$. Also ist

$$K = \int_0^\vartheta \pi r^3 \sin\varphi^3 d\varphi = \pi r^3 (\tfrac{1}{12}\cos 3\vartheta - \tfrac{3}{4}\cos\vartheta + \tfrac{2}{3})$$

$$K\xi = \int_0^\vartheta \pi r^4 \sin\varphi^3 \cos\varphi\, d\varphi = \pi r^4 . \tfrac{1}{4}\sin\vartheta^4, \quad \xi = 3r \frac{\sin^4\vartheta}{\cos 3\vartheta - 9\cos\vartheta + 8}$$

$$= \tfrac{3}{4} r \frac{(1+\cos\vartheta)^2}{2+\cos\vartheta} = \tfrac{3}{4}\frac{(2r-h)^2}{3r-h},$$

wenn $h = r(1 - \cos\vartheta)$ die Höhe des Segments ist.

6) Kegel zweiter Ordnung und abgestumpfter Kegel. Der Schwerpunkt des Kegels liegt offenbar auf seiner Axe, weil diese ein Durchmesser ist. Theilt man ferner den Kegel in Elementartetraeder, so liegt der Schwerpunkt eines jeden in einem Abstand von der Spitze, welcher $= \frac{3}{4}$ der Kantenlänge des Tetraeders ist. Die sämmtlichen Schwerpunkte der Elementartetraeder liegen also in einer Ebene parallel zur Grundfläche des Kegels, welche die Axe h im Abstande $\frac{3}{4}h$ von der Spitze schneidet. Also liegt der Schwerpunkt in $\frac{3}{4}h$.

Beim abgestumpften Kegel sei g die untere Grundfläche, h die bis zur Spitze des vervollständigten Kegels gerechnete Axenlänge; h' sei die Axenlänge für die obere Grundfläche, und g' ihr Flächeninhalt. Dann ist $g' = g\frac{h'^2}{h^2}$. Das Volumen des ganzen Kegels ist $\frac{q}{3}gh$, wo q ein Sinus, das des Ergänzungskegels $\frac{q}{3}\cdot g\frac{h'^3}{h^2}$, das des Stumpfes also $\frac{q}{3}g\frac{h^3-h'^3}{h^2}$; die Abstandsquantität des ganzen Kegels in Bezug auf die Spitze ist $\frac{3}{4}h\cdot\frac{q}{3}gh$ oder $\frac{q}{4}gh^2$, die des Ergänzungskegels $\frac{q}{4}\cdot g\frac{h'^4}{h^2}$, die des Stumpfes also $\frac{q}{4}g\frac{h^4-h'^4}{h^2}$. Also der Abstand des Schwerpunkts von der Spitze $\frac{3}{4}\frac{h^4-h'^4}{h^3-h'^3}$.

7) Pyramide mit beliebig gestalteter Grundfläche.

8) Kugeloctant und Kugelquadrant.

9) Conischer Kugelausschnitt. Derjenige Theil eines Kreiskegels, der zwischen zwei Kugelflächen von den Radien R und R' liegt, welche den Scheitel zum Mittelpunkt haben. Lässt sich leicht nach Analogie des abgestumpften Kegels aus (4) ableiten. Directe Behandlung in Polarcoordinaten: halbe Oeffnung ϑ; Fundamentallinie sei die Symmetrieaxe, φ der Winkelabstand des zum Element dK gezogenen Radiusvectors von der Fundamentallinie, ω der Längenwinkel, $dK = r^2\sin\varphi\, d\omega\, d\varphi\, dr$, $x = r\cos\varphi$, also

$$K = \int_{r=R'}^{r=R}\int_{\varphi=0}^{\varphi=\vartheta}\int_{\omega=0}^{\omega=2\pi} r^2\sin\varphi\, d\varphi\, d\omega\, dr = \frac{2\pi}{3}(1-\cos\vartheta)(R^3-R'^3) = \frac{4\pi}{3}(R^3-R'^3)\sin^2\frac{\vartheta}{2}$$

$$K\xi = \iiint r^3\sin\varphi\cos\varphi\, d\omega\, dr = \frac{\pi}{4}(R^4-R'^4)\sin^2\vartheta,\quad \xi = \frac{3}{4}\frac{R^4-R'^4}{R^3-R'^3}\cos^2\frac{\vartheta}{2}.$$

10) Segment des Ellipsoids und ellipsoidische Scheibe. Das Ellipsoid sei auf seine Hauptaxen bezogen und habe die Gleichung $\frac{x^2}{a^2}+\frac{y^2}{b^2}+\frac{z^2}{c^2}=1$. Im Abstande α vom Coordinatenanfang sei dasselbe durch eine Ebene parallel der yz-Ebene geschnitten. Eine Ebene, die im Abstande x vom Anfang parallel zur yz-Ebene liegt, schneidet aus dem Ellipsoid eine Ellipse heraus, deren Halbaxen sind $b\sqrt{1-\frac{x^2}{a^2}}$ und $c\sqrt{1-\frac{x^2}{a^2}}$. Der Inhalt dieser Ellipse ist $\pi bc\left(1-\frac{x^2}{a^2}\right)$. Zerlegt man also das Segment durch Ebenen parallel zur yz-Ebene in scheibenförmige Elemente, so hat eins von diesen das Volumen $\pi bc\left(1-\frac{x^2}{a^2}\right)dx$ und die

Abstandsquantität $\pi bc\left(1-\frac{x^2}{a^2}\right)x dx$. Volumen und Abstandsquantität sind also für das von $x=\alpha$ bis $x=a$ gerechnete Segment

$$K=\int_\alpha^a \pi bc\left(1-\frac{x^2}{a^2}\right)dx=\pi bc\,\frac{2a^3-3a^2\alpha+\alpha^3}{3a^2}$$

$$K\xi=\int_\alpha^a \pi bc\left(1-\frac{x^2}{a^2}\right)x\,dx=\pi bc\,\frac{a^4-2a^2\alpha^2+\alpha^4}{4a^2}$$

$$\xi=\tfrac{3}{4}\,\frac{(a+\alpha)(a^2-\alpha^2)}{2a^2-a\alpha-\alpha^2}.$$

Legt man zwei Ebenen parallel der yz-Ebene in den Abständen α und β durch das Ellipsoid, so erhält man eine ellipsoidische Scheibe; um den Schwerpunkt derselben zu bestimmen, braucht man nur in den Integralen für K nnd $K\xi$ die Grenzen α und β statt α und a einzusetzen. Es findet sich

$$\xi=\tfrac{3}{4}\,\frac{(\alpha+\beta)(2a^2-\alpha^2-\beta^2)}{3a^2-\alpha^2-\alpha\beta-\beta^2}.$$

Die vorstehenden Formeln bleiben richtig, auch wenn man unter a, b, c nicht die halben Hauptaxen, sondern irgend drei conjugirte Semidiameter des Ellipsoides versteht, das beweise der Leser selbst. Für das halbe Ellipsoid ist in der Segmentformel $\alpha=0$ zu setzen, es ergiebt sich $\xi=\frac{3}{8}a$. Lässt man die Diametralebene, welche das Ellipsoid halbirt, sich beliebig drehen, so bleibt diese Formel bestehen, der Schwerpunkt theilt immer den conjugirten Semidiameter in zwei Theile, die sich wie $3:5$ verhalten. Der geometrische Ort aller dieser Schwerpunkte ist also ein dem gegebenen ähnliches Ellipsoid.

C. Anziehungssummen:

Potentialfunction und Potential.

Vorbemerkung. Die folgenden Rechnungen sind in astronomischen Masseneinheiten und für positive, d. h. abstossende Kräfte durchgeführt. Will man das Gramm oder irgend eine andere willkürliche Masseneinheit zu Grunde legen, so hat man die Kräfte und die Potentialfunctionen einfach mit dem Factor ε, der Anziehungsconstante des **§ 110,** zu multipliciren; hat man mit anziehenden (z. B. ponderablen) Massen zu thun, so bekommen Kräfte und Potentialfunctionen das Vorzeichen —. Der Leser merke sich die Vorzeichen, welche in den wichtigeren Sätzen auftreten, für die positiv vorausgesetzten Potentialfunctionen; so sind sie am leichtesten einzuprägen.

Wir beschränken die Untersuchung auf Kräfte, welche dem Newton'schen Gesetz unterliegen. Wo von einem angezogenen Punkt die Rede ist, werde vorausgesetzt, dass er die Masse 1 hat; für einen Punkt von der Masse μ sind die Kräfte einfach mit μ zu multipliciren.

156. Hülfsbegriff Trieb. v sei ein Vector, der an jeder Stelle des in Betracht kommenden Gebietes einen bestimmten Grössenwerth und eine bestimmte Richtung hat. Ist dann s eine Linie, ds ihr Element, α der Winkel, welchen v an der Stelle ds mit ds macht, so ist $\int v \cos \alpha ds$ ein geometrischer Begriff, das „Linienintegral von v genommen längs der Linie s". Im Falle wir unter v eine Beschleunigung oder eine Kraft verstehen, haben wir dem Linienintegral den Namen Arbeit gegeben und haben dasselbe als eine sehr wichtige Grösse kennen gelernt.

Ist nun S eine Fläche, so lässt sich für diese ein analoger, gleichfalls sehr wichtiger Begriff bilden. Ein Element von S hat zwei Seiten (Grundflächen), eine von diesen können wir die innere, eine die äussere nennen. Ist die Fläche S geschlossen, so ist ohne Weiteres klar, welches ihre äussere Seite sei, ist sie ungeschlossen, so kann man eine ihrer Seiten willkürlich als die äussere bezeichnen. Auf der äusseren Seite errichten wir die Normale N; der Vector v mache mit N den Winkel λ; dann bilden wir die Grösse

$$v \cos \lambda dS$$

und ihr Integral

$$\int v \cos \lambda dS$$

genommen über die ganze Fläche S. Letzteres heisst „das Oberflächenintegral des Vectors v für die Fläche S". Im Falle v eine Beschleunigung oder eine Kraft ist, wollen wir für dies Oberflächenintegral den Namen „Trieb auf die Fläche S" oder „Trieb durch die Fläche S" einführen. Woher die Benennung kommt, wird sich bald zeigen. Wir nennen also, wenn $\mathfrak{u}$ die Beschleunigung, f die entsprechende Kraft an der Stelle des Elements dS ist,

$\mathfrak{u} \cos \lambda dS$ den Elementartrieb von $\mathfrak{u}$ auf dS

$f \cos \lambda dS$ den Elementartrieb der Kraft f auf dS

$\int \mathfrak{u} \cos \lambda dS$ und $\int f \cos \lambda dS$ den Trieb von $\mathfrak{u}$ oder f auf die Fläche S.

Dabei werde $\int \mathfrak{u} \cos \lambda dS$ mit $d\mathfrak{T}$, $\int f \cos \lambda dS$ mit $\mu d\mathfrak{T}$ bezeichnet, wo μ als der constante Quotient $\frac{f}{\mathfrak{u}}$ zu denken ist. $\mathfrak{u} \cos \lambda$ ist die Componente von $\mathfrak{u}$, welche senkrecht zu dS steht, $f \cos \lambda$ die entsprechende Componente von λ. Man kann also, wenn man diese Componenten mit $\dot{u}_N$ und f_N bezeichnet, die vorstehenden Integrale auch $\int \dot{u}_N dS$ und $\int f_N dS$ schreiben.

Der Trieb hat mit der Arbeit eine Grundeigenschaft gemein. Der Elementartrieb einer Resultante auf ein gegebenes Flächenelement ist gleich der algebraischen Summe der Elementartriebe ihrer Componenten.

Beweis. $\dot{u}$ zerfalle in die Componenten $\dot{u}_1, \dot{u}_2 \ldots \dot{u}_n$, welche mit N die Winkel $\lambda_1, \lambda_2, \lambda_3 \ldots \lambda_n$ bilden. Projiciren wir einerseits $\dot{u}$, andererseits $\dot{u}_1, \dot{u}_2 \ldots \dot{u}_n$ auf n, so ist die Projection von $\dot{u}$ gleich der algebraischen Summe der Projectionen sämmtlicher Componenten; erstere ist aber $\dot{u}\cos\lambda$, letztere sind $\dot{u}_1\cos\lambda_1$, $\dot{u}_2\cos\lambda_2 \ldots \dot{u}_n\cos\lambda_n$. Also ist nach Multiplication mit dS

$$(1) \qquad \dot{u}\cos\lambda\, dS = \dot{u}_1\cos\lambda_1\, dS + \dot{u}_2\cos\lambda_2\, dS + \cdots + \dot{u}_n\cos\lambda_n\, dS.$$

Das ist der obige Satz.

Zerfällt sonach $\dot{u}$ in die Axencomponenten X, Y, Z, und macht N mit den Axen die Winkel α, β, γ, so ist

$$(2) \qquad \dot{u}\cos\lambda\, dS = X\cos\alpha\, dS + Y\cos\beta\, dS + Z\cos\gamma\, dS.$$

$\cos\alpha\, dS$ ist aber die Projection von dS auf die yz-Ebene u. s. w. Bezeichnen wir also die Projection von dS auf die yz-Ebene mit dS_x, die auf die zx-Ebene mit dS_y, die auf die xy-Ebene mit dS_z, so lässt sich der vorige Satz auch schreiben

$$(3) \qquad d\mathfrak{T} = X dS_x + Y dS_y + Z dS_z.$$

Ist $\dot{u}$ die Beschleunigung $\frac{m}{r^2}$, welche die Masse m an der Stelle dS nach dem Newton'schen Gesetz übt, so ist

$$(4) \qquad d\mathfrak{T} = \frac{m}{r^2}\frac{\partial r}{\partial x} dS_x + \frac{m}{r^2}\frac{\partial r}{\partial y} dS_y + \frac{m}{r^2}\frac{\partial r}{\partial z} dS_z.$$

Aus (1) folgt durch Integration ohne weiteres: Der Trieb einer Resultante durch die endliche Fläche S ist gleich der algebraischen Summe der Triebe ihrer Componenten.

Anm. Kehrt man die Normale des Flächenelements dS um, nimmt also statt der nach aussen gerichteten Normale N die nach innen gerichtete $-N$, so kehrt sich auch das Vorzeichen des Triebes um. In dem Ausdruck $\dot{u}\cos\lambda\, dS$ erfolgt dies dadurch, dass $(\pi - \lambda)$ an die Stelle von λ tritt. In den Gleichungen (3), (4) sind die dS_x als positiv anzusehen, wenn die Projection von N auf die Axe der x positiv ist.

Satz von Gauss. Der Newton'sche Trieb $\mathfrak{T}$, der vom abstossenden Punkte m ausgeht, ist Null für jede geschlossene Fläche, die ganz ausserhalb m liegt, und $4\pi m$ für jede geschlossene Fläche, die den Punkt m umschliesst.

Beweis. Die Fläche sei S. Wir schlagen um m eine Kugel Ω vom Radius 1, und lassen von m einen Elementarkegel ausgehen, der aus S irgendwie das Element dS herausschneidet. Derselbe Kegel schneidet aus Ω des Element $d\Omega$.

Fig. 58.

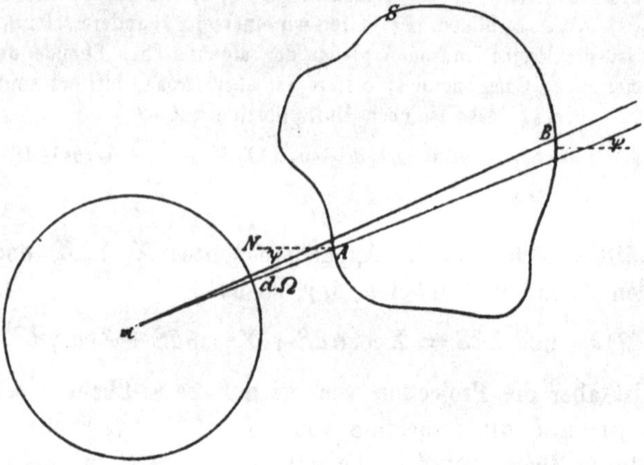

Wir nennen ψ den spitzen Winkel, welchen die Axe des Elementarkegels mit der nach aussen gerichteten Normale N macht. Dann ist, wenn r den Abstand von m nach dS bezeichnet, $dS\cos\psi$ das Element, welches der gleiche Elementarkegel aus einer Kugel vom Radius r ausschneidet. Dies Kugelelement ist aber r^2 mal so gross wie das entsprechende Element $d\Omega$, also

$$dS\cos\psi = r^2 d\Omega.$$

Gehen wir nun zur Bildung des Products $\dot{u}\cos\lambda\, dS$ über, wo $\dot{u}$ die Newton'sche Beschleunigung $\frac{m}{r^2}$ von m bezeichnet, so sind zwei Fälle möglich: 1) Der Elementarkegel tritt an der Stelle dS in die Fläche S hinein. (Fig. 58 bei A.) Dann ist die Normale N nach aussen und die abstossende Beschleunigung, welche von m ausgeht, nach dem Innern von S gerichtet; also macht r mit N einen stumpfen Winkel, und $\psi = \pi - \lambda$, $\cos\psi = -\cos\lambda$, wenn $\lambda = \text{Winkel}(r, N)$; 2) der Elementarkegel tritt an der Stelle dS aus der Fläche S heraus (Fig. bei B); dann macht N mit r einen spitzen Winkel, und $\cos\psi = \cos\lambda$.

Folglich ist für die Eintrittsstellen

$$d\mathfrak{T} = -\frac{m}{r^2}\cos\psi\, dS = -m d\Omega$$

und für die Austrittsstellen

$$d\mathfrak{T} = +\frac{m}{r^2}\cos\psi\, dS = m d\Omega.$$

Liegt nun S ganz ausserhalb des Punktes m, so schneidet jeder von m ausgehende Elementarkegel die Fläche S $2n$mal, wo n eine ganze Zahl ist, und unter den Schnitten sind n Eintritte, n Austritte. Von den ersteren liefert jeder zu dem Integral $\mathfrak{T}$ den Beitrag $-md\Omega$, von den letzteren jeder den Beitrag $+md\Omega$. Also liefert jeder Elementarkegel zu $\mathfrak{T}$ den Beitrag Null, folglich ist das ganze Integral $\mathfrak{T}$ für die Fläche S gleich Null.

Umschliesst dagegen S den Punkt m, so tritt der Elementarkegel $n+1$ mal aus, während er n mal eintritt. Also liefert jeder Elementarkegel zu dem Oberflächenintegral $n+1$ mal den Beitrag $md\Omega$ und n mal den Beitrag $-md\Omega$, d. h. im Ganzen einmal

$$m d\Omega.$$

Die Beiträge aller Elementarkegel, d. h. den ganzen Trieb auf die Fläche S, erhalten wir, wenn wir dies $md\Omega$ über die ganze Kugel Ω integriren, d. h., da m constant und $\int d\Omega = 4\pi$ ist

$$\mathfrak{T} = 4\pi m. \tag{5}$$

Die wichtige Eigenschaft, dass $\mathfrak{T}$ ganz unabhängig von der Lage ist, welche m innerhalb der Fläche S einnimmt, sei besonders hervorgehoben.

Zusätze. 1) Es kann der Fall eintreten, dass m weder innerhalb noch ausserhalb, sondern gerade in oder auf der Fläche S liegt, d. h. dass S durch den Punkt m geht. Die in m an die Fläche S gelegte Tangentialebene zerschneidet dann, wenn S an der Stelle m stetig gekrümmt ist, die Kugel Ω in zwei Hälften. Die eine Hälfte wird von allen den Elementarkegeln getroffen, die von m aus ins Innere der Fläche S eindringen, die andere von denjenigen, welche nicht in das Innere von S eindringen. Für die erste Hälfte der Elementarkegel verhält sich also m so, als läge es im Innern von S, für die zweite so, als läge es ausserhalb S. Also wird in diesem Falle $\mathfrak{T} = 2\pi m$.

Ist in m eine Unstetigkeit der Krümmung (Kante oder Spitze) vorhanden, so sieht man mittels einer ähnlichen Betrachtung leicht Folgendes: Construirt man in m den Tangentenkegel der Fläche S, und ist der körperliche Winkel, den dieser Tangentenkegel umfasst, gleich ω, so wird $\mathfrak{T} = m\omega$. Liegt m z. B. auf der Kante eines rechtwinkligen Parallelepipeds S, so ist $\mathfrak{T} = \pi m$, liegt m auf der Ecke eines rechtwinkligen Parallelepipeds, so wird $\mathfrak{T} = \frac{m\pi}{2}$.

2) Ist $\mathfrak{T}$ eine nicht geschlossene Fläche, sondern begrenzt durch eine beliebige geschlossene Curve s, so zeigt dieselbe Betrachtung:

Legt man von m aus die Erzeugungslinien eines Kegels durch den Rand s, ist ω der körperliche Winkel dieses Kegels (also ω das Stück, welches der Kegel aus der Kugel Ω ausschneidet) so ist $\mathfrak{T} = m\omega$.

1) Die Potentialfunction im äusseren Raum.

157. Die Potentialfunction im äusseren Raum. K sei ein Körper, der die endliche Masse M enthält, x, y, z eine Stelle des äusseren Raums, d. h. des Raums, dessen Elemente sämmtlich von dem durch die Masse M erfüllten Raum endlichen Abstand haben. dM sei ein Element der Masse M, welches im Raumelement dK enthalten ist. Bezeichnen wir den Abstand zwischen dM und x, y, z mit r, so ist die Potentialfunction von dM in x, y, z

$$\frac{dM}{r},$$

und nach dem früheren erhält man die Potentialfunction der ganzen Masse M auf x, y, z, indem man die Potentialfunctionen ihrer Theile addirt, d. h. die Potentialfunction von M in x, y, z ist

$$(1) \qquad V = \int \frac{dM}{r}.$$

Zugleich ist $-\frac{\partial V}{\partial x}$ die x-Componente der Beschleunigung, der eine in x, y, z angebrachte Masse μ unterliegt, oder, was dasselbe sagt, $-\frac{\partial V}{\partial x}$ ist die Kraft, welche die in x, y, z angebrachte Masse Eins von M erleidet.

Satz 1. V und seine ersten Differentialquotienten $\frac{\partial V}{\partial x}, \frac{\partial V}{\partial y}, \frac{\partial V}{\partial z}$ sind im ganzen äusseren Raum endlich und stetig.

Für V ist das selbstverständlich, da M endlich vorausgesetzt wird, und r, so lange der Punkt x, y, z in endlicher Entfernung M liegt, nie unendlich klein werden kann. Die Differentiation nach x kann unter dem Integralzeichen vorgenommen werden, also ist

$$(2) \qquad \begin{cases} \frac{\partial V}{\partial x} = \int \frac{\partial \frac{1}{r}}{\partial x} dM = \int -\frac{1}{r^2} \frac{\partial r}{\partial x} dM, \\ \frac{\partial V}{\partial y} = -\int \frac{1}{r^2} \frac{\partial r}{\partial y} dM, \quad \frac{\partial V}{\partial z} = -\int \frac{1}{r^2} \frac{\partial r}{\partial z} dM. \end{cases}$$

Bezeichnet man die Coordinaten von dM mit x', y', z', so ist $\frac{\partial r}{\partial x} = \frac{x - x'}{r}$ u. s. w. Da nun r immer endlich bleibt, sind die Integrale der Gl. (2) stets endlich. Ebenso kann man unter dem Integralzeichen zum zweiten Mal nach x, y, z differentiiren und erhält

$$(3)\qquad \frac{\partial^2 V}{\partial x^2} = -\int \frac{r^2 - 3(x-x')^2}{r^5} dM, \quad \frac{\partial^2 V}{\partial x \partial y} = \int \frac{3(x-x')(y-y')}{r^5} dM \text{ u. s. w.}$$

Auch in Gl. (3) bleiben die Integrale immer endlich, also sind die Differentialquotienten von $\frac{\partial V}{\partial x}, \frac{\partial V}{\partial y}, \frac{\partial V}{\partial z}$ immer endlich, folglich $\frac{\partial V}{\partial x}, \frac{\partial V}{\partial y}, \frac{\partial V}{\partial z}$ selbst stetig.

Satz 2. Rückt der angezogene Punkt x, y, z ins Unendliche, ist R sein Abstand von irgend einem Punkt im Endlichen, so ist für ihn $V = 0$, $\lim RV = M$ und $\lim R^2 \frac{\partial V}{\partial R} = -M$.

Beweis. a) für $r = \infty$ ist $V = 0$ selbstverständlich.

b) Ein Element dM der anziehenden Masse liege im Punkte p, der Punkt, von dem aus R gemessen wird, sei o, und der angezogene Punkt liege in q. Dann bilden o, p, q ein Dreieck mit einander, dessen Seiten sind $oq = R$, $pq = r$ und oq, welches für den Augenblick ρ heisse. Es ist

$$r - \rho < R < r + \rho; \text{ also auch}$$

$$\int \frac{r-\rho}{r} dM < \int \frac{R\,dM}{r} < \int \frac{r+\rho}{r} dM$$

$$M - \int \frac{\rho}{r} dM < RV < M + \int \frac{\rho}{r} dM.$$

Rückt der angezogene Punkt ins Unendliche, so wird $r = \infty$, während ρ endlich bleibt, also verschwinden die Integrale in der letzten Gleichung, und es bleibt

$$(4)\qquad \lim RV = M.$$

c) $\frac{\partial V}{\partial R}$ ist $\frac{\partial V}{\partial r} \cos(R, r)$, für unendlich entfernte Punkte aber wird $\cos(R, r) = 1$, also $\frac{\partial V}{\partial R} = \frac{\partial V}{\partial r} = -\int \frac{dM}{r^2}$. Behandelt man aber $-R^2 \int \frac{dM}{r^2}$ genau so wie ad b) so erhält man als Grenzwerth $-M$.

Satz 3. Die Summe $\frac{\partial^2 V}{\partial x^2} + \frac{\partial^2 V}{\partial y^2} + \frac{\partial^2 V}{\partial z^2}$ ist für jeden Punkt des äusseren Raumes Null.

Man bezeichnet die vorstehende Summe gewöhnlich durch $\Delta^2 V$, setzt also abkürzend $\frac{\partial^2 V}{\partial x^2} + \frac{\partial^2 V}{\partial y^2} + \frac{\partial^2 V}{\partial z^2} = \Delta^2 V$. Dann heisst der vorstehende Satz:

$$(5)\qquad \Delta^2 V = 0.$$

Beweis.

$$\frac{\partial^2 V}{\partial x^2} = -\int \frac{r^2 - 3(x-x')^2}{r^5} dM, \quad \frac{\partial^2 V}{\partial y^2} = -\int \frac{r^2 - 3(y-y')^2}{r^5} dM,$$

$$\frac{\partial^2 V}{\partial z^2} = -\int \frac{r^2 - 3(r-r')^2}{r^5} dM,$$

woraus durch Addition

$$\Delta^2 V = -\int \frac{3r^2 - 3[(x-x')^2 + (y-y')^2 + (z-z')^2]}{r^5} = 0.$$

Statt $\frac{\partial^2 V}{\partial x^2} + \frac{\partial^2 V}{\partial y^2} + \frac{\partial^2 V}{\partial z^2}$ kann man selbstverständlich auch schreiben $-\left(\frac{\partial X}{\partial x} + \frac{\partial Y}{\partial y} + \frac{\partial Z}{\partial z}\right)$. Die Gleichung (5) rührt von Laplace her.

158. Trieb und Kraftröhren im äusseren Raum. Satz 1. Umschliesst eine geschlossene, M nicht schneidende Fläche S die Masse M, so ist der Trieb von M auf S gleich $4\pi M$.

Denn der Trieb jedes Elements dM ist $4\pi dM$, wobei es auf Variationen der Lage von dM im Innern von S nicht ankommt, also ist der Trieb von M gleich $4\pi \int dM = 4\pi M$.

Besteht M aus getrennten Theilen und umfasst die Fläche S den Antheil Q von M, so ist der Trieb auf S gleich $4\pi Q$, denn die ausserhalb S fallenden Theile von M liefern zu $\mathfrak{T}$ keinen Beitrag.

Die Niveauflächen und Kraftlinien sind schon aus § **52** ff. bekannt. Wählt man irgendwo im äusseren Raum ein Flächenelement dS und legt durch alle Punkte seines Randes die zugehörigen Kraftlinien, so entsteht ein röhrenförmiges Gebilde von unendlich kleinem Querschnitt, welches die Schaar der Niveauflächen orthogonal schneidet; es heisse eine Kraftröhre. Aus jeder Niveaufläche schneidet die Kraftröhre ein Flächenelement heraus, welches (speciell für die Niveaufläche) mit dF bezeichnet werde. Die Niveauflächen umschliessen einander; als äussere Seite derselben wollen wir immer diejenige betrachten, deren Normale von der umschlossenen zur umschliessenden Fläche gerichtet ist. Schneidet eine beliebig situirte Ebene die Kraftröhre, so wird aus der Ebene ein Element dS ausgeschnitten; diejenige der beiden Normalen von dS, welche mit der nach aussen gerichteten Normale einer durch dS gehenden Niveaufläche einen spitzen Winkel macht, soll die nach aussen gerichtete, positive Normale von dS sein. Es gilt nun im ganzen äusseren Raum der einfache

Satz 2. Der Trieb auf alle Querschnitte ein und derselben Kraftröhre ist constant.

Beweis. dS_1 und dS_2 seien zwei Querschnitte (die nicht normal zu sein brauchen) einer Kraftröhre, dS_2 der äussere. Der Trieb auf dS_1 sei $d\mathfrak{T}_1$, der auf dS_2 sei $d\mathfrak{T}_2$. Zwischen dS_1 und dS_2 liegt ein Stück der Kraftröhrenfläche, welches ΔR heisse. Dasselbe bildet mit dS_1 und dS_2 eine ganz geschlossene Fläche. Rechnen wir also für diese geschlossene Fläche alle Normalen nach aussen positiv, so ist der Trieb von M auf sie gleich Null, weil sie ausserhalb M liegt. Nun ist aber der Trieb auf ΔR von selbst gleich Null, weil alle Normalen von ΔR senkrecht auf der Kraft stehen, also ist der Trieb auf dS_1 und dS_2 für sich gleich Null. Dabei fällt die hier angenommene Normalenrichtung von dS_2 mit derjenigen zusammen, welche oben als die positive bezeichnet wurde; also ist der Trieb auf dS_2 gleich $d\mathfrak{T}_2$. Für dS_1 dagegen haben wir die Normale in Bezug auf den geschlossenen Körper „nach aussen" gerechnet, d. h. nach M hin, nach der obigen Convention ist aber als positive Normale von dS_1 diejenige anzusehen, welche von M fortgerichtet ist, d. h. der Trieb auf dS_1, so wie wir ihn an dem geschlossenen Röhrenstück bestimmt haben, war $-d\mathfrak{T}_1$. Also ist $d\mathfrak{T}_2 + (-d\mathfrak{T}_1) = 0$ oder $d\mathfrak{T}_2 = d\mathfrak{T}_1$. Wie ist der Beweis zu führen, wenn dS_2 und dS_1 sich schneiden?

Insbesondere besitzen also die Flächenelemente welche eine Kraftröhre aus der Gesammtschaar der äusseren Niveauflächen herausschneidet, sämmtlich gleichen Trieb; der Werth desselben ist für das Niveauflächenelement $-\frac{\partial V}{\partial N}dF$, da für die Niveaufläche $\cos\lambda = 1$, also gilt der weitere

Satz 3. Die Grösse $\frac{\partial V}{\partial N}dF$ ist für den ganzen Verlauf einer Kraftröhre constant.

Die Beschleunigung ist also an jeder Stelle dem rechtwinkligen Querschnitt der Kraftröhre umgekehrt proportional. Das Vorstehende lässt sich unmittelbar auf endliche Theile der Niveauflächen ausdehnen. Aus irgend einer Niveaufläche schneiden wir ein endliches Stück ΔF_1 heraus und legen durch alle seine Randpunkte die zugehörigen Kraftlinien; dann schneiden diese aus irgend einer zweiten Niveaufläche ein Stück ΔF_2 heraus. Offenbar ist der Trieb auf ΔF_2 gleich dem auf ΔF_1; denn wenn wir beide durch Kraftröhren in Elemente theilen, so besteht $\int\frac{\partial V}{\partial N}dF$ für beide aus gleichvielen und gleichen Elementartheilen.

Auf den vorstehenden Sätzen beruht Faraday's Methode, Kräfte durch Kraftlinien darzustellen. Es sei M eine anziehende Masse (einerlei ob Punkt oder Körper) und F eine dieselbe umschliessende Niveaufläche. Wir theilen F in solche Theile, dass der Trieb auf jeden Theil ΔF gleich $\frac{1}{\tau}$ ist, wo τ eine willkürlich gewählte, grosse Zahl. Legen wir um jedes ΔF die zugehörige Kraftröhre, so wird die ganze Schaar der Niveauflächen von M in entsprechende Theile getheilt, und der Trieb auf jeden Theil jeder Niveaufläche ist $\frac{1}{\tau}$. Ist n die Zahl der „triebgleichen" Theile, in welche eine Niveaufläche zerfällt, so ist $\frac{n}{\tau}$ der Trieb auf die ganze Niveaufläche, also $\frac{n}{\tau} = 4\pi M$ oder $n = 4\pi\tau . M$. Legen wir also durch die Mitte jedes ΔF eine Kraftlinie, so ist $4\pi\tau M$ die Zahl dieser Kraftlinien. Sie ist das Product aus M und einer constanten Zahl, kann also die Masse M characterisiren. Setzt man conventionell fest, dass τ für alle Massen der Welt die gleiche Zahl sein soll, so ist jede Masse M proportional der Zahl der von ihr ausgehenden Kraftlinien. Ist F_2 irgend eine Niveaufläche und treffen auf die Flächeneinheit derselben (die so klein gewählt sei, dass $\dot{u}$ auf derselben als constant angesehen werden kann) an einer ausgewählten Stelle ν Kraftlinien, so ist der Trieb auf die Flächeneinheit daselbst $\frac{\nu}{\tau}$, der Trieb ist aber $\dot{u}.1$, also ist $\dot{u} = \frac{\nu}{\tau}$, die Beschleunigung ist also characterisirt durch die Zahl der Kraftlinien, welche auf die Flächeneinheit der Niveaufläche fallen.

Vorausgesetzt war, dass die in Betracht kommenden Niveauflächen die ganze thätige Masse M umfassen; die Untersuchung über den Fall, wo Theile der Masse M ausserhalb einer Niveaufläche liegen, müssen wir dem Leser überlassen.

Anmerkung. Denkt man sich eine Niveaufläche mit einer Flüssigkeitsschicht von der Dichte 1 und Dicke dh belegt, die der Wirkung von M unterliegt, so wird offenbar die Flüssigkeit, welche das Element dF bedeckt, mit der Beschleunigung $\dot{u}$, also mit der Kraft $\dot{u}dF.dh$ durch die Fläche getrieben. Das ist der Grund, wesshalb ich $\dot{u}dF$ den „Trieb auf die Fläche genannt habe. Maxwell braucht dafür den Namen Induction, der aber anderweitig schon so viel in Anspruch genommen ist, dass er hier nicht zweckmässig scheint; Gauss sagt einfach Oberflächenintegral.

2) Die Potentialfunction körperlicher Massen ohne Beschränkung auf den äusseren Raum.

159. Analytische Hauptformen der Potentialfunction. Dieselben hängen davon ab, wie sich dM durch die Coordinaten ausdrückt.

Erste Form. x, y, z sei der angezogene Punkt, ξ, η, ζ die Coordinaten des Körperelements dK, welches die Masse dM enthält, k die Dichtigkeit von dK.

Dann ist $dK = d\xi d\eta d\zeta$, also $dM = k d\xi d\eta d\zeta$ und

$$\text{(I)} \qquad V = \iiint \frac{1}{r} k\, d\xi\, d\eta\, d\zeta$$

wo

$$\text{(2)} \qquad r^2 = (x-\xi)^2 + (y-\eta)^2 + (z-\zeta)^2.$$

Die dreifache Integration ist über das Volumen von K zu erstrecken; ist der Körper M homogen, so tritt k als Constante vor das Integralzeichen.

Zweite Form. Man nehme den Punkt x, y, z zum Pol eines Systems von Polarcoordinaten; das Element dM habe von x, y, z den Abstand r, dies r mache mit einer durch x, y, z gelegten Fundamentallinie den Winkel φ, und die durch r und die Fundamentallinie gelegte Ebene mache mit einer festen Fundamentalebene den Winkel ϑ. Dann lässt sich K in Elemente

$$(3) \qquad dK = r^2 \sin\varphi \, d\varphi \, d\vartheta \, dr$$

zerlegen, also ist $\frac{dM}{r} = kr \sin\varphi \, d\varphi \, d\vartheta \, dr$ und

$$(\text{II}) \qquad V = \iiint kr \sin\varphi \, d\varphi \, d\vartheta \, dr.$$

Dritte Form. Nur für homogene Massen! S sei die Oberfläche des Körpers K. (Vergl. hierzu die Fig. 58). Vom Punkte x, y, z lassen wir eine Elementarpyramide ausgehen, deren Oeffnung $d\Omega$ sei. (Ω ist, wie in § **156**, die um x, y, z gelegte „Himmelskugel" vom Radius 1). Als Element von K betrachten wir den Raum, der in der Elementarpyramide zwischen zwei um x, y, z gelegten Kugeln vom Radius r und $r + dr$ enthalten ist. Dann hat das Element dK die Grundfläche $r^2 d\Omega$, die Höhe dr, also das Volumen $r^2 d\Omega dr$, und die Masse $kr^2 d\Omega dr$. Die vom Element auf x, y, z geübte Potentialfunction ist also

$$(4) \qquad dV = kr \, d\Omega \, dr.$$

Dieser Ausdruck lässt sich nach r integriren und giebt dann den Beitrag, welchen die ganze Elementarpyramide zum Werth von V liefert.

Erster Fall. x, y, z wird von der Masse M nicht umschlossen. Dann tritt die Elementarpyramide da, wo sie S zum ersten mal schneidet, in K ein, wo sie S zum zweiten mal schneidet, tritt sie aus K heraus; ist ein dritter etc. Schnitt vorhanden, so tritt sie im 3., 5. etc., kurz in allen Schnitten von ungerader Ordnung in K ein, und in allen Schnitten gerader Ordnung heraus. Das über die Elementarpyramide genommene Integral ist also vom ersten zum zweiten, vom dritten zum vierten etc. Schnitt zu nehmen. Bezeichnen wir demnach das über die Elementarpyramide genommene Integral mit δV und die Werthe, welche r in den Schnitten annimmt, der Reihe nach mit R_1, R_2 R_3 ... R_n, wo n eine gerade Zahl, so ist

$$(5)\qquad \delta V = k\int_{R_1}^{R_2} r\,dr\,d\Omega + k\int_{R_3}^{R_4} r\,dr\,d\Omega + k\int_{R_5}^{R_6} r\,dr\,d\Omega + \text{etc.}$$

d. i.

$$(6)\qquad \delta V = k\left\{\frac{R_2^2-R_1^2}{2}d\Omega + \frac{R_4^2-R_3^2}{2}d\Omega + \frac{R_6^2-R_5^2}{2}d\Omega + \cdots\right\}.$$

Nun ist aber nach **156.** $R_m^2 d\Omega$ gleich $-dS_m \cos\lambda_m$ wenn die m^{te} Stelle eine Eintrittsstelle ist und λ_m den Winkel der nach aussen gerichteten Normale mit R bezeichnet, und $R_m^2 d\Omega$ gleich $+dS\cos\lambda_m$, wenn die fragliche Stelle eine Austrittsstelle ist. Also ist für alle ungeraden R die Grösse $R^2 d\Omega = -\cos\lambda dS$ und für alle geraden Schnitte $R^2 d\Omega = +\cos\lambda_1 dS$, also

$$(7)\qquad \delta V = \frac{k}{2}\{\cos\lambda_1 dS_1 + \cos\lambda_2 dS_2 + \cos\lambda_3 dS_3 + \text{etc.} \ldots\}$$

kürzer

$$(8)\qquad \delta V = \frac{k}{2}\Sigma\cos\lambda dS$$

wo die Summe über alle die Elemente auszudehnen ist, in welchen der Elementarkegel die Fläche S schneidet. Bildet man also alle von x, y, z ausgehenden Elementarkegel und erstreckt die Summirung über alle ihre Durchschnitte mit S, so erhält man links V und rechts $\frac{k}{2}\int\cos\lambda dS$, also

$$(\text{III})\qquad V = \frac{k}{2}\int\cos\lambda dS.$$

Zweiter Fall. Umschliesst die Masse M den Punkt x, y, z, so sind die Integrale für δV zwischen 0 und R_1, R_2 und R_3 u. s. w. zu nehmen. Also

$$(9)\qquad \delta V = \frac{k}{2}\{R_1^2 d\Omega + (R_3^2 - R_2^2)d\Omega + \cdots\}.$$

Dann ist aber R_1 eine Austritts-, R_2 eine Eintrittsstelle, u. s. w. also $R_1^2 d\Omega = +dS_1\cos\lambda_1$, $R_2^2 d\Omega = -dS_2\cos\lambda_2$, $R_3^2 d\Omega = +dS_3\cos\lambda_3$ u. s. w. Also

$$(10)\qquad \delta V = \frac{k}{2}\{\cos\lambda_1 dS_1 + \cos\lambda_2 dS_2 + \cos\lambda_3 dS_3 \ldots\}$$

Das Resultat ist dasselbe wie in Gleichung (7), also stimmt das Endresultat wieder mit Gl. (III).

160. Endlichkeit und Stetigkeit der Potentialfunction. Rückt der angezogene Punkt x, y, z in das Innere des Körpers K, so wird sein Abstand r von den nächstgelegenen Theilchen der Masse M unendlich klein, es wird also eine besondere Untersuchung über das Verhalten derjenigen Grössen erforderlich, die r im Divisor haben, und zu diesen gehört die Potentialfunction $\int \frac{dM}{r}$. Man braucht aber dieselbe nur in der zweiten Form des vorigen Paragraphen zu schreiben

$$(1) \qquad V = \iiint k r \sin\varphi \, d\varphi \, d\vartheta \, dr,$$

so sieht man, dass der Beitrag, den die Elemente mit unendlich kleinem r zu V liefern, nicht unendlich gross, sondern im Gegentheil unendlich klein ist, wenn k, was wir ein für allemal voraussetzen, im Innern von K nur endliche Werthe hat.

Die Potentialfunction ist also überall, auch im Innern von K, endlich.

Der Satz gilt auch dann, wenn der Punkt x, y, z der Oberfläche von K unendlich nahe liegt, denn in dem Ausdruck (1) kommt nichts vor, was für diesen Fall eine Ausnahme statuirte; ebenso gilt er in Unstetigkeitsflächen von k.

Um V nach irgend einer Richtung x differentiiren zu können, muss man sich den Punkt x, y, z wenigstens nach der Richtung x beweglich denken; es geht also nicht an, dass man den angezogenen Punkt, wie es in Gl. (1) geschieht, zum Mittelpunkt eines festen Coordinatensystems macht, wenn man V nach x differentiiren will. Wir denken uns desshalb durch x, y, z eine Gerade parallel zur Axe der x gelegt und nehmen auf dieser willkürlich einen festen Punkt p an. Dieser feste Punkt sei Anfangspunkt der Coordinaten und zugleich der Pol eines Polarcoordinatensystems, dessen Meridianwinkel φ, Längenwinkel ϑ ist, während die genannte Gerade selbst als Fundamentalaxe dient. Hat der Punkt ξ, η, ζ des Körpers K den Abstand l vom Pol, so ist das Raumelement von K auszudrücken durch

$$(2) \qquad dK = l^2 \sin\varphi \, d\vartheta \, d\varphi \, dl.$$

Der Punkt x, y, z hat von p die drei Abstandscomponenten x, 0, 0. Das Element dK hat vom Pol die Abstandscomponenten $\xi = l\cos\varphi$, $\eta = l\sin\varphi\cos\vartheta$, $\zeta = l\sin\varphi\sin\vartheta$, also ist

$$(3) \qquad \begin{cases} r^2 = (l\cos\varphi - x)^2 + (l\sin\varphi\cos\vartheta)^2 + (l\sin\varphi\sin\vartheta)^2 \\ \quad = l^2 - 2lx\cos\varphi + x^2 = l^2\sin^2\varphi + (x - l\cos\varphi)^2. \end{cases}$$

Also ist

$$(4)\qquad V=\iiint\frac{kl^2\sin\varphi}{\sqrt{l^2\sin^2\varphi+(x-l\cos\varphi)^2}}\,dl\,d\vartheta\,d\varphi.$$

Dieser Ausdruck lässt sich nach x differentiiren; er giebt

$$(5)\qquad \frac{\partial V}{\partial x}=-\iiint\frac{kl^2\sin\varphi(x-l\cos\varphi)}{[l^2\sin^2\varphi+(x-l\cos\varphi)^2]^{\frac{3}{2}}}\,dl\,d\vartheta\,d\varphi.$$

Lässt man hierin nun den Punkt x, y, z mit dem Anfangspunkt p zusammenfallen, so wird x zu 0, dl zu dr, also

$$(6)\qquad \frac{\partial V}{\partial x}=\iiint k\sin\varphi\cos\varphi\,dr\,d\vartheta\,d\varphi.$$

Dieser Ausdruck ist offenbar immer endlich, also ist V überall stetig.

161. Die Beschleunigungscomponenten. Dagegen ist nicht bewiesen, dass $-\frac{\partial V}{\partial x}$ auch in dem Ausnahmefall, wo r unendlich klein werden kann, noch identisch mit der Beschleunigungscomponente X bleibt. Wir betrachten also X direct. In dem vorigen Coordinatensystem übt das Element dM auf den Punkt x eine Beschleunigung, deren x-Componente ist

$$\frac{dM}{r^3}(x-\xi).$$

Dabei ist

$$dM=kl^2\sin\varphi\,d\vartheta\,d\varphi\,dl,\quad x-\xi=x-l\cos\varphi,$$

r gleich dem obigen Ausdruck. Also ist

$$(1)\qquad X=\iiint\frac{kl^2\sin\varphi(x-l\cos\varphi)}{r^3}\,dl\,d\vartheta\,d\varphi$$

ein Ausdruck, der mit dem obigen für $\frac{\partial V}{\partial x}$ bis auf das Vorzeichen identisch ist und sich, wie dieser, für $x=0$ auf

$$(2)\qquad -X=\iiint k\sin\varphi\cos\varphi\,d\varphi\,d\vartheta\,dr$$

zurückzieht. Dasselbe gilt in y und z.

Also ist 1) im ganzen Raume die Beschleunigungscomponente X identisch mit $-\frac{\partial V}{\partial x}$, 2) zugleich nachgewiesen, dass X im ganzen Raume endlich ist. Dasselbe gilt, da die

Richtung von x beliebig ist, für jede irgendwie gerichtete Beschleunigungscomponente.

Durch eine etwas eingehendere Betrachtung, die hier aus Rücksicht auf den Raum unterdrückt werden muss, lässt sich auch nachweisen, dass die Componenten X, Y, Z überall stetig sind.

162. Die zweiten Differentialquotienten von V. Wir bezeichnen, wie oben, mit $\Delta^2 V$ die Grösse

$$\Delta^2 V = \frac{\partial^2 V}{\partial x^2} + \frac{\partial^2 V}{\partial y^2} + \frac{\partial^2 V}{\partial z^2} = -\left(\frac{\partial X}{\partial x} + \frac{\partial Y}{\partial y} + \frac{\partial Z}{\partial z}\right).$$

Satz. Der Trieb, den die Masse M, welche die Potentialfunction V erzeugt, auf irgend eine geschlossene Fläche S übt, ist gleich dem Integral $-\int \Delta^2 V dK$ genommen über alle Elemente des von der Fläche eingeschlossenen Raumes K.

Beweis. Nach **156.** ist der Trieb auf ein Element der Fläche S

$$d\mathfrak{T} = X dS_x + Y dS_y + Z dS_z.$$

Die Werthe von X, Y, Z sind dabei diejenigen, welche in dS auftreten. Wir legen nun irgendwo durch S ein Elementarparallelepiped, dessen Axe die Richtung der x hat, und dessen Querschnitt $dy\,dz$ ist, und verfolgen dasselbe von der negativen Unendlichkeit zur positiven hin. Da die Fläche S geschlossen sein soll, schneidet sie das Parallelepiped nothwendig in einer geraden Anzahl von Schnitten; wir numeriren dieselben der Reihe nach als dS_1, dS_2 u. s. w. Die Schnitte dS_1, dS_3, dS_5 u. s. w. sind Eintritts-, die dS_2, dS_4 u. s. w. sind Austrittsstellen. An jeder Eintrittsstelle macht die nach aussen gerichtete Normale N von dS mit der Richtung der x einen stumpfen Winkel, dort ist also $dS_x = -dy\,dz$, an den Austrittsstellen dagegen ist Winkel (N, x) spitz, also $dS_x = dy\,dz$ u. s. w. Werden also die Werthe, welche X in den einzelnen Schnitten dS_n hat, entsprechend numerirt, so ist der Beitrag, welchen sämmtliche Schnitte unseres Parallelepipeds zu dem Oberflächenintegral „Trieb" liefern

$$(1) \qquad dy\,dz(-X_1 + X_2 - X_3 + X_4 \ldots).$$

Nun ist aber $X_2 - X_1$ das Integral $\int_{x_1}^{x_2} \frac{\partial X}{\partial x} dx$ genommen über die Strecke des Elementarparallelepipeds, welche vom ersten bis zum zweiten Schnitt reicht, ebenso ist $X_4 - X_3$ dasselbe Integral, genommen über die Strecke vom dritten bis zum vierten Schnitt u. s. w. Also ist der Ausdruck (1) gleichbedeutend mit

$$(2) \qquad dy\,dz \int \frac{\partial X}{\partial x} dx,$$

wenn das Integral über alle Theile des Parallelepipeds erstreckt wird, die in das Innere des Körpers K fallen. Entsprechendes gilt in y und z. Also ist

$$(3)\quad \begin{cases} \int X dS_x = \int \frac{\partial X}{\partial x} dx\,dy\,dz, & \int Y dS_y = \int \frac{\partial Y}{\partial y} dx\,dy\,dz, \\ \int Z dS_z = \int \frac{\partial Z}{\partial z} dx\,dy\,dz, \end{cases}$$

wo die Integrale links über die ganze Oberfläche S, rechts auf den ganzen Körperinhalt K auszudehnen sind. Addirt man die drei Gleichungen (3) so erhält man

$$(4)\qquad \mathfrak{T} = \iiint\left(\frac{\partial X}{\partial x} + \frac{\partial Y}{\partial y} + \frac{\partial Z}{\partial z}\right) dx\,dy\,dz = -\iiint \Delta^2 V dK.$$

Werth des Triebes. Aus dem Satz des § **156** folgt nun ohne Weiteres: Geht die Fläche S durch die Masse M, so dass sie die Quantität Q derselben einschliesst, so ist der Trieb auf S

$$(5)\qquad \mathfrak{T} = 4\pi Q.$$

Diejenigen Theile von M, welche in die Fläche S selbst fallen, haben ein Volumen, welches ein unendlich kleines von unendlich hoher Ordnung ist; sie liefern also nach **156.** Zusatz (1) keinen angebbaren Beitrag zu T.

Werth von $\Delta^2 V$. Als geschlossene Fläche S nehmen wir nun die Oberfläche des Elements $dxdydz$, welches den Punkt x, y, z einschliesst. Für diese ist nach (5)

$$\mathfrak{T} = 4\pi k dxdydz$$

und zugleich reducirt sich das Integral $\iiint \Delta^2 V dK$ für sie auf $\Delta^2 V dK$ oder $\Delta^2 V dxdydz$. Wir haben also nach (4)

$$\Delta^2 V dxdydz = -4\pi k dxdydz$$

$$(6)\qquad \Delta^2 V = -4\pi k$$

vorausgesetzt, dass k in x, y, z einen bestimmten Werth habe, was nur der Fall ist, wenn k in der nächsten Umgebung von x, y, z stetig verläuft. Geht eine Unstetigkeitsfläche von k durch den Punkt x, y, z, so hat k in ihm keinen bestimmten Werth mehr und die Grösse $\Delta^2 V$ hat dementsprechend keinen bestimmten Sinn.

Die sehr wichtige Gl. (6) umfasst den Fall, wo der Punkt x, y, z ausserhalb der Masse M liegt; denn in diesem Fall ist $k = 0$, also $\Delta^2 V = 0$, wie in § **157.** Sie heisst die Laplace-Poisson'sche Gleichung. Laplace gab sie für $k = 0$, Poisson ergänzte sie für das Innere von M.

163. Recapitulation; Dirichlet's Satz. V hat nach dem Obigen folgende Hauptgrösseneigenschaften:

1) V ist überall endlich und stetig, im Unendlichen Null.

2) In unendlicher Entfernung ist $\lim r V = M$ und $\lim r^2 \frac{\partial V}{\partial r} = -M$, wenn M die Masse, von der V ausgeht.

3) Ist die Masse M mit der Dichtigkeit k über das Innere eines Körpers vertheilt, so ist $\Delta^2 V$ überall $= -4\pi k$, so weit k einen bestimmten endlichen Werth oder den Werth Null hat.

Satz: Die vorstehenden Eigenschaften sind für die Potentialfunction einer körperlichen Masse characteristisch; es giebt ausser der Potentialfunction von M keine zweite Function, die die gleichen Eigenschaften hat.

Existirt eine zweite Function, so wird dieselbe sich von V um irgend eine Grösse u unterscheiden; wir können sie also gleich $V+u$ setzen. Dann ist

$$(1) \quad \Delta^2 V = -4\pi k, \qquad (2) \quad \Delta^2(V+u) = -4\pi k,$$

also im ganzen Raume, auch im Innern von M,

$$(3) \quad \Delta^2 u = 0.$$

Den Ausdruck auf der linken Seite dieser Gleichung integrire man, nachdem er mit $u\,dx\,dy\,dz$ multiplicirt ist über den Inhalt eines Würfels, dessen Mittelpunkt im Coordinatenanfang liegt, dessen Kanten die Länge $2a$ haben und den Axen parallel sind. Die etwa in diesem Würfel vorkommenden Discontinuitäten von u oder $\Delta^2 u$ haben auf die Integration keinen Einfluss, da sie nur in Flächen auftreten. Es ist also

$$(4) \quad \int_{-a}^{+a}\int_{-a}^{+a}\int_{-a}^{+a} u\left(\frac{\partial^2 u}{\partial x^2}+\frac{\partial^2 u}{\partial y^2}+\frac{\partial^2 u}{\partial z^2}\right)dx\,dy\,dz = 0.$$

Nun ist mittels partieller Integration

$$(5) \quad \begin{cases} \int_{-a}^{+a} u\frac{\partial^2 u}{\partial x^2}dx = \left(u\frac{\partial u}{\partial x}\right)_{-a}^{+a} - \int_{-a}^{+a}\left(\frac{\partial u}{\partial x}\right)^2 dx \\ \int_{-a}^{+a} u\frac{\partial^2 u}{\partial y^2}dy = \left(u\frac{\partial u}{\partial y}\right)_{-a}^{+a} - \int_{-a}^{+a}\left(\frac{\partial u}{\partial y}\right)^2 dy \\ \int_{-a}^{+a} u\frac{\partial^2 u}{\partial z^2}dz = \left(u\frac{\partial u}{\partial z}\right)_{-a}^{+a} - \int_{-a}^{+a}\left(\frac{\partial u}{\partial z}\right)^2 dz. \end{cases}$$

Also, indem man der Reihe nach mit $dy\,dz$, $dz\,dx$, $dx\,dy$ multiplicirt und noch zweimal von $-a$ bis $+a$ integrirt, vermöge (4)

$$(6) \quad \begin{cases} \int_{-a}^{+a}\int_{-a}^{+a}\int_{-a}^{+a}\left[\left(\frac{\partial u}{\partial x}\right)^2+\left(\frac{\partial u}{\partial y}\right)^2+\left(\frac{\partial u}{\partial z}\right)^2\right]dx\,dy\,dz = \\ = \int_{-a}^{+a}\int_{-a}^{+a}\left(u\frac{\partial u}{\partial x}\right)_{-a}^{+a}dy\,dz + \int_{-a}^{+a}\int_{-a}^{+a}\left(u\frac{\partial u}{\partial y}\right)_{-a}^{+a}dz\,dx + \int_{-a}^{+a}\int_{-a}^{+a}\left(u\frac{\partial u}{\partial z}\right)_{-a}^{+a}dx\,dy. \end{cases}$$

Lassen wir nun a unendlich werden, so folgt aus der zweiten obigen Eigenschaft, dass $R(V+u) = Rv = M$, also $Ru = 0$, also überall im Unendlichen $u = 0$ ist. Folglich kann im Unendiichen auch $\frac{\partial u}{\partial x}$, $\frac{\partial u}{\partial y}$, $\frac{\partial u}{\partial z}$ nur Null sein. Also sind die zu integrirenden Functionen auf der rechten Seite von (6) sämmtlich Null, und

$$(7)\qquad \int_{-\infty}^{+\infty}\int_{-\infty}^{+\infty}\int_{-\infty}^{+\infty}\left[\left(\frac{\partial u}{\partial x}\right)^2+\left(\frac{\partial u}{\partial y}\right)^2+\left(\frac{\partial u}{\partial z}\right)^2\right] dx\,dy\,dz = 0.$$

Da die Quadrate wesentlich positiv sind, ist das nur möglich, wenn

$$\frac{\partial u}{\partial x} = \frac{\partial u}{\partial y} = \frac{\partial u}{\partial z} = 0$$

für den ganzen Raum ist. Also ist u im ganzen Raum constant, d. h. es ist überall Null, da es im Unendlichen Null ist.

3) Die Potentialfunction einer Fläche.

164. Analytische Ausdrücke. Gegeben sei eine Fläche F, die eine endliche Masse M von der endlichen Flächendichtigkeit σ besitzt. Wir nennen M die Flächenladung von F. Ist dF ein Element von F, r der Abstand zwischen dF und dem Punkt x, y, z, so ist die Potentialfunction von F auf x, y, z

$$(1)\qquad V = \int \frac{\sigma dF}{r}.$$

Das Flächenelement dF präsentirt sich in verschiedenen Formen je nach der Coordinatenwahl. a) Nimmt man an, F sei bestimmt durch eine Gleichung von der Form $\zeta = f(\xi, \eta)$, so ist nach bekannter Formel

$$(2)\qquad dF = d\xi d\eta \sqrt{1+\left(\frac{\partial \zeta}{\partial \xi}\right)^2+\left(\frac{\partial \zeta}{\partial \eta}\right)^2}.$$

b) Denkt man sich, dass jeder Punkt von F bestimmt sei durch zwei beliebige unabhängige Variable α und β, so kann man sie auf folgende Weise in Elemente theilen: Man lasse erst β variiren, während α constant $= c$ bleibt. Dann bilden die Punkte mit variablem β auf F eine Curve $\alpha = c$. Hierauf ertheile man dem α einen zweiten, constanten Werth $c + dc$, und lasse wieder β variiren; man erhält eine zweite, der ersten unendlich nahe liegende Curve. Durch Fortsetzung des Verfahrens theilt sich die ganze Fläche in unendlich viele Streifen. Dann lege man dem β constante Werthe, c_1, $c_1 + dc_1$ u. s. w. bei, und lasse in jedem einzelnen Fall α variiren. So erhält man ein zweites System von Linien; dieses zweite Liniensystem schneidet

Fig. 59.

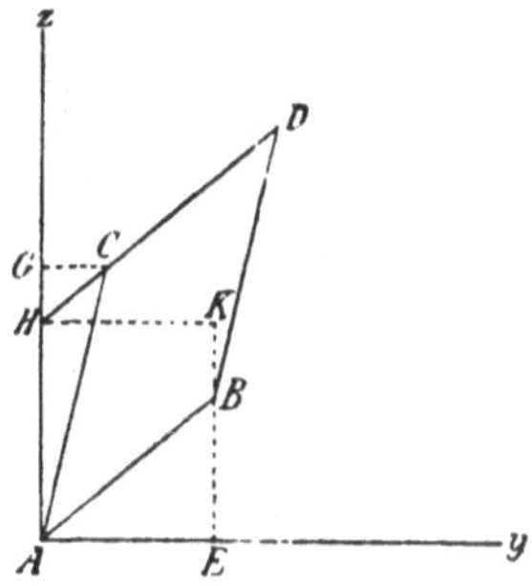

das erste, beide zusammen theilen also die Fläche in Elementartheile, deren einer als dF genommen werden kann.

Wir projiciren dies dF auf die yz-Ebene, nennen die Projection dF_x und berechnen den Inhalt von dF_x. Es sei A, Fig. 59, die Projection eines Punktes ξ, η, ζ der Fläche auf die Ebene der yz; A hat also die Coordinaten η, ζ. Aendert sich α bei constantem β um $d\alpha$, so ändert sich

$$\eta \text{ um } \frac{\partial\eta}{\partial\alpha}d\alpha, \text{ welches durch } AE \text{ dargestellt sei}$$

$$\zeta \text{ um } \frac{\partial\zeta}{\partial\alpha}d\alpha, \text{ welches durch } EB \text{ dargestellt sei.}$$

Die Gesammtänderung, welche die Lage von η, ζ erleidet, ist also AB.

Aendert sich β bei constantem α um $d\beta$, so ändert sich

$$\eta \text{ um } \frac{\partial\eta}{\partial\beta}d\beta = GC$$

$$\zeta \text{ um } \frac{\partial\zeta}{\partial\beta}d\beta = AG.$$

Die Gesammtänderung, welche die Lage von η, ζ in diesem Falle erleidet, ist AC. Folglich ist dF_x das Parallelogramm $ACDB$. Man sieht nun leicht, dass $ACDB$ gleich dem Rechteck $AHKE$ ist; also ist

$$\begin{aligned} ACDB &= AE.AG - HG.HK \\ &= AE.AG - HG.AE. \end{aligned}$$

Da nun das Dreieck GCH dem Dreieck BAE ähnlich ist, ist $GH.AE = GC.EB$, also

$$ACDB = AE.AG - GC.EB,$$

d. h.

$$(3) \qquad dF_x = \left(\frac{\partial\eta}{\partial\alpha}\frac{\partial\zeta}{\partial\beta} - \frac{\partial\eta}{\partial\beta}\frac{\partial\zeta}{\partial\alpha}\right)d\alpha\, d\beta.$$

Daraus erhält man dF_y und dF_z durch cyclische Vertauschung, und schliesslich

$$dF = \sqrt{dF_x^2 + dF_y^2 + dF_z^2}$$

oder

$$(4)\quad dF = d\alpha d\beta \sqrt{\left(\frac{\partial\xi}{\partial\alpha}\frac{\partial\eta}{\partial\beta} - \frac{\partial\xi}{\partial\beta}\frac{\partial\eta}{\partial\alpha}\right)^2 + \left(\frac{\partial\eta}{\partial\alpha}\frac{\partial\zeta}{\partial\beta} - \frac{\partial\eta}{\partial\beta}\frac{\partial\zeta}{\partial\alpha}\right)^2 + \left(\frac{\partial\zeta}{\partial\alpha}\frac{\partial\xi}{\partial\beta} - \frac{\partial\zeta}{\partial\beta}\frac{\partial\xi}{\partial\alpha}\right)^2}$$

c) Schlägt man um den Punkt x, y, z die früher gebrauchte Kugel Ω vom Radius 1, so schneidet ein von x, y, z ausgehender Elementarkegel aus Ω das Element $d\Omega$, aus F das Element dF aus. Zugleich ist nach **156.**, wenn λ der Winkel ist, den die nach aussen gezogene Normale von dF mit dem Radiusvector r von dF macht, $dF\cos\lambda = \pm r^2 d\Omega$ jenachdem λ spitz oder stumpf ist, also

$$(5)\qquad dF = \pm \frac{r^2}{\cos\lambda}\, d\Omega$$

oder, wenn man unter ψ den spitzen Winkel zwischen r und einer der beiden Normalen von dF versteht,

$$(5\text{a})\qquad dF = \frac{r^2}{\cos\psi}\, d\Omega.$$

d) Endlich kann man noch die drei Grössen dF_x, dF_y, dF_z je in ihrer Ebene durch Polarcoordinaten ausdrücken. In der Ebene der yz werde die y-Axe zur Fundamentalaxe genommen, φ_{yz} sei der Winkel, den der Radiusvector des Elements dF_x mit der y-Axe macht, ϱ_{yz} der Radiusvector; dann theilen wir die Ebene in Elemente der Form $\varrho_{yz}\, d\varphi_{yz}\, d\varrho_{yz}$ und betrachten ein dF, von welchem ein solches Element die Projection auf die yz-Ebene ist. Macht die Normale von dF mit der Axe der x den Winkel α, so ist $dF\cos\alpha = \varrho_{yz}\, d\varphi_{yz}\, d\varrho_{yz}$, also

$$(6)\qquad dF = \frac{\varrho_{yz}}{\cos\alpha} d\varphi_{yz}\, d\varrho_{yz} = \frac{\varrho_{zx}}{\cos\beta} d\varphi_{zx}\, d\varrho_{zx} = \frac{\varrho_{xy}}{\cos\gamma} d\varphi_{xy}\, d\varrho_{xy}\,.$$

Macht r, der Radiusvector von dF, mit der Axe der x den Winkel ε, so ist $\varrho_{yz} = r\sin\varepsilon$, also

$$(6\text{a})\qquad dF = r\,\frac{\sin\varepsilon}{\cos\alpha}\, d\varphi_{yz}\, d\varrho_{yz}\,.$$

Setzt man nun die bisher erlangten Werthe von dF in die Formel für die Potentialfunction ein, so erhält man folgende Formen derselben:

$$(\text{I})\qquad V = \iint \frac{\sigma}{r} \sqrt{1 + \left(\frac{\partial\zeta}{\partial\xi}\right)^2 + \left(\frac{\partial\zeta}{\partial\eta}\right)^2}\, d\xi\, d\eta,$$

wenn F die Gleichung $\zeta = f(\xi, \eta)$ hat.

$$(\text{II})\qquad V = \iint \frac{\sigma}{r} \sqrt{(dF_x)^2 + (dF_y)^2 + (dF_z)^2};$$

wenn F als bestimmt durch die Variablen α, β angesehen wird, sind dF_x u. s. w. aus Gl. (3) zu entnehmen.

$$\text{(III)} \qquad V = \int \frac{\sigma r}{\cos\psi}\, d\Omega,$$

wo ψ der spitze Winkel zwischen Normale und Radiusvector r ist.

$$\text{(IV)} \qquad V = \iint \sigma \frac{\sin\varepsilon}{\cos\alpha}\, d\varphi_{yz}\, d\varrho_{yz},$$

wo ϱ und φ die Polarcoordinaten in der Projection der Fläche auf die yz-Ebene sind, ε der Winkel (r, x), α der Winkel (N, x). Der letzteren Formel treten zwei andere zur Seite, die auf die zx- und xy-Projection recurriren.

165. Eigenschaften von V und $\mathfrak{T}$. Es liegt auf der Hand, dass das V einer Flächenladung im äusseren Raum, d. h. in allen Punkten, welche nicht unendlich nahe an oder in F liegen, die Eigenschaften behält, welche dem V eines Körpers oder Punktes im äusseren Raum zukommen; denn dort hat ja V keine Besonderheiten.

Der Satz: „Der Trieb der Masse M auf eine geschlossene Fläche S, welche das Quantum Q von M umschliesst, ist $4\pi Q$" bleibt gleichfalls bestehen, wenn M eine Flächenladung ist. Denn wenn auch S die Fläche F schneidet, so ist doch der in der Schnittlinie enthaltene Antheil von M verschwindend klein, liefert also keinen angebbaren Beitrag zu $\mathfrak{T}$. Nur in dem Falle, wo S mit F auf endlicher Erstreckung zusammenfällt, sagt er nichts bestimmtes mehr aus, weil sich dann nicht angeben lässt, wie viel Masse S „umschliesst".

Dagegen werden alle diejenigen für eine Körperpotentialfunction aufgestellten Sätze hinfällig, in denen k als endlich vorausgesetzt wurde; denn die körperliche Dichtigkeit einer Flächenladung ist ja unendlich gross. Die Fragen, welche sich auf Endlichkeit und Stetigkeit im Innern beziehen, müssen also für Flächenladungen besonders erörtert werden.

Satz 1. Die Potentialfunction einer Flächenladung von endlicher Flächendichtigkeit ist überall endlich.

Beweis. Im äusseren Raum versteht sich das von selbst; zu untersuchen bleibt der Fall, wo der angezogene Punkt unendlich nahe an, bezw. in die Fläche F selbst rückt. F sei stetig gekrümmt. Wir legen dann durch den angezogenen Punkt eine Tangentialebene an die Fläche, nehmen den angezogenen Punkt zum Pol derselben, betrachten die Tangentialebene als Ebene der yz und nehmen die Potentialfunction in der Form IV

$$(1) \qquad V = \iint \sigma \frac{\sin \varepsilon}{\cos \alpha} \, d\varphi_{yz} \, d\rho_{yz}.$$

Hierin ist α der Winkel zwischen der Axe der x und der Normale. Rückt aber der angezogene Punkt in die Fläche F, so fällt die Normale mit der Axe der x zusammen, also ist $\alpha = 0$, $\cos \alpha = 1$, die zu integrirende Function in Gl. (1) bleibt also endlich.

Die Tangentialebene wird unbestimmt und der Beweis hinfällig, wenn der angezogene Punkt μ in eine Stelle fällt, wo die Krümmung von F unstetig ist, also in eine Kante oder Spitze von F. Der Satz lässt sich auch auf diese Fälle ausdehnen, hat aber da kein practisches Interesse, weil, wie sich gleich zeigen wird, Flächenladungen mit geometrisch scharfen Kanten und Spitzen nicht existiren können.

Satz 2. Die ersten Differentialquotienten $\frac{\partial V}{\partial x}$, $\frac{\partial V}{\partial y}$, $\frac{\partial V}{\partial z}$ sind stets dann und nur dann endlich, wenn sowohl die Flächendichtigkeit, wie die Krümmung der Fläche F überall stetig ist. Zugleich ist $\frac{\partial V}{\partial x} = -X$ u. s. w.

Zunächst ist klar, dass $\frac{\partial V}{\partial x} = -X$ u. s. w. sein muss. Denn stellt man für den irgendwo im äussern Raum befindlichen Punkt x, y, z einerseits $\frac{\partial V}{\partial x}$, andererseits $-X$ direct her, so erhält man identische Ausdrücke; geht man also in beiden Ausdrücken zu der Grenze über, wo der angezogene Punkt in die Fläche F rückt, so erhält man auch identische Grenzwerthe für $\frac{\partial V}{\partial x}$ und $-X$.

Wir nehmen nun zunächst an, F sei stetig gekrümmt, und legen im Punkte x, y, z eine Tangentialebene E an dieselbe. In dieser Ebene schlagen wir einen kleinen, aber nicht unendlich kleinen Kreis vom Radius R und legen durch alle Punkte seiner Peripherie Perpendikel zu E; dieselben erzeugen einen Cylinder, der aus F das Stück ΔF herausschneidet. Bei stetiger Krümmung von F lässt sich R immer so wählen, dass keins der in ΔF enthaltenen Elemente senkrecht auf E steht. Das sei geschehen. Die Theile von F, welche ausserhalb ΔF liegen, bedürfen keiner besonderen Untersuchung, wir beschränken also die Betrachtung auf ΔF. Die Ebene E nehmen wir zur Ebene der yz, den Berührungspunkt gleichzeitig zum Anfangspunkt und zum Pol eines in der Ebene E hergestellten Polarcoordinatensystems der ρ, φ. Das Element des Kreises R ist dann $\rho d\varphi d\rho$, das Element von ΔF ist in der früheren Bezeichnung $\frac{\rho d\varphi . d\rho}{\cos \alpha}$, wenn α der Winkel, den die Normale von dF mit der Axe der x macht. Ist zugleich ε der Winkel zwischen r und der Axe der x, wo r der Radiusvector nach dF, so ist $\rho = r \sin \varepsilon$. Zugleich sind die Coordinaten des Elements dF der Reihe nach $\xi = r \cos \varepsilon = \rho \cot \varepsilon$, $\eta = \rho \cos \varphi$, $\zeta = \rho \sin \varphi$. Die Kräfte, welche dF auf den Anfangspunkt übt, sind $-\int \frac{\xi}{r^3} \sigma dF$, $-\int \frac{\eta}{r^3} \sigma dF$, $-\int \frac{\zeta}{r^3} \sigma dF$ oder

$$(2)\qquad X = -\iint \sigma \frac{\sin^2\varepsilon\cos\varepsilon}{\rho\cos\alpha}\,d\varphi\,d\rho, \qquad (3)\qquad Y = -\iint \sigma \frac{\sin^3\varepsilon\cos\varphi}{\rho\cos\alpha}\,d\varphi\,d\rho,$$

$$(4)\qquad Z = -\iint \sigma \frac{\sin^3\varepsilon\sin\varphi}{\rho\cos\alpha}\,d\varphi\,d\rho.$$

Was nun zunächst X angeht, so wird für verschwindendes ρ der Winkel α zu Null, also $\cos\alpha = 1$. Verbindet man ferner dF durch eine ebene Schnittlinie, deren Ebene durch die Axe der x geht, mit dem Anfang, so ist für verschwindendes ρ der Winkel ε das Complement des halben Contingenzwinkels dieser Curve, also $\cos\varepsilon = \sin\frac{1}{2}\tau$, wenn τ der Contingenzwinkel, wofür man schreiben kann $\cos\varepsilon = \frac{1}{2}\tau$. Nun ist bekanntlich das Bogenelement ds der Curve gleich $\mathfrak{r}\tau$, wenn $\mathfrak{r}$ der Krümmungsradius, also, da ds sich von ρ nur um eine unendlich kleine Grösse zweiter Ordnung unterscheidet, $\rho = \mathfrak{r}\tau = 2\mathfrak{r}\cos\varepsilon$, also ist $\frac{\rho}{\cos\varepsilon} = 2\mathfrak{r}$, und der Ausdruck für dX nimmt in unendlicher Nähe des Berührungspunktes die Form an $dX = \sigma\frac{\sin^2\varepsilon}{2\mathfrak{r}}\,d\varphi\,d\rho$. Da nun $\mathfrak{r}$ immer endlich ist, bleibt die zu integrirende Function auch für unendlich kleines ρ endlich, (selbst wenn σ unstetig ist).

Die Integrale für Y und Z verlangen eine andere Behandlung. Für die Integration fassen wir je zwei Elemente dF' und dF'' zusammen, welche der Bedingung genügen, dass $\rho' = \rho''$ und $\varphi' = \varphi'' + \pi$ ist. Dann ist die Integration offenbar vollständig, wenn sie von $\varphi = 0$ bis $\varphi = \pi$ geführt wird. Ist nun die Dichtigkeit im Berührungspunkt x, y, z gleich σ_0, so lässt sie sich wegen der Stetigkeit von σ für $\rho = \rho'$ und $\rho = \rho''$ nach dem Taylor'schen Lehrsatz entwickeln. Bezeichnet $\frac{d\sigma}{d\rho'}$ die Wachsthumsgeschwindigkeit von σ nach der Richtung von ρ', so ist

$$(5)\qquad \begin{cases} \sigma' = \sigma_0 + \rho'\frac{d\sigma_0}{d\rho'} + \frac{1}{2}\rho'^2\frac{d^2\sigma_0}{d\rho'^2} + \text{etc.}\ldots \\ \sigma'' = \sigma_0 - \rho'\frac{d\sigma_0}{d\rho'} + \frac{1}{2}\rho'^2\frac{d^2\sigma_0}{d\rho'^2} - \text{etc.}\ldots \end{cases}$$

Zugleich ist $\frac{\sin^3\varepsilon}{\cos\alpha}$ eine stetig veränderliche Grösse, die wir abkürzend mit g bezeichnen, also

$$(6)\qquad \begin{cases} g' = g_0 + \rho'\frac{dg_0}{d\rho'} + \frac{1}{2}\rho'^2\frac{dg_0}{d\rho'^2}\ldots \\ g'' = g_0 - \rho'\frac{dg_0}{d\rho'} + \frac{1}{2}\rho'^2\frac{d^2g_0}{d\rho'^2}\ldots \end{cases}$$

Fassen wir nun die beiden Elemente dF' und dF'' zusammen, so wird ihre gemeinschaftliche Wirkung in Y

$$(7)\qquad dY = -\frac{1}{\rho'}(g'\sigma' - g''\sigma'')\frac{\cos\varphi'}{\cos\alpha}\,d\rho\,d\varphi.$$

Wird nun ρ' unendlich klein, so sind die obigen Reihen absolut convergent und brechen mit dem zweiten Gliede ab; also wird $g'\sigma' - g''\sigma'' = \rho'\left(g_0\frac{d\sigma_0}{d\rho'} + \sigma_0\frac{dg'}{d\rho'}\right)$, die Grösse ρ' hebt sich also für die unendlich nahe am Anfang liegenden Punkte aus (7) heraus, und die zu integrirende Function bleibt auch in unendlicher Nähe des Anfangs endlich.

Genau wie Y verhält sich Z; also sind die von der Flächenladung ausgehenden Beschleunigungscomponenten endlich auch für einen angezogenen Punkt, der in der Fläche selbst liegt.

Besitzt aber σ im Punkte x, y, z eine Unstetigkeitslinie, so sind die Reihen (5) nicht mehr anwendbar. Vielmehr können wir die feste Richtung, von der ab φ gezählt wird, so legen, dass sie unendlich nahe an x, y, z mit der Unstetigkeitslinie zusammenfällt. Dann ist σ'' stets von σ' um eine endliche Grösse $\Delta\sigma$ verschieden, auch wenn ρ' unendlich klein wird. Also ist dann $g'\sigma' - g''\sigma''$ $= \left(g_0 + \rho' \frac{dg_0}{d\rho'}\right)\sigma' - \left(g_0 - \rho' \frac{dg_0}{d\rho'}\right)(\sigma' + \Delta\sigma) = -g_0\Delta\sigma + \rho'\left(g_0 \frac{d\sigma_0}{d\rho'} + \sigma_0 \frac{dg_0}{d\rho'}\right)$, dabei ist $\frac{\sin^3\varepsilon}{\cos\alpha}$ nahe 1, also wird die zu integrirende Function in Y und Z für unendlich kleines ρ' unendlich wegen des Postens $-\frac{g_0\Delta\sigma}{\rho'}$. Besitzt aber F im Punkte Y oder Z eine Kante oder Spitze, so wird daselbst $\mathfrak{r}$ unendlich klein, also nach dem Obigen X unendlich gross.

Flächenladungen, die eine Unstetigkeit der Dichte oder der Krümmung aufweisen, können also nicht existiren, weil sie sich durch ihre eigene Anziehung zerstören würden. Jede Fläche F, die eine endliche Flächendichtigkeit besitzt, muss demnach auch geschlossen sein, weil sonst ihr Rand eine Unstetigkeitsstelle bilden würde.

166. Die characteristische Gleichung der Flächenladungen. Die Kräfte, welche eine stetige, auf einer Fläche F von stetiger Krümmung gegebene Flächenladung hervorbringt, sind nicht stetig, vielmehr besteht für sie eine characteristische Unstetigkeit, welche jetzt abgeleitet werden soll.

Aus der Fläche F schneiden wir ein Element dS heraus; die nach aussen gerichtete Normale desselben bezeichnen wir als N, die nach innen gerichtete als $(-N)$. Durch den Rand von dF legen wir nach beiden Seiten von dS eine unendlich kurze Kraftröhre und schliessen dieselbe aussen und innen durch zwei mit dF parallele Flächen; von diesen heisse die äussere dF', die innere dF''. So entsteht eine geschlossene Fläche S, welche durch dF', dF'' und das zwischenliegende Kraftröhrenstück eingeschlossen ist. Diese Fläche S enthält von der anziehenden Masse das Quantum σdF, und der Gauss'sche Oberflächensatz kann unbedenklich auf sie angewendet werden, weil die auf ihre Grenzen wirkende Kraft überall endlich ist. Also ist der Trieb auf S

$$(1) \qquad \mathfrak{T} = 4\pi\sigma dF.$$

Es ist 1) der Trieb auf das Kraftröhrenstück, welches zwischen dF' und dF'' liegt, Null, weil die Normale der Kraftröhre überall senkrecht auf der Kraft steht. 2) Die zu dF' normale Componente der Beschleunigung in dF' ist gleich $-\frac{\partial V}{\partial N}$, der Trieb auf dF' also $-\frac{\partial V}{\partial N}\partial F'$; ebenso ist der Trieb auf dF'' gleich $-\frac{\partial V}{\partial(-N)}dF''$; da nun (wegen der unendlich kleinen Abstände) dF' und dF'' bis auf unendlich kleine Grössen höherer Ordnung gleich dF sind, ist der Gesammttrieb auf S auch gleich

$$(2) \qquad \mathfrak{T} = -\left(\frac{\partial V}{\partial N} + \frac{\partial V}{\partial(-N)}\right)dF.$$

Aus Gl. (1) und (2) folgt

$$(3) \qquad \frac{\partial V}{\partial N} + \frac{\partial V}{\partial(-N)} = -4\pi\sigma.$$

Dies ist die characteristische Unstetigkeitsgleichung der Flächenladungen; Gl. (3) hat für Flächenladungen eine ähnliche Bedeutung, wie die Gleichung $\Delta^2 V = -4\pi k$ für körperliche Massen. Dass die letztere für Flächenladungen keine Bedeutung hat, ist selbstverständlich, weil für diese k unendlich wird.

Aus Gl. (3) folgt u. A., dass eine allein im Raum existirende unbegrenzte Ebene keine Flächenladung haben kann. Denn bei einer solchen ist $+N$ von $-N$ nicht zu unterscheiden, sie muss den Raum in zwei Hälften theilen, die sich gegen die Ebene vollkommen symmetrisch verhalten, Gl. (3) verlangt aber das Gegentheil. Dagegen widerspricht Gl. (3) nicht der Möglichkeit, dass zwei gleichzeitig gegebene parallele Ebenen mit verschiedenen Flächenladungen existiren.

4. Der Green'sche Satz und Verwandtes.

167. Es sei S eine geschlossene Fläche und K der von ihr umschlossene Raum; G und H seien zwei Functionen der Coordinaten, welche im ganzen Raume K eindeutig, endlich und stetig sind. Die Operation $\frac{\partial^2}{\partial x^2} + \frac{\partial^2}{\partial y^2} + \frac{\partial^2}{\partial z^2}$ werde, wie bisher, durch das Zeichen Δ^2 angedeutet.

Man bilde den Ausdruck

$$\int \frac{\partial G}{\partial z}\frac{\partial H}{\partial z}dK \quad \text{oder} \quad \iiint \frac{\partial G}{\partial z}\frac{\partial H}{\partial z}dx\,dy\,dz$$

und integrire ihn partiell nach z über ein Elementarparallelepiped welches aus $z = -\infty$ kommend den Körper K in der Richtung nach $z = +\infty$ hin durchschneidet. Dies Elementarparallelepiped trifft die Oberfläche S von K in Schnitten dS_1, dS_2, dS_3 u. s. w.; dS_1, dS_3, überhaupt die ungeraden dS sind Eintritts-, die geraden sind Austrittsstellen. Die dS mögen der Reihe nach die Coordinaten z_1, z_2, z_3 u. s. w. haben. Es ist nun offenbar

$$\iiint \frac{\partial G}{\partial z}\frac{\partial H}{\partial z}dx\,dy\,dz = \iint dx\,dy \int \frac{\partial G}{\partial z}\frac{\partial H}{\partial z}dz$$

$$= \iint dx\,dy \Big[\Big(G\frac{\partial H}{\partial z}\Big)_{z_1}^{z_2} - \int_{z_1}^{z_2} G\frac{\partial^2 H}{\partial z^2}dz$$

$$+ \Big(G\frac{\partial H}{\partial z}\Big)_{z_3}^{z_4} - \int_{z_3}^{z_4} G\frac{\partial^2 H}{\partial z^2}dz$$

$$+ \Big(G\frac{\partial H}{\partial z}\Big)_{z_5}^{z_6} - \int_{z_5}^{z_6} G\frac{\partial^2 H}{\partial z^2}dz + \text{etc.}\dots\Big]$$

$$(1)\quad \begin{cases} = \iint dx\,dy\Big[-\Big(G\frac{\partial H}{\partial z}\Big)_{z_1} + \Big(G\frac{\partial H}{\partial z}\Big)_{z_2} - \Big(G\frac{\partial H}{\partial z}\Big)_{z_3} + \text{etc.}\Big] \\ \quad - \iiint G\frac{\partial^2 H}{\partial z^2}dK, \end{cases}$$

wo das zweite, dreifache Integral rechts über alle in das Volumen K fallenden Elemente des Elementarparallelepipeds auszudehnen ist.

In dem ersten, doppelten Integral ist nun, wenn N_ν die nach aussen gerichtete Normale des Elements dS_ν bezeichnet, und $\frac{\partial z}{\partial N_\nu}$ den Cosinus des Winkels, welchen N_ν mit der positiven z-Richtung macht, nach dem früheren

$$dx\,dy = -dS\frac{\partial z}{\partial N} \text{ an den Eintrittsstellen, und}$$

$$dx\,dy = +dS\frac{\partial z}{\partial N} \text{ an den Austrittsstellen.}$$

Also ist das Doppelintegral zu ersetzen durch

$$\int\Big[G_1\frac{\partial H_1}{\partial z}\frac{\partial z}{\partial N_1}dS_1 + G_2\frac{\partial H_2}{\partial z}\frac{\partial z}{\partial N_2}\partial S_2 + G_3\frac{\partial H_3}{\partial z}\frac{\partial z}{\partial N_3}dS_3 + \text{etc.}$$

Für den im Elementarparallelepiped enthaltenen Raum erhält man also die Beziehung

$$\int \frac{\partial G}{\partial z}\frac{\partial H}{\partial z}dK = \int \left[G_1 \frac{\partial H_1}{\partial z}\frac{\partial z}{\partial N_1}dS_1 + G_2 \frac{\partial H_2}{\partial z}\frac{\partial z}{\partial N_2} + \text{etc.} \ldots\right] - \int G \frac{\partial^2 H}{\partial z^2}dK.$$

Bildet man nun alle Elementarepipede der beschriebenen Art und dehnt die Integration auf alle aus, so sind die Integrale, welche dK enthalten, über den ganzen Raum K erstreckt; das erste Integral auf der rechten Seite aber umfasst alle Elemente der Oberfläche S, wobei jedes mit dem zugehörigen $G\frac{\partial H}{\partial z}\frac{\partial z}{\partial N}$ multiplicirt ist. Also ist dann

$$(2) \qquad \int \frac{\partial G}{\partial z}\frac{\partial H}{\partial z}dK + \int G\frac{\partial^2 H}{\partial z^2}dK = \int G\frac{\partial H}{\partial z}\frac{\partial z}{\partial N}dS,$$

wo die (dreifachen) Integrale links über den ganzen Raum K, das (Doppel)integral rechts über die ganze Oberfläche desselben auszudehnen sind.

Zwei ganz entsprechende Gleichungen lassen sich offenbar in x und y bilden. Stellt man sie her und addirt die drei Gleichungen, so erhält man

$$(3) \quad \begin{cases} \int\left(\frac{\partial G}{\partial x}\frac{\partial H}{\partial x} + \frac{\partial G}{\partial y}\frac{\partial H}{\partial y} + \frac{\partial G}{\partial z}\frac{\partial H}{\partial z}\right)dK + \int G\Delta^2 H dK \\ \quad = \int G\left(\frac{\partial H}{\partial x}\frac{\partial x}{\partial N} + \frac{\partial H}{\partial y}\frac{\partial y}{\partial N} + \frac{\partial H}{\partial z}\frac{\partial z}{\partial N}\right)dS. \end{cases}$$

Das Integral auf der rechten Seite dieser Gleichung lässt sich offenbar kürzer $\int G\frac{\partial H}{\partial N}dS$ schreiben. Das erste Integral links lässt sich kürzer ausdrücken, wenn man die Niveauflächen der Functionen G und H einführt, und ihre Normalen mit g und h bezeichnet. Dann ist nämlich

$$\frac{\partial G}{\partial x} = \frac{\partial G}{\partial g}\cos(g, x), \quad \frac{\partial G}{\partial y} = \frac{\partial G}{\partial g}\cos(g, y) \text{ u. s. w.}$$

$$\frac{\partial H}{\partial x} = \frac{\partial H}{\partial h}\cos(h, x) \text{ u. s. w.}$$

Also

$$\left(\frac{\partial G}{\partial x}\frac{\partial H}{\partial x} + \frac{\partial G}{\partial y}\frac{\partial H}{\partial y} + \frac{\partial G}{\partial z}\frac{\partial H}{\partial z}\right)$$

$$= \frac{\partial G}{\partial g}\frac{\partial H}{\partial h}[\cos(g, x)\cos(h, x) + \cos(g, y)\cos(h, y) + \cos(g, z)\cos(h, z)],$$

$$= \frac{\partial G}{\partial g}\frac{\partial H}{\partial h}\cos\delta,$$

wenn δ der Winkel ist, den g mit h macht.

Also nimmt Gl. (3) die beiden Formen an

$$(4)\quad \int G\Delta^2 H dK + \int\left(\frac{\partial G}{\partial x}\frac{\partial H}{\partial x}+\frac{\partial G}{\partial y}\frac{\partial H}{\partial y}+\frac{\partial G}{\partial z}\frac{\partial H}{\partial z}\right)dK = \int G\frac{\partial H}{\partial N}dS,$$

oder

$$(5)\quad \int G\Delta^2 H dK + \int\frac{\partial G}{\partial g}\frac{\partial H}{\partial h}\cos\delta . dK = \int G\frac{\partial H}{\partial N}dS.$$

Die beiden vorstehenden Gleichungen heissen **der Green'sche Satz.** Vertauscht man in ihnen G mit H, so erhält man

$$\int H\Delta^2 G dK + \int\frac{\partial G}{\partial g}\frac{\partial H}{\partial h}\cos\delta dK = \int H\frac{\partial G}{\partial N}dS,$$

und zieht man diese Gleichung von (3) ab, so ergiebt sich

$$(6)\quad \int G\Delta^2 H dK - \int H\Delta^2 G dK = \int G\frac{\partial H}{\partial N}dS - \int H\frac{\partial G}{\partial N}dS,$$

die zweite Form des Green'schen Satzes.

Green veröffentlichte seine Sätze in dem 1828 zu Nottingham gedruckten Essay on the application of mathematical analysis to the theories of electricity and magnetism; dieselbe, Decennien lang ungenügend gewürdigt, wurde später in Crelle's Journal Bd. 39, 44, 47 abgedruckt.

168. Andere Ableitung. Der Green'sche Satz steht in engem Zusammenhang mit dem Gauss'schen Oberflächensatz. Setzt man in Gl. (5) des vorigen Paragraphen $G = 1$ und $H = V$, so erhält man

$$(1)\quad \int\Delta^2 V dK = \int\frac{\partial V}{\partial N}dS,$$

und da $\int\Delta^2 V dK = -4\pi M$, $-\frac{\partial V}{\partial N}dS$ aber der Trieb auf dS ist, so ist dies der Gauss'sche Oberflächensatz.

Es lassen sich beide Sätze (und noch andere mehr) auf ein gemeinschaftliches Grundprincip zurückführen, aus dem ihre Bedeutung und Verwandtschaft schön hervorleuchtet. Das soll hier geschehen.

Der Raum K werde durch Ebenen parallel den drei Coordinatenebenen in Elemente getheilt. Die Elemente sind dann durch Scheidewände $dy\,dz$, $dz\,dx$, $dx\,dy$ voneinander getrennt, und jede Scheidewand gehört zwei Elementen dK gemeinschaftlich an. Ein $dy\,dz$ z. B. ist die linke Aussenfläche eines dK, wenn es die rechte Aussenfläche des links benachbarten dK ist. Ausgenommen hiervon sind nur diejenigen Elemente dK, welche der Oberfläche S unmittelbar anliegen; sie sind einerseits durch die Elemente dS der Oberfläche, andererseits durch rechtwinklige Scheidewände begrenzt; die ersten gehören nur je einem dK, die letzteren aber wieder je zwei Elementen dK an.

Die einzelnen Grenzflächen der einzelnen Elemente dK seien mit dE bezeichnet. Man bilde für sie das Product $\frac{\partial V}{\partial n} dE$, in welchem n die nach aussen gerichtete Normale von dE ist, summire es zunächst über alle 6 Grenzflächen eines Elements und bezeichne die Summe mit $\Sigma \frac{\partial V}{\partial n} dE$: dann summire man diese Summe über alle Elemente ohne Ausnahme von dK; das Resultat heisse $\int \Sigma \frac{\partial V}{\partial n} dE$. Es ist nun klar, dass in diesem Ausdruck jede Scheidewand aus dem Innern des Körpers K, also jedes dE mit Ausnahme der dS zweimal vorkommt; einmal ist nämlich dE die linke (untere, hintere) Grenzfläche eines dK, und das anderemal ist dasselbe dE die rechte (obere, vordere) Grenzfläche des benachbarten dK. In beiden Fällen hat dE die gleiche Grösse, in beiden hat auch $\frac{\partial V}{\partial n}$ den gleichen absoluten Werth, aber für eine linke Grenzfläche ist n nach links, für eine rechte ist n nach rechts gerichtet, also hat $\frac{\partial V}{\partial n}$ in beiden Fällen entgegengesetzte Werthe. Folglich liefert jede einzelne Scheidewand zu dem vorstehenden Integral den Beitrag Null, also ist $\int \Sigma \frac{\partial V}{\partial n} dE$, so weit sich diese Summirung über die inneren Scheidewände erstreckt, gleich Null, und von Null verschieden sind bloss diejenigen Beiträge, welche von den Elementen dS der äusseren Oberfläche herrühren: also ist, wenn N die positive Normale der dS,

$$(1) \qquad \int \Sigma \frac{\partial V}{\partial n} dE = \int \frac{\partial V}{\partial N} dS.$$

Zugleich leuchtet ein, dass jede Grösse, die ähnlich wie $\frac{\partial V}{\partial n}$ ihr Vorzeichen wechselt, wenn die Normale n sich umkehrt, die gleiche Eigenschaft haben muss. Es ist also z. B., wenn U eine in K endliche, stetige und eindeutige Function ist,

$$(2) \qquad \int \Sigma U \frac{\partial V}{\partial n} dE = \int U \frac{\partial V}{\partial n} dS$$

oder auch, wenn p eine ungerade ganze Zahl

$$(3) \qquad \int \Sigma \left(\frac{\partial V}{\partial n}\right)^p dE = \int \left(\frac{\partial V}{\partial N}\right)^p dS$$

$$(4) \qquad \int \Sigma U \left(\frac{\partial V}{\partial n}\right)^p dE = \int U \left(\frac{\partial V}{\partial N}\right)^p dS.$$

Es ist nun leicht, die Ausdrücke, welche auf den linken Seiten dieser Gleichungen stehen, für das einzelne Element zu bilden.

ad 1) Das Element $dx\,dy\,dz$ hat zwei gegenüberliegende Grenzwände von der Grösse $dy\,dz$, die um dx von einander abstehen. An der einen, vorderen, nach der Seite der negativen x gekehrten Wand hat n die Richtung von $-x$, also ist dort $\frac{\partial V}{\partial n} = -\frac{\partial V}{\partial x}$, und $\frac{\partial V}{\partial n} \cdot dE = -\frac{\partial V}{\partial x} dy\,dz$; an der gegenüberliegenden Wand hat V den Werth $\left(V + \frac{\partial V}{\partial x} dx\right)$ und n die Richtung von x, also ist dort die entsprechende Grösse $\frac{\partial}{\partial x}\left(V+\frac{\partial V}{\partial x}dx\right).dy\,dz$; für beide Wände zusammen ist also $\Sigma\frac{\partial V}{\partial n}dE=\frac{\partial^2 V}{\partial x^2}dx\,dy\,dz$. Entsprechend hat das Element zwei gegenüberliegende Wände von der Grösse $dz\,dx$, und für diese ist

$$\Sigma\frac{\partial V}{\partial n}dE=\frac{\partial^2 V}{\partial y^2}dx\,dy\,dz;$$

ferner ist für das dritte Wandpaar $dx\,dy$ die Grösse $\Sigma\frac{\partial V}{\partial n}dE=\frac{\partial^2 V}{\partial z^2}dx\,dy\,dz$. Also ist für alle 6 Wände

$$\text{(5)}\qquad \Sigma\frac{\partial V}{\partial n}dE=\Delta^2 V\,dx\,dy\,dz.$$

Und damit ist nach (1)

$$\text{(6)}\qquad \int\Delta^2 V\,dx\,dy\,dz=\int\frac{\partial V}{\partial N}dS.$$

Hierbei ist die Gleichung (5) für diejenigen Elemente nicht erwiesen, welche der Oberfläche S unendlich nahe anliegen. Da dieselben aber zu $\int\Delta^2 V\,dK$ nur einen verschwindend kleinen Beitrag liefern, bedürfen sie keiner Berücksichtigung. Die vorstehende Gleichung ist der Gauss'sche Satz.

Nehmen wir nun statt $\frac{\partial V}{\partial n}$ das Product $U\frac{\partial V}{\partial N}$ und denken uns das Element $dx\,dy\,dz$ in derselben Weise behandelt. Dann ist für die Grenzen von der Grösse $dy\,dz$

$$\text{einerseits}\quad U\frac{\partial V}{\partial n}dE=-U\frac{\partial V}{\partial x}dy\,dz$$

$$\text{andererseits}\quad U\frac{\partial V}{\partial n}dE=+\left(U+\frac{\partial U}{\partial x}dx\right)\left(\frac{\partial V}{\partial x}+\frac{\partial^2 V}{\partial x^2}dx\right)dy\,dz,$$

also für beide zusammen mit Weglassung der unendlich kleinen Grösse vierter Ordnung

$$\Sigma U\frac{\partial V}{\partial n}dE=\left(\frac{\partial U}{\partial x}\frac{\partial V}{\partial x}+\frac{\partial^2 V}{\partial x^2}U\right)dx\,dy\,dz,$$

also für alle sechs Flächen des Elements

$$\text{(7)}\qquad \Sigma U\frac{\partial V}{\partial n}dE=\left(\frac{\partial U}{\partial x}\frac{\partial V}{\partial x}+\frac{\partial U}{\partial y}\frac{\partial V}{\partial y}+\frac{\partial U}{\partial z}\frac{\partial V}{\partial z}\right)dx\,dy\,dz+U\Delta^2 V\,dx\,dy\,dz,$$

also nach (2)

$$\text{(8)}\qquad \int\frac{\partial V}{\partial N}dS=\int U\Delta^2 V\,dK+\int\left(\frac{\partial U}{\partial x}\frac{\partial V}{\partial x}+\frac{\partial U}{\partial y}\frac{\partial V}{\partial y}+\frac{\partial U}{\partial z}\frac{\partial V}{\partial z}\right)dK.$$

Das ist der Green'sche Satz. Die Randelemente, welche an dS anstossen, verhalten sich, wie vorhin. Nehmen wir Gl. (3), so ergiebt sich für die Grenzen von der Grösse $dy\,dz$

$$\text{einerseits}\quad \left(\frac{\partial V}{\partial n}\right)^p dE=-\left(\frac{\partial V}{\partial x}\right)^p dy\,dz,$$

$$\text{andererseits}\quad \left(\frac{\partial V}{\partial n}\right)^p dE=\left[\left(\frac{\partial V}{\partial x}\right)^p+p\left(\frac{\partial V}{\partial x}\right)^{p-1}\frac{\partial^2 V}{\partial x^2}dx\right]dy\,dz,$$

für beide zusammen

$$\Sigma\left(\frac{\partial V}{\partial n}\right)^p dE = p\left(\frac{\partial V}{\partial x}\right)^{p-1}\frac{\partial^2 V}{\partial x^2}dx\,dy\,dz,$$

für alle 6 Grenzflächen des Elements

$$(9)\qquad \Sigma\left(\frac{\partial V}{\partial n}\right)^p dE = p\left[\left(\frac{\partial V}{\partial x}\right)^{p-1}\frac{\partial^2 V}{\partial x^2}+\left(\frac{\partial V}{\partial y}\right)^{p-1}\frac{\partial^2 V}{\partial y^2}+\left(\frac{\partial V}{\partial z}\right)^{p-1}\frac{\partial^2 V}{\partial z^2}\right].$$

Bezeichnet man den Ausdruck in der eckigen Klammer auf der rechten Seite dieser Gleichung abkürzend mit $\Delta^{2p}V$, so folgt aus (3)

$$(10)\qquad \int\left(\frac{\partial V}{\partial N}\right)^p dS = p\int\Delta^{2p}V\,dK$$

Und schliesslich lässt sich noch ganz analog aus Gl. (4) der Satz ableiten

$$\int U\left(\frac{\partial V}{\partial N}\right)^p dS = \int\left[\frac{\partial U}{\partial x}\left(\frac{\partial V}{\partial x}\right)^p+\frac{\partial U}{\partial y}\left(\frac{\partial V}{\partial y}\right)^p+\frac{\partial U}{\partial z}\left(\frac{\partial V}{\partial z}\right)^p\right]dK+p\int U\Delta^{2p}V\,dK,$$

der sich auf den Green'schen zurückzieht, wenn man $p = 1$ setzt.

Man ersieht aus dem vorstehenden, dass die sämmtlichen hier aufgestellten Sätze nichts anderes sind, als Beziehungen zwischen einer Grenzfläche und ihrem Inhalt, ausgedrückt durch die Thatsache, dass eine Summe, in der jede Elementargrenzfläche einmal positiv und einmal negativ als Factor eingeht, sich auf eine Summe über die äussere Grenzfläche reducirt.

169. Vectorpotential. Dasselbe Princip lässt sich nun auch auf eine begrenzte Fläche S und ihre Grenzlinie s anwenden. Es sei u ein Vector, der keine Potentialfunction zu haben braucht, der an jeder Stelle der Fläche S einen eindeutigen, endlichen und stetigen Werth hat. Die Fläche theilen wir irgendwie in Elemente zweiter Ordnung dS; die Grenzlinie eines solchen Elementes werde mit σ bezeichnet und ihrerseits wieder in Elemente $d\sigma$ getheilt. Dann hat jede innere Grenzlinie zwei Elemente dS zu begrenzen. Z. B. die Grenze AB in Fig. 60 ist erstens Grenze des rechts, zweitens Grenze des links von ihr gelegenen Elements. In diesem Sinne hat sie eine doppelte Richtung. Man denke sich nämlich, dass alle Elemente der Figur in einem bestimmten Sinne umkreist werden. Diesen Sinn werden wir positiv nennen, wenn er derselbe ist, in dem ein von der Axe der x zur Axe der y hinbewegter Punkt die z-Axe umkreist, d. h. wenn der Inhalt des Elements, von oben gesehen, links von dem umkreisenden Gegenstand liegt. Umkreist nun irgend ein Gegenstand in diesem, durch die Pfeile der Figur angezeigten Sinn das Element dS, welches links von AB liegt, so legt er die Grenze BA in der Richtung von B nach A hin zurück. Umkreist er aber das rechts gelegene Element, so legt er die Grenze AB in der Richtung von A nach B hin zurück.

Fig. 60.

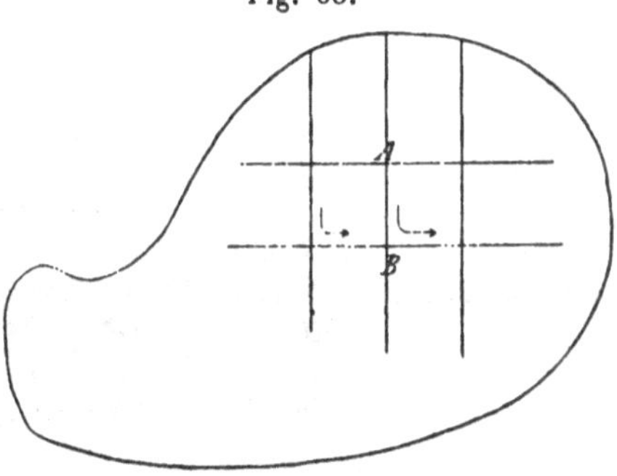

Wir bestimmen nun die Arbeit (das Linienintegral), welche der Vector u thut, wenn er alle Elemente der Fläche S im positiven Sinne umkreist. Macht u mit dem Element $d\sigma = AB$ den Winkel ν, so ist seine Arbeit auf der Strecke $d\sigma$ gleich $u \cos\nu d\sigma$, die Arbeit auf dem ganzen Umfang von dS wollen wir durch $\Sigma u \cos\nu d\sigma$ bezeichnen. Die Summe aller Arbeit, die u leistet, wenn er alle Elemente von S in gleichem Sinne umkreist, ist dann $\int \Sigma u \cos\nu d\sigma$. In dieser Summe verschwinden aber offenbar alle diejenigen Arbeiten, welche auf den im Innern von S vorhandenen Grenzlinien der Elemente geleistet werden. Denn jede dieser Grenzlinien wird nach dem Obigen zweimal durchlaufen, einmal in der Richtung AB, einmal in der Richtung BA. Die dabei geleisteten Arbeiten sind aber entgegengesetzt gleich ($d\sigma$ ist im einen Fall umgekehrt gerichtet, wie im andern, $\cos\nu$ also das einemal positiv, das anderemal negativ); also heben sie sich im Integral auf. Folglich bleiben in $\int \Sigma u \cos\nu d\sigma$ nur diejenigen Elemente $d\sigma$ zu berücksichtigen, welche der Grenzlinie s selbst angehören, denn sie sind die einzigen, die nicht doppelt vorkommen. Nennt man also λ den Winkel, welchen u mit dem Element ds der Grenzlinie macht, so ist

$$(1) \qquad \int \Sigma u \cos\nu d\sigma = \int u \cos\lambda\, ds$$

wo das Integral links über alle Grenzlinien aller Elemente, das rechts über die Grenzlinie s der ganzen Fläche auszudehnen ist.

Der Satz bleibt erhalten, wenn man u noch mit einer beliebigen endlichen, stetigen und richtungslosen Grösse V multiplicirt. Denn auch dann ist offenbar $Vu \cos\nu d\sigma$ für die Strecke AB entgegengesetzt gleich dem $Vu \cos\nu d\sigma$ für die Strecke BA. Also ist auch

$$(2) \qquad \int \Sigma\, Vu \cos\nu d\sigma = \int Vu \cos\lambda\, ds$$

wo u ein Vector, V eine scalare Function der Coordinaten ist.

(Der Satz (1) wird in einfachster Form schon seit lange in der Electrodynamik benutzt; der Vector, um den es sich handelt, ist dort eine Stromintensität; er heisst dann: Es ist gleichgültig, ob man sich die Linie s von einem Strom der Intensität i durchflossen denkt, oder ob man annimmt, jedes Element der von s umschlossenen Fläche S sei von demselben Strom i umkreist.)

Es sei nun u ein Vector, der die Componenten F, G, H besitzt, und es sei nicht $\frac{\partial F}{\partial y} = \frac{\partial G}{\partial x}$, $\frac{\partial G}{\partial z} = \frac{\partial H}{\partial y}$, $\frac{\partial H}{\partial x} = \frac{\partial F}{\partial z}$, es sollen also F, G, H nicht Differentialquotienten einer Function sein, sondern es sei

$$(3) \qquad \frac{\partial H}{\partial y} - \frac{\partial G}{\partial z} = X, \quad \frac{\partial F}{\partial z} - \frac{\partial H}{\partial x} = Y, \quad \frac{\partial G}{\partial x} - \frac{\partial F}{\partial y} = Z.$$

Dann heisst u nach Maxwell das Vectorpotential von X, Y, Z.

Für dieses u wollen wir die Integrale auf der linken Seite von (1) und (2) herstellen.

Die Coordinaten der Punkte von S seien, wie in § **164** (*b*) als Functionen zweier unabhängigen Variablen α und β gedacht, ein Element dS sei demgemäss

Fig. 61.

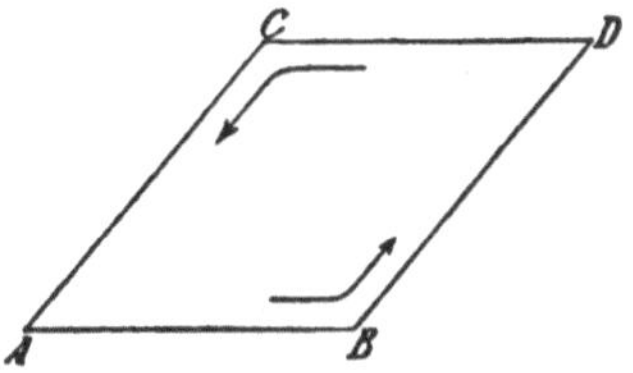

durch zwei Linienpaare begrenzt, von denen ein Paar durch Variation von α, eins durch Variation von β entstanden ist. Ein solches Element sei etwa durch Fig. 60 dargestellt; wir stellen die Aufgabe, die Arbeit zu bestimmen, welche u bei Umkreisung dieses Elements in der durch die Pfeile angegebenen Richtung leistet. Dieselbe ist zu bezeichnen durch

$$\Sigma u \cos \nu \, d\sigma,$$

wo für $d\sigma$ der Reihe nach die vier Seiten AB, BD, DC, CA des Elements einzusetzen sind. $u \cos \nu$ lässt sich bekanntlich, wenn F, G, H die Componenten von u sind, ersetzen durch $F\frac{\partial x}{\partial \sigma} + G\frac{\partial y}{\partial \sigma} + H\frac{\partial z}{\partial \sigma}$, der vorstehende Ausdruck also durch

$$\Sigma(F dx + G dy + Z dz),$$

wenn man unter dx, dy, dz die Zuwachse versteht, welche die Coordinaten x, y, z auf den vier Strecken AB, BD, DC, CA erleiden. Wir bilden zunächst den ersten Posten

$$\Sigma F dx.$$

AB sei dadurch entstanden, dass α um $d\alpha$ wächst. Dann hat das entsprechende dx die Länge $\frac{\partial x}{\partial \alpha} d\alpha$; F hat in A einen bestimmten Werth F_1, also ist die Arbeit auf AB

$$F_1 \frac{\partial x}{\partial \alpha} d\alpha.$$

In C dagegen hat F den Werth $F_1 + \frac{\partial F_1}{\partial \beta} d\beta$, da ja AC durch Wachsen von β um $d\beta$ entsteht; ebenso ist dort $\frac{\partial x}{\partial \alpha}$ dem Längenwerth nach $\frac{\partial x}{\partial \alpha} + \frac{\partial^2 x}{\partial \alpha \partial \beta} d\beta$; dabei wird DC im Sinne der abnehmenden α zurückgelegt, die auf DC geleistete Arbeit ist also

$$-\left(F_1 + \frac{\partial F_1}{\partial \beta} d\beta\right)\left(\frac{\partial x}{\partial \alpha} + \frac{\partial^2 x}{\partial \alpha \partial \beta} \partial\beta\right) d\alpha.$$

AC wird im Sinne der abnehmenden β zurückgelegt; in A ist $F = F_1$ und das dx, welches CA entspricht, ist $-\frac{\partial x}{\partial \beta} d\beta$, also ist die Arbeit auf CA

$$-F_1 \frac{\partial x}{\partial \beta} d\beta.$$

In B ist $F = F_1 + \frac{\partial F}{\partial \alpha} d\alpha$, und $\frac{\partial x}{\partial \beta}$ gleich $\frac{\partial x}{\partial \beta} + \frac{\partial^2 x}{\partial \beta \, d\alpha} d\alpha$, dabei wird BD im Sinne der wachsenden β zurückgelegt, also ist die Arbeit auf BD

$$+\left(F_1 + \frac{\partial F_1}{\partial \alpha} d\alpha\right)\left(\frac{\partial x}{\partial \beta} + \frac{\partial^2 x}{\partial \alpha \partial \beta} d\alpha\right) d\beta.$$

Zählt man die vorstehenden vier Arbeiten zusammen, so findet sich

$$(4) \qquad \Sigma F dx = \left(\frac{\partial F}{\partial \alpha}\frac{\partial x}{\partial \beta} - \frac{\partial F}{\partial \beta}\frac{\partial x}{\partial \alpha}\right) d\alpha \, d\beta$$

mit Vernachlässigung der unendlich kleinen Grösse dritter Ordnung und unter Weglassung der nunmehr überflüssigen Marke 1 an F.

Löst man $\frac{\partial F}{\partial \beta}$ und $\frac{\partial F}{\partial \alpha}$ auf, so erhält man

$$(5)\quad \begin{cases} \Sigma F dx = \left\{ \frac{\partial x}{\partial \beta}\left(\frac{\partial F}{\partial x}\frac{\partial x}{\partial \alpha} + \frac{\partial F}{\partial y}\frac{\partial y}{\partial \alpha} + \frac{\partial F}{\partial z}\frac{\partial z}{\partial \alpha}\right) \right. \\ \left. - \frac{\partial x}{\partial \alpha}\left(\frac{\partial F}{\partial x}\frac{\partial x}{\partial \beta} + \frac{\partial F}{\partial y}\frac{\partial y}{\partial \beta} + \frac{\partial F}{\partial z}\frac{\partial z}{\partial \beta}\right)\right\} d\alpha\, d\beta. \end{cases}$$

Hierin hebt sich das erste Glied der ersten Klammer gegen das erste der zweiten, es bleibt

$$(6)\quad \Sigma F dx = \left\{ \frac{\partial x}{\partial \beta}\left(\frac{\partial F}{\partial y}\frac{\partial y}{\partial \alpha} + \frac{\partial F}{\partial z}\frac{\partial z}{\partial \alpha}\right) - \frac{\partial x}{\partial \alpha}\left(\frac{\partial F}{\partial y}\frac{\partial y}{\partial \beta} + \frac{\partial F}{\partial z}\frac{\partial z}{\partial \beta}\right)\right\} d\alpha\, d\beta.$$

Hieraus lässt sich $\Sigma G dy$ und $\Sigma H dz$ durch cyclische Vertauschung der x, y, z herstellen. Ordnet man zugleich nach Differentialquotienten von F, so findet sich

$$(7)\quad \begin{cases} \Sigma F dx = \left\{ \frac{\partial F}{\partial z}\left(\frac{\partial z}{\partial \alpha}\frac{\partial x}{\partial \beta} - \frac{\partial z}{\partial \beta}\frac{\partial x}{\partial \alpha}\right) - \frac{\partial F}{\partial y}\left(\frac{\partial x}{\partial \alpha}\frac{\partial y}{\partial \beta} - \frac{\partial x}{\partial \beta}\frac{\partial y}{\partial \alpha}\right)\right\} d\alpha\, d\beta \\ \Sigma G dy = \left\{ \frac{\partial G}{\partial x}\left(\frac{\partial x}{\partial \alpha}\frac{\partial y}{\partial \beta} - \frac{\partial x}{\partial \beta}\frac{\partial y}{\partial \alpha}\right) - \frac{\partial G}{\partial z}\left(\frac{\partial y}{\partial \alpha}\frac{\partial z}{\partial \beta} - \frac{\partial y}{\partial \beta}\frac{\partial z}{\partial \alpha}\right)\right\} d\alpha\, d\beta \\ \Sigma H dz = \left\{ \frac{\partial H}{\partial y}\left(\frac{\partial y}{\partial \alpha}\frac{\partial z}{\partial \beta} - \frac{\partial y}{\partial \beta}\frac{\partial z}{\partial \alpha}\right) - \frac{\partial H}{\partial x}\left(\frac{\partial z}{\partial \alpha}\frac{\partial x}{\partial \beta} - \frac{\partial z}{\partial \beta}\frac{\partial x}{\partial \alpha}\right)\right\} d\alpha\, d\beta. \end{cases}$$

Hierin haben $\frac{\partial F}{\partial z}$ und $-\frac{\partial H}{\partial x}$, $\frac{\partial G}{\partial x}$ und $-\frac{\partial F}{\partial y}$, $\frac{\partial H}{\partial y}$ und $-\frac{\partial G}{\partial z}$ gleiche Coefficienten; summirt man also die drei Gleichungen (7) so erhält man

$$(8)\quad \begin{cases} \Sigma u \cos \nu\, d\sigma = \left\{ \left(\frac{\partial F}{\partial z} - \frac{\partial H}{\partial x}\right)\left(\frac{\partial z}{\partial \alpha}\frac{\partial x}{\partial \beta} - \frac{\partial z}{\partial \beta}\frac{\partial x}{\partial \alpha}\right) \right. \\ \quad + \left(\frac{\partial G}{\partial x} - \frac{\partial F}{\partial y}\right)\left(\frac{\partial x}{\partial \alpha}\frac{\partial y}{\partial \beta} - \frac{\partial x}{\partial \beta}\frac{\partial y}{\partial \alpha}\right) \\ \quad \left. + \left(\frac{\partial H}{\partial y} - \frac{\partial G}{\partial z}\right)\left(\frac{\partial y}{\partial \alpha}\frac{\partial z}{\partial \beta} - \frac{\partial y}{\partial \beta}\frac{\partial z}{\partial \alpha}\right)\right\} d\alpha\, d\beta. \end{cases}$$

Hierin ist nun dem Eingang gemäss

$$\frac{\partial F}{\partial z} - \frac{\partial H}{\partial x} = Y, \quad \frac{\partial G}{\partial x} - \frac{\partial F}{\partial y} = Z, \quad \frac{\partial H}{\partial y} - \frac{\partial G}{\partial z} = X.$$

Ferner ist $\left(\frac{\partial z}{\partial \alpha}\frac{\partial x}{\partial \beta} - \frac{\partial z}{\partial \beta}\frac{\partial x}{\partial \alpha}\right) d\alpha\, d\beta$ nach **164.** (b) die Projection dS_y von dS auf die xz-Ebene; ebenso ist der Factor von Z gleich dS_z und der von X gleich dS_x. Also ist für das Element dS

$$(9)\quad \Sigma u \cos \nu\, d\sigma = X dS_x + Y dS_y + Z dS_z.$$

Die Grösse auf der rechten Seite dieser Gleichung ist aber der Trieb von X, Y, Z auf das Element dS. Integrirt man also Gl. (9) mit Rücksicht auf das Princip, welches in Gl. (1) ausgedrückt ist, so bekommt man:

$$(10)\quad \int u \cos \lambda\, ds = \mathfrak{T}.$$

„Die Arbeit des Vectorpotentials beim Umlaufen der

Grenzlinie s ist gleich dem Trieb der Kraft auf die von s eingeschlossene Fläche.“

Auf diesen Satz hat Maxwell seine Verwendung der Vectorpotentiale gegründet.

Der Satz rührt her von Stokes (Smiths Prize Examination, 1854 qu. 8). Als positive Normale von dS ist diejenige anzusehen, welche nach der Richtung der $+z$ hin zeigt, wenn dS in der Richtung von $+x$ nach $+y$ hin umkreist wird.

Bei analoger Behandlung der Grösse $\Sigma Vu\cos\nu d\sigma$ aus Gl. (2) findet sich, dass für das einzelne Element

$$(11)\qquad \Sigma VFdx = \left\{V\left(\frac{\partial F}{\partial\alpha}\frac{\partial x}{\partial\beta} - \frac{\partial F}{\partial\beta}\frac{\partial x}{\partial\alpha}\right) + F\left(\frac{\partial V}{\partial\alpha}\frac{\partial x}{\partial\beta} - \frac{\partial V}{\partial\beta}\frac{\partial x}{\partial\alpha}\right)\right\} d\alpha\, d\beta.$$

Denkt man sich die entsprechenden Ausdrücke in y und z gebildet, zum vorstehenden addirt und integrirt, so giebt das erste Glied auf der rechten Seite, wie oben, $V\mathfrak{T}$. Das zweite liefert die Summe

$$\left\{F\left(\frac{\partial V}{\partial\alpha}\frac{\partial x}{\partial\beta} - \frac{\partial V}{\partial\beta}\frac{\partial x}{\partial\alpha}\right) + G\left(\frac{\partial V}{\partial\alpha}\frac{\partial y}{\partial\beta} - \frac{\partial V}{\partial\beta}\frac{\partial y}{\partial\alpha}\right) + H\left(\frac{\partial V}{\partial\alpha}\frac{\partial z}{\partial\beta} - \frac{\partial V}{\partial\beta}\frac{\partial z}{\partial\alpha}\right)\right\} d\alpha\, d\beta.$$

Das ist gleich

$$(12)\qquad \left\{\frac{\partial V}{\partial\alpha}\left(F\frac{\partial x}{\partial\beta} + G\frac{\partial y}{\partial\beta} + H\frac{\partial z}{\partial\beta}\right) - \frac{\partial V}{\partial\beta}\left(F\frac{\partial x}{\partial\alpha} + G\frac{\partial y}{\partial\alpha} + H\frac{\partial z}{\partial\alpha}\right)\right\} d\alpha\, d\beta.$$

Wir wollen nun, um die Vorstellung zu fixiren, annehmen, α und β seien die Längen von Hauptkrümmungslinien auf der Fläche S, $d\alpha$ und $d\beta$ also zwei aufeinander senkrecht stehende Elemente von Hauptkrümmungslinien. Für V giebt es eine Richtung m von der Art, dass $\frac{\partial V}{\partial m}$ unter allen Differentialquotienten von V ein Maximum ist. Macht dies $\frac{\partial V}{\partial m}$ mit der Normale von dS den Winkel φ, so können wir $\frac{\partial V}{\partial m}$ zunächst in zwei Componenten zerlegen, von denen die eine $\frac{\partial V}{\partial m}\cos\varphi$ in die Normale, die andere, $\frac{\partial V}{\partial m}\sin\varphi$ in die Tangentialebene von dS fällt. Die letztere wollen wir mit v_S bezeichnen. Zerlegt man v_S noch einmal in zwei Componenten, von denen die erste v_α in die Richtung von $d\alpha$, die zweite v_β in die Richtung von $d\beta$ fällt, so ist $v_\alpha = \frac{\partial V}{\partial\alpha}$ und $v_\beta = \frac{\partial V}{\partial\beta}$. $\frac{\partial V}{\partial\alpha}$ und $\frac{\partial V}{\partial\beta}$ sind also die rechtwinkligen Componenten von v_S. Ferner ist

$$F\frac{\partial x}{\partial\beta} + G\frac{\partial y}{\partial\beta} + H\frac{\partial z}{\partial\beta}$$

die Projection von u auf die Richtung von $d\beta$, oder, wenn u_S die Componente von u ist, welche in die Tangentialebene von dS fällt, so ist $F\frac{\partial x}{\partial\beta} + G\frac{\partial y}{\partial\beta} + H\frac{\partial z}{\partial\beta}$ die Projection von u_S auf die Richtung von $d\beta$, ebenso $F\frac{\partial x}{\partial\alpha} + G\frac{\partial y}{\partial\alpha} + H\frac{\partial z}{\partial\alpha}$ die Projection von u_S auf die Richtung von $d\alpha$. Bezeichnen wir diese Projectionen mit u_β und u_α, so ist der Ausdruck (12) gleich

$$(13)\qquad (v_\alpha u_\beta - v_\beta u_\alpha)\, dS.$$

v_S und u_S bilden miteinander irgend einen Winkel ϑ, und sie bestimmen miteinander ein Parallelogramm. Es ist nun mit Fig. 59 leicht zu zeigen, dass der Inhalt dieses Parallelogramms, dessen Seiten v_S und u_S sind, gleich $v_\alpha u_\beta - v_\alpha u_\beta$ ist; er ist aber auch

$$v_S \cdot u_S \cdot \sin\vartheta.$$

Also ist der Ausdruck (12) schliesslich gleich $v_S u_S \sin\vartheta\, dS$, wo ϑ der Winkel zwischen v_S und u_S ist. Demnach erhält man durch Integration gemäss Gl. (2) schliesslich

$$(14) \qquad \int V u \cos\lambda\, ds = V\mathfrak{T} + \int v_S u_S \sin\vartheta\, dS.$$

Dieser Satz ist ein Analogon des Green'schen Satzes für Vectorpotentiale. Machen $\frac{\partial V}{\partial m}$ und u mit der Normale von dS die Winkel μ und ν, so kann statt $v_S u_S$ auch geschrieben werden $\frac{\partial V}{\partial m} u \sin\mu \sin\nu$. Selbstverständlich kann man den Ausdruck unter dem Integralzeichen rechts auch durch den aufgelösten Ausdruck (12) ersetzen.

170. Anwendung des Green'schen Satzes. Der Green'sche Satz findet in der Physik viele wichtige Anwendungen; hier sollen nur einige wenige angedeutet werden.

1) Nimmt man im Green'schen Satz für G und H ein und dieselbe Potentialfunction V der beliebig vertheilten Masse M, so ist $\Delta^2 V$ an jeder Stelle des Raumes gleich $-4\pi k$, wenn k die daselbst herrschende Dichtigkeit bezeichnet. Also lautet der Satz dann

$$(1) \qquad \int V \frac{\partial V}{\partial N} dS = -4\pi \int k V dK + \int \left(\frac{\partial V}{\partial N}\right)^2 dK.$$

Es sei nun S eine Fläche, auf der V constant ist, und überdies sollen im Innern von S, also im Volumen K, keine Theile von M enthalten sein. Dann ist im ganzen Volumen K die Dichtigkeit $k = 0$, ferner tritt links V vor das Integralzeichen, und $\int \frac{\partial V}{\partial N} dS$ ist nach dem Gauss'schen Satze Null, also ist

$$(2) \qquad \int \left(\frac{\partial V}{\partial N}\right)^2 dK = 0.$$

Da das Quadrat unter diesem Integralzeichen an jeder Stelle wesentlich positiv ist, kann Gl. (2) nur richtig sein, wenn an jeder Stelle von K

$$(3) \qquad \frac{\partial V}{\partial N} = 0$$

oder $V =$ const. für das ganze Innere von K ist. Wir haben also den Satz 1):

Ist S eine Niveaufläche für irgend welche ausserhalb S liegende Massen, so ist die Potentialfunction dieser Massen in dem ganzen von S umschlossenen Raum constant, und hat dann im ganzen umschlossenen Raum denselben Werth, wie in S.

Auf dem vorstehenden ruht der weitere

Satz 2) Ist der Werth der Potentialfunction auf der Niveaufläche S, welche die Masse M völlig umschliesst, gleich V_1, so liegt er im ganzen Raume ausserhalb S zwischen V_1 und Null.

Beweis. Wir nehmen der Einfachheit wegen an, V_1 sei positiv. (Bei der Annahme, V_1 sei negativ, sind alle Vorzeichen im Beweise umzukehren.) q sei ein Punkt, der ausserhalb S liegt, und V_q der Werth der Potentialfunction in q. Dann kann V_q erstens nicht negativ sein. Denn wäre es etwa gleich $-A$, und $-B$ ein zwischen $-A$ und Null gelegener Werth, so kann man durch q ein Büschel von Strahlen legen, die nach allen Punkten des Raumes hingehen. Diese Strahlen treffen entweder S_1 und dann geht V auf ihnen stetig von $V = -A$ bis $V = V_1$, oder sie treffen S nicht, und dann gehen sie ins Unendliche; dort ist $V = 0$, also geht auf ihnen dann V stetig von $-A$ bis 0. In jedem Fall giebt es auf jedem Strahl einen Punkt, wo V den Werth $-B$ hat; alle diese Punkte bilden eine continuirliche Niveaufläche mit dem Potentialniveau $-B$; also müsste die Potentialfunction nach dem obigen Satz im ganzen Innern dieser Niveaufläche, also auch in q selbst den Werth $-B$ haben, was der Voraussetzung widerspricht. Demnach kann V_q nicht negativ sein.

Es kann aber zweitens auch nicht grösser als V_1 sein; denn wäre das der Fall, so könnte man wieder um q eine Niveaufläche legen, in der der Werth der Potentialfunction zwischen V_q und V_1 läge, etwa gleich V_m wäre, wo $V_1 < V_m < V_q$. Dann müsste wieder im ganzen Innern der Hülfsfläche $V = V_m$ sein, also auch im Punkt q, was wieder nicht angeht.

Es kann drittens auch nicht gleich V_1 sein. Wäre $V_q = V_1$; so liegen zwischen V_q und S entweder lauter Punkte, in denen $V = V_1$ wäre; dann gäbe es aber überhaupt keine Niveaufläche S mehr. Oder durch q ginge eine Niveaufläche F mit dem Werth $V = V_1$, welche die Fläche S schnitte. Dann müssten sich zwei Niveauflächen schneiden, was noch nicht angeht; oder endlich zwischen q und S liegen auf jedem durch q gehenden Strahl, der S schneidet, Punkte, in denen V einen kleineren Werth hat, als V_1. Der kleinste dieser Werthe sei auf jedem Strahl durch φ bezeichnet, und der grösste Werth, den φ annimmt, sei φ_m. Dann lässt sich ein Werth V_2 grösser als φ_m und kleiner als V_1 auf jedem Strahl annehmen, und wir erhalten wieder eine Niveaufläche vom Niveau V_2, welche q umschliesst, also wieder den obigen Widerspruch mit der Voraussetzung.

Nach dem Vorstehenden kann V_p nur zwischen V_1 und Null liegen.

3) Es seien M_1 und M_2 zwei Massen, die ganz innerhalb des von einer Fläche F umschlossenen Raumes liegen, V_1 und V_2 seien ihre Potentialfunctionen. Wenn dann V_1 und V_2 im ganzen Raume ausserhalb F identische Niveauflächen besitzen, so sind V_1 und V_2 selbst in diesem Aussenraum bis auf einen constanten Factor identisch; der Factor aber ist das Verhältniss ihrer Massen.

Beweis. S' sei eine der gemeinschaftlichen, F umschliessenden Niveauflächen beider Potentialfunctionen, S'' eine zweite. Wir wenden den Green'schen Satz auf den zwischen S' und S'' enthaltenen Raum an, indem wir für G und H unsere Functionen V_1 und V_2 einsetzen. Er lautet dann

$$(4) \qquad \int V_1 \Delta^2 V_2 dK - \int V_2 \Delta^2 V_1 dK = \int V_1 \frac{\partial V_2}{\partial N} dS - \int V_2 \frac{\partial V_1}{\partial N} dS.$$

Da der betrachtete Raum K ganz ausserhalb der anziehenden Massen liegt, ist $\Delta^2 V_1 = \Delta^2 V_2 = 0$, also die linke Seite der Gleichung Null. Rechts ist über die ganze Begrenzung von K, d. h. über alle Elemente dS' und dS'' zu integriren. Dabei ist N von K aus nach „aussen" zu rechnen. Wird S' von S'' umschlossen, so fällt demnach N für S'' mit der positiven Normale von S'' zusammen, für S' aber mit der negativen. Bezeichnen wir also die beiden positiven Normalen von S' und S'' mit N' und N'', so ist

$$(5) \qquad 0 = \int V_1 \frac{\partial V_2}{\partial N''} dS'' - \int V_1 \frac{\partial V_2}{\partial N'} dS' - \int V_2 \frac{\partial V_1}{\partial N''} dS'' + \int V_2 \frac{\partial V_1}{\partial N'} dS'.$$

Hierin sind für jede der beiden Flächen V_1 und V_2 constant, treten also vor das Integralzeichen. Was aber dann unter dem Integralzeichen steht, ist das Gauss'sche Oberflächenintegral „Trieb" für je eine der Grenzflächen und eine der Potentialfunctionen; das ist $4\pi M_1$ für V_1 und $4\pi M_2$ für V_2. Gl. (5) giebt also, wenn die Werthe der Potentialfunctionen in S' und S'' entsprechend markirt werden,

$$(6) \qquad 0 = 4\pi M_2 . V_1'' - 4\pi M_2 V_1' - 4\pi M_1 V_2'' + 4\pi M_1 V_2'.$$

Lässt man nun die äussere Grenzfläche S'' ins Unendliche rücken, so verschwindet V_1'' und V_2'', also bleibt $0 = M_1 V_2' - M_2 V_1'$ oder

$$(7) \qquad V_2' = \frac{M_2}{M_1} V_1'.$$

Dies gilt für jede Niveaufläche S' ausserhalb F, also ist im ganzen Raume (ausserhalb F) $M_1 V_2 = M_2 V_1$; die Potentialfunctionen verhalten sich, wie die Massen, von denen sie ausgehen.

4) Potentialfunction einer geladenen Niveaufläche.

Es sei S eine Fläche, welche die Masse M umschliesst, K ihr Volumeninhalt. Ausserhalb derselben wähle man einen Punkt p, verstehe unter ρ den Abstand irgend eines Elements dK von p und nehme im Green'schen Satz für G die Potentialfunction V von M, für H die Grösse $\frac{1}{\rho}$. Dann lautet der Green'sche Satz, angewendet auf K und S

$$(8) \qquad \int \frac{1}{\rho} \Delta^2 V dK - \int V \Delta^2 \left(\frac{1}{\rho}\right) dK = \int \frac{1}{\rho} \frac{\partial V}{\partial N} dS - \int V \frac{\partial \frac{1}{\rho}}{\partial N} dS.$$

$\frac{1}{\rho}$ ist die Potentialfunction der in p angebrachten Masse 1. Also ist $\Delta^2 \frac{1}{\rho}$ im ganzen Innern von S gleich Null, da p ausserhalb S liegt. Wir nehmen nun ferner an, S sei eine Niveaufläche von M. Dann ist V für ganz S constant, tritt also im letzten Integral rechts vor das Integralzeichen. Unter dem Integralzeichen bleibt $\int \frac{\partial \frac{1}{\rho}}{\partial N} dS$, d. i. der Trieb der in p angebrachten Masse 1 auf S; dieser aber ist wieder Null. Also bleibt

$$(9) \qquad \int \frac{\Delta^2 V}{\rho} dK = \int \frac{1}{\rho} \frac{\partial V}{\partial N} dS.$$

$\Delta^2 V$ ist im Innern von S an jeder Stelle gleich $-4\pi k$, wenn k die Dichtigkeit, also ist $\int \frac{\Delta^2 V}{\rho} dK = -4\pi \int \frac{k dK}{\rho}$; dies Integral $\int \frac{k dK}{\rho}$ ist aber der Werth V_p, den die Potentialfunction V in p hat. Gl. (9) liefert also

$$(10) \qquad V_p = -\int \frac{\frac{1}{4\pi} \frac{\partial V}{\partial N}}{\rho} dS.$$

Denkt man sich nun S mit einer Flächenladung belegt, deren Dichtigkeit an jeder Stelle den dort herrschenden Werth von $-\frac{1}{4\pi} \frac{\partial V}{\partial N}$ hat, so ist $-\int \frac{\frac{1}{4\pi} \frac{\partial V}{\partial N}}{\rho}$ die Potentialfunction U_p von S an der Stelle von p, also

$$(14) \qquad V_p = U_p.$$

D. h.

Versicht man die Fläche S mit einer Ladung von der Flächendichtigkeit $-\frac{1}{4\pi} \frac{\partial V}{\partial N}$, so ist die Potentialfunction dieser Flächenladung an jeder Stelle des Raumes ausserhalb S identisch mit der Potentialfunction V, deren Niveaufläche S ist.

Der Satz gilt bis dicht an die Fläche S heran, also ist auch unendlich nahe an S noch U identisch mit V, d. h. wegen der Stetigkeit: S ist dann auch für seine eigene Ladung eine Niveaufläche. Hieraus folgt nach Satz (1) weiter, dass, wenn S die genannte Flächenladung hat, im ganzen von S eingeschlossenen Raum K die Potentialfunction U den constanten Werth U_s hat, welchen sie in der Fläche selbst aufweist.

5) Gauss'sche Flächenladung. Es sei wieder S eine Fläche, welche die Masse M umschliesst, dabei braucht S aber keine Niveaufläche von M zu sein. Man denke sich einen Augenblick M als freie Electricität, S als eine leitende Fläche, und nehme an, S sei mit einem unendlich grossen Reservoir vom Potentialniveau Null in leitende Verbindung gesetzt. Dann wird S aus dem Reservoir im Allgemeinen Electricität anziehen, die sich auf der Fläche S selbst so vertheilt, dass Gleichgewicht herrscht. (Dass dies möglich sei, wird weiter unten gezeigt.) Ist dies der Fall, so hat S eine Ladung von einer bestimmten Flächendichtigkeit σ_0. Die Bedingung des Gleichgewichts ist, dass auf S und auf dem Reservoir die Potentialfunction der gesammten vorhandenen Electricität einen

constanten Werth habe; dieser Werth muss aber Null sein, weil das Reservoir unendlich gross vorausgesetzt wurde, also durch die von S ihm mitgetheilte Electricität kein merkliches Potentialniveau bekommt. Ist demnach V die Potentialfunction, die von M ausgeht, U diejenige, die von der Flächenladung $\int \sigma_0 dS$ ausgeht, so ist im Gleichgewichtszustande auf der Fläche S

$$(15) \qquad V + U = 0.$$

Ist aber die Gesammtpotentialfunction $V+U$ auf der Fläche S gleich Null, so muss sie auch überall ausserhalb der Fläche S Null sein; denn nach Satz (2) muss sie dort zwischen Null und Null liegen. Also ist im ganzen Raume ausserhalb S die Gleichung (15) gültig. Denkt man sich nun die Fläche S an jeder Stelle mit einer Ladung von der Flächendichtigkeit $-\sigma_0$ versehen, so hat sie allein im ganzen äussern Raum die Potentialfunction $-U$, und diese ist nach (15) $= V$. D. h.

Umschliesst die Fläche S die Masse M, so kann man stets auf S eine Flächenladung so vertheilen, dass die Potentialfunction dieser Flächenladung in dem ganzen Raum ausserhalb S denselben Werth hat, wie die Potentialfunction von M.

Aus Satz (3) folgt dann sofort

$$-\int \sigma_0 dS = M.$$

Die Gesammtmasse der genannten Flächenladung ist gleich M. Denn das Verhältniss $\frac{V_2}{V_1}$ der Gleichung (7) ist in diesem Falle gleich 1.

Die practische Bestimmung von σ_0 für den einzelnen Fall ist schwierig, wenn nicht gerade S eine solche Form hat, dass es sich als Niveaufläche der Masse M darstellt; in diesem Fall liefert Gl. (13) die Bestimmung.

5. Herstellung concreter Potentialfunctionen.

171. Gerade homogene Strecke. Die Strecke liege in der x-Axe, ihre Mitte falle in den Anfangspunkt der Coordinaten, ihre Länge sei $2l$. Einer ihrer Punkte habe die Coordinaten ξ, 0, 0, der angezogene Punkt habe x, y, z. Dann ist, wenn τ die Liniendichtigkeit der Strecke, $V = \tau \int \frac{d\xi}{r}$. Setzt man den Abstand $\sqrt{x^2+y^2+z^2} = \rho$, und den Winkel, welchen ρ, die Verbindungslinie von x, y, z mit dem Anfang, mit der Axe der x macht, gleich φ, so ist, wie leicht zu finden, $r^2 = \rho^2 + \xi^2 - 2\rho\xi\cos\varphi$. Also ist

$$V = \tau \int_{-l}^{+l} \frac{d\xi}{\sqrt{\rho^2 - 2\rho\cos\varphi . \xi + \xi^2}}.$$

Die unbestimmte Integration ergiebt

$$\int \frac{\partial \xi}{\sqrt{\rho^2 - 2\rho\cos\varphi . \xi + \xi^2}} = \log\{-2\rho\cos\varphi + 2\xi + 2\sqrt{\rho^2 - 2\rho\xi\cos\varphi + \xi^2}\},$$

woraus

$$(1) \qquad V = \tau \log \left\{ \frac{-\rho\cos\varphi + l + \sqrt{\rho^2 - 2\rho l\cos\varphi + l^2}}{-\rho\cos\varphi - l + \sqrt{\rho^2 + 2\rho l\cos\varphi + l^2}} \right\}.$$

Hierin ist $\sqrt{\rho^2 - 2\rho l\cos\varphi + l^2}$ der Abstand des Punktes xyz vom positiven Endpunkt der Strecke $2l$; $\rho\cos\varphi - l$ aber ist die Projection desselben Abstandes auf die Axe der x. Bezeichnet man jenen Abstand mit r_1, seine Projection mit x_1, so ist der Zähler des Bruches in Gl. (1) gleich $r_1 - x_1$. Ebenso ist der Nenner $r_2 - x_2$, wenn man mit r_2 den Abstand zwischen xyz und dem negativen Endpunkt der Strecke $2l$, mit x_2 die Projection dieses Abstandes auf die x-Axe bezeichnet. Gl. (1) kann also kürzer geschrieben werden

$$(2) \qquad V = \tau \log \frac{r_1 - x_1}{r_2 - x_2}.$$

Die Gleichung einer Niveaufläche erhält man, wenn man V gleich einer beliebigen positiven Constante setzt, oder, was dasselbe sagt, wenn man setzt

$$(3) \qquad \frac{r_1 - x_1}{r_2 - x_2} = c.$$

Diese Gleichung drückt eine Brennpunktseigenschaft des Rotationsellipsoids aus. Um dies zu zeigen, denken wir uns durch die Axe der x eine beliebige Ebene gelegt, wählen in derselben eine Axe der y senkrecht zu jener und legen eine Ellipse so, dass sie durch den angezogenen Punkt xy geht und die beiden Endpunkte der anziehenden Strecke zu Brennpunkten hat. Sind α und β die Halbaxen dieser Ellipse, so ist ihre Gleichung $\frac{x^2}{\alpha^2} + \frac{y^2}{\beta^2} = 1$, ihre Brennpunkte liegen nach dem Gesagten in $x = l$ und $x = -l$; also ist $l = \sqrt{\alpha^2 - \beta^2}$. Nach bekannter Formel ist der Abstand des Punktes xy vom Brennpunkt $x = l$

$$r_1 = \alpha - \frac{lx}{\alpha}, \quad \text{zugleich} \quad x_1 = x - l.$$

Entsprechend ist der Abstand des Punktes xy vom Brennpunkt $x = -l$

$$r_2 = \alpha + \frac{lx}{\alpha}, \quad \text{zugleich} \quad x_2 = x + l.$$

Hiernach ist für die untersuchte Ellipse

$$r_1 - x_1 = \alpha - \frac{lx}{\alpha} - x + l = \frac{1}{\alpha}(\alpha^2 - lx - \alpha x + \alpha l) = \frac{1}{\alpha}(\alpha - x)(\alpha + l)$$

$$r_2 - x_2 = \alpha + \frac{lx}{\alpha} - x - l = \frac{1}{\alpha}(\alpha^2 + lx - \alpha x - \alpha l) = \frac{1}{\alpha}(\alpha - x)(\alpha - l),$$

also ist für dieselbe Curve

$$(4) \qquad \frac{r_1 - x_1}{r_2 - x_2} = \frac{\alpha + l}{\alpha - l}.$$

Das ist aber die in Gl. (3) ausgesprochene Eigenschaft; denn $\frac{\alpha + l}{\alpha - l}$ ist ein für die Ellipse constanter Werth c, der, da α nothwendig zwischen l und ∞ liegt, jeden positiven Werth durch Variation von α annehmen kann. Die Niveauflächen der anziehenden Strecke $2l$ schneiden also jede durch die Axe der x gehende Ebene in Ellipsen von der grossen Halbaxe α, deren Brennpunkte $x = l$ und $x = -l$ sind; d. h. sie sind confocale Rotationsellipsoide, deren Brennpunkte in die Enden von $2l$ fallen.

Die Kraft steht selbstverständlich an der Stelle x, y, z senkrecht zu demjenigen Ellipsoid der confocalen Schaar, welches durch x, y, z geht. Sie halbirt also den Winkel, den r_1 mit r_2 macht. Um sie durch Differentiation zu finden, führt man am besten x, y, z in Gl. (1) ein. Dabei ist $\rho\cos\varphi = x$, $\rho = \sqrt{x^2+y^2+z^2}$, also

$$(5) \qquad V = \tau \log \frac{l-x+\sqrt{(x-l)^2+y^2+z^2}}{-l-x+\sqrt{(x+l)^2+y^2+z^2}}$$

ein Ausdruck, der sich ohne Weiteres differentiiren lässt. Dabei kann man (nach der Differentiation) die Wurzeln eliminiren, indem man die Axen des durch x, y, z gelegten Ellipsoids der confocalen Schaar einführt, also wie oben

$$l-x+\sqrt{(x+l)^2+y^2+z^2} = \frac{1}{\alpha}(\alpha-x)(\alpha+l) \text{ oder } \sqrt{(x-l^2)+y^2+z^2} = \frac{1}{\alpha}(\alpha^2-lx)$$

und $\sqrt{(x+l)^2+y^2+z^2} = \frac{1}{\alpha}(\alpha^2+lx)$ setzt. Vergl. übrigens § **173.** Anm. 2.

172. Kugelschicht und Kugel. Eine homogene Schicht sei eingeschlossen zwischen zwei concentrischen Kugelflächen. Ihre Niveauflächen müssen offenbar concentrische Kugelflächen sein, stimmen also überein mit den Niveauflächen eines Punktes, der die gleiche Masse hat, wie die Kugelschicht und in ihrem Mittelpunkt liegt. Daraus folgt nach **170.** Satz 3: Für jeden ausserhalb der Kugelschicht liegenden Punkt ist die Potentialfunction der Kugelschicht dieselbe, als ob ihre ganze Masse in ihrem Mittelpunkt vereinigt wäre. Heisst l der Abstand des Punkts p vom Mittelpunkt, so ist die Potentialfunction in p gleich $\frac{M}{l}$, wenn M die Masse der Kugelschicht.

Ferner ist auch die innere Grenzfläche der Kugelschicht eine Niveaufläche. Daraus folgt, dass im Innern des von der Kugelschicht umschlossenen Raumes die Potentialfunction constant ist. Ein im Innern einer homogenen Kugelschicht eingeschlossener Punkt erleidet also die Anziehung Null.

Dieselben Ergebnisse lassen sich nun auch leicht durch directe Rechnung finden. Um den Werth von V im Punkte p zu bestimmen, nehme man den vom Mittelpunkt nach p gezogenen Radiusvector, dessen Länge l ist, zur Fundamentalaxe von Kugelcoordinaten φ, ϑ, ρ. Das Element der Kugelschale hat die Grösse $dK = \rho^2 \sin\varphi \, d\rho \, d\vartheta \, d\varphi$; sein Abstand von p ist $\sqrt{l^2+\rho^2-2\rho l\cos\varphi}$, wenn ρ der Kugelradius; also, wenn k die Dichtigkeit

$$V = \int\limits_{\vartheta=0}^{\vartheta=2\pi} \int\limits_{\varphi=0}^{\varphi=\pi} \frac{k\rho^2 \sin\varphi}{\sqrt{l^2+\rho^2-2\rho l\cos\varphi}} \, d\rho \, d\vartheta \, d\varphi$$

$$V = \frac{2\pi}{l} k\rho \left\{\sqrt{l^2+\rho^2+2\rho l} - \sqrt{l^2+\rho^2-2\rho l}\right\} d\rho.$$

Hier stehen unter den Wurzeln vollständige Quadrate, die Wurzeln lassen sich also ausziehen. Zugleich aber sind die Wurzeln specielle Werthe der Entfernung r, also ihre an sich doppelten Vorzeichen so zu wählen, dass der Werth jeder einzelnen Wurzel, wenn sie an sich genommen wird, positiv ist. Daher sind zwei Fälle zu unterscheiden:

a) $l > \rho$; $\sqrt{l^2+\rho^2+2\rho l}$ ist auf alle Fälle $l+\rho$; und $\sqrt{l^2+\rho^2-2\rho l}$ ist $= l-\rho$ zu setzen; also

$$(1) \qquad V = \frac{2\pi}{l} k\rho \{l+\rho-(l-\rho)\} d\rho = \frac{4\pi\rho^2 k}{l} d\rho.$$

Da $4\pi\rho^2 k d\rho$ die Masse der Kugelschale ist, kann hierfür

$$(2) \qquad V = \frac{M}{l}$$

gesetzt werden, was mit dem obigen übereinstimmt.

b) $l < \rho$; $\sqrt{l^2+\rho^2+2l\rho} = l+\rho$, wie vorhin; aber $\sqrt{l^2+\rho^2-2\rho l} = \rho - l$ zu setzen. Man erhält also für Punkte im Innern des von der Kugelschale eingeschlossenen Raumes:

$$(3) \qquad V = \frac{2\pi k}{l} \rho \{l+\rho-(\rho-l)\} d\rho = 4\pi k\rho\, d\rho = \frac{M}{\rho}.$$

Dieser Werth ist, dem obigen entsprechend, von l unabhängig. Für Punkte, die der Kugelschale selbst angehören, fällt $\frac{M}{l}$ mit $\frac{M}{\rho}$ zusammen.

b) Concentrisch geschichtete Kugelschale von endlicher Dicke, und Vollkugel. Zwei concentrische Kugelflächen mit den Radien ρ_1 und ρ_2 ($\rho_2 > \rho_1$) begrenzen eine Kugelschicht von endlicher Dicke. Die Potentialfunction derselben findet man durch Integration der Gleichungen (1) und (3) nach ρ; dabei ist k als blosse Function von ρ anzusehen.

a) Liegt der angezogene Punkt ausserhalb der äusseren Kugel, so ergiebt sich ohne Weiteres $V = \frac{M}{l}$, die ganze Masse wirkt so, als ob sie im Mittelpunkt der Kugel vereinigt wäre.

b) Liegt er innerhalb der innern Kugel, so ergiebt sich $V = \int_{\rho_1}^{\rho_2} 4\pi k \rho\, d\rho$, bei constantem k wird $V = 2\pi k(\rho_2^2 - \rho_1^2)$.

c) Liegt er zwischen beiden Kugeln, also im Innern der anziehenden Masse, im Abstande l vom Mittelpunkt, so sind die Schichten von $\rho = \rho_1$ bis $\rho = l$ nach Gl. (1) wirksam, die von $\rho = l$ bis $\rho = \rho_2$ aber nach Gl. (3); also wird

$$V = 4\pi \left[\int_{\rho_1}^{l} k \frac{\rho^2}{l} d\rho + \int_{l}^{\rho_2} k\rho\, d\rho \right].$$

Nähert x, y, z sich der äusseren Kugel, so fällt dieser Ausdruck an der Grenze mit dem ad (a) zusammen; an der inneren Grenze dagegen mit dem ad (b). Für die Vollkugel hat man einfach $\rho_1 = 0$ zu setzen. Der variable Theil der Potentialfunction rührt in allen Fällen von derjenigen Masse her, die in der Kugel vom Radius l enthalten ist, bezw. beim Wachsen von l in diese eintritt.

173. Ellipsoidische Schicht. Als „ellipsoidische Schicht" oder „Schicht" schlechthin bezeichnen wir eine homogene Schicht, die zwischen zwei concentrischen, ähnlichen und ähnlich gelegenen Ellipsoiden von unendlich geringem

Axenunterschied enthalten ist. Die Halbaxen der äusseren Grenzfläche seien a, b, c, die der innern $a(1-\lambda)$, $b(1-\lambda)$, $c(1-\lambda)$, so dass λ unendlich klein, und $a\lambda$ die Dicke der Schicht am Ende der grossen Axe ist; λb und λc sind die Dicken der Schicht an den Endpunkten der beiden andern Axen.

a) Liegt der angezogene Punkt im innern Hohlraum der Schicht, so übt die Schicht auf ihn die Anziehung Null aus. Diesen Satz hat schon Newton (Principia, 1. Buch, Abschn. 13) aufgestellt. Zum Beweise bemerke man zunächst, dass zwei ähnliche, concentrisch und ähnlich gelegene Ellipsoide von jeder Transversale zwei gleiche Strecken abschneiden. Denn legt man durch die Transversale und durch den Mittelpunkt beider Ellipsoide eine Ebene, so schneidet diese die Ellipsoide in zwei einander umschliessenden Ellipsen; die Transversale hat in beiden Ellipsen denselben conjugirten Durchmesser, also denselben Halbirungspunkt m. Schneidet sie die innere Ellipse in beiden Punkten p und q, die äussere in p' und q', so ist $mp = mp'$ und $mq = mq'$, also auch $pp' = qq'$.

Fig. 62.

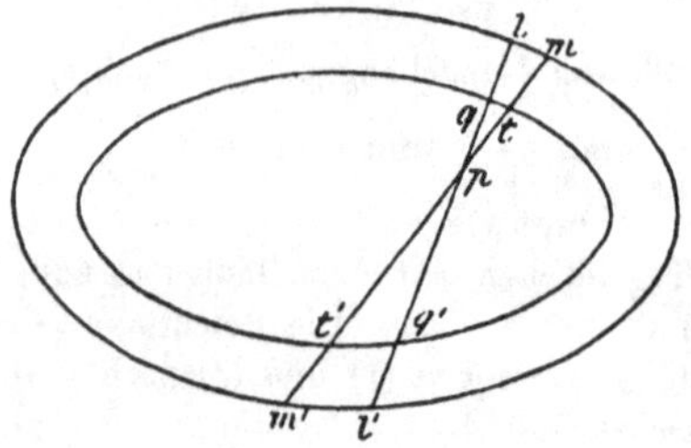

Es sei nunmehr p der angezogene Punkt (Fig. 62), so lege man durch ihn einen (zweiseitigen) Elementarkegel von der Oeffnung $d\Omega$. Derselbe schneidet aus der Schicht zwei Elemente dv und dv' heraus, von denen eins durch $qtml$, das andere durch $q't'm'l'$ dargestellt sei. Jedes dieser Elemente ist ein unendlich schmaler Cylinder; die Grundfläche des einen ist lm, die des andern $l'm'$. Bezeichnen wir den Abstand pl mit r, den Abstand pl' mit r', so ist der Inhalt der beiden Elementarcylinder

$$r^2 d\Omega . \overline{lq} \quad \text{und} \quad r'^2 d\Omega . \overline{l'q'}.$$

Ist also die Dichtigkeit k, so sind ihre Anziehungen auf p, abgesehen vom Vorzeichen,

$$\overline{lq}\, k\, d\Omega . \quad \text{und} \quad \overline{l'q'}\, k\, d\Omega.$$

Da aber $lq = l'q'$, sind diese Anziehungen entgegengesetzt gleich. Der betrachtete Elementardoppelkegel liefert also zu jeder Anziehungscomponente auf p den Beitrag Null; dasselbe thut jeder durch p gehende Elementarkegel, also ist die Gesammtanziehung der Schicht auf p Null. Die Potentialfunction der Schicht ist also constant für den ganzen von ihr eingeschlossenen Raum.

b) Der angezogene Punkt liege ausserhalb des äusseren Ellipsoids. Die Ermittlung der Anziehung für diesen Fall beruht wesentlich auf den Eigenschaften confocaler Ellipsoide, die wir deswegen hier anführen.

Ein Ellipsoid α, β, γ, (d. h. dessen Halbaxen α, β, γ sind) besitzt drei Hauptschnitte mit zusammen 6 Brennpunkten. Letztere liegen alle 6 in der Ebene der beiden grösseren Axen; 4 auf der grössten, zwei auf der mittleren Axe. Nennt man ihre Abstände vom Centrum der Reihe nach l, m, n, so ist $l^2 = \alpha^2 - \beta^2$, $m^2 = \beta^2 - \gamma^2$, $n^2 = \alpha^2 - \gamma^2$, also $n^2 = m^2 + l^2$; d. h. legt man eine Ellipse so, dass sie durch die vier äusseren Brennpunkte geht (Halbaxen n und m), so fallen ihre Brennpunkte in die beiden inneren (Excenticität $l = \sqrt{n^2 - m^2}$). Zwei von den

Grössen l und m bestimmen die dritte, also zwei paar Brennpunkte das dritte Paar.

Confocal mit α, β, γ heisst irgend ein Ellipsoid a, b, c, wenn die 6 Brennpunkte der Hauptschnitte für beide Ellipsoide zusammenfallen. Dazu ist erforderlich 1) dass beide Ellipsoide concentrisch und ähnlich liegen, 2) dass $\alpha^2-\beta^2 = a^2-b^2$, $\alpha^2-\gamma^2 = a^2-c^2$, also $a^2-\alpha^2 = b^2-\beta^2 = c^2-\gamma^2$. Ist also σ eine willkürliche Constante, so ist

$$(1) \qquad \frac{x^2}{\alpha^2+\sigma}+\frac{y^2}{\beta^2+\sigma}+\frac{z^2}{\gamma^2+\sigma} = 1$$

die Gleichung eines mit α, β, γ confocalen Ellipsoides. σ ist dabei der Ueberschuss $a^2-\alpha^2$. Soll das durch Gl. (1) bezeichnete Ellipsoid durch den ausserhalb α, β, γ gegebenen Punkt p gehen, so hat man in ihr unter x, y, z die Coordinaten von p zu verstehen, und σ aus Gl. (1) zu bestimmen. Diese Gleichung ist in Bezug auf σ vom dritten Grade; indessen ist leicht zu zeigen, dass sie nur eine positive Wurzel hat. Das Polynom der Gleichung nämlich, d. i. die Function

$$F = \frac{x^2}{\alpha^2+\sigma}+\frac{y^2}{\beta^2+\sigma}+\frac{z^2}{\gamma^2+\sigma} - 1$$

wird offenbar ∞ für $\sigma = -\alpha^2$, $\sigma = -\beta^2$, und $\sigma = -\gamma^2$. Und zwar wird es, wenn ε eine unendlich kleine Grösse ist

für $\sigma = -\alpha^2-\varepsilon$ zu $-\infty$, für $\sigma = -\beta^2-\varepsilon$ zu $-\infty$, für $\sigma = -\gamma^2-\varepsilon$ zu $-\infty$,
für $\sigma = -\alpha^2+\varepsilon$ zu $+\infty$, für $\sigma = -\beta^2-\varepsilon$ zu $+\infty$, für $\sigma = -\gamma^2+\varepsilon$ zu $+\infty$,

ferner wird es für $\sigma = \pm\infty$ zu -1, und endlich ist $\frac{\partial F}{\partial \sigma}$ überall, wo F stetig ist, augenscheinlich negativ, weil es aus Gliedern von der Form $-\frac{x^2}{(\alpha^2+\sigma)^2}$ besteht. Die Function F ist also fortwährend am Sinken mit Ausnahme der Unstetigkeitsstellen, wo sie von $-\infty$ nach $+\infty$ springt; sie hat demnach den in Fig. 63 dargestellten Verlauf, d. h. sie schneidet die Abscissenaxe in drei Schnitten, von denen zwei, die zwischen $-\alpha^2$ und $-\beta^2$, so wie zwischen $-\beta^2$ und $-\gamma^2$ liegen, stets negativ sind. Es bleibt der dritte Schnitt zwischen $-\gamma^2$ und $+\infty$; für diesen muss σ positiv sein, da das Polynom für $\sigma = 0$ nach einem bekannten Satz für jeden ausserhalb des Ellipsoids α, β, γ liegenden Punkt positiv ist. Gl. (1) hat also eine und nur eine positive Wurzel; diese ist diejenige, mit der wir zu thun haben und die wir schlechthin als σ bezeichnen.

Fig. 63.

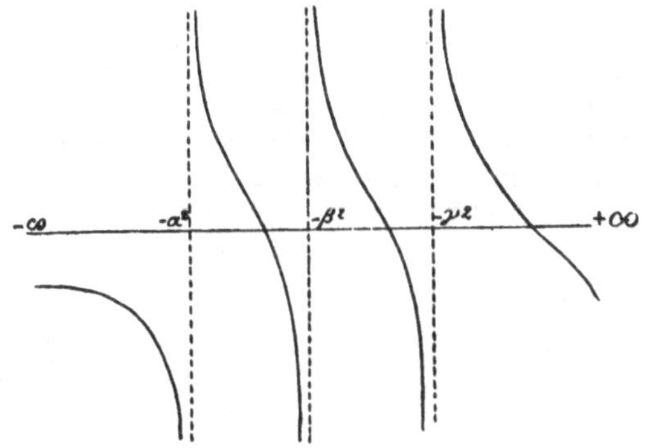

Legt man im Punkt p, dessen Coordinaten x, y, z sind, eine Tangentialebene an das confocale Ellipsoid, so ist die Gleichung derselben, wenn ihre laufenden Coordinaten mit $\mathfrak{x}, \mathfrak{y}, \mathfrak{z}$ bezeichnet werden

$$(2) \qquad \frac{x\mathfrak{x}}{\alpha^2+\sigma}+\frac{y\mathfrak{y}}{\beta^2+\sigma}+\frac{z\mathfrak{z}}{\gamma^2+\sigma}-1=0.$$

Also ist das Perpendikel, welches vom Anfangspunkt auf diese Tangentialebene gefällt wird

$$(3) \qquad \mathfrak{p}=\frac{1}{\sqrt{\left(\frac{x}{\alpha^2+\sigma}\right)^2+\left(\frac{y}{\beta^2+\sigma}\right)^2+\left(\frac{z}{\gamma^2+\sigma}\right)^2}}$$

oder, etwas bequemer geschrieben

$$(4) \qquad \frac{1}{\mathfrak{p}^2}=\frac{x^2}{(\alpha^2+\sigma)^2}+\frac{y^2}{(\beta^2+\sigma)^2}+\frac{z^2}{(\gamma^2+\sigma)^2}$$

und die Richtungscosinus von $\mathfrak{p}$, also auch die Richtungscosinus der Normale im Punkte x, y, z sind $\frac{x\mathfrak{p}}{\alpha^2+\sigma}, \frac{y\mathfrak{p}}{\beta^2+\sigma}, \frac{z\mathfrak{p}}{\gamma^2+\sigma}$ oder $\frac{x\mathfrak{p}}{a^2}, \frac{y\mathfrak{p}}{b^2}, \frac{z\mathfrak{p}}{c^2}$.

Zwei confocale Ellipsoide stehen zu einander in derjenigen projectivischen Verwandtschaft, welche Affinität genannt wird. Affin heissen zwei Gebilde, wenn jedem Punkt ξ, η, ζ des ersten ein Punkt x, y, z des zweiten in der Weise entspricht, dass $x=\varkappa\xi$, $y=\varkappa'\eta$, $z=\varkappa''\zeta$, wo $\varkappa, \varkappa', \varkappa''$ im Allgemeinen drei verschiedene Constanten sein können. (Ist $\varkappa''=\varkappa'=\varkappa$, so wird die Affinität zur Aehnlichkeit.)

Es entspricht nun der Ebene $A\xi+B\eta+C\zeta+D=0$ als affines Gebilde eine Fläche von der Form $A\frac{x}{\varkappa}+B\frac{y}{\varkappa'}+C\frac{z}{\varkappa''}+D=0$, d. i. wieder eine Ebene: somit entspricht einer Geraden im ersten Gebilde, da sie Durchschnittslinie zweier Ebenen ist, auch eine Gerade im zweiten Gebilde.

Dem Ellipsoid

$$\frac{\xi^2}{\alpha^2}+\frac{\eta^2}{\beta^2}+\frac{\zeta^2}{\gamma^2}=1 \text{ entspricht das Ellipsoid } \frac{x^2}{\varkappa^2\alpha^2}+\frac{y^2}{\varkappa'^2\beta^2}+\frac{z^2}{\varkappa''^2\gamma^2}=1.$$

Zwei ähnlichen Ellipsoiden α, β, γ und $\nu\alpha, \nu\beta, \nu\gamma$ entsprechen als confocale Gebilde zwei ähnliche Ellipsoide $\varkappa\alpha, \varkappa'\beta, \varkappa''\gamma$ und $\nu\varkappa\alpha, \nu\varkappa'\beta, \nu\varkappa''\gamma$; das Aehnlichkeitsverhältniss ist bei beiden Flächenpaaren dasselbe, nämlich ν.

Homologe Volumina stehen im constanten Verhältniss $\varkappa\varkappa'\varkappa''$; denn $dx\,dy\,dz=\varkappa\varkappa'\varkappa''d\xi\,d\eta\,d\zeta$.

Sind zwei affine Ellipsoide confocal, so ist, wenn α, β, γ und a, b, c ihre Halbaxen sind, $\varkappa^2=\frac{a^2}{\alpha^2}=\frac{\alpha^2+\sigma}{\alpha^2}$, $\varkappa'^2=\frac{\beta^2+\sigma}{\beta^2}$, $\varkappa''^2=\frac{\gamma^2+\sigma}{\gamma^2}$. Sind die beiden Ellipsoide α', β', γ' und a', b', c' den vorigen ähnlich, so ist auch a', b', c' confocal mit α', β', γ'; denn $\frac{a'^2}{\alpha'^2}=\frac{\nu^2(\alpha^2+\sigma)}{\nu^2\alpha^2}=\frac{\alpha'^2+\nu^2\sigma}{\alpha'^2}$, $\frac{b'^2}{\beta'^2}=\frac{\beta'^2+\nu^2\sigma}{\beta'^2}$ u. s. w. Die Differenz der Halbaxenquadrate für die beiden letzten Ellipsoide ist $\nu^2\sigma$.

Γ und Δ seien zwei Punkte des Ellipsoids α, β, γ, C und D die homologen Punkte des confocalen Ellipsoids a, b, c. Dann ist die Gerade $\overline{C\Delta}$ an Länge gleich

$\overline{\Gamma D}$. Beweis: Die Coordinaten von Γ seien ξ, η, ζ, die von Δ seien ξ', η', ζ'; die von C seien x, y, z und die von D seien x', y', z'. Dann ist

$$\overline{C\Delta}^2 = (x'-\xi)^2+(y'-\eta)^2+(z'-\zeta)^2,$$

entsprechend findet sich $\overline{\Gamma D}^2$, und

$$\overline{C\Delta}^2-\overline{\Gamma D}^2 = (x'-\xi)^2+(y'-\eta)^2+(z'-\zeta)^2-(x-\xi')^2-(y-\eta')^2-(z-\zeta')^2$$

Setzt man hierin $x = \varkappa\xi$ u. s. w., so erhält man

$$\overline{C\Delta}^2-\overline{\Gamma D}^2 = (\varkappa^2-1)(\xi'^2-\xi^2)+(\varkappa'^2-1)(\eta'^2-\eta^2)+(\varkappa''^2-1)(\zeta'^2-\zeta^2).$$

Nun ist aber $\varkappa^2-1 = \frac{\alpha^2+\sigma}{\alpha^2}-1 = \frac{\sigma}{\alpha^2}$, $\varkappa'^2-1 = \frac{\sigma}{\beta^2}$, $\varkappa''^2-1 = \frac{\sigma}{\gamma^2}$, also

$$\overline{C\Delta}^2-\overline{\Gamma D}^2 = \sigma\left\{\frac{\xi'^2-\xi^2}{\alpha^2}+\frac{\eta'^2-\eta^2}{\beta^2}+\frac{\zeta'^2-\zeta^2}{\gamma^2}\right\}.$$

Der Ausdruck in der Klammer ist aber Null, weil ξ', η' und ζ' wie ξ, η, ζ der Gleichung des Ellipsoids α, β, γ genügen. Folglich ist die Länge $\overline{C\Delta} = \overline{\Gamma D}$. (Satz von Ivory).

Es seien nun Σ und S zwei homogene ellipsoidische Schichten (jede einzelne ist nach dem obigen von zwei ähnlichen Ellipsoiden begrenzt), und die äussere Grenzfläche von S sei confocal mit der äusseren Grenzfläche von Σ. (Wir wollen voraussetzen, dass Σ von S umschlossen werde.) Nach dem obigen ist dann auch die innere Grenzfläche von S confocal mit der inneren von Σ. Das ganze Verhältniss beider Schichten soll kurz dadurch ausgedrückt werden, dass wir sagen: S und Σ sind confocal. Die Halbaxen der Aussenfläche von S seien a, b, c, die von Σ seien α, β, γ.

Π sei ein fester Punkt von α, β, γ, P der homologe Punkt von a, b, c; ferner sei μ ein laufender Punkt von α, β, γ und m der homologe laufende Punkt auf a, b, c.

Dem Punkt μ liege das Volumenelement δv der Schicht Σ an, dem Punkt m das homologe Element dv von S. Dann ist nach dem obigen

$$dv = \varkappa\varkappa'\varkappa''\,\delta v = \frac{abc}{\alpha\beta\gamma}\delta v$$

da ja $\varkappa = \frac{a}{\alpha}$ etc. ist. Es sei ferner τ die Dichtigkeit von δv und t diejenige von dv, dann ist die Potentialfunction von δv auf P

$$\frac{\tau\delta v}{\overline{\mu P}}$$

und die Potentialfunction von dv auf Π ist

$$\frac{t\,dv}{\overline{m\Pi}} \quad \text{oder} \quad \frac{t}{\overline{\mu P}}\,\frac{abc}{\alpha\beta\gamma}\delta v$$

letzteres, weil $\overline{\mu P} = \overline{m\Pi}$ ist. Die Potentialfunction der ganzen Schicht Σ auf P ist demnach, da τ (wie t) constant ist

$$\tau\int\frac{\delta v}{\overline{\mu P}}$$

wobei μ variabel zu denken ist. Die Potentialfunction der ganzen Schicht S auf Π aber ist

$$t\frac{abc}{\alpha\beta\gamma}\int\frac{\delta v}{\mu P}$$

wobei μ ganz wie so eben variirt. Die Potentialfunction von Σ auf P verhält sich also zu der von S auf Π wie $\tau\alpha\beta\gamma$ zu $tabc$; das ist aber das Verhältniss der Massen beider Schichten. Man erhält also den Satz:

Sind Σ und S zwei „confocale Schichten", Π und P zwei homologe Punkte ihrer Aussenflächen, so verhält sich die Potentialfunction von Σ auf P zu der von S auf Π, wie die Masse von Σ zur Masse von S.

Nun ist die Potentialfunction von S nach dem unter (a) gegebenen Newton'schen Satze im ganzen von S eingeschlossenen Hohlraum constant; also ist die Potentialfunction von S constant für alle Punkte Π von Σ. Also ist auch die Potentialfunction von Σ constant für alle Punkte P von S; das heisst aber: Die äusseren Niveauflächen der Potentialfunction einer Schicht Σ sind Ellipsoide, welche mit der Aussenfläche von Σ confocal sind. Die Normale eines solchen Ellipsoides giebt demnach an jeder Stelle die Kraftrichtung an.

Aus dem vorigen Satz folgt sofort: Confocale Schichten besitzen identische äussere Niveauflächen, und daraus folgt nach **170.** Satz (3): Sind Σ und S zwei confocale Schichten, so verhalten sich ihre Anziehungen auf einen ausserhalb beider gelegenen Punkt wie ihre Massen; dabei sind die Anziehungen von gleicher Richtung. (Satz von Maclaurin.)

Die äussere Grenzfläche von S (S immer als die umschliessende der beiden Schichten gedacht) ist die letzte gemeinschaftliche Niveaufläche von Σ und S. Wir schreiben nun beiden Schichten die gleiche Dichtigkeit k zu. Dann verhält sich die Anziehung von Σ auf den Punkt P der äusseren Oberfläche von S zu der Anziehung von S auf denselben Punkt, wie das Volumen von Σ zum Volumen von S, d. i. wie $\alpha\beta\gamma$ zu abc. Die Anziehung von Σ auf einen Punkt P lässt sich also leicht bestimmen, wenn man die Anziehung einer confocalen Schicht S auf P bestimmen kann, deren Aussenfläche durch P geht. Das gelingt aber durch folgende Betrachtung.

Fig. 64.

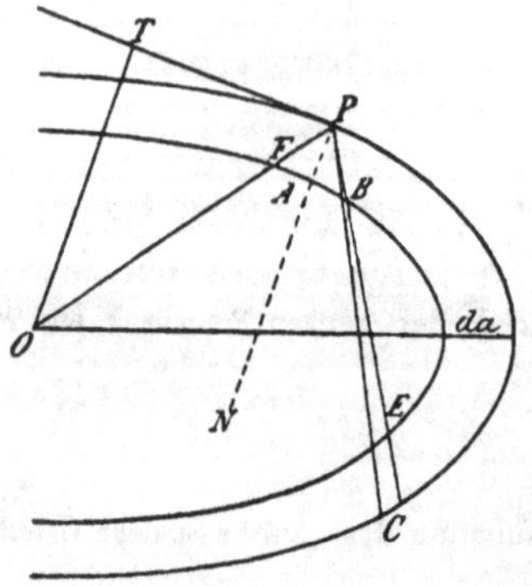

Es sei P, Fig. 64, der betrachtete Punkt, PN die Normale, welche das innere Ellipsoid bei A schneidet. Man lege durch P einen Elementarkegel; dieser trifft die Innenfläche erst bei B, dann bei E, die Aussenfläche zuletzt bei C. Er schneidet also aus der Schicht zwei Volumentheile heraus, deren einer von P bis B, der andere von C bis E reicht. Um P legen wir die Kugel Ω vom Radius 1, aus der der Elementarkegel die Oeffnung $d\Omega$ herausschneidet. Der Elementarkegel zerfällt nun selbst in Elemente ddv; dasjenige dieser Elemente, welches sich in der Entfernung r von P befindet, hat den Inhalt $r^2 d\Omega dr$, also die Masse $kr^2 d\Omega dr$; diese übt auf P nach der Richtung der Kegelaxe die Anziehung $k\,d\Omega\,dr$ aus. Integrirt man über dr, so ergiebt sich die Anziehung $k\,d\Omega(\overline{PB}+\overline{EC})$, und da $EC = PB$ ist, ist dies $2\overline{PB}.k\,d\Omega$. Von dieser Anziehung fällt in die Richtung PN der Normale die Componente $2\overline{PB}\cos BPA.k\,d\Omega$. Da die Schicht S unendlich dünn ist, ist AB als gerades Element anzusehen, welches auf PA senkrecht steht; also ist $\overline{PB}\cos PBA = \overline{PA}$. Demnach ist die Anziehungscomponente, welche der Elementarkegel auf P in der Richtung der Normale übt, $2\overline{PA}.k\,d\Omega$. Integrirt man nun über die ganze Schicht S, so ist von vornherein bekannt, dass diejenigen Componenten, die senkrecht auf PA stehen, einander aufheben; also ist nur die oben hergestellte Componente zu berücksichtigen. Für diese aber ist PA für alle Elementarkegel constant, die Gesammtanziehung der Schicht auf P ist also $2k\overline{PA}\int d\Omega$ und die Integration nach Ω ist über die Halbkugel auszudehnen, denn sämmtliche von P ausgehenden Elementarkegel, welche die Schicht treffen, erstrecken sich über die Halbkugel; $\int d\Omega$ ist demnach 2π, und die resultirende Anziehung ist

$$-\frac{\partial V_S}{\partial N} = 4\pi k.\overline{PA}.$$

Für $\overline{PA}$ lässt sich ein einfacher Ausdruck geben. Vom Centrum O aus ziehe man OP, welcher Radiusvector die innere Grenzfläche der Schicht in F schneide. Zugleich lege man durch P die Tangentialebene (angedeutet durch PT) und fälle auf diese von O das Perpendikel $\mathfrak{p} = OT$. Dabei nehme man an, die Ebene der Zeichnung falle in die Ebene TOP. Dann ist FAP ein unendlich kleines Dreieck, ähnlich POT, also $\frac{AP}{\mathfrak{p}} = \frac{FP}{OP}$, oder $AP = \mathfrak{p}\frac{FP}{OP}$. Wegen der Aehnlichkeit der begrenzenden Ellipsoide ist aber das Verhältniss $FP:OP$ für jeden Radiusvector dasselbe, also ist es gleich $\frac{da}{a}$, oder $\frac{db}{b}$, oder $\frac{dc}{c}$, wenn da, db, dc die Dicken der Schicht an den Enden der drei Axen sind. Also ist $AP = \mathfrak{p}\frac{da}{a}$, und

$$-\frac{\partial V_S}{\partial N} = 4\pi k\mathfrak{p}\frac{da}{a}.$$

Die Anziehung der Schicht Σ auf den Punkt P, die wir mit $-\frac{\partial V}{\partial N}$ bezeichnen wollen, ist demnach, da $\frac{da}{a} = \frac{d\alpha}{\alpha}$,

$$(5)\qquad -\frac{\partial V}{\partial N} = 4\pi k\mathfrak{p}\frac{\alpha\beta\gamma}{abc}\frac{d\alpha}{\alpha}.$$

Hierin ist $\mathfrak{p}$ selbstverständlich das Perpendikel auf die in P an das confocale Ellipsoid gelegte Tangentialebene. Die Masse M der Schicht Σ ist $4\pi k\beta\gamma d\alpha$, also kürzer

$$(6)\qquad -\frac{\partial V}{\partial N} = \frac{M\mathfrak{p}}{abc},$$

wo $a^2 = \alpha^2+\sigma$ u. s. w. Dabei fällt $-\frac{\partial V}{\partial N}$ in die Richtung der Normale des confocalen Ellipsoids, die mit $\mathfrak{p}$ parallel ist. Die Richtungscosinus von $\mathfrak{p}$ sind aber, wie oben angegeben, $\frac{x\mathfrak{p}}{a^2}$, $\frac{y\mathfrak{p}}{b^2}$, $\frac{z\mathfrak{p}}{c^2}$, also werden die Axencomponenten der Anziehung

$$(7) \qquad X = \frac{M\mathfrak{p}^2}{abc}\frac{x}{a^2}, \quad Y = \frac{M\mathfrak{p}^2}{abc}\frac{y}{b^2}, \quad Z = \frac{M\mathfrak{p}^2}{abc}\frac{z}{c^2}.$$

Um aus diesen Ausdrücken V herzustellen, denken wir uns dieselben so weit reducirt, dass a in ihnen die einzige Veränderliche ist; nachdem dies geschehen, wird $\frac{\partial V}{\partial x} = \frac{\partial V}{\partial a} \cdot \frac{\partial a}{\partial x}$ etc. sein. Es kommt also zunächst darauf an, $\frac{\partial a}{\partial x}$, $\frac{\partial a}{\partial y}$, $\frac{\partial a}{\partial z}$ herzustellen. Die Grösse a hängt mit x, y, z zusammen durch die Gleichung

$$\frac{x^2}{a^2} + \frac{y^2}{a^2 - l^2} + \frac{z^2}{a^2 - m^2} = 1$$

wo $a^2 - b^2 = l^2$ und $a^2 - c^2 = m^2$ ist. Dabei sind l und m wegen der Confocalität unabhängig von x, y, z. Betrachtet man in der Gleichung y und z als constant, x als unabhängige, a als abhängige Variable, so ergiebt die partielle Differentiation nach x

$$\frac{a^2 . 2x - x^2 2a \frac{\partial a}{\partial x}}{a^4} - \frac{y^2 . 2a \frac{\partial a}{\partial x}}{(a^2 - l^2)^2} - \frac{z^2 . 2a \frac{\partial a}{\partial x}}{(a^2 - m^2)^2} = 0$$

woraus

$$\frac{\partial a}{\partial x} = \frac{x}{a^3} \cdot \frac{1}{\frac{x^2}{a^4} + \frac{y^2}{(a^2 - l^2)^2} + \frac{z^2}{(a^2 - m^2)^2}}.$$

Der Factor von $\frac{x}{a^3}$ ist aber $\mathfrak{p}^2$, also nach Durchführung der gleichen Rechnung in y und z

$$\frac{\partial a}{\partial x} = \frac{1}{a^3}\mathfrak{p}^2 x, \quad \frac{\partial a}{\partial y} = \frac{1}{ab^2}\mathfrak{p}^2 y, \quad \frac{\partial a}{\partial z} = \frac{1}{ac^2}\mathfrak{p}^2 z.$$

Geht man damit in die Ausdrücke für X, Y, Z ein, so erhält man

$$X = \frac{M}{bc}\frac{\partial a}{\partial x}, \quad Y = \frac{M}{bc}\frac{\partial a}{\partial y}, \quad Z = \frac{M}{bc}\frac{\partial a}{\partial z}.$$

Also muss sein

$$-\frac{\partial V}{\partial a} = \frac{M}{bc} = \frac{M}{\sqrt{(a^2 - l^2)(a^2 - n^2)}}.$$

Dieser Bedingung genügen die Integrale

$$-\int^{a} \frac{M d\psi}{\sqrt{(\psi^2 - l^2)(\psi^2 - n^2)}} \quad \text{und} \quad +\int_{a} \frac{M d\psi}{\sqrt{(\psi^2 - l^2)(\psi^2 - n^2)}}$$

wo im ersten die untere, im zweiten die obere Grenze aus der Bedingung zu bestimmen ist, dass das Integral für $a = \infty$ zu Null werde. Diese Bedingung giebt beide mal ∞ für die fehlende Grenze; dann sind aber beide Integrale identisch; also ist

$$(8) \qquad V = \int_a^\infty \frac{M d\psi}{\sqrt{(\psi^2 - l^2)(\psi^2 - n^2)}}.$$

Setzt man hierin $\frac{l}{n} = \varkappa$, wo $\varkappa$ wegen $\beta > \gamma$ ein echter Bruch ist, und

$$\varphi = \arcsin \frac{n}{\psi}, \text{ so wird } d\psi = -\frac{\psi^2}{n}\sqrt{1-\frac{n^2}{\psi^2}},$$

der Nenner wird $\frac{1}{\psi^2}\sqrt{1-\varkappa^2\sin^2\varphi}\sqrt{1-\frac{n^2}{\psi^2}}$, die Grenzen werden $\arcsin\frac{n}{a}$ und 0, also

$$(9)\qquad V = \frac{M}{n}\int\limits_0^{\arcsin\frac{n}{a}} \frac{d\varphi}{\sqrt{1-\varkappa^2\sin^2\varphi}} = \frac{M}{n} F\left(\frac{l}{n}, \arcsin\frac{n}{a}\right)$$

wo F das elliptische Integral erster Gattung mit dem Modulus $\frac{l}{n}$ und der Amplitude $\arcsin\frac{n}{a}$ bezeichnet.

Anm. 1. Die Formeln (7), (8), (9) gelten gleichzeitig für alle ellipsoidischen Schichten innerhalb x, y, z, die mit Σ confocal sind. Sie gelten also auch noch für die Grenzschicht, die man erhält, wenn man die Axe γ unendlich klein werden lässt; die ellipsoidische Schicht degenerirt dann zu der oben erwähnten Ellipse, deren Halbaxen n und $m = \sqrt{n^2-l^2}$ sind. Sie liefern also auch die Potentialfunction und die Anziehungscomponenten für die Flächenladung einer homogenen Ellipsenfläche von den Halbaxen m und n, wo $n^2 = m^2 + l^2$.

Anm. 2. Ist $\beta = \gamma$, das Ellipsoid α, β, γ also ein verlängertes Rotationsellipsoid, so ist $l = n$, also degenerirt das elliptische Integral zum cyclometrischen. Man erhält

$$V = M\int\limits_a^\infty \frac{d\psi}{\psi^2 - l^2}$$

$$= \frac{M}{2l}\log\frac{a+l}{a-l}.$$

Die Grenzellipse für unendlich kleines γ degenerirt in diesem Fall zur geraden Linie $2l$. Die Potentialfunction stimmt demgemäss mit der in **171.** für die homogene Gerade gegebenen überein. Die Beschleunigungscomponenten werden

$$X = \frac{M\mathfrak{p}^2}{ab^2}\frac{x}{a^2},\quad Y = \frac{M\mathfrak{p}^2}{ab^2}\frac{y}{b^2},\quad Z = \frac{M\mathfrak{p}^2}{ab^2}\frac{z}{b^2}.$$

Anm. 3. Ist $\alpha = \beta$, also das Ellipsoid α, β, γ ein abgeplattetes Rotationsellipsoid, so werden n und l imaginär, an die Stelle der Brennpunkte tritt der Brennkreis vom Radius $m = \sqrt{\alpha^2-\gamma^2}$. Die Schicht Σ hat dann nach Anm. 1 im Aussenraum dieselbe Potentialfunction, wie die mit der homogenen Flächenladung M versehene Brennkreisfläche vom Radius m. Nach Anm. (1) liefert aber Gl. (9) die Potentialfunction eine Ellipse von den Halbaxen m und n in der Form $(m > n)$

$$V = \frac{M}{m} F\left(\frac{\sqrt{m^2-n^2}}{n}, \arcsin\frac{m}{c}\right)$$

wo c statt a geschrieben ist, weil c die der Richtung von m entsprechende Axe des confocalen Ellipsoides ist. Lässt man nun $m = n$ werden, so wird daraus

$$V = \frac{M}{m} F\left(0, \arcsin \frac{m}{c}\right) = \frac{M}{m} \int_0^{\arcsin \frac{m}{c}} \frac{d\varphi}{\sqrt{1}} = \frac{M}{m} \arcsin \frac{m}{c}.$$

Anm. 4. Schliesslich ist noch der constante Werth anzugeben, den die Potentialfunction im Innern von Σ hat; bezeichnet man die grosse Axe der Innenfläche von Σ mit α', so findet man sehr leicht $V = \frac{M}{n} F\left(\frac{l}{n}, \arcsin \frac{n}{\alpha'}\right)$.

174. Homogenes Ellipsoid. Aus den Ergebnissen der vorigen Nummer lassen sich einige Sätze leicht ableiten:

a) Eine homogene ellipsoidische Schicht von endlicher Dicke, die zwischen zwei concentrischen, ähnlichen und ähnlich gelegenen Ellipsoidflächen eingeschlossen ist, übt auf jeden Punkt des von ihr eingeschlossenen Hohlraumes die Anziehung Null. Denn sie lässt sich in ähnliche ellipsoidische Schichten Σ zerlegen, von denen jede einzelne nach dem Newton'schen Satz auf den fraglichen Punkt die Anziehung Null übt. Dasselbe ist nur anders formulirt, wenn wir sagen: Die Niveauflächen im Innern eines homogenen Körpers, dessen Aussenfläche ein Ellipsoid ist, sind Ellipsoide, welche der äusseren Grenzfläche **ähnlich** sind.

Die Anziehung auf einen Punkt P, der in der Masse eines homogenen Ellipsoids liegt, ist also identisch mit der Anziehung desjenigen Ellipsoids, welches durch P geht und der äusseren Grenzfläche des gegebenen Ellipsoids ähnlich ist. Einer besonderen Bestimmung bedarf es demnach nur für die Potentialfunction im Aussenraum.

b) Satz von Maclaurin. Zwei volle homogene, confocale Ellipsoide üben auf einen Punkt P, der ausserhalb beider oder in der Oberfläche des äusseren liegt, gleichgerichtete Anziehungen aus, die sich wie die Massen der anziehenden Körper verhalten. Denn: e und E seien die beiden Ellipsoide, α, β, γ und A, B, C ihre Halbaxen. Jedes von ihnen werde durch Flächen, die seiner Grenzfläche ähnlich sind, in ellipsoidische Schichten zerlegt. Σ sei eine derartige Schicht von e und S die homologe von E. Dann ist Σ mit S confocal. Nach dem vorigen Paragraphen üben also Σ und S gleichgerichtete Anziehungen auf den Punkt P, die sich verhalten, wie die Massen von Σ und S. Ist nun ν das Aehnlichkeitsverhältniss von Σ zur Grenzfläche von e, so ist ν auch das Aehnlichkeitsverhältniss von S zur Grenzfläche von E. Es haben also die Aussenflächen beider Schichten die Halbaxen $\nu\alpha, \nu\beta, \nu\gamma$ und $\nu A, \nu B, \nu C$. Also verhalten sich ihre Volumina wie $\alpha\beta\gamma : ABC$, und wenn die Dichtigkeiten τ und t sind, ihre Anziehungen auf P wie $\tau\alpha\beta\gamma : tABC$. Dies Verhältniss ist für alle Schichten Σ und S, in die beide Körper zerfallen sind, das nämliche, bleibt also bei der Integration über sämmtliche Schichten jedes Körpers constant. Folglich ist es auch das Verhältniss der Anziehungen der beiden Gesammtkörper e, E. Der Satz gilt offenbar auch dann noch, wenn beide Ellipsoide e und E nicht ganz mit Masse erfüllt sind, sondern im Innern Hohlräume haben, die den Hauptkörpern ähnlich und durch homologe, confocale Ellipsoide begrenzt sind.

c) Satz von Ivory. Sind e und E zwei homogene confocale Ellipsoide, p und P zwei homologe Punkte ihrer Aussenflächen, so verhält sich die x-Componente der Anziehung von e auf P zu der x-Componente der Anziehung von E auf p, wie $\beta\gamma$ zu BC. Der Satz gilt nicht bloss für die Newton'sche Anziehung sondern für jede Anziehung, die eine Function der Entfernung ist.

Beweis. Beide Ellipsoide müssen gleiche Dichtigkeit haben, weil sonst das äussere nicht homogen wäre. Es sei $f(r)$ die Anziehungsfunction, also, wenn die Elemente von e mit griechischen, die von E mit lateinischen Buchstaben, und die Coordinaten von p wie von P durch einen angesetzten Strich bezeichnet werden, die x-Componente der Anziehung von e auf P

$$X = \tau \iiint \frac{x' - \xi}{r} \cdot f(r) \, d\xi \, d\eta \, d\zeta$$

und entsprechend ist die x-Componente der Anziehung von E auf p

$$\mathfrak{x} = \tau \iiint \frac{\xi' - x}{r} f(r) \, dx \, dy \, dz.$$

Nun ist, wenn $\varphi(r)$ die Integralfunction von f, $\frac{x' - \xi}{r} f(r) \, d\xi = \frac{\partial \varphi(r)}{\partial \xi}$; Integrirt man also nach ξ, bezw. x, und bezeichnet die Radienvectoren der Endwerthe mit r_1 und r_2 für X, mit ρ_1 und ρ_2 für $\mathfrak{x}$, so erhält man

$$X = \tau \iint [\varphi(r_2) - \varphi(r_1)] \, d\eta \, d\zeta, \quad \mathfrak{x} = \tau \iint [\varphi(\rho_2) - \varphi(\rho_1)] \, dy \, dz.$$

Nun kann man die Elemente $dx\,dy\,dz$ so wählen, dass sie den $d\xi\,d\eta\,d\zeta$ homolog sind. Die Punkte der Oberflächen, in welchen die Integration nach x endigt, sind dann gleichfalls homolog, also nach der vorigen Nummer ist $\rho_2 = r_2$ und $\rho_1 = r_1$. Folglich verhält sich $X : \mathfrak{x} = d\eta\,d\zeta : dy\,dz$, d. i. wie $\beta\rho$ zu BC.

Anm. Wendet man den Satz auf zwei concentrische Kugeln an, deren Radien α und A sind, so ergiebt sich $X : \mathfrak{x} = \alpha^2 ; A^2$; dieselbe Proportion gilt in y und z; also wenn f und F die Resultanten der Anziehungen auf p und P sind, so ist auch $F : f = \alpha^2 : A^2$, oder

$$f = \frac{F}{\alpha^2} A^2.$$

Soll nun eine homogene sphärische Schicht auf einen Punkt ihres innern Hohlraums keine Anziehung ausüben, so muss die Wirkung f der Vollkugel A unabhängig von A sein. Das ist nur möglich, wenn

$$\frac{F}{\alpha^2} = \frac{\text{const.}}{A^2}.$$

Die Anziehung einer Kugel α auf einen Punkt P in der Entfernung A muss also dem Quadrat des Abstandes zwischen P und dem Kugelmittelpunkt umgekehrt proportional sein. Das muss auch dann noch gelten, wenn α unendlich klein wird, es muss also dann die Anziehung umgekehrt proportional dem Quadrat des Abstandes von der kleinen Kugel sein; d. h. das einzige Anziehungsgesetz, bei dem eine homogene sphärische Schicht auf einen Punkt ihres inneren Hohlraumes die Anziehung Null übt, ist das Newton'sche. Satz von Duhamel; die Bemerkung, dass der Ivory'sche Satz für jedes Anziehungsgesetz gilt, stammt von Poisson.)

d) Wir wenden uns nun zur Integration für das volle homogene Ellipsoid von den Halbaxen α, β, γ und der Dichtigkeit k. Durch den Punkt P werde ein mit der Grenzfläche von α, β, γ confocales Ellipsoid gelegt, dessen Halbaxen, wie früher a, b, c seien. Das volle Ellipsoid α, β, γ werde in ellipsoidische, ähnliche Schichten zerlegt, deren eine Σ sei und die Halbaxen α', β', γ' besitze. Die Anziehungscomponenten von Σ auf P seien X', Y', Z', ihre Potentialfunction V'. Hat das durch P gehende Ellipsoid, welches mit Σ confocal ist, die Halbaxen a', b', c', so ist nach **173.** Gl. (5)

$$-\frac{\partial V}{\partial N'} = 4\pi k \mathfrak{p}' \frac{\alpha'\beta'\gamma'}{a'b'c'} \frac{d\alpha'}{\alpha'},$$

also lassen sich X', Y', Z' darstellen in der Form

$$(1) \qquad X' = 4\pi k x \frac{\alpha'\beta'\gamma'}{a'b'c'} \frac{\mathfrak{p}'^2}{a'^2} \frac{d\alpha'}{\alpha'}, \quad Y' = 4\pi k y \frac{\alpha'\beta'\gamma'}{a'b'c'} \frac{\mathfrak{p}'^2}{b'^2} \frac{d\beta'}{\beta'} \text{ etc.}$$

Hierin ist nun

$$\frac{\alpha'}{\alpha} = \frac{\beta'}{\beta} = \frac{\gamma'}{\gamma} = \nu,$$

wenn ν das Aehnlichkeitsverhältniss zwischen Σ und der Aussenfläche des anziehenden Körpers ist. Ferner ist a', b', c' confocal mit α', β', γ', also

$$a'^2 - \alpha'^2 = b'^2 - \beta'^2 = c'^2 - \gamma'^2 = \sigma'$$

wo σ' eine Constante. Das Ellipsoid a', b', c' hat also die Gleichung

$$\frac{x^2}{\nu^2\alpha^2+\sigma'} + \frac{y^2}{\nu^2\beta^2+\sigma'} + \frac{z^2}{\nu^2\gamma^2+\sigma'} = 1$$

oder, wenn $\frac{\sigma'}{\nu^2} = s$ gesetzt wird

$$(2) \qquad \frac{x^2}{\alpha^2+s} + \frac{y^2}{\beta^2+s} + \frac{z^2}{\gamma^2+s} = \nu^2.$$

In dieser Gleichung ist ν von einer Schicht Σ zur andern variabel; für jedes ν erhält man (vergl. **173.**) eine positive Lösung für s; die Speciallösung, welche sich für $\nu = 1$, also für die äusserste Schicht Σ ergiebt, sei mit σ bezeichnet. Unser s betrachten wir als die Integrationsvariable, reduciren also, indem wir zunächst X' in Angriff nehmen, alle in X' vorkommenden Variablen auf s.

Es ist erstens

$$\alpha'\beta'\gamma' = \nu^3\alpha\beta\gamma, \quad a'b'c' = \nu^3\sqrt{(\alpha^2+s)(\beta^2+s)(\gamma^2+s)}$$

$$a'^2 = \nu^2(\alpha^2+s)$$

$$\mathfrak{p}'^2 = \frac{\nu^4}{\frac{x^2}{(\alpha^2+s)^2} + \frac{y^2}{(\beta^2+s)^2} + \frac{z^2}{(\gamma^2+s)^2}}.$$

Ferner ist $\frac{d\alpha'}{\alpha'} = \frac{d\nu}{\nu}$. Differentiirt man Gl. (2), indem man ν als die unabhängige, s als die abhängige Variable ansieht, so erhält man

$$\left(-\frac{x^2}{(\alpha^2+s)^2} - \frac{y^2}{(\beta^2+s)^2} - \frac{z^2}{(\gamma^2+s)^2}\right) ds = 2\nu\, d\nu = 2\nu^2 \frac{d\nu}{\nu} = 2\nu^2 \frac{d\alpha'}{\alpha'}.$$

Der Factor von ds ist $-\frac{\nu^4}{\mathfrak{p}'^2}$, also

$$\frac{d\alpha'}{\alpha'} = -\frac{\nu^2 ds}{2\mathfrak{p}'^2}.$$

Sonach ist

$$X' = 4\pi kx \frac{\alpha\beta\gamma}{\sqrt{(\alpha^2+s)(\beta^2+s)(\gamma^2+s)}} \cdot \frac{\mathfrak{p}'^2}{\nu^2(\alpha^2+s)} \frac{\nu^2}{2\mathfrak{p}'^2} \cdot ds$$

oder, wenn man abkürzend $\sqrt{\left(1+\frac{s}{\alpha^2}\right)\left(1+\frac{s}{\beta^2}\right)\left(1+\frac{s}{\gamma^2}\right)} = D$ setzt,

$$(3) \qquad X' = 2\pi kx \frac{1}{D} \frac{ds}{\alpha^2+s}.$$

In diesem Ausdruck ist s die einzige Veränderliche; er ist also direct integrabel, und es sind nur noch die Grenzen des Integrals zu bestimmen. Für die äusserste Schicht ist $s = \sigma$; für die innerste Schicht, die den Mittelpunkt des Ellipsoids unendlich nahe umgiebt, ist ν verschwindend klein, also $s = \infty$, wie aus Gl. (2) hervorgeht. Demnach ist die Anziehung des vollen Ellipsoids auf P ausgedrückt durch

$$(4) \qquad \begin{cases} X = 2\pi x \int_\sigma^\infty \frac{k ds}{(\alpha^2+s) D} \\ Y = 2\pi y \int_\sigma^\infty \frac{k ds}{(\beta^2+s) D} \\ Z = 2\pi z \int_\sigma^\infty \frac{k ds}{(\gamma^2+s) D}. \end{cases}$$

Die Werthe für Y und Z folgen ohne Weiteres aus der Symmetrie der Ausdrücke. k ist unter das Integralzeichen gesetzt, weil die Rechnung auch dann gilt, wenn nicht das Ellipsoid α, β, γ, sondern nur seine einzelnen Schichten Σ homogen sind, die Rechnung also gleichzeitig für das „ähnlich geschichtete" Ellipsoid gilt. Aus Gl. (4) ergiebt sich

$$(5) \qquad V = \pi \int_\sigma^\infty \left(1 - \frac{x^2}{\alpha^2+s} - \frac{y^2}{\beta^2+s} - \frac{z^2}{\gamma^2+s}\right) \frac{k}{D} ds.$$

Denn in diesem Integral hängen x, y, z und σ von der Lage des angezogenen Punktes ab, m. a. W. σ ist Function von x, y, z. Differentiirt man also partiell nach x, so erhält man

$$-\frac{\partial V}{\partial x} = 2\pi x \int_\sigma^\infty \frac{k ds}{D(\alpha^2+s)} + \pi \frac{\partial \sigma}{\partial x} \left\{1 - \frac{x^2}{\alpha^2+\sigma} - \frac{y^2}{\beta^2+\sigma} - \frac{z^2}{\gamma^2+\sigma}\right\} \frac{k}{D_\sigma}.$$

In dem zweiten Gliede auf der rechten Seite dieser Gleichung ist aber der Inhalt der Klammer Null, denn σ wird ja aus der Gleichung

$$\frac{x^2}{\alpha^2+\sigma} + \frac{y^2}{\beta^2+\sigma} + \frac{z^2}{\gamma^2+\sigma} - 1 = 0$$

bestimmt. Also bleibt $-\frac{\partial V}{\partial x} = X$ u. s. w.

Rückt der Punkt x, y, z in die Grenzfläche α, β, γ des Ellipsoides, so ist für ihn $\sigma = 0$. Liegt x, y, z im Innern der Masse, so wirken auf ihn nur die Theile, welche von der durch x, y, z gehenden, mit α, β, γ ähnlichen Ellipsoidfläche eingeschlossen werden. Die Halbaxen dieses Ellipsoids seien α', β', γ'; P liegt in der Oberfläche desselben, also wird nunmehr, wenn die D entsprechend bezeichnet werden, so weit sie sich auf α', β', γ' beziehen

$$(6)\quad \begin{cases} X = 2\pi x \int_0^\infty \frac{kds}{(\alpha'^2+s)D'}, \quad Y = 2\pi y \int_0^\infty \frac{kds}{(\beta'^2+s)D'} \\ Z = 2\pi z \int_0^\infty \frac{kds}{(\gamma'^2+s)D'}. \end{cases}$$

Diese Integrale sind aber identisch mit

$$(7)\quad \begin{cases} X = 2\pi x \int_0^\infty \frac{kds}{(\alpha^2+s)D}, \quad Y = 2\pi y \int_0^\infty \frac{kds}{(\beta^2+s)D}, \\ Z = 2\pi z \int_0^\infty \frac{kds}{(\gamma^2+s)D}. \end{cases}$$

Denn: Wir vergleichen beispielsweise das X der Gl. (6) mit dem der Gl. (7). Das Aehnlichkeitsverhältniss $\frac{\alpha'}{\alpha}$ sei ν. Die s kann man willkürlich verlaufen lassen; um dies auszudrücken, wollen wir in Gl. (6) einen Augenblick τ statt s schreiben. Dann sind zu vergleichen die Integrale

$$\int_0^\infty \frac{kd\tau}{(\alpha'^2+\tau)D_\tau} \text{ und } \int_0^\infty \frac{kds}{(\alpha^2+s)D_s}.$$

Da kann man nun willkürlich festsetzen, dass τ stets $= \nu^2 s$ sein soll; dann ist auch $d\tau = \nu^2 ds$; ferner $\alpha'^2 = \nu^2\alpha^2$, $\beta'^2 = \nu^2\beta^2$, $\gamma'^2 = \nu^2\gamma^2$; also ist $\frac{d\tau}{\alpha'^2+\tau} = \frac{ds}{\alpha^2+s}$, ebenso ist $D' = D$, wie leicht zu sehen; beide Integrale sind also bis auf die obere Grenze identisch; sie unterscheiden sich demnach von einander um den Werth $\int_{\nu\infty}^\infty \frac{kds}{(\alpha'^2+s)D_s}$; der aber ist Null, da der Nenner für $s = \infty$ ein Unendlich Grosses von der Ordnung $s\sqrt{s}$ wird.

Aus Gl. (7) ergiebt sich sofort

$$V = \pi \int_0^\infty \left(1 - \frac{x^2}{\alpha^2+s} - \frac{y^2}{\beta^2+s} - \frac{z^2}{\gamma^2+s}\right) \frac{k}{D} ds$$

als Werth der Potentialfunction in einem inneren Punkt.

e) Die vorstehenden Formen für X, Y, Z, V sind von Dirichlet auf rein analytischem Wege entwickelt worden. Chasles hat nicht s, sondern die Grösse $\frac{\gamma'}{c'}$ zum Integrationsbuchstaben gewählt; die Integrale bekommen dadurch eine Gestalt, welche ihre Reduction auf elliptische Integrale nahe legt. Diese Form soll hier für die Kräfte im Aussenraum entwickelt werden.

Man schreibe zunächst in den Gleichungen (1) $\frac{d\gamma'}{\gamma'}$ statt $\frac{d\beta'}{\beta'}$ und $\frac{d\alpha'}{\alpha'}$.

So erhält man

$$X' = 4\pi k x \frac{\mathfrak{p}'^2 \alpha' \beta'}{a'^3 b' c'} d\gamma', \quad Y' = 4\pi k y \frac{\mathfrak{p}'^2 \alpha' \beta'}{a' b'^3 c'} d\gamma',$$

$$Z' = 4\pi k z \frac{\mathfrak{p}'^2 \alpha' \beta'}{a' b' c'^3} d\gamma'.$$

Setzt man hierin $\frac{\gamma'}{c'} = u$, also $c' = \gamma' u^{-1}$, ferner $\frac{\sqrt{\beta^2 - \gamma^2}}{\gamma} = \mu$, $\frac{\sqrt{\alpha^2 - \gamma^2}}{\gamma} = \lambda$, so hat man $\sqrt{\alpha^2 - \gamma^2} = \gamma\lambda$, $\sqrt{\alpha'^2 - \gamma'^2} = \gamma\lambda \cdot \frac{\gamma'}{\gamma} = \gamma'\lambda = \sqrt{a'^2 - c'^2}$

$$a' = \sqrt{c'^2 + \gamma'^2 \lambda^2} = \gamma' \sqrt{u^{-2} + \lambda^2}, \quad b' = \gamma' \sqrt{u^{-2} + \mu^2}$$

$$\alpha' = \gamma' \frac{\alpha}{\gamma}, \quad \beta' = \gamma' \frac{\beta}{\gamma}.$$

Die Gleichung des mit α', β', γ' confocalen Ellipsoids a', b', c', welches durch x, y, z geht, wird

$$\frac{x^2}{u^{-2} + \lambda^2} + \frac{y^2}{u^{-2} + \mu^2} + z^2 u^2 = \gamma'^2. \tag{9}$$

Demnach wird

$$\mathfrak{p}^2 = \frac{\gamma'^4}{\left(\frac{x}{u^{-2} + \lambda^2}\right)^2 + \left(\frac{y}{u^{-2} + \mu^2}\right)^2 + z^2 u^4}$$

und aus der Differentiation von Gl. (9) ergiebt sich

$$y^2 d\gamma' = c'^3 du$$

und damit

$$X' = 4\pi k x \frac{\alpha\beta}{\gamma^2} \frac{u^{-2} du}{\sqrt{u^{-2} + \lambda^2}^3 \sqrt{u^{-2} + \mu^2}}, \quad Y' = 4\pi k y \frac{\alpha\beta}{\gamma^2} \frac{u^{-2} du}{\sqrt{u^{-2} + \mu^2} \sqrt{u^{-2} + \mu^2}^3},$$

$$Z' = 4\pi k z \frac{\alpha\beta}{\gamma^2} \frac{du}{\sqrt{u^{-2} + \gamma^2} \sqrt{u^{-2} + \mu^2}}.$$

Hierin ist $\frac{4\pi}{3} k\alpha\beta\gamma$ die Masse M des ganzen Ellipsoids $\alpha\beta\gamma$, also kann $4\pi k\alpha\beta : \gamma^2$ ersetzt werden durch $\frac{3M}{\gamma^3}$. Die Ausdrücke sind sofort integrabel; für die innerste Schicht, deren γ' unendlich klein ist, ist $u = 0$, für die Grenzschicht, welche der Oberfläche des Ellipsoids anliegt, ist $u = \frac{\gamma}{c}$, also liefert die Integration über das ganze Ellipsoid, nachdem Zähler und Nenner mit u^4, resp. u^2 multiplicirt sind

$$\text{(10)} \quad \begin{cases} X = \dfrac{3Mx}{\gamma^3} \displaystyle\int_0^{\frac{\gamma}{c}} \frac{u^2 du}{(1 + \lambda^2 u^2)^{\frac{3}{2}} (1 + \mu^2 u^2)^{\frac{1}{2}}}, \\ Y = \dfrac{3My}{\gamma^3} \displaystyle\int_0^{\frac{\gamma}{c}} \frac{u^2 du}{(1 + \lambda^2 u^2)^{\frac{1}{2}} (1 + \mu^2 u^2)^{\frac{3}{2}}}, \\ Z = \dfrac{3Mz}{\gamma^3} \displaystyle\int_0^{\frac{\gamma}{c}} \frac{u^2 du}{(1 + \lambda^2 u^2)^{\frac{1}{2}} (1 + \lambda^2 u^2)^{\frac{1}{2}}}. \end{cases}$$

Die Reduction dieser Integrale auf die canonische Form elliptischer Integrale erfolgt nach den gewöhnlichen Regeln. Man bemerke, dass die beiden ersten sich auf das letzte reduciren lassen. Setzt man abkürzend $Z = \frac{3Mz}{\gamma^3} J$, so ist, wie man leicht durch directe Differentiation findet,

$$X = \frac{3Mx}{\gamma^3}\frac{\partial J}{\partial \lambda}, \quad Y = \frac{3My}{\gamma^3}\frac{\partial J}{\partial M}.$$

Anm. 1. Beim abgeplatteten Rotationsellipsoid, dessen Hauptaxe 2γ, ist $\lambda = \mu$; man erhält also

$$X = \frac{3Mx}{\gamma^3}\int_0^{\frac{\gamma}{c}} \frac{u^2 du}{(1+\lambda^2 u^2)^2}, \quad Y = \frac{3My}{\gamma^3}\int_0^{\frac{\gamma}{c}} \frac{u^2 du}{(1+\lambda^2 u^2)^2},$$

$$Z = \frac{3Mz}{\gamma^3}\int_0^{\frac{\gamma}{c}} \frac{u^2 du}{1+\lambda^2 u^2}.$$

Die Integrationen lassen sich in geschlossener Form ausführen und geben

$$(11) \quad \begin{cases} X = \dfrac{3Mx}{2\lambda^3\gamma^3}\left[\operatorname{arc\,tang}\left(\lambda\dfrac{\gamma}{c}\right) - \dfrac{\lambda\gamma c}{c^2+\lambda^2\gamma^2}\right] \\ Y = \dfrac{3My}{2\lambda^3\gamma^3}\left[\operatorname{arc\,tang}\left(\lambda\dfrac{\gamma}{c}\right) - \dfrac{\lambda\gamma c}{c^2+\lambda^2\gamma^2}\right] \\ Z = \dfrac{3Mz}{\lambda^3\gamma^3}\left[\lambda\dfrac{\gamma}{c} - \operatorname{arc\,tang}\left(\lambda\dfrac{\gamma}{c}\right)\right]. \end{cases}$$

Anm. 2. Beim verlängerten Rotationsellipsoid, dessen Hauptaxe 2α, ist $\mu = 0$, also

$$X = \frac{3Mx}{\gamma^3}\int_0^{\frac{\gamma}{c}} \frac{u^2 du}{(1+\lambda^2 u^2)^{\frac{3}{2}}}, \quad Y = \frac{3My}{\gamma^3}\int_0^{\frac{\gamma}{c}} \frac{u^2 du}{(1+\lambda^2 u^2)^{\frac{1}{2}}},$$

$$Z = \frac{3Mz}{\gamma^3}\int_0^{\frac{\gamma}{c}} \frac{u^2 du}{(1+\lambda^2 u^2)^{\frac{1}{2}}}.$$

Die Ausführung der Integrationen giebt

$$(12) \quad \begin{cases} X = \dfrac{3Mx}{\lambda^3\gamma^3}\left\{\log\left(\lambda\dfrac{\gamma}{c} + \sqrt{1+\lambda^2\dfrac{\gamma^2}{c^2}}\right) - \dfrac{\lambda\dfrac{\gamma}{c}}{\sqrt{1+\lambda^2\dfrac{\gamma^2}{c^2}}}\right\}, \\ Y = \dfrac{3}{2}\dfrac{M}{\lambda^3\gamma^3}\left\{\lambda\dfrac{\gamma}{c}\sqrt{1+\lambda^2\dfrac{\gamma^2}{c^2}} - \log\left(\lambda\dfrac{\gamma}{c} + \sqrt{1+\dfrac{\lambda^2\gamma^2}{c^2}}\right)\right\}, \quad Z = Y\dfrac{z}{y}. \end{cases}$$

Anm. 3. Liegt der angezogene Punkt in der Oberfläche des Ellipsoids α, β, γ, so ist $\gamma = c$, also nimmt die obere Grenze des Integrals in den Gleichungen (10) den Werth 1 an. Liegt er im Innern der anziehenden Masse, so braucht man nur dasjenige Ellipsoid α', β', γ' zu betrachten, dessen Oberfläche durch x, y, z geht. Bezeichnet M' die Masse dieses Ellipsoides, so ist beispielsweise

$$X = \frac{3M'x}{\gamma'^3}\int_0^1 \frac{u^2\,du}{(1+\lambda'^2u^2)^{\frac{3}{2}}(1+\mu'u^2)^{\frac{1}{2}}}.$$

Es ist aber $\frac{M'}{\gamma'^3} = \frac{M}{\gamma^3}$ und die numerischen Excentricitäten der Hauptschnitte von α', β', γ' sind gleich denen von α, β, γ, also $\lambda' = \lambda$, $\mu' = \mu$. Also gelten die Formeln

$$(13) \qquad X = \frac{3Mx}{\gamma^3}\int_0^1 \frac{u^2\,du}{(1+\lambda^2u^2)^{\frac{3}{2}}(1+\mu^2u^2)^{\frac{1}{2}}} \quad \text{u. s. w.}$$

so wohl für einen Punkt im Innern der anziehenden Masse, wie für einen solchen, der auf ihrer Oberfläche liegt.

175. Beliebig geformte Masse und sehr entfernter Punkt. M sei eine Masse von beliebiger Gestalt, P ein Punkt, dessen Entfernung von M gross gegen die Dimensionen von M ist; im Innern von M werde ein Punkt A gewählt und seine Entfernung von P mit R bezeichnet; das Element dM habe von A den Abstand l, von P den Abstand r; dann ist, wenn φ den Winkel zwischen l und R bezeichnet, $r^2 = R^2 + l^2 - 2Rl\cos\varphi$, und die Potentialfunction von M auf P ist

$$V = \int \frac{dM}{\sqrt{R^2+l^2-2Rl\cos\varphi}}.$$

Ist R sehr gross gegen l, so kann man im Nenner l^2 gegen R^2 vernachlässigen und dann den Factor von dM mittels des Taylor'schen Satzes in eine Reihe entwickeln, die eben wegen der Kleinheit von $\frac{l}{R}$ mit dem zweiten Gliede abgebrochen werden kann. Man erhält

$$(R^2 - 2Rl\cos\varphi)^{-\frac{1}{2}} = R^{-1}\left(1+\frac{l}{R}\cos\varphi\right), \quad \text{also}$$

$$V = \int \frac{dM\left(1+\frac{l}{R}\cos\varphi\right)}{R}.$$

Legt man durch A senkrecht zu R eine Ebene der η, ζ, so ist $l\cos\varphi$ gleich ξ, der Coordinate von dM, welche in die Richtung von R fällt, also

$$V = \int \frac{dM\left(1+\frac{\xi}{R}\right)}{R}.$$

Wenn man nun für A den Schwerpunkt von M wählt, so ist $\int \xi\,dM = 0$, also nimmt dann V die Form an

$$V = \int \frac{dM}{R}.$$

D. h. Die Anziehung, welche eine beliebig gestaltete Masse auf einen sehr entfernten Punkt übt, kann in **zweiter** Annäherung ersetzt werden durch die Anziehung ihres Schwerpunkts.

Wollte man sie dagegen dadurch ersetzen, dass man die Masse M in einem

Punkt A concentrirt denkt, der nicht mit ihrem Schwerpunkt zusammenfällt, so würde man den Werth zweiter Ordnung $\int \frac{\xi dM}{R^2}$ vernachlässigen, und die Annäherung wäre bloss erster Ordnung.

176. Der Playfairsche Körper maximaler Anziehung. Von mancherlei weiteren Aufgaben aus der Anziehungslehre mag hier noch die folgende behandelt werden. „Welche Gestalt muss eine homogene Masse M haben, wenn sie auf einen Punkt P die grösste Anziehung üben soll?"

Zunächst ist klar, dass die Oberfläche des gesuchten Körpers K durch den Punkt P gehen muss, ferner, wenn p die Richtung der von M geübten Maximalanziehung sein soll, dass die fragliche Oberfläche eine Rotationsfläche sein muss, deren Axe p ist. Die Aufgabe reducirt sich daher auf die Bestimmung der Meridiancurve.

Es seien nun dm und dm' zwei gleich grosse, dieser Meridiancurve anliegende Elemente eines Meridianschnittes; die Anziehungscomponente, welche sie in der Richtung p auf den Punkt P üben, sei f bezw. f'. Aendert der Körper K, resp. sein Meridianschnitt, seine Form, ohne seine Masse zu ändern, so kann das nur dadurch geschehen, dass gewisse Elemente desselben aus dem Innern des Meridianschnitts fortgenommen und an andere Stellen, die ausserhalb seiner Grenzlinie liegen, gebracht werden. Es werde also z. B. das Element $d\mu$ fortgenommen und an die Stelle dm'' gebracht; vergl. Fig. 65. dm'' liege auf dem Radiusvector $r = \overline{Pdm'}$, unendlich nahe ausserhalb dm'. Dann übt dm'' auf P eine p-Componente f'', die sich offenbar unendlich wenig von f' unterscheidet. Soll nun der Körper K das Maximum der Anziehung üben, welche für M möglich ist, so muss die Anziehung durch den Transport von dm nach dm'' verkleinert werden; also muss $f'' < f$ sein, d. h. f' darf wenigstens nicht grösser als f sein. Ebenso ergiebt sich, wenn man dm' unendlich nahe an dm ausserhalb der Grenzcurve verlegt, dass f nicht grösser als f' sein kann. Folglich ist

Fig. 65.

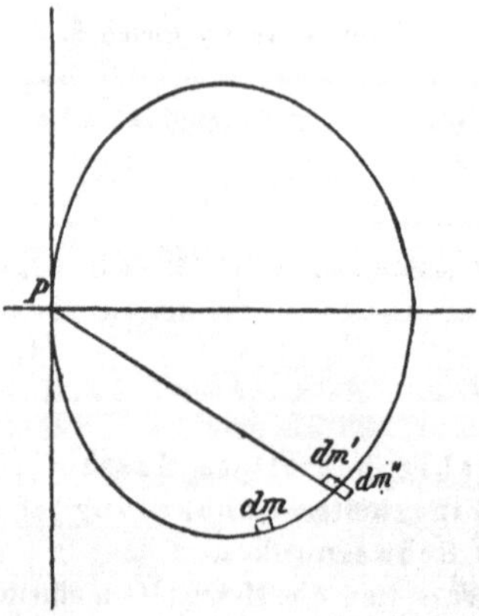

$$f = f' \tag{14}$$

die Bedingung, welche für alle Punkte der Meridiancurve erfüllt sein muss. Nennen wir nun r den Radiusvector irgend eines Punktes der Meridiancurve, φ den Winkel, welchen r mit p macht, so ist für ein Element dm, welches der Curve anliegt, $f = \frac{k\,dm}{r^2}\cos\varphi$, also ist die Gleichung der Curve, da f überall auf ihr denselben Werth haben muss,

$$\frac{\cos\varphi}{r^2} = a, \quad r = \sqrt{\frac{\cos\varphi}{a}},$$

wo a eine Constante. Die Constante a ist zu bestimmen aus der Bedingung, dass der Inhalt des Rotationskörpers die Masse M enthalten muss. Also muss, wenn ϑ den Rotationswinkel bezeichnet,

$$M = k\int_0^{2\pi} d\vartheta \int_0^{\frac{\pi}{2}} \sin\varphi d\varphi \int_0^{\sqrt{\frac{\cos\varphi}{a}}} r^2 dr = k \cdot \frac{4}{15}\pi a^{-\frac{3}{2}}$$

sein, woraus a leicht zu ersehen. Die Anziehung, welche P in der Richtung p erleidet, ist

$$F = k\int_0^{2\pi} d\vartheta \int_0^{\frac{\pi}{2}} \sin\varphi \cos\varphi d\varphi \int_0^{\sqrt{\frac{\cos\varphi}{a}}} dr = k \cdot \frac{4\pi}{5} a^{-\frac{1}{2}} = 3Ma.$$

Bringt man dieselbe Masse M in die Form einer Kugel, deren Oberfläche durch P geht, so wäre, wenn R der Radius der Kugel, $M = \frac{4}{3}\pi k R^3 = \frac{4}{15}\pi k a^{-\frac{3}{2}}$, also $R = \sqrt{\frac{1}{a}} \cdot \sqrt[3]{\frac{1}{5}}$. Die Anziehung der Kugel auf P wäre $\frac{M}{R^2}$, also $M.a\sqrt[3]{25}$, also $\sqrt[3]{\frac{25}{27}}$ mal kleiner als F. Setzt man $\frac{1}{a} = b^2$ so ist b nach Gl. (15) die Länge der Axe des Rotationskörpers. Die Construction eines beliebigen Punktes der Grenzcurve ergiebt sich leicht, wenn man Gl. (15) schreibt: $r^2 = b.b\cos\varphi$. Denkt man sich in irgend einem Punkt der Curve die Masse 1 angebracht, so ist die p-Componente der Anziehung, welche sie auf P übt, gleich $\frac{1}{b^2}$ oder gleich a.

6. Das Potential.

177. Die Variation des Potentials. Ist M eine irgendwie über das Raumgebilde K, welches ein Körper, eine Fläche oder eine Linie sein kann, vertheilte Masse, deren Dichtigkeit ϱ (körperliche Dichtigkeit, Flächendichtigkeit oder Liniendichtigkeit) überall endlich ist, ist V der Werth, den die Potentialfunction von M in ihrem Element dM hat, so ist das Potential der Masse auf sich selbst gemäss **123.**, wenn r den Abstand eines Elements dM von einem zweiten dM' bezeichnet,

$$(1) \qquad W = \tfrac{1}{2}\Sigma\Sigma\frac{dMdM'}{r} = \tfrac{1}{2}\int VdM = \tfrac{1}{2}\int V\varrho dK.$$

In dem ersten Summenausdruck sind für dM und dM' der Reihe nach je alle Elemente von M einzuführen; vollständig genau geschrieben lautet er, wenn N die Anzahl der Elemente bedeutet, welche in M enthalten sind

$$(2) \qquad W = \tfrac{1}{2}\sum_{s=1}^{s=N} dM_s \sum_{i=1}^{i=N} \frac{dM_i}{r_{i,s}}.$$

Von dem entsprechenden Ausdruck für Massen, die über discrete

Punkte vertheilt sind, unterscheidet sich Gl. (2) nur dadurch, dass die Bemerkung „der Fall $i = s$ ist auszulassen" fehlt. Dieselbe kann in der That hier fortbleiben, weil, wie oben gezeigt wurde, die Potentialfunction eines Elements auf seine eigenen Theile unendlich klein ist, weil also das Glied $dM_s \frac{dM_s}{r_{s,s}}$ zu der Summe (2) nur einen unendlich kleinen Beitrag liefert.

Da $\sum_{i=1}^{i=N} \frac{dM_i}{r_{i,s}}$ gleich dem Werth ist, den V in dM hat, ist der zweite Ausdruck in Gl. (1) richtig; aus ihm folgt der dritte, indem man dM durch ϱdK ersetzt.

Aendert sich die Configuration von M irgendwie, so ist nach **123.** die Arbeit, welche die Kräfte von M bei der Aenderung leisten, gleich der Abnahme des Potentials.

Eine derartige Aenderung tritt insbesondere ein, wenn die Masse M sich in dem Gebilde, welches sie erfüllt, anders vertheilt; diese Andersvertheilung wird durch eine Variation von ϱ ausgedrückt sein. Variirt ϱ, so variirt gleichzeitig auch V, die vollständige Variation von W ist also dann

$$(3) \qquad \delta W = \tfrac{1}{2}\int (V\delta\varrho + \varrho\delta V)\,dK.$$

Nun kann man Gl. (2) offenbar schreiben

$$(4) \qquad W = \tfrac{1}{2}\sum_{s=1}^{s=N} \varrho_s dK_s \sum_{i=1}^{i=N} \frac{\varrho_i dK_i}{r_{i,s}},$$

wo die Grösse unter dem zweiten Summenzeichen $\sum_i$ gleich V_s ist. Demgemäss ist

$$(5) \qquad \tfrac{1}{2}\int V\delta\varrho dK = \tfrac{1}{2}\Sigma\,\delta\varrho_s dK_s \Sigma \frac{\varrho_i dK_i}{r_{i,s}},$$

$$(6) \qquad \tfrac{1}{2}\int \varrho\delta V dK = \tfrac{1}{2}\Sigma\,\varrho_s dK_s \Sigma \frac{\delta\varrho_i dK_i}{r_{i,s}}.$$

Da i und s bloss laufende Ordnungszahlen sind, die beide von 1 bis N gehen, bleibt jede dieser Summen unverändert, wenn man i und s in ihnen vertauscht; vertauscht man aber in der Summe von Gl. (6) i mit s, so wird die Doppelsumme in (6) offenbar identisch mit der in (5), also ist

$$(7) \qquad \int V\delta\varrho dK = \int \varrho\delta V dK,$$

ein wichtiger Satz, aus dem unmittelbar folgt

$$(8)\qquad \delta W = \int V \delta \varrho \, dK.$$

178. Minimum desselben. Die Masse M bestehe aus zwei Theilen; der eine, M_1 liege fest, und zwar so, dass seine Dichtigkeit als unveränderlich angesehen werden kann; der andere, M_2 sei als Flächenladung über eine Oberfläche S ausgebreitet, welche die Masse M_1 einschliesst. Dies M_2 denke man sich flüssig, d. h. seine Flächendichtigkeit ϱ_2 könne dadurch geändert werden, dass die Massentheilchen, aus denen M_2 besteht, in der Oberfläche S einander näher rücken oder sich irgendwie anders in der Oberfläche vertheilen.

Es ist dann klar, dass bei beliebiger Variation von ϱ_2 kein Maximum des Potentials existirt; denn wenn man alle Theilchen dM_2 immer näher zusammenrücken lässt, wächst ϱ_2 und damit auch W ins Unendliche. Andererseits aber kann W nicht unter einen gewissen Werth hinabgehen; ist nämlich R der grösste Abstand, der in dem System $M_1 + M_2$ zwischen zwei Theilchen dM und dM' überhaupt vorkommt, so ist in dem Ausdruck $\frac{1}{2}\int \frac{dM\,dM'}{r}$ das r immer kleiner als R oder höchstens $= R$. Also ist immer

$$W > \tfrac{1}{2}\int \frac{dM\,dM'}{R}.$$

Folglich muss W ein Minimum haben, welches oberhalb dieses Werthes liegt. Die Bedingung für dies Minimum ist offenbar, wenn man ϱ als die unabhängige Variable in W ansieht, die, dass die durch die Variation $\delta\varrho$ hervorgebrachte Variation δW zu Null wird. Also nach Gl. (8) des vorigen Paragraphen, wo dS statt dK zu schreiben ist, weil ja die Variation nur auf der Fläche S vor sich geht

$$(1)\qquad \int V \delta\varrho \, dS = 0.$$

Zugleich ist

$$(2)\qquad \int \delta\varrho \, dS = 0.$$

Denn die Variation soll ja nur darin bestehen, dass die Masse M_2 anders auf der Fläche S vertheilt, aber ihr Gesammtbetrag nicht geändert wird. Innerhalb der Bedingung (2) sind aber die Variationen $\delta\varrho$ ganz beliebig, also können die beiden Gleichungen (1) und (2) nur dann zusammen bestehen, wenn auf der ganzen Fläche S

$$(3)\qquad V = \text{const.}$$

Ist aber $V = \text{const.}$, so ist die Flächenladung M_2 unter der vereinigten Anziehung von M_1 und M_2 im Gleichgewicht, S ist Niveaufläche von M. Wir haben also den Satz: W erreicht sein Minimum, wenn die Masse M_2 auf der Fläche S in Gleichgewichtsvertheilung ist.

Umgekehrt liefert die Bedingung $V = \text{const.}$ mit Gl. (2) sofort die Gl. (1) also den Satz $\delta W = 0$, die Gleichgewichtsvertheilung von M_2 und das Minimum von W bedingen sich gegenseitig.

Es giebt ferner nur eine Art der Vertheilung von M_2 auf der Fläche S, welche das Gleichgewicht zur Folge hat. Denn: Giebt es irgend eine Gleichgewichtsvertheilung der Masse M_2 auf der Fläche S, so muss die Gesammtpotentialfunction von M auf der ganzen Fläche S einen constanten Werth haben, der mit V' bezeichnet sei. Es ist dann also $V' = \text{const.}$, und da auch das obige $V = \text{const.}$ ist, so muss $V' = V.\varkappa$ sein, wo $\varkappa$ irgend eine Constante ist. Das ist aber offenbar nur dann möglich, wenn die der zweiten Vertheilung entsprechende Dichtigkeit $\varrho'_2 = \varrho_2 \varkappa$ ist. Und da nun $\int \varrho' dS$ ebenso wohl wie $\int \varrho dS$ gleich M_2 sein muss, kann $\varkappa$ nur den Werth 1 haben. Also ist $\varrho' = \varrho$, $V' = V$, d. h. es ist keine andere Gleichgewichtsvertheilung von M_2 möglich, als die oben angegebene.

Hiermit ist also gezeigt, dass jederzeit eine und nur eine Vertheilung der Masse M_2 über die Oberfläche S möglich ist, bei der M_2 unter dem vereinigten Einfluss der Anziehungen von M_1 und M_2 im Gleichgewicht ist. Das gilt für jeden Werth von M_2, also auch, wenn man $M_2 = -M_1$ macht. In diesem Falle ist aber M_2 die Flächenladung, welche in **170.** No. 5 benutzt wurde. Das vorstehende vervollständigt also den Beweis des dort gegebenen Satzes, und zeigt, dass es immer nur eine Flächenladung M_2 giebt, welche nach **170.**, 5 im Aussenraume dieselbe Potentialfunction erzeugt, wie M_1.

179. Selbstpotential der concentrisch geschichteten Kugel. Ist k die Dichtigkeit, ϱ der Mittelpunktsabstand eines Kugelelements, l der Abstand eines inneren angezogenen Punktes vom Kugelcentrum, a der Radius der Kugel, so ist, wenn φ und ϑ die Polarwinkel sind, die Potentialfunction der Kugel auf den untersuchten Punkt nach **172.**

$$V = 4\pi \left\{ \int_0^l k \frac{\varrho^2}{l} d\varrho + \int_l^a k\varrho \, d\varrho \right\}.$$

Das Kugelelement dM', welches sich an der untersuchten Stelle befindet, hat die Masse $kl^2 \sin\psi dl d\psi d\chi$, wenn ψ und χ ein neuer Satz von Polarwinkeln sind. Also ist

$$W = 4\pi \int_0^a \int_0^\pi \int_0^{2\pi} kl^2 \sin\psi dl d\psi d\chi \left[\int_0^l k \frac{\varrho^2}{l} d\varrho + \int_l^a k\varrho d\varrho\right]$$

$$W = 16\pi^2 \int_0^a kl^2 dl \left[\int_0^l k \frac{\varrho^2}{l} d\varrho + \int_l^a k\varrho d\varrho\right].$$

Die Integration lässt sich selbstverständlich nur ausführen, wenn k als Function von ϱ gegeben ist. Nimmt man k constant, so liefert sie

$$W = \frac{32}{15} \pi^2 k^2 a^5.$$

Trägheitsmomente.

180. Leb. Kraft eines rotirenden Gebildes; Trägheitsmoment. Es sei G irgend ein materielles Gebilde, welches sowohl discrete Punkte wie continuirlich ausgedehnte Massen umfassen kann; irgend ein Elementartheil (Punkt oder Element) von G werde vorläufig mit μ bezeichnet, und μ bedeute zugleich die (positive) Masse dieses Elementartheils. AB sei eine feste Gerade. Man kann sich dann offenbar eine Bewegung von G vorstellen, bei der alle Elementartheile μ mit der gleichen Winkelgeschwindigkeit φ Kreise beschreiben, deren Ebenen senkrecht auf AB stehen und deren Mittelpunkte in AB fallen. Besitzen alle Theile von G diese Bewegung, so sagt man „G dreht sich um AB mit der Winkelgeschwindigkeit φ".

Hat ein μ von AB den Abstand r, so ist während der Drehung μ mit der Geschwindigkeit $r\varphi$ behaftet. Die lebendige Kraft von μ ist also $\frac{1}{2}\mu(r\varphi)^2$, und die lebendige Kraft des ganzen Gebildes G ist $\frac{1}{2}\Sigma\mu(r\varphi)^2$, wo die Summirung sich über alle Theile von G erstreckt. Da φ für alle μ denselben Werth hat, kann man statt des vorstehenden Ausdrucks auch schreiben

$$\frac{1}{2}\varphi^2 \Sigma\mu r^2.$$

Die Summe $\Sigma\mu r^2$ hängt ab von der Vertheilung der Massen μ im Raume, der Factor $\frac{1}{2}\varphi^2$ nicht. Bei der wichtigen Rolle, welche die lebendige Kraft spielt, wird es von Interesse sein, die Grösse $\Sigma\mu r^2$ näher zu betrachten; das soll hier geschehen, damit die Discussion später nicht aufgehalten werde.

Wir bezeichnen $\Sigma\mu r^2$ durch den Buchstaben K und nennen

(1) K oder $\Sigma\mu r^2$

das Trägheitsmoment des Gebildes G in Bezug auf die Axe AB. Ist G ein continuirlich ausgedehntes Gebilde, dessen Massenelement dM, so tritt in der Summe (1) das Integralzeichen an die Stelle von Σ, und das Trägheitsmoment wird

$$(2) \qquad K = \int r^2 dM,$$

wo die Integration über alle Elemente von G auszudehnen ist.

Ist M die Gesammtmasse von G, so lässt sich offenbar ein Radius ϱ so bestimmen, dass

$$M\varrho^2 = \Sigma\mu r^2$$

wird; dies ϱ heisst der **Trägheitsradius** von G in Bezug auf AB. Offenbar hat ein Punkt von der Masse M, der im Abstande ϱ von der Axe AB angebracht wird, das gleiche Trägheitsmoment in Bezug auf AB, wie das Gebilde G.

Da in dem Ausdruck für K nichts vorkommt, was sich auf die Bewegung von G bezieht, kann, wenn es sich um die Bestimmung von K für ein Gebilde G zur Zeit t handelt, G immer in derjenigen Anordnung, die zur Zeit t vorhanden ist, in Ruhe gedacht werden.

181. Trägheitsmomente für parallele Axen. Zunächst folgt aus der Begriffsbestimmung, dass das Trägheitsmoment eines Elements μ in Bezug auf die Axe AB sich nicht ändert, wenn μ auf einer zu AB parallelen Geraden verschoben wird; denn dabei ändert sich weder μ noch r.

Es sei nun $A'B'$ eine zu AB parallele Axe; das Trägheitsmoment des Gebildes G in Bezug auf AB sei K, das in Bezug auf $A'B'$ sei K'. Wir nehmen an, K sei bekannt und fragen, wie sich K' unter dieser Voraussetzung bestimmen lässt.

Senkrecht zu AB und $A'B'$ lege man eine Ebene E, und bezeichne sie als Ebene der xy. Denkt man sich alle Elemente μ von G unter Beibehaltung ihrer Masse in diese Ebene projicirt, so bleibt nach dem eben gesagten so wohl K wie K' unverändert, die Untersuchung kann also in der Ebene E geführt werden. In dieser sei A, Fig. 66, die Spur von AB, und A' die von $A'B'$, μ die Lage des Elements μ nach der Projection.

Fig. 66.

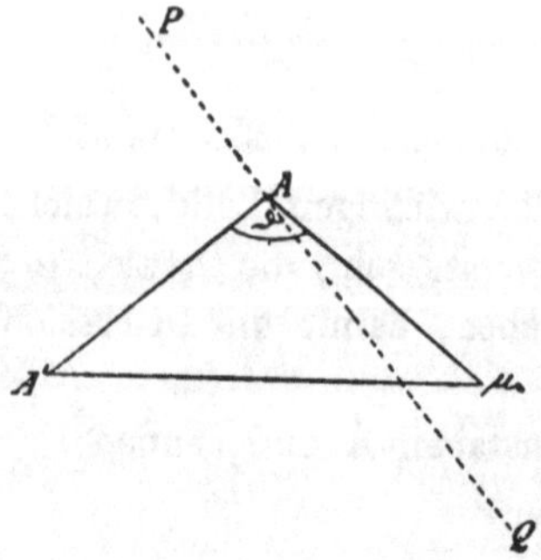

Dann ist

$$(1)\qquad K = \Sigma\mu.\overline{\mu A}^2,$$

$$(2)\qquad K' = \Sigma\mu.\overline{\mu A'}^2,$$

$$(3)\qquad \overline{\mu A'}^2 = \overline{\mu A}^2 + \overline{AA'}^2 - 2\overline{\mu A}.\overline{AA'}\cos\vartheta,$$

also

$$(4)\qquad K' = K + \overline{AA'}^2.\Sigma\mu - 2AA'\Sigma\mu.\overline{\mu A'}\cos\vartheta.$$

Im letzten Posten dieses Ausdrucks ist, wenn wir AA' zur Axe der x und A zum Anfangspunkt wählen, $\overline{\mu A}.\cos\vartheta$ gleich der Coordinate x von μ. Der letzte Posten ist also

$$-2AA'\Sigma\mu x.$$

Ist nun A der Schwerpunkt des auf die Ebene E projicirten Gebildes G, so ist $\Sigma\mu x = 0$. A ist aber der genannte Schwerpunkt, sobald die Axe AB durch den Schwerpunkt von G geht. Ist also AB eine Schwerpunktsaxe, so fällt das letzte Glied aus Gl. (4) fort, und man erhält, wenn noch AA' abkürzend mit δ bezeichnet wird

$$(5)\qquad K' = K + \delta^2 M,$$

wo M die Gesammtmasse von G ist. D. h.

Ist AB eine Axe die durch den Schwerpunkt von G geht, und $A'B'$ parallel AB, so findet man das Trägheitsmoment von G in Bezug auf $A'B'$, indem man zu dem Trägheitsmoment für AB das Trägheitsmoment des Schwerpunkts in Bezug auf $A'B'$ addirt, wobei der Schwerpunkt, früherer Convention gemäss, mit der Gesammtmasse M behaftet zu denken ist.

Hieraus folgt, da $\delta^2 M$ positiv ist, ohne Weiteres:

Unter allen parallelen Axen weist diejenige, welche durch den Schwerpunkt geht, das kleinste Trägheitsmoment auf.

Ferner folgt, dass alle parallelen Axen, die gleichweit vom Schwerpunkt abstehen, gleiches Trägheitsmoment aufweisen.

Sind $A'B'$ und $A''B''$ zwei parallele Gerade, δ' und δ'' ihre Abstände von der parallelen Schwerpunktsaxe, K' und K'' die ihnen entsprechenden Trägheitsmomente, so folgt aus (5)

$$(6)\qquad K'' - \delta''^2 M = K' - \delta'^2 M.$$

Mittels dieser Gleichung kann man bequem von $A'B'$ zu $A''B''$ übergehen.

Anm. Gl. (5) gilt auch dann noch, wenn der Schwerpunkt der projicirten

Masse in Fig. 66 auf der Geraden PQ (Axe der y) liegt, die senkrecht zu AA' steht, also, wenn diejenige Ebene, die senkrecht zu AA' durch die Axe AB gelegt werden kann, den Schwerpunkt von G enthält; denn auch dann ist $\Sigma\mu x = 0$.

182. Trägheitsmomente für alle Axen eines Punktes O. Durch irgend einen Punkt O, der im Gebilde G festliegt, lege man ein rechtwinkliges Coordinatensystem der x, y, z, und lege ferner durch O eine beliebige Gerade OP, deren Richtungscosinus in Bezug auf das Coordinatensystem l, m, n heissen. Es handelt sich darum, festzustellen, in welcher Weise das Trägheitsmoment K in Bezug auf OP variirt, wenn OP alle möglichen Richtungen annimmt.

μ sei wieder ein Element von G, welches die Coordinaten x, y, z hat. Fällt man von μ auf OP ein Perpendikel, so ist dies Perpendikel der Abstand r des Elements μ von OP. Das Perpendikel r schneide von OP das Stück $OQ = q$ ab, und die Verbindungslinie $\overline{O\mu}$ sei mit p bezeichnet. Dann bilden p, q, r miteinander ein rechtwinkliges Dreieck, so dass $r^2 = p^2 - q^2$, und wenn wir dieselbe Construction auf alle Elemente von G angewendet denken, ist

$$(1) \qquad K = \Sigma\mu r^2 = \Sigma\mu p^2 - \Sigma\mu q^2.$$

Nun ist

$$p^2 = x^2 + y^2 + z^2 \quad \text{und} \quad q = lx + my + nz, \quad \text{also}$$

$$(2) \quad \begin{cases} K = \Sigma\mu x^2 + \Sigma\mu y^2 + \Sigma\mu z^2 - l^2\Sigma\mu x^2 - m^2\Sigma\mu y^2 - n^2\Sigma\mu z^2 \\ \qquad - 2mn\Sigma\mu yz - 2nl\Sigma\mu zx - 2lm\Sigma\mu xy. \end{cases}$$

Da $1 - l^2 = m^2 + n^2$, $1 - m^2 = l^2 + n^2$ etc. erhält man hieraus

$$(3) \quad \begin{cases} K = l^2\Sigma\mu(y^2+z^2) + m^2\Sigma\mu(z^2+x^2) + n^2\Sigma\mu(x^2+y^2) \\ \qquad - 2mn\Sigma\mu yz - 2nl\Sigma\mu zx - 2lm\Sigma\mu xy \end{cases}$$

oder, wenn man zur Abkürzung setzt

$$(3\text{b}) \quad \begin{cases} \Sigma\mu(y^2+z^2) = A & \Sigma\mu yz = D \\ \Sigma\mu(z^2+x^2) = B & \Sigma\mu zx = E \\ \Sigma\mu(x^2+y^2) = C & \Sigma\mu xy = F \end{cases}$$

$$(4) \qquad K = Al^2 + Bm^2 + Cn^2 - 2Dmn - 2Enl - 2Fbm.$$

Das Trägheitsmoment ist also eine homogene Function zweiten Grades von l, m, n. Die drei ersten Coefficienten A, B, C sind die Trägheitsmomente in Bezug auf die drei Coordinatenaxen, die drei letzten nennt Rankine Deviationsmomente. A, B, C sind immer positiv, D, E, F können positiv und negativ sein.

Aus Gl. (4) folgt, dass sich die Abhängigkeit des Trägheitsmoments von der Richtung der Axe OP auf einfache Weise geometrisch darstellen lässt. Man denke sich nämlich von O aus auf der Linie OP nach beiden Seiten eine Länge ϱ abgeschnitten, die umgekehrt proportional mit der Quadratwurzel aus K ist, setze also $\varrho = \frac{\varepsilon}{\sqrt{K}}$ oder $K = \frac{\varepsilon^2}{\varrho^2}$, wo ε^2 eine positive Constante. Dann ist nach (4)

$$(5)\qquad \frac{\varepsilon^2}{\varrho^2} = Al^2 + Bm^2 + Cn^2 - 2Dmn - 2Fnl - 2Flm.$$

oder

$$(6)\qquad \begin{cases} \varepsilon^2 = A(\varrho l)^2 + B(\varrho m)^2 + C(\varrho n)^2 + 2D(\varrho m)(\varrho n) - 2E(\varrho n)(\varrho l) \\ \qquad\qquad - 2F(\varrho l)(\varrho m). \end{cases}$$

Nun ist ϱl die x-Coordinate des Endpunkts von ϱ, ϱm die y-Coordinate desselben u. s. w. Bezeichnet man also die Coordinaten des Endpunkts von ϱ mit ξ, η, ζ, so lautet die vorstehende Gleichung

$$(7)\qquad A\xi^2 + B\eta^2 + C\zeta^2 - 2D\eta\zeta - 2E\xi\zeta - 2E\xi\eta = \varepsilon^2.$$

Das ist, wenn man l, m, n als variabel ansieht, die Gleichung einer Fläche zweiter Ordnung, die O zum Mittelpunkt hat; und zwar ist die Fläche ein Ellipsoid, weil ϱ immer endlich ist.

Somit erhalten wir den Satz: Legt man durch den Punkt O alle möglichen Axen OP und schneidet auf jeder die Länge $\varrho = \frac{\varepsilon}{\sqrt{K}}$ ab, so bilden die Endpunkte sämmtlicher ϱ ein Ellipsoid, dessen Mittelpunkt in O fällt.

Die Existenz dieses Ellipsoids wurde von Cauchy bemerkt, Poinsot erkannte seine Bedeutung für die Mechanik. Man nennt es gewöhnlich das Poinsot'sche Trägheitsellipsoid für den Punkt O.

Da in Gl. (7) die Constante ε willkürlich ist, hat das Trägheitsellipsoid keine bestimmte Grösse. Man kann ihm aber willkürlich eine solche geben, indem man dem ε conventionell einen festen Werth beilegt. Da dies die Uebersichtlichkeit der geometrischen Darstellung erhöht, wollen wir es thun: wir bezeichnen die Längeneinheit durch (1) und setzen willkürlich $\varepsilon^2 = M(1)^4$, d. i. gleich der Gesammtmasse des untersuchten Gebildes G, multiplicirt mit der 4ten Potenz der Längeneinheit, letzteres, damit die Formeln homogen werden. Dann sind sämmtliche Trägheitsellipsoide ein und desselben Gebildes unmittelbar miteinander vergleichbar.

Legt man die Coordinatenaxen der x, y, z in die Hauptaxen des

Trägheitsellipsoids, so fallen in Gl. (7) die Coefficienten D, E, F fort, m. a. W. für diese Lage der Axen wird $\Sigma\mu yz = \Sigma\mu zx = \Sigma\mu xy = 0$, und das Ellipsoid nimmt die Gleichung an

$$(8b) \qquad A\xi^2 + B\eta^2 + C\zeta^2 = M(1)^4.$$

Seine Axen heissen die **Hauptträgheitsaxen** für den Punkt O. Die Längen seiner Halbaxen sind $\sqrt{\frac{M}{A}}$, $\sqrt{\frac{M}{B}}$, $\sqrt{\frac{M}{C}}$. Nennen wir α, β, γ die Trägheitsradien in Bezug auf die drei Hauptaxen (Hauptträgheitsradien für den Punkt O), so ist $\alpha^2 M = A$, $\beta^2 M = B$, $\gamma^2 M = C$; Gl. (8b) nimmt also die einfache Form an

$$(9) \qquad \alpha^2\xi^2 + \beta^2\eta^2 + \gamma^2\zeta^2 = (1)^4.$$

Das Trägheitsmoment für den Radiusvector (l, m, n) wird nach Gl. (4), da D, E, F Null sind

$$(10) \qquad K = Al^2 + Bm^2 + Cn^2 = M(l^2\alpha^2 + m^2\beta^2 + n^2\gamma^2)$$

und der zugehörige Trägheitsradius $\varkappa$ ist bestimmt durch $\varkappa^2 M = K$ oder

$$(11) \qquad \varkappa^2 = l^2\alpha^2 + m^2\beta^2 + n^2\gamma^2.$$

Mittels dieser Gleichungen findet sich das Trägheitsmoment, resp. der Trägheitsradius für eine beliebige Axe des Punktes O, wenn die Lage der Hauptaxen bekannt und die auf diese bezogenen Werthe von α, β, γ, l, m, n gegeben sind. Die bekannten Eigenschaften des Ellipsoids ergeben unmittelbar eine Reihe von Sätzen, deren wichtigste folgende sind.

a) Sind ϱ', ϱ'', ϱ''' drei zu einander senkrechte Semidiameter des Ellipsoids, so ist bekanntlich $\frac{1}{\varrho'^2} + \frac{1}{\varrho''^2} + \frac{1}{\varrho'''^2} = \text{const.}$ für alle Lagen des Tripels. Da $\frac{M}{\varrho'^2} = K'$ u. s. w., so folgt, dass die Summe $K' + K'' + K'''$ für alle Tripel von je drei rechtwinklig aufeinander stehenden Axen denselben Werth hat. Dies ergiebt sich auch unmittelbar aus den Gleichungen (3b), da die ersten drei derselben, addirt, ergeben: $A + B + C = 2\Sigma\mu p^2$.

b) Sind ϱ', ϱ'', ϱ''' drei conjugirte Semidiameter des Ellipsoids, so ist ihre Quadratsumme constant; daraus folgt, dass für drei Axen eines Punkts, deren Richtungen conjugirt sind, die Summe $\frac{1}{K'} + \frac{1}{K''} + \frac{1}{K'''}$ von der Lage des Tripels unabhängig ist.

c) Gleiches Trägheitsmoment haben alle diejenigen Axen des

Punktes O, von denen das Trägheitsellipsoid gleiche Längen ϱ abschneidet. Der Ort dieser Axen ist sonach ein Kegel zweiten Grades, mit dem Mittelpunkt in O, dessen Axe in eine der Hauptträgheitsaxen fällt und der das Ellipsoid in einem sphärischen Kegelschnitt durchdringt. Da die Gleichung des Ellipsoides lautet

$$\alpha^2\xi^2+\beta^2\eta^2+\gamma^2\zeta^2-(1)^4=0,$$

die der Kugel vom Radius R aber $x^2+y^2-z^2-R^2=0$, so ist die Gleichung des Kegels

$$(12) \qquad \left(\frac{\alpha^2}{(1)^4}-\frac{1}{R^2}\right)x^2+\left(\frac{\beta^2}{(1)^4}-\frac{1}{R^2}\right)y^2+\left(\frac{\gamma^2}{(1)^4}-\frac{1}{R^2}\right)z^2=0.$$

Das Trägheitsmoment für irgend eine Erzeugungslinie dieses Kegels ist $K=\frac{M}{R^2}(1)^4$.

d) Es ist hiernach leicht zu sehen, wie die Axen gleichen Trägheitsmoments überhaupt im Raume vertheilt sind. A sei das kleinste, C das grösste der Trägheitsmomente für den Massenmittelpunkt, K_1 irgend ein anderer Werth des Trägheitsmoments, der selbstverständlich nicht kleiner als A sein darf; die Frage ist, welchen Axen der Werth K_1 zukommt.

Es sei zunächst $K_1 < C$. Dann giebt es einen Cylinder, dessen Erzeugungslinien parallel der Axe von A sind und von ihr den Abstand $\delta_1=\sqrt{\frac{K_1-A}{M}}$ haben; zu jeder dieser Erzeugungslinien gehört das Trägheitsmoment K_1. Ferner giebt es einen Kegel von unendlich kleiner Oeffnung, dessen Spitze im Schwerpunkt liegt, und dessen Erzeugungslinien das Trägheitsmoment $A+dA$ haben; zu jeder Erzeugungslinie dieses Kegels gehört wieder ein Cylinder vom Radius $\delta=\sqrt{\frac{K_1-A-dA}{M}}$; ein zweiter Kegel vom Trägheitsmoment $A+2dA$ entspricht einer Schaar von Cylindern vom Radius $\delta=\sqrt{\frac{K_1-A-2dA}{M}}$ u. s. w. Zu allen Erzeugungslinien dieser sämmtlichen Cylinder gehört das Trägheitsmoment K_1. Je grösser die Oeffnung der Kegel ist, desto kleiner wird der Radius der zugehörigen Cylinder; an der Grenze der Gruppe steht ein Kegel der Gl. (12), für den $R^2=\frac{M}{K_1}(1)^4$ ist; die Erzeugungslinien dieses Kegels haben selbst das Trägheitsmoment K_1 (Durchmesser des Cylinders $=0$).

Wird K_1 grösser, so nähert sich der Grenzkegel mehr und mehr der Axe der C; erreicht K_1 den Werth C, so degenerirt der Grenzkegel zur Geraden; er wird mit der Axe der C identisch. Wird $K_1 > C$, so bildet ein zweiter Cylinder, dessen Erzeugende der Axe der C parallel sind, die Grenze des Phänomens; sein Radius ist $\delta_2 = \sqrt{\frac{K_1 - C}{M}}$.

183. Axenbestimmung des Trägheitsellipsoids. Im dem Gebilde G sei durch den Punkt O ein dreiaxiges Coordinatensystem der x, y, z gelegt, und für dieses seien die Werthe von A, B, C, D, E, F durch directe Berechnung oder Messung festgestellt; dann entsteht die Aufgabe, nachzuweisen, wie die Hauptaxen des Trägheitsellipsoids für den Punkt O gegen jenes Coordinatensystem liegen, m. a. W. welche Winkel sie mit den Axen der x, y, z machen.

Das Trägheitsellipsoid von O hat im System der x, y, z die Gleichung

$$U = A\xi^2 + B\eta^2 + C\zeta^2 - 2D\eta\zeta - 2E\zeta\xi - 2F\xi\eta - M(1)^4 = 0.$$

Ist ξ, η, ζ ein Punkt der Oberfläche und ϱ sein Radiusvector, so macht die Normale in ξ, η, ζ Winkel mit den Axen, deren Cosinus sind, wenn $\sqrt{\left(\frac{\partial U}{\partial \xi}\right)^2 + \left(\frac{\partial U}{\partial \eta}\right)^2 + \left(\frac{\partial U}{\partial \zeta}\right)^2} = Q$ gesetzt wird

$$(1) \qquad \frac{\partial U}{\partial \xi} \cdot \frac{1}{Q}, \quad \frac{\partial U}{\partial \eta} \cdot \frac{1}{Q}, \quad \frac{\partial U}{\partial \zeta} \cdot \frac{1}{Q}.$$

Andererseits sind l, m, n die Richtungscosinus von ϱ. Die Bedingung dafür, dass ϱ eine Halbaxe sei, besteht darin, dass ϱ mit der Normale von ξ, η, ζ zusammenfalle, also dass

$$(2) \qquad \frac{\partial U}{\partial \xi} : \frac{\partial U}{\partial \eta} : \frac{\partial U}{\partial \zeta} = l : m : n$$

oder nach Ausführung der Differentiation

$$(3) \qquad A\xi - F\eta - E\zeta : -F\xi + B\eta - D\zeta : -E\xi - D\eta + C\zeta = l : m : n.$$

Bedenkt man, dass $\xi = l\varrho$, $\eta = m\varrho$, $\zeta = n\varrho$ ist, so kann man dafür schreiben

$$(4) \qquad \begin{cases} Al - Fm - En = \lambda l, \\ -Fl + Bm - Dn = \lambda m, \\ -El - Dm + Cn = \lambda n, \end{cases}$$

wo λ eine vorläufig unbestimmte Grösse ist. Multiplicirt man die drei Gleichungen (4) mit l, m, n und addirt sie, so ergiebt sich mit Rücksicht auf $l^2+m^2+n^2=1$,

$$(5)\qquad \lambda = Al^2+Bm^2+Cn^2-2Dmn-2Enl-2Flm.$$

Der Ausdruck rechts ist aber das zu ϱ gehörige Trägheitsmoment K, also ist

$$(6)\qquad \lambda = K,$$

und die Gleichungen (4) lassen sich schreiben

$$(7)\qquad \begin{cases} (K-A)l+Fm+En=0 \\ Fl+(K-B)m+Dn=0 \\ El+Dm+(K-C)n=0. \end{cases}$$

Eliminirt man hieraus l, m, n, so findet sich

$$(8)\qquad \begin{vmatrix} (K-A) & F & E \\ F & (K-B) & D \\ E & D & (K-C) \end{vmatrix} = 0,$$

eine cubische Gleichung in K, die, wie sich gleich zeigen wird, drei reelle Lösungen hat. Aus ihr finden sich drei Wurzeln K', K'', K''', und wenn man diese ermittelt hat, findet man aus Gl. (4) oder (7) die zugehörigen Werthtripel von l, m, n, womit die Aufgabe gelöst ist.

Um zu zeigen, dass Gl. (8) drei reelle Wurzeln hat, kann man sie, wie folgt, umformen. Man multiplicire die drei Reihen der Determinante mit D, E, F, subtrahire hierauf von der ersten Reihe die zweite, von der zweiten die dritte und lasse die dritte unverändert. So kommt

$$\begin{vmatrix} [D(K-A)-EF] & [DF-E(K-B)] & 0 \\ 0 & [E(K-B)-DF] & [ED-F(K-C)] \\ EF & DF & [F(K-C)-DE+DE] \end{vmatrix} = 0.$$

Nun dividire man die erste Colonne mit D, die zweite mit E, die dritte mit F, und setze abkürzend

$$A+\frac{EF}{D}=L,\quad B+\frac{FD}{E}=M,\quad C+\frac{DE}{F}=N;$$

dann findet sich

$$\begin{vmatrix} K-L & M-K & 0 \\ 0 & K-M & N-K \\ \frac{EF}{D} & \frac{DF}{E} & K-N+\frac{DE}{F} \end{vmatrix} = 0$$

oder ausgeführt

$$0 = (K-L)(K-M)(K-N) + \frac{DE}{F}(K-L)(K-M)$$
$$+\frac{EF}{D}(K-M)(K-N) + \frac{DF}{E}(K-N)(K-L),$$

d. i.

$$\frac{\frac{EF}{D}}{K-L} + \frac{\frac{FD}{E}}{K-M} + \frac{\frac{DE}{F}}{K-N} + 1 = 0.$$

Das Polynom dieser Gleichung hat einen ähnlichen Verlauf, wie das der Gl. (1) in § **173**; die Discussion desselben lässt leicht ersehen, dass die Gleichung drei reelle Wurzeln hat.

184. Das reciproke Ellipsoid. Um den Punkt O denke man sich eine Kugel vom Radius 1 gelegt und zu jedem Punkt des Poinsot'schen Ellipsoids

$$(1) \qquad \alpha^2\xi^2+\beta^2\eta^2+\gamma^2\zeta^2 = (1)^4 \quad \text{oder} \quad \frac{\xi^2}{\frac{(1)^4}{\alpha^2}} + \frac{\eta^2}{\frac{(1)^4}{\beta^2}} + \frac{\zeta^2}{\frac{(1)^4}{\gamma^2}} = 1$$

die Polarebene in Bezug auf jene Kugel construirt. Dann umhüllen die sämmtlichen Polarebenen eine Fläche, welche die reciproke Fläche zum Poinsot'schen Ellipsoid heisst. Nennt man $\varkappa$ das Perpendikel von O auf irgend eine der Polarebenen, und ϱ den entsprechenden Radiusvector des Punktes ξ, η, ζ, so fällt die Richtung von $\varkappa$ mit der von ϱ zusammen, und, was die Länge angeht, ist $\varkappa\varrho = (1)^2$. Nach bekannten Sätzen der Polarentheorie ist die zu einem Ellipsoid reciproke Fläche selbst ein Ellipsoid, und da die Halbaxen des Poinsot'schen Ellipsoids die Längen $\frac{1}{\alpha}$, $\frac{1}{\beta}$, $\frac{1}{\gamma}$ haben, besitzen die Halbaxen des reciproken Ellipsoids nach dem oben gesagten die Längen α, β, γ. Das letztere hat also die Gleichung

$$\frac{\xi^2}{\alpha^2} + \frac{\eta^2}{\beta^2} + \frac{\zeta^2}{\gamma^2} = 1.$$

Dies Ellipsoid wollen wir schlechthin das reciproke Ellipsoid nennen.

Seine Grundeigenschaft liegt ausgedrückt in dem Satze $\varkappa\varrho = (1)^2$; da $\frac{1}{\varrho} = \sqrt{\frac{K}{M(1)^4}}$ ist, folgt hieraus $\varkappa^2 M = K$: Das Perpendikel von O auf irgend eine Tangentialebene des reciproken Ellipsoids giebt durch seine Länge den Trägheitsradius für seine eigene Richtung an. $\varkappa$ hat also hier dieselbe Bedeutung, wie in den vorigen §§.

Selbstverständlich coincidirt die längste Axe des reciproken Ellipsoids mit der kürzesten des Poinsot'schen u. s. w., und während beim Poinsot'schen Trägheitsellipsoid dem längeren Radiusvector das kleinere Trägheitsmoment entspricht, gehört beim reciproken Ellipsoid das grössere Trägheitsmoment zum grösseren Perpendikel. Für die Axenrichtungen wird das Perpendikel mit der Halbaxe identisch.

185. Die centralen Ellipsoide und die Vertheilung der übrigen gegen jene. Das Poinsot'sche Trägheitsellipsoid für den Schwerpunkt von G heisst das Poinsot'sche Centralellipsoid; seine Hauptaxen heissen die Hauptcentralaxen von G. Es ist, wenn die Convention $\varepsilon^2 = M(1)^4$ beibehalten wird, das grösste aller für G existirenden Trägheitsellipsoide.

Das zum Centralellipsoid reciproke Ellipsoid wollen wir das Grundellipsoid nennen; es ist das kleinste unter den reciproken. Seine Halbaxen sind die Hauptträgheitsradien für den Schwerpunkt und sollen kurz die Grundradien heissen.

Es ist nun zu untersuchen, wie die Hauptaxen der übrigen Trägheitsellipsoide gegen die der centralen Ellipsoide liegen.

h_1 sei irgend eine Axe des Schwerpunkts S, l, m, n ihre Richtungscosinus im System der Hauptcentralaxen. O sei ein beliebiger Punkt, der in diesem System die Coordinaten x, y, z hat. Legt man durch O eine Axe h parallel h_1, und nennt p den Abstand hh_1, so ist für h das Quadrat des Trägheitsradius

$$(1) \qquad \varkappa^2 = l^2\alpha^2 + m^2\beta^2 + n^2\gamma^2 + p^2.$$

Dabei ist $p^2 = x^2 + y^2 + z^2 - (lx + my + nz)^2$, oder wenn wir den Abstand SO mit r bezeichnen, $p^2 = r^2 - (lx + my + nz)^2$, also

$$(2) \qquad \varkappa^2 = (\alpha^2 + r^2)l^2 + (\beta^2 + r^2)m^2 + (\gamma^2 + r^2)n^2 - (lx + my + nz)^2.$$

Soll die Axe h eine Hauptaxe sein, so muss $\varkappa$ mit Rücksicht auf die Bedingung $l^2 + m^2 + n^2 = 1$ ein Maximum oder Minimum sein. Multiplicirt man die Gleichung $l^2 + m^2 + n^2 - 1 = 0$ mit dem vorläufig unbestimmten Factor $\varkappa$, addirt sie zu (2) und differentiirt nach l, m, n, so erhält man als Bedingung hierfür

$$(3)\quad \begin{cases} (\alpha^2+r^2-\nu)\, l = x(lx+my+nz) \\ (\beta^2+r^2-\nu) m = y(lx+my+nz) \\ (\gamma^2+r^2-\nu)\, n = z(lx+my+nz). \end{cases}$$

Multiplicirt man diese Gleichungen mit l, m, n und addirt, so findet sich

$$(4)\qquad \nu = \varkappa^2.$$

Multiplicirt man sie nach Einführung der Gleichung (4) mit x, y, z, dividirt mit $\alpha^2+r^2-\varkappa^2$, $\beta^2+r^2-\varkappa^2$, $\gamma^2+r^2-\varkappa^2$, und addirt, so erhält man

$$(5)\qquad \frac{x^2}{\alpha^2+r^2-\varkappa^2}+\frac{y^2}{\beta^2+r^2-\varkappa^2}+\frac{z^2}{\gamma^2+r^2-\varkappa^2}-1=0.$$

Das ist eine cubische Gleichung für $\varkappa^2$, deren Polynom U die Werthe annimmt (es sei $\alpha<\beta<\gamma$)

$$\text{für } \varkappa^2 = -\infty \qquad \text{für } \varkappa^2 = 0 \qquad \text{für } \varkappa^2 = \alpha^2+r^2 \mp \frac{1}{\infty}$$
$$-1 \qquad\qquad <0 \qquad\qquad +\infty,\ -\infty$$

$$\text{für } \varkappa^2 = \beta^2+r^2 \mp \frac{1}{\infty} \qquad \text{für } \varkappa^2 = \gamma^2+r^2 \mp \frac{1}{\infty}$$
$$+\infty,\ -\infty \qquad\qquad +\infty,\ -\infty$$

$$\text{für } \varkappa^2 = +\infty$$
$$-1.$$

Zwischen je zweien der angegebenen besonderen Werthe steigt das Polynom fortwährend. Die Gleichung hat also drei reelle Wurzeln; dieselben liegen der Reihe nach

$$\varkappa'^2 \text{ zwischen } 0 \text{ und } \alpha^2+r^2$$
$$\varkappa''^2 \text{ zwischen } \alpha^2+r^2 \text{ und } \beta^2+r^2$$
$$\varkappa'''^2 \text{ zwischen } \beta^2+r^2 \text{ und } \gamma^2+r^2.$$

Es sind also

$\alpha^2+r^2-\varkappa'^2$, $\beta^2+r^2-\varkappa'^2$, $\gamma^2+r^2-\varkappa'^2$ alle drei positiv,

$\alpha^2+r^2-\varkappa''^2$ negativ, $\beta^2+r^2-\varkappa''^2$, $\gamma^2+r^2-\varkappa''^2$ positiv

$\alpha^2+r^2-\varkappa'''^2$ und $\beta^2+r^2-\varkappa'''^2$ negativ, $\gamma^2+r^2-\varkappa'''^2$ positiv.

Nachdem die drei $\varkappa^2$ bekannt sind, finden sich die Richtungscosinus l', m', n', l'', m'', n'', l''', m''', n''' der Hauptaxen aus Gl. (3). Es ergeben sich dann noch die drei Gleichungspaare (cf. (3)):

$$(6)\quad\left\{\begin{aligned}\frac{l}{x}(\alpha^2+r^2-\varkappa'^2) &= \frac{m}{y}(\beta^2+r^2-\varkappa'^2) = \frac{n}{z}(\gamma^2+r^2-\varkappa'^2)\\ \frac{l}{x}(\alpha^2+r^2-\varkappa''^2) &= \frac{m}{y}(\beta^2+r^2-\varkappa''^2) = \frac{n}{z}(\gamma^2+r^2-\varkappa''^2)\\ \frac{l}{x}(\alpha^2+r^2-\varkappa'''^2) &= \frac{m}{y}(\beta^2+r^2-\varkappa'''^2) = \frac{n}{z}(\gamma^2+r^2-\varkappa'''^2),\end{aligned}\right.$$

von denen die erste die Richtungscosinus für $\varkappa'$, die zweite dieselben für $\varkappa''$, die dritte für $\varkappa'''$ bestimmt. Die vorstehenden Cosinusverhältnisse sind aber identisch mit denen der Normalen der drei Flächen zweiter Ordnung

$$(7)\quad\left\{\begin{aligned}\frac{x^2}{\alpha^2+r^2-\varkappa'^2}+\frac{y^2}{\beta^2+r^2-\varkappa'^2}+\frac{z^2}{\gamma^2+r^2-\varkappa'^2} &= 1\\ \frac{x^2}{\alpha^2+r^2-\varkappa''^2}+\frac{y^2}{\beta^2+r^2-\varkappa''^2}+\frac{z^2}{\gamma^2+r^2-\varkappa''^2} &= 1\\ \frac{x^2}{\alpha^2+r^2-\varkappa'''^2}+\frac{y^2}{\beta^2+r^2-\varkappa'''^2}+\frac{z^2}{\gamma^2+r^2-\varkappa'''^2} &= 1.\end{aligned}\right.$$

Von diesen drei Gleichungen repräsentirt aber die erste, da die drei Nenner links nach dem obigen positiv sind, ein Ellipsoid, die zweite ein einschaliges, die dritte ein zweischaliges Hyperboloid. Und sie haben alle drei die Form

$$(8)\qquad \frac{x^2}{\alpha^2+\lambda}+\frac{y^2}{\beta^2+\lambda}+\frac{z^2}{\gamma^2+\lambda}=1,$$

sind also confocal mit dem Grundellipsoid. Die Hauptaxen für O fallen also in die drei Normalen der drei mit dem Grundellipsoid confocalen Flächen zweiten Grades, welche durch O gehen. Und da nun diese drei Flächen sich bekanntlich in O orthogonal schneiden, fällt die Normale der einen mit der Schnittlinie der beiden andern in der Nähe von O zusammen.

Damit ist die Vertheilung der Hauptaxen im Raum gegeben: für jeden Punkt O fallen sie mit den Richtungen der ellipsoidischen Coordinaten dieses Punktes zusammen, wenn letztere auf das Grundellipsoid bezogen sind.

Fällt der Punkt O in die Hauptcentralaxe, so degeneriren die Hyperboloide, während die Normale des confocalen Ellipsoides in die Hauptcentralaxe selbst fällt. Man weist leicht direct nach, dass in diesem Fall alle drei Hauptaxen von O den Hauptcentralaxen parallel sind. Betrachten wir z. B. einen Punkt O auf der Axe der z und legen durch diesen ein Coordinatensystem der ξ, η, ζ parallel dem der x, y, z, so ist $\xi = x$, $\eta = y$, $\zeta = z + a$. Also, da $\Sigma \mu xy = 0$, auch $\Sigma \mu \xi \eta = 0$, ferner $\Sigma \mu \eta \zeta = \Sigma \mu yz + a \Sigma \mu y$. Diese letztere Summe verschwindet aber für die durch den Schwerpunkt gehende Ebene der xz, also ist auch $\Sigma \mu \eta \zeta = 0$, und ebenso $\Sigma \mu \zeta \xi$. Somit sind die Axen der ξ, η, ζ Hauptaxen für O.

Nach dem obigen ist $\varkappa'^2 < \varkappa''^2 < \varkappa'''^2$, also ist der kleinste der drei Hauptträgheitsradien von O derjenige, der in die Normale des Ellipsoids fällt, der mittlere fällt in die Normale des einschaligen, der grösste in diejenige des zweischaligen Hyperboloids.

Bezeichnen wir die drei Wurzeln der nach λ aufgelösten Gl. (8) mit $\lambda', \lambda'', \lambda'''$, so ist $\lambda' = r^2 - \varkappa'^2$ u. s. w., also

$$\varkappa'^2 + \varkappa''^2 + \varkappa'''^2 = 3r^2 - (\lambda' + \lambda'' + \lambda''').$$

Eben weil aber die drei λ Wurzeln von (8) sind, ist ihre Summe gleich dem Coefficienten von λ^2 in dieser Gleichung, d. i. gleich $x^2 + y^2 + z^2 - (\alpha^2 + \beta^2 + \gamma^2)$ oder $r^2 - (\alpha^2 + \beta^2 + \gamma^2)$. Also ist

$$\varkappa'^2 + \varkappa''^2 + \varkappa'''^2 = 2r^2 + \alpha^2 + \beta^2 + \gamma^2.$$

Diese Grösse ist aber dieselbe für alle Punkte, welche gleiches r haben. Also erhalten wir den Satz: die Quadratsumme der drei Hauptträgheitsradien (und damit auch die der Hauptträgheitsmomente) ist dieselbe für alle Punkte O einer um den Schwerpunkt beschriebenen Kugel.

186. Vorkommen von Rotationsellipsoiden. a) Im engsten Specialfall kann das Centralellipsoid (und dann natürlich auch das Grundellipsoid) eine Kugel sein. (Beispiel: G eine homogene Kugel oder ein homogener Würfel.) Dann ist jedes andere Ellipsoid von G, wie leicht zu sehen, ein Rotationsellipsoid, dessen Axe durch den Schwerpunkt geht; und zwar sind die Trägheitsellipsoide gestreckt, die reciproken abgeplattet.

b) Im weiteren Specialfall kann das Centralellipsoid (und das Grundellipsoid) zwei gleiche Hauptaxen haben. Ist dann O ein Punkt der Rotationsaxe im Abstande δ vom Schwerpunkt, ist α der Grundradius, welcher in die Rotationsaxe fällt, γ der darauf senkrechte, so sind für den Punkt O die Hauptträgheitsradien: $\varkappa' = \alpha$ in der Richtung der Rotationsaxe, $\varkappa'' = \sqrt{\gamma^2 + \delta^2}$ senkrecht dazu. Für alle Punkte der Rotationsaxe sind also die beiden Ellipsoide Rotationsflächen. Ist $\alpha > \gamma$, also das Grundellipsoid gestreckt, so wird $\varkappa'' = \varkappa'$ für $\delta^2 = \alpha^2 - \gamma^2$, also in den Brennpunkten des Grundellipsoids; in diesen ist dann das Trägheitsellipsoid eine Kugel.

c) Im allgemeinen Fall können α, β, γ voneinander verschieden sein. Sollen dann für irgend welche Punkte zwei von den Radien $\varkappa$, z. B. $\varkappa'$ und $\varkappa''$ einander gleich werden (das reciproke Ellipsoid ist ein gestrecktes), so müssen nach den Gleichungen $\lambda' = r^2 - \varkappa'^2$ u. s. w. die entsprechenden λ einander gleich werden. Nun liegt λ' nach Gl. (8) zwischen $-\infty$ und $-\alpha^2$, λ'' zwischen $-\alpha^2$ und $-\beta^2$, also können beide nur an der gemeinsamen Grenze ihrer Bezirke gleich werden, nämlich wenn $\lambda' = \lambda'' = -\alpha^2$ ist. Dann aber wird die in die x-Richtung fallende Halbaxe des confocalen Ellipsoids (8') zu Null, das Ellipsoid reducirt sich also auf die Scheibe der Focalellipse des Grundellipsoids, und das einschalige Hyperboloid (8'') auf die Aussenfläche der Focalellipse. Die Punkte, in denen $\lambda' = \lambda''$ wird, sind also die der Scheibe und der Aussenfläche gemeinschaftlichen Punkte, d. h. es sind die Punkte der Focalellipsenperipherie. Diese geht, wie bekannt, durch diejenigen vier Brennpunkte des Grundellipsoids, welche den beiden Hauptschnitten (grösste—kleinste) und (mittlere—kleinste Halbaxe) angehören. Für die beiden gleichen Trägheitsradien haben wir dann wegen $\varkappa'^2 = r^2 - \lambda'$ und $\lambda' = -\alpha^2$, $\varkappa''^2 + \varkappa'^2 = r^2 + \alpha^2$. Ferner, da $\varkappa'^2 + \varkappa''^2 + \varkappa'''^2 = 2r^2 + \alpha^2 + \beta^2 + \gamma^2$, folgt $\varkappa'''^2 = \beta^2 + \gamma^2 - \alpha^2$. Es hat also die grosse Axe für alle die fraglichen Rotationsellipsoide den gleichen Werth. Dieselbe fällt in den Durchschnitt des degenerirten Ellipsoids mit dem degenerirten Hyperboloid, d. h. in das Linienelement der Focalellipse: sie ist Tangente an die letztere.

Soll $\varkappa'' = \varkappa'''$ werden (das reciproke Ellipsoid ist ein abgeplattetes), so muss, dem obigen entsprechend $\lambda'' = \lambda''' = \beta^2$ sein. Hierfür wird das Ellipsoid der Gleichungen (7) unmöglich, aber die beiden Hyperboloide degeneriren zu den zwei ebenen Flächen in der Hauptebene der xz, welche die Focalhyperbel gemein haben. Diese Focalhyperbel ist also der geometrische Ort für die Mittelpunkte der gestreckten Trägheitsellipsoide, welche Rotationsflächen sind. Man erhält $\varkappa''^2 = \varkappa'''^2 = r^2 - \beta^2$ und $\varkappa'^2 = \alpha^2 + \gamma^2 - \beta^2$. Die Axe von $\varkappa'$ berührt die Focalhyperbel.

Sollte endlich $\varkappa' = \varkappa'' = \varkappa'''$ werden, so müsste $\lambda' = \lambda'' = \lambda'''$ werden, was nur angeht, wenn zwei von den Bezirkgrenzen α^2, β^2 und γ^2 zusammenfallen, also wenn das Grundellipsoid ein Rotationsellipsoid ist. Zwei Trägheitskugeln sind also nur in dem schon oben unter (b) behandelten Falle möglich, eine nur im Falle (a).

187. Binet's Trägheitsmomente. Nachdem die mechanische Bedeutung des Begriffes „Trägheitsmoment" sich aus der Form der lebendigen Kraft ergeben hat, ist anzunehmen, dass auch andere analoge Begriffe in der Mechanik unter Umständen brauchbar sein können, und es steht uns frei, solche rein mathematisch zu bilden. Versteht man unter q den Abstand eines Massenelements μ von einer Ebene E, so hat Binet darauf aufmerksam gemacht, dass auch die Summe $\Sigma\mu q^2$ ähnlich übersichtliche Eigenschaften besitzt, wie die Summe $\Sigma\mu r^2$, welche wir oben als „Trägheitsmoment" bezeichneten. Binet nennt $\Sigma\mu q^2$ geradezu „Trägheitsmoment in Bezug auf die Ebene E", und seine Bezeichnnng ist allgemein angenommen, obgleich es, wie schon einmal hervorgehoben wurde, im Grunde wenig passend ist, dass man derartige Grössen unterschiedslos mit dem Namen „Moment" belegt. Für die Binet'schen Trägheitsmomente bestehen ganz ähnliche Sätze, wie für die Trägheitsmomente in Bezug auf eine Linie.

a) Es sei E eine Ebene, E' eine zweite ihr parallele, die von jener den Abstand δ hat, H das Trägheitsmoment in Bezug auf E, H' dasjenige in Bezug auf E', q der Abstand eines Theilchens μ von E, q' derjenige desselben Theilchens von E'. q', q und δ seien nach der gleichen Seite von E hin positiv gezählt. Dann ist

$$q' = q - \delta,$$

also

$$H' = \Sigma\mu(q-\delta)^2 = \Sigma\mu q^2 + \delta^2\Sigma\mu - 2\delta\Sigma\mu q = H + \delta^2\Sigma\mu - 2\delta\Sigma\mu q.$$

Geht nun die Ebene E durch den Schwerpunkt des Gebildes G, so ist für sie $\Sigma\mu q = 0$, also

$$H' = H + \delta^2\Sigma\mu = H + \delta^2 M.$$

Man erhält also das Trägheitsmoment eines Gebildes G für eine beliebige Ebene E', wenn man zum Trägheitsmoment für die parallele, durch den Schwerpunkt gehende Ebene das Trägheitsmoment des Schwerpunkts in Bezug auf E' addirt.

Sind E' und E'' zwei beliebige parallele Ebenen, δ' und δ'' ihre Abstände von der parallelen Schwerebene, so ist $H'' - \delta^2 M = H' - \delta'^2 M$.

b) Es sei E eine Ebene, und durch einen beliebigen Punkt O derselben sei ein Coordinatensystem der x, y, z gelegt; das Perpendikel h der Ebene E mache mit den Coordinatenaxen Winkel, deren Cosinus l', m', n' sind. Das Element μ, dessen Coordinaten x, y, z sind, hat dann von der Ebene E den Abstand

$$q = l'x + m'y + n'z.$$

Also ist

$$H = \Sigma\mu q^2 = l'^2\Sigma\mu x^2 + m'^2\Sigma\mu y^2 + n'^2\Sigma\mu z^2 + 2m'n'\Sigma\mu yz + 2n'l'\Sigma\mu zx + 2l'm'\Sigma\mu xy.$$

Setzt man also

$$\Sigma\mu x^2 = A' \qquad \Sigma\mu y^2 = B' \qquad \Sigma\mu z^2 = C'$$
$$\Sigma\mu yz = D \qquad \Sigma\mu zx = E \qquad \Sigma\mu xy = E,$$

so haben D, E, F dieselbe Bedeutung wie beim Trägheitsmoment, A', B', C' sind die Trägheitsmomente in Bezug auf die Coordinatenebenen (Hauptträgheitsmomente), und es wird

$$H = A'l'^2 + B'm'^2 + C'n'^2 + 2Dm'n' + 2En'l' + 2Fl'm'.$$

H ist also wieder eine homogene Funktion zweiten Grades der Richtungscosinus.

Daraus folgt, analog, wie bei den Poinsot'schen Trägheitsmomenten: Trägt man von O aus auf jeder Normale aller durch O gehenden Ebenen eine Länge ρ' auf, die der Quadratwurzel aus dem zugehörigen H umgekehrt proportional ist, setzt also $\rho' = \sqrt{\frac{M(1)^4}{H}}$, indem man die Proportionalitätsconstante willkürlich gleich $\sqrt{M(1)^4}$ nimmt, so liegen die Endpunkte sämmtlicher ρ' auf dem Ellipsoid

$$A'\xi^2+B'\eta^2+C'\zeta^2+2D\eta\zeta+2E\zeta\xi+2F\xi\eta = M(1)^4.$$

Dies Ellipsoid nennen wir das Binet'sche. Die Hauptaxen dieses Ellipsoids fallen mit denen des Poinsot'schen Trägheitsellipsoids für den Punkt O zusammen: denn für letztere werden ja D, E, F zu Null, es nimmt also für sie das Binet'sche Ellipsoid die Gleichung an

$$A'\xi^2+B'\eta^2+C'\zeta^2 = M(1)^4.$$

Setzt man $A' = \alpha'^2 M$, $B' = \beta'^2 M$, $C' = \gamma'^2 M$, so sind α', β', γ' die „Hauptarme" für den Punkt O, und das Binet'sche Ellipsoid hat die Gleichung

$$\alpha'^2\xi^2+\beta'^2\eta^2+\gamma'^2\zeta^2 = (1)^4.$$

Zu diesem Ellipsoid giebt es ein reciprokes der Gleichung

$$\frac{\xi^2}{\alpha'^2}+\frac{\eta^2}{\beta'^2}+\frac{\zeta^2}{\gamma'^2} = 1.$$

Das Perpendikel von O auf eine Tangentenebene dieses Ellipsoids ist der Trägheitsarm für die Tangentenebene selbst. Und so weiter.

Das Binet'sche Ellipsoid des Punktes O unterscheidet sich vom Poinsot'schen durch die Grösse der Axen. Während bei letzterem $A+B+C = 2\Sigma\mu p^2$ war, wo p den Abstand $O\mu$ bezeichnet, ist bei dem ersteren

$$A'+B'+C' = \Sigma\mu x^2+\Sigma\mu y^2+\Sigma\mu z^2 = \Sigma\mu p^2.$$

Es ist $A+A' = B+B' = C+C' = \Sigma\mu p^2$, $A = B'+C'$, $B = C'+A'$, $C = A'+B'$. Ist also die Reihenfolge der Axen beim Binet'schen Ellipsoid bestimmt durch $A' < B' < C'$, so ist beim Poinsot'schen $A > B > C$, die Reihenfolge der Axengrössen ist bei beiden die entgegengesetzte. Addirt man die Gleichungen beider, so erhält man

$$\xi^2+\eta^2+\zeta^2 = \frac{M(1)^4}{\Sigma\mu p^2}$$

d. i. die Gleichung einer Kugel: beide Ellipsoide schneiden sich also in einem sphärischen Schnitt.

c) Binet hat für sein reciprokes Ellipsoid einen Satz bewiesen, der in einigen Fällen bequem ist, um die Axen dieses Ellipsoids und damit auch die Axen des Poinsot'schen Ellipsoids zu finden. Derselbe lautet: Irgend drei (nicht nothwendig rechtwinklige) Axen der x, y, z, welche durch den Punkt O gehen und die Bedingung erfüllen

$$\Sigma\mu yz = \Sigma\mu zx = \Sigma\mu xy = 0$$

sind conjugirte Axen des reciproken Binet'schen Ellipsoids für O.

Beweis. Macht eine Ebene E mit den Axen die Richtungscosinus l, m, n, sind x, y, z die Coordinaten des Theilchens μ, so ist das Perpendikel von μ auf E ausgedrückt durch $q = lx+my+nz$, das Binet'sche Trägheitsmoment wird also mit Rücksicht auf obige Bedingung

$$H = \Sigma\mu q^2 = l^2\Sigma\mu x^2+m^2\Sigma\mu y^2+n^2\Sigma\mu z^2$$

gerade wie in rechtwinkligen Coordinaten. Oder wenn man $\Sigma\mu x^2 = \alpha^2 M$, $\Sigma\mu y^2 = \beta^2 M$, $\Sigma\mu z^2 = \gamma^2 M$ setzt und den Arm von H mit ι bezeichnet

$$\iota = l^2\alpha^2+m^2\beta^2+n^2\gamma^2.$$

Die Ebenen E, welche im Endpunkt von ι senkrecht auf ι stehen, umhüllen das reciproke Binet'sche Ellipsoid von O. Eine Ebene lässt sich aber bekanntlich einfach bestimmen durch die drei Stücke u, v, w, welche sie von den Axen abschneidet. Steht die Ebene senkrecht auf ι in dessen Endpunkt, so ist $lu = mv = nw = \iota$; führt man diese Bedingungen in die vorige Gleichung ein, so erhält man

$$(1) \qquad \frac{\alpha^2}{u^2}+\frac{\beta^2}{v^2}+\frac{\gamma^2}{w^2}=1$$

als Gleichung des von sämmtlichen Ebenen E umhüllten Ellipsoids in Ebenencoordinaten u, v, w. Dies Ellipsoid (1) ist aber identisch mit demjenigen Ellipsoid, welches in Punktcoordinaten x, y, z durch die Gleichung

$$(2) \qquad \frac{x^2}{\alpha^2}+\frac{y^2}{\beta^2}+\frac{z^2}{\gamma^2}=1$$

dargestellt wird. Denn die Tangentialebene des letzteren hat, wenn ihre laufenden Coordinaten ξ, η, ζ geschrieben werden, die Gleichung

$$\frac{x\xi}{\alpha^2}+\frac{y\eta}{\beta^2}+\frac{z\zeta}{\gamma^2}=1.$$

Sie schneidet die drei Axen in den Punkten

$$(\eta=\zeta=0), \quad u=\frac{\alpha^2}{x}, \quad (\zeta=\xi=0), \quad v=\frac{\beta^2}{y} \text{ und } (\xi=\eta=0), \quad w=\frac{\gamma^2}{z},$$

wo x, y, z der Berührungspunkt ist. Sämmtliche Berührungspunkte müssen aber der Gl. (2) genügen; setzt man in diese die Werthe $x=\frac{\alpha^2}{u}$, $y=\frac{\beta^2}{v}$; $z=\frac{\gamma^2}{w}$ ein, so erhält man

$$\frac{\alpha^2}{u^2}+\frac{\beta^2}{v^2}+\frac{\gamma^2}{w^2}=1.$$

Das ist aber Gl. (2), also sind die berührenden Ebenen von (1) und (2) identisch, folglich auch die Ellipsoide selbst. Da nun in Gl. (2) die Grössen α, β, γ conjugirte Semidiameter sind, ist der Satz bewiesen. Hat man also drei Axen der x, y, z, welche der obigen Bedingung genüge thun, und schneidet auf ihnen die Längen α, β, γ ab, so hat man die Mittel, das reciproke Binet'sche Ellipsoid herzustellen.

Ausrechnung concreter Trägheitsmomente.

188. Zur vollständigen Kenntniss der Trägheitsmomente eines Gebildes G ist die Bestimmung eines seiner Centralellipsoide erforderlich und hinreichend. Dieselbe gelingt verhältnissmässig leicht, wenn man von vorn herein Kenntniss von der Lage der Hauptcentralaxen hat.

a) Besitzt G eine Symmetrieebene und bezeichnen wir dieselbe als Ebene der xy, so entspricht jedem Massentheilchen μ, welches die Coordinaten x, y, z hat, ein zweites mit den Coordinaten $x, y, -z$. Es sind also für jeden Punkt der Ebene die beiden Summen $\Sigma\mu zx$ und $\Sigma\mu yz$ gleich Null, d. h. jedes auf der Symmetrieebene errichtete

Perpendikel ist Hauptaxe für seinen Fusspunkt. Sind zwei aufeinander senkrechte Symmetrieebenen vorhanden, so sind für jeden Punkt ihrer Schnittlinie die beiden auf den Ebenen errichteten Perpendikel Hauptaxen; die dritte Hauptaxe fällt dann nothwendig in die Schnittlinie selbst. Drei zu einander senkrechte Symmetrieebenen schneiden sich ohne Weiteres in den Hauptcentralaxen. (Hierher gehören homogene Kugeln und Ellipsoide, holomorphe homogene Krystallformen des tesseralen, quadratischen, rhombischen und rhomboedrischen Systems.)

b) Die symmetrische Vertheilung der Massen ist ein Specialfall einer allgemeineren regelrechten Vertheilung, die man passend antimetrisch nennen könnte. Bei der antimetrischen Vertheilung liegen je zwei gleiche Massentheilchen μ und μ' in gleichem Abstand von einer Ebene E, und sämmtliche Verbindungslinien $\mu\mu'$ sind einander parallel, aber diese Verbindungslinien machen mit E einen beliebigen Winkel ψ. (Hierher gehören homogene und holomorphe Krystallformen des monoklinen und triklinen Systemes.) Die Symmetrie ist der Specialfall $\psi = \frac{\pi}{2}$ der Antimetrie. Besitzt ein Gebilde drei Antimetrieebenen, so fällt ihr Durchschnittspunkt in den Schwerpunkt von G, und für ihre drei Durchschnittslinien sind offenbar

$$\Sigma\mu xy = \Sigma\mu yz = \Sigma\mu zx = 0,$$

also sind die Durchschnittslinien conjugirte Diameter des reciproken Binet'schen Ellipsoids.

c) Sind zwei Gebilde gleich dicht, ähnlich und ähnlich gelegen, ist ω ihr Aehnlichkeitsverhältniss, so ist das Verhältniss homologer Abstandsquadrate ω^2, und das Verhältniss der homologen Massen ist ω, wenn es sich um Linien, ω^2, wenn es sich um Flächen, ω^3, wenn es sich um Körper handelt. Das Verhältniss der Trägheitsmomente für homologe Punkte ist also ω^3, ω^4, ω^5, je nachdem die Gebilde eine, zwei oder drei Dimensionen haben.

Bei der practischen Ausrechnung von Trägheitsmomenten wird man oft am bequemsten die Summen $A' = \Sigma\mu x^2$, $B' = \Sigma\mu y^2$, $C' = \Sigma\mu z^2$ bilden, und aus diesen die Grössen A, B, C nach den Formeln $A = B' + C'$ u. s. w. zusammensetzen.

Beispiele; es werde vorausgesetzt, dass die untersuchten Gebilde homogen sind; ihre Dichtigkeit kann gleich 1 genommen werden; die Formeln, in welchen die Masse M des Gebildes auftritt, gelten dann auch für den Fall beliebiger Dichte.

1) (Homogene) Gerade von der Länge $2l$. Zwei Hauptaxen stehen senkrecht auf der Geraden; für die dritte, welche in die Gerade selbst fällt, ist $K=0$, also degenerirt das Trägheitsellipsoid zum Cylinder. Das sehr leicht zu berechnende Trägheitsmoment für eine Schwerpunktsaxe, die mit l den Winkel α macht, ist $\frac{2}{3}l^3\sin^2\alpha$ oder $\frac{1}{3}M.l^2\sin^2\alpha$.

2) Kreisfläche vom Radius r. Eine Hauptcentralaxe steht im Mittelpunkt senkrecht auf der Ebene des Kreises, die beiden andern sind gleich. Für die erstere theile man den Kreis in ringförmige Elemente vom Radius ρ und der Breite $d\rho$; ein solches hat den Inhalt $2\pi\rho d\rho$, und da seine sämmtlichen Theile vom Centrum den Abstand ρ haben, hat jeder Ring das Trm. $2\pi\rho^3 d\rho$; für die ganze Kreisfläche ist $K=2\pi\int_0^r \rho^3 d\rho = \frac{\pi}{2}r^4 = \frac{1}{2}r^2 M$.

Um K für einen Durchmesser des Kreises zu bestimmen, nehme man diesen Durchmesser zur Axe der x, und $x^2+y^2=r^2$ zur Gleichung des Kreises. Im Abstand x von der Axe der y liegen Flächenelemente $dx\,dy$ zwischen $y=-\sqrt{r^2-x^2}$ und $y=+\sqrt{r^2-x^2}$; also wird das Trm.

$$K=\int_{x=-r}^{x=+r}\int_{y=-\sqrt{r^2-x^2}}^{y=+\sqrt{r^2-x^2}} y^2\,dx\,dy = \frac{2}{3}\int_{-r}^{+r}\sqrt{r^2-x^2}^{\,3}\,dx = \frac{\pi}{4}r^4 = \frac{1}{4}r^2 M.$$

3) Parallelogramm mit den Seiten a, b und dem spitzen Winkel φ. Eine Hauptaxe steht im Mittelpunkt senkrecht auf der Ebene des Parallelogramms. Nimmt man die beiden Mittellinien zu Axen der x und y (x parallel a), so kann man die Fläche in Elemente zerlegen, deren Inhalt $\sin\varphi\,dx\,dy$ ist. Ein solches Element hat vom Mittelpunkt den Abstand $\sqrt{x^2+y^2+2xy\cos\varphi}$, also ist das Trägheitsmoment für die zur Fläche senkrechte Axe

$$K=\sin\varphi\int_{x=-\frac{a}{2}}^{x=+\frac{a}{2}}\int_{y=-\frac{b}{2}}^{y=+\frac{b}{2}}(x^2+y^2+2xy\cos\varphi)\,dy\,dx = \sin\varphi\,.\,\tfrac{1}{12}(ab^3+ba^3) = \tfrac{1}{12}(a^2+b^2)M.$$

In Bezug auf die beiden Mittellinien ist der Abstand des Elementes (x, y) von der Axe der x gleich $y\sin\varphi$, der von der Axe der y ist $x\sin\varphi$, also sind die beiden Trägheitsmomente

$$\text{für die Axe der } x,\quad \sin\varphi\iint(y\sin\varphi)^2\,dx\,dy = \tfrac{1}{12}b^2 M\sin\varphi^2$$

$$\text{für die Axe der } y,\quad \sin\varphi\iint(x\sin\varphi)^2\,dx\,dy = \tfrac{1}{12}a^2 M\sin\varphi^2.$$

Ist das Parallelogramm ein Rechteck, so sind die Mittellinien ohne Weiteres Hauptcentralaxen. Ist es ein Rhombus, so fallen die fraglichen Hauptcentralaxen in die Diagonalen. Die längere Diagonale sei $2p'$, die kürzere $2q'$. Ein Elementarstreifen parallel p', der von p' den Abstand x hat, besitzt die Länge $2\frac{p'}{q'}(q'-x)$, den Inhalt $2\frac{p'}{q'}(q'-x)\,dx$, also das Trm. $2\frac{p'}{q'}(q'-x)\,x^2 dx$, woraus durch Integration $K_p = 2\int_{-q'}^{+q'} \frac{p'}{q'}(q'-x)x^2\,dx = \frac{1}{3}p'q'^3 = \frac{1}{6}q'^2M$. Durch Buchstabenvertauschung folgt $K_q = \frac{1}{6}p'^2M$.

In allen Fällen sind die Mittellinien Antimetrieaxen, also conjugirte Durchmesser des reciproken Binet'schen Ellipsoids. Die Längen der beiden conjugirten Semidiameter für die Ellipse, in welcher das Ellipsoid die Ebene des Parallelogramms schneidet, sind beliebige Multiple von a (in der Richtung y) und b (in der Richtung x).

Zu einer Formel, welche die obigen Specialformeln an Allgemeinheit übertrifft, gelangt man bequem mit Hülfe des Aehnlichkeitssatzes (c). Wir verstehen nunmehr unter h eine beliebige Axe des Schwerpunkts, und unter p und q die beiden Perpendikel, welche von den nebeneinanderliegenden Ecken A und B auf h gefällt werden. Die Mittellinien theilen das Parallelogramm in 4 unter sich congruente, dem Ganzen ähnliche Parallelogramme, die hier kurz durch Angabe zweier gegenüberliegenden Ecken bezeichnet werden sollen; sie heissen also der Reihe nach SA, SB, SC und SD. SA und SC haben unter sich gleiches Trm., ebenso SB und SD. Es wird also in leicht verständlicher Bezeichnung

Fig. 67.

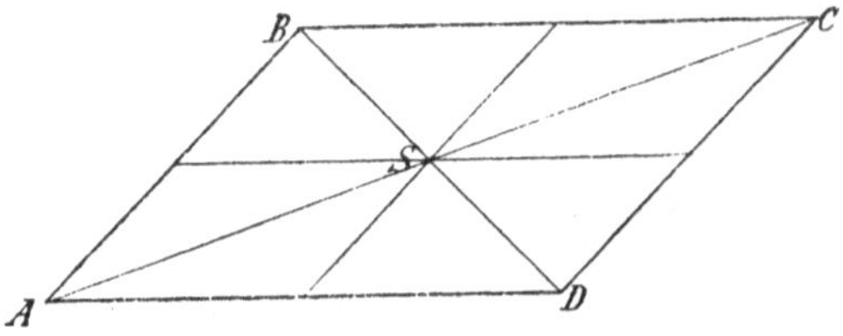

$$K = 2K_{SA} + 2K_{SB}.$$

Das Parallelogramm SA hat aber gleiches Trägheitsmoment für die Axe h und für eine mit h parallele Axe h', die durch A gelegt wird; ebenso ist, wenn h'' parallel mit h durch B geht, $K_{SB} = K''_{SB}$. Also ist auch

$$K = 2K'_{SA} + 2K''_{SB}.$$

Nun ist h' ähnlich gelegen für SA, wie für AC, also nach Satz (c), da das Aehnlichkeitsverhältniss $\frac{1}{2}$ ist, wenn K' das Trägheitsmoment von AC in Bezug auf h' bezeichnet

$$K' = 16K'_{SA}, \quad \text{ebenso} \quad K'' = 16K''_{SA}$$

und zugleich da h' vom Schwerpunkt um p, h'' von demselben um q absteht

$$K' = K + p^2M, \qquad K'' = K + q^2M.$$

Also ist

$$16K'_{SA} = K + p^2M, \qquad 16K''_{SB} = K + q^2M,$$

woraus durch Addition

$$16(K'_{SA} + K''_{SB}) = 8K = 2K + (p^2+q^2)M, \quad \text{oder}$$
$$K = \frac{1}{6}(p^2+q^2)M.$$

Steht die Axe h senkrecht auf der Fläche, so ist $p^2+q^2 = 2\left[\left(\frac{a}{2}\right)^2 + \left(\frac{b}{2}\right)^2\right]$; fällt sie in eine Diagonale, so ist $p = 0$, $q = q'$, also $K = \frac{1}{6}q'^2M$ etc.

4) D r e i e c k, Ecken A, B, C, Seiten a, b, c. Das Trm. desselben lässt sich auf dasjenige des Parallelogramms reduciren. Es sei P die Mitte von a, Q und

Fig. 68.

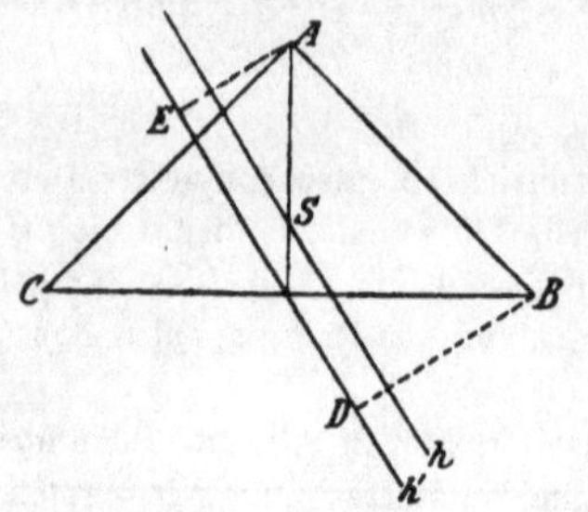

R die von b und c, S der Schwerpunkt, h eine Axe des letzteren und h' die mit h parallele Axe, welche durch P geht. Dann ist K', das Trm. für h', das halbe Trm. des Parallelogramms mit den Seiten b, c, also, da M in unserem Falle die halbe Masse des Parallelogramms ist,

$$K' = \tfrac{1}{6}[(BD)^2+(AE)^2]\,M,$$

wenn BD und AE die Perpendikel von B und A auf h' sind. BD ist die Projection der Mediane AP auf eine zu h senkrechte Ebene, AE die Projection der halben Seite a auf dieselbe Ebene. Nennt man die Medianenprojection $3p$, die Projection von BP aber $\frac{1}{2}\alpha$, so ist demnach

$$K' = \tfrac{1}{6}[(\tfrac{1}{2}\alpha)^2+(3p)^2]\,M.$$

Ferner ist $K' = K + Mp^2$, also

$$K = \tfrac{1}{24}\alpha^2 M + \tfrac{1}{2}p^2 M.$$

Sind nun β, γ die Projectionen von b und c auf die zu h senkrechte Ebene, q und r die Projectionen der beiden andern Medianen, so findet sich auf die gleiche Weise,

$$K = \tfrac{1}{24}\gamma^2 M + \tfrac{1}{2}r^2 M \quad \text{und} \quad K = \tfrac{1}{24}\beta^2 M + \tfrac{1}{2}q^2 M.$$

Addirt man die drei Ausdrücke für K, und dividirt durch 3, so kommt

$$K = \tfrac{1}{72}(\alpha^2+\beta^2+\gamma^2)\,M + \tfrac{1}{6}(p^2+q^2+r^2)\,M.$$

Das auf die genannte Ebene projicirte Dreieck heisse A_0, B_0, C_0, seine Seiten sind α, β, γ, seine Medianen $3p$, $3q$, $3r$. Es ist

$$(6p)^2 = \alpha^2+\beta^2+2\alpha\beta\cos C_0, \quad \text{und} \quad \gamma^2 = \alpha^2+\beta^2-2\alpha\beta\cos C_0, \quad \text{also}$$

$$(6p)^2 = 2(\alpha^2+\beta^2)-\gamma^2 \text{ und ebenso } (6q)^2 = 2(\beta^2+\gamma^2)-\alpha^2, \quad (6r)^2 = 2(\gamma^2+\alpha^2)-\beta^2$$

oder durch Addition

$$12(p^2+q^2+r^2) = \alpha^2+\beta^2+\gamma^2.$$

Eliminirt man hiermit $p^2+q^2+r^2$ aus der Gleichung für K, so findet sich

$$K = \tfrac{1}{36}(\alpha^2+\beta^2+\gamma^2)\,M.$$

Steht h senkrecht auf dem Dreieck, so tritt a, b, c an die Stelle von α, β, γ. Fällt h in die Ebene des Dreiecks, so fallen die Projectionen α, β, γ in dieselbe Gerade, und es wird, wenn γ die grösste der Projectionen ist, dem absoluten Werth nach $\gamma = \alpha+\beta$. Also kann man γ^2 durch $(\alpha+\beta)^2$ ersetzen und erhält

$$K = \tfrac{1}{18}(\alpha^2+\alpha\beta+\beta^2)\,M.$$

Eliminirt man $\alpha^2+\beta^2+\gamma^2$ aus der Gleichung für K, so ergiebt sich

$$K = \tfrac{1}{3}(p^2+q^2+r^2)\,M.$$

p, q und r sind die Abstände der Seitenmitten von h; die vorstehende Gleichung enthält also den Satz; denkt man sich in jeder der Seitenmitten $\frac{1}{3}$ der Masse M concentrirt, so haben diese drei Punkte zusammen dasselbe Trägheitsmoment, wie das Dreieck selbst.

5) Reguläres n-Eck; Radius des eingeschriebenen Kreises r, des umgeschriebenen R. Das Trägheitsmoment für eine Schwerpunktsaxe senkrecht zur Ebene des Vielecks ist $\frac{1}{6}(R^2+2r^2)\,M$.

6) Parallelepiped mit den Kanten a, b, c.

a) Ist das Parallelepiped rechtwinklig, so sind drei parallel mit a, b, c durch den Mittelpunkt gelegte Axen Hauptcentralaxen. Man findet leicht

$$A' = \tfrac{1}{12} a^2 M, \quad B' = \tfrac{1}{12} b^2 M, \quad C' = \tfrac{1}{12} c^2 M.$$

Also

$$A = \tfrac{1}{12}(b^2+c^2) M, \quad B = \tfrac{1}{12}(c^2+a^2) M, \quad C = \tfrac{1}{12}(a^2+b^2) M$$

und die Gleichung des Grundellipsoids

$$\frac{x^2}{b^2+c^2} + \frac{y^2}{c^2+a^2} + \frac{r^2}{a^2+b^2} = \tfrac{1}{12}.$$

Die Trägheitsmomente für die Kanten sind 4 mal so gross wie die für die parallelen Hauptcentralaxen.

b) Ist das Paralellepiped schiefwinklig, so sei ψ die Winkelfunction, mit der das Volumen eines rechtwinkligen Parallelepipeds von der Kantenlänge a, b, c multiplicirt werden muss, um den Inhalt unseres Parallelepipeds zu ergeben. Drei Axen, welche parallel mit a, b, c durch den Schwerpunkt gelegt werden, sind Antimetrieaxen, also conjugirte Axen des reciproken Binet'schen Ellipsoids. Es ist

$$A' = \int x^2 dM = \iiint \psi x^2 dx\, dy\, dz = \tfrac{1}{12} \psi a^3 bc = \tfrac{1}{12} a^2 M,$$

$$B' = \tfrac{1}{12} b^2 M, \qquad C' = \tfrac{1}{12} c^2 M.$$

Also sind drei congruirte Arme des reciproken Binet'schen Ellipsoids bestimmt durch die Gleichungen $\alpha'^2 = \tfrac{1}{12} a^2$, $\beta' = \tfrac{1}{12} b^2$ u. s. w., und die Hauptaxen des Ellipsoids

$$\frac{x^2}{a^2} + \frac{y^2}{b^2} + \frac{z^2}{c^2} = \varepsilon^2$$

sind Hauptcentralaxen der Trägheit.

6) Ellipsoid von den Halbaxen a, b, c. Die Axen sind Hauptcentralaxen. Ein Schnitt parallel der yz-Ebene, im Abstande x von der letzteren hat die Gleichung

$$\frac{y^2}{b^2\left(1-\frac{x^2}{a^2}\right)} + \frac{z^2}{c^2\left(1-\frac{x^2}{a^2}\right)} = 1.$$

Die Fläche des Schnitts ist also $\pi bc\left(1-\frac{x^2}{a^2}\right)$, demnach

$$A' = \int_{x=-a}^{x=+a} \pi bc\left(1-\frac{x^2}{a^2}\right) x^2 dx = \tfrac{4}{15} \pi a^3 bc = \tfrac{1}{5} a^2 M.$$

Ebenso

$$B' = \tfrac{1}{5} b^2 M, \qquad C' = \tfrac{1}{5} c^2 M.$$

Also

$$A = \tfrac{1}{5} M(b^2+c^2), \quad B = \tfrac{1}{5} M(c^2+a^2), \quad C = \tfrac{1}{5} M(a^2+b^2).$$

Die Gleichung des Grundellipsoids ist hiernach

$$\frac{x^2}{b^2+c^2} + \frac{y^2}{c^2+a^2} + \frac{z^2}{a^2+b^2} = \tfrac{1}{5}.$$

Für die Kugel vom Radius r ergiebt sich daraus $K = \tfrac{2}{5} r^2 M$.

Es ist nach dem Vorstehenden leicht, ein Ellipsoid anzugeben, welches einem beliebig gegebenen Gebilde G trägheitsäquivalent ist, d. h. für jede Axe das gleiche Trägheitsmoment hat wie G. Selbstverständlich muss die Masse des Ellipsoids der Masse M von G gleich sein, und die Hauptaxen des Ellipsoids müssen in die Hauptcentralaxen von G fallen. Sind A, B, C die Hauptträgheitsmomente für den Massenmittelpunkt von G, A', B', C' die Binet'schen Trägheitsmomente von G, so hat man a, b, c aus den Gleichungen

$$M(b^2+c^2) = 5A, \quad M(c^2+a^2) = 5B, \quad M(a^2+b^2) = 5C$$

zu bestimmen. Dieselben ergeben

$$a^2 = \tfrac{5}{2}\frac{C-A+B}{M} = \tfrac{5}{2}\frac{\Sigma\mu(x^2+y^2)-\Sigma\mu(y^2+z^2)+\Sigma\mu(z^2+x^2)}{M} = 5\frac{\Sigma\mu x^2}{M}$$

$$= 5\frac{A'}{M}, \quad b^2 = 5\frac{B'}{M}, \quad c^2 = 5\frac{C'}{M}.$$

Das gesuchte Ellipsoid hat also die Gleichung

$$\frac{x^2}{A'}+\frac{y^2}{B'}+\frac{z^2}{C'} = \frac{5}{M},$$

es ist dem reciproken Binet'schen Ellipsoid für den Schwerpunkt von G ähnlich.

7) Elliptischer Cylinder; die Länge sei $2l$, die Halbaxen des Querschnitts b und c. Die Axe der x sei parallel l durch den Schwerpunkt gelegt, die beiden andern Hauptcentralaxen fallen in die Hauptaxen des Schwerpunktquerschnitts; y sei $\# b$.

Ein Querschnitt im Abstande x von der yz-Ebene hat den Flächeninhalt πbc, also ist

$$A' = \int_{-l}^{+l} \pi bc . x^2 dx = \tfrac{2}{3}\pi bcl^3 = \tfrac{1}{3}l^2 M.$$

Ein Schnitt parallel der Ebene der xz im Abstande y von dieser hat die Höhe $2l$, seine Kante ist die doppelte Ordinate der Ellipse $\frac{y^2}{b^2}+\frac{z^2}{c^2} = 1$ d. i. $2z = 2c\sqrt{1-\frac{y^2}{b^2}}$, also seine Fläche $4cl\sqrt{1-\frac{y^2}{b^2}}$; demnach

$$B' = 4cl\int_{-b}^{+b} y^2\sqrt{1-\frac{y^2}{b^2}}\,dy = 4clb^3\int_{-1}^{+1} t^2\sqrt{1-t^2}\,dt = \tfrac{1}{2}\pi lcb^3 = \tfrac{1}{4}b^2 M.$$

Ebenso $C' = \frac{1}{4}c^2 M$.

Hiernach ist

$$A = \tfrac{1}{4}M(b^2+c^2), \quad B = (\tfrac{1}{3}l^2+\tfrac{1}{4}c^2)M, \quad C = (\tfrac{1}{3}l^2+\tfrac{1}{4}b^2)M.$$

Für den Kreiscylinder ergiebt sich, wenn r der Radius ist, $A = \frac{1}{2}r^2 M$, was mit der Formel für die Kreisfläche bei entsprechender Axenlage übereinstimmen muss (vergl. 2).

8) Rotationskörper. Die Rotationsaxe ist Hauptcentralaxe, und die Trägheitsellipsoide sind Rotationsflächen. Die Rotationsaxe sei Axe der x, und die Curve, welche die rotirende Fläche begrenzt, habe etwa in der xy-Ebene die Gleichung $y = f(x)$; dann ist zugleich $r = f(x)$ die Gleichung der Grenzfläche unseres Körpers. Sind $x = a$ und $x = b$ zwei Ebenen, welche den letzteren begrenzen, so ist sein Volumen $M = \int_a^b dx \int_0^{2\pi} d\varphi \int_0^{f(x)} r dr = \pi \int_a^b [f(x)]^2 dx.$

Theilt man den Rotationskörper G in Elementarscheiben parallel der yz-Ebene, so ist jede derselben eine Kreisscheibe vom Radius $f(x)$, ihre Masse ist $\pi[f(x)]^2 dx$ und ihr Trägheitsmoment in Bezug auf die Axe der x nach 7)

$$dA = \frac{\pi}{2}[f(x)]^4 dx, \quad \text{also} \quad A = \frac{\pi}{2}\int_a^b [f(x)]^4 dx.$$

Da $A = B' + C'$ und $B' = C'$, ist $B' = C' = \frac{1}{2}A = \frac{\pi}{4}\int_a^b [f(x)]^4 dx$; es bleibt also nur noch A' zu berechnen. Ist dM eine der eben benutzten Elementarscheiben, so ist

$$A' = \int_a^b x^2 dM = \pi\int_a^b x^2[f(x)]^2 dx; \text{ sonach}$$

$$B = C = \frac{\pi}{4}\int_a^b [f(x)]^4 dx + \pi\int_a^b x^2[f(x)]^2 dx.$$

Anwendungen. Für den Rotationscylinder ist $f(x) = r$, wenn r eine Constante; sei l die Höhe, so ist, wenn der Schwerpunkt zum Coordinatenanfang genommen wird,

$$A = \frac{\pi}{2}\int_{-\frac{l}{2}}^{+\frac{l}{2}} r^4 dx = \frac{\pi}{2} r^4 l = \frac{r^2}{2} M, \quad B = C = \frac{\pi}{4}(r^4 l + \tfrac{1}{3} r^2 l^3) = M(\tfrac{1}{4}r^2 + \tfrac{1}{3}l^2).$$

Für den Rotationskegel vom Basisradius r und der Höhe h ist, wenn der Anfang in die Spitze fällt, $f(x) = r\frac{x}{h}$, $\quad M = \frac{\pi}{3}r^2 h$

$$A = \frac{\pi}{2}\int_0^h \left(r\frac{x}{h}\right)^4 dx = \tfrac{3}{10} r^2 M, \quad B = C = \tfrac{3}{5} M(\tfrac{1}{4}r^2 + h^2).$$

Die Hauptcentralaxe senkrecht zur Kegelaxe hat von der Spitze den Abstand $\frac{3}{4}h$, also ist für sie $B = C = M(\frac{3}{20}r^2 + \frac{3}{80}h^2)$.

9) Hat man das Trm. für einen Vollkörper G berechnet, so lässt sich aus diesem durch Differenzenbildung (resp. durch Differentiation) das Trm. einer Schale bilden, welche zwischen zwei Körpern G von verschiedenem Parameter enthalten ist. Z. B.

Für eine Kreiscylindrische Röhre von der Länge l, deren äusserer Radius R, deren innerer r ist, ergiebt sich aus der Formel für den Rotationscylinder

$$A = \frac{\pi}{2}(R^4 - r^4)\, l = \tfrac{1}{2}(R^2 + r^2)\, M.$$

Eine unendlich dünne ellipsoidische Schale, die zwischen zwei ähnlichen und ähnlich gelegenen Ellipsoiden enthalten ist: das innere Ellipsoid habe die Halbaxen a, $b = pa$, $c = qa$; das äussere hat dann Halbaxen, in denen $a + da$ an die Stelle von a tritt. Für das innere war $A = \frac{4}{15}\pi pq(p^2 + q^2)a^5$, also ist

$$\frac{dA}{da} da = \tfrac{4}{3}\pi pq(p^2 + q^2)a^4 da = \tfrac{4}{3} bc(b^2 + c^2)\, da$$

das Trägheitsmoment der Schale in Bezug auf die Axe der a u. s. w. Aus Elementen von der Form $\frac{4}{3}kbc(b^2+c^2)da$ kann man nun weiter das Trm. eines ähnlich geschichteten Ellipsoids herstellen, dessen Dichtigkeit k eine Function von a ist.

Aufgaben. Die Trm. zu berechnen: 1) für eine unendlich dünne ellipsoidische Schicht, die zwischen zwei confocalen Ellipsoiden enthalten ist, 2) für den Körper, den ein Cylinder vom Radius r aus einem conaxialen Rotationsellipsoid von den Axen a, b herausschneidet ($r<b$), 3) für eine Biconvexlinse, bezogen auf die Centralaxe, welche senkrecht zu dem Randkreise steht, 4) für den Playfair'schen Körper maximaler Anziehung.

Zweites Buch.

Die starren Gebilde.

Erster Theil.

Ein starres Gebilde.

A. Die Wurzel des Dualismus zwischen Dynamik und Phoronomie starrer Gebilde.

1. Das Ergebniss der Bewegung eines starren Körpers; seine Elemente: Rotationswinkel und Verschiebungsvector.

189. Starr heisst ein irgendwie ausgedehntes Gebilde, welches sich selbst stets congruent bleibt. Starr mit einander verbunden heissen irgend welche Gebilde, die so mit einander verbunden sind, dass das aus ihnen gebildete System sich selbst congruent bleibt.

Sind A und B zwei Punkte eines starren Gebildes, so ändert sich der Abstand AB nicht, wenn das Gebilde bewegt wird; denn wenn er sich änderte, wäre das Gebilde nicht sich selbst congruent geblieben. Ein starres Gebilde hat also nothwendig die Eigenschaft, dass seine Theile ihren Abstand von einander nicht ändern. Dagegen genügt diese Eigenschaft nicht, um das Gebilde als starr zu characterisiren. Ist nämlich G' ein bestimmtes Gebilde, G'' ein zweites, entspricht jedem Punkt A' von G' ein homologer Punkt A'' in G'', und sind homologe Abstände in beiden Gebilden gleich, so kann G'' erstens congruent, zweitens symmetrisch zu G' sein. Wenn man also festsetzt, dass die Theile eines Gebildes ihren Abstand von einander nicht ändern sollen, so ist damit noch nicht gesagt, dass das Gebilde starr sei; es kann vielmehr eine Aenderung desselben eintreten, bei der es sich nicht congruent bleibt, sondern symmetrisch zu seiner früheren Gestaltung wird. Wohl aber genügt die Definition:

Ein starres Gebilde ist ein solches, dessen Theile ihren Abstand von einander nicht ändern können,

wenn man zugleich festsetzt, dass alle Aenderungen, welche von dem Gebilde vor sich gehen, continuirlich sein sollen. Denn es sind zwei Fälle möglich. 1) Das Gebilde G' ist so beschaffen, dass ein zu ihm symmetrisches Gebilde ihm gleichzeitig congruent ist: in diesem Fall ist die zweite Definition mit der ersten ohne Weiteres identisch. Oder 2) Das Gebilde G' ist verschieden von dem mit ihm symmetrischen Gebilde G''. In diesem Fall kann sich G' continuirlich in das symmetrische G'' nur dadurch verwandeln, dass es intermediäre Formen durchläuft, welche weder mit G' noch mit G'' congruent sind, die also mit G' weder congruent noch symmetrisch sind. Somit kann das Gebilde G' nicht continuirlich in die Form G'' übergehen, ohne dass seine Theile ihren Abstand voneinander ändern; d. h. G' muss sich selbst congruent bleiben, wenn der Abstand seiner Theile bei continuirlicher Bewegung unveränderlich sein soll.

Die Gebilde sowohl, wie ihre Verbindungen können bloss gedachte sein. Die „festen“ Körper der Physik bleiben sich unter der Einwirkung mässiger Kräfte so nahe congruent, dass die im folgenden behandelten Probleme mit grosser Annäherung auf sie angewendet werden können. Ein ausgedehntes Gebilde kann discontinuirlich (n Punkte), continuirlich (Linienstücke, Flächen, Körper) oder ein discontinuirliches Aggregat continuirlicher Theile (mehrere getrennte Körper etc.) sein; es ist starr, sobald wir ihm in abstracto die oben ausgesprochene Eigenschaft beilegen.

An jedem starren Gebilde G kann man sich einzelne Punkte oder Figuren markirt denken. Diese Figuren müssen sich offenbar bei jeder Bewegung von G congruent bleiben.

Wir sagen, dass wir die Lage eines starren Gebildes kennen, wenn wir die Lage eines jeden seiner Punkte gegen ein gegebenes Bezugssystem kennen.

Ein starres Gebilde heisst (relativ zu dem Bezugssystem) bewegt, wenn irgend einer seiner Punkte in Bewegung ist.

Bewegt sich ein Punkt eines starren Gebildes, so bewegen sich im Allgemeinen auch die übrigen Punkte desselben.

Denn: Ein Punkt des starren Gebildes G habe zu irgend einer Zeit die Lage A, zu einer späteren Zeit die Lage A'. Man ziehe die Gerade AA' und lege durch ihre Mitte eine Ebene E senkrecht zu AA'. Alle Punkte, welche nicht in der Ebene E liegen, haben von A' einen andern Abstand als von A. Lag also ein Punkt B des Gebildes vorher im Abstand r von A, und liegt er nachher in B' im Abstande r von A', so ist B' im Allgemeinen von B verschieden: d. h. der ursprünglich in B liegende Punkt von G hat sich gleichzeitig mit dem ersten Punkt A verschoben. Eine Ausnahme kann nur für solche Punkte B eintreten, welche in die Ebene E fallen.

190. Der ruhende und der bewegte Raum. In einem Coordinatensystem der x, y, z sei das starre Gebilde G gegeben. Mit dem letzteren denke man sich ein zweites Coordinatensystem der ξ, η, ζ starr verbunden; es leuchtet ein, dass bei dieser starren Verbindung jedes Element von G im System der ξ, η, ζ constante Coordinaten besitzt, auch wenn G sich bewegt. Ferner leuchtet ein, dass nach dem letzten Satze des vorigen Paragraphen das Coordinatensystem der ξ, η, ζ in Bewegung ist, wenn G sich bewegt; denn die Axen der ξ, η, ζ fallen nicht in eine Ebene, also auch nicht in die Ebene E des § 189.

Man kann sich den ganzen Raum einmal durch das System der

x, y, z, das anderemal durch das System der ξ, η, ζ beherrscht denken. Jeder Punkt des Raumes hat im System der x, y, z drei Coordinaten $x = x_1$, $y = y_1$, $z = z_1$ und im System der ξ, η, ζ drei Coordinaten $\xi = \xi_1$, $\eta = \eta_1$, $\zeta = \zeta_1$. D. h. m. a. W. Man kann sich den Raum vorstellen als die Superposition zweier Räume, von denen der eine starr mit dem System der x, y, z, der andere starr mit dem der ξ, η, ζ verbunden ist. Wir bezeichnen den ersten Raum, dessen Punkte durch concrete Werthe von x, y, z bestimmt sind, als den ruhenden Raum, den zweiten, dessen Punkte durch concrete Werthe von ξ, η, ζ bestimmt sind, als den beweglichen Raum, ohne damit etwas anderes als zwei kurze Bezeichnungen geben zu wollen. Bewegt sich G, so bewegt sich das System der ξ, η, ζ und mit ihm der ganze bewegliche Raum; die Punkte des letztern coincidiren mit immer andern Punkten des ruhenden Raums. Die Bewegung von G präsentirt sich also als eine fortwährende Transformation des beweglichen Raumes. Klar ist, dass dieselbe analytisch dargestellt werden kann als eine fortwährende Transformation des Coordinatensystems der ξ, η, ζ; denn kennt man zu jeder Zeit die Lage dieses Systems gegen das System der x, y, z, so kennt man auch die Lage, welche irgend ein Punkt $\xi = \alpha$, $\eta = \beta$, $\zeta = \gamma$ des Gebildes G oder des beweglichen Raums überhaupt im System der x, y, z einnimmt. Die Phoronomie starrer Gebilde muss sich also vollständig durch die Formeln der Coordinatentransformation darstellen lassen. Das ist ein Satz, der sich von selbst im Folgenden bestätigen wird.

Wie bekannt, ist alle Bewegung bloss relativ erkennbar. Der Satz: „Der Raum II besitzt zur Zeit t im Raume I eine bestimmte Bewegung, die kurz durch den Buchstaben P ausgedrückt sei", heisst genau so viel wie der Satz: „der Raum I besitzt zur Zeit t im Raum II die Bewegung $-P$". Wenn wir also den Raum der ξ, η, ζ als den beweglichen, den der x, y, z als den ruhenden bezeichnen, so soll damit nicht eine objective Eigenschaft beider Räume angedeutet sein, sondern nur die subjective Thatsache, dass wir vorwiegend die Bewegung der ξ, η, ζ im System der x, y, z und nicht die umgekehrte ins Auge fassen wollen.

Für die Untersuchung der Bewegung eines Gebildes G kommen häufig Hülfslinien etc. in Anwendung, die nicht gerade immer in die Masse von G fallen. Damit dadurch keine Schwierigkeiten erwachsen, sei hiermit ein für allemal festgesetzt: „Man denke sich jedes Gebilde G stets in starrer Verbindung mit dem zu ihm gehörigen beweglichen Raum der ξ, η, ζ; jeden Punkt, jede Linie etc., die diesem beweglichen Raum angehört, bezeichnen wir kurzweg als einen Punkt, eine Linie etc. von G, und die Summe „Gebilde G plus dem starr mit ihm verbundenen Raum" wollen wir, um eine kurze Benennung zu haben, schlechthin als „den starren Körper G" bezeichnen.

Es wird kein Missverständniss dadurch entstehen, dass gemäss dieser Definition die Masse eines „starren Körpers" unter Umständen nicht in einem geometrischen Körper, sondern in einer geometrischen Fläche, in einer Strecke oder einem Punktaggregat enthalten ist. Der „starre Körper" ist im folgenden immer ein dreifach Unendliches; für die endlichen Theile desselben, welche die Masse enthalten, soll der Name „Gebilde G" fortgeführt werden.

In den Coordinatensystemen der x, y, z und ξ, η, ζ ist jeder Punkt durch je drei Quantitäten bestimmt. Wollen wir einen Punkt oder eine Linie etc. kurz durch einen Buchstaben bezeichnen, so soll dieser Buchstabe lateinisch gewählt werden, wenn der Punkt etc. als Angehöriger des ruhenden Raumes, griechisch, wenn er als Angehöriger des beweglichen Raumes gedacht ist. Ein Punkt $\varkappa$ des beweglichen Raums fällt zur Zeit t_1 mit einem Punkt k_1 des ruhenden zusammen; zu einer anderen Zeit t_2 braucht aber $\varkappa$ nicht mehr mit k, sondern kann mit einem andern Punkt k_2 des ruhenden Raums coincidiren. Soll ein Punkt in beiden Systemen zugleich bezeichnet werden, so schreiben wir ihn $\varkappa(k)$ oder $k(\varkappa)$, wenn er im beweglichen Raum die Lage $\varkappa$ und im ruhenden zur Zeit der Betrachtung die Lage k hat. Hat $\varkappa$ die Coordinaten ξ, η, ζ und k die Coordinaten x, y, z, so kann derselbe Punkt $\xi, \eta, \zeta\ (x, y, z)$ geschrieben werden.

191. Anzahl der Bestimmungsstücke für einen starren Körper. Satz 1. Die Lage eines starren Körpers ist vollständig bestimmt durch die Lage dreier von seinen Punkten, die nicht in eine gerade Linie fallen.

Beweis. Die drei Punkte seien λ, μ, ν, und es sei bekannt, mit welchen Punkten l, m, n des ruhenden Raumes sie zur Zeit der Betrachtung coincidiren: dann ist auch bekannt, mit welchem Punkt p des ruhenden Raums ein beliebiger vierter Punkt π von G zusammenfällt. Denn: die drei Punkte $\lambda(l)$, $\mu(m)$, $\nu(n)$ bestimmen eine Ebene $\Pi(P)$. Diese theilt den Raum in zwei Hälften, von denen eine als die positive, die andere als die negative bezeichnet werden kann. Positiv ist diejenige (§ **1**), in welche der Kopf eines auf der Ebene stehenden Menschen hineinragt, welcher den Umfang des Dreiecks $\lambda\mu\nu(lmn)$ im Sinne der cyclischen Buchstabenfolge so umschreitet, dass er die Fläche des Dreiecks stets zu seiner Linken hat. Es leuchtet ein, dass die positive Raumhälfte der Ebene Π mit der positiven Raumhälfte der Ebene P zusammenfällt. Innerhalb jeder Hälfte aber ist ein Punkt eindeutig bestimmt durch seine drei Abstände von drei nicht in gerader Linie liegenden Punkten der Ebene $\Pi(P)$. Sind also $\rho_\lambda, \rho_\mu, \rho_\nu$ die drei Abstände des Punktes π von λ, μ, ν, so fällt π zusammen mit demjenigen Punkt p des ruhenden Raums, der von l, m, n die drei Abstände $r_l = \rho_\lambda$, $r_m = \rho_\mu$, $r_n = \rho_\nu$ besitzt und der entsprechenden Raumhälfte angehört. Die Bestimmung ist eindeutig, sobald die ρ eindeutige, unveränderliche Grössen sind, und das ist gemäss der Definition des starren Körpers der Fall.

Die drei Punkte λ, μ, ν besitzen im System der x, y, z neun Coordinaten, zwischen denen 3 Bedingungsgleichungen bestehen, welche ausdrücken, dass die drei Abstände $\mu\nu$, $\nu\lambda$, $\lambda\mu$ bestimmte, constante Werthe haben. Die drei Punkte haben also 6 freie Coordinaten, und da sie den starren Körper G vollständig bestimmen, folgt:

Satz 2: Ein freier starrer Körper hat 6 Coordinaten. M. a. W. ein starrer Körper kann 6 Grade der Freiheit haben.

Mit Hülfe der im ersten Buch gewonnenen Ergebnisse lassen sich schon hier 6 für die analytische Untersuchung bequeme Coordinaten des starren Körpers angeben. Nämlich 1) die drei Coordinaten des Schwerpunktes, welchen das Gebilde G besitzt. Dieselben können gemäss **120.** ohne Weiteres als Functionen der Zeit bestimmt werden, wenn die an G thätigen Kräfte bekannt sind; man hat diese Kräfte nur am Schwerpunkt zu componiren und dann den letzteren als freien Punkt zu behandeln. 2) Durch den Schwerpunkt von G lege man das Coordinatensystem der ξ, η, ζ; als solches empfiehlt sich das System der drei Hauptcentralaxen. Kennt man die Lage dieser Axen im System der x, y, z, so ist damit die Lage von G bekannt; zur Bestimmung jener reichen aber die drei Euler'schen Transformationswinkel aus; diese drei Winkel liefern also die 3 noch fehlenden Coordinaten.

Mit diesen 6 Coordinaten würde man allerdings direct auf die Behandlung der starren Gebilde unter dem Einfluss von Kräften lossteuern können. Vortheilhafter aber ist es, schon der allseitigen Beleuchtung wegen, eine geometrische Untersuchung über die möglichen Bewegungen eines starren Körpers voranzuschicken. Dieselbe wird analog derjenigen sein, welche in den ersten Paragraphen des ersten Buchs mit Beziehung auf den einzelnen Punkt geführt wurde: sie wird zunächst feststellen, welche Grösse oder Grössensumme der Unterschied ist, der zwischen irgend zwei verschiedenen Lagen eines starren Körpers besteht, und wird dann auf die Eigenschaften dieses Unterschiedes die weitere Behandlung der Bewegung gründen.

192. Verschiebung, Drehung, Lagenunterschied. 1) Es ist offenbar möglich, d. h. dem Begriff der Starrheit gemäss zulässig, einen starren Körper G so zu bewegen, dass am Ende der Bewegung alle Punkte desselben identische (d. h. gleich lange und gleich gerichtete) Vectoren beschrieben haben.

Denn denkt man sich an alle Punkte von G identische Vectoren angesetzt, so bilden die Endpunkte dieser Vectoren einen mit G congruenten Körper.

Eine solche Bewegung heisst Verschiebung des starren Körpers. Ihr Betrag wird bestimmt durch die Länge und Richtung der Verschiebung eines Punktes von G. Wir nennen diese den Vector der Verschiebung.

2) Es ist ferner möglich, einen starren Körper so zu bewegen, dass zwei seiner Punkte in Ruhe bleiben.

Denn: Sind $\lambda(l)$ und $\mu(m)$ die beiden Punkte, welche in Ruhe bleiben sollen, so kann man sie und einen beliebigen dritten Punkt π von G, der nicht auf der Geraden $\lambda\mu$ liegt, als das Tripel betrachten, welches die Lage von G bestimmt. Dabei kann der dritte Punkt π unendlich viele verschiedene Lagen einnehmen, ohne seinen Abstand von $\lambda(l)$ und $\mu(m)$ zu ändern, also sind auch unendlich viele Lagen von G möglich, bei denen λ und μ unverändert in den Lagen l und m bleiben.

Eine derartige Bewegung heisst Drehung; die gerade Linie $\lambda\mu$ (lm) heisst die Axe der Drehung.

Der beliebige dritte Punkt π ist an die Bedingung geknüpft, dass seine Abstände von l und m in allen Lagen von G dieselben sind. Er kann sich also nur auf einem Kreise bewegen, dessen Ebene senkrecht auf $\lambda\mu(lm)$ steht, und dessen Mittelpunkt in $\lambda\mu(lm)$ fällt. Man erhält also den Satz:

Bei einer Drehung um die Axe $\lambda\mu$ (lm) beschreiben alle Punkte des Körpers G Kreisbogen, deren Ebene senkrecht auf der Axe steht, und deren Mittelpunkt in die Axe fällt. Der Radius eines solchen Kreisbogens ist das von dem untersuchten Punkt π auf die Axe gefällte Perpendikel.

Für Punkte, welche auf der Geraden $\lambda\mu$ (lm) liegen, ist dieser Radius Null, also auch der zugehörige Bogen, d. h. Alle Punkte der Axe behalten bei der Drehung ihre Lage unverändert bei; die Axe ist ihrer ganzen Länge nach in Ruhe.

Nach einer bestimmten Drehung um die Axe $\lambda\mu$ (lm) haben alle Kreisbogen, welche von beliebigen Punkten π beschrieben worden sind, den gleichen Centriwinkel an der Axe.

Denn: Legt man im starren Körper G ein Büschel von Ebenen Π durch die Axe, so erfordert die Starrheit, dass das Büschel nach der Drehung dem Büschel vor der Drehung congruent sei. Das ist aber offenbar nur möglich, wenn je zwei homologe Ebenen beider Büschel den gleichen Winkel miteinander einschliessen. Dieser Winkel ist der fragliche Centriwinkel für alle Punkte einer jeden Ebene Π.

Dieser Centriwinkel heisst der Drehungswinkel oder die Amplitude für die fragliche Bewegung. Er wird gemessen durch den Winkel, welchen irgend eine starr in G durch die Axe $\lambda\mu$ (lm) gelegte Ebene (oder eine senkrecht zu $\lambda\mu$ (lm) gelegte Gerade) bei der Bewegung beschreibt.

Rückt die Axe einer Drehung in unendliche Entfernung, so degenerirt die Drehung zur Verschiebung.

3) Ein beliebiger Lagenunterschied ist durch eine Bewegung des Körpers G erzeugt, wenn drei Punkte λ, μ, ν des Körpers G, welche vor der Bewegung die Lage l_1, m_1, n_1 hatten, nach der Bewegung die Lage l_2, m_2, n_2 besitzen, wobei die drei Bedingungen $l_2 m_2 = l_1 m_1$, $m_2 n_2 = m_1 n_1$, $n_2 l_2 = n_1 l_1$ selbstverständlich sind.

Man kann nun offenbar den Körper G durch drei consecutive Operationen aus der ersten in die zweite Lage bringen. Nämlich: 1) man ertheile ihm eine Verschiebung, welche nach Grösse und Richtung durch den Vector $\overline{l_1 l_2}$ bestimmt ist. Dadurch gelangt λ aus der Lage l_1 in die Lage l_2; die Punkte μ und ν sind gleichzeitig in neue Lagen m' und n' gelangt. 2) Man lege nunmehr durch l_2 eine Axe senkrecht zur Ebene $m' l_2 m_2$ und drehe den Körper G um diese Axe, bis μ aus der Lage m' in die Lage m_2 gekommen ist. Das ist möglich, weil der von μ bei dieser Drehung beschriebene Kreis in der Ebene $m' l_2 m_2$ liegt und $m_2 l_2 = m' l_2$ ist. Jetzt fällt μ in m_2 und λ in l_2, ν dagegen liegt in einem Punkt n'', der nicht mit n_2 zusammenfallen braucht. 3) Nun drehe man den Körper G um $\lambda\mu(l_2 m_2)$ als Axe, bis ν aus der Lage n'' in die Lage n_2 gelangt ist. Das ist möglich, weil $l_2 n'' = l_2 n_2$ und $m_2 n'' = m_2 n_2$ sein muss. Hiernach liegt λ in l_2, μ in m_2, ν in n_2, also hat der ganze Körper G die zweite Lage.

Man kann die drei Operationen auch anders anordnen, und kann eine Verschiebung vom Vector $m_1 m_2$ oder $n_1 n_2$ wählen, statt mit der Verschiebung $l_1 l_2$ anzufangen. Diese Modificationen sind leicht durchführbar, haben aber hier kein grösseres Interesse. Was uns interessirt, ist der aus dem Vorstehenden folgende Satz:

Eine beliebige Lagendifferenz des Körpers G lässt sich herbeiführen durch eine Anzahl von consecutiven einfacheren Bewegungen, die entweder Verschiebungen oder Drehungen sind.

Dies weist darauf hin, dass Verschiebungs- und Drehungsergebnisse als die Elemente, aus denen sich alle möglichen Lagenwechsel aufbauen, besonders betrachtet werden müssen.

193. Verschiebungen. Das Ergebniss einer Verschiebung des starren Körpers G besteht nach dem obigen darin, dass alle Punkte von G identische Vectoren v beschreiben. Dieser Vector v misst die

Verschiebung nach Grösse und Richtung; man kann ihn an jeden beliebigen Punkt von G angeheftet denken, denn wenn irgend ein Punkt von G den Vector v beschreibt, beschreiben ihn alle, vorausgesetzt, dass die Bewegung eine Verschiebung ist. Das Ergebniss der Verschiebung von G wird also dargestellt durch einen völlig freien (d. h. an keinen bestimmten Anheftungspunkt gebundenen) Vector, wie er in § **3** definirt wurde.

Es folgt daraus ohne Weiteres, dass mehrere consecutive Verschiebungen des Körpers G nach der dort für Vectoren gegeben Regel zusammenzusetzen sind; ferner dass man willkürlich (subjectiv) eine gegebene Verschiebung v auffassen kann als zusammengesetzt aus Theilverschiebungen v_1, v_2 .... v_n, wenn $v_1 \hat{+} v_2 \hat{+} \cdots \hat{+} v_n \equiv v$ ist. Verschiebungen eines starren Körpers sind zu behandeln wie die eines einzelnen Punkts.

194. Drehungen. 1) Das Ergebniss einer Drehung des Körpers G wird dargestellt durch einen Drehungswinkel ω von bestimmter Grösse, den zwei verschiedene Lagen einer Ebene von G miteinander machen und dessen Scheitel in eine bestimmte Linie, die Axe der Drehung, fällt.

Diese Axe hat vorläufig keine bestimmte Länge, sie ist bekannt, wenn man einen ihrer Punkte und ihre Doppelrichtung kennt, m. a. W. sie ist bestimmt durch zwei ihrer Punkte in willkürlicher Reihenfolge.

Hat G zur Zeit t_1 die Lage I, zur Zeit t_2 die Lage II, und betrachtet man bloss diese beiden extremen Lagen, so ist der Drehungswinkel, durch den G aus der Lage I in die Lage II gelangen kann, unendlich vieldeutig. Ist ω einer von den Drehungswinkeln, durch welche G aus der Lage I in die Lage II befördert wird, so hat jeder Winkel von der Grösse $\omega \pm 2n\pi$, wo n eine beliebige ganze positive Zahl ist, die gleiche Eigenschaft. Man kann auch, wenn man bloss die beiden extremen Lagen von G ansicht, nicht angeben, ob die zweite durch eine Drehung „rechts herum“ oder „links herum“ erreicht worden ist. Sobald man aber mit einer concreten Bewegung zu thun hat, fallen diese Unbestimmtheiten fort; die Lage II wird dann in der Zeit t_1 bis t_2 stets auf einem bestimmten Wege und vermöges eine Drehungswinkels von bestimmter Grösse (das n in $2n\pi$ hat einen bestimmten Werth) erreicht. Wir wollen daher annehmen, das sei für unsere Betrachtung der Fall: der Winkel ω habe eine eindeutig bestimmte Grösse und sei in einem bestimmten Sinn zurückgelegt. Dann lässt sich Betrag und Sinn der Drehung auf der

Drehungsaxe in derselben einfachen Weise darstellen, wie der Werth eines Moments in § 8: Als „Richtung der Drehungsaxe“ bezeichne man diejenige von den beiden Richtungen der Axe, für welche die Drehung ω positiv ist; für einen Menschen, der die Drehung mitmacht, indem sein Kopf vorangeht und sein Gesicht der Axe zugekehrt ist, liegt diese Axenrichtung nach links. Auf der Axe wähle man dann einen beliebigen Punkt $\alpha(a)$ und trage von ihm aus nach der positiven Richtung hin eine Länge $\alpha\beta(ab)$ auf der Axe ab, welche an Grösse gleich dem Zahlenwerth des Drehungswinkels ω ist. Diese Länge giebt dann an 1) die Lage der Axe, 2) durch die Reihenfolge ihrer Endpunkte [$\alpha\beta(ab)$, nicht $\beta\alpha(ba)$] den Sinn der Drehung, 3) durch ihre Länge die Grösse des Drehungswinkels, also die drei Stücke, welche erforderlich sind, um das Ergebniss einer Drehung vollständig zu bestimmen. Zwei Drehungen von entgegengesetztem Sinn und gleicher absoluter Grösse werden bei dem Verfahren durch zwei Strecken $\alpha\beta$ und $\beta\alpha$ von entgegengesetzter Richtung und gleicher Grösse dargestellt. Einen Drehungswinkel ω um die Axe $\lambda\mu$ (lm), der auf die angegebene Weise durch ein einseitig gerichtetes Stück $\alpha\beta(ab)$ der Axe dargestellt ist, werden wir als „den Drehungswinkel $\alpha\beta(ab)$“ bezeichnen. Der Axenabschnitt $\alpha\beta(ab)$ besitzt für irgend einen bestimmten Drehungswinkel eine bestimmte Grösse und Richtung, er gehört einer bestimmten Axe an, aber er hat auf dieser keinen bestimmten Anfangspunkt: seine Bedeutung ändert sich nicht, wenn der Punkt α auf der Axe beliebig verschoben wird, während die Länge und Richtung $\alpha\beta$ unverändert bleibt. Es ist zweckmässig, für diese Eigenschaft einen besonderen Namen zu haben: eine gerichtete Grösse, die sich selbst äquivalent bleibt wenn sie auf ihrer Richtungslinie (aber nicht ausserhalb derselben) beliebig verschoben wird (mit Beibehaltung von Grösse und Sinn) soll im Folgenden als „linienflüchtig“ bezeichnet werden.

2) Zwei Drehungen um dieselbe Axe. Legt der Körper G erst den Drehungswinkel ω_1, dann den Drehungswinkel ω_2, beide um dieselbe Axe $\lambda\mu(lm)$ zurück, so legt er im Ganzen die algebraische Summe beider Winkel, $\omega_1 + \omega_2$, zurück. Beide Winkel haben gleiches Vorzeichen, wenn beide in gleichem Sinn beschrieben werden, entgegengesetztes, wenn sie in entgegengesetztem Sinn beschrieben werden. Ist $\alpha\beta(ab)$ die Darstellung von ω_1 auf der Axe, $\beta\gamma(bc)$ die Darstellung von ω_2 auf derselben Axe, so ist $\alpha\beta + \beta\gamma(ab + bc)$ oder $\alpha\gamma(ac)$ die Darstellung von $\omega_1 + \omega_2$. Drehungswinkel um dieselbe

Axe werden auch in der Darstellung durch eine linienflüchtige Axenstrecke algebraisch addirt. Der Satz ist ohne weiteres auf beliebig viele consecutive Drehungen auszudehnen, und es liegt auf der Hand, dass man eine gegebene Drehung $\alpha\beta(ab)$ jederzeit auffassen kann als die Summe $\alpha\gamma+\gamma\delta+\delta\cdots\cdots+\cdots\zeta+\zeta\beta\,(ac+cd+d\cdots\cdots+\cdots z+zb)$; d. h. man kann eine gegebene Drehung algebraisch in Theildrehungen um die gleiche Axe zerlegen. Dem Character der algebraischen Summation gemäss ist die Reihenfolge der Summanden, aus denen sich die Totaldrehung zusammensetzt, beliebig. Ist die Summe Null, so ist die Totaldrehung gleichwerthig mit Ruhe.

3) Bedeutung der zweifachen Bezeichnung in Coordinaten. Wird eine andere Bewegung mit einer nachfolgenden Drehung combinirt, so ist wohl darauf zu achten, dass es für die Benennung der Axe nicht gleichgültig ist, ob man die Drehungsaxe zur Anfangszeit im ruhenden oder im bewegten Raum, mit lateinischen oder mit griechischen Buchstaben bezeichnet. Die erste Bewegung, einerlei von welcher Art sie sei, werde mit B bezeichnet; die zweite Bewegung sei eine Drehung um eine Axe, welche zu Anfang, vor aller Bewegung, die Lage ab hat. Im Anfang ist diese Axe $\alpha\beta(ab)$. Durch die erste Bewegung wird $\alpha\beta$ im Allgemeinen in eine andere Lage übergeführt, es fällt nach derselben in irgend eine Gerade cd des ruhenden Raums; zugleich ist irgend eine Linie $\varepsilon\zeta$ des starren Körpers G, welche vorher nicht in ab lag, in die Lage ab gebracht worden. Sagt man also „G macht erst die Bewegung B und dreht sich dann um $\alpha\beta$“, so heisst das, G dreht sich nach der Bewegung B um die Axe $\alpha\beta(cd)$; sagt man aber „G macht erst die Bewegung B und dreht sich dann um ab“, so heisst das, G dreht sich nach der Bewegung B um die Axe $\varepsilon\zeta(ab)$. Wenn also zu Anfang $\alpha\beta$ mit ab zusammenfällt, ist eine Drehung um $\alpha\beta$ im Allgemeinen keineswegs gleichbedeutend mit einer Drehung um ab, und von einer Drehung um $\alpha\beta(ab)$ kann im Allg. nicht die Rede sein; vielmehr ist die Drehung um $\alpha\beta$ gleichbedeutend mit einer solchen um cd, und die Drehung um ab gleichbedeutend mit einer solchen um $\varepsilon\zeta$. Von einer Drehung um $\alpha\beta(ab)$ kann nur dann die Rede sein, wenn die vorangehende Bewegung B so beschaffen ist, dass $\alpha\beta$ bei derselben in ab liegen bleibt, d. h. wenn B eine Verschiebung parallel ab oder eine Drehung um ab ist.

Eine Drehung, die mit anderen Bewegungen combinirt ist, kann hiernach in zwiefacher Weise (Angabe der Axe in lateinischen und griechischen Buchstaben) bezeichnet werden; dabei treten aber im Allgemeinen in der lateinischen Bezeichnung Buchstaben auf, welche denen der griechischen Bezeichnung nicht entsprechen und umgekehrt.

4) Combination einer Drehung mit einer Verschiebung.

Satz 1. Ist eine Verschiebung mit einer Drehung zu combiniren, so ist die Reihenfolge der beiden Bewegungen für das Ergebniss gleichgültig, *wenn die Drehungsaxe im beweglichen Raum bezeichnet ist.*

Fig. 69.

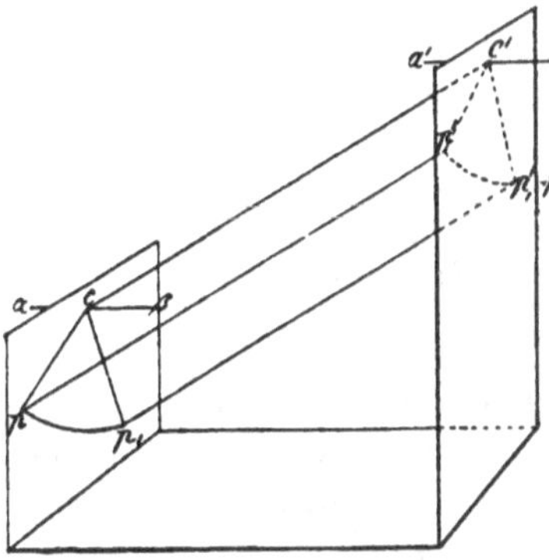

Beweis. Die Axe der Drehung sei griechisch bezeichnet, sie heisse $\alpha\beta$. Wird die Drehung zuerst vorgenommen, so bewegt sich ein Punkt π des Körpers G zuerst in einer zu $\alpha\beta$ senkrechten Ebene von p nach p_1, dann, vermöge der Verschiebung, rückt er von p_1 nach p_1'. Wird aber die Verschiebung zuerst vorgenommen, so bewegt sich π zuerst nach p', gleichzeitig auch $\alpha\beta$ nach $a'b'$; dabei ist $a'b'$ parallel $\alpha\beta$, und $cc' = pp'$, also cp parallel $c'p'$. Die nachfolgende Drehung geschieht um $a'b'$, d. h. π bewegt sich in einer Ebene $p'c'p_1''$, welche parallel der Ebene pcp_1 ist; der Drehungsradius $c'p'$ ist gleich cp, der Drehungswinkel $p'c'p_1''$ gleich pcp_1; also fällt p_1'' mit p_1' zusammen.

Man kann, wenn dem Körper G eine Verschiebung und eine Drehung ertheilt wird, dieselben auch als gleichzeitig erfolgend ansehen. G verschiebt sich in einem Coordinatensystem der x', y', z' und dies System dreht sich in dem System der x, y, z; oder G dreht sich im System der x', y', z' und dies System verschiebt sich im System der x, y, z; das Resultat ist in beiden Fällen dasselbe vermöge des vorstehenden Satzes, wenn die Drehungsaxe griechisch benannt ist.

Satz 2. Das Ergebniss einer Drehung ω von G um eine Axe λ und einer Verschiebung senkrecht gegen die Drehungsaxe ist ein Drehungswinkel ω um eine mit λ parallele Axe.

Fig. 70.

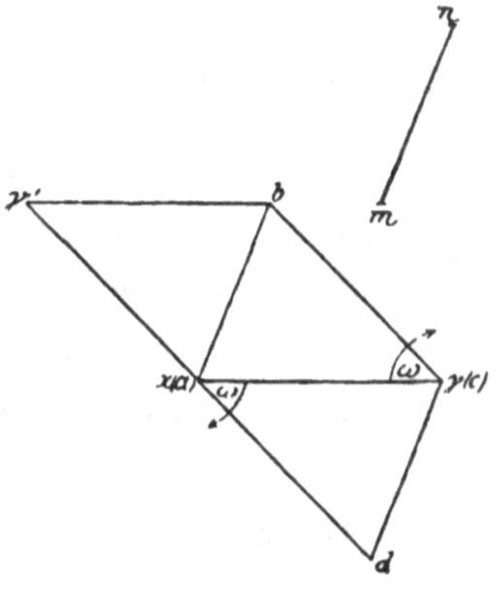

Beweis. Legt man eine Schaar von Ebenen $\Pi(P)$ senkrecht gegen die Drehungsaxe λ, so ist der Vorgang der Drehung und Verschiebung in all diesen Ebenen der gleiche: es genügt also, ihn in *einer* Ebene $\Pi(P)$ zu ersetzen. Die Ebene Π bewegt sich dabei in der Ebene P; offenbar ist die Lage von Π durch die Lage von zweien ihrer Punkte bestimmt, und wenn Π sich dreht, bleibt *ein* Punkt von Π in Ruhe, derjenige nämlich, in welchem Π von der Drehungsaxe geschnitten wird; wir nennen diesen den Drehungsmittelpunkt in der Ebene $\Pi(P)$. Man denke sich nun die Drehung als vorangehend: dieselbe finde um den Punkt $\alpha(a)$ statt. An $\alpha(a)$ lege man die Translation $\tau = ab$, Fig. 70, an und beschreibe einen Kreis über ab als Sehne, so dass diese Sehne in ihm den Centriwinkel ω fasst. Es giebt nur einen derartigen Kreis: denn von den zwei Kreisen, in welchen der Centriwinkel die absolute Grösse ω hat, ist der eine (Mittelpunkt γ') so gelegen, dass für ihn der Centriwinkel, gerechnet von a nach b hin, den entgegengesetzten Sinn hat, wie ω; der Centriwinkel von γ' ist also $-\omega$; der von γ dagegen ist ω. Der Mittelpunkt γ dieses Kreises liegt nach der Drehung um ω in d, wenn $ad = ac$; nach der Drehung und Verschiebung kehrt er in die Lage c zurück, da offenbar $dc \equiv ab$. Also bleibt γ in Ruhe, d. h. es resultirt aus der combinirten Drehung und Verschiebung eine Drehung um $\gamma(c)$. Der Drehungswinkel derselben ergiebt sich daraus, dass a aus der Lage a in die Lage b geführt wird, d. h. er ist gleich ω.

Der Beweis enthält schon die Construction für die Axe der resultirenden Drehung; sie ist parallel λ und schneidet irgend eine gegen λ senkrechte Ebene im Mittelpunkt desjenigen Kreises, in welchem die an den Fusspunkt von λ gelegte Verschiebung als Sehne den Centriwinkel ω fasst.

Satz 3. Umgekehrt kann jede gegebene Rotation ω um eine Axe λ zerlegt werden in eine Rotation von derselben Amplitude um eine parallele Axe und eine Verschiebung senkrecht zu dieser Axe; dabei kann entweder die zweite Axe oder die Verschiebung willkürlich gewählt werden.

Der Satz wird bewiesen durch Ausführung der Construction: a) Gegeben sei die Drehung ω um die Axe c; die zweite Axe sei willkürlich angenommen, a, Fig. 70. Verbinde c mit a, lege in c an ca den gegebenen Drehungswinkel ω, schneide auf dem zweiten Schenkel desselben $cb = ca$ ab: dann ist ab die Verschiebung, welche im Verein mit der Rotation um a die gegebene Rotation um c ersetzt. b) Gegeben, wie zuvor, die Drehung ω um c: die Verschiebung sei willkürlich vorgenommen und werde nach Grösse und Richtung durch eine Gerade mn dargestellt. Construire ein gleichschenkliges Dreieck, dessen Spitze in c liegt und den Winkel ω hat, dessen Basis $ab \equiv mn$ ist; dann ist der Anfangspunkt a dieser Basis der zu mn gehörige Drehungsmittelpunkt, so dass eine Drehung um eine durch a gehende, zur Ebene des Dreiecks cab senkrechte Axe im Verein mit der Verschiebung mn äquivalent ist mit der gegebenen Drehung um λ.

Die Richtigkeit beider Constructionen liegt mit Fig. 70 auf der Hand. Sie sind immer möglich und eindeutig.

Bezeichnet man den Axen-Abstand ac der Fig. 2 mit δ, den Verschiebungsvector mit τ, so ist, wie aus Fig. 70 zu ersehen

$$(1) \qquad \tau = 2\delta . \sin\tfrac{1}{2}\omega.$$

Nennt man p den Abstand des Punktes c von der Sehne τ, so ist

$$(2) \qquad p = \delta\cos\tfrac{1}{2}\omega = \tfrac{1}{2}\tau\cot\tfrac{1}{2}\omega.$$

5. Drehungen um parallele Axen. G erleide eine Drehung

vom Betrage φ um die Axe λ, hierauf eine Drehung vom Betrage ψ um die zu λ parallele Axe μ. Wie oben kann der Vorgang in einer Ebene $\Pi(P)$ senkrecht zu λ betrachtet werden; es sei $\alpha(a)$ der Schnittpunkt von λ mit $\Pi(P)$, β der Schnittpunkt von μ mit Π und b die Lage von β in P nach der Drehung um $\alpha(a)$.

Die erste Drehung führt β aus einer Anfangslage b' in die Lage b, Fig. 71; die zweite geschieht um b. Man halbire die beiden Drehungswinkel durch die Geraden ac und bc, welche sich in $\gamma(c)$ schneiden. Die erste Drehung führt den Punkt γ von c nach c', wenn c' in Bezug auf ab symmetrisch zu c liegt; die zweite führt γ von c' nach c zurück. Das Resultat beider Drehungen besteht also darin, dass γ in c liegen bleibt, d. h. Zwei Drehungen um die parallelen Axen λ und μ, welche durch a und b gehen, sind äquivalent einer Drehung um eine dritte Axe ν, die durch c geht. Für die Construction des Punktes $\gamma(c)$ ergiebt sich aus der Figur die Regel: Bezeichne die beiden Drehungsaxen im ruhenden Raum (l und m, entspr. a und b); lege an die Ebene, welche sie verbindet, durch die Axen in a eine Ebene unter dem Winkel $-\frac{1}{2}\varphi$, in b eine Ebene unter dem Winkel $+\frac{1}{2}\psi$; der Durchschnitt dieser Ebenen ist die Axe der resultirenden Drehung. Der Betrag der Drehung ergiebt sich aus der Bemerkung, dass β von b' nach b geführt wird; er ist

Fig. 71.

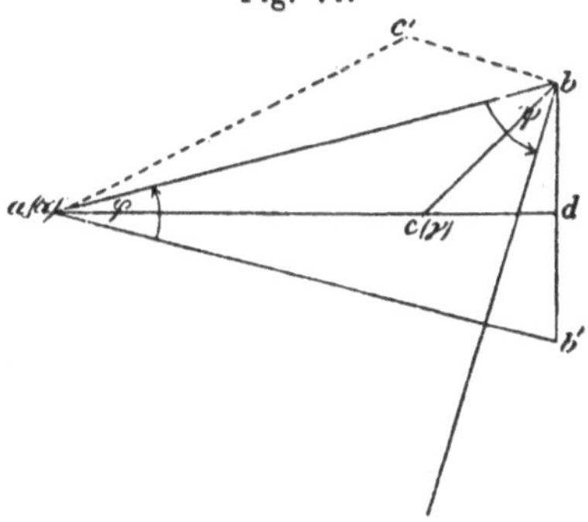

$$\angle b'cb = 2dcb = 2(\tfrac{1}{2}\varphi + \tfrac{1}{2}\psi) = \varphi + \psi.$$

Die resultirende Drehung ist die algebraische Summe der beiden Componenten. Aus der Construction ergiebt sich, dass es nicht erlaubt ist, die Ordnung der beiden componirenden Drehungen zu vertauschen; dreht man G erst um b, dann um a, so wäre, um den Mittelpunkt der resultirenden Drehung zu construiren, in b der Winkel $-\dfrac{\psi}{2}$, in a aber $+\dfrac{\varphi}{2}$ anzulegen, was auf c' statt c führen würde.

In Fig. 71 ist stillschweigend vorausgesetzt, dass φ und ψ gleichen Sinn haben; dieselbe Construction führt aber auch zum Ziel,

Fig. 72.

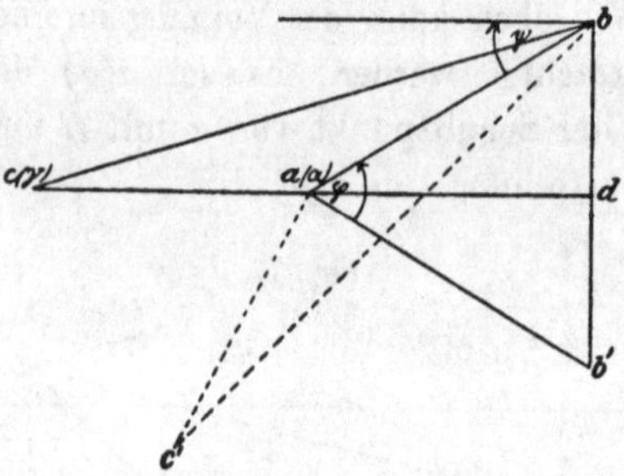

wenn sie entgegengesetzten Sinn bei verschiedener absoluter Grösse besitzen. Vergl. Fig. 72. Ist $\angle bad = -\frac{1}{2}\varphi$, $\angle abc = +\frac{1}{2}\psi$, so führt die erste Drehung um a den Punkt γ von c nach c', wenn c' symmetrisch zu c gegen ab liegt; die zweite Drehung um b führt γ von c' nach c zurück; also ergiebt dieselbe Construction, wie oben, den Mittelpunkt der resultirenden Drehung. Den Betrag der resultirenden Drehung liefert der Winkel

$$b'cb = 2dcb = 2\left(\frac{\varphi}{2} - \frac{\psi}{2}\right) = \varphi - \psi.$$

Der resultirende Drehungswinkel ist also die Differenz der absoluten Werthcomponenten. Betrachtet man aber die Drehungswinkel als algebraische Grössen, welche bei entgegengesetztem Sinn auch entgegengesetztes Vorzeichen besitzen, so liegt dies Ergebniss schon ausgesprochen in dem obigen Satz: Die resultirende Drehung ist die algebraische Summe ihrer Componenten.

Setzt man $\varphi + \psi = \vartheta$, so ergiebt die Betrachtung des Dreiecks a, b, c in jeder der Figuren 71 und 72

$$(3) \qquad \frac{ac}{\sin\frac{1}{2}\psi} = \frac{bc}{\sin\frac{1}{2}\varphi} = \frac{ab}{\sin\frac{1}{2}\vartheta},$$

wo ϑ der resultirende Drehungswinkel ist.

Es folgt aus dem vorstehenden, dass umgekehrt jede gegebene Drehung ϑ um die Axe $v(n)$ welche die Ebene der Figuren in $\gamma(c)$ schneidet, aufgefasst werden kann als Resultante zweier Drehungen um zwei zu $\gamma(c)$ parallele Axen l und m mit dem Schnittpunkte a und b und zwar auf zweimal unendlich viele Arten. Von den beiden Mittelpunkten a, b und den zu ihnen gehörigen Drehungswinkeln φ, ψ kann man zwei Stücke beliebig wählen und findet daraus die beiden andern. Es ergeben sich also 4 Kategorien von Aufgaben:

a) Gegeben c und ϑ; willkürlich angenommen a und φ, zu finden b und ψ.

b) Gegeben c und ϑ, willkürlich angenommen a und b, zu finden φ und ψ.

c) Gegeben c und ϑ, willkürlich angenommen a und ψ, zu finden b und φ.

d) Gegeben c und ϑ, willkürlich angenommen φ und ψ, zu finden a und b.

Die Lösung dieser Aufgaben sei dem Leser überlassen; auszuschliessen ist der Specialfall $\varphi = -\psi$.

Haben die beiden componirenden Drehungen φ und ψ entgegengesetzt gleiche Werthe, so wird $\vartheta = 0$, die Halbirungslinie bc der Fig. 72 wird parallel ad, der Durchschnitt c rückt also ins Unendliche: die Construction Fig. 72 wird unbestimmt. Die directe Betrachtung des Falles ergiebt dann den

Satz: Zwei entgegengesetzt gleiche Drehungen um zwei parallele Axen sind äquivalent einer Verschiebung, die in der zu beiden Axen senkrechten Ebene liegt.

Fig. 73.

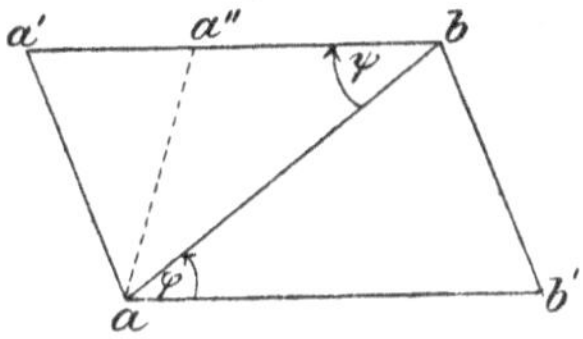

Beweis. Die Ebene der Zeichnung stehe wieder senkrecht auf beiden Axen. Die erste Drehung um $\alpha(a)$ führt den Punkt β von b' nach b; die zweite um b führt α von a nach a'; da $\varphi = -\psi$, ist $a'b'$ gleich und parallel ab', also die Bewegung eine Verschiebung; dieselbe liegt in der Ebene Π, in welcher wir den Vorgang betrachten, steht also senkrecht auf den durch a und b gehenden Axen. Ihre Grösse ist $\overline{aa'}$ oder $\overline{bb'}$, d. h.

Die Verschiebung wird gemessen durch den Vector $b'b$, welchen ein Punkt der zweiten Axe bei der Drehung um die erste Axe erzeugt. $bb' = 2\overline{ab}\sin\frac{1}{2}\varphi = 2\overline{ba}\sin\frac{1}{2}\psi$. Die Reihenfolge beider Drehungen darf offenbar nicht umgekehrt werden, wenn sich das Resultat nicht ändern soll.

Umgekehrt lässt sich jede Verschiebung in zwei entgegengesetzt gleiche Drehungen um parallele Axen zerlegen. Ist $b'b$ die gegebene Verschiebung, so braucht man nur irgend einen Punkt a willkürlich in gleichem Abstande von b' und b anzunehmen; zwei Axen, die senkrecht zur Ebene der Figur durch b und a gehen sind die Axen, $\angle b'ab$ und $-b'ab$ die Winkel der Drehungen, dabei geht die Drehung um a voran.

Durch successive Anwendung der Sätze von No. 4 gelangt man zu dem Schluss: Beliebig viele Drehungen um parallele Axen lassen sich unter sich und mit beliebig vielen Verschiebungen, die auf den Drehungsaxen senkrecht stehen, zu einer einzigen resultirenden Drehung um eine den Componentenaxen parallele Axe zusammensetzen; im speciellen Fall kann diese Drehung zu einer Verschiebung degeneriren. Bei Anordnung der Componenten können die Verschiebungen beliebige Plätze einnehmen, die Drehungen dagegen müssen, wenn sich die resultirende Drehung nicht ändern soll, eine bestimmte Reihenfolge haben.

Umgekehrt: eine beliebig gegebene Drehung oder Verschiebung

D lässt sich immer in eine willkürliche Anzahl n von Einzeldrehungen um parallele Axen zerlegen, wo n mindestens $= 2$ ist. Die Componenten sind so zu wählen, dass ihre geometrische Summe gleich der gegebenen Drehung oder Verschiebung ist; $n-1$ derselben können ganz willkürlich sein, ihre Resultante sei mit B bezeichnet; die letzte Componente L ist dann so zu wählen, dass $B \dotplus L$ gleich der vorgeschriebenen Bewegung D wird; m. a. W. L muss die Resultante aus D und $\hat{-}B$ sein.

An die Stelle der successiven Bewegungen A, B, C u. s. w., welche bisher betrachtet wurden, kann man sich auch gleichzeitig gesetzt denken. Im Coordinatensystem der x, y, z führe ein zweites Coordinatensystem x', y', z' die Bewegung A aus, in diesem ein drittes die Bewegung B, in diesem ein viertes die Bewegung C .... u. s. w. im letzten System x^N, y^N, z^N beschreibe das System der ξ, η, ζ die letzte Bewegungscomponente Z. Dann beschreibt G im System der x, y, z die Resultante, welche wir consequent als $A \dotplus B \dotplus C \dotplus \cdots \dotplus Z$ zu bezeichnen haben. Die Reihenfolge der Systeme ist willkürlich für diejenigen, welche Verschiebungen ausführen, nicht vertauschbar für diejenigen, welche sich drehen. Diese Anmerkung gilt auch für die folgende Nummer.

6) Drehungen um sich schneidende Axen. Im Punkte $\omega(o)$, Fig. 74, mögen sich zwei Axen schneiden, welche im ruhenden Raum die Bezeichnung oa und ob führen; der Körper G drehe sich erst um oa und die Amplitude dieser Drehung sei φ; hierauf drehe sich G um b mit der Amplitude ψ. Um o lege man eine Himmelskugel vom Radius 1; auf dieser seien die Punkte a und b gewählt. Die erste Drehung führt einen Punkt β des beweglichen Raums aus der Lage b' in die Lage b; hierauf findet die zweite Drehung um ob statt. Man halbire den Winkel φ oder $b'ab$ durch eine Ebene aod, und ψ durch boc; beide Ebenen schneiden sich in oc. ω bleibt bei beiden Drehungen in Ruhe; der Punkt γ, welcher Anfangs in c fiel, wird durch die erste Drehung φ in die Lage c' geführt, welche auf der Kugel symmetrisch gegen c in Bezug auf ab liegt; die zweite Drehung führt γ aus c' nach c zurück; also bleibt γ in Folge beider Drehungen in Ruhe,

Fig. 74.

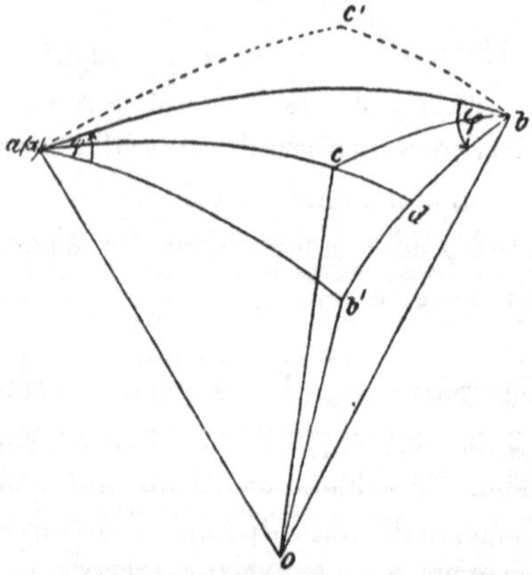

folglich die ganze Linie $\omega\gamma(oc)$, d. h. beide Drehungen sind äquivalent einer einzigen Drehung um die Axe *oc*. Die Axe *oc* geht durch den Schnittpunkt der Componenten; ein zweiter Punkt *c* derselben findet sich durch Uebertragung der Construction Fig. 71 auf die Fläche der Himmelskugel: man bezeichne die beiden Axen der Drehung im ruhenden Raum, lege durch sie die Ebene *aob*, lege hierauf in *oa* eine Ebene unter dem Winkel $-\frac{1}{2}\varphi$ und in *ob* eine Ebene unter dem Winkel $+\frac{1}{2}\psi$ an die Ebene *aob*; die beiden angelegten Ebenen schneiden sich in der Axe *oc* der resultirenden Drehung. Die Amplitude der letzteren ist $2\angle dcb$, der doppelte Aussenwinkel des sphärischen Dreiecks *bca*. Bezeichnet man diese Amplitude mit ϑ, so ist $\angle bca = \frac{2\pi - \vartheta}{2}$,

$$(4) \qquad \cos\frac{\vartheta}{2} = -\cos bca = \cos\frac{\varphi}{2}\cos\frac{\psi}{2} - \sin\frac{\varphi}{2}\sin\frac{\psi}{2}\cos(ab).$$

Ferner

$$(5) \qquad \frac{\sin(ac)}{\sin\frac{\psi}{2}} = \frac{\sin(bc)}{\sin\frac{\varphi}{2}} = \frac{\sin(ab)}{\sin\frac{\vartheta}{2}}.$$

Die Neigung der Axe *Oc* gegen die Ebene *ab* wird gemessen durch das sphärische Perpendikel von *c* auf *ab*. Bezeichnen wir dasselbe mit *p*, so ist

$$\sin p = \sin\frac{\psi}{2}\cdot\sin(bc).$$

Andererseits ist das sphärische Dreieck *cdb* rechtwinklig, also

$$\sin(bc).\sin\tfrac{1}{2}\vartheta = \sin(bd) = \sin\frac{\varphi}{2}\sin(ab).$$

Aus den beiden vorstehenden Gleichungen folgt

$$(6) \qquad \sin p = \frac{\sin\frac{\varphi}{2}\sin\frac{\psi}{2}\sin(ab)}{\sin\frac{\vartheta}{2}}.$$

Die Rotationsfolge kann nicht umgekehrt werden; das folgt unmittelbar aus der für *c* gegebenen Construction.

Die Zusammensetzung der Drehungen um parallele Axen, welche in No. 5 behandelt wurde, ist ein Specialfall des hier vorliegenden Problems: rückt *o* ins Unendliche, so werden *oa* und *ob* einander parallel, die Kugelfläche wird zur Ebene und die Construction Fig. 74 degenerirt zu Fig. 71. Der besondere Fall, das der Durchschnittspunkt c ins Unendliche rückt, kommt bei zwei Axen, die sich im Endlichen schneiden, nicht vor; es ist immer eine Axe der resultirenden Drehung vorhanden, auch wenn die Componenten entgegengesetzt gleich sind.

Mit dem Vorstehenden kann man beliebig viele Drehungen um Axen, von denen eine jede die resultirende Axe der vorhergehenden schneidet, zusammensetzen und erhält als Resultante eine Drehung um eine Axe, welche durch den letzten Durchschnittspunkt geht. Umgekehrt kann man eine gegebene Drehung mit Hülfe der Fig. 74 in zwei sich schneidende Componenten zerlegen und diese Compoponenten weiter zerlegen. Insbesondere ist es jederzeit möglich, eine gegebene Drehung in 3 Componenten zu zerlegen, deren Axen den Coordinatenaxen der x, y, z parallel sind.

195. Unendlich kleine Drehungen. Die Ergebnisse des vorigen Paragraphen vereinfachen sich bedeutend, wenn die Amplituden der betrachteten Drehungen unendlich klein werden. Man kann da zunächst folgenden Satz aufstellen:

Zwei unendlich kleine Drehungen von gleicher Grösse und gleichem Sinn um zwei Axen, welche einander unendlich nahe liegen, dürfen miteinander verwechselt werden.

Beweis. λ und μ seien zwei unendlich wenig von einander abweichende Axen, und zwar seien sie zunächst parallel. Man lege durch einen Punkt π von G eine Ebene senkrecht zu beiden und nenne α den Durchschnitt von λ, β den Durchschnitt von μ mit dieser Ebene.

Fig. 75.

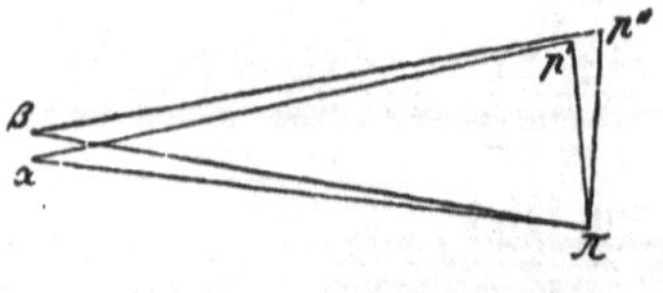

Dreht sich ein Punkt π um α, so wird π nach p' geführt; macht π den gleichen Winkel um β, so gelangt es nach p''; die Strecke $p'p''$ stellt den Fehler dar, welchen man begeht, wenn man beide Axen miteinander verwechselt; derselbe setzt sich aus zwei Theilen zusammen; erstens nämlich ist der Radius $\beta\pi$ von $\alpha\pi$ um eine unendlich kleine Grösse $d\rho$ verschieden, also $\pi p''$ von $\pi p'$ um einen unendlich kleinen Bogen $\omega d\rho$, wenn ω der Drehungswinkel; zweitens machen $\pi p'$ und $\pi p''$ einen unendlich kleinen Winkel $d\eta$ miteinander, woraus die Unterschiedscomponente $\overline{\pi p'}.d\eta$ hervorgeht; die Gesammtdifferenz $p'p''$ ist $\omega d\rho \mp \overline{\pi p'}.d\eta$, also unendlich klein gegen ω und $\overline{\pi p'}$, womit der Satz bewiesen ist. Wenn die beiden Axen nicht parallel sind, so gehen die beiden Drehungen von π in zwei Ebenen vor sich, die auf λ und μ senkrecht stehen, also einen unendlich kleinen Winkel miteinander machen, dessen Apex durch π geht. Man sieht leicht, dass dann zu den beiden eben angegebenen Unterschiedscomponenten noch eine dritte tritt, nämlich der Abstand der einen Ebene von der Andern in unendlicher Nähe des Punktes p'; dieser ist wieder unendlich klein gegen $\overline{\pi p'}$, also bleibt der Satz erhalten.

1) Hiermit betrachten wir zunächst die Ergebnisse der No. 6 des vorigen Paragraphen. Sind φ und ψ unendlich klein, wo wir sie mit $d\varphi$ und $d\psi$ bezeichnen wollen, so ist $\sin p$ gemäss Gl. (5) unendlich klein, also mit dem vorstehenden Satz:

Beschreibt ein Körper G zwei unendlich kleine Drehungen um zwei sich schneidende Axen, so fällt die Axe der resultirenden Drehung in die Ebene der Componentenaxen und geht selbstverständlich durch den Schnittpunkt der letzteren.

Fig. 76.

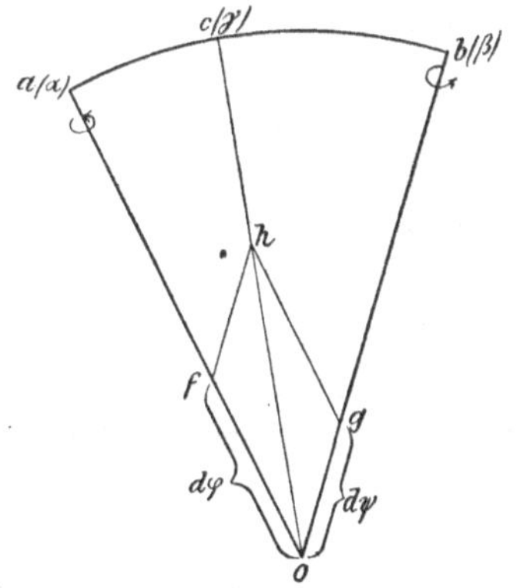

Die erste Drehung um $a(\alpha)$ dreht die zweite Axe nur unendlich wenig aus ihrer Lage; die zweite Axe kann also als ruhend angesehen werden, d. h. *bei unendlich kleinen Drehungen ist die Reihenfolge gleichgültig*; sie können von vorn herein als um die Axen $\lambda(l)$ und $\mu(m)$ erfolgend bezeichnet werden.

Die Axe oc nimmt nach Gl. (5) des vorigen Paragraphen eine solche Lage an, dass

$$(1) \qquad \frac{\sin(ac)}{d\psi} = \frac{\sin(bc)}{d\varphi} = \frac{\sin(ab)}{d\vartheta}$$

wird, und Gl. (4) des vorigen Paragraphen liefert

$$\sqrt{1-\left(\frac{d\vartheta}{2}\right)^2} = \sqrt{\left[1-\left(\frac{d\varphi}{2}\right)^2\right]\left[1-\left(\frac{d\psi}{2}\right)^2\right]} - \frac{d\varphi}{2}\frac{d\psi}{2}\cos(ab),$$

oder

$$(2) \qquad d\vartheta^2 = d\varphi^2 + d\psi^2 + 2d\varphi . d\psi . \cos(ab)$$

mit Vernachlässigung der unendlich kleinen Grössen von höherer Ordnung. Die letzte dieser Gleichungen zeigt, dass $d\vartheta$ der Grösse nach dargestellt werden kann durch die Diagonale eines Parallelogramms, dessen Seiten $d\varphi$ und $d\psi$ sind, und die miteinander den Winkel einschliessen, dessen Cosinus $\cos(ab)$ ist, d. h. den Winkel der beiden Axen oa und ob. Trägt man also in Fig. 76 auf der Axe oa von o aus die Grösse $of = d\varphi$, und auf ob von o aus die Grösse $og = d\psi$ ab und construirt für diesen das Parallelogramm $ofhg$, so ist oh der Grösse nach gleich $d\vartheta$.

Ferner ist in den Dreiecken ofh und ogh bei dieser Construction, wenn die Verlängerung von oh den Bogen ab in c' schneidet

$$fh : oh = \sin ac' : \sin(hfo) \text{ und}$$
$$gh : oh = \sin bc' : \sin(hgo),$$

oder, da $hgo = hfo$, $fh = d\psi$, $gh = d\varphi$

$$\frac{\sin ac'}{d\psi} = \frac{\sin bc'}{d\varphi}.$$

Dies ist aber die Bedingung (1); d. h. c' ist identisch mit c. Die Diagonale oh des in der angegebenen Weise aus den Axenabschnitten $d\varphi$ und $d\psi$ construirten Parallelogramms giebt gleichzeitig die Richtung der Axe oc an, um welche die resultirende Drehung $d\vartheta$ erfolgt.

Es ergiebt sich also für die Zusammensetzung zweier unendlich kleinen Drehungen um sich schneidende Axen die einfache Regel: Von den Componenten $d\varphi$ und $d\psi$ trage man eine jede vom Schnittpunkt o aus auf ihrer Axe ab und construire zu diesen Axenabschnitten das Parallelogramm, dessen Seiten sie sind; die von o aus gezogene Diagonale $d\vartheta$ desselben ist die Axendarstellung der resultirenden Drehung. Unendlich kleine Drehungen werden hiernach, wenn sie einmal auf ihren Axen dargestellt sind, genau nach der Vectorenregel zusammengesetzt.

Noch kürzer lässt sich die vorstehende Regel ausdrücken durch den Ersten Hauptsatz: Unendlich kleine Drehungen sind linienflüchtige Vectoren.

Derselbe enthält alles, was wir bisher über unendlich kleine Drehungen um sich schneidende Axen ausgesagt haben. Nämlich: Eine unendlich kleine Drehung kann dargestellt werden durch einen Vector $ab(\alpha\beta)$ von bestimmter Richtung und Länge. Die Länge ist gleich der Amplitude der Drehung, der Vector liegt auf der Drehungsaxe und ist so gerichtet, dass die Reihenfolge [α ist der Anfangs-, β der Endpunkt] seiner Grenzpunkte den Sinn der Drehung eindeutig bestimmt (vergl. **194** No. 1). Der Vector $\alpha\beta$ kann sich auf der Drehungsaxe beliebig verschieben. Schneiden sich zwei Drehungsaxen, auf denen die beiden Drehungen $\alpha\beta$ und $\gamma\delta$ aufgetragen sind, im Punkte o, so kann man demgemäss die Vectoren $\alpha\beta$ und $\gamma\delta$ so auf ihren Axenlinien verschieben, dass α und γ in o zusammenfallen; dann sind sie Vectoren, welche beide am Punkt o angreifen, werden also nach dem aus dem ersten Buch bekannten Vectorengesetz an o zusammengesetzt. Fallen $\alpha\beta$ und $\gamma\delta$ in dieselbe Gerade, so addiren sie sich algebraisch.

Anm. 1. Die Linien of und og der Figur sind nach dem Gesagten unendlich klein zu denken. Man kann die Zeichnung in endlicher Grösse als richtige Darstellung der Verhältnisse ansehen, wenn man die drei Differentiale $d\varphi$, $d\psi$ und $d\vartheta$ durch ein und dieselbe willkürliche unendlich kleine Grösse $d\varepsilon$ dividirt, und $of = \frac{d\varphi}{d\varepsilon}$, $og = \frac{d\psi}{d\varepsilon}$ macht, wo dann $oh = \frac{d\vartheta}{d\varepsilon}$ ist. Diese Bemerkung gilt für den ganzen Paragraphen.

Anm. 2. Der Satz, dass unendlich kleine Drehungen um sich schneidende Axen wie Vectoren zusammensetzbar sind, hätte sich auch direct aus der Bemerkung ergeben, dass eine unendlich kleine Drehung sich durch ein Moment darstellen lässt: dreht sich der Punkt π um O, so beschreibt der Radius $O\pi$ einen Sector, der sich bei unendlich kleiner Drehung auf ein Dreieck reducirt, dessen Spitze in O, dessen rechter Winkel an π liegt. Man würde also die ganze unendlich kleine Drehung bestimmen können durch den Flächeninhalt des Dreiecks, welches ein im Abstand 1 von der Axe liegender Punkt π bei der Drehung beschreibt; dies Dreieck ist aber die Hälfte eines Moments vom Arm 1 und vom Vector $d\varphi$. Also müssen sich unendlich kleine Drehungen auch wie Momente, d. h. wie Vectoren, zusammensetzen lassen.

Das Verfahren der Zusammensetzung lässt sich ohne weiteres ausdehnen auf beliebig viele unendlich kleine Drehungen, deren Axen so liegen, dass jede die Resultante aller vorhergehenden schneidet. Die beiden ersten setzt man an ihrem Durchschnittspunkt o_1 zusammen; wird die Axe der resultirenden Drehung von der Axe einer dritten unendlich kleinen Drehung in o_2 geschnitten, so kann man diese dritte Drehung mit der Resultante der beiden ersten an o_2 zusammen setzen u. s. w.

Endlich ist nach dem Vorigen selbstverständlich, dass eine gegebene u. kl. Drehung $d\vartheta$ sich an irgend einem Punkt ihrer Axe in zwei sich schneidende Componenten zerlegen lässt; diese lassen sich wieder zerlegen etc. Insbesondere kann man jedes $d\vartheta$ in drei Componenten $d\vartheta_x$, $d\vartheta_y$, $d\vartheta_z$ zerlegen, welche (d. h. deren Axendarstellungen) den Coordinatenaxen der x, y, z parallel sind.

2) Unendlich kleine Drehungen um parallele Axen. In Fig. 71 fällt, wenn die Drehungen φ und ψ unendlich klein werden, wo wir sie wieder $d\varphi$ und $d\psi$ schreiben, c in die Gerade ab. $d\vartheta$ bleibt gleich $d\varphi + d\psi$, für die Lage von c aber gilt Gl. (3) des vorigen Paragraphen (Seite 542)

$$(3) \qquad \frac{ac}{d\psi} = \frac{bc}{d\varphi} \quad \text{oder} \quad \overline{ac}.d\varphi = \overline{bc}.d\psi.$$

Hält man sich zunächst an den Fall der Fig. 77, in welcher

die Anfangspunkte a und b der beiden Axenabschnitte durch eine Gerade ab verbunden sind, die senkrecht auf den Axen λ und μ steht, so ergiebt sich daraus folgende Construction Fig. 77, a, b:

Fig. 77.

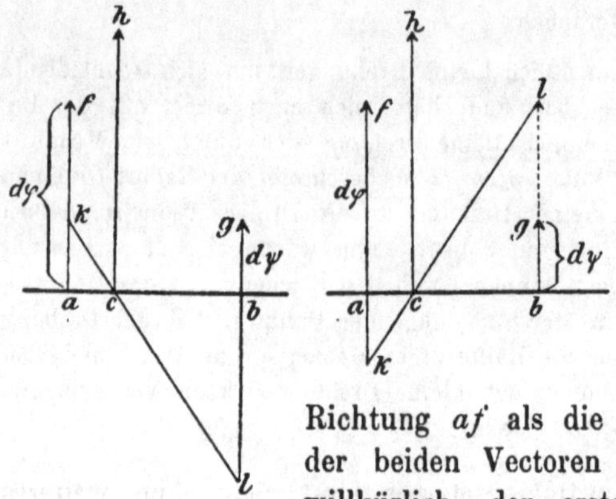

Man stelle eine jede der beiden Drehungen $d\varphi$ und $d\psi$ durch ihren Axenabschnitt dar; in den Figuren 77, a, b sei af die Darstellung von $d\varphi$ und bg die von $d\psi$; die Axenabschnitte seien so gelegt, dass ab senkrecht auf af steht. Man bezeichne willkürlich die Richtung af als die positive und nenne einen der beiden Vectoren $d\varphi$ und $d\psi$, gleichfalls willkürlich, den ersten. Dann schneide man auf der Richtungslinie des ersten Vectors den zweiten in der gegebenen, auf der Richtungslinie des zweiten den ersten in umgekehrter Richtung ab; sind k und l die Endpunkte dieser Abschnitte, so wird die Gerade kl von ab im Punkt c geschnitten.

Betrachtet man $d\varphi$ als den ersten, $d\psi$ als den zweiten Vector, so stellt Fig. 77a, im andern Fall stellt Fig. 77b die Construction dar. Im ersten Fall ist $ak = bg$, und $bl = -af$, im zweiten ist $bl = af$ und $ak = -bg$; der Durchschnittspunkt c ist in beiden Fällen derselbe. Aus der Aehnlichkeit der Dreiecke ack und bcl folgt $ac : cb = ak : bl = d\psi : d\varphi$, was mit der Bedingung (3) übereinstimmt.

Trägt man in c die Länge $ch = d\varphi + d\psi$ auf, so ist ch der Vector $d\vartheta$, die Axendarstellung der resultirenden Drehung. Dies $d\vartheta$ kann nun auf seiner Richtungslinie beliebig verschoben werden. Die Zulässigkeit der beiden Figuren 77, a und b enthält den Satz: Die Reihenfolge der beiden Drehungen $d\varphi$ und $d\psi$ ist gleichgültig. Derselbe ergiebt sich auch direct daraus, dass die zweite Axe durch die erste Drehung nur unendlich wenig verrückt wird.

Mit Rücksicht auf die Linienflüchtigkeit von $d\varphi$, $d\psi$ und $d\vartheta$ braucht man sich aber nicht streng an Fig. 77 zu halten; man kann vielmehr die beiden Vectoren $d\varphi$ und $d\psi$ in jeder ihnen zukommenden Lage nehmen, ihre Anfangspunkte durch eine Gerade $a'b'$

Fig. 78.

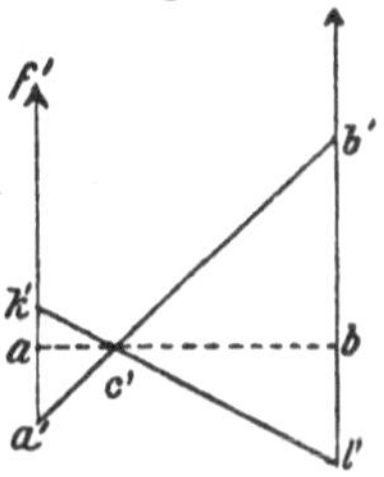

verbinden, die Länge $d\psi$ von a' aus auf der Richtungslinie von $d\varphi$, und die Länge $-d\varphi$ von l' aus auf der Richtungslinie von $d\psi$ abtragen; sind k' und l' die Endpunkte dieser Längen so schneidet $k'l'$ die Linie $a'b'$ in einem Punkt der Richtungslinie von $d\vartheta$. Vergl. Fig. 78.

Denn wegen der Aehnlichkeit von $a'c'k'$ mit $b'c'l'$ ist $a'c'.d\varphi = b'c'd\psi$. Zieht man nun durch c' die Gerade ab senkrecht zu $a'f'$, so ist $a'c' : b'c' = ac' : bc'$, also auch $ac'.d\varphi = bc'.d\varphi$, demnach c' ein Punkt der Axe von $d\vartheta$.

Fig. 79.

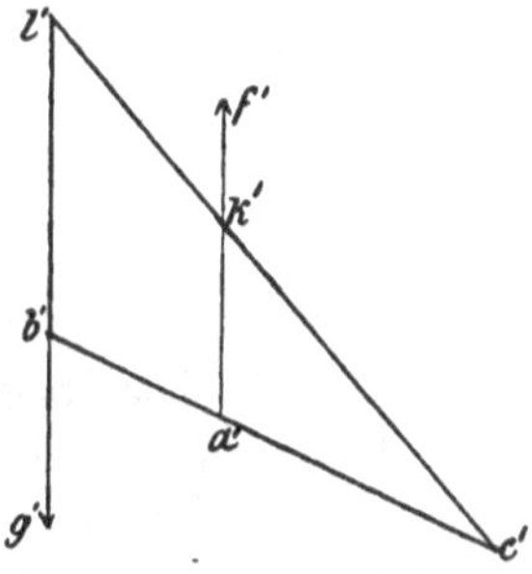

Haben die beiden Drehungen entgegengesetztes Zeichen, die Axenabschnitte $d\varphi$ und $d\psi$ also entgegengesetzte Richtung, so nimmt die Construction die Gestalt Fig. 79 an, wo $b'l' = a'f' = d\varphi$, $a'k' = -b'g' = -d\psi$ ist. Der Durchschnittspunkt c' fällt dann ausserhalb der Strecke $a'b'$ auf die Seite der absolut grösseren Componente, während er, wenn $d\varphi$ und $d\psi$ gleichen Sinn besitzen, zwischen a' und b' liegt.

Denkt man sich an die Stelle der Vectoren $d\varphi$ und $d\psi$ zwei Massen von der Grösse $d\varphi$ und $d\psi$ gesetzt (besitzen $d\varphi$ und $d\psi$ entgegengesetzte Vorzeichen, so ist die eine dieser Massen negativ), oder, was dasselbe sagt, denkt man sich jede der beiden Linien $a'f'$ und $b'g'$ mit Masse erfüllt, deren Liniendichtigkeit $+1$ für positive, -1 für negative Drehungen ist, so besitzen diese Massen einen Massenmittelpunkt s, und wenn man die Mitte von $a'f'$ mit α, die Mitte von $b'g'$ mit β bezeichnet, so ist s bestimmt durch die Bedingung $\overline{\alpha s}.d\varphi = \overline{\beta s}.d\psi$. D. h. die Resultante $d\vartheta$ geht durch s. Um ausdrücklich darauf hinzuweisen, dass die eine der beiden Massen $d\varphi$ oder $d\psi$ negativ sein kann, wollen wir s als den algebraischen Massenmittelpunkt von $d\varphi$ und $d\psi$ bezeichnen. Dann gilt der Satz: Die Resultante zweier unendlich kleinen Drehungen geht durch den algebraischen Massenmittelpunkt derselben. Erinnert man sich nun noch daran, dass conventionsgemäss der Schwerpunkt s mit der vereinigten Masse $d\varphi + d\psi$, also in unserm Fall mit der Länge $d\vartheta = d\varphi + d\psi$ von der Liniendichtigkeit 1 behaftet zu denken ist, so liegt die ganze Theorie der Zusammensetzung unendlich kleiner

Drehungen um parallele Axen mit kaum misszuverstehender Abkürzung ausgesprochen in dem

Zweiten Hauptsatz. Die Resultante zweier unendlich kleinen Drehungen um parallele Axen geht parallel den Componenten durch den Schwerpunkt der Componenten, wenn $d\varphi$, $d\psi$ und $d\vartheta$ als Axenabschnitte dargestellt sind.

3) Drehungspaare. Die Construction der Figur 79 versagt wieder den Dienst, wenn $d\varphi = -d\psi$ ist; denn dann wird $d\vartheta = 0$ und lk parallel ab, also rückt c ins Unendliche. Die directe Betrachtung des Vorgangs liefert dann mit Fig. 73 sofort den Satz:

Die Resultante zweier unendlich kleinen Drehungen von entgegengesetzt gleicher Grösse um parallele Axen ist eine unendlich kleine Verschiebung $d\tau$, welche senkrecht zur Ebene der beiden Axen steht. Heisst die eine Componente $d\varphi$, die andere $-d\varphi$, und δ der Abstand der Axen, so ist $d\tau = \delta . d\varphi$.

Die Combination zweier unendlich kleinen Drehungen von entgegengesetzt gleicher Grösse um parallele Axen wollen wir κατ' ἐξοχὴν ein Drehungspaar nennen. Jedes Drehungspaar ist nach dem Vorstehenden eine Verschiebung, ist also auch, wie diese, ein völlig freier Vector. Ein Drehungspaar kann, wenn Grösse, Richtung und Abstand seiner Componenten sich nicht ändern, beliebig im Körper G verschoben werden — denn es repräsentirt in allen Lagen die gleiche Verschiebung von G. In ihrer Eigenschaft als freie Vectoren können beliebig viele Drehungspaare nach dem Vectorengesetz zusammengesetzt werden. Vollständig deutlich wird dies durch folgende Betrachtung:

Fig. 80.

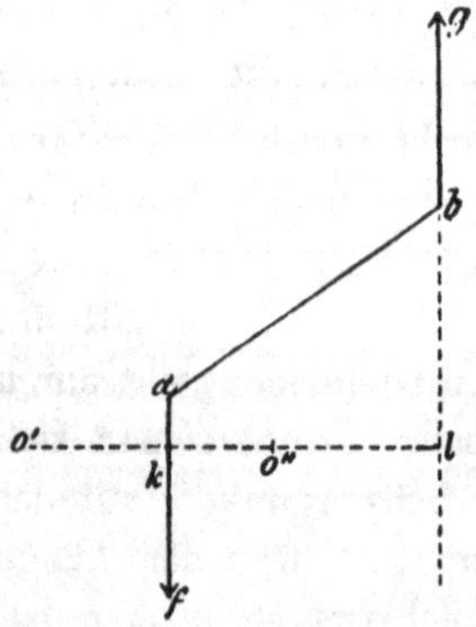

Es seien $\overline{af}$ gleich $d\varphi$ und $\overline{bg} = d\psi$ zwei entgegengesetzt gleiche, parallele, linienflüchtige Vectoren irgend welcher Art, deren Anfangspunkte a und b sind. Wir nennen sie ein Vectorenpaar. Mit Rücksicht auf die Linienflüchtigkeit derselben kann der Winkel fab ein ganz beliebiger sein, ohne dass sich darum der Werth des Paares ändert. In ihrer Ebene werde ein beliebiger Punkt o ausgewählt; dann besitzen die Vectoren $\overline{af}$ und $\overline{bg}$ in Bezug auf o jeder ein Moment und die Summe dieser Momente ist das Moment des Vectorenpaares in Bezug auf o. Erster Fall: o liege ausserhalb des von beiden Vectoren eingeschlossenen Parallelstreifens, o' Fig. 80. Dann ist, wenn $o'kl$ das gemeinsame Perpendikel von o auf af und gb,

$\overline{ok}.\overline{af}$, rechtsdrehend, das Moment von $\overline{af}$, und

$\overline{ol}.\overline{bg}$, linksdrehend, das Moment von bg,

also, da beide Momente entgegengesetztes Vorzeichen haben, $(ol-ok)af$, oder $\overline{kl}.\overline{af}$ das Moment des Paares. Bezeichnet man den Abstand kl mit δ, so ist es $\delta.\overline{af}$.

Zweiter Fall. o liege innerhalb des Parallelstreifens. o'' Fig. 80. Dann ist das Moment von af gleich $\overline{o''k}.\overline{af}$ linksdrehend, und das von bg gleich $o''l.bg$, linksdrehend, also das Moment des Paares $(o''l+o''k)af$ oder wiederum $\delta.\overline{af}$.

Wir erhalten also den Satz: Das Moment eines Vectorenpaares hat für alle Punkte seiner Ebene den nämlichen Werth $\delta.af$, wo δ der Abstand der Vectorenrichtungslinien und af die absolute Länge eines der beiden Vectoren ist. Dies Moment $\delta.af$ kann daher schlechthin das „Moment des Vectorenpaars“ (ohne Angabe eines Bezugspunkts) genannt werden.

Anm. Man bemerkt leicht die beiden folgenden Specialsätze, welche zuweilen brauchbar sind: 1) das Moment eines Paares ist gleich dem Moment des einen Vectors in Bezug auf irgend einen Punkt der Richtungslinie des anderen. 2) Das Moment eines Paares ist grössengleich dem Inhalte des durch die beiden Vectoren bestimmten Parallelogramms. Hieraus folgt noch: Zwei Paare, welche die Seiten eines und desselben Parallelogramms bilden, haben identische Momente, wenn sie gleichen Sinn haben.

Auf dies Moment finden unsere früheren Conventionen über geometrische Darstellung von Momenten Anwendung. Auf der Mitte der Linie ab, in c errichte man ein Perpendikel ch zur Ebene des Paares, und gebe demselben 1) die Länge $\delta.af$, 2) solchen Sinn, dass, wenn man von seiner Spitze aus auf die Ebene des Paares blickt, das Paar linksdrehend erscheint. Dann ist dies Perpendikel $\overline{ch}$ die geometrische Darstellung des Moments von $(af\hat{+}bg)$.

Fig. 81.

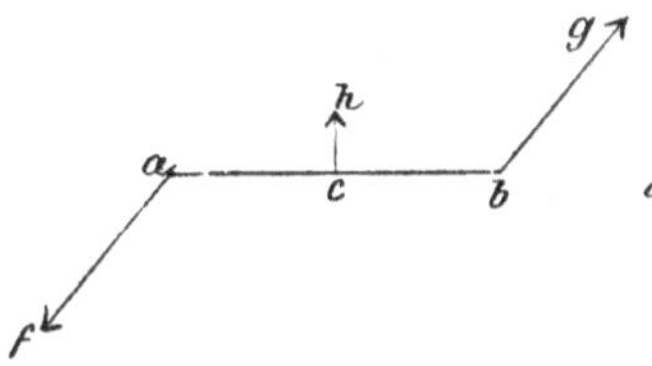

Fig. 82.

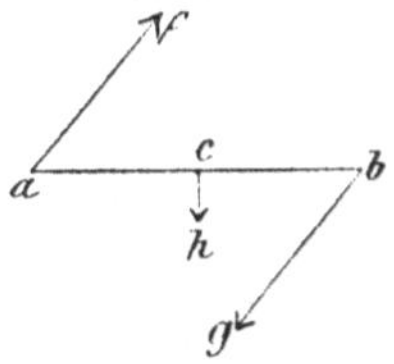

Anm. Die Vorschrift, dass das Perpendikel ch gerade in der Mitte von ab errichtet werden soll, ist, wie sich gleich zeigen wird, überflüssig, hat aber für den Anfang den Vortheil, dass man sich das Perpendikel bestimmter vorstellt, wenn ihm eine bestimmte Lage angewiesen wird.

Nehmen wir nun an, von den beiden Vectoren af und bg eines Paares sei ein jeder die geometrische Darstellung einer unendlich kleinen Drehung, so lässt sich der Satz aufstellen: das in der eben angegebenen Weise dargestellte Moment ch des Paares $d\varphi \hat{+} d\psi$ ist identisch mit der Verschiebung, welcher das Drehungspaar $d\varphi \hat{+} d\psi$ äquivalirt.

Denn: 1) Constructionsgemäss steht es senkrecht auf der Ebene der beiden Axen, 2) hat es den Längenwerth $\delta . d\varphi$, 3) es hat den Sinn, in welchem die Verschiebung erfolgt. (In Fig. 81 dreht af conventionsgemäss den Punkt b nach oben, in Fig. 82 nach unten; ch hat die entsprechenden Richtungen.) Das Moment ch stellt also die resultirende Wirkung des Drehungspaares vollständig und gegenseitig eindeutig dar. Da diese Wirkung ein völlig freier Vector (Verschiebung) ist, so ist auch ch ein völlig freier Vector und kann im Körper G beliebig seinen Platz wechseln, so lange es Grösse und Richtung beibehält. Zwei Drehungspaare sind identisch, wenn sie gleiche und homoparallele Momente haben.

Beliebig viele Drehungspaare, die im Körper G gegeben sind, lassen sich demnach als freie Vectoren zusammensetzen.

Alle vorstehenden Resultate sind ausgesprochen in dem

Dritten Hauptsatz. Drehungspaare sind durch ihre Momente bestimmt und sind vollkommen freie (Verschiebungs)vectoren.

Eine beliebige unendlich kleine Verschiebung $\overline{ab}$ oder $d\tau$ kann umgekehrt jederzeit als Moment eines Drehungspaares aufgefasst werden. Die Axen des Paares liegen in irgend einer Ebene, welche auf der Verschiebung senkrecht steht; ihr Abstand δ von einander ist willkürlich, ihre Richtung linksweisend, wenn man a in die Ebene des Paares zwischen die Axen legt und von b aus auf die Axen hinabschaut, die Grösse des Drehungswinkels $d\varphi$ ist durch die Bedingung $\delta . d\varphi = d\tau$ bestimmt. Welche Lage sie in ihrer Ebene einnehmen ist gleichgültig.

196. Die allgemeine unendlich kleine Bewegung eines starren Körpers. Bei der allgemeinsten Bewegung des Körpers G gelangen drei Punkte α, β, γ von G aus drei Anfangslagen a, b, c in drei Endlagen a', b', c'. Gemäss § **192** kann der Unterschied zwischen der ersten und zweiten Lage herbeigeführt werden durch drei successive Operationen: 1) eine Verschiebung $\overline{aa'}$, welche α von a nach a' führt; 2) eine Drehung um eine durch a' gehende Axe, welche β von b nach b' führt, 3) eine Drehung um die Axe $a'b'$, welche γ von c nach c' bringt. Gemäss **194,** 6 können die beiden Drehungen, deren Axen sich in a' schneiden, zu einer einzigen zusammengesetzt werden. Wir erhalten also den Satz:

Die allgemeinste Bewegung eines starren Körpers lässt sich immer auf eine Verschiebung und eine Drehung reduciren.

Und da nun die unendlich kleine Verschiebung als Drehungspaar aufgefasst werden kann, so lässt sich derselbe Satz für unendlich kleine Bewegungen aussprechen:

Jede unendlich kleine Bewegung eines starren Körpers lässt sich auf eine Drehung und ein Drehungspaar reduciren. In Specialfällen kann die eine von diesen Componenten Null werden.

2. Die Kräfte am starren Körper.

197. Die Linienflüchtigkeit der Kräfte am starren Körper.

Kräfte, welche an einem ausgedehnten Gebilde G thätig sind, unterscheiden sich von Kräften, die an einem Punkt wirken, dadurch, dass jene an verschiedenen Stellen des Gebildes G angreifen können, während Kräfte am Punkt μ immer nur einen Angriffspunkt, den Punkt μ selbst, haben. Die Besonderheiten, welche die Kräfte am starren Körper zeigen, werden also wesentlich von der Lage ihrer Angriffspunkte abhängig sein, eine Bemerkung, welche allen folgenden Betrachtungen zu Grunde liegt.

Satz 1. Zwei Kräfte von gleicher absoluter Grösse und entgegengesetzter Richtung, welche in die gleiche Gerade fallen, bringen an einem starren Körper die Wirkung Null hervor.

Beweis. Es seien mn und pq zwei entgegengesetzte gleiche Kräfte, welche in dieselbe Doppelrichtungslinie fallen, übrigens aber auf dieser Linie beliebig gelegene Angriffspunkte haben. Sollen dieselben am Körper G irgend eine Wirkung hervorrufen, so muss diese Wirkung eine Bewegungsänderung sein, also entweder eine Deformationszunahme oder eine Lagenwechseländerung. Ist G starr, so ist die Deformation überhaupt ausgeschlossen, es bleibt also nur eine Wirkung auf den Lagenwechsel möglich. Dieser ist nach **196.** jedenfalls auf eine Drehung und eine Verschiebung reducirbar. Nun genügen aber die beiden Kräfte mn und pq erstens dem Princip der Flächen: denn ihre Momentensumme in Bezug auf eine beliebige Axe ist Null (der Arm ist für beide der gleiche, die Kraft entgegengesetzt gleich). Also ändern sie das Rotationsmoment keines Punktes von G. Zweitens genügen sie dem Princip der Erhaltung des Schwerpunkts, (verlegt man sie an den Schwerpunkt, so ist ihre Summe Null), also ändern sie die Bewegung des Schwerpunkts von G nicht. Folglich bringen sie an G weder eine deformatorische, noch eine rotatorische noch eine translatorische Aenderung hervor, d. h. ihre Gesammtwirkung ist Null.

Denken wir uns die Kraft mn auf ihrer Richtungslinie verschoben, so dass sie einen anderen Anheftungspunkt m' bekommt; in der neuen Lage heisse sie $m'n'$. Der vorstehende Satz gilt dann sowohl für die Combination $m'n' \hat{+} pq$, wie für $mn \hat{+} pq$. Wir haben also

$$0 = m'n' \hat{+} pq = mn \hat{+} pq,$$

d. h.

$$m'n' \equiv mn.$$

Eine Kraft am starren Körper bleibt sich selbst äquivalent, wenn sie auf ihrer Richtungslinie beliebig verschoben wird. M. a. W. heisst das

Erster Hauptsatz. Kräfte am starren Körper sind linienflüchtige Vectoren.

NB. Dieser Satz spricht nicht eine Eigenschaft der Kräfte an sich, sondern eine Eigenschaft des starren Körpers aus.

Die doppelt gerichtete gerade Linie, in welcher eine Kraft liegt, wollen wir von jetzt ab die Angriffslinie der Kraft nennen.

198. Sich schneidende Kräfte. Zwei Kräfte heissen „sich schneidend“ wenn ihre Angriffslinien sich schneiden. Ist o der Durchschnittspunkt der letzteren, so kann man beide Kräfte so verschieben, dass ihre Angriffspunkte in o fallen; sie haben dann den gemeinschaftlichen Angriffspunkt o; an diesem sind sie nach dem bekannten Vectorengesetz zusammenzufügen. Ist f die eine, g die andere Kraft, so ist $f \hat{+} g$ die Resultante von beiden. $f \hat{+} g$ ist auf seiner durch o gehenden Angriffslinie linienflüchtig.

Sind beliebig viele Kräfte gegeben, von denen jede folgende die Resultante aller vorhergehenden schneidet, so lässt sich das Verfahren der Zusammensetzung auf sie alle anwenden. Insbesondere ist das der Fall, wenn mehrere Kräfte sich in einem Punkt o schneiden; man kann sie sämmtlich nach o verschieben und dort in bekannter Weise zusammensetzen.

Umgekehrt kann eine einzelne Kraft f jederzeit in bekannter Weise in zwei oder mehrere Kräfte zerlegt werden, die sich in einem Punkt o ihrer Angriffslinie schneiden. Diese Zerlegung kann dann weiter getrieben werden, indem man eine der Componenten linienflüchtig verschiebt und nochmals zerlegt etc. Insbesondere kann man jede Kraft f in drei Axencomponenten parallel x, y, z zerlegen, die sich in einem Punkt der Angriffslinie von f schneiden.

Sämmtliche Regeln, die sich auf den Fall sich schneidender Kräfte beziehen, sind aus dem ersten Buch bereits bekannt, sobald die Linienflüchtigkeit berücksichtigt wird, sind also im ersten Hauptsatz mit enthalten.

199. Parallele Kräfte. f und g seien zwei parallele Kräfte, die in Fig. 82 durch ap und bq dargestellt werden. Wir setzen dem System der beiden Kräfte zwei Kräfte ad und bl von willkürlicher aber entgegengesetzter Grösse zu, die in die Verbindungslinie ab der Angriffspunkte von f und g fallen. Da $ad \hat{+} bl = 0$ ist das System $f \hat{+} g \hat{+} \overline{ad} \hat{+} \overline{bl}$ äquivalent mit $f \hat{+} g$. Nun setzt sich ad mit ap zu der Diagonale ah zusammen und bq mit bl zu bk. Also ist $\overline{ah} \hat{+} \overline{bk}$ äquivalent mit $f \hat{+} g$. Die Angriffslinien von ah und bk schneiden sich aber in einem Punkt c, und wenn sowohl ah wie bk an c verlegt werden, nehmen sie die Lagen cm und cn an. cm und cn aber lassen sich an c zusammensetzen. cm kann man sich in zwei Componenten cs und ct zerlegt denken, von denen $cs \equiv ad$, $ct \equiv ap$ ist; ebenso zerlegt sich cn in $cu \equiv bl$ und $cv \equiv bq$. $cs \hat{+} cu = 0$, ct und cv aber fallen in dieselbe Gerade, ihre Resultante ist an Länge gleich ihrer algebraischen Summe. Macht man also $\overline{cr}$ parallel f und gleich $f + g$, so ist cr die Resultante $f \hat{+} g$. Wir erhalten somit den ersten Satz:

Fig. 83.

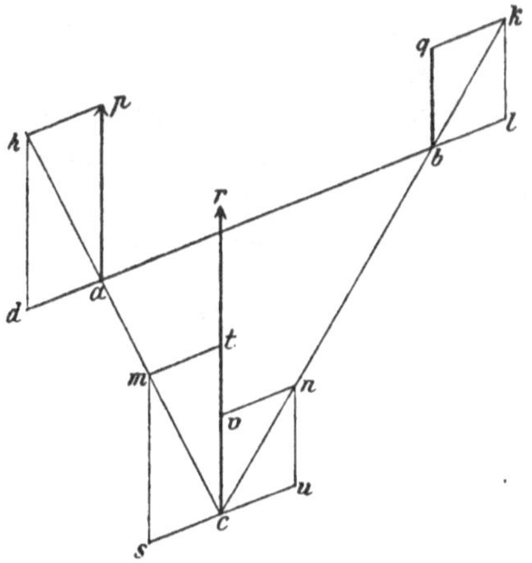

Die Resultante zweier parallelen Kräfte ist im Allgemeinen eine dritte, den Componenten parallele Kraft und gleich der algebraischen Summe der Componenten.

Es erübrigt noch, ihre Angriffslinie zu bestimmen. Ist w der Punkt, in welchem die Resultante von ab geschnitten wird, so ist $\Delta caw \backsim adh$, und $\Delta cwb \backsim blk$. Also

$$aw : cw = ad : dh$$
$$bw : cw = bl : lk = ad : lk$$
$$\overline{aw : bw = lk : dh} \quad \text{oder } \overline{aw} . f = \overline{bw} . g.$$

Die Angriffslinie der Resultante theilt die Linie, welche irgend zwei Punkte der Angriffslinien der Componenten miteinander verbindet, so dass die Stücke sich umgekehrt verhalten, wie die Kräfte. Denkt man sich die Vectoren f und g mit Masse von der Liniendichtigkeit erfüllt, so lautet das Ergebniss kürzer:

Zweiter Hauptsatz: Die Resultante zweier parallelen Kräfte geht den Componenten parallel durch den algebraischen Massenmittelpunkt derselben.

Erinnert man sich der Convention, wonach der Schwerpunkt stets mit der Gesammtmasse des Systems behaftet zu denken ist, so ist in diesem Satz auch angedeutet, dass die Resultante an Grösse gleich der algebraischen Summe der Componenten ist.

Fig. 84.

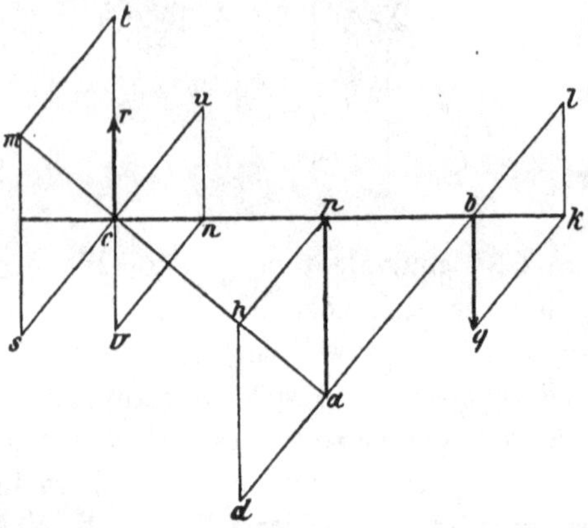

In Fig. 83 ist stillschweigend vorausgesetzt, dass f und g gleiche Richtung, also gleiches Vorzeichen haben. Ist das nicht der Fall, so führt die gleiche Construction zum Ziel, so lange nicht $f = -g$ ist. Vergl. Fig. 84, die ohne weitere Erläuterung verständlich sein wird; die Buchstabenbezeichnung ist dieselbe wie in Fig. 83. $ct \equiv ap$ und $cv \equiv bq$ sind die übrigbleibenden Componenten; die Resultante ist die Differenz ihrer absoluten Werthe, d. i. die algebraische Summe $f+g$.

Die Angriffslinie der Resultante fällt zwischen die Componenten, wenn beide gleiches Zeichen haben, sie liegt ausserhalb derselben auf der Seite der absolut grösseren, wenn f und g entgegengesetzte Richtung besitzen. Ueber den algebraischen Schwerpunkt ist dasselbe zu bemerken, wie in **§ 195.** Man findet ihn mittels der in Fig. 77, 78 und 79 angegebenen Construction.

Wenn wir vorläufig den Fall, wo die Resultante Null wird, ausschliessen, lässt sich das Gesagte sofort auf beliebig viele parallele Kräfte anwenden. Die Resultante der beiden ersten ist parallel der dritten, lässt sich also mit dieser nach dem angegebenen Verfahren zusammensetzen u. s. w. Man kann erst alle positiven, dann alle negativen Kräfte combiniren und hierauf die beiden Resultanten endgültig zusammensetzen. Man erhält also den Satz: beliebig viele parallele Kräfte, die an einem starren Körper angreifen, lassen sich, wenn sie sich nicht gerade auf zwei entgegengesetzt gleiche Resultanten reduciren, zu einer einzigen, den Componenten parallelen Resultante vereinigen. Diese ist gleich der algebraischen Summe sämmtlicher Componenten und geht durch den algebraischen Massenmittelpunkt der letzteren.

Anm. Hierher rührt die Benennung „Schwerpunkt". Der Massenmittelpunkt wurde in § **103** ohne alle Rücksicht auf Kräfte im Allgemeinen und auf die Schwere im Besonderen definirt. Ist aber ein ponderabler Körper M auf der Erde gegeben, so bringt die Schwere an jedem seiner Elemente eine abwärts gerichtete Kraft $g.dM$ an. Alle diese Kräfte sind parallel, setzen sich also zu einer einzigen Kraft $g.M$ zusammen, deren Angriffslinie nach dem obigen durch den Massenmittelpunkt von M geht. Der Massenmittelpunkt von M verhält sich also so, als ob die ganze Gravitationskraft gM in jeder Lage von M an ihm angriffe; desshalb heisst er Schwerpunkt. Die Betrachtung paralleler Kräfte ist älter als die Geometrie der Massen; der Massenmittelpunkt — Schwerpunkt wurde zuerst in seiner Eigenschaft als Angriffspunkt der parallelen Schwerkräfte erkannt: weit später konnte man ihn direct als Mittelpunkt der Abstandsquantitäten definiren; demgemäss ist auch die Benennung „Schwerpunkt" älter als der Name „Massenmittelpunkt".

200. Kräftepaare. Die Construction Fig. 84 versagt eben so wie die Fig. 79 den Dienst, wenn $f = -g$ wird. Die Resultante $f + g$ wird dann Null, und bk wird parallel ah, also rückt c ins Unendliche. Das System $f \hat{+} g$ repräsentirt keine bestimmte Einzelkraft.

Fig. 85.

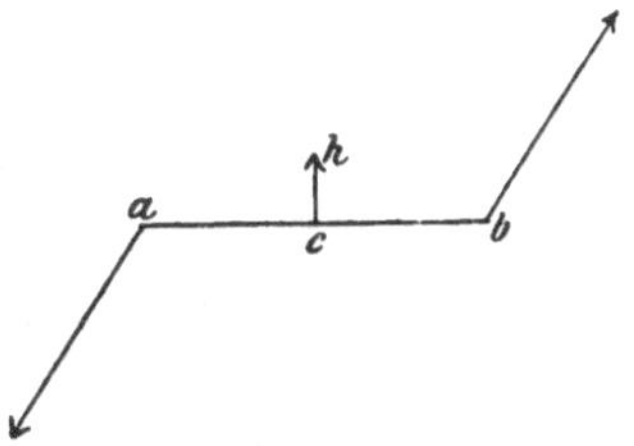

Zwei antiparallele Kräfte von gleicher absoluter Grösse bilden daher zusammengenommen eine Grösse sui generis, die sich nicht auf eine einzelne Kraft reduciren lässt. Wir nennen sie ein Kräftepaar und betrachten sie direct.

Satz 1. Ein Kräftepaar besitzt für alle Punkte seiner Ebene dasselbe Moment. Ist f die eine Kraft desselben und δ der Abstand der beiden Angriffslinien, so ist der absolute Werth des Moments $\delta.f$.

Beweis. Ist schon in **195.,** 3 geliefert.

Dies Moment nennen wir schlechthin „das Moment des Kräftepaars“. Wir stellen es zunächst in der Weise geometrisch dar, dass wir auf der Verbindungslinie ab der beiden Angriffspunkte von f und $-f$ einen Punkt, am bequemsten den Mittelpunkt c auswählen und auf diesem eine Gerade ch errichten, welche 1) senkrecht auf der Ebene des Kräftepaars steht, 2) die Länge $\delta . f.$ hat, 3) so gerichtet ist, dass wenn man von h aus auf die Ebene des Kräftepaars hinabschaut, die beiden Kräfte nach links ziehend erscheinen. Die so construirte Grösse ch nennen wir den Vector des Kräftepaars.

Fig. 86.

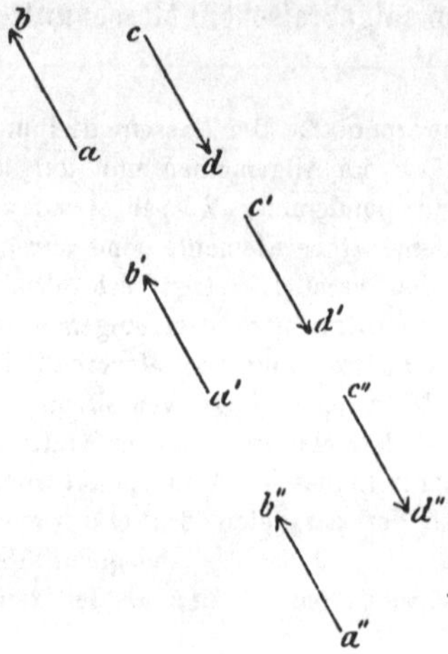

Die Linienflüchtigkeit der Einzelkräfte hat auf den Werth des Moments keinen Einfluss. Das ist bereits aus der Theorie der Momente bekannt. Ist in Fig. 85 $ab = a'b' = a''b'' = -cd = -c'd' = -c''d''$, so haben die Kräftepaare $ab \,\hat{+}\, cd$, $ab \,\hat{+}\, c'd'$, $a''b'' \,\hat{+}\, c'd'$, u. s. w. sämmtlich dasselbe Moment, wie auch a, a', c, c' etc. auf ihren Angriffslinien liegen mögen.

Satz 2. Ein Kräftepaar ändert sich nicht, d. h. seine Wirkung auf den von ihm angegriffenen starren Körper bleibt dieselbe, wenn seine Kräfte auf ihrer Angriffslinie beliebig verschoben werden.

Denn die Kräfte selbst ändern sich dadurch nicht.

U. A. kann also jedem schiefwinkligen Kräftepaar ein rechtwinkliges von gleicher Kraft und gleichem Moment substituirt werden.

Satz 3. Ein rechtwinkliges Kräftepaar ändert sich nicht, wenn es congruent mit sich selbst in seiner Ebene um seinen Mittelpunkt um einen beliebigen Winkel gedacht wird.

Beweis. Das Kräftepaar sei $af \,\hat{+}\, bg$, Fig. 87, S. 561. Es werde aus der ursprünglichen Lage um den Winkel bcb' gedreht; in der neuen Lage seien $a'f'$ und $a'g'$ seine Kräfte. Beträgt die Drehung gerade 180°, so liegt nach derselben $b'g'$ in af und $a'f'$ in bg, es leuchtet also ohne Weiteres ein, dass in diesem Fall das Kräftepaar seinen Werth nicht geändert hat. In jedem andern Fall schneidet sich $g'b'$ mit gb in einem angebbaren Punkt p. Man verlege nun bg an den Angriffspunkt q, d. h. man mache $pq = bg$ und ersetze bg durch pq; ferner kehre man $b'g'$ um und verlege es gleichfalls an q, d. h. man mache $pq' = -b'g'$. Die beiden Kräfte pq und pq' setzen sich zusammen zu einer

Resultante pm; da pq' an Grösse gleich pq ist, halbirt diese Resultante den Winkel qpq', d. h. sie geht durch c. So erhält man also den Satz: $bg \triangleq b'g' \equiv pm$, und pm geht durch c. Ganz ebenso findet sich auf der linken Seite der Figur $af \triangleq a'f' = st$, und st geht durch c. Zugleich ist offenbar st an Grösse gleich pm, da die ganze Figur gegen c symmetrisch ist, und die beiden Geraden sc, pc fallen aus demselben Grunde zusammen. Also ist

Fig. 87.

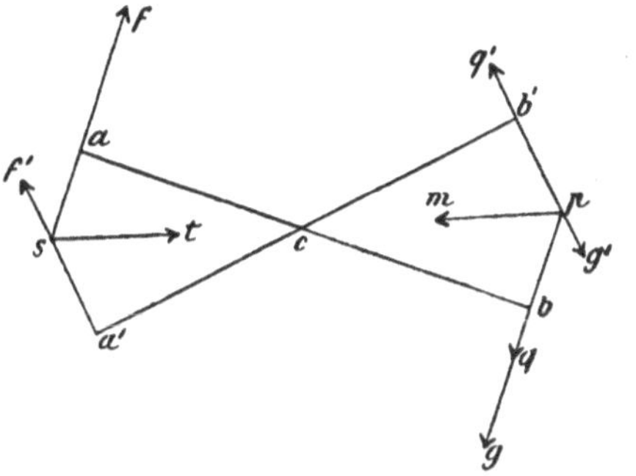

$$pm \hat{+} st = 0, \quad \text{d. h.} \quad bg \hat{+} af \triangleq (b'g' + a'f') \equiv 0 \quad \text{oder} \quad b'g' \hat{+} a'f' \equiv bg \hat{+} af,$$

was zu beweisen war.

Satz 4. Ein Kräftepaar ändert sich nicht, wenn man die Richtung seines Armes und seinen Mittelpunkt c liegen lässt, seinen Arm und seine Kraft aber gleichzeitig in der Weise ändert, dass das Moment des Kräftepaares erhalten bleibt.

Beweis. af und bg seien die Componenten eines rechtwinkligen Kräftepaares, $a'f'$ und $b'g'$ die Componenten eines zweiten und es sei $af.ab = a'f'.a'b'$; dann sind beide Paare äquivalent. Zum Beweise bringe man in c zwei entgegengesetzte Kräfte cp und cq an, wobei cp der Grösse nach gleich $(af - a'f')$ ist. Dann ist das System $a'f' \hat{+} cp \hat{+} b'g' \hat{+} cq$ äquivalent mit $a'f' \hat{+} b'g'$. $a'f' \hat{+} cp$ lässt sich aber ersetzen durch eine Resultante, deren Länge $a'f' + cp$, also gleich af ist. Den Angriffspunkt k dieser Resultante auf der Linie $a'b'$ findet man mittels der bekannten Proportion $a'k : ck = cp : a'f'$, woraus

Fig. 88.

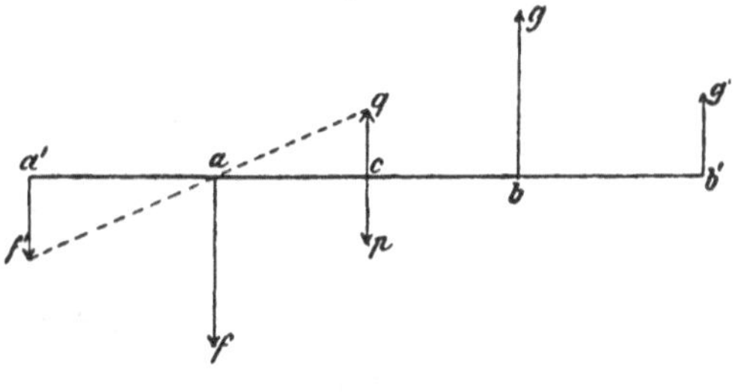

$$(a'k + ck) : ck = (cp + a'f') : a'f' \quad \text{oder} \quad a'c : ck = af : a'f'.$$

Die obige Bedingung $af.ab = a'f'.a'b'$ liefert aber, wenn man ab und $a'b'$ durch 2 dividirt, $a'c : ca = af : a'f'$; also fällt k mit a zusammen, d. h. af ist auch der Lage nach die Resultante von $a'f'$ und cp. Ebenso ist bg die Resultante von $b'g'$ und cq. Also ist $bg \hat{+} af \equiv b'g' \hat{+} cp \hat{+} cq + a'f' \equiv b'g' \hat{+} a'f'$.

Satz 5. Ein Kräftepaar ändert sich nicht, wenn man es parallel mit sich selbst beliebig in seiner Ebene verlegt.

Beweis. $af \hat{+} bg$ und $a'f' \hat{+} b'g'$ Fig. 89 seien zwei Kräftepaare, die sich nur durch die Lage ihres Mittelpunktes unterscheiden. Man mache $a'f'' = -a'f'$ und

Fig. 89.

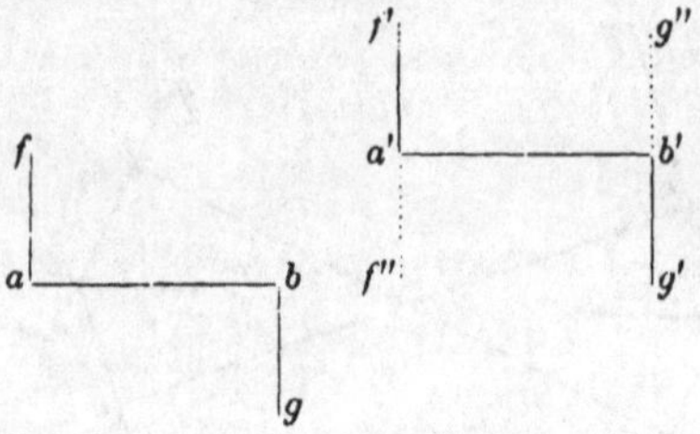

$b'g'' = -b'g'$. $a'f''$ und bg haben eine Resultante von der Länge $2bg$, welche mitten zwischen die Parallelen bg und $f'f''$ fällt. Ebenso haben af und $b'g''$ eine Resultante von der Länge $2af$; diese fällt mitten zwischen die Parallelen af und $g'g''$, d. h. sie fällt mit der Vorigen zusammen. Die Resultante von af, bg, $a'f''$ und $b'g''$ ist also $2af + 2bg$, d. h. sie ist Null. Demnach ist $af \hat{+} bg \hat{-} (a'f' \hat{+} b'g') = 0$ oder $af \hat{+} bg \equiv a'f' \hat{+} b'g'$.

Satz 6. Ein Kräftepaar ändert sich nicht, wenn es parallel mit sich selbst und senkrecht zu seiner Ebene in eine parallele Ebene verlegt wird.

Fig 90.

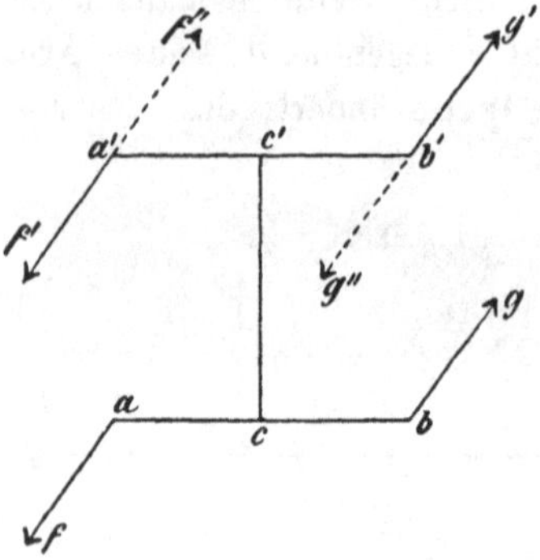

Beweis. $af \hat{+} bg$ und $a'f' \hat{+} b'g'$ seien zwei Kräftepaare in parallelen Ebenen,

$$a'f' \equiv af, \quad a'b' \equiv ab$$

und die Verbindungslinie ihrer Mittelpunkte cc' stehe senkrecht auf ihren Ebenen. Man mache $a'f'' = -a'f'$ und $b'g'' = -b'g$, so dass $a'f'' \hat{+} b'g'' = -(a'f' \hat{+} b'g')$ ist. $a'f''$ und bg haben eine Resultante gleich $2bg$, welche in der Mitte von cc' angreift; $b'g''$ und af haben eine Resultante gleich $2af$, welche gleichfalls in der Mitte von cc' angreift. Also ist

$$a'f'' \hat{+} b'g'' \hat{+} af + bg \equiv 2af + 2bg = 0,$$

also $-(a'f' \hat{+} b'g') \hat{+} af \hat{+} bg = 0$ oder

$$a'f' \hat{+} b'g' \equiv af \hat{+} bg.$$

Alle vorstehenden Sätze lassen sich zusammenfassen in den

Satz 7. Zwei Kräftepaare sind äquivalent, wenn sie gleiche und gleichgerichtete Momente haben.

Beweis. Haben die Kräftepaare gleichgerichtete Momente, so liegen sie gleichsinnig in parallelen Ebenen. Ist P das erste, Q das zweite, so kann man stets P in Q durch folgende Operationen überführen. 1) Man verschiebe P, indem man es im übrigen unverändert lässt, senkrecht zu sich selbst in die Ebene von Q. 2) Man verlege P in dieser Ebene, bis sein Mittelpunkt mit dem von Q zusammenfällt. 3) Man mache es dort rechtwinklig. 4) Man verlängere oder verkürze nach Bedürfniss seinen Arm, bis derselbe die Grösse des Arms von Q hat. 5) Man drehe es in der Ebene von Q, bis sein Arm mit dem von Q zusammenfällt. 6) Man verschiebe seine Kräfte, bis P denselben Winkel hat, wie Q. Diese 6 Operationen machen offenbar P identisch mit Q, und nach den Sätzen 1 bis 6 lassen sie alle den Werth von P unverändert; also war P von anfang an gleichwerthig mit Q.

Man kann hiernach ein Kräftepaar beliebig im Körper G umherführen, seine Kräfte schief gegen den Arm oder rechtwinklig dagegen legen, es drehen, und seinen Arm nebst den Kräften verändern, wie man will, so lange nur die Aenderung derartig ist, dass das Moment sich selbst identisch bleibt, d. h. dass $\delta.\overline{af}$ seinen Werth und seine Richtung behält. Das Moment $\delta.\overline{af}$ ist also die für ein Kräftepaar characteristische Grösse, und wir werden demgemäss ein Kräftepaar kurz als „Kräftepaar $\delta.\overline{af}$" bezeichnen, wenn sein Moment $\delta.\overline{af}$ ist, oder noch kürzer als „Kräftepaar m" wenn sein Moment durch den einzigen Buchstaben m bezeichnet wird.

Insbesondere kann man das Kräftepaar m immer darstellen durch ein Kräftepaar vom Arm 1 und einer Kraft, die an Grösse gleich m ist. Die beiden Kräfte m und $-m$ dieses „reducirten Paars" müssen so liegen, dass sie linksziehend erscheinen, wenn man den Vector m mit seinem Anfangspunkt in ihren Mittelpunkt legt und das Kräftepaar von der Spitze des Vectors aus anschaut.

8) Zusammensetzung von Kräftepaaren. a) die Axen sind parallel. $\delta.\overline{af}$ und $\delta'.\overline{a'f'}$ seien zwei parallele Kräftepaare. Nach Satz 7) mache man ihre Arme gleich 1 und lasse die Arme zusammenfallen. In Fig. 91 sei $pq = 1$, $pr = \delta.\overline{af}$ und $ps \mathrel{\acute{=}} \delta'.\overline{a'f'}$. Sind beide Paare gleichsinnig, so entsteht Fig. 77 a, im andern Fall Fig. 77 b. In jedem Fall haben die Kräfte pr und ps, so wie die entsprechenden qt und qv dieselben Angriffslinien, also ist die Resultante von pr und ps einfach die algebraische Summe $pr + ps$. Also das resultirende Kräftepaar ist $1.(pr + ps)$, d. i. $\delta.\overline{af} + \delta'.\overline{a'f'}$. Die Resultante zweier parallelen Kräftepaare ist die algebraische Summe ihrer Momente. Denkt man sich die Momente als Axenabschnitte am Punkt c dargestellt, so kann man sie, da sie freie Vectoren sind, in dieselbe Gerade schieben; dann ist die geometrische Summe dieser beiden Axenabschnitte gleichfalls $\delta.\overline{af} + \delta'.\overline{a'f'}$; also: Wenn man die Momente der componirenden Paare in der Axendarstellung auf die

Fig. 91.

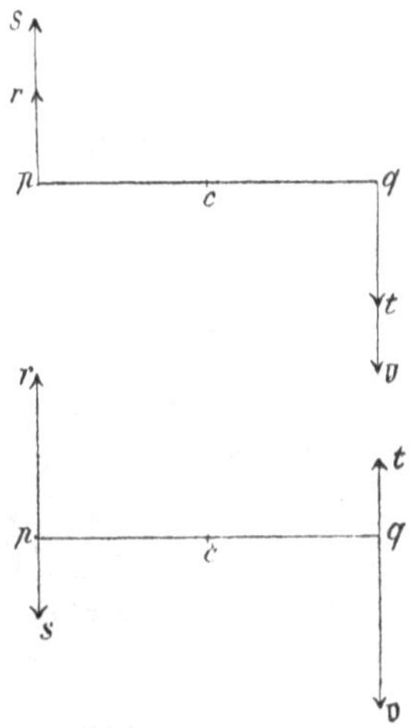

gleiche Richtungslinie schiebt und geometrisch, oder was in diesem Falle dasselhe sagt, algebraisch addirt, erhält man die Axendarstellung des resultirenden Moments. Zwei parallele Kräftepaare m und m' haben die Resultante $m+m'$.

b) Die Axen sind gegeneinander geneigt. $\delta.af$ und $\delta'.af'$ oder kürzer m und n seien zwei gegeneinander geneigte Kräftepaare. Man denke sie rechtwinklig, mache wieder ihre Arme gleich 1 und lasse ihre Mittelpunkte zusammenfallen. Ihre Ebenen schneiden sich dann in einer Geraden pq, und man kann beide Arme in diese Gerade drehen. Die Paare liegen dann, wie Fig. 92 zeigt, pr sei $=m$, $qt=-m$, $ps=m'$, $qv=-m'$. pr und ps setzen sich zusammen zu einer Kraft $pu=\sqrt{m^2+n^2+2mn\cos\varphi}$, wenn φ der Winkel der beiden Ebenen ist; qt und qv liefern ebenso die Resultante $qw=-\sqrt{m^2+n^2+2mn\cos\varphi}$. Es resultirt also ein Kräftepaar vom Arm 1 und von der Kraft $\sqrt{m^2+n^2+2mn\cos\varphi}$; d. h. das resulirende Kräftepaar hat das Moment $\sqrt{m^2+n^2+2mn\cos\varphi}$. Ist ch das als Vector an c dargestellte Moment von $m(ch=m$ und senkrecht auf der Ebene $rpqt)$, ck das Moment von n, und setzt man ch mit ck an c geometrisch zu der Diagonale cl zusammen, so ist $cl=\sqrt{m^2+n^2+2mn\cos\varphi}$, also längengleich mit dem Moment des resultirenden Kräftepaares. cl hat aber auch die Richtung, welche der geometrischen Darstellung des resultirenden Momentes zukommt; denn ch steht senkrecht auf $rpqt$, ck senkrecht auf $spqv$, und cl macht mit ch und ck dieselben Winkel, wie pu mit pr und ps; also steht cl senkrecht auf der Ebene $upqw$, d. h. auf der Ebene des resultirenden Paares; ein Blick auf die Figur zeigt auch, dass cl den Sinn hat, welcher dem Moment von $\overline{pq.pu}$ zukommt. Es ergiebt sich also die Regel: Sind m und n zwei gegeneinander geneigte Kräftepaare, so denke man sich dieselben durch ihre Momente in bekannter Weise geometrisch dargestellt, verschiebe die Vectoren, welche die Momente darstellen, frei im Raume, bis sie sich in einem Punkt c schneiden

Fig. 92.

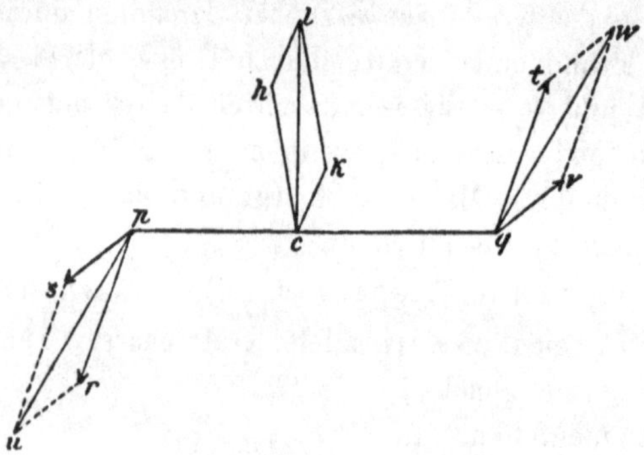

und setze dort m mit n nach dem Vectorengesetz zusammen. Die Resultante $m \hat{+} n$ ist die Vectorendarstellung des resultirenden Kräftepaares, bzw. seines Momentes.

Alle vorstehenden Sätze sind zusammengefasst im

Dritten Hauptsatz: **Kräftepaare sind vollkommen freie, durch die geometrische Darstellung ihrer Momente eindeutig ausgedrückte Vectoren.**

Der Satz enthält folgende Einzelsätze: 1) Man kann ein Kräftepaar frei bewegen und jede andere Formänderung mit ihm vornehmen, so lange man nur sein Moment nach Grösse und Richtung unverändert lässt. 2) Gegeneinander geneigte Kräftepaare werden zusammengesetzt, indem man ihre Momente wie freie Vectoren geometrisch addirt. 3) Bei parallelen Kräftepaaren degenerirt die geometrische Summation zur algebraischen.

201. Vorläufige Reduction beliebiger Kräftegruppen. An einem starren Körper G seien n beliebige Kräfte thätig; eine derselben sei $f = ab$, Fig. 93. Man wähle in G einen beliebigen Punkt o aus und bringe in o zwei entgegengesetzt gleiche Kräfte op und oq an, von denen $op \equiv ab$ ist. Dann ist $op \hat{+} oq \hat{+} ab \equiv ab$. op ist eine Kraft, $oq \hat{+} ab$ ein Kräftepaar. Die Einzelkraft ab wird also ersetzt durch die in o angreifende Kraft op und das Kräftepaar, dessen Theilkräfte oq und ab sind. Ist f' eine zweite Kraft, so lässt sich f' genau ebenso ersetzen durch eine Kraft op', die an o angreift und ein Kräftepaar $oq' \hat{+} f'$. Dasselbe lässt sich mit jeder andern, an G gegebenen Kraft ausführen. Alle n Kräfte f, f', f'' u. s. w. liefern also, auf gleiche Weise behandelt, 1) an o eine Reihe von n Kräften op, op', op'' u. s. w. die längengleich und homoparallel mit f, f', f'' etc. sind; 2) eine Reihe von n Kräftepaaren. Die Kräfte op', op'' u. s. w. setzen sich, da sie einander in o schneiden, zu einer Resultante R zusammen, welche durch o geht; die n Kräftepaare setzen sich zu einem resultirenden Kräftepaar M zusammen. Wir erhalten also den Satz:

Fig. 93.

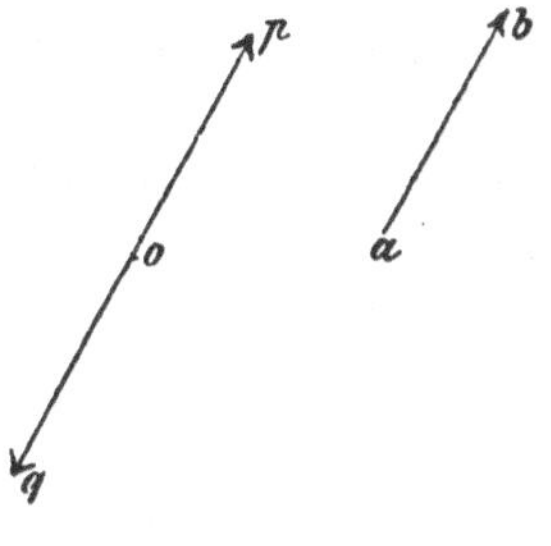

Eine beliebige Gruppe von Kräften, die an einem starren Körper angreifen, lässt sich immer auf eine Kraft R und ein Kräftepaar M reduciren. In besonderen Fällen kann R oder M zu Null werden.

3. Der Dualismus.

202. Der Inhalt der bisherigen Untersuchung lässt sich in folgenden Sätzen zusammenstellen — dabei denke man sich Drehungen immer durch ihre Axendarstellung repräsentirt:

1. Unendlich kleine Drehungen sind linienflüchtige Vectoren.	1. Kräfte am starren Körper sind linienflüchtige Vectoren.
[U. kl. Drehungen, deren Richtungslinien (Axen) sich schneiden, werden nach dem Vectorengesetz zusammengesetzt und zerlegt.]	[Kräfte, deren Richtungslinien (Angriffslinien) sich schneiden werden nach dem Vectorengesetz zusammengesetzt und zerlegt.]
2. Zwei parallele u. kl. Drehungen liefern im Allgemeinen eine Resultante, die ihnen parallel, an Grösse gleich ihrer algebraischen Summe ist und durch den Schwerpunkt der Componenten geht.	2. Zwei parallele Kräfte liefern im Allgemeinen eine Resultante, die ihnen parallel, an Grösse gleich ihrer algebraischen Summe ist und durch den Schwerpunkt der Componenten geht.
3. In dem besondern Fall, wo zwei parallele u. kl. Drehungen entgegengesetzt gleich sind, liefern sie ein Drehungspaar. Der Werth des Drehungspaars ist bestimmt durch sein Moment, und dies Moment ist ein völlig freier Vector.	3. In dem besondern Fall, wo zwei parallele Kräfte entgegengesetzt gleich sind, liefern sie ein Kräftepaar. Der Werth des Kräftepaars ist bestimmt durch sein Moment, und dies Moment ist ein völlig freier Vector.
4. Jede u. kl. Bewegung eines starren Körpers reducirt sich auf eine Drehung und ein Drehungspaar, von denen übrigens eins oder das andere den Specialwerth Null annehmen kann.	4. Jede Combination von Kräften an einem starren Körper reducirt sich auf eine Kraft und ein Kräftepaar, von denen übrigens eines oder das andere den Specialwerth Null annehmen kann.

Wie man sieht, haben unendlich kleine Bewegungen und Kräfte am starren Körper völlig übereinstimmende Eigenschaften. Sie unterliegen denselben Gesetzen, den Gesetzen linienflüchtiger Vectoren. Die Drehung entspricht der Kraft, das Drehungspaar dem Kräftepaar. Der ganze Unterschied zwischen den Sätzen, die im Vorstehenden links und denen, die rechts aufgestellt sind, besteht darin, dass wir von den links auftretenden Begriffen von vorn herein eine deutliche Vorstellung haben, von denen rechts nicht: wir wissen, wie eine Drehung thatsächlich „aussieht“ und wissen, dass ein Drehungspaar eine Verschiebung bedeutet. Dagegen wissen wir uns eine Kraft nur unter dem Bilde eines geometrischen Vectors  vorzustellen, und demgemäss ein Kräftepaar nur unter dem Bilde der Figur 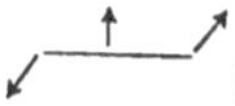; was sie thatsächlich bedeuten, wird sich erst in der Kinetik des starren Körpers herausstellen. Das Gesagte genügt, um darzuthun, dass eine allgemeine Untersuchung über linienflüchtige Vectoren das nächste Bedürfniss ist, und dass deren Resultate einerseits auf Bewegungen, andererseits auf Kräfte übertragbar sein werden.

Anm. 1, Der Dualismus zwischen u. kl. Bewegungen und Kräften, wie er im Obigen dargestellt wird, ist eine Eigenschaft des starren Körpers.

Anm. 2. Um den Dualismus herzustellen, wäre es nicht nöthig gewesen, die sämmtlichen Sätze 1 bis 4 zu entwickeln. Vielmehr genügt der Satz: „U. kl. Drehungen, wie Kräfte, sind linienflüchtige Vectoren", um darzuthun, dass beide denselben Gesetzen unterliegen. Hat man einmal festgestellt, dass unendlich kleine Drehungen linienflüchtige Vectoren sind, so kann man zwei u. kl. Drehungen um parallele Axen mit Fig. 83 ff. behandeln, ohne auf die geometrische Bedeutung der Drehungen näher einzugehen. Nimmt man an, in Fig. 83 seien $\overline{ap}$ und $\overline{bq}$ zwei u. kl. Drehungen, so gilt der ganze in **199** gelieferte Beweis wörtlich für u. kl. Drehungen, und ebenso hätten sich die Eigenschaften der Drehungspaare mit Hülfe der in **200** gegebenen Figuren unter wörtlicher Benutzung der dort gelieferten Beweise herstellen lassen. Denn alle diese Beweise beruhen auf 1) Zerlegungen und 2) Zusammensetzungen sich scheidender Vectoren, fallen also für Drehungen genau so aus, wie für Kräfte, sobald beide dem gleichen Gesetz der linienflüchtigen Vectoren unterliegen. Die Wurzel des Dualismus liegt also in dem einzigen Satz, dass u. kl. Drehungen und Kräfte am starren Körper linienflüchtige Vectoren sind. Hätten wir indess die u. kl. Drehungen nach Analogie der Kräfte mit den Figuren 83 bis 92 behandelt, so würde eine Thatsache nicht zum Vorschein gekommen sein: Die Untersuchungen der §§ **199** bis **201** liefern Gesetze der Zusammenfügung, Zerlegung und der Freiheit im Raume, ohne die anschauliche Bedeutung der Vectoren zu berücksichtigen, also auch, ohne sie heraustreten zu lassen. Mit ihnen hätten wir nicht erfahren, dass das Drehungspaar eine u. kl. Verschiebung bedeutet: dieser Satz war nur auf dem Wege des § **193—95** zu erlangen.

Anm. 3. Der oben dargestellte Dualismus beruht in letzter Linie auf der Thatsache, welche dem Dualismus in der gesammten Geometrie zu Grunde liegt: Man kann eine gerade Linie betrachten als entstanden 1) durch die Verschiebung eines Punkts 2) durch die Drehung einer Ebene, 1) als Strahl, 2) als Axe.

B. Die allgemeine Reduction und Coordinatirung linienflüchtiger Vectoren.

1. Die Reduction auf geometrische Normalformen.

203. Erweiterung des Summationsbegriffs. Gegeben sei eine beliebige Anzahl linienflüchtiger Vectoren f_1, f_2, f_3 u. s. w. (es können auch solche darunter sein, die zu Vectorenpaaren gruppirt sind), deren Angriffslinien beliebig im Raume liegen; es bietet sich die Aufgabe dar, festzustellen, was ihre Gesammtheit bedeutet.

Man bemerkt leicht, dass diese Aufgabe im Wesentlichen darauf hinausläuft, die Gesetze einer erweiterten geometrischen Summation zu finden und geometrisch zu deuten. Wir haben kennen gelernt:

1) Die algebraische Summation mit den Zeichen $+$ und $-$, der Vectoren auf derselben Doppelrichtungslinie unterliegen.

2) Die geometrische Summation mit den Zeichen $\hat{+}$ und $\hat{-}$; ihr unterliegen Vectoren, die verschiedene Richtung haben können, deren Richtungslinien aber entweder von vorn herein consecutiv sind oder (bei freien Vectoren) beliebig consecutiv gemacht werden können.

3) Nun tritt dazu das Problem, Vectoren zu addiren, die nicht ganz frei, sondern bloss linienflüchtig sind, und deren Richtungslinien sich **nicht** nothwendig schneiden, die also nicht nothwendig consecutiv gemacht werden können. Diese Summation ist offenbar, wie die zweite, geometrischer Natur, aber allgemeiner als jene; da der Name „geometrische Summation" für das Verfahren ad (2) bereits allgemein im Gebrauch ist, führen wir für die dritte Art der Summation einen neuen Namen ein, wir nennen sie die **heteraptische** (von ἅπτειν, anheften), weil das Wesentliche derselben darin liegt, dass zwei zu addirende Vectoren verschiedene Anheftungslinien haben. Und wir bezeichnen sie durch das Zeichen $\overset{*}{+}$ (sprich „nebst"). Das entsprechende Zeichen $\overset{*}{-}$ (sprich „minder" oder „minus heteraptisch") sei definirt durch den Satz:

Wenn $A \dotplus B \equiv C$, so ist $A \equiv C \dot{-} B$. Heteraptische Differenz zweier Grössen ist diejenige Grösse, welche zur zweiten heteraptisch addirt die erste ergiebt.

Es lässt sich sofort zeigen, dass das Zeichen $\dot{-}$ äquivalent ist mit $\dotplus(-)$, d. h. die heteraptische Subtraction eines Vectors ist gleichbedeutend mit Addition der umgekehrten Grösse.

Denn: Erstens ist offenbar, wenn f irgend ein Vector, $-f$ der umgekehrte Vector am gleichen Anheftungspunkt ist, $f \dotplus (-f) = 0$. Denn da f und $-f$ die gleiche Doppelrichtung haben, degenerirt für f und $-f$ die heteraptische Addition zur algebraischen, $f \dotplus (-f)$ ist $f + (-f)$ und dies ist Null. Sind nun f_1 und f_2 zwei Vectoren, so ist $-f_2$ der umgekehrte Vector f_2. Nun ist einerseits

$$(1) \qquad f_1 \dotplus f_2 \dotplus (-f_2) = f_1,$$

weil $f_2 \dotplus (-f_2) = 0$ ist. Andererseits ist gemäss der Definition der heteraptischen Subtraction

$$(2) \qquad (f_1 \dotplus f_2) \dot{-} f_2 = f_1.$$

Da f_1 jeden beliebigen Werth haben kann, kann auch $f_1 + f_2$ jeden beliebigen Werth haben; wir können also $f_1 \dotplus f_2$ ersetzen durch eine Einzelgrösse f_3 und haben dann

$$\text{aus (1)} \quad f_3 \dotplus (-f_2) = f_1, \qquad \text{aus (2)} \quad f_3 \dot{-} f_2 = f_1,$$

woraus folgt, dass $\dotplus(-f_2)$ gleichbedeutend ist mit $\dot{-} f_2$. Wird also ein Vector durch seine Grenzpunkte A und B bezeichnet, so ist $\dot{-}\overline{AB}$ gleichbedeutend mit $\dotplus BA$.

Es liegt auf der Hand, dass die heteraptische Summation für Vectoren, deren Doppelrichtungen sich schneiden, zu geometrischen degenerirt.

Entsprechend den Zeichen $+$, $\hat{+}$ und $\dotplus$ kann man passend drei Summenzeichen Σ, $\hat{\Sigma}$ und $\dot{\Sigma}$ einführen, von denen das erste algebraische, das zweite geometrische, das dritte heteraptische Summation einer Reihe von Grössen f_1, f_2, u. s. w. vorschreibt. Entsprechende Zeichen können nach Umständen für Differenzen und Differentialien eingeführt werden. $\dot{d}F$ ist die unendlich kleine Grösse, deren Zufügung eine heteraptische Summe F in eine unendlich wenig von ihr abweichende $F \dotplus \dot{d}F$ verwandelt.

Die Zweite Grundeigenschaft der Zeichen $\dotplus$ und $\dot{-}$ lässt sich aus der in **201** angegebenen Reduction der Vectoren ableiten. Gegeben seien $f_1, f_2, f_3 \ldots$ und es sei f_n einer dieser Vectoren. Man wähle irgend einen Punkt O des Raumes und bringe an diesem zwei Vectoren an, von denen der eine, F_n, gleich und homoparallel f_n, der andere F_n' oder $-F_n$ längengleich und antiparallel f_n ist. Da $F_n + (-F_n) = o$, ist das System $f_n \dotplus (-F_n) \dotplus F_n$ äquivalent mit f_n.

Die beiden Vectoren $f_n \dotplus (-F_n)$ bilden ein „Vectorenpaar"; F_n ist ein Vector der gleich und homoparallel f_n ist. Es bedarf keines besonderen Beweises dafür, dass das Vectorenpaar die Eigenschaften hat, welche wir in **200** für Kräftepaare ableiteten; denn das dort gesagte gilt wörtlich, wenn man statt des Wortes „Kraft" überall das Wort „linienflüchtiger Vector" setzt. Es liefert nun jeder der Vectoren f_1, f_2, f_3 u. s. w. an O einen Vector F_1, F_2 ... und ein Vectorenpaar $f \dotplus (-F)$, dessen Moment kurz mit m_1, m_2 u. s. w. bezeichnet werde. Wir erhalten also an O: 1) die geometrische Summe $\hat{\Sigma} F_n$, die sich aus allen Vectoren F zusammensetzt; 2) ein resultirendes Moment $\hat{\Sigma} m_n$, welches absolut frei ist. Bei der geometrischen Summirung ist nun die Reihenfolge der Summanden willkürlich, und dies Gesetz gilt für $\hat{\Sigma} m$ wie für $\hat{\Sigma} F$; also ist auch in der heteraptischen Summe $\dot{\Sigma} f$ die Reihenfolge der Summanden willkürlich, d. h.

Das Zeichen $\dotplus$ ist commutativ, wie $\hat{+}$ und $+$.

Da $\dot{-}$ identisch ist mit $\dotplus(-)$ hat das Zeichen $\dot{-}$ die gleiche Eigenschaft. Im Verein mit dem obigen liefert das den Satz: „die Zeichen $\dotplus$ und $\dot{-}$ sind in Gleichungen zu behandeln wie $+$ und $-$". Damit sind die Gesetze der Zeichen $\dotplus$ und $\dot{-}$ festgestellt; es handelt sich nun darum, sie geometrisch zu deuten.

Man bemerke, dass für Vectorenpaare, da diese vollkommen frei sind, die Zeichen $\dotplus$ und $\dot{-}$ ohne Weiteres zusammenfallen mit $\hat{+}$ und $\hat{-}$, nicht aber für einzelne Vectoren, weil diese an ihre Angriffslinie gebunden sind.

204. Die Reduction auf den Typus „Vector nebst Moment"; der Concurs der Momente. Nach § **201** ist das allgemeine Ergebniss, welches man durch Zusammensetzung (Reduction) einer Vectorengruppe $\dot{\Sigma} f$ am Punkt o erhält, ein resultirender Vector R nebst einem resultirenden Moment, welches jetzt S heisse; die Gruppe $R \dotplus S$ ist äquivalent der Gruppe $\dot{\Sigma} f$. Wir denken uns S immer in seiner Axendarstellung gegeben und wollen sowohl R wie S an dem Punkt o angeheftet denken, auf den die Reduction bezogen wurde. Wechselt dann o seinen Platz im Raum, so bleibt R immer gleich $\hat{\Sigma} f$, bleibt also nach Grösse und Richtung unverändert; die R aller Punkte o des Raums bilden also ein Parallelbündel.

(Anmerkung. Mannigfaltigkeiten von Linien kann man in zweierlei Weise betrachten, nämlich 1) mit, 2) ohne Rücksicht auf die Länge der Linien, aus denen sie sich zusammensetzen. Eine Mannigfaltigkeit, bei der die Längen berücksichtigt werden, wollen wir eine metrische, eine solche, bei der bloss Lagen und Richtungen oder

Doppelrichtungen in Betracht kommen, wollen wir **ametrisch** nennen. Die analytische Geometrie betrachtet gerade Linien in der Regel bloss in Bezug auf Lage und Doppelrichtung, ohne sich um ihre Begrenzung zu kümmern (sie setzt sie als unbegrenzt voraus), sie hat also in der Regel mit ametrischen Mannigfaltigkeiten zu thun; in der Mechanik sind aber die Längenverhältnisse der gerichteten Grössen von Wichtigkeit, desswegen spielen hier die metrischen Mannigfaltigkeiten eine bedeutende Rolle. Das Bündel der R ist hiernach als ein **metrisches Parallelbündel** zu bezeichnen.)

Fig. 94.

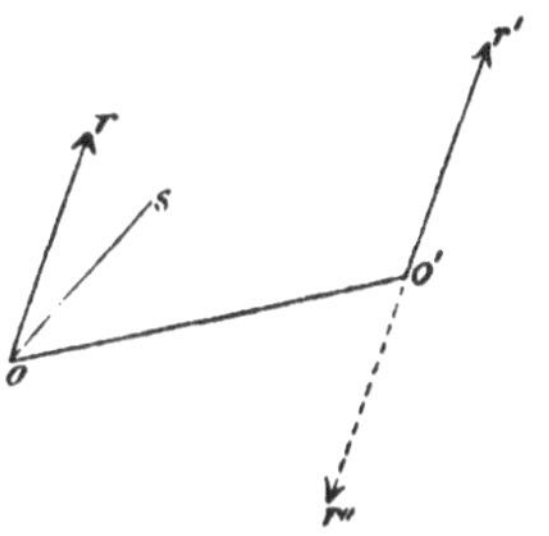

Das Moment S dagegen bleibt im Allgemeinen nicht unverändert, wenn o seinen Platz wechselt. Denn es sei in Fig. 94 o der Punkt o, or die Resultante R, und os das resultirende Moment S. Will man dann auf einen zweiten Punkt o' reduciren, so hat man in o' zwei Vectoren $o'r' \equiv or$ und $o'r'' = -or$ anzubringen. $o'r'$ ist die Resultante an o'; das Vectorenpaar $or \dotplus o'r''$ aber hat ein Moment S'', welches sich mit os zusammensetzt, also ein von S verschiedenes Moment S' an o' hervorbringt.

Die Gesammtheit aller Linien S, welche die Momente der Reduction von $\dot{\Sigma} f$ an allen Punkten des Raumes darstellen, nennen wir einen metrischen **Concurs**, bezeichnen sie mit C und suchen nunmehr die Eigenschaften des Concurses auf.

Im Allgemeinen macht das Moment S mit R irgend einen Winkel φ, so dass die Darstellung beider an o die Figur  oder  bildet. Unter allen Strahlen R ist jedoch einer durch die Eigenschaft ausgezeichnet, dass für ihn die Doppelrichtung von S mit derjenigen von R zusammenfällt, oder, was dasselbe sagt, **ein** Strahl R des Parallelbündels steht senkrecht auf der Ebene des seinem Anfangspunkt entsprechenden Vectorenpaars.

Es sei nämlich in Fig. 95, S. 572, or die Resultante R und os das Moment S. Man lege durch R eine Ebene E senkrecht zur Ebene des Winkels φ, und zerlege S in die beiden Componenten os_0 und os_1, von denen die erste in die Doppelrichtung von R fällt, die andere senkrecht dazu steht. Es ist dann

$$os_0 = S\cos\varphi \quad \text{und} \quad os_1 = S\sin\varphi,$$

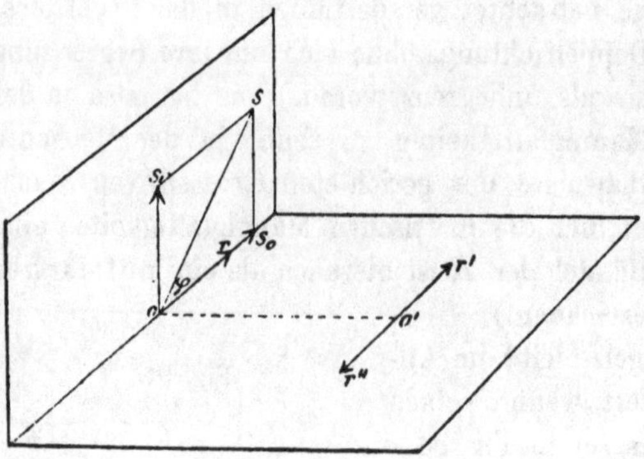

Fig. 95.

Zugleich steht os_1 auf der Ebene E senkrecht. Die Gerade or theilt die Ebene E in zwei Theile; von dem einen Theil aus gesehen ist os_1, wenn man, in der Richtung or liegend, nach o hinblickt, linksweisend, von dem andern aus rechtsweisend. In dem Theil der Ebene, der die erstere Eigenschaft hat, ziehe man durch o eine Linie senkrecht zu or und wähle auf dieser Linie einen Punkt o' aus. Reducirt man dann die Gruppe $or \dotplus os$ auf o', so erhält man an o' erstens den Vector $o'r'$ gleich und homoparallel or; zweitens die Momentensumme $S_0 \,\widehat{+}\, S_1 \,\widehat{+}$ dem Moment des Vectorenpaares $or \dotplus o'r''$. Das letztere ist seinem absoluten Werth nach, wenn der Abstand oo' kurz mit δ bezeichnet wird, gleich $\delta . R$. Es ist ferner rechtsdrehend, während das Moment S_1 linksdrehend ist. Es setzt sich also mit S_1 zusammen zu einer algebraischen Summe $S_1 - \delta . R$ oder $S \sin \varphi - \delta . R$. δ ist beliebig, man kann also δ immer so wählen, dass

$$S \sin \varphi = \delta R \quad \text{oder} \quad \delta = \frac{S \sin \varphi}{R}$$

ist; dann ist das Moment $S_1 - \delta R = o$, und das resultirende Moment ist S_0. Dies S_0 ist parallel $o'r'$, fällt also, an o' angebracht, in $o'r'$. Wählt man also den Punkt o' im Abstande $\delta = \frac{S \sin \varphi}{R}$ von o, so fällt das Moment S' in die Resultante R' und ist gleich $S \cos \varphi$. Zieht man durch o' einen Strahl parallel or, so hat jeder andere Punkt o'' dieses Strahls die gleiche Eigenschaft; denn da jedes R linienflüchtig und jedes S frei ist, kann man R und S längs der Richtungslinie von R verschieben, ohne dass die Werthe und Richtungen beider sich ändern.

Es giebt keinen zweiten Strahl, der die gleiche Eigenschaft hat. Denn in der Ebene E bestimmt die Relation $\delta R = S \sin \varphi$ eindeutig die Linie $o'r'$; legt man aber o' ausserhalb der Ebene E, so ist das

Moment des Paars $or \dotplus o'r''$ offenbar nicht parallel os_1, kann sich also nicht mit S_1 tilgen.

Der durch $o'r'$ gehende Strahl, für dessen Punkte Moment und Resultante gleiche Doppelrichtung haben, heisst die Centralaxe des Vectorensystems $\dot{\Sigma} f$, oder die Centralaxe des Concurses C.

Die Centralaxe kann man nach dem Vorstehenden jederzeit finden, wenn ein Glied S des Concurses nebst der Resultante R gegeben ist. Betrachtet man jetzt die Gruppe $R \dotplus S$ der Figur 95 von der Centralaxe $o'r'$ aus, so sieht man: die Ebene des Winkels φ, in der S liegt, steht senkrecht auf der Ebene, welche durch die Centralaxe und die Gerade or geht; dabei ist $S_0 = S\cos\varphi$ und $S\sin\varphi = \delta R$, also $S_0 \operatorname{tang}\varphi = \delta R$ oder

$$\operatorname{tang}\varphi = \delta \cdot \frac{R}{S_0} \quad \text{und} \quad S = \frac{S_0}{\cos\varphi}.$$

S_0 ist der Werth des Moments auf der Centralaxe.

Legt man demnach eine Ebene P senkrecht gegen die Centralaxe, so gruppiren sich die S an den Punkten dieser Ebene wie folgt: die Centralaxe schneide P im Punkte c. In c ist $S = S_0$ und fällt in R. Schlägt man um c einen Kreis vom Radius δ und errichtet in jedem Punkte des Kreises das zugehörige R, so bilden diese sämmtlichen R einen begrenzten geraden Cylinder von der Höhe R. Legt man in irgend einem Punkte des Kreises die berührende Ebene an diesen Cylinder, so fällt das S des Punktes in diese berührende Ebene, und zugleich ist $S = \frac{S_0}{\cos\varphi}$, also sind sämmtliche S so lang, dass ihre Projection auf die Centralaxe gleich S_0 ist, oder dass ihre Endpunkte auf einem zweiten Kreise liegen, der in der Höhe S_0 über der Ebene P liegt. Zugleich ist φ, der Winkel den irgend ein S mit der entsprechenden Ergänzungslinie des Cylinders macht, gleich $\operatorname{arctang}\left(\delta \cdot \frac{R}{S_0}\right)$; also haben alle S für gleiches δ, d. h. für die Punkte ein und desselben Kreises, gleiche Neigung gegen R, demnach auch gleiche Länge. Blickt man von c nach dem Punkt o des Kreises hin, so ist S linksweisend, wenn R und S positiv sind. Lässt man δ von Null bis ∞ variiren, sowächst der Winkel φ fortwährend, in der Centralaxe ist er Null, im Unendlichen ein rechter. Je weiter man sich also von c entfernt, desto schräger liegen die S; ihre Endpunkte fallen aber sämmtlich in die oben genannte Ebene parallel P.

Legt man nun irgend eine zweite Ebene P' parallel zu P durch den Raum, so ist die Anordnung der S in P' congruent zu der in P, weil jede einzelne Gruppe $R \dotplus S$ sich auf der Richtungslinie von R ohne Aenderung verschieben lässt. Denkt man sich also die oben gegebene Construction für alle Ebenen senkrecht zur Centralaxe wiederholt, so erhält man den ganzen Concurs C.

Die Linien S, welche den Punkten des Cylinders vom Radius δ entsprechen, sind nach dem Gesagten Tangenten von unendlich vielen Schraubenlinien, welche um den Cylinder gelegt werden können. Diese Schraubenlinien haben für ein- und denselben Cylinder alle den gleichen Steigungswinkel $\frac{\pi}{2}-\varphi$ oder $\frac{\pi}{2}-\operatorname{arctang}\left(\delta\frac{R}{S_0}\right)$. Je grösser der Radius des Cylinders, desto kleiner ist der Steigungswinkel. Ist $\frac{R}{S_0}$ positiv, so sind die Schrauben rechtsgewunden, ist $\frac{R}{S_0}$ negativ, so sind sie linksgewunden. Die Ganghöhe einer Schraube ist $2\pi\delta\operatorname{tang}\left[\frac{\pi}{2}-\operatorname{arctang}\left(\delta\frac{R}{S_0}\right)\right]$ oder $2\pi\delta\cot\left(\operatorname{arctang}\delta\frac{R}{S_0}\right)$ oder $2\pi\frac{S_0}{R}$. Es haben also sämmtliche Schrauben die gleiche Ganghöhe $\frac{2\pi S_0}{R}$; diese kann man kurzweg die Ganghöhe des Concurses nennen. Die Lage der Centralaxe, der Werth von R und die Ganghöhe genügen offenbar zur Bestimmung des ganzen Concurses.

Aus dem Aufbau des Concurses ergeben sich ohne weiteres die Sätze:

1) Der Concurs bleibt mit sich selbst in Coincidenz (d. h. alle seine Elemente sind immer noch Elemente desselben Concurses), wenn er parallel der Centralaxe verschoben wird.

2) Er bleibt mit sich selbst in Coincidenz, wenn er um die Centralaxe gedreht wird.

3) Diejenigen Linien eines Concurses, deren Fusspunkte in eine Ebene fallen, haben alle denkbaren Doppelrichtungen; irgend eine und nur eine Linie desselben ist einer willkürlich wählbaren Linie parallel, vorausgesetzt, dass $\frac{S_0}{R}$ endlich und nicht Null ist.

4) Aber es liegen nie zwei Linien einer Ebene eines Concurses in derselben Ebene, sobald $\frac{S_0}{R}$ endlich und von Null verschieden ist.

Strahlen, welche der Centralaxe parallel sind, nennen wir Durchmesser des Concurses. Die Resultanten R fallen überall in die Durchmesser.

Die zuletzt aufgezählten 4 Eigenschaften sind unabhängig davon, ob der Concurs metrisch ist oder nicht; sie sind auch vorhanden, wenn man sich die S beiderseits ins Unendliche verlängert denkt.

In Specialfällen kann $\dot{\Sigma}f$ so beschaffen sein, dass R, oder S_0, oder R und S_0 zu Null wird. Wird R zu Null, so ist das System $\dot{\Sigma}f$ äquivalent dem blossen Vectorenpaar S, und S kann homoparallel mit sich selbst an jeden Punkt des Raumes verlegt werden; der Concurs degenerirt zum Parallelbündel. Ist S_0 gleich Null, so reducirt sich $\dot{\Sigma}f$ für die Centralaxe auf den blossen Vector R. φ wird ein rechter Winkel, alle Axen S stehen senkrecht auf der Centralaxe; ihr Werth ist $\delta . R$. Werden R und S_0 gleichzeitig Null, so ist der ganze Concurs Null.

Anm. 1. Die Bedingung, dass das Moment S senkrecht auf R steht, ist erfüllt für Vectoren f, die in einer Ebene liegen. Also lassen sich ebene Vectorengruppen, deren R endlich ist, immer auf einen einzelnen Vector reduciren, der dann in der Centralaxe der Gruppe liegt. Reducirt man die Gruppe auf einen Punkt O der Ebene, so erhält man an diesem einen Vector R in der Ebene und ein Vectorenpaar, dessen Moment S senkrecht auf der Ebene steht. Die Centralaxe liegt in derjenigen Hälfte der Ebene, die rechts von R liegt, wenn man S an O anheftet und von der Spitze von S aus über R hinblickt, im Abstande $\delta = \frac{S}{R}$ von R.

Eine Gruppe von parallelen Vectoren erfüllt die gleiche Bedingung; reducirt man auf einen Punkt O, so erhält man R und ein dazu senkrechtes Moment S; das weitere, wie so eben.

Anm. 2. Der Concurs lässt sich offenbar construiren, wenn R, S_0 und die Lage der Centralaxe gegeben sind. Ebenso, wenn ausser der Lage der Centralaxe zwei verschiedene S gegeben sind: Man lege eine Ebene P senkrecht zur Centralaxe und verschiebe die beiden S parallel der Centralaxe, bis ihre Anfangspunkte in P liegen. Eine Ebene P', welche senkrecht zur Centralaxe durch den Endpunkt des einen Moments gelegt wird, muss durch den Endpunkt des andern gehen und das auf der Centralaxe zwischen P und P' enthaltene Stück ist S_0. Da φ durch den Winkel von S mit S_0 gegeben ist, findet sich R aus der Beziehung $\operatorname{tang}\varphi = \delta \cdot \frac{R}{S_0}$. Sind drei Momente S', S'', S''' gegeben, so lässt sich nach einer Bemerkung von Chasles die Centralaxe construiren: Man lege die drei S mit Beibehaltung ihrer Richtung an einen Punkt O des Raumes: die Ebene, welche durch ihre Endpunkte geht, steht senkrecht auf der Centralaxe. Normal zu dieser Ebene, also parallel der Centralaxe legen wir zwei Strahlen R' und R'' durch die Anfangspunkte von zweien der Momente, etwa S' und S''. Dann sind die Ebenen $R'S'$ und $R''S''$ Ebenen der Winkel φ: legt man also durch R' eine Ebene Π' senkrecht zu $R'S'$ und durch R'' eine Ebene Π'' senkrecht zu $R''S''$, so schneiden sich Π' und Π'' in der Centralaxe.

Anm. 3. Denkt man sich R als unendlich kleine Drehung eines starren Körpers G und S_0 als Verschiebung desselben, so repräsentirt die Bewegung $R \overset{*}{+} S_0$ eine schraubenförmige Bewegung von G. Ball bezeichnet daher die Gruppe $R \overset{*}{+} S_0$ und alle sie vertretenden Gruppen des Concurses schlechthin als screws, Schrauben; R und S_0 können die heteraptischen Componenten der Schraube genannt werden.

205. Reduction auf den Typus Vectorenkreuz. Satz 1. Zwei sich kreuzende Vectoren liefern, auf den Schraubentypus reducirt, immer zwei von Null verschiedene Componenten R und S_0.

Fig. 96.

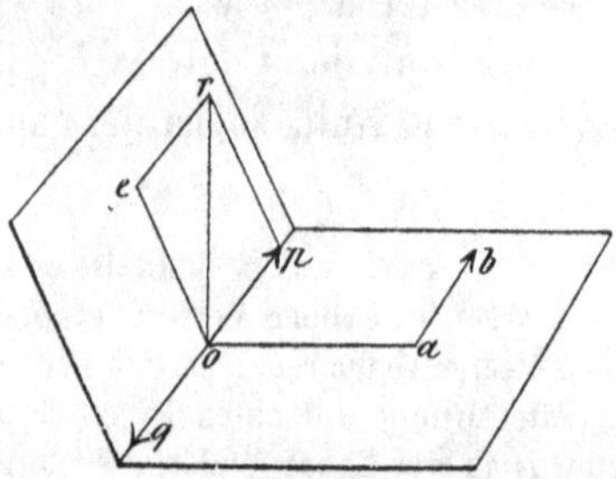

Beweis. Es seien $\overline{oe}$ und $\overline{ab}$, Fig. 96, zwei sich kreuzende Vectoren. Legt man $op \equiv ab$ und $oq \equiv -ab$ an o, so erhält man ein Vectorenpaar $oq \overset{*}{+} ab$, welches nicht Null ist, weil sein Arm nicht Null werden kann; op und oe liefern eine Resultante or, die nicht Null ist, weil ab nicht parallel oe ist, also op nicht gleiche Doppelrichtung mit oe haben kann; zugleich steht or nicht senkrecht auf dem Moment von $oq \overset{*}{+} ab$, weil op für sich senkrecht auf diesem Moment steht. Also etc.

Nur wenn die Kreuzung zur Schneidung degenerirt, wird S für den Schnittpunkt Null, und wenn sie zum Parallelismus degenerirt, kann R zu Null werden.

Satz 2. Umgekehrt lässt sich jedes System $\overset{*}{\Sigma} f$, bezw. jede Schraube „Vector nebst Moment“, deren R und S_0 endlich sind, auf zwei sich kreuzende Vectoren reduciren.

Beweis. Das System $\overset{*}{\Sigma} f$ sei am Punkt o, Fig. 97 S. 577, auf die Resultante or und das Moment os reducirt. Durch o lege man die Ebene U senkrecht zu os; os repräsentirt dann in U ein Vectorenpaar $oq \overset{*}{+} ab$, welches beliebig gewählt werden kann unter der bekannten Bedingung, dass $\overline{oa} . \overline{ab} = \overline{os}$ ist, wenn oa senkrecht zu ab steht. oq setzt sich mit or zu einer Resultante oe zusammen, die nicht in die Ebene U fällt, weil oq in ihr und r über oder unter ihr liegt. oe und ab sind also sich kreuzende Vectoren und sind zusammen äquivalent mit $or \overset{*}{+} os$.

Die Zusammenstellung zweier sich kreuzenden Vectoren nennen wir ein Vectorenkreuz.

Die Construction Fig. 97 des Vectorenkreuzes kann an jedem Punkte o des Raumes, und an jedem auf unendlich viele Arten ausgeführt werden, da die Grösse der Kraft oq willkürlich ist, wenn man den Arm des Paares $oq \overset{*}{+} ab$ entsprechend variiren lässt. Alle die Vectorenkreuze aber, welche einer bestimmten Summe $\dot{\Sigma}f$ äquivalent sind, haben eine gemeinsame Eigenschaft, nämlich:

Satz 3. Das Tetraeder, welches die beiden Vectoren eines Kreuzes zu Gegenkanten hat, besitzt für alle äquivalenten Kreuze denselben Inhalt $\frac{1}{6}RS_0$.

Fig. 97.

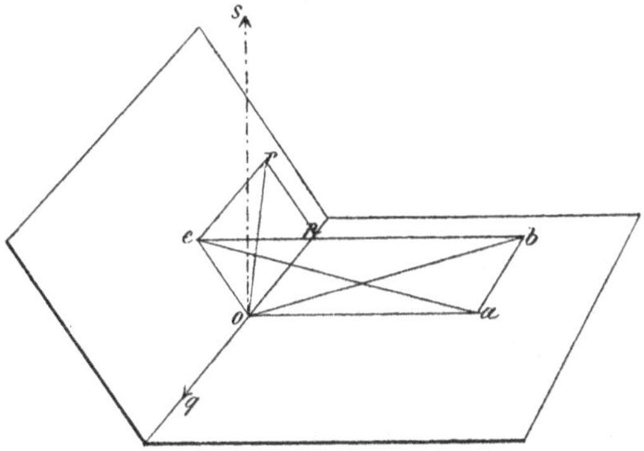

Beweis. Fig. 97 ist nach Fig. 96 copirt, nur sind ausser $os = S$ die Verbindungslinien oa, ob, ea, eb eingezeichnet, welche die Kanten des Tetraeders bilden. Betrachten wir oab als Grundfläche des Tetraeders und nennen h seine Höhe, so ist sein Inhalt $\frac{1}{3}(oab).h$. Dabei ist oab das halbe Moment des Kräftepaares $oq \overset{*}{+} ab$, also $\frac{1}{2}S$; die Höhe h aber ist die Projection von oe auf S, und da er parallel der Ebene U ist, ist h auch die Projection von or auf S, also $R\cos\varphi$. Folglich ist der Inhalt $\frac{1}{6}RS\cos\varphi$ oder $\frac{1}{6}RS_0$.

Das Kreuz $oe \overset{*}{+} ab$ ist offenbar verschieden von den Kreuzen $oe \overset{*}{+} ba$ oder $eo \overset{*}{+} ab$. Also muss der Inhalt des Tetraeders, wenn die vorstehende Beziehung möglich sein soll, verschiedener Vorzeichen fähig sein. Wir rechnen ihn positiv, wenn der eine der beiden Vectoren für einen Menschen, der im andern positiv postirt ist, nach links weist; der Mensch heisst positiv postirt, wenn seine Füsse sich im Anfangspunkt des Vectors befinden, sein Kopf im Endpunkt desselben steht. Ist ab für oe linksweisend, so ist auch oe linksweisend für ab, und umgekehrt. Macht R mit S einen spitzen Winkel, so ist die Ganghöhe $\frac{S_0}{R}$ des Concurses positiv; dann ist, wie aus der obigen Figur zu ersehen, auch das Tetraeder positiv. Die Tetraeder (oe, ba) und (eo, ab) sind negativ und entsprechen ersteres dem Falle, wo S_0 negativ, letzteres dem, wo R negativ ist; das Tetraeder (eo, ba) ist wieder positiv und entspricht dem Falle, wo S_0 und R beide negativ sind.

Specialfälle. Reducirt sich in der Schraube R, S_0 die Resultante R auf Null, so bleibt in Fig. 97 nur das Paar $oq \overset{*}{+} ab$ übrig; das Kreuz degenerirt zum Paar; wird S_0 zu Null, so ist S senkrecht auf R, die Ebene U geht durch or und oe schneidet ab.

206. Das Comitium der Vectorenkreuze. Die beiden Vectoren, welche ein der gegebenen Schraube $R \dotplus S_0$ äquivalentes Kreuz bilden, bedingen einander gegenseitig eindeutig; wir nennen sie daher conjugirte Vectoren; von zwei conjugirten Vectoren kann man, wenn man sie einzeln bezeichnen will, den zuerst ins Auge gefassten den männlichen, den andern den weiblichen nennen. Die Gesammtheit der conjugirten Vectoren, welche der Gruppe $S_0 \dotplus R$ äquivalent sind, bilden eine metrische Mannigfaltigkeit, die wir ein Comitium nennen wollen.

Jeder Vector, der dem Comitium angehört, kann auf seiner Richtungslinie verschoben werden. Unter den Punkten der Richtungslinie ist einer, der der Centralaxe am nächsten liegt; wir denken uns den Vector stets so gelegt, dass sein Anfangspunkt in diesen Punkt fällt, dass also das Perpendikel vom Anfangspunkt auf die Centralaxe auch auf dem Vector senkrecht steht. In dieser „regelrechten" Lage seien alle Vectoren des Comitiums gedacht. Dann tritt folgende Eigenschaft des Comitiums sofort hervor:

Satz 1) Das Comitium bleibt mit sich selbst in Coincidenz, wenn es um die Centralaxe gedreht oder parallel zur Centralaxe verschoben wird.

Denn 1): Denkt man sich auf der Centralaxe R und S_0 aufgetragen, so wird die geometrische Beziehung zweier Vectoren zu der Gruppe $R \dotplus S_0$ nicht geändert, wenn man beide Vectoren eine Drehung vom beliebigen Winkel ψ um die Axe machen lässt. 2) Das System $R \dotplus S$ ändert sich nicht, wenn es auf der Centralaxe verschoben wird, also muss auch seine Darstellung durch zwei sich kreuzende Vectoren sich congruent bleiben, wenn man dieselben parallel der Centralaxe verschiebt.

2. Ein Strahl, der senkrecht zur Centralaxe steht, soll ein Normalstrahl heissen. Es sei nun ein Vector L, oder cl, Fig. 98, der Lage und Richtung nach (die Grösse bleibe vorläufig unbestimmt) gegeben; regelrechte Stellung vorausge-

Fig. 98.

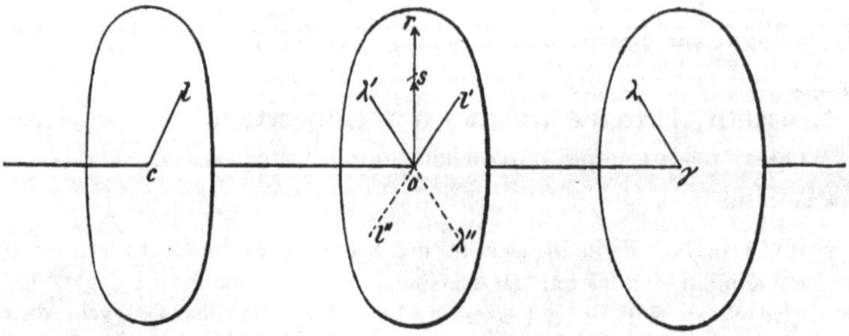

setzt, steht derselbe senkrecht auf dem Normalstrahl oc, der die Centralaxe or in o senkrecht schneidet. or sei R, os sei S_0. Der conjugirte Vector zu L sei Λ, dargestellt durch $\gamma\lambda$. Dann muss Λ die Eigenschaft haben, dass L und Λ bei der Reduction auf o die Resultante R ergeben. L liefert bei der Reduction auf o einen Vector ol' parallel L, Λ liefert einen zweiten $o\lambda'$ parallel λ. Sollen $ol' \dotplus o\lambda' \equiv or$ sein, so müssen ol', $o\lambda'$ und or in dieselbe Ebene fallen; da die Ebene von or und ol' auf co senkrecht steht, heisst das: „Λ muss senkrecht auf co stehen. Ferner liefert L bei der Reduction auf o ein Vectorenpaar $cl \ddagger ol''$, wo $ol'' = -ol'$ ist. Das Moment dieses Vectorenpaars steht senkrecht auf der Ebene lco, d. h. es liegt, in die Ebene $l'or$ geschoben, senkrecht zu co; es heisse om. Ganz ebenso liefert Λ bei der Reduction auf o ein Moment $o\mu$, entsprechend dem Vectorenpaar $\gamma\lambda \ddagger o\lambda''$. Und es muss $om \dotplus o\mu = S_0$ sein; das ist nur möglich, wenn $o\mu$, om und os in die gleiche Ebene fallen; also steht auch $o\mu$ senkrecht auf co, d. h. das Vectorenpaar $\gamma\lambda \ddagger ol''$ liegt in einer Ebene, welche durch co geht. Also geht Λ durch co; die Linie $co\gamma$ ist eine Gerade und ist der kürzeste Abstand zwischen L und Λ. Wir haben also

Satz 2. Der kürzeste Abstand zweier conjugirten Vectoren schneidet die Centralaxe rechtwinklig.

Construirt man also die männlichen Vectoren L für alle Punkte eines Normalstrahls, so liegen die Anfangspunkte der entsprechenden weiblichen Vectoren bei regelrechter Stellung sämmtlich auf dem gleichen Normalstrahl.

Nach dem Gesagten genügt es für die Construction des Comitiums, einen einzigen Normalstrahl zu betrachten. Ja es genügt, dass man alle männlichen Vectoren untersucht, die auf einer Hälfte des Normalstrahls liegen, etwa auf derjenigen, die von o ins negativ Unendliche geht, und zu all diesen männlichen Vectoren ihre weiblichen Conjugaten bestimmt. Denn lässt man diesen Halbstrahl, den „Halbstrahl N“ mit sämmtlichen auf ihm liegenden männlichen und zu ihm gehörigen weiblichen Vectoren um die Centralaxe rotiren, so erhält man die Gesammtheit der Vectoren, deren Fusspunkte in einer Ebene senkrecht zur Centralaxe liegen, und verschiebt man dann dies Gebilde parallel zur Centralaxe, so hat man das ganze Comitium.

Die Gesammtheit der männlichen Vectoren, deren Ansatzpunkte in den Halbstrahl N fallen, nebst den zugehörigen weiblichen Vectoren, wollen wir eine Congruenz nennen. Diesen Namen hat nämlich Plücker für zweifach unendliche Mannigfaltigkeiten eingeführt, und um eine solche handelt es sich hier, wie sich bald ergeben wird. Die Congruenz zerfällt von selbst in zwei Lager, ein männliches und ein weibliches, deren mögliche Lagen wir nun festzustellen haben. Wir betrachten zu dem Zweck die Zusammensetzungsfigur in der mittleren Ebene der Fig. 98, also in der Ebene von rol'. In dieser

Ebene treten zwei Vectoren ol' und $o\lambda'$ zu der Resultante R, und zwei auf jenen senkrechte Momente zu dem resultirenden Moment S_0 zusammen. Es können nun offenbar nicht ol' und $o\lambda'$ gleichzeitig stumpfe Winkel mit R machen, sondern es muss wenigstens einer der beiden Winkel $l'or$ oder $\lambda'or$ spitz sein. Daraus ergeben sich drei mögliche Lagen von ol' und $o\lambda'$, wenn $\frac{S}{R}$ positiv ist, und drei, wenn $\frac{S}{R}$ negativ ist. Fig. 99 No. 1 bis 6 stellt die sechs denkbaren Stellungen dar; in jeder Nummer ist om das zu ol' und $o\mu$ das zu $o\lambda'$ gehörige Moment

Fig. 99.

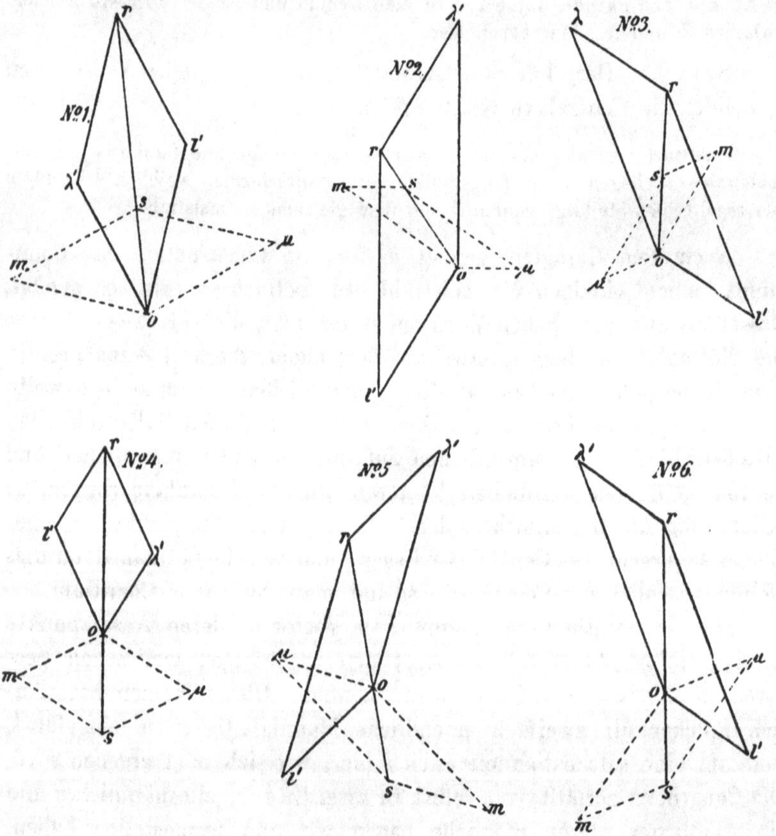

Man überzeugt sich leicht, dass wenn irgend eins der Momente umgekehrt wird, die beiden Momente nicht mehr die vorgeschriebene geometrische Summe S_0 ergeben. Nun muss aber jede Kraft L oder Λ so liegen, dass sie linksziehend erscheint, wenn man sie von ihrer Momentaxe (Füsse in o, Kopf in m oder μ) aus betrachtet. Und daraus folgt für die 6 Figuren:

No. 1. $\frac{S}{R}$ positiv, L und Λ machen spitze Winkel mit R. L liegt über, Λ unter der Ebene der Zeichnung. Legt man einen Cylinder so, dass der Strahl N seine Axe bildet, nennt die über der Zeichnung befindliche Hälfte des Cylinders die negative, und zählt die Quadranten des Cylinders von R ab so, dass derjenige als der erste gilt, der von oben angesehen, rechts von R liegt, so liegt das ganze männliche Lager der L im ersten Quadranten des Cylinders über der Ebene der Zeichnung, das weibliche im vierten Quadranten unter dieser Ebene. L und Λ sind, von or aus angesehen, linksziehend.

No. 2. $\frac{S}{R}$ positiv, L macht einen stumpfen, Λ einen spitzen Winkel mit R, ersteres im dritten, letzteres im ersten Quadranten. L und Λ liegen beide unter der Ebene der Zeichnung. Das männliche Paar der L liegt im dritten, das weibliche im ersten Quadranten. Von den beiden Kräften L und Λ erscheint diejenige, welche den stumpfen Winkel mit R macht, von or aus linksziehend.

No. 3. $\frac{S}{R}$ positiv, die Winkel wie ad 2, aber der stumpfe Winkel liegt im zweiten, der spitze im vierten Quadranten. L und Λ liegen beide über der Ebene der Zeichnung, dass männliche Lager im zweiten, das weibliche im vierten Quadranten. Von den beiden Kräften L und Λ erscheint diejenige, welche den stumpfen Winkel mit R macht, linksziehend von or aus.

Man bemerkt nun sofort: denkt man sich die beiden Lager der Figur No. 3 nebst dem zugehörigen Halbstrahl N um 180° um die Centralaxe gedreht, so erhält man die Gruppirung der Figur 2; denn was in Fig. 3 über der Ebene der Zeichnung liegt, rückt bei der Drehung unter dieselbe, der Inhalt des letzten Quadranten rückt in den ersten und der des zweiten in den dritten, die Nummern 2 und 3 sind also nicht selbständige Fälle, sondern bilden zusammen nur einen Fall, da (2) aus (3) durch Umdrehung um die Centralaxe gewonnen wird. Wir wollen uns im Folgenden das männliche Lager immer über der Ebene der Zeichnung denken, behalten also No. 3 als typischen Fall bei.

No. 4. $\frac{S}{R}$ negativ. L und Λ machen spitze Winkel mit R, L liegt über, Λ unter der Ebene der Zeichnung. Aber hier liegt L (das männliche Lager) im letzten, Λ (das weibliche) im ersten Quadranten, umgekehrt wie in 1.

No. 5. $\frac{S}{R}$ negativ, L im dritten, Λ im ersten Quadranten. L und Λ liegen beide über der Ebene der Zeichnung, beide Lager fallen über dieser Ebene in den dritten und ersten Quadranten. Diejenige Kraft, welche mit R den stumpfen Winkel macht, ist, von or aus angesehen, rechtsziehend.

No. 6. $\frac{S}{R}$ negativ, L im zweiten, Λ im vierten Quadranten. Beide Lager liegen unter der Ebene der Zeichnung. Wie (2) aus (3), so wird (6) aus (5) erhalten, indem man den Halbstrahl N, der von o nach oben geht, eine Drehung von 180° um die Centralaxe machen lässt. Der Fall (6) ist also eben so wenig selbständig wie (2); wir lassen ihn bei Seite.

Wir betrachten nun zunächst den Fall 1 näher: das männliche Lager liegt über der Ebene der Fig. 99 No. 1, auf der linken, negativen Hälfte der Fig. 98, im ersten Quadranten. Den absoluten Abstand eines männlichen Vectors L von o bezeichnen wir mit D, und den absoluten Werth des Winkels $l'or$ mit w. Der absolute Werth des Abstandes zwischen $\varLambda$ und o sei $\varDelta$, der absolute Winkel $\lambda'or$ sei φ. Dann ist die Bedingung $ol' \hat{+} o\lambda' \equiv or$ ausgedrückt durch

$$(1) \quad L\cos w + \varLambda\cos\varphi = R, \qquad (2) \quad L\sin w - \varLambda\sin\varphi = 0.$$

Ferner ist om längengleich DL, $o\mu$ gleich $\varDelta\varLambda$, $\angle mor = \frac{\pi}{2} - w$, $\angle \mu or = \frac{\pi}{2} - \varphi$. Also ist die Bedingung $om \hat{+} o\mu = os$ ausgedrückt durch

$$(3) \quad DL\sin w + \varDelta\varLambda\sin\varphi = S_0, \qquad (4) \quad DL\cos w - \varDelta\varLambda\cos\varphi = 0.$$

Es bestehen also zwischen $D, L, w, \varphi, \varDelta, \varLambda$ vier von einander unabhängige Gleichungen; zwei von den 6 Grössen bestimmen sonach die übrigen. Als unabhängige Variable wählen wir D und w. Statt der 4 vorstehenden Gleichungen kann man auch die folgenden benutzen, die leicht aus Fig. 99 No. 1 abzuleiten sind:

$$(5) \quad L : R = \sin\varphi : \sin(w+\varphi), \qquad (6) \quad \varLambda : R = \sin w : \sin(w+\varphi),$$

$$(7) \quad DL : S_0 = \cos\varphi : \sin(w+\varphi), \qquad (8) \quad \varDelta\varLambda : S_0 = \cos w : \sin(w+\varphi).$$

Ist a ein Punkt des negativen Halbstrahls $o(-x)$ Fig. 100, so bilden die durch a gehenden Vectoren L ein Büschel, dessen Linien den ersten Quadranten füllen; ihr D hat einen bestimmten, für alle gemeinsamen Werth. Multiplicirt man nun Gl. (2) mit $\varDelta$ und substituirt sie in (3), so findet sich

$$L\sin w(D+\varDelta) = S_0.$$

Dividirt man Gl. (6) in (8), so erhält man $\varDelta = \frac{S_0}{R}\cot w$, und wenn man dies in die vorstehende Gleichung einführt, kommt

$$(9) \qquad L = \frac{RS_0}{DR\sin w + S_0\cos w}.$$

L ist demnach in der Ebene seines Büschels, welche senkrecht auf dem Halbstrahl N steht, Function von w. Betrachten wir den Halbstrahl

Fig. 100.

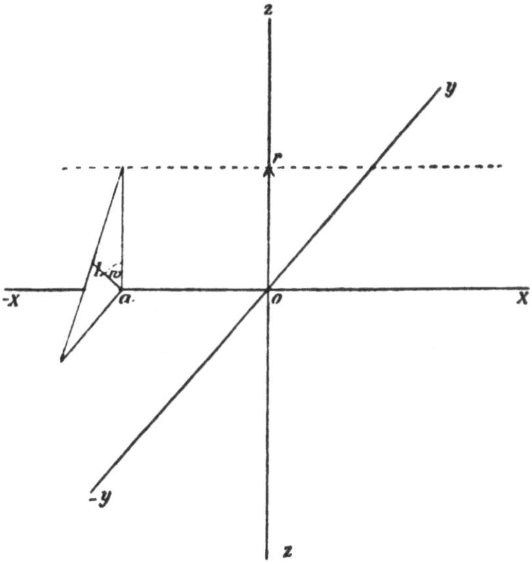

N als Axe der $-x$, die Centralaxe als Axe der z und legen eine Axe der y senkrecht zu beiden durch o, so ist $L \sin w$ das $-y$ des Endpunktes von L, und $L \cos w$ das z desselben Punktes. Gl. (9) ist also gleichbedeutend mit

$$-DRy + S_0 z = RS_0.$$

Das ist die Gleichung einer geraden Linie, welche die Länge aller durch a gehenden L bestimmt; diese Gerade heisse die **Limitante** des Büschels; wir haben dann den Satz:

Sämmtliche Vectoren des „Büschels a" besitzen eine gradlinige Limitante.

Setzt man $w = o$, so wird $L = R$ für jeden Werth von D. Die oberen Endpunkte aller Limitanten liegen also in einer Geraden parallel zum Halbstrahl N (Axe der $-x$), welche durch den Endpunkt r von R geht.

Setzt man $w = \frac{\pi}{2}$, so wird $L = \frac{S_0}{D}$. In diesem Falle ist L das $-y$, D das $-x$ des unteren Endpunktes der Limitante; diese unteren Endpunkte sind also bestimmt durch die Gleichung $-y = \frac{S_0}{-x}$ oder $xy = S_0$; d. h. sie liegen auf dem negativen Ast der gleichseitigen Hyperbel $xy = S_0$, deren Asymptoten die Axen der x und der y sind. Wir können also sagen:

Sämmtliche Limitanten besitzen zwei „Directricen". Von diesen ist die eine eine Gerade $z = R$, die andere eine Hyperbel $xy = S_0$; von beiden Directricen zählt für das männliche Lager der negative Theil. Substituirt man Gl. (4) in die mit D multiplicirte Gl. (1), so findet man

$$\Lambda \cos\varphi (D + \Delta) = DR,$$

und setzt man darin aus (5) und (7)

$$D = \frac{S_0}{R} \cot\varphi,$$

so erhält man

$$(10) \qquad \Lambda = \frac{RS_0}{R\Delta \sin\varphi + S_0 \cos\varphi}.$$

Diese Gleichung stimmt mit (9) völlig überein, wenn man Δ, φ und Λ mit D, w und L vertauscht, also sind die Λ durch Δ und φ genau in derselben Weise bestimmt, wie die L durch D und w. D. h.

Das weibliche Lager ist dem männlichen congruent. Seine Directricen sind die positive Hälfte des Strahles $z = R$ und der positive Ast der Hyperbel $xy = S_0$. Aus Gl. (5) und (6) folgen die schon benutzten

$$(11) \qquad D = \frac{S_0}{R} \cot\varphi, \qquad (12) \qquad \Delta = \frac{S_0}{R} \cot w$$

und hieraus zunächst

$$(13) \qquad D : \Delta = \operatorname{tang} w : \operatorname{tang} \varphi.$$

Die Centralaxe theilt den Abstand zweier conjugirten Vectoren so, dass die Theile sich verhalten wie die Tangenten der Winkel, welche die Centralaxe mit beiden macht.

Ferner aber liefern (11) und (12) die Sätze:

Δ hängt nur von w (nicht von D) und φ nur von D (nicht von w) ab. Dreht sich also der Vector L um den Punkt a, so verschiebt sich Λ parallel mit sich selbst längs dem positiven Halbstrahl N; rückt L parallel mit sich selbst auf dem negativen Halbstrahl N fort, so dreht sich Λ um seinen Angriffspunkt.

Hiernach giebt Fig. 101 ein discontinuirliches Bild der Beziehungen zwischen L und Λ.

Ist a der Mittelpunkt eines Büschels in Fig. 101, so entspricht dem Vector $(a, 1)$, für welchen $w = o$ ist, ein conjugirter, der auf der positiven Hälfte der x-Axe in unendlicher Entfernung liegt; derselbe macht mit der z-Axe den Winkel $\operatorname{arc\,tang}\left(\frac{S_0}{R} \cdot \frac{1}{D}\right)$, ist übrigens unendlich kurz, weil im Unendlichen die Hyperbel mit der Asymptote zusammenfällt, der Winkel der Limitante mit R also verschwindet. Dreht sich der männliche Vector aus der Lage $a, 1$ in die Lagen $(a, 2)$, $(a, 3)$, $(a, 4)$, $(a, 5)$, so rückt der conjugirte weibliche parallel mit sich selbst in die Lagen (II, α), (III, α), (IV, α), (V, α). Lässt man aber einen Vector des Büschels a, z. B. (a, 4) parallel mit sich selbst am Normalstrahl entlang gleiten,

Fig. 101.

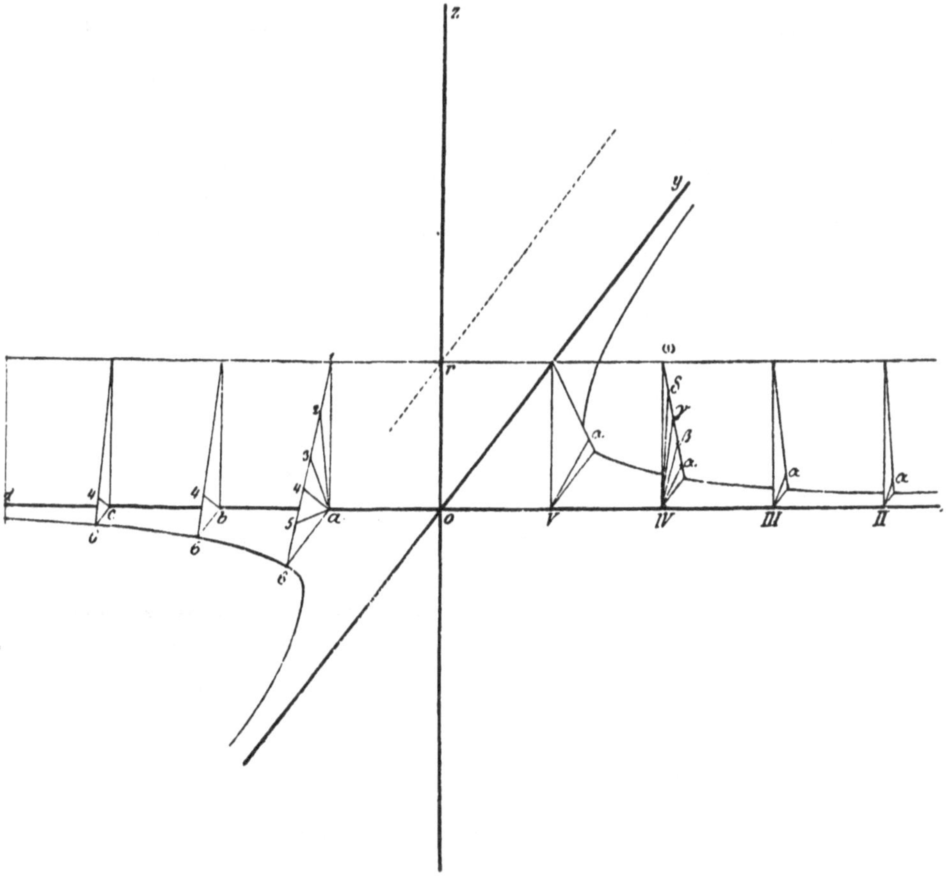

so dass er die Lagen (a, 4), (b, 4), (c, 4), (d, 4) der Reihe nach einnimmt, so dreht sich der conjugirte Vector um den Punkt IV in die Lagen (IV, α), (IV, β), (IV, γ), (IV, δ). Rückt (a, 4) parallel mit sich ins negativ Unendliche, so stellt sich der conjugirte Vector in IV, ω parallel zu R.

In allen Fällen folgt aus der Bedingung $(a, 3) \hat{+} (\mathrm{III}, a) \equiv R$, dass der weibliche Vector (III, a) gleich und homoparallel dem Stück (3, 1) der Limitante ist, welches (a, 3) geometrisch zu R ergänzt. Entsprechendes gilt für alle conjugirten Paare.

Liegt der eine Vector, wie (a, 6), (b, 6), (c, 6), (d, 6) in der xy-Ebene,

$\left(w = \frac{\pi}{2}\right)$, so tritt ein Grenzfall ein, der oben nicht gezeichnet ist, weil er die Figur undeutlich machen würde. Für $w = \frac{\pi}{2}$ erhält man nämlich $\Delta = 0$; der conjugirte Vector rückt in die Ebene der yz, welche durch die Centralaxe geht und auf dem Strahl N senkrecht steht. In dieser Ebene ist die Limitante parallel zur y-Axe. Liegt also ein Vector ∞, 6 in unendlicher Entfernung senkrecht zu R, so ist $\varphi = 0$, sein conjugirter ist or selbst. Rückt der Vector in die Lagen (d, 6), (c, 6) bis (a, 6), so dreht sich der conjugirte um o in der yz-Ebene nach der Seite der $+y$ hin. Rückt der Ansatzpunkt des männlichen Vectors in o selbst, so fällt der männliche in die $-y$-, der weibliche in die $+y$-Axe und beide sind unendlich; die Darstellung des Systems $\dot{\Sigma} f$ durch die conjugirten Vectoren wird also in diesem einzigen Specialfall unbestimmt, R wird durch $\infty - \infty$ und S_0 wird durch $\infty . 0$ ausgedrückt.

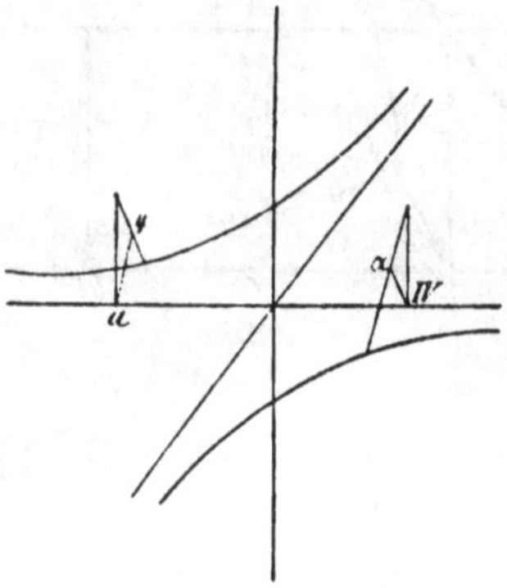
Fig. 102.

Der Fall der Figur 99 No. 4 ist dem vorigen völlig analog; der ganze Unterschied besteht darin, dass die gleichseitige Hyperbel $xy = S_0$ bei negativem S_0 in demjenigen Quadranten der xy-Ebene liegt, welche zwischen $-x$ und $+y$, $+x$ und $-y$ enthalten sind; Fig. 101 erhält also die Lage Fig. 102.

Im Fall der Figur 99 No. 3 lauten die 4 Gleichungen (1) bis (4)

$$L\cos w + \Delta\cos\varphi = R,$$
$$L\sin w - \Delta\sin\varphi = 0,$$
$$DL\sin w - \delta\Delta\sin\varphi = S_0, \quad -DL\cos w - \Delta\delta\cos\varphi = 0,$$

wobei wieder D, w, δ, φ die absoluten Werthe der betreffenden Grösse sind. Die 4 Gleichungen (5) bis (8) aber bleiben

$$L : R = \sin\varphi : \sin(w+\varphi), \qquad \Delta : R = \sin w : \sin(w+\varphi)$$
$$DL : S_0 = \cos\varphi : \sin(w+\varphi), \qquad \Delta\delta : S_0 = \cos w : \sin(w+\varphi).$$

Die Eliminationen ergeben

$$D = \frac{S_0}{R}\cot\varphi, \qquad \delta = -\frac{S_0}{R}\cot w$$

$$L = \frac{RS_0}{RD\sin w + S_0\cos w}, \qquad \Delta = \frac{RS_0}{-R\delta\sin\varphi + S_0\cos\varphi}.$$

Es kann nun zunächst w nur gleich oder grösser als $\frac{\pi}{2}$ sein. Für

$w = \frac{\pi}{2}$ wird $L = \frac{S_0}{D}$; L ist nach der Seite der $-y$ hin gerichtet; die hyperbolische Directrix der L hat also die in Fig. 103 gezeichnete Lage. Für $w = \pi$ wird $L = -R$; die positiven L haben die Richtung nach unten, die negativen gehen also nach oben; die Limitante des männlichen Büschels von a geht durch die Punkte b und c der Fig. 103, wenn $ab = R$. Für den weiblichen Büschel kann φ nur über Null und unter $\frac{\pi}{2}$ liegen. Für $\varphi = 0$ erhält man $\varLambda = R$; die Gerade rb ist also gleichzeitig Directrix der weiblichen Büschel; für $\varphi = \frac{\pi}{2}$ wird $\varLambda = -\frac{S_0}{D}$, und

Fig. 103.

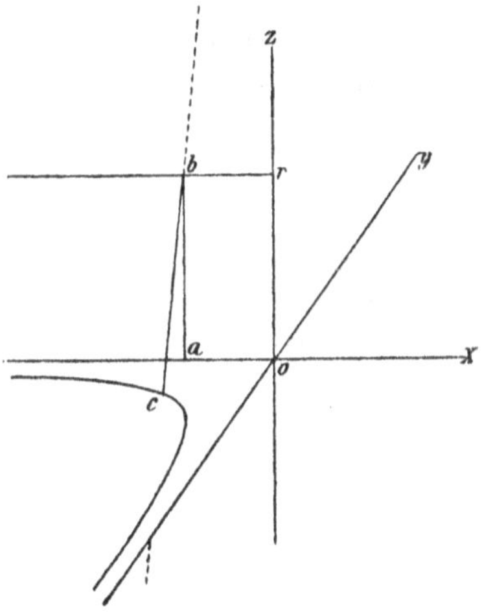

da die positiven $\varLambda$ im vierten Quadranten liegen, müssen die negativen sich im zweiten befinden; der Punkt c ist also auch ein Punkt der Limitante des weiblichen Büschels, und die obige Hyperbel ist gleichzeitig Directrix des weiblichen Lagers.

Fig. 104.

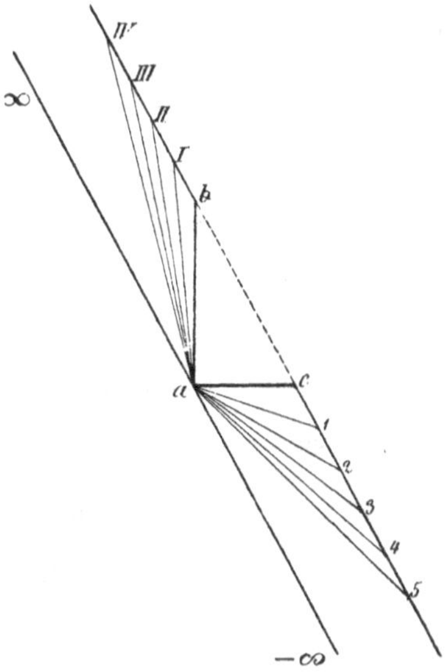

In der Ebene abc liegt aber nun der männliche Theil der Vectoren im zweiten, der weibliche im vierten Quadranten. Es sind also in Fig. 104 die Geraden $(a, 1)$, $(a, 2)$, $(a, 3)$ u. s. w. männliche, die Geraden (a, I), (a, II) u. s. w. weibliche Vectoren. Der männliche Vector $(a\,\infty)$, der parallel mit bc ist, begränzt das Feld der männlichen, seine Verlängerung begrenzt das Feld der weiblichen Vectoren. Diese Grenzlagen sind bestimmt durch die Gleichungen

$RD\sin w + S_0\cos w = 0$ und $-R\varDelta\sin\varphi + S_0\cos\varphi = 0$. Lässt man w und φ über diese Grenzen hinauswachsen, so schlagen die männlichen Vectoren aus dem unteren Feld in das obere um, werden also zu weiblichen, und umgekehrt.

Man bemerke, dass die Directricen in diesem Fall gerade so liegen, wie im Fall der Fig. 101.

Nach dem eben gesagten kann w nur zwischen $\frac{\pi}{2}$ und $\operatorname{arctang}\left(-\frac{S_0}{RD}\right)$ variiren. Für $w = \frac{\pi}{2}$ ist $\varDelta = 0$, für

$$w = \operatorname{arctang}\left(-\frac{S_0}{RD}\right)$$

ist $\varDelta$ gleich D; also ist $\varDelta$ im Allgemeinen stets kleiner als D, der Vector, welcher den spitzen Winkel mit R macht, liegt näher an der Centralaxe. Nur im Grenzfall, wo L und $\varLambda$ beide unendlich werden, fällt D mit $\varDelta$ zusammen; R wird dann durch den unbestimmten Ausdruck $L - \varLambda = \infty - \infty$ dargestellt.

Der Fall der Figur 99 No. 5 endlich ist dem vorigen ganz analog, nur liegen die Directricen wie in Fig. 102.

In allen Fällen gehören die sämmtlichen Limitanten des Strahls N der einen Schaar von Geraden an, welche ein Hyperboloid erzeugt, während die Gerade $z = R$ der zweiten Schaar desselben Hyperboloids angehört.

Einiges Interesse hat noch der Specialfall, wo zwei conjugirte Vectoren aufeinander senkrecht stehen. Derselbe kann offenbar nur im Fall No. 1 und 4 vorkommen. Die Bedingung dafür, dass er eintrete, ist $w + \varphi = \frac{\pi}{2}$ oder $\operatorname{tang}(w+\varphi) = \infty$ oder $1 - \operatorname{tang} w \operatorname{tang}\varphi = 0$, d. i. mit Gl. (11) und (12)

$$(14) \qquad D\Delta = \left(\frac{S_0}{R}\right)^2.$$

Die Ansatzpunkte der Vectorenpaare liegen hiernach in Involution. Setzt man für Δ seinen Werth $\frac{S_0}{R}\cot w$, so wird

$$(15) \qquad D = \frac{S_0}{R}\operatorname{tang} w$$

$$(16) \qquad D + \Delta = \frac{S_0}{R}(\operatorname{tang} w + \cot w) = \frac{S_0}{R}\,\frac{2}{\sin 2w}.$$

Für $w = o$ wird der Abstand $D + \Delta$ unendlich, L liegt in R und Λ im Unendlichen; für $w = \frac{\pi}{2}$ ist der Abstand der beiden Vectoren von einander gleichfalls unendlich, oder Λ liegt in R und L im negativ Unendlichen. Der kleinste

Abstand $D + \Delta$, der überhaupt möglich ist, wird erreicht für $w = \frac{\pi}{4}$ und ist $2 \frac{S_0}{R}$.

Sieht man in Gl. (15) D und w als Coordinaten des männlichen Vectors L an, so stellt sie eine windschiefe Fläche dar; L schraubt sich um den Normalstrahl N, während sein Ansatzpunkt von o ins Unendliche geht. Ebenso Λ. Die Fläche der L setzt sich durch die Centralaxe hindurch continuirlich in die der Λ fort. Aus Gl. (15) und (14) folgt noch

$$\frac{D}{\Delta} = \operatorname{tang}^2 w,$$

aus (10) und (9)

$$L\Lambda = \tfrac{1}{2} R^2 \sin 2w.$$

Dem ametrisch gedachten Comitium gehört jede Linie des Raumes an; m. a. W. jede Doppelrichtung des Raumes kann, wenn man auf ihr eine Länge von passender Grösse und passendem Sinn abschneidet, die eine von zwei Conjugaten sein, welche zusammen ein gegebenes System $R \overset{*}{+} S_0$ repräsentiren.

Denn ist l die Linie, so besitzt sie einen Punkt a, dessen Abstand von der Centralaxe des Systems $R \overset{*}{+} S_0$ im Minimum ist. Zieht man von diesem ein Perpendikel auf die Centralaxe, so ist dies Perpendikel ein Normalstrahl N; auf diesem liegen in a zwei Büschel von Gliedern des Comitiums, nämlich das Büschel, welches zwischen ab und ac der Fig. 104 und dasjenige, welches zwischen $a\infty$ und ab einerseits, $-\infty a$ und ac andererseits enthalten ist. Beide Büschel bilden zusammen ein Büschel, welches den Winkel 2π bestreicht, und da l in der Ebene des Büschels durch a geht, muss es mit irgend einem Gliede des Gesammtbüschels coincidiren.

Das Comitium ist also, wenn es ametrisch gedacht wird, vollkommen unbestimmt; es erhält eine bestimmte Gestalt erst dadurch, dass man die Länge seiner Glieder berücksichtigt.

207. Das Nullsystem. Der Zusammenhang zwischen den Vectorenkreuzen, welche ein gegebenes System $\dot{\Sigma} f$ darstellen können, und dem Concurs der Schrauben, welche dasselbe System $\dot{\Sigma} f$ darstellen, ist im vorigen Paragraphen in metrischer Weise durch die Schrauben $R \overset{*}{+} S_0$ der Centralaxe vermittelt. In ametrischer Weise lässt er sich auch durch folgende Betrachtungen vermitteln.

Jeder Punkt p des Raumes dient einem Moment S des Concurses in regelrechter Lage als Angriffspunkt. Durch jeden Punkt p lässt sich eine und nur eine Ebene Π so legen, dass sie auf S senkrecht steht. Dies Π heisst die Polarebene von p.

Ist eine Ebene Π gegeben, so giebt es für jeden ihrer Punkte ein zugehöriges S; diese S haben nach **204** alle möglichen Doppelrichtungen im Raume, also steht wenigstens eines der S auf Π senkrecht, und eines der S fällt in die Ebene Π.

Fig. 105.

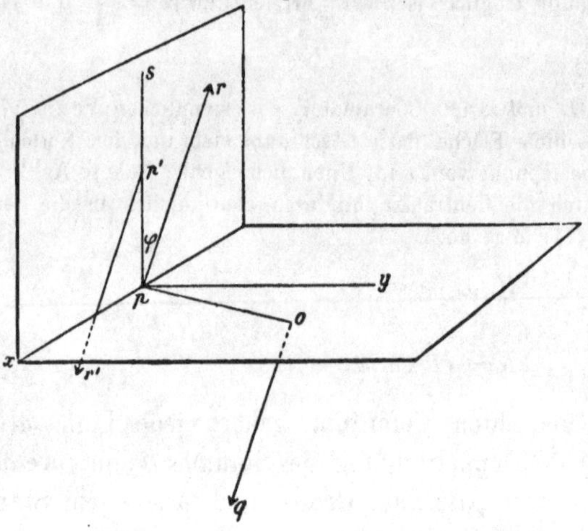

Es sei nun in Fig. 105 p ein Punkt der Ebene Π, in welchem das zugehörige Moment $ps = S_p$ senkrecht auf Π steht, pr sei R, o irgend ein Punkt der Ebene Π. Reducirt man die Gruppe $R + S_p$ auf den Punkt o, so erhält man an o ausser dem Vector R ein Moment, welches sich aus S_p und dem Moment des Vectorenpaares $pr \dotplus oq$ zusammensetzt. Da pr nicht senkrecht auf ps steht, ist das Moment dieses Paares nicht parallel S_p, also ist auch das resultirende Moment S nicht parallel S_p. Es giebt also ausser p keinen Punkt in Π, in welchem das Moment S senkrecht auf Π steht. p heisst der **Pol** der Ebene Π. Wir haben also vorerst die Parallelsätze:

1a. Zu jedem Punkt des Raumes gehört eine durch ihn gehende Polarebene.	1b. Zu jeder Ebene des Raumes giebt es einen in ihr liegenden Pol.

Die Gesammtheit aller Punkte und Ebenen in ihrer gegenseitigen Polarbeziehung nennt Möbius ein **Nullsystem**; er nennt p den Nullpunkt von π und Π die Nullebene von p. Es ist jetzt gebräuchlicher, Pol und Polarebene zu sagen.

Um für das folgende den Punkt o bequem bezeichnen zu können, betrachten wir ps als z-Axe eines dreiaxigen Coordinatensystems, legen durch R und S eine Ebene der zx, nehmen zur Axe der x die durch p gehende Schnittlinie dieser Ebene mit Π, und legen die y-Axe durch p senkrecht zu den beiden andern Axen. o hat dann in der Ebene Π zwei Coordinaten x und y, und der Vector oq, der gleich $-R$ ist, hat drei Componenten; diese sind, wenn φ, wie früher, den Winkel zwischen R und S bezeichnet, $X' = R\sin\varphi$, $Y' = 0$, $Z' = -R\cos\varphi$. Das Moment von oq in Bezug auf den Coordinatenanfang hat also die drei Componenten

$$yZ' - zY' = -yR\cos\varphi, \quad zX' - xZ' = xR\cos\varphi, \quad xY' - yX' = -yR\sin\varphi.$$

Und das resultirende Moment an o hat, da S_p in die drei Componenten $0, 0, S_p$ zerfällt, die Componenten

$$-yR\cos\varphi, \qquad xR\cos\varphi, \qquad -yR\sin\varphi + S_p.$$

Man kann nun y immer so wählen, dass $yR\sin\varphi = S_p$ wird; dann wird das Moment S an o die Componenten

$$-yR\cos\varphi, \qquad xR\cos\varphi, \qquad 0$$

haben. Die Momentcomponente auf der z-Axe ist also dann Null, und es bleiben nur die Momente in der xy-Ebene übrig. Es fällt also dann das resultirende Moment von o in die Ebene Π.

Die Bedingung hierfür ist

$$y = \frac{S_p}{R\sin\varphi}.$$

Diese Gleichung stellt eine gerade Linie dar, welche parallel zur Axe der x im Abstande $\frac{S_p}{R\sin\varphi}$ von dieser liegt, und zwar in derjenigen Hälfte von Π, von wo aus R rechts von S liegt.

2. Alle Punkte dieser Geraden haben demnach die Eigenschaft, dass für sie das Moment S in die Ebene Π fällt. Die Gerade heisst die Characteristik der Ebene Π, kann also auch, da sie durch p eindeutig bestimmt ist (weil Π durch p bestimmt wird) die Characteristik des Punkts p genannt werden.

Wir nehmen irgendwo auf der endlosen Geraden ps, welche kurz mit l bezeichnet werde, einen Punkt p' an und machen $p'r'$ gleich und antiparallel pr. Reducirt man das System $R \dotplus S_p$ auf p', so erhält man an p' ausser S_p das Moment des Paares $pr \dotplus p'r'$. Dies letztere ist augenscheinlich gleich $pp'.R\sin\varphi$, oder, wenn pp' kürzer mit z bezeichnet wird, $zR\sin\varphi$. Dabei ist die Axe dieses Moments parallel der y-Axe. Legt man also die Ebene der yz durch Fig. 105, so erhält man in dieser yz-Ebene den Schnitt Fig. 106, $p's'$ sei $= ps$ gemacht, $p'\mu$ sei $zR\sin\varphi$. Dann ist $p\sigma$ das resultirende Moment von p', und es ist

Fig. 106.

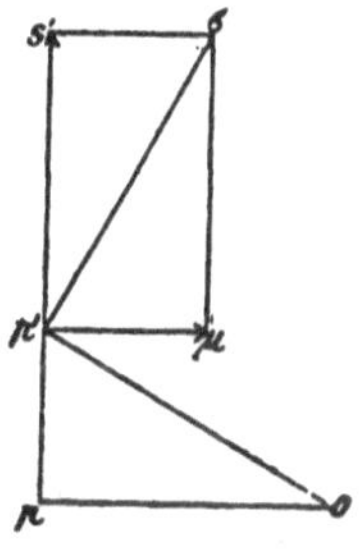

$$\operatorname{tang} s'p'\sigma = \frac{s'\sigma}{p's'} = \frac{Rz\sin\varphi}{S_p}.$$

Ist andererseits o ein Punkt der Characteristik, so ist $\operatorname{tang} pop' = z : \frac{S_p}{R\sin\varphi}$, also $= \frac{Rz\sin\varphi}{S_p}$. D. h. op' steht senkrecht auf $p'\sigma$; und da die Characteristik selbst auf po senkrecht steht, heisst das: $p'\sigma$ steht senkrecht auf einer durch p' und die Characteristik gelegten Ebene, m. a. W. p' ist der Pol dieser Ebene.

3. Bewegt sich also der Punkt p auf seiner Polaraxe, d. h. auf der durch ihn gehenden Geraden, welche senkrecht zu seiner Polarebene steht, so dreht sich seine Polarebene um die Characteristik von p.

Dieser Satz lässt sich verallgemeinern und man kann den zu ihm reciproken aufstellen. Man hat nämlich zunächst

4a. Die Polarebenen aller Punkte von Π gehen durch den Pol von Π.

4b. Die Pole aller durch p gehenden Ebenen liegen auf der Polarebene von p.

Denn das Moment des Paares $pr \dotplus oq$ in Fig. 105 steht senkrecht auf op; ebenso steht S_p senkrecht auf op; also steht das aus beiden resultirende Moment S gleichfalls senkrecht auf op. Eine senkrecht zu S durch o gelegte Ebene geht also durch die Gerade op, d. h. sie geht durch den Punkt p. D. i. der obige Satz.

Denn ist Π' eine der durch p gehenden Ebenen, so muss nach dem links nebenan stehenden Satz die Polarebene von p durch den Pol p' von Π' gehen. Dasselbe gilt für jede andere Ebene Π'' von p, also geht die Polarebene durch alle Pole p', p'' u. s. w.

5a. Dreht sich eine Ebene Π um eine Gerade l, so beschreiben ihre Pole eine zweite Gerade λ.

Denn ist p ein Punkt von l, so liegen die Pole aller durch p gehenden Ebenen in der Polarebene Π von p; ist p' ein zweiter Punkt von l, so liegen die Pole aller Ebenen von p' in der Polarebene Π' von p'. Die Pole aller Ebenen, welche gleichzeitig durch p und p' gehen, liegen also im Durchschnitt von Π mit Π', d. i. auf einer Geraden λ.

5b. Beschreibt ein Pol ein Gerade λ, so dreht sich seine Polarebene um eine Gerade l.

Denn ist Π eine Ebene die durch l geht, so gehen die Polarebenen aller Punkte von Π durch den Pol von Π; ist Π' eine zweite Ebene, die durch l geht, so gehen die Polarebenen aller Punkte von Π' durch den Pol p' von Π'. Die Polarebenen aller Punkte, die gleichzeitig auf Π und Π' liegen, d. h. aller Punkte von λ, gehen also durch p und p', d. h. durch eine Gerade pp' oder l.

Der obige Satz (3) ist der Specialfall von (5b), in welchem λ auf l senkrecht steht.

Satz 6. Ist die Gerade l der Ort aller Polarebenen der Punkte von λ, so ist auch λ der Ort aller Polarebenen der Punkte von l.

Fig. 107.

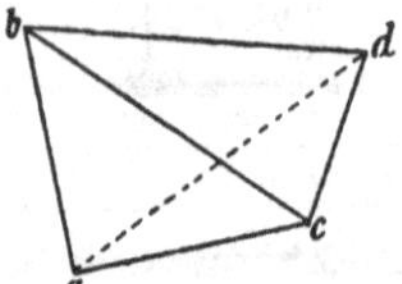

Denn es seien $ab = \lambda$ und $cd = l$ zwei Gerade von der Art, dass cd der Ort der Pole für die Ebenen von ab ist. Dann ist c der Pol der Ebene acb und d der Pol der Ebene adb. Legt man nun durch a die Ebene acd, so geht acd durch c, also liegt der Pol von acd in der Polarebene von c, d. h. in abc; ebenso liegt der Pol von cbd in abd, also liegen die Pole aller Ebenen von cd in ab.

Die Beziehung zwischen l und λ ist also völlig reciprok; jede von beiden ist der Ort der Pole für alle Ebenen und der Ort der Polarebenen für alle Punkte der anderen. λ und l heissen **conjugirte Linien des Nullsystems.**

Liegt λ in einer Ebene Π, so geht l durch den Pol von Π; geht λ durch einen Punkt p, so liegt l in der Polarebene von p.

Polaraxe und Characteristik einer Ebene sind zu einander senkrechte Conjugaten.

Einen zweiten bemerkenswerthen Specialfall bieten die Pole eines Büschels von Parallelebenen. Da der Concurs mit sich in Coincidenz bleibt, wenn er parallel zur Centralaxe verschoben wird, liegen die Pole sämmtlicher Parallelebenen auf einem Durchmesser des Concurses. Die Conjugate eines Durchmessers liegt also in unendlicher Entfernung. Liegen die Parallelebenen senkrecht zur Centralaxe, so ist die Centralaxe selbst der Ort ihrer Pole.

Satz 7. Es kann der Fall eintreten, dass zwei conjugirte Geraden l und λ in eine „Doppellinie" $\mathfrak{L}$ zusammenfallen. Damit eine Gerade Doppellinie sei, ist erforderlich und hinreichend, dass der Pol einer durch sie gehenden Ebene in sie falle, oder, was dasselbe sagt, dass die Polarebene eines ihrer Punkte durch sie gehe.

Denn die Linie $\mathfrak{L}$ gehe durch den Pol p einer Ebene Π, in der sie selbst liegt. Ist dann Π' eine zweite durch $\mathfrak{L}$ gehende Ebene, so liegt der Pol von Π' in Π, weil Π' durch den Pol von Π geht. Er liegt aber auch in Π', also liegt er im Durchschnitt von Π mit Π', d. h. in $\mathfrak{L}$. Verschiebt sich also p auf $\mathfrak{L}$, so dreht sich Π um $\mathfrak{L}$, d. h. $\mathfrak{L}$ repräsentirt gleichzeitig beide Conjugaten l und λ.

Nach dem vorigen Satz bilden die Doppellinien in jeder Ebene Π des Raumes ein Strahlenbüschel, dessen Mittelpunkt der Pol p der Ebene ist, und zu jedem Punkt p des Raumes ein ebenes Strahlenbüschel, dessen Ebene die Polarebene von p ist.

Die Gesammtheit der Geraden, welche der eben ausgesprochenen Bedingung unterliegen, nennt man nach Plücker einen Complex ersten Grades.

[Der eben ausgesprochene Satz spricht die Eigenschaft des Concurses aus:

Satz 8. Eine Gerade, die auf dem Moment S eines ihrer Punkte senkrecht steht, steht auf den Momenten aller ihrer Punkte senkrecht.

Denn als Doppellinie $\mathfrak{L}$ liegt sie in den Polarebenen aller ihrer Punkte.]

Die Eigenschaften des Complexes sind von Plücker auf analytischem Wege näher untersucht. Auf der Hand liegt der

Satz 9. Der Complex bleibt mit sich selbst in Coincidenz, wenn er um die Centralaxe gedreht oder parallel zur Centralaxe verschoben wird.

Denn die Momente des Concurses haben ja diese Eigenschaft.

Satz 10. Jeder Complexstrahl, der eine von den Conjugaten des Nullsystems schneidet, schneidet auch die andere.

Denn sind l und λ die Conjugaten, ist $\mathfrak{L}$ der Complexstrahl, welcher l schneidet, so liegt der Pol der Ebene ($\mathfrak{L}l$) auf λ; er liegt aber auch auf $\mathfrak{L}$, eben weil $\mathfrak{L}$ eine Doppellinie ist, also müssen $\mathfrak{L}$ und λ sich schneiden.

Satz 11. **Umgekehrt: Jede Gerade, welche zwei Conjugirte l und λ schneidet, ist ein Strahl des Complexes.**

Denn ist $\mathfrak{L}$ die Gerade, so liegt der Pol der Ebene ($\mathfrak{L}l$) auf λ, also in dem Punkt, wo λ die Ebene ($\mathfrak{L}l$) schneidet; dieser Punkt liegt aber im Schnittpunkt von $\mathfrak{L}$ mit λ, also in $\mathfrak{L}$ selbst. Also liegt $\mathfrak{L}$ in der Polarebene eines ihrer Punkte, folglich ist sie Doppellinie.

Satz 12. **Zwei Paare conjugirter Geraden l und λ, l' und λ' liegen immer auf einem Hyperboloid und gehören zu derselben Schaar der Erzeugungslinien desselben.**

Denn irgend eine Linie $\mathfrak{L}$, welche l, λ und l' schneidet, muss nach Satz 10 auch λ' schneiden. Also gehört λ' derselben Erzeugungsschaar eines Hyperboloids an, wie l, λ und l'.

Fig. 108.

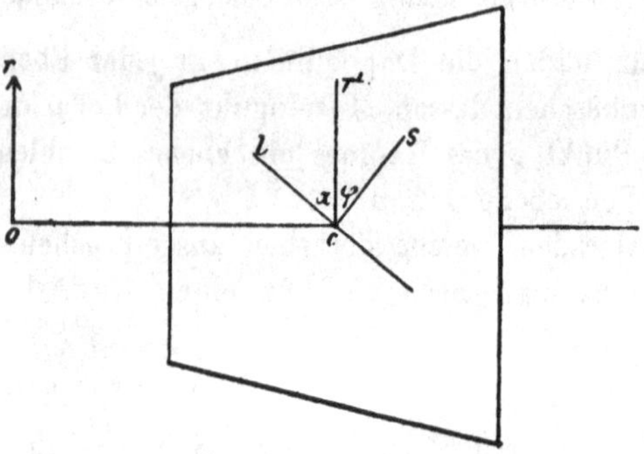

Jeder Complexstrahl hat einen Punkt c, der der Centralaxe am nächsten liegt. Ziehen wir den Normalstrahl N (gleich oc), welcher durch c geht, so steht der Complexstrahl in c erstens senkrecht auf N, zweitens senkrecht auf dem Moment S des Punktes c. (Satz 8.) Nennt man α den Winkel, welchen $\mathfrak{L}$ mit R macht, so ist demnach $\cot\alpha = \operatorname{tang}\varphi$, und da, wenn oc mit δ bezeichnet wird,

$$\operatorname{tang}\varphi = \delta\frac{R}{S_0}$$

war, so ist

$$(1)\qquad \operatorname{tang}\alpha = \frac{S_0}{\delta R}.$$

Satz 13. **Es bilden also die Linien eines Complexes ein zweites System von Tangenten an unendlich viele Schraubenlinien, welche unendlich vielen Cylindern vom Durchmesser δ aufgeschrieben sind, wo δ von 0 bis ∞ variirt. Das System der Schraubenlinien des Complexes steht senkrecht auf dem des Concurses. Im Complex sind die Schraubenlinien um so stärker gegen R geneigt, je näher sie an der Centralaxe stehen. Diejenigen Complexstrahlen, welche sich in der Centralaxe schneiden, stehen senkrecht auf ihr, die im Unendlichen** liegenden sind ihr parallel. Die Ganghöhe einer Schraube vom Durchmesser δ ist $2\pi\delta . \cot\alpha$, also

$$\frac{2\pi\delta^2 S_0}{R}.$$

Man nennt $\frac{S_0}{R}$ den Parameter des Complexes, die Geraden, welche der Centralaxe parallel laufen, heissen Durchmesser desselben. Der mit 2π multiplicirte Parameter des Complexes ist die Ganghöhe des Concurses; die Durchmesser sind für Complex und Congruenz identisch. Concurs und Complex können offenbar als zwei nahe verwandte Species derselben Gattung von dreifach unendlichen Mannigfaltigkeiten aufgefasst werden; geometrisch ist diese Verwandschaft durch den Satz (13) ausgedrückt; wie sie sich analytisch ausdrückt, wird sich bei der Untersuchung über die Coordinaten der Vectoren herausstellen.

Wir kehren nun einen Augenblick zum Comitium der Vectorengruppe zurück. Es seien L und Λ zwei conjugirte Gerade desselben, ω ein Punkt von Λ. Legt man durch L und ω eine Ebene Ω, so steht das Moment S des Punktes ω auf dieser Ebene senkrecht; denn reducirt man L und Λ auf den Punkt ω, so erhält man daselbst eine Resultante $L \dotplus \Lambda$ und ein Kräftepaar, dessen Ebene mit Ω zusammenfällt. Also ist ω der Pol von Ω, d. h. Λ ist der Ort der Pole aller durch L gehenden Ebenen. Also:

Satz 14. Die conjugirten Paare des Nullsystems sind die Richtungslinien der conjugirten Paare des Comitiums der Vectorenkreuze.

Die Doppellinien des Nullsystems entsprechen den degenerirten Vectorenkreuzen, in welchen der männliche und weibliche Vector auf der gleichen Richtungslinie unendliche Werthe von entgegengesetzter Richtung bekommen.

Die Identität zwischen Conjugaten des Comitiums und Conjugaten des Nullsystemes (oder des Complexes) kann sich natürlich nur auf Richtung und Lage erstrecken, da die letzten ametrisch gedacht sind.

208. Die directe Zusammensetzung zweier Systeme $R \dotplus S_0$ mittels des Cylindroids. Nach allem Vorstehenden ist ein Vectorensystem $\dot{\Sigma} f$ völlig bestimmt, wenn 1) die Lage seiner Centralaxe, 2) Grösse und Sinn des resultirenden Vectors R, 3) S_0 oder das Verhältniss $\frac{S_0}{R}$, der „Parameter des Vectorensystems" gegeben ist. Die Grössen R und $\frac{S_0}{R}$, auf der Centralaxe gegeben, bestimmen gleichzeitig vollständig den metrischen Concurs der Momente S, so wie das Comitium der Vectorenkreuze, die Grösse $\frac{S_0}{R}$ allein bestimmt mit der Lage der Centralaxe das Nullsystem und den Complex der Doppellinien. (Nullsystem und Complex haben ein Bestimmungsstück weniger als Concurs und Comitium, weil erstere ametrisch sind.)

Die auf der Centralaxe gegebenen Werthe R und $\frac{S_0}{R}$ betrachten wir also als bequemste Normalform, in der das System $\dot{\Sigma} f$ gegeben sein kann, schreiben ϖ statt $\frac{S_0}{R}$ und bezeichnen das in der Normalform gegebene Vectorensystem als „Schraube (R, ϖ)".

Es seien nun zwei Vectorensysteme (R', ϖ') und (R'', ϖ'') auf zwei Centralaxen A' und A'' gegeben; wie untersuchen, was über die Zusammensetzung derselben zu bemerken ist.

Zunächst werde angenommen, dass die beiden Centralaxen einander rechtwinklig schneiden. Die resultirende Grösse $(R' \varpi') \dot{+} (R', \varpi'')$ sei (R, ϖ) und ihre Centralaxe heisse A. Das Moment des resultirenden Systemes auf dieser Centralaxe sei mit S_a bezeichnet, der Winkel, den A mit A' macht, heisse ϑ.

Fig. 109.

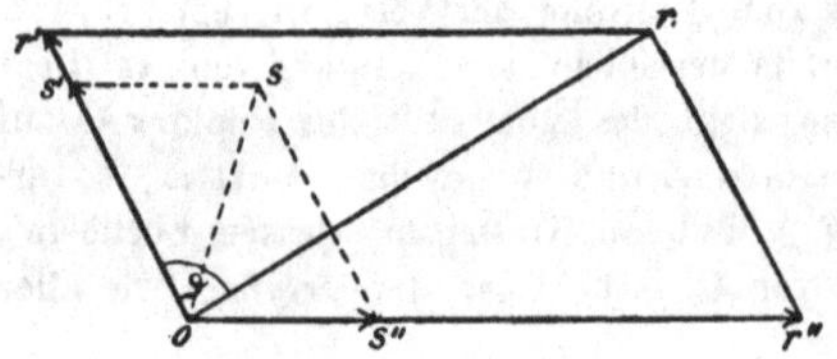

In Fig. 109 sei

$$or' = R', \quad os' = \varpi' R' \text{ u. s. w.}$$

Zunächst setzt sich or' mit or'' zu or zusammen, welches gleich R ist. Da R in der Ebene $R'R''$ liegt, schneidet die Centralaxe A rechtwinklig ein in o auf der Ebene $R'R''$ errichtetes Perpendikel. os', nach or zerlegt, giebt eine Componente $\varpi' R' . \cos\vartheta$ in der Richtung von R, und eine zweite $\varpi' R' \sin\vartheta$ senkrecht zu R. Ebenso liefert os'' die Componenten $\varpi'' R'' \sin\vartheta$ und $-\varpi'' R' \cos\vartheta$, letztere senkrecht zu R. Es ist also einerseits

$$\varpi' R' \cos\vartheta + \varpi'' R'' \sin\vartheta = S_a,$$

und da zugleich $R' = R\cos\vartheta$, $R'' = R\sin\vartheta$, folgt

$$S_a = (\varpi' \cos^2\vartheta + \varpi'' \sin^2\vartheta) R \quad \text{oder}$$

$$(1) \qquad \varpi = \varpi' \cos^2\vartheta + \varpi'' \sin^2\vartheta,$$

zugleich ist offenbar

$$(2) \qquad \operatorname{tang}\vartheta = \frac{R''}{R'} \quad \text{oder} \quad \cos\vartheta^2 = \frac{R'^2}{R'^2 + R''^2}, \quad \sin\vartheta^2 = \frac{R''^2}{R'^2 + R''^2},$$

so dass Gl. (1) auch geschrieben werden kann

$$(1a) \qquad \varpi = \frac{\varpi' R'^2 + \varpi'' R''^2}{R'^2 + R''^2}.$$

Andererseits erhält man senkrecht zu R die Componentensumme $\varpi' R' \sin\vartheta - \varpi'' R'' \cos\vartheta$ oder, da $R' = R\cos\vartheta$, $R'' = R\sin\vartheta$ ist, $(\varpi' - \varpi'') R \sin\vartheta \cos\vartheta$. Ist nun δ der Abstand der Axe A von o, so muss das Moment δR diese Summe tilgen, also muss

$$(3) \qquad \delta = (\varpi' - \varpi'') \sin\vartheta \cos\vartheta = \tfrac{1}{2} (\varpi' - \varpi'') \sin 2\vartheta$$

sein, und δ liegt nach dem früheren auf derjenigen Seite der Ebene RR', von wo aus os links von or erscheint, d. i. diejenige Seite, wo das mit dem grösseren Parameter (in unserem Falle ϖ') behaftete System (R', ϖ') links von dem andern liegt. (In Fig. 109 liegt also A über der Ebene der Zeichnung.)

Zusammen mit der auf der Hand liegenden Gleichung

$$(4) \qquad R^2 = R'^2 + R''^2$$

bestimmen die Gleichungen (1), (2), (3) vollständig das resultirende System (R, ϖ); (2) und (3) geben die Lage seiner Centralaxe, (4) und (1) die Grössen R und S_a auf derselben. ϑ hängt nur von R' und R'' ab, und zwar nur von ihrem Verhältniss, nicht von ihren absoluten Werthen.

Gl. (3) ist leicht zu construiren. Es sei or in Fig. 110 die gleiche Linie, wie in Fig. 109, oz eine Senkrechte zur Ebene $R'R''$, die Ebene von Fig. 110 sei

Fig. 110.

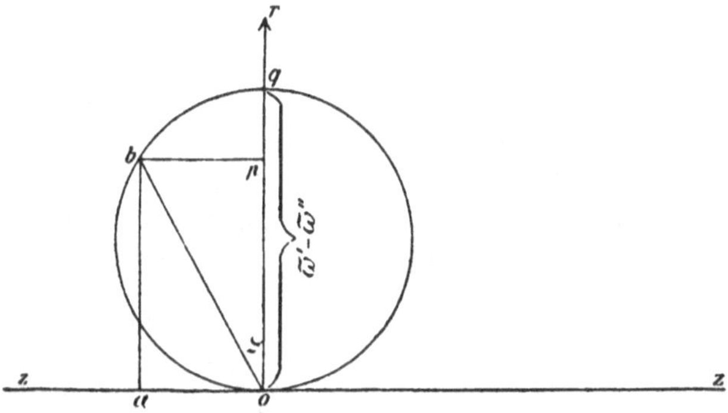

also diejenige, in welcher bei Fig. 109 or und die Centralaxe von (R, ϖ) liegen. Diese Ebene macht mit der durch oz und R' gelegten den Winkel ϑ. Auf or messe man nun die Länge $oq = (\varpi' - \varpi'')$ ab, schlage über oq als Durchmesser einen Kreis und lege in der Ebene des Kreises ob so, dass es mit or den Winkel ϑ macht, und zwar nach derjenigen Seite von or hin, auf der nach dem Obigen die Centralaxe von (R, ϖ) liegt. Dann ist $pb = \frac{1}{2}(\varpi' - \varpi'')\sin 2\vartheta = \delta$, also giebt das von b auf oz gefällte Perpendikel ab die Lage der Centralaxe A an.

Man sieht zugleich dass

$$\frac{\overline{ab}}{\delta} = \cot\vartheta, \quad \text{woraus mit (3)}$$

$$\overline{ab} = (\varpi' - \varpi'')\cos^2\vartheta.$$

Nach Gl. (1) aber ist

$$(5) \qquad \varpi = (\varpi' - \varpi'')\cos^2\vartheta + \varpi'' = \overline{ab} + \varpi''.$$

Die Linie ab giebt also gleichzeitig die Grösse des Parameters ϖ, wenn man den Kreis der Fig. 110 um ϖ'' höher legt, wie das in Fig. 111, S. 598 geschehen ist. Hiermit ist also die Construction der resultirenden Schraube (R, ϖ) vollständig gegeben: R ist gleich $R' \dotplus R''$ und ϖ findet sich nebst der Lage der Centralaxe A durch die Construction Fig. 111 als das Perpendikel ab.

Fig. 111.

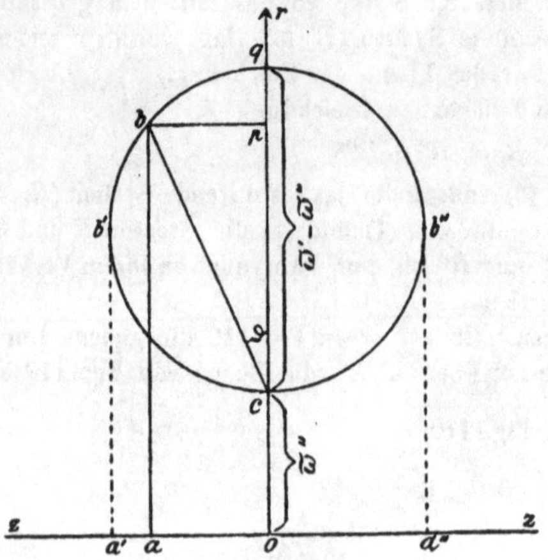

Man denke sich nun, dass in Fig. 109 die Doppelrichtungslinien von R' und R'' ein für allemal gegeben seien, dass ausserdem $\varpi'-\varpi''$ constant gehalten werde, das Verhältniss $\frac{R'}{R''}$ aber alle möglichen Werthe annehme. Dann variirt in der Construction Fig. 111 der Winkel ϑ durch alle möglichen Werthe und demgemäss variirt so wohl die Länge, wie die Lage der Axe A. Bei der Aenderung von ϑ beschreibt also A eine windschiefe Fläche; diese Fläche heisst nach Ball und Cailey (ziemlich unpassend) Cylindroid, und sie ist von Interesse für das ganze Problem der Zusammensetzung von Schrauben. Wir untersuchen sie daher.

Für $\vartheta = o$ fällt ab in or und or in R'; ab hat offenbar seinen grössten möglichen Werth ϖ'. Wächst ϑ, so dreht sich die Ebene zor um oz, und zugleich stellt sich cb schräg gegen cq; ab wird also gleichzeitig kürzer, indem sein Abstand von or zunimmt. Dies dauert an, bis ϑ den Werth $\frac{\pi}{4}$ erreicht hat; dann macht die Ebene zor einen Winkel von 45^0 mit R', und ab wird die Tangente $a'b'$ an den „Parameterkreis" cqb der Fig. 111, δ hat also dann sein Maximum erreicht, und dort ist $\varpi = \frac{1}{2}(\varpi'+\varpi'')$. Wächst ϑ weiter von $\frac{\pi}{4}$ bis $\frac{\pi}{2}$, so wird δ wieder kleiner, und ab geht, sich fortwährend verkürzend, in die Lage oc über; oc steht zugleich rechtwinklig auf R', m. a. W. oc fällt in R''. Wächst ϑ von $\frac{\pi}{2}$ bis $\frac{3\pi}{4}$, so wird δ negativ, ab tritt auf die rechte Seite des Parameterkreises und gelangt schliesslich in die Tangentenlage $a''b''$; dort macht es mit R' einen Winkel von 135^0. Während ϑ von $\frac{3\pi}{4}$ bis π geht, kehrt A aus der Lage $a''b''$ zurück und nähert sich wieder dem Punkte o; für $\vartheta = \pi$ steht A wieder in o, aber abwärts gerichtet, es hat den Werth $-\varpi'$. Geht ϑ von π bis $\frac{5}{4}\pi$, so geht δ wieder von o bis zum ersten Maximum, A hat absolut genommen, dieselben Werthe, wie zwischen $\vartheta = o$ und $\vartheta = \frac{\pi}{4}$, aber A ist dem Vorzeichen nach negativ, es hat die umgekehrte Richtung wie oben. Geht ϑ von $\frac{5\pi}{4}$ bis $\frac{3\pi}{2}$, so geht δ vom Maximum bis o zurück, A geht von der Länge $-\frac{1}{2}(\varpi'+\varpi'')$ auf $-\varpi''$. Geht endlich ϑ von $\frac{3}{2}\pi$ bis 2π, so bewegt sich A zwischen o und a' auf und ab, und seine Werthe sind der absoluten Grösse nach gleich, dem Vorzeichen nach entgegengesetzt denjenigen, die es zwischen $\frac{1}{2}\pi$ und π auf der gleichen Strecke hatte.

Die Strecke $a'a''$ der Geraden oz, auf welcher A entlang gleitet, heisst die Directrix des Cylindroids. Nach dem gesagten gehen durch jeden Punkt a der Directrix eigentlich 4 Axen A, nämlich ab' für $\vartheta = \vartheta'$, ab'' für $\vartheta = \vartheta' + \pi$, ab''' für $\vartheta = \pi - \vartheta'$ und ab'''' für $\vartheta = 2\pi - \vartheta'$. Je zwei von diesen aber, ab' und ab'', so wie ab''' und ab'''' fallen in eine und dieselbe Doppelrichtungslinie und sind entgegengesetzt gleich. $b'b''$ fällt mit $b'''b''''$ zusammen für $\vartheta = \frac{\pi}{4}$ und $\vartheta = \frac{5\pi}{4}$, $\vartheta = \frac{3\pi}{4}$ und $\vartheta = \frac{7\pi}{4}$, in diesen Lagen hat A die absolute Länge $\frac{1}{2}(\varpi' + \varpi'')$; $b'''b''''$ bildet einen rechten Winkel mit $b'b''$ im Punkte o für $\vartheta = 0$ und $\vartheta = \frac{\pi}{2}$, so wie $\vartheta = \pi$ und $= \frac{3\pi}{2}$. In dieser Lage hat ab' den Werth ϖ' und ab''' den Werth ϖ''. Wir nennen die beiden senkrecht aufeinander stehenden Parameter des Cylindroids für $\vartheta = o$ und $\vartheta = \frac{\pi}{2}$ die Hauptparameter desselben. Die ganze obige Construction zeigt dann, wie das Cylindroid durch die beiden Hauptparameter bestimmt ist.

Fig. 112.

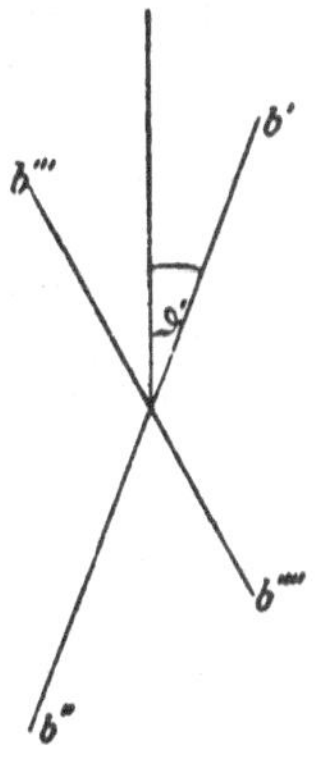

Die ametrische Gleichung des Cylindroids ergiebt sich leicht; wir betrachten oz als die z-Axe, R' als die x-Axe, R'' als die y-Axe eines rechtw. Coordinatensystems; dann ist offenbar für ab

$$(6) \quad \operatorname{tang}\vartheta = \frac{y}{x} \quad \text{und} \quad (7) \quad z = \tfrac{1}{2}(\varpi' - \varpi'')\sin 2\vartheta = (\varpi' - \varpi'')\sin\vartheta\cos\vartheta$$

und wenn man hieraus ϑ eliminirt, findet sich

$$(8) \qquad z(x^2 + y^2) = (\varpi' - \varpi'')xy$$

als Gleichung des Cylindroids. Man beachte aber, dass das Cylindroid in dieser Gleichung ametrisch gedacht ist; Gl. (6) gilt für alle Punkte der unendlich lang gedachten Linie ap. Die geraden Linien, aus denen sich das Gebilde der Gl. (8) erzeugt, sind also auch unendlich lang; das ametrische Cylindroid wird beschrieben durch eine unbegrenzte, zur Directrix senkrechte Gerade, die sich gleichförmig um die Directrix dreht, und zugleich eine harmonische Schwingung längs der Directrix macht, wobei die Periode der Schwingung die Hälfte von der Periode der Drehung ist.

Man sieht aus Gl. (8), dass alle ametrisch gedachten Cylindroide einander ähnlich sind, weil sie nur von einer einzigen Grösse $(\varpi' - \varpi')$ abhängen. Die gleichzeitig mit der Lagenänderung eintretende Längenvariation von A ist in Gl. (8) nicht berücksichtigt; um daher das metrische Cylindroid vollständig zu characterisiren, muss man noch die Gleichung

$$(1) \qquad \varpi = \varpi'\cos^2\vartheta + \varpi''\sin^2\vartheta = \frac{\varpi' x^2}{x^2 + y^2} + \frac{\varpi'' y^2}{x^2 + y^2}$$

zu Hilfe nehmen, in der ϖ die Länge von A angiebt. Man kann streng genommen nicht mehr behaupten, dass alle metrischen Cylindroide einander ähnlich sind, da ja das Verhältniss $\frac{\varpi''}{\varpi'}$ der Hauptparameter bei constantem $\varpi'-\varpi''$ alle möglichen Werthe annehmen kann.

Aus der Construction Fig. 111 ergiebt sich eine bequeme Art, ein Modell des Cylindroids aus dünnen Stäben herzustellen. Man mache die Stäbe drehbar um die Directrix; in eine Ebene zusammengeschoben, müssen sie die Ordinaten des Parameterkreises der Fig. 111 bilden; (d. h. wenn man die 4 Stäbchen ab', ab'', ab''', ab'''' der Fig. 112 alle auf dieselbe Seite der Directrix schiebt; lässt man ab'' in der negativen Richtung von ab', und ab'''' gegenüber von ab''', so bilden sie die Ordinaten zweier Kreise, von denen einer der Parameterkreis Fig. 111, der andere das Spiegelbild desselben relativ zur Ebene der zy ist). Entfaltet man sie fächerartig, so dass der Winkel $\Delta\vartheta$, den ein Stäbchen mit dem folgenden bildet, der zum Bogenabstand beider im Parameterkreis gehörige Peripheriewinkel ist, so bilden sie das Cylindroid.

Die Directrix hat, einerlei ob das Cylindroid metrisch oder ametrisch gedacht wird, immer die bestimmte Länge $\varpi'-\varpi''$; sie ist gleich dem Durchmesser des Parameterkreises.

Die Endlagen (a' und a'') der Erzeugungslinie A bilden Winkel von 45° mit den Hauptparametern.

Sind ϖ' und ϖ'' von gleichem Vorzeichen, so liegt der Parameterkreis ganz ausserhalb der Directrix; ist $\varpi''=0$, so berührt er dieselbe; ist ϖ'' negativ, so schneidet der Parameterkreis die Directrix; dann verschwindet der Parameter ϖ in beiden Schnittpunkten.

Es lässt sich noch beweisen, dass jeder durch die Directrix gehende Cylinder das (ametrische) Cylindroid in einer Ellipse schneidet; auf diese Eigenschaft haben Cailey und Clifford Constructionen der Fläche gegründet.

Die wichtigsten Eigenschaften derselben sind aber die drei folgenden, auf denen seine Verwendung in der Mechanik beruht:

1) Diejenige Erzeugungslinie des Cylindroids, welche der Resultante $R' \mathbin{\hat{+}} R''$ parallel ist, ist der Lage nach die Centralaxe der aus (R', ϖ') und (R'', ϖ'') resultirenden Schraube (R, ϖ), und ihre Grösse giebt zugleich den Werth des resultirenden Parameters ϖ an.

Der Beweis liegt in der Construction des Cylindroids. Es giebt nur eine Erzeugungslinie der verlangten Art, weil zu jedem Werth von ϑ nur ein A gehört.

2) Irgend zwei nach Lage und Länge gegebene Erzeugungslinien bestimmen das Cylindroid vollständig.

Beweis. Die beiden gegebenen Erzeugungslinien seien A und B, ihre Parameter α und β. Die Hauptparameter des Cylindroids seien ϖ' und ϖ''. Der Winkel zwischen A und B sei σ, der Abstand der Axe B von A sei D. Dann haben wir nach dem früheren, wenn η der Winkel ist, den A, und ϑ derjenige, den B mit der Axe des Hauptparameters ϖ' macht, und δ der Abstand von A bis zum Punkt o, δ' derjenige von B bis zum Punkte o,

$$\vartheta-\eta=\sigma, \qquad \delta'-\delta=D$$
$$\alpha=\varpi'\cos^2\eta+\varpi''\sin^2\eta, \qquad \delta=\tfrac{1}{2}(\varpi'-\varpi'')\sin 2\eta$$
$$\beta=\varpi'\cos^2\vartheta+\varpi''\sin^2\vartheta, \qquad \delta'=\tfrac{1}{2}(\varpi'-\varpi'')\sin 2\vartheta.$$

Das sind sechs Gleichungen zur Ermittlung der 6 Unbekannten $\delta, \delta', \eta, \vartheta, \varpi', \varpi''$, durch welche die Lage und Grösse der Hauptparameter, also das ganze Cylindroid, bestimmt wird. Die Elimination ergiebt zunächst

$$\delta'-\delta = D = \tfrac{1}{2}(\varpi'-\varpi'')(\sin 2\vartheta - \sin 2\eta) = (\varpi'-\varpi'')\cos(\eta+\vartheta)\sin(\vartheta-\eta)$$
$$= (\varpi'-\varpi'')\cos(\eta+\vartheta)\sin\sigma,$$
$$\delta'+\delta = \tfrac{1}{2}(\varpi'-\varpi'')(\sin 2\eta + \sin 2\vartheta) = (\varpi'-\varpi'')\sin(\eta+\vartheta)\cos(\vartheta-\eta)$$
$$= (\varpi'-\varpi'')\sin(\eta+\vartheta)\cos\sigma,$$
$$\beta-\alpha = \varpi'(\cos^2\vartheta-\cos^2\eta)+\varpi''(\cos^2\eta-\cos^2\vartheta) = (\varpi'-\varpi'')(\cos^2\vartheta-\cos^2\eta)$$
$$= (\varpi'-\varpi'')\sin(\vartheta+\eta)\sin(\vartheta-\eta) = (\varpi'-\varpi')\sin(\eta+\vartheta)\sin\sigma,$$
$$\beta+\alpha = (\varpi'+\varpi'')+(\varpi'-\varpi'')(\cos^2\eta+\sin^2\vartheta) = \varpi'-\varpi''$$
$$+\tfrac{1}{2}(\varpi'-\varpi'')(\cos 2\eta+\cos 2\vartheta) = (\varpi'+\varpi'')+(\varpi'-\varpi'')\cos(\eta+\vartheta)\cos(\vartheta-\eta)$$
$$=\varpi'+\varpi''+(\varpi'-\varpi'')\cos(\eta+\vartheta)\cos\sigma.$$

Hieraus folgt weiter

$$\beta-\alpha = D\operatorname{tang}(\eta+\vartheta) = D\operatorname{tang}(2\vartheta-\sigma) \qquad \beta+\alpha = \varpi'+\varpi''+D\cot\sigma$$
$$\beta-\alpha = (\delta'+\delta)\operatorname{tang}\sigma \qquad D^2+(\beta-\alpha)^2 = (\varpi'-\varpi'')^2\sin^2\sigma.$$

Und demnach ist nun

$$(9) \quad (\varpi'-\varpi'') = \frac{1}{\sin\sigma}\sqrt{D^2-(\beta-\alpha)^2} \qquad (10) \quad (\varpi'+\varpi'') = \alpha+\beta-D\cot\sigma,$$
$$(11) \quad \vartheta = \tfrac{1}{2}\left[\sigma+\operatorname{arctang}\frac{\beta-\alpha}{D}\right], \qquad (12) \quad \eta = \vartheta-\sigma,$$
$$(13) \quad \delta'+\delta = (\beta-\alpha)\cot\sigma, \qquad (14) \quad \delta'-\delta = D,$$

womit die 6 Grössen bestimmt sind. Das Wurzelzeichen in Gl. (9) bedingt keine Zweideutigkeit; man kann willkürlich ϖ' als den grösseren der beiden Hauptparameter annehmen, dann ist $\varpi'-\varpi''$ positiv, also hat die Wurzel das Vorzeichen von $\sin\sigma$.

Fig. 113.

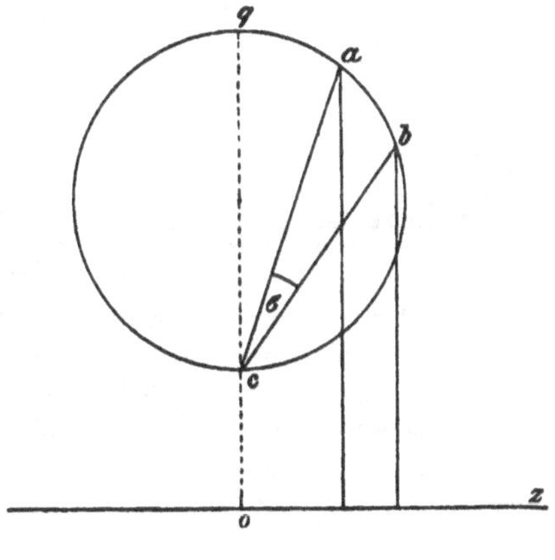

Es ist auch leicht, das durch A und B bestimmte Cylindroid zu construiren. Die Directrix desselben fällt in den kürzesten Abstand von A und B. Man lege durch diesen Abstand und eine der gegebenen Axen, etwa A, eine Ebene und drehe B um die Directrix, bis es in diese Ebene fällt. Ist a der Endpunkt von A, b der von b, so ist der Parameterkreis derjenige Kreis, in welchem der Bogen ab den Periphériewinkel σ fasst. Das Perpendikel zur Directrix, welches durch den Mittelpunkt des Kreises geht, liefert die Hauptparameter ($oc = \varpi''$, $oq = \varpi'$). $\angle acq$ ist der Winkel η, $\angle bcq$ ist ϑ. Von den beiden Kreisen, die der obigen Bedingung genügen, ist derjenige der Parameterkreis, für den die Drehungsrichtung des Leitstrahls ca nach cb hin der Drehung der Ebene (A, oz) in die Lage (B, oz) dem Sinne nach entspricht. Der Hauptparameter ϖ' liegt in derjenigen Ebene, welche mit (A, oz) den Winkel $-\eta$ macht.

Im Falle die beiden gegebenen Axen sich schneiden, bleibt die Construction der Fig. 113 unverändert, die Formeln (9) bis (14) vereinfachen sich. Da $D=0$ wird, erhält man ausser $\delta'-\delta=0$

$$\varpi'-\varpi''=\frac{\beta-\alpha}{\sin\sigma},\quad \vartheta=\tfrac{1}{2}\left(\sigma+\frac{\pi}{2}\right),\quad \eta=\tfrac{1}{2}\left(\frac{\pi}{2}-\sigma\right).$$

Sind A und B gleich lang, so ist $\delta+\delta'=0$, also liegt der Mittelpunkt des Cylindroids in der Mitte zwischen A und B; es ist $\vartheta=\frac{\sigma}{2}$ u. s. w.

3) Sind zwei Axen A und B Centralaxen zweier Vectorensysteme, sind ihre Parameter α und β zugleich die Parameter dieser Vectorensysteme, so dass also diese beiden Vectorensysteme, wenn F' und F'' ihre resultirenden Einzelvectoren sind, kurz als System $(F', \alpha)_{\text{Axe}\,A}$ und $(F'', \beta)_{\text{Axe}\,B}$ bezeichnet werden können, so ist die Centralaxe der heteraptischen Summe $(F', \alpha) \dotplus (F'', \beta)$ eine dritte Axe C desselben Cylindroids, und zwar diejenige, welche der geometrischen Resultante $F' \dotplus F''$ homoparallel ist. Dabei ist der Parameter γ der Axe C der Parameter der heteraptischen Summe $(F', \alpha) \dotplus (F'', \beta)$; die letztere kann also bezeichnet werden als $(F, \gamma)_{\text{Axe}\,C}$.

Beweis. Reducirt man (F', α) auf den Mittelpunkt o des Cylindroids, so erhält man an diesem erstens den Einzelvector F'; macht dieser mit den beiden Hauptparameterrichtungen ϖ' und ϖ'' des Cylindroids die Winkel η und $\frac{\pi}{2}-\eta$, so zerfällt F' in die beiden Componenten $F'\cos\eta$ (in der Richtung von ϖ') und $F'\sin\eta$ (in der Richtung von ϖ''). Ganz ebenso liefert F'', wenn es mit ϖ' den Winkel ϑ macht, zwei Componenten $F''\cos\vartheta$ und und $F''\sin\vartheta$. Und es ist nun, dem Inhalt der Gleichungen (1) bis (4) gemäss

$$(F'\cos\eta, \varpi') \dotplus (F'\sin\eta, \varpi'') \text{ äquivalent mit } (F', \alpha)$$
$$(F''\cos\vartheta, \varpi') \dotplus (F''\sin\vartheta, \varpi'') \text{ äquivalent mit } (F'', \beta),$$

wo ϖ' und ϖ'' wieder die Hauptparameter des Cylindroids sind. Nun liegen $(F'\cos\eta, \varpi')$ und $(F''\cos\vartheta, \varpi')$ auf der gleichen Axe R', summiren sich also algebraisch zu

$$[(F'\cos\eta + F''\cos\vartheta), \varpi'];$$

ebenso summiren sich $(F'\sin\eta, \varpi'')$ und $(F''\sin\vartheta, \varpi'')$ auf der Axe R'' zu

$$[(F'\sin\eta + F''\sin\vartheta), \varpi''].$$

Die beiden Vectoren $(F'\cos\eta + F''\cos\vartheta)$ einerseits und $(F'\sin\eta + F''\sin\vartheta)$ andererseits liefern eine Resultante F, welche offenbar identisch mit $F' \dotplus F''$ ist. Setzen wir abkürzend $F'\cos\eta + F''\cos\vartheta = R'$, $F'\sin\eta + F''\sin\vartheta = R''$, so ist also die heteraptische Resultante $(F', \alpha) \dotplus (F'', \beta)$ nunmehr gegeben in Form von $(R', \varpi') \dotplus (R'', \varpi'')$, d. h. ihre Centralaxe ist diejenige Axe C des Cylindroids, welche mit F parallel ist, (da $F = R' \dotplus R''$) und ihr Parameter ist der Parameter γ der Axe C.

Selbstverständlich kann der Satz: die Axe C ist der Resultante $F' \dotplus F''$ parallel, auch in der Form ausgedrückt werden, dass man sagt: die Axe C

macht mit F' und F'' zwei Winkel σ' und σ'', welche der Bedingung unterliegen $\sin\sigma' : \sin\sigma'' = F'' : F'$.

Mit dem Vorstehenden ist nun das Problem, zwei beliebige Schrauben (R', ϖ') und (R'', ϖ'') geometrisch direct zusammenzusetzen, vollständig gelöst: Man construire das durch beide Schrauben bestimmte Cylindroid, und lege durch die Directrix desselben eine Ebene, welche mit R' und R'' die Winkel σ' und σ'' macht, wo $R' \sin\sigma' = R'' \sin\sigma''$; diese Ebene schneidet das Cylindroid in der Axe C; diese ist der Lage nach die Centralaxe der heteraptischen Summe $(R', \varpi') \overset{*}{+} (R'', \varpi'')$, ihre Länge ist der Parameter der heteraptischen Summe, und der Vector R der letzteren findet sich auf ihr als $R' \hat{+} R''$.

2. Die Coordinaten der linienflüchtigen Vectoren und Vectorensysteme.

209. Coordinaten eines Vectors. Eine Doppelrichtungslinie hat im cartesischen System zwei Gleichungen

$$y = az + p \quad \text{und} \quad y = bz + q.$$

Die vier Constanten a, b, p, q, welche in diesen beiden Gleichungen vorkommen, bestimmen die Linie eindeutig, können also als Coordinaten der Linie angesehen werden. Ein Vector $\overline{AB}$, der sich auf der Linie beliebig verschieben kann, ist bestimmt, wenn man ausserdem noch seine Länge l und seinen Sinn kennt. Die 5 Stücke

$$a, \quad b, \quad p, \quad q, \quad l$$

kann man also als die 5 Coordinaten des Vectors betrachten. Sie haben indessen den Mangel, dass der Sinn des Vectors AB aus ihnen nicht zu ersehen ist, weil die Grössen a und b nur die Doppelrichtung, nicht eine einsinnige Richtung der Linie feststellen; sollte die Bestimmung von $\overline{AB}$ vollständig sein, so müsste ausser der Angabe der obigen 5 Coordinaten noch die Reihenfolge der Endpunkte A und B anschaulich vorgezeigt werden. Die obigen 5 Coordinaten sind daher nicht practisch für metrische Untersuchungen, während a, b, p, q allerdings für ametrische Zwecke manchmal bequem sein können.

Eine völlig brauchbare Coordinatenbestimmung erhalten wir im Anschluss an die Auseinandersetzungen der Paragraphen **1** bis **8** des ersten Buchs. Der Vector $\overline{AB}$ oder v besitzt nämlich 1) drei Projectionen auf die Coordinatenaxen; diese seien X, Y, Z; 2) ein Moment s in Bezug auf den Coordinatenanfang O, welches drei Componenten hat; diese mögen mit L, M, N bezeichnet werden. Dann ist leicht zu beweisen der

Satz. Irgend fünf von den 6 Grössen X, Y, Z, L, M, N reichen zur eindeutigen Bestimmung des linienflüchtigen Vectors v aus,

Beweis. Sind x, y, z die Coordinaten des Angriffspunktes A von v, so ist bekanntlich

$$(1)\qquad L = yZ - zY,$$
$$(2)\qquad M = zX - xZ,$$
$$(3)\qquad N = xY - yX.$$

Aus diesen Gleichunngen folgt unmittelbar, indem man sie der Reihe nach mit X, Y, Z multiplicirt und addirt

$$(4)\qquad XL + YM + ZN = 0.$$

Sind also fünf von den 6 Grössen gegeben, so ist die sechste dadurch linear mitbestimmt. Die drei Grössen X, Y, Z bestimmen nun 1) die Länge v des Vectors $\overline{AB}$ in bekannter Weise

$$(5)\qquad v^2 = X^2 + Y^2 + Z^2$$

und v ist der absolute Werth der Wurzel $\sqrt{X^2 + Y^2 + Z^2}$.

Zweitens bestimmen sie die drei Richtungscosinus von AB in gleichfalls bekannter Weise; sind α, β, γ die Winkel, welche AB mit den Axen macht, so ist

$$(8)\qquad v\cos\alpha = X,\quad v\cos\beta = Y,\quad v\cos\gamma = Z,$$

und die Cosinus liefern, da sie vorzeichenfähig sind, nicht bloss die Doppelrichtung, sondern die eindeutige Richtung von v.

Sind Richtung und Länge von v bekannt, so bedarf man zur vollständigen Bestimmung von v noch eines Punktes seiner Angriffslinie; dieser Punkt kann übrigens auf der Angriffslinie ganz beliebig gewählt werden wegen der Linienflüchtigkeit von v. Wir können also etwa festsetzen, dass sein z gleich Null sein soll: dann bestimmen wir den Durchschnitt der Angriffslinie mit der xy-Ebene. Setzt man in den Gleichungen (1) und (2) $z = 0$, so erhält man

$$(7)\qquad x = -\frac{M}{Z},\quad y = \frac{L}{Z},$$

für den Durchschnittspunkt der Angriffslinie mit der xy-Ebene. Und damit ist der Vector AB offenbar vollständig bestimmt; die Bestimmung ist eindeutig, weil alle Gleichungen (1) bis (7) linear sind.

Setzt man in (1), (2), (3) $y = 0$ oder $x = 0$, so erhält man

$$(7\text{b})\qquad \begin{cases} \text{für den Durchschnitt der Angriffslinie mit } xz\text{: } z = -\dfrac{L}{Y},\ x = \dfrac{N}{Y}; \\ \text{für den Durchschnitt mit der } zy\text{-Ebene: } y = -\dfrac{N}{X},\ z = \dfrac{M}{X}. \end{cases}$$

Wir setzen hiernach fest: Als Coordinaten des Vectors v betrachten wir irgend fünf von den 6 Grössen X, Y, Z, L, M, N, von denen die drei ersten seine Axenprojectionen, die drei letzten seine Axenmomente sind.

Wir wollen, um symmetrische Ausdrücke zu haben, nicht eine bestimmte Auswahl zwischen den 6 Grössen treffen, sondern, wenn ein Vector v bezeichnet werden soll, sie in der Regel alle sechs niederschreiben, dabei im Auge behaltend, dass eine von ihnen vermöge der identischen Gleichung

$$(4) \qquad XL + YM + ZN = 0$$

überzählig ist.

Sind die 6 Grössen X, Y, Z, L, M, N, bzw. 5 derselben, gegeben, so ist nach dem obigen der durch sie dargestellte Vector eindeutig bestimmt. Es ist leicht zu zeigen, dass umgekehrt, wenn der Vector v anschaulich gegeben ist, auch die 6 Coordinaten immer zu ermitteln sind.

Denn ist v gegeben, so sind ausser der Länge v auch die Winkel α, β, γ, welche v mit den Axen macht, bekannt, und man hat $v\cos\alpha = X$, $v\cos\beta = Y$, $v\cos\gamma = Z$. Ausserdem lässt sich der Durchschnittspunkt von v mit der xy-Ebene bestimmen; hat dieser die Coordinaten x, y, 0, so hat man nach Gl. (1) und (2) $L = yZ$ und $M = -xZ$; die überzählige Coordinate N ergiebt sich dann, wenn man sie kennen will, sofort aus Gl. (4).

Das Moment s von v in Bezug auf den Coordinatenanfang ist, wie bekannt

$$(8) \qquad s = \sqrt{L^2 + M^2 + N^2}$$

und seine Axe macht mit den Coordinatenaxen die Winkel λ, μ, ν, wo

$$(9) \qquad s\cos\lambda = L, \quad s\cos\mu = M, \quad s\cos\nu = N.$$

Es bietet sich hier die Aufgabe dar, die elementaren Probleme der analytischen Geometrie gerader Linien aus der Sprache der gewöhnlichen Gleichungen in diejenige der Vectorencoordinaten und umgekehrt zu übertragen. Wir lösen einige derselben.

1. Wie lauten die gewöhnlichen Gleichungen der Richtungslinie eines Vectors v, der in Coordinaten gegeben ist?

Lösung. Gegeben sind X, Y, Z, L, M, N; irgend eine Gerade hat die Gleichungen

$$x = az + p, \qquad y = bz + q.$$

Soll sie die Richtungslinie des Vectors sein, so müssen diese Gleichungen in den Durchschnittspunkten des Vectors mit den Coordinatenebenen erfüllt sein; es muss also nach Gl. (7) und (7b) sein:

Im Durchschnitt $z = 0$, $y = \frac{L}{Z}$, $x = -\frac{M}{Z}$

$$-\frac{M}{Z} = p \qquad \frac{L}{Z} = q.$$

Im Durchschnitt $y = 0$, $z = -\frac{L}{Y}$, $x = \frac{N}{Y}$

$$\frac{N}{Y} = -a\frac{L}{Y} + p \quad \text{oder} \quad a = -\frac{MY + NZ}{LZ} = \frac{X}{Z} \text{ nach (4).}$$

$$0 = -b \cdot \frac{L}{Y} + \frac{L}{Z} \quad \text{oder} \quad b = \frac{Y}{Z}.$$

Die gewöhnlichen Gleichungen der Richtungslinien sind also

$$(10)\qquad x = \frac{Xz - M}{Z}, \qquad y = \frac{Yz + L}{Z}.$$

Das hätte sich noch viel einfacher aus den Gleichungen (1), (2), (3) ergeben. In der That sind, wie man hier deutlich sieht, die Gleichungen (1), (2), (3) nichts anderes als die Gleichungen der Richtungslinien von v.

2. Das Perpendikel vom Anfangspunkt auf v zu bestimmen.

Nennen wir δ das Perpendikel, so ist $\delta . v$ das Moment s des Vectors, also ganz einfach

$$(11)\qquad \delta = \frac{s}{v} = +\sqrt{\frac{L^2 + M^2 + N^2}{X^2 + Y^2 + Z^2}}.$$

3. Die Aufgaben, den Durchschnittspunkt der Geraden mit einer Coordinatenebene, so wie ihre Winkel mit den Axen zu bestimmen, sind auch die Gleichungen (7) resp. (7b) und (6) schon gelöst. Ebenso lösen die Gleichungen (9) die Aufgabe, den Winkel zu bestimmen, welchen das Perpendikel auf der durch den Anfangspunkt und v gehenden Ebene mit den Axen macht.

4. Das Moment des Vectors $\overline{AB}$ in Bezug auf einen beliebigen Punkt O_1 des Raumes zu bestimmen.

Die Coordinaten von O_1 seien x_1, y_1, z_1. Verschiebt man den Anfang des Coordinatensystems nach O_1, so werden die Coordinaten desjenigen Punktes, der im System der x, y, z durch die drei Grössen x, y, z bestimmt ist

$$\xi = x - x_1, \qquad \eta = y - y_1, \qquad \zeta = z - z_1.$$

Also werden die drei Momente von v in Bezug auf die neuen Axen

$$(12)\qquad \begin{cases} L_1 = (y - y_1)Z - (z - z_1)Y, \quad M_1 = (z - z_1)X - (x - x_1)Z \\ \qquad\qquad N_1 = (x - x_1)Y - (y - y_1)Z \end{cases}$$

und

$$(13)\qquad s_1 = \sqrt{L_1^2 + M_1^2 + N_1^2}$$

ist das Moment von v in Bezug auf O_1. Nun ist aber $yZ - zY = L$ u. s. w., so dass die Gleichungen (12) auch geschrieben werden können

$$(14)\qquad L_1 = L - (y_1 Z - z_1 Y), \quad M_1 = M - (z_1 X - x_1 Z), \quad N_1 = N - (x_1 Y - y_1 X).$$

Schreibt man die Gleichungen

$$(14\,\mathrm{a})\qquad L = L_1 + (y_1 Z - z_1 Y), \quad M = M_1 + (z_1 X - x_1 Z), \quad N = N_1 + (x_1 Y - y_1 X),$$

so lassen sie sich bequem in Worte fassen. L_1, M_1, N_1 sind nämlich die Componenten des Moments von v in Bezug auf O_1; $(y_1 Z - z_1 Y)$, $(z_1 X - x_1 Z)$, $(x_1 Y - y_1 X)$ aber sind die Componenten des Moments in Bezug auf O, welches der Vector v haben würde, wenn man seinen Anfangspunkt an die Stelle O_1 verlegte. Die Gleichungen besagen also:

Das Moment eines Vectors v in Bezug auf den Punkt O ist die geometrische Summe aus 1) seinem Moment in Bezug auf den beliebigen Punkt O_1, 2) dem Moment in Bezug auf O, welches der Vector v haben würde, wenn man ihn parallel mit sich selbst an O_1 verlegte.

5. Der Abstand δ_1 des Punktes O_1 von v ist durch die vorstehenden Gleichungen mitbestimmt. Es ist

$$(15) \qquad \delta_1 = \frac{s_1}{v}.$$

6. Den Fusspunkt und die Richtungscosinus des Perpendikels von O_1 auf den Vector v zu bestimmen.

Dieser Fusspunkt liegt auf der Richtungslinie von v; also genügen seine Coordinaten x, y, z den Gleichungen (10) und er ist vollständig bestimmt, wenn sein z bestimmt ist. Nun ist der Abstand des Punktes O_1 vom Punkt x, y, z ausgedrückt durch $r = \sqrt{(x_1-x)^2+(y_1-y)^2+(z_1-z)^2}$, also mit Gl. (10)

$$r^2 = \left(x_1 - \frac{X}{Z}z + \frac{M}{Z}\right)^2 + \left(y_1 - \frac{Y}{Z}z - \frac{L}{Z}\right)^2 + (z_1 - z)^2.$$

Als Bedingung dafür, dass r ein Minimum sei, ergiebt sich durch Differentiation nach z

$$-\left(x_1 - \frac{X}{Z}z + \frac{M}{Z}\right)\frac{X}{Z} - \left(y_1 - \frac{Y}{Z}z - \frac{L}{Z}\right)\frac{Y}{Z} - (z_1 - z) = 0$$

oder

$$(16) \qquad \left\{\begin{aligned} z &= \frac{Z(x_1X+y_1Y+z_1Z)+MX-LY}{X^2+Y^2+Z^2} \\ &\text{und hieraus mit Gl. (10)} \\ y &= \frac{Y(x_1X+y_1Y+z_1Z)+LZ-NX}{X^2+Y^2+Z^2} \\ x &= \frac{X(x_1X+y_1Y+z_1Z)+NY-MZ}{X^2+Y^2+Z^2}, \end{aligned}\right.$$

womit die drei Coordinaten des Fusspunktes bestimmt sind.

Die drei Projectionen des Perpendikels sind $x-x_1$, $y-y_1$, $z-z_1$, seine drei Winkel mit den Axen (φ, ψ, χ) haben also die Cosinus

$$\cos\varphi = \frac{x-x_1}{s_1}v, \quad \cos\psi = \frac{y-y_1}{s_1}v, \quad \cos\chi = \frac{z-z_1}{s_1}v.$$

Selbstverständlich ist $(x-x_1)^2+(y-y_1)^2+(z-z_1)^2 = \delta^2$, wovon man sich durch directe Ausrechnung mit Gl. (16) überzeugen kann.

7. Den Winkel σ zu bestimmen, welchen zwei Vectoren v und v', die durch ihre Coordinaten gegeben sind, miteinander machen.

Werden die Coordinaten etc. von v' entsprechend markirt, so ist, da

$$\cos\sigma = \cos\alpha\cos\alpha' + \cos\beta\cos\beta' + \cos\gamma\cos\gamma'$$

und $\cos\alpha = \frac{X}{v}$ etc.,

$$(17) \qquad \cos\sigma = \frac{XX'+YY'+ZZ'}{vv'}.$$

8. Ganz ähnlich bestimmt sich der Winkel τ, den die Momente beider Vectoren miteinander machen

$$(18) \qquad \cos\tau = \frac{LL'+MM'+NN'}{ss'}.$$

9. Die Bedingung dafür, dass zwei Vectoren aufeinander senkrecht stehen, ist mit (17) offenbar

$$(19) \qquad XX'+YY'+ZZ' = 0.$$

Und die Bedingung dafür, dass ihre Momente bezüglich des Anfangspunktes aufeinander senkrecht stehen

$$(20)\qquad LL'+MM'+NN'=0.$$

Zwei Vectoren sind parallel, wenn $\frac{X}{v}=\frac{X'}{v'}$ u. s. w. oder wenn

$$(21)\qquad \frac{X}{X'}=\frac{Y}{Y'}=\frac{Z}{Z'}\ \text{ist.}$$

Ihre Momente in Bezug auf den Anfangspunkt sind parallel, d. h. die Vectoren liegen in einer durch den Anfangspunkt gehenden Ebene, wenn

$$(22)\qquad \frac{L}{L'}=\frac{M}{M'}=\frac{N}{N'}\ \text{ist.}$$

10. *Den kürzesten Abstand zweier Vectoren v und v' zu bestimmen.*

Es sei O' ein Punkt auf der Richtungslinie des Vectors v', und δ der Abstand dieses Punktes von v. Dann hat man nach (11), (14), (15)

$$\delta=\sqrt{\frac{[L-(y'Z-z'Y)]^2+[M-(z'X-x'Z)]^2+[N-(x'Y-y'X)]^2}{X^2+Y^2+Z^2}}.$$

Da nun O' auf dem Vector v' liegt, genügen seine Coordinaten den Gleichungen (10)

$$x'=\frac{X'}{Z'}z'-\frac{M'}{Z'}\quad\text{und}\quad y'=\frac{Y'}{Z'}z'+\frac{L'}{Z'}.$$

Man hat also

$$(23)\qquad \begin{cases} \delta^2(X^2+Y^2+Z^2)=\left[L-\left(\frac{Y'}{Z'}z'+\frac{L'}{Z'}\right)Z+z'Y\right]^2 \\ +\left[M-z'X+\left(\frac{X'}{Z'}z'-\frac{M'}{Z'}\right)Z\right]^2+\left[N-\left(\frac{X'}{Z'}z'-\frac{M'}{Z'}\right)Y\right. \\ \left.+\left(\frac{Y'}{Z'}z'+\frac{L'}{Z'}\right)X\right]^2. \end{cases}$$

Durch Differentiation nach z' ergiebt sich hieraus, dass δ^2 ein Minimum wird für

$$0=\left[L-\left(\frac{Y'}{Z'}z'+\frac{L'}{Z'}\right)Z+z'Y\right]\left(Y-\frac{Y'}{Z'}Z\right)$$
$$+\left[M-z'X+\left(\frac{X'}{Z'}z'-\frac{M'}{Z'}\right)Z\right]\left(\frac{X'}{Z'}Z-X\right)$$
$$+\left[N-\left(\frac{X'}{Z'}z'-\frac{M'}{Z'}\right)Y+\left(\frac{Y'}{Z'}z'+\frac{L'}{Z'}\right)X\right]\left(\frac{Y'}{Z'}X-\frac{X'}{Z'}Y\right),$$

oder für

$$(24)\quad z'=\frac{(LZ'-L'Z)(YZ'-Y'Z)+(MZ'-M'Z)(ZX'-Z'X)+(L'X+M'Y+NZ')(XY'-X'Y)}{(YZ'-Y'Z)^2+(ZX'-Z'X)^2+(XY'-X'Y)^2}.$$

Die Coordinate z des Punktes, in welchem der Vector v (resp. seine Richtungslinie) vom kürzesten Abstand geschnitten wird, ergiebt sich hieraus ganz einfach, indem man alle nicht accentuirten Grössen accentuirt und von allen accentuirten die Accente weglässt; denn man erhält jene offenbar durch genau dieselbe Rechnung, wenn man von Anfang an die Accentuirung vertauscht. Also ist

$$(25)\quad z=\frac{(L'Z-LZ')(Y'Z-YZ')+(M'Z-MZ')(Z'X-ZX')+(LX'+MY'+N'Z)(X'Y-Y'X)}{(Y'Z-YZ')^2+(Z'X-ZX')^2+(X'Y-XY')^2}.$$

Die Nenner von z und z' sind identisch, ebenso die beiden ersten Glieder in den Zählern; also ist

$$\text{(26a)} \qquad z'-z=\frac{(XY'-X'Y)(L'X+LX'+M'Y+MY'+N'Z+NZ')}{(Y'Z-YZ')^2+(Z'X-ZX')^2+(X'Y-XY')^2},$$

und daraus ergiebt sich durch cyclische Vertauschung, wobei wieder der Nenner unverändert bleibt

$$\text{(26b)} \qquad x'-x=\frac{(YZ'-Y'Z)(L'X+LX'+M'Y+MY'+N'Z+NZ')}{(Y'Z-YZ')^2+(Z'X-ZX')^2+(X'Y-XY')^2},$$

$$\text{(26c)} \qquad y'-y=\frac{(ZX'-Z'X)(L'X+LX'+M'Y+MY'+N'Z+NZ')}{(Y'Z-YZ')^2+(Z'X-ZX')^2+(X'Y-XY')^2}.$$

Quadrirt und addirt man, so findet sich nach einer auf der Hand liegenden Hebung, wenn der kürzeste Abstand mit D bezeichnet wird

$$\text{(27)} \qquad D=\frac{L'X+LX'+M'Y+MY'+N'Z+NZ'}{[(Y'Z-YZ')^2+(Z'X-ZX')^2+(X'Y-XY')^2]^{\frac{1}{2}}}.$$

Dafür lässt sich auch schreiben

$$\text{(28)} \qquad D=\frac{(L+L')(X+X')+(M+M')(Y+Y')+(N+N')(Z+Z')}{[(Y'Z-YZ')^2+(Z'X-ZX')^2+(X'Y-XY')^2]^{\frac{1}{2}}},$$

denn der ausmultiplicirte Zähler dieses Ausdrucks giebt

$$LX+LX'+L'X+L'X'+MY+MY'+M'Y+M'Y'+NZ+NZ'+N'Z+N'Z',$$

und wenn man hierauf die beiden Gleichungen $XL+YM+ZN=0$ und $X'L'+Y'L'+Z'N'=0$ anwendet, sieht man, dass der Zähler des Ausdrucks (28) mit dem von (27) identisch ist.

Die Richtungscosinus von D findet man als $\frac{x'-x}{D}$ u. s. w. Die Coordinaten der Fusspunkte von D auf v und v' kann man, wenn man sie braucht, aus (24) und (25) durch cyclische Vertauschung vollständig herstellen.

Die Vectoren v und v' schneiden sich, wenn der Zähler von (26) oder (27) Null wird; die Bedingung dafür, dass v und v' sich schneiden, ist also

$$(L+L')(X+X')+(M+M')(Y+Y')+(N+N')(Z+Z')=0.$$

Wird zugleich der Nenner Null, so sind die Vectoren parallel; die Bedingung hierfür ist $Y'Z=Z'Y$ etc. oder

$$\text{(21)} \qquad \frac{Z}{Z'}=\frac{Y}{Y'}=\frac{X}{X'},$$

d. i. Gl. (21). In diesem Falle ist Gl. (27) unbestimmt, D nimmt die Form $\frac{0}{0}$ an. Man findet direct aus Gl. (23), indem man Gl. (21) einführt

$$\delta^2(X^2+Y^2+Z^2)=\left[L-L'\frac{Z}{Z'}\right]^2+\left[M-M'\frac{Z}{Z'}\right]^2+\left[N+\frac{M'}{Z'}Y+\frac{L'}{Z'}X\right]^2,$$

wobei z' aus der Gleichung verschwindet, entsprechend dem Umstande, dass der Abstand zweier Parallelen keine bestimmten Fusspunkte hat. Um den Ausdruck symmetrisch zu machen, bemerke man, dass, da im Fall paralleler Vectoren der Zähler der rechten Seite in (27) Null ist, das letzte Glied rechts der vorstehenden Gleichung sich, wie folgt, umformen lässt:

$$\left[\frac{NZ'+M'Y+L'X}{Z'}\right]^2=\left[-\frac{N'Z+MY'+LX'}{Z'}\right]^2$$
$$=\left[-N'\frac{Z}{Z'}-\frac{MY+LX}{Z}\right]^2=\left[-N'\frac{Z}{Z'}+\frac{NZ}{Z}\right]^2=\left[N-N'\frac{Z}{Z'}\right]^2.$$

Somit wird, wenn man noch im ersten Gliede $\frac{X}{X'}$, im zweiten $\frac{Y}{Y'}$ statt $\frac{Z}{Z'}$ schreibt

$$(29)\quad \delta^2=\frac{1}{X^2+Y^2+Z^2}\left[\left(\frac{LX'-L'X}{X'}\right)^2+\left(\frac{MY'-M'Y}{Y'}\right)^2+\left(\frac{NZ'-N'Z}{Z'}\right)^2\right].$$

In dieser Gleichung kann man auch alle accentuirten Grössen mit nicht accentuirten vertauschen, da es von vorn herein frei gestanden hätte, die Anordnung der Vectoren bei Herstellung der Gleichung (29) zu vertauschen. Eine leichte directe Betrachtung zeigt in der That, dass die Vertauschung der Accente den Werth der rechten Seite von (29) nicht ändert.

Man bemerke noch, dass D in Gl. (28) der Ableitung gemäss (es war nur das Minimum des absoluten Werthes von δ gesucht) ein absoluter Werth ohne bestimmten Sinn ist. Man kann ihm aber ein Vorzeichen geben, indem man festsetzt, die im Nenner stehende Wurzel sei allzeit positiv zu nehmen. D hat dann das Vorzeichen des Zählers. Welches der geometrische Sinn dieses Vorzeichens sei, wird sich im nächsten Paragraphen herausstellen.

11. Welchen Einfluss hat eine Verschiebung des Coordinatensystems auf die Coordinaten eines Vectors?

Die drei Projectionen X, Y, Z bleiben offenbar ungeändert, wenn das Coordinatensystem parallel mit sich selbst beliebig verschoben wird. Die Momente in Bezug auf die Coordinatenaxen dagegen ändern sich; den Betrag der Aenderung liefern die Gleichungen (14). Verschiebt man den Anfangspunkt nach O', und sind ξ, η, ζ die Coordinaten von O', L', M', N' die drei Momente in Bezug auf O', so ist

$$(30)\quad L=L'+(\eta Z-\zeta Y),\quad M=M'+(\zeta X-\xi Z),\quad N=N'+(\xi Y-\eta X).$$

12. Welchen Einfluss auf die Coordinatenbestimmung übt eine Drehung des Coordinatensystems?

In dem rechtwinkligen Coordinatensystem der x, y, z habe der Vector v die Coordinaten X, Y, Z, L, M, N. Durch den gleichen Anfangspunkt werde ein zweites rechtwinkliges Coordinatensystem der ξ, η, ζ gelegt, und in diesem habe v die Coordinaten Ξ, H, Z, Λ, M, N. Es handelt sich darum, die Beziehungen zwischen X, Y, Z, L etc. und Ξ, H, Z, Λ u. s. w. aufzuführen.

Ξ ist die Projection von v auf die Axe der ξ. Die Projection von v auf irgend eine Gerade ist aber identisch mit der Projection von $X \dotplus Y \dotplus Z$ auf dieselbe Gerade, und diese ist die algebraische Summe der Projectionen von X, Y und Z auf die Gerade; also erhält man, bei sofortiger Ausdehnung des Verfahrens auf alle Axen

$$(31)\quad \begin{cases} \Xi = X\cos(x,\xi)+Y\cos(y,\xi)+Z\cos(z,\xi)\\ \mathrm{H} = X\cos(x,\eta)+Y\cos(y,\eta)+Z\cos(z,\eta)\\ \mathrm{Z} = X\cos(x,\zeta)+Y\cos(y,\zeta)+Z\cos(z,\zeta), \end{cases}$$

und da L, M, N, Λ, M, N auch nichts weiter sind, als Projectionen eines und desselben Vectors s auf die Axen, findet sich ebenso

$$(32)\quad \begin{cases} \Lambda = L\cos(x,\xi)+M\cos(y,\xi)+N\cos(z,\xi) \\ \mathrm{M} = L\cos(x,\eta)+M\cos(y,\eta)+N\cos(z,\eta) \\ \mathrm{N} = L\cos(x,\zeta)+M\cos(y,\zeta)+N\cos(z,\zeta). \end{cases}$$

Projicirt man rückwärts Ξ, H, Z auf die Axe der x u. s. w., so erhält man ebenso

$$(33)\quad \begin{cases} X = \Xi\cos(x,\xi)+\mathrm{H}\cos(x,\eta)+\mathrm{Z}\cos(x,\zeta) \\ Y = \Xi\cos(y,\xi)+\mathrm{H}\cos(y,\eta)+\mathrm{Z}\cos(y,\zeta) \\ Z = \Xi\cos(z,\xi)+\mathrm{H}\cos(z,\eta)+\mathrm{Z}\cos(z,\zeta) \\ L = \Lambda\cos(x,\xi)+\mathrm{M}\cos(x,\eta)+\mathrm{N}\cos(x,\zeta) \\ M = \Lambda\cos(y,\xi)+\mathrm{M}\cos(y,\eta)+\mathrm{N}\cos(y,\zeta) \\ N = \Lambda\cos(z,\xi)+\mathrm{M}\cos(z,\eta)+\mathrm{N}\cos(z,\zeta). \end{cases}$$

Dabei bestehen zwischen den 9 Cosinus, welche in den obigen Gleichungen auftreten, die 6 Gleichungen, in welchen der bequemeren Schreibart wegen die Klammern um (x, ξ) u. s. w. fortgelassen sind

$$(34)\quad \begin{cases} (\cos x,\xi)^2+(\cos y,\xi)^2+(\cos z,\xi)^2 = 1 \\ (\cos x,\eta)^2+(\cos y,\eta)^2+(\cos z,\eta)^2 = 1 \\ (\cos x,\zeta)^2+(\cos y,\zeta)^2+(\cos z,\zeta)^2 = 1, \end{cases}$$

$$(35)\quad \begin{cases} (\cos x,\xi)^2+(\cos x,\eta)^2+(\cos x,\zeta)^2 = 1 \\ (\cos y,\xi)^2+(\cos y,\eta)^2+(\cos y,\zeta)^2 = 1 \\ (\cos z,\xi)^2+(\cos z,\eta)^2+(\cos z,\zeta)^2 = 1, \end{cases}$$

welche beide ausdrücken, dass die Coordinatensysteme rechtwinklig sind. Statt derselben kann man auch die Gleichungen benutzen

$$(36)\quad \begin{cases} \cos(x,\xi)\cos(x,\eta)+\cos(y,\xi)\cos(y,\eta)+\cos(z,\xi)\cos(z,\eta) = 0 \\ \cos(x,\eta)\cos(x,\zeta)+\cos(y,\eta)\cos(y,\zeta)+\cos(z,\eta)\cos(z,\zeta) = 0 \\ \cos(x,\zeta)\cos(x,\xi)+\cos(y,\zeta)\cos(y,\xi)+\cos(z,\zeta)\cos(z,\xi) = 0, \end{cases}$$

$$(37)\quad \begin{cases} \cos(x,\xi)\cos(y,\xi)+\cos(x,\eta)\cos(y,\eta)+\cos(x,\zeta)\cos(y,\zeta) = 0 \\ \cos(y,\xi)\cos(z,\xi)+\cos(y,\eta)\cos(z,\eta)+\cos(y,\zeta)\cos(z,\zeta) = 0 \\ \cos(z,\xi)\cos(x,\xi)+\cos(z,\eta)\cos(x,\eta)+\cos(z,\zeta)\cos)x,\zeta) = 0. \end{cases}$$

Die erste Gleichung drückt aus, dass die beiden Axen der ξ und η, als Vectoren im System der x, y, z aufgefasst, den Winkel $\frac{\pi}{2}$ miteinander machen u. s. w.

13. Welches ist die Bedingung dafür, dass zwei Vectoren in die gleiche Richtungslinie fallen?

Offenbar müssen sie erstens der Bedingung des Parallelismus genügen, ferner müssen ihre Momente in Bezug auf den Anfangspunkt parallel sei, und drittens müssen die Momente sich verhalten, wie die Vectoren selbst. Dies giebt

$$(38)\quad \frac{X}{X'} = \frac{Y}{Y'} = \frac{Z}{Z'} = \frac{L}{L'} = \frac{M}{M'} = \frac{N}{N'}.$$

210. Coordinaten eines Vectorensystems. Gegeben seien n Vectoren v_1, v_2, v_3 u. s. w., deren Coordinaten entsprechend markirt werden. Die heteraptische Summe von allen ist zu suchen. Reducirt man sämmtliche v_n auf den Coordinatenanfang, so erhält man an diesem 1) einen resultirenden Vector R, der gleich $\dot{\Sigma} v_n$ ist. Der Vector R hat drei Coordinaten X, Y, Z, die im allgemeinen einen endlichen Werth besitzen; sein Moment ist Null, da er durch den Anfangspunkt geht. Zu seiner Bestimmung genügen also die drei Grössen X, Y, Z, und es ist nach den Grundsätzen der geometrischen Addition

$$(1) \qquad \begin{cases} X = X_1 + X_2 + X_3 + \cdots \\ Y = Y_1 + Y_2 + Y_3 + \cdots \\ Z = Z_1 + Z_2 + Z_3 + \cdots \end{cases}$$

Bei der Reduction auf O liefert ferner v_1 ein Moment, dessen Betrag s_1 ist, und die drei Componenten von s_1 sind L_1, M_1, N_1, wo $L_1 = yZ_1 - zY_1$ u. s. w. Ebenso liefert s_2 ein Moment mit den Componenten L_2, M_2, N_2 u. s. w. Das resultirende Moment S, dessen Componenten L, M, N seien, ist die Resultante $s_1 \hat{+} s_2 \hat{+} s_3 + \cdots$, also ist

$$(2) \qquad \begin{cases} L = L_1 + L_2 + L_3 + \cdots \\ M = M_1 + M_2 + M_3 + \cdots \\ N = N_1 + N_2 + N_3 + \cdots \end{cases}$$

Die 6 Grössen X, Y, Z, L, M, N, die aus den vorstehenden Gleichungen jederzeit abzulesen sind, wenn man die Einzelvectoren des Systems kennt, bestimmen hiernach erstens den resultirenden Vector R, 2) das resultirende Moment S an O; folglich bestimmen sie das ganze System $R \dot{+} S$ oder $\dot{\Sigma} v_n$. Die Gleichung $XL + YM + ZN = 0$ ist im Allgemeinen nicht mehr erfüllt, wenn in $\dot{\Sigma} v_n$ die Anzahl n grösser als 1 ist (denn wenn $X_1 L_1 + Y_1 M_1 + Z_1 N_1 = 0$ und $X_2 L_2 + Y_2 M_2 + Z_2 M_2 = 0$, so ist nicht allgemein auch $(X_1 + X_2)(L_1 + L_2) + (Y_1 + Y_2)(M_1 + M_2) + (Z_1 + Z_2)(N_1 + N_2) = 0$); es ist also von den 6 Grössen X, Y, Z, L, M, N keine überzählig, weil keine allgemein aus den 5 andern berechnet werden kann. Wir nennen die 6 Grössen die Coordinaten des Systems $\dot{\Sigma} v$ oder $R \dot{+} S$, haben also den Satz:

Ein beliebiges System linienflüchtiger Vectoren hat 6 Coordinaten; 3 von diesen sind die Coordinaten des resultirenden Vectors, 3 diejenigen des resultirenden Moments; alle sechs sind am Anfangspunkt des Coordinatensystems angeheftet. Jede Coordinate (z. B. L) des Systems ist die algebraische Summe der entsprechenden Coordinaten $(L_1 + L_2 + \cdots)$ von sämmtlichen Einzelvectoren, aus denen sich das System zusammensetzt.

Anm. Sind unter den Einzelvectoren v_n Paare vorhanden, so gehen deren Momentcomponenten L_n, M_n, N_n offenbar in die Summen L, M, N ein, ohne die X, Y, Z zu afficiren.

Macht R mit den Coordinatenaxen die Winkel α, β, γ, so ist

$$(3) \qquad R\cos\alpha = X, \quad R\cos\beta = Y, \quad R\cos\gamma = Z.$$

Macht S mit den Coordinatenaxen die Winkel λ, μ, ν, so ist

$$(4) \qquad S\cos\lambda = L, \quad S\cos\mu = M, \quad S\cos\nu = N.$$

Ist φ der Winkel zwischen R und S, so ist hiernach

$$(5) \qquad RS\cos\varphi = XL + YM + ZN.$$

$RS\cos\varphi$ ist aber nach **205.** der sechsfache Inhalt des Tetraeders, welches durch irgend ein dem System äquivalentes Vectorenkreuz gebildet wird; wir haben also den

Satz. Die Grösse $XL + YM + ZN$ giebt den sechsfachen Inhalt des für das Vectorensystem characteristischen Tetraeders an. Sie hat von selbst das Vorzeichen, welches dem Inhalt des Tetraeders zukommt.

Tritt der Specialfall ein, dass $XL + YM + ZN = 0$ wird, so ist das Tetraeder des Vectorensystems Null; das ist nach Gl. (5) auf dreierlei Weise möglich. Nämlich:

1) $R = 0$ oder, was dasselbe sagt, $X = Y = Z = 0$; dann reducirt sich das System auf ein blosses Vectorenpaar, 2) $S = 0$ oder $L = M = N = 0$, dann reducirt es sich auf einen Einzelvector R am Anfangspunkt O, 3) $\cos\varphi = 0$, dann reducirt es sich am Anfangspunkt auf einen Einzelvector R und ein auf diesem senkrecht stehendes Moment, und auf irgend einer nicht durch den Anfang gehenden Angriffslinie auf einen Einzelvector R.

Anm. 1. Der vorstehende Satz Gl. (5) zeigt, was das Vorzeichen des Abstandes D in Gl. (27) und (28) des vorigen Paragraphen bedeutet. Der Zähler in Gl. (28) ist nämlich nichts anderes als das 6 fache Tetraeder, welches die beiden Vectoren v und v' der dortigen Untersuchung zu Gegenkanten hat. Der Abstand D zählt also als positiv, wenn das Tetraeder positiv ist, d. h. wenn der eine Vector, vom andern aus angesehen (Füsse im Anfangs-, Kopf im Endpunkt) linksweisend ist, und umgekehrt.

Wir untersuchen nun, wie sich die Coordinaten eines Vectorensystems ändern, wenn die Coordinatenaxen verschoben werden. Die Verschiebung habe die drei Componenten ξ, η, ζ, also der neue Anfangspunkt O' habe im alten Coordinatensystem die Coordinaten ξ, η, ζ. Die neuen Coordinaten des Vectorensystems seien mit griechischen

Buchstaben bezeichnet. Hat sich das System aus den Vectoren v_1, v_2, v_3 etc. zusammengesetzt, so ist

$$X = X_1 + X_2 + X_3 + \cdots$$
$$L = L_1 + L_2 + L_3 + \cdots$$
$$\Xi = \Xi_1 + \Xi_2 + \Xi_3 + \cdots$$
$$\Lambda = \Lambda_1 + \Lambda_2 + \Lambda_3 + \cdots$$

und nach Aufg. 11 des vorigen Paragraphen ist $\Xi_1 = X_1$, $\Xi_2 = X_2$ u. s. w., also zunächst

$$(1) \qquad \Xi = X, \quad H = Y, \quad Z = Z.$$

Die drei ersten Coordinaten werden durch die Verschiebung nicht abgeändert.

Ferner ist

$$L_1 = \Lambda_1 + (\eta Z_1 - \zeta Y_1), \quad L_2 = \Lambda_2 + (\eta Z_2 - \zeta Y_2) \text{ u. s. w.}$$

Demnach ist

$$\Sigma L_n = \Sigma \Lambda_n + \eta \Sigma Z_n - \zeta \Sigma Y_n$$

oder

$$(2) \quad L = \Lambda + \eta Z - \zeta Y, \quad M = \mathsf{M} + \zeta X - \xi Z, \quad N = \mathsf{N} + \xi Y - \eta X.$$

Die Coordinatenverschiebung ändert also die Coordinaten eines Vectorensystems nach demselben Gesetz, wie die des einzelnen Vectors. S ist die geometrische Summe aus S' und dem Moment des an O' verlegten resultirenden Vectors R.

Man sieht leicht, dass auch eine Drehung des Coordinatensystems das Vectorensystem gerade so afficirt, wie den einzelnen Vector; denn in den Gl. (31) bis (33) des vorigen Paragraphen haben alle X_n (X_1, X_2, X_3 u. s. w. der Reihe nach) die gleichen Coefficienten. Die Formeln (31) bis (33) des vorigen Paragraphen genügen demnach für die Coordinaten eines Vectorensystems, wie für die eines einzelnen Vectors, und es ist überflüssig, sie hier noch einmal aufzuführen.

211. Die Centralaxe. Im Coordinatensystem der x, y, z sei die Vectorengruppe X, Y, Z, L, M, N gegeben. O' sei ein Punkt des Raumes, der vom Anfang die Abstände ξ, η, ζ hat. Verlegt man den Anfang des Coordinatensystems in O' und bezeichnet die neuen Coordinaten der Vectorengruppe mit Ξ, H, Z, Λ, M, N, so ist nach dem Vorigen

$$(1) \qquad \Xi = X, \quad H = Y, \quad Z = Z,$$

$$(2) \quad \Lambda = L - \eta Z + \zeta Y, \quad \mathsf{M} = M - \zeta X + \xi Z, \quad \mathsf{N} = N - \xi Y + \eta X.$$

Soll die Axe des resultirenden Moments $\Lambda \mp M \mp N$ in den resultirenden Vector Ξ, H, Z fallen, so muss

$$(3) \qquad \frac{L-\eta Z+\zeta Y}{X} = \frac{M-\zeta X+\xi Z}{Y} = \frac{N-\xi Y+\eta X}{Z}$$

sein.

Das ist ein Gleichungspaar ersten Grades zwischen ξ, η, ζ; die Punkte O', welche der Bedingung genügen, dass für sie das resultirende Moment in die Doppelrichtung des resultirenden Vectors fällt, liegen demnach auf einer und nur einer geraden Linie. Diese ist die Centralaxe der Vectorengruppe, und (3) sind ihre Gleichungen. Berechnet man ξ und η aus der Gl. (3), so erhält man die Gleichungen der Centralaxe in gewöhnlicher Form.

Die Werthe von R und S_0 auf der Centralaxe finden sich, wie folgt:

$$(4) \qquad R^2 = \Xi^2 + H^2 + Z^2 = X^2 + Y^2 + Z^2.$$

S_0 aber ist gleich $S \cos\varphi$, wenn φ der Winkel, den S mit R macht. Es ist aber $\cos\varphi = \frac{XL+YM+ZN}{RS}$, also

$$(5) \qquad S_0 = \frac{XL+YM+ZN}{R}.$$

Denkt man sich das Coordinatensystem der x, y, z so gelegt, dass seine z-Axe in den an O resultirenden Vector $R = X \mp Y \mp Z$ fällt, und dass das Moment $S = L \mp M \mp N$ in der yz-Ebene liegt, so ist $X = Y = 0$ und $L = 0$. Gl. (1) wird dann

$$(6) \qquad \frac{-\eta Z}{0} = \frac{M+\xi Z}{0} = \frac{N}{Z}.$$

Sie kann nur erfüllt sein, wenn

$$(7) \qquad \eta = 0 \quad \text{und} \quad \xi = -\frac{M}{Z}$$

ist. Dies sind die Gleichungen einer Geraden, die im Abstand $-\frac{M}{Z}$ vom Anfang parallel zur z-Axe in der xz-Ebene liegt. Die Centralaxe ist also parallel dem resultirenden Vector R und, da $M = S \sin\varphi$, wenn φ den Winkel zwischen R und S bezeichnet, ist ihr Abstand von R gleich $-\frac{S \sin\varphi}{R}$; die Ebene, welche durch sie und R gelegt wird, steht senkrecht auf der Ebene des Winkels φ.

212. Der Concurs der Momente. Der Anfangspunkt O des Coordinatensystems der x, y, z liege auf der Centralaxe, und die Axe der z falle in die Centralaxe, so zwar, dass die Richtung der positiven z mit der Richtung der Resultante R zusammenfällt. Für diese Lage der Coordinaten ist erstens

$$X = Y = 0, \quad Z = R,$$

zweitens

$$L = M = 0, \quad N = S_0,$$

wenn S_0 das Moment der Vectorengruppe in Bezug auf den Punkt O ist.

Verschiebt man zunächst das Coordinatensystem, so dass der Anfangspunkt auf der Centralaxe bleibt, $(\xi = 0, \eta = 0, \zeta = \zeta)$, so hat man nach **210** Gl. (2) für die Momente nach der Verschiebung

$$(1) \quad \begin{cases} \Lambda = L - \eta Z + \zeta Y = L = 0, \quad \mathrm{M} = M - \zeta X + \xi Z = M = 0 \\ \mathrm{N} = N - \xi Y + \eta X = N = S_0 \end{cases}$$

und damit den Satz:

„Die Gruppe $R \ddagger S_0$ hat in Bezug auf alle Punkte der Centralaxe dieselben Coordinaten.“

Verschiebt man das Coordinatensystem ganz beliebig, so bleiben, wie in **210** gezeigt wurde, die drei Coordinaten X, Y, Z unverändert; es ist stets $X = 0$, $Y = 0$, $Z = R$. Die resultirenden Vectoren R bilden also an allen Punkten des Raumes ein Bündel von Homoparallelen gleicher Länge.

Die resultirenden Momente S dagegen ändern sich von Punkt zu Punkt; die Aenderung geschieht nach dem Gesetz, dass das zum Punkt ξ, η, ζ gehörige Moment S die drei Coordinaten

$$\Lambda = L - \eta Z + \zeta Y, \quad \mathrm{M} = M - \zeta X + \xi Z, \quad \mathrm{N} = N - \zeta Y + \eta X$$

hat; da aber bei unserer Coordinatenwahl $X = Y = L = M = 0$, so ist

$$(2) \qquad \Lambda = -\eta R, \quad \mathrm{M} = \xi R, \quad \mathrm{N} = S_0.$$

Diese drei Gleichungen bestimmen das S des beliebigen Punkts ξ, η, ζ; sie sind also die Gleichungen des Concurses sämmtlicher S. Schreibt man sie

$$(2\text{b}) \qquad \frac{\Lambda}{\mathrm{N}} = -\eta \frac{R}{S_0}, \quad \frac{\mathrm{M}}{\mathrm{N}} = \xi \frac{R}{S_0}$$

$$(2\text{c}) \qquad \mathrm{N} = S_0,$$

so kommen in den beiden ersten nur die Verhältnisse der Componenten nebst den Abstandscoordinaten ξ, η vor, also nur die beiden Categorien von Grössen, welche sich auf Richtung und Lage der Concursglieder beziehen; die Gl. (2), (2b) sind die ametrischen Gleichungen des Concurses in regelrechter Lage; sie gelten auch dann noch, wenn man sich alle Momente S nach beiden Seiten ins Unendliche verlängert denkt; die Gl. 2c dagegen bestimmt die Länge der Vectoren; sie macht den Concurs metrisch.

Es ist nun leicht zu sehen, dass die Gleichungen (2) dieselbe Construction des Concurses ergeben, die schon in **204** gegeben wurde. In den Gleichungen (2) kommt ζ nicht vor; darin liegt der Satz, dass der Concurs mit sich selbst in Coincidenz bleibt, wenn man ihn parallel der Centralaxe verschiebt. Die Axen der ζ und η sind nur an die Bedingung gebunden, dass sie die Centralaxe senkrecht schneiden, können aber beliebig um die Centralaxe gedreht werden. Die Gleichung $\mathrm{N} = S_0$ sagt aus, dass die Projection eines jeden S auf die Richtung von R gleich S_0 ist. Betrachtet man alle Punkte O', welche in einer Ebene senkrecht zur

Centralaxe liegen, und nimmt diese Ebene zur Ebene der ξ, η, so ist, wenn wir den Abstand OO', wie früher, mit δ bezeichnen, $\delta^2 = \xi^2 + \eta^2$, und die Cosinus der Winkel, welche δ mit den Axen macht, sind der Reihe nach $\xi : \delta$, $\eta : \delta$, 0. Hieraus und aus Gl. (2) folgt $\cos(\delta, S) = 0$ oder S steht senkrecht auf δ; für den Winkel φ, den S mit R oder, was dasselbe sagt, mit der Centralaxe macht, haben wir $\cos\varphi = N/S = S_0/S = S_0/\sqrt{\delta^2 R^2 + S_0^2}$, woraus

$$\sin\varphi = \frac{\delta R}{S}, \quad \operatorname{tang}\varphi = \frac{\delta R}{S_0} \text{ u. s. w.}$$

Man kann nun aber auch die Gleichungen des Concurses in einem andern Licht auffassen. Jedes Glied S des Concurses ist ein Vector, und zwar ein fest angehefteter Vector, da wir uns das S an einem bestimmten Anfangspunkt denken. Als linienflüchtiger Vector würde S fünf Coordinaten $\mathfrak{x}$, $\mathfrak{y}$, $\mathfrak{z}$, $\mathfrak{l}$, $\mathfrak{m}$, $\mathfrak{n}$ haben, zwischen denen die Gleichung

$$(3) \qquad \mathfrak{x}\mathfrak{l} + \mathfrak{y}\mathfrak{m} + \mathfrak{z}\mathfrak{n} = 0$$

besteht. Als angehefteter Vector hat er noch eine 6te Coordinate, nämlich eine von den drei Coordinaten seines Angriffspunkts, etwa ζ; denn sobald ζ bekannt ist, ist auch das ξ und η des Angriffspunktes gegeben, weil ja die Lage der Angriffslinie durch $\mathfrak{x}$, $\mathfrak{y}$, $\mathfrak{z}$, $\mathfrak{l}$, $\mathfrak{m}$ festgestellt ist. Zwischen den 6 Coordinaten irgend eines S muss nun eine Bedingung oder eine Anzahl von Bedingungen bestehen, welchen S genügen muss, wenn es dem Concurs angehören soll. Diese Bedingung oder Bedingungen haben wir zu eruiren.

Geben wir dem Vector S die 6 Coordinaten $\mathfrak{x}$, $\mathfrak{y}$, $\mathfrak{z}$, $\mathfrak{l}$, $\mathfrak{m}$, $\mathfrak{n}$, so sind $\mathfrak{x}$, $\mathfrak{y}$, $\mathfrak{z}$ die Projectionen von S auf die Coordinatenaxen: also ist $\mathfrak{x}$ diejenige Grösse, welche wir oben Λ nannten, $\mathfrak{y}$ ist M, $\mathfrak{z}$ ist N. Es leuchtet zunächst ein, dass die Bedingung $\mathrm{N} = S_0$, welche nunmehr heisst

$$(4) \qquad \mathfrak{z} = S_0,$$

von allen S des Concurses erfüllt wird, und dass sie die Specialbedingung ist, welche den Concurs metrisch macht. Wir behalten sie also, um das metrische vom ametrischen zu sondern, in der vorstehenden Form bei.

S hatte nach dem obigen mit der überzähligen Coordinate 7 Coordinaten $\mathfrak{x}$, $\mathfrak{y}$, $\mathfrak{z}$, $\mathfrak{l}$, $\mathfrak{m}$, $\mathfrak{n}$, ζ, von denen eine, etwa $\mathfrak{n}$, durch Gl. (3) überzählig war und fortgelassen werden kann. Nachdem durch Gl. (4) noch $\mathfrak{z}$ besonders bestimmt ist, bleiben für S noch die 5 Coordinaten $\mathfrak{x}$, $\mathfrak{y}$, $\mathfrak{l}$, $\mathfrak{m}$, ζ übrig; von diesen ist ζ willkürlich zu wählen; ferner ist nach Gl. (2)

$$(5) \qquad \mathfrak{x} = -\eta R, \quad \mathfrak{y} = \xi R;$$

die Coordinaten $\mathfrak{l}$, $\mathfrak{m}$ aber erfüllen die Gleichungen

$$(6) \qquad \mathfrak{l} = \eta\mathfrak{z} - \zeta\mathfrak{y} = \eta S_0 - \zeta\xi R, \quad \mathfrak{m} = \zeta\mathfrak{x} - \xi\mathfrak{z} = -\zeta\eta R - \xi S_0.$$

Eliminirt man ξ und η aus (5) und (6), so erhält man unter Hinzunahme von Gl. (4)

$$(7) \qquad \begin{cases} R\mathfrak{l} + S_0\mathfrak{x} + \zeta R\mathfrak{y} = R\mathfrak{m} + S_0\mathfrak{y} - \zeta R\mathfrak{x} = 0, \\ \mathfrak{z} = S_0. \end{cases}$$

Dies sind die Bedingungen, denen der Vector $\mathfrak{x}$, $\mathfrak{y}$, $\mathfrak{z}$, $\mathfrak{l}$, $\mathfrak{m}$, ($\mathfrak{n}$) mit dem Anheftungspunkt ζ (ξ, η) genügen muss, um Mitglied des Concurses zu sein. Gl. (7) sind die Gleichungen des metrischen Concurses in regelrechter Lage, bezogen auf ein Coordinatensystem, dessen $\mathfrak{z}$-Axe in die Centralaxe fällt.

Lässt man die Gleichung $\mathfrak{z} = S_0$ ganz bei Seite und eliminirt ζ aus den beiden ersten Gl. (7), so findet sich zunächst

$$(8\text{a})\qquad R\mathfrak{l}\mathfrak{x}+S_0\mathfrak{x}^2+R\mathfrak{m}\mathfrak{y}+S_0\mathfrak{y}^2=0.$$

Wegen $\mathfrak{l}\mathfrak{x}+\mathfrak{m}\mathfrak{y}+\mathfrak{n}\mathfrak{z}=0$ kann man dies kürzer schreiben

$$(8)\qquad R\mathfrak{n}\mathfrak{z}=S_0(\mathfrak{x}^2+\mathfrak{y}^2).$$

Aus dieser Gleichung ist das metrische nebst dem Anheftungspunkt verschwunden; sie ist die ametrische Gleichung, welche für ein zwischen zwei beliebigen Endpunkten genommenes Stück der Richtungslinie eines beliebigen Concursgliedes gilt; (8) ist also die ametrische Gleichung des Concurses.

Es ist leicht zu zeigen, dass man mit ihr eine beliebige Linie des Concurses ametrisch construiren kann. Der Punkt ξ, η, ζ sei willkürlich angenommen; wir wollen diejenige Linie des Concurses bestimmen, welche durch ξ, η, ζ geht und in ξ, η, ζ ihren der Centralaxe nächsten Punkt hat. Denken wir uns auf der Linie ein beliebiges Stück *ab* abgeschnitten, dessen drei Projectionen $\mathfrak{x}, \mathfrak{y}, \mathfrak{z}$ sind, so müssen $\mathfrak{x}, \mathfrak{y}, \mathfrak{z}$ der Gl. (8) genügen. Ferner, da wir willkürlich angenommen haben, dass das Perpendikel von ξ, η, ζ auf die Centralaxe auch auf der Linie *ab* senkrecht stehen soll, ist $\xi\mathfrak{x}+\eta\mathfrak{y}=0$. Drittens haben wir die identische Gleichung $\mathfrak{n}=\xi\mathfrak{y}-\eta\mathfrak{x}$. Aus den drei Gleichungen

$$R\mathfrak{n}\mathfrak{z}=S_0(\mathfrak{x}^2+\mathfrak{y}^2),\quad \mathfrak{n}=\xi\mathfrak{y}-\eta\mathfrak{x},\quad \xi\mathfrak{x}+\eta\mathfrak{y}=0$$

folgt durch Elimination von $\mathfrak{n}$ und Auflösung nach $\mathfrak{x}$ oder $\mathfrak{y}$

$$\frac{\mathfrak{x}}{\mathfrak{z}}=-\eta\frac{R}{S_0},\quad \frac{\mathfrak{y}}{\mathfrak{z}}=\xi\frac{R}{S_0},$$

damit sind die Winkel der Linie mit den Axen bestimmt, also bei gegebenem Angriffspunkt die Linie selbst. Die Bestimmung ist eindeutig trotz der quadratischen Form von 8.

Alle Linien des ametrischen Concurses, welche durch den Punkt ξ_1, η_1, ζ_1, gehen, müssen einfach die Bedingung $R\mathfrak{n}\mathfrak{z}=S_0(\mathfrak{x}^2+\mathfrak{y}^2)$ erfüllen, wenn man in dieser die Grössen ξ, η, ζ mit 1 markirt. Verschiebt man das Coordinatensystem, so dass sein neuer Anfangspunkt O in ξ_1, η_1, ζ_1 fällt, so ändern sich $\mathfrak{x}$ und $\mathfrak{y}$ nicht, dagegen wird $\mathfrak{n}$ zu $\mathfrak{n}_1+\xi_1\mathfrak{y}-\eta_1\mathfrak{x}$. Dabei ist aber $\mathfrak{n}_1=0$, weil die untersuchten Linien jetzt durch den Anfangspunkt gehen, also ist

$$(9)\qquad R\mathfrak{z}_1(\xi_1\mathfrak{y}_1-\eta_1\mathfrak{x}_1)=S_0(\mathfrak{x}_1^2+\mathfrak{y}_1^2)$$

die Gleichung der Gesammtheit aller durch den betrachteten Punkt gehenden Concurslinien. Schneidet man von O_1 aus auf jeder Linie ein willkürliches Stück Ob ab, so hat der Endpunkt b dieses Stückes die Coordinaten $c\mathfrak{x}_1$, $c\mathfrak{y}_1$, $c\mathfrak{z}_1$, wo c eine Constante. Also lautet Gl. (9) in gewöhnlichen, auf den betrachteten Punkt als Anfangspunkt bezogenen Coordinaten

$$Rz(\xi_1 y-\eta_1 x)=S_0(x^2+y^2);$$

d. i. die Gleichung eines Kegels vom zweiten Grade. Schneidet man den Kegel durch eine Ebene $z=a$, so ist die Gleichung des Durchschnitts

$$Ra(\xi_1 y-\eta_1 x)=S_0(x^2+y^2)\quad\text{oder}$$

$$\left(x+\frac{Ra\eta_1}{2S_0}\right)^2+\left(y-\frac{Ra\xi_1}{2S_0}\right)^2=\left(\frac{Ra}{2S_0}\right)^2(\eta_1^2+\xi_1^2).$$

Das ist die Gleichung eines Kreises; der Kegel ist also ein elliptischer, dessen eine Kreisschnittschaar parallel der xy-Ebene liegt. Seine Axe ist die Gerade

$$x = -\frac{R\eta_1}{2S_0}z, \quad y = \frac{R\xi_1}{2S_0}z.$$

Der Radius des Kreises ist proportional $\sqrt{\eta_1^2+\xi_1^2}$; die Kegel öffnen sich also proportional dem Abstand ihres Mittelpunktes von der Centralaxe; in der Centralaxe selbst degenerirt der Kegel zu einer in die Centralaxe fallenden Geraden. Von den Erzeugungslinien des Kegels steht nur eine senkrecht auf dem Perpendikel vom Kegelmittelpunkt zur Centralaxe; das ist diejenige, welche die „regelrechte" Lage hat.

Eine dreifach unendliche Mannigfaltigkeit von Linien heisst ein Complex n^{ten} Grades, wenn diejenigen Linien, die durch einen Punkt des Raumes gehen, an diesem einen Kegel n^{ten} Grades bilden. Die Untersuchung führt also schliesslich zu dem Satz: der Concurs ist ein Complex zweiten Grades.

213. Das Comitium der Vectorenkreuze. Es sei wieder $R \ddagger S_0$ ein gegebenes Vectorensystem, und die Axe der z falle in R. Zwei Vectoren v und v', deren Coordinaten $X, Y, Z, L, M, (N)$ und Ξ, H, Z, Λ, M, (N) sind, sollen so bestimmt werden, dass die heteraptische Summe $v \ddagger v'$ äquivalent mit $R \ddagger S_0$ ist.

Die heteraptische Summe $v \ddagger v'$ hat die Coordinaten

$$X+\Xi, \quad Y+\mathrm{H}, \quad Z+\mathrm{Z}, \quad L+\Lambda, \quad M+\mathrm{M}, \quad N+\mathrm{N},$$

von denen keine überzählig ist, sobald R und S_0 beide von Null verschieden sind. Der Aufgabe gemäss, müssen die vorstehenden 6 Grössen die Coordinaten von $R \ddagger S_0$ sein, also, da diese 0, 0, R, 0, 0, S_0 sind, muss

$$(1) \qquad X+\Xi = Y+\mathrm{H} = 0,$$

$$(2) \qquad L+\Lambda = M+\mathrm{M} = 0,$$

$$(3) \qquad Z+\mathrm{Z} = R, \quad N+\mathrm{N} = S_0$$

sein. Das sind 6 Bedingungen für die 10 Coordinaten von v und v'; die Vectorenpaare v und v' bilden also eine vierfach unendliche Mannigfaltigkeit, das Comitium. Sobald R und S_0 von Null verschieden sind, ist die Gleichung $(X+\Xi)(L+\Lambda)+(Y+\mathrm{H})(M+\mathrm{M})+(Z+\mathrm{Z})(N+\mathrm{N}) = 0$ nicht erfüllt; also können die Vectoren v und v' einander nicht schneiden.

Es ist definitionsgemäss, wenn x, y, z der Anfangspunkt von v und ξ, η, ζ derjenige von v' ist,

$$(4) \qquad L = yZ - zY, \quad M = zX - xZ, \quad N = xY - yX$$

$$(5) \qquad \Lambda = \eta\mathrm{Z} - \zeta\mathrm{H}, \quad \mathrm{M} = \zeta\Xi - \xi\mathrm{Z}, \quad \mathrm{N} = \xi\mathrm{H} - \eta\Xi;$$

addirt man die Gleichungen (5) zu den entsprechenden (4), so erhält man mit Berücksichtigung von (1), (2), (3)

$$(6) \qquad \begin{cases} 0 = yZ + \eta\mathrm{Z} - zY - \zeta\mathrm{H}, \quad 0 = zX + \zeta\Xi - xZ - \xi\mathrm{Z}, \\ \qquad\qquad S_0 = xY + \xi\mathrm{H} - yX - \eta\Xi. \end{cases}$$

Nimmt man dazu die obigen Gleichungen

$$(7) \qquad X+\Xi = 0, \quad Y+\mathrm{H} = 0, \quad Z+\mathrm{Z} = R,$$

so hat man 6 Gleichungen, welche die Beziehung zwischen den Projectionen von v, v' und ihren Angriffspunkten festsetzen. Bezüglich der letzteren können wir nun noch willkürlich festsetzen, dass jeder Vector v oder v' denjenigen Punkt seiner Angriffslinie zum Angriffspunkt haben soll, in welchem die Angriffslinie der Centralaxe am nächsten steht. Der kürzeste Abstand d von der Centralaxe zum Vector v hat dann die Länge $d=\sqrt{x^2+y^2}$, und macht mit den Axen die Cosinus $\frac{x}{d}$, $\frac{y}{d}$, 0, während v die Cosinus $\frac{X}{v}$, $\frac{Y}{v}$, $\frac{Z}{v}$ macht; also ist die Bedingung dafür, dass die Linie d auf v senkrecht steht

$$(8)\qquad \begin{cases} Xx+Yy=0, & \text{und ebenso ist} \\ \Xi\xi+\mathrm{H}\eta=0 \end{cases}$$

die Bedingung dafür, dass v' an denjenigen Punkt seiner Richtungslinie angeheftet sei, der der Axe am nächsten liegt.

Wir betrachten nun zunächst eine Congruenz, d. h. die Gesammtheit derjenigen Vectoren v (männliche Vectoren), welche ihre Anfangspunkte auf einem Strahl haben, der die Centralaxe senkrecht schneidet, nebst der Gesammtheit der ihnen entsprechenden (weiblichen) Vectoren v'. Und zwar können wir, da die Axen der x und der y nur an die Bedingung gebunden sind, senkrecht auf der Centralaxe zu stehen, die Ebene der xz in den betrachteten Normalstrahl legen Dann ist die Gleichung des Normalstrahls

$$(9)\qquad z=0,\quad y=0.$$

Aus Gl. (8) folgt dann sofort, da x beliebig ist

$$(10)\qquad X=0 \quad\text{und}\quad \Xi=0,$$

letzteres wegen Gl. (1), und hieraus ferner $\mathrm{H}\eta=0$, also, da nach Gl. (1) $\mathrm{H}=-Y$ und nicht allgemein gleich Null ist,

$$(11)\qquad \eta=0.$$

Damit liefert die erste Gleichung (6) wegen $Y=-\mathrm{H}$

$$(12)\qquad \zeta=z=z_1.$$

Die beiden Gleichungen (11) und (12) zeigen, dass die Anfangspunkte aller weiblichen Vectoren auf dem gleichen Normalstrahl $\zeta=z_1$, $\eta=0$ liegen, wie die Anfangspunkte der männlichen. Die zweite und dritte Gleichung (6) vereinfachen sich zu

$$(13)\qquad xZ+\xi\mathrm{Z}=0,\quad xY+\xi\mathrm{H}=S_0.$$

Dazu kommen

$$(14)\qquad Y+\mathrm{H}=0 \quad\text{und}\quad Z+\mathrm{Z}=R,$$

$$(15)\qquad X=\Xi=0.$$

Dies sind die Gleichungen der Congruenz.

Die Gleichungen (13), (14), (15) bestimmen ausser X und Ξ die Grössen ξ, H, Z, Y und Z, sobald x und das Verhältniss $\frac{Y}{Z}$ willkürlich angenommen wird. $\frac{Y}{Z}$ ist die Tangente des Winkels w, den v mit der Axe der z, also mit R, macht. Schreibt man $\operatorname{tang} w$ für $\frac{Y}{Z}$, und entsprechend $\operatorname{tang}\varphi$ für $\frac{\mathrm{H}}{\mathrm{Z}}$, so nehmen (13), (14) die Form an

$$\frac{x}{\operatorname{tang} w}-\frac{\xi}{\operatorname{tang}\varphi}=0,\quad xZ\operatorname{tang} w+\xi\mathrm{Z}\operatorname{tang}\varphi=S_0,\quad Z+\mathrm{Z}=R,$$

$$\mathrm{Z}=-\frac{x}{\xi}Z.$$

Eliminirt man Z und Z aus den 4 letzten Gleichungen, so erhält man die Zusammenstellung

$$(16)\quad \begin{cases} \operatorname{tang} w = -\frac{1}{\xi}\frac{S_0}{R}, \quad \operatorname{tang}\varphi = -\frac{1}{x}\frac{S_0}{R} \\ x \operatorname{tang}\varphi = \xi \operatorname{tang} w, \quad X = \Xi = 0. \end{cases}$$

Die Gleichungen (16) sind äquivalent mit (13), (14), (15). Der Nachweis, dass diese Gleichungen auf dieselbe Construction der Tribus führen, welche in **206** gegeben wurde, ist so leicht, dass wir ihn dem Leser überlassen. Die beiden Hauptfälle [a) beide Winkel spitz, b) ein Winkel stumpf] von **206** entsprechen hier den willkürlichen Annahmen: a) x und ξ haben entgegengesetztes, b) sie haben gleiches Vorzeichen. Die Directricen der Tribus finden sich, indem man einmal Y, das andere mal Z gleich Null setzt; der erste Fall giebt auf der weiblichen Seite die Hyperbel $\xi \mathrm{H} = S_0$, auf der männlichen die Gerade $Z = R$; der zweite giebt auf der weiblichen Seite die Gerade $\mathrm{Z} = R$ und auf der männlichen die Hyperbel $xY = S_0$.

In den Gleichungen (13), (14), (15), (16) kommt weder z, noch ζ vor; die Congruenz ist also unabhängig von der z-Coordinate z_1 ihres Normalstrahls, d. h. das Comitium bleibt mit sich selbst in Coincidenz, wenn es parallel zur Centralaxe verschoben wird. Die Gleichungen bleiben ferner unverändert, wenn man die Axe der x um die Centralaxe dreht; also hat das Comitium die gleiche Eigenschaft; es bleibt bei Drehung um die Centralaxe mit sich selbst in Coincidenz.

214. Der Complex der Doppellinien. Setzt man in den Gleichungen (13), (14) des vorigen Paragraphen willkürlich $x = \xi$, so erhält man

$$Z + \mathrm{Z} = 0 \quad \text{neben} \quad Z + \mathrm{Z} = R,$$
$$Y + \mathrm{H} = 0 \quad \text{neben} \quad x(Y + \mathrm{H}) = S_0.$$

Der innere Widerspruch dieser Gleichungen zeigt an, dass $Z + \mathrm{Z}$, wie $Y + \mathrm{H}$ nicht mehr bestimmte Summen sind, sondern die unbestimmte Form $\infty - \infty$ haben, also, dass Y, H, Z, Z unendlich werden.

Die Gleichungen (16) dagegen, in denen bloss die Verhältnisse $\frac{Y}{Z}$, $\frac{\mathrm{H}}{\mathrm{Z}}$ vorkommen, bleiben auch in diesem Fall bestimmt. Sie liefern zunächst

$$(1)\quad \operatorname{tang}\varphi = \operatorname{tang} w,$$

d. h. beide Conjugaten fallen in die gleiche Richtungslinie; sie bilden also eine Doppellinie. Und ferner

$$(2)\quad \operatorname{tang} w = \frac{Y}{Z} = -\frac{1}{x}\frac{S_0}{R}.$$

Gl. (2) ist, wenn man x in ihr als willkürlich betrachtet, die allgemeine Gleichung aller Doppellinien, welche in der betrachteten Tribus vorkommen.

Wir können nun wieder die unbegrenzte Doppellinie durch ihre Coordinaten bestimmen. Man denke sich auf derselben ein beliebiges Stück $\overline{ab}$ abgeschnitten und nenne die Coordinaten desselben $\mathfrak{x}, \mathfrak{y}, \mathfrak{z}, \mathfrak{l}, \mathfrak{m}, (\mathfrak{n})$. Eine derselben ist überzählig, eine kann, weil die Länge von $\overline{ab}$ beliebig ist, ganz beliebig angenommen werden; die andern 4 sind dann durch die Lage der Linie bestimmt, und es muss zwischen ihnen eine Gleichung bestehen, wenn die Linie eine von unseren Doppellinien sein soll. Wir wählen $\mathfrak{z}$ beliebig; dann bestehen nach dem obigen die drei Gleichungen

$$(3)\qquad \mathfrak{x}=0,\qquad \mathfrak{y}=-\frac{1}{x}\frac{S_0}{R}\mathfrak{z},\qquad \mathfrak{z}=\mathfrak{z}.$$

Ausserdem haben wir die identischen Gleichungen

$$(4)\qquad \mathfrak{l}=y\mathfrak{z}-z\mathfrak{y}=0,\quad \mathfrak{m}=-x\mathfrak{z},\quad \mathfrak{n}=-\frac{S_0}{R}\mathfrak{z}.$$

Eliminirt man x zwischen $\mathfrak{y}$ und $\mathfrak{m}$, so findet sich

$$(5)\qquad \mathfrak{y}\mathfrak{m}=\frac{S_0}{R}\mathfrak{z}^2.$$

Die letzte Gleichung (4) giebt ohne Weiteres

$$(6)\qquad R\mathfrak{n}+S_0\mathfrak{z}=0.$$

Die Gleichungen (5) und (6) sind gleichbedeutend; denn wendet man auf (5) die Beziehung $\mathfrak{x}\mathfrak{l}+\mathfrak{y}\mathfrak{m}+\mathfrak{z}\mathfrak{n}=0$ an, so findet man $\mathfrak{n}\mathfrak{z}=-\frac{S_0}{R}\mathfrak{z}^2$, was offenbar mit (6) identisch ist. Jede von ihnen wird von allen Linien der Congruenz erfüllt; dreht man das Coordinatensystem um die Centralaxe, so ändert sich weder $\mathfrak{n}$, noch $\mathfrak{z}$, also besteht die Gl. (6) für alle Congruenzen, deren Normalstrahlen senkrecht zur Centralaxe durch einen Punkt der letzteren gehen; Gl. (6) enthält kein z, gilt also für jeden Werth von z_1, d. h. Gl. (6) wird von allen Linien des Complexes erfüllt; sie ist die Gleichung des Complexes, bezogen auf ein Coordinatensystem, dessen $\mathfrak{z}$-Axe in die Centralaxe fällt.

Es ist leicht nachzuweisen, dass man mit Gl. (6) den Complex construiren kann. Wir wollen diejenige Linie des Complexes aufsuchen, deren der Centralaxe nächster Punkt ξ, η, ζ ist. Da die Complexlinie senkrecht auf dem von ξ, η, ζ zur Axe gefällten Perpendikel steht, bestehen die Gleichungen

$$\xi\mathfrak{x}+\eta\mathfrak{y}=0,\qquad \mathfrak{n}=\xi\mathfrak{y}-\eta\mathfrak{x},\qquad R\mathfrak{n}+S_0\mathfrak{z}=0,$$

von denen die erste die vorstehende Bedingung ausdrückt; die zweite ist identisch, die dritte die Complexgleichung. Eliminirt man $\mathfrak{n}$ und löst noch $\mathfrak{y}$ und $\mathfrak{x}$ auf, so findet man

$$(7)\qquad \frac{\mathfrak{x}}{\mathfrak{z}}=\frac{S_0}{R}\frac{\eta}{\xi^2+\eta^2},\qquad \frac{\mathfrak{y}}{\mathfrak{z}}=-\frac{S_0}{R}\frac{\xi}{\xi^2+\eta^2},$$

womit die Winkel bestimmt sind, welche die Doppellinie mit den Axen macht.

Anm. Gl. (5) hat nicht die Eigenschaft, unverändert zu bleiben, wenn das Coordinatensystem um die Centralaxe gedreht wird. Ihre für diesen Fall verallgemeinerte Form ergiebt sich leicht, indem man Gl. (6) mit $\mathfrak{z}$ multiplicirt und dann statt $-\mathfrak{n}\mathfrak{z}$ setzt $\mathfrak{l}\mathfrak{x}+\mathfrak{m}\mathfrak{y}$; sie lautet dann

$$(5\text{b})\qquad \mathfrak{l}\mathfrak{x}+\mathfrak{m}\mathfrak{y}=\frac{S_0}{R}\mathfrak{z}^2.$$

Sie ist unter Umständen nützlich, aber zur definitiven Bezeichnung des Complexes weniger geeignet, weil ihre Eigenschaft, die Complexlinien eindeutig zu bestimmen, durch die quadratische Form maskirt ist. Wir behalten also Gl. (6) als die eigentliche Gleichung des Complexes bei. $\frac{S_0}{R}$ ist der Parameter des Complexes.

Die Gleichungen (7) genügen zur Construction des Complexes; der Nachweis, dass diese Construction dieselbe wird, wie in § **207**, sei dem Leser überlassen. Die Linie des Concurses, welche in regelrechter Lage durch den Punkt $\mathfrak{x}$, $\mathfrak{y}$, $\mathfrak{z}$ geht, bezeichnen wir für den Augenblick als $\mathfrak{X}, \mathfrak{Y}, \mathfrak{Z}, \mathfrak{L}, \mathfrak{M}, \mathfrak{N}$; wir hatten für dieselbe in **212**

$$(8) \qquad \frac{\mathfrak{X}}{\mathfrak{Z}} = -\eta \frac{R}{S_0}, \quad \frac{\mathfrak{Y}}{\mathfrak{Z}} = \xi \frac{R}{S_0}$$

aus (7) und (8) folgt

$$\mathfrak{X}\mathfrak{x} + \mathfrak{Y}\mathfrak{y} + \mathfrak{Z}\mathfrak{z} = 0.$$

Darin ist ausgesprochen, dass die Linie des Concurses in dem Punkt, wo beide der Axe am nächsten sind, auf der Linie des Complexes senkrecht steht.

Es handelt sich nun noch darum, festzustellen, wie die Gleichung unseres Complexes in demjenigen beliebigen Coordinatensystem lautet, in welchem die Vectorengruppe $R \ddagger S$ die Coordinaten X, Y, Z, L, M, N hat. Sie heisst:

$$(9) \qquad L\mathfrak{x} + M\mathfrak{y} + N\mathfrak{z} + X\mathfrak{l} + Y\mathfrak{m} + Z\mathfrak{n} = 0,$$

(oder wenn man die strict nöthige Coordinatenzahl der Complexlinie expresse in ihr zum Ausdruck bringen will

$$(10) \qquad L\frac{\mathfrak{x}}{\mathfrak{z}} + M\frac{\mathfrak{y}}{\mathfrak{z}} + N + X\frac{\mathfrak{l}}{\mathfrak{z}} + Y\frac{\mathfrak{m}}{\mathfrak{z}} + Z\frac{-\mathfrak{l}\mathfrak{x} - \mathfrak{m}\mathfrak{y}}{\mathfrak{z}} = 0,$$

wo $\frac{\mathfrak{x}}{\mathfrak{z}}, \frac{\mathfrak{y}}{\mathfrak{z}}, \frac{\mathfrak{l}}{\mathfrak{z}}, \frac{\mathfrak{m}}{\mathfrak{z}}$ die 4 Coordinaten der Complexlinie sind.)

Beweis. Man kann Gl. (9) durch directe Transformation aus (6) ableiten. Rascher und fruchtbarer führt folgende Betrachtung zum Ziel. Gl. (9) sei gegeben. Man verschiebe zunächst das Coordinatensystem, dass der neue Anfangspunkt die Coordinaten ξ, η, ζ hat. Die Werthe von X, $\mathfrak{x}$ etc. im neuen System seien mit X', $\mathfrak{x}'$ u. s. w. bezeichnet. Dann ist $X = X'$, $Y = Y'$, $Z = Z'$, $\mathfrak{x} = \mathfrak{x}'$, $\mathfrak{y} = \mathfrak{y}'$, $\mathfrak{z} = \mathfrak{z}'$. Zugleich ist $L = L' + \eta Z - \zeta Y$, $\mathfrak{l} = \mathfrak{l}' + \eta\mathfrak{z} - \zeta\mathfrak{y}$ u. s. w. Im neuen System lautet also die Gleichung (9)

$$(L' + \eta Z - \zeta Y)\mathfrak{x}' + (M' + \zeta X - \xi Z)\mathfrak{y}' + (N' + \xi Y - \eta X)\mathfrak{z}' + X(\mathfrak{l}' + \eta\mathfrak{z} - \zeta\mathfrak{y}) +$$
$$+ Y(\mathfrak{m}' + \zeta\mathfrak{x} - \xi\mathfrak{z}) + Z(\mathfrak{n}' + \xi\mathfrak{y} - \eta\mathfrak{x}) = 0.$$

In dieser Gleichung heben sich alle Glieder, die mehr als 2 Factoren enthalten; es bleibt somit wegen $X = X'$ etc.

$$(11) \qquad L'\mathfrak{x}' + M'\mathfrak{y}' + N'\mathfrak{z}' + X'\mathfrak{l}' + Y'\mathfrak{m}' + Z'\mathfrak{n}' = 0,$$

d. h. die Gleichung hat in den transformirten Coordinaten genau dieselbe Form wie in den ursprünglichen.

Zweitens drehe man das Coordinatensystem der Gl. (9) um irgend eine Coordinatenaxe; beispielsweise um die Axe der $\mathfrak{z}$. Der Drehungswinkel sei φ; die neuen Coordinaten seien wieder durch einen Accent markirt. Dann hat man

$$\cos xx' = \cos\varphi, \quad \cos xy' = -\sin\varphi, \quad \cos xz' = 0,$$
$$\cos yx' = \sin\varphi, \quad \cos yy' = \cos\varphi, \quad \cos yz' = 0,$$
$$\cos zx' = \cos zy' = 0, \quad \cos = zz' = 1.$$

Damit erhält man $Z = Z'$ und $\mathfrak{z} = \mathfrak{z}'$, $N = N'$ und $\mathfrak{m} = \mathfrak{n}'$, ausserdem

$$X = X'\cos\varphi - Y'\sin\varphi, \quad \mathfrak{x} = \mathfrak{x}'\cos\varphi - \mathfrak{y}'\sin\varphi,$$
$$Y = X'\sin\varphi + Y'\cos\varphi, \quad \mathfrak{y} = \mathfrak{x}'\sin\varphi + \mathfrak{y}'\cos\varphi,$$
$$L = L'\cos\varphi - M'\sin\varphi, \quad \mathfrak{l} = \mathfrak{l}'\cos\varphi - \mathfrak{m}'\sin\varphi,$$
$$M = L'\sin\varphi + M'\cos\varphi, \quad \mathfrak{m} = \mathfrak{l}'\sin\varphi + \mathfrak{m}'\cos\varphi.$$

Hiermit wird nun

$$L\mathfrak{x}+M\mathfrak{y}+X\mathfrak{l}+Y\mathfrak{m} = (L'\cos\varphi-M'\sin\varphi)(\mathfrak{x}'\cos\varphi-\mathfrak{y}'\sin\varphi)+$$
$$+(L'\sin\varphi+M'\cos\varphi)(\mathfrak{x}'\sin\varphi+\mathfrak{y}'\cos\varphi)+(X'\cos\varphi-Y'\sin\varphi)(\mathfrak{l}'\cos\varphi-\mathfrak{m}'\sin\varphi)+$$
$$+(X'\sin\varphi+Y'\cos\varphi)(\mathfrak{l}'\sin\varphi+\mathfrak{m}'\cos\varphi).$$

Bei der Ausrechnung dieser heben sich alle Glieder, die $\cos\varphi$ und $\sin\varphi$ nicht im Quadrat enthalten; die übrig bleibenden aber geben addirt $L'\mathfrak{x}'+M'\mathfrak{y}'+X'\mathfrak{l}'+Y'\mathfrak{m}'$. Also lautet Gl. (9) in den neuen Coordinaten

$$(11) \qquad L'\mathfrak{x}'+M'\mathfrak{y}'+N'\mathfrak{z}'+X'\mathfrak{l}'+Y'\mathfrak{m}'+Z'\mathfrak{n}' = 0$$

d. h. sie behält in den neuen Coordinaten wieder die alte Form. Dasselbe gilt offenbar, wenn man das Coordinatensystem um die x- oder die y-Axe dreht. Durch eine Verschiebung und Drehungen um die Coordinatenaxen kann man aber dem Coordinatensystem jede neue Lage ertheilen; wir haben also den Satz: „das Polynom der Gl. (9) ist invariant; es ändert seine Form nicht, wenn das Coordinatensystem beliebig seine Lage ändert".

Legt man demnach das Coordinatensystem so, dass seine z-Axe in die Centralaxe des Kräftesystems fällt, so nimmt Gl. (9) gleichfalls die Form (11) an; in diesem Fall ist aber $X' = Y' = L' = M' = 0$, $N' = S_0$ und $Z' = R$, also reducirt sich (11) auf $S_0\mathfrak{z}'+R\mathfrak{n}' = 0$; d. i. Gl. (6); also ist Gl. (9) die Gleichung des Complexes der Doppellinien.

215. Zwei Vectorensysteme; Invariante, Congruenz und Cylindroid. Gegeben seien zwei Vectorensysteme, von denen das eine X, Y, Z, L, M, N, das andere $\Xi, \mathrm{H}, \mathrm{Z}, \Lambda, \mathrm{M}, \mathrm{N}$ ist. Ihre analytische Zusammensetzung ist ganz selbstverständlich: ihre heteraptische Summe hat die Coordinaten

$$X+\Xi, \quad Y+\mathrm{H}, \quad Z+\mathrm{Z}; \quad L+\Lambda, \quad M+\mathrm{M}, \quad N+\mathrm{N},$$

und damit ist im Grunde Alles gesagt, was für ihre directe kinetische Verwendung erforderlich ist. Einige eingehendere Betrachtungen aber ergeben brauchbare Nebenresultate.

1. Der am Schluss des vorigen Paragraphen aufgestellte Satz gilt offenbar für den Ausdruck P, wenn P die abgekürzte Beziehung für den Ausdruck

$$X\Lambda+Y\mathrm{M}+Z\mathrm{N}+L\Xi+M\mathrm{H}+N\mathrm{Z}$$

ist. Dieser Ausdruck bleibt in der Form unverändert, wenn man das Coordinatensystem beliebig dreht oder verschiebt. Er muss also eine einfache, für das System der beiden Vectorengruppen characteristische Bedeutung haben. Sind R und S der resultirende Vector und das resultirende Moment von X, Y, Z, L, M, N am Anfangspunkt O, ρ und σ diejenigen von $\Xi, \mathrm{H}, \mathrm{Z}, \Lambda, \mathrm{M}, \mathrm{N}$, so ist

$$\cos(R,\sigma) = \frac{X}{R}\,\frac{\Lambda}{\sigma}+\frac{Y}{R}\,\frac{\mathrm{M}}{\sigma}+\frac{Z}{R}\cdot\frac{\mathrm{N}}{\sigma}, \qquad \cos(\rho, S) = \frac{L\Xi+M\mathrm{H}+N\mathrm{Z}}{\rho S},$$

also

$$(1) \qquad P = R\sigma\cos(R,\sigma)+\rho S\cos(\rho, S).$$

$R\sigma\cos(R,\sigma)$ ist aber das characteristische Tetraeder der Gruppe $X, Y, Z, \Lambda, \mathrm{M},$

N und $\rho S \cos(\rho, S)$ ist dasjenige der Gruppe Ξ, H, Z, L, M, N, womit eine erste geometrische Deutung von P gegeben ist.

Ferner: das 6 fache characteristische Tetraeder der heteraptischen Resultante ist

$$(X+\Xi)(L+\Lambda)+(Y+\mathrm{H})(M+\mathrm{M})+(Z+\mathrm{Z})(N+\mathrm{N}).$$

Dies ist, wie man leicht sieht

$$XL+YM+ZN+\Xi\Lambda+\mathrm{HM}+\mathrm{ZN}+P.$$

P ist also die 6 fache Differenz zwischen dem Tetraeder der heteraptischen Resultante und den beiden Tetraedern der componirenden Gruppen (S_0, R) und (σ_0, ρ). Damit ist eine zweite, die einfachste geometrische Deutung von P gegeben.

2. Jede von den beiden Gruppen (R, S) und (ρ, σ) bestimmt einen Complex. Die beiden Complexe haben die Gleichungen

$$(2)\qquad \Omega_1 = L\mathfrak{x}+M\mathfrak{y}+N\mathfrak{z}+X\mathfrak{l}+Y\mathfrak{m}+Z\mathfrak{n} = 0,$$

$$(3)\qquad \Omega_2 = \Lambda\mathfrak{x}+\mathrm{M}\mathfrak{y}+\mathrm{N}\mathfrak{z}+\Xi\mathfrak{l}+\mathrm{H}\mathfrak{m}+\mathrm{Z}\mathfrak{n} = 0.$$

Die beiden Complexe haben eine zweifach unendliche Mannigfaltigkeit von Strahlen mit einander gemein, und diese zweifach unendliche Mannigfaltigkeit heisst nach Plücker eine Congruenz ersten Grades. Eine Congruenz ist der Durchschnitt zweier Complexe.

Die Strahlen eines Complexes Ω_1, welche durch den Punkt p gehen, bilden eine Polarebene Π_1. Die Strahlen von Ω_2, welche durch p gehen, bilden die Polarebene Π_2. Π_1 und Π_2 schneiden sich in einer Geraden; es geht also im Allgemeinen durch jeden Punkt des Raums ein Strahl der Congruenz. Ebenso enthält jede Ebene Π des Raumes einen Congruenzstrahl; dieser ist die Verbindungslinie der Pole p_1 und p_2, welche sie in beiden Complexen besitzt.

Alle Strahlen des ersten Complexes schneiden irgend ein (ametrisch gedachtes) Conjugatenpaar des zugehörigen Comitiums. Dasselbe gilt für den zweiten Complex. Wenn also beide Complexe resp. Comitien irgend welche Conjugatenpaare gemein haben, so gehen die Strahlen der Congruenz durch diese gemeinsamen Conjugaten. Denkt man sich nun die Conjugatenpaare, die zu beiden Complexen gehören, in regelrechter Lage, so sieht man leicht, dass nur solche Paare aus beiden Complexen zusammenfallen können, die auf dem gleichen Normalstrahl angeheftet sind. Es giebt eine nnd nur eine Linie*), die zu beiden Complexen Ω_1 und Ω_2 gleichzeitig Normalstrahl ist; das ist die kürzeste Entfernung ihrer Centralaxen. Vom Zusammenfallen der Conjugatenpaare kann also nur die Rede sein für solche Paare, die ihren Fusspunkt (Punkt des kürzesten Abstandes von der betreffenden Centralaxe) auf der kürzesten Entfernung beider Centralaxen haben. Wir wollen nun diese kürzeste Entfernung als Axe der x ansehen, und wie es in **213.** geschehen, eine der Centralaxen, die von Ω_1 zur Axe der z nehmen. Sind etwa, wie in **213,** w_1 und φ_1 die Winkel, welche beide Conjugaten mit der Axe der z machen, so ist, wenn alle auf den ersten Complex bezüglichen Grössen die Marke 1 bekommen

$$(4)\qquad \operatorname{tang} w_1 = -\frac{1}{\xi_1}\frac{S_{01}}{R_1}, \quad \operatorname{tang}\varphi_1 = -\frac{1}{x_1}\frac{S_{01}}{R_1}.$$

*) In dem Specialfall, wo die Centralaxen beider Complexe parallel sind, erleidet dieser Satz offenbar eine Ausnahme; die obige Betrachtung hält sich an den allgemeinen Fall, wo die Centralaxen sich kreuzen.

Die Centralaxe des zweiten Complexes schneidet die Axe der x senkrecht im Punkte $x = D$, wenn D den Abstand beider Centralaxen bedeutet, und macht mit der Axe der z irgend einen Winkel ϑ.

Verstehen wir unter w_2 und φ_2 die Winkel, welche ein Conjugatenpaar von Ω_2 mit der $\mathfrak{z}$-Axe macht, so macht dasselbe mit der Centralaxe von Ω_2 die Winkel $w_2 - \vartheta$ und $\varphi_2 - \vartheta$, und wir haben

$$\text{(4b)} \qquad \tan(w_2 - \vartheta) = \frac{-1}{\xi_2 - D}\frac{S_{02}}{R_2}, \quad \tan(\varphi_2 - \vartheta) = \frac{-1}{(x_2 - D)}\frac{S_{02}}{R_2}.$$

Die Bedingung dafür, dass ein Conjugatenpaar des einen Complexes mit einem des andern zusammenfällt, ist $w_2 = w_1$ und $\varphi_2 = \varphi_1$, $x_1 = x_2$ und $\xi_1 = \xi_2$. Führt man diese in die vorstehenden Gleichungen ein, so erhält man unter Weglassung der überflüssig gewordenen Marken an x und ξ

$$\text{(5)} \qquad x^2 \tan\vartheta + x\left(\frac{S_{01}}{R_1} - \frac{S_{02}}{R_2} - D\tan\vartheta\right) = \frac{S_{01}}{R_1}\left(D - \frac{S_{02}}{R_2}\tan\vartheta\right),$$

und für ξ genau dieselbe Gleichung. Es giebt also, da die Gleichung quadratisch ist, zwei und nur zwei Punkte x oder ξ, in denen die Conjugaten zusammenfallen. Die zweite Lösung von ξ gehört zur ersten von x und umgekehrt. Also giebt es nur ein Paar von Conjugaten des Complexes Ω_1, welches zugleich ein Conjugatenpaar von Ω_2 ist. Dieses Doppelpaar heisst das Paar der Directricen der Congruenz. Alle Linien der Congruenz schneiden die Directricen, und alle Linien, welche die Directricen schneiden, gehören der Congruenz an. Alle Linien der Congruenz, welche durch einen Punkt einer Directrix gehen, bilden sonach ein ebenes Büschel, dessen Ebene durch die andere Directrix geht.

Unsere Axe der x (der kürzeste Abstand der Centralaxen beider Complexe) heisst die Axe der Congruenz. Die Directricen stehen senkrecht auf der Axe; der Punkt, welcher den Abstand der Directricen halbirt, heisst Mittelpunkt der Congruenz. Alle Strahlen der Congruenz, die eine beliebige Linie l schneiden, schneiden auch die Directricen, liegen also auf einem Hyperboloid. Das Vorstehende soll nur zur vorläufigen Orientirung über die Congruenz dienen. Näheres findet man in Plückers Neuer Geometrie des Raumes. Wichtig für unseren Zweck ist folgende Eigenschaft:

Bestimmen zwei Complexe $\Omega_1 = 0$ und $\Omega_2 = 0$ eine Congruenz, so schneidet jeder Complex von der Form

$$\text{(6)} \qquad \Omega_1 + \mu\Omega_2 = 0$$

die beiden ersten Complexe in derselben Congruenz, in welcher jene sich schneiden. Denn die Gleichungen $\Omega_1 = 0$ und $\Omega_1 + \mu\Omega_2 = 0$ bedingen die Gleichung $\Omega_2 = 0$, also dieselben Eliminationsergebnisse, wie $\Omega_1 = 0$ und $\Omega_2 = 0$. Es giebt also unendlich viele Complexe, die sich in ein und derselben Congruenz schneiden; man erhält ihre Gesammtheit, indem man μ in Gl. (5) von $-\infty$ bis $+\infty$ variiren lässt. Die Centralaxen aller dieser Complexe müssen nach dem obigen senkrecht zur Directrix stehen. Die Gesammtheit der so bestimmten Complexe nennt Plücker eine zweigliedrige Gruppe von Complexen. Die Centralaxen aller zu einer solchen Gruppe gehörigen Complexe bilden eine windschiefe „Axenfläche". Es ist zu untersuchen, wie die Gleichung der Axenfläche lautet.

Um die Rechnung möglichst zu vereinfachen, bemerken wir, dass unter den unendlich vielen Linien der Axenfläche irgend zwei zu einander senkrecht sein können. Nehmen wir diese als die Centralaxen der beiden bestimmenden Complexe, so wird in Gl. (5) $\operatorname{tang}\vartheta$ unendlich, also bleibt nach Division mit $\operatorname{tang}\vartheta$

$$(6)\qquad x^2 - Dx = -\frac{S_{01}}{R_1}\frac{S_{02}}{R_2}.$$

Die Gleichung lässt sich auch noch erfüllen, wenn man $D = 0$ setzt, d. h. wenn man annimmt, dass die Centralaxen der beiden die Congruenz bestimmenden Complexe sich rechtwinklig schneiden; dann erhält man, wenn noch die Parameter $\frac{S_{01}}{R_1}$ und $\frac{S_{02}}{R_2}$ abkürzend mit ϖ_1 und ϖ_2 bezeichnet werden

$$(7)\qquad x = \pm\sqrt{-\varpi_1\varpi_2}.$$

Die beiden Directricen liegen also in gleichem Abstand von dem Durchschnittspunkt der bestimmenden Centralaxen, d. h. dieser Durchschnittspunkt fällt in den Mittelpunkt der Congruenz. Sie sind reell, wenn ϖ_1 und ϖ_2 entgegengesetztes, imaginär, wenn sie gleiches Vorzeichen haben. Die Gl. (4) werden für $\vartheta = \frac{\pi}{2}$ und $D = 0$ unter Fortlassung der überflüssig gewordenen Marke 2 an w und φ,

$$(8)\qquad \operatorname{tang} w = \sqrt{-\frac{\varpi_1}{\varpi_2}} \quad \text{und} \quad \operatorname{tang}\varphi = -\operatorname{tang} w,$$

da ja x die eine, ξ die andere Wurzel von (7) ist. Die Axe der z halbirt also den Winkel, welchen die Directricen miteinander machen.

Die Directricen sind nun ein Conjugatenpaar in Bezug auf jeden Complex der Congruenz.

Ist also A irgend eine Centralaxe eines Complexes der zweigliedrigen Gruppe, so theilt A den Abstand der Directricen im Verhältniss der Tangenten derjenigen Winkel, welche A mit den Directricen macht. Nennen wir x den Punkt, in welchem A die Axe der Congruenz schneidet, χ den Winkel, welchen A mit der z-Axe macht, so ist der Abstand von A zur ersten Directrix $\sqrt{-\varpi_1\varpi_2} - x$), und der Winkel, den A mit dieser Directrix macht, ist $w - \chi$. Für die andere Directrix sind die absoluten Werthe der entsprechenden Grössen ($\sqrt{-\varpi_1\varpi_2} + x$) und $w + \chi$. Man hat also

$$\sqrt{-\varpi_1\varpi_2} - x : \sqrt{-\varpi_1\varpi_2} + x = \operatorname{tang}(w-\chi) : \operatorname{tang}(w+\chi);$$

woraus

$$\sqrt{-\varpi_1\varpi_2} : x = \operatorname{tang}(w+\chi) + \operatorname{tang}(w-\chi) : \operatorname{tang}(w+\chi) - \operatorname{tang}(w-\chi).$$

Setzt man hierin zunächst $x = 0$, so wird auch $\chi = 0$, d. h. die Axe mit dem Parameter ϖ_1 fällt in die Axe der z, und ϖ_2 fällt demgemäss in die Axe der y.

Nun ist $\operatorname{tang} w$ nach (7) $= \sqrt{-\frac{\varpi_1}{\varpi_2}}$, und wenn wir auf A irgend einen Punkt mit den Coordinaten x, y, z annehmen, so ist $\operatorname{tang}\chi = \frac{y}{z}$. Man hat also

$$\operatorname{tang}(w+\chi) = \frac{\operatorname{tang} w + \operatorname{tang}\chi}{1 - \operatorname{tang} w \operatorname{tang}\chi} = \frac{\sqrt{-\frac{\varpi_1}{\varpi_2}} - \frac{y}{z}}{1 - \sqrt{-\frac{\varpi_1}{\varpi_2}}\,\frac{y}{z}} = \frac{z\sqrt{-\varpi_1} + y\sqrt{\varpi_2}}{z\sqrt{\varpi_2} - y\sqrt{-\varpi_1}},$$

$$\operatorname{tang} w - \chi = \frac{z\sqrt{-\varpi_1} - y\sqrt{\varpi_2}}{z\sqrt{\varpi_2} + y\sqrt{-\varpi_1}},$$

$$\operatorname{tang}(w+\chi)+\operatorname{tang}(w-\chi) = 2\,\frac{(z^2+y^2)\sqrt{-\varpi_1\varpi_2}}{z^2\varpi_2+y^2\varpi_1},$$

$$\operatorname{tang}(w+\chi)-\operatorname{tang}(w-\chi) = -2\,\frac{yz(\varpi_1-\varpi_2)}{z^2\varpi_2+y^2\varpi_1}.$$

Also ist schliesslich

$$\sqrt{-\varpi_1\varpi_2} : x = (z^2+y^2)\sqrt{-\varpi_1\varpi_2} : -yz(\varpi_1-\varpi_2) \quad \text{oder}$$

$$(9) \qquad (z^2+y^2)\,x = -yz\,(\varpi_1-\varpi_2)$$

die Gleichung der Axenfläche. Gl. (9) ist aber die Gleichung des Cylindroids aus § **208**, nur dass x statt z und $-z$ statt x steht.

Die Axenfläche der Congruenz ist hiernach das durch die beiden Vectorensysteme $R_1 \overset{*}{+} S_{01}$ und $R_2 \overset{*}{+} S_{02}$ bestimmte Cylindroid. Die Directrix des Cylindroids fällt in die Axe der Congruenz. Gl. (7) und (8) zeigen, wie die Directricen der Congruenz im Cylindroid liegen: sie haben vom Mittelpunkt den Abstand $\sqrt{-\varpi_1\varpi_2}$, wenn ϖ_1 und ϖ_2 die Hauptparameter sind, und machen mit ϖ_1 entgegengesetzt gleiche Winkel, deren Tangente $\pm\sqrt{-\frac{\varpi_1}{\varpi_2}}$ ist. Wie schon gesagt, sind sie reell oder imaginär, je nachdem $\varpi_1\varpi_2$ negativ oder positiv ist.

Die mechanische Haupteigenschaft des Cylindroids ergiebt sich nun aus dem vorstehenden sehr einfach. Sind X, Y, Z, L, M, N und $\Xi, \mathrm{H}, \mathrm{Z}, \Lambda, \mathrm{M}, \mathrm{N}$ zwei Vectorensysteme, welche die Complexe $\Omega_1 = 0$ und $\Omega_2 = 0$ bestimmen, so ist ihre heteraptische Resultante

$$X+\Xi, \quad Y+\mathrm{H}, \quad Z+\mathrm{Z}, \quad L+\Lambda, \quad M+\mathrm{M}, \quad N+\mathrm{N};$$

und diese bestimmt den Complex $\Omega_1+\Omega_2 = 0$. Der letztere gehört aber der durch Ω_1 und Ω_2 bestimmten zweigliedrigen Gruppe an ($\mu = 1$); also ist seine Centralaxe eine Erzeugungslinie des Cylindroids. Die Resultante von $R_1 \overset{*}{+} S_{01}$ und $R_2 \overset{*}{+} S_{02}$ fällt also in eine Erzeugungslinie des Cylindroids, und zwar nothwendig in diejenige, welche mit $R_1 \overset{\wedge}{+} R_2$ parallel ist.

216. Gleichgewicht von Vectoren. Eine Anzahl von Vectoren heisst „im Gleichgewicht befindlich", wenn ihre Gesammtheit äquivalent Null ist. Sind $X_1, X_2, X_3 \ldots Y_1, Y_2 \ldots$ u. s. w. die Coordinaten der einzelnen Vectoren, so ist die Bedingung hierfür offenbar

$$(1) \qquad \Sigma X_n = \Sigma Y_n = \Sigma Z_n = \Sigma L_n = \Sigma M_n = \Sigma N_n = 0.$$

Denn wenn diese 6 Gleichungen erfüllt sind, und nur dann, ist $R = 0$ und $S = 0$. Sind sie in einem Coordinatensystem erfüllt, so sind sie in jedem erfüllt; denn 1) wenn man das Coordinatensystem verschiebt, hat die heteraptische Summe aller Vectoren die neuen Coordinaten

$$\Sigma X_n, \quad \Sigma Y_n, \quad \Sigma Z_n, \quad \Sigma L_n - \eta\Sigma Z_n + \zeta\Sigma Y_n \quad \text{u. s. w.},$$

und alle diese Summen sind mit Gl. (1) offenbar gleich Null. 2) wenn man das Coordinatensystem dreht, so nehmen die neuen Coordinaten

Formen an, wie

$$\Sigma X_n . \cos(x, \xi) + \Sigma Y_n . \cos(y, \xi) + \Sigma Z_n . \cos(z, \xi)$$

u. s. w. und auch diese Grössen sind Null nach Gl. (1).

Gl. (1) lässt sich hiernach in die Worte fassen: n Vectoren sind im Gleichgewicht, wenn die Summe ihrer Projectionen auf jede von drei beliebigen Ebenen, die sich nicht in einer Geraden schneiden, verschwindet und wenn gleichzeitig die Summe ihrer Momente in Bezug auf jede der drei Durchschnittslinien der drei Ebenen verschwindet.

Etwas künstlicher kann man die Gleichgewichtsbedingung folgendermassen fassen. Ist $\varphi = \Xi, \mathrm{H}, \mathrm{Z}, \Lambda, \mathrm{M}, \mathrm{N}$ ein beliebiger fremder, d. h. der gegebenen Gruppe nicht angehöriger Vector, so folgt aus (1):

$$(2) \quad \left\{\begin{array}{l} \Xi L_1 + \mathrm{H} M_1 + \mathrm{Z} N_1 + \Lambda X_1 + \mathrm{M} Y_1 + \mathrm{N} Z_1 \\ + \Xi L_2 + \mathrm{H} M_2 + \mathrm{Z} N_2 + \Lambda X_2 + \mathrm{M} Y_2 + \mathrm{N} Z_2 \\ + \Xi L_3 + \cdots \\ + \text{ etc.} \end{array}\right\} = 0$$

oder auch

$$\left.\begin{array}{l} (\Xi + X_1)(\Lambda + L_1) + (\mathrm{H} + Y_1)(\mathrm{M} + M_1) + (\mathrm{Z} + Z_1)(\mathrm{N} + N_1) \\ + (\Xi + X_2)(\Lambda + L_2) + (\mathrm{H} + Y_2)(\mathrm{M} + M_2) + (\mathrm{Z} + Z_2)(\mathrm{N} + N_2) \\ + (\Xi + X_3)(\Lambda + L_3 + \text{ etc.} \\ + \text{ etc.} \end{array}\right\} = n(\Xi\Lambda + \mathrm{HM} + \mathrm{ZN}) = 0.$$

Die erste Summe $(\Xi + X_1)(\Lambda + L_1) + (\mathrm{H} + Y_1)(\mathrm{M} + M_1) + (\mathrm{Z} + Z_1)(\mathrm{N} + N_1)$ ist das 6fache characteristische Tetraeder der Combination $\varphi \ddagger v_1$, die zweite das von $\varphi \ddagger v_2$ u. s. w. Die vorstehende Gleichung sagt also: „Ist eine Anzahl von Kräften im Gleichgewicht, so ist die Summe der Tetraeder, welche sie mit einer beliebigen fremden Kraft bilden, gleich Null.“ (Möbius.)

In Gl. (2) ist die erste Zeile die Differenz zwischen dem 6fachen Tetraeder der Combination $\varphi + v_1$ einerseits und der Summe aus den Tetraedern von φ und v_1, jedes für sich genommen. Da aber φ und v_1 als Einzelvectoren des Tetraeder Null besitzen, ist jene Differenz gleich dem 6fachen Werth des Tetraeders von $\varphi \ddagger v$. Gl. (2) sagt also ganz dasselbe aus, wie die folgende Gleichung.

Umgekehrt ist die Bedingung, dass die Summe der Pyramiden, welche n Vectoren mit ganz beliebig wählbaren fremden Vectoren bilden, verschwindet, ausreichend, um festzustellen, dass die n Vectoren im Gleichgewicht sind. Denn ist sie erfüllt, so kann man irgend 6 fremde Vectoren wählen, und mit diesen die Gleichungen aufstellen

$$\begin{array}{l} \Xi_1 \Sigma L_n + \mathrm{H}_1 \Sigma M_n + \mathrm{Z}_1 \Sigma N_n + \Lambda_1 \Sigma X_n + \mathrm{M}_1 \Sigma Y_n + \mathrm{N}_1 \Sigma Z_n = 0 \\ \Xi_2 \Sigma L_n + \text{ etc.} \\ \text{etc.} \end{array}$$

Löst man diese Gleichungen nach ΣX, ΣY u. s. w. auf, so erhält man offenbar die Gleichungen (1).

Ist P irgend ein Vector, der den Angriffspunkt x, y, z hat und mit den Axen die Winkel α, β, γ macht, so lassen seine Coordinaten sich schreiben

$$P\cos\alpha,\ P\cos\beta,\ P\cos\gamma,\ P(y\cos\gamma - z\cos\beta),\ P(z\cos\alpha - x\cos\gamma),\ P(x\cos\beta - y\cos\alpha).$$

Sind also n Vectoren P_1, P_2 u. s. w. gegeben, so lautet die Bedingung dafür, dass sie im Gleichgewicht sind, nach Division mit P_1

$$(3)\quad \begin{cases} \cos\alpha_1 + \frac{P_2}{P_1}\cos\alpha_2 + \frac{P_3}{P_1}\cos\alpha_3 + \frac{P_4}{P_1}\cos\alpha_4 + \cdots + \frac{P_n}{P_1}\cos\alpha_n = 0 \\ \cos\beta_1 + \frac{P_2}{P_1}\cos\beta_2 + \cdots\cdots + \frac{P_n}{P_1}\cos\beta_n = 0 \\ \cos\gamma_1 + \frac{P_2}{P_1}\cos\gamma_2 + \cdots\cdots + \frac{P_n}{P_1}\cos\gamma_n = 0 \\ (y_1\cos\gamma_1 - z_1\cos\beta_1) + \frac{P_2}{P_1}(y_2\cos\gamma_2 - z_2\cos\beta_2 + \text{etc.} \cdots\cdots = 0 \\ (z_1\cos\alpha_1 - x_1\cos\gamma_1) + \frac{P_2}{P_1}(z_2\cos\alpha_2 - x_2\cos\beta_2) + \cdots\cdots = 0 \\ (x_1\cos\beta_1 - y_1\cos\alpha_1) + \frac{P_2}{P_1}(x_2\cos\beta_2 - y_2\cos\alpha_2) + \cdots\cdots = 0. \end{cases}$$

Mit Hülfe der 6 vorstehenden Gleichungen lassen sich, da 6 Gleichungen gegeben sind, 5 von den Verhältnissen $\frac{P_n}{P_1}$ eliminiren. Ist $n > 6$, so bleiben nach dieser Operation immer noch Grössen P in den Gleichungen übrig. Ist aber $n = 6$, so lassen sich sämmtliche 5 Verhältnisse $\frac{P_2}{P_1}$ bis $\frac{P_6}{P_1}$ vollständig eliminiren, und es bleibt eine Gleichung zwischen den Coordinaten x, y, z und den Winkeln α, β, γ übrig. Diese Gleichung ist eine Bedingung für die Doppelrichtungslinien der Vectoren, denn die Lage dieser Linien ist durch $\alpha, \beta, \gamma, x, y, z$ bestimmt. Nimmt man also 5 Richtungslinien von 5 Vectoren beliebig an, so ist die Richtungslinie des 6. Vectors, der mit jenen im Gleichgewicht stehen soll, an eine Bedingung geknüpft. Da nun eine Richtungslinie 4 Coordinaten hat, können, wenn eine Bedingung für sie existirt, drei von ihren Coordinaten willkürlich gewählt werden. D. h. die möglichen Richtungslinien des 6. Vectors, der mit 5 Vectoren auf gegebenen Richtungslinien im Gleichgewicht sein soll, bilden eine dreifach unendliche Mannigfaltigkeit, also einen Complex. Durch jeden Punkt des Raumes geht also ein Kegel von möglichen Richtungslinien des 6. Vectors; es lässt sich beweisen, dass dieser Kegel vom 1. Grade, dass er ein ebenes Büschel ist. Es seien nämlich l und λ zwei Strahlen des Kegels, die sich im Punkte p schneiden; P_6 sei ein Vector, welcher längs l mit den 5 ersten P_1, P_2 etc. im Gleichgewicht steht, Π_6 sei ein Vector, der längs λ mit 5 anderen Vectoren $\Pi_1, \Pi_2 \ldots \Pi_5$ die auf den Richtungslinien der 5 ersten Vectoren liegen, im Gleichgewicht steht. Sind dann c und γ zwei willkürliche Coefficienten, so ist auch

$$c(P_1 \hat{+} P_2 \hat{+} P_3 \hat{+} P_4 \hat{+} P_5) \equiv -cP_6 \text{ längs } l$$

$$\gamma(\Pi_1 \hat{+} \Pi_2 \hat{+} \Pi_3 \hat{+} \Pi_4 \hat{+} \Pi_5) \equiv -\gamma\Pi_6 \text{ längs } \lambda$$

also

$$(4) \quad \begin{cases} (cP_1+\gamma\Pi_1) \hat{+} (cP_2+\gamma\Pi_2) \hat{+} (cP_3+\gamma\Pi_3) \hat{+} (cP_4+\gamma\Pi_4) \\ \qquad \hat{+} (cP_5+\gamma\Pi_5) \equiv -(cP_6 \hat{+} \gamma\Pi_6). \end{cases}$$

Der Vector $cP_1+\gamma\Pi_1$ liegt auf der Richtungslinie von P_1, der Vector $cP_2+\gamma\Pi_2$ auf der von P_2 u. s. w. Die 5 Vectoren auf der linken Seite der letzten Gleichung liegen auf den Richtungslinien der ersten 5 Vectoren unserer Gruppe. Der Vector $cP_6 \hat{+} \gamma\Pi_6$ ist die Resultante von cP_6 und $\gamma\Pi_6$; er liegt also in der Ebene von P_6 und Π_6, kann aber in dieser Ebene jede beliebige Richtung haben, weil das Verhältniss $\frac{c}{\gamma}$ vollkommen willkürlich ist. Gl. (4) spricht also den Satz aus: Wenn ein Vector, der 5 Vectoren auf 5 gegebenen Richtungslinien das Gleichgewicht hält, zwei verschiedene Richtungslinien l und λ haben kann, welche sich in p schneiden, so kann jede beliebige Gerade, die in der Ebene von l und λ durch p geht, die Richtungslinie eines Vectors sein, der irgend einem System von Vectoren auf den ersten 5 Richtungslinien das Gleichgewicht hält. Giebt es also irgend zwei mögliche Richtungslinien von P_6, die durch p gehen, so ist das ganze Büschel möglich, welches in ihrer Ebene durch p geht; dann ist aber auch ausserhalb dieses Büschels keine andere Richtungslinie für den 6. Vector denkbar, denn sonst würde mehr als ein Büschel, d. h. mehr als ein Kegel durch p gehen. Also ist der Complex der möglichen Richtungslinien des 6. Vectors ein solcher, in dem durch jeden Punkt des Raumes ein ebenes Büschel geht, d. h. er ist ein Complex ersten Grades.

Dieser Complex hat irgend eine Gleichung

$$A\mathfrak{x}+B\mathfrak{y}+C\mathfrak{z}+D\mathfrak{l}+E\mathfrak{m}+F\mathfrak{n}=0.$$

Dieselbe muss erfüllt sein, wenn man für $\mathfrak{x}$, $\mathfrak{y}$, $\mathfrak{z}$, $\mathfrak{l}$ etc. die Coordinaten des sechsten Vectors setzt. Also muss

$$AX_6+BY_6+CZ_6+DL_6+EM_6+FN_6=0$$

sein. Da nun $X_1+X_2+X_3+X_4+X_5+X_6=0$ u. s. w. folgt hieraus, dass

$$A(X_1+X_2+X_3+X_4+X_5)+B\sum_1^5 Y+C\sum_1^5 Z+D\sum_1^5 L$$
$$+E\sum_1^5 M+F\sum_1^5 N=0.$$

Diese Gleichung muss gelten, wenn die Verhältnisse $\frac{X_2}{X_1}$, $\frac{X_3}{X_1}$, $\frac{X_4}{X_1}$, $\frac{Y_2}{Y_1}$ u. s. w. ganz beliebig angenommen werden; sie kann also nur bestehen, wenn die 5 Einzelgleichungen

$$AX_1+BY_1+CZ_1+DL_1+EM_1+FN_1=0,$$
$$AX_2+BY_2+CZ_2+DL_2+EM_2+FN_2=0$$

u. s. w. bis zur Marke 5

erfüllt sind. D. h. die 5 ersten Vectoren gehören demselben Complex an, auf welchem der 6. Vector liegt. Man hat also schliesslich den Satz:

Wenn für 6 Vectoren Gleichgewicht möglich sein soll, müssen ihre Richtungslinien ein und demselben Complex ersten Grades angehören.

Ist $n=5$, so bleiben bei der Elimination von (3) zwei Bedingungsgleichungen übrig; jede derselben repräsentirt einen Complex, beide zusammen eine Congruenz. Also

Wenn 5 Vectoren im Gleichgewicht sein sollen, müssen ihre Richtungslinien einer Congruenz ersten Grades angehören.

Ist $n=4$, so erhält man drei Bedingungsgleichungen; also gehören die Richtungslinien der 4 Vectoren drei Complexen ersten Grades an. Drei Complexe ersten Grades schneiden sich in einem Hyperboloid. Da dieser Satz oben nicht bewiesen wurde, zeigen wir direct, dass die 4 Richtungslinien auf einem Hyperboloid liegen müssen. Ist λ eine Gerade, welche P_1, P_2 und P_3 schneidet, und nimmt man auf dieser Geraden einen Vector Π an, so ist die Summe der Tetraeder, welche Π mit P_1, P_2, P_3 bildet, Null, weil eben Π die drei Vectoren P_1, P_2, P_3 schneidet. Da P_1, P_2, P_3 mit P_4 im Gleichgewicht sein sollen, ist auch die Summe der Tetraeder, welche Π mit P_1, P_2, P_3 und P_4 bildet, gleich Null, also muss das Tetraeder $(\Pi_1 P_4)$ für sich gleich Null sein, d. h. λ schneidet auch P_4. Alle Geraden, λ, welche P_1, P_2, P_3 schneiden, gehören aber einem Hyperboloid an, und da P_4 sie alle schneiden muss, liegt P_4 auf demselben Hyperboloid. Die vier Vectoren P_1, P_2, P_3, P_4 sind Linien erster, die Linien λ sind Linien zweiter Erzeugung des Hyperboloids. Also:

Die Richtungslinien von 4 Vectoren, zwischen denen Gleichgewicht bestehen soll, sind Linien derselben Erzeugung eines Hyperboloids.

Sollen drei Vectoren im Gleichgewicht sein, so müssen ihre Richtungslinien einem ebenen Büschel angehören. Denn die Resultante von zweien gehört dem Büschel der beiden ersten an, und muss identisch mit dem negativ genommenen dritten sein.

Sollen endlich zwei Vectoren im Gleichgewicht sein, so müssen ihre Doppelrichtungen zusammenfallen. (Nebenbei folgt: 4 Complexe ersten Grades schneiden sich in einem ebenen Büschel, 5 in einer Geraden.)

Für 7 und mehr Vectoren, die im Gleichgewicht sein sollen, sind die Richtungslinien beliebig wählbar.

Sind n Vectoren im Gleichgewicht, so sind $n-1$ von ihnen äquivalent dem negativ genommenen n^{ten}. Der negativ genommene n^{te}, also auch der n^{te} Vector selbst, lässt sich dann in $n-1$ Vectoren auf den $n-1$ Richtungslinien zerlegen, welche der Gleichgewichtsbedingung zwischen allen n Vectoren genügen. Also haben wir:

Soll ein Vector in heteraptische Componenten zerlegt werden, so kann man die Richtungslinien dieser Componenten beliebig vorschreiben, wenn ihrer 6 oder mehr sind. (Denn es müssen dann 7 oder mehr Vectoren im Gleichgewicht stehen, und in diesem Fall giebt es keine Bedingung für die Richtungslinien.) Sind ihrer aber 5, so müssen ihre Richtungslinien mit dem gegebenen Vector auf demselben Complex liegen; sind ihrer 4, so müssen ihre Richtungslinien mit dem gegebenen Vector auf derselben Congruenz liegen; sind ihrer drei, so müssen sie mit dem gegebenen Vector zu derselben Schaar von Erzeugungslinien eines Hyperboloids gehören, und sind ihrer zwei, so müssen sie mit ihm zu demselben ebenen Büschel gehören.

3. Windung und Dyname; ihre gegenseitige geometrische Beziehung.

217. Windung; Dyname. Die allgemeine unendlich kleine Bewegung eines starren Körpers nennen wir eine Windung; irgend eine Gruppe von Kräften, die an einem starren Körper thätig ist, heisse eine Dyname. Die Elemente, aus denen eine Windung sich zusammensetzt, sind (unendlich kleine) Drehung und Drehungspaar; diejenigen, aus denen eine Dyname besteht, sind Kraft und Kräftepaar. Da Drehungen und Kräfte linienflüchtige Vectoren sind, sind die Gesetze der Zusammensetzung und Bestimmung für Windungen wie für Dynamen im vorigen Abschnitt festgestellt. Wir stellen die Grundbeziehungen kurz recapitulirend einander gegenüber, und lassen dabei das Adjectiv „unendlich kleine" vor dem Wort „Drehung" als selbstverständlich fort.

Eine Drehung wird dargestellt durch einen linienflüchtigen Vector von bestimmter Angriffslinie, Richtung und Länge.

[Der Vector ist gleich dem Betrage der Drehung, abgeschnitten auf ihrer Axe in solchem Sinn, dass die Drehung von der Axe aus angesehen (Füsse im Anfangs-, Kopf im Endpunkt) linksdrehend ist.]

Sie hat 5 Coordinaten X, Y, Z, L, M; X, Y, Z sind Projectionen, L, M Momente.

Zwei an absoluter Grösse gleiche Drehungen um antiparallele Axen bilden ein Drehungspaar; dasselbe ist characterisirt durch sein Moment und ist ein völlig freier Vector.

(Das Drehungspaar ist eine Verschiebung, sein Moment der Betrag der letzteren.)

Das Ergebniss der Zusammensetzung beliebig vieler Drehungen ist eine Windung, die sich in besonderen Fällen auf eine Einzeldrehung oder ein Drehungspaar reduciren kann.

Eine Windung lässt sich in zwei Haupttypen darstellen, nämlich

Eine Kraft wird dargestellt durch einen linienflüchtigen Vector von bestimmter Angriffslinie, Richtung und Länge.

Sie hat 5 Coordinaten $\boldsymbol{\Xi}, \boldsymbol{H}, \boldsymbol{Z}, \boldsymbol{\Lambda}, \boldsymbol{M}$; $\boldsymbol{\Xi}, \boldsymbol{H}, \boldsymbol{Z}$ sind Projectionen, $\boldsymbol{\Lambda}, \boldsymbol{M}$ Momente.

Zwei antiparallele Kräfte von gleicher absoluter Grösse bilden ein Kräftepaar; dasselbe ist characterisirt durch sein Moment und ist ein völlig freier Vector.

Das Ergebniss der Zusammensetzung beliebig vieler Kräfte ist eine Dyname, die sich in besonderen Fällen auf eine Einzelkraft oder ein Kräftepaar reduciren kann.

Eine Dyname lässt sich in zwei Haupttypen darstellen, nämlich

1) Drehung nebst Drehungspaar, 2) zwei Drehungen um sich kreuzende Axen. Den letzteren Typus wollen wir ein **Drehungskreuz** nennen, den ersten eine **Schraubung**.

1) Kraft nebst Kräftepaar, 2) zwei Kräfte, deren Angriffslinien sich kreuzen. Den letzteren Typus nennen wir ein **Kraftkreuz**, den ersteren einen **Winder** (nach Fiedler, Ball sagt wrench).

Jede Windung besitzt eine Centralaxe; auf dieser wird sie dargestellt durch 1) eine Drehung R um die Centralaxe, 2) eine Verschiebung S_0 längs derselben. Die Windung ist also eine Schraubenbewegung um die und längs der Centralaxe. Daher die Benennung des ersten Typus.

Jede Dyname besitzt eine Centralaxe; auf dieser wird sie dargestellt durch eine resultirende Kraft ϱ und ein Kräftepaar σ_0, ϱ und σ_0 fallen beide in die Centralaxe.

Sie kann aber auch dargestellt werden als Drehung um eine Axe R, und Verschiebung längs einer Richtung S_1, welche beide (R_1 und S_1) durch den beliebigen Punkt p gehen. Wie auch p liegen möge, stets ist $R_1 \equiv R$; die S_1 dagegen sind von einem p zum andern verschieden; sie bilden einen Concurs.

Sie kann aber auch dargestellt werden als Kraft ϱ_1 nebst Kräftepaar σ_1, welche beide durch einen beliebigen Punkt p gehen. In allen Fällen ist $\varrho_1 \equiv \varrho$; dagegen variirt σ_1 von einem p zum andern, sämmtliche σ_1 bilden einen Concurs.

Wird die Windung dargestellt durch Drehungskreuze, so bilden diese ein Comitium.

Wird die Dyname durch Kraftkreuze dargestellt, so bilden diese ein Comitium.

In dem Falle, wo $S_0 = 0$, degenerirt die Windung zur blossen Drehung um die Centralaxe; ist $R = 0$, so degenerirt sie zur blossen Verschiebung.

Im dem Falle, wo $\sigma_0 = 0$, degenerirt die Dyname zur Einzelkraft; ist $\varrho = 0$, so degenerirt sie zum Kräftepaar.

Wie man sich auch die Windung geometrisch vorstellen möge, ob als Schraubung oder als Kraftkreuz, sie hat stets 6 Coordinaten X, Y, Z, L, M, N. Die drei ersten

Einerlei ob als Winder oder als Kraftkreuz gedacht, die Dyname hat stets 6 Coordinaten, $\boldsymbol{\Xi}$, $\boldsymbol{H}$, $\boldsymbol{Z}$, $\boldsymbol{\Lambda}$, $\boldsymbol{M}$, $\boldsymbol{N}$. Die drei ersten sind die Axenprojectionen von ϱ, die sind die Axenprojectionen von R_1, die drei letzten die vom S_1 des Coordinatenanfangs.

Setzt sich die Windung aus Einzeldrehungen zusammen, welche die Coordinaten X_n, Y_n, Z_n, L_n, M_n und $N_n = -\frac{1}{Z_n}(X_n L_n + Y_n M_n)$ besitzen, so ist $X = \Sigma X_n$, $Y = \Sigma Y_n$ u. s. w.

Eine Windung ist Ruhe, wenn ihre 6 Coordinaten sämmtlich und einzeln verschwinden.

drei letzten die vom σ_1 des Coordinatenanfangs.

Setzt sich die Dyname aus Einzelkräften zusammen, deren Coordinaten $\Xi_n, H_n, Z_n, \Lambda_n, M_n$ und $N_n = -\frac{1}{Z_n}(\Xi_n \Lambda_n + H_n M_n)$ sind, so ist $\Xi = \Sigma \Xi_n$, $H = \Sigma H_n$ u. s. w.

Eine Dyname ist Null, wenn ihre 6 Coordinaten sämmtlich und einzeln verschwinden.

Jeder Satz des vorigen Abschnitts lässt sich in ähnlicher Weise auf Windungen und Dynamen anwenden.

218. Die Arbeit einer gegebenen Dyname bei einer gegebenen Windung. Die geometrischen Sätze, welche wir bisher aufgestellt haben, gelten für Gleichartiges: Entweder man setzt voraus, die untersuchten linienflüchtigen Vectoren seien Drehungen, dann liefern unsere Sätze Beziehungen zwischen Drehung, Drehungspaar und Windung resp. zwischen mehreren Windungen; oder man setzt voraus, die untersuchten Vectoren seien Kräfte, dann erhält man Beziehungen zwischen Kraft, Kräftepaar und Dyname resp. zwischen mehreren Dynamen. Dagegen erhält man aus ihnen allein noch keine Beziehung zwischen Windung und Dyname. Um nun die geometrischen Grundlagen der Mechanik starrer Körper vollständig zu machen, muss noch eine geometrische Beziehung dieser Art gesucht werden, welche die links stehenden Grössen des vorigen Paragraphen mit den rechts stehenden verknüpft. Diese wird vermittelt durch den Begriff Arbeit.

Der Körper G sei in einer Windung begriffen, und zugleich sei an ihm eine Dyname thätig; welche Arbeit leistet die Dyname, während sich die (unendlich kleine) Windung vollzieht?

Es ist zweckmässig, sich vorher über den Begriff „Arbeit eines Kräftepaares" klar zu werden. Unter Arbeit eines Kräftepaares verstehen wir die algebraische Summe der Arbeiten seiner heteraptischen Componenten.

a) Verschiebt sich der Körper G, an dem ein Kräftepaar $P \dotplus (-P)$ angreift, so legen die Angriffspunkte beider Kräfte den gleichen Weg s zurück. Ist α_1 der Winkel, den s mit P macht, so macht s mit $-P$ den Winkel $\pi + \alpha$. Die Arbeit von P ist $Ps\cos\alpha$, die von $-P$ ist $Ps\cos(\alpha + \pi)$ oder $-Ps\cos\alpha$; also die Arbeit eines Kräftepaares bei einer beliebigen Verschiebung ist Null.

b) G mache eine unendlich kleine Drehung $d\vartheta$ um eine Axe, welche dem Moment des Kräftepaares parallel ist, also auf der Ebene der Paarkräfte senkrecht steht. Ist m das Moment des Paares, so reducire man es auf den Arm 1 und die Kraft m und lege den Angriffspunkt von P in die Axe der Drehung. Dann beschreibt der Angriffspunkt der zweiten Kraft, die in diesem Falle gleich m ist, den Weg $1.d\vartheta$, und dieser fällt in die Richtung von m. Also ist die Arbeit des Paares $m d\vartheta$, wenn die Drehungsaxe parallel m ist.

c) G mache die Drehung $d\vartheta$ um eine Axe l, welche senkrecht auf dem Moment des Paares steht, also der Ebene der Paarkräfte parallel ist. Man lege das Paar so, dass sein Arm parallel l ist; dann sieht man sofort, dass die Angriffspunkte beider Kräfte gleiche Wege beschreiben, dass also die Arbeit der Kraft $-P$ entgegengesetzt gleich der Arbeit von P ist. Die Gesammtarbeit des Paares ist also Null, wenn die Drehungsaxe parallel der Paarebene ist.

Wir wollen nun zunächst annehmen, die Windung sei in Form einer Schraubung, die Dyname in Form eines Winders gegeben, beide auf ihre Centralaxen reducirt. Die Windung sei (R, S), die Dyname (ϱ, σ); die Marke 0 an S und σ werde fortgelassen. Es sei δ der kürzeste Abstand beider Centralaxen und α der Winkel, den sie miteinander machen. Wir wählen die Centralaxe der Windung zur Axe der z und den kürzesten Abstand δ zur Axe der x in einem rechtwinkligen Coordinatensystem. Reducirt man die Dyname auf den Anfangspunkt des Systems, so erhält man für ihre 6 Coordinaten

$$\varXi = 0, \quad H = \varrho \sin\alpha, \quad Z = \varrho\cos\alpha,$$
$$\varLambda = 0, \quad M = \sigma\sin\alpha + \varrho\delta\cos\alpha, \quad N = \sigma\cos\alpha - \varrho\delta\sin\alpha.$$

Dabei besteht die Windung aus einer Verschiebung $L = M = 0$, $N = S$, und einer Drehung um die Axe der z, für welche $Y = X = 0$, $Z = R$ und $R = d\vartheta$. Bei der Verschiebung leistet $\varXi$, H, Z die Arbeit $\varrho\cos\alpha . S$, und $\varLambda$, M, N die Arbeit Null. Bei der Drehung leisten $\varXi$, H, Z die Arbeit Null, und da die Drehung um die Axe der z erfolgt, leisten auch M und $\varLambda$ die Arbeit Null. N aber leistet die Arbeit NR oder $(\sigma\cos\alpha - \varrho\delta\sin\alpha)d\vartheta$. Man erhält also für die Gesammtarbeit A

$$A = \varrho\cos\alpha S + (\sigma\cos\alpha - \varrho\delta\sin\alpha)d\vartheta.$$

Setzt man noch die Parameter $\frac{S}{R}$ oder $\frac{S}{d\vartheta}$ und $\frac{\sigma}{\varrho}$ gleich p und π, so lässt sich der Ausdruck schreiben

$$(1) \qquad A = \varrho d\vartheta[(p+\pi)\cos\alpha - \delta\sin\alpha].$$

Ball nennt den Factor $(p+\pi)\cos\alpha - \delta\sin\alpha$ den virtuellen Coefficienten der Dyname auf die Windung.

Noch einfacher gestaltet sich die Beantwortung der obigen Frage, wenn man sich Windung und Dyname durch ihre Coordinaten in einem beliebigen rechtwinkligen System gegeben denkt. Es sei X, Y, Z, L, M, N die Windung und $\boldsymbol{\Xi}, \boldsymbol{H}, \boldsymbol{Z}, \boldsymbol{\Lambda}, \boldsymbol{M}, \boldsymbol{N}$ die Dyname. Dann sind L, M, N die drei Componenten der in der Windung enthaltenen Verschiebung; bei ihnen leisten die Kräftepaare $\boldsymbol{\Lambda}, \boldsymbol{M}, \boldsymbol{N}$ die Arbeit Null, und $\boldsymbol{\Xi}, \boldsymbol{H}, \boldsymbol{Z}$ leisten die Arbeit

$$\boldsymbol{\Xi}L + \boldsymbol{H}M + \boldsymbol{Z}N.$$

X, Y, Z sind die Componenten der in der Windung enthaltenen Drehung. Bei dieser leisten $\boldsymbol{\Xi}, H, Z$, da sie im Coordinatenanfang, also auf der Drehungsaxe angreifen, die Arbeit Null. Bei der Drehung X leisten nach den obigen Sätzen $\boldsymbol{M}$ und $\boldsymbol{N}$ die Arbeit Null, $\boldsymbol{\Lambda}$ aber leistet $\boldsymbol{\Lambda}X$ (denn X ist der Drehungswinkel um die Axe der x, $\boldsymbol{\Lambda}$ das Moment des Kräftepaars, dessen Paarebene senkrecht zur Axe der x steht); ebenso wird bei der Drehung Y die Arbeit $\boldsymbol{M}Y$, bei der Drehung Z die Arbeit $\boldsymbol{N}Z$ geleistet. Die Gesammtarbeit ist also

$$(2) \qquad A = \boldsymbol{\Xi}L + \boldsymbol{H}M + \boldsymbol{Z}N + \boldsymbol{\Lambda}X + \boldsymbol{M}Y + \boldsymbol{N}Z.$$

Damit erhält der Ausdruck $\boldsymbol{\Xi}L + \boldsymbol{H}M$ u. s. w. seine dritte, die wichtigste geometrische Bedeutung: er repräsentirt die Arbeit, welche die Dyname $\boldsymbol{\Xi}, \boldsymbol{H}, \boldsymbol{Z}, \boldsymbol{\Lambda}, \boldsymbol{M}, \boldsymbol{N}$ bei der unendlich kleinen Windung X, Y, Z, L, M, N thut. Und darauf beruht in letzter Linie seine Bedeutung für die Mechanik, so wie auch die Bedeutung der durch ihn dargestellten Tetraedersumme.

Die Ausdrücke (1) und (2) sind symmetrisch in Bezug auf Windung und Dyname; ihre Form giebt also sofort den Satz: Die Arbeit einer Dyname bei einer Windung bleibt unverändert, wenn man die (Centralaxen und) die Coordinaten beider mit einander vertauscht.

Gl. (2) liefert unmittelbar den Satz: Lässt eine Windung X, Y, Z, L, M, N sich in zwei Componenten $X_1, Y_1 \ldots N_1$ und $X_2 \ldots N_2$ zerlegen, so ist die Arbeit, welche irgend eine Dyname $\boldsymbol{\Xi}, \boldsymbol{H} \ldots \boldsymbol{N}$ an der resultirenden Windung thut, gleich der algebraischen Summe ihrer Arbeiten an den Componenten.

Und umgekehrt: Lässt eine Dyname sich in zwei Componenten zerlegen, so ist ihre Arbeit auf eine beliebige

Windung gleich der algebraischen Summe der Arbeiten ihrer Componenten.

Denn ist $X = X_1 + X_2$, so ist auch $XL = (X_1 L + X_2 L)$ u. s. w. Die Sätze gelten offenbar ohne Weiteres auch dann, wenn Windung oder Dyname in mehr als zwei Componenten zerlegt, bzw. aus ihnen zusammengesetzt werden.

219. Reciprocalität. Eine Windung und eine Dyname heissen reciprocal, (oder ihre Axen heissen reciprocal) wenn die Arbeit der Dyname in Bezug auf die Windung Null ist. Die Bedingung hierfür lautet in Ball'scher Form

$$(1) \quad \begin{cases} (p+\pi)\cos\alpha - \delta\sin\alpha = 0 \quad \text{oder} \\ \operatorname{tang}\alpha = \dfrac{p+\pi}{\delta} \end{cases}$$

in Plücker'schen Coordinaten

$$(2) \qquad X\Lambda + YM + ZN + L\Xi + MH + NZ = 0.$$

Der Ball'schen Gleichung sieht man sofort an, dass es bei der Reciprocalität nicht auf die absoluten Grössen von S, R, ρ, σ, sondern bloss auf die Verhältnisse $\frac{S}{R}$, $\frac{\sigma}{\rho}$ ankommt; Gl. (2) zeigt dasselbe, wenn man sie durch $R\rho$ dividirt.

Die weitere Untersuchung bezieht sich also nicht auf die absoluten Grössen von Windung und Dyname, sondern nur auf ihre Parameter. An der Spitze steht der Satz: Ist eine Dyname von der Axenrichtung A und dem Parameter π reciprocal zu einer Windung von der Axenrichtung B und dem Parameter p, so ist auch eine Dyname von der Axenrichtung B und dem Parameter p reciprocal zu einer Windung von der Axenrichtung A und dem Parameter π. Derselbe folgt unmittelbar aus der Symmetrie von Gl. (2) und aus dem symmetrischen Vorkommen von p und π in Gl. (1).

Es bietet sich nun naturgemäss die Frage dar: Wie viele und welche Dynamen sind reciprocal zu einer, zu zwei, zu drei etc. gegebenen Windungen? Ist eine Windung gegeben, so sind in Gl. (2) die Grössen X, Y, Z, L, M, N bekannt; die unbekannten sind $\frac{\Xi}{\rho}$, $\frac{H}{\rho}$, $\frac{Z}{\rho}$, $\frac{\Lambda}{\rho}$, $\frac{M}{\rho}$, $\frac{N}{\rho}$, zwischen denen die Gleichung $\left(\frac{\Xi}{\rho}\right)^2 + \left(\frac{H}{\rho}\right)^2 + \left(\frac{Z}{\rho}\right)^2 = 1$ besteht. Es sind also 5 Unbekannte zu bestimmen. Hieraus folgt, dass 5 Gleichungen von der Form (1) oder (2) sämmtliche Unbekannten berechnen lassen; zu 5 gegebenen Windungen ist also nur eine endliche, vollkommen bestimmte Anzahl von Dynamen reciprocal (ob eine oder mehrere, das hängt davon ab, ob die Bestimmung ein- oder mehrdeutig ist, und wird sich später ergeben). Zu 4 gegebenen Windungen ist eine einfach unendliche Mannigfaltigkeit, zu dreien eine zweifach, zu zweien eine dreifach, zu einer eine vierfach unendliche Mannigfaltigkeit von Dynamen reciprocal.

1) Eine vierfache Unendlichkeit metrisch bestimmter Grössen haben wir früher

ein Comitium genannt. Das Comitium der zu einer gegebenen Windung reciprocalen Dynamen ist mit Gl. (1) leicht zu bestimmen. Betrachtet man die Congruenz, deren Anheftungspunkte auf der Axe der x liegen, so geht durch den Punkt $x = x$ ein ebener Büschel von Axen, und $p = x \operatorname{tang} \alpha - \pi$ ist die Polargleichung der Limitante; diese Limitante geht durch die Axe der x und die Gerade $z = -\pi$ u. s. w. Setzt man $p =$ const., so erhält man die Mannigfaltigkeit aller dem Comitium angehörigen Axen von gleichem Parameter; diese genügen nach (1) der Gleichung $\operatorname{tang} \alpha = \frac{\text{const.}}{\delta}$, d. h. sie bilden einen Complex ersten Grades, dessen Centralaxe identisch mit der Axe der gegebenen Windung ist und den Parameter $p + \pi$ hat.

2) Ist eine Dyname vom Parameter π recipocal zu zwei Windungen der Parameter p_1 und p_2, so ist sie reciprocal zu allen Erzeugungslinien des durch p_1 und p_2 bestimmten Cylindroids, wobei jede Erzeugungslinie mit dem ihr zukommenden Parameter p_n behaftet ist. Denn ist p_3 eine dritte Erzeugungslinie des Cylindroids, so lässt sich eine Windung um p_3 zerlegen in zwei Windungen um p_1 und p_2, und da π an diesen beiden die Arbeit Null leistet, leistet es auch die Arbeit Null an p_3.

Die Axe π schneidet das Cylindroid, da es eine Fläche dritten Grades ist, in drei Punkten, schneidet also drei Erzeugungslinien desselben. Für diese ist $\delta = 0$, also kann Gl. (1) nur bestehen, wenn entweder $p + \pi = 0$ oder α ein rechter Winkel ist. Es sind immer zwei Axen des Cylindroids mit gleichem Parameter behaftet, aber nie zwei parallel, also ist die Bedingung $p + \pi = 0$ zweimal, die Bedingung $\alpha = 90^0$ einmal erfüllt. Eine Axe π, welche eine Erzeugungslinie des Cylindroids rechtwinklig schneidet, schneidet also ausserdem noch zwei gleiche Erzeugungslinien desselben.

3) Aus (2) folgt: Zu fünf gegebenen Windungen ist nur eine, eindeutig und vollständig bestimmte Axe reciprocal. Denn wäre die Bestimmung mehrdeutig, wären etwa zwei Dynamen π_1 und π_2 reciprocal zu den fünf Windungen, so wäre das ganze durch π_1 und π_2 bestimmte Cylindroid reciprocal zu ihnen; den fünf Windungen wäre also eine unendliche Mannigfaltigkeit von Axen reciprocal, was nicht angeht.

4) Die einfach unendliche Mannigfaltigkeit von Axen, welche zu vier gegebenen Windungen $p_1 p_2 p_3 p_4$ reciprocal ist, bildet ein metrisches Cylindroid. Denn zwei Glieder der Mannigfaltigkeit bestimmen ein Cylindroid, dessen sämmtliche Axen bestimmte Parameter haben und nach (2) zu $p_1 p_2 p_3 p_4$ reciprocal sind. Gäbe es nun ausserhalb dieses Cylindroids noch eine weitere Axe π_n, die zu den vier Windungen reciprocal wäre, so würde sie mit jeder Erzeugungslinie des Cylindroids ein neues Cylindroid bestimmen, welches die gleiche Eigenschaft hätte; man erhielte also eine unendliche Mannigfaltigkeit von Cylindroiden, d. h. eine zweifach unendliche Mannigfaltigkeit von Axen, die zu $p_1 p_2 p_3 p_4$ reciprocal wäre, und das geht nicht an, da die Mannigfaltigkeit nach dem Obigen nur einfach unendlich sein kann.

Das zu p_1, p_2, p_3, p_4 reciprocale Cylindroid kann wie folgt, construirt werden. Man denke sich, die 4 Parameter seien der Grösse nach geordnet, so dass $p_1 > p_2 > p_3 > p_4$ ist. Dann bilde man die Cylindroide (p_1, p_3) und (p_2, p_4). Ist nun l irgend eine Länge zwischen p_2 und p_3, so finden sich auf jedem der beiden

Cylindroide je zwei Parameter, die gleich l sind. Die Erzeugungslinien, welche diese 4 gleichen Parameter haben, schneide man durch zwei Transversalen ϑ und φ und gebe jeder von diesen Transversalen den Parameter $-l$. Dann sind ϑ und φ reciprocal zu den 4 Axen l, weil die Gleichung $(-l+l)\cos\alpha + 0.\sin\alpha = 0$ identisch erfüllt ist, also sind sie reciprocal zu beiden Cylindroiden, also zu p_1, p_2, p_3, p_4. Das gesuchte Cylindroid ist also dasjenige, welches durch die Axen ϑ, φ mit den Parametern $-l$ bestimmt wird.

4) Sind drei Axen mit den Parametern p_1, p_2, p_3 gegeben, so bildet die zu ihnen reciprocale zweifach unendliche Mannigfaltigkeit eine Schaar von Cylindroiden. Denn man kann eine vierte Axe p_4 willkürlich zu ihnen hinzunehmen und jede so zugefügte Axe liefert ein reciprocales Cylindroid. Da die Mannigfaltigkeit der zu p_1, p_2, p_3 reciprocalen Axen eine zweifach unendliche, das einzelne Cylindroid aber eine einfach unendliche Mannigfaltigkeit ist, kann die Mannigfaltigkeit der Cylindroide nur eine einfach unendliche Schaar sein.

Wählt man unter den Ergänzungslinien dieser sämmtlichen Cylindroide diejenigen aus, welche einen bestimmten Parameter π_1 haben, so bilden diese die eine Schaar der Erzeugungslinien eines Hyperboloids. Denn da alle Axen vom Parameter π_1, welche zu p_1 reciprocal sind, nach No. 1 einen Complex ersten Grades bilden, ebenso die, welche zu p_2, und die welche zu p_3 reciprocal sind, so bilden die Axen, welche gleichzeitig zu p_1, p_2, p_3 reciprocal sind, den Durchschnitt dreier Complexe ersten Grades; der ist aber ein Hyperboloid.

In dem besonderen Falle, wo $p_1 = p_2 = p_3 = k$ ist, sind die Reciprocalen vom Parameter $-k$ die zweite Schaar der Erzeugungslinien desjenigen Hyperboloids, dem p_1, p_2, p_3 als Erzeugende der ersten Schaar angehören. Denn jede Linie der zweiten Schaar schneidet jede der ersten und erfüllt die Bedingung

$$\pi + p = -k + k = 0.$$

5) Sind zwei Axen mit den Parametern p_1, p_2 gegeben, so bildet die dreifach unendliche Mannigfaltigkeit der zu ihnen reciprocalen Axen einen Complex zweiten Grades. Jede Axe der Mannigfaltigkeit muss zu dem ganzen Cylindroid (p_1, p_2) reciprocal sein. Um also den Satz nachzuweisen, muss gezeigt werden, dass diejenigen Axen, welche durch einen festen, willkürlichen Punkt A gehen und zu einem gegebenen Cylindroid reciprocal sind, einen Kegel zweiten Grades bilden. Fällt man von A ein Perpendikel auf irgend eine Erzeugungslinie des Cylindroids, so schneidet dieses Perpendikel noch zwei weitere Erzeugungslinien, die denselben Parameter p haben. Giebt man dem Perpendikel den Parameter $-p$, so ist es reciprocal zum Cylindroid. Der Kegel der von A auf das Cylindroid gefällten Perpendikel ist also der Kegel der von A ausgehenden Reciprocalen. Um ihn zu finden, ziehe man von A aus eine Gerade parallel zur Directrix des Cylindroids. Diese Gerade ist senkrecht zu allen Erzeugungslinien, schneidet demnach das Cylindroid in einem einzigen reellen Punkt T. Es giebt auf dem Cylindroid eine Erzeugungslinie LM, die denselben Parameter hat wie die durch T gehende. Durch T und LM lege man eine Ebene; dieselbe schneidet das Cylindroid erstens in der Geraden LM, zweitens aber noch in einer Curve zweiter Ordnung, da ja der Gesammtdurchschnitt eine Curve dritter

Fig. 114.

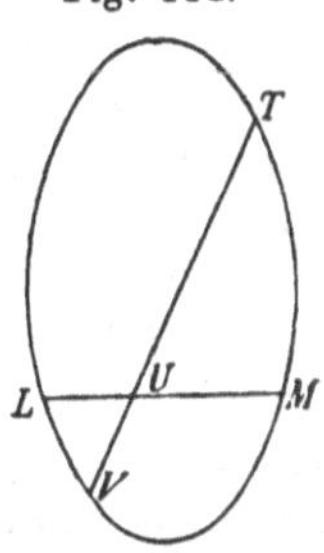

Ordnung sein muss. Die Curve zweiter Ordnung ist eine Ellipse, da das Cylindroid nach der Richtung der Directrix begrenzt ist, und die so gewonnene Ellipse ist die Fusspunktcurve der von A auf das Cylindroid gefällten Perpendikel. Denn irgend eine von T in der Ebene der Ellipse gezogene Gerade TV schneidet in T und U zwei Erzeugungslinien gleichen Parameters, also in V eine dritte Erzeugungslinie unter rechtem Winkel. Die durch V gehende Erzeugungslinie ist demnach senkrecht 1) zur Directrix des Cylindroids, also zur Geraden AT, 2) zu TV, also ist sie senkrecht zur Ebene ATV, also zu AV, d. h. die Punkte V sind die Fusspunkte der von A auf das Cylindroid gefällten Perpendikel.

Die in No. 4 auftretende Schaar von Cylindroiden ist demnach zugleich diejenige Congruenz, welche aus dem Durchschnitt der beiden zu (p_1, p_4) und (p_2, p_3) reciprocalen Complexe zweiten Grades hervorgeht, das Cylindroid in No. 3 ist der Durchschnitt dreier Complexe zweiten Grades.

Sucht man unter den Axen des zu p_1 und p_2 reciprocalen Complexes diejenigen heraus, welche einen bestimmten Parameter π_1 besitzen, so bilden sie eine Congruenz ersten Grades. Denn sie bilden den Durchschnitt des zu p_1 reciprocalen Complexes vom ersten Grade, dessen Linien den Parameter π_1 haben, mit dem zu p_2 reciprocalen.

6) Ist eine einzige Axe vom Parameter p_1 gegeben, so ist das Erforderliche oben schon gesagt. Sämmtliche Reciprocalen bilden ein metrisches Comitium, und die vom Parameter π_1 bilden einen Complex ersten Grades. Betrachtet man das Comitium ametrisch, so gehört ihm jede beliebige Gerade des Raumes an, m. a. W. jede Gerade des Raumes kann zu p_1 reciprocal sein, wenn man ihr einen passenden Parameter ertheilt. Denn die Lage der Geraden bestimmt in Gl. (1) nur α und δ, und die Gl. (1) kann dann als Bestimmungsgleichung für π betrachtet werden.

7) Jede Axe des Raumes mit bestimmten Parameter π besitzt **eine** Reciprocale auf einem bestimmten Cylindroid. Denn sind λ, μ, ν, ρ vier zum Cylindroid reciprocale Axen, so lässt sich zu den 5 Axen $\lambda, \mu, \nu, \rho, \pi$ eine Reciprocale bestimmen, und diese liegt auf dem Cylindroid, weil sie zu λ, μ, ν, ρ reciprocal ist. Im allgemeinen giebt es auch nur eine Erzeugungslinie des Cylindroids, die zu der Axe π reciprocal ist: denn giebt es zwei, so muss π dem Complex zweiten Grades der No. 5 angehören, was im Allgemeinen nicht der Fall ist.

8) Man kann die Reciprocalitätsbeziehungen noch von einem andern Gesichtspunkt auffassen. Man denke sich n Axen von bestimmtem Parameter gegeben. Einem gegebenen Körper G kann man um jede dieser Axen eine Windung von unendlich kleiner, übrigens willkürlicher Amplitude ertheilen. Heisst z. B. der Parameter der ersten Axe p_1 und die ertheilte Amplitude a_1, so legt G um die erste Axe den unendlich kleinen Drehungswinkel a_1 und längs derselben die Verschiebung $p_1 a_1$ zurück. Entsprechendes findet statt, wenn die zweite Axe den Parameter p_2 und die Amplitude a_2 erhält u. s. w. Man denke sich nun die n Axen und ihre Parameter $p_1, p_2 \dots p_n$ fest bestimmt, die Amplituden $a_1, a_2 \dots a_n$ aber willkürlich gelassen. Irgend welche Werthe der a z. B. $a'_1, a'_2, \dots a'_n$, nehme man willkürlich an, dann lassen sich die n Windungen der Amplituden $a'_1, a'_2 \dots a'_n$ um die n Axen $p_1, p_2 \dots p_n$ zu einer einzigen Windung um irgend eine neue Axe P zusammensetzen. Der Parameter dieser neuen Windung ist offenbar be-

stimmt. Wählt man n andere Amplituden $a_1'', a_2'' \dots a_n''$, so erhält man eine neue Axe P'' für die resultirende Windung u. s. w. Jeder möglichen Wahl der a entspricht ein bestimmtes P. Die sämmtlichen P, welche man auf diese Weise, von den n festen Axen ausgehend erhält, bilden ein Axensystem n^{ter} Stufe (Ball nennt sie einen „Complex“ n^{ter} Stufe, während wir nach Plückers Vorgang das Wort Complex ausschliesslich für eine dreifach unendliche Mannigfaltigkeit gebrauchen.) Es gelten die Sätze:

a) Statt jeder der anfänglich angenommenen n Axen $p_1 \dots p_n$ kann man eine beliebige Axe P_x des Systems eintreten lassen, ohne die Bestimmung des Systems zu ändern. Denn bezeichnen wir eine Windung von der Amplitude a um die Axe p kurz mit $a.p$, so ist die Bestimmung von P_n gegeben durch die Gleichung

$$a_1 p_1 \dot{+} a_2 p_2 \dot{+} \cdots \dot{+} a_n p_n = A_x P_x$$

wo A_x die Amplitude der resultirenden Windung bezeichnet. Dieselbe Gleichung liefert aber

$$a_1 p_1 \dot{+} a_2 p_2 \dot{+} \cdots \dot{+} (-A_x).P_x = -a_n p_n.$$

Die Axe p_n findet sich also in dem Axensystem $n$ter Stufe, welches durch P_x, $p_1, p_2, \dots, p_{n-1}$ bestimmt wird, und wenn eine Windung um P_x von der Amplitude b gegeben ist, lässt sie sich immer in Windungen um $p_1 \dots p_n$ zerlegen, führt also stets nur auf Axen P, die schon durch $p_1 \dots p_n$ bestimmt sind. Hieraus folgt offenbar weiter, da man alle p_n der Reihe nach durch P_n ersetzen kann,

b) Irgend n Axen eines Systems $n$ter Stufe bestimmen eindeutig das ganze System,

c) Ist eine Axe zu n Axen eines Systems $n$ter Stufe reciprocal, so ist sie zu allen Axen desselben reciprocal.

Denn ist P irgend eine Axe des Systems, so lässt sich eine Windung um P stets in n Windungen um jene n Axen zerlegen; wird an diesen von einer Dyname die Arbeit Null geleistet, so wird auch an P die Arbeit Null geleistet.

d) Reciprocal zu einem Axensystem $n$ter Stufe ist ein Axensystem $(6-n)$ter Stufe. Denn die Axen, welche zu einem System $n$ter Stufe reciprocal sein sollen, müssen zu n Gliedern desselben reciprocal sein. Sie müssen also n Gleichungen der Form (2) erfüllen. Da diese 5 Unbekannte enthalten, bleiben $5-n$ von den Unbekannten $\frac{\Xi}{\rho}$, $\frac{\Pi}{\rho}$ u. s. w. willkürlich wählbar. Ist nun von den Bestimmungsstücken einer Geraden kein einziges willkürlich wählbar ($n = 5$), so ist sie eine einzige, vollkommen bestimmte Gerade, also ein Axensystem erster Stufe. Ist Eins der Bestimmungsstücke wählbar, ($n = 4$), so genügt eine einfach unendliche Mannigfaltigkeit von Geraden den Bedingungen, und da diese derart sind, dass sie den 4 gegebenen Axen reciprocal sein muss, ist die Mannigfaltigkeit ein Cylindroid, und ist demnach durch 2 Axen bestimmt. Sind zwei der Bestimmungsstücke wählbar ($n = 3$), so ist die Mannigfaltigkeit eine Schaar von Cylindroiden, welche durch 3 Axen bestimmt wird u. s. w. Wir finden hier die in Nr. 3 bis 6 auftretenden Mannigfaltigkeiten wieder, aber mit wichtigen Zusätzen:

Einer einzelnen Axe entspricht als reciprocale Mannigfaltigkeit ein Comitium. Zwei Axen entspricht ein Complex zweiten Grades; es ist dann aber auch das ganze durch die beiden Axen bestimmte Cylindroid dem Complex reciprocal.

Drei Axen entspricht eine Congruenz (Schaar von Cylindroiden); dieser Congruenz ist dann aber auch die ganze Congruenz reciprocal, deren Glieder jene drei Axen sind. Vier Axen gehören einem Complex zweiten Grades an; der ganze Complex ist einem Cylindroid reciprocal. Der Satz ist mit dem rückwärts gelesenen zweiten dieser Sätze identisch.

Fünf Axen gehören einem Comitium an; sie und das ganze Comitium sind einer einzigen Axe reciprocal.

Ein bereits berührter Specialfall des dritten von diesen Sätzen war die Reciprocalität der beiden Schaaren von Erzeugungslinien desselben Hyperboloids in Nr. 4; ebenso ist der zu Grunde gelegte Satz Nr. 2 im zweiten dieser Sätze enthalten.

Endlich ersieht man noch: die Mannigfaltigkeiten, welche sich bei Betrachtung der Reciprocalität ergeben, sind dieselben, die bei der Zerlegung und Zusammensetzung von Schrauben eine Rolle spielen: n Schrauben, um n Axen mit beliebigen Amplituden zusammengesetzt, liefern dasselbe Axensystem $n$ter Stufe, welches $6-n$ Axen reciprocal ist.

C. Die willkürliche Ausdehnung der heteraptischen Summation auf beliebige Vectoren am starren Körper; das Bewegungsgesetz des freien starren Körpers.

220. Nachdem der Begriff der heteraptischen Summation einmal festgestellt ist, können wir denselben willkürlich auf beliebige Vectoren anwenden, die an einem starren Körper gegeben sind. Greifen an irgend welchen Punkten des Körpers G Vectoren v_1, v_2, v_3, ... an, so können wir sie schablonenmässig nach den bisher für Kräfte und unendlichkleine Drehungen angegebenen Regeln zusammensetzen und das so erhaltene System ihre heteraptische Resultante nennen. Besitzen v_1, v_2, v_3, u. s. w. der Reihe nach die Componenten X_1, X_2, X_3, ..., Y_1, Y_2, Y_3, ..., Z_1, Z_2, Z_3, ... und die Momente L_1, L_2, L_3, ..., M_1, M_2, M_3, ..., N_1, N_2, N_3, ..., so hat ihre heteraptische Resultante die Coordinaten

$$\Sigma X,\quad \Sigma Y,\quad \Sigma Z,\quad \Sigma L,\quad \Sigma M,\quad \Sigma N,$$

und besitzt auf Grund ihrer willkürlichen Definition die Eigenschaften, welche eine in dieser Art gebildete Grösse hat, d. h. sie besitzt die geometrischen Eigenschaften einer Dyname oder Windung. Ob sie eine praktische Bedeutung hat, das hängt davon ab, welcher Art die Vectoren v sind. Wir betrachten zwei solche Resultanten.

221. Bewegungs- und Beschleunigungsmenge. 1) Es sei μ eins der Theilchen, aus welchen sich das starre Gebilde G zusammensetzt. Ist G in Bewegung, so hat μ eine gewisse Geschwindigkeit v, und eine entsprechende Bewegungsmenge μv. Diese ist ein an μ gegebener Vector, und wenn x, y, z die Coordinaten von μ sind, so hat der Vector „Bewegungsmenge von μ" die 6 Coordinaten (von denen eine überzählig ist):

$$\mu v_x,\quad \mu v_y,\quad \mu v_z,\quad \mu(y v_z - z v_y),\quad \mu(z v_x - x v_z),\quad \mu(x v_y - y v_x).$$

Dieselben Grössen denken wir uns für alle Theilchen μ gebildet, aus denen G besteht, und über alle diese Theilchen summirt. Dann erhalten wir 6 Coordinaten

$$X = \Sigma\mu v_x, \quad Y = \Sigma\mu v_y, \quad Z = \Sigma\mu v_z,$$
$$L = \Sigma\mu(yv_z - zv_y), \quad M = \Sigma\mu(zv_x - xv_z), \quad N = \Sigma\mu(xv_y - yv_x).$$

Die sechs Grössen X, Y, Z, L, M, N sind Coordinaten eines Vectorensystems V, und dieses V nennen wir willkürlich die Bewegungsmenge von G. Wir definiren also die Bewegungsmenge von G als die heteraptische Summe der Bewegungsmengen aller seiner Elementartheile.

2) Die Theilchen können eine Beschleunigung $\dot{\mathfrak{u}}$ besitzen. Mit dieser verfahren wir ebenso, wie mit der Geschwindigkeit; wir bilden die Summen

$$X' = \Sigma\mu\dot{\mathfrak{u}}_x, \quad Y' = \Sigma\mu\dot{\mathfrak{u}}_y, \quad Z' = \Sigma\mu\dot{\mathfrak{u}}_z,$$
$$L' = \Sigma\mu(y\dot{\mathfrak{u}}_z - z\dot{\mathfrak{u}}_y), \quad M' = \Sigma\mu(z\dot{\mathfrak{u}}_y - x\dot{\mathfrak{u}}_y), \quad N' = \Sigma\mu(x\dot{\mathfrak{u}}_y - y\dot{\mathfrak{u}}_x),$$

ausgedehnt über alle Elementartheilchen μ des Gebildes G, und nennen die Grösse $\dot{U}$, deren Coordinaten X', Y', Z', L', M', N' sind, „die Beschleunigungsmenge von G." Wir definiren also die Beschleunigungsmenge von G als die heteraptische Summe der Vectoren $\mu\dot{\mathfrak{u}}$, genommen über das ganze Gebilde G.

222. Das Gesetz für die Bewegung eines freien starren Körpers unter dem Einfluss einer Dyname. G sei ein freier starrer Körper; die Starrheit an sich unterwirft die Theilchen μ, aus denen er besteht, der Bedingung, dass ihre Abstände voneinander constant seien, also, da ein starrer Körper im Allgemeinen aus unendlich vielen Elementartheilchen μ bestehen kann, repräsentirt die Starrheit unendlich viele Bedingungen für die Theilchen μ. Es findet demnach auf sie das d'Alembert'sche Princip Anwendung

$$(1) \qquad \Sigma\left[\left(X - \mu\frac{d^2x}{dt^2}\right)\delta x + \left(Y - \mu\frac{d^2y}{dt^2}\right)\delta y + \left(Z - \mu\frac{d^2z}{dt^2}\right)\delta z\right] = 0.$$

Darin sind X, Y, Z die Componenten der an μ angreifenden expliciten Kraft, $\delta x, \delta y, \delta z$ die Componenten einer Verrückung, welche sich mit der Starrheit verträgt. An G sei nun eine Dyname $\boldsymbol{\Xi}$, $\boldsymbol{H}$, $\boldsymbol{Z}$, $\boldsymbol{\Lambda}$, $\boldsymbol{M}$, $\boldsymbol{N}$ thätig. Eben mit Rücksicht auf die Starrheit können wir diese Dyname in Einzelkräfte X, Y, Z zerlegen, welche an Punkten x, y, z des Körpers angreifen, und jede derartige Zerlegung ist richtig, welche die Bedingung erfüllt, dass

$$(2)\qquad \begin{cases} \Sigma X = \Xi; \quad \Sigma Y = H, \quad \Sigma Z = Z, \\ \Sigma(yZ - zY) = \Lambda, \quad \Sigma(zX - xZ) = M, \quad \Sigma(xY - yX) = N. \end{cases}$$

Wir wollen uns nun diese Zerlegung so vorgenommen denken, dass die einzelne Kraft X, Y, Z an dem einzelnen Theilchen μ der Gl. (1) angreift. Gl. (1) ist dann identisch erfüllt, wenn wir für jedes Theilchen μ setzen

$$(3)\qquad X = \mu \frac{d^2x}{dt^2}, \quad Y = \mu \frac{d^2y}{dt^2}, \quad Z = \mu \frac{d^2z}{dt^2}.$$

Zugleich ist Gl. (2) erfüllt, wenn wir das X, Y, Z der Gl. (3) identisch mit dem der Gl. (2) nehmen, also sind (1) und (2) zusammen erfüllt, wenn

$$(4)\qquad \begin{cases} \Sigma\mu \frac{d^2x}{dt^2} = \Xi, \quad \Sigma\mu \frac{d^2y}{dt^2} = H, \quad \Sigma\mu \frac{d^2z}{dt^2} = Z, \\ \Sigma\mu\left(y\frac{d^2z}{dt^2} - z\frac{d^2y}{dt^2}\right) = \Lambda, \quad \Sigma\mu\left(z\frac{d^2x}{dt^2} - x\frac{d^2z}{dt^2}\right) = M, \\ \Sigma\mu\left(x\frac{d^2y}{dt^2} - y\frac{d^2x}{dt^2}\right) = N \end{cases}$$

ist. Die Gl. (4) enthalten also die Bedingungen, unter denen das d'Alembert'sche Princip erfüllt ist, wenn auf den freien starren Körper G die Dyname Ξ, H, Z, Λ, M, N wirkt, d. h. sie sprechen das Gesetz seiner Bewegung aus. Die Grössen, welche in ihnen auf der linken Seite stehen, sind aber, da $\frac{d^2x}{dt^2} = \dot{u}_x$ u. s. w., die 6 Coordinaten der Beschleunigungsmenge aus dem vorigen Paragraphen. Die vorstehenden Gleichungen sagen also aus: Bewegt sich ein freier starrer Körper unter dem Einfluss einer Dyname, so ist jede Coordinate seiner Beschleunigungsmenge gleich der entsprechenden Coordinate der Dyname.

Dies ist das allgemeine Gesetz für die Bewegung eines freien starren Körpers. Dasselbe Gesetz ergiebt sich aus dem Hamilton'schen Princip bezw. aus den verallgemeinerten Bewegungsgleichungen; da wir aber noch keine bestimmte Coordinatenwahl getroffen und keine lebendigen Kräfte betrachtet haben, liegt hier noch keine Veranlassung vor, die zweite Ableitung vorzunehmen; sie wird sich später finden.

223. Das Gesetz für Impulsdynamen. Wirkt eine Dyname von grosser Intensität während der sehr kurzen Zeit τ, so kann man annehmen, dass die Coordinaten der Punkte μ sich während dieser Zeit nicht merklich ändern. Dann lassen sich die Gleichungen (4) des vorigen Paragraphen nach Multiplicaton mit dt ohne weiteres von 0 bis τ integriren, da in den drei letzten x, y, z als constant anzusehen sind; man erhält z. B. in x

$$(1) \quad \begin{cases} \Sigma\mu\left[\frac{dx}{dt}-\left(\frac{dx}{dt}\right)_0\right]=\int_0^\tau \Xi dt \\ \Sigma\mu\left[\left(y\frac{dz}{dt}-z\frac{dy}{dt}\right)-\left(y\frac{dz}{dt}-z\frac{dy}{dt}\right)_0\right]=\int_0^\tau \Lambda dt \end{cases}$$

und ähnlich in y und z; die Marke Null bezeichnet den Anfangszustand. Links stehen die aus dem vorigen Paragraphen bekannten Coordinaten der Bewegungsmenge von G; rechts setzen wir abkürzend $\int_0^\tau \Xi dt = \mathfrak{x}$, $\int_0^\tau Y dt = \mathfrak{y}$ u. s. w. und nennen die 6 Grössen $\mathfrak{x}, \mathfrak{y}, \mathfrak{z}, \mathfrak{l}, \mathfrak{m}, \mathfrak{n}$ die Coordinaten der „Impulsdyname". Die Gleichungen (1) lauten dann, wenn wir die Coordinaten der Bewegungsmenge von G wieder X, Y, Z, L, M, N schreiben,

$$(2) \quad \begin{cases} X-X_0=\mathfrak{x}, \quad Y-Y_0=\mathfrak{y}, \quad Z-Z_0=\mathfrak{z} \\ L-L_0=\mathfrak{l}, \quad M-M_0=\mathfrak{m}, \quad N-N_0=\mathfrak{n}. \end{cases}$$

In Worten: Wirkt auf einen freien starren Körper eine Impulsdyname, so ist die Zunahme, welche irgend eine Coordinate seiner Bewegungsmenge erfährt, gleich der entsprechenden Coordinate der Impulsdyname.

Hiermit ist das allgemeine Gesetz für die Wirkung von Impulsdynamen hergestellt. Aus den Gesetzen **222** und **223** ergiebt sich nun, was noch für die Durchführung der Untersuchung zu thun ist: es muss für den starren Körper eine passende Coordinatenzahl und eine auf sie gegründete bequeme Methode der Darstellung von Bewegungs- und Beschleunigungsmengen gefunden werden. Ferner sind, wenn der starre Körper ausser der Starrheit noch anderen Bedingungen unterworfen ist, die aus diesen Bedingungen hervorgehenden Kräfte zu eruiren. Gewisse einfache Bedingungen liefern besonders einfache Ausdrücke für die Bewegungs- und Beschleunigungsmenge; ihre Betrachtung bereitet daher die allgemeine Untersuchung vor und soll zuerst vorgenommen werden.

D. Der starre Körper mit fester Axe.

224. Wenn man einen bewegten Körper untersucht, so ist zunächst zu bemerken, dass man entweder den Körper als Ganzes oder seine einzelnen Punkte der Betrachtung unterwerfen kann. Der einzelne Punkt desselben hat zur Zeit t eine bestimmte Geschwindigkeit, Beschleunigung etc.; der ganze Körper dagegen besitzt nicht eine Geschwindigkeit, denn wir haben keine Definition für die „Geschwindigkeit eines Körpers", sondern einen Geschwindigkeitszustand, d. h. er ist in einem Zustande, welcher von den Geschwindigkeiten seiner Punkte bestimmt ist; ebenso besitzt er einen Beschleunigungszustand. Da der starre Körper n Coordinaten hat, wo $n \leqq 6$ ist, kann der Körper als Ganzes untersucht werden, indem man die Werthe φ dieser Coordinaten, ihre Differentialquotienten $\frac{d\varphi}{dt}$ und $\frac{d^2\varphi}{dt^2}$ betrachtet und sie als Functionen darzustellen sucht; andererseits kann man für die einzelnen Punkte des Körpers die Grössen x, $\frac{dx}{dt}$, $\frac{d^2x}{dt^2}$ u. s. w. herstellen, kann damit deren Bewegungen untersuchen, ausgezeichnete Punkte finden u. s. w. Die erste Art der Behandlung führt direct auf das practische Grundproblem, die Bewegung des gegebenen Körpers unter dem Einfluss einer gegebenen Dyname zu bestimmen, die zweite macht die Bewegungen anschaulich und liefert Fingerzeige für die beste Wahl der n Coordinaten, welche bei der ersten zu verwenden sind.

Die einfachste Behandlung gestattet ein Körper, der eine feste Axe besitzt; die Untersuchung beginnt daher mit ihm; im vorliegenden Abschnitt ist unter „Körper" immer ein Körper mit fester Axe verstanden.

225. Die Lage des Körpers. Die Lage eines Körpers, der eine feste Axe besitzt, ist offenbar bestimmt, wenn man die Lage eines einzigen seiner Punkte ausserhalb der Axe kennt; denn wenn das der Fall ist, kennt man die Lage von dreien seiner Punkte, die nicht in gerader Linie liegen (zwei können auf der Axe beliebig ausgewählt werden), also nach **191** die Lage des ganzen Körpers. Es sei π ein markirter Punkt des Körpers, der nicht in der Axe liegt; legt man eine Ebene Π durch π und die Axe, und legt zugleich durch die Axe im ruhenden Raum eine feste Ebene P, so macht Π mit P einen Winkel φ, und man kennt die Lage von π offenbar, wenn der Winkel φ bekannt ist. Also genügt die Angabe des Winkels φ, um die Lage des Körpers G zu bestimmen.

Arbeitet man mit cartesischen Coordinaten, so hat man ein ruhendes Coordinatensystem der x, y, z, im ruhenden Raum, und ein bewegliches der ξ, η, ζ im Körper G festzulegen. Offenbar wird es am bequemsten sein, zwei gleichnamige Axen beider Systeme, etwa die Axen der z und der ζ in die gegebene feste Axe zu legen. Die Ebene der $\zeta\xi$ macht dann mit der Ebene der zx einen Winkel φ, und wenn dieser bekannt ist, ist die Lage des ganzen Systems der ξ, η, ζ bekannt, also auch die des Körpers G. Demnach ist φ schlechthin die Coordinate des Körpers G.

Dass G nur eine Coordinate haben kann, folgt unmittelbar daraus, dass G durch einen Punkt π bestimmt ist. Denn zwischen den drei Coordinaten x, y, z des Punktes bestehen zwei Gleichungen, welche ausdrücken, dass π von irgend zwei Punkten der Axe stets gleiche Entfernung behält. Es ist also nur eine derselben frei.

226. Der Geschwindigkeitszustand. Bewegt sich der Körper G, so ändert sich der Winkel φ in der unendlich kleinen Zeit dt um die Grösse $d\varphi$. Die Grösse $\frac{d\varphi}{dt}$ heisst die Winkelgeschwindigkeit des Körpers G.

Da die Bewegung von G die feste Axe in Ruhe lassen muss, ist sie eine Drehung um diese. Alle Punkte von G beschreiben also in der Zeit dt unendlich kleine Kreisbogen um die feste Axe, und aus **225** folgt leicht, dass alle Punkte von G die Winkelgeschwindigkeit $\frac{d\varphi}{dt}$ um diese Axe haben. Die Winkelgeschwindigkeit eines Körpers mit fester Axe ist also zugleich die Winkelgeschwindigkeit seiner sämmtlichen Punkte.

Hat ein Punkt $\pi(x, y, z)$ des Körpers von der festen Axe den

Abstand r, so hat er demgemäss die Geschwindigkeit $v = r\frac{d\varphi}{dt}$. Dieselbe steht senkrecht auf r.

Ist die feste Axe zur Axe der z genommen, so macht r mit den Axen der x, y, z die Richtungscosinus $\frac{x}{r}$, $\frac{y}{r}$, 0; die Geschwindigkeit $r\frac{d\varphi}{dt}$ steht senkrecht auf r, bei positivem $\frac{d\varphi}{dt}$ im Sinne einer Bewegung von $+x$ nach $+y$ hin; also macht sie mit den Axen die Richtungscosinus $-\frac{y}{r}$(mit der Axe der x), $+\frac{x}{r}$(mit y), 0(mit z). Sie zerfällt also in die Componenten

$$v_x = -y\frac{d\varphi}{dt}, \quad v_y = x\frac{d\varphi}{dt}, \quad v_z = 0$$

und ihre Axenmomente sind

$$m_x = yv_z - zv_y = -zx\frac{d\varphi}{dt}, \quad m_y = -yz\frac{d\varphi}{dt}, \quad m_z = (x^2+y^2)\frac{d\varphi}{dt}.$$

Weiteres von Erheblichkeit ist über die Geschwindigkeit der einzelnen Punkte nicht zu sagen, so dass also die oben angekündigte Untersuchung über das Verhalten der einzelnen Theile von G sich in diesem Specialfall sehr kurz gestaltet.

227. Lebendige Kraft. Die lebendige Kraft des Körpers G ist die algebraische Summe der lebendigen Kräfte seiner sämmtlichen Elemente. Ist dG eines der Elemente, welches den Abstand r von der Axe hat, und bezeichnet dG zugleich seine Masse, so ist die lebendige Kraft dieses dG gleich $\frac{1}{2}v^2dG = \frac{1}{2}r^2\left(\frac{d\varphi}{dt}\right)^2 dG$; die lebendige Kraft des ganzen Körpers ist also $\frac{1}{2}\left(\frac{d\varphi}{dt}\right)^2 \Sigma r^2 dG$, und da $\Sigma r^2 dG$, genommen über alle Elemente von G (eventuell durch Integration) das Trägheitsmoment K unseres Körpers in Bezug auf die feste Axe ist, so ist die lebendige Kraft desselben

$$(1) \qquad T = \frac{1}{2}K\left(\frac{d\varphi}{dt}\right)^2.$$

Die Analogie des Ausdrucks mit $\frac{1}{2}\mu v^2$ ist nicht zu verkennen; in (1) spielt K die Rolle der Masse und $\frac{d\varphi}{dt}$ die der Geschwindigkeit.

228. Bewegungsmenge. Die Bewegungsmenge des Elements dG ist vdG oder $\frac{d\varphi}{dt}\cdot r dG$; sie hat die Richtung der Geschwindigkeit

$r\frac{d\varphi}{dt}$, macht also mit den Axen die Winkel, deren Cosinus sind $-\frac{y}{r}$, $\frac{x}{r}$, 0. Ihre Componenten sind demnach $-\frac{d\varphi}{dt}ydG$, $\frac{d\varphi}{dt}xdG$ und Null. Nach 222 verstehen wir unter Bewegungsmenge eines starren Körpers die heteraptische Summe der Bewegungsmengen seiner sämmtlichen Elemente. Die Bewegungsmenge von G ist demnach

$$\frac{d\varphi}{dt}\dot{\Sigma}rdG$$

und die Summe $\dot{\Sigma}$ ist nach den für heteraptische Summation im Abschnitt **B** gegebenen Regeln herzustellen. Es hat nun die Bewegungsmenge von dG die Coordinaten

$$v_x dG = -\frac{d\varphi}{dt}y\,dG, \quad v_y dG = \frac{d\varphi}{dt}\cdot xdG, \quad v_z dG = 0,$$

$$m_x dG = -\frac{d\varphi}{dt}zxdG, \; m_y dG = -\frac{d\varphi}{dt}yzdG, \; m_z dG = \frac{d\varphi}{dt}(x^2+y^2)dG.$$

Also hat die Bewegungsmenge von G die 6 Coordinaten

$$\Sigma v_x\,dG = -\frac{d\varphi}{dt}\Sigma y\,dG, \quad \frac{d\varphi}{dt}\Sigma x\,dG, \quad 0,$$

$$-\frac{d\varphi}{dt}\Sigma zxdG, \quad -\frac{d\varphi}{dt}\Sigma yz dG, \quad \frac{d\varphi}{dt}\Sigma(x^2+y^2)dG,$$

wobei die Summationen über alle dG auszudehnen und bei continuirlichen Gebilden durch Integration herzustellen sind. Wenn man nun aber die Coordinaten des Schwerpunkts von G mit x_1, y_1, z_1 bezeichnet, so ist $\Sigma y\,dG = y_1 G$, wo G die Gesammtmasse des untersuchten starren Gebildes; ebenso ist $\Sigma x dG = x_1 G$, ferner ist $(x^2+y^2)dG$ das Trägheitsmoment K, also sind die 6 Coordinaten der Bewegungsmenge von G einfacher

$$(1) \quad \begin{cases} -y_1 G\frac{d\varphi}{dt}, & x_1 G\frac{d\varphi}{dt}, & 0, \\ -\frac{d\varphi}{dt}\Sigma zxdG, & -\frac{d\varphi}{dt}\Sigma yzdG, & K\frac{d\varphi}{dt}. \end{cases}$$

$-y_1 G\frac{d\varphi}{dx}$ und $x_1 G\frac{d\varphi}{dx}$ sind die Componenten der Bewegungsmenge, welche der Schwerpunkt von G haben würde, wenn er die

Masse G enthielte. Der resultirende Vector der Bewegungsmenge von G ist also identisch mit der Bewegungsmenge des Schwerpunkts.

Auch die beiden Summen $\Sigma zx dG$ und $\Sigma yz dG$ kommen bereits in der Theorie der Trägheitsmomente als Rankine'sche Deviationsmomente vor. Wir bemerken hier nur, dass sie Null sind, wenn die feste Axe eine Hauptträgheitsaxe für den Coordinatenanfang, also, da wir diesen noch willkürlich gelassen haben, für irgend einen ihrer Punkte ist, der zum Coordinatenanfang gewählt wird.

229. Der Beschleunigungszustand. $\frac{d\varphi}{dt}$ kann im Allgemeinen mit der Zeit variabel sein; $\frac{d^2\varphi}{dt^2}$ heisst die Winkelbeschleunigung des Körpers G.

$r\frac{d^2\varphi}{dt^2}$ ist zugleich die Tangentialbeschleunigung eines Punktes π, der von der Axe den Abstand r hat; sie hat die Richtung der Tangente an den von π beschriebenen Kreis, d. h. die Richtung der Geschwindigkeit $r\frac{d\varphi}{dt}$, sie hat also die Richtungscosinus $-\frac{y}{r}$, $\frac{x}{r}$, 0. Die Gesammtbeschleunigung von π besteht aus 1) der Tangentialbeschleunigung, 2) der Normalbeschleunigung; letztere ist $\frac{v^2}{r}$, nach der Axe hin gerichtet, also, da $v = r\frac{d\varphi}{dt}$, ist ihr absoluter Betrag $r\left(\frac{d\varphi}{dt}\right)^2$, ihre Richtungscosinus sind $-\frac{x}{r}$ und $-\frac{y}{r}$. Die Gesammtbeschleunigung von π ist hiernach die geometrische Summe aus

$$r\frac{d^2\varphi}{dt^2} \text{ tangential und } r\left(\frac{d\varphi}{dt}\right)^2 \text{ normal nach innen.}$$

Oder, wenn man nach den Axen zerlegt, sind die Coordinaten der Beschleunigung von π

$$(1)\quad \begin{cases} \dot{\mathfrak{u}}_x = -y\frac{d^2\varphi}{dt^2} - x\left(\frac{d\varphi}{dt}\right)^2, \quad \dot{\mathfrak{u}}_y = x\frac{d^2\varphi}{dt^2} - y\left(\frac{d\varphi}{dt}\right)^2, \quad \dot{\mathfrak{u}}_z = 0, \\ \mathfrak{m}_x = y\dot{\mathfrak{u}}_z - z\dot{\mathfrak{u}}_y = -zx\frac{d^2\varphi}{dt^2} + yz\left(\frac{d\varphi}{dt}\right)^2, \\ \mathfrak{m}_y = -yz\frac{d^2\varphi}{dt^2} - zx\left(\frac{d\varphi}{dt}\right)^2, \quad \mathfrak{m}_z = (x^2+y^2)\frac{d^2\varphi}{dt^2}. \end{cases}$$

230. Beschleunigungsmenge. Unter der Beschleunigungsmenge eines starren Körpers verstehen wir nach **221** die heteraptische Summe der Beschleunigungsmengen seiner sämmtlichen Elemente, und unter der Beschleunigungsmenge eines Elements das Product aus seiner Masse in seine Beschleunigung. Für den einzelnen Punkt erhalten wir die Coordinaten von $\dot{u}dG$, wenn wir die Ausdrücke (1) des vorigen Paragraphen mit dG multipliciren; summiren wir gleich über sämmtliche dG, so sind

$$\Sigma \dot{u}_x dG = -\frac{d^2\varphi}{dt^2}\Sigma y dG - \left(\frac{d\varphi}{dt}\right)^2 \Sigma x dG,$$

$$\Sigma \dot{u}_y dG = \frac{d^2\varphi}{dt^2}\Sigma x dG - \left(\frac{d\varphi}{dt}\right)^2 \Sigma y dG,$$

$$\Sigma \dot{u}_z dG = 0,$$

$$\Sigma \dot{m}_x dG = -\frac{d^2\varphi}{dt^2}\Sigma zx dG + \left(\frac{d\varphi}{dt}\right)^2 \Sigma yz dG,$$

$$\Sigma \dot{m}_y dG = -\frac{d^2\varphi}{dt^2}\Sigma yz dG - \left(\frac{d\varphi}{dt}\right)^2 \Sigma zx dG,$$

$$\Sigma \dot{m}_z dG = \frac{d^2\varphi}{dt^2}\Sigma (x^2+y^2) dG$$

die 6 Coordinaten der Beschleunigungsmenge von G. Dieselben vereinfachen sich mit Hülfe der Coordinaten des Schwerpunkts zu

$$-y_1 G\frac{d^2\varphi}{dt^2} - x_1 G\left(\frac{d\varphi}{dt}\right)^2, \quad x_1 G\frac{d^2\varphi}{dt^2} - y_1 G\left(\frac{d\varphi}{dt}\right)^2, \quad 0,$$

$$-\frac{d^2\varphi}{dt^2}\Sigma zx dG + \left(\frac{d\varphi}{dt}\right)^2 \Sigma yz dG,$$

$$-\frac{d^2\varphi}{dt^2}\Sigma yz dG - \left(\frac{d\varphi}{dt}\right)^2 \Sigma zx dG, \quad K\frac{d^2\varphi}{dt^2}.$$

231. Die Kräfte. Am starren Körper G seien beliebige explicite Kräfte mit bestimmten Angriffslinien gegeben. Jede Kraft ist dann durch ihre Coordinaten gegeben, bezw. leicht in Coordinatenform zu bringen; die einzelne Kraft sei X_n, Y_n, Z_n, L_n, M_n, (N_n). Wählt man den Anfangspunkt beliebig auf der z-Axe, so hat die Dyname, welche aus der Zusammensetzung aller Kräfte entsteht, die Coordinaten

$$X = \Sigma X_n, \quad Y = \Sigma Y_n, \quad Z = \Sigma Z_n$$

$$L = \Sigma L_n, \quad M = \Sigma M_n, \quad N = \Sigma N_n = \Sigma (x_n Y_n - y_n X_n).$$

Die Grösse N lässt sich auf eine andere, sehr brauchbare Form bringen. Wenn nämlich der Punkt ξ_n, η_n, ζ_n sich durch eine Aenderung $d\varphi$ von φ bewegt, so beschreibt er ein Kreiselement vom Betrage $ds = r_n d\varphi$. Dies ds macht mit den Axen die Richtungscosinus $-\frac{y}{r}, \frac{x}{r}, 0$. ds zerfällt also in die Componenten

$$dx_n = -ds\frac{y_n}{r_n} = -y_n d\varphi, \quad dy_n = x_n d\varphi, \quad dz_n = 0;$$

oder es ist

$$\frac{\partial x_n}{\partial \varphi} = -y_n, \quad \frac{\partial y_n}{\partial \varphi} = x_n, \quad \frac{\partial z_n}{\partial \varphi} = 0.$$

Damit wird

$$(1) \qquad N = \Sigma\left(X_n\frac{\partial x_n}{\partial \varphi} + Y_n\frac{\partial y_n}{\partial \varphi} + Z_n\frac{\partial z_n}{\partial \varphi}\right).$$

Das ist genau die Summe, welche in der zweiten Lagrange'schen Form der Bewegungsgleichungen vorkommt, und wenn eine Kräftefunction U vorhanden ist, so ist

$$N = -\frac{\partial U}{\partial \varphi}.$$

Das Moment der thätigen Dyname in Bezug auf die feste Axe ist hiernach identisch mit der Action der Dyname auf die Coordinate φ.

232. Die Differentialgleichung des Körpers mit fester Axe. 1) An dem Körper sei eine explicite Dyname thätig, deren Coordinaten X, Y, Z, L, M, N sind. Die feste Axe liefert ausserdem irgend welche Zwangskräfte, die sich zu einer Zwangsdyname zusammensetzen. Was die Coordinaten der Zwangsdyname angeht, so wissen wir, dass die Zwangskräfte, welche von der Axe ausgehen, nothwendig die Axe schneiden; ihr Moment in Bezug auf die z-Axe ist also Null; bezüglich der übrigen 5 Coordinaten lässt sich von vorn herein nichts angeben. Bezeichnen wir also die Coordinaten der Zwangsdyname mit deutschen Buchstaben, so sind sie $\mathfrak{X}, \mathfrak{Y}, \mathfrak{Z}, \mathfrak{L}, \mathfrak{M}, 0$. Addirt man diese 6 Grössen zu den entsprechenden Coordinaten der expliciten Dyname, so sind $X+\mathfrak{X}$, $Y+\mathfrak{Y}$, $Z+\mathfrak{Z}$, $L+\mathfrak{L}$, $M+\mathfrak{M}$, N die sechs Coordinaten der Gesammtdyname, welche an G thätig ist. Dieser gegenüber ist G frei; es gilt also das Gesetz des § **222,** wonach jede Coordinate der Beschleunigungsmenge gleich der entsprechenden von den vorstehenden 6 Grössen sein muss. Entnehmen wir die Ausdrücke für die Beschleunigungsmenge aus **230,** so ergiebt sich

$$
(1)\quad \begin{cases}
-y_1 G \frac{d^2\varphi}{dt^2} - x_1 G \left(\frac{d\varphi}{dt}\right)^2 = X + \mathfrak{X}, \\
x_1 G \frac{d^2\varphi}{dt^2} - y_1 G \left(\frac{d\varphi}{dt}\right)^2 = Y + \mathfrak{Y}, \\
0 = Z + \mathfrak{Z}, \\
-\frac{d^2\varphi}{dt^2} \Sigma zx dG + \left(\frac{d\varphi}{dt}\right)^2 \Sigma yz dG = L + \mathfrak{L}, \\
-\frac{d^2\varphi}{dt^2} \Sigma yz dG - \left(\frac{d\varphi}{dt}\right)^2 \Sigma zx dG = M + \mathfrak{M}, \\
K \frac{d^2\varphi}{dt^2} = N.
\end{cases}
$$

Die letzte von diesen Gleichungen,

$$
(2)\quad \frac{d^2\varphi}{dt^2} = \frac{N}{K}, \text{ wo } N = \Sigma(x_n Y_n - y_n X_n),
$$

ist die Differentialgleichung der Bewegung von G; sie wird integrirbar, wenn N als Function von t oder φ gegeben ist. Die fünf vorangehenden dienen zur Bestimmung von $\mathfrak{X}$, $\mathfrak{Y}$, $\mathfrak{Z}$, $\mathfrak{L}$, $\mathfrak{M}$.

2) Die Gl. (2) lässt sich auch sehr einfach aus der zweiten Lagrange'schen Form ableiten. Wir haben für die lebendige Kraft den Ausdruck

$$
T = \tfrac{1}{2} K \left(\frac{d\varphi}{dt}\right)^2, \quad \text{woraus} \quad \frac{d}{dt}\left(\frac{\partial T}{\partial \dot\varphi}\right) = K \frac{d^2\varphi}{dt^2} \quad \text{und} \quad \frac{\partial T}{\partial \varphi} = 0.
$$

Ferner fand sich in **231**

$$
-\frac{\partial U}{\partial \varphi} = N; \quad \text{also ist}
$$

$$
(2)\quad K \frac{d^2\varphi}{dt^2} = N
$$

die Gleichung der Bewegung von G.

233. Die Zwangsdyname der festen Axe. Der erste Weg, auf dem wir Gl. (2) abgeleitet haben, ist, wie immer, weniger einfach als das Lagrange'sche Verfahren; dafür liefert er aber die von der Axe ausgehenden Zwangskräfte. Da nämlich die Gl. (2) alle 6 erfüllt sein müssen, liefern die 5 ersten derselben die Werthe von $\mathfrak{X}$, $\mathfrak{Y}$, $\mathfrak{Z}$, $\mathfrak{L}$, $\mathfrak{M}$; es ist

$$(1)\quad \begin{cases} \mathfrak{X} = -X - y_1 G \dfrac{d^2\varphi}{dt^2} - x_1 G \left(\dfrac{d\varphi}{dt}\right)^2, \\ \mathfrak{Y} = -Y + x_1 G \dfrac{d^2\varphi}{dt^2} - y_1 G \left(\dfrac{d\varphi}{dt}\right)^2, \quad \mathfrak{Z} = -Z, \\ \mathfrak{L} = -L - \dfrac{d^2\varphi}{dt^2} \Sigma zx dG + \left(\dfrac{d\varphi}{dt}\right)^2 \Sigma yz dG, \\ \mathfrak{M} = -M - \dfrac{d^2\varphi}{dt^2} \Sigma yz dG - \left(\dfrac{d\varphi}{dt}\right)^2 \Sigma zx dG, \quad \mathfrak{N} = 0. \end{cases}$$

Die vorstehenden 6 Gleichungen geben die Coordinaten der Zwangsdyname an, welche von der Axenbefestigung geliefert wird. Dieselbe Grösse, negativ genommen, also $-\mathfrak{X}$, $-\mathfrak{Y}$, $-\mathfrak{Z}$, $-\mathfrak{L}$, $-\mathfrak{M}$, 0 sind die Coordinaten der Dyname, mit welcher der Körper G auf die Axe wirkt; sie bilden die „Druckdyname“.

Sind X, Y, Z, L, M, N gleich Null, ist also G keiner Kraft ausgesetzt, und somit auch $\frac{d^2\varphi}{dt^2}$ Null, so behalten $\mathfrak{X}$, $\mathfrak{Y}$, $\mathfrak{L}$, $\mathfrak{M}$ im Allgemeinen doch noch endliche Werthe; es ist dann nämlich

$$-\mathfrak{X} = x_1 G \left(\frac{d\varphi}{dt}\right)^2, \qquad -\mathfrak{Y} = y_1 G \left(\frac{d\varphi}{dt}\right)^2, \qquad \mathfrak{Z} = 0,$$
$$-\mathfrak{L} = -\left(\frac{d\varphi}{dt}\right)^2 \Sigma yz dG, \quad -\mathfrak{M} = \left(\frac{d\varphi}{dt}\right)^2 \Sigma zx dG, \quad \mathfrak{N} = 0.$$

$-\mathfrak{X}$ und $-\mathfrak{Y}$ sind offenbar die Componenten der Centrifugalkraft des Schwerpunktes; sie ziehen am Coordinatenanfang und werden Null nur dann, wenn die feste Axe der z durch den Schwerpunkt geht. $-\mathfrak{L}$ und $-\mathfrak{M}$ sind die Componenten des Momentes, welches die Axe zu drehen strebt. Sie werden Null, wenn $\Sigma yz\, dG = \Sigma zx\, dG = 0$, d. h. wenn die feste Axe der z eine Hauptträgheitsaxe für den Coordinatenanfang ist. In diesem Fall bleibt die Axe der Drehung in Ruhe, wenn nur der Coordinatenanfang und kein weiterer Punkt der Axe befestigt ist; dreht sich also ein Körper G ohne Kräfte um eine seiner Hauptträgheitsaxen, die in demjenigen Punkt, für welchen sie Hauptaxe ist, befestigt wird, so hat diese Axe kein Bestreben, ihre Richtung im ruhenden Raum zu ändern. Ist die fragliche Hauptträgheitsaxe ausserdem eine Schwerpunktsaxe, so ist wegen $x_1 = y_1 = 0$ auch $\mathfrak{X} = \mathfrak{Y} = 0$. Dann erfährt die Befestigung überhaupt keine Kräfte; die Bewegung würde also dieselbe bleiben, wenn gar keine Befestigung vorhanden wäre. „Dreht sich ein freier starrer Körper ohne Kräfte um eine seiner Hauptcentralaxen, so behält diese Axe ihre Lage im Raum permanent bei.“ Dieselben Sätze werden uns später wieder begegnen. Wir erhalten hier die mechanische Deutung der Rankine'schen Deviationsmomente; sie sind die Momente, welche die Axe zu verändern streben, wenn die Winkelgeschwindigkeit Eins, und wenn der Körper G sich selbst überlassen ist.

Im Allgemeinen erleidet die physische Axe des starren Körpers durch die Druckdyname eine Deformation, die sich natürlich erst auf dem

Boden der Deformationslehre bestimmen lässt. In vielen Fällen kann man die Befestigung annähernd so betrachten, als sei die physische Axe der ζ absolut unnachgiebig und sei befestigt in zwei Punkten z' und z''. Die Druckdyname, d. h. die negativ genommene Zwangsdyname lässt sich dann ersetzen durch zwei in z' und z'' angreifende Kräfte, deren Coordinaten seien (x', y', x'', y'' sind Null)

$$\Xi',\quad H',\quad Z',\quad \Lambda' = y'Z' - z'H' = -z'H',\quad M' = z'\Xi',\quad N' = 0,$$
$$\Xi'',\quad H'',\quad Z'',\quad \Lambda'' = -z''H'',\quad M'' = z''\Xi'',\quad N'' = 0.$$

Diese beiden Kräfte müssen zusammen eine Dyname bilden, welche identisch mit der Druckdyname ist; also muss sein

$$\Xi' + \Xi'' = -\mathfrak{X},\quad H' + H'' = -\mathfrak{Y},\quad \Lambda' + \Lambda'' = -L \text{ u. s. w.}$$

oder nach Gl. (1)

$$(2)\qquad Z' + Z'' = Z,$$

$$(3)\quad \begin{cases} \Xi' + \Xi'' = X + y_1 G \dfrac{d^2\varphi}{dt^2} + x_1 G \left(\dfrac{d\varphi}{dt}\right)^2 \\ H' + H'' = Y - x_1 G \dfrac{d^2\varphi}{dt^2} + y_1 G \left(\dfrac{d\varphi}{dt}\right)^2 \\ z'H' + z''H'' = -L - \dfrac{d^2\varphi}{dt^2} \Sigma zx dG + \left(\dfrac{d\varphi}{dt}\right)^2 \Sigma yz dG \\ z'\Xi' + z''\Xi'' = M + \dfrac{d^2\varphi}{dt^2} \Sigma yz dG + \left(\dfrac{d\varphi}{dt}\right)^2 \Sigma zx dG. \end{cases}$$

Sind diese Bedingungen erfüllt, so sind Ξ', H', Z' und $\Xi'' H'' Z''$ die Componenten der Kräfte, mit welchen G auf die beiden Befestigungspunkte wirkt.

Gl. (2) ist die einzige, in der Z' und Z'' vorkommen; die beiden nach der Axe gerichteten Druckkräfte lassen sich also nicht einzeln bestimmen; man kennt nur ihre Summe.

Das hat seine physikalische Begründung in folgendem: Man denke sich eine gerade Linie AB, die in den beiden Punkten A und B physisch befestigt ist; es wirke längs AB eine Kraft Z. Thatsächlich, physikalisch, ist die Befestigung immer eine elastische; wird auf den Punkt A eine Kraft Z_a geübt, so giebt er nach, bis sich aus der Elasticität der Befestigung eine Gegenkraft entwickelt, die gleich $-Z_a$ ist. Aehnlich giebt B nach, bis eine Gegenkraft $-Z_b$ sich entwickelt. Kennt man nun die Elasticitätverhältnisse der beiden Befestigungen, so weiss man, dass, wenn A und B gleich grosse Verrückungen in der Richtung AB erfahren, die Gegenkraft von A ε mal so gross ist, wie die von B, wo ε irgend eine Grösse. Dann hat man also, um die an A und B auftretenden Druckkräfte Z_a und Z_b zu bestimmen, die beiden Gleichungen

$$Z_a + Z_b = Z,$$
$$Z_a = \varepsilon Z_b,$$

und diese reichen aus, um Z_a nebst Z_b zu bestimmen. Statuirt man aber in abstracto den Grenzfall, dass beide Punkte A und B absolut starr befestigt sind, so berücksichtigt man die Elasticität der Befestigung nicht mehr; die Möglichkeit, ε zu bestimmen, und damit die zweite der vorstehenden Gleichungen fällt fort, und dadurch werden Z_a und Z_b untrennbar. Kann man im concreten Fall annehmen, dass beide Befestigungen gleiche Elasticität haben, so darf man $\varepsilon = 1$ und damit $Z_a = Z_b = \frac{Z}{2}$ setzen; weiss man nichts derartiges, so sind Kräfte, die längs AB wirken, überhaupt nicht einzeln, sondern nur als Summe bestimmbar.

Die Gleichungen (3) liefern die Werthe von Ξ', Ξ'', H' und H''.

Als ein Beispiel für die Verwendung der Gleichungen, welche die Zwangsdyname bestimmen, mag folgende Aufgabe betrachtet werden: „Eine homogene elliptische Scheibe, deren Ebene vertical liegt, ist mit zwei horizontalen Stecknadeln an einer verticalen Wand befestigt, und zwar so, dass ihre grosse Axe horizontal liegt, und dass die Stecknadeln durch die Brennpunkte gehen. Zur Zeit t_1 wird die eine der Stecknadeln plötzlich entfernt; wie muss die Ellipse beschaffen sein, wenn die andere Stecknadel in diesem Augenblick keine plötzliche Vermehrung oder Verminderung des auf ihr lastenden Drucks erfährt?"

Ist G die Masse der Scheibe, so ist gG ihr Gewicht, und in der Ruhe hat offenbar jede Stecknadel den Druck $\frac{1}{2}gG$ auszuhalten. In dem Augenblick, wo die eine Stecknadel entfernt wird, ist die andere Drehungsaxe der z, und Gl. (1) findet Anwendung. Nehmen wir die Axe der x senkrecht abwärts, so ist $X = gG$, $Y = 0$, $N = -y_1 gG$; ferner ist in dem Augenblick, wo die Bewegung beginnt, $\frac{d\varphi}{dt} = 0$; endlich ist y_1, der Abstand des Schwerpunkt von der Drehungsaxe, gleich $\sqrt{a^2 - b^2}$, wenn a und b die Halbaxen sind; das x_1 des Schwerpunkts ist Null. Gl. (1) liefert also

$$X = -gG - y_1 G \frac{d^2\varphi}{dt^2}, \quad \mathfrak{Y} = 0.$$

Dabei ist

$$\frac{d^2\varphi}{dt^2} = -\frac{y_1 gG}{K}.$$

Das Trägheitmoment der Ellipse für eine Axe, die durch ihren Mittelpunkt geht und senkrecht auf ihre Ebene steht ist $K_0 = \frac{a^2+b^2}{4} G$, also ist es für den Brennpunkt $\frac{a^2+b^2}{4} G + y_1^2 G$. Somit wird

$$X = -gG + 4 \frac{y_1^2 gG^2}{4y_1^2 G + (a^2+b^2) G}.$$

Soll keine Druckänderung eintreten, so muss diese Grösse, negativ genommen, gleich $\frac{1}{2}gG$, oder, nach Einführung von $\sqrt{a^2 - b^2}$ für y_1,

$$\tfrac{1}{2} = \frac{4a^2 - 4b^2}{5a^2 - 3b^2}$$

sein. Das giebt

$5b^2 = 3a^2$ oder die numerische Excentricität der Ellipse muss $\sqrt{\frac{2}{5}}$ sein.

234. Der Specialfall des Gleichgewichts tritt ein, wenn $\frac{d^2\varphi}{dt^2}$ zugleich mit $\frac{d\varphi}{dt}$ Null ist. Also ist die Gleichgewichtsbedingung einfach

$$(1) \qquad N = 0 \quad \text{oder} \quad \Sigma(xY - yX) = 0 \quad \text{oder} \quad \frac{\partial U}{\partial \varphi} = 0$$

und das Gleichgewicht ist stabil, wenn $\frac{\partial^2 U}{\partial \varphi^2} > 0$ ist.

Die von der Axe erlittene Dyname hat die Coordinaten

$$X, Y, Z, L, M, 0,$$

da ihre übrigen Bestandtheile zu Null werden.

Ist die Axe in den beiden Punkten z' und z'' befestigt, so reduciren sich hiernach die Gleichungen (2) und (3) des vorigen Paragraphen auf

$$(2) \qquad Z' + Z'' = Z,$$

$$(3) \qquad \begin{cases} \Xi' + \Xi'' = X \\ H' + H'' = Y \\ z'H' + z''H'' = -L \\ z'\Xi' + z''\Xi'' = M, \end{cases}$$

oder

$$(4) \qquad \begin{cases} Z' + Z'' = Z \\ \Xi'' = \dfrac{z'X - M}{z' - z''}, \qquad \Xi' = \dfrac{z''X - M}{z'' - z'}, \\ H'' = \dfrac{z'Y + L}{z' - z''}, \qquad H' = \dfrac{z''Y + L}{z'' - z'}. \end{cases}$$

235. Die allgemeine Integration der Bewegungsgleichung. Für diese ist vorauszusetzen, dass die Kräftefunction U oder die Summe $\Sigma(xY - yX)$ als Function von φ bestimmt sei. Kennt man diese Grössen als blosse Functionen von irgend welchen Punktcoordinaten x, y, z, so sind sie immer leicht in φ auszudrücken; man braucht nur die Polarcoordinaten r, ϑ, φ einzuführen, wo $z = r\cos\vartheta$, $x = r\sin\vartheta\cos\varphi$, $y = r\sin\vartheta\sin\varphi$ ist. Versteht man also unter Φ irgend eine Function von φ, so hat dann die Gleichung der Bewegung des starren Körpers mit fester Axe die Form

$$(1) \qquad \frac{d^2\varphi}{dt^2} = \Phi.$$

Multiplicirt man sie mit $\frac{d\varphi}{dt}dt$ und integrirt zwischen den Grenzen t_1 und t, so hat man

$$(2) \qquad \tfrac{1}{2}\left(\frac{d\varphi}{dt}\right)^2 - \tfrac{1}{2}\left(\frac{d\varphi_1}{dt}\right)^2 = \int_{\varphi_1}^{\varphi} \Phi d\varphi,$$

wo $\frac{d\varphi_1}{dt}$ die anfängliche Winkelgeschwindigkeit ist. Das giebt

$$(3) \qquad dt = \frac{d\varphi}{\sqrt{2\int_{\varphi_1}^{\varphi} \Phi d\varphi + \left(\frac{d\varphi_1}{dt}\right)^2}}.$$

Die Integration ist damit auf eine Quadratur zurückgeführt; sie liefert t als Function von φ. Die zweite Integrationsconstante ergiebt sich aus der Bemerkung, dass für $t = t_1$ auch $\varphi = \varphi_1$ sein muss. Haben die gegebenen Kräfte eine Kräftefunction U, so ist $\Phi d\varphi = -dU$, also

$$(4) \qquad \tfrac{1}{2}\left(\frac{d\varphi}{dt}\right)^2 - \tfrac{1}{2}\left(\frac{d\varphi_1}{dt}\right)^2 = U_1 - U,$$

$$(5) \qquad dt = \frac{d\varphi}{\sqrt{2(U_1 - U) + \left(\frac{d\varphi_1}{dt}\right)^2}}.$$

Bei voller Allgemeinheit wäre auch die Möglichkeit zu berücksichtigen, dass die thätigen Kräfte Differentialquotienten nach der Zeit enthalten. Derselbe hat praktische Bedeutung für den Fall, wo der Körper G bei seiner Bewegung einen Widerstand, etwa den der Luft, zu überwinden hat, welcher von der Geschwindigkeit abhängt. Wir werden denselben nur in Specialfällen berücksichtigen.

236. Momentane Impulse. Während der sehr kurzen Zeit τ wirke die sehr intensive explicite Dyname X, Y, Z, L, M, N auf den Körper G. Wir setzen abkürzend $\int_0^\tau X dt = \mathfrak{x}$, $\int Y dt = \mathfrak{y}$, $\int Z dt = \mathfrak{z}$, $\int L dt = \mathfrak{l}$, $\int M dt = \mathfrak{m}$, $\int N dt = \mathfrak{n}$, und nennen $\mathfrak{x}, \mathfrak{y}, \mathfrak{l}$ u. s. w. die 6 Coordinaten der Impulsdyname. Während der Zeit τ entwickelt gleichzeitig die feste Axe irgend welche Zwangskräfte, die zusammen die Dyname $\mathfrak{X}, \mathfrak{Y}, \mathfrak{Z}, \mathfrak{L}, \mathfrak{M}, \mathfrak{N}$ bilden und wir setzen $\int_0^\tau \mathfrak{X} dt = \mathfrak{r}_x$,

$\int\mathfrak{Y}dt=\mathfrak{r}_y$, $\int\mathfrak{Z}dt=\mathfrak{r}_z$, $\int\mathfrak{L}dt=\mathfrak{s}_x$, $\int\mathfrak{M}dt=\mathfrak{s}_y$, $\int\mathfrak{N}dt=\mathfrak{s}_z$. Bezüglich der letzteren ist bekannt, dass die Zwangskräfte in jedem Augenblick des Zeitraums τ durch die Axe der z gehen, dass also $\mathfrak{N}=0$ und damit auch $\mathfrak{s}_z=0$ ist. Die Gesammtimpulsdyname, welche auf G wirkt, erhalten wir, wenn wir die Zwangsimpulse zur expliciten Dyname hinzufügen; dieselbe hat also die Coordinaten

$$\mathfrak{x}+\mathfrak{r}_x,\quad \mathfrak{y}+\mathfrak{r}_y,\quad \mathfrak{z}+\mathfrak{r}_z,\quad \mathfrak{l}+\mathfrak{s}_x,\quad \mathfrak{m}+\mathfrak{s}_y,\quad \mathfrak{n}.$$

Diese müssen nach **223** gleich den entsprechenden Coordinaten der Zunahme der Bewegungsmenge von G sein; entnimmt man die letzteren aus **228**, so findet sich

$$(1)\quad \begin{cases} \mathfrak{r}_x=-\mathfrak{x}-y_1G\left[\left(\frac{d\varphi}{dt}\right)_\tau-\left(\frac{d\varphi}{dt}\right)_0\right], \\ \mathfrak{r}_y=-\mathfrak{y}+x_1G\left[\left(\frac{d\varphi}{dt}\right)_\tau-\left(\frac{d\varphi}{dt}\right)_0\right], \\ \mathfrak{r}_z=-\mathfrak{z} \\ \mathfrak{s}_x=-\mathfrak{l}-\left[\left(\frac{d\varphi}{dt}\right)_\tau-\left(\frac{d\varphi}{dt}\right)_0\right]\Sigma zx\,dG, \\ \mathfrak{s}_y=-\mathfrak{m}-\left[\left(\frac{d\varphi}{dt}\right)_\tau-\left(\frac{d\varphi}{dt}\right)_0\right]\Sigma yz\,dG, \\ K\left[\left(\frac{d\varphi}{dt}\right)_\tau-\left(\frac{d\varphi}{dt}\right)_0\right]=\mathfrak{n}. \end{cases}$$

Die letzte von diesen Gleichungen ist die Gleichung der Geschwindigkeitszunahme von G; die 5 andern liefern die Coordinaten für den Zwangsimpuls der Axe. $\mathfrak{r}_x, \mathfrak{r}_y \ldots \mathfrak{s}_y$ negativ genommen sind die Coordinaten des von der Axe erlittenen Impulses.

Die letzte Gleichung (1) lässt sich auch sehr einfach durch Integration der Gl. (2) von § **232** herstellen.

Der Impuls lässt sich so einrichten, dass die Axe keine Wirkung erleidet. Um die Bedingung hierfür zu eruiren, wollen wir annehmen, die Ebene der xz sei durch den Schwerpunkt von G gelegt, also $y_1=0$. Dann muss $\mathfrak{r}_\mathfrak{x}=\mathfrak{r}_\mathfrak{y}=\mathfrak{r}_\mathfrak{z}=\mathfrak{s}_x=\mathfrak{s}_y=0$ sein, also, wenn wir abkürzend ω für $\left(\frac{d\varphi_\tau}{dt}-\frac{d\varphi_0}{dt}\right)$ schreiben, zunächst

$$(2)\quad \begin{cases} \mathfrak{x}=0, & \mathfrak{y}=x_1G\omega, & \mathfrak{z}=0 \\ \mathfrak{l}=-\omega\Sigma zx\,dG, & \mathfrak{m}=-\omega\Sigma yz\,dG, & \mathfrak{n}\text{ willkürlich.} \end{cases}$$

Die drei ersten Gleichungen zeigen, dass die Centralaxe der fraglichen

Impulsdyname parallel der y-Axe ist, also senkrecht auf der Ebene steht, welche durch die feste Axe und den Schwerpunkt geht. Ihren Schnittpunkt mit der xz-Ebene erhält man, wenn man in der Gleichung der Centralaxe (die laufenden Coordinaten der letzteren seien ξ, η, ζ)

$$\frac{\mathfrak{l}-\eta\mathfrak{z}+\zeta\mathfrak{y}}{\mathfrak{x}}=\frac{\mathfrak{m}-\zeta\mathfrak{x}+\xi\mathfrak{z}}{\mathfrak{y}}=\frac{\mathfrak{n}-\xi\mathfrak{y}+\eta\mathfrak{x}}{\mathfrak{z}}$$

$\eta=0$ nimmt. Das giebt wegen $\mathfrak{x}=\mathfrak{z}=0$

$$\mathfrak{l}+\zeta\mathfrak{y}=0, \quad \mathfrak{n}-\xi\mathfrak{y}=0, \quad \text{also}$$

$$(3) \qquad \zeta=\frac{\Sigma zx\,dG}{x_1 G}, \quad \xi=\frac{\mathfrak{n}}{\mathfrak{y}}=\frac{K\omega}{\mathfrak{y}}=\frac{K}{x_1 G}.$$

Die Lage der Centralaxe ist hiernach unabhängig von ω; sie ist durch die feste Axe und die Gestalt des Gebildes G allein bestimmt. Sie könnte passend die „Mittelaxe des Stosses“ genannt werden. Ihr Parameter ist $\frac{\mathfrak{x}\mathfrak{l}+\mathfrak{y}\mathfrak{m}+\mathfrak{z}\mathfrak{n}}{\mathfrak{r}}$, also, da $\mathfrak{r}=\mathfrak{y}$, ist er $-\omega\,\Sigma yz\,dG$.

Blickt man auf die in 228 gegebenen Coordinaten der Bewegungsmenge und setzt in diesen $y_1=0$, so erkennt man leicht, dass die Mittelaxe des Stosses nichts anderes ist, als die Centralaxe der Bewegungsmenge von G, und damit tritt die eigentliche Bedeutung der vorstehenden Bemerkung zu Tage: Eine Impulsdyname hat keine Wirkung auf die feste Axe, wenn ihre Centralaxe in die Centralaxe der Bewegungsmenge von G fällt; die letztere ist für alle möglichen Bewegungen von G durch die gegebene Form und Befestigung von G vorgeschrieben.

Praktisch hat man besonders häufig mit dem Fall zu thun, dass eine Impulsdyname hervorgebracht wird durch den Anprall eines kleinen bewegten Körpers an G. Kann der kleine Körper als Punkt behandelt werden, so reducirt sich die Dyname X, Y, Z, L, M, N während der Zeit τ auf eine Einzelkraft, die Impulsdyname auf einen „Einzelimpuls“, den wir kürzer als „Stoss“ bezeichnen. Wir wollen untersuchen, wie ein solcher Stoss beschaffen sein muss, damit er keine Wirkung auf die feste Axe habe. Da er sich auf einen Einzelvector reduciren soll, muss er ausser (2) die allgemeine Bedingung der Einzelvectoren erfüllen, d. h. es muss

$$(4) \qquad \mathfrak{x}\mathfrak{l}+\mathfrak{y}\mathfrak{m}+\mathfrak{z}\mathfrak{n}=0$$

sein. Nach Gl. (2) kann das nur geschehen, wenn $x_1 G\omega^2\Sigma yz\,dG=0$ ist. Dies kann zu Null werden, wenn entweder $x_1=0$ oder $\Sigma yz\,dG=0$ ist. Ist aber $x_1=0$, so ist $\mathfrak{x}=\mathfrak{y}=\mathfrak{z}=0$, die Impulsdyname reducirt sich also überhaupt nicht auf einen Stoss, sondern auf ein Moment; geht demnach die feste Axe durch den Schwerpunkt von G, so kann sie nur dann unbehelligt bleiben, wenn die ganze Impulsdyname sich auf ein Moment reducirt. Der Fall ist somit auszuschliessen und die zweite Bedingung

$$(5) \qquad \Sigma yz\,dG = 0$$

ist allein zulässig, wenn ein Stoss möglich sein soll, der die feste Axe nicht afficirt. Gl. (5) kann erfüllt sein, ohne dass $\Sigma xz\,dG = 0$ ist. Sie ist sicher erfüllt, wenn die feste Axe Hauptträgheitsaxe für einen ihrer Punkte ist; dieser ist dann als Coordinatenanfang anzusehen. Folglich ist dann $\Sigma xz\,dG = 0$, also $\mathfrak{l} = 0$, und, wenn ξ, η, ζ die Coordinaten des Punktes sind, in welchem der Stoss angreift, ist $\mathfrak{n} = \xi\mathfrak{y} - \eta\mathfrak{x} = \xi\mathfrak{y}$, also $\xi x_1 G\omega = K\omega$ oder $\xi = \frac{K}{x_1 G}$ und, da $\mathfrak{l} = \eta\mathfrak{z} - \zeta\mathfrak{y} = \zeta\mathfrak{y} = 0$ ist, ist $\zeta = 0$. Ist $\varkappa$ der Trägheitsradius von G in Bezug auf die feste Axe, so ist $\xi = \frac{\varkappa^2}{x_1}$. Der Stoss, welcher die vorgedachte Bedingung erfüllen soll, muss also folgende Eigenschaften haben: 1) er ist senkrecht zur festen Axe und zu der Ebene durch Axe und Schwerpunkt; 2) seine Angriffslinie schneidet diese Ebene in gleicher Höhe mit demjenigen Punkt, für welchen die Axe Hauptaxe der Trägheit ist; 3) er hat von der Axe den Abstand $\frac{\varkappa^2}{\delta}$, wo δ der Axenabstand des Schwerpunkts ist. Er heisst der **Mittelpunkt des Stosses**. Selbstverständlich ist die Angriffslinie des Stosses nichts anderes als die oben bestimmte Mittelaxe des Stosses, mit der Specialbedingung, dass ihr Parameter Null sei. Der Werth von ξ ist in der That hier derselbe wie in Gl. (3).

Wir betrachten nun den allgemeineren Fall, wo die Axe der z nicht Hauptaxe für einen ihrer Punkte ist. Es existirt dann jederzeit ein Punkt auf ihr, für welchen $\Sigma yz\,dG = 0$. Denn hat $\Sigma yz\,dG$ für irgend einen Coordinatenanfang den bestimmten Werth D, so kann man durch Verschiebung des Coordinatenanfangs auf der z-Axe jedem z den Werth $z + a$ ertheilen, wo a eine beliebige Grösse. Es wird dann aus der vorstehenden Summe $\Sigma yz\,dG + a\Sigma y\,dG = D + a\,Gy_1$. Wenn nun y_1, wie vorausgesetzt, nicht Null ist, so kann man durch passende Wahl von a dem $a\,Gy_1$ jeden beliebigen Werth ertheilen, also auch den Werth Null, indem man $a = -\frac{D}{Gy_1}$ setzt. Den so bestimmten Punkt nennen wir nach Chelini und Schell, die das Wort freilich in beschränkterem Sinne gebrauchen, den **Knotenpunkt** der festen Axe. Ist die feste Axe nicht Hauptaxe für ihren Knotenpunkt, so hat für diesen Punkt als Anfang $\Sigma xz\,dG$ nicht den Werth Null, sondern einen endlichen Werth E. Wir haben dann die Bedingungen, wenn ξ, η, ζ der Angriffspunkt des Stosses ist

$$\zeta\mathfrak{y} = E\omega, \quad \mathfrak{y} = x_1 G\omega, \quad \mathfrak{x} = 0, \quad \mathfrak{z} = 0.$$

Der Stoss steht also nach wie vor senkrecht auf der durch Axe und Schwerpunkt gelangten Ebene, aber sein Angriffspunkt liegt nicht in der Höhe des Knotenpunkts, sondern in der Höhe

$$\zeta = \frac{E}{x_1 G}.$$

Die Gleichung $\mathfrak{n} = \xi\mathfrak{y} - \eta\mathfrak{x} = \xi\mathfrak{y} = \xi x_1 G\omega = K\omega$ bleibt erhalten und damit auch die Folgerung

$$\xi = \frac{\varkappa^2}{x_1}.$$

Der Mittelpunkt des Stosses liegt also in allen Fällen gleich weit von der Axe; aber in dem Fall, wo die feste Axe keine Hauptaxe der Trägheit ist, liegt er in Bezug auf den Knotenpunkt höher oder tiefer als in dem entgegengesetzten.

(In vielen Lehrbüchern wird die Behauptung aufgestellt, ein Mittelpunkt des Stosses existire überhaupt nur dann, wenn die feste Axe Hauptträgheitsaxe für ihren Knotenpunkt sei; dieselbe ist unrichtig und wird meistens dadurch begründet, dass man von vorn herein $\eta = 0$ oder $\zeta = 0$ nimmt. Erforderlich für die Existenz eines Stossmittelpunkts ist nur die Bedingung, dass die feste Axe nicht durch den Schwerpunkt von G geht.)

Anm. Besitzt der stossende kleine Körper vor dem Stoss die Bewegungsmenge γ_0, nachher γ, so ist $\gamma \hat{=} \gamma_0$ der Impuls, den er während des Stosses bekommen hat. Nach dem Reactionsprincip ist also $\gamma_0 \hat{=} \gamma$ der Impuls, welchen er dem Körper G mittheilt.

237. Bewegungsgleichungen concreter Probleme. 1. Schwerer Körper, der sich um eine horizontale Axe drehen kann. Die Drehungsaxe sei Axe der $z(\zeta)$; die Axe der ξ gehe durch den Schwerpunkt von G, und die der x gehe senkrecht abwärts; δ sei der Abstand des Schwerpunkts von der Drehungsaxe. Die Schwere wirkt auf G gerade so, als ob ihre sämmtlichen Kräfte im Schwerpunkt angriffen, der Betrag ihrer Resultante ist mg, wenn g die Beschleunigung der Schwere, m die Masse von G. Demnach ist $-U = mgx_1 = mg\delta\cos\varphi$. Die Gleichung der Bewegung wird also

$$(1) \qquad \frac{d^2\varphi}{dt^2} = -\frac{mg\delta}{K}\sin\varphi,$$

oder, wenn man $K = \varkappa^2 m$ setzt,

$$(2) \qquad \frac{d^2\varphi}{dt^2} = -g\frac{\delta}{\varkappa^2}\sin\varphi.$$

Gleichgewicht ist vorhanden, wenn $\varphi = 0$ oder $\varphi = \pi$; im ersten Fall ist es stabil. Die Gleichung (2) stimmt überein mit der Gleichung eines einfachen Pendels von der Länge $\frac{\varkappa^2}{\delta}$; also bewegt sich der fragliche Körper ganz wie ein solcher; er heisst desswegen „physisches Pendel", und $\frac{\varkappa^2}{\delta}$ heisst die reducirte Länge oder die „Pendellänge" von G.

Nennt man $\varkappa_0$ den Trägheitsradius des Schwerpunkts für die Richtung parallel zur Drehungsaxe, so ist $\varkappa^2 = \varkappa_0^2 + \delta^2$, die Pendellänge kann also auch $\delta + \frac{\varkappa_0^2}{\delta}$ geschrieben werden. Der Punkt der x Axe, welcher von der Drehungsaxe den Abstand $l = \frac{\varkappa^2}{\delta}$ hat, heisst der Schwingungsmittelpunkt; sein Axenabstand ist identisch mit dem des Stossmittelpunkts — Im weitern Sinne nennt man auch alle diejenigen Punkte Schwingungsmittelpunkte, welche den Abstand l von der Drehungsaxe haben. Schwingungsaxe heisst eine Gerade, welche parallel der Aufhängungsaxe durch den Schwingungsmittelpunkt gezogen wird; nennen wir ihren Abstand vom Schwerpunkt δ', so ist $\delta' = \frac{\varkappa_0^2}{\delta}$; zwischen dem Schwerpunktsabstand der Aufhängungsaxe und dem der Schwingungsaxe besteht also die

Gleichung

$$(3) \qquad \delta\delta' = \varkappa_0^2.$$

Beide liegen auf entgegengesetzten Seiten des Schwerpunktes, ihre Endpunkte sind in Involution, und da Gl. (3) erfüllt bleibt, wenn man δ und δ' miteinander vertauscht, folgt: Hängt man ein physisches Pendel an der Schwingungsaxe auf, so wird die frühere Aufhängungsaxe zur Schwingungsaxe. (Kater's Reversionspendel.)

l hat den gleichen Werth für alle Erzeugungslinien eines Cylinders vom Radius δ, dessen Axe durch den Schwerpunkt geht und der Aufhängungsaxe parallel ist; es hat aber auch den gleichen Werth für alle Erzeugungslinien eines Cylinders derselben Axe vom Radius δ'; alle Erzeugungslinien beider Cylinder liefern also die gleiche Pendellänge, d. h. Schwingungen von gleicher Periode. l wird bei gegebener Richtung der Aufhängungsaxe ein Minimum, wenn $\delta+\delta'$ ein Minimum ist, während $\delta\delta' = \varkappa_0^2$. Die Aufgabe, dies Minimum zu finden, läuft also darauf hinaus, unter allen Rechtecken vom Inhalt $\varkappa_0^2$ dasjenige zu finden, welches den kleinsten Umfang hat; dasselbe ist das Quadrat, für welches $\delta = \delta'$ und $\delta = \varkappa_0$. Im Falle des Minimums fallen also die beiden vorerwähnten Cylinder zusammen, und die Pendellänge ist $2\varkappa_0$.

Die Trägheitsradien des Massenmittelpunkts, welche den Werth $\varkappa_0$ haben, bilden eine Kegelfläche zweiten Grades; es giebt daher eine Schaar von Cylindern, deren Axen den Erzeugungslinien dieses Kegels parallel sind, und die alle derselben minimalen Pendellänge $2\varkappa_0$ entsprechen. Das minimum minimorum von l erhält man, wenn $\varkappa_0$ das kleinste von allen existirenden Trägheitsmomenten des Schwerpunkts ist, d. h. wenn die Aufhängungsaxe parallel der grössten Hauptcentralaxe von G ist. Die Aufhängungsaxen, welche für den Körper G die kleinste Schwingungszeit liefern, liegen hiernach auf einem Cylinder, dessen Axe die Hauptcentralaxe des kleinsten Trägheitsmomentes, und dessen Radius der Trägheitsradius des letzteren ist.

2. Physisches Pendel mit Luftwiderstand. Der Widerstand der Luft entsteht theils dadurch, dass die Luft am Pendel adhärirt und dass diese adhärirenden Luftschichten sich an den benachbarten Lufttheilen reiben, theils dadurch, dass die um das Pendel herumströmende Luft hinter demselben Wirbel bildet, deren lebendige Kraft der des Pendels entnommen wird. Derselbe ist eine recht verwickelte, zur Zeit nicht theoretisch berechenbare Function der Wirbelgeschwindigkeit. In Ermangelung genauerer Kenntniss kann man annehmen, dass das Moment des Widerstandes sich darstellen lasse durch einige Glieder der Maclaurin'schen Reihe $a\frac{d\varphi}{dt} \pm b\left(\frac{d\varphi}{dt}\right)^2 + c\left(\frac{d\varphi}{dt}\right)^3 + \cdots$, in welcher die Coefficienten a, b, c etc. von der Form und Grösse des Körpers G abhängen. Die Differentialgleichung der Bewegung lautet dann

$$(4) \qquad \frac{d^2\varphi}{dt^2} = -g\frac{\delta}{\varkappa^2}\sin\varphi + a\frac{d\varphi}{dt} \pm b\left(\frac{d\varphi}{dt}\right)^2 + \text{etc.}$$

Setzt man $a\frac{d\varphi}{dt} \pm b\left(\frac{d\varphi}{dt}\right)^2 + c\left(\frac{d\varphi}{dt}\right)^3 \cdots = F$, so stimmt die Gleichung mit der des einfachen Pendels in der Luft überein, kann also nach § 69 behandelt werden.

Sind die Amplituden der Schwingungen sehr klein, so dass auch $\frac{d\varphi}{dt}$ nur sehr kleine Werthe annimmt, so kann man die Glieder, welche höhere Potenzen von $\frac{d\varphi}{dt}$ enthalten, vernachlässigen und gleichzeitig $\sin\varphi$ durch φ ersetzen; die vereinfachte Gleichung (4) lautet dann

$$(5)\qquad \frac{d^2\varphi}{dt^2}+\frac{g\delta}{\varkappa^2}\varphi-a\frac{d\varphi}{dt}=0.$$

Ehe wir dieselbe integriren, sollen noch zwei andere Probleme behandelt werden, die auf die gleiche Bewegungsgleichung führen.

3. Magnet im homogenen Felde. Der Magnet sei um eine verticale Axe drehbar; es leuchtet dann ein, dass die Schwere auf ihn keinen Einfluss hat, weil die Höhe seines Schwerpunkts sich beim drehen nicht ändert, $\frac{\partial U}{\partial\varphi}$ also Null ist. Die physikalische Erfahrung zeigt, dass der Magnet trotzdem eine Kräftefunction besitzt, die von der Einwirkung des Erdmagnetismus herrührt. Und zwar ist der Werth dieser Kräftefunction bestimmt durch den Satz: „Der Magnet verhält sich so, als gäbe es zwei in ihm feste Punkte p_1 und p_2, die sogenannten Pole, von denen der erste mit der Kraft Hf nach der magnetischen Nordrichtung, der andere mit der Kraft Hf nach der magnetischen Südrichtung gezogen würde“. Dabei ist H eine Grösse, die vom Zustande der Erde, f eine solche, die vom Zustande des Magnets abhängt; der Polabstand $\overline{p_1p_2}$ hängt gleichfalls vom Zustande des Magnetes ab.

Wir denken uns die Axe der x nach dem magnetischen Norden hin gerichtet und legen die Axe der ξ parallel zu der Pollinie $\overline{p_1p_2}$. Da die Kräfte, welche an p_1 und p_2 angreifen, parallel und entgegengesetzt gleich sind, bilden sie ein Paar, und da dies Paar ein freier Vector ist, wird die Allgemeinheit der Untersuchung nicht beeinträchtigt, wenn man annimmt, die Punkte p_1 und p_2 liegen auf der Axe der ξ selbst, in entgegengesetzt gleichen Abständen von der z Axe. Der Abstand zwischen p_1 und der z Axe sei l, $\overline{p_1p_2}$ also $2l$. Die Kraft Hf an p_1 ist stets nach x gerichtet, bezeichnet man also das x von p_1 mit x_1, so ist ihre Kräftefunction offenbar $-Hfx_1$, oder da $x_1=l\cos\varphi$, ist sie $-Hfl\cos\varphi$. Ebenso ist die Kräftefunction von p_2 durch $-Hfl\cos\varphi$ ausgedrückt, da die an p_2 thätige Kraft $-Hf$ und $x_2=-l\cos\varphi$ ist. Die Gesammtkräftefunction des Magnetes ist also $-2H.lf.\cos\varphi$, oder, wenn man $2lf=m$ setzt, $-Hm\cos\varphi$. Demnach wird die Gleichung der Bewegung des Magnets, ohne Rücksicht auf Luftwiderstand

$$K\frac{d^2\varphi}{dt^2}=-Hm\sin\varphi.$$

Das ist wieder die Pendelgleichung mit der Pendellänge $\frac{Kg}{Hm}$. Der schwingende Magnet erfährt nun 1) Luftwiderstand, 2) wenn er in der Nähe metallischer Massen schwingt, einen Widerstand durch Inductionsströme, die er in jenen erzeugt. Der zweite Bestandtheil des Widerstandes ist, wenn die metallischen Massen um die Drehungsaxe centrisch angeordnet sind, genau proportional mit $\frac{d\varphi}{dt}$, der erste kann bei kleineren φ, wie ad (2), angenähert proportional mit $\frac{d\varphi}{dt}$ genommen werden; dann ist der Gesammtwiderstand gleich $a\frac{d\varphi}{dt}$, wo a eine Constante, und, wenn noch φ statt $\sin\varphi$ gesetzt wird,

$$\frac{d^2\varphi}{dt^2}+\frac{Hm}{K}\varphi-a\frac{d\varphi}{dt}=0$$

die Differentialgleichung des „gedämpften" Magnets. Sie stimmt in der Form mit (5) überein.

4) Torsionspendel. Der Körper G sei vertical an einem Draht aufgehängt, und der Draht so an G angesetzt, dass G sich frei um den Ansatzpunkt drehen kann; dann liegt im Ruhezustand der Schwerpunkt von G auf der Verlängerung der Drahtaxe. Wird nun der Draht, dessen Axe die Axe der $z(\zeta)$ sei, tordirt, so entwickelt er ein Kräftepaar, dessen Moment in die z Axe fällt und welches proportional dem Torsionswinkel φ ist. So weit es sich bloss um die Wirkung dieses Moments handelt, könnte die Axe der ζ auch befestigt werden, ohne dass die Bewegung sich änderte; ihre Gleichung ist demnach ohne Rücksicht auf Luftreibung

$$\frac{d^2\varphi}{dt^2}=-\frac{c}{K}\varphi,$$

wo c eine Constante, nämlich dasjenige Moment ist, welches der Draht für $\varphi=1$ entwickelt. Wirkt der Luftwiderstand auf G, so kann derselbe bei nicht zu grosser Winkelgeschwindigkeit wieder gleich $a\frac{d\varphi}{dt}$ gesetzt werden, und die Gleichung der Bewegung ist dann

$$\frac{d^2\varphi}{dt^2}+\frac{c}{K}\varphi-a\frac{d\varphi}{dt}=0,$$

was wieder eine Gleichung von der Form (5) ist.

5) Integration der Gleichung (5). Die Gleichung einer gedämpften Schwingung, in welcher nur die erste Potenz der Winkelgeschwindigkeit berücksichtigt wird, hat also allgemein die Form,

$$(5)\qquad \frac{d^2\varphi}{dt^2}+n^2\varphi+2\varepsilon\frac{d\varphi}{dt}=0,$$

wo n^2 zur Abkürzung für den (positiven) Coefficienten von φ, und -2ε statt a geschrieben ist. Setzt man abkürzend $\sqrt{\varepsilon^2-n^2}=r$, so ist das vollständige Integral der Gl. (2)

$$\varphi=e^{-\varepsilon t}(Ae^{-rt}+Be^{rt}),$$

worin A und B die Integrationsconstanten sind. Wir bestimmen dieselben mit der Annahme, dass zur Zeit $t=0$ der Körper G seine Maximalelongation φ_0 habe, also $\varphi=\varphi_0$ und $\frac{d\varphi}{dt}=0$ sei. Das giebt die Bedingungen

$$\varphi_0=A+B \quad\text{und}\quad 0=-\varepsilon(A+B)-r(A-B),$$

$$A=\varphi_0\frac{r-\varepsilon}{2r},\quad B=\varphi_0\frac{r+\varepsilon}{2r}.\quad \text{Also ist}$$

$$(5a)\qquad \varphi=\frac{\varphi_0}{2r}e^{-\varepsilon t}[(r+\varepsilon)e^{rt}+(r-\varepsilon)e^{-rt}].$$

Ist nun zunächst $\varepsilon=0$, die Dämpfung also verschwindend, so ist $r=in$, wo $i=\sqrt{-1}$, und damit

$$\varphi=\varphi_0\cos nt,$$

was sich auch in bekannter Weise aus der ersten Gleichung von Nr. 4 ergeben hätte. Die ganze Schwingungszeit (von $\varphi = \varphi_0$ bis $\varphi = \varphi_0$) ist dann

$$\text{(5b)} \qquad \tau = \frac{2\pi}{n}.$$

Ist ε kleiner als n, die Dämpfung also mässig, so ist $r = \sqrt{\varepsilon^2 - n^2}$ imaginär. Setzt man $r = i\rho$, also $\rho = \sqrt{n^2 - \varepsilon^2}$, so erhält man aus Gl. (5a)

$$\varphi = \varphi_0 e^{-\varepsilon t}\left[\frac{e^{i\rho t} + e^{-i\rho t}}{2} + \frac{\varepsilon}{\rho}\,\frac{e^{i\rho t} - e^{-i\rho t}}{2i}\right],$$

d. i.

$$\text{(5c)} \qquad \varphi = \varphi_0 e^{-\varepsilon t}\left[\cos\rho t + \frac{\varepsilon}{\rho}\sin\rho t\right].$$

Für $t = \frac{\nu\pi}{\rho}$ wird φ zu Null, wenn ν eine ganze Zahl, die Bewegung ist also eine Schwingung, deren halbe Periode $\frac{\pi}{\rho}$, deren ganze Periode τ_1; also

$$\text{(5d)} \qquad \tau_1 = \frac{2\pi}{\rho}$$

ist. Aus dem Vergleich mit (5b) ergiebt sich $\tau_1 = \frac{n}{\rho}\tau = \frac{n}{\sqrt{n^2 - \varepsilon^2}}\tau$. Die Schwingungszeit wird also durch die Dämpfung im Verhältniss von $n : \sqrt{n^2 - \varepsilon^2}$ verlängert.

Bezeichnet man φ in zwei auf einander folgende Ruhelagen, die um $\frac{\pi}{\rho}$ zeitlich von einander abstehen, mit φ_1 und φ_2, so ist, wenn ν für φ_1 eine gerade Zahl ist und gleich 2γ gesetzt wird

$$\varphi_1 = \varphi_0 e^{-\varepsilon t_1}\left[\cos 2\gamma\pi + \frac{\varepsilon}{\rho}\sin 2\gamma\pi\right] = \varphi_0 e^{-\varepsilon t_1},$$

$$\varphi_2 = \varphi_0 e^{-\varepsilon\left(t_1 + \frac{\pi}{\rho}\right)}\left[\cos(2\gamma+1)\pi + \frac{\varepsilon}{\rho}\sin(2\gamma+1)\pi\right] = -\varphi_0 e^{-\varepsilon\left(t_1 + \frac{\pi}{\rho}\right)}.$$

Also ist, abgesehen vom Vorzeichen,

$$\varphi_2 = \varphi_1 . e^{-\varepsilon\frac{\pi}{\rho}} = \varphi_1 e^{-\varepsilon\frac{\tau_1}{2}},$$

$$\text{(5e)} \qquad \log\varphi_1 - \log\varphi_2 = \varepsilon\frac{\tau_1}{2}.$$

Die natürlichen Logarithmen der Amplituden nehmen also von einer zur anderen halben Schwingung um $\frac{\varepsilon}{2}\tau_1$ ab. Man nennt $\varepsilon\frac{\tau_1}{2}$ nach Gauss das „logarithmische Decrement" der Schwingungen. Ist dasselbe durch Messung ermittelt, so liefert Gl. (5e) ein einfaches Mittel zur Bestimmung von ε. Wir bezeichnen es mit λ.

Aus den Gleichungen (5d), (5b) und (5e) lassen sich ε und n eliminiren; man findet

$$\frac{\pi^2}{\tau^2} = \frac{\pi^2 + \lambda^2}{\tau_1^2}.$$

als die Beziehung zwischen τ, τ_1 und λ, welche practisch wichtig ist, weil sie zur Bestimmung von τ dient, wenn τ_1 und λ gegeben sind.

Ist ε grösser als n, die Dämpfung also bedeudend, so ist r reell, übrigens $r < \varepsilon$. Gl. (5a) lässt sich dann schreiben

$$\varphi = \frac{\varphi_0}{2r}\left[(\varepsilon + r)e^{(r-\varepsilon)t} - (\varepsilon - r)e^{-(r+\varepsilon)t}\right].$$

φ lässt sich also ansehen als die Differenz zweier Ausschläge, die sich mit wachsender Zeit, weil beide Exponenten $(r-\varepsilon)$ und $-(r+\varepsilon)$ negativ sind, der Null nähern, ohne jemals das Zeichen zu wechseln. G nähert sich also asymptotisch der Nulllage; seine Bewegung wird aperiodisch. Der für die Theorie der galvanischen Messinstrumente wichtige Fall ist näher untersucht von E. Dubois-Reymond in den Monatsber. der Berl. Acad. 1869 und 1870.

Beim Pendel kommt unter gewöhnlichen Verhältnissen nur der Fall $\varepsilon < n$ vor, bei Magneten wird der Fall $\varepsilon > n$ vielfach absichtlich hergestellt.

6) Schräge Fallthür, Horizontalpendel. Der schwere Körper G sei an einer Axe aufgehängt, die mit der Verticalen den Winkel α macht. Die Axe der x liege in der Ebene des Winkels α; die der ξ gehe durch den Schwerpunkt von G, und der Abstand des Schwerpunkts von der Axe der $z(\zeta)$ sei δ, die Axe der $z(\zeta)$ nach oben positiv.

Macht die Axe der ξ mit der Axe der x den Winkel φ, so hat der Schwerpunkt von G im System der x, y, z die Coordinaten $\delta\cos\varphi$, $\delta\sin\varphi$, 0. Man lege nun durch den Anfangspunkt der beiden Coordinatensysteme, des ruhenden und des beweglichen, ein neues Coordinatensystem der $\mathfrak{x}$, $\mathfrak{y}$, $\mathfrak{z}$, dessen $\mathfrak{z}$ Axe vertical steht, und dessen $\mathfrak{x}$ Axe in der Ebene des Winkels α liegt. Dann macht die Axe der $\mathfrak{z}$

mit x den Winkel $\frac{\pi}{2} + \alpha$, mit y den Winkel π, mit z den Winkel α.

Also ist das $\mathfrak{z}$ des Schwerpunkts

$$\mathfrak{z}_1 = \delta\cos\varphi\cos\left(\frac{\pi}{2} + \alpha\right) + \delta\sin\varphi\cos\pi + 0.\cos\alpha = -\delta\cos\varphi\sin\alpha.$$

Die Potentialfunction U der Schwere ist aber $\mathfrak{z}gm$, wenn m die Masse von G, also

$$U = -gm\delta\sin\alpha\cos\varphi,$$

$$-\frac{\partial U}{\partial\varphi} = -gm\delta\sin\alpha\sin\varphi.$$

Folglich die Gleichung der Bewegung

$$\frac{d^2\varphi}{dt^2} = -\frac{gm}{K}\delta\sin\alpha\sin\varphi.$$

Das ist die Gleichung des physischen Pendels, wenn man sich die Beschleunigung der Schwere im Verhältniss von $1 : \sin\alpha$ verkleinert denkt, oder die Gleichung eines Pendels von der Länge $\frac{\varkappa^2}{\delta\sin\alpha}$. Ist $\sin\alpha$ sehr klein, so werden die Schwingungen sehr langsam; der Apparat ist dann das Zöllner'sche Horizontalpendel.

7) An einem verticalen Faden, dessen Torsion für den Ausschlagswinkel 1 das Moment τ liefert, ist ein kleiner Balken, dessen Masse vernachlässigt werden

kann, in der Mitte aufgehängt. An jedem Ende trägt derselbe eine homogene Kugel von der Masse m; die Länge des Balkens, vom Mittelpunkt der einen Kugel bis zu dem der anderen gerechnet, ist $2l$. Auf der Verlängerung der im Torsionsgleichgewicht befindlichen Balkenaxe, im Abstande D von der Balkenmitte liegt der Mittelpunkt einer schweren homogenen Kugel von der Masse μ. Zur Zeit Null wird dem Balken ein Ausschlag φ_0 mitgetheilt und er wird in der Lage φ_0 ruhend losgelassen; welches ist die Gleichung seiner Bewegung?

238. Gleichgewichtsprobleme. 1) Schräge Fallthür unter dem Einfluss der Schwere allein. Es leuchtet ein (siehe **237** No. 6), dass die Fallthür im Gleichgewicht ist für $\sin\varphi = 0$, also wenn ihr Schwerpunkt in der Ebene des Winkels α liegt. Liegt er unter der Axe ($\varphi = 0$), so ist $\frac{\partial^2 U}{\partial \varphi^2}$ positiv, also das Gleichgewicht stabil, liegt er über der Axe ($\varphi = \pi$), so ist das Gegentheil der Fall. Zur vollständigen Discussion ist nun noch erforderlich, die Kräfte festzustellen, denen die Angeln ausgesetzt sind.

Für $\varphi = 0$ macht die abwärts gerichtete Verticale mit den Axen die Winkel $\left(\frac{\pi}{2} - \alpha\right)$, $\frac{\pi}{2}$, $\pi - \alpha$. Also sind die Kräfte, mit welchen die Schwere am Schwerpunkt von G angreift

$$X = mg\sin\alpha, \quad Y = 0, \quad Z = -mg\cos\alpha.$$

Und da der Schwerpunkt auf der Axe der x liegt, sind ihre Momente ($x_1 = \delta$, $y_1 = 0$, $z_1 = 0$)

$$L = 0, \quad M = \delta mg\cos\alpha, \quad N = 0.$$

Wir wollen annehmen, dass die Angeln in zwei Punkten $z' = l$ und $z'' = -l$ angebracht sind, welche symmetrisch gegen den Coordinatenanfang liegen. Nach **234** Gl. (4) sind dann die Kräfte, welche auf die Angeln wirken, bestimmt durch

$$Z' + Z'' = -mg\cos\alpha,$$

$$\Xi' = \frac{l\sin\alpha + \delta\cos\alpha}{2l}mg, \quad \Xi'' = \frac{l\sin\alpha - \delta\cos\alpha}{2l}mg,$$

$$H' = 0, \quad H'' = 0.$$

Die Kraft Ξ', welche auf die obere Angel wirkt, ist in x immer positiv, zieht also den Kloben aus der Wand, Ξ'' wechselt sein Zeichen, je nachdem $\operatorname{tang}\alpha \gtrless \frac{\delta}{l}$ ist. Ist $\operatorname{tang}\alpha < \frac{\delta}{l}$, so wird der untere Kloben in die Wand hineingedrückt.

Ist insbesondere $\alpha = 0$, steht also die Axe senkrecht, so wird $\Xi' = \frac{\delta mg}{2l}$, $\Xi'' = -\frac{\delta mg}{2l}$ die beiden Druckkräfte sind entgegengesetzt gleich; die obere zieht den Kloben nach aussen, die untere drückt ihn herein.

Für $\alpha = \frac{\pi}{2}$, horizontale Axe, wird $Z' = Z'' = 0$ und jede der beiden Angeln hat die Hälfte vom Gewicht der Thür zu tragen.

2) Schräge Fallthür, an der eine fremde Kraft wirkt. Eine fremde Kraft P ziehe an der Fallthür. Damit die Rechnung nicht zu weitläufig werde,

nehmen wir an, P greife auf der Axe der ξ in $\xi = c$ an und stehe senkrecht auf der Ebene der $\xi\zeta$; die Bezeichnungen, wie im vorigen Beispiel. P zählt positiv, wenn es in der Richtung der positiven φ wirkt.

Macht die Axe der ξ mit der Axe der x den Winkel φ, so macht die Axe der η mit den drei Axen der x, y, z die Richtungscosinus

$$-\sin\varphi,\quad \cos\varphi,\quad 0,$$

also zerfällt die Kraft P, da sie nach dem Obigen die Richtung der η hat, in die drei Componenten

$$-P\sin\varphi,\quad P\cos\varphi,\quad 0.$$

Ihr Angriffspunkt hat die Coordinaten $\xi = c$, $\eta = 0$, $\zeta = 0$, oder $x = c\cos\varphi$, $y = c\sin\varphi$, $z = 0$; ihre 6 Coordinaten sind also

$$\begin{array}{lll} -P\sin\varphi, & P\cos\varphi, & 0, \\ 0, & 0, & Pc(\cos^2\varphi + \sin^2\varphi) = Pc. \end{array}$$

Andererseits greift die Schwere im Punkte $\xi = \delta$, $\eta = 0$, $\zeta = 0$ oder $x = \delta\cos\varphi$, $y = \delta\sin\varphi$, $z = 0$ mit der Kraft mg an und macht mit den Axen der x, y, z die Richtungscosinus

$$\sin\alpha,\quad 0,\quad -\cos\alpha.$$

Der Gravitationsdruck der Thür hat also die Coordinaten

$$\begin{array}{lll} mg\sin\alpha, & 0, & -mg\cos\alpha, \\ -\delta mg\cos\alpha\sin\varphi, & +\delta mg\cos\alpha\cos\varphi, & -\delta mg\sin\alpha\sin\varphi. \end{array}$$

Die explicite Dyname, welche an der Thür gegeben ist, hat also die Coordinaten

$$\begin{array}{lll} X = mg\sin\alpha - P\sin\varphi, & Y = P\cos\varphi, & Z = -mg\cos\alpha, \\ L = -\delta mg\cos\alpha\sin\varphi, & M = \delta mg\cos\alpha\cos\varphi, & N = Pc - \delta mg\sin\alpha\sin\varphi. \end{array}$$

Die Gleichgewichtsbedingung ist hiernach

$$(1) \qquad \delta mg\sin\alpha\sin\varphi = Pc.$$

Und die Angeln erleiden die Kräfte

$$Z' + Z'' = -mg\cos\alpha,$$

$$\Xi' = \frac{l(mg\sin\alpha - P\sin\varphi) + \delta mg\cos\alpha\cos\varphi}{2l} = \tfrac{1}{2}mg\left\{\left(1 - \frac{\delta}{c}\sin^2\varphi\right)\sin\alpha + \frac{\delta}{l}\cos\alpha\cos\varphi\right\},$$

$$\Xi'' = \tfrac{1}{2}mg\left\{\left(1 - \frac{\delta}{c}\sin^2\varphi\right)\sin\alpha - \frac{\delta}{l}\cos\alpha\cos\varphi\right\},$$

$$H' = \tfrac{1}{2}mg\left\{\frac{\delta}{c}\sin\alpha\cos\varphi + \frac{\delta}{l}\cos\alpha\right\}\sin\varphi,$$

$$H'' = \tfrac{1}{2}mg\left\{\frac{\delta}{c}\sin\alpha\cos\varphi - \frac{\delta}{l}\cos\alpha\right\}\sin\varphi.$$

Die Werthe von Ξ' etc. ergeben sich aus **234** Gl. (4), wenn man P mit Hülfe von (1) eliminirt.

Das Zöllner'sche Horizontalpendel ist die wesentlich als statischer Apparat gedachte schräge Fallthür mit sehr kleinem Winkel α; aus Gl. (1) folgt, dass bei kleinem α schon ein kleines P genügt, um dem φ einen merklichen Werth zu ertheilen.

3) Zugbrücke. Die Axe der $z(\zeta)$ liege horizontal; senkrecht über ihr, im Punkte $x = 0$, $z = 0$, $y = h$ ist ein gewichtsloser Faden über eine (als Punkt

A betrachtete) Rolle gezogen, an dem eine Kraft P zieht; der Faden ist im Punkte $\xi = c$, $\eta = 0$, $\zeta = 0$ am Körper der Zugbrücke G befestigt; die Gleichgewichtsbedingung soll discutirt werden.

Liegt die Zugbrücke auf, so liegt die Axe der ξ horizontal in der Axe der x; wir rechnen den Winkel φ von dieser Lage aus nach oben. Ist dann m die Masse der Zugbrücke, δ der Abstand ihres Schwerpunkts von der z-Axe, so greift die Schwere, wenn φ irgend einen Werth hat, an ihr im Punkt $x = \delta \cos\varphi$, $y = \delta \sin\varphi$, $z = 0$ an mit den Componenten

$$0, \quad -mg, \quad 0,$$

und mit den Momenten

$$0, \quad 0, \quad -mg\delta\cos\varphi.$$

Die Kraft, mit welcher der Faden an der Brücke zieht, hat die absolute Grösse P; sie greift an im Punkte $x = c\cos\varphi$, $y = c\sin\varphi$, $z = 0$, und sie ist von diesem Punkte hingerichtet nach dem Punkt $x = 0$, $y = h$, $z = 0$. Die gerade Linie, nach welcher diese Kraft gerichtet ist, liegt also in der xy-Ebene und hat in dieser die Gleichung $y = \frac{c\sin\varphi - h}{c\cos\varphi} x + h$, d. h. sie macht mit den Axen der x, y, z die Richtungscosinus

$$\mp \frac{c\cos\varphi}{\sqrt{c^2+h^2-2hc\sin\varphi}}, \quad \mp \frac{c\sin\varphi - h}{\sqrt{c^2+h^2-2hc\sin\varphi}}, \quad 0.$$

Die negativen Vorzeichen sind zu wählen, wie sich leicht ergiebt, wenn man $h > l$ annimmt und die Richtung von P für diesen Fall betrachtet. P hat also die Coordinaten

$$\frac{-Pc\cos\varphi}{\sqrt{c^2+h^2-2hc\sin\varphi}}, \quad \frac{-P(c\sin\varphi - h)}{\sqrt{c^2+h^2-2hc\sin\varphi}}, \quad 0,$$

$$0, \quad 0 \quad \frac{Phc\cos\varphi}{\sqrt{l^2+h^2-2hc\sin\varphi}}.$$

Folglich ist die Gleichgewichtsbedingung mit Weglassung des Factors $\cos\varphi$

$$\frac{Phc}{\sqrt{c^2+h^2-2hc\sin\varphi}} - mg\delta = 0 \quad \text{oder}$$

$$P = \frac{mg\delta}{hc}\sqrt{c^2+h^2-2hc\sin\varphi}.$$

Man findet leicht, dass $\sqrt{c^2+h^2-2hc\sin\varphi}$ nichts anderes ist als die Länge des Fadens zwischen der Stelle $x = 0$, $y = h$, $z = 0$, wo er über die Rolle geht und der Stelle $x = c\cos\varphi$, $y = c\sin\varphi$, $z = 0$, wo er an der Brücke befestigt ist. Setzt man diese Länge gleich λ, so lässt sich die Gleichgewichtsbedingung kürzer schreiben

$$(1) \qquad P = \frac{mg\delta}{hc}\lambda.$$

Erzeugt man die Kraft P dadurch, dass man am freien Ende des Fadens eine schwere Masse Q von der Rolle herabhängen lässt, so ist das Gleichgewicht stets labil: denn P ist dann ein für allemal gleich gQ; ist nun das Gleichgewicht für $\lambda = \lambda_0$ vorhanden, also $hcgQ = mg\delta\lambda_0$, und man lässt λ_0 um die unendlich kleine Grösse $d\lambda$ abnehmen, so ist nunmehr $hcgQ > mg\delta(\lambda_0 - d\lambda)$, also ist Q zu schwer, und strebt die Abnahme von λ zu vergrössern; umgekehrt strebt λ sich zu vergrössern, wenn man λ_0 um ein positives $\cdot d\lambda$ zunehmen lässt.

Will man das Gleichgewicht indifferent machen, so bietet sich als einfachster Weg dar die

b) Zugbrücke mit Tauchgewicht. Man kann die Kraft P dadurch variabel machen, dass man das Gewicht Q beim Sinken in eine Flüssigkeit tauchen lässt. Taucht das Volumen V des Körpers Q in ein Fluidum von der Dichtigkeit D, so wird bekanntlich durch den Auftrieb der Antheil VDg der Kraft Qg annullirt. Die restirende Kraft ist also $g(Q-VD)$. Nun ist V eine Funktion der Tiefe des Eintauchens, also, wenn λ_0 diejenige Länge λ bezeichnet, welche der horizontalen Lage der Brücke entspricht, ist $V=f(\lambda_0-\lambda)$, wo f irgend eine Function bezeichnet. Soll nun die Brücke in indifferentem Gleichgewicht sein, so muss die restirende Kraft der Bedingung (1) entsprechen, d. h. es muss sein

$$Q-Df(\lambda_0-\lambda)=\frac{m\delta}{hc}\lambda.$$

Diese Gleichung ist zu erfüllen, wenn wir setzen

$$Q=\frac{m\delta}{hc}\lambda_0 \quad \text{und} \quad f(\lambda_0-\lambda)=\frac{m\delta}{Dhc}(\lambda_0-\lambda).$$

Die zweite Gleichung zeigt, dass V proportional mit $\lambda_0-\lambda$ ist; die Masse Q muss also die Gestalt eines Cylinders oder Prismas von der Länge λ_0 haben, dessen untere Endfläche in der Horizontallage der Brücke gerade die Flüssigkeitsoberfläche berührt und dessen Länge λ_0 ist. Die erste giebt das Gewicht von Q; der Querschnitt des Cylinders muss so gewählt sein, dass die von ihm verdrängte Wassermasse gerade das Gewicht Q hat.

4) Feste Rolle. Rad an der Welle.

Fig. 115.

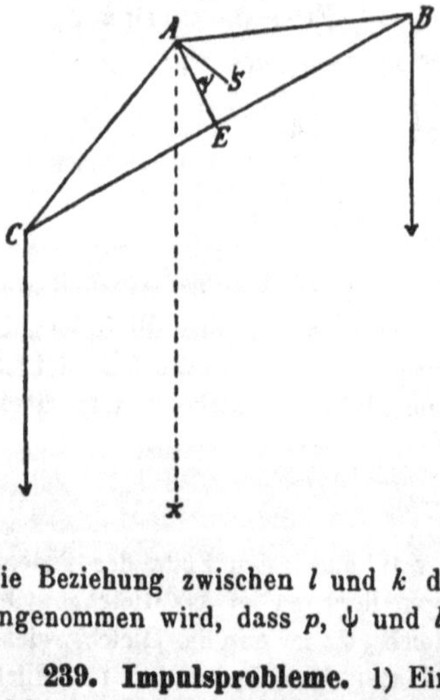

5) Waagebalken. Die feste Axe $z(\zeta)$ wird dargestellt durch die mittlere Schneide A des Balkens. Die Ebene der xy werde durch den Schwerpunkt S desselben gelegt; sie schneide die Endschneiden in B und C, und es sei angenommen, dass die Wagschaalen mit ihren Belastungen in B und C angreifen; die eine Wagschaale nebst den aufgelegten Gewichten habe die Masse P, die andere entsprechend Q. Das Gewicht des Balkens sei G. Das Perpendikel von A auf die Gerade CB sei $AE=p$, und $EB=k$, $EC=l$. AS mache mit AE den Winkel ψ, und AS mit der abwärts gerichteten Verticalen den Winkel φ. Wie lautet die Gleichgewichtsbedingung und wie lassen sich die Grössen p, ψ, so wie die Beziehung zwischen l und k durch Wägung ermitteln, insbesondere, wenn angenommen wird, dass p, ψ und $l-k$ sehr kleine Grössen sind?

239. Impulsprobleme. 1) Ein rechteckiges Brett von der Höhe $2a$, Breite $2b$, Dicke $2c$, Dichtigkeit D ist um eine verticale Axe drehbar, welche durch die

Mitte seiner schmal-langen Seitenfläche verläuft. Senkrecht gegen die Mittelebene des Bretts (Ebene der xz) wird eine Flintenkugel von der Masse m geschossen; dieselbe kommt bei der ruhenden Vorderfläche des Bretts mit der Geschwindigkeit v_0 an und verlässt die Hinterfläche desselben mit der Geschwindigkeit v_1; das von ihr herausgerissene Holz sei zu vernachlässigen. Welches wird die anfängliche Winkelgeschwindigkeit des Brettes, wenn l der Abstand der Schusswunde von der z-Axe ist?

Die Axe der ξ gehe, wie bisher, durch den Schwerpunkt des Brettes G. Dann ist offenbar die Axe der z eine Hauptträgheitsaxe in Bezug auf den Coordinatenanfang, und der Schwerpunkt hat von ihr den Abstand b. Das Trägheitsmoment der Thür in Bezug auf die verticale Schwerpunktsaxe ist $\frac{1}{12} G(b^2+c^2) = \frac{2}{3} abc(b^2+c^2) D$; dasjenige in Bezug auf die z-Axe also

$$K = \tfrac{2}{3} abc(b^2+c^2) D + G.b^2 = Dabc(\tfrac{26}{3} b^2 + \tfrac{2}{3} c^2).$$

Die Flintenkugel hat vor der Berührung mit der Thür die Bewegungsmenge mv_0, nachher mv_1, also hat sie die Bewegungsmenge $m(v_0 - v_1)$ verloren; diese hat das Moment $lm(v_0 - v_1)$. Die Gleichung der Geschwindigkeit wird also nach **236**, da $\frac{d\varphi_0}{dt} = 0$ ist,

$$K \frac{d\varphi}{dt} = lm(v_0 - v_1),$$

$$\frac{d\varphi}{dt} = lm(v_0 - v_1) \cdot \frac{1}{K},$$

wo für K der obige Werth einzusetzen ist.

Wo liegt der Mittelpunkt des Stosses? Wie gestaltet sich die Aufgabe, wenn die Kugel in dem Brett stecken bleibt, wie, wenn die Kugel mit der Geschwindigkeit v_0 ankommt, und mit der Geschwindigkeit $-v_1$ zurückprallt?

2) Ballistisches Pendel; wie gross wird der Ausschlag, wenn man eine Flintenkugel längs der Richtung der Mittelaxe des Stosses hineinschiesst?

3) Ein schwerer homogener Cylinder rotirt um seine verticale Axe mit der Winkelgeschwindigkeit ω. Die Axe desselben steht unten bei B fest in einer kegelförmigen Vertiefung, oben liegt sie bei D einem festen Halblager an, das andere Halblager C ist beweglich und wird durch einen über eine Rolle E gehenden Faden mittels des Gewichtes P gegen D angedrückt. Das Gewicht des Fadens und des Lagers C sei gegen P zu vernachlässigen; die Richtung CD sei Ost-West. In der Horizontalebene seines Schwerpunkts bei A besitzt der Cylinder eine Nase, deren Gewicht zu vernachlässigen ist, und mittels deren er in dem Augenblick, wo A gerade nördlich von der Axe steht, plötzlich festgehalten wird. Welchen Sinn muss seine Rotation haben, wenn das Gewicht P im Augenblick des Festhaltens in die Höhe fliegen soll, und wie hoch fliegt es?

Fig. 116.

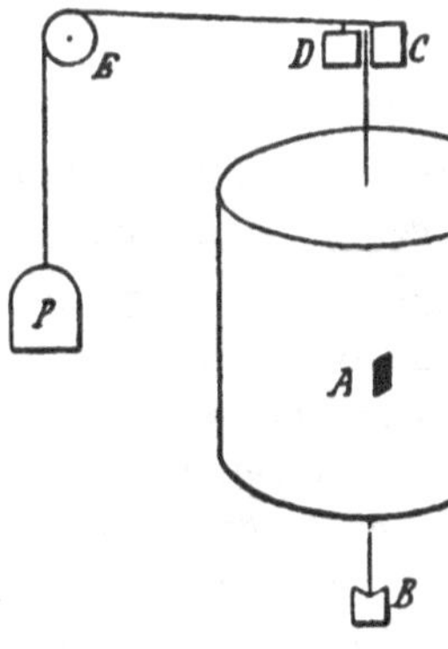

E. Der starre Körper mit einer gebundenen Ebene.
(Starres Gebilde in zwei Dimensionen.)

1. Lage und Lagenunterschiede eines ebenen Gebildes *F*.

240. Als „gebunden“ bezeichnen wir eine Ebene des starren Körpers, wenn sie genöthigt ist, fortwährend mit einer bestimmten Ebene des ruhenden Raums zu coincidiren. Fällt eine dem Körper G angehörige Ebene der ξ, η beständig in die ruhende Ebene der x, y, so leuchtet ein, dass alle Punkte von G sich in Bahnen bewegen müssen, welche parallel der Ebene der x, y sind. Die Bewegung von G kann also als „Bewegung parallel einer festen Ebene der x, y“ bezeichnet werden. Ferner ist klar, dass, wenn man in irgend einem Punkt der ξ, η-Ebene ein Perpendikel λ zu dieser Ebene errichtet, alle der Linie λ angehörigen Punkte in gleichen Zeiten congruente Bewegungen ausführen. Es genügt also, die Bewegung der $\xi\eta$-Ebene in der Ebene der xy zu untersuchen; kennt man die Bewegung eines Punkts π der $\xi\eta$-Ebene, so kennt man damit auch die Bewegung aller Punkte einer Linie λ, welche senkrecht zu $\xi\eta$ steht und ihren Fusspunkt in π hat.

Dreht sich G um eine Axe $l(\lambda)$, die natürlich nur senkrecht zur Ebene der xy sein kann, so dreht sich die Ebene der ξ, η um den Punkt $p(\pi)$, in welchem $l(\lambda)$ die Ebene der xy schneidet. Statt der Drehungsaxen l treten also in unserer Betrachtung Drehungscentra p auf. Umgekehrt kann man sich alle Drehungscentra, welche in der Untersuchung vorkommen, als Fusspunkte von Axen $l(\lambda)$ vorstellen, die senkrecht zur Ebene der xy stehen, und indem man das thut, überträgt man die Ergebnisse der Betrachtung von der Ebene der $\xi\eta$ auf den räumlichen Körper G.

Jede Kraft, welche an einem Punkt von G angreift, lässt sich in drei Componenten zerlegen, von denen die beiden ersten, X und

Y, der xy-Ebene parallel sind, während die dritte, Z, auf der xy-Ebene senkrecht steht. Es ist klar, dass die letztere keine Arbeit thun kann, sondern durch die Bindung der Ebene der $\xi\eta$ aufgehoben wird. Zur Vereinfachung kann man sich also auf die Betrachtung der Componenten X und Y beschränken, oder man kann annehmen, dass von vorn herein nur Kräfte gegeben seien, welche parallel der xy-Ebene wirken. Diese Kräfte können hervorbringen 1) eine Verschiebung von G, welche parallel der xy-Ebene ist, 2) eine Drehung von G. Die letztere kann nur um eine Axe $l(\lambda)$ statt finden, welche senkrecht zur xy-Ebene steht. Nehmen wir diese Axe im Augenblick der Betrachtung zur Axe der $z(\zeta)$, so bringt demnach die Kraft X, Y nur eine Drehung um die Axe der z hervor; d. h. von den drei Momenten L, M, N der Kraft X, Y sind die beiden ersten, L und M, unwirksam, und es kommt nur N in Betracht. Ist aber ξ, η, ζ der Angriffspunkt der Kraft, so ist $N = \xi Y - \eta X$, und N ändert sich nicht, wenn wir die Kraft statt in ξ, η, ζ, im Punkte ξ, η, 0 angreifen lassen; d. h. man kann, ohne die Allgemeinheit der Untersuchung einzuschränken, von vorn herein annehmen, dass die an G thätigen Kräfte in der xy-Ebene selbst liegen.

Somit reducirt sich die Untersuchung des Körpers mit gebundener Ebene auf die „Mechanik eines starren Gebildes in zwei Dimensionen“; der Körper G wird kinematisch ersetzt durch seine Projection auf die Ebene der xy, und die an ihm thätigen Kräfte liegen in der xy-Ebene selbst.

Damit die Ersetzung von G durch ein in der xy-Ebene liegendes Gebilde vollständig sei, setzen wir noch folgendes fest: Die Ebene der $\xi\eta$ werde in Elemente $d\xi d\eta$ getheilt. Durch alle Punkte des Randes von irgend einem Element $d\xi d\eta$ legen wir Perpendikel zur Ebene der $\xi\eta$. Diese sämmtlichen Perpendikel schneiden aus G einen röhrenförmigen Raum dv heraus, der eine gewisse Masse dG hat. Diese Masse denken wir uns in dem Flächenelement $d\xi d\eta$ concentrirt, ertheilen also dem Element $d\xi d\eta$ die Flächendichtigkeit $\frac{dG}{d\xi d\varphi}$. Das werde für alle Elemente der $\xi\eta$-Ebene ausgeführt; so erhält man in der Ebene der $\xi\eta$ ein ebenes Gebilde, welches „die (ebene) Fläche F“ heissen möge, und welches offenbar folgende Eigenschaften hat:

1) Die Masse der Fläche F ist gleich der Masse von G.

2) Der Schwerpunkt von F ist der Fusspunkt des Perpendikels, welches vom Schwerpunkt von G auf die $\xi\eta$-Ebene gefällt wird.

3) Das Trägheitsmoment von G in Bezug auf irgend eine senkrecht zu xy stehende Axe l ist identisch mit dem Trägheitsmoment von F in Bezug auf dieselbe Axe, oder, wie wir es jetzt auch nennen können, mit dem Trägheitsmoment von F in Bezug auf den Fusspunkt p der Axe l.

Die Fläche F repräsentirt also nunmehr den Körper G auch bezüglich der Masse und des Trägheitsmomentes, und eine Kraft X, Y, die an dem Punkte ξ, η der Fläche angreift, wirkt an F gerade so, wie die Kraft X, Y, Z, die im Punkte ξ, η, ζ des Körpers G angreift. Hiernach vereinfacht sich die im vorliegenden Abschnitt zu behandelnde Aufgabe zur folgenden:

„Gegeben ist ein ebenes starres Gebilde F von bestimmter Form und Flächendichtigkeit in der ruhenden Ebene der xy; an F greifen irgend welche Kräfte an, die in die Ebene der xy fallen; die Bewegung von F soll untersucht werden."

Analog dem, was beim räumlichen Körper festgesetzt wurde, denken wir uns die ganze Ebene der $\xi\eta$ an dem Gebilde F befestigt, nennen die Summe „Gebilde F plus der an ihm befestigten Ebene der $\xi\eta$" kurzweg „die Fläche F" und untersuchen die Bewegung derselben.

241. Die Lage der Fläche F. Die Lage von F ist bestimmt, wenn die Lage von zweien ihrer Punkte in der xy-Ebene gegeben ist.

Denn erstens kann man sich F als Projection eines Körpers G vorstellen, und wenn man dann weiss, dass die Punkte α und β von F in den Punkten a und b der xy-Ebene liegen, so weiss man auch, dass alle Punkte einer Linie λ, die senkrecht zur Ebene der xy durch α geht, in der entsprechenden Linie l des ruhenden Raumes liegen; also ist die Lage von G bestimmt, weil mehr als zwei nicht in derselben Geraden liegende Punkte von G bestimmt sind, folglich auch die Lage von F. Zweitens lässt sich dasselbe leicht direct nachweisen: die Gerade ab $(\alpha\beta)$ theilt die Ebene der $\xi\eta$ und der xy in zwei Hälften. Schaut man von a nach b hin, so ist eine der Hälften der xy-Ebene die rechte, eine die linke; ebenso wird die Ebene der $\xi\eta$ in eine rechte und linke Hälfte getheilt; die rechte Hälfte der $\xi\eta$-Ebene coincidirt mit der rechten Hälfe der xy-Ebene und umgekehrt. Innerhalb jeder Hälfte aber ist ein Punkt π von F eindeutig bestimmt durch seine beiden Abstände ρ_α und ρ_β von α und β. Innerhalb derselben Hälfte ist ein Punkt p der ruhenden xy-Ebene eindeutig bestimmt durch seine beiden Abstände r_a und r_b von a und b. Macht man $\rho_\alpha = r_a$ und $\rho_\beta = r_b$, so fällt π in p.

Die beiden Punkte α und β, welche zur Bestimmung von F dienen, haben in der Ebene der xy zusammen vier Coordinaten; zwischen diesen besteht aber eine Bedingung, welche ausdrückt, dass der Abstand $\overline{\alpha\beta}$ einen constanten Werth ϱ besitzt. Von den 4 Coordinaten der Punkte α und β sind also drei frei; d. h. die Fläche F hat drei freie Coordinaten.

Denkt man sich den Punkt α bestimmt („α liegt im Punkt a der xy-Ebene"), so kann β nur auf einem Kreise liegen, der mit dem Radius ϱ um a beschrieben ist. Ein Punkt b dieses Kreises ist bestimmt, wenn man den Winkel kennt, den der Radius ab mit einer festen Richtung macht. Daraus ergiebt sich folgende einfachste Methode, die Lage von F zu bestimmen:

„Wir markiren einen Punkt a von F und eine beliebig durch a gelegte Gerade A von F; hierauf geben wir an 1) die beiden Coordinaten x_a und y_a, welche der Punkt a im System der xy besitzt, 2) den Winkel φ, welchen die Gerade A mit der Axe der x macht. Die drei Grössen x_a, y_a, φ bestimmen die Lage von F im System der x, y; sie sind die Coordinaten von F."

Es leuchtet ein, dass die Bestimmung ausreichend ist; denn kennt man x_a und y_a nebst φ, so kennt man die Lage der Linie A; d. h. man weiss, sie fällt in die Linie L der xy-Ebene, auf A kann man von α aus einen zweiten Punkt β abmessen, dessen Abstand von α gleich ρ ist; misst man von a aus auf L einen Abstand r im gleichen Sinne wie ρ und gleich ρ ab, so fällt β in den Endpunkt b von r; man kennt also die Lage von α und β, also die von ganz F.

Als markirter Punkt a, von dem die Bestimmung ausgeht, empfiehlt sich in den meisten Fällen der Schwerpunkt von F.

242. Das Resultat der Bewegung von F. Macht F eine Bewegung, so geht der markirte Punkt α von F aus einer Anfangslage a in eine Endlage a' über und der Winkel φ wächst vom Anfangswerth φ zum Endwerth φ'. Das Ergebniss der Bewegung lässt sich also immer durch zwei consecutive Operationen herstellen: 1) man verschiebe F in der Richtung $\overline{aa'}$, bis a nach a' gelangt ist; 2) man drehe F, bis φ den Werth φ' angenommen hat.

Die Ordnung dieser beiden Operationen ist vertauschbar; Beweis sehr leicht.

Die Drehung um den Punkt $\alpha'(a')$ ist eigentlich eine Drehung um die Axe $\lambda'(l')$, welche senkrecht zur xy-Ebene durch $\alpha'(a')$ geht. Nun wurde in **194,** 4 bewiesen, dass eine Drehung um eine Axe l sich mit einer Verschiebung senkrecht zu derselben jederzeit zu einer einzigen Drehung um eine zu l parallele Axe zusammensetzen lässt. Also muss auch F sich durch eine Drehung aus jeder Anfangs- in jede Endlage bringen lassen. Das ist auch leicht direct zu zeigen: aa', Fig. 117, sei die Verschiebung, welche a erleidet, $\Delta\varphi$ die nachfolgende Drehung, welche um a' vorgenommen wird. Man errichte über aa' ein gleichschenkliges Dreieck aca', welches an der Spitze

Fig. 117.

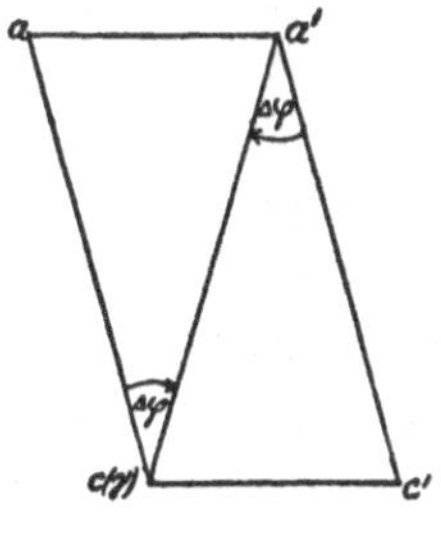

c den von a nach a' hin gerechneten Winkel $\Delta\varphi$ hat, und ziehe cc' parallel zu aa'. Dann gelangt der anfänglich in c liegende Punkt γ durch die Verschiebung $\overline{aa'}$ nach c', und kehrt durch die Drehung $\Delta\varphi$ nach c zurück. Also ist γ in Ruhe geblieben, d. h. die Bewegung von F ist durch eine Drehung um c ersetzbar. Die Amplitude dieser Drehung ist gleich $\Delta\varphi$. Wir haben demnach den Satz:

„F lässt sich durch eine Drehung aus jeder Anfangs- in jede Endlage bringen",

und gleichzeitig in Fig. 117 die einfache Construction, durch welche der Drehungsmittelpunkt ermittelt wird. Die letztere stimmt mit der in § **194** gegebenen überein.

2. Die continuirliche Bewegung von F; erste Differentialquotienten.

243. Zweifache Darstellung der cont. Bewegung. a) Bewegt sich F continuirlich, so sind seine Coordinaten x_a, y_a und φ stetig veränderlich. Der Punkt a von F beschreibt eine Bahn, die durch eine Gleichung zwischen x_a und y_a analytisch bestimmt ist; kennt man x_a und y_a als Functionen der Zeit [$x_a = f_1(t)$, $y_a = f_2(t)$], so findet sich die Gleichung der Bahn durch Elimination von t. Zugleich aber gehört zu jedem Punkt der Bahn von a ein bestimmter Werth von φ, und dieser Werth variirt von einem Punkt der Bahn zum andern. Analytisch ist φ bestimmt, wenn es als Function von x_a ausgedrückt ist; ist φ als Function von t gegeben, so gelingt dies, indem man t zwischen φ und x_a eliminirt.

Man kann den ganzen Verlauf der Bewegung von F auf folgende Weise durch eine einzige Curve darstellen: Die Ebene der xy theilt den Raum in zwei Theile, von denen der eine willkürlich als der positive bezeichnet werde. In der Ebene der xy construire man die Bahn des Punktes a, errichte auf jedem Punkt der Bahn ein Perpendikel zur xy-Ebene, und schneide auf diesem Perpendikel den Grössenwerth des zugehörigen φ ab, nach der positiven Raumhälfte hin, wenn φ positiv ist, und umgekehrt. Die Endpunkte der Perpendikel bilden eine Curve, welche als „Dirigente" der Bewegung von F bezeichnet werden kann; sie stellt den ganzen Verlauf der Bewegung von F geometrisch dar; denn sie giebt durch ihre Projection auf die xy-Ebene die Punkte an, welche a passirt, und durch die Höhe ihrer Punkte über der Ebene der xy die Werthe von φ, welche den einzelnen Stellen der Bahn entsprechen. (Die Dirigente ist für die

Fläche F eine Linie von analoger Bedeutung, wie die Bahn für den Punkt μ im ersten Buch). Da der Punkt α in F willkürlich auszuwählen ist, kann ein- und dieselbe Bewegung von F durch unendlich viele Dirigenten characterisirt werden. Man wird meistens am besten für α den Schwerpunkt von F nehmen und kann die auf diesen bezügliche Divigente κατ' ἐξοχήν die „Dirigente von F" nennen.

b) Nach **242** ist die Bewegung von F in jedem Augenblick eine Drehung um einen Punkt c; dieser heisst das Momentancentrum der Bewegung. Die continuirliche Bewegung von F ist also eine continuirliche Folge von Drehungen um eine continuirliche Reihe von Momentancentren $c_1, c_2, c_3 \dots$ u. s. w. Alle diese aufeinander folgenden Momentancentren bilden eine continuirliche Curve, welche die Basis der Drehung genannt wird, und die wir mit dem Buchstaben C bezeichnen wollen.

Fig. 118.

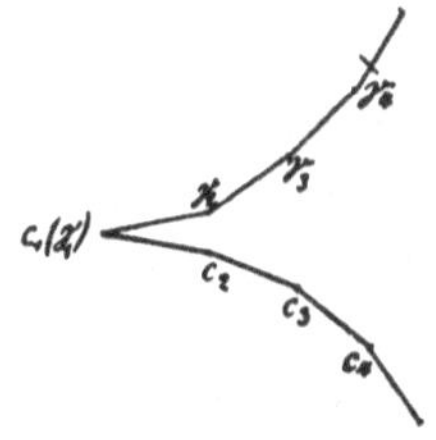

Zu Anfang (Zeit t_1) sei $c_1(\gamma_1)$ das Momentancentrum. Dann beschreibt F einen unendlich kleinen Drehungswinkel um $c_1(\gamma_1)$, und hierauf wird ein anderer Punkt c_2, der unendlich nahe an c_1 liegt, zum Momentancentrum. Durch die erste unendlich kleine Drehung $d\varphi$ kommt nun ein Punkt γ_2 von F, der vorher nicht in c_2 lag, in die Lage c_2. Hierauf erfolgt eine zweite unendlich kleine Drehung um $c_2(\gamma_2)$; dadurch kommt ein Punkt γ_3 in die Lage c_3, und nun wird $c_3(\gamma_3)$ Momentancentrum; F dreht sich nunmehr um $c_3(\gamma_3)$, wodurch γ_4 nach c_4 gelangt, und dann wird $c_4(\gamma_4)$ Momentancentrum etc. etc. Es giebt also eine Reihe von Punkten $\gamma_1, \gamma_2, \gamma_3, \gamma_4$ u. s. w. in F, welche successive in die Punkte c_1, c_2, c_3 u. s. w. der Basis C fallen und die in dem Augenblick, wo sie in der Basis liegen, Momentancentra sind. Dabei ist, wie aus dem obigen hervorgeht, die Länge $\gamma_1\gamma_2 = c_1c_2$, $\gamma_2\gamma_3 = c_2c_3$ u. s. w.; denn da γ_2 durch Drehung um γ_1 nach c_2 gelangt, liegen γ_2 und c_2 auf einem Kreise, dessen Mittelpunkt $c_1(\gamma_1)$ ist u. s. w. Bilden also die c_1, c_2, c_3 etc. eine continuirliche Curve C in der xy-Ebene, so bilden auch die $\gamma_1, \gamma_2, \gamma_3$ u. s. w. eine continuirliche Curve Γ, welche in der Fläche F liegt; diese Curve Γ heisse die Rollcurve. Zur Zeit t_n, wo der Punkt γ_n der Rollcurve in den Punkt c_n der Basis fällt, berühren sich beide Curven augenscheinlich im Punkte $c_n(\gamma_n)$, denn γ_n ist durch Rotation um $c_{n-1}(\gamma_{n-1})$ in die Lage c_n gekommen, im Augenblick t_n haben also beide Curven das

Element $c_n c_{n-1}(\gamma_n \gamma_{n-1})$ miteinander gemein. Wir haben demnach den Satz:

„Die Bewegung der Fläche F in der Ebene der xy kann beschrieben werden als das Rollen einer in F festen Rollcurve Γ auf einer in der xy-Ebene festen Basiscurve C. Beide Curven berühren sich zur Zeit t in dem dieser Zeit entsprechenden Momentancentrum.“

Sind c und c' zwei Momentancentra die den beliebigen Zeitpunkten t und t' entsprechen, sind γ und γ' die entsprechenden Punkte der Curve Γ, so ist das zwischen γ und γ' enthaltene Stück der Curve Γ an Länge gleich dem zwischen c und c' enthaltenen Stück von C.

Die Curven C und Γ können degeneriren: ist die Axe der Drehung unveränderlich, so reduciren sich beide auf einen Punkt $c(\gamma)$, ändert sie sich sprungweise, so degeneriren C und Γ zu discontinuirlichen Punktreihen.

Gemäss der Construction, die am Ende von § **242** gegeben wurde, ist der Winkel $\Delta\varphi$, den F zwischen irgend einer Anfangs- und Endlage beschreibt, derselbe an c, wie an a' Fig. 117. Einerlei also, ob man die Bewegung von F mittels der Dirigente oder mittels Basis und Rollcurve beschreibt, der Winkel φ, der einem gegebenen Augenblick t entspricht, ist in beiden Fällen derselbe, wenn man ihn von dem gleichen Anfangswerth ab rechnet. Er ist demnach auch derselbe für alle Punkte α, welche man der Dirigentenbestimmung zu Grunde legen kann, vorausgesetzt, dass der in F festen Linie A zu Anfang für alle Punkte α die gleiche Richtung gegeben werde.

Aus der zwiefachen Darstellung der continuirlichen Bewegung von F erwächst die Aufgabe, die eine Darstellungsart auf die andere zu reduciren. So weit dieselbe für unsere nächsten Zwecke in Betracht kommt, wird sie in den folgenden Paragraphen gelöst; unter einem allgemeineren Gesichtspunkt wird sie später behandelt werden.

244. Formen der Geschwindigkeitsbeschreibung. 1. Canonische Form. In der Fläche F sei ein Punkt α_1 ein für allemal markirt. In dem Zeitelement dt, welches auf den Zeitpunkt t folgt, legt α_1 einen unendlich kleinen Weg ds_1 zurück, der die Componenten dx_1 und dy_1 hat; zugleich legt F durch Drehung die unendlich kleine Amplitude $d\varphi$ zurück. $\frac{dx_1}{dt}$ und $\frac{dy_1}{dt}$ sind die Seitengeschwindigkeiten von α_1 zur Zeit t, $\frac{d\varphi}{dt}$ ist die Winkelgeschwindigkeit, mit der sich F um α_1 dreht. Die drei Grössen $\frac{dx_1}{dt}$, $\frac{dy_1}{dt}$ und $\frac{d\varphi}{dt}$ bestimmen den Geschwindigkeitszustand von F; denn sie bestimmen die Aenderungen dx_1, dy_1, $d\varphi$, welche während des Zeitelements dt an den Coordinaten von F vor sich gehen. Wir nennen $\frac{dx_1}{dt}$, $\frac{dy_1}{dt}$, $\frac{d\varphi}{dt}$ die Coordinaten des Geschwindigkeitszustandes von F zur Zeit t.

Kennt man zur Zeit t die drei Coordinaten x, y, φ von F und kennt man ausserdem $\frac{dx_1}{dt}$, $\frac{dy_1}{dt}$, $\frac{dz_1}{dt}$, so kennt man auch die Werthe, welche x, y, φ zur Zeit $t+dt$ haben, nämlich $x+\frac{dx_1}{dt}dt$ u. s. w.; folglich kennt man die ganze Aenderung, welche mit F in dt vor sich gegangen ist. Will man umgekehrt wissen, dass F zur Zeit t die Coordinaten x, y, φ und zur Zeit $t+dt$ die Coordinaten $x_1+u\,dt$, $y_1+v\,dt$, $\varphi+\omega\,dt$ hatte, so muss $\frac{dx_1}{dt}=u$, $\frac{dy_1}{dt}=v$, $\frac{d\varphi_1}{dt}=\omega$ bekannt sein. Die drei Grössen $\frac{dx_1}{dt}$, $\frac{dy_1}{dt}$, $\frac{d\varphi}{dt}$ sind also zur Bestimmung der Aenderung, welche mit F im Laufe des Zeitelementes dt vorgegangen ist, hinreichend und nothwendig.

Der Punkt α_1 kann in F willkürlich ausgewählt werden; nimmt man statt α_1 einen anderen Punkt α_2, so ist $\frac{dx_2}{dt}$ im Allg. von $\frac{dx_1}{dt}$ verschieden, ebenso $\frac{dy_2}{dt}$ von $\frac{dy_1}{dt}$; dagegen ist (bei derselben Bewegung von F) $\frac{d\varphi}{dt}$ in allen Fällen dasselbe; denn, wie an Fig. 117 in § **243** nachgewiesen wurde, ist der Winkel $d\varphi$, den F in dt zurücklegt, an jedem Punkt α_1 oder α_2 derselbe, wie am Momentancentrum $c(\gamma)$. Die Angaben „$\frac{dx_1}{dt}=u$, $\frac{dy_1}{dt}=v$“ haben also einen bestimmten Sinn nur insofern sie auf einen bestimmten, im Voraus markirten Punkt α_1 bezogen sind; die Angabe $\frac{d\varphi}{dt}=\omega$ gilt dagegen für alle Punkte von F; man kann deswegen $\frac{d\varphi}{dt}$ schlechthin als die Winkelgeschwindigkeit von F bezeichnen.

Anm. Kenntniss des Geschwindigkeitszustandes zur Zeit t darf nicht verwechselt werden mit voller Kenntniss des Bewegungszustandes zur Zeit t, selbst wenn man davon absieht, dass auch Beschleunigungszustände an F vorkommen können. Kennt man die Seitengeschwindigkeiten eines einzelnen Punktes μ, so weiss man zwar, wie schnell er sich bewegt, aber noch nicht, wo er sich bewegt; um dies zu wissen, muss man auch wissen, welche Coordinaten er zur Zeit t hat. Analog bei der Fläche F: Um zu wissen, nicht bloss wie schnell, sondern auch wo sich F bewegt, muss man nicht bloss die drei Grössen $\frac{dx_1}{dt}$, $\frac{dy_1}{dt}$, $\frac{d\varphi}{dt}$, sondern auch die drei Coordinaten x, y, φ kennen. Die Kenntniss der letzteren ist im Allgemeinen erforderlich, wenn man von einer Art der Geschwindigkeitsbeschreibung zur andern übergehen will.

Sind die drei Grössen $\frac{dx_1}{dt}$, $\frac{dy_1}{dt}$, $\frac{d\varphi}{dt}$ für jeden Augenblick innerhalb des Zeitintervalls von t_1 bis t_2 als Functionen von t gegeben, so kennt man den Geschwindigkeitszustand von F während dieses ganzen Intervalles; und umgekehrt, um den Geschwindigkeitszustand von F während des Intervalls t_1 bis t_2 vollständig zu kennen, muss man $\frac{dx_1}{dt}$, $\frac{dy_1}{dt}$, $\frac{d\varphi}{dt}$ als Functionen von t dargestellt haben.

2) Erste Nebenform. Ein Punkt γ von F ist zur Zeit t Momentancentrum, fällt mit einem Punkt c der xy-Ebene zusammen, und die Bewegung von F ist zur Zeit t eine Drehung um $\dot{c}(\gamma)$. Der Geschwindigkeitszustand von F ist also beschrieben, wenn man 1) die Lage des Momentancentrums, 2) die Winkelgeschwindigkeit $\frac{d\varphi}{dt}$ um dasselbe angiebt; dabei hat $\frac{d\varphi}{dt}$ nach dem obigen denselben Werth, wie bei der canonischen Form der Beschreibung. Da das Momentancentrum in F keine feste, von vorn herein markirte Stelle hat, ist die Bezeichnung desselben nur dann vollständig, wenn 4 Grössen, nämlich a) die beiden Coordinaten ξ, η von γ im System der ξ, η, und b) die beiden Coordinaten x, y von c im System der x, y angegeben sind. Der Geschwindigkeitszustand von F zur Zeit t wird also bestimmt durch die 5 Grössen ξ, η, x, y, $\frac{d\varphi}{dt}$.

Anm. Da γ mit c zusammenfällt, ist die Lage von F durch diese Angaben z. Th. schon mitbestimmt. (Eben deshalb sind ihrer mehr als drei.) Um sie vollständig zu kennen, um also den Bewegungszustand von F zur Zeit t bezüglich der ersten Differentialquotienten vollständig angeben zu können, muss man noch den Winkel φ kennen. Die beiden Angaben: „γ fällt in c und φ hat zur Zeit t den bestimmten Werth φ“ liefern die momentane Lage von F; die fernere Angabe: „F dreht sich um $\dot{c}(\gamma)$ mit der Winkelgeschwindigkeit $\frac{d\varphi}{dt}$“ liefert Art und Betrag der Geschwindigkeiten.

3. Die Plücker'sche Form. Die Elementarbewegung, welche irgend ein Gebilde G in der Zeit dt macht, lässt sich nach den Grundsätzen des Abschnittes **B** jederzeit durch 6 Coordinaten X, Y, Z, L, M, N ausdrücken. Im Falle der Fläche F fehlt die Dimension der z; es fallen also von den 6 vorkommenden Grössen alle diejenigen fort, welche sich auf diese Dimension beziehen. Nun bedeuten X, Y, Z drei Drehungen um die Axen der x, y, z. Drehungen um die Axen der x und y würden aber die Fläche F offenbar aus der Ebene der xy herausheben, also müssen X und $Y = 0$ sein. L, M, N bedeuten Verschiebungen im Sinne der x, y, z. Verschiebungen im Sinne der z sind aber ausgeschlossen, also ist $N = 0$. Die Elementarbewegung von F ist also bestimmt durch die drei Coordinaten

$$Z, \quad L, \quad M,$$

von denen die erste Drehung um die z Axe, die beiden letzten Verschiebungen nach der Richtung der x und y sind. Es sei nun a_0 der Punkt von F, der zur Zeit t im Coordinatenanfang liegt; dieser hat zur Zeit t die Seitengeschwindigkeiten $\frac{dx_0}{dt}$ und $\frac{dy_0}{dt}$; zugleich hat F die Winkelgeschwindigkeit $\frac{d\varphi}{dt}$. Die Elementarbewegung, welche F in der Zeit dt ausführt, ist also 1) eine Drehung um den Coordinatenanfang vom Betrage $d\varphi$, 2) eine Verschiebung, deren Axencomponenten dx_0 und dy_0 sind; d. h. die drei Coordinaten der Elementarbewegung sind

$$Z = d\varphi, \quad L = dx_0, \quad M = dy_0.$$

Dividiren wir diese durch dt, so erhalten wir die drei Coordinaten des Geschwindigkeitszustandes, die mit $\mathfrak{z}, \mathfrak{l}, \mathfrak{m}$ bezeichnet seien; es sind also

$$\mathfrak{z} = \frac{d\varphi}{dt}, \quad \mathfrak{l} = \frac{dx_0}{dt}, \quad \mathfrak{m} = \frac{dy_0}{dt}$$

die drei Coordinaten der Geschwindigkeit von F in dem Sinne, wie dieselben in der Vectorentheorie aufgestellt wurden. Da der Grundgedanke, beliebige Systeme von linienflüchtigen Vectoren durch 6 Coordinaten dieser Art darzustellen, von Plücker herrührt, wollen wir die Grössen $\mathfrak{z}, \mathfrak{l}, \mathfrak{n}$ die Plücker'schen Coordinaten des Geschwindigkeitszustandes von F nennen, obgleich Plücker sich nicht speciell mit der hier vorliegenden Anwendung derselben befasst hat. Die Coordinaten $\frac{dx_1}{dt}, \frac{dy_1}{dt}, \frac{d\varphi}{dt}$ können im Gegensatz zu ihnen Lagrange'sche Coordinaten heissen, weil sie aus dem Lagrange'schen Grundgedanken hervorgehen, die Lage der Fläche F durch drei der Starrheitsbedingung genügende Grössen x, y, φ festzustellen. Der Unterschied zwischen den Lagrange'schen und den Plücker'schen Coordinaten liegt darin, dass jene auf einen Punkt a_1 bezogen sind, der im beweglichen Systeme der ξ, η festliegt, während diese sich auf einen Punkt beziehen, der im System der xy stets dieselbe Lage hat, also im System der ξ, η variabel ist.

245. Graphische Darstellung des Geschwindigkeitszustandes. Eine Darstellung, welche dem Hodographen für Punkte analog ist, erhält man auf folgende Art: Man zeichne in der Ebene der xy den Hodographen des in F festen Punktes a_1, errichte in jedem Punkt desselben ein Perpendikel und gebe diesem eine Länge, deren Zahlenwerth gleich $\frac{d\varphi}{dt}$ ist. Die Endpunkte der sämmtlichen Perpendikel bilden eine Curve, durch welche der Geschwindigkeitszustand von F in ähnlicher Weise dargestellt wird, wie der Lagenzustand durch die Dirigente. Als Punkt α_1 wird man am besten den Schwerpunkt von F aus wählen und kann die fragliche Curve, welche sich auf den Schwerpunkt von F bezieht, κατ' ἐξοχὴν als den Hodographen von F bezeichnen.

Nennt man die laufenden Coordinaten des Hodographen $\mathfrak{X}, \mathfrak{Y}, \mathfrak{Z}$, und x_1, y_1 die von α_1, so sind die Gleichungen des Hodographen

$$\mathfrak{X} = \frac{dx_1}{dt}, \quad \mathfrak{Y} = \frac{dy_1}{dt}, \quad \mathfrak{Z} = \frac{d\varphi}{dt},$$

während die Gleichungen der auf denselben Punkt von F bezogenen Dirigente sind

$$\mathfrak{X} = x, \quad \mathfrak{Y} = y, \quad \mathfrak{Z} = \varphi.$$

Die Coordinaten im Hodographen sind also Differentialquotienten nach der Zeit von den entsprechenden Coordinaten der Dirigente.

246. Die Geschwindigkeit der einzelnen Punkte von F. Zur Zeit t seien $\frac{dx_1}{dt}$, $\frac{dy_1}{dt}$ die Seitengeschwindigkeiten des markirten Punkts α_1 von F_1; β sei irgend ein anderer Punkt von F, der zur gleichen Zeit im System der x, y die Lage x, y hat; die Geschwindigkeit von β ist zu bestimmen. Der Nullpunkt des Systems ξ, η sei der Punkt α_1, die Axe der ξ mache mit der Axe der x den Winkel φ, werde also als Linie A benutzt, und β habe in diesem System die Coordinaten ξ, η; dann ist nach bekannter Transformationsgleichung

$$(1) \qquad \begin{cases} x = x_1 + \xi\cos\varphi - \eta\sin\varphi \\ y = y_1 + \xi\sin\varphi + \eta\cos\varphi. \end{cases}$$

Differentiirt man beide Gleichungen nach t, so findet sich

$$(2) \qquad \begin{cases} \frac{dx}{dt} = \frac{dx_1}{dt} - (\xi\sin\varphi + \eta\cos\varphi)\frac{d\varphi}{dt} \\ \frac{dy}{dt} = \frac{dy_1}{dt} + (\xi\cos\varphi - \eta\sin\varphi)\frac{d\varphi}{dt}. \end{cases}$$

Nun ist nach (1)

$$\xi\sin\varphi + \eta\cos\varphi = y - y_1, \quad \xi\cos\varphi - \eta\sin\varphi = (x - x_1),$$

also

$$(3) \quad \begin{cases} \dfrac{dx}{dt} = \dfrac{dx_1}{dt} - (y-y_1)\dfrac{d\varphi}{dt} \\ \dfrac{dy}{dt} = \dfrac{dy_1}{dt} + (x-x_1)\dfrac{d\varphi}{dt}. \end{cases}$$

Dies sind die Grundformeln, auf denen alles Weitere beruht. Die Geschwindigkeit von β erscheint in ihnen in zwei Antheile zerlegt, die sich auch leicht unmittelbar geometrisch evident machen lassen. Der erste Antheil ist nämlich $\frac{dx_1}{dt} \hat{+} \frac{dy_1}{dt}$, d. i. die Geschwindigkeit von α_1. Der zweite ist $-(y-y_1)\frac{d\varphi}{dt} \hat{+} (x-x_1)\frac{d\varphi}{dt}$ oder, wenn wir den Abstand $\overline{\alpha\beta}$ mit r bezeichnen $r\frac{d\varphi}{dt}$, denn es ist ja

$$r = \sqrt{(y-y_1)^2 + (x-x_1)^2}.$$

Dies $r\frac{d\varphi}{dt}$ ist offenbar die Geschwindigkeit, welche β vermöge der Rotation um α_1 besitzt. In den Formeln (3) tritt also die Geschwindigkeit von β auf als geometrische Summe aus 1) der Verschiebungsgeschwindigkeit, welche die ganze Fläche F mit α_1 gemein hat, 2) der Drehungsgeschwindigkeit um α_1. Es leuchtet ein, dass dies den Grundsätzen der Zusammensetzung entspricht.

Wir wollen nunmehr, der bequemeren Schreibart wegen, $\frac{dx}{dt} = u$, $\frac{dy}{dt} = v$, $\frac{d\varphi}{dt} = \omega$, $\frac{dx_1}{dt} = u_1$, u. s. w. schreiben. Die Gl. (3) lauten dann

$$(3) \qquad u = u_1 - (y-y_1)\omega, \quad v = v_1 + (x-x_1)\omega.$$

Setzt man $u = v = 0$, so erhält man die Gleichungen derjenigen Punkte β, welche zur Zeit t keine Geschwindigkeit haben. Die beiden entstehenden Gleichungen

$$(4) \qquad u_1 - (y-y_1)\omega = 0, \quad v_1 + (x-x_1)\omega = 0$$

haben zusammen nur eine Lösung

$$(5) \qquad x = x_1 - \frac{v_1}{\omega}, \quad y = y_1 + \frac{u_1}{\omega}.$$

Es giebt also nur einen Punkt, der keine Geschwindigkeit hat; dieser ist das Momentancentrum c, und Gl. (5) sind seine Gleichungen im System der x, y. Will man das Momentancentrum im System der ξ, η bestimmen, so hat man in (5) statt x und y die Coordinaten ξ

und η mittels der Gleichungen (1) einzuführen. Das giebt

$$(6) \qquad \xi\cos\varphi-\eta\sin\varphi=-\frac{v_1}{\omega}, \quad \xi\sin\varphi+\eta\cos\varphi=\frac{u_1}{\omega},$$

womit die Lage von γ im System der ξ, η bestimmt ist.

Nimmt man als Punkt α_1 den Punkt γ, (seine Coordinaten seien nunmehr durch die Marke c ausgezeichnet), so ist $\frac{dx_c}{dt}=\frac{dy_c}{dt}=0$, also reduciren sich die Gleichungen (3) auf

$$(7) \qquad u=-(y-y_c)\omega, \quad v=(x-x_c)\omega$$

entsprechend dem Umstande, dass die Bewegung von F reine Drehung um c ist. Nimmt man ausserdem das Momentancentrum zum Coordinatenanfang, so dass $y_c=x_c=0$ wird, so ist (die Coordinaten für dieses System seien durch fette Schrift ausgezeichnet)

$$(8) \qquad u=-\mathbf{y}\omega, \quad v=\mathbf{x}\omega.$$

Der Vector $u\hat{+}v$ steht senkrecht auf dem Vector $\mathbf{x}\hat{+}\mathbf{y}$, da $\mathbf{x}u+\mathbf{y}v=0$ ist. Hierin liegt der Satz, dass die Normale zur Geschwindigkeitsrichtung jedes beliebigen Punktes β durch das Momentancentrum geht; selbstverständlich, da ja die Normale der Drehungsradius ist. Ist die Geschwindigkeit von F in Plücker'schen Coordinaten bestimmt, so seien u_0, v_0 die Seitengeschwindigkeiten des Punktes α_0, der zur Zeit t im Coordinatenanfang liegt; die Werthe von u und v sind dann, da $x_0=y_0=0$, nach Gl. (3)

$$(9) \qquad u=u_0-y\omega, \quad v=v_0+x\omega,$$

oder, wenn man u_0, v_0, ω in der Form $\mathfrak{l}$, $\mathfrak{m}$, $\mathfrak{z}$ schreibt

$$(10) \qquad u=\mathfrak{l}-y\mathfrak{z}, \quad v=\mathfrak{m}+x\mathfrak{z}.$$

247. Die Reduction der Coordinatenarten aufeinander. Die Formeln des vorigen Paragraphen liefern die Mittel, die drei Arten der Beschreibung des Geschwindigkeitszustandes aufeinander zu reduciren.

1. Die Lagrange'schen Coordinaten seien gegeben; die beiden andern Beschreibungsweisen sollen hergestellt werden. Gegeben sind $\frac{dx_1}{dt}=u_1$, $\frac{dy_1}{dt}=v_1$, $\frac{d\varphi}{dt}=\omega$, x_1, y_1, φ.

a) Das Momentancentrum liegt nach Gl. (5) in dem Punkt

$$(1) \qquad x_c=x_1-\frac{v_1}{\omega}, \quad y_c=y_1+\frac{u_1}{\omega}$$

des Systems der xy; es liegt zugleich nach (6) in dem Punkt des

Systems der ξ, η, welcher durch die Gleichungen

$$(2) \qquad \xi_\gamma \cos\varphi - \eta_\gamma \sin\varphi = -\frac{v_1}{\omega}, \quad \xi_\gamma \sin\varphi + \eta_\gamma \cos\varphi = \frac{u_1}{v}$$

oder

$$(2b) \qquad \begin{cases} \xi_\gamma = -\frac{v_1}{\omega}\cos\varphi + \frac{u_1}{\omega}\sin\varphi \\ \eta_\gamma = \frac{v_1}{\omega}\sin\varphi + \frac{u_1}{\omega}\cos\varphi \end{cases}$$

bestimmt ist. Die Winkelgeschwindigkeit ist ω. Damit sind die 5 Elemente der zweiten Bestimmung, $x_c, y_c, \xi_\gamma, \eta_\gamma, \frac{d\varphi}{dt}$ gegeben für den Zeitpunkt t.

Kennt man $x_1, y_1, \varphi, u_1, v_1, \omega$ als Functionen der Zeit während des Intervalls t_1 bis t_2, so sind diese Grössen in den Gleichungen (1) und (2) Functionen von t; x_c, y_c, ξ_γ und η_γ sind also dort als Functionen von t gegeben. Eliminirt man t zwischen den Gleichungen (1), so erhält man die Gleichung zwischen y_c und x_c, der die successiven Momentancentra genügen, d. i. die Gleichung der Basis C. Eliminirt man t zwischen den Gleichungen (2), so erhält man ebenso die Gleichung der Rollcurve Γ im System der ξ, η.

b) Der Punkt $x = 0$, $y = 0$, hat gemäss Gl. (3) des vorigen Paragraphen die Geschwindigkeit $u_0 = u_1 + y_1\omega$, $v_0 = v_1 - x_1\omega$. Also sind die drei Plückerschen Coordinaten des Geschwindigkeitszustandes

$$(3) \qquad \mathfrak{z} = \omega, \quad \mathfrak{l} = u_1 + y_1\omega, \quad \mathfrak{m} = v_1 - x_1\omega.$$

2. Das Momentancentrum nebst φ und ω ist gegeben; die Lagrange'schen und die Plücker'schen Geschwindigkeitscoordinaten sollen hergestellt werden. Gegeben sind $x_c, y_c, \xi_\gamma, \eta_\gamma, \varphi, \omega$.

a) Ein zu markirender Punkt α_1 von F kann willkürlich ausgewählt werden. Wir wollen als α_1 den Anfangspunkt des Systems der ξ, η wählen; sind dann x_1, y_1 die Coordinaten von α_1 im System der x, y, so haben wir, da der Punkt ξ_γ, η_γ in den Punkt x_c, y_c fallen muss

$$(4) \qquad \begin{cases} x_c = x_1 + \xi_\gamma \cos\varphi - \eta_\gamma \sin\varphi \\ y_c = y_1 + \xi_\gamma \sin\varphi + \eta_\gamma \cos\varphi. \end{cases}$$

Aus diesen Gleichungen lässt sich x_1 und y_1 finden. Dann ist nach Gl. (7) des vorigen Paragraphen

$$u_1 = -(y_1 - y_c)\omega, \quad v_1 = (x_1 - x_c)\omega$$

und somit sind u_1, v_1, ω bestimmt.

Sind in Gl. (4) $x_c, y_c, \xi_\gamma, \eta_\gamma, \varphi$ als Functionen von t bekannt, so liefern die Gleichungen

$$(4b) \quad \begin{cases} x_1 = x_c - (\xi_\gamma \cos\varphi - \eta_\gamma \sin\varphi), \\ y_1 = y_c - (\xi_\gamma \sin\varphi + \eta_\gamma \cos\varphi), \end{cases}$$

welche unmittelbar aus (4) folgen, x_1 und y_1 als Functionen von t. Eliminirt man t zwischen ihnen, so hat man die Gleichung der Bahn von α_1. Da das System der ξ, η durch jeden beliebigen Punkt von F gelegt sein kann, dient das Verfahren dazu, die Bahn eines beliebigen Punktes von F zu eruiren.

b) Hat das Momentancentrum c die Lage x_c, y_c, so hat der Punkt von F, dessen Coordinaten 0, 0 sind, nach Gl. (7) des vorigen Paragraphen die Geschwindigkeitscomponenten

$$(5) \quad u_0 = y_c \omega, \quad v_0 = -x_c \omega,$$

also ist

$$(6) \quad \mathfrak{l} = y_c \omega, \quad \mathfrak{m} = -x_c \omega, \quad \mathfrak{z} = \omega$$

die Gruppe der Plücker'schen Geschwindigkeitscoordinaten.

3. Die Plücker'schen Geschwindigkeitscoordinaten sind gegeben. Die beiden anderen Bestimmungsweisen sind herzustellen.

a) Der markirte Punkt α_1 ist wieder willkürlich auszuwählen. Nimmt man dazu einen willkürlichen Punkt, der im Augenblick t die Coordinaten x_1, y_1 hat, so ist nach Gl. (10) des vorigen Paragraphen

$$(7) \quad u_1 = \mathfrak{l} - y_1 \mathfrak{z}, \quad v_1 = \mathfrak{m} + x_1 \mathfrak{z},$$

und u_1, v_1, φ sind die Lagrange'schen Coordinaten des Geschwindigkeitszustandes von F.

b) Das Momentancentrum c muss den Bedingungen $u = 0$, $v = 0$, oder nach Gl. (10) des vorigen Paragraphen

$$(8) \quad y_c = \frac{\mathfrak{l}}{\mathfrak{z}}, \quad x_c = -\frac{\mathfrak{m}}{\mathfrak{z}}$$

genügen. Die Lage desselben im System der ξ, η findet man, wenn die Lage des beweglichen Systems gegen das feste von vorn herein bekannt ist, aus den Transformationsgleichungen **246,** (1). Ist von vorn herein keine bestimmte Lage des Systems der ξ, η gegen das der x, y festgestellt, so kann man das System der ξ, η in F ganz willkürlich legen, also ist von bestimmten Coordinaten des Momentancentrums in ihm nicht die Rede. Gl. (8) genügen aber dann, um den Ort des Momentancentrums im ruhenden System anzugeben.

248. Lebendige Kraft. Nach § **105** des ersten Buches ist die lebendige Kraft von F gleich der Summe aus der lebendigen Kraft seines Schwerpunktes und der lebendigen Kraft relativ zu diesem. Die Bewegung von F relativ zum Schwerpunkt ist Rotation um diesen. Ist also m die Masse und K_η das Trägheitsmoment von F in Bezug auf den Schwerpunkt, so ist die gesammte lebendige Kraft F, wenn

x_σ, y_σ die Coordinaten des Schwerpunkts sind,

$$(1) \qquad T = \tfrac{1}{2} m \left[\left(\frac{dx_\sigma}{dt}\right)^2 + \left(\frac{dy_\sigma}{dt}\right)^2\right] + \tfrac{1}{2} K_\sigma \left(\frac{d\varphi}{dt}\right)^2.$$

Der letzte Theil dieses Ausdrucks ist die lebendige Kraft der Rotation um den Schwerpunkt; dass diese den Werth $\frac{1}{2} K_\sigma \left(\frac{d\varphi}{dt}\right)^2$ haben muss, ergiebt sich einfach aus § **227** mit der Bemerkung, dass die Drehung von F relativ zum Schwerpunkt dieselbe ist, als ob der letztere in Ruhe wäre, demnach auch dieselbe, als ob er fest wäre.

Andererseits ist die Bewegung von F eine reine Rotation um das Momentancentrum; heisst also K_c das Trägheitsmoment in Bezug auf dieses, so ist gleichzeitig

$$(2) \qquad T = \tfrac{1}{2} K_c \left(\frac{d\varphi}{dt}\right)^2.$$

Die Ausdrücke (1) und (2) müssen identisch sein. In der That, nimmt man für den Augenblick des Momentancentrum zum Coordinatenanfang, so sind die Coordinaten des Schwerpunkts nach den Gleichungen **247** (1) $\frac{dy_\sigma}{dt} : \frac{d\varphi}{dt}$ und $-\frac{dx_\sigma}{dt} : \frac{d\varphi}{dt}$; der Abstand des Schwerpunktes vom Momentancentrum ist also $\delta = \sqrt{\left(\frac{dy_\sigma}{dt}\right)^2 + \left(\frac{dx_\sigma}{dt}\right)^2} : \frac{d\varphi}{dt}$, und wenn man damit auf Gl. (2) die Formel $K_c = K_\sigma + \delta^2 m$ anwendet, ergiebt sie Gl. (1).

249. Bewegungsmenge. Unter „Bewegungsmenge von F“ verstehen wir bekanntlich die heteraptische Summe der Bewegungsmengen aller Elemente von F.

Da jedes dF sich nur in der xy-Ebene bewegen kann, hat die Bewegungsmenge desselben nur drei Coordinaten, nämlich, wenn dm die Masse, v_x und v_y die Geschwindigkeitscomponenten, x, y die Coordinaten von dF sind, mv_x, mv_y und $xmv_y - ymv_x$; die auf z bezüglichen Grössen fallen fort. Dementsprechend kann auch die Bewegungsmenge von F nur drei Coordinaten, X, Y, N haben. Es handelt sich darum, dieselben zu bestimmen.

Gegeben seien zur Zeit t die beiden Seitengeschwindigkeiten $\frac{dx_\sigma}{dt}$ und $\frac{dy_\sigma}{dt}$ des Schwerpunkts und die Winkelgeschwindigkeit $\cdot \frac{d\varphi}{dt}$ oder ω. Ein beliebiges Element dF von F habe zur gleichen Zeit die Coordinaten x, y. Die Geschwindigkeit von dF setzt sich dann zusammen aus

1) der Verschiebungsgeschwindigkeit, welche die ganze Fläche F mit dem Schwerpunkt gemein hat; ihre Componenten sind $\frac{dx_\sigma}{dt}$, $\frac{dy_\sigma}{dt}$,

2) der Geschwindigkeit, welche dF vermöge der Drehung um den Schwerpunkt $x_,, y_,$ hat. Ihre Componenten sind

$$-(y-y_\sigma)\omega \quad \text{und} \quad (x-x_\sigma)\omega.$$

Die Gesammtgeschwindigkeit v von dF hat also die Componenten (**246,** (3))

$$(1) \quad v_x = \frac{dx_\sigma}{dt} - (y-y_\sigma)\omega, \qquad (2) \quad v_y = \frac{dy_\sigma}{dt} + (x-x_\sigma)\omega,$$

und sie hat, da sie am Punkte x, y angreift, in Bezug auf den Coordinatenanfang das Moment

$$(3) \qquad n = x\frac{dy_\sigma}{dt} + x(x-x_\sigma)\omega - y\frac{dx_\sigma}{dt} + y(y-y_\sigma)\omega.$$

Multiplicirt man v_x, v_y, n mit der Masse dm des Elements dF, so hat man die drei Coordinaten der Bewegungsmenge von dF, und summirt man diese über alle Elemente von F, so erhält man die Coordinaten der Bewegungsmenge von F. Letztere sind also

$$(4) \qquad \begin{cases} X = \frac{dx_\sigma}{dt}\Sigma dm - \omega\Sigma(y-y_\sigma)dm, \\ Y = \frac{dy_\sigma}{dt}\Sigma dm + \omega\Sigma(x-x_\sigma)dm, \end{cases}$$

$$(4) \quad N = \frac{dy_\sigma}{dt}\Sigma x dm - \frac{dx_\sigma}{dt}\Sigma y dm + \omega.\Sigma[(x-x_\sigma)x + (y-y_\sigma)y]dm.$$

Nun ist Σdm die Masse m von F; ferner ist nach den bekannten Eigenschaften des Schwerpunkts $\Sigma y dm = y_\sigma m$, $\Sigma x dm = x_\sigma m$, also fallen aus X und Y die Glieder, welche ω enthalten, fort; endlich ist $\Sigma(x^2+y^2)dm$ gleich dem Trägheitsmoment K von F in Bezug auf den Coordinatenanfang. Damit vereinfachen sich die vorstehenden Gleichungen zu

$$(5) \qquad \begin{cases} X = m\frac{dx_\sigma}{dt}, \quad Y = m\frac{dy_\sigma}{dt}, \\ N = m\left(x_\sigma\frac{dy_\sigma}{dt} - y_\sigma\frac{dx_\sigma}{dt}\right) + K\omega - m\omega(x_\sigma^2 + y_\sigma^2). \end{cases}$$

Nennt man K_σ das Trägheitsmoment in Bezug auf den Schwerpunkt, so ist $K = K_\sigma + (x_\sigma^2 + y_\sigma^2)m$, womit also noch einfacher wird

$$(6)\quad \begin{cases} X = m\dfrac{dx_\sigma}{dt}, \quad Y = m\dfrac{dy_\sigma}{dt}, \\ N = m\left(x_\sigma \dfrac{dy_\sigma}{dt} - y_\sigma \dfrac{dx_\sigma}{dt}\right) + K_\sigma\omega. \end{cases}$$

Denkt man sich den Schwerpunkt mit der Masse m versehen, so sind offenbar

$$m\frac{dx_\sigma}{dt}, \quad m\frac{dy_\sigma}{dt}, \quad m\left(x_\sigma\frac{dy_\sigma}{dt} - y_\sigma\frac{dx_\sigma}{dt}\right)$$

die drei Coordinaten der Bewegungsmenge des Schwerpunkts; hat also die Fläche F die Winkelgeschwindigkeit Null, so reducirt sich ihre Bewegungsmenge auf die des Schwerpunkts; die Winkelgeschwindigkeit ω fügt an N den Bestandtheil $K_\sigma\omega$ zu, afficirt aber X und Y überhaupt nicht, entsprechend dem in **104** aufgestellten Satze, dass die geometrische Summe der Bewegungsmengen, welche die Theilchen eines Systems relativ zum Schwerpunkt besitzen, Null ist.

Liegt der Anfang der x, y zur Zeit t im Schwerpunkt selbst, so reducirt sich N auf $K_\sigma\omega$. Ruht der Schwerpunkt im System der x, y, so sind die drei Coordinaten der Bewegungsmenge

$$0, \quad 0, \quad K_\sigma\omega.$$

Betrachtet man die Bewegung von F als Drehung um das Momentancentrum, dessen Coordinaten jetzt x_0, y_0 seien, so hat die Geschwindigkeit von dF die Coordinaten

$$(7)\quad \begin{cases} v_x = -(y - y_0)\omega, \quad v_y = (x - x_0)\omega, \\ n = \omega\{(x - x_0)x + (y - y_0)y\}. \end{cases}$$

Also sind die Coordinaten der Bewegungsmenge von F, erhalten aus den vorstehenden durch Multiplication mit dm und Summirung

$$(8)\quad \begin{cases} X = -\omega(y_\sigma - y_0)m, \quad Y = \omega(x_\sigma - x_0)m, \\ N = \omega K - m\omega(x_0 x_\sigma + y_0 y_\sigma). \end{cases}$$

Der Leser weise die Uebereinstimmung dieser Ausdrücke mit (6) nach.

Die Bewegungsmenge von F besitzt zur Zeit t eine Centralaxe, und da die Elementarbewegung von F sich aus 1) einer Verschiebung, 2) einer u. kl. Drehung, deren Axe senkrecht zur Verschiebung ist, zusammensetzt, muss die Bewegungsmenge, wenn sie auf einen Punkt dieser Centralaxe reducirt wird, sich durch einen Einzelvector ausdrücken. Um die Centralaxe zu bestimmen, gehen wir von Gl. (6) aus, denken uns anfänglich den Ursprung in den Schwerpunkt verlegt, so dass $N = K_\sigma \omega$ wird, und untersuchen, welchen Werth die Coordinaten X, Y, N annehmen, wenn sie auf einen Punkt $\mathfrak{x}$, $\mathfrak{y}$ der xy-Ebene reducirt werden. Heissen die neuen Werthe X', Y', N', so ist nach **209, 11**

$$X' = X, \quad Y' = Y, \quad N' = N - \mathfrak{x}Y + \mathfrak{y}X,$$

also

$$X' = m\frac{dx_\sigma}{dt}, \quad Y' = m\frac{dy_\sigma}{dt}, \quad N' = K_\sigma\omega - m\mathfrak{x}\frac{dy_\sigma}{dt} + m\mathfrak{y}\frac{dx_\sigma}{dt}.$$

Soll nun $\mathfrak{x}$, $\mathfrak{y}$ ein Punkt der Centralaxe sein, also die Bewegungsmenge durch einen Einzelvector dargestellt werden, so muss $N' = \mathfrak{x}Y' - \mathfrak{y}X'$ sein, d. i.

$$2m\left(\mathfrak{x}\frac{dy_\sigma}{dt} - \mathfrak{y}\frac{dx_\sigma}{dt}\right) = K_\sigma\omega.$$

Setzt man $K_\sigma = \varkappa_\sigma^2 m$, so lautet die Gleichung etwas kürzer

$$(9) \qquad \mathfrak{x}\frac{dy_\sigma}{dt} - \mathfrak{y}\frac{dx_\sigma}{dt} = \tfrac{1}{2}\varkappa_\sigma^2\omega$$

wo $\varkappa_\sigma$ der Trägheitsradius des Schwerpunktes. (9) ist die Gleichung der Centralaxe. Schreibt man dieselbe

$$(10) \qquad \mathfrak{y} = \frac{dy_\sigma}{dx_\sigma}\mathfrak{x} - \frac{1}{2\dfrac{dx_\sigma}{dt}}\varkappa_\sigma^2\omega,$$

oder, indem man die Geschwindigkeit des Schwerpunkts v und den Winkel, welchen sie mit der x-Axe macht, ϑ nennt,

$$(11) \qquad \mathfrak{y} = \mathfrak{x}\operatorname{tang}\vartheta - \frac{\varkappa_\sigma^2\omega}{2v\cos\vartheta},$$

so sieht man, dass ein vom Ursprung auf die Centralaxe gefälltes Perpendikel die Gleichung

$$(12) \qquad \mathfrak{y} = -\mathfrak{x}\cot\vartheta$$

hat. Der Fusspunkt des Perpendikels hat also, wie sich durch Auflösung von (11) und (12) ergiebt, die Coordinaten

$$(13) \qquad \mathfrak{x} = \tfrac{1}{2}\frac{\omega}{v}\varkappa_\sigma^2\sin\vartheta, \quad \mathfrak{y} = -\tfrac{1}{2}\frac{\omega}{v}\varkappa_\sigma^2\cos\vartheta.$$

Dieser Punkt heisst der Mittelpunkt der Bewegungsmenge oder Mittelpunkt des Stosses für F. Aus Gl. (13) folgt zunächst $\mathfrak{x}\cos\vartheta + \mathfrak{y}\sin\vartheta = 0$; der Punkt $\mathfrak{x}$, $\mathfrak{y}$ liegt also auf einem Perpendikel zur augenblicklichen Geschwindigkeitsrichtung des Schwerpunkts. Bildet man ferner die Geschwindigkeit, welche $\mathfrak{x}$, $\mathfrak{y}$ vermöge der Rotation um den Schwerpunkt hat, so findet man für diese die Componenten

$$-\mathfrak{y}\omega \text{ oder } +\tfrac{1}{2}\frac{\omega^2}{v}\varkappa_\sigma^2\cos\vartheta \quad \text{und} \quad +\mathfrak{x}\omega \text{ oder } +\tfrac{1}{2}\frac{\omega^2}{v}\varkappa_\sigma^2\sin\vartheta.$$

Die fraglichen Componenten haben also dieselben Vorzeichen wie $v\cos\vartheta$ und wie $v\sin\vartheta$, d. h. wie $\frac{dx_\sigma}{dt}$ und $\frac{dy_\sigma}{dt}$ Der Mittelpunkt des Stosses liegt auf derjenigen Seite des Schwerpunkts, wo die Geschwindigkeit, welche die Theilchen dF vermöge der Rotation besitzen, den gleichen Sinn hat, wie die Translationsgeschwindigkeit des Schwerpunkts. Der Abstand des Stossmittelpunkts vom Schwerpunkt ist $\frac{1}{2}\frac{\omega}{v}\varkappa_\sigma^2$.

Ist keine Rotation vorhanden, $\omega = 0$, so fällt der Mittelpunkt des Stosses mit dem Schwerpunkt zusammen; ist keine Translation vorhanden, $v = 0$, so rückt jener ins Unendliche. Die Bewegungsmenge reducirt sich dann auf das Vectorenpaar N.

250. Momentane Impulse. Auf Grund des § **223** können wir die Betrachtung momentaner Impulse hier sofort anschliessen. Wir beschränken die Untersuchung auf den Fall, wo an F keine Zusatzbedingung gegeben, F also innerhalb seiner zwei Dimensionen frei ist. Von den 6 Coordinaten, die ein Impuls im Raume hat, fallen die auf die z-Richtung bezüglichen $\mathfrak{z}$, $\mathfrak{l}$, $\mathfrak{m}$ fort; ein Impuls an F hat also allgemein drei Coordinaten $\mathfrak{x}$, $\mathfrak{y}$, $\mathfrak{n}$. Sind x, y die Coordinaten irgend eines Punktes in der xy-Ebene, so lässt sich die Bedingung

$$(1) \qquad \mathfrak{n} = x\mathfrak{y} - y\mathfrak{x}$$

jederzeit erfüllen, wenn nicht $\mathfrak{y} = \mathfrak{x} = 0$ und zugleich $\mathfrak{n}$ endlich ist. Ist das letztere der Fall, so reducirt sich der Impuls auf ein Moment; im andern Fall ist Gl. (1), wenn man in ihr x und y als laufende Coordinaten ansieht, die Gleichung einer Geraden, und sie drückt aus, dass der Impuls sich auf einen Einzelvector reduciren lässt, der in diese Gerade fällt. Jeder Impuls in der Ebene reducirt sich somit entweder auf einen Einzelvector oder auf ein Moment, was selbstverständlich ist, da wir diese Eigenschaft an Kräften in der Ebene bereits kennen.

Nach **223** müssen nun, wenn der Impuls $\mathfrak{x}$, $\mathfrak{y}$, $\mathfrak{n}$ gegeben ist, die Coordinaten der durch ihn hervorgebrachten Bewegungsmenge der Reihe nach gleich $\mathfrak{x}$, $\mathfrak{y}$, $\mathfrak{n}$ sein. Mit Gl. (6) des vorigen Paragraphen erhält man also, wenn die Anfangszustände die Marke 0 bekommen:

$$(2)\quad \begin{cases} m\left[\frac{dx_\sigma}{dt}-\left(\frac{dx_\sigma}{dt}\right)_0\right]=\mathfrak{x}, \quad m\left[\frac{dy_\sigma}{dt}-\left(\frac{dy_\sigma}{dt}\right)_0\right]=\mathfrak{y}, \\ m\left[\left(x_\sigma\frac{dy_\sigma}{dt}-y_\sigma\frac{dx_\sigma}{dt}\right)-\left(x_\sigma\frac{dy_\sigma}{dt}-y_\sigma\frac{dx_\sigma}{dt}\right)_0\right] \\ \qquad +K_\sigma(\omega-\omega_0)=\mathfrak{n}. \end{cases}$$

Nehmen wir an, der Anfangszustand sei Ruhe, so vereinfachen sich die Gleichungen zu:

$$(3)\quad m\frac{dx_\sigma}{dt}=\mathfrak{x}, \quad m\frac{dy_\sigma}{dt}=\mathfrak{y}, \quad m\left(x_\sigma\frac{dy_\sigma}{dt}-y_\sigma\frac{dx_\sigma}{dt}\right)+K_\sigma\omega=\mathfrak{n}.$$

Wir betrachten zunächst den einfachen Fall der Gl. (3), den Impuls aus der Ruhe. Die beiden ersten Gleichungen zeigen, dass der Schwerpunkt von F dieselbe Geschwindigkeit annimmt, als ob der Vector $\mathfrak{x}$, $\mathfrak{y}$ direct an ihm angriffe. Die dritte Gleichung liefert den Werth von ω. ω wird Null, wenn

$$\mathfrak{n}=m\left(x_\sigma\frac{dy_\sigma}{dt}-y_\sigma\frac{dx_\sigma}{dt}\right)=x_\sigma\mathfrak{y}-y_\sigma\mathfrak{x}$$

ist. Das ist der Fall, wenn der Impuls durch den Schwerpunkt geht. In diesem und nur in diesem Fall erhält also F eine blosse Translationsgeschwindigkeit ohne Rotation.

Aus den Gleichungen (3) folgt ohne Weiteres, (schon, wenn man ihre linken Seiten X, Y, N schreibt), dass die Centralaxe der entstehenden Bewegungsmenge identisch mit der des Impulses ist; die Angriffslinie des Impulses wird also Centralaxe der entstehenden Bewegungsmenge.

Ist $\mathfrak{x}=\mathfrak{y}=0$, so erhält der Schwerpunkt keine Geschwindigkeit; reducirt sich also der Impuls auf ein blosses Vectorenpaar, so ist die entstehende Bewegung eine reine Drehung um den Schwerpunkt und $K_\sigma\omega=\mathfrak{n}$, einerlei, wo das Paar angreift.

Die allgemeinere Gleichung (2) kann insbesondere zur Erledigung der Frage dienen, welcher Impuls erforderlich ist, um eine gegebene Bewegung von F aufzuheben, oder sie so zu modificiren, dass ein bestimmter Punkt von F zur Ruhe kommt.

a) Soll die Bewegung von F vollständig aufgehoben werden, so müssen $\frac{dx_\sigma}{dt}$, $\frac{dy_\sigma}{dt}$, ω zu Null werden. Bezeichnen wir also die

Coordinaten des Impulses mit $\mathfrak{x}'$, $\mathfrak{y}'$, $\mathfrak{n}'$, so muss

$$(4)\quad \begin{cases} \mathfrak{x}' = -m\dfrac{dx_\sigma}{dt_0}, \quad \mathfrak{y}' = -m\dfrac{dy_\sigma}{dt_0}, \\ \mathfrak{n}' = -\left(x_\sigma\dfrac{dy_\sigma}{dt_0} - y_\sigma\dfrac{dx_\sigma}{dt_0}\right) - K_\sigma\,\omega_0 \end{cases}$$

sein. Der Impuls $\mathfrak{x}'$, $\mathfrak{y}'$, $\mathfrak{n}'$ muss demnach, wie selbstverständlich, entgegengesetzt gleich demjenigen sein, der die vorhandene Bewegung hervorbringen würde; die momentane Einzelkraft, welche ihn vertritt, muss also auf der Centralaxe der Bewegungsmenge angreifen, m. a. W. er muss durch den Mittelpunkt des Stosses gehen und antiparallel der Geschwindigkeit des Schwerpunkts sein. Man bemerke, dass, wenn F sich ohne Einwirkung irgend welcher Kräfte bewegt, die Centralaxe der Bewegungsmenge ihre Lage in der xy-Ebene unverändert beibehält; denn der Schwerpunkt folgt dann dem Gesetz der Erhaltung des Schwerpunkts, beschreibt also eine Gerade λ, und da die Centralaxe dieser Geraden parallel sein muss, ändert sie ihre Richtung nicht. Gleichzeitig ist nach dem Flächenprincip ω constant, also sind in Gl. (13) des § **249** $\mathfrak{x}$ und $\mathfrak{y}$ constant, d. h. die Centralaxe hat constanten Abstand von der Geraden λ. Sie ist also unveränderlich. Ist demnach F zur Zeit t_1 durch eine momentane Einzelkraft in Bewegung gesetzt, und soll es zur Zeit t_2 durch eine andere momentane Einzelkraft zur Ruhe gebracht werden, so müssen beide Kräfte nicht bloss entgegengesetzt gleiche Zeitintegrale, sondern auch dieselbe Doppelrichtung haben.

b) Es soll ein Impuls auf F geübt werden, der irgend einen Punkt von F zur Ruhe bringt. Da der Impuls auf seiner Angriffslinie beliebig verlegt werden kann, wird die Allgemeinheit der Untersuchung nicht beeinträchtigt, wenn wir annehmen, der fragliche Punkt liege auf einer Geraden, die durch den Schwerpunkt und den Mittelpunkt der Bewegungsmenge geht. Wir legen den Ursprung der xy in den Schwerpunkt von F, die Axe der y in die Richtung der Geschwindigkeit des Schwerpunkts; dann geht die Axe der x durch den Mittelpunkt der Bewegungsmenge, und es ist zu untersuchen, welcher Stoss $\mathfrak{x}'$, $\mathfrak{y}'$, $\mathfrak{n}'$ den Punkt x der x-Axe zur Ruhe bringt.

Vor dem Stoss sind die Coordinaten der Geschwindigkeit

$$0, \qquad \frac{dy_\sigma}{dt_0}, \qquad \omega_0.$$

Nachdem der Impuls $\mathfrak{x}'$, $\mathfrak{y}'$, $\mathfrak{n}'$ gewirkt hat, sind sie gemäss (2)

$$\frac{\mathfrak{x}'}{m}, \quad \frac{dy_\sigma}{dt_0}+\frac{\mathfrak{y}'}{m}, \quad \omega_0+\frac{x\mathfrak{y}'}{K_\sigma}.$$

Der Punkt $x = x$, $y = 0$ hat also nach dem Stoss die Seitengeschwindigkeiten

$$\frac{\mathfrak{x}'}{m}, \quad \frac{dy_\sigma}{dt_0}+\frac{\mathfrak{y}'}{m}+x\left(\omega_0+\frac{x\mathfrak{y}'}{K_\sigma}\right).$$

Soll also der fragliche Punkt zur Ruhe gekommen sein, so muss sein

$$\mathfrak{x}' = 0,$$

$$\frac{dy_\sigma}{dt_0}+\frac{\mathfrak{y}'}{m}+x\left(\omega_0+\frac{x\mathfrak{y}'}{K_\sigma}\right) = 0.$$

Die erste dieser Gleichungen zeigt, dass der Impuls parallel der Geschwindigkeitsdoppelrichtung des Schwerpunkts sein muss; die zweite giebt, nach $\mathfrak{y}'$ aufgelöst

$$(5) \qquad \mathfrak{y}' = -\frac{\dfrac{dy_\sigma}{dt_0}+x\omega_0}{\dfrac{1}{m}+\dfrac{x^2}{K_\sigma}}.$$

Der Impuls $-\mathfrak{y}'$ misst die Stosswirkung, welche ein fester Punkt erleidet, wenn die bewegte Fläche F gegen ihn unelastisch anprallt, so dass der Punkt x, 0 von F zur Ruhe kommt. Diese Stosswirkung ist Null, wenn

$$(6) \qquad x = -\frac{1}{\omega_0}\frac{dy_\sigma}{dt} \text{ ist.}$$

Die Bedeutung dieses Punkts ist leicht zu ersehen; der fragliche Punkt hat nämlich vor dem Stoss die Geschwindigkeit $\frac{dy_\sigma}{dt}+x\omega_0$, d. i. Null, er ist also das Momentancentrum. *F* **stösst also nicht mit dem Momentancentrum.**

Grenzwerthe von $\mathfrak{y}'$ finden sich, wenn man nach x differentiirt, mit der Gleichung

$$\left(\frac{1}{m}+\frac{x^2}{K_\sigma}\right)\omega_0-\left(\frac{dy_\sigma}{dt}+x\omega_0\right)\cdot\frac{2x}{K_\sigma} = 0,$$

welche giebt, wenn $\varkappa_\sigma$ statt $\frac{K_\sigma}{m}$ geschrieben wird

$$(7) \qquad x = -\frac{1}{\omega_0}\frac{dy_\sigma}{dt} \pm \sqrt{\varkappa_\sigma^2+\frac{1}{\omega_0^2}\left(\frac{dy_\sigma}{dt}\right)^2}.$$

Das positive Vorzeichen der Wurzel liefert für $-\mathfrak{y}'$ ein Maximum, das negative ein (negatives) Minimum. Die beiden Punkte, in denen der Stoss seinen grössten absoluten Werth hat, liegen also zu beiden Seiten des Momentancentrums in gleichem Abstand von demselben. In dem einen, wo x positiv ist, stösst F nach vorn, in dem andern nach rückwärts, gegen die Richtung der Schwerpunktsgeschwindigkeit.

Ist $\omega = 0$, so sieht man direct aus Gl. (5), dass $-\mathfrak{y}'$ sein Maximum hat für $x = 0$; hat also F eine blosse Translation, so stösst es am heftigsten mit dem Schwerpunkt. Ist $\frac{dy_\sigma}{dt} = 0$, so wird nach (7) $x = \pm\varkappa$, der Abstand der Punkte des maximalen Stosses vom Schwerpunkt ist also gleich dem Trägheitsradius des Schwerpunkts.

Wie oben gezeigt wurde, liegt das Momentancentrum der durch Gl. (3) characterisirten Bewegung im Abstande $-\frac{1}{\omega}\frac{dy_\sigma}{dt}$ oder $-\frac{v}{\omega}$ vom Schwerpunkt auf der Geraden, welche durch diesen und den Mittelpunkt der Bewegungsmenge geht; der letztere hat vom Schwerpunkt den Abstand $\frac{1}{2}\frac{\omega}{v}\varkappa_\sigma^2$. Bezeichnet man den absoluten Abstand des Momentancentrums vom Schwerpunkt mit δ, den des Stossmittelpunktes mit δ', so folgt aus **249**, (13)

$$\delta\delta' = \varkappa_\sigma^2.$$

Momentancentrum und Stossmittelpunkt liegen also in Involution auf einer Geraden, die durch den Schwerpunkt geht und senkrecht zur Geschwindigkeit desselben steht. Ihr Abstand von einander ist $\delta + \delta'$; derselbe wächst ins Unbegrenzte, wenn δ oder δ' sich der Null nähert, kann aber nicht unter ein gewisses Minimum sinken. Unter allen Parallelogrammen, deren Inhalt $\delta\delta'$, und deren halber Umfang $\delta + \delta'$ ist, hat bekanntlich das Quadrat den kleinsten Umfang; also wird der kleinste Werth von $\delta + \delta'$ erreicht für $\delta = \delta' = \varkappa_\sigma$; der Abstand beider Punkte von einander ist dann $2\varkappa$.

3. Die zweiten Differentialquotienten.

251. Beschreibung des Beschleunigungszustandes. 1) Canonische Form. In der Fläche F sei ein Punkt a_1 markirt. Zur Zeit t ist der Geschwindigkeitzustand von F beschrieben durch Angabe der drei Geschwindigkeitscoordinaten (x_1, y_1 sind die Coordinaten von a_1)

$$(1)\qquad \left(\frac{dx_1}{dt}\right)_t = u_1,\quad \frac{dy_1}{dt} = v_1,\quad \frac{d\varphi}{dt} = \omega.$$

Zur Zeit $t+dt$ sei

$$(2)\qquad \left(\frac{dx_1}{dt}\right)_{t+dt} = u_1 + \dot{u}\,dt,\quad \frac{dy_1}{dt} = v_1 + \dot{v}\,dt,\quad \frac{d\varphi}{dt} = \omega + \dot{\omega}\,dt.$$

Dann heissen $\dot{u}$, $\dot{v}$, $\dot{\omega}$ die drei Coordinaten des Beschleunigungszustandes.

Sind die Werthe von $\dot{u}$, $\dot{v}$, $\dot{\omega}$ bekannt, so kann man mit ihnen offenbar aus den Werthen, die $\frac{dx_1}{dt}$, $\frac{dy_1}{dt}$, $\frac{d\varphi}{dt}$ zur Zeit t hatten, die Werthe, welche diese Grössen zur Zeit $t+dt$ besitzen, berechnen. Ist umgekehrt bekannt, welche Werthe $\frac{dx_1}{dt}$, $\frac{dy_1}{dt}$, $\frac{d\varphi}{dt}$ zu den Zeiten t und $t+dt$ haben, so lassen sich $\dot{u}_1$, $\dot{v}_1$, $\dot{\omega}$ eindeutig eruiren. $\dot{u}$, $\dot{v}$, $\dot{\omega}$ sind also nothwendig und hinreichend zur Bestimmung der Veränderung, welche in der Zeit dt mit dem Geschwindigkeitszustande von F vor sich gegangen ist, d. h. sie eignen sich dazu, den Beschleunigungszustand von F darzustellen.

$\dot{u}$ und $\dot{v}$ sind, wie aus den Gleichungen (1) und (2) sofort einleuchtet, die Componenten der Beschleunigung von α_1; $\dot{\omega}$ ist die Winkelbeschleunigung der Drehung um α_1. Bekanntlich ist die Winkelgeschwindigkeit, also ω einerseits, $\omega+\dot{\omega}dt$ andererseits, unabhängig von dem ausgewählten Punkt α_1, also muss auch $\dot{\omega}$ für sich unabhängig von α_1 sein; $\dot{\omega}$ hat demnach denselben Werth, welcher Punkt α_1 von $\boldsymbol{F}$ auch markirt sein möge, und es kann schlechthin als die Winkelbeschleunigung von F bezeichnet werden. Statt $\dot{u}$ und $\dot{v}$ kann man selbstverständlich auch schreiben $\frac{d^2x_1}{dt^2}$ und $\frac{d^2y_1}{dt^2}$.

2) Erste Nebenform. Zur Zeit t dreht sich F um ein Momentancentrum $c(\gamma)$ dessen Coordinaten x_c, y_c, resp. ξ_γ, η_γ seien. Der Geschwindigkeitszustand von F ist bestimmt durch die 5 Grössen

$$x_c,\quad y_c,\quad \xi_\gamma,\quad \eta_\gamma,\quad \omega.$$

Zur Zeit $t+dt$ haben diese Grössen andere Werthe

$$x_c + \frac{dx_c}{dt}dt,\quad y_c + \frac{dy_c}{dt}dt,\quad \xi_\gamma + \frac{d\xi_\gamma}{dt}dt,\quad \eta_\gamma + \frac{d\eta_\gamma}{dt},\quad \omega + \dot{\omega}dt,$$

und die 5 Werthe

$$\frac{dx_c}{dt},\quad \frac{dy_c}{dt},\quad \frac{d\xi_\gamma}{dt},\quad \frac{d\eta_\gamma}{dt},\quad \dot{\omega}dt$$

liefern offenbar die vollständige Bestimmung der stattgehabten Aenderung des Geschwindigkeitszustandes, also die Bestimmung des Beschleunigungszustandes. Die vier ersten dieser Grössen sind offenbar geometrisch gegeben, wenn man das Bahnelement von C und Γ kennt, welches vom Momentancentrum in der Zeit dt zurückgelegt wird.

252. Die Wechselgeschwindigkeit des Momentancentrums. Die Geschwindigkeit, mit welcher das Momentancentrum auf seiner Bahn C fortschreitet, heisst die Wechselgeschwindigkeit des Momentancentrums. Nach dem eben gesagten hängt sie innig mit dem Beschleunigungszustande zusammen. Ihre Componenten sind $\frac{dx_c}{dt}$, $\frac{dy_c}{dt}$, ihr absoluter Werth ist, wenn das Element von C mit ds bezeichnet wird $\frac{ds}{dt} = \sqrt{\left(\frac{dx_c}{dt}\right)^2 + \left(\frac{dy_c}{dt}\right)^2}$. Man erhält $\frac{dx_c}{dt}$ und $\frac{dy_c}{dt}$ offenbar durch Differentiation von § **246** Gl. (5).

$$(1) \qquad \frac{dx_c}{dt} = u_1 - \frac{\omega \dot{v}_1 - v_1 \dot{\omega}}{\omega^2}, \quad \frac{dy_c}{dt} = v_1 + \frac{\omega \dot{u} - u \dot{\omega}}{\omega^2}.$$

Wir bezeichnen $\frac{ds}{dt}$ abgekürzt mit w. Die Wechselgeschwindigkeit hängt mit der Winkelgeschwindigkeit ω durch eine Beziehung zusammen, welche sich durch die Krümmungen der Curven C und Γ ausdrücken lässt.

Es werde zunächst angenommen, dass die Krümmungskreise der beiden Curven C und Γ auf derselben Seite ihrer gemeinschaftlichen Tangente liegen. Beide berühren sich im Punkte $c(\gamma)$ und dort seien ihre Contingenzwinkel de und $d\varepsilon$; man kann dann die Differenz $de - d\varepsilon$ als den relativen Contingenzwinkel von C in Bezug auf Γ ansehen (es ist der Werth, den der Contingenzwinkel von C haben würde, wenn beide Curven eine gemeinschaftliche Verbiegung erlitten, durch welche Γ zu einer Geraden würde). $de - d\varepsilon$ ist aber der unendlich kleine Winkel, den F in der Zeit dt zurücklegt, wo das Element $d\sigma$ von Γ auf dem Element ds von C abgerollt wird. Also ist $de - d\varepsilon = d\varphi$ und demgemäss

$$(2) \qquad \frac{d\varphi}{dt} = \frac{de}{dt} - \frac{d\varepsilon}{dt}.$$

Nun ist bekanntlich, wenn r der Krümmungsradius von C und ϱ der von Γ ist,

$$(3) \qquad \frac{1}{r} = \frac{de}{ds} \quad \text{und} \quad \frac{1}{\varrho} = \frac{d\varepsilon}{d\sigma},$$

zugleich aber $d\sigma = ds$, da die Elemente von C und Γ gleich lang sind; damit wird

$$\frac{\frac{d\varphi}{dt}}{\frac{ds}{dt}} = \frac{\frac{de}{dt}}{\frac{ds}{dt}} - \frac{\frac{d\varepsilon}{dt}}{\frac{d\sigma}{dt}}$$

oder

$$(4) \qquad \frac{\omega}{w} = \frac{1}{r} - \frac{1}{\varrho},$$

welches die gesuchte Beziehung ist.

Liegen C und Γ auf entgegengesetzten Seiten der gemeinschaftlichen Tangente, so sieht man leicht, dass dann $d\varphi = de + d\varepsilon$ ist; dieselbe Rechnung ergiebt also $\frac{\omega}{w} = \frac{1}{r} + \frac{1}{\varrho}$. Dies Resultat lässt sich aber der Gleichung (3) einfach subsummiren, indem man den Krümmungsradius ϱ von Γ als negativ rechnet, wenn er die zu r entgegengesetzte Richtung hat; entsprechend ist dann auch $d\varepsilon$ negativ zu rechnen. $\frac{1}{r} - \frac{1}{\varrho}$ kann dann als die relative Krümmung von C in Bezug auf Γ aufgefasst werden; sie wird mit der absoluten Krümmung von C identisch, wenn Γ eine gerade Linie ist.

253. Das Centrum der Winkelbeschleunigung. Der zur Zeit $t + dt$ gegebene Geschwindigkeitszustand von F hat nach Gl. (2) des vorigen Paragraphen die Coordinaten

$$u_1 + \dot{u}_1 dt, \quad v_1 + \dot{v}_1 dt, \quad \omega + \dot{\omega} dt.$$

Derselbe ist also die heteraptische Summe von zwei Grössen, von denen

$$\begin{array}{llll} \text{die erste} & u_1, & v_1, & \omega, \\ \text{die zweite} & \dot{u}\,dt, & \dot{v}\,dt, & \dot{\omega}\,dt \end{array}$$

zu Coordinaten hat. Die erste von diesen ist der Geschwindigkeitszustand von F zur Zeit t. Derselbe lässt sich bekanntlich ausdrücken als Rotationszustand um ein Momentancentrum, dessen Coordinaten sind (**246** Gl. (5))

$$(1) \qquad x_c = x_1 - \frac{v_1}{\omega}, \quad y_c = y_1 + \frac{u_1}{\omega}.$$

Die zweite ist die unendlich kleine Zusatzgeschwindigkeit, welche in der Zeit dt zur ersten hinzukommt. Auch die zweite Grösse unterliegt dem allgemeinen Gesetz: sie lässt sich ausdrücken als Rotationszustand um ein Momentancentrum e, dessen Coordinaten sind

$$(2) \qquad x_e = x_1 - \frac{\dot{v}_1}{\dot{\omega}}, \quad y_e = x_1 + \frac{\dot{u}_1}{\dot{\omega}}.$$

Der Geschwindigkeitszustand zur Zeit $t+dt$ entsteht also durch Zusammensetzung zweier Rotationen; die erste hat die Winkelgeschwindigkeit ω und den Mittelpunkt x_c, y_c; die zweite hat die Winkelgeschwindigkeit $\dot{\omega}dt$ und den Mittelpunkt x_e, y_e. Die letztere Rotation repräsentirt demnach den Beschleunigungszustand zur Zeit t, und ihr Mittelpunkt x_e, y_e heisst der Mittelpunkt der Winkelbeschleunigung; er sei mit e bezeichnet.

Der Beschleunigungszustand zur Zeit t kann demnach auch dadurch beschrieben werden, dass man 1) den Werth $\dot{\omega}$ der Winkelbeschleunigung, 2) die Coordinaten des Mittelpunkts der letzteren angiebt. Bei Betrachtung der Zustände zu den Zeiten t und $t+dt$ sind sonach drei Winkelgeschwindigkeiten zu unterscheiden:

1) Winkelgeschwindigkeit zur Zeit t, Mittelpunkt c mit den Coord. x_c, y_c Gl. (1)

2) Zusatzwinkelgeschwindigkeit, Mittelpunkt e mit den Coord. x_e, y_e Gl. (2),

3) Winkelgeschwindigkeit zur Zeit $t+dt$, Mittelpunkt c' mit den Coord.

$$x'_c = x_1 - \frac{v_1 + \dot{v}dt}{\omega + \dot{\omega}dt}$$

$$y'_c = y_1 + \frac{u_1 + \dot{u}_1 dt}{\omega + \dot{\omega}dt}.$$

Die dritte Winkelgeschwindigkeit ist die Resultante der beiden ersten; da nun Winkelgeschwindigkeiten um parallele Axen sich zusammensetzen wie parallele Kräfte, folgt, dass die drei Mittelpunkte c, e und c' auf einer Geraden liegen, und dass sich verhält

$$\overline{cc'} : \overline{c'e} = \dot{\omega}dt : \omega.$$

$\overline{cc'}$ ist die unendlich kleine Strecke, welche das Momentancentrum in der Zeit dt zurücklegt; heisst also die Wechselgeschwindigkeit, wie früher, w, so ist $\overline{cc'} = wdt$, also $\overline{c'e}\,.\,\dot{\omega} = \omega w$, oder, indem cc' gegen ce vernachlässigt wird

$$(3) \qquad \overline{ce} = \frac{\omega w}{\dot{\omega}}.$$

Das Centrum der Winkelbeschleunigung liegt hiernach auf der gemeinschaftlichen Tangente der beiden Curven C und Γ im Abstande $\frac{\omega w}{\dot\omega}$ vom Berührungspunkt. Es liegt, wenn ω und $\dot\omega$ gleiches Vorzeichen haben, auf derjenigen Hälfte der Tangente, nach welcher Γ hinrollt.

Ist die Winkelgeschwindigkeit zur Zeit t constant, $\dot\omega = 0$, so fällt e ins Unendliche; bewegt sich F so, dass das Momentancentrum stationär bleibt, $w = 0$, so fällt e mit c und c' zusammen.

254. Die Beschleunigung der einzelnen Punkte von F.

1. Zerlegung mit Hülfe von α_1. Zur Zeit t wird der Gesammtzustand von F mit Hülfe des Punkts α_1 dargestellt durch die Grössen

1) Lagencoordinaten von F: x_1, y_1, φ,

2) Geschwindigkeitscoordinaten $\frac{dx_1}{dt}, \frac{dy_1}{dt}, \frac{d\varphi}{dt}$, oder u, v, ω,

3) Beschleunigungscoordinaten $\frac{d^2x_1}{dt^2}, \frac{d^2y_1}{dt^2}, \frac{d^2\varphi}{dt^2}$, oder $\dot{u}, \dot{v}, \dot\omega$.

Ein beliebiger Punkt β von F, dessen Coordinaten zur Zeit t sind x, y, hat die Geschwindigkeitscomponenten

$$(1) \qquad \frac{dx}{dt} = u = u_1 - (y - y_1)\omega, \quad \frac{dy}{dt} = v = v_1 + (x - x_1)\omega.$$

Differentiirt man diese Gleichungen nach t, so ergiebt sich für die Axencomponenten der Beschleunigung von β, $\frac{d^2x}{dt^2}$ und $\frac{d^2y}{dt^2}$ oder $\dot{u}$ und $\dot{v}$

$$(2) \qquad \begin{cases} \dfrac{d^2x}{dt^2} = \dfrac{du_1}{dt} - (y - y_1)\dfrac{d\omega}{dt} - \left(\dfrac{dy}{dt} - \dfrac{dy_1}{dt}\right)\omega \\[2ex] \dfrac{d^2y}{dt^2} = \dfrac{dv_1}{dt} + (x - x_1)\dfrac{d\omega}{dt} + \left(\dfrac{dx}{dt} - \dfrac{dx_1}{dt}\right)\omega, \end{cases}$$

oder

$$(3) \qquad \begin{cases} \dot{u} = \dot{u}_1 - (y - y_1)\dot\omega - (v - v_1)\omega \\ \dot{v} = \dot{v}_1 + (x - x_1)\dot\omega + (u - u_1)\omega. \end{cases}$$

Setzt man hierin noch gemäss Gl. (1) $v = v_1 + (x - x_1)\omega$ etc., so kommt

$$(4) \qquad \begin{cases} \dot{u} = \dot{u}_1 - (x - x_1)\omega^2 - (y - y_1)\dot\omega \\ \dot{v} = \dot{v}_1 - (y - y_1)\omega^2 + (x - x_1)\dot\omega. \end{cases}$$

Die resultirende Beschleunigung von β präsentirt sich hierin augenscheinlich als zusammengesetzt aus drei Bestandtheilen, nämlich

a) der Componente $\dot{u}_1 \mp \dot{v}_1$, welche die Beschleunigung von α_1 ist,

b) der Componente $-(x-x_1)\omega^2 \hat{-} (y-y_1)\omega^2$; diese ist nach α_1 hin gerichtet und ist offenbar die Centripetalbeschleunigung der Drehung um α_1. Setzt man den Abstand $\overline{\alpha_1\beta}$ gleich ϱ, so ist ihr Werth $\varrho\omega^2$;

c) der Componente $-(y-y_1)\dot{\omega} \hat{+} (x-x_1)\dot{\omega}$. Diese steht senkrecht auf der vorigen, denn multiplicirt man ihre x-Componente mit x-Componente der vorigen, ebenso die y-Componente von (c) mit der der y-Componente von (b) und addirt, so ergiebt sich die Summe Null. Sie steht also senkrecht auf dem Strahl, der von α_1 nach β hingezogen wird, und sie rührt her von der Winkelbeschleunigung $\dot{\omega}$ der Drehung um α_1. Ihr absoluter Werth ist $\varrho\dot{\omega}$.

In dem besonderen Falle, wo die Bewegung von F eine Verschiebung ist und bleibt, sind ω und $\dot{\omega}$ Null, also ist für jeden Punkt der Fläche $\dot{u} = \dot{u}_1$ und $\dot{v} = v_1$, wie sich von selbst versteht. Ist die Bewegung von F eine Rotation um ein stationäres Centrum c, so kann man dies als Punkt α_1 betrachten; dann fällt $\dot{u}_1$ und $\dot{v}_1$ aus Gl. (4) fort und die Beschleunigung des Punktes β setzt sich bloss aus den beiden Antheilen a) Centripetalbeschleunigung nach c hin, b) Tangentialbeschleunigung $\varrho\dot{\omega}$ senkrecht zu $\overline{c\beta}$.

Man erhält andere brauchbare Zerlegungen der Beschleunigung von β, wenn man auf die Nebenformen der Darstellung des Beschleunigungszustandes von F zurückgeht.

2. Zerlegung mittels Momentancentrum und Centrum der Winkelbeschleunigung. Als Punkt α_1 wählen wir denjenigen Punkt von F, der zur Zeit t Momentancentrum ist, also in c fällt. Derselbe hat zur Zeit t die Geschwindigkeit Null. Zur Zeit $t+dt$ liegt das Momentancentrum in dem benachbarten Punkt c', der von c um das Curvenelement ds der Curve C absteht; zur Zeit $t+dt$ dreht sich also α_1 mit der Winkelgeschwindigkeit $(\omega+\dot{\omega}\,dt)$ um c', d. h. es hat die Geschwindigkeit $ds.(\omega+\dot{\omega}\,dt)$, oder mit Vernachlässigung der Grössen höherer Ordnung $\frac{ds}{dt}\cdot dt.\omega$. $\omega w dt$ ist also die Geschwindigkeit, welche α_1 in der Zeit dt gewonnen hat, d. h. ωw ist die Beschleunigung von α_1 dem absoluten Betrage nach. Wir wollen nun den Ursprung des Coordinatensystems in den Punkt c, die Axe der x in die Tangente von C (positiv in der Richtung von w) legen, die Axe der y fällt dann in die Normale von C. Die auf dieses System bezüglichen Grössen werden im Folgenden durch fetten Druck ausgezeichnet. In demselben hat c' die Coordinaten ds, 0; die Geschwindigkeitscomponenten von α_1 zur Zeit $t+dt$ sind also, wenn sie

nach den Formeln $u = u_1 - (y - y_1)\omega$, $v = v_1 + (x - x_1)\omega$ gebildet werden

$$0 \text{ und } (\omega + \dot{\omega} dt)(-ds).$$

Die Componenten der Beschleunigung von α_1 sind also

$$\dot{\mathfrak{u}}_1 = 0, \quad \dot{\mathfrak{v}}_1 = -(\omega + \dot{\omega} dt)\frac{ds}{dt} = -\omega w$$

mit Vernachlässsigung der unendlich kleinen Grösse $w\dot{\omega}dt$. Damit reduciren sich die Gl. (4) auf:

$$(5) \quad \begin{cases} \dot{\mathfrak{u}} = -\mathfrak{x}\omega^2 - \mathfrak{y}\dot{\omega} \\ \dot{\mathfrak{v}} = -\mathfrak{y}\omega^2 + \mathfrak{x}\dot{\omega} - \omega w. \end{cases}$$

Nun hat das Centrum e der Winkelbeschleunigung in unserem System die Coordinaten $\mathfrak{x}_e = \frac{w\omega}{\dot{\omega}}$, und $\mathfrak{y}_e = 0$, also sind die vorigen Gleichungen ersetzbar durch

$$(6) \quad \begin{cases} \dot{\mathfrak{u}} = -\mathfrak{x}\omega^2 - (\mathfrak{y} - \mathfrak{y}_e)\dot{\omega} \\ \dot{\mathfrak{v}} = -\mathfrak{y}\omega^2 + (\mathfrak{x} - \mathfrak{x}_e)\dot{\omega}. \end{cases}$$

Hierin setzt sich nun die Beschleunigung von β ersichtlich aus zwei Bestandtheilen zusammen, nämlich

a) Centripetalbeschleunigung nach dem Coordinatenanfang c hin, $-\mathfrak{x}\omega^2 \hat{+} \mathfrak{y}\omega^2$, entsprechend der Winkelgeschwindigkeit um c; Totalbetrag $r_c\omega^2$, wenn r_c der Abstand $\overline{c\beta}$ ist.

b) Beschleunigung $-(\mathfrak{y} - \mathfrak{y}_e)\dot{\omega} \hat{+} (\mathfrak{x} - \mathfrak{x}_e)\dot{\omega}$; dieselbe steht senkrecht auf der Geraden $\overline{e\beta}$, entspricht also der Winkelbeschleunigung um e. Totalbetrag $r_e\dot{\omega}$, wenn r_e der Abstand $\overline{e\beta}$ ist.

Will man die Ausdrücke 6 auf ein beliebiges Coordinatensystem übertragen, so braucht man nur $(x - x_c)\omega^2$ statt $\mathfrak{x}\omega^2$ und $(y - y_c)\omega^2$ statt $\mathfrak{y}\omega^2$ einzuführen; man erhält

$$(6\text{b}) \quad \dot{\mathfrak{u}} = -(x - x_c)\omega^2 - (y - y_e)\dot{\omega}, \quad \dot{\mathfrak{v}} = -(y - y_c)\omega^2 + (x - x_e)\dot{\omega}.$$

3) Zerlegung mittels des Momentancentrums und der Wechselgeschwindigkeit. Gl. (5) führen direct auf eine andere Zerlegung; sie spalten nämlich die Beschleunigung von β in zwei Theile,

a) $-\mathfrak{x}\omega^2 - \mathfrak{y}\dot{\omega} \hat{+} (-\mathfrak{y}\omega^2 + \mathfrak{x}\dot{\omega})$. Dies ist die Beschleunigung, welche β haben würde, wenn das Momentancentrum stationär wäre. Dieselbe besteht ihrerseits wieder aus zwei Antheilen, nämlich α) $r_c\omega^2$, Centripetalbeschleunigung nach c hin, und β) $r_c\dot{\omega}$ tangential, senkrecht zu dem Strahl $\overline{c\beta}$. Beide zusammen liefern eine Beschleunigung $r_c\sqrt{\omega^4+\dot{\omega}^2}$; ist λ der Winkel, den sie mit dem Strahl $c\beta$ bildet, so ist $\tang\lambda = \frac{\dot{\omega}}{\omega^2}$ für alle Punkte von F.

b) Die zweite Componente ist $-\omega w$ in der Richtung der $\mathbf{y}$. Sie wird durch den Wechsel des Momentancentrums hervorgebracht, ist unabhängig von der Lage des Punktes β, ist parallel der Normale, die in c an C gelegt wird und ist nach derjenigen Seite der gemeinschaftlichen Tangente von C und Γ hingerichtet, nach welcher sich ein Punkt bewegt, der auf der Tangente hinter dem Momentancentrum liegt.

Weitere Zerlegungen ergeben sich auf Grund des Folgenden.

255. Der Mittelpunkt der Beschleunigung. Setzt man in **254** Gl. (6) $\dot{\mathfrak{u}} = \dot{v} = 0$, so lassen sie sich nach $\mathbf{x}$ und $\mathbf{y}$ auflösen, und zwar liefern sie eine Lösung für jede der beiden Unbekannten, es giebt also einen Punkt in F, der die Beschleunigung Null besitzt. Dieser heisst der Mittelpunkt der Beschleunigung und sei mit p bezeichnet. Seine Coordinaten sind, wie man aus (6) leicht findet, (da $\mathbf{y}_e = 0$)

$$(1) \qquad \mathbf{x}_p = \mathbf{x}_e\dot{\omega}\frac{\dot{\omega}}{\omega^4+\dot{\omega}^2}, \quad \mathbf{y}_p = -\mathbf{x}_e\dot{\omega}\frac{\omega^2}{\omega^4+\dot{\omega}^2}.$$

Statt $\mathbf{x}_e.\dot{\omega}$ kann man auch ωw einsetzen. Wie die Vorzeichen erkennen lassen, liegt der Mittelpunkt der Beschleunigung auf derselben Seite der Normale von C und Γ, auf welcher e liegt, und auf derselben Seite der Tangente von C und Γ, nach welcher die Beschleunigung des Momentancentrums gerichtet ist. Sein Abstand vom Momentancentrum ist

$$(2) \qquad \overline{pc} = \sqrt{\mathbf{x}_p^2+\mathbf{y}_p^2} = \frac{\mathbf{x}_e\dot{\omega}}{\sqrt{\omega^4+\dot{\omega}^2}} = \frac{\omega w}{\sqrt{\omega^4+\dot{\omega}^2}}.$$

Sein Abstand vom Centrum der Winkelbeschleunigung ist

$$(3) \qquad \overline{pe} = \sqrt{(\mathbf{x}_p-\mathbf{x}_e)^2+\mathbf{y}_p^2} = \frac{\mathbf{x}_e\omega^2}{\sqrt{\omega^4+\dot{\omega}^2}} = \frac{\omega^3 w}{\dot{\omega}\sqrt{\omega^4+\dot{\omega}^2}}.$$

Nebenbei verhält sich, wie leicht aus (1) zu finden $\mathbf{x}_p : \mathbf{x}_e - \mathbf{x}_p = \dot{\omega}^2 : \omega^4$. Ferner ist

$$(4) \qquad \overline{pc}^2 + \overline{pe}^2 = \mathbf{x}_e^2 = \overline{ce}^2.$$

Die Geraden pc und pe bilden also an p einen rechten Winkel miteinander, und p liegt auf einem Kreise, dessen Durchmesser ce ist.

Ist ω constant, $\dot{\omega} = 0$, so wird $\mathfrak{x}_e$ und $\overline{pe}$ unendlich, $\overline{pc} = \frac{w}{\omega}$; zugleich ist $\mathfrak{x}_p = 0$, der Beschleunigungsmittelpunkt liegt also dann auf der in c errichteten Normale von C im Abstand $\frac{w}{\omega}$ von c. Ist das Momentancentrum stationär, so ist wegen $\omega = 0$ auch $\overline{pc} = \overline{pe} = 0$; die drei Punkte c, e, p fallen also dann zusammen. Ist die Bewegung von F eine Translation, so liegen alle drei Mittelpunkte im Unendlichen.

Unter Umständen kann es von Interesse sein, die Coordinaten des Punktes p in dem beliebig gewählten System der x, y zu kennen, welches der Gl. (4) des vorigen Paragraphen zu Grunde liegt. Man findet sie, indem man in Gl. (4) $\dot{u} = \dot{v} = 0$ setzt und nach x, y auflöst, zu

$$(1b) \qquad x_p = x_1 + \frac{\dot{u}_1\omega^2 - \dot{v}\dot{\omega}}{\omega^4 + \dot{\omega}^2}, \quad y_p = y_1 + \frac{\dot{u}_1\dot{\omega} + \dot{v}\omega^2}{\omega^4 + \dot{\omega}^2}.$$

Wählt man nun als Punkt α_1 denjenigen Punkt von F, der zur Zeit t gerade im Beschleunigungscentrum liegt, so ist in Gl. (4) des vorigen Paragraphen $\dot{u}_1 = \dot{v}_1 = 0$, also, da x_1 in diesem Falle x_p ist, sind die Componenten der Beschleunigung von β

$$(5) \qquad \begin{cases} \dot{u} = -(x-x_p)\omega^2 - (y-y_p)\dot{\omega} \\ \dot{v} = -(y-y_p)\omega^2 + (x-x_p)\dot{\omega}. \end{cases}$$

Die Beschleunigung von β zerlegt sich hiernach in zwei Antheile,

a) Centripetalbeschleunigung $-(x-x_p)\omega^2 \,\hat{-}\, (y-y_p)\omega^2$, Totalbetrag $r_p\omega^2$, gerichtet nach p hin,

b) Beschleunigung $-(y-y_p)\dot{\omega} \,\hat{+}\, (x-x_p)\dot{\omega}$, welche senkrecht auf dem Strahl $\overline{p\beta}$ steht, Totalbetrag $r_p\dot{\omega}$.

Die Gesammtbeschleunigung von β ist demnach $r_p\sqrt{\omega^4 + \dot{\omega}^2}$, und sie macht mit dem Strahl $\overline{p\beta}$ den Winkel λ, wo $\operatorname{tang}\lambda = \frac{\dot{\omega}}{\omega^2}$. Der absolute Werth der Gesammtbeschleunigung ist hiernach constant für alle Punkte eines um p beschriebenen Kreises, er ist dem Abstand r_p proportional.

Alle Punkte einer durch p gehenden Geraden haben parallele Beschleunigungen. Alle Punkte der Geraden pc haben demnach Beschleunigungen die derjenigen von c parallel sind, d. h. ihre Beschleunigungen sind parallel der in c auf C errichteten Normale. Alle Punkte von pe haben Beschleunigungen parallel der gemeinsamen Tangente von C und Γ.

Ist der Beschleunigungszustand von F gemäss den Gleichungen (5) durch Angabe von p, ω und $\dot{\omega}$ bestimmt, so erhält man die Gleichungen (4) des vorigen Paragraphen, wenn man auf der rechten

Seite von (5) x_1 und y_1 statt x_p und y_p setzt und $\dot{u}_1$ in der ersten, $\dot{v}_1$ in der zweiten Gleichung zufügt. Durch dies einfache Verfahren geht man also von der Darstellung der Beschleunigungen mittels des Beschleunigungscentrums zur Darstellung der Beschleunigung mittels des beliebig gewählten Punktes α_1 über.

256. Tangential- und Normalbeschleunigung der Punkte β. Selbstverständlich kann man die Beschleunigung des Punktes β auch nach alter Weise in eine zur Bahn von β tangentiale und eine zur Bahn von β normale Componente zerlegen. Es bedarf dazu nur der Bemerkung, dass die Bewegung von β eine Drehung um das Momentancentrum c ist, die Normale der Bahn von β also in den Strahl $\overline{c\beta}$ fällt. In dem oben benutzten Coordinatensystem, dessen Anfang c ist, macht der Strahl $\overline{c\beta}$ mit den Coordinatenaxen die Winkel ψ und χ, wo

$$\cos\psi = \frac{\mathbf{x}}{r_c}, \quad \cos\chi = \frac{\mathbf{y}}{r_c}.$$

Das Element der Bahn von β macht mit den Axen die Winkel ψ' und χ', wo

$$\cos\psi' = -\frac{\mathbf{y}}{r_c}, \quad \cos\chi' = \frac{\mathbf{x}}{r_c}.$$

Also ist, wenn τ und ν die tangentiale und normale Beschleunigung bezeichnen, aus **254** Gl. (6)

$$(1) \qquad \tau = \frac{-\mathbf{y}\dot{u}+\mathbf{x}\dot{v}}{r_c} = \frac{\mathbf{x}(\mathbf{x}-\mathbf{x}_e)+\mathbf{y}^2}{\sqrt{\mathbf{x}^2+\mathbf{y}^2}}\,\dot{\omega},$$

$$(2) \qquad \nu = \frac{\mathbf{x}\dot{u}+\mathbf{y}\dot{v}}{r_c} = \frac{-(\mathbf{x}^2+\mathbf{y}^2)\omega^2-\mathbf{y}\mathbf{x}_e\dot{\omega}}{\sqrt{\mathbf{x}^2+\mathbf{y}^2}}.$$

a) Die Tangentialbeschleunigung. τ ist Null für die Punkte, welche der Gleichung $\mathbf{x}(\mathbf{x}-\mathbf{x}_e)+\mathbf{y}^2=0$ oder

$$(3) \qquad \left(\mathbf{x}-\frac{\mathbf{x}_e}{2}\right)^2+\mathbf{y}^2 = \tfrac{1}{4}\mathbf{x}_e^2$$

genügen. Dieselben bilden einen Kreis, der durch c und e geht, und dessen Durchmesser $\overline{ce}$ ist. Auch der Punkt p muss auf diesem Kreise liegen, da ja für ihn $\tau \mp \nu = 0$, also auch $\tau = 0$ ist. In der That genügen x_p und y_p der Gleichung (3). Die Tangentialbeschleunigung ist also Null auf dem schon oben berührten Kreise, der durch c, e, p geht.

Das Polynom der Gl. (3), also auch τ, ist positiv für Punkte ausserhalb, negativ für solche innerhalb des Kreises. Die Punkte ausserhalb desselben besitzen also wachsende, die innerhalb haben abnehmende Geschwindigkeiten.

Gleiche Tangentialbeschleunigung besitzen die Punkte, welche der Gl. $\tau = \text{const.}$, oder

$$(4) \qquad [\mathbf{x}(\mathbf{x}-\mathbf{x}_e)+\mathbf{y}^2]^2 = (\mathbf{x}^2+\mathbf{y}^2)\frac{a}{\dot{\omega}}$$

genügen, wo a die Constante. Setzt man $\mathbf{x} = \rho\cos\vartheta$, $\mathbf{y} = \rho\sin\vartheta$, so wird Gl. (4)

$$(5) \qquad \rho = \frac{a}{\dot{\omega}} + \mathbf{x}_e\cos\vartheta,$$

d. i. die Gleichung einer Schaar von Pascal'schen Schnecken, deren Basis der obige Kreis ist. Für $a=0$ reducirt sich die Schnecke auf den Basis-Kreis Gl. (3), für $a=\dot{\omega}\mathbf{x}_e$ ist sie eine Cardioide. Symmetrieaxe ist in allen Fällen die Axe der $\mathbf{x}$, (die gemeinschaftliche Tangente von C und Γ), und der Doppelpunkt sämmtlicher Schnecken fällt in c.

b) Die Normalbeschleunigung. In dem Ausdruck für ν kann man statt $\mathbf{x}_e\dot{\omega}$ auch ωw schreiben. ν wird Null für Punkte, welche der Bedingung $(\mathbf{x}^2+\mathbf{y}^2)\omega^2+\mathbf{y}\,\omega w=0$ genügen, oder für

$$(6)\qquad \mathbf{x}^2+\left(\mathbf{y}+\tfrac{1}{2}\frac{w}{\omega}\right)^2=\left(\tfrac{1}{2}\frac{w}{\omega}\right)^2.$$

D. i. die Gleichung eines Kreises vom Radius $\frac{1}{2}\frac{w}{\omega}$, dessen Mittelpunkt auf der Axe der y im Abstand $-\frac{1}{2}\frac{w}{\omega}$ vom Anfang liegt. Der Kreis berührt also die Axe der x, d. h. die gemeinschaftliche Tangente von C und Γ, sein Mittelpunkt liegt auf der gemeinschaftlichen Normale, auf derselben Seite der Tangente, auf welcher der Beschleunigungsmittelpunkt p liegt, sein Durchmesser ist $\frac{w}{\omega}$. Der Kreis heisst der Wendekreis, der zweite Punkt, in welchem er die y-Axe schneidet $\left(\mathbf{y}=-\frac{w}{\omega}\right)$ heisst der Wendepol von F zur Zeit t. Dieser Wendepol ist uns in **255** schon begegnet als derjenige Punkt, in den p fällt, wenn $\dot{\omega}=0$ ist.

Das Beschleunigungscentrum p liegt auch auf dem Wendekreis, da für p auch $\nu=0$ ist; das ist leicht mittels **255** (1) zu verificiren.

Das Polynom $(\mathbf{x}^2+\mathbf{y}^2)\omega^2+\mathbf{y}\,\omega w$ ist negativ innerhalb, positiv ausserhalb des Wendekreises; also ist ν negativ (nach c hin gerichtet) ausserhalb, positiv (von c weg gerichtet) innerhalb des Wendekreises. Die Bahnen der Punkte β sind also convex gegen c, wenn sie innerhalb, sie sind concav gegen c, wenn sie ausserhalb des Wendekreises liegen. Diejenigen Punkte, welche auf dem Wendekreis selbst liegen, beschreiben geradlinige Bahnelemente, deren Krümmungsradius unendlich gross ist — ihre Bahnen haben an der untersuchten Stelle im allgemeinen Wendepunkte. Daher der Name Wendekreis.

Die Normalbeschleunigung ist constant auf den Curven $\nu=$ const. Diese sind, wie leicht zu finden, Pascal'sche Schnecken, deren Symmetrieaxe die Axe der $\mathbf{y}$ und deren Doppelpunkt c ist. Der Wendekreis ist die Schnecke const. $=0$, die Basis der ganzen Schaar.

Die Grösse $\frac{w}{\omega}$, welche der Durchmesser des Wendekreises ist, ist nach **252** gleichzeitig die Differenz der Krümmungen von C und Γ. (Vergl. die dortige Bemerkung über die Vorzeichen von ρ und ρ'.)

Irgend ein Punkt β des Wendekreises beschreibt zur Zeit t ein Bahnelement, welches auf dem Strahl $c\beta$ senkrecht steht. Die Verlängerung des Bahnelementes geht also durch den Wendepol. Soll ein Punkt von F eine gerade Linie beschreiben, so muss er jederzeit auf dem Wendekreis liegen, da dieser der einzige Ort aller Punkte ist, deren Bahntheile unendlichen Krümmungsradius haben. Also muss die gerade Linie durch den Wendepol gehen.

Der Krümmungsradius der Bahn des Punktes β kann aus Gl. (2) mittels der

Formel $\nu = \frac{v^2}{\rho}$ oder $\rho = \frac{v^2}{\nu}$ berechnet werden. Setzt man, wie oben $\mathbf{x}^2 + \mathbf{y}^2 = r_c^2$, so ist $v = r_c\,\omega$, $-\nu = \frac{r_c^2\,\omega^2 + \mathbf{y}\,w\omega}{r_c}$, also der absolute Werth der Krümmungsradius $\rho = \frac{r_c^3\,\omega}{r_c^2\,\omega + \mathbf{y}w}$. Ueber seine Richtung ist oben das Erforderliche bemerkt.

257. Beschleunigungsmenge. Unter der Beschleunigungsmenge von F verstehen wir, wie in **221,** die heteraptische Summe der Producte aus Masse und Beschleunigung, genommen über alle Elemente dF. Um dieselbe zu bestimmen, gehen wir auf das Coordinatensystem und die Gl. (4) von § **254** No. 1 zurück. Sind x und y die Coordinaten des Elements dF, so sind die Beschleunigungen von dF in jenen Gleichungen (4) ausgedrückt; dabei kann man den Schwerpunkt von F als α_1 betrachten, also x_σ statt x_1 u. s. w. schreiben. Ist dm die Masse von dF, so sind die drei Coordinaten der Beschleunigungsmenge von dF

$$(1)\quad \begin{cases} \dot{\mathfrak{u}}\,dm = \dot{\mathfrak{u}}_\sigma\,dm - (x - x_\sigma)\,\omega^2 dm - (y - y_\sigma)\,\dot{\omega}\,dm \\ \dot{\mathfrak{v}}\,dm = \dot{\mathfrak{v}}_\sigma\,dm - (y - y_\sigma)\,\omega^2 dm + (x - x_\sigma)\,\dot{\omega}\,dm \\ \quad\mathfrak{n} = (x\dot{\mathfrak{v}} - y\dot{\mathfrak{u}})\,dm \\ \quad\;\; = \{x\dot{\mathfrak{v}}_\sigma - y\dot{\mathfrak{u}}_\sigma + (xy_\sigma - yx_\sigma)\,\omega^2 + (x^2 + y^2)\,\dot{\omega} - (xx_\sigma + yy_\sigma)\,\dot{\omega}\}\,dm. \end{cases}$$

Summirt man diese Grössen über alle dF und bedenkt, dass $\Sigma x\,dm = x_\sigma m$ u. s. w., $\Sigma(x^2 + y^2)\,dm$ aber gleich Km ist, wenn K das Trägheitsmoment von F in Bezug auf den Coordinatenanfang ist, so erhält man für die Coordinaten der Beschleunigungsmenge von F

$$(2)\quad \begin{cases} X = \dot{\mathfrak{u}}_\sigma m, \quad Y = \dot{\mathfrak{v}}_\sigma m, \\ N = (x_\sigma\,\dot{\mathfrak{v}}_\sigma - y_\sigma\,\dot{\mathfrak{u}}_\sigma)\,m + K\dot{\omega} - (x_\sigma^2 + y_\sigma^2)\,\dot{\omega}m, \end{cases}$$

oder, wenn K_σ das Trägheitsmoment von F in Bezug auf den Schwerpunkt ist,

$$(3)\quad X = \dot{\mathfrak{u}}_\sigma m, \quad Y = \dot{\mathfrak{v}}_\sigma m, \quad N = (x_\sigma\dot{\mathfrak{v}}_\sigma - y_\sigma\,\dot{\mathfrak{u}}_\sigma)\,m + K_\sigma\,\dot{\omega}.$$

Dieselben Gleichungen ergeben sich, wenn man die drei Coordinaten der Bewegungsmenge, $u_\sigma m$, $v_\sigma m$, $K_\sigma\,\omega + (x_\sigma v_\sigma - y_\sigma u_\sigma)\,m$ direct nach t differentiirt, was ja der Fall sein muss, da die Beschleunigungsmenge eines jeden dF der nach der Zeit genommene Differentialquotient seiner Bewegungsmenge ist.

4. Die freie Fläche F unter dem Einfluss von Kräften.

258. Die Gleichungen der Bewegung von F. Wirkt an F die Dyname Ξ, H, N, so braucht man nach **223** nur Ξ, H, N an die Stelle von X, Y, N in den Gleichungen (3) des vorigen Paragraphen zu setzen, um die Gleichungen der Bewegung von F zu erhalten. Dieselben sind also

$$(1)\quad m\frac{d^2x_\sigma}{dt^2}=\Xi,\quad m\frac{d^2y_\sigma}{dt^2}=H,\quad m\left(x_\sigma\frac{d^2y_\sigma}{dt^2}-y_\sigma\frac{d^2x_\sigma}{dt^2}\right)+K_\sigma\dot{\omega}=N.$$

Die beiden ersten dieser Gleichungen sind identisch mit dem Satze, dass der Schwerpunkt von F sich so bewegt, als ob die Kräfte Ξ, H direct an ihm angriffen. Die dritte liefert die Winkelbeschleunigung. Sie kann auch geschrieben werden $K_\sigma\dot{\omega}=N-(x_\sigma H-y_\sigma\Xi)$.

Greift die Kraft Ξ, H, N im Schwerpunkt an, so ist

$$N=x_\sigma H-y_\sigma\Xi,$$

also auch $N=m\left(x_\sigma\frac{d^2y_\sigma}{dt^2}-y_\sigma\frac{d^2x_\sigma}{dt^2}\right)$, also $K_\sigma\dot{\omega}=0$ oder $\dot{\omega}=0$.

Eine durch den Schwerpunkt von F gehende Kraft liefert also die Winkelbeschleunigung Null. In jedem andern Fall ist $\dot{\omega}$ offenbar von Null verschieden.

Ist $\Xi=H=0$, während N von Null verschieden ist, so wird

$$(2)\quad \frac{d^2x_\sigma}{dt^2}=0,\quad \frac{d^2y_\sigma}{dt^2}=0,\quad K_\sigma\dot{\omega}=N.$$

Ein Kräftepaar an F bringt also bloss Winkelbeschleunigung um den Schwerpunkt hervor. Der Schwerpunkt wird dabei zum Mittelpunkt der Beschleunigung.

Es ist von Interesse, die Gleichungen (3) auch aus der zweiten Lagrange'schen Form abzuleiten. Für die lebendige Kraft T hatten wir in **248** die Formel

$$(3)\quad T=\tfrac{1}{2}m\left[\left(\frac{dx_\sigma}{dt}\right)^2+\left(\frac{dy_\sigma}{dt}\right)^2\right]+\tfrac{1}{2}K_\sigma\left(\frac{d\varphi}{dt}\right)^2.$$

Die Lagrange'sche Formel, auf die drei Coordinaten x_σ, y_σ, φ angewendet,

$$\frac{d}{dt}\left(\frac{\partial T}{\partial\dot{x}_\sigma}\right)-\frac{\partial T}{\partial x_\sigma}=-\frac{\partial U}{\partial x_\sigma}\quad \text{u. s. w.},$$

giebt mit Leichtigkeit

$$(4)\quad m\frac{d^2x_\sigma}{dt^2}=-\frac{\partial U}{\partial x_\sigma},\quad m\frac{d^2y_\sigma}{dt^2}=-\frac{\partial U}{\partial y_\sigma},\quad K_\sigma\frac{d^2\varphi}{dt^2}=-\frac{\partial U}{\partial\varphi}.$$

Man denke sich nun, die Kräftefunction U werde auf einen bestimmten Punkt x, y von F geübt, entsprechend dem Umstande, dass die Dyname ersetzt werden kann durch eine Kraft, welche im Punkt x, y angreift.

Aendert sich x_σ allein um dx_σ, so erleidet F eine reine Verschiebung vom Betrage dx_σ, also erleidet auch x, y eine solche, dx ist $= dx_\sigma$. Demnach ist $\frac{\partial U}{\partial x_\sigma} = \frac{\partial U}{\partial x} = -\Xi$.

Ebenso ist $\frac{\partial U}{\partial y_\sigma} = \frac{\partial U}{\partial y} = -H$.

$\frac{\partial U}{\partial \varphi}$ ist $= \frac{\partial U}{\partial x} \cdot \frac{\partial x}{\partial \varphi} + \frac{\partial U}{\partial y} \cdot \frac{\partial y}{\partial \varphi}$. Aendert sich nun φ um $d\varphi$, d. h. dreht sich F um den Schwerpunkt und beschreibt dabei die Amplitude $d\varphi$, so legt x, y einen Weg ds zurück, dessen Componenten sind $dx = -(y-y_\sigma)d\varphi$, $dy = (x-x_\sigma)d\varphi$; m. a. W. es ist $\frac{\partial x}{\partial \varphi} = -(y-y_\sigma)$ und $\frac{\partial y}{\partial \varphi} = +(x-x_\sigma)$. Also

$$\frac{\partial U}{\partial \varphi} = +\Xi(y-y_\sigma) - H(x-x_\sigma)$$

oder

$$-\frac{\partial U}{\partial \varphi} = xH - y\Xi - (x_\sigma H - y_\sigma \Xi) = N - (x_\sigma H - y_\sigma \Xi).$$

Setzt man die so ermittelten Werthe von $\frac{\partial U}{\partial x_\sigma}$, $\frac{\partial U}{\partial y_\sigma}$, $\frac{\partial U}{\partial \varphi}$ in Gl. (4) ein, so erhält man offenbar Gl. (1).

Die Integration der beiden ersten Gleichungen (1) ist nach den im ersten Buch gegebenen Regeln zu bewerkstelligen. Hat man sie ausgeführt, so kann man in der dritten Gleichung alle vorkommenden x_σ, y_σ und deren Differentialquotienten als Functionen von t ausdrücken, worauf die Gleichung die Form $\dot{\omega} = f(t)$ oder $\frac{d^2\varphi}{dt^2} = f(t)$ annimmt und integrabel wird. Ist U als Function von φ gegeben, so wird die dritte Gl. (4) bequemer zu behandeln sein.

259. Der Specialfall des Gleichgewichts der Kräfte an der freien Fläche F tritt ein, wenn

$$\Xi = 0, \quad H = 0, \quad N = 0$$

ist. Ob das Gleichgewicht stabil sei oder nicht, das hängt von der Vertheilung der Kräfte ab; ist eine Kräftefunction U vorhanden, so ist es stabil, wenn U ein Minimum ist. Man bemerke, dass $\frac{\partial^2 U}{\partial \varphi^2}$ ganz wohl ein anderes Vorzeichen haben kann, als $\frac{\partial^2 U}{\partial x_\sigma^2}$ und $\frac{\partial^2 U}{\partial y_\sigma^2}$, dass also die Stabilität in Bezug auf Drehungen unabhängig von der in Bezug auf Verschiebungen ist. Volle Stabilität ist nur dann vorhanden, wenn die oben genannten Differentialquotienten alle drei positiv sind.

Macht man die, allerdings sehr beschränkende, Voraussetzung, die an F thätige Dyname bestehe aus Einzelkräften, von denen 1) jede einzelne an einem unveränderlichen Punkt β_n von F angreift, und 2) jede einzelne sei innerhalb des Gebietes, in welchem F sich bewegen kann, unabhängig von der Lage des Angriffspunkt, ändere also, wenn F bewegt wird, weder ihre Richtung noch ihre Lage, so lässt sich die Stabilitätsbedingung noch auf eine andere bequeme Weise formuliren. Die Coordinaten der Angriffspunkte seien der Reihe nach x_1, y_1; x_2, y_2 u. s. w., die an ihnen angreifenden Kräfte seien Ξ_1, H_1; Ξ_2, H_2 u. s. w. Soll dann in der gegebenen Lage von F Gleichgewicht vorhanden sein, so müssen nach (1) die Bedingungen erfüllt sein

$$(3) \qquad \Sigma\Xi_n = 0, \quad \Sigma H_n = 0, \quad \Sigma(x_n H_n - y_n \Xi_n) = 0.$$

Bewegt sich nun F, so behalten sämmtliche Ξ und H ihre Werthe bei; also sind die beiden Gleichungen $\Sigma\Xi_n = 0$ und $\Sigma H_n = 0$ auch nach der Bewegung erfüllt. Ist die Bewegung eine reine Verschiebung, so ändern sich alle x um dieselbe Grösse Δx, alle y um dieselbe Grösse Δy. Das Moment N nimmt also durch die Verschiebung die Form an

$$\Sigma(x_n H_n - y_n \Xi_n) + \Delta x \Sigma H_n - \Delta y \Sigma \Xi_n.$$

Dieser Ausdruck ist aber nach (3) Null. Unter den obigen Voraussetzungen ist also das Gleichgewicht gegen Verschiebungen indifferent. Dreht sich F, so wollen wir das Drehungscentrum zum Coordinatenanfang nehmen. Aendert sich dann φ um $d\varphi$, so ändert sich x_n um $-y_n d\varphi$, und y_n um $+x_n d\varphi$. Das Moment N nimmt also durch die Drehung $d\varphi$ die Form an

$$\Sigma[(x_n - y_n d\varphi) H_n - (y_n + x_n d\varphi)\Xi_n]$$

oder, da $\Sigma(x_n H_n - y_n \Xi_n) = 0$ ist,

$$(4) \qquad -d\varphi\, \Sigma(x_n \Xi_n + y_n H_n).$$

Dies Moment ist von gleichem Vorzeichen wie $d\varphi$, wenn $-\Sigma(x_n\Xi_n + y_n H_n)$ positiv ist; in diesem Fall strebt es, die Abweichung $d\varphi$ zu vergrössern, das Gleichgewicht ist also dann labil. Das umgekehrte ist der Fall, wenn $-\Sigma(x_n \Xi_n + y_n H_n)$ negativ ist. Ist die Summe Null, so ist das Gleichgewicht indifferent.

$$-\Sigma(x_n \Xi_n + y_n H_n)$$

ist aber das doppelte Virial der an F thätigen Kräfte; man hat also den Satz:

Unter den obigen Voraussetzungen ist das Gleichgewicht labil; indifferent oder stabil, je nachdem das Virial der Kräfte positiv, null, oder negativ ist.

Verschiebt man den Coordinatenanfang um ξ, η, so tritt im Virial an die Stelle von x_n die Grösse $x_n + \xi$, und $y_n + \eta$ an die Stelle von y_n. Das Virial wird also $-\frac{1}{2}\Sigma(x_n\Xi_n + y_n H_n) - \frac{1}{2}\xi\Sigma\Xi_n - \frac{1}{2}\eta\Sigma H_n$. Da $\Sigma\Xi_n = \Sigma H_n = 0$, bleibt der Werth des Virials ungeändert, der vorstehende Satz gilt also für jede Lage des Coordinatensystemes.

Sind nur zwei Kräfte Ξ_1, H_1 und Ξ_2, H_2 an F gegeben, so hat die vorstehende Bedingung einen sehr einfachen geometrischen Sinn. Zur Vereinfachung können wir annehmen, die Axe der x sei in die gemeinschaftliche Doppelrichtung beider Kräfte gelegt. Dann ist die erste Kraft Ξ_1 mit dem Angriffspunkt x_1, die zweite ist $-\Xi_1$ mit dem Angriffspunkt x_2. Das doppelte Virial ist $(x_2 - x_1)\Xi_1$.

Eine der Kräfte hat die Richtung der positiven x; wir wollen annehmen Ξ_1 sei diese, also Ξ_1 sei positiv. Dann ist (x_2-x_1) positiv, wenn $x_2>x_1$ ist und umgekehrt. D. h. das Gleichgewicht ist stabil, wenn die beiden Kräfte ihre Angriffspunkte auseinanderzuziehen streben, und labil, wenn sie dieselben zusammendrücken. Beispiel ein horizontal liegender Magnet, der stabil ist, wenn die Horizontalcomponente des Erdmagnetismus seine Pole auseinanderzieht, labil, wenn das Gegentheil der Fall ist.

260. Die Arbeit. Es ist zu untersuchen, welche Arbeit die Dyname Ξ, H, N an der Fläche F leistet, wenn diese eine Elementarbewegung macht.

Nach den Entwicklungen des § **218** leistet die Dyname Ξ, H, Z, Λ, M, N bei der Elementarbewegung X, Y, Z, L, M, N die Arbeit $\Xi L+HM+ZN+\Lambda X+MY+NZ$. Im Falle der Fläche F, wo Z, Λ, M und X, Y, N Null sind, reducirt sich dieser Ausdruck auf

$$(1) \qquad dA=\Xi L+HM+NZ.$$

Nach **247** Gl. (3) ist $Z=\omega dt$, $L=(u_1+y_1\omega)dt$, $M=(v_1-x_1\omega)dt$, oder $Z=d\varphi$, $L=dx_1+y_1d\varphi$, $M=dy_1-x_1d\varphi$; also ist der Ausdruck für die Arbeit in unseren canonischen Coordinaten

$$(2) \qquad dA=\Xi(dx_1+y_1d\varphi)+H(dy_1-x_1d\varphi)+Nd\varphi,$$

$$(3) \qquad dA=\Xi dx_1+Hdy_1+(\Xi y_1-Hx_1+N)d\varphi.$$

Derselbe Ausdruck lässt sich direct auf folgende Weise herleiten. Die Dyname Ξ, H, N lässt sich auf eine Einzelkraft reduciren, die auf der Geraden

$$(4) \qquad xH-y\Xi=N$$

angreift. Wir können einen beliebigen Punkt dieser Geraden als Angriffspunkt auswählen, etwa den Punkt $y=p$, wo p irgend eine Constante. Derselbe hat nach (4) die Coordinaten

$$(5) \qquad y=p, \quad x=\frac{N+p\Xi}{H}.$$

Macht nun F die Elementarbewegung, welche durch die Verschiebung dx_1, dy_1 und die Drehung $d\varphi$ characterisirt ist, so erleidet dieser Punkt eine Verschiebung, deren Componenten sind

$$(6) \qquad dx=dx_1-(p-y_1)d\varphi, \quad dy=dy_1+\left(\frac{N+p\Xi}{H}-x_1\right)d\varphi.$$

Die Arbeit, welche die Kraft dabei leistet, ist demnach

$$(7) \qquad dA=\Xi dx+Hdy=\Xi dx_1+Hdy_1+(\Xi y_1-Hx_1+N)d\varphi,$$

was der obige Ausdruck ist. Die Arbeit präsentirt sich in (3) als

Summe zweier Elementararbeiten, nämlich 1) der Verschiebungsarbeit $\Xi dx_1 + H dy_1$ und 2) der Drehungsarbeit $(\Xi y_1 - H x_1 + N) d\varphi$. Dass der letztere Antheil rein von der Drehung herrührt, sieht man sofort, wenn man den Coordinatenanfang für den Augenblick in a_1 legt, wo dann $y_1 = x_1 = 0$ ist und dieser Antheil sich auf $N d\varphi$ reducirt.

Ist die Elementarbewegung eine blosse Drehung, also $dx_1 = dy_1 = 0$, so reducirt sich dA auf $(\Xi y_1 - H x_1 + N) d\varphi$; ist sie eine blosse Verschiebung, also $d\varphi = 0$, so reducirt sich dA auf $\Xi dx_1 + H dy_1$.

Geht F aus einer Anfangslage x_1, y_1, φ in eine zweite Lage x_1', y_1', φ' über, so ist die geleistete Arbeit

$$(7)\qquad A = \int_{x_1, y_1, \varphi}^{x_1', y_1', \varphi'} \Xi dx_1 + H dy_1 + (\Xi y_1 - H x_1 + N) d\varphi,$$

und es ist dann, wenn ΔT die Zunahme der lebendigen Kraft bezeichnet

$$(8)\qquad A = \Delta T.$$

Besitzen die thätigen Kräfte eine Kräftefunction U, so ist, wie schon in **258** gezeigt wurde (der dortige Nachweis gilt auch, wenn man x_1 statt x_σ u. s. w. schreibt)

$$-\frac{\partial U}{\partial x} = \Xi, \quad -\frac{\partial U}{\partial y} = H, \quad -\frac{\partial U}{\partial \varphi} = N - (x_1 H - y_1 \Xi)$$

also, wie es sein muss

$$(9)\qquad \partial A = -\partial U.$$

Das Princip der lebendigen Kräfte wird, wie schon in **258** bemerkt wurde, hauptsächlich dann Anwendung finden können, wenn die thätige Dyname als Function der Coordinaten x_1, y_1, φ gegeben ist.

Nimmt man für a_1 das Momentancentrum c, so ist $dx_c = dy_c = 0$, also

$$dA = [N - (x_c H - y_c \Xi)] d\varphi.$$

261. Beispiele. 1. Die Fläche F sei keiner Kraft (oder was dasselbe sagt, Kräften, die einander das Gleichgewicht halten), ausgesetzt.

Anfangspunkt des Systems der x, y sei der Punkt, in welchem der Schwerpunkt von F zur Zeit Null liegt; die Axe der x falle in die Richtung der Anfangsgeschwindigkeit, die Axe der ξ liege zu Anfang in der Axe der x. Die Anfangsbedingungen sind dann $x_\sigma = 0$, $y_\sigma = 0$, $\varphi = 0$ und $\frac{dx_\sigma}{dt} = u_0$, $\frac{dy_\sigma}{dt} = 0$, $\frac{d\varphi}{dt} = \omega_0$ für $t = 0$. Die Gleichungen der Bewegung sind

$$\frac{d^2x_\sigma}{dt^2}=0,\quad \frac{d^2y_\sigma}{dt^2}=0,\quad \frac{d^2\varphi}{dt^2}=0.$$

Ihre Integrale lauten

$$\frac{dx_\sigma}{dt}=u_0,\quad \frac{dy_\sigma}{dt}=0,\quad \frac{d\varphi}{dt}=\omega_0,$$

$$x_\sigma=u_0t,\quad y_\sigma=0,\quad \varphi=\omega_0t.$$

Der Schwerpunkt beschreibt die Gerade $y=0$ und F dreht sich gleichförmig um ihn. Das Momentaucentrum ist nach **246** Gl. (5) bestimmt durch (seine Coordinaten seien x, y)

$$x=u_0t,\quad y=\frac{u_0}{\omega_0}.$$

Von diesen ist die zweite Gleichung ohne Weiteres die Curve C; die erste giebt an, welcher Punkt der Form dem Augenblick t entspricht. Die Punkte der Curve Γ erfüllen nach **247** Gl. (3) die Gleichung

$$\xi\cos\varphi-\eta\sin\varphi=0,\quad \xi\sin\varphi+\eta\cos\varphi=\frac{u_0}{\omega}.$$

Dieselben liefern, ohne dass man erst φ in t auszudrücken braucht, durch einfaches Quadriren die Gleichung

$$\xi^2+\eta^2=\frac{u_0^2}{\omega^2}.$$

Es rollt also ein Kreis vom Halbmesser $\frac{u}{\omega}$ auf einer Geraden, die parallel der Bahn des Schwerpunkts ist und von dieser um $\frac{u}{\omega}$ absteht. Die Bahnen der Punkte von F sind cycloidisch. Je nachdem ω positiv oder negativ ist, liegt die Basis C auf der Seite der positiven oder der negativen y. Der Beschleunigungsmittelpunkt liegt jederzeit im Schwerpunkt.

2. Die Fläche F unterliege einem Kräftepaar vom Moment N.

Coordinatenwahl und Anfangsbedingungen wie oben. Die Gleichungen der Bewegung sind

$$\frac{d^2x_\sigma}{dt^2}=0,\quad \frac{d^2y_\sigma}{dt^2}=0,\quad \frac{d^2\varphi}{dt^2}=\frac{\mathrm{N}}{K}.$$

Schreibt man abkürzend ψ für $\mathrm{N}:K$, so sind die Integrale

$$\frac{dx_\sigma}{dt}=u_0,\quad \frac{dy_\sigma}{dt}=0,\quad \frac{d\varphi}{dt}=\omega_0+\psi t,$$

$$x_\sigma=u_0t,\quad y_\sigma=0,\quad \varphi=\omega_0t+\tfrac{1}{2}\psi t^2.$$

Die Bahn des Schwerpunkt ist eine Gerade und die Winkelgeschwindigkeit nimmt gleichförmig zu. Die Punkte der Basis C genügen den Gleichungen

$$x_c=u_0t,\quad y_c=\frac{u_0}{\omega_0+\psi t}.$$

Die Elimination von t giebt für C die Gleichung

$$y_c\left(x_c+\frac{u_0\omega_0}{\psi}\right)=\frac{u_0^2}{\psi},$$

d. i. die Gleichung einer gleichseitigen Hyperbel mit dem Mittelpunkt $y=0$,

$x = -\frac{u_0 \omega_0}{\psi}$. Die Punkte von Γ genügen den Gleichungen

$$\xi_\gamma \cos(\omega_0 t + \tfrac{1}{2}\psi t^2) - \eta_\gamma \sin(\omega_0 t + \tfrac{1}{2}\psi t^2) = 0,$$

$$\xi_\gamma \sin(\omega_0 t + \tfrac{1}{2}\psi t^2) + \eta_\gamma \cos(\omega_0 t + \tfrac{1}{2}\psi t^2) = \frac{u_0}{\omega_0 + \psi t}.$$

Die Gleichungen geben quadrirt

$$(\xi_\gamma^2 + \eta_\gamma^2)(\omega_0 + \psi t)^2 = u_0^2;$$

ferner giebt die erste

$$\frac{\xi_\gamma}{\eta_\gamma} = \operatorname{tang}(\omega_0 t + \tfrac{1}{2}\psi t^2).$$

Setzt man nun $\xi_\gamma = \rho \sin\vartheta$, $\eta_\gamma = \rho\cos\vartheta$, nimmt also die Axe der η zur Fundamentallinie eines Polarsystems der ρ, ϑ, so ist $\frac{\xi_\gamma}{\eta_\gamma} = \operatorname{tang}\vartheta$, also $\vartheta = \omega_0 t + \frac{1}{2}\psi t^2$, woraus, nachdem man noch ρ^2 für $\xi_\gamma^2 + \eta_\gamma^2$ gesetzt hat, sich leicht als Gleichung von Γ ergiebt

$$\left(\frac{\rho}{u_0}\right)^2 = \frac{1}{\omega_0^2 + 2\psi\vartheta}.$$

Dreht man die Fundamentalaxe um den Winkel $\frac{\omega_0^2}{2\psi}$, so wird die Gleichung

$$\rho = \frac{u_0}{\sqrt{\vartheta}}.$$

Die Curve ist diejenige Spirale, welche der **Lituus** heisst. Sie windet sich offenbar asymptotisch dem Pole zu und hat ausserdem die gedrehte Fundamentalaxe zur Asymptote.

Die Bewegung eines beliebigen Systempunktes ξ, η ergiebt sich, wenn man setzt

$$x = u_0 t + \xi\cos(\omega_0 t + \tfrac{1}{2}\psi t^2) - \eta\sin(\omega_0 t + \tfrac{1}{2}\psi t^2),$$

$$y = \xi\sin(\omega_0 t + \tfrac{1}{2}\psi t^2) + \eta\cos(\omega_0 t + \tfrac{1}{2}\psi t^2)$$

und t eliminirt.

3) **Die Fläche F sei schwer und werde geworfen, wobei die Axe der Anfangsdrehung senkrecht auf der durch die Anfangsgeschwindigkeit des Schwerpunkts gelegten Verticalebene steht, und die Wurfrichtung in die Ebene der Fläche fällt.**

Die Anfangslage des Schwerpunkts von F sei zum Ursprung der x, y gewählt, die Axe der y senkrecht aufwärts gerichtet, die Axe der x liege in der durch die Anfangsgeschwindigkeit gehenden Verticalebene. Dann fällt die ganze Anfangsbewegung in die Ebene der xy, ebenso die Kräfte der Schwere. Der Anfangswerth von φ sei φ_0; die Anfangscomponenten der Geschwindigkeit des Schwerpunkts seien u_0 und v_0, die anfängliche Winkelgeschwindigkeit ω_0. Die Anfangsbedingungen sind also: Zur Zeit Null ist $x = y = 0$, $\varphi = \varphi_0$, $\frac{dx}{dt} = u_0$, $\frac{dy}{dt} = v_0$, $\frac{d\varphi}{dt} = \omega_0$. Die Einwirkung der Schwere reducirt sich auf eine im Schwerpunkt angreifende Kraft, deren Componenten 0, $-mg$ sind, wenn m die Masse von F. Die Gleichungen der Bewegung sind demnach [Vergl. die Bemerkung zu **258** Gl. (1)]

$$\frac{d^2x_\sigma}{dt^2}=0,\quad \frac{d^2y_\sigma}{dt^2}=-g,\quad \frac{d^2\varphi}{dt^2}=0.$$

Ihre Integrale lauten

$$\frac{dx_\sigma}{dt}=u_0,\quad \frac{dy_\sigma}{dt}=v_0-gt,\quad \frac{d\varphi}{dt}=\omega_0,$$

$$x_\sigma=u_0t,\quad y_\sigma=v_0t-\tfrac{1}{2}gt^2,\quad \varphi=\varphi_0+\omega_0t.$$

Der Schwerpunkt von F beschreibt die gewöhnliche Wurfparabel, während sich F mit constanter Winkelgeschwindigkeit um ihn dreht.

Verlegt man das Coordinatensystem parallel mit sich selbst in den Scheitel der Wurfparabel, und rechnet zugleich die Zeit von diesem Punkte an, so hat man einfach die Anfangsbedingungen dahin zu modificiren, dass für $t=0$ auch $x_\sigma=y_\sigma=0$, $\frac{dx_\sigma}{dt}=u_0$, $\frac{dy_\sigma}{dt}=0$ ist, während $\frac{d\varphi}{dt}=\omega_0$ bleibt und das obige φ_0 so gewählt werden kann, dass jetzt für $t=0$ auch $\varphi=0$ ist. Dann lauten die Integrale

$$x_\sigma=u_0t,\quad y_\sigma=-\tfrac{1}{2}gt^2,\quad \varphi=\omega_0t,$$

$$\frac{dx_\sigma}{dt}=u_0,\quad \frac{dy_\sigma}{dt}=-gt,\quad \frac{d\varphi}{dt}=\omega_0.$$

Die Wurfparabel hat den Parameter $\frac{u_0^2}{g}$.

Die Punkte der Curve C genügen den Gleichungen **246** (5)

$$y=-\tfrac{1}{2}gt^2+\frac{u_0}{\omega_0},\quad x=u_0t+\frac{gt}{\omega_0}.$$

Die Elimination von t ergiebt als Gleichung von C

$$y-\frac{u_0}{\omega_0}=-\tfrac{1}{2}g\left(\frac{\omega_0}{u_0\omega_0+g}\right)^2x^2.$$

Die Basis also ist eine Parabel, deren Axe in die Axe der Wurfparabel fällt, und deren Scheitel um $\frac{u_0}{\omega_0}$ über (resp. unter, wenn ω_0 negativ ist) dem Scheitel der letzteren liegt. Ihr Parameter ist $(u_0\omega+g)^2:g\omega^2$. Für $\omega=-u_0:g$ degenerirt sie zur Geraden $x=0$.

Die Punkte der Rollcurve Γ genügen den Gleichungen

$$\xi\cos\omega_0t-\eta\sin\omega_0t=\frac{gt}{\omega_0},\quad \xi\sin\omega_0t+\eta\cos\omega_0t=\frac{u_0}{\omega_0},$$

welche eine transcendente Spirale darstellen.

Das Beschleunigungscentrum genügt nach **255** Gl. (1b) den Gleichungen

$$x_p=u_0t,\quad y_p=-\tfrac{1}{2}gt^2-\frac{g}{\omega_0^2},$$

es beschreibt demnach bei der Bewegung von F die Parabel

$$y_p+\frac{g}{\omega_0^2}=-\tfrac{1}{2}\frac{g}{u_0^2}x^2,$$

welche der Wurfparabel congruent ist und um $\frac{g}{\omega_0^2}$ tiefer als sie liegt.

4) Das ebene Gebilde F sei kreisförmig vom Radius a und homogen, bewege sich im übrigen unter denselben Bedingungen, wie in Nr. 3, aber mit Reibung an der Luft.

a) Es werde angenommen, dass die Reibung, welche ein Element dF erfährt, seiner Geschwindigkeit und seinem Flächeninhalt proportional ist.

Sind x, y die Coordinaten eines Elementes dF, so hat dasselbe die Geschwindigkeitscomponenten

$$u_\sigma-(y-y_\sigma)\omega, \quad v_\sigma+(x-x_\sigma)\omega.$$

Ist also der Reibungswiderstand der Luft der Geschwindigkeit proportional und, wie selbstverständlich, gegen die Geschwindigkeit gerichtet, so unterliegt das Element dF der Kraft

$$-\varepsilon[u_\sigma-(y-y_\sigma)\omega]dF, \quad -\varepsilon[v_\sigma+(x-x_\sigma)\omega]dF,$$

wo ε die Reibungsconstante. Das Moment n dieser Kraft ist

$$-\varepsilon[xv_\sigma+x(x-x_\sigma)\omega-yu_\sigma+y(y-y_\sigma)\omega]dF.$$

Integrirt man die drei Ausdrücke über die ganze Fläche F, so hat man die Coordinaten der vom Luftwiderstand herrührenden Dyname. Dabei ist, wenn die Fläche F homogen angenommen wird, offenbar $\int x\,dF=x_\sigma F$ u. s. w. Die Coordinaten des Widerstandes sind also

$$-\varepsilon u_\sigma F, \quad -\varepsilon v_\sigma F, \quad -\varepsilon\left[(x_\sigma v_\sigma-y_\sigma u_\sigma)F-(x_\sigma^2+y_\sigma^2)\omega F+\omega\int(x^2+y^2)dF\right].$$

Dabei ist $\int(x^2+y^2)dF=\frac{1}{k}K$, wenn k die Dichtigkeit von F und K das Trägheitsmoment in Bezug auf den Coordinatenanfang bezeichnet, also

$$\int(x^2+y^2)dF-(x_\sigma^2+y_\sigma^2)F=\frac{1}{k}K_\sigma.$$

Nimmt man nun die Schwere hinzu, so sind die vollständigen Coordinaten der an F thätigen Dyname

$$\Xi=-\varepsilon F u_\sigma, \quad \mathrm{H}=-mg-\varepsilon F v_\sigma, \quad \mathrm{N}=x_\sigma mg-\varepsilon\left[(x_\sigma v_\sigma-y_\sigma u_\sigma)F+\frac{\omega}{k}K_\sigma\right].$$

Die Gleichungen der Bewegung von F werden also

$$m\frac{d^2x_\sigma}{dt^2}=-\varepsilon F u_\sigma, \qquad =-\varepsilon F\frac{dx_\sigma}{dt},$$

$$m\frac{d^2y_\sigma}{dt^2}=-mg-\varepsilon F v_\sigma, \qquad =-mg-\varepsilon F\frac{dy_\sigma}{dt},$$

$$\frac{d^2\varphi}{dt^2}=-\varepsilon\frac{\omega}{k}, \qquad =-\frac{\varepsilon}{k}\frac{d\varphi}{dt}.$$

Die Integration hat keine Schwierigkeit; schon aus den Differentialgleichungen lassen sich die Sätze ablesen: „Der Schwerpunkt von F bewegt sich wie ein freier Punkt vom Widerstandscoefficienten εF, als ob die Fläche keine Drehung besässe“, und „die Winkelbeschleunigung ist dieselbe, als ob der Schwerpunkt in Ruhe wäre“. Die Winkelgeschwindigkeit nähert sich asymptotisch dem Werth Null, die Bahn der Verticalen.

b) Der Luftwiderstand sei der n^{ten} Potenz der Geschwindigkeiten proportional.

Man hat dann: die Geschwindigkeit des Elementes dF ist $\sqrt{u^2+v^2}$, der Widerstand also, den das Element erfährt, ist $-\varepsilon dF.\sqrt{u^2+v^2}^n$; die Cosinus der Winkel, welche die Geschwindigkeit mit den Axen macht, sind $\frac{u}{\sqrt{u^2+v^2}}$ und $\frac{v}{\sqrt{u^2+v^2}}$; die Componenten des von dF erlittenen Widerstandes sind also

$$-\varepsilon u(u^2+v^2)^{\frac{n-1}{2}}dF \quad \text{und} \quad -\varepsilon v(u^2+v^2)^{\frac{n-1}{2}}dF,$$

worin für u und v die obigen Werthe $u_\sigma-(y-y_\sigma)\omega$ und $v_\sigma+(x-x_\sigma)\omega$ einzusetzen sind.

Wir wollen diese Bemerkungen zur Untersuchung der folgenden Frage benutzen: Ein leichter Ball unter Einwirkung der Erdschwere werde durch einen Stoss in Bewegung gesetzt, der in der Verticalebene seines Schwerpunkts liegt. Der Ball dreht sich nicht, wenn der Stoss durch den Schwerpunkt geht, er erhält eine positive oder negative Winkelgeschwindigkeit, wenn der Stoss unter oder über dem Schwerpunkt vorbeigeht. Die Erfahrung zeigt nun, dass die Bahn, welche der Ball beschreibt, von seiner Winkelgeschwindigkeit abhängt. Erfolgt der Impuls, der ihm seine Anfangsgeschwindigkeit ertheilte, über dem Schwerpunkt, so ist die Bahn des Schwerpunkts stärker nach unten gekrümmt, als wenn er keine Winkelgeschwindigkeit hätte; geht der Impuls unter dem Schwerpunkt vorbei, so ist die Bahn weniger nach unten gekrümmt, ja, sie kann sich, wie gelegentliche Beobachtungen beim Ballschlagen zeigen, nach oben krümmen. Ist in Fig. 119 PQ die Bahn des Balles ohne Drehung, so nimmt seine Bahn mit Drehung Formen wie PR oder PS an, je nachdem seine Winkelgeschwindigkeit den durch die Pfeile angegebenen Sinn hat. Es entsteht also aus dem Luftwiderstand gegen die Rotation eine verticale Componente, welche den Schwerpunkt des Balles afficirt, und diese Componente hängt vom Vorzeichen der Winkelgeschwindigkeit ω ab. Es wird gefragt, ob dieselbe sich aus der Annahme ableiten lässt, dass der Reibungswiderstand, den ein Element der Balloberfläche erfährt, der Grösse des Elements proportional und, wenn c die Geschwindigkeit des Elements $d\Omega$ ist, durch eine Geschwindigkeitsfunction von der Form $(ac+bc^2+dc^3+\cdots)d\Omega$ dargestellt wird.

Fig. 119.

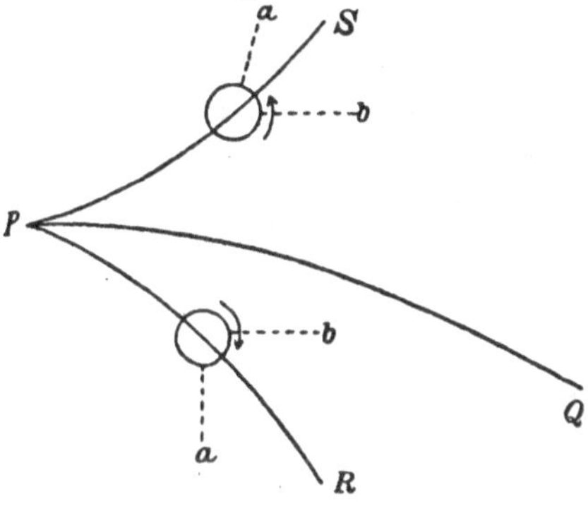

Die Ebene der xy sei die Verticalebene, welche durch die Anfangsgeschwindigkeit des Schwerpunktes gelegt werden kann; die Axe der y sei vertical aufwärts gerichtet. Der Ball drehe sich um eine horizontale, durch seinen Schwerpunkt gehende Axe. Dann bewegen sich offenbar seine sämmtlichen Punkte parallel der xy-Ebene, die Kraft der Schwere liegt gleichfalls in der xy-Ebene. Der Ball kann also schematisch ersetzt werden durch eine in der xy-Ebene bewegliche Fläche F, deren Geschwindigkeitscoordinaten u_σ, v_σ, ω sind. Die Frage ist, ob die Ypsiloncomponente H, welche auf ihn wirkt, einen Antheil enthält, der mit ω sein Vorzeichen wechselt. Es ist $\mathrm{H} = -gm + \mathrm{H}'$, wenn H' den Antheil bezeichnet, der vom Luftwiderstand herrührt. Und nach dem obigen besteht H' aus Gliedern, von denen jedes einzelne die Form hat

$$\int -\varepsilon v(u^2+v^2)^{\frac{n-1}{2}} dF.$$

Ein solches Glied bezeichnen wir abkürzend mit $\mathfrak{Y}$ Dann ist, wenn für u und v ihre Werthe eingesetzt werden

$$\mathfrak{Y} = -\varepsilon\int [v_\sigma + (x-x_\sigma)\omega][(u_\sigma - (y-y_\sigma)\omega)^2 + (v_\sigma + (x-x_\sigma)\omega)^2]^{\frac{n-1}{2}} dF.$$

Legt man ein Hülfssystem der x', y' parallel dem System der x, y durch den Schwerpunkt von F, so ist $x' = x - x_\sigma$, $y' = y - y_\sigma$, und setzt man nun $x' = \rho\cos\vartheta$, $y' = \rho\sin\vartheta$, so sind ρ und ϑ auf den Mittelpunkt des Kreises F bezogene Polarcoordinaten; $dF = \rho\, d\vartheta\, d\rho$. Damit wird

$$\mathfrak{Y} = -\varepsilon\int [v_\sigma + \rho\omega\cos\vartheta][u_\sigma^2 + v_\sigma^2 + \rho^2\omega^2 - 2u_\sigma\rho\omega\sin\vartheta + 2v_\sigma\rho\omega\cos\vartheta]^\nu \rho\, d\rho\, d\vartheta,$$

wo ν zur Abkürzung für $\frac{n-1}{2}$ geschrieben ist. Ist c_σ die resultirende Geschwindigkeit des Schwerpunkts, χ der Winkel, welchen sie mit der Axe der x macht, so ist $-u_\sigma\sin\vartheta + v_\sigma\cos\vartheta = -c_\sigma\cos\chi\sin\vartheta + c_\sigma\sin\chi\cos\vartheta = -c\sin(\vartheta-\chi)$, und wenn man $\vartheta - \chi = \psi$ setzt, ist $d\vartheta = d\psi$, $\cos\vartheta = \cos\chi\cos\psi - \sin\chi\sin\psi$. Damit wird

$$\mathfrak{Y} = -\varepsilon\int_0^a\int_0^{2\pi} [v_\sigma + \rho\omega\cos\chi\cos\psi - \rho\omega\sin\chi\sin\psi][c^2 + \rho^2\omega^2 - 2c\rho\omega\sin\psi]^\nu \rho\, d\rho\, d\psi.$$

Da $c^2+\rho^2\omega^2$ immer grösser ist als $2c\rho\omega$, lässt sich die Potenz $[c^2+\rho^2\omega^2-2c\rho\omega\sin\psi]^\nu$ in eine immer convergirende Reihe entwickeln, die natürlich, wenn ν eine ganze Zahl ist, mit irgend einem Gliede abbricht. Sie lautet

$$S = (c^2+\rho^2\omega^2)^\nu - \nu . 2c\rho\omega\sin\psi(c^2+\rho^2\omega^2)^{\nu-1} + \frac{\nu(\nu-1)}{1.2}(2c\rho\omega\sin\psi)^2(c^2+\rho^2\omega^2)^{\nu-2}$$
$$-\frac{\nu.(\nu-1).(\nu-2)}{1.2.3}(2c\rho\omega\sin\psi)^3(c^2+\rho^2\omega^2)^{\nu-3} - \text{u. s. w.}$$

Diese Reihe ist zunächst mit $v_\sigma \rho\, d\rho\, d\psi$ zu multipliciren und dann zu integriren. Die Integration werde in allen Fällen zuerst nach ψ geführt. Nun ist $\int_0^{2\pi}\sin\psi^m d\psi$ immer Null, wenn m eine ungerade Zahl ist. Also bleiben bei der Integration nur die positiven Glieder der Reihe übrig; sie ergeben Glieder von der Form

$$A = \frac{\nu.\nu-1.\nu-2\ldots\nu-2m+1}{1\;.\;2\;.\;3\;\ldots\;2m}(2c\rho\omega)^{2m}.\rho.(c^2+\rho^2\omega^2)^{\nu-2m} v_\sigma\, d\rho\int\sin\psi^{2m}d\psi.$$

Dabei ist

$$\int_0^{2\pi}\sin\psi^{2m}dx = \frac{1.3.5\ldots(2m-1)}{2.4.6\ldots2m}.2\pi.$$

Der Quotient der durch die Integration entstehenden Reihe ist also im unendlichen $\frac{(2c\rho\omega)^2}{(c^2+\rho^2\omega^2)^2}$, d. h. er ist kleiner als $\frac{2c\rho\omega}{c^2+\rho^2\omega^2}$, sie ist convergent.

Zweitens ist die Reihe S zu multipliciren mit $\rho^2\omega\cos\chi\cos\psi\, d\rho\, d\psi$ und zu integriren. Da $\int_0^{2\pi}\sin\psi^m\cos\psi\, d\psi$ stets Null ist, ergiebt diese Operation lauter Glieder vom Werth Null.

Drittens ist S zu multipliciren mit $-\rho^2\omega\sin\chi\sin\psi\, d\rho\, d\psi$ und, zunächst nach ψ, zu integriren. Dabei fallen alle die Glieder fort, welche nach der Multiplication $\sin\psi$ in ungerader Potenz enthalten, das sind diejenigen, die in der Reihe S das positive Vorzeichen haben. Es bleiben also nur Glieder von der Form

$$B = \frac{\nu.\nu-1.\nu-2\ldots\nu-2m}{1\,.\,2\,.\,3\,.\,2m+1}c^{2m-1}(2\rho\omega)^{2m}.\frac{\rho}{2}\cdot(c^2+\rho^2\omega^2)^{\nu-2m+1}d\rho\int\sin\psi^{2m}\,d\psi.$$

Wie oben ist leicht nachzuweisen, dass auch die Reihe dieser Glieder convergirt, ferner, dass die Convergenz beider Reihen auch nach der Integration über $d\rho$ bestehen bleibt. Nun enthalten sämmtliche Glieder A und B die Grösse ω bloss in geraden Potenzen, also ist H' eine gerade Function von ω, und es kann niemals aus ω ein Luftwiderstand hervorgehen, der mit ω sein Vorzeichen wechselt. Also ist die erwähnte Erscheinung aus den obigen Annahmen nicht zu erklären.

Es wird vielmehr anzunehmen sein, dass der bewegte Ball die anliegenden Luftschichten mitreisst, dass diese sich an der ruhenden Luft stauen, also an den mit a und b bezeichneten Stellen eine Verdichtung der Luft herbeiführen. Diese Verdichtung wird da am stärksten sein, wo die Geschwindigkeit der Punkte von F am grössten ist, also bei b in Fig. 119 stärker als bei a; daraus entsteht ein überwiegender Gegendruck von b aus, der den Ball auf der Bahn PS nach oben, auf PR nach unten drückt. Die Verticalcomponente des Widerstandes beruht also darauf, dass der Widerstand, den ein Element dF erfährt, nicht bloss eine Function seiner Geschwindigkeit sondern zugleich auch eine Function der nicht gleichmässig über die Oberfläche vertheilten Dichtigkeit des widerstehenden Mittels ist. Und damit ist auch gezeigt, dass Rechnungen, welche diese Dichtigkeitsvariationen nicht berücksichtigen, keinen practischen Werth haben. Das Problem des Luftwiderstandes tritt damit aus der Reihe derjenigen, die durch blosse Betrachtung der Fläche F gelöst werden können; es verlangt eine genauere Untersuchung des Zustandes der Luft in der Umgebung von F, gehört also in die Theorie der Deformationen compressibler, viscoser Flüssigkeiten, ist übrigens zur Zeit nicht streng lösbar.

Anmerkung. Allgemein ist zu bemerken, dass ein beliebiger Körper G für die mathematische Betrachtung durch eine Fläche F ersetzt werden kann, wenn 1) die auf ihn wirkenden Kräfte beständig in einer Ebene liegen, 2) die Anfangsgeschwindigkeit seines Schwerpunkts in diese Ebene fällt, 3) die Schwerpunktsaxe, um welche er sich dreht, senkrecht auf dieser Ebene steht und eine Hauptcentralaxe der Trägheit ist, so dass sie nach **233** keine Tendenz hat, ihre Richtung zu ändern. Rechnungen, wie die obigen, finden also Anwendung auf schwere homogene Kugeln oder Kugelschalen, die sich unter Einfluss der Schwere um ihren horizontalen Durchmesser drehen, auf ein homogenes Parallelepiped, welches sich um eine seiner Hauptcentralaxen dreht, während die Anfangsgeschwindigkeit des Schwerpunkts und die Kräfte in einer zu jener Axe senkrechten Ebene liegen, u. s. w.

5. Die Fläche F unter Bedingungen.

262. Die Formen der Bedingungen. Da F drei freie Coordinaten besitzt, kann man ihr eine oder zwei Bedingungen vorschreiben. Durch eine Bedingung wird die Art der Bewegung von F unvollständig bestimmt; die Dirigente hängt dann noch von den Kräften ab; durch zwei Bedingungen wird sie der Art nach vollständig bestimmt; kennt man bei zwei Bedingungen eine Coordinate von F, etwa x_1, so sind durch die Bedingungen auch y_1 und φ vorgeschrieben, die Dirigente ist also, unabhängig von den Kräften, von vorn herein bestimmt; von den Kräften hängt nur noch die Geschwindigkeit ab, mit welcher die Dirigente beschrieben wird.

Die Bedingungen können nun in verschiedenen Formen gegeben sein.

Halten wir uns zunächst an den Fall, dass zwei Bedingungen gegeben sind, und an die bisher benutzten Lagen- bezw. Geschwindigkeitscoordinaten, so sieht man alsbald, dass folgende drei Formen möglich sind:

a) Die Bedingungen sind ausgedrückt durch zwei Gleichungen zwischen den drei Lagrange'schen Coordinaten x_1, y_1, φ der Fläche F.

b) Sie sind ausgedrückt durch Angabe der Basis C und Rollcurve Γ.

c) Sie sind ausgedrückt durch Gleichungen zwischen den Plücker-schen Coordinaten L, M, Z der Elementarbewegungen, welche F machen kann.

Betrachten wir die Bedingungen vom Standpunkt der physischen Herstellbarkeit, so finden wir erstens, dass die Form (b) direct herstellbar ist; man kann die Curven C und Γ in festem Material herstellen (bezw. man kann die Cylinder, deren Querschnitte sie sind, aus festem Stoff ausschneiden) und sie dann aufeinander rollen lassen. Ferner aber bietet sich allgemein das Mittel dar, ein in F festes geometrisches Element an ein in der xy-Ebene festes Element zu fesseln. Diese Elemente können sein, α) Punkte, β) Linienelemente. Daraus ergeben sich folgende weiteren Formen:

d) Eine Bedingung wird dadurch hergestellt, dass ein in F fester Punkt sich auf einer in der xy-Ebene festen Curve P bewegt.

e) Eine Bedingung wird dadurch hergestellt, dass eine in F feste Curve Π beständig durch einen in der xy-Ebene festen Punkt geht.

f) Eine Bedingung wird dadurch hergestellt, dass eine in F feste Curve Π beständig eine in der xy-Ebene feste Curve P berührt.

Man bemerkt nun zunächst, dass die Fälle (d) und (e) Specialfälle von (f) sind. Lässt man nämlich in (f) die Curve Π zum Punkt degeneriren, so erhält man den Fall (d); lässt man aber P zum Punkt werden, so erhält man (e).

Zwei constructiv herstellbare Bedingungen erhält man, wenn man irgend zwei Bedingungen der Formen (d), (e), (f) combinirt; oder auch, wenn man im Falle (f) die Bedingung zufügt, dass die Curven Π und P einander, ohne zu gleiten, berühren sollen, d. h. dass sie auf einander rollen sollen. Dann werden die Curven Π und P zu den Curven Γ und C, es subsummirt sich also auch der Fall (b) dem Falle (f). Der letztere ist sonach die Grundform, in welcher eine Bedingung praktisch auftritt. Sonach haben wir für die einzelne Bedingung noch drei Hauptformen zu unterscheiden:

1. Die canonische Form: eine Gleichung zwischen x_1, y_1, φ. Sie ist wichtig, weil sie sich unmittelbar an die Coordinatenbestimmung der Fläche F anlehnt und auf Grund dessen in den Gleichungen der Bewegung auftritt, wobei der Specialfall $x_1 = x_o, y_1 = y_o$ die Hauptrolle spielt. Eine zweite Bedingung hat, wenn sie vorhanden ist, die gleiche Form.

2. Die practische Form: Eine Curve Π von F berührt eine Curve P der xy-Ebene. Die zweite Bedingung kann in derselben Form, oder auch in abkürzender Weise dadurch gegeben sein, dass Π und P zu Γ und C werden.

3. Die Form der Plücker'schen Coordinaten: Eine Gleichung zwischen L, M, Z, den Coordinaten einer virtuellen Bewegung von F.

Es erwächst nun zunächst die Aufgabe, die verschiedenen Bedingungsformen ineinander überzuführen, insbesondere, die möglichen Specialfälle der 2ten Form auf die canonische Form zu reduciren.

Dieselbe hat grosse Aehnlichkeit mit der Aufgabe, die verschiedenen Formen der Geschwindigkeitsbeschreibung aufeinander zu reduciren. Denn, wie wir gesehen haben, lässt sich die Lage von F in der xy-Ebene durch die Lage zweier in F festen Punkte α_1 und α_2 bestimmen; dies lässt sich noch dahin verallgemeinern, dass die Lage von F auch bestimmt ist, wenn zwei in F feste Curven

Π_1 und Π_2 zwei Curven P_1 und P_2 der xy-Ebene berühren. Der Geschwindigkeitszustand von F lässt sich also in allgemeinster Weise dadurch feststellen, dass man angiebt, wie und mit welcher Schnelligkeit die beiden Curven Π_1 und Π_2 auf P_1 und P_2 gleiten. Bei dieser Art, die Geschwindigkeit zu beschreiben, erscheint aber F der Bedingung unterworfen, dass Π_1 und Π_2 die Curven P_1 und P_2 berühren. Die Umarbeitung der allgemeinsten Geschwindigkeitsbeschreibung auf die canonische Form wird also die gleichen Methoden haben, wie die Umarbeitung der 2. Bedingungsform auf die erste, und umgekehrt. So weit es sich daher um Bedingungen der Gestalten a), b) handelt, werden die im Folgenden angegebenen Methoden mit denen des § 247 im Grunde übereinstimmen; so weit die nachfolgende Untersuchung über die Formen a), b), hinausgeht, kann sie auch als eine Anleitung dafür betrachtet werden, wie allgemeinere Geschwindigkeitsbestimmungen auf einander zu reduciren seien. In einer Hinsicht indessen ist die rein geometrische Betrachtung der Bedingungen freier, weil weniger präcis, als die Betrachtung wirklich gegebener Geschwindigkeitszustände: Ist eine Fläche F mit ihren Geschwindigkeitszuständen gegeben, so legt jeder Punkt von F das Element ds seiner Bahn in einer ganz bestimmten Zeit dt zurück; sind aber bloss die geometrischen Bedingungen für F gegeben, so können und wollen wir nur wissen, welches Bahnelement ds ein Punkt α zurücklegt, und wie die ds sich zur Bahn aneinanderreihen, ohne dass die Frage zur Sprache kommt, in welcher Zeit das geschieht. Die Zeitverhältnisse können also im zweiten Fall ganz willkürlich angenommen werden.

Die hier ins Licht gestellte Aufgabe ist von besonderer Wichtigkeit für die Maschinentheorie. Maschinen sind Vorrichtungen, welche einem Punkt, einer Linie etc. zweckmässige Bewegungen vorschreiben, m. a. W. Maschinen sind physische Mittel zum Vorschreiben von Bedingungen. Die grösste Anzahl der Maschinentheile wird in festem Material ausgeführt, und von diesen wird wieder ein sehr grosser Theil so gefesselt, dass seine Bewegungen einer Ebene parallel werden. (Räderwerke, Pleuelstangen etc.) Die Bedingungen sind dabei in der Form (2) technisch herstellbar; es erwächst für den Constructeur die Aufgabe, zu untersuchen, wie sich die Punkte von F unter Bedingungen der Form (2) bewegen, nebst deren Umkehrung: wie sind die Bedingungen (2) zu wählen, damit die Bewegung eines Punktes α von F dem gegebenen Zwecke entspreche? In Folge ihrer directen Anwendbarkeit sind die Specialfälle unserer Aufgabe sehr weitläufig, hie und da mit einer gewissen Einseitigkeit, ins Einzelne ausgearbeitet; hier kann nur das wichtigere behandelt werden.

Die Umformung der Bedingungen.

263a. Transformation innerhalb der canonischen Form von einem Punkt auf den andern. α_1 sei ein Punkt von F und für die auf diesen bezogenen Coordinaten x_1, y_1, φ sei eine Bedingung

$$(1) \qquad \Phi(x_1, y_1, \varphi) = 0$$

aufgestellt. α_2 sei ein zweiter Punkt von F, dessen Coordinaten im System der xy mit x_2, y_2 bezeichnet werden; dann muss gemäss (1) im Allgemeinen auch eine Bedingung

$$(2) \qquad \Psi(x_2, y_2, \varphi) = 0$$

für die auf a_2 bezogenen Coordinaten von F existiren. Die Form der letzteren ist zu finden.

Man wähle a_2 zum Ursprung des in F festen Systems der ξ, η und lege die Axe der ξ so, dass sie für $\varphi = 0$ der Axe der x parallel wird, was immer angeht, da ja φ von einer willkürlichen Lage aus gemessen wird. In diesem System hat a_1 die Coordinaten ξ_1, η_1, und man hat die Transformationsformeln

$$(3) \qquad \begin{cases} x_1 = x_2 + \xi_1 \cos\varphi - \eta_1 \sin\varphi \\ y_1 = y_2 + \xi_1 \sin\varphi + \eta_1 \cos\varphi. \end{cases}$$

In diesen Gleichungen sind ξ_1, η_1 constante, bekannte Werthe. Substituirt man (3) in (1), so hat man die gesuchte Form (2).

263b. Bestimmung von C und Γ, wenn zwei Bedingungen in canonischer Form gegeben sind. Gegeben seien zwei Bedingungen zwischen x_1, y_1, φ. Dieselben lassen sich zunächst durch Elimination von φ auf die Form $\Phi(x_1, y_1) = 0$, und durch Elimination von y_1 auf die Form $\Psi(x_1, \varphi) = 0$ bringen. Man kann also annehmen, die Bedingungen seien in dieser Gestalt gegeben, d. h. es sei gegeben 1) die Gleichung der Bahn des irgendwie in F ausgewählten Punktes a_1, 2) die Beziehung zwischen φ und der Abscisse aller Bahnpunkte. Wir können nun annehmen, dass die Bahn mit irgend einer, ganz willkürlichen Geschwindigkeit beschrieben werde, können also setzen $x_1 = f_1(t)$, $y_1 = f_2(t)$, und die Functionen f_1 und f_2 so bestimmen, dass sie der Gleichung $\Phi(f_1, f_2) = 0$ genügen. Dann lässt sich auch in der Bedingung $\Psi(x_1, \varphi) = 0$ x_1 durch $f_1(t)$ ersetzen, wodurch φ gleichfalls als Function von t dargestellt ist. Die beiden canonischen Bedingungen lassen sich also jederzeit ausdrücken durch die drei Gleichungen

$$(1) \qquad x_1 = f_1(t), \quad y_1 = f_2(t), \quad \varphi = f_3(t),$$

in denen die Functionen f_1, f_2, f_3 so gewählt sind, dass aus ihnen durch Elimination von t die Gleichungen $\Phi(x_1, y_1) = 0$ und $\Psi(x_1, \varphi) = 0$ folgen. Die Auswahl der drei Functionen ist meist sehr leicht, und kann schlimmsten Falls immer dadurch geleistet werden, dass man $x_1 = t$ oder $y_1 = t$ setzt und in einem Falle y_1, im andern x_1 aus der Gleichung $\Phi = 0$ bestimmt. (Man kann auch dem t eine ganz beliebige geometrische Nebenbedeutung beilegen, z. B. einen Wälzungswinkel, oder die Bahnabscisse von a_1 darunter verstehen, denn thut man das, so macht man nur die Annahme, die Bewegung gehe mit solcher Geschwindigkeit vor sich, dass die betreffende Grösse mit der Geschwindigkeit 1 wachse, und das ist erlaubt, da ja jede Annahme über das Zeitliche der Bewegung gestattet ist.)

Aus den Gl. (1) ergeben sich durch Differentiation nach t die Gleichungen

$$(2) \qquad \frac{dx_1}{dt} = f_1'(t), \quad \frac{dy_1}{dt} = f_2'(t), \quad \frac{d\varphi}{dt} = f_3'(t)$$

oder mit bekannter Abkürzung

$$(3) \qquad \frac{dx_1}{dt} = u_1, \quad \frac{dy_1}{dt} = v_1, \quad \frac{d\varphi}{dt} = \omega,$$

in welchen u_1, v_1, ω auf Grund von (1) als Functionen von t bekannt sind. Das Momentancentrum c hat nun nach **246** die Coordinaten

$$(4) \qquad x_c = x_1 - \frac{v_1}{\omega}, \quad y_c = y_1 + \frac{u_1}{\omega},$$

worin rechts nur Functionen von t stehen. Eliminirt man t aus (4), so erhält man die Gleichung, der x_c und y_c genügen, d. i. die Gleichung von C.

Um Γ zu finden, nehme man a_1 zum Ursprung der ξ, η und verstehe unter φ den Winkel, welchen die Axe der ξ mit derjenigen der x macht. Dann ist

$$(5) \qquad x_c = x_1 + \xi_\gamma \cos\varphi - \eta_\gamma \sin\varphi, \quad y_c = y_1 + \xi_\gamma \sin\varphi + \eta_\gamma \cos\varphi,$$

wenn ξ_γ, η_γ die Coordinaten des Momentancentrums sind. Aus (5) und (4) folgt

$$(6) \qquad \xi_\gamma \cos\varphi - \eta \sin\varphi = -\frac{v_1}{\omega}, \quad \xi_\gamma \sin\varphi + \eta \cos\varphi = \frac{u_1}{\omega}.$$

Hierin sind v_1, u_1, ω durch t ausgedrückt, φ desgl. nach Einführung der dritten Gleichung (1). Eliminirt man nun t, so hat man die Gleichung von Γ im System der ξ, η.

Beispiel 1. a_1 bewege sich auf der Cycloide $x_1 = p(\vartheta - \sin\vartheta)$, $y_1 = p(1 - \cos\vartheta)$, zugleich sei $\varphi = -\vartheta$. Man kann willkürlich den Wälzungswinkel $\vartheta = t$ setzen; dann lauten die drei Bedingungen

$$x_1 = p(t - \sin t), \quad y_1 = p(1 - \cos t), \quad \varphi = -t.$$

Es folgt

$$\frac{dx_1}{dt} = y_1, \quad \frac{dy_1}{dt} = p \sin t, \quad \frac{d\varphi}{dt} = -1,$$

also für das Momentancentrum nach Gl. (4)

$$y_c = 0, \quad x_c = pt.$$

Die Elimination von t ist in der ersten dieser Gleichungen schon ausgeführt; also ist

$$y = 0.$$

Die Gleichung der Curve C. Basis ist die Axe der x.

Die Gleichungen (6) nehmen die Form an

$$\xi \cos t + (\eta - p) \sin t = 0,$$

$$-\xi \sin t + (\eta - p) \cos t = -p.$$

Quadrirt und addirt man sie, so findet sich

$$\xi^2 + (\eta - p)^2 = p^2.$$

Die Rollcurve Γ ist also ein Kreis, auf dessen Peripherie der Punkt α liegt. Die obige Gleichung $x_c = pt$ ist im vorliegenden Fall überflüssig für die Aufstellung der Gleichung von C; sie ist aber nicht überflüssig für das Problem überhaupt; denn sie giebt an, welches x einem gegebenen t entspricht; andererseits giebt die Gleichung $x_1 = p(t - \sin t)$ an, welches x_1 einem gegebenen t entspricht, eliminirt man t zwischen beiden, so erhält man die Gleichung $x_1 = x_c - p \sin \frac{x_c}{p}$, welche anzeigt, welche Werthe von x und x_1 einander entsprechen.

Beispiel 2. α bewegt sich auf einem Kreise vom Radius k, und φ ist proportional der von α zurückgelegten Bogenlänge s; welches sind C und Γ?

Legt man den Anfang der xy in den Mittelpunkt des von α beschriebenen Kreises, so lautet die erste Bedingung

$$x_1^2 + y_1^2 = k^2,$$

und die zweite, wenn c irgend eine Constante ist,

$$\varphi = c \arccos \frac{x}{k}.$$

Denn $k \arccos \frac{x}{k}$ ist der von α zurückgelegte Bogen. Bringt man die erste Gleichung auf die Form $y_1 = \sqrt{k^2 - x_1^2}$ und nimmt willkürlich $x_1 = t$, so erhält man

$$\frac{dx_1}{dt} = 1, \quad \frac{dy_1}{dt} = \frac{-x_1}{\sqrt{k^2 - x_1^2}}, \quad \frac{d\varphi}{dt} = \frac{c}{\sqrt{k^2 - x_1^2}},$$

und damit aus Gl. (3)

$$y = \frac{c-1}{c} \sqrt{k^2 - x_1^2}, \quad x = \frac{c-1}{c} x_1.$$

Die Elimination von x_1 ergiebt

$$x^2 + y^2 = \frac{c-1}{c} k^2,$$

als Gleichung der Curve C. Die Gleichungen (5) werden

$$\xi \cos \varphi - \eta \sin \varphi = \frac{x_1}{c}, \quad \xi \sin \varphi + \eta \cos \varphi = \frac{1}{c} \sqrt{k^2 - x_1^2},$$

woraus durch Quadriren und Addiren als Gleichung von Γ folgt

$$\xi^2 + \eta^2 = \frac{1}{c} k^2.$$

Basis und Rollcurve sind also Kreise und α ist der Mittelpunkt der letzteren. Die Radien beider Kreise ergänzen sich zu k.

263c. Das Trochoidenproblem. Basis C und Rollcurve Γ sind gegeben; die Bahn, welche ein Punkt α der Fläche F beschreibt, nebst dem Winkel φ, um den sich F gedreht hat, wenn das Momentancentrum auf C einen bestimmten Weg zurückgelegt hat, soll gefunden werden.

Die Bahn von α nennt man eine Roulette oder Trochoide (Rollzug nach Reulaux.) Selbstverständlich bilden die Trochoiden keine besondere Gattung von Curven mit besonderen geometrischen Eigenschaften, sondern jede beliebige Curve kann eine Trochoide sein; sie wird als solche bezeichnet, nur in sofern man sie durch Rollen entstanden denkt.

Die Durchführung der obigen Betrachtungen liefert folgende Methode:

Die Curve C wird im System der xy durch eine Gleichung gegeben sein

$$(1) \qquad y_c = C(x_c),$$

wo der Buchstabe C als Functionszeichen benutzt ist. Entsprechend sei die Curve Γ im System der ξ, η gegeben durch eine Gleichung

$$(2) \qquad \eta_\gamma = \Gamma(\xi_\gamma),$$

wobei der beschreibende Punkt α zum Anfang der ξ, η genommen sei. Die Anfangslage der Axe der ξ sei parallel der Axe der x gewählt.

Zu irgend einer Zeit t hat nun α im System der x, y die Coordinaten x_1, y_1 und die Axe der ξ macht mit der Axe der x den Winkel φ. Dann gelten für die Coordinaten eines beliebigen Punktes ξ, η (x, y) die Transformationsformeln

$$(3) \qquad \begin{cases} \xi = (x - x_1)\cos\varphi + (y - y_1)\sin\varphi \\ \eta = -(x - x_1)\sin\varphi + (y - y_1)\cos\varphi. \end{cases}$$

Substituirt man diese in Gl. (2), so erhält man die Gleichung der Curve Γ im System der x, y zur Zeit t. Dieselbe werde abgekürzt bezeichnet mit

$$(4) \qquad y_\gamma = \Gamma_1(x_\gamma).$$

Soll nun der Punkt x, y ein Momentancentrum sein, so müssen C und Γ sich in ihm berühren; also muss er zunächst den beiden Gleichungen

$$(5) \quad y = C(x) \qquad \text{und} \qquad (6) \quad y = \Gamma_1(x)$$

genügen. Aus diesen lässt sich x und y als Function von x_1, y_1, φ bestimmen. Ferner muss $\dfrac{dy}{dx}$ in Gl. (6) denselben Werth haben wie in (5), oder es muss, wenn die Differentialquotienten nach x durch einen Accent bezeichnet werden,

$$(7) \qquad C'(x) = \Gamma_1'(x)$$

sein, nachdem man die aus (5) und (6) bestimmten Werthe von x und y eingesetzt hat. Aus Gl. (7), die eine Gleichung in x_1, y_1, φ ist, lässt sich y_1 als Function von x_1 und φ herstellen. (Ist die Bestimmung von x, y aus (5) und (6) quadratisch, so kann man für Gl. (7) einfach den Satz substituiren, dass beide Lösungen von (5) und (6) zusammenfallen müssen.) Nachdem so y_1 als Function von x_1 und φ ausgedrückt ist, lässt sich auch das y der Gl. (5) und (6) durch x_1 und φ allein ausdrücken. Ist dies geschehen, so hat man die aus **246** bekannte Gleichung

$$(8) \qquad dx_1 = -(y_1 - y)\,d\varphi;$$

setzt man in dieselbe die eben ermittelten Werthe von y und y_1 ein, so ist sie eine Differentialgleichung erster Ordnung zwischen x_1 und φ, welche ein Integral

$$(9) \qquad x_1 = f_1(\varphi) + \text{const.}$$

liefert; die Constante bestimmt sich aus der Anfangslage. Dazu haben wir bereits aus (7) eine Gleichung gewonnen, in der y_1 durch x_1 und φ ausgedrückt ist; nach Substitution von (9) nimmt dieselbe die Form an

$$(10) \qquad y_1 = f_2(\varphi).$$

Die Gleichungen (9) und (10) bestimmen zusammen die Bahn von α; eliminirt man φ aus ihnen, so hat man die Gleichung der letzteren in gewöhnlicher Form. Häufig ist es übrigens bequemer, die Gl. (9) und (10) zusammen beizubehalten. Substituirt man (9) und (10) in (5) und (6), so erhält man x und y als Functionen von φ, somit auch umgekehrt φ als Function von x, d. h. man kennt den Winkel φ, welcher dem Punkte x der Basis entspricht, und zugleich aus (9), (10) die Lage von α, welche dem Punkt x der Basis entspricht, damit auch den Werth von φ, der einer bestimmten Lage von α entspricht.

Beispiel 1; die Cycloiden. Ein Kreis vom Radius a rollt auf einer Geraden; die Trochoide eines Punktes α der mit dem Kreise fest verbundenen Fläche F soll bestimmt werden.

Wir nehmen die Gerade zur Axe der x und legen die positive y-Axe nach derjenigen Seite der xy-Ebene hin, auf welcher der Kreis sich befindet. Als Anfangsstellung des letzteren betrachten wir diejenige, in welcher der vom Kreismittelpunkt nach α gezogene Radiusvector senkrecht zur Axe der x steht

Fig. 120.

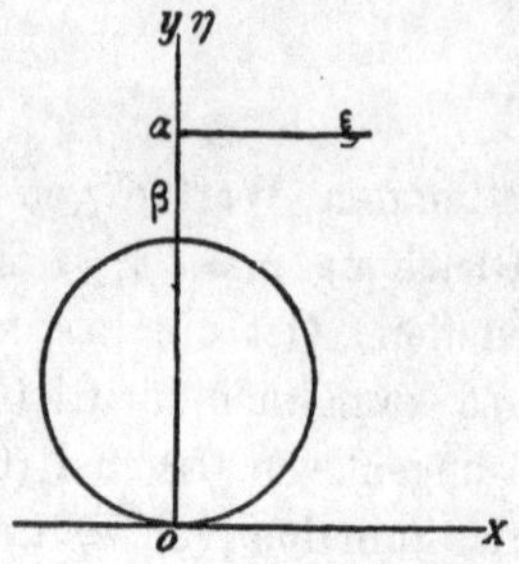

und a seinen Maximalabstand von der Axe der x hat; die y-Axe werde dann durch die Anfangslage von a gelegt und die Axe der ξ liege im Anfang parallel zur Axe der x; die Strecke $a\beta$, welche von a zum nächsten Punkt des Kreises geht, heisse p und sei positiv gerechnet, wenn a ausserhalb des Kreises liegt.

Die Gleichung von C ist

$$(1\text{a}) \qquad y = 0.$$

Die Gleichung des Kreises im System der ξ, η ist

$$(2\text{a}) \qquad \xi^2 + (\eta + p + a)^2 = a^2.$$

Dieselbe, mit Gl. (3) auf das System der xy transformirt, lautet für den Zeitpunkt t

$$(3\text{a}) \qquad \{(x-x_1)\cos\varphi + (y-y_1)\sin\varphi\}^2 + \{p + a - (x-x_1)\sin\varphi + (y-y_1)\cos\varphi\}^2 = a^2$$

oder

$$(x-x_1)^2 + (y-y_1)^2 - 2(p+a)(x-x_1)\sin\varphi + 2(p+a)(y-y_1)\cos\varphi = a^2 - (p+a)^2.$$

Setzt man hierin gemäss (1a) $y = 0$, so erhält man für die Durchschnitte von C und Γ

$$(5\text{a})(6\text{a}) \qquad y = 0, \quad x = x_1 + (p+a)\sin\varphi \pm \sqrt{a^2 - (p+a)^2\cos\varphi^2 + 2(p+a)\cos\varphi\, y_1 - y_1^2}.$$

Da der Kreis die Gerade im Durchschnittspunkt berührt, müssen beide Werthe von x zusammenfallen, also muss sein

$$(7\text{a}) \qquad a^2 - (p+a)^2\cos^2\varphi + 2(p+a)\cos\varphi\, y_1 - y_1^2 = 0$$

oder

$$y_1 = (p+a)\cos\varphi \pm a.$$

Ueber das Vorzeichen von a entscheidet die Anfangslage, wo $\varphi = 0$; in dieser ist offenbar $y_1 = 2a + p$, also ist a positiv zu nehmen und

$$(7\text{a}') \qquad y_1 = a + (p+a)\cos\varphi.$$

Da $y = 0$, wird somit Gl. (8)

$$(8\text{a}) \qquad dx_1 = [-a - (a+p)\cos\varphi]\,d\varphi, \quad \text{integrirt}$$

$$x_1 = -[a\varphi + (a+p)\sin\varphi] + \text{const.}$$

Für $\varphi = 0$ ist $x_1 = 0$, also die Constante Null. Demnach sind die Gleichungen der Trochoide

$$(9\text{a}) \qquad -x_1 = a\varphi + (a+p)\sin\varphi$$

$$(10\text{a}) \qquad y_1 = a + (a+p)\cos\varphi$$

oder nach Elimination von φ

$$(11\text{a}) \qquad -x = a \arccos\frac{y_1 - a}{a+p} + \sqrt{(a+p)^2 - (y_1 - a)^2}.$$

Das Minuszeichen vor dem x rührt daher, dass wir φ als positiv wachsend ansehen, wenn der Winkel φ von der positiven x- zur positiven y-Axe hin zunimmt, also wenn der Kreis in die negativen x hineinrollt. Es kann fortgelassen werden, wenn man die Axe der x umkehrt. Je nachdem man in (11a) $p \gtreqless 0$ setzt, stellt sie die verschlungene, gemeine oder gestreckte Cycloide dar, bezogen auf ein Axensystem, dessen y-Axe durch einen Maximalpunkt der Curve geht.

(Will man die y-Axe durch eine Spitze der gemeinen, durch einen Doppelpunkt der verschlungenen oder einen Minimalpunkt der gestreckten Cycloide gehen lassen, so hat man $x = x' + a\pi$ zu setzen. Man erhält dann aus (9a)

$$x' = a(\pi - \varphi) - (a+p)\sin\varphi = a(\pi - \varphi) - (a+p)\sin(\pi - \varphi)$$

und $y' = a - (a+p)\cos(\pi - \varphi)$, woraus nach Elimination von $\pi - \varphi$ die bekannte Form $x' = a \arccos \frac{a-y'}{a+p} - \sqrt{(a+p)^2 - (a-y')^2}$ hervorgeht).

Gl. (5a) liefert mit Rücksicht darauf, dass die Wurzel fortfällt,

$$x = x_1 + (p+a)\sin\varphi, \quad \text{woraus}$$

$$\sin\varphi = \frac{x - x_1}{p+a} \quad \text{und mit (9a) zunächst}$$

$$x = -a\varphi, \quad \varphi = -\frac{x}{a},$$

und wenn man dies in (9a) einsetzt, ergiebt sich

$$x_1 = x + (a+p)\sin\frac{x}{a}$$

als diejenige Gleichung, welche anzeigt, welche Punkte der Basis und der Trochoide einander entsprechen; zugleich zeigt die Gleichung $\varphi = -\frac{x}{a}$ an, wie gross der Drehungswinkel ist, den F zurückgelegt hat, wenn das Momentancentrum bis x vorgerückt ist.

Die im Vorstehenden benutzte Methode ist im Princip sehr einfach, führt aber oft auf unbequeme Eliminationen. Wir geben daher noch zwei andere Arten der Trochoidenbestimmung an.

Zweite Methode. Es seien, zunächst in der Anfangslage, beide Curven C und Γ im System der xy bestimmt. In Fig. 121 sei MN die Basis C, PQ die

Fig. 121.

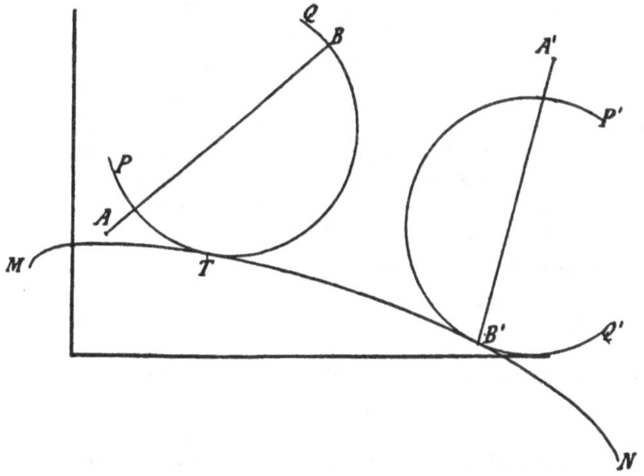

Rollcurve Γ in der Anfangslage, wo sie die Basis in T berührt, A der beschreibende Punkt α, B ein beliebiger Punkt von Γ.

Es hat dann C eine Gleichung

$$(12) \qquad y = C(x)$$

und in der Anfangslage hat Γ eine Gleichung, welche wir schreiben wollen

$$(13) \qquad \eta = \Gamma(\xi),$$

wo die Buchstaben η und ξ nunmehr sich, wie y und x, auf das feste Coordinatensystem beziehen und nur zur bequemeren Unterscheidung der Curven griechisch gewählt sind. Da die Curven C und Γ sich in T berühren, muss es zunächst einen Punkt geben, für welchen

$$(14) \quad C(x) = \Gamma(\xi) \quad \text{und} \quad (15) \quad C'(x) = \Gamma'(\xi).$$

Zu irgend einer späteren Zeit t sei nun Γ soweit gerollt, dass der Punkt B in die Lage B' gekommen ist, wo er Momentancentrum, also Berührungspunkt von C und Γ ist. Dann ist zunächst der Bogen TB der Curve Γ gleich dem Bogen TB' der Curve C, also, wenn x im Punkte T den Werth $x = \tau$, in B den Werth ξ und in B' den Werth x hat, ist

$$(16) \qquad \int_\tau^\xi \sqrt{1+\left(\frac{d\eta}{d\xi}\right)^2}\, d\xi = \int_\tau^x \sqrt{1+\left(\frac{dy}{dx}\right)^2}\, dx.$$

Sind nun a und b die Anfangscoordinaten des Punktes α in der Lage A, $\mathfrak{x}$ und $\mathfrak{y}$ die Coordinaten desselben Punktes in der Lage A', so ist

$$\overline{AB}^2 = (\xi - a)^2 + (\eta - b)^2$$

und $\overline{A'B'}^2 = (\mathfrak{x} - x)^2 + (\mathfrak{y} - y)^2$, und offenbar $AB = A'B'$, also

$$(17) \qquad (\xi - a)^2 + (\eta - b)^2 = (\mathfrak{x} - x)^2 + (\mathfrak{y} - y)^2.$$

Mit Gl. (13) kann man η durch ξ und mittels (16) kann man hierauf ξ durch x ausdrücken. Dadurch nimmt $(\xi - a)^2 + (\eta - b)^2$ die Form einer Function von x an, welche $[\varpi(x)]^2$ heisse. Substituirt man zugleich $C(x)$ für y, so erhält man

$$(18) \qquad (\mathfrak{x} - x)^2 + [\mathfrak{y} - C(x)]^2 = [\varpi(x)]^2.$$

Diese Gleichung stellt in $\mathfrak{x}$ und $\mathfrak{y}$ eine Schaar von Kreislinien dar, deren Mittelpunkte die Coordinaten x und $C(x)$ haben, also alle Punkte der Curve C sind; während ihre Radien den Werth $\varpi(x)$, d. i. $\sqrt{(\xi - a)^2 + (\eta - b)^2}$ d. i. $A'B'$ besitzen. Die Kreise (18) sind also diejenigen, von denen α in jeder Lage je ein Element beschreibt, d. h. die gesuchte Trochoide ist die Enveloppe aller dieser Kreise. Dabei sind in Gl. (18) die veränderlichen Parameter der Kreisschaar sämmtlich als Functionen der Mittelpunktsabscisse dargestellt. Nach dem bekannten Verfahren zur Auffindung von Enveloppen hat man also Gl. (18) in der Art zu differentiiren, dass man auch x als Function von $\mathfrak{x}$ behandelt. Dann ergiebt sie

$$(19) \qquad \frac{d\mathfrak{y}}{d\mathfrak{x}} = \frac{\mathfrak{x} - x}{\mathfrak{y} - C(x)} + \frac{dx}{d\mathfrak{x}} \cdot \frac{\mathfrak{x} - x + [\mathfrak{y} - C(x)]\, C'(x) + \varpi(x)\varpi'(x)}{\mathfrak{y} - C(x)}.$$

Da die Enveloppe in jedem ihrer Punkte einen der eingehüllten Kreise nicht blos schneidet, sondern auch berührt, muss $\frac{d\mathfrak{y}}{d\mathfrak{x}}$ denselben Werth haben, wenn man bei der Differentiation x als constant ansieht; es muss also sein

$$\frac{d\mathfrak{y}}{d\mathfrak{x}} = \frac{\mathfrak{x}-x}{\mathfrak{y}-C(x)} \text{ oder}$$

$$(20) \qquad \mathfrak{x}-x+[\mathfrak{y}-C(x)]\,C'(x)+\varpi(x)\varpi'(x) = 0.$$

Und wenn man nun zwischen (18) und (20) x eliminirt, erhält man die Gleichung zwischen $\mathfrak{x}$ und $\mathfrak{y}$, welche die Gleichung der Trochoide ist.

Beispiel 2; Die Epi- und Hypocycloiden. C sei ein Kreis vom Radius A, Γ ein solcher vom Radius a, der beschreibende Punkt α habe vom Mittelpunkt des Kreises Γ den Abstand $a+p$.

Wir betrachten zunächst die Epicycloiden, Γ liege ausserhalb C; in der Anfangsstellung liege α auf der Centralen beider Kreise im Maximalabstand vom Mittelpunkt des Kreises C, und es sei die y-Axe in die Centrale, die x-Axe durch den Mittelpunkt von C gelegt. Dann ist die Gleichung von C

$$(13\text{b}) \qquad x^2+y^2 = A^2.$$

Der Mittelpunkt von Γ hat in der Anfangslage die Coordinaten $x = 0$, $y = A+a$, also ist die Gleichung von Γ

$$(14\text{b}) \qquad \xi^2+(\eta-A-a)^2 = a^2.$$

Gl. (16) wird damit, da die Anfangsabscisse τ gleich Null ist,

$$(16\text{a}) \qquad \int\limits_0^{\xi} \frac{a\,d\xi}{\sqrt{a^2-\xi^2}} = \int\limits_0^{x} \frac{A\,dx}{\sqrt{A^2-x^2}}$$

oder

$$(16\text{b}) \qquad a \arcsin\frac{\xi}{a} = A \arcsin\frac{x}{A}.$$

Der Radius, welcher zur Zeit t nach dem Berührungspunkt x, y gezogen wird, mache mit der Axe der y den Winkel ψ; dann ist $x = A\sin\psi$, und damit reducirt sich (16a) auf

$$(16\text{c}) \qquad \xi = a\sin\frac{A\psi}{a},$$

welche Gleichung mit (16b) äquivalent ist.

Gl. (17) wird nunmehr, da das dortige $a = 0$, $b = A+2a+p$ ist,

$$(17\text{b}) \qquad \xi^2+(\eta-A-2a-p)^2 = (\mathfrak{x}-x)^2+(\mathfrak{y}-y)^2.$$

Hierin ist nach (14b)

$$\eta = A+a\pm\sqrt{a^2-\xi^2},$$

also zunächst

$$\xi^2+(-a-p\mp\sqrt{a^2-\xi^2}) = (\mathfrak{x}-x)^2+(\mathfrak{y}-y)^2.$$

Setzt man hierin ferner $y = \sqrt{A^2-x^2}$, $x = A\sin\psi$ und $\xi = a\sin\frac{A\psi}{a}$ (16b), so erhält man die Gleichung, welche der Gl. (18) entspricht; da für $\psi = 0$ sowohl ξ wie $\mathfrak{x}$ gleich Null und $\mathfrak{y} = A+2a+p$ sein muss, findet sich, dass das negative Vorzeichen der Wurzel gilt, und man erhält

$$(18\text{b}) \qquad (\mathfrak{x}-A\sin\psi)^2+(\mathfrak{y}-A\cos\psi)^2 = (a+p)^2+a^2+2(a+p)a\cos\frac{A\psi}{a}$$

als Gleichung der Kreisschaar mit dem variablen Parameter ψ. Differentiirt man dieselbe, indem man ψ als Function von $\mathfrak{x}$ behandelt, und setzt den Factor von $\frac{d\psi}{d\mathfrak{x}}$ gleich Null, so kommt

$$\text{(20b)}\quad \mathfrak{x}\cos\psi-\mathfrak{y}\sin\psi=(a+p)\sin\frac{A\psi}{a}.$$

Aus dieser Gleichung und (18b) ist ψ zu eliminiren. Vorläufig wollen wir $\mathfrak{x}$ und $\mathfrak{y}$ gesondert als Functionen von ψ darstellen. Quadrirt man (20b) und subtrahirt von (18b), so kommt

$$(\mathfrak{x}\sin\psi+\mathfrak{y}\cos\psi-A)^2=\left[a+(a+p)\cos\frac{A\psi}{a}\right]^2,$$

oder, da dieselbe Bemerkung, wie oben, zeigt, dass auf beiden Seiten beim Radiciren gleiche Vorzeichen zu nehmen seien,

$$\mathfrak{x}\sin\psi+\mathfrak{y}\cos\psi=A+a+(a+p)\cos\frac{A\psi}{a}.$$

Combinirt man diese Gleichung mit (20b), so ergiebt sich leicht

$$\text{(22)}\quad \begin{cases}\mathfrak{x}=(A+a)\sin\psi+(a+p)\sin\left(\dfrac{A+a}{a}\psi\right)\\ \mathfrak{y}=(A+a)\cos\psi+(a+p)\cos\left(\dfrac{A+a}{a}\psi\right).\end{cases}$$

Beide Gleichungen zusammen stellen die Epicycloiden dar, und zwar die verschlungene, gemeine oder gedehnte Epicycloide, je nachdem $p \gtreqless 0$ genommen wird. Man überzeugt sich auch leicht, dass dieselben Gleichungen die drei Hypocycloiden darstellen, wenn man in ihnen a negativ nimmt; denn man braucht nur in den Gl. (13b) und (14b) $-a$ statt a zu setzen, so stellen sie die beiden Kreise C und Γ in der zur Erzeugung einer Hypocycloide geeigneten Lage dar.

Um die Elimination von ψ nun vollständig auszuführen, schreiben wir abkürzend $\mathfrak{A}$ für $A+a$, $\mathfrak{B}$ für $A+p$, n für $\frac{A+a}{a}$. Die Gleichungen (22) lauten dann

$$\mathfrak{x}=\mathfrak{A}\sin\psi+\mathfrak{B}\sin n\psi,$$
$$\mathfrak{y}=\mathfrak{A}\cos\psi+\mathfrak{B}\cos n\psi.$$

Schreibt man dieselben einmal

$$\mathfrak{A}\sin\psi=\mathfrak{x}-\mathfrak{B}\sin n\psi,\quad \mathfrak{A}\cos\psi=\mathfrak{y}-\mathfrak{B}\cos n\psi,$$

und das andere Mal

$$\mathfrak{B}\sin n\psi=\mathfrak{x}-\mathfrak{A}\sin\psi,\quad \mathfrak{B}\cos n\psi=\mathfrak{y}-\mathfrak{C}\cos\psi,$$

quadrirt und addirt die entsprechenden Paare, so findet sich

$$\mathfrak{A}^2=\mathfrak{x}^2+\mathfrak{y}^2-2\mathfrak{B}\mathfrak{x}\sin n\psi-2\mathfrak{B}\mathfrak{y}\cos n\psi+\mathfrak{B}^2,$$
$$\mathfrak{B}^2=\mathfrak{x}^2+\mathfrak{y}^2-2\mathfrak{A}\mathfrak{x}\sin\psi-2\mathfrak{B}\mathfrak{y}\cos\psi+\mathfrak{B}^2.$$

Nun ist bekanntlich $\sin\psi=\dfrac{e^{\psi i}-e^{-\psi i}}{2i}$, oder, wenn man $e^{\psi i}$ abkürzend mit λ bezeichnet, $\sin\psi=\dfrac{1}{2i}\left(\lambda-\dfrac{1}{\lambda}\right)$, und $\cos\psi=\frac{1}{2}\left(\lambda+\dfrac{1}{\lambda}\right)$; ebenso $\sin n\psi=\dfrac{1}{2i}\left(\lambda^n-\dfrac{1}{\lambda^n}\right)$, $\cos n\psi=\frac{1}{2}\left(\lambda^n+\dfrac{1}{\lambda^n}\right)$. Substituirt man dies in die vorangegangenen Gleichungen und entfernt die λ^n bzw. λ aus dem Nenner, so erhält man

$$(23)\qquad \begin{cases} \mathfrak{B}(i\mathfrak{x}-\mathfrak{y})\lambda^{2n}+(\mathfrak{x}^2+\mathfrak{y}^2+\mathfrak{B}^2-\mathfrak{A}^2)\lambda^n = \mathfrak{B}(i\mathfrak{x}-\mathfrak{y}), \\ \mathfrak{A}(i\mathfrak{x}-\mathfrak{y})\lambda^2 +(\mathfrak{x}^2+\mathfrak{y}^2+\mathfrak{A}^2-\mathfrak{B}^2)\lambda = \mathfrak{A}(i\mathfrak{x}-\mathfrak{y}). \end{cases}$$

Diese Gleichungen braucht man nur nach λ^n und λ aufzulösen, so ist die Elimination zu Standé gebracht; dieselbe wird übrigens nur dann rational, wenn n, also wenn $\frac{A}{a}$ eine rationale Zahl ist.

Die allgemeinen geometrischen Eigenschaften der Epi- und Hypocycloiden müssen hier als bekannt vorausgesetzt werden. Wir heben nur einzelne Specialfälle hervor:

1) Cardioide. a positiv $= A$, $p = 0$. Man hat $\mathfrak{A} = 2A$, $\mathfrak{B} = A$, $n = 2$,

$$\mathfrak{x} = 2A\sin\psi + A\sin 2\psi, \quad \mathfrak{y} = 2A\cos\psi + A\cos 2\psi.$$

Die Elimination ergiebt

$$[\mathfrak{x}^2+(\mathfrak{y}+A)^2]^2+4A(\mathfrak{y}+A)[\mathfrak{x}^2+(y+A)^2]-4A^2x^2 = 0.$$

Setzt man $\mathfrak{y}+A = \rho\cos\vartheta$, $\mathfrak{x} = \rho\sin\vartheta$, so erhält man die bequemere Polarformel

$$\rho = 2A(1+\cos\vartheta),$$

in welcher die Cardioide auf ihre Spitze als Anfangspunkt bezogen ist.

2) Hypocycloide $a = -\frac{1}{2}A$; p sei unbestimmt gelassen. Man erhält aus (22)

$$\mathfrak{x} = -p\sin\psi, \quad \mathfrak{y} = (A+p)\cos\psi,$$

woraus

$$\frac{\mathfrak{x}^2}{p^2} + \frac{\mathfrak{y}^2}{(A+p)^2} = 1.$$

Wenn also ein Kreis auf der Innenseite eines Kreises vom doppelten Radius umläuft, beschreiben alle Punkte der Fläche F Ellipsen. Für $p = 0$ wird die Gleichung zu $\mathfrak{x} = 0$, die Ellipse degenerirt also zur Geraden (welche Durchmesser der Basis ist), wenn der beschreibende Punkt auf dem Umfang des rollenden Kreises liegt. Für $p = -\frac{A}{2}$, d. h., wenn α der Mittelpunkt des rollenden Kreises ist, wird die Trochoide zum Kreise. Aus Gl. (22) ist leicht nachzuweisen, dass das letztere allgemein der Fall ist für $p = -a$.

Aufgaben 1. Die Gleichung der Astroide, Hypocycloide $a = -\frac{A}{4}$, $p = 0$ zu berechnen. 2. Alle Evolventen lassen sich als Trochoiden auffassen, die beschrieben werden von einem Punkt einer geraden Linie, welche auf der Evolute als Basis rollt. Man berechne hiernach die Evolvente des Kreises und der Parabel.

Dritte Methode. Oft ist es vortheilhaft, die Curve Γ in Polarcoordinaten darzustellen, deren Pol der beschreibende Punkt α ist. Statt der Gleichung $\eta = \Gamma(\xi)$ hat man dann in der Anfangslage für Γ eine Gleichung

$$(24)\qquad \rho = \Gamma(\vartheta)$$

nebst der Gleichung für C

$$(25)\qquad y = C(x).$$

Das Bogenelement von Γ hat die Länge $d\sigma = \sqrt{\rho^2 d\vartheta^2 + d\rho^2}$; an die Stelle der Gleichung (15) tritt also nunmehr

$$(26)\qquad \int_{\vartheta_0}^{\vartheta} \sqrt{\rho^2 + \left(\frac{d\rho}{d\vartheta}\right)^2}\, d\vartheta = \int_{c}^{x} \sqrt{1+\left(\frac{dy}{dx}\right)^2}\, dx.$$

Dabei ist ρ der Leitstrahl von α zum Berührungspunkt, d. i. die Linie $A'B'$ der

Fig. 121. An Stelle von Gl. (17) tritt also nunmehr

$$(27)\qquad (\mathfrak{x}-x)^2+(\mathfrak{y}-y)^2=\rho^2$$

als gemeinschaftliche Gleichung der eingehüllten Kreise. Differentiirt man diese in der Art, dass auch x, y und ρ als Functionen von $\mathfrak{x}$ behandelt werden, so erhält man

$$(28)\qquad \frac{d\mathfrak{y}}{d\mathfrak{x}}=-\frac{\mathfrak{x}-x}{\mathfrak{y}-y}+\frac{(\mathfrak{x}-x)+(\mathfrak{y}-y)\frac{dy}{dx}+\rho\frac{d\rho}{dx}}{(\mathfrak{y}-y)}\cdot\frac{dx}{d\mathfrak{x}}.$$

Hierin muss, wie früher, der Factor von $\frac{dx}{d\mathfrak{x}}$ Null sein, also ist

$$(29)\qquad (\mathfrak{x}-x)+(\mathfrak{y}-y)C'(x)+\rho\frac{d\rho}{dx}=0.$$

Hierin kann man nun die integrirte Gleichung (26) einführen; man kann aber auch, und das soll hier geschehen, die Gl. (26) nach Weglassung der Integralzeichen benutzen, um eine Differentialgleichung für die Trochoide herzustellen. Gl. (26) lautet dann

$$\sqrt{\rho^2 d\vartheta^2+d\rho^2}=\sqrt{dx^2+dy^2},$$

$$\sqrt{1+\rho^2\left(\frac{d\vartheta}{d\rho}\right)^2}d\rho=\sqrt{1+\left(\frac{dy}{dx}\right)^2}dx,$$

$$\frac{d\rho}{dx}=\frac{\sqrt{1+\left(\frac{dy}{dx}\right)^2}}{\sqrt{1+\left(\rho\frac{d\vartheta}{d\rho}\right)^2}}.$$

Substituirt man dies in (29), so findet sich

$$(30)\qquad [(\mathfrak{x}-x)+(\mathfrak{y}-C(x))\,C'(x)]\sqrt{1+\left(\rho\frac{d\vartheta}{d\rho}\right)^2}+\rho\sqrt{1+[C'(x)]^2}=0.$$

Hierin lässt sich zunächst $\frac{d\vartheta}{d\rho}$ mit Gl. (24) durch ρ und darauf ρ mit Gl. (27) in der Form

$$(31)\qquad \rho=\sqrt{(\mathfrak{x}-x)^2+[\mathfrak{y}-C(x)]^2}$$

ausdrücken. Dann enthält Gl. (30) nur noch $\mathfrak{x}$, $\mathfrak{y}$, und x. Nun nehme man noch die Bemerkung zu Hülfe, dass ρ normal zur Trochoide ist; diese ergiebt die Gleichung

$$(\mathfrak{y}-y)\frac{d\mathfrak{y}}{d\mathfrak{x}}+(\mathfrak{x}-x)=0$$

oder

$$(32)\qquad [\mathfrak{y}-C(x)]\frac{d\mathfrak{y}}{d\mathfrak{x}}+(\mathfrak{x}-x)=0.$$

Eliminirt man x aus (30) und (31), so hat man die Differentialgleichung der Trochoide.

Beispiel. Welchen Weg beschreibt der Brennpunkt einer Parabel, wenn die Parabel sich auf einer Geraden wälzt?

Die Gerade sei Axe der x, die Axe der Parabel falle in der Anfangslage in die Axe der y; der Parameter der letzteren sei mit $4h$ bezeichnet; dann ist die Polargleichung der Parabel

$$(24\,c)\qquad \rho = \frac{2h}{1-\cos\vartheta},$$

während die Basis die Gleichung $y = 0$ hat. Aus (24c) folgt

$$(24\,d)\qquad \frac{d\rho}{d\vartheta} = -\frac{2h\sin\vartheta}{(1-\cos\vartheta)^2}.$$

Substituirt man diese Ausdrücke in (30), so kommt

$$(30\,c)\qquad (\mathfrak{x}-x)\sqrt{\sin\vartheta^2+(1\cos\vartheta)^2} = \pm\frac{2h\sin\vartheta}{1-\cos\vartheta}.$$

Zugleich wird (31)

$$(31\,c)\qquad (\mathfrak{x}-x)^2+\mathfrak{y}^2 = \frac{4h^2}{(1-\cos\vartheta)^2},$$

und (32) wird

$$(32\,c)\qquad \mathfrak{y}\frac{d\mathfrak{y}}{d\mathfrak{x}}+(\mathfrak{x}-x) = 0.$$

Setzt man (32c) in der Form $(\mathfrak{x}-x) = -\mathfrak{y}\frac{d\mathfrak{y}}{d\mathfrak{x}}$ in (30c) und (31c) ein, so erhält man

$$(33)\qquad \mathfrak{y}^2\left(\frac{d\mathfrak{y}}{d\mathfrak{x}}\right)^2[\sin\vartheta^2+(1-\cos\vartheta)^2](1-\cos\vartheta)^2 = 4h^2\sin\vartheta^2,$$

$$(34)\qquad \left[1+\left(\frac{d\mathfrak{y}}{d\mathfrak{x}}\right)^2\right]\mathfrak{y}^2(1-\cos\vartheta)^2 = 4h^2,$$

zwischen denen noch ϑ zu eliminiren ist.

$$\sin\vartheta^2+(1-\cos\vartheta^2)\quad\text{ist}\quad 2(1-\cos\vartheta)$$

und

$$\sin\vartheta^2\quad\text{ist}\quad (1+\cos\vartheta)(1-\cos\vartheta),$$

so dass Gl. (33) zunächst wird

$$(35)\qquad \mathfrak{y}^2\left(\frac{d\mathfrak{y}}{d\mathfrak{x}}\right)^2(1-\cos\vartheta)^2 = 2h^2(1+\cos\vartheta).$$

Dividirt man dies in (34), so findet sich

$$1+\cos\vartheta = \frac{2d\mathfrak{y}^2}{d\mathfrak{x}^2+d\mathfrak{y}^2},$$

woraus $1-\cos\vartheta = 2-(1+\cos\vartheta)$ gefunden wird zu

$$1-\cos\vartheta = \frac{2d\mathfrak{x}^2}{d\mathfrak{x}^2+d\mathfrak{y}^2}.$$

Setzt man dies in (34) ein, so erhält man

$$(36)\qquad d\mathfrak{x} = \frac{h\,d\mathfrak{y}}{\sqrt{\mathfrak{y}^2-h^2}},$$

als Differentialgleichung der Trochoide. Integrirt giebt dieselbe

$$\mathfrak{x} = h\log\frac{\mathfrak{y}\pm\sqrt{\mathfrak{y}^2-h^2}}{\text{Const.}}.$$

Gemäss der gewählten Anfangsstellung ist $\mathfrak{y} = h$ für $\mathfrak{x} = 0$, woraus folgt Const. $= h$. Damit wird die vorstehende Gleichung

$$\mathfrak{y}\pm\sqrt{\mathfrak{y}^2-h^2} = he^{\frac{\mathfrak{x}}{h}}$$

oder

$$\mathfrak{y} = \frac{h}{2}\left(e^{\frac{\mathfrak{x}}{h}} + e^{-\frac{\mathfrak{x}}{h}}\right).$$

Der Brennpunkt der Parabel beschreibt also eine Kettenlinie, deren Axe die Axe der $\mathfrak{y}$ ist, und deren tiefster Punkt in den Brennpunkt der Anfangslage fällt.

263d. Die Umkehrungen des Trochoidenproblems. 1) Gegeben sei die Curve C nebst der Trochoide T; gesucht wird die Curve Γ, welche auf C rollen muss, um die vorgeschriebene Trochoide T zu erzeugen.

Die allgemeine Lösung dieser Aufgabe ergiebt sich aus den Gl. (30), (31) und (32) des vorigen Paragraphen. Da man in denselben C, C', $\mathfrak{y}$ als Function von $\mathfrak{x}$ und somit auch $\frac{d\mathfrak{y}}{d\mathfrak{x}}$ kennt, braucht man zwischen ihnen nur x und $\mathfrak{x}$ zu eliminiren, so bleibt aus (30) eine Gleichung zwischen ρ und $\frac{d\rho}{d\vartheta}$ übrig, welche die Differentialgleichung der Curve Γ ist.

Beispiel. Welche Curve Γ erzeugt, indem sie auf einer Parabel rollt, die Directrix der Parabel?

Die Parabel habe die Gleichung

$$y^2 = 4hx.$$

Ihre Directrix hat die Gleichung

$$\mathfrak{x} = -h.$$

Es ist also $C(x) = 2\sqrt{hx}$, $C'(x) = \sqrt{\frac{h}{x}}$, und in Gl. (32) $d\mathfrak{x} = 0$, womit Gl. (32) die Form annimmt

$$\mathfrak{x} = C(x) = 2\sqrt{hx}.$$

Hiermit wird Gl. (31)

$$\rho = (\mathfrak{x} - x), \quad x = -(\rho + h)$$

und Gl. (30)

$$\rho\sqrt{1+\left(\rho\frac{d\vartheta}{d\rho}\right)^2} + \rho\sqrt{1-\left(\frac{h}{\rho+h}\right)^2} = 0$$

oder

$$d\vartheta = \frac{h\,d\rho}{\rho(\rho+h)},$$

$$\vartheta = \log\rho - \log(\rho+h) + \text{const.}$$

Für $\vartheta = 0$ wird $\rho = h$, da ja die Curve Γ die Parabel berühren muss; daraus folgt const. $= \log 2$, also ist die Gleichung von Γ:

$$\frac{\rho}{\rho+h} = \tfrac{1}{2}e^{\vartheta}.$$

Die Curve Γ ist sonach eine Spirale, und ihr Pol beschreibt die Directrix.

Aufgabe 2. Welche Curve beschreibt, wenn sie auf einer Geraden rollt, mit ihrem Pol eine zweite Gerade, die mit jener den Winkel α macht?

2) Dieselben drei Gleichungen (30), (31), (32) des vorigen Paragraphen führen auch auf die Lösung der Aufgabe, die Basis C zu finden, auf welcher eine gegebene Curve Γ rollen muss, wenn ein Punkt ihrer Ebene eine vorgeschriebene Trochoide zurücklegen soll. Man kennt in diesem Fall $\mathfrak{y}$ als Function von $\mathfrak{x}$ und ρ als Function von ϑ (oder ϑ als Function von ρ), eliminirt

demnach mit Gl. (32) und (31) noch $\mathfrak{x}$ und ϑ (oder ρ) aus (30) und behält die Differentialgleichung der Curve C übrig.

Beispiel: Auf welcher Curve muss eine Ellipse rollen, wenn ihr Brennpunkt eine gerade Linie beschreiben soll?

Wird der Brennpunkt zum Pole genommen, so lautet die Polargleichung der Ellipse bekanntlich

$$\rho = \frac{p}{1 - e\cos\vartheta}$$

oder

$$\vartheta = \arccos\frac{\rho - p}{e\rho},$$

woraus

$$\frac{d\vartheta}{d\rho} = \frac{-p}{\rho\sqrt{e^2\rho^2 - (p-\rho)^2}}.$$

Die Trochoide falle in die Abscissenaxe, habe demnach die Gleichung

$$\mathfrak{y} = 0, \quad \text{woraus} \quad \frac{d\mathfrak{y}}{d\mathfrak{x}} = 0.$$

Damit werden die Gleichungen (31), (32) reducirt auf

$$\mathfrak{x} = x \quad \text{und} \quad \rho^2 = C(x)^2 = y^2,$$

wenn wir für das nunmehr unbekannte $C(x)$ wieder y schreiben. Gl. (30) ergiebt damit

$$\left(y\frac{dy}{dx}\right)^2 = \left(\frac{d\rho}{d\vartheta}\right)^2 = \frac{y^2[e^2y^2 - (p-y)^2]}{p^2},$$

$$dx = \frac{p\,dy}{\sqrt{-p^2 + 2py - (1-e^2)y^2}}.$$

Bezeichnet man die beiden Halbaxen der Ellipse mit a und b, so ist $p = \frac{b^2}{a}$, $e = \frac{\sqrt{a^2 - b^2}}{a}$; durch Einführung dieser Grössen nimmt die vorstehende Gleichung die noch etwas bequemere Form an

$$dx = \frac{b\,dy}{\sqrt{-b^2 + 2ay - y^2}}$$

und giebt integrirt

$$x + A = b\arcsin\frac{y-a}{\sqrt{a^2 - b^2}}$$

oder

$$y = a + \sqrt{a^2 - b^2}.\sin\frac{x+A}{b},$$

wo A die Integrationsconstante.

Beispiel 2. Auf welcher Curve muss die Cardioide $\rho = 2a(1 + \cos\vartheta)$ rollen, wenn ihr Rückkehrpunkt, auf den sie durch diese Gleichung bezogen ist, die Gerade $y = 0$ beschreiben soll?

263e. Die Reduction einer Berührungsbedingung auf die canonische Form. Die in F feste Curve Π soll die in der xy-Ebene feste Curve P berühren; wie lautet die Bedingung in canonischer Form?

Ein Punkt α_1 der Fläche F werde willkürlich gewählt, zum Ursprung der ξ, η genommen und der Winkel φ von einer Anfangslage aus gezählt, in welcher die Axe der ξ parallel der Axe der x ist. Die beiden Curven haben zwei Gleichungen

$$(1) \quad \eta = \Pi(\xi) \qquad \text{und} \qquad (2) \quad y = P(x).$$

Man nehme willkürlich eine Abscisse x_τ der Curve P und eine Abscisse ξ_τ der Curve Π an und setze willkürlich fest, dass die beiden Curven sich mit diesen Punkten $x = x_\tau$, $\xi = \xi_\tau$ berühren sollen; die Ordinaten η_τ und y_τ dieser Punkte sind dann durch die Gleichungen (1) und (2) mitbestimmt. Sind x_1, y_1 die Coordinaten von α_1 im System der x, y, so gelten die Transformationsformeln

$$(3) \quad \begin{cases} x = x_1 + \xi\cos\varphi - \eta\sin\varphi \\ y = y_1 + \xi\sin\varphi + \eta\cos\varphi \end{cases}$$

oder

$$(4) \quad \begin{cases} \xi = (x - x_1)\cos\varphi + (y - y_1)\sin\varphi \\ \eta = -(x - x_1)\sin\varphi + (y - y_1)\cos\varphi. \end{cases}$$

Der Punkt ξ_τ, η_τ hat also im System der xy die Coordinaten

$$(5) \qquad x_1 + \xi_\tau\cos\varphi - \eta_\tau\sin\varphi, \quad y_1 + \xi_\tau\sin\varphi + \eta_\tau\cos\varphi.$$

Derselbe muss mit x_τ, y_τ zusammenfallen; also muss sein

$$(6) \quad \begin{cases} x_\tau = x_1 + \xi_\tau\cos\varphi - \Pi(\xi_\tau)\sin\varphi \\ P(x_\tau) = y_1 + \xi_\tau\sin\varphi + \Pi(\xi_\tau)\cos\varphi. \end{cases}$$

Ferner lautet die Gleichung (1), auf das System der x, y transformirt

$$(7) \quad -(x - x_1)\sin\varphi + (y - y_1)\cos\varphi = \Pi[(x - x_1)\cos\varphi + (y - y_1)\sin\varphi],$$

woraus durch Differentiation nach x, wenn Π' die erste Derivate von Π ist,

$$(8) \quad \frac{dy}{dx} = \frac{\Pi'[(x - x_1)\cos\varphi + (y - y_1)\sin\varphi] + \sin\varphi}{\cos\varphi - \Pi'[(x - x_1)\cos\varphi + (y - y_1)\sin\varphi]}.$$

Im Punkte $x = x_\tau$ müssen nun beide Curven, weil sie sich dort berühren, gleiche Werthe von $\frac{dy}{dx}$ besitzen. Also muss sein

$$(9) \quad P'(x_\tau) = \frac{\Pi'[(x_\tau - x_1)\cos\varphi + (y_\tau - y_1)\sin\varphi] + \sin\varphi}{\cos\varphi - \Pi'[(x_\tau - x_1)\cos\varphi + (y_\tau - y_1)\sin\varphi]}.$$

Hierin kann man noch $(y_\tau - y_1)$ vermöge (7) durch $(x_\tau - x_1)$ ausdrücken. Dann hat man in Gl. (6) und (9) drei Gleichungen, durch welche x_1, y_1, φ als Functionen von x_τ und ξ_τ dargestellt sind. Eliminirt man zwischen ihnen x_τ und ξ_τ, so bleibt die gesuchte Bedingung zwischen x_1, y_1, φ übrig.

Die Methode liefert bei voller Allgemeinheit recht steife Eliminationen; besitzt die Fläche F ausgezeichnete Punkte, so wird es meist vortheilhaft sein, einen derselben als a_1 zu nehmen; man kann dann von diesem zu anderen Punkten a_2 nach **263a** übergehen.

Beispiel. Π sei ein Kreis vom Radius a und P eine Gerade, die Bedingung also ursprünglich dahin formulirt, dass der Kreis auf der Geraden rollen und gleiten darf. Der Schwerpunkt der Fläche F liege irgendwo im Abstand l vom Mittelpunkt des Kreises; die Bedingung soll in x_σ, y_σ, φ ausgedrückt werden.

Wir betrachten zunächst den Mittelpunkt des Kreises als Punkt a_1 und transformiren die Bedingung auf x_1, y_1, φ. Man sieht sofort, dass, wenn die Gerade zur Axe der x genommen wird, die Bedingung lautet $y_1 = a$. Das lässt sich auch analytisch nach der obigen Methode leicht herleiten: Die Gleichungen der Curven P und Π (für letztere liegt der Ursprung der ξ, η im Mittelpunkt des Kreises) sind $y = 0$ und $\eta = \sqrt{a^2 - \xi^2}$. Die Gleichungen (6) werden damit

$$(6\text{a}) \quad \begin{cases} x_\tau = x_1 + \xi_\tau \cos\varphi - \sin\varphi \sqrt{a^2 - \xi_\tau^2} \\ 0 = y_1 + \xi_\tau \sin\varphi + \cos\varphi \sqrt{a^2 - \xi_\tau^2}. \end{cases}$$

Die transformirte Kreisgleichung lautet

$$(x - x_1)^2 + (y - y_1)^2 = a^2, \quad \text{woraus}$$

$$\left(\frac{dy}{dx}\right)_\tau = -\frac{x_\tau - x_1}{y_\tau - y_1}.$$

Für die Gerade ist $\frac{dy}{dx} = 0$, also muss sein

$$(9\text{a}) \qquad x_\tau - x_1 = 0.$$

Führt man dies in die erste Gleichung (6a) ein, setzt y_1 auf die linke Seite, quadrirt und addirt, so erhält man

$$y_1^2 = a^2, \quad y_1 = \pm a.$$

Hat man die Axe der y nach derjenigen Seite hin gelegt, auf welcher der Kreismittelpunkt sich befindet, so gilt das positive Vorzeichen; also ist die Bedingung

$$(10\text{a}) \qquad y_1 = a.$$

Legt man nun durch den Schwerpunkt ein neues Coordinatensystem der ξ, η, dessen ξ-Axe durch den Mittelpunkt des Kreises geht, so hat der Mittelpunkt die Coordinaten $\xi_1 = l$, $\eta_1 = 0$, also wird mit **263a** Gl. (3) zweite Gleichung

$$y_1 = y_\sigma + l \sin\varphi,$$

und somit, indem man dies in Gl. (10a) einführt

$$y_\sigma + l \sin\varphi = a$$

die gesuchte Bedingung zwischen x_σ, y_σ, φ.

263f. Die Bedingung, dass zwei Punkte von F auf zwei festen Curven liegen. Die Umformungen des vorigen Paragraphen vereinfachen sich bedeutend, wenn die eine der beiden Curven Π und P zu einem Punkt degenerirt. Wir nehmen zunächst an, dass sei mit Π der Fall, es sei also ein Punkt π der Fläche F gezwungen, auf der in x, y festen Curve P zu bleiben.

Ist nur eine derartige Bedingung gegeben, so nehme man den Punkt π zum Bezugspunkt α_1; dann hat die Bedingung ohne weiteres die canonische Form $\Psi(x_1, y_1) = 0$.

Sind aber zwei Punkte von F an feste Curven gebunden, so kann man nicht beide zugleich zum Ursprung der ξ, η nehmen; der zweite erfordert also eine besondere Untersuchung. Handelt es sich bloss darum, auf irgend eine Weise die canonische Form der Bedingungen herzustellen, so ist das Verfahren sehr einfach: Sind α_1 und α_2 die beiden gezwungenen Punkte von F, so nehme man zuerst α_1 zum Bezugspunkt; die erste Bedingung erscheint dann sofort unter der Form $\Phi(x_1, y_1) = 0$. Hierauf nehme man α_2 zum Bezugspunkt; die zweite Bedingung hat dann die Form $\Phi_2(x_2, y_2) = 0$; diese transformire man nach **263a** auf den Punkt α_1, worauf sie die Form $\Psi(x_1, y_1, \varphi) = 0$ annimmt; dann ist das Gewünschte erreicht, und man kann nun, wenn man will, die Bedingungen vom Punkt α_1 auf einen beliebigen Punkt β von F nach **263a** transformiren.

Man kann aber auch die Aufgabe, die Bahn des beliebigen Punktes β, so wie die zu den Bahnpunkten gehörigen Werthe von φ, nebst den Curven Γ und C zu eruiren, direct angreifen.

Die Gleichung der Bahn von α_1 sei in einem beliebig gewählten Coordinatensystem der xy

$$(1) \qquad y_1 = f_1(x_1)$$

und die der Bahn von α_2 in demselben System sei

$$(2) \qquad y_2 = f_2(x_2).$$

Die beiden Punkte α_1 und α_2 haben einen bestimmten Abstand l voneinander; es besteht also die Gleichung

$$(3) \qquad (y_2 - y_1)^2 + (x_2 - x_1)^2 = l^2.$$

Nimmt man x_1, y_1 willkürlich an, so lässt sich aus Gl. (2) und (3) der zugehörige Punkt x_2, y_2 bestimmen; ist die Bestimmung mehrdeutig, so muss, wenn die Aufgabe determinirt sein soll, einmal angegeben sein, welches Paar von Coordinatenwerthen für α_1 und α_2 zusammengehört; für jede spätere Zeit gelten dann diejenigen Werthe von x_2, y_2, die sich aus dem Anfangswerth durch continuirliches Fortschreiten ableiten lassen. Am besten werthet man die Gleichungen (1), (2), (3) in folgender Weise aus:

Man betrachte y_1 und x_1 als Functionen der Grösse t, stelle also zwei Gleichungen auf

$$(4) \qquad y_1 = y_1(t) \quad \text{und} \quad x_1 = x_1(t),$$

wo die Buchstaben y_1 und x_1 auf der rechten Seite Functionszeichen und die beiden Functionen willkürlich gewählt sind innerhalb der Bedingung, dass die

Gleichungen (4) durch Elimination von t auf Gl. (1) führen. Gl. (3) nimmt dann die Form

$$(3a)\qquad [y_2 - y_1(t)]^2 + [x_2 - x_1(t)]^2 = l^2$$

an, und indem man Gl. (2) mit (3a) combinirt und nach x_2, y_2 auflöst, erhält man zwei neue Gleichungen

$$(5)\qquad y_2 = y_2(t), \quad x_2 = x_2(t),$$

in denen auch x_2 und y_2 als Functionen von t dargestellt sind. Unter den möglichen verschiedenen Wurzelwerthen die in der Gl. (5) auftreten, sind diejenigen auszuwählen, die für einen Anfangswerth von t ein zusammengehöriges Werthepaar von x_1, y_1 einerseits und x_2, y_2 andererseits ergeben. Lässt man dann t continuirlich variiren, so beschreiben α_1 und α_2 ihre Bahnen in der vorgeschriebenen Weise.

Fig. 122.

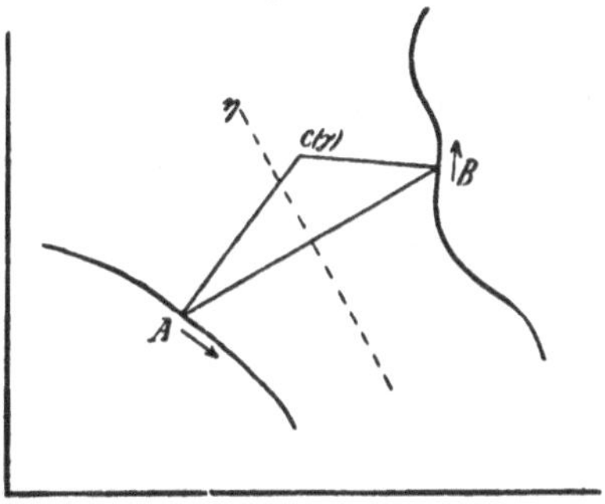

Es sei nun A der Ort, den α_1 zur Zeit t einnimmt, und B derjenige von α_2. Das Coordinatensystem der ξ, η legen wir durch die Mitte der Geraden AB, und es sei AB die Axe der ξ, die Senkrechte zu AB die Axe der η. Dann hat der Anfang der ξ, η die Coordinaten

$$\tfrac{1}{2}(x_1 + x_2), \quad \tfrac{1}{2}(y_1 + y_2)$$

im System der x, y. Der Winkel φ, welchen die Axe der ξ mit der Axe der x einschliesst, ist bestimmt durch die Gleichungen

$$(6)\qquad \cos\varphi = \frac{x_2 - x_1}{l}, \quad \sin\varphi = \frac{y_2 - y_1}{l}.$$

Ein beliebiger Punkt β von F, der im beweglichen System die Coordinaten ξ, η besitzt, hat nun im ruhenden System der x, y die Coordinaten

$$(7)\qquad \begin{cases} x_3 = \tfrac{1}{2}(x_1 + x_2) + \xi\cos\varphi - \eta\sin\varphi \\ y_3 = \tfrac{1}{2}(y_1 + y_2) + \xi\sin\varphi + \eta\cos\varphi. \end{cases}$$

Mittels der Gleichungen (4), (5), (6) sind hierin x_1, x_2, y_1, y_2 und φ durch t ausgedrückt; man braucht also aus den Gl. (7) nur noch t eliminiren, so hat man die Gleichung der Bahn von β; eliminirt man ferner t zwischen der ersten Gl. (6) und der ersten (7), so erhält man φ als Function von x_3, und damit ist das erste der obigen Probleme gelöst.

Zur Zeit t dreht sich ferner F um ein Momentancentrum $c(\gamma)$; die an A und B anliegenden Bahnelemente werden also durch Drehung um $c(\gamma)$ beschrieben, d. h. $c(\gamma)$ liegt auf dem Durchschnitt der beiden Normalen, welche in A und B auf den Bahnen von α und β errichtet werden. Diese beiden Normalen haben die Gleichungen

$$(8)\qquad \begin{cases} (x - x_1)\dfrac{dx_1}{dt} + (y - y_1)\dfrac{dy_1}{dt} = 0 \\ (x - x_2)\dfrac{dx_2}{dt} + (y - y_2)\dfrac{dy_2}{dt} = 0. \end{cases}$$

Hierin sind $x_1, x_2, \frac{dx_1}{dt}$ u. s. w. mit Hülfe von (4) und (5) durch t auszudrücken; man braucht also nur noch t eliminiren, so hat man die Gleichung aller Momentancentra in x, y, d. h. die Basis C.

Transformirt man die Gleichungen (8) auf das System der ξ, η, indem man $x = \frac{1}{2}(x_1+x_2)+\xi\cos\varphi-\eta\sin\varphi$, u. s. w. setzt, und bedenkt, dass $\xi_1 = \frac{1}{2}l$, $\xi_2 = -\frac{1}{2}l$, $\eta_1 = \eta_2 = 0$ ist, so erhält man zwei Gleichungen zwischen ξ, η, φ und t, in denen φ durch t auszudrücken ist; hierauf liefert die Elimination von t die Gleichung von Γ.

Beispiel 1. Zwei Punkte von F bewegen sich auf zwei Geraden, die einander unter dem Winkel ϑ im Punkt O schneiden.

Wir nehmen die eine Gerade zur Axe der x und O zum Anfangspunkt der x, y, wo dann die beiden Geraden die Gleichungen haben

$$y_1 = x_1 \operatorname{tang}\vartheta, \quad y_2 = 0.$$

Die erste von diesen lässt sich offenbar ersetzen durch $y_1 = t\sin\vartheta$, $x_1 = t\cos\vartheta$, und wenn man damit nach dem obigen y_2 und x_2 durch t ausdrückt, findet sich

$$x_1 = t\cos\vartheta, \quad x_2 = t\cos\vartheta+\sqrt{l^2-t^2\sin^2\vartheta},$$
$$y_1 = t\sin\vartheta, \quad y_2 = 0,$$

hieraus zunächst

$$\cos\varphi = \frac{\sqrt{l^2-t^2\sin^2\vartheta}}{l}, \quad \sin\varphi = -\frac{t\sin\vartheta}{l}.$$

Bildet man damit die Gleichungen (7), so findet sich

$$x_3 = t\cos\vartheta+\tfrac{1}{2}\sqrt{l^2-t^2\sin^2\vartheta}+\xi\frac{\sqrt{l^2-t^2\sin^2\vartheta}}{l}+\eta\frac{t\sin\vartheta}{l},$$

$$y_3 = \tfrac{1}{2}t\sin\vartheta-\xi\frac{t\sin\vartheta}{l}+\eta\frac{\sqrt{l^2-t^2\sin^2\vartheta}}{l}.$$

Die Gleichungen nehmen eine für die Elimination etwas bequemere Form an, wenn man $t = -l\sin\varphi : \sin\vartheta$ setzt und φ eliminirt. So findet sich

$$y_3^2[(\xi+\tfrac{1}{2}l)^2+(\eta+l\cot\vartheta)^2]+x_3^2[\eta^2+(\xi-\tfrac{1}{2}l)^2]+$$
$$+2x_3y_3[(\xi-\tfrac{1}{2}l)(\eta+l\cot\vartheta)-\eta(\xi+\tfrac{1}{2}l)] = [\xi^2+\eta^2+\eta l\cot\vartheta-\tfrac{1}{4}l^2]^2.$$

Das ist die Gleichung eines Kegelschnitts, der nach Lage der Sache nur eine Ellipse sein kann, weil die Punkte α und β wegen der endlichen Grösse von l sich nicht über einen gewissen endlichen Abstand hinaus von O entfernen können. Es beschreibt also jeder Punkt ξ, η von F eine Ellipse; doch kann die letztere unter Umständen zur Geraden degeneriren.

Setzt man willkürlich $\xi = -\frac{1}{2}l$, $\eta = -l\cot\vartheta$, so werden gleichzeitig die Factoren von y_3^2, von x_3y_3, und das constante Glied der vorstehenden Gleichung zu Null. Die Gleichung degenerirt also zu $x_3^2 = 0$; d. h. der Punkt $\xi = -\frac{1}{2}l$, $\eta = -l\cot\vartheta$ bewegt sich auf der Axe der y. Bewegen sich also zwei Punkte α und β auf zwei Geraden, die den Winkel ϑ mit einander machen, so bewegen sich auch zwei Punkte α und β' auf zwei Geraden, die einen rechten Winkel mit einander machen. Diese Bemerkung kann man benutzen, um die Gleichungen des Problems zu vereinfachen; denn nach derselben wird die Allgemeinheit nicht beschränkt, wenn wir annehmen, ϑ sei $= \frac{1}{2}\pi$. Die Grundgleichungen lauten dann

$$x_1 = 0, \quad x_2 = \sqrt{l^2 - t^2},$$
$$y_1 = t, \quad y_2 = 0,$$

und in der obigen Kegelschnittsgleichung fällt das Glied $l \cot\vartheta$ überall fort. Zugleich wird

$$\cos\varphi = \frac{\sqrt{l^2 - t^2}}{l}, \quad \sin\varphi = -\frac{t}{l}.$$

Wir wollen die so vereinfachten Gleichungen benutzen, um Basis und Rollcurve zu finden. Die Gl. (8) nehmen mit ihnen die Form an

$$(8\text{b}) \qquad x = \sqrt{l^2 - t^2} \quad \text{und} \quad y = t,$$

woraus ohne weiteres als Gleichung der Basis C folgt

$$x^2 + y^2 = l^2.$$

Die Gleichungen (8b), auf das System der ξ, η transformirt, geben als Gleichungen der beiden Normalen im System der ξ, η

$$\tfrac{1}{2}(y_1 + y_2) + \xi \sin\varphi + \eta \cos\varphi = t,$$
$$\tfrac{1}{2}(x_1 + x_2) + \xi \cos\varphi - \eta \sin\varphi = \sqrt{l^2 - t^2}.$$

Drückt man hierin x_1, x_2, y_1, y_2 und φ durch t aus, so findet sich sehr leicht als Gleichung von Γ

$$\xi^2 + \eta^2 = \frac{l^2}{4}.$$

Der Mittelpunkt dieses Kreises liegt im Anfang der ξ, η, also im Innern des Kreises C. Die Bewegung von F ist also die hypocycloidische, bei welcher der Halbmesser des rollenden Kreises die Hälfte von dem der Basis und der letztere gleich l ist.

Beispiel 2: Pleuelstange: Ein Punkt α_1 bewegt sich auf einem Kreise, der andere, α_2, auf einem verlängerten Durchmesser desselben.

Die Distanz $\alpha_1 \alpha_2$ sei wieder $= l$ gesetzt, a der Radius des Kreises; dessen Mittelpunkt werde zum Anfang und der fragliche Durchmesser zur Axe der x genommen. Die Gleichungen $x_1^2 + y_1^2 = a^2$ und $y_2 = 0$ lassen sich, wie leicht ersichtlich, ersetzen durch

$$x_1 = a\cos t, \quad x_2 = a\cos t + \sqrt{l^2 - a^2\sin^2 t},$$
$$y_1 = a\sin t, \quad y_2 = 0,$$

aus denen sich ergiebt

$$\cos\varphi = \frac{\sqrt{l^2 - a^2\sin^2 t}}{l}, \quad \sin\varphi = -\frac{a}{l}\sin t.$$

Damit werden die Gleichungen (7) für die Bahn des beliebigen Punktes ξ, η

$$x_3 = a\cos t + \left(\tfrac{1}{2} + \frac{\xi}{l}\right)\sqrt{l^2 - a^2\sin^2 t} + \eta\frac{a}{l}\sin t,$$

$$y_3 = \left(\tfrac{1}{2} - \frac{\xi}{l}\right) a\sin t + \frac{\eta}{l}\sqrt{l^2 - a^2\sin^2 t}.$$

Die Elimination von t führt im Allgemeinen auf eine Gleichung 8ten Grades. Sie vereinfacht sich für Punkte der Geraden $\alpha\beta$, da für diese $\eta = 0$ ist. Sie vereinfacht sich weiter, wenn man $a = l$ nimmt, wo $\sqrt{l^2 - a^2\sin^2 t}$ zu $a\cos t$ wird. Im letzteren Fall ergiebt sie für Punkte der Geraden $\alpha\beta$ eine Ellipse. Die Gleichungen (8) werden

$$(8\text{b})\qquad \begin{cases} x\sin t = y\cos t, \\ x = a\cos t + \sqrt{l^2 - a^2\sin^2 t}. \end{cases}$$

Sie ergeben durch Elimination von t die Gleichung 6ten Grades für C

$$(x^2+a^2-l^2)^2(x^2+y^2) = 4a^2x^2,$$

welche sich für $l = a$ auf die Kreisgleichung $x^2+y^2 = 4a^2$ zurückzieht. Eine ähnliche Gleichung 6ten Grades erhält man für Γ, indem man ξ und η in (8b) einführt. Für $l = a$ ergiebt sich eine Ellipse.

263g. Die Bedingung, dass Curven von F durch feste Punkte gehen. Erste Methode. Man kann die Aufgabe direct nach **263c** behandeln. Es sei zunächst eine Bedingung der Art gegeben, dass die in F feste Curve Π_1 beständig durch den in der xy-Ebene festen Punkt $x = a_1$, $y = b_1$ geht. In F sei der Punkt a_1 willkürlich ausgewählt und zum Ursprung der ξ, η genommen; dabei sei $\eta = \Pi_1(\xi)$ die Gleichung der Curve Π. Wählt man nun auf dieser Curve einen Punkt mit der Abscisse ξ_τ willkürlich aus, so müssen in dem Augenblick, wo dieser Punkt durch a_1, b_1 geht, seine auf xy transformirten Coordinaten gleich a und b sein. Es muss also sein

$$(1)\qquad \begin{cases} a_1 = x_1 + \xi_\tau\cos\varphi - \Pi_1(\xi_\tau)\sin\varphi \\ b_1 = y_1 + \xi_\tau\sin\varphi + \Pi_1(\xi_\tau)\cos\varphi. \end{cases}$$

Eliminirt man zwischen diesen Gleichungen ξ_τ, so hat man die Bedingung in der gewünschten Form $\Phi(x_1, y_1, \varphi) = 0$.

Besteht ausserdem noch eine zweite Bedingung, dass die Curve Π_2 durch den festen Punkt $x = a_2$, $y = b_2$ der xy-Ebene geht, so sei ξ'_τ der Punkt von Π_2, welcher durch a_2, b_2 geht, wenn ξ_τ durch a_1, b_1 geht. Ist dann r der Abstand des Punktes a_2, b_2 von a_1, b_1, so muss offenbar

$$(2)\qquad (\xi'_\tau - \xi_\tau) + [\Pi_2(\xi'_\tau) - \Pi_1(\xi_\tau)]^2 = r^2$$

sein. In Verbindung mit einer der Gleichungen (1) liefert diese Gleichung den Werth von ξ'_τ ausgedrückt durch a_1, b_1, x_1, y_2, φ. Ausserdem bestehen, wie oben, die Gleichungen

$$(3)\qquad \begin{cases} a_2 = x_1 + \xi'_\tau\cos\varphi - \Pi_2(\xi'_\tau)\sin\varphi \\ b_2 = y_1 + \xi'_\tau\sin\varphi + \Pi_2(\xi'_\tau)\cos\varphi. \end{cases}$$

Setzt man in eine von diesen den gefundenen Werth von ξ'_τ, so hat man die zweite Bedingung in der Form $\Psi(x_1, y_1, \varphi) = 0$.

Eine zweite Methode gründet sich auf die folgenden Betrachtungen, die wir ihrer Allgemeinheit wegen in einen besonderen Paragraphen verweisen.

264. Die Reciprocität in der Relativbewegung. Die Bewegung des Systems der ξ, η und des Systems der xy gegeneinander ist ein rein relativer Vorgang, und wie in den Einleitungsparagraphen **190** ff. hervorgehoben wurde, ist es rein conventionell, wenn wir die Ebene der x, y als ruhend, die der ξ, η als bewegt bezeichnen; wir können eben so wohl die Ebene der ξ, η als ruhend und die der x, y als bewegt ansehen. Wenn wir also bisher die Bewegung von F als eine „Bewegung des $\xi\eta$-Systems im xy-System beschrieben haben, so war das willkürlich; die Beschreibung lässt sich auch umkehren, indem man die Bewegung von F als eine „Bewegung des xy-Systems im System der $\xi\eta$" auffasst. Hierbei kommen zweierlei Reciprocitäten zum Vorschein, die wohl unterschieden werden müssen.

Um bequeme Ausdrücke zu haben, wollen wir eine bestimmte Art der Beschreibung bevorzugen, etwa die durch Γ und C. Eine bestimmte continuirliche Bewegung von F sei characterisirt durch den Satz: „Die gegebene Curve Γ, welche im System der ξ, η festliegt, rolle auf der gegebenen Curve C, welche im System der x, y festliegt." Dann ist diese Beschreibung vollständig identisch mit dem Satz: „Die Curve C, welche im System der xy festliegt, rollt (rückwärts) auf der Curve Γ, welche im System der ξ, η festliegt." Diese Identität kann man den D u a l i s m u s der B e s c h r e i b u n g e n nennen.

Nun beschreibt jeder Punkt α von F bei der Bewegung eine Curve P im System der xy, und jeder Punkt a der xy-Ebene beschreibt bei derselben Bewegung eine Curve Π im System der ξ, η — dabei ist es ganz gleichgültig, ob man Γ auf C oder C auf Γ rollen lässt; die Curven P, welche α im S y s t e m d e r xy beschreibt, sind in beiden Fällen identisch. Aber d i e C u r v e P i s t, wenn α zu irgend einer Zeit mit a zusammenfällt, im Allgemeinen n i c h t i d e n t i s c h u n d n i c h t c o n g r u e n t m i t d e r C u r v e Π. Das leuchtet zunächst an einem Beispiel ein: Γ sei ein Kreis vom Radius R, C eine Gerade. Lässt man C ruhen und Γ darauf umlaufen, so beschreiben die Punkte von F Cycloiden in x, y. Zugleich aber beschreiben die Punkte der x, y ebene Bahnen in der ξ, η-Ebene; diese erhält man in der gewöhnlichen Form, wenn man Γ festhält und C auf Γ rollen lässt: die Bahnen Π sind Kreisevolventen. Dieselben Curven entstehen aber auch in der ξ, η-Ebene, wenn man C festhält und Γ rollen lässt; wenn man sich etwa im Punkt a der xy-Ebene eine Bleistiftspitze befestigt denkt, so schreibt diese auf der über sie weggleitenden $\zeta\eta$-Ebene eine Kreisevolvente auf. Ebenso, wenn man C auf Γ rollen lässt, und in der $\xi\eta$-Ebene im Punkt α eine Bleistiftspitze befestigt, so schreibt dieselbe in der xy-Ebene eine Cycloide auf. Die Kreisevolventen sind andere Curven als die Cycloiden, und der Unterschied beruht nicht darauf, dass man das einemal Γ auf C, das andere mal C auf Γ rollen lässt, sondern darauf, dass die Cycloiden in der xy-Ebene und die Evolventen in der $\xi\eta$-Ebene beschrieben werden.

Die Beziehung, welche zwischen den Curven Π und P stattfindet, wenn sie von zwei Punkten α und a beschrieben werden, die zur Zeit Null zusammenfallen, wollen wir Reciprocität nennen.

In der Lehre von der Relativbewegung wurde der allgemeine Satz aufgestellt: „Macht das System Σ im System S eine Bewegung B, so macht das System S im System Σ die Bewegung $-B$.“ Der Satz steht mit der Verschiedenheit reciproker Bahnen nicht im Widerspruch, sondern begründet sie. Er bezog sich nämlich auf Bewegungsergebnisse, also auf den Unterschied zwischen Anfangs- und Endlagen. Es sei τ irgend ein (endlicher oder unendlich kleiner) Zeitraum; zur Zeit Null möge α mit a zusammenfallen, und in der Zeit τ bewege sich F irgend wie. Dann liegt nach Verlauf der Zeit τ α in einem anderen Punkt b der xy-Ebene, und a coincidirt mit einem Punkt β der ζ, η-Ebene. Das Geschehene lässt sich also beschreiben durch die Worte: „α hat in der xy-Ebene den Weg ab gemacht“, oder auch „a hat in der ξ, η-Ebene den Weg $\alpha\beta$ gemacht“.

Fig. 123.

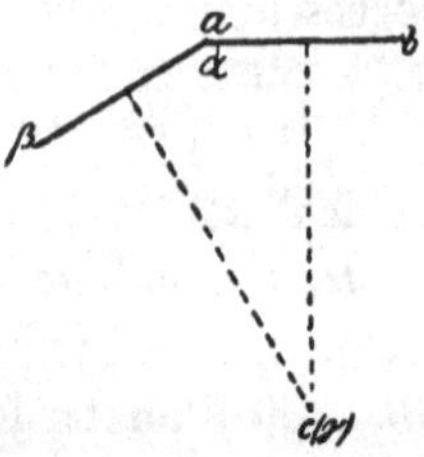

Fig. 123 stellt die Lage der Punkte a, b, α, β zur Zeit Null dar. Ist $c(\gamma)$ das Centrum der Drehung, welche in der Zeit τ ausgeführt wurde, so ist ab längengleich $\alpha\beta$ und

$$\angle acb = -\alpha\gamma\beta.$$

Hierin liegt der obige Satz, dass die Bewegungen der Systeme entgegengesetzt gleich sind.

Zur Zeit $t = \tau$ fällt nun aber α nicht mehr mit a zusammen, sondern die Punkte liegen, wie in Fig. 124, S. 751; β fällt in a und α in b. Wenn im folgenden Zeitraum τ eine neue Bewegung eintritt, macht also nunmehr β eine Amplitude, die der von a entgegengesetzt gleich ist, und α eine solche, die der

Fig. 124.

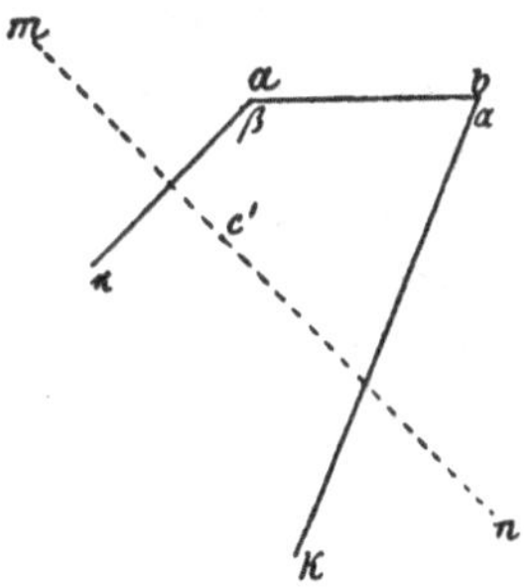

von b entgegengesetzt gleich ist. Daraus folgt aber keineswegs, dass nun auch noch die Bewegung von α die entgegengesetzte von der von a wird. Sondern: durch die neue Bewegung kommt irgend ein Punkt $\varkappa$ von F in die Lage a; zugleich rückt α von b nach einem neuen Punkt k der xy-Ebene. Dabei drehen sich α, β, γ um das gemeinsame Centrum c'. Der Weg, den $\varkappa$ beschreibt, ist also, wenn $\angle \varkappa c'\beta = \varphi$ gesetzt wird, wie leicht zu sehen $2.\overline{c'a}.\sin\frac{1}{2}\varphi$; der Weg von α aber ist $2c'b.\sin\frac{1}{2}\varphi$. Beide Wege sind also nur dann gleich, wenn $\overline{c'a} = c'b$ ist, d. h. wenn c' zugleich Momentancentrum für die erste Bewegung ist oder wenn c' symmetrisch zu c liegt. Im allgemeinen ist also bk von $\beta\varkappa$ der Grösse nach verschieden. Nun sind a, b, k Punkte der Bahn von α, und $\alpha, \beta, \varkappa$ Punkte der Bahn von a; das Gesagte genügt also, um den Satz zu beweisen:

„Reciproke Curven sind im Allgemeinen nicht congruent."

Bleibt aber das Momentancentrum stationär, so sind beide Curven congruente Kreise, bezw. Gerade, wenn c ins Unendliche rückt, d. i. bei blosser Verschiebung. Ferner können sie durch symmetrische Lage der Momentancentra congruent werden, wenn C und Γ einander congruent sind.

Aber die reciproken Curven haben eine geometrische Eigenschaft, welche aus dem obigen unmittelbar hervorgeht: Nennt man den Punkt, in welchem α und a zusammenfallen, den Nullpunkt beider Curven, und nennt man die Punkte, welche gleichen Werthen von t entsprechen, homolog, so lautet die Gleichung $a\beta = ab$ in Worten:

„Homologe Punkte reciproker Curven haben gleichen Abstand vom Nullpunkt."

Auf Grund der vorstehenden Betrachtungen kann man nun offenbar jede Bedingung, die für eine Fläche F gegeben ist, umkehren, d. h. man kann sie auffassen als eine Bedingung, welche die Ebene der x, y in Bezug auf die Ebene der ξ, η zu erfüllen hat. Damit kann man dann die Bedingungen unter Umständen vereinfachen. Z. B. die Bedingung „die Curve Π geht durch den festen Punkt p der xy-Ebene" kehre man um; „der Punkt p bewegt sich auf der in der $\xi\eta$-Ebene festen Curve Π", reducire sie in dieser Gestalt auf die Form: die Curve C rollt auf der Curve Γ der $\xi\eta$-Ebene; dann kehre man diesen

Satz wieder um, denke sich die xy-Ebene in Ruhe, die Ebene der ξ, η mit F in Bewegung, so enthält der Satz: „Γ rollt auf C“ die gegebenen Bedingungen in einer schon bekannten Form.

Beispiel. F soll sich so bewegen, dass zwei in F feste gerade Linien, λ und λ', die sich im Punkt Ω schneiden, beständig durch die Punkte a und b der xy-Ebene gehen.

Die beiden Bedingungen sind identisch mit dem Satz: Die xy-Ebene bewegt sich so relativ zur $\xi\eta$-Ebene, dass zwei in der xy-Ebene feste Punkte a und b beständig auf den Geraden λ und λ' der $\xi\eta$-Ebene bleiben. Nach dem ersten Beispiel zu **263 f.** kann man zunächst statt λ und λ' zwei aufeinander senkrechte Linien λ und λ_1 für λ und λ' substituiren. Die Basis ist dann ein Kreis Γ, der die Gleichung (l. c. Gl. 8b) $\xi^2+\eta^2=l^2$ hat, wenn l der Abstand $\overline{ab}$ ist, und dessen Mittelpunkt in Ω liegt. Die Rollcurve ist ein anderer Kreis (l. c. letzte Gleichung) $x^2+y^2=\frac{l^2}{4}$ vom halben Radius, wie jener; sein Mittelpunkt liegt auf der Mitte der Strecke ab. Die Lösung lautet also: Man schlage um Ω einen Kreis vom Radius l, um den Mittelpunkt der Strecke ab einen zweiten Kreis vom Radius $\frac{1}{2}l$. Legt man den grossen Kreis so, dass der kleine ihn von innen berührt, und lässt dann den grossen Kreis mit der $\xi\eta$-Ebene auf dem kleinen rollen, so sind die Bedingungen erfüllt. (Betrachtet man dagegen den kleinen als fest in der $\xi\eta$-Ebene und lässt ihn auf dem grossen rollen, so hat man die Bedingungen des § **263 f.**)

Dynamik der Fläche F unter Bedingungen. a) Zwei Bedingungen.

265. Die Gleichungen der Bewegung ohne Reibung. F sei zwei Bedingungen unterworfen, die in der Form

$$(1) \qquad \Phi(x_\sigma, y_\sigma)=0,$$

$$(2) \qquad \Psi(x_\sigma, \varphi)=0$$

gegeben sind. Aus den Bedingungen gehen Zwangskräfte hervor, die zusammen eine Dyname bilden, deren Coordinaten $\mathfrak{X}$, $\mathfrak{Y}$, $\mathfrak{N}$ seien. Ist an F die explicite Dyname X, Y, N gegeben, so wirkt im Ganzen auf F eine Dyname der Coordinaten $X+\mathfrak{X}$, $Y+\mathfrak{Y}$, $N+\mathfrak{N}$; also sind die Gleichungen der Bewegung von F, wenn m die Masse und K_σ das Trägheitsmoment in Bezug auf den Schwerpunkt,

$$(3) \qquad m\frac{d^2x_\sigma}{dt^2}=X+\mathfrak{X},$$

$$(4) \qquad m\frac{d^2y_\sigma}{dt^2}=Y+\mathfrak{Y},$$

$$(5) \qquad K_\sigma\frac{d^2\varphi}{dt^2}=N+\mathfrak{N}-m\left(x_\sigma\frac{d^2y_\sigma}{dt^2}-y_\sigma\frac{d^2y_\sigma}{dt^2}\right).$$

Die implicite Dyname $\mathfrak{X}, \mathfrak{Y}, \mathfrak{N}$ muss nun dem d'Alembert'schen Princip genügen, welches wir hier einfach in der Form aussprechen können: „die implicite Dyname thut keine Arbeit". Nach **260** (3) lautet dieser Satz analytisch, wenn dx_σ, dy_σ, $d\varphi$ die zusammengehörigen Wachsthümer sind,

$$(6) \qquad \mathfrak{X}dx_\sigma + \mathfrak{Y}dy_\sigma + (\mathfrak{X}y_\sigma - \mathfrak{Y}x_\sigma + \mathfrak{N})d\varphi = 0.$$

Mittels der Gleichungen (1) und (2) kann man zwei von den hierin vorkommenden Differentialquotienten durch den dritten ausdrücken und hierauf den dritten als gemeinsamen Factor fortlassen. Differentiirt man nun (1) und (2) zweimal nach t, so erhält man

$$(7) \qquad \frac{d^2\Phi}{dt^2} = 0,$$

$$(8) \qquad \frac{d^2\Psi}{dt^2} = 0.$$

In diesen Gleichungen treten natürlich $\frac{d^2y_\sigma}{dt^2}$ und $\frac{d^2\varphi}{dt^2}$ neben $\frac{d^2x_\sigma}{dt^2}$ auf; man kann also aus den Gleichungen (3), (4), (5) $\frac{d^2y_\sigma}{dt^2}$ und $\frac{d^2\varphi}{dt^2}$ eliminiren und hat dann in (3), (4), (5), (6) 4 Gleichungen, welche ausreichen, um $\mathfrak{X}, \mathfrak{Y}, \mathfrak{N}$, $\frac{d^2x_\sigma}{dt^2}$ zu bestimmen. Damit ist die Aufgabe, die Differentialgleichung der Bewegung von F und die Zwangskräfte herzustellen, gelöst. Selbstverständlich kann man auch $\frac{d^2y_\sigma}{dt^2}$ und $\frac{d^2\varphi}{dt^2}$ herstellen, indem man je die beiden andern Differentialquotienten eliminirt.

Legt man keinen Werth auf die Kenntniss der Zwangsdyname, so kann man das kürzere Verfahren der zweiten Lagrange'schen Form anwenden. F hat dann e i n e freie Coordinate; wählt man dieselbe ganz beliebig innerhalb der vorgeschriebenen Bedingungen, so muss man den Werth von T durch geometrische Betrachtungen ermitteln. Unter anderen kann man aber auch eine der drei Grössen x_σ, y_σ, φ als Lagrange'sche Coordinate benutzen. Wir wollen beispielsweise die Rechnung mit x_σ durchführen. Es ist

$$(7) \qquad T = \tfrac{1}{2}m\left[\left(\frac{dx_\sigma}{dt}\right)^2 + \left(\frac{dy_\sigma}{dt}\right)^2\right] + \tfrac{1}{2}K_\sigma\left(\frac{d\varphi}{dt}\right)^2.$$

Da die Gleichungen (1) und (2) jederzeit gelten, folgt

$$(8)\qquad \frac{d\Phi}{dt}=0,\quad \frac{d\Psi}{dt}=0,\quad \text{also}$$

$$(9)\qquad \begin{cases} \dfrac{\partial\Phi}{\partial x_\sigma}\cdot\dfrac{dx_\sigma}{dt}+\dfrac{\partial\Phi}{\partial y_\sigma}\cdot\dfrac{dy_\sigma}{dt}=0,\\[2ex] \dfrac{\partial\Psi}{\partial x}\cdot\dfrac{dx_\sigma}{dt}+\dfrac{\partial\Psi}{\partial\varphi}\cdot\dfrac{d\varphi}{dt}=0.\end{cases}$$

Hiermit lassen sich $\frac{dy_\sigma}{dt}$ und $\frac{d\varphi}{dt}$ leicht durch $\frac{dx_\sigma}{dt}$ ausdrücken, worauf T an Differentialquotienten nur $\frac{dx_\sigma}{dt}$ enthält. Somit ist die linke Seite der Gleichung

$$(10)\qquad \frac{d}{dt}\left(\frac{\partial T}{\partial\dot{x}_\sigma}\right)-\frac{\partial T}{\partial x_\sigma}=-\frac{\partial U}{\partial x_\sigma}$$

unmittelbar herstellbar, wenn man noch die in $\frac{\partial\Phi}{\partial x_\sigma}$, $\frac{\partial\Phi}{\partial y_\sigma}$, $\frac{\partial\Psi}{\partial x_\sigma}$ und $\frac{\partial\Psi}{\partial\varphi}$ etwa vorkommenden y_σ und φ mittels der Gleichungen (1) und (2) eliminirt. Andererseits können wir annehmen, die Kräftefunction U greife zur Zeit t an einem einzelnen Punkt x, y von F an, da ja die aus ihr hervorgehende Dyname sich auf eine Einzelkraft reduciren lässt, die an einem Einzelpunkt x, y angreift. Macht nun x_σ die Bewegung dx_σ, so macht auch y_σ eine Bewegung dx_σ und φ wächst um $d\varphi$. Diese zusammengehörigen Incremente unterliegen den aus (1) und (2) hervorgehenden Bedingungen

$$(11)\qquad \frac{\partial\Phi}{\partial x_\sigma}+\frac{\partial\Phi}{\partial y_\sigma}\frac{dy_\sigma}{dx_\sigma}=0,\quad \frac{\partial\Psi}{\partial x_\sigma}+\frac{\partial\Psi}{\partial\varphi}\frac{d\varphi}{dx_\sigma}=0,$$

woraus $\frac{dy_\sigma}{dx_\sigma}$ und $\frac{d\varphi}{dx_\sigma}$ sich in bekannter Weise ergeben. Wenn nun x_σ, y_σ, φ um dx_σ, dy_σ, $d\varphi_\sigma$ wachsen, so macht der Punkt x, y die Bewegung, deren Componenten sind

$$(12)\qquad dx=dx_\sigma-(y-y_\sigma)d\varphi,\quad dy=dy_\sigma+(x-x_\sigma)d\varphi.$$

Also ändert sich, wenn x um dx_σ zunimmt, U um

$$(13)\qquad dU=\frac{\partial U}{\partial x}[dx_\sigma-(y-y_\sigma)d\varphi]+\frac{\partial U}{\partial y}[dy_\sigma+(x-x_\sigma)d\varphi],$$

worin dy_σ und $d\varphi$ die durch (11) bestimmten Werthe haben. Nun ist $\frac{\partial U}{\partial x}=-X$, $\frac{\partial U}{\partial y}=-Y$, also

(14) $$-\frac{\partial U}{\partial x_\sigma} = X\left[1-(y-y_\sigma)\frac{d\varphi}{dx_\sigma}\right]+Y\left[\frac{dy_\sigma}{dx_\sigma}+(x-x_\sigma)\frac{d\varphi}{dx_\sigma}\right].$$

Dabei ist der Angriffspunkt x, y an die Bedingung

(15) $$N = xY - yX$$

geknüpft; führt man dieselbe in (14) ein, so erhält man

(16) $$-\frac{\partial U}{\partial x_\sigma} = X + Y\frac{dy_\sigma}{dx_\sigma} + [N-(x_\sigma Y - y_\sigma X)]\frac{d\varphi}{dx_\sigma},$$

und damit wird Gl. (10)

(17) $$\frac{d}{dt}\left(\frac{\partial T}{\partial \dot{x}_\sigma}\right) - \frac{\partial T}{\partial x_\sigma} = X + Y\frac{dy_\sigma}{dx_\sigma} + [N-(x_\sigma Y - y_\sigma X)]\frac{d\varphi}{dx_\sigma},$$

worin $\frac{dy_\sigma}{dx_\sigma}$ und $\frac{d\varphi}{dx_\sigma}$ aus (11) zu bestimmen sind. Wie im ersten Buche nachgewiesen wurde, gilt Gl. (17) auch dann noch, wenn keine Kräftefunction U existirt, das U in der vorstehenden Ableitung also als leeres Symbol betrachtet ist. Existirt ein U und kann man dasselbe als Function von x_σ darstellen, so ist Gl. (10) unmittelbar zu verwenden.

Im letzteren Falle giebt das Princip der lebendigen Kräfte ein Integral der Gleichung (10). Man braucht nur T, wie oben geschehen, als Function von $\frac{dx_\sigma}{dt}$ darzustellen, so ist die Gleichung $T + U = \text{const.}$ unmittelbar anwendbar.

Fig. 125.

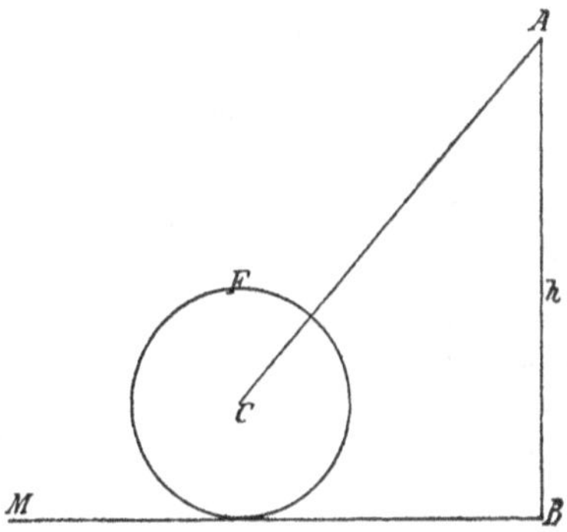

Beispiel 1. Ein homogener oder conaxial geschichteter schwerer Cylinder ist so gefesselt, dass er auf einer horizontalen Ebene rollt, ohne zu gleiten. An seiner Axe zieht ein elastischer Faden, der durch eine Oeffnung A geht, welche in der Höhe h über der festen Ebene liegt. Die Länge des Fadens ist so bemessen, dass die Kraft, mit welcher er wirkt, proportional dem Abstand der Axe von A ist, und A liegt in einer Ebene, die senkrecht zur Axe des Cylinders steht. Dicke und Gewicht des Fadens sind zu vernachlässigen, ebenso der Durchmesser der Oeffnung A. Wie bewegt sich der Cylinder?

Derselbe kann offenbar für die Rechnung durch einen Kreis von der Masse m ersetzt werden, der auf der Geraden MB rollt, ohne zu gleiten, und in dessen

Ebene der Punkt A liegt. Die Aufgabe lautet dann: Der Kreis F rollt in der verticalen Ebene ABM auf der horizontalen Geraden MB und wird dabei vom Punkte A mit einer Kraft angezogen, die proportional der Länge AC ist. Wie bewegt er sich?

Der Schwerpunkt des Kreises fällt in den Mittelpunkt C desselben. Die erste Bedingung: „Der Kreis berührt die Gerade MB", lautet also, wenn a der Radius des Kreises ist, BM zur Axe der x und BA zur Axe der y genommen wird,

$$(1a) \qquad y_\sigma = a.$$

Die zweite Bedingung „er rollt, ohne zu gleiten", heisst mit andern Worten: Wenn er sich um den Winkel φ von der x- zur y-Axe hin dreht, legt der Berührungspunkt auf der Axe der x die Strecke $-a\varphi$ zurück, und da x_σ gleich dem x des Berührungspunktes ist, lautet das in Gleichungsform

$$(2a) \qquad x_\sigma = -a\varphi,$$

wenn der Winkel φ für $x_\sigma = 0$ gleich Null gesetzt wird. Die auf F wirkenden Kräfte sind 1) die Schwere, 2) der elastische Zug des Fadens. Erstere hat die Coordinaten 0, $-gm$, $-gmx_\sigma$. Der elastische Zug ist gleich $\varepsilon . \overline{CA}$, wenn ε eine Constante, und $\overline{CA}^2 = x_\sigma{}^2 + (h-a)^2$. Der Richtungscosinus desselben sind $\frac{-x_\sigma}{CA}$ und $\frac{h-a}{CA}$; seine Coordinaten also $-\varepsilon x_\sigma$, $\varepsilon(h-a)$, und $\varepsilon\,[x_\sigma(h-a)+y_\sigma x_\sigma]$. Im Ganzen ist also

$$X = -\varepsilon x_\sigma, \quad Y = -gm + \varepsilon(h-a), \quad N = \varepsilon[-gmx_\sigma + x_\sigma(h-a) + y_\sigma x_\sigma)].$$

Die Gleichungen der Bewegung von F sind demnach

$$(3a) \qquad m\frac{d^2 x_\sigma}{dt^2} = -\varepsilon x_\sigma + \mathfrak{X}$$

$$(4a) \qquad m\frac{d^2 y_\sigma}{dt^2} = -gm + \varepsilon(h-a) + \mathfrak{Y}$$

$$(5a) \qquad K_\sigma \frac{d^2\varphi}{dt^2} = \mathfrak{N} - (x_\sigma \mathfrak{Y} - y_\sigma \mathfrak{X}).$$

In der letzten Gleichung haben sich die übrigen Posten, was sich auch unmittelbar daraus ergeben hätte, dass die Resultante von Schwere und Fadenzug durch den Schwerpunkt von F geht.

In Gl. (6) S. 753 wird nun vermöge (1a) $dy_\sigma = 0$, vermöge (2a) $d\varphi = -\frac{1}{a}dx_\sigma$. Gl. (6) wird also, mit dx_σ dividirt, $\mathfrak{X} - \frac{1}{a}(\mathfrak{X}y_\sigma - \mathfrak{Y}x_\sigma + \mathfrak{N}) = 0$, oder, da $y_\sigma = a$ ist

$$(6a) \qquad \mathfrak{N} = x_\sigma \mathfrak{Y}.$$

Differentiirt man nun (1a) und (2a) zweimal nach t, so erhält man

$$(7a) \qquad \frac{d^2 y_\sigma}{dt^2} = 0, \qquad (8a) \qquad \frac{d^2 x_\sigma}{dt^2} = -a\frac{d^2\varphi}{dt^2}.$$

Die erste von diesen giebt mit (4a) unmittelbar

$$(18) \qquad \mathfrak{Y} = gm - \varepsilon(h-a),$$

und damit wird (6a)

$$(19)\qquad \mathfrak{R} = x_\sigma[gm - \varepsilon(h-a)] = -a\varphi[gm - \varepsilon(h-a)].$$

Gl. (5a) aber giebt mit (6a)

$$(19)\qquad K_\sigma \frac{d^2\varphi}{dt^2} = a\mathfrak{X}.$$

Nimmt man dazu aus (8a) und (3a)

$$(20)\qquad -am\frac{d^2\varphi}{dt^2} = -\varepsilon x_\sigma + \mathfrak{X},$$

und dividirt (19) in (20), so findet sich

$$(21)\qquad \mathfrak{X} = \frac{K_\sigma}{a^2m + K_\sigma}\varepsilon x_\sigma.$$

Also, wenn man noch $K_\sigma = \varkappa^2 m$ setzt, $\mathfrak{X} = \frac{\varkappa^2}{a^2+\varkappa^2}\varepsilon x_\sigma$, und damit aus (3a)

$$(3b)\qquad m\frac{d^2x_\sigma}{dt^2} = -\frac{a^2}{a^2+\varkappa^2}\varepsilon x_\sigma,$$

womit die Differentialgleichung der Bewegung von F hergestellt ist. Die Integration von (3b) ist altbekannt. Gl. (18) zeigt, dass ε nicht grösser als $\frac{gm}{h-a}$ sein darf, wenn der Cylinder nicht von der festen Ebene abgehoben werden soll. Gl. (21) thut die Thatsache dar, dass, wenn die Bedingungen (1) und (2) erfüllt sein sollen, eine angebbare Componente $\mathfrak{X}$ vorhanden sein muss: die Ebene muss der seitlichen Bewegung von F Widerstand leisten; ist also die Reibung wirklich zu vernachlässigen, so lässt sich die Bedingung, dass der Cylinder ohne Gleiten rollen soll, nur dadurch herstellen, dass man ihn mit seiner Unterlage verzahnt.

Beispiel 2. Ein hohler Kreis-Cylinder vom Radius na und von verschwindender Dicke ist über einen zweiten festen Kreis-Cylinder vom Radius a gehängt, dessen Axe horizontal liegt, so zwar dass beide Cylinder sich in einer Erzeugungslinie berühren. Wie bewegt sich der erste Cylinder unter dem Einfluss der Schwere, wenn beide nicht aufeinander gleiten?

Fig. 126.

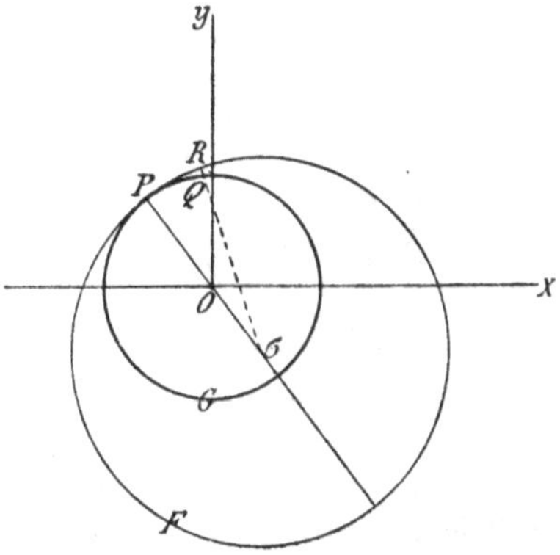

Das Problem ist offenbar dasselbe wie das folgende: Ein verticaler, beweglicher Kreis F vom Radius na ist über einen festen verticalen Kreis G vom Radius a gehängt und kann auf demselben rollen ohne zu gleiten; wie bewegt sich F?

Die Axen der x und der y gehen durch den Mittelpunkt O des Kreises G; die Axe der x liege horizontal. P sei der Punkt, in welchem beide Kreise sich berühren, und $\angle yOP$ oder ϑ sei die Lagrange'sche Coordinate, auf welche wir das Problem reduciren wollen. Es liegt zunächst der Schwerpunkt von F, d. i. der Mittelpunkt von F, auf der

Geraden PO, im Abstande $(n-1)a$ von O; seine Coordinaten sind also

$$x_\sigma = (n-1)a\sin\vartheta, \quad y_\sigma = -(n-1)a\cos\vartheta.$$

Die Kräftefunction der Schwere ist mgy_σ, also $U = -mg(n-1)a\cos\vartheta$,

$$-\frac{\partial U}{\partial\vartheta} = -mg(n-1)a\sin\vartheta.$$

Die beiden ersten Gleichungen liefern auch sehr leicht

$$\left(\frac{dx_\sigma}{dt}\right)^2 + \left(\frac{dy_\sigma}{dt}\right)^2 = (n-1)^2a^2.$$

Für $\vartheta = 0$ berührt F den Kreis G in seinem höchsten Punkt, der R heisse. Findet die Berührung in P statt, so hat F auf G den Bogen $PQ = a\vartheta$ abgerollt; dabei muss, weil kein Gleiten stattfindet, $PQ = PR$ sein; es ist also

$$\angle P\sigma R = \frac{a\vartheta}{na} = \frac{1}{n}\vartheta.$$

$R\sigma$ macht also mit der Verticalen den Winkel $\vartheta - \frac{1}{n}\vartheta$ oder $\frac{n-1}{n}\vartheta$, und dies ist der Winkel φ, um den sich F gedreht hat, wenn P zum Momentencentrum geworden ist. Sonach ist

$$\frac{d\varphi}{dt} = \frac{n-1}{n}\frac{d\vartheta}{dt},$$

und da nun $K_\sigma = n^2a^2m^2$ ist, so wird schliesslich

$$T = \left[\tfrac{1}{2}m(n-1)^2a^2 + \tfrac{1}{2}n^2a^2m^2\left(\frac{n-1}{n}\right)^2\right]\left(\frac{d\vartheta}{dt}\right)^2 = m^2(n-1)^2a^2\left(\frac{d\vartheta}{dt}\right)^2.$$

Die Gleichung der Bewegung von F ist also

$$2m^2(n-1)^2a^2\frac{d^2\vartheta}{dt^2} = -mg(n-1)a\sin\vartheta, \quad \text{oder}$$

$$\frac{d^2\vartheta}{dt^2} = \frac{-g}{2ma(n-1)}\sin\vartheta,$$

d. i. die Pendelgleichung, über deren Integration hier nichts weiter zu bemerken ist. Der Kreis F schwingt wie ein einfaches Pendel, dessen Länge gleich $2a(n-1)$, d. i. gleich der Differenz der Durchmesser von F und G ist.

Fig. 127.

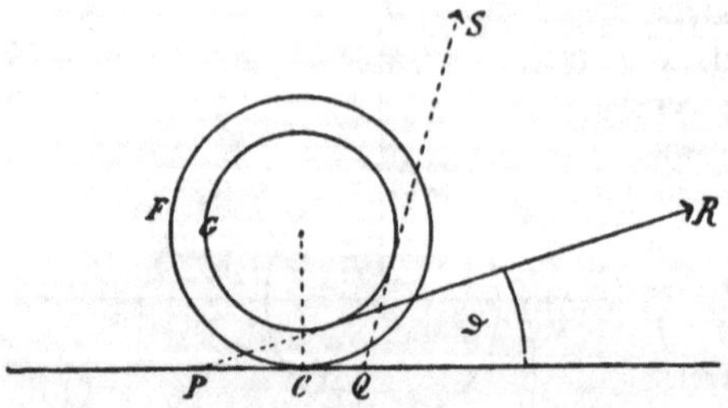

3. Aufgabe. Eine Kreisfläche F rollt in ihrer Ebene auf einer Geraden MN, ohne zu gleiten. An derselben ist ein zweiter, kleinerer, concentrischer Kreis G befestigt, und um diesen ist ein unendlich dünner Faden geschlungen, der auf der unteren Seite von G herauskommt. An diesem Faden zieht eine constante Kraft R, die mit MN den constanten Winkel ϑ macht. Wie bewegt sich der anfänglich ruhende Kreis? (Das Problem ist physisch herstellbar durch eine Fadenrolle auf horizontalem Tisch, wenn der Faden so um die Rolle geschlungen ist, dass er sie auf ihrer unteren Seite verlässt.)

Die qualitative Lösung ist leicht anzugeben, wenn man bedenkt, dass der Punkt C, in welchem F die Gerade MN berührt, Momentancentrum der möglichen Bewegung ist. Ist ϑ klein, so dass die Kraftrichtung (etwa PR), die Linie MN zwischen M und C schneidet, so strebt der Schwerpunkt von F sich nach N hinzubewegen, der Faden wird also aufgewickelt; ist ϑ so gross, dass die Kräfterichtung (etwa QS) MN zwischen C und N schneidet, so bewegt sich der Schwerpunkt nach M hin, und der Faden wird abgewickelt. Geht die Kraftrichtung gerade durch C, so kann, wenn die Bedingungen eingehalten werden sollen, keine Beschleunigung eintreten. Die genauen Gleichungen des Problems sollen aufgestellt und mit Rücksicht auf das Vorstehende discutirt werden.

266. Die Bewegung mit Reibung. In erster Annäherung kann angenommen werden, was Coulomb und Morin für Geschwindigkeiten bis zu $3\frac{\text{m}}{\text{sec}}$ festgestellt haben, dass die Reibung eine Kraft liefert, welche an den Berührungspunkten angreift, tangential wirkt und in jedem Berührungspunkt dem daselbst vorhandenen Normaldruck proportional ist. In zweiter Annäherung sind diese Sätze nicht genau: Es giebt überhaupt keine Berührungspunkte, sondern Berührungsflächen, da die festen Naturkörper einander eindrücken, die Reibung hängt von der Geschwindigkeit ab, ist nicht genau tangential und auch dem Normaldruck nicht genau proportional. Die Gesetze, denen sie folgt, sind aber noch nicht so allgemein und widerspruchsfrei aufgestellt, dass man sie ein- für allemal in bestimmter Weise in die Formeln einführen könnte. Wir sind daher hier, schon aus Rücksicht auf den Raum, und weil es sich nur um die Darlegung der Behandlungsgrundsätze handelt, genöthigt, es bei der ersten Annäherung bewenden zu lassen.

Man unterscheidet gleitende und rollende Reibung. Die erstere tritt ein, wenn ein Punkt π von F über eine feste Curve P oder wenn eine Curve Π von F über einen festen Punkt p gleitet. Sie wird Null, wenn das Gleiten sich in blosses Rollen verwandelt, also, wenn die Bedingungen dadurch hergestellt sind, dass man die Curven Γ und C physisch herstellt und sie auf einander rollen lässt. Dann bleibt aber noch ein Rest von Reibung übrig, der daher rührt, dass C durch Γ eingedrückt wird, und dass, weil kein Material vollkommen elastisch ist, der hintere Theil des Eindruckes der Fläche F mit einer Kraft nach vorn drückt, die geringer ist, als die Kraft, welche aufgewendet werden muss, um den vorderen Theil des Eindrucks immer neu herzustellen. Die rollende Reibung ist nach St. Venant proportional 1) dem Druck 3) der relativen Krümmung von Γ in Bezug auf C, 3) der Geschwindigkeit, 4) der Fähigkeit von C, Eindrücken nachzugeben. Sie ist bei mässigen Geschwindigkeiten klein gegen die gleitende Reibung und kann, da eine einigermassen ausreichende Behandlung derselben ziemlich eingehende Betrachtungen verlangt, hier nicht berücksichtigt werden.

Sind nun zwei Bedingungen

$$(1) \quad \Phi = 0, \qquad (2) \quad \Psi = 0$$

für die Fläche F gegeben, so finden im Allgemeinen zwei Berührungen von Curven Π der Fläche F mit festen Curven P der xy-Ebene statt. An jeder Contactstelle entwickelt sich ein bestimmter Normaldruck, und die Reibung ist an jeder Contactstelle von diesem Normaldruck abhängig, wie wir voraussetzen wollen, demselben proportional. Um also die Reibung zu bestimmen, muss man die Drucke in beiden Berührungspunkten kennen, d. h. es genügt nicht, die Zwangsdyname $\mathfrak{X}, \mathfrak{Y}, \mathfrak{N}$ als Ganzes herzustellen; vielmehr muss man sie in zwei Theile $\mathfrak{X}_1, \mathfrak{Y}_1, \mathfrak{N}_1$ und $\mathfrak{X}_2, \mathfrak{Y}_2, \mathfrak{N}_2$ zerlegen, von denen der erste sich auf die eine, der zweite sich auf die andere Berührungsstelle bezieht; dann erst kann man die Reibung für jeden Contactpunkt herstellen und in die Rechnung einführen.

Ferner ist zu beachten, dass die Reibung von vorn herein vorgeschriebene Angriffspunkte hat; sie wirkt ja an den Contactstellen. Es seien nun, wie oben, $\mathfrak{X}_1, \mathfrak{Y}_1, \mathfrak{N}_1$ und $\mathfrak{X}_2, \mathfrak{Y}_2, \mathfrak{N}_2$ die beiden Zwangsdynamen, von denen die erste aus der ersten, die zweite aus der zweiten Bedingung hervorgeht. R_x, R_y, R_n sei die aus der Reibung hervorgehende Dyname; dann sind die Gleichungen der Bewegung, wenn X, Y, N die explicirte gegebene Dyname ist

$$(3) \qquad m\frac{d^2x_\sigma}{dt^2} = X + \mathfrak{X}_1 + \mathfrak{X}_2 + R_x,$$

$$(4) \qquad m\frac{d^2y_\sigma}{dt^2} = Y + \mathfrak{Y}_1 + \mathfrak{Y}_2 + R_y,$$

$$(5) \qquad K_\sigma\frac{d^2\varphi}{dt^2} = N + \mathfrak{N}_1 + \mathfrak{N}_2 + R_n - m\left(x_\sigma\frac{d^2y_\sigma}{dt^2} - y_\sigma\frac{d^2x_\sigma}{dt^2}\right).$$

Jede einzelne der beiden Zwangsdynamen $\mathfrak{X}_1, \mathfrak{Y}_1, \mathfrak{N}_1$ und $\mathfrak{X}_2, \mathfrak{Y}_2, \mathfrak{N}_2$ muss der Grundbedingung des d'Alembert'schen Princips genügen, dass sie keine Arbeit leistet; daraus ergeben sich nach **260** (3) die Bedingungen

$$(6) \qquad \mathfrak{X}_1 dx_\sigma + \mathfrak{Y}_1 dy_\sigma + (\mathfrak{X}_1 y_\sigma - \mathfrak{Y}_1 x_\sigma + \mathfrak{N}_1)d\varphi = 0,$$

$$(7) \qquad \mathfrak{X}_2 dx_\sigma + \mathfrak{Y}_2 dy_\sigma + (\mathfrak{X}_2 y_\sigma - \mathfrak{Y}_2 x_\sigma + \mathfrak{N}_2)d\varphi = 0.$$

Ferner greifen die Zwangsdynamen in den aus (1) und (2) bestimmbaren Contactpunkten an. Bezeichnet man die Coordinaten der letzteren mit x_1, y_1 resp. x_2, y_2, so folgt

$$(8)\qquad \mathfrak{N}_1 = x_1 \mathfrak{Y}_1 - y_1 \mathfrak{X}_1,$$
$$(9)\qquad \mathfrak{N}_2 = x_2 \mathfrak{Y}_2 - y_2 \mathfrak{X}_2.$$

Endlich ist die Normalkraft, welche im Punkte x_1, y_1 wirkt, gleich $\sqrt{\mathfrak{X}_1^2+\mathfrak{Y}_1^2}$, und diejenige, welche im Punkte x_2, y_2 angreift, ist $\sqrt{\mathfrak{X}_2^2+\mathfrak{Y}_2^2}$; die Reibung im ersten ist also, wenn ε der Reibungscoefficient in x_1, y_1 ist, $-\varepsilon\sqrt{\mathfrak{X}_1^2+\mathfrak{Y}_1^2}$, die im zweiten ist, wenn ε' der Reibungscoefficient in x_2, y_2, $-\varepsilon'\sqrt{\mathfrak{X}_2^2+\mathfrak{Y}_2^2}$; beschreibt dabei der Punkt π_1, mit welchem F im ersten Contact auf der Curve P_1 gleitet, ein Bahnelement ds_1 so ist die Richtung der Reibung im ersten Contact bestimmt durch die beiden Cosinus $-\frac{dx}{ds_1}$ und $-\frac{dy}{ds_1}$; also sind die Coordinaten der Reibung im ersten Contact

$$-\varepsilon\frac{dx}{ds_1}\sqrt{\mathfrak{X}_1^2+\mathfrak{Y}_1^2},\quad -\varepsilon\frac{dy}{ds_1}\sqrt{\mathfrak{X}_1^2+\mathfrak{Y}^2},$$
$$-\varepsilon\left(x_1\frac{dy}{ds_1}-y_1\frac{dx}{ds_1}\right)\sqrt{\mathfrak{X}_1^2+\mathfrak{Y}_1^2}.$$

Ebenso sind sie im zweiten Contact zu erhalten, wenn man überall die Marke 1 durch 2 ersetzt. Man hat also weiter

$$(10)\qquad R_x = -\left[\varepsilon\frac{dx}{ds_1}\sqrt{\mathfrak{X}_1^2+\mathfrak{Y}_1^2}+\varepsilon'\frac{dx}{ds_2}\sqrt{\mathfrak{X}_2^2+\mathfrak{Y}_2^2}\right],$$
$$(11)\qquad R_y = -\left[\varepsilon\frac{dy}{ds_1}\sqrt{\mathfrak{X}_1^2+\mathfrak{Y}_1^2}+\varepsilon'\frac{dy}{ds_2}\sqrt{\mathfrak{X}_2^2+\mathfrak{Y}_2^2}\right],$$
$$(12)\qquad \left\{\begin{aligned} R_n = -\Big[&\varepsilon\left(x_1\frac{dy}{ds_1}-y_1\frac{dx}{ds_1}\right)\sqrt{\mathfrak{X}_1^2+\mathfrak{Y}_1^2}\\ &+\varepsilon'\left(x_2\frac{dy}{ds_2}-y_2\frac{dx}{ds_2}\right)\sqrt{\mathfrak{X}_2^2+\mathfrak{Y}_2^2}\Big].\end{aligned}\right.$$

Damit sind, wenn man die Gleichungen $\frac{d^2\Phi}{dt^2}=0$ und $\frac{d^2\Psi}{dt^2}$ einrechnet, 12 Gleichungen für die 12 Unbekannten des Problems $\frac{d^2x_\sigma}{dt^2}$, $\frac{d^2y_\sigma}{dt^2}$, $\frac{d^2\varphi}{dt^2}$, $\mathfrak{X}_1$, $\mathfrak{Y}_1$, $\mathfrak{N}_1$, $\mathfrak{X}_2$, $\mathfrak{Y}_2$, $\mathfrak{N}_2$, R_x, R_y, R_n gegeben, die letzteren also bestimmbar. Selbstverständlich sind, nachdem die 9 letzten Unbekannten bestimmt worden, 2 von den Gleichungen (3), (4), (5) überflüssig und können durch (1), (2) ersetzt werden. Man kann also eine von den drei Grössen x_σ, y_σ, φ als die unabhängige Grundvariable ansehen; die Grössen x_1, y_1 und x_2, y_2 lassen sich dann mit Hülfe der Bedingungsgleichungen (1), (2) von vorn herein als Functionen dieser Grundvariablen ausdrücken. Es liegt in der Natur der Sache, dass die Bedingungen (1), (2) von vorn herein als Berührungsbedingungen gegeben sind; in den einfacheren Fällen kann man x_1, y_1 und x_2, y_2 direct durch geometrische Betrachtung ermitteln, wo es dann am bequemsten sein wird, die Bedingungen (1), (2) gleich in der canonischen Form hinzustellen.

Anm. Es ist zu beachten, dass in den obigen Gleichungen $\sqrt{\mathfrak{X}_1^2+\mathfrak{Y}_1^2}$ stets mit seinem absoluten, positiven Werth zu nehmen ist. Drückt man also etwa mit Hülfe der Gleichungen (6), (7), (8), (9) $\mathfrak{Y}_1$ durch $\mathfrak{X}_1$ aus, erhält also $\sqrt{\mathfrak{X}_1^2+\mathfrak{Y}_1^2}$ in der Form $f(\mathfrak{X}_1)$, so ist $\sqrt{\mathfrak{X}_1^2+\mathfrak{Y}_1^2} = +f(\mathfrak{X}_1)$ zu setzen, wenn $f(\mathfrak{X}_1)$ an sich positiv ist, dagegen $\sqrt{\mathfrak{X}_1^2+\mathfrak{Y}_1^2} = -f(\mathfrak{X}_1)$, wenn $f(\mathfrak{X}_1)$ an sich negativ ist. Dasselbe gilt für $\sqrt{\mathfrak{X}_2^2+\mathfrak{Y}_2^2}$.

Der Fall zweier Contacte mit Reibung wird hier nur der Vollständigkeit und des Folgenden wegen aufgeführt, da es kaum ein Beispiel von Belang giebt, dessen Differentialgleichung schliesslich integrabel wird. Zur Uebung möge der Leser etwa die Gleichungen eines nicht homogenen Kreises behandeln, der in verticaler Ebene zwischen den Schenkeln eines rechten Winkels aufgelegt ist.

267. Das Gleichgewicht. Man erhält die Bedingungen des Gleichgewichts aus denen des vorigen Paragraphen, indem man $\frac{d^2x_o}{dt^2}$, $\frac{d^2y_o}{dt^2}$, $\frac{d^2\varphi}{dt^2}$ gleich Null setzt. Sie lauten also, wenn die Bedingungen $\Phi = 0$ und $\Psi = 0$ sind,

$$(1) \qquad 0 = X + \mathfrak{X}_1 + \mathfrak{X}_2 \pm R_x,$$

$$(2) \qquad 0 = Y + \mathfrak{Y}_1 + \mathfrak{Y}_2 \pm R_y,$$

$$(3) \qquad 0 = N + \mathfrak{N}_1 + \mathfrak{N}_2 \pm R_n,$$

$$(4) \qquad \mathfrak{X}_1 dx_o + \mathfrak{Y}_1 dy_o + (\mathfrak{X}_1 y_o - \mathfrak{Y}_1 x_o + \mathfrak{N}_1) d\varphi = 0$$

$$(5) \qquad \mathfrak{X}_2 dx_o + \mathfrak{Y}_2 dy_o + (\mathfrak{X}_2 y_o - \mathfrak{Y}_2 x_o + \mathfrak{N}_2) d\varphi = 0,$$

$$(6) \qquad \mathfrak{N}_1 = x_1 \mathfrak{Y}_1 - y_1 \mathfrak{X}_1,$$

$$(7) \qquad \mathfrak{N}_2 = x_2 \mathfrak{Y}_2 - y_2 \mathfrak{X}_2,$$

$$(8) \qquad R_x = \varepsilon \frac{dx_1}{ds_1} \sqrt{\mathfrak{X}_1^2+\mathfrak{Y}_1^2} + \varepsilon' \frac{dx_2}{ds_2} \sqrt{\mathfrak{X}_2^2+\mathfrak{Y}_2^2},$$

$$(9) \qquad R_y = \varepsilon \frac{dy_1}{ds_1} \sqrt{\mathfrak{X}_1^2+\mathfrak{Y}_1^2} + \varepsilon' \frac{dy_2}{ds_2} \sqrt{\mathfrak{X}_2^2+\mathfrak{Y}_2^2},$$

$$(10)\quad \begin{cases} R_n = \varepsilon\left(x_1\dfrac{dy_1}{ds_1}-y_1\dfrac{dx_1}{ds_1}\right)\sqrt{\mathfrak{X}_1^2+\mathfrak{Y}_1^2} \\ \qquad +\varepsilon'\left(x_2\dfrac{dy_2}{ds_2}-y_2\dfrac{dx_2}{ds_2}\right)\sqrt{\mathfrak{X}_2^2+\mathfrak{Y}_2^2}. \end{cases}$$

Bezüglich der Werthe von $\sqrt{\mathfrak{X}_1^2+\mathfrak{Y}_1^2}$ und $\sqrt{\mathfrak{X}_2^2+\mathfrak{Y}_2^2}$ gilt die Schlussanmerkung des vorigen Paragraphen. R_x, R_y, R_n sind in den Gleichungen (3) bis (5) mit doppeltem Vorzeichen eingeführt, weil die Reibung vor- wie rückwärts wirkt; führt man die Rechnung einmal mit den drei positiven, das andere mal mit den drei negativen Vorzeichen durch, so erhält man die beiden Grenzen, zwischen denen das Gleichgewicht stattfindet. Ist die Reibung zu vernachlässigen, so fallen R_x, R_y, R_n fort, und die Gleichungen (8), (9), (10) werden überflüssig. Auf alle Fälle hat man eine Gleichung mehr, als Unbekannte ($\mathfrak{X}_1$, $\mathfrak{Y}_1$, $\mathfrak{N}_1$, $\mathfrak{X}_2$, $\mathfrak{Y}_2$, $\mathfrak{N}_2$, R_x, R_y, R_n) vorhanden sind, erhält also schliesslich eine Restbedingung für x_o, y_o, φ, welche mit den gegebenen Bedingungen die gesuchten Lagen von F bestimmt. Die Gleichungen (4) und (5) sind aus den Bedingungen $\Phi = 0$, $\Psi = 0$ durch Differentiation herzustellen.

Vernachlässigt man die Reibung und legt ausserdem keinen Werth darauf, die Vertheilung des Normaldrucks auf beide Contactstellen zu kennen, so kann man $\mathfrak{X}_1+\mathfrak{X}_2$ zu einer Grösse $\mathfrak{X}$, $\mathfrak{Y}_1+\mathfrak{Y}_2$ zu $\mathfrak{Y}$, $\mathfrak{N}_1+\mathfrak{N}_2$ zu $\mathfrak{N}$ zusammenfassen, und hat dann nur die 4 Gleichungen

$$(11)\quad \begin{cases} 0 = X+\mathfrak{X} \\ 0 = Y+\mathfrak{Y} \\ 0 = N+\mathfrak{N} \\ \mathfrak{X}dx_o+\mathfrak{Y}dy_o+(\mathfrak{X}y_o-\mathfrak{Y}x_o+\mathfrak{N})d\varphi = 0 \end{cases}$$

mit den drei Unbekannten $\mathfrak{X}$, $\mathfrak{Y}$, $\mathfrak{N}$ zu behandeln.

Besitzen die Kräfte X, Y, N eine Kräftefunction U, so kann man U mittels der Gleichungen $\Phi = 0$, $\Psi = 0$ als Function einer einzigen Coordinate, etwa x_o, ausdrücken, und die Gleichgewichtsbedingung lautet dann einfach

$$\frac{\partial U}{\partial x_o} = 0.$$

Das Gleichgewicht ist dabei stabil, wenn U ein Minimum ist.

Bei einfacheren Problemen kann man oft die Zwangsdyname $\mathfrak{X}$, $\mathfrak{Y}$, $\mathfrak{N}$ durch directe geometrische Betrachtung ermitteln.

Fig. 128.

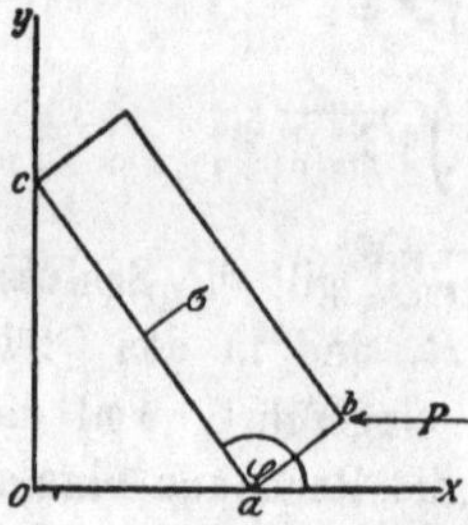

Beispiel 1. Ein homogener, schwerer rechtwinklig parallelepipedischer Balken von der Länge $2l$ und der Dicke $2k$ stützt sich mit der unteren Kante auf eine horizontale, mit der oberen gegen eine verticale Wand, so dass die Kanten, mit denen er die Wände berührt, der Durchschnittslinie beider Wände parallel sind. Die Ebene, welche die Berührungskanten miteinander verbindet, mache mit der horizontalen den Winkel φ, der Reibungscoefficient sei ε für die obere, η für die untere Kante. Der Balken soll im Gleichgewicht gehalten werden durch eine horizontale Kraft P, welche an der in der Figur mit b bezeichneten Kante wirkt; wie gross muss P sein? (Der Balken kann auch cylindrisch vom Radius k sein.)

Der Balken kann offenbar durch ein Rechteck ersetzt werden, welches sich auf die beiden in seiner verticalen Ebene liegenden Punkte a und c der Figur stützt. $\angle\, Cax$ ist φ. Sein Schwerpunkt hat die Coordinaten (vergl. Fig. 128)

$$x_\sigma = -l\cos\varphi + k\sin\varphi,\quad y_\sigma = l\sin\varphi - k\cos\varphi,$$

welche beiden Gleichungen die Bedingungen des Falles sind.

Die expliciten Kräfte sind

1) die Schwere mit den Coordinaten $0,\quad -mg,\quad mg(l\cos\varphi - k\sin\varphi)$,
2) P mit den Coordinaten $-P,\quad 0,\quad -2Pk\cos\varphi$.

Ferner ist $dx_\sigma = (l\sin\varphi + k\cos\varphi)\,d\varphi$, $dy_\sigma = (l\cos\varphi + k\sin\varphi)\,d\varphi$. Die Contactpunkte sind $x_1 = -2l\cos\varphi$, $y_1 = 0$ und $x_2 = 0$, $y_2 = 2l\sin\varphi$; dabei ist

$$\frac{dx_1}{ds_1} = 1,\quad \frac{dy_1}{ds_1} = 0,\quad \frac{dx_2}{ds_2} = 0,\quad \frac{dy_2}{ds_2} = -1.$$

Hiermit ergeben die Gleichungen (4), (5), (6), (7), was auch geometrisch unmittelbar einleuchtet,

$$\mathfrak{X}_1 = 0,\quad \mathfrak{Y}_2 = 0,$$

also

$$R_x = -\varepsilon\mathfrak{Y}_1,\quad R_y = -\eta\mathfrak{X}_2,\quad R_n = 0.$$

Die Gleichungen (1) bis (3) werden also

$$0 = -P + \mathfrak{X}_2 \pm \varepsilon\mathfrak{Y}_1,$$
$$0 = -mg + \mathfrak{Y}_1 \pm \eta\mathfrak{X}_2,$$
$$0 = -2Pk\cos\varphi + mg(l\cos\varphi - k\sin\varphi) - 2l\cos\varphi\,\mathfrak{Y}_1 - 2l\sin\varphi\,\mathfrak{X}_2.$$

Die Elimination liefert, wenn die oberen Vorzeichen genommen werden,

$$\mathfrak{X}_2 = \frac{P - mg\varepsilon}{1 + \eta\varepsilon},\quad \mathfrak{Y}_1 = \frac{\eta P + mg}{1 + \eta\varepsilon},$$

$$P = \frac{mg\{(1+\eta\varepsilon)(l\cos\varphi - k\sin\varphi) - 2l(\cos\varphi - \varepsilon\sin\varphi)\}}{2k\cos\varphi(1+\eta\varepsilon) + 2l(\eta\cos\varphi + \sin\varphi)}.$$

Die Resultate der Elimination, wenn die negativen Vorzeichen gelten, erhält man einfach, indem man hierin $-\varepsilon$ statt ε, und $-\eta$ statt η setzt; also wird dann

$$P' = \frac{mg\{(1+\eta\varepsilon)(l\cos\varphi - k\sin\varphi) - 2l(\cos\varphi + \varepsilon\sin\varphi)\}}{2k\cos\varphi(1+\eta\varepsilon) - 2l(\eta\cos\varphi - \sin\varphi)}.$$

Die gesuchte Kraft muss zwischen den Grenzen P und P' enthalten sein. Soll die Reibung allein den Balken im Gleichgewicht halten, so muss $P=0$ sein. Die Bedingungen für die Grenzen dieses Zustandes lauten also

$$(1+\eta\varepsilon)(l\cos\varphi-k\sin\varphi)=2l(\cos\varphi-\varepsilon\sin\varphi)$$

und

$$(1+\eta\varepsilon)(l\cos\varphi-k\sin\varphi)=2l(\cos\varphi+\varepsilon\sin\varphi),$$

woraus sich für die Grenzwerthe von φ ergiebt

$$\operatorname{tang}\varphi=-\frac{1-\eta\varepsilon}{(1+\eta\varepsilon)\frac{k}{l}+2\varepsilon} \quad \text{und} \quad \operatorname{tang}\varphi=-\frac{1-\eta\varepsilon}{(1+\eta\varepsilon)\frac{k}{l}-2\varepsilon}.$$

Ist die Reibung zu vernachlässigen, so fallen beide Grenzen in dem Werth $\operatorname{tang}\varphi=-\frac{l}{k}$ zusammen; es ist dann $\cos\varphi=-\frac{k}{\sqrt{l^2+k^2}}$ und $\sin\varphi=\frac{l}{\sqrt{l^2+k^2}}$; damit wird $x_\sigma=x_1$ und zugleich hat x_σ seinen Maximalwerth, also auch U, das Gleichgewicht ist also labil.

Beispiel 2. Ein gerader, schwerer Stab von verschwindender Dicke liegt in einem Cylinder oder in einer Kugel, so zwar, dass er mit der horizontalen Axe des Cylinders einen rechten Winkel macht, bzw. dass er in die Ebene eines grösseren Kugelkreises fällt. Der Reibungscoefficient sei an beiden Enden ε; wann ist er im Gleichgewicht?

Fig. 129.

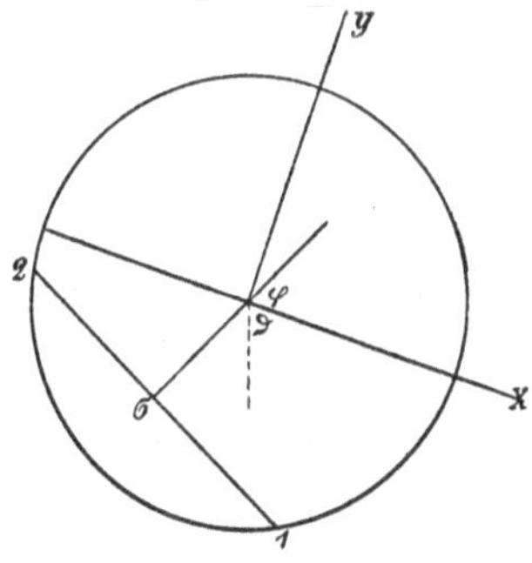

Der Stab kann durch eine Gerade $2l$ vertreten werden, die in einem Kreis vom Radius a liegt. Die bequemste Lage des Coordinatensystems ist erst aufzusuchen; wir geben demselben daher die schiefe Lage, Fig. 129. Der Schwerpunkt σ liegt in der Mitte der Geraden und hat vom Kreismittelpunkt, der zugleich Coordinatenanfang sei, den Abstand δ; δ mache mit der Axe der x den Winkel φ. Dann ist

$$x_\sigma=-\delta\cos\varphi, \qquad y_\sigma=-\delta\sin\varphi,$$

$$\frac{dx_\sigma}{d\varphi}=-y_\sigma, \qquad \frac{dy_\sigma}{d\varphi}=x_\sigma.$$

Macht die Schwere mit der Axe der x den Winkel ϑ, so ist

$$X=mg\cos\vartheta, \quad Y=mg\sin\vartheta, \quad N=mg(x_\sigma\sin\vartheta-y_\sigma\cos\vartheta).$$

Die beiden Punkte, in welchen der Stab den Kreis berührt, haben die Coordinaten

$$x_1=-\delta\cos\varphi+l\sin\varphi, \quad y_1=-(\delta\sin\varphi+l\cos\varphi),$$

$$x_2=-(\delta\cos\varphi+l\sin\varphi), \quad y_2=-\delta\sin\varphi+l\cos\varphi,$$

$$\frac{dx_1}{ds_1}=\frac{dx_1}{\sqrt{dx_1^2+dy_1^2}}=\frac{\delta\sin\varphi+l\cos\varphi}{\sqrt{l^2+\delta^2}}=\frac{\delta\sin\varphi+l\cos\varphi}{a}=-\frac{y_1}{a},$$

$$\frac{dy_1}{ds_1}=\frac{x_1}{a}, \quad \frac{dx_2}{ds_2}=-\frac{y_2}{a}, \quad \frac{dy_2}{ds_2}=\frac{x_2}{a}.$$

Diese Gleichungen gelten für jede Lage des Coordinatensystemes, also auch, wenn man es so legt, dass $\varphi = 0$ wird, also die y-Axe durch den Schwerpunkt geht; dann ist $x_\sigma = 0$, $y_\sigma = -\delta$, $x_1 = l$, $x_2 = -l$, $y_1 = y_2 = -\delta$, womit die Formeln die Gestalt annehmen:

$$x_\sigma = 0,\quad y_\sigma = -\delta,\quad \frac{dx_\sigma}{d\varphi} = +\delta,\quad \frac{dy_\sigma}{d\varphi} = 0,\quad x_1 = l,\quad x_2 = -l,$$

$$y_1 = -\delta,\quad y_2 = -\delta,\quad \frac{dx_1}{ds_1} = \frac{\delta}{a},\quad \frac{dy_1}{ds_1} = \frac{l}{a},\quad \frac{dx_2}{ds_2} = \frac{\delta}{a},\quad \frac{dy_2}{ds_2} = -\frac{l}{a}.$$

Damit liefern die Gleichungen (4), (5), (6), (7)

$$\mathfrak{N}_1 = 0,\quad \mathfrak{N}_2 = 0,$$

$$\mathfrak{Y}_1 = -\frac{\delta}{l}\mathfrak{X}_1,\quad \mathfrak{Y}_2 = \frac{\delta}{l}\mathfrak{X}_2,\quad \sqrt{\mathfrak{X}_1^2+\mathfrak{Y}_1^2} = -\frac{a}{l}\mathfrak{X}_1,\quad \sqrt{\mathfrak{X}_2^2+\mathfrak{Y}_2^2} = \frac{a}{l}\mathfrak{X}_2.$$

$\mathfrak{X}_1$ ist offenbar negativ, $\mathfrak{X}_2$ positiv, daher die Vorzeichen der Wurzel. Nach dem Vorstehenden ist

$$R_x = -\varepsilon\frac{\delta}{l}(\mathfrak{X}_1 - \mathfrak{X}_2),\quad R_y = -\varepsilon(\mathfrak{X}_1+\mathfrak{X}_2),\quad R_n = -\varepsilon\frac{a^2}{l}(\mathfrak{X}_1-\mathfrak{X}_2),$$

und damit werden die Hauptgleichungen (1), (2), (3) für die eine Grenzlage

$$0 = mg\cos\vartheta + \mathfrak{X}_1 + \mathfrak{X}_2 - \varepsilon\frac{\delta}{l}(\mathfrak{X}_1 - \mathfrak{X}_2),$$

$$0 = mg\sin\vartheta - \frac{\delta}{l}(\mathfrak{X}_1 - \mathfrak{X}_2) - \varepsilon(\mathfrak{X}_1 - \mathfrak{X}_2),$$

$$0 = mg\delta\cos\vartheta - \varepsilon\frac{a^2}{l}(\mathfrak{X}_1 - \mathfrak{X}_2).$$

Die beiden ersten Gleichungen liefern

$$\mathfrak{X}_1 + \mathfrak{X}_2 = mg\frac{\varepsilon\sin\vartheta - \cos\vartheta}{1+\varepsilon^2},\quad \mathfrak{X}_1 - \mathfrak{X}_2 = mg\frac{l}{\delta}\frac{(\sin\vartheta + \varepsilon\cos\vartheta)}{1+\varepsilon^2}.$$

Setzt man den letzteren Ausdruck in die dritte Gleichung, so erhält man

$$\delta^2\cos\vartheta = \varepsilon a^2\frac{(\sin\vartheta + \varepsilon\cos\vartheta)}{1+\varepsilon^2},$$

$$\operatorname{tang}\vartheta = \frac{(1+\varepsilon^2)\delta^2 - \varepsilon^2 a^2}{\varepsilon a^2}.$$

$\frac{\pi}{2} - \vartheta$ ist der absolute Werth des Winkels, den der Stab mit dem Horizont macht; heisst der letztere also χ, so ist

$$\cot\chi = \frac{(1+\varepsilon^2)\delta^2 - \varepsilon^2 a^2}{\varepsilon a^2}.$$

Die Bedingung für die eine Grenze des Gleichgewichts; die Bedingung für die andere Grenze erhält man, wenn man ε negativ nimmt; sie lautet also

$$\cot\chi' = -\frac{(1+\varepsilon^2)\delta^2 - \varepsilon^2 a^2}{\varepsilon a^2}.$$

Da $\cot\chi'$ der negative Werth von $\cot\chi$ ist, sind beide Grenzlagen symmetrisch zur Verticalen. Ist $\varepsilon = 0$, so wird $\chi = 0$, wie selbstverständlich.

3. Aufgabe. Man verallgemeinere die letzte Aufgabe dahin, dass an die Stelle des Stabes ein parallelepipedischer homogener Balken tritt.

4. Ein gleichschenkliger rechter Winkel, welcher der Schwere unterworfen ist, reitet auf einem verticalen Kreise. Wann ist er im Gleichgewicht?

b) Die Fläche F unter einer Bedingung.

268. Bewegung ohne Reibung. Aus der gegebenen Bedingung

$$\Psi(x_\sigma, y_\sigma, \varphi) = 0$$

geht eine Zwangsdyname mit den Coordinaten $\mathfrak{X}$, $\mathfrak{Y}$, $\mathfrak{N}$ hervor. Die Gleichung liefert durch zweimalige Differentiation nach t

$$(3) \qquad \frac{d^2\Psi}{dt^2} = 0,$$

welche Gleichung $\frac{d^2x_\sigma}{dt^2}$, $\frac{d^2y_\sigma}{dt^2}$, $\frac{d^2\varphi}{dt^2}$ enthält, also dazu dienen kann, eine von diesen Grössen durch die beiden anderen auszudrücken.

Die Zwangsdyname thut keine Arbeit; dies liefert die schon bekannte Gleichung

$$(a) \qquad \mathfrak{X}dx_\sigma + \mathfrak{Y}dy_\sigma + (\mathfrak{X}y_\sigma - \mathfrak{Y}x_\sigma + \mathfrak{N})d\varphi = 0.$$

Differentiirt man nun die Bedingung nach den Coordinaten, so erhält man

$$(b) \qquad \frac{\partial\Psi}{\partial x_\sigma}dx_\sigma + \frac{\partial\Psi}{\partial y_\sigma}dy_\sigma + \frac{\partial\Psi}{\partial\varphi}d\varphi = 0.$$

Hierin kann man zwei von den Differentialen als unabhängig und das dritte als von ihnen abhängig ansehen. Wir wollen beispielsweise $d\varphi$ als das abhängige Differential betrachten (doch kann selbstverständlich eben so wohl dx_σ oder dy_σ als abhängig angesehen werden). Dann hat man

$$d\varphi = -\frac{\frac{\partial\Psi}{\partial x_\sigma}dx_\sigma + \frac{\partial\Psi}{\partial y_\sigma}dy_\sigma}{\frac{\partial\Psi}{\partial\varphi}}.$$

Damit wird Gl. (a)

$$(c) \qquad \left\{\begin{aligned} &\left\{\mathfrak{X} - (\mathfrak{X}y_\sigma - \mathfrak{Y}x_\sigma + \mathfrak{N})\frac{\frac{\partial\Psi}{\partial x_\sigma}}{\frac{\partial\Psi}{\partial\varphi}}\right\}dx_\sigma + \\ &\qquad + \left\{\mathfrak{Y} - (\mathfrak{X}y_\sigma - \mathfrak{Y}x_\sigma + \mathfrak{N})\frac{\frac{\partial\Psi}{\partial y_\sigma}}{\frac{\partial\Psi}{\partial\varphi}}\right\}dy_\sigma = 0.\end{aligned}\right.$$

Hierin sind dx_σ und dy_σ ganz willkürliche, von einander unabhängige Incremente; die Gleichung kann also nur bestehen, wenn jedes ihrer Glieder Null ist; sie zerfällt also in die beiden

$$(1) \quad \mathfrak{X}\frac{\partial \Psi}{\partial \varphi} - (\mathfrak{X}y_\sigma - \mathfrak{Y}x_\sigma + \mathfrak{N})\frac{\partial \Psi}{\partial x_\sigma} = 0,$$

$$(2) \quad \mathfrak{Y}\frac{\partial \Psi}{\partial \varphi} - (\mathfrak{X}y_\sigma - \mathfrak{Y}x_\sigma + \mathfrak{N})\frac{\partial \Psi}{\partial y_\sigma} = 0.$$

Nimmt man dazu

$$(3) \quad \frac{d^2\Psi}{dt^2} = 0$$

und die Gleichungen der Bewegung, in denen X, Y, N die explicite gegebene Dyname ist,

$$(4) \quad m\frac{d^2x_\sigma}{dt^2} = X + \mathfrak{X},$$

$$(5) \quad m\frac{d^2y_\sigma}{dt^2} = Y + \mathfrak{Y},$$

$$(6) \quad K_\sigma\frac{d^2\varphi}{dt^2} = N + \mathfrak{N} - m\left(x_\sigma\frac{d^2y_\sigma}{dt^2} - y_\sigma\frac{d^2x_\sigma}{dt^2}\right),$$

so hat man die 6 Gleichungen, deren man bedarf, um die 6 Unbekannten $\mathfrak{X}$, $\mathfrak{Y}$, $\mathfrak{N}$, $\frac{d^2x_\sigma}{dt^2}$, $\frac{d^2y_\sigma}{dt^2}$, $\frac{d^2\varphi}{dt^2}$ zu bestimmen. Eine von den drei Schlussgleichungen für die drei letztgenannten Grössen wird selbstverständlich überflüssig und kann durch die Gleichung $\Psi = 0$ ersetzt werden.

Die Bedingung wird im Allgemeinen ursprünglich in Form einer Berührungsbedingung gegeben sein. Ist der Punkt x_1, y_1, in welchem F die Fessel berührt, bequem zu bestimmen, so kann die Gleichung

$$(2a) \quad \mathfrak{N} = x_1 Y - y_1 \mathfrak{X}$$

an die Stelle einer der beiden Gleichungen (1) und (2) treten.

Beispiel. Eine schwere verticale Kreisscheibe (Cylinder mit horizontaler Axe), deren Schwerpunkt vom Mittelpunkt den Abstand l hat, kann auf einer horizontalen Graden (Ebene) rollen und gleiten. Ihre Bewegungsgleichungen sollen aufgestellt und insbesondere untersucht werden, ob und unter welchen Umständen sie von der Fessel abspringt.

Im Anfang sei $x_\sigma = \varphi = 0$, $y_\sigma = y_0$, und u_0, v_0, ω_0 seien die Anfangswerthe der Geschwindigkeitscoordinaten. Nimmt man die Gerade zur Axe der x, legt die Axe der y vertical nach oben und nennt a den Radius des Kreises, so ist die Bedingung bereits in § **263e** auf die canonische Form

$$y_\sigma + l\sin\varphi = a$$

gebracht. Diese Gleichung liefert $v_0 = -l\omega_0$, $y_0 = a$, und

$$\frac{\partial\Psi}{\partial x_\sigma} = 0 \quad \frac{\partial\Psi}{\partial y_\sigma} = 1 \quad \frac{\partial\Psi}{\partial\varphi} = l\cos\varphi;$$

und damit werden die Gleichungen (1), (2)

$$\mathfrak{X} = 0 \quad \mathfrak{N} = \mathfrak{Y}(l\cos\varphi + x_\sigma).$$

Ferner ist

$$X = 0, \quad Y = -mg, \quad N = -mgx_\sigma,$$

und die zweimal nach t differentiirte Bedingung liefert

$$\text{(3a)} \qquad \frac{d^2 y_\sigma}{dt^2} = l\cos\varphi\frac{d^2\varphi}{dt^2} - l\sin\varphi\left(\frac{d\varphi}{dt}\right)^2,$$

die drei Hauptgleichungen werden mit dem obigen

$$\text{(4a)} \qquad m\frac{d^2 x_\sigma}{dt^2} = 0$$

$$\text{(5a)} \qquad m\frac{d^2 y_\sigma}{dt^2} = -mg + \mathfrak{Y}$$

$$\text{(6a)} \qquad K_\sigma\frac{d^2\varphi}{dt^2} = \mathfrak{Y}l\cos\varphi,$$

Aus (3a), (5a), (6a) ergiebt sich durch Elimination von $\frac{d^2 y_\sigma}{dt^2}$ und $\frac{d^2\varphi}{dt^2}$, wenn $K_\sigma = \varkappa^2 m$,

$$\mathfrak{Y} = K_\sigma \frac{g - l\sin\varphi\left(\frac{dy}{dt}\right)^2}{\varkappa^2 - l^2\cos^2\varphi},$$

und damit als Schlussgleichungen

$$\frac{d^2 x_\sigma}{dt^2} = 0$$

$$\frac{d^2\varphi}{dt^2} = l\cos\varphi\frac{g - l\sin\varphi\left(\frac{d\varphi}{dt}\right)^2}{k^2 - l^2\cos^2\varphi}.$$

Die erste von diesen Gleichungen giebt ohne Weiteres $x_\sigma = u_0 t$. Die zweite lässt sich mit Hülfe des Princips der lebendigen Kräfte umgehen. Man findet leicht $U = mg(a - l\sin\varphi)$,

$$U_0 = mga; \quad T = \frac{m}{2}\left[u_0^2 + (l^2\cos^2\varphi + \varkappa^2)\right]\left(\frac{d\varphi}{dt}\right)^2, \quad T_0 = \frac{m}{2}\left[u_0^2 + (l^2 + \varkappa^2)\omega_0^2\right],$$

woraus

$$\frac{d\varphi}{dt} = \left(\frac{2gl\sin\varphi + (l^2 + \varkappa^2)\omega_0^2}{l^2\cos^2\varphi + \varkappa^2}\right)^{\frac{1}{2}}.$$

Die Gleichung genügt, um den Charakter der relativen Bewegung erkennen zu lassen: ist $\omega_0^2(l^2 + \varkappa^2) > 2gl$, so ist $\frac{d\varphi}{dt}$ für jeden möglichen Werth von φ reell; die Bewegung um σ ist also eine Rotation mit periodisch veränderlicher Geschwindigkeit; ist $\omega_0^2(l^2+\varkappa^2) > 2gl$, so wird $\frac{d\varphi}{dt}$ für die grösseren negativen Werthe von φ imaginär, die Bewegung ist also eine schwingende, bei der die Grenzen nicht überschritten werden, wo $\sin\varphi = -(l^2+\varkappa^2)\omega_0^2 : 2gl$ ist.

Der Cylinder springt von der Ebene ab, wenn $\mathfrak{Y}$ negativ wird; dies ist der Fall, wenn

$$\left(\frac{d\varphi}{dt}\right)^2 > \frac{g}{l\sin\varphi}$$

ist. Bei wachsenden Werthen von $\frac{d\varphi}{dt}$ wird diese Grenze offenbar zuerst erreicht für den Fall $\sin\varphi = 1$; das Springen beginnt also bei der Geschwindigkeit

$$\frac{d\varphi}{dt} = \sqrt{\frac{g}{l}},$$

in dem Augenblick, wo der Schwerpunkt seine höchste Lage hat. Ist $\frac{d\varphi}{dt} > \sqrt{\frac{g}{l}}$, so beginnt es schon während der Schwerpunkt noch steigt, aber, da $\sin\varphi$, um $\mathfrak{Y}$ negativ zu machen, stets positiv sein muss, liegt der Schwerpunkt in dem fraglichen Moment stets über der Höhe des Kreismittelpunktes. Man erkennt leicht, dass die Bedingung für das Springen sich auch schreiben lässt

$$ml\sin\varphi\left(\frac{d\varphi}{dt}\right)^2 > mg,$$

d. h. die Verticalcomponente der Centrifugalkraft des Schwerpunkts ist grösser als der absolute Betrag der Schwere von F.

269. Bewegung mit Reibung. Die Bedingung

$$\Psi = 0$$

wird der Natur der Sache nach in Form einer Berührungsbedingung gegeben sein; wir nehmen an, sie sei ausserdem auf die Form $\Psi(x_o, y_o, \varphi) = 0$ gebracht. Die aus der vorigen entstehende Gleichung

$$(1) \qquad \frac{d^2\Psi}{dt^2} = 0.$$

bleibt bestehen; ebenso der Satz, dass die Zwangsdyname keine Arbeit thut, und mit ihm die beiden Gleichungen

$$(2) \qquad \mathfrak{X}\frac{\partial\Psi}{\partial\varphi} - (\mathfrak{X}y_o - \mathfrak{Y}x_o + \mathfrak{N})\frac{\partial\Psi}{\partial x_o} = 0.$$

$$(3) \qquad \mathfrak{Y}\frac{\partial\Psi}{\partial\varphi} - (\mathfrak{X}y_o - \mathfrak{Y}x_o + \mathfrak{N})\frac{\partial\Psi}{\partial y_o} = 0.$$

Die Gleichungen der Bewegung aber werden, da nunmehr die Reibungsdyname R_x, R_y, R_n zutritt,

$$(4)\qquad m\frac{d^2x_\sigma}{dt^2} = X+\mathfrak{X}+R_x,$$

$$(5)\qquad m\frac{d^2y_\sigma}{dt^2} = Y+\mathfrak{Y}+R_y,$$

$$(6)\qquad K_\sigma\frac{d^2\varphi}{dt^2} = N+\mathfrak{N}+R_n-m\left(x_\sigma\frac{d^2y_\sigma}{dt^2}-y_\sigma\frac{d^2x_\sigma}{dt^2}\right).$$

Der Punkt x_1, y_1, in welchem F seine Fessel berührt, lässt sich aus der Bedingung ermitteln. In ihm greift die Reibungskraft an, und zwar, da die Normalkraft des Zwanges $\sqrt{\mathfrak{X}^2+\mathfrak{Y}^2}$ ist, mit der Intensität $\varepsilon\sqrt{\mathfrak{X}^2+\mathfrak{Y}^2}$, und, wenn ds_1 das Bogenelement ist, welches der berührende Punkt beschreibt, mit den Richtungscosinus $-\frac{dx}{ds_1}$, $-\frac{dy}{ds_1}$. Also ist

$$(7)\qquad R_x = -\varepsilon\frac{dx}{ds_1}\sqrt{\mathfrak{X}^2+\mathfrak{Y}^2},$$

$$(8)\qquad R_x = -\varepsilon\frac{dy}{ds_1}\sqrt{\mathfrak{X}^2+\mathfrak{Y}^2},$$

$$(9)\qquad R_n = -\varepsilon\left(x_1\frac{dy}{ds_1}-y_1\frac{dx}{ds_1}\right)\sqrt{\mathfrak{X}^2+\mathfrak{Y}^2},$$

wobei wieder darauf zu achten ist, dass $\sqrt{\mathfrak{X}^2+\mathfrak{Y}^2}$ absolut positiv ist. Die 9 Gleichungen (1) bis (9) genügen zur Herstellung der 9 Unbekannten $\mathfrak{X}$, $\mathfrak{Y}$, $\mathfrak{N}$, R_x, R_y, R_n, $\frac{d^2x}{dt^2}$, $\frac{d^2y}{dt^2}$, $\frac{d^2\varphi}{dt^2}$.

Beispiel 1. Ein homogener, schwerer Kreis bewegt sich in verticaler Ebene auf einer unter dem Winkel α gegen den Horizont geneigten Geraden; der Anfangszustand sei Ruhe, der Reibungscoefficient ε. Welches wird seine Bewegung?

a sei der Radius des Kreises, die Gerade sei Axe der x, die Axe der y gehe durch den Mittelpunkt des Kreises in der Anfangslage; der Schwerpunkt liegt im Mittelpunkt; die Bedingung lautet also offenbar

$$y_\sigma = a,$$

und der Punkt, in welchem der Kreis die Gerade berührt, hat gleiche x mit dem Schwerpunkt, also ist

$$x_1 = x_\sigma,\quad y_1 = 0;\quad \frac{dx}{ds_1} = 1,\quad \frac{dy}{ds_1} = 0,$$

$$\frac{\partial\Psi}{\partial\varphi} = \frac{\partial\Psi}{\partial x_\sigma} = 0,\quad \frac{\partial\Psi}{\partial y_\sigma} = 1.$$

Gl. (2) wird hiernach unbestimmt; wie schon in **268** bemerkt wurde, kann man aber auch bei Herstellung der Gleichungen (2) und (3) y_σ statt φ als die abhängige Veränderliche ansehen; dann liefert Gl. **268** (a) und (b) die Bedingungen (c) in der Form

$$\left(\mathfrak{X} - \mathfrak{Y}\frac{\frac{\partial\Psi}{\partial x_\sigma}}{\frac{\partial\Psi}{\partial y_\sigma}}\right)dx_\sigma + \left(\mathfrak{X}y_\sigma - \mathfrak{Y}x_\sigma + \mathfrak{N} - \mathfrak{Y}\frac{\frac{\partial\Psi}{\partial\varphi}}{\frac{\partial\Psi}{\partial y_\sigma}}\right)dy_\sigma = 0,$$

also

$$(2) \qquad \mathfrak{X}\frac{\partial\Psi}{\partial y_\sigma} - \mathfrak{Y}\frac{\partial\Psi}{\partial x_\sigma} = 0,$$

$$(3) \qquad (\mathfrak{X}y_\sigma - \mathfrak{Y}x_\sigma + \mathfrak{N})\frac{\partial\Psi}{\partial y_\sigma} - \mathfrak{Y}\frac{\partial\Psi}{\partial\varphi} = 0,$$

hier ist Gl. (2) nicht mehr unbestimmt, sondern liefert

$$\mathfrak{X} = 0,$$

woraus mit (3)

$$\mathfrak{N} = \mathfrak{Y}x_\sigma.$$

Demnach ist $\sqrt{\mathfrak{X}^2 + \mathfrak{Y}^2} = \mathfrak{Y}$, und zwar $+\mathfrak{Y}$, da $\mathfrak{Y}$ offenbar positiv ist. Also

$$R_x = \varepsilon\mathfrak{Y}, \quad R_y = 0, \quad R_n = 0.$$

Die Schwere wirkt mit den Coordinaten $X = mg\sin\alpha$, $Y = -mg\cos\alpha$, $N = -mg(x_\sigma\cos\alpha + a\sin\alpha)$. Also erhält man schliesslich

$$(1\,\mathrm{a}) \qquad \frac{d^2y}{dt^2} = 0,$$

$$(4\,\mathrm{a}) \qquad m\frac{d^2x_\sigma}{dt^2} = mg\sin\alpha - \varepsilon\mathfrak{Y},$$

$$(5\,\mathrm{a}) \qquad m\frac{d^2y_\sigma}{dt^2} = -mg\cos\alpha + \mathfrak{Y},$$

$$(6) \qquad K_\sigma\frac{d^2\varphi}{dt^2} = -a\varepsilon\mathfrak{Y} + \mathfrak{Y}x_\sigma - mgx_\sigma\cos\alpha,$$

(1 a) und (5 a) geben $\mathfrak{Y} = mg\cos\alpha$, womit

$$\frac{d^2x_\sigma}{dt^2} = g(\sin\alpha - \varepsilon\cos\alpha)$$

$$\frac{d^2\varphi}{dt^2} = -\frac{a}{\varkappa^2}\varepsilon g\cos\alpha,$$

wenn $\varkappa$ der Trägheitsradius des Schwerpunkts ist.

Die Integration ergiebt mit den Anfangsbedingungen

$$\frac{dx_\sigma}{dt} = g(\sin\alpha - \varepsilon\cos\alpha)t, \qquad \frac{d\varphi}{dt} = -\frac{at}{\varkappa^2}\varepsilon g\cos\alpha$$

$$x_\sigma = \tfrac{1}{2}g(\sin\alpha - \varepsilon\cos\alpha)t^2, \qquad \varphi = -\frac{at^2}{2\varkappa^2}\varepsilon g\cos\alpha.$$

Die erste dieser Gleichungen bestätigt den bekannten Satz, dass der Schwerpunkt sich so bewegt, als ob Reibung und Schwere direct an ihm angriffen.

Nun ist aber zu bemerken, dass die gleitende Reibung erst dann zur Wirkung kommt, wenn der Berührungspunkt x_1, y_1 wirklich gleitet, d. h. wenn er eine positive x-Componente der Geschwindigkeit hat. Es ist nach bekannter Formel

$$\frac{dx_1}{dt} = \frac{dx_\sigma}{dt} - (y_1 - y_\sigma)\frac{d\varphi}{dt} = \left\{g\sin\alpha - g\varepsilon\cos\alpha\left(1 + \frac{a^2}{\varkappa^2}\right)\right\} t.$$

Dieser Ausdruck überschreitet für positives t den Werth Null nur dann, wenn

$$\operatorname{tang}\alpha > \frac{\varkappa^2 + a^2}{\varkappa^2}\,\varepsilon \text{ ist.}$$

Nur in diesem Falle gelten die obigen Gleichungen vollständig. Ist $\operatorname{tang}\alpha \overline{\overline{<}} \frac{\varkappa^2 + a^2}{\varkappa^2}$ so, geht die Bewegung in blosses Rollen über; an Stelle von (6a) tritt also die neue Bedingung,

$$x_\sigma = \varphi a,$$

welche mit $x = \frac{1}{2} g(\sin\alpha - \varepsilon\cos\alpha)t^2$ eine Lösung darstellen würden, wenn nicht die Differentialgleichungen selbst unbrauchbar würden. Das letztere ist aber der Fall, weil jetzt die rollende Reibung nicht mehr vernachlässigt werden kann, deren verwickeltere Verhältnisse sich übrigens erst auf dem Boden der Deformationstheorie genügend behandeln lassen.

Der Kreis kann 1) einen Cylinder mit horizontaler Axe auf der schiefen Ebene, 2) eine Kugel, die auf der schiefen Ebene längs einer Linie stärksten Abfalls läuft, vertreten. Im ersten Fall ist $\varkappa^2 = \frac{a^2}{2}$, im zweiten $\varkappa^2 = \frac{2}{5} a^2$, also sind $\operatorname{tang}\varphi > 3\varepsilon$ und $\operatorname{tang}\varphi > \frac{7}{2}\varepsilon$ die Bedingungen, unter denen ein Cylinder und eine Kugel überhaupt nicht bloss rollen sondern auch gleiten. Hohlcylinder und Hohlkugeln verlangen kleinere Neigung als volle Gebilde der gleichen Art, weil $\varkappa$ bei ihnen relativ grösser ist.

Beispiel 2. Ein homogener, schwerer Kreis bewegt sich mit beliebigem Anfangszustand auf einer horizontalen Geraden und bleibt dabei in verticaler Ebene; der Reibungscoefficient ist ε.

Die Gerade sei Axe der x, die Axe der y durch die Anfangslage des Mittelpunktes σ gelegt, so dass die Anfangsgeschwindigkeit $\left(\frac{dx_\sigma}{dt}\right)_0 = u$ des Schwerpunkts positiv ist, ω sei die anfängliche Winkelgeschwindigkeit. Die Bedingung ist

$$y = a,$$

und man sieht leicht ohne Rechnung, dass $X = 0$, $Y = -mg$, $N = -x_\sigma mg$, $\mathfrak{X} = 0$, $\mathfrak{Y} = mg$, $\mathfrak{N} = x_\sigma mg$, $R_y = 0$, $R_n = 0$ ist. R_x ist dem absoluten Werth nach εmg; das Vorzeichen von R_x ist aber, wie in allen Fällen, wo man die fraglichen Grössen geometrisch ermittelt, besonders zu beachten. Die Reibung wirkt nämlich stets der Geschwindigkeit des Punktes x_1 y_1 entgegen, in welchem F die Fessel berührt. Hier, wo es sich um ihre x-Componente handelt, ist die x-Componente der Geschwindigkeit von x_1, y_1 zu beachten. Dieselbe ist

$$\frac{dx_1}{dt} = \frac{dx_\sigma}{dt} - (y_1 - y_\sigma)\frac{d\varphi}{dt} \quad \text{oder} \quad \frac{dx_\sigma}{dt} + a\frac{d\varphi}{dt}.$$

Fig. 130 a.

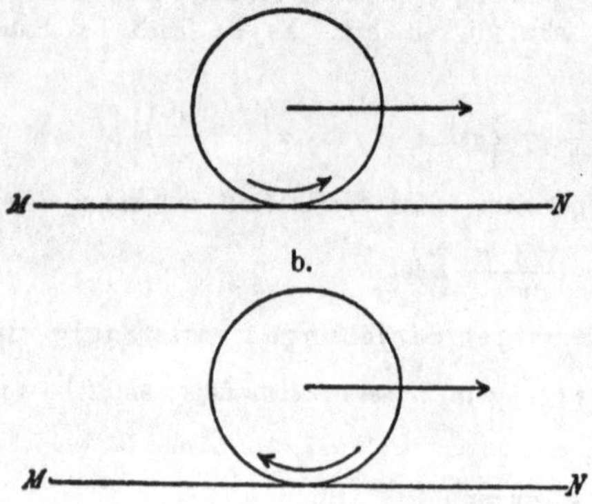

Wir unterscheiden nun die beiden Fälle der Figuren 130 a und b: a) ω sei von Anfang an positiv, d. h. F drehe sich mit seiner obern Seite nach der y-Axe hin. Dann ist im Anfang der Bewegung $\frac{dx_\sigma}{dt}+a\frac{d\varphi}{dt}$ sicher positiv, $\frac{dx}{ds_1}$ also positiv, die Reibung wirkt nach der Richtung der negativen x hin, also ist R_n negativ, und die Differentialgleichungen der Bewegung in x und φ werden

$$\frac{d^2x_\sigma}{dt^2}=-\varepsilon g,$$

$$K_\sigma\frac{d^2\varphi}{dt^2}=-mg\varepsilon a.$$

Die Integration liefert zunächst

$$\frac{dx_\sigma}{dt}=u-\varepsilon gt,\quad \frac{d\varphi}{dt}=\omega-\frac{\varepsilon ga}{\varkappa^2}t$$

und

$$\frac{dx_1}{dt}=u-\varepsilon gt+a\left(\omega-\frac{\varepsilon ga}{\varkappa^2}t\right).$$

Diese Grösse ist zu Anfang, wie gesagt, positiv und bleibt positiv, bis sie Null wird; das ist der Fall für

$$t_r=\frac{u+a\omega}{\varepsilon g(\varkappa^2+a^2)}\varkappa^2.$$

Bis zu diesem Augenblick gelten also die Differentialgleichungen, und mit ihnen alles gesagte; von dem Zeitpunkt t_r dagegen an tritt reines Rollen ein. Der Schwerpunkt steht still zur Zeit

$$t_m=\frac{u}{\varepsilon g}.$$

Zu dieser Zeit ist

$$\frac{d\varphi}{dt}=\omega-\frac{au}{\varkappa^2}.$$

Ist also $\omega>\frac{au}{\varkappa^2}$, so ist zur Zeit t_m die Winkelgeschwindigkeit noch positiv und $t_r>t_m$; es besteht also die Bewegung von F aus drei Phasen: 1) von 0 bis t_m bewegt sich der Schwerpunkt vorwärts und es findet Gleiten an der Unterlage statt; 2) von t_m bis t_r geht der Schwerpunkt rückwärts, aber langsamer als dem blossen Rollen entspricht, 3) zur Zeit t_r hat der Schwerpunkt die Geschwindigkeit, welche dem Rollen entspricht, erreicht und F rollt rückwärts, der y-Axe zu.

Ist aber $\omega<\frac{au}{\varkappa^2}$, so fällt der Zeitpunkt t_r vor t_m; der Moment, wo der

Schwerpunkt still steht, wird gar nicht erreicht, sondern die positive Winkelgeschwindigkeit hat sich schon vorher in negative verwandelt, und vom Moment t_r ab rollt F vorwärts, von der y-Axe fort. Ist $\omega = \frac{au}{\varkappa^2}$, so ist $t_r = t_m$ und F kommt im Augenblick t_m völlig zur Ruhe.

Aus der Bedingung $\omega > \frac{au}{\varkappa^2}$ sieht man, dass es unter übrigens gleichen Verhältnissen um so leichter ist, die Körper, welche durch unsern Kreis F vertreten werden können (Kugel, Cylinder, Hohlcylinder, Ringe), zum Rückwärtsrollen zu bringen, je grösser $\varkappa$ ist; eine Thatsache, die schon im Kinderspiel benutzt wird, insofern dies den Reifen beim Experiment bevorzugt.

b) Ist $\frac{d\varphi}{dt}$ zu Anfang negativ, so wollen wir $-\omega$ dafür schreiben. Dann ist zu Anfang

$$\left(\frac{dx_1}{dt}\right)_0 = u - a\omega, \quad \text{positiv für} \quad u > a\omega;$$

also wirkt die Reibung nach den negativen x hin, wenn $u > a\omega$, nach den positiven aber, wenn $u < a\omega$ ist. Im ersten Fall gelten die obigen Differentialgleichungen, bis

$$\frac{dx_1}{dt} = u - \varepsilon g t_r - a\left(\omega + \frac{\varepsilon g a}{\varkappa^2}\right) t_r = 0$$

geworden ist; bis zu diesem Zeitpunkt verschiebt sich der Schwerpunkt schneller als dem Rollen entsprechen würde, ein Stillstehen des Schwerpunkts kommt nicht vor, und vom Moment t_r ab tritt reines Rollen in der Richtung der positiven x ein.

Ist aber $u < a\omega$, so ist die Reibung nach der positiven Richtung thätig, und die Differentialgleichungen des Falles nehmen die Form

$$\frac{d^2 x_\sigma}{dt^2} = +\varepsilon g,$$

$$K_\sigma \frac{d^2\varphi}{dt^2} = \varepsilon m g a$$

an. Die Integration liefert

$$\frac{dx_\sigma}{dt} = u + \varepsilon g t, \quad \frac{d\varphi}{dt} = -\omega + \frac{\varepsilon g a}{\varkappa^2} t.$$

Der absolute Werth der Winkelgeschwindigkeit nimmt also ab, der der Schwerpunktsgeschwindigkeit nimmt zu, bis das Verhältniss beider dem reinen Rollen entspricht, was eintritt, wenn

$$\frac{dx_1}{dt} = u + \varepsilon g t - a\left(\omega - \frac{\varepsilon g a}{\varkappa^2} t\right) = 0$$

geworden ist. Von da ab gelten die Differentialgleichungen nicht mehr.

3. Aufgabe. Wie verhält sich der homogene schwere Kreis des ersten Beispiels, wenn sein Anfangszustand durch $\left(\frac{dx_\sigma}{dt}\right)_0 = u$, $\left(\frac{d\varphi}{dt}\right)_0 = \omega$ bestimmt ist, wo u und ω beliebige Werthe haben?

270. Das Gleichgewicht. Die Gleichgewichtsbedingungen erhält man, wenn man in den Gleichungen des vorigen Paragraphen die Differentialquotienten nach t gleich Null setzt und dabei R_x, $\dot{R}_y$, R_n mit doppeltem Vorzeichen einführt. Sie lauten also, wenn die Bedingung

$$\Psi = 0 \text{ ist,}$$

$$(1)\qquad \mathfrak{X}\frac{\partial\Psi}{\partial\varphi}(-\mathfrak{X}y_\sigma - \mathfrak{Y}x_\sigma + \mathfrak{N})\frac{\partial\Psi}{\partial x_\sigma} = 0,$$

$$(2)\qquad \mathfrak{Y}\frac{\partial\Psi}{\partial\varphi} - (\mathfrak{X}y_\sigma - \mathfrak{Y}x_\sigma + \mathfrak{N})\frac{\partial\Psi}{\partial y_\sigma} = 0,$$

$$(3)\qquad 0 = X + \mathfrak{X} \pm R_x,$$

$$(4)\qquad 0 = Y + \mathfrak{Y} \pm R_y,$$

$$(5)\qquad 0 = N + \mathfrak{N} \pm R_n,$$

$$(6)\qquad R_x = -\varepsilon\frac{dx}{ds_1}\sqrt{\mathfrak{X}^2 + \mathfrak{Y}^2},$$

$$(7)\qquad R_y = -\varepsilon\frac{dy}{ds_1}\sqrt{\mathfrak{X}^2 + \mathfrak{Y}^2},$$

$$(8)\qquad R_n = -\varepsilon\left(x_1\frac{dy}{ds_1} - y_1\frac{dx}{ds_1}\right)\sqrt{\mathfrak{X}^2 + \mathfrak{Y}^2}.$$

Das sind zweimal 8 Gleichungen für die 6 Unbekannten $\mathfrak{X}$, $\mathfrak{Y}$, $\mathfrak{N}$, R_x, R_y, R_n; es bleiben also zweimal 2 Gleichungen zwischen x_σ, y_σ, φ und den Kräften übrig, welche zusammen mit der Bedingung $\Psi = 0$ die Coordinaten der Gleichgewichtsgrenzen bestimmen. Bezüglich der Vorzeichnung von $\sqrt{\mathfrak{X}^2 + \mathfrak{Y}^2}$ ist auf die früheren Bemerkungen zu verweisen.

Statt der Gleichungen (1), (2) kann man eventuell die Gleichungen (2), (3) des Beispiels (1) zu § **269** benutzen.

Ist die Reibung zu vernachlässigen, so fallen R_x, R_y, R_n und die drei letzten Gleichungen fort.

Beispiel. Ein schwerer, homogener, rechteckiger Balken liegt auf einem Kreiscylinder mit horizontaler Axe, so dass die verticale Mittelebene, welche der Länge nach durch den Balken geht, senkrecht auf der Axe des Cylinders steht; welches sind die Gleichgewichtsgrenzen, wenn ε der Reibungscoefficient ist?

Das Problem reducirt sich auf das Folgende: Ein Rechteck von der Länge $2l$ und Höhe $2k$ liegt in verticaler Ebene auf einem verticalen Kreise vom Radius a. (Das Rechteck kann auch einen Cylinder vertreten, dessen Axe senkrecht auf der Axe des stützenden Cylinders steht.)

Die Axen der x, y seien in willkürlicher Lage durch den Mittelpunkt des Kreises gelegt, die der ξ und η durch den Schwerpunkt des Rechtecks, so dass die Axe der ξ durch die Mitte der unteren kürzeren Seite geht. Das Rechteck berühre den Kreis im Punkt $x_1 y_1$ (ξ_1, η_1), und die Axe der ξ mache mit der Axe der x den Winkel φ. Dann macht auch der von o nach x_1, y_1 gezogene Radius mit der Axe der y den Winkel $-\varphi$, und es ist

$$x_1 = -a\sin\varphi, \quad y_1 = a\cos\varphi,$$

$$x_\sigma = -(a+k)\sin\varphi - \xi_1\cos\varphi,$$

$$y_\sigma = (a+k)\cos\varphi - \xi_1\sin\varphi.$$

Eliminirt man hieraus ξ_1, so erhält man

$$-x_\sigma\sin\varphi + y_\sigma\cos\varphi = a+k$$

als die canonische Form der Bedingung. Damit wird

$$\frac{\partial\Psi}{\partial\varphi} = -x_\sigma\cos\varphi - y_\sigma\sin\varphi,$$

$$\frac{\partial\Psi}{\partial x_\sigma} = -\sin\varphi, \quad \frac{\partial\Psi}{\partial y_\sigma} = \cos\varphi,$$

Fig. 131.

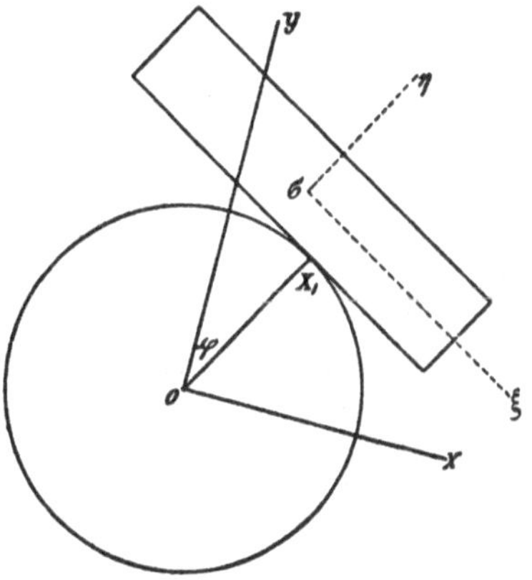

$$\frac{\partial x}{\partial s_1} = -\cos\varphi, \quad \frac{dy}{ds_1} = -\sin\varphi.$$

Nachdem diese Differentiationen vollzogen sind, kann man willkürlich das Coordinatensystem der x, y gegen das Rechteck festlegen (nicht vorher, weil dann die Differentiationen keinen Sinn haben): wir setzten also $\varphi = 0$, wodurch die Formeln sich zu den folgenden vereinfachen:

$$x_1 = 0, \quad y_1 = a, \quad \frac{\partial\Psi}{\partial\varphi} = -x_\sigma, \quad \frac{\partial\Psi}{\partial x_\sigma} = 0, \quad \frac{\partial\Psi}{\partial y_\sigma} = 1, \quad \frac{dx}{ds_1} = -1, \quad \frac{dy}{ds_1} = 0.$$

Damit liefern die Gleichungen (1), (2)

$$\mathfrak{X} = 0, \quad \mathfrak{N} = 0,$$

$\sqrt{\mathfrak{X}^2+\mathfrak{Y}^2} = +\mathfrak{Y}$, da $\mathfrak{Y}$ nach aussen gerichtet, also positiv ist: demnach

$$R_x = +\varepsilon\mathfrak{Y}, \quad R_y = 0, \quad R_n = \varepsilon a\mathfrak{Y}.$$

Macht also die Schwere mit der Axe der x den Winkel $-\vartheta$, mit der Axe der y den Winkel $\frac{\pi}{2}+\vartheta$, so liefern die Gleichungen (3), (4), (5)

$$0 = mg\cos\vartheta \pm \varepsilon\mathfrak{Y},$$

$$0 = -mg\sin\vartheta + \mathfrak{Y},$$

$$0 = -mg(x_\sigma\sin\vartheta + y_\sigma\cos\vartheta) \pm \varepsilon a\mathfrak{Y}.$$

Die beiden ersten liefern mit dem oberen Vorzeichen

$$\operatorname{tang}\vartheta = -\frac{1}{\varepsilon}.$$

Der Winkel, welchen die Längenaxe des Rechtecks mit der Horizontalebene macht, ist $\frac{\pi}{2} - \vartheta$; bezeichnen wir seinen absoluten Werth also mit χ, so lässt sich die vorige Gleichung auch schreiben

$$\operatorname{tang}\chi = \varepsilon.$$

Die letzte der Gleichungen giebt, wenn man $\mathfrak{Y} = mg\sin\vartheta$ einführt, eine Gleichung zwischen x_σ und y_σ, welche mit der Bedingung $y_\sigma = a + k$ die Lage des Schwerpunkts feststellt; dieselbe lautet

$$-mg(x_\sigma \sin\vartheta + y_\sigma \cos\vartheta) + \varepsilon a mg \sin\vartheta = 0,$$

und wenn man darin noch $\cot\vartheta = -\varepsilon$ setzt, erhält man

$$x_\sigma = -\varepsilon k.$$

$-x_\sigma$ ist zugleich ξ_1; und χ ist gleichzeitig der absolute Werth des Winkels, den die Axe der y mit der Verticalen macht. Die zweite Grenzlage erhält man, wenn man $-\varepsilon$ statt ε setzt; für sie ist also

$$\operatorname{tang}\chi = -\varepsilon, \quad x_\sigma = +\varepsilon k.$$

Der Balken ist in jeder Stellung, die zwischen beiden Grenzlagen enthalten ist, im Gleichgewicht. Beide sind symmetrisch gegen die Verticale.

Das Resultat kann unmittelbar vom Kreise auf jede beliebige ebene Curve von endlicher Krümmung übertragen werden; denn man kann immer annehmen, dass die Curve von der Contactstelle durch ihren Krümmungskreis ersetzt sei, da sämmtliche wirkenden Kräfte sich eben an der einzigen Contactstelle aufheben müssen. Die Gleichungen $\operatorname{tang}\chi = \pm\varepsilon$ und $x_\sigma = \mp\varepsilon k$ sind also die allgemeinen Bedingungen für das Gleichgewicht eines Balkens, der auf einem Cylinder von beliebigem Querschnitt ruht, wenn die Längenaxe des Balkens und die horizontale Cylinderaxe sich rechtwinklig kreuzen.

Aufgabe. Wie gestalten sich die Gleichgewichtsbedingungen des Beispiels, wenn am einen Ende der Längsaxe des Balkens noch ein Gewicht Q angehängt wird?

F. Der starre Körper mit einem festen Punkt.

271. Fällt ein Punkt o des starren Körpers G beständig in den Punkt O des ruhenden Raumes, so ist klar, dass jeder Punkt von G sich nur auf einer Kugel bewegen kann, deren Mittelpunkt $O(o)$ ist; ferner, dass alle Punkte einer Geraden λ, welche durch o geht, ähnliche Bewegungen vollführen, deren Aehnlichkeitsmittelpunkt $O(o)$ ist. Schlägt man also von $O(o)$ als Mittelpunkt aus zwei Kugeln mit dem Radius 1, von denen die eine, Ω, in G, die andere, U, im ruhenden Raum festliegt, so ist die Bewegung von G vollständig bestimmt, wenn man weiss, wie sich die Kugelfläche Ω in der Kugelfläche U bewegt. Das hier vorliegende Problem reducirt sich also, wie das des Abschnitts **E,** phoronomisch auf zwei Dimensionen, auf die Bewegung der Fläche Ω in der Fläche U, und die phoronomischen Betrachtungen des vorigen Abschnitts lassen sich geometrisch mit geringen Aenderungen auf den hier vorliegenden Fall übertragen; die Formeln aber werden hier um so viel verwickelter, als die Gleichungen der Sphärik weniger einfach sind, wie die der Planimetrie.

Man kann sich nach dem Gesagten der Einfachheit wegen vorstellen, der Körper G selbst sei eine Kugel vom Durchmesser 1; die feste Kugel U wollen wir die Himmelskugel nennen. Wir werden im Folgenden nicht alle die in Abschnitt **E** angestellten Betrachtungen für den hier vorliegenden Fall reproduciren, sondern nur diejenigen auswählen, welche auf das Ziel, die Herstellung der Bewegungsgleichungen von G, hinsteuern.

1. Lage und Lagenunterschied.

272. Die Lagenbestimmung von G. Der Punkt $O(o)$, um den G sich drehen kann, sei zum Ursprung des ruhenden Coordinatensystems der x, y, z und zugleich des beweglichen Coordinatensystems der ξ, η, ζ gewählt. Beide Systeme unterliegen der Convention des **§ 1,** sind also consentirend. Die Axen der ξ, η, ζ seien durch die drei Hauptträgheitsaxen des Körpers G in Bezug auf den Punkt O gelegt. (Ist das Trägheitsellipsoid von G in Bezug auf O ein Rotationsellipsoid, und etwa die Axe der ζ seine Hauptaxe, so können die Axen der ξ und η willkürlich in irgend zwei aufeinander senkrecht stehende Queraxen desselben zerlegt werden; ist es eine Kugel, so kann man irgend drei aufeinander senkrechte Radien derselben willkürlich auswählen und die Coordinatenaxen der ξ, η, ζ in sie fallen lassen.)

Die Lage von G im System der x, y, z ist dann bestimmt, wenn man die Winkel kennt, welche die Axen der ξ, η, ζ mit denen der x, y, z bilden. Selbstverständlich erscheinen diese Winkel auf der Himmelskugel als Bogen. Wir setzen abkürzend

$$\begin{aligned} \cos(\xi, x) &= a_1, \quad \cos(\xi, y) = b_1, \quad \cos(\xi, z) = c_1, \\ \cos(\eta, x) &= a_2, \quad \cos(\eta, y) = b_2, \quad \cos(\eta, z) = c_2, \\ \cos(\zeta, x) &= a_3, \quad \cos(\zeta, y) = b_3, \quad \cos(\zeta, z) = c_3. \end{aligned}$$

Dann bestimmen die 9 Grössen a_1 bis c_3 die Lage von G. Dieselben sind aber bekanntlich nicht unabhängig voneinander. Es bestehen zwischen ihnen vielmehr die 6 unabhängigen Gleichungen

$$(1) \quad \begin{cases} a_1^2 + a_2^2 + a_3^2 = 1 \\ b_1^2 + b_2^2 + b_3^2 = 1 \\ c_1^2 + c_2^2 + c_3^2 = 1 \end{cases} \quad \text{und} \quad (2) \quad \begin{cases} a_1^2 + b_1^2 + c_1^2 = 1 \\ a_2^2 + b_2^2 + c_2^2 = 1 \\ a_3^2 + b_3^2 + c_3^2 = 1, \end{cases}$$

welche ausdrücken, dass jedes der beiden Coordinatensysteme rechtwinklig ist. Dasselbe kann man auf andere Weise ausdrücken, indem man Formeln anwendet wie

$$\cos(y, z) = \cos(y, \xi)\cos(z, \xi) + \cos(y, \eta)\cos(z, \eta) + \cos(y, \zeta)\cos(z, \zeta)$$

und dann $\cos(y, z) = 0$ setzt. So erhält man

$$(3) \quad \begin{cases} a_2 a_3 + b_2 b_3 + c_2 c_3 = 0 \\ a_3 a_1 + b_3 b_1 + c_3 c_1 = 0 \\ a_1 a_2 + b_1 b_2 + c_1 c_2 = 0 \end{cases} \quad (4) \quad \begin{cases} b_1 c_1 + b_2 c_2 + b_3 c_3 = 0 \\ c_1 a_1 + c_2 a_2 + c_3 a_3 = 0 \\ a_1 b_1 + a_2 b_2 + a_3 b_3 = 0. \end{cases}$$

(3) und (4) sind gleichbedeutend mit (1) und (2). Dieselben Relationen lassen sich auch noch auf eine andere Form liegen, deren Kenntniss nützlich ist. Irgend zwei der Gleichungen (3) und (4), die drei gleiche Coefficienten haben, z. B.

$$\begin{aligned} a_3 a_1 + b_3 b_1 + c_3 c_1 &= 0 \quad \text{und} \\ a_1 a_2 + b_1 b_2 + c_1 c_2 &= 0 \end{aligned}$$

lassen sich benutzen, um die Verhältnisse $\frac{b_1}{a_1}$ und $\frac{c_1}{a_1}$ zu berechnen. Man findet leicht

$$\frac{b_1}{a_1} = \frac{a_3c_2 - a_2c_3}{b_2c_3 - b_3c_2}, \quad \frac{c_1}{a_1} = \frac{a_2b_3 - a_3b_2}{b_2c_3 - b_3c_2} \quad \text{oder}$$

$$a_1 : b_1 : c_1 = (b_2c_3 - b_3c_2) : (c_2a_3 - c_3a_2) : (a_2b_3 - a_3b_2).$$

Fügt man die Relation $a_1^2 + b_1^2 + c_1^2 = 1$ hinzu, so erhält man

$$(a) \quad a_1 = \frac{b_2c_3 - b_3c_2}{\varDelta}, \quad b_1 = \frac{c_2a_3 - c_3a_2}{\varDelta}, \quad c_1 = \frac{a_2b_3 - a_3b_2}{\varDelta},$$

wo zur Abkürzung gesetzt ist

$$(b_2c_3 - b_3c_2)^2 + (c_2a_3 - c_3a_2)^2 + (a_2b_3 - a_3b_2)^2 = \varDelta^2.$$

$\varDelta^2$ lässt sich aber unter der Form

$$(a_2^2 + b_2^2 + c_2^2)(a_3^2 + b_3^2 + c_3^2) - (a_2a_3 + b_2b_3 + c_2c_3)^2 = \varDelta^2$$

darstellen, wie man leicht durch Ausrechnung nachweisen kann. Mit Rücksicht auf (2) und (3) ist also

$$\varDelta^2 = 1, \qquad \varDelta = \pm 1.$$

$\varDelta$ ist eine Grösse, die entweder bei jeder Lage der beiden Coordinatensysteme gegeneinander positiv, oder bei jeder Lage negativ ist, sich aber offenbar nicht sprungweise von $+1$ zu -1 ändern kann, wenn das System der ξ, η, ζ sich im System der x, y, z continuirlich bewegt. Es genügt also, das Vorzeichen von $\varDelta$ für einen Specialfall festzustellen; wir lassen die Axe der ξ in die Axe der x, die der η in die Axe der y fallen. Ist dann das System der ξ, η, ζ consentirend mit dem der x, y, z, so fällt auch die positive Axe der ζ in die der z. Also ist $a_1 = b_2 = c_3 = +1$ und alle anderen a, b, c sind Null. Die erste der obigen Gleichungen (a) giebt damit $1 = \frac{1}{\varDelta}$, also $\varDelta = +1$. (Wären dagegen die Coordinatensysteme dissentirend, so würde, wenn die Axen der ξ und η in die Axen der x und y fallen, die Axe der ζ in die Axe der $-z$ fallen, also $a_1 = b_2 = 1$, $c_3 = -1$ sein, und man erhielte $\varDelta = -1$. Der Unterschied im Vorzeichen von $\varDelta$ hängt hiernach davon ab, ob die beiden Coordinatensysteme consentirend oder dissentirend, congruent oder symmetrisch sind). In den obigen Gleichungen für a_1, b_1, c_1 ist also $\varDelta = +1$ zu setzen; thun wir das und schreiben zugleich die weiteren Gleichungen nieder, die sich aus den drei ersten durch cyklische Vertauschung der Marken ergeben, so findet sich

$$(5)\quad\begin{cases} a_1 = b_2c_3 - b_3c_2, & b_1 = c_2a_3 - c_3a_2, & c_1 = a_2b_3 - a_3b_2, \\ a_2 = b_3c_1 - b_1c_3, & b_2 = c_3a_1 - c_1a_3, & c_2 = a_3b_1 - a_1b_3, \\ a_3 = b_1c_2 - b_2c_1, & b_3 = c_1a_2 - c_2a_1, & c_3 = a_1b_2 - a_2b_1. \end{cases}$$

Auch diese Relationen sagen nicht mehr aus, als (1) und (2) zusammen; 3 von ihnen folgen identisch aus den 6 anderen.

Da sonach G durch 9 Grössen bestimmt ist, zwischen denen 6 Bedingungen bestehen, ist G thatsächlich durch 3 unabhängige Winkel bestimmt; G hat 3 Coordinaten. Es muss also auch möglich sein, 3 Winkel anzugeben, welche ohne Nebenbedingung die Lage von G bestimmen. Das ist durch Euler geschehen.

Fig. 132.

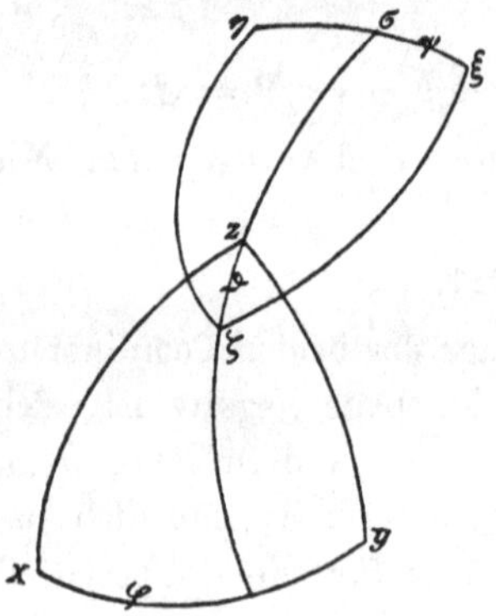

In nebenstehender Figur seien x, y, z, ξ, η, ζ die Punkte, in welchen die gleichnamigen Axen die Himmelskugel schneiden. Es sei ϑ der absolute Werth des Bogens $z\zeta$ und φ der Winkel, den die Ebene $zo\zeta$ mit der Ebene zox macht. Dann ist

$$c_3 = \cos(z, \zeta) = \cos\vartheta,$$
$$b_3 = \cos(y, \zeta) = \sin\vartheta\sin\varphi,$$
$$a_3 = \cos(x, \zeta) = \sin\vartheta\cos\varphi.$$

Ferner sei ψ der Winkel, um den man die Ebene $\zeta o\xi$ im positiven Sinn (von ξ nach η hin) drehen muss, wenn sie in die Ebene ζoz fallen soll. Dann ist aus dem sphärischen Dreieck $\zeta\xi z$

$$c_1 = \cos(\xi, z) = \cos(\zeta, z)\cos(\zeta, \xi) + \sin(\zeta, z)\sin(\zeta, \xi)\cos\psi = \sin\vartheta\cos\psi.$$

Und aus Dreieck $\eta z\sigma$

$$c_2 = \cos(\eta, z) = \cos(z, \sigma)\cos(\eta, \sigma) + \sin(z, \sigma)\sin(\eta, \sigma)\cos\frac{\pi}{2} = \sin\vartheta\sin\psi.$$

Aus den 5 Grössen a_3, b_3, c_1, c_2, c_3 lassen sich nun mit den Gleichungen (5) die noch fehlenden 4 eindeutig berechnen. Man findet z. B. aus den Gleichungen für a_1 und b_2

$$a_1 = c_3(c_3a_1 - c_1a_3) - b_3c_2 = -\frac{a_3c_1c_3 + b_3c_2}{1 - c_3^2}$$
$$= -\frac{\sin\vartheta^2\cos\psi\cos\varphi\cos\vartheta + \sin\vartheta^2\sin\varphi\sin\psi}{\sin\vartheta^2}$$
$$= -\cos\varphi\cos\psi\cos\vartheta - \sin\varphi\sin\psi.$$

auf ähnliche Weise finden sich a_2, b_1, b_2; man erhält die Zusammenstellung

$$(6)\quad \begin{cases} a_1 = -\cos\varphi\cos\psi\cos\vartheta - \sin\varphi\sin\psi, \\ b_1 = -\sin\varphi\cos\psi\cos\vartheta + \cos\varphi\sin\psi, \\ c_1 = \cos\psi\sin\vartheta, \\ a_2 = -\cos\varphi\sin\psi\cos\vartheta + \cos\varphi\cos\psi, \\ b_2 = -\sin\varphi\sin\psi\cos\vartheta - \cos\varphi\cos\psi, \\ c_2 = \sin\psi\sin\vartheta, \\ a_3 = \cos\varphi\sin\vartheta, \\ b_3 = \sin\varphi\sin\vartheta, \\ c_3 = \cos\vartheta. \end{cases}$$

Die drei Grössen φ, ψ, ϑ bestimmen also eindeutig die Werthe der 9 Coefficienten a_1 bis c_3; und damit die Lage von G im System der x, y, . Sie sind Lagrange'sche Coordinaten von G. ϑ heisst der Nutaions-, φ der Präcessionswinkel.

Ian kann aber ebensowohl die 9 Grössen a_1 bis c_3 als Coordinatn von G betrachten, welche nicht völlig frei sind, sondern 6 Bedingungsgleichungen erfüllen. Die Euler'schen Winkel φ, ψ, ϑ sind hatsächlich weniger bequem für die nächsten Rechnungen, als die 9Grössen a_1 bis c_3, weil erstere asymmetrische, letztere symmetrisch Formeln liefern.

73. Die Lage eines einzelnen Punktes von G. Hat ein Punk a von G im System der ξ, η, ζ die Coordinaten ξ, η, ζ, im ruherlen System die Coordinaten x, y, z, so ist nach bekannten Tranformationsgleichungen

$$(1)\quad \begin{cases} x = a_1\xi + a_2\eta + a_3\zeta, \\ y = b_1\xi + b_2\eta + b_3\zeta, \\ z = c_1\xi + c_2\eta + c_3\zeta, \end{cases}$$

und liese Gleichungen bestimmen die Lage von a im System der x, y, . Umgekehrt ist auch

$$(2)\quad \begin{cases} \xi = a_1x + b_1y + c_1z, \\ \eta = a_2x + b_2y + c_2z, \\ \zeta = a_3x + b_3y + c_3z. \end{cases}$$

Ist man die Gleichungen (1) nach ξ, η, ζ oder (2) nach x, y, z auf, so erhält an im ersten Fall Gleichungen, die mit den Gl. (2) vermöge der Gl. (5) des vrigen Paragraphen identisch werden, und umgekehrt.

274. Der Lagenunterschied, besonders der unendlich kleine. Zu irgend einer Zeit t_1 haben die drei Euler'schen Winkel drei bestimmte Werthe φ, ψ, ϑ; zu einer späteren Zeit seien dieselben Winkel auf die Werthe φ', ψ', ϑ' angewachsen. Dann bestimmen die 3 Differenzen $\varphi'-\varphi$, $\psi'-\psi$, $\vartheta'-\vartheta$ oder die aus ihnen hervorgehenden Differenzen in den Werthen von $a_1 \ldots c_3$ analytisch den Unterschied zwischen der ersten und zweiten Lage.

Es lässt sich aber leicht geometrisch zeigen, dass derselbe Unterschied in einer zweiten, sehr anschaulichen Form dargestellt werden kann. Offenbar kann man nämlich aus der ersten in die zweite Lage gelangen, indem man 1) den Körper G einmal so bewegt, dass die Axe der ζ aus der Anfangslage ζ in die Endlage ζ' gelangt; dies kann durch eine Drehung um eine zu der Ebene $\zeta o \zeta'$ senkrechte Axe geschehen; 2) indem man hierauf den Körper G um die Axe $o\zeta'$ dreht, bis er die verlangte Endlage erreicht hat. G kommt also in seine Endlage durch zwei Drehungen um zwei Axen, welche sich in O schneiden. Zwei Drehungen um zwei sich schneidende Axen lassen sich aber nach **194** durch eine einzige Drehung ersetzen; also gelangt G aus der ersten in die zweite Lage durch eine Drehung um eine bestimmte Axe. Jeder Lagenunterschied lässt sich durch einen Drehungswinkel darstellen.

Fig. 133.

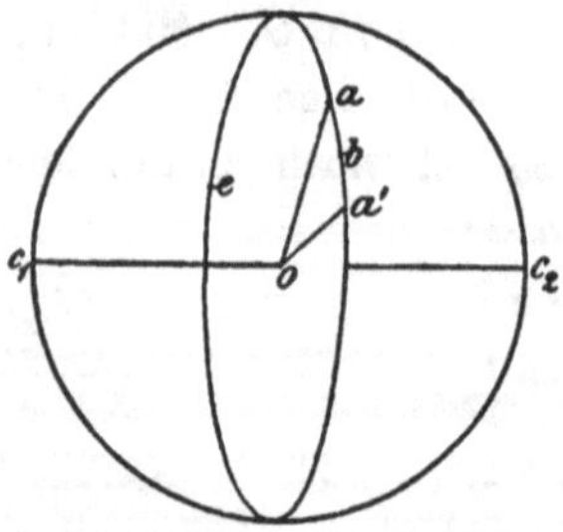

Ist nichts weiter gegeben, als die Anfangs- und die Endlage von G, so ist dieser Drehungswinkel in zweifachem Sinne mehrdeutig. Es sei z. B. (Fig. 132) der Durchmesser $c_1 c_2$ der Himmelskugel die Doppelrichtung für die Axe einer Drehung, durch welche ein Punkt α der Kugel Ω aus der Lage a in die Lage a' gelangt. Dann kann α erstens den Weg aba' gemacht haben, der einem bestimmten Drehungswinkel w entspricht. Zweitens kann aber α auch von a über e nach a' gelangt sein; diesem Weg entspricht ein Drehungswinkel w', wobei offenbar $w+w'=2\pi$. Ausserdem kann α in jedem dieser Sinne, wenn es einmal nach a' gelangt ist, noch beliebig oft den Winkel 2π zurücklegen und kommt dabei immer wieder nach a'. Im ganzen kann also α den Winkel $w+2n\pi$ im einen, den Winkel $w'+2n\pi$ im andern Sinne zurückgelegt haben, um von a nach a' zu gelangen. Handelt es sich aber um eine concrete, physisch gegebene Bewegung, so fällt die Mehrdeutigkeit fort; dann gelangt α immer auf einem bestimmten Wege und mit einer bestimmten Anzahl von ganzen Umläufen (n hat einen bestimmten Werth) von a nach a', und die Natur dieses Weges ist durch das Problem vorgeschrieben. Unsern früheren Conventionen gemäss ist dann auch die Richtung der Axe durch den Sinn der Drehung bestimmt; von den beiden Hälften des Durchmessers $c_1 c_2$, welcher die Doppelrichtung der Axe bezeichnet, giebt diejenige die Richtung der Drehungsaxe an, für welche die Drehung nach links gerichtet ist. In Fig. 132 z. B. ist oc_2 die Axe der Drehung, wenn die letztere im Sinne aba' erfolgt.

Die obige Zweideutigkeit fällt insbesondere dann stets fort, wenn die Drehung, um die es sich handelt, unendlich klein ist; denn dann erreicht a den Punkt a' stets auf dem kürzesten Wege, und der ist durch die Natur der Bewegung eindeutig bestimmt.

Wir betrachten nun eine unendlich kleine Drehung von G. Bei derselben ändern sich die drei Winkel φ, ψ, ϑ um irgend welche Differentiale $d\varphi$, $d\psi$, $d\vartheta$; entsprechend ändern sich die Grössen a_1, b_1 u. s. w. um da_1, db_1 u. s. w. Zugleich aber hat sie eine bestimmte, durch o gehende Axe und eine Amplitude dw; es handelt sich darum, die Beziehung aufzufinden, welche zwischen da_1, db_1, dc_1, da_2 u. s. w. einerseits und dw nebst der Axenrichtung andererseits bestehen muss.

Die unendlich kleine Drehung lässt sich nach den Grundsätzen des Abschnitts **A** auf ihrer Axe darstellen, indem man auf dieser die Länge dw abschneidet. Macht ihre Axe mit den Axen der x, y, z die Richtungscosinus l, m, n, mit den Axen der ξ, η, ζ aber die Richtungscosinus λ, μ, ν, so lässt sie sich nach denselben Grundsätzen in Componenten parallel den Coordinatenaxen zerlegen; diese sind

$$ldw, \quad mdw, \quad ndw \text{ im System der } x, y, z,$$

$$\lambda dw, \quad \mu dw, \quad \nu dw \text{ im System der } \xi, \eta, \zeta.$$

Die unendlich kleine Bewegung setzt sich also zusammen 1) aus einer Drehung vom Betrage ldw um die Axe der x, einer zweiten vom Betrage mdw um die Axe der y, und einer vom Betrage ndw um die Axe der z; oder 2) aus drei Drehungen von den Beträgen λdw, μdw, νdw um die Axen der ξ, η und ζ. Wir betrachten zunächst die Gruppe ldw, mdw, ndw.

Irgend ein Punkt a habe zur Zeit t die Coordinaten x_1, y_1, z_1, und er erfahre eine Drehung vom Betrage ldw um die Axe der x. Er beschreibt dann ein Bahnelement ds_1, welches in einer Ebene liegt, die der yz-Ebene parallel ist. Dasselbe zerfällt in die Componenten dx_1, dy_1, dz_1, und es ist analog den Formeln des § **226**, da die Drehung von y nach z hin gemessen wird,

$$dx_1 = 0, \quad dy_1 = -z_1 . ldw, \quad dz_1 = y_1 ldw.$$

Erleidet derselbe Punkt eine Drehung mdw um die Axe der y, welche Drehung von z nach x hin gemessen wird, so ist

$$dx_1 = z_1 . mdw, \quad dy_1 = 0, \quad dz_1 = -x_1 mdw.$$

Erleidet derselbe Punkt eine Drehung ndw um die Axe der z, die von x nach y hin gemessen wird, so wird

$$dx_1 = -y_1 . ndw, \quad dy_1 = x_1 ndw, \quad dz_1 = 0.$$

Erleidet er alle drei Drehungen zugleich, so sind die Incremente hiernach

$$(1) \quad dx_1 = (z_1 m - y_1 n) dw, \quad dy_1 = (x_1 n - z_1 l) dw, \quad dz = (y_1 l - x_1 m) dw.$$

Als Punkt x_1, y_1, z_1 sehen wir nun der Reihe nach die drei Punkte an, in welchen die Axen der ξ, η, ζ die Himmelskugel schneiden. Deren Coordinaten sind der Reihe nach

für den Durchschnitt von ξ ... a_1, b_1, c_1,
für den von η .... a_2, b_2, c_2,
für den von ζ .... a_3, b_3, c_3.

Man hat also nach dem Vorstehenden

$$(1) \quad \begin{cases} da_1 = (c_1 m - b_1 n) dw, \quad db_1 = (a_1 n - c_1 l) dw, \\ \qquad dc_1 = (b_1 l - a_1 m) dw, \\ da_2 = (c_2 m - b_2 n) dw, \quad db_2 = (a_2 n - c_2 l) dw, \\ \qquad dc_2 = (b_2 l - a_2 m) dw, \\ da_3 = (c_3 m - b_3 n) dw, \quad db_3 = (a_3 n - c_3 l) dw, \\ \qquad dc_3 = (b_3 l - a_3 m) dw. \end{cases}$$

Damit sind die Aenderungen, welche a_1 bis c_3 durch die Drehung dw erleiden, durch die Componenten dieser Drehung dargestellt.

Multiplicirt man die drei Gleichungen für da_1, da_2 da_3 der Reihe nach mit c_1, c_2, c_3 und bedenkt, dass $c_1 b_1 + c_2 b_2 + c_3 b_3 = 0$ ist, so findet sich

$$mdw = c_1 da_1 + c_2 da_2 + c_3 da_3.$$

Aehnlich ergeben sich zwei Gleichungen für ldw und ndw, wenn man die Gleichungen der zweiten Colonne von (1) der Reihe nach mit a_1, a_2, a_3, die der dritten mit b_1, b_2, b_3 multiplicirt. Die Zusammenstellung der Ergebnisse lautet

$$(2) \quad \begin{cases} ldw = b_1 dc_1 + b_2 dc_2 + b_3 dc_3, \\ mdw = c_1 da_1 + c_2 da_2 + c_3 da_3, \\ ndw = a_1 db_1 + a_2 db_2 + a_3 db_3. \end{cases}$$

Diese Gleichungen liefern die drei Componenten ldw, mdw, ndw, wenn da_1, db_1 u. s. w. bis dc_3 gegeben sind. Sie liefern damit auch die Gesammtamplitude dw, denn diese ist

$$(3)\qquad dw = \sqrt{(ldw)^2 + (mdw)^2 + (ndw)^2}$$

und sie liefern die drei Cosinus, welche die Drehungsaxe mit den Axen der x, y, z macht; denn diese sind

$$(4)\quad l = \frac{b_1 dc_1 + b_2 dc_2 + b_3 dc_3}{\sqrt{(b_1 dc_1 + b_2 dc_2 + b_3 dc_3)^2 + (c_1 da_1 + c_2 da_2 + c_3 da_3)^2 + (a_1 db_1 + a_2 db_2 + a_3 db_3)^2}}$$

u. s. w., wobei die Wurzel mit ihrem absoluten Werth zu nehmen ist. Es muss nun noch untersucht werden, wie die Axe der Drehung im System der ξ, η, ζ liegt, also welches die Cosinus λ, μ, ν sind. Dies kann fast ohne Rechnung mittels der einfachen Bemerkung geschehen: Macht das System der ξ, η, ζ die Drehung dw im System der x, y, z, so macht das System der x, y, z im System der ξ, η, ζ die Drehung $-dw$ um dieselbe Axe. Es gelten also die vorstehenden Gleichungen vollständig, wenn man λ, μ, ν statt l, m, n, $-dw$ statt dw und statt der Coordinaten von ξ, η, ζ im System der x, y, z die Coordinaten von x, y z im System der ξ, η, ζ einsetzt. Die letzteren sind

für den Durchschnitt der x-Axe mit der Kugel Ω . . . a_1, a_2, a_3,
für den der y-Axe . . . . b_1, b_2, b_3,
für den der z-Axe . . . . c_1, c_2, c_3.

An die Stelle der Gleichungen (1) treten also nunmehr

$$(5)\quad \begin{cases} da_1 = (a_2\nu - a_3\mu)dw, \quad da_2 = (a_3\lambda - a_1\nu)\,dw, \\ \qquad da_3 = (a_1\mu - a_2\lambda)dw, \\ db_1 = (b_2\nu - b_3\mu)dw, \quad db_2 = (b_3\lambda - b_1\nu)dw, \\ \qquad db_3 = (b_1\mu - b_2\lambda)dw, \\ dc_1 = (c_2\nu - c_3\mu)dw, \quad dc_2 = (c_3\lambda - c_1\nu)dw, \\ \qquad dc_3 = (c_1\mu - c_2\lambda)\,dw, \end{cases}$$

und hieraus an Stelle der Gleichungen (2)

$$(6)\quad \begin{cases} \lambda dw = a_3 da_2 + b_3 db_2 + c_3 dc_2, \\ \mu dw = a_1 da_3 + b_1 db_3 + c_1 dc_3, \\ \nu dw = a_2 da_1 + b_2 db_1 + c_2 dc_1, \end{cases}$$

womit die Grössen λ, μ, ν gemäss den Formeln

$$\lambda = \frac{\lambda}{\sqrt{\lambda^2 + \mu^2 + \nu^2}} \quad \text{u. s. w.}$$

durch da_1, db_1 u. s. w. ausgedrückt sind, während Gl. (5) gestatten, die Incremente da_1, db_1 u. s. w. zu berechnen, wenn die Componenten der Drehung dw im System der ξ, η, ζ gegeben sind.

Es ist nun nach dem Vorstehenden leicht, die Componenten der Verrückung anzugeben, welche ein beliebiger Punkt a von G durch die Elementarbewegung dw erleidet. Sind ξ, η, ζ die unveränderlichen Coordinaten von a im System der ξ, η, ζ, so erhält man durch Differentiation von Gl. (1) § 273

$$dx = \xi da_1 + \eta da_2 + \zeta da_3,$$
$$dy = \xi db_1 + \eta db_2 + \zeta db_3,$$
$$dz = \xi dc_1 + \eta dc_2 + \zeta dc_3,$$

und wenn man hierin für da_1, db_1 u. s. w. ihre Werthe aus Gl. (1) des vorigen Paragraphen setzt, sind dx, dy, dz durch ldw u. s. w. ausgedrückt. Ist ds die Totalveränderung von a, so ist

$$ds = \sqrt{dx^2 + dy^2 + dz^2}.$$

2. Continuirliche Bewegung; erste Differentialquotienten.

275. Die Beschreibung der continuirlichen Bewegung. Bewegt sich G continuirlich, so ändern sich die Grössen a_1, a_2 ... c_3 continuirlich, was geometrisch bedeutet, dass die Punkte, in welchen die Himmelskugel von den Axen der ξ, η, ζ geschnitten wird, continuirliche Bahnen auf der Himmelskugel zurücklegen. Die Bewegung von G innerhalb eines gegebenen Intervalls kann erstens beschrieben werden, indem man angiebt, welchen Verlauf die Werthe von a_1, a_2 ... c_3 haben.

Andererseits haben wir gesehen, dass die Elementarbewegung, welche G in irgend einem unendlich kleinen Zeitraum dt macht, eine u. kl. Drehung um irgend eine Axe $oc(o\gamma)$ ist, welche durch $o(o)$ geht. Diese Axe heisst die Momentanaxe für den Zeitpunkt t, der den Anfangsmoment von dt bildet. Ist die Bewegung von G continuirlich, so dreht sich G zur Zeit t_1 um die Axe $oc_1(o\gamma_1)$ und legt im ersten Zeittheilchen einen u. kl. Winkel dw_1 zurück. Dadurch kommt eine Gerade $o\gamma_2$ von G in die Lage oc_2, und im nächsten Zeittheilchen dt_2 dreht sich G um diese nunmehrige Doppellinie $oc_2(o\gamma_2)$. Dadurch kommt $o\gamma_3$ in die Lage oc_3, und im folgenden Zeit-

Fig. 134.

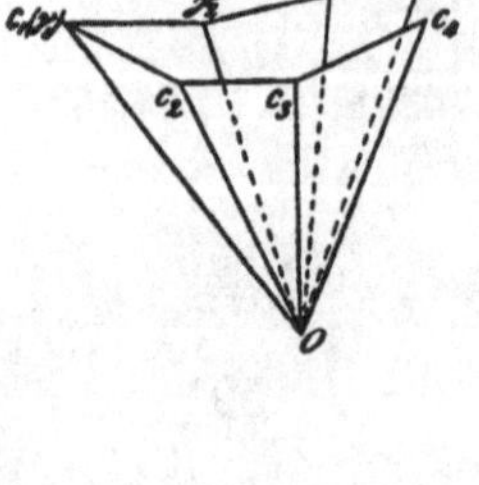

theilchen dt_3 dreht sich G um $oc_3(o\gamma_3)$ u. s. w. Der Ort sämmtlicher aufeinander folgenden Momentanaxen oc_n im System der x, y, z ist irgend ein Kegel, den wir mit (C) bezeichnen. Der Ort aller Momentanaxen $o\gamma_n$ ist ein in G festliegender Kegel, der (Γ) heisse. Nach dem Gesagten fallen die Erzeugungslinien des Kegels (Γ) der Reihe nach mit denen des Kegels (C) zusammen, und zwar durch blosses Rollen, ohne zu gleiten, da offenbar $\gamma_1\gamma_2 = c_1c_2$, $\gamma_2c_3 = c_2c_3$ u. s. w. ist. Dabei berührt der Kegel (Γ) den Kegel (C) zur Zeit t in derjenigen Erzeugungslinie, die zur Zeit t Momentanaxe ist. Also, ganz analog dem, was in Abschnitt **D** über die Curven Γ und C gesagt wurde:

Die continuirliche Bewegung von G lässt sich beschreiben als das Rollen eines in G festen Kegels (Γ) auf einem im ruhenden System der x, y, z festen Kegel (C); die Spitzen beider Kegel liegen im Centrum O.

Kennt man beide Kegel und die Art ihres Rollens, so kennt man die Bewegung von G. Die beiden Kegel (C) und (Γ) schneiden die Himmelskugel in zwei sphärischen Curven C und Γ. Es leuchtet ein, dass, wenn (Γ) auf (C) rollt, auch Γ auf C rollt.

Fig. 135 a.

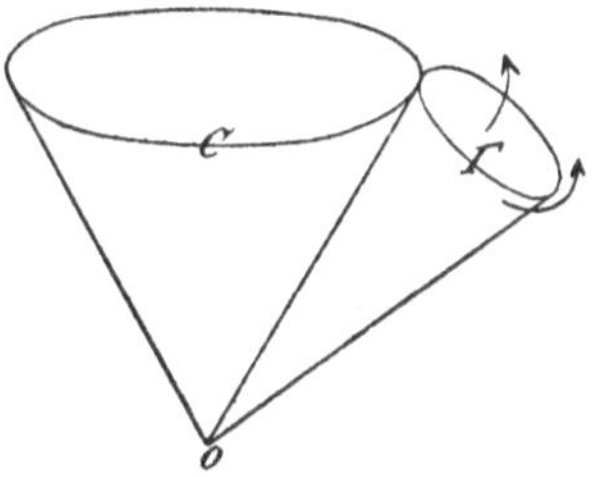

Fig. 135 b.

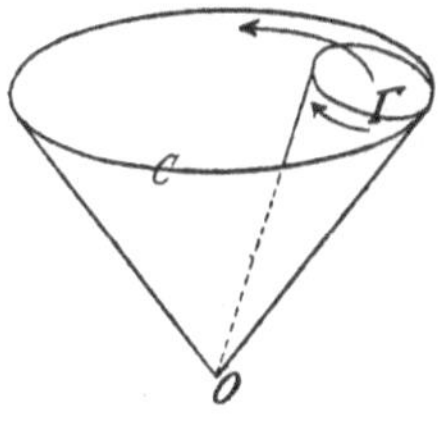

Die beiden Kegel (Γ) und (C) können einander 1) von aussen 2) von innen berühren. Im ersten Fall (Fig. 135 a) dreht sich die Contactlinie des Kegels (Γ) in demselben Sinn um die Axe von (C), den die Drehung von G hat; im zweiten Fall (Fig. 135 b) dreht sich die Contactlinie von (Γ) in (C) in einem Sinn herum, der dem Sinne der Drehung von G entgegengesetzt ist. Die Fortbewegung der Momentanaxe (Contactlinie) auf dem Kegel (C) nennt man Präcession; im Falle ihr Sinn mit dem der Drehung von G übereinstimmt, heisst die Präcession rechtläufig, im entgegengesetzten Falle rückläufig.

In Specialfällen kann einer der beiden Kegel zu einer geraden Linie zusammenschrumpfen. Diese Gerade ist dann ein Kegel von der Oeffnung Null; ein solcher legt beim Rollen offenbar den Weg Null zurück, wie lange er auch rollen mag; er fällt also stets in dieselbe Erzeugungslinie des anderen

Kegels. D. h. Wenn einer der beiden Kegel zu einer Geraden degenerirt, so thut das auch der andere; die Momentanaxe wird zur stationären Axe der Drehung. Hat die Rotationsaxe von G eine stationäre Lage in G, so ist sie auch im Raume der x, y, z stationär, und umgekehrt.

Beispiel. Die Astronomen beschreiben die Drehung der Erde, wenn man von der Nutation absieht, abkürzend in der Form: „Die Erde dreht sich in einem Sterntag einmal um eine in ihr feste Linie, die Erdaxe, von Westen nach Osten, und die Erdaxe beschreibt in 25868 Jahren rückläufig einen Kreiskegel von der halben Oeffnung $23^0\,27'\,32''$ um die Axe der Ekliptik." Die Beschreibung in dieser Form kann nicht richtig sein; denn wenn die Momentanaxe der Erde wirklich in ihr fest läge, müsste sie, abgesehen von der Verschiebung des Erdmittelpunkts, auch im Raume festliegen, müsste also sich stets parallel bleiben. Die Beschreibung soll vielmehr lauten: „Die in der Erde feste Erdaxe ist die Axe eines kleinen Kreis-Kegels (Γ) der binnen 25868 Jahren in dem Kegel (C) einmal umrollt." Die wirkliche Momentanaxe der Erde liegt also nicht in dieser fest und fällt nicht in die Erdaxe, sondern macht mit der letzteren einen kleinen Winkel ν. Ist in Fig. 136 oe die Axe der Ekliptik, oa die Erdaxe, so ist oc die Momentanaxe der Erde. Man sieht ohne Weiteres, dass dieselbe in der Ebene eoa liegt und zwar auf der Seite der Erdaxe, welche von der Axe der Ekliptik abgewandt ist, letzteres, weil die Präcession der Erde rückläufig ist, der Kegel (Γ) also den Kegel (C) von innen berührt. Bezeichnen wir den Winkel eoa abgekürzt mit λ, so ist $\sin(\lambda+\nu)$ der Radius des Kreises C auf der Himmelskugel, $\sin\nu$ der des Kreises Γ; die Umfänge beider Kreise sind also $2\pi\sin\nu$ und $2\pi\sin(\lambda+\nu)$; diese müssen sich verhalten, wie ein Sterntag zu 25868 Jahren, oder wie $1 : 25868 . 365{,}2564$. Man hat also die Proportion

Fig. 136.

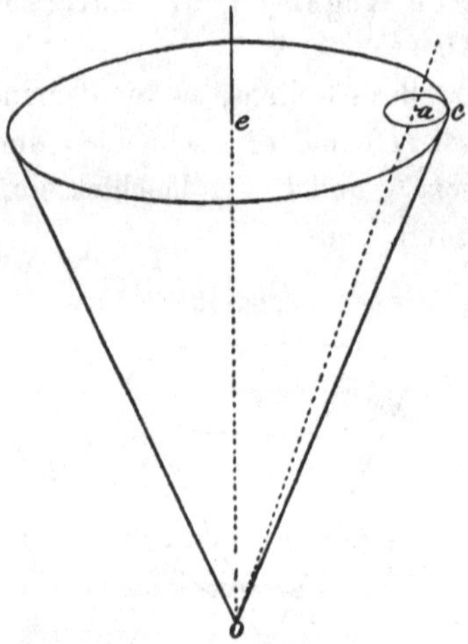

$$\sin\nu : \sin(\lambda+\nu) = 1 : 25868 . 365{,}2564,$$

oder

$$\sin\lambda\cot\nu + \cos\lambda = 25868 . 365{,}2564$$

$$\operatorname{tang}\nu = \frac{\sin\lambda}{25868 . 365{,}2564 - \cos\lambda}.$$

Die Ausrechnung, bei der ν für $\operatorname{tang}\nu$ gesetzt werden und $\cos\lambda$ vernachlässigt werden kann, giebt

$$\nu = 0'',0087,$$

also eine so kleine Grösse, dass es für die astronomische Praxis genügt, die Momentanaxe mit der Erdaxe zusammenfallen zu lassen. Die Strecke auf der Erdoberfläche, welche dem Winkel ν entspricht, beträgt rund 27 Centimeter.

276. Der Geschwindigkeitszustand von G ist nach dem obigen in zweierlei Weise zu beschreiben.

Erstens. In der Zeit dt erlangen die 9 Grössen $a_1, a_2 \ldots c_3$ die Wachsthümer $da_1, da_2, \ldots dc_3$. Die 9 Grössen

$$\frac{da_1}{dt},\ \frac{da_2}{dt},\ \frac{da_3}{dt},\ \frac{db_1}{dt},\ \frac{db_2}{dt},\ \frac{db_3}{dt},\ \frac{dc_1}{dt},\ \frac{dc_2}{dt},\ \frac{dc_3}{dt}$$

bestimmen zusammen den Geschwindigkeitszustand von G. Selbstverständlich sind die 9 Grössen nicht unabhängig von einander, sondern sind an die Bedingungen

$$(1)\quad \begin{cases} a_1\dfrac{da_1}{dt}+b_1\dfrac{db_1}{dt}+c_1\dfrac{dc_1}{dt}=0\\[2ex] a_2\dfrac{da_2}{dt}+b_2\dfrac{db_2}{dt}+c_2\dfrac{dc_2}{dt}=0\\[2ex] a_3\dfrac{da_3}{dt}+b_3\dfrac{db_3}{dt}+c_3\dfrac{dc_3}{dt}=0\end{cases}$$

$$(2)\quad \begin{cases} a_1\dfrac{da_1}{dt}+a_2\dfrac{da_2}{dt}+a_3\dfrac{da_3}{dt}=0\\[2ex] b_1\dfrac{db_1}{dt}+b_2\dfrac{db_2}{dt}+b_3\dfrac{db_3}{dt}=0\\[2ex] c_1\dfrac{dc_1}{dt}+c_2\dfrac{dc_2}{dt}+c_3\dfrac{dc_3}{dt}=0\end{cases}$$

geknüpft, welche durch Differentiation nach t aus den jederzeit bestehenden Gleichungen **272** (1), (2) folgen. Statt der vorstehenden Bedingungen kann man auch diejenigen einsetzen, die aus **272** (3), (4) durch Differentiation nach t hervorgehen, so wie auch diejenigen, die aus den Gleichungen (5) desselben Paragraphen folgen. Der Geschwindigkeitszustand von G ist also durch 3 unabhängige Grössen bestimmt.

Als unabhängige Coordinaten des Geschwindigkeitszustandes kann man auch die drei Geschwindigkeiten $\frac{d\varphi}{dt}, \frac{d\psi}{dt}, \frac{d\vartheta}{dt}$ betrachten, mit welchen die Euler'schen Winkel φ, ψ, ϑ wachsen. Die nach t differentiirten Gleichungen (6) des § **272**

$$\frac{da_1}{dt}=\cos\varphi\cos\psi\sin\vartheta\frac{d\vartheta}{dt}+(\cos\varphi\sin\psi\cos\vartheta-\sin\varphi\cos\psi)\frac{d\psi}{dt}$$
$$+(\sin\varphi\cos\psi\cos\vartheta-\cos\varphi\sin\psi)\frac{d\varphi}{dt}\ \text{u. s. w.}$$

geben dann ohne Weiteres an, wie $\frac{da_1}{dt}$, $\frac{da_2}{dt}$ u. s. w. durch $\frac{d\vartheta}{dt}$, $\frac{d\psi}{dt}$, $\frac{d\varphi}{dt}$ auszudrücken sind.

Zweitens. In der Zeit dt dreht sich G um die Momentanaxe und legt dabei die Amplitude dw zurück, deren Axencomponenten im System der x, y, z sind: $l dw$, $m dw$, $n dw$, während dieselbe im System der ξ, η, ζ die Axencomponenten λdw, μdw, νdw hat. $\frac{dw}{dt}$ ist die Winkelgeschwindigkeit von G um die Momentanaxe zur Zeit t. Die drei Componenten

$$l\frac{dw}{dt}, \quad m\frac{dw}{dt}, \quad n\frac{dw}{dt}$$

bestimmen vollständig die Winkelgeschwindigkeit $\frac{dw}{dt}$ und die Lage ihrer Momentanaxe im System der x, y, z. Die 3 Grössen

$$\lambda\frac{dw}{dt}, \quad \mu\frac{dw}{dt}, \quad \nu\frac{dw}{dt}$$

bestimmen $\frac{dw}{dt}$ und die Lage der Momentenaxe im System der ξ, η, ζ. Die 6 Grössen, für die wir nunmehr die nachstehenden Abkürzungen einführen,

$$(3)\quad \begin{cases} l\frac{dw}{dt} = p, & m\frac{dw}{dt} = q, & n\frac{dw}{dt} = r, \\ \lambda\frac{dw}{dt} = \pi, & \mu\frac{dw}{dt} = \chi, & \nu\frac{dw}{dt} = \varrho, \end{cases}$$

bestimmen die Winkelgeschwindigkeit und die Lage der Rotationsaxe zur Zeit t in beiden Coordinatensystemen; sie bestimmen also vollständig den Geschwindigkeitszustand von G zu jeder Zeit t, für die sie gegeben sind.

Auch diese 6 Grössen sind nicht unabhängig von einander. p, q, r sind die Coordinaten des Endpunkts der auf ihrer Axe aufgetragenen Winkelgeschwindigkeit im System der x, y, z; π, χ, ϱ sind die Coordinaten desselben Punkts im System der ξ, η, ζ. Zwischen beiden Grössengruppen bestehen also die Transformationsbeziehungen

$$(4)\quad \begin{cases} p = a_1\pi + a_2\chi + a_3\varrho, \\ q = b_1\pi + b_2\chi + b_3\varrho, \\ r = c_1\pi + c_2\chi + c_3\varrho, \end{cases} \qquad (5)\quad \begin{cases} \pi = a_1 p + b_1 q + c_1 r, \\ \chi = a_2 p + b_2 q + c_2 r, \\ \varrho = a_3 p + b_3 q + c_3 r. \end{cases}$$

p, q, r sind direct die Coordinaten des Geschwindigkeitszustandes von G im Sinne des § **209**. Selbstverständlich ist

$$(6) \qquad p^2+q^2+r^2 = \pi^2+\chi^2+\varrho^2 = \left(\frac{dw}{dt}\right)^2.$$

Das erste Verfahren der Geschwindigkeitsbeschreibung fasst den Geschwindigkeitszustand zunächst rein analytisch als Wachstumszustand der Grössen a_1, a_2, a_3 u. s. w., d. i., wenn man ihm eine geometrische Deutung unterlegen will, als dargestellt durch die Geschwindigkeitscomponenten der Punkte, in welchen die Axen der ξ, η, ζ die Himmelskugel schneiden. Das zweite Verfahren beschreibt den Geschwindigkeitszustand als Drehungszustand um die Momentanaxe. Das letztere ist daher anschaulicher; die Beziehungen zwischen beiden Beschreibungsarten erhalten wir, wenn wir die Gleichungen (1), (2), (5), (6) des § **274** durch dt dividiren. Sie ergeben

$$(7) \quad \begin{cases} \dfrac{da_1}{dt} = c_1 q - b_1 r, & \dfrac{db_1}{dt} = a_1 r - c_1 p, & \dfrac{dc_1}{dt} = b_1 p - a_1 q, \\ \dfrac{da_2}{dt} = c_2 q - b_2 r, & \dfrac{db_2}{dt} = a_2 r - c_2 p, & \dfrac{dc_2}{dt} = b_2 p - a_2 q, \\ \dfrac{da_3}{dt} = c_3 q - b_3 r, & \dfrac{db_3}{dt} = a_3 r - c_3 p, & \dfrac{dc_3}{dt} = b_3 p - a_3 q. \end{cases}$$

$$(8) \quad \begin{cases} p = b_1 \dfrac{dc_1}{dt} + b_2 \dfrac{dc_2}{dt} + b_3 \dfrac{dc_3}{dt}, \\ q = c_1 \dfrac{da_1}{dt} + c_2 \dfrac{da_2}{dt} + c_3 \dfrac{da_3}{dt}, \\ r = a_1 \dfrac{db_1}{dt} + a_2 \dfrac{db_2}{dt} + a_3 \dfrac{db_3}{dt}. \end{cases}$$

$$(9) \quad \begin{cases} \dfrac{da_1}{dt} = a_2 \varrho - a_3 \chi, & \dfrac{da_2}{dt} = a_3 \pi - a_1 \varrho, & \dfrac{da_3}{dt} = a_1 \chi - a_2 \pi, \\ \dfrac{db_1}{dt} = b_2 \varrho - b_3 \chi, & \dfrac{db_2}{dt} = b_3 \pi - b_1 \varrho, & \dfrac{db_3}{dt} = b_1 \chi - b_2 \pi, \\ \dfrac{dc_1}{dt} = c_2 \varrho - c_3 \chi, & \dfrac{dc_2}{dt} = c_3 \pi - c_1 \varrho, & \dfrac{dc_3}{dt} = c_1 \chi - c_2 \pi. \end{cases}$$

$$(10) \quad \begin{cases} \pi = a_3 \dfrac{da_2}{dt} + b_3 \dfrac{db_2}{dt} + c_3 \dfrac{dc_2}{dt}, \\ \chi = a_1 \dfrac{da_3}{dt} + b_1 \dfrac{db_3}{dt} + c_1 \dfrac{dc_3}{dt}, \\ \varrho = a_2 \dfrac{da_1}{dt} + b_2 \dfrac{db_1}{dt} + c_2 \dfrac{dc_1}{dt}. \end{cases}$$

(7) und (9) stellen $\frac{da_1}{dt}$ u. s. w. durch p, q, r oder π, χ, ϱ dar; (8) und (10) thun das Umgekehrte.

277. Die Geschwindigkeiten der einzelnen Punkte von G. Hat ein Punkt α von G zur Zeit t die Coordinaten x, y, z im ruhenden, ξ, η, ζ im bewegten System, so sind die Beziehungen zwischen x, y, z und ξ, η, ζ durch **273,** (1), (2) gegeben. Differentiirt man die erste dieser Gleichungen nach t mit Rücksicht darauf, dass ξ, η, ζ unveränderlich sind, so erhält man

$$(1)\quad \begin{cases} \dfrac{dx}{dt} = \xi\dfrac{da_1}{dt} + \eta\dfrac{da_2}{dt} + \zeta\dfrac{da_3}{dt}, \\ \dfrac{dy}{dt} = \xi\dfrac{db_1}{dt} + \eta\dfrac{db_2}{dt} + \zeta\dfrac{db_3}{dt}, \\ \dfrac{dz}{dt} = \xi\dfrac{dc_1}{dt} + \eta\dfrac{dc_2}{dt} + \zeta\dfrac{dc_3}{dt}, \end{cases}$$

womit die 3 Geschwindigkeitscomponenten von α bestimmt sind. Für $\frac{da_1}{dt}$ u. s. w. kann man nun hierin ihre Werthe aus Gl. (7) des vorigen Paragraphen einsetzen, womit man erhält

$$(2)\quad \begin{cases} \dfrac{dx}{dt} = \xi(c_1 q - b_1 r) + \eta(c_2 q - b_2 r) + \zeta(c_3 q - b_3 r), \\ \dfrac{dy}{dt} = \xi(a_1 r - c_1 p) + \eta(a_2 r - c_2 p) + \zeta(a_3 r - c_3 p), \\ \dfrac{dz}{dt} = \xi(b_1 p - a_1 q) + \eta(b_2 p - a_2 q) + \zeta(b_3 p - a_3 q). \end{cases}$$

Setzt man hierin $\xi = a_1 x + b_1 y + c_1 z$ u. s. w. und multiplicirt aus, so findet sich leicht unter Berücksichtigung der Gleichungen **272** (2) bis (5)

$$(3)\quad \begin{cases} \dfrac{dx}{dt} = qz - ry, \\ \dfrac{dy}{dt} = rx - pz, \\ \dfrac{dz}{dt} = py - qx. \end{cases}$$

Das sind die durch dt dividirten Gleichungen (1) des § **274**.

Ferner kann man noch statt Gl. (7) die Gl. (9) des vorigen Paragraphen einsetzen, wo man dann erhält

$$(4)\quad \begin{cases} \dfrac{dx}{dt} = \xi(a_2\varrho - a_3\chi) + \eta(a_3\pi - a_1\varrho) + \zeta(a_1\chi - a_2\pi), \\ \dfrac{dy}{dt} = \xi(b_2\varrho - b_3\chi) + \eta(b_3\pi - b_1\varrho) + \zeta(b_1\chi - b_2\pi), \\ \dfrac{dz}{dt} = \xi(c_2\varrho - c_3\chi) + \eta(c_3\pi - c_1\varrho) + \zeta(c_1\chi - c_2\pi). \end{cases}$$

Endlich können wir noch die Geschwindigkeit des Punktes a nach drei Richtungen zerlegen, welche den Momentanlagen der Axen ξ, η, ζ paralel sind. Die so erhaltenen Componenten der Geschwindigkeit von seien, da wir sie nicht füglich $\frac{d\xi}{dt}$, $\frac{d\eta}{dt}$, $\frac{d\zeta}{dt}$ schreiben können (denn diese Zeichen würden Differentialquotienten der ihrer Natur nach mit der Zeit unveränderlichen Grössen ξ, η, ζ bedeuten), mit v_ξ, v_η, v_ζ bezeichnet. Um sie zu finden, brauchen wir nur anzunehmen, das System der x, y, z sei so gelegt, dass es im Augenblick t mit dem der ξ, η, ζ coincidirt. Dann ist $p = \pi$, $q = \chi$, $r = \varrho$, $x = \xi$ u. s. w. und die Gleichungen (3) werden

$$(5)\quad \begin{cases} v_\xi = \chi\zeta - \varrho\eta, \\ v_\eta = \varrho\xi - \pi\zeta, \\ v_\zeta = \pi\eta - \chi\xi. \end{cases}$$

Dies sind die brauchbarsten Gleichungen für die Geschwindigkeit v, und zwar deshalb, weil sie an Orts-Coordinaten nur die unveränderlichen Grössen ξ, η, ζ enthalten.

78. Die lebendige Kraft von G. Ist dm ein Element von G, welches die Coordinaten x, y, z (ξ, η, ζ) hat, so ist seine lebendige Kraft

$$(1)\quad \begin{cases} dT = \tfrac{1}{2} dm(v_\xi^2 + v_\eta^2 + v_\zeta^2)^2 \\ \quad = \tfrac{1}{2} dm[\pi^2(\eta^2+\zeta^2) + \chi^2(\xi^2+\zeta^2) \\ \qquad + \varrho^2(\xi^2+\eta^2) + (2\chi\varrho\eta\zeta + 2\varrho\pi\zeta\xi + 2\pi\chi\xi\eta)]. \end{cases}$$

Die lebendige Kraft T des ganzen Körpers G ist die Summe sämmtlicher dT, genommen über alle Elemente von G. Da nun die Axen der ξ, η, ζ nach unserer früheren Festsetzung Hauptträgheitsaxen von G sind, ist $\Sigma\eta\zeta dm = \Sigma\zeta\xi dm = \Sigma\xi\eta dm = 0$, und $\Sigma(\eta^2+\zeta^2)dm$, $\Sigma(\zeta^2+\xi^2)dm$, $\Sigma(\xi^2+\eta^2)dm$ sind die drei Hauptträgheitsmomente in Bezug auf die Axen der ξ, η, ζ, dieselben, die in § **182**ff. mit A, B, C bezeichnet wurden. Also ist

$$(2) \qquad T = \tfrac{1}{2}(\pi^2 A + \chi^2 B + \varrho^2 C).$$

Schreibt man π, χ, ϱ einen Augenblick in aufgelöster Form als $\lambda \frac{dw}{dt}$ etc., so wird

$$T = \tfrac{1}{2}(\lambda^2 A + \mu^2 B + \nu^2 C)\left(\frac{dw}{dt}\right)^2.$$

Nach **182** Gl. (10) ist aber $\lambda^2 A + \mu^2 B + \nu^2 C$ das Trägheitsmoment K für die Axe, welche mit den Coordinatenaxen die Richtungscosinus λ, η, ν macht, d. i. in unserem Fall die Axe der Drehung. Bezeichnet man also das Trägheitsmoment in Bezug auf die Drehungsaxe mit K, so ist

$$T = \tfrac{1}{2} K \left(\frac{dw}{dt}\right)^2,$$

ein selbstverständliches Resultat, welches hier nur den Werth einer Verification von Gl. (2) hat, welches aber die Grundlage für die Untersuchung der Trägheitsmomente abgeben würde, wenn wir dieselbe hier erst machen müssten.

279. Die Bewegungsmenge von G. Wir benutzen zur Herstellung derselben zunächst wieder die Gleichungen (5) des § **277**. Ein Element dm besitzt, wenn seine Coordinaten ξ, η, ζ sind, eine Bewegungsmenge, deren 6 Coordinaten sind

$$v_\xi dm, \quad v_\eta dm, \quad v_\zeta dm, \quad (\eta v_\zeta - \zeta v_\eta) dm, \quad (\zeta v_\xi - \xi v_\zeta) dm, \quad (\xi v_\eta - \eta v_\xi) dm,$$

oder, mit den genannten Gleichungen (5)

$$(\chi\zeta - \varrho\eta) dm, \quad (\varrho\xi - \pi\zeta) dm, \quad (\pi\eta - \chi\xi) dm,$$

$$[\pi(\eta^2 + \zeta^2) - \chi\xi\eta - \varrho\zeta\xi] dm, \quad [\chi(\zeta^2 + \xi^2) - \varrho\eta\zeta - \pi\eta\xi] dm,$$

$$[\varrho(\xi^2 + \eta^2) - \pi\zeta\xi - \chi\eta\zeta] dm.$$

Summirt man diese Grössen über alle dm von G, so erhält man die 6 Coordinaten der Bewegungsmenge von G; sind ξ_σ, η_σ, ζ_σ die Coordinaten des Schwerpunkts, so erhält man offenbar, wenn m die Gesammtmasse von G ist, für die Coordinaten der Bewegungsmenge im System der ξ, η, ζ

$$(1) \quad \begin{cases} \Xi = (\chi\zeta_\sigma - \varrho\eta_\sigma) m, & H = (\varrho\xi_\sigma - \pi\zeta_\sigma) m, & Z = (\pi\eta_\sigma - \chi\xi_\sigma) m, \\ \Lambda = \pi A, & M = \chi B, & N = \varrho C, \end{cases}$$

wo A, B, C wieder die drei Hauptträgheitsmomente sind.

Die drei ersten Grössen Ξ, H, Z stellen offenbar die Componenten der Bewegungsmenge dar, welche der Schwerpunkt von G haben würde, wenn er die Masse m enthielte. Die drei letzten Λ, M, N vereinigen sich zu einem resultirenden Moment, welches mit S bezeichnet werden möge. α, β, γ seien die drei Winkel, welche S mit den Axen der ξ, η, ζ macht. Dann ist

$$(2) \qquad S = \sqrt{\pi^2 A^2 + \chi^2 B^2 + \varrho^2 C^2},$$

$$(3) \qquad \cos\alpha = \frac{\pi A}{S}, \quad \cos\beta = \frac{\chi B}{S}, \quad \cos\gamma = \frac{\varrho C}{S}.$$

Es hat nun das Poinsot'sche Trägheitsellipsoid für den Punkt o die Gleichung

$$\Psi = A\xi^2 + B\eta^2 + C\zeta^2 = \text{const.}$$

und die Drehungsaxe hat in gewöhnlicher Form die Gleichung

$$\xi = \frac{\pi}{\varrho}\zeta, \quad \eta = \frac{\chi}{\varrho}\zeta.$$

Hat nun eine Gerade die Gleichungen $\xi = a\zeta$, $\eta = b\zeta$, so sind die Gleichungen ihrer conjugirten Diametralebene im Ellipsoid $\Psi = \text{const.}$

$$a\frac{\partial\Psi}{\partial\xi} + b\frac{\partial\Psi}{\partial\eta} + \frac{\partial\Psi}{\partial\zeta} = 0.$$

Die zur Drehungsaxe conjugirte Diametralebene hat also die Gleichung

$$\frac{\pi}{\varrho}A\xi + \frac{\chi}{\varrho}B\eta + C\zeta = 0 \quad \text{oder}$$

$$\pi A\xi + \chi B\eta + \varrho C\zeta = 0,$$

d. h. das auf ihr errichtete Perpendikel macht mit den Axen die Cosinus

$$\frac{\pi A}{\sqrt{\pi^2 A^2 + \chi^2 B^2 + \varrho^2 C^2}}, \quad \frac{\chi B}{S}, \quad \frac{\varrho C}{S},$$

d. i. $\cos\alpha$, $\cos\beta$, $\cos\gamma$ aus Gl. (3). Die Gleichungen (1) und (3) sagen also aus: Das resultirende Moment S der Bewegungsmenge, als Paar gedacht, liegt in derjenigen durch O gehenden Ebene, welche im Poinsot'schen Trägheitsellipsoid zur Drehungsaxe conjugirt ist.

Oder: Die Axe des resultirenden Moments der Bewegungsmenge steht senkrecht auf derjenigen Ebene, die im Poinsot'schen Trägheitsellipsoid zur Drehungsaxe conjugirt ist.

Es folgt unmittelbar, dass die beiden Axen nur in dem Fall

coincidiren, wo die Drehungsaxe eine Hauptträgheitsaxe des Punktes O ist.

Es erübrigt nun noch, die Coordinaten der Bewegungsmenge im System der x, y, z herzustellen. Bezeichnen wir dieselben mit X, Y, Z, L, M, N, so ergeben sich X, Y, Z unmittelbar aus dem obigen Satz, der in den 3 ersten Gleichungen (1) enthalten ist: „Der resultirende Vector der Bewegungsmenge ist die Bewegungsmenge des Schwerpunkts.“ Da der Schwerpunkt im System der x, y, z die Geschwindigkeitscomponenten $qz_\sigma - ry_\sigma$, $rx_\sigma - pz_\sigma$, $py_\sigma - qx_\sigma$ hat, folgt

$$(4) \qquad X = (qz_\sigma - ry_\sigma)m, \quad Y = (rx_\sigma - pz_\sigma)m, \quad Z = (py_\sigma - qx_\sigma)m.$$

Um die drei Momente L, M, N zu finden, zerlegen wir die drei Grössen $\mathsf{A}, \mathsf{M}, \mathsf{N}$ nach den drei Axen x, y, z und sammeln die zusammengehörigen Bestandtheile. A liegt in der Axe der ξ, macht also mit den Axen der x, y, z die Richtungscosinus a_1, b_1, c_1, M macht a_2, b_2, c_2 u. s. w. Also wird

$$L = a_1\mathsf{A} + a_2\mathsf{M} + a_3\mathsf{N}, \quad M = b_1\mathsf{A} + b_2\mathsf{M} + b_3\mathsf{N} \text{ u. s. w.},$$

oder, wenn man für π, χ, ϱ ihre Werthe aus 276 Gl. (4) einsetzt

$$(5) \quad \left\{ \begin{aligned} L &= a_1(a_1p + b_1q + c_1r)A + a_2(a_2p + b_2q + c_2r)B \\ &\qquad + a_3(a_3p + b_3q + c_3r)C, \\ M &= b_1(a_1p + b_1q + c_1r)A + b_2(a_2p + b_2q + c_2r)B \\ &\qquad + b_3(a_3p + b_3q + c_3r)C, \\ N &= c_1(a_1p + b_1q + c_1r)A + c_2(a_2p + b_2q + c_2r)B \\ &\qquad + c_3(a_3p + b_3q + c_3r)C. \end{aligned} \right.$$

Anmerkungen. Eine Anzahl von Eigenschaften der Bewegungsmenge ergiebt sich leicht aus den Gleichungen (1).

1) Man bemerkt zunächst, dass mit Rücksicht auf 278 Gl. (2)

$$(6) \qquad \Lambda = \frac{\partial T}{\partial \pi}, \quad \mathrm{M} = \frac{\partial T}{\partial \chi}, \quad \mathrm{N} = \frac{\partial T}{\partial \rho}$$

und

$$(7) \qquad 2T = \pi\Lambda + \chi\mathrm{M} + \rho\mathrm{N} \quad \text{ist.}$$

Setzt man $\pi^2 + \chi^2 + \rho^2 = \omega^2$, und $\Lambda^2 + \mathrm{M}^2 + \mathrm{N}^2 = S^2$, so dass also ω die Winkelgeschwindigkeit um die Drehungsaxe, S das resultirende Moment der Bewegungsmenge von G ist, und nennt ε den Winkel, welchen S mit ω macht, so ist Gl. (7) identisch mit

$$(8) \qquad 2T = \omega S . \cos \varepsilon.$$

2) Der resultirende Vector $\Xi \dotplus \mathrm{H} \dotplus \mathrm{Z}$ wird offenbar Null, wenn $x_\sigma = y_\sigma = z_\sigma = 0$ ist, also wenn der feste Punkt O in den Schwerpunkt σ fällt. In diesem Fall reducirt sich also die Bewegungsmenge auf ein blosses Moment. Im andern Fall

hat der resultirende Vector der Bewegungsmenge die Richtung der Geschwindigkeit des Schwerpunktes.

3) Da die Axe des Moments S nicht allgemein in die Drehungsaxe fällt, liegt es nahe, S so zu zerlegen, dass ein Antheil von S in der Drehungsaxe, ein zweiter senkrecht dazu liegt. Um die Aufgabe allgemein zu verfolgen, legen wir ein neues Coordinatensystestem der ξ', η', ζ' so, dass die Axe der ξ' in die Drehungsaxe fällt, während der Anfangspunkt auf dieser eine beliebige Lage haben möge. ξ'_σ, η'_σ, ζ'_σ seien die Coordinaten des Schwerpunkts in diesem System, A' das Trägheitsmoment von G in Bezug auf die Axe der ξ'; da die letztere keine Hauptaxe ist, haben für sie die Deviationsmomente $\Sigma\zeta\xi dm$ und $\Sigma\xi\eta dm$ im Allgemeinen angebbare Werthe; wir setzen, wie früher, $\Sigma\zeta\xi dm = E'$, $\Sigma\xi\eta dm = F'$. Ein Element dm, dessen Coordinaten ξ', η', ζ' sind, hat bei der Winkelgeschwindigkeit ω die Geschwindigkeitscomponenten

$$0, \quad -\zeta'\omega, \quad +\eta'\omega,$$

seine Bewegungsmenge hat also die 6 Coordinaten

$$\begin{array}{lll} 0 & -\zeta'\omega\, dm, & \eta'\omega\, dm, \\ (\eta'^2+\zeta'^2)dm, & -\xi'\eta'\omega\, dm, & -\xi'\zeta\omega\, dm. \end{array}$$

Summirt man diese Grössen über sämmtliche dm, so erhält man die 6 Coordinaten der Bewegungsmenge von G; diese sind

$$(9) \qquad \begin{cases} \Xi' = 0, & H' = -\zeta'_\sigma \omega m, \quad Z' = \eta'_\sigma \omega m, \\ \Lambda' = A'\omega, & M' = -F'\omega, \quad N' = -E'\omega. \end{cases}$$

Die drei ersten Gleichungen (9) bestätigen den Satz, dass der resultirende Vector der Bewegungsmenge identisch ist mit der Bewegungsmenge des Schwerpunkts. Die drei letzten liefern die oben verlangte Zerlegung: λ' ist das Moment auf der Drehungsaxe, $\sqrt{M'^2+N'^2}$ das senkrecht dazu stehende; wie man sieht, hängt das letztere von den Deviationsmomenten ab.

4) Suchen wir mit Gl. (9) die Centralaxe der Bewegungsmenge. Zu dem Ende wollen wir annehmen, die Axe der ζ' sei durch den Schwerpunkt gelegt, also $\eta'_\sigma = 0$, ζ'_σ sei mit δ bezeichnet. Ist dann $\varkappa_0$ der Trägheitsradius des Schwerpunktes für eine Axe, welche der Drehungsaxe parallel ist, so ist $A' = (\varkappa_0^2 + \delta^2)m$; die Gleichungen (9) vereinfachen sich hiernach zu

$$(10) \qquad \begin{cases} \Xi' = 0, & H' = -\delta\omega m, \quad Z' = 0, \\ \Lambda' = (\varkappa_0^2+\delta^2)m, & M' = -F'\omega, \quad N' = -E'\omega. \end{cases}$$

Ein Punkt ξ', η', ζ', durch den die Centralaxe geht, muss nach **211** der Bedingung genügen

$$\frac{\Lambda'-\eta'Z'+\zeta'H'}{\Xi'} = \frac{M'-\zeta'\Xi'+\xi'Z'}{H'} = \frac{N'-\xi'H'+\eta'\Xi'}{Z'}$$

oder

$$(11) \qquad \begin{cases} \varkappa_0^2+\delta^2-\zeta'\delta = 0, \\ \dfrac{E'}{m}-\xi'\delta = 0. \end{cases}$$

Diese Gleichungen enthalten kein η'; die Centralaxe ist also parallel der Axe der η', d. h. d i e C e n t r a l a x e s t e h t s e n k r e c h t a u f d e r d u r c h D r e h u n g s a x e u n d S c h w e r p u n k t g e l e g t e n E b e n e. Die beiden Gleichungen (11) bestimmen ihren Durchschnitt mit der $\xi'\zeta'$-Ebene. Die erste kann man schreiben

$$\zeta' - \delta = \frac{\varkappa_0^2}{\delta}.$$

Der fragliche Durchschnitt liegt also in einer Parallelen zur Drehungsaxe, welche stets jenseits des Schwerpunkts liegt und von diesem den Abstand $\frac{\varkappa_0^2}{\delta}$ hat. Die Abstände δ und $\zeta' - \delta$ sind mit einander in Involution, deren Constante $\varkappa_0^2$ ist. Ist die Drehungsaxe eine Hauptaxe, so ist zugleich $\xi' = 0$, also geht die Centralaxe durch die Axe der ζ'. Da man die vorige Gleichung auch schreiben kann $\delta = \frac{\varkappa_0^2}{\zeta' - \delta}$, und da die Axe der ξ' senkrecht auf der durch den Schwerpunkt und die Centralaxe gelegten Ebene steht, folgt: „Drehungsaxe und Centralaxe sind reciprok, wenn beide Hauptaxen der Trägheit sind." Ist π' die Centralaxe der Bewegungsmenge, welche der Drehungsaxe π entspricht, so ist auch π die Centralaxe der Bewegungsmenge, welche der Drehungsaxe π' entspricht — vorausgesetzt, dass beide Hauptaxen sind. Uebrigens zeigen die Gl. (10), dass die Lage der Centralaxe nur von der Lage der Drehungsaxe, nicht von der Winkelgeschwindigkeit abhängt.

Reduciren wir nun die Bewegungsmenge thatsächlich auf ihre Centralaxe, so bleiben die Componenten des resultirenden Vectors unverändert, an die Stelle von $\Lambda' M' N'$ dagegen treten die Ausdrücke $\Lambda' - \eta' Z' - \zeta' H'$, $M' - \zeta' \Xi' + \xi' Z'$, $N' - \xi' H' - \eta' \Xi'$, d. h. mit den Ausdrücken (10) und (11), die Coordinaten der Bewegungsmenge auf der Centralaxe sind

$$0, \quad -\delta m \omega, \quad 0,$$
$$0, \quad -F' \omega, \quad 0.$$

Wenn also die Drehungsaxe eine Hauptaxe ist, und nur in diesem Fall, reducirt sich die Bewegungsmenge auf ihrer Centralaxe auf den Einzelvector $-\delta m \omega$.

Fällt der Befestigungspunkt O in den Schwerpunkt, so wird ζ' unendlich, die Reduction ist also mit Hülfe der obigen Entwickelung nicht auszuführen, ist aber dann sofort gegeben; da in diesem Fall $\Xi' = H' = Z' = 0$ ist, hat man von vorn herein die Bewegungsmenge in Form eines blossen Momentes

$$\Lambda' = \varkappa_{\mathfrak{z}}\, \omega m, \quad M' = -F' \omega, \quad N' = -E' \omega$$

und die Axe dieses Momentes ist die Centralaxe.

280. Momentane Impulse. An G wirke eine Impulsdyname, deren Coordinaten im System der ξ, η, ζ seien $\mathfrak{x}, \mathfrak{y}, \mathfrak{z}, \mathfrak{l}, \mathfrak{m}, \mathfrak{n}$. Der feste Punkt liefert ausserdem einen Zwangsimpuls; die Momentankräfte, deren Zeitintegral derselbe ist, gehen offenbar durch den festen Punkt O, ihre Momente in Bezug auf diesen sind also jederzeit Null, und der Zwangsimpuls reducirt sich auf drei Componenten $\mathfrak{p}_x, \mathfrak{p}_y, \mathfrak{p}_z$. Der gesammte Impuls, welcher an G thätig ist, hat also im System der ξ, η, ζ die Coordinaten

$$\mathfrak{x} + \mathfrak{p}_x, \quad \mathfrak{y} + \mathfrak{p}_y, \quad \mathfrak{z} + \mathfrak{p}_z, \quad \mathfrak{l}, \quad \mathfrak{m}, \quad \mathfrak{n}$$

und besitzt auch dieselben Coordinaten im System der x, y, z, wenn wir uns dieses so gelegt denken, dass es im Augenblick der Impulswirkung mit dem System der ξ, η, ζ coincidirt. Es müssen also die 6 vorstehenden Coordinaten gleich den Zuwachsen sein, welchen die entsprechenden Coordinaten der Bewegungsmenge durch den Impuls erleiden. Entnehmen wir die Coordinaten der Bewegungsmenge aus Gl. (1) des vorigen Paragraphen, so kommt

$$(1)\quad \begin{cases} [(\chi-\chi_0)\zeta_\sigma-(\varrho-\varrho_0)\eta_\sigma]m=\mathfrak{x}+\mathfrak{p}_x \\ [(\varrho-\varrho_0)\xi_\sigma-(\pi-\pi_0)\zeta_\sigma]m=\mathfrak{y}+\mathfrak{p}_y \\ [(\pi-\pi_0)\eta_\sigma-(\chi-\chi_0)\xi_\sigma]m=\mathfrak{z}+\mathfrak{p}_z \end{cases}$$

$$(2)\quad \begin{cases} (\pi-\pi_0)A=\mathfrak{l} \\ (\chi-\chi_0)B=\mathfrak{m} \\ (\varrho-\varrho_0)C=\mathfrak{n}. \end{cases}$$

Die drei letzten von diesen Gleichungen liefern die Bewegung von G nach dem Impuls, die drei ersten dienen zur Ermittlung der Werthe von $\mathfrak{p}_x$, $\mathfrak{p}_y$, $\mathfrak{p}_z$.

Der besondere Fall, wo der Anfangszustand Ruhe war, werde zunächst betrachtet. Die Gl. (1), (2) reduciren sich für diesen auf

$$(3)\quad \begin{cases} \mathfrak{p}_x=-\mathfrak{x}+(\chi\zeta_\sigma-\varrho\eta_\sigma)m, \quad \mathfrak{p}_y=-\mathfrak{y}+(\varrho\xi_\sigma-\pi\zeta_\sigma)m, \\ \mathfrak{p}_z=-\mathfrak{z}+(\pi\eta_\sigma-\chi\xi_\sigma)m, \\ \pi A=\mathfrak{l}, \quad \chi B=\mathfrak{m}, \quad \varrho C=\mathfrak{n}. \end{cases}$$

Die drei letzten dieser Gleichungen liefern π, χ, ϱ, also Axe und Winkelgeschwindigkeit der erzeugten Drehung, die drei ersten ergeben $\mathfrak{p}_x$, $\mathfrak{p}_y$, $\mathfrak{p}_z$, den Zwangsimpuls. $-\mathfrak{p}_x$, $-\mathfrak{p}_y$, $-\mathfrak{p}_z$, sind die Componenten des Stosses, den O erleidet.

Legt man ein Coordinatensystem der x, y, z so, dass die Axe der ξ in ihm die Richtungscosinus a_1, b_1, c_1, die Axe der η die Cosinus a_2, b_2, c_2, die der ζ die Cosinus a_3, b_3, c_3 hat, so kann man mittels der Formeln (4) des § 276 die Lage der Drehungsaxe in diesem System bestimmen; man erhält

$$(4)\quad \begin{cases} p=a_1\frac{\mathfrak{l}}{A}+a_2\frac{\mathfrak{m}}{B}+a_3\frac{\mathfrak{n}}{C}, \quad q=b_1\frac{\mathfrak{l}}{A}+b_2\frac{\mathfrak{m}}{B}+b_3\frac{\mathfrak{n}}{C}, \\ r=c_1\frac{\mathfrak{l}}{A}+c_2\frac{\mathfrak{m}}{B}+c_3\frac{\mathfrak{n}}{C}. \end{cases}$$

Zugleich finden sich, wenn man will, die Componenten p_x, p_y, p_z der Zwangsstossdyname im System der x, y, z aus den Formeln

$$(5)\quad p_x=a_1\mathfrak{p}_x+a_2\mathfrak{p}_y+a_3\mathfrak{p}_z \text{ u. s. w.}$$

Die Gl. (3) bis (5) liefern somit die vollständige Lösung des Problems, die Bewegung und den Zwangsimpuls in irgend einem rechtwinkligen Coordinatensystem zu bestimmen. An Einzelheiten mag folgendes hervorgehoben werden.

Die Gl. (3) zeigen, dass die Centralaxe der erzeugten Bewegungsmenge identisch ist nicht mit der Centralaxe des explicit gegebenen Impulses, sondern mit der der Summe „expliciter Impuls + Zwangsimpuls".

Die 3 letzten Gleichungen (3) in Verbindung mit den Sätzen des vorigen Paragraphen liefern sofort den Satz: Die Axe der erzeugten Drehung ist im Poinsot'schen Trägheitsellipsoid der conjugirte Semidiameter zu der Ebene des resultirenden Momentes des expliciten Impulses. Die Drehungsaxe fällt also dann und nur dann mit der Impulsaxe zusammen, wenn die letztere eine Hauptträgheitsaxe von o ist. Wird der Impuls durch eine momentan wirkende Kraft veranlasst, so ist hierzu offenbar erforderlich, dass diese Kraft in einer Hauptebene des Trägheitsellipsoids von o liegt.

Die Componenten $\mathfrak{p}_x$, $\mathfrak{p}_y$, $\mathfrak{p}_z$ sind Null, o erleidet keinen Stoss, wenn

$$(6)\qquad \mathfrak{x}=\left(\frac{\mathfrak{m}}{B}\zeta_\sigma-\frac{\mathfrak{n}}{C}\eta_\sigma\right)m,\quad \mathfrak{y}=\left(\frac{\mathfrak{n}}{C}\xi_\sigma-\frac{\mathfrak{l}}{A}\zeta_\sigma\right)m,\quad \mathfrak{z}=\left(\frac{\mathfrak{l}}{A}\eta_\sigma-\frac{\mathfrak{m}}{B}\xi_\sigma\right)m$$

ist.

Liegt o im Schwerpunkt, so ist $\mathfrak{p}_x=-\mathfrak{x}$, $\mathfrak{p}_y=-\mathfrak{y}$, $\mathfrak{p}_z=-\mathfrak{z}$, wie sich nach dem Princip der Erhaltung des Schwerpunktes von selbst versteht. In diesem Fall erleidet o nur dann keinen Stoss, wenn der Impuls sich auf ein reines Paar reducirt.

Im allgemeinen Fall, wo G irgend einen anfänglichen Geschwindigkeitszustand hat, kommen die Gleichungen (1), (2) in extenso zur Verwendung. Indem man $(\pi-\pi_0)$ u. s. w. aus (1) eliminirt, kann man die (1) offenbar schreiben

$$(7)\qquad \begin{cases} \mathfrak{p}_x=-\mathfrak{x}+\left(\dfrac{B}{\mathfrak{m}}\zeta_\sigma-\dfrac{C}{\mathfrak{n}}\eta_\sigma\right)m \\ \mathfrak{p}_y=-\mathfrak{y}+\left(\dfrac{C}{\mathfrak{n}}\xi_\sigma-\dfrac{A}{\mathfrak{l}}\zeta_\sigma\right)m \\ \mathfrak{p}_z=-\mathfrak{z}+\left(\dfrac{A}{\mathfrak{l}}\eta_\sigma-\dfrac{B}{m}\xi_\sigma\right)m. \end{cases}$$

Diese Gleichungen sind offenbar identisch mit denjenigen, die man erhält, wenn man π, χ, ϱ in den drei ersten Gleichungen (3) durch $\frac{\mathfrak{l}}{A}$, $\frac{\mathfrak{m}}{B}$, $\frac{\mathfrak{n}}{C}$ ersetzt. Sie enthalten also den Satz: Der Stoss, welchen der feste Punkt O erleidet, ist unabhängig von der Anfangsbewegung des Körpers G. Er hängt nur von der Impulsdyname ab. Schreibt man die Gleichungen (2)

$$(8) \qquad \pi = \pi_0 + \frac{\mathfrak{l}}{A}, \quad \chi = \chi_0 + \frac{\mathfrak{m}}{B}, \quad \varrho = \varrho_0 + \frac{\mathfrak{n}}{C},$$

so sind sie mit (3) selbstverständlich; sie sagen nämlich: „Die Bewegungsmenge nach dem Impuls ist die heteraptische Summe der vor dem Impuls vorhandenen und der durch den Impuls erzeugten Bewegungsmenge."

Die vorstehenden Gleichungen dienen unter andern dazu, die Frage zu beantworten, wie der Stoss beschaffen sein muss, der eine gegebene Bewegung von G gerade vernichtet. Für diesen Fall muss in Gl. (1) $\pi = \chi = \varrho = 0$ sein. Man erhält also die Bedingungen

$$(9) \quad \begin{cases} \mathfrak{x} + \mathfrak{p}_x = (\varrho_0 \eta_\sigma - \chi_0 \zeta_\sigma) m, \quad \mathfrak{y} + \mathfrak{p}_y = (\pi_0 \zeta_\sigma - \varrho_0 \xi_\sigma) m, \\ \mathfrak{z} + \mathfrak{p}_z = (\chi_0 \xi_\sigma - \pi_0 \eta_\sigma) m, \\ \mathfrak{l} = -\pi_0 A, \quad \mathfrak{m} = -\chi_0 B, \quad \mathfrak{n} = -\varrho_0 C. \end{cases}$$

Vergleicht man (9) mit (3), so sieht man: Die vollständige Impulsdyname $\mathfrak{x} + \mathfrak{p}_x$, $\mathfrak{y} + \mathfrak{p}_y$, $\mathfrak{z} + \mathfrak{p}_z$, $\mathfrak{l}$, $\mathfrak{m}$, $\mathfrak{n}$, welche die gegebene Bewegung von G vernichtet, ist entgegengesetzt gleich derjenigen, welche die Bewegung hervorbringt. Hieraus folgt aber nicht nothwendig, dass auch die explicite Dyname $\mathfrak{x}$, $\mathfrak{y}$, $\mathfrak{z}$, $\mathfrak{l}$, $\mathfrak{m}$, $\mathfrak{n}$, welche die gegebene Bewegung vernichtet, identisch ist mit dem negativen Werth derjenigen Dyname, welche die Bewegung hervorgebracht hat. Man kann vielmehr, wenn a ein beliebiger Punkt von G ist, jederzeit auf a eine beliebig grosse momentane Einzelkraft in der Richtung oa oder ao wirken lassen, ohne dass diese irgend einen Effect an G hervorbringt; denn da sie durch o geht, wird sie offenbar von o vollständig aufgehoben. Ein Impuls, der eine bestimmte Wirkung an G hervorbringen soll, ist also durch diese Wirkung und durch seinen Angriffspunkt niemals vollständig bestimmt, sondern man kann ihm beliebige Einzelimpulse zusetzen, so lange die letzteren die Bedingung erfüllen, dass sie durch o gehen. Das zeigt sich in den vorstehenden Gleichungen: sind $\mathfrak{x}$, $\mathfrak{y}$, $\mathfrak{z}$, $\mathfrak{p}_x$, $\mathfrak{p}_y$, $\mathfrak{p}_z$ eine Gruppe von Vectoren, welche den Bedingungen (9) genügen, und fügt man zu $\mathfrak{x}$, $\mathfrak{y}$, $\mathfrak{z}$ die Componente $\mathfrak{x}_1$, $\mathfrak{y}_1$, $\mathfrak{z}_1$, deren Resultante durch o geht, und zu $\mathfrak{p}_x$, $\mathfrak{p}_y$, $\mathfrak{p}_z$ die Componenten $-\mathfrak{x}_1$, $-\mathfrak{y}_1$, $-\mathfrak{z}_1$, so bleiben die drei ersten Gleichungen (9) erfüllt, und die drei letzten gleichfalls, weil die Zusatzcomponenten das Moment Null haben. Dasselbe wird sich bei späteren Einzelbeispielen herausstellen.

Es kann unter Umständen nützlich sein, die Gleichungen für die Bewegung von G in einem Coordinatensystem der ξ', η', ζ' zu haben, dessen Axe der ξ' mit der Momentanaxe der Drehung zu Anfang der Zeit τ coincidirt. Die Trägheits- und Deviationsmomente in Bezug auf die Axen der ξ', η', ζ' seien A', B', C', D', E', F'; der Anfang des Coordinatensystems liege im festen Punkt o, die anfängliche Winkelgeschwindigkeit sei ω_0. Dann hat die Bewegungsmenge von G zu Anfang der Zeit τ die Coordinaten

$$\begin{array}{ccc} 0, & -\zeta'_\sigma m\omega_0, & \eta'_\sigma m\omega_0, \\ A'\omega_0, & -F'\omega_0, & -E'\omega_0. \end{array}$$

Während der Zeit τ wirkt der Impuls, dessen Coordinaten, den Zwangsimpuls mit eingerechnet, offenbar sind

$$\begin{array}{ccc} \mathfrak{x}'+\mathfrak{p}'_x, & \mathfrak{y}'+\mathfrak{p}'_y, & \mathfrak{z}'+\mathfrak{p}'_z, \\ \mathfrak{l}', & \mathfrak{m}' & \mathfrak{n}' \end{array}$$

und diese 6 Grössen sind gleich den Coordinaten der Bewegungsmenge, welche der Impuls hervorbringen würde, wenn G zu Anfang in Ruhe wäre.

Nach der Zeit τ ist die Drehungsgeschwindigkeit ω geworden und die Drehungsaxe hat irgend drei Richtungscosinus α', β', γ'; die Componenten der Winkelgeschwindigkeit sind demnach $\alpha'\omega$, $\beta'\omega$, $\gamma'\omega$; in Folge dessen hat ein Punkt ξ', η', ζ' von G drei Seitengeschwindigkeiten, die mit **277** Gl. (3) zu bestimmen sind, indem man $\pi=\alpha'\omega$, $\chi=\beta'\omega$, $\rho=\gamma'\omega$ nimmt. Die Seitengeschwindigkeiten des Elementes dm, dessen Coordinaten ξ', η', ζ' sind, haben also die Werthe

$$(\beta'\zeta'-\gamma'\eta')\omega, \quad (\gamma'\xi'-\alpha'\zeta')\omega, \quad (\alpha'\eta'-\beta'\xi')\omega,$$

und die Bewegungsmenge von dm hat die Coordinaten

$$\omega(\beta'\zeta'-\gamma'\eta')\,dm, \quad \omega(\gamma'\xi'-\alpha'\zeta')\,dm, \quad \omega(\alpha'\eta'-\beta'\xi')\,dm,$$

$$\omega[\alpha'(\eta'^2+\zeta'^2)-\beta'\xi'\eta'-\gamma'\zeta'\xi']\,dm, \quad \omega[\beta'(\zeta'^2+\xi'^2)-\gamma'\eta'\zeta'-\alpha'\xi'\eta']\,dm,$$

$$\omega[\gamma'(\xi'^2+\eta'^2)-\alpha'\zeta'\xi'-\beta'\eta'\zeta']\,dm.$$

Summirt man über alle dm, so erhält man die Bewegungsmenge nach dem Stoss, deren Coordinaten also sind

$$\begin{array}{ccc} \omega(\beta'\zeta'_\sigma-\gamma'\eta'_\sigma)m, & \omega(\gamma'\xi'_\sigma-\alpha'\zeta'_\sigma)m, & \omega(\alpha'\eta'_\sigma-\beta'\xi'_\sigma)m, \\ \omega(\alpha'A'-\beta'F'-\gamma'E'), & \omega(\beta'B'-\gamma'D'-\alpha'F'), & \omega(\gamma'C'-\alpha'E'-\beta'D'). \end{array}$$

Die resultirende Bewegungsmenge, deren Coordinaten diese 6 Grössen sind, ist nun nach dem zu Gl. (8) bemerkten die heteraptische Summe der anfänglich vorhandenen und der durch den Impuls erzeugten Bewegungsmenge; also ist

$$(10)\quad \left\{\begin{array}{l} \omega(\beta'\zeta'_\sigma-\gamma'\eta'_\sigma)m=\mathfrak{x}'+\mathfrak{p}'_x, \qquad \omega(\gamma'\xi'_\sigma-\alpha'\zeta'_\sigma)m=\mathfrak{y}'+\mathfrak{p}'_y-\zeta'_\sigma m\omega_0, \\ \qquad \omega(\alpha'\eta'_\sigma-\beta'\xi'_\sigma)m=\mathfrak{z}'+\mathfrak{p}'_z+\eta'_\sigma m\omega_0, \\ \omega(\alpha'A'-\beta'F'-\gamma'E')=A'\omega_0+\mathfrak{l}', \quad \omega(\beta'B'-\gamma'D'-\alpha'F')=-F'\omega_0+\mathfrak{m}', \\ \qquad \omega(\gamma'C'-\alpha'E'-\beta'D')=-E'\omega_0+\mathfrak{n}'. \end{array}\right.$$

Hiermit sind die verlangten Gleichungen gefunden. Die Ausdrücke auf der linken Seite der drei letzten Gleichungen sind zugleich beachtenswerth, weil sie zeigen, wie sich die Bewegungsmenge für eine beliebige Axe einfach durch die Trägheits- und Deviationsmomente der Coordinatenaxen ausdrückt. Für den Fall, dass die Axen der ξ', η', ζ' Hauptaxen sind, ziehen sich die Formeln auf den Inhalt der Gleichungen (8) zurück, falls man in den letzteren $\chi_0=\rho_0=0$ setzt.

281. Anwendungen. 1) Eine anfänglich ruhende, im Punkt o befestigte gerade Linie wird von einer Momentankraft, deren Zeitintegral $\mathfrak{q}$ ist, in einem Punkt getroffen, der von o den Abstand f hat. Die Momentankraft macht mit der Linie den Winkel ε; wie bewegt sich die Linie im Augenblick nach dem Stoss?

Da das Trägheitsellipsoid einer Geraden ein Rotationscylinder ist, ist jede Gerade senkrecht zur Linie eine Hauptaxe; wir legen also die Axe der ξ in die Linie selbst, die der η so, dass $\mathfrak{q}$ in die Ebene der $\xi\eta$ fällt, die der ζ senkrecht dazu. δ sei der Abstand des Schwerpunkts von o; dann hat der Schwerpunkt σ die Coordinaten δ, 0, 0; der Angriffspunkt hat f, 0, 0; $\mathfrak{q}$ hat die Componenten $\mathfrak{q}\cos\varepsilon$, $\mathfrak{q}\sin\varepsilon$, 0 und die Momente 0, 0, $f\mathfrak{q}\sin\varepsilon$. Also liefern die Gleichungen (3)

$$\pi = 0, \quad \chi = 0, \quad \rho = \omega = \frac{f\mathfrak{q}}{C}\sin\varepsilon,$$

$$\mathfrak{p}_x = -\mathfrak{q}\cos\varepsilon, \quad \mathfrak{p}_y = \mathfrak{q}\sin\varepsilon\left(\frac{\delta f\mathfrak{q}}{C} - 1\right), \quad \mathfrak{p}_z = 0.$$

Die Gerade rotirt also um eine senkrecht zu ihr selbst und zu $\mathfrak{q}$ stehende Axe von o. Ihr Trägheitsmoment für den Schwerpunkt ist, Homogeneität vorausgesetzt, wenn λ ihre Länge bezeichnet, $\frac{1}{12}m\lambda^2$, also $C = m(\frac{1}{12}\lambda^2 + \delta^2)$, was oben eingesetzt werden kann.

2. Aufgabe. Welches wird die Bewegung eines in einem Punkt seiner Axe befestigten horizontalen Cylinders, den eine Momentankraft senkrecht zur Axe in einem Punkt trifft, der um k unterhalb der Axe liegt?

3. Eine homogene Kugel dreht sich mit der Winkelgeschwindigkeit ω um ihren Mittelpunkt und soll durch eine im Punkt α angreifende Momentankraft völlig zur Ruhe gebracht werden: wie muss die Momentankraft beschaffen sein?

Den festen Punkt nehmen wir zum Ursprung der ξ, η, ζ; die drei Coordinatenaxen sind ohne weiteres Hauptaxen und haben gleiche Trägheitsmomente; $A = B = C = K$. Die Drehungsaxe sei Axe der ζ, und die Ebene der $\xi\zeta$ sei durch α gelegt; α hat also die Coordinaten ξ, 0, ζ. Der Impuls habe die Componenten $\mathfrak{x}$, $\mathfrak{y}$, $\mathfrak{z}$: dann sind seine Axenmomente $-\zeta\mathfrak{y}$, $\zeta\mathfrak{x} - \xi\mathfrak{z}$, $\xi\mathfrak{y}$; zugleich ist $\pi_0 = \chi_0 = 0$, $\rho_0 = \omega$. Die drei letzten Gleichungen (11) liefern also

$$\zeta\mathfrak{y} = 0, \quad \zeta\mathfrak{x} - \xi\mathfrak{z} = 0, \quad \xi\mathfrak{y} = -K\omega.$$

Es folgt: $\zeta = 0$, also muss der Angriffspunkt auf der Axe der ξ liegen, d. h. auf einem Durchmesser, der senkrecht zur Drehungsaxe steht. $\mathfrak{z} = 0$, der Impuls muss also in einer Ebene liegen, welche senkrecht zur Drehungsaxe durch o geht. $\mathfrak{y} = -\frac{K\omega}{\xi}$, er wächst also ins Unendliche, wenn der Angriffspunkt sich der Drehungsaxe nähert. $\mathfrak{x}$ dagegen bleibt völlig unbestimmt, da die zweite Gleichung für jeden Werth von $\mathfrak{x}$ wegen $\zeta = 0$ identisch erfüllt ist. Die Componente des Impulses, welche durch o geht, ist also unbestimmt, entsprechend der Bemerkung zu Gl. (9). Setzt man sie gleich Null, so ist $\mathfrak{y}$ der ganze Impuls; der absolute Werth des letzteren ist also für den gegebenen Anfangspunkt ein Minimum, wenn er in die Richtung fällt, die gleichzeitig auf der Drehungsaxe und auf ihrer kürzesten Verbindung mit dem Angriffspunkt senkrecht steht.

4. Wie gestaltet sich das vorstehende Problem, wenn man nicht den Angriffspunkt, sondern die Angriffslinie des Impulses als vorgeschrieben ansieht, und warum ist es dann nicht mehr theilweise unbestimmt?

5. Dieselbe Kugel soll durch eine Momentankraft so afficirt werden, dass ein bestimmter Punkt α derselben zur Ruhe kommt. Wie muss die Momentankraft beschaffen sein, wenn sie in α selbst angreift, und welches ist die übrig bleibende Winkelgeschwindigkeit?

Sind ξ, η, ζ die Coordinaten von α, π, χ, ρ die Componenten der Winkelgeschwindigkeit am Ende der Zeit τ, so bestimmen sich die Seitengeschwindigkeiten des Punktes α nach **277** Gl. (5); die Bedingung, dass dieselben Null seien, lautet also

$$\chi\zeta - \rho\eta = \rho\xi - \pi\zeta = \pi\eta - \chi\xi = 0, \quad \text{oder}$$
$$\pi : \chi : \rho = \xi : \eta : \zeta,$$

d. h. die Gerade $o\alpha$ ist nach dem Stoss Momentanaxe; sie ist ja in Ruhe. Wir legen die Axe der ξ in die Axe der Anfangsdrehung, die Ebene der $\xi\zeta$ durch $o\alpha$, und nennen ε den Winkel $\alpha o \xi$. α hat danach die Coordinaten $r\cos\varepsilon$, 0, $r\sin\varepsilon$, wenn r der Abstand $o\alpha$ ist. $\mathfrak{x}$, $\mathfrak{y}$, $\mathfrak{z}$ seien die Componenten des Impulses, dann sind seine Axenmomente $-\mathfrak{y} r \sin\varepsilon$, $r(\mathfrak{x}\sin\varepsilon - \mathfrak{z}\cos\varepsilon)$, $r\mathfrak{y}\cos\varepsilon$. Zugleich ist in den Gleichungen **280** (10) $\alpha' = \cos\varepsilon$, $\beta' = 0$, $\gamma' = \sin\varepsilon$, die Deviationsmomente sind Null, und $A' = B' = C' = K$. Man erhält also aus den drei letzten dieser Gleichungen

$$K(\omega\cos\varepsilon - \omega_0) = -\mathfrak{y} r \sin\varepsilon, \quad r(\mathfrak{x}\sin\varepsilon - \mathfrak{z}\cos\varepsilon) = 0,$$
$$K\omega\sin\varepsilon = r\mathfrak{y}\cos\varepsilon.$$

Die erste und dritte von diesen Gleichungen liefern

$$\omega = \omega_0\cos\varepsilon, \quad \mathfrak{y} = \frac{K}{r}\,\omega_0\sin\varepsilon,$$

bestimmen also die restirende Winkelgeschwindigkeit und die Componente des Impulses, welche senkrecht zu beiden Drehungsaxen steht. Die zweite Gleichung dagegen gestattet nicht $\mathfrak{x}$ von $\mathfrak{z}$ zu trennen; $\mathfrak{x}\sin\varepsilon - \mathfrak{z}\cos\varepsilon$ ist die Componente des Impulses, welche in der $\xi\zeta$-Ebene senkrecht zu $o\alpha$ steht; die zweite Gleichung sagt daher aus, dass diese Componente Null ist; sie lässt dagegen jede Componente, welche in die Richtung von $o\alpha$ fällt, vollkommen unbestimmt. Das Ergebniss lautet also dahin, dass der Impuls sich aus einer bestimmten und einer beliebigen Componente zusammensetzt, von denen die erstere senkrecht zur Ebene der beiden Axen $o\xi$ und $o\alpha$ steht, während die letztere in die Richtung von $o\alpha$ fällt. Die restirende Winkelgeschwindigkeit ist diejenige Componente der anfänglichen, welche der Axe $o\alpha$ entspricht.

5. Die obige Kugel sei anfänglich in Ruhe; ein Impuls wirke so auf den Punkt α, dass eben dieser Punkt α eine vorgeschriebene Geschwindigkeit der Componenten v_ξ, v_η, v_ζ erhält. Wie ist der Impuls und wie die aus ihm hervorgehende Bewegung beschaffen? (Anm. Man stelle zuerst die Bedingung fest, der v_ξ, v_η, v_ζ genügen müssen.)

3. Die zweiten Differentialquotienten.

282. Der Beschleunigungszustand von G. Zur Zeit t dreht sich G mit der Winkelgeschwindigkeit ω um irgend eine durch o gehende Axe c; zur Zeit $t+dt$ dreht sich G im Allgemeinen mit einer andern Winkelgeschwindigkeit ω' um eine andere Axe c'. Es ist $\omega' = \omega + \frac{d\omega}{dt} dt$, und $\frac{d\omega}{dt}$ heisst die algebraische Zunahme der Winkelgeschwindigkeit von G zur Zeit t. c und c' schneiden sich in o und machen dort einen unendlich kleinen Winkel di miteinander; die Grösse $\frac{di}{dt}$ nennen wir die Wechselgeschwindigkeit der Momentanaxe und bezeichnen sie von jetzt ab mit w. Die Winkelgeschwindigkeit liegt in einer bestimmten Ebene des ruhenden sowohl, wie des bewegten Raumes, nämlich in der Ebene, in welcher sich zwei aufeinander folgende Momentanaxen jedes Raumes schneiden; d. i. die gemeinschaftliche Berührungsebene der beiden Kegel (C) und (T). Ist die Wechselgeschwindigkeit (unter Bestimmung ihrer Ebene) nebst der Winkelgeschwindigkeitszunahme gegeben, so kennt man den Unterschied zwischen dem Geschwindigkeitszustand von G zur Zeit t und dem Geschwindigkeitszustand von G zur Zeit $t+dt$, also den Beschleunigungszustand zur Zeit t.

Analytisch ist ω nebst seiner Axe bestimmt zur Zeit t durch die drei Grössen

$$p, q, r \text{ im ruhenden, } \quad \pi, \chi, \varrho \text{ im bewegten Raum.}$$

Zur Zeit $t+dt$ haben diese Grössen die Werthe

$$p + \frac{dp}{dt} dt, \quad q + \frac{dq}{dt} dt, \quad r + \frac{dr}{dt} dt, \text{ bzw.}$$

$$\pi + \frac{d\pi}{dt} dt, \quad \chi + \frac{d\chi}{dt} dt, \quad \varrho + \frac{d\varrho}{dt} dt,$$

und die Grössen $\frac{dp}{dt}, \frac{dq}{dt}, \frac{dr}{dt}$ oder auch $\frac{d\pi}{dt}, \frac{d\chi}{dt}, \frac{d\varrho}{dt}$ gestatten, wenn sie bekannt sind, den Geschwindigkeitszustand zur Zeit $t+dt$ aus dem zur Zeit t zu berechnen. Sie bestimmen also den Beschleunigungszustand zur Zeit t; und zwar sind $\frac{dp}{dt}, \frac{dq}{dt}, \frac{dr}{dt}$ die Coordinaten des Beschleunigungszustandes im ruhenden Systeme der x, y, z, $\frac{d\pi}{dt}, \frac{d\chi}{dt}, \frac{d\varrho}{dt}$ die Coordinaten desselben im bewegten System der ξ, η, ζ.

Wir betrachten die Bestimmung des Beschleunigungszustandes durch $\frac{dp}{dt}, \frac{dq}{dt}, \frac{dr}{dt}$ und durch $\frac{d\pi}{dt}, \frac{d\chi}{dt}, \frac{d\varrho}{dt}$ als die fundamentale. Es erwachsen aus dem vorstehenden die Aufgaben, 1) die Beziehungen zwischen $\frac{dp}{dt}, \frac{dq}{dt}, \frac{dr}{dt}$ einerseits und $\frac{d\pi}{dt}$,

$\frac{d\chi}{dt}$, $\frac{d\varrho}{dt}$ andererseits festzustellen, 2) die Wechselgeschwindigkeit und die algebraische Winkelgeschwindigkeitszunahme durch die Coordinaten $\frac{dp}{dt}$ u. s. w. auszudrücken.

283. Die Beziehungen zwischen den Beschleunigungscoordinaten im ruhenden und denen im beweglichen Systeme. Differentiirt man die Gl. (4) und (5) des § **276**, so erhält man

$$\frac{dp}{dt} = a_1 \frac{d\pi}{dt} + a_2 \frac{d\chi}{dt} + a_3 \frac{d\varrho}{dt} + \pi \frac{da_1}{dt} + \chi \frac{da_2}{dt} + \varrho \frac{da_3}{dt} \text{ u. s. w.}$$

Setzt man darin nach Gl. (9) desselben Paragraphen $\frac{da_1}{dt} = a_2 \varrho - a_3 \chi$ u. s. w., so erhält man Null für die Summe der drei letzten Posten rechts, also

$$(1) \quad \begin{cases} \frac{dp}{dt} = a_1 \frac{d\pi}{dt} + a_2 \frac{d\chi}{dt} + a_3 \frac{d\varrho}{dt}, \\ \frac{dq}{dt} = b_1 \frac{d\pi}{dt} + b_2 \frac{d\chi}{dt} + b_3 \frac{d\varrho}{dt}, \\ \frac{dr}{dt} = c_1 \frac{d\pi}{dt} + c_2 \frac{d\chi}{dt} + c_3 \frac{d\varrho}{dt}, \end{cases}$$

wo die beiden letzten Gleichungen durch Buchstabenvertauschung gebildet sind. Ganz analog ergiebt sich

$$(2) \quad \begin{cases} \frac{d\pi}{dt} = a_1 \frac{dp}{dt} + b_1 \frac{dq}{dt} + c_1 \frac{dr}{dt}, \\ \frac{d\chi}{dt} = a_2 \frac{dp}{dt} + b_2 \frac{dq}{dt} + c_2 \frac{dr}{dt}, \\ \frac{d\varrho}{dt} = a_3 \frac{dp}{dt} + b_3 \frac{dq}{dt} + c_3 \frac{dr}{dt}. \end{cases}$$

Diese Gleichungen sind ganz selbstverständlich, wenn man bedenkt, dass die Resultante aus $\frac{dp}{dt} \hat{+} \frac{dq}{dt} \hat{+} \frac{dr}{dt}$ eine Grösse ist, die sich durch eine gerichtete Länge ϑ darstellen lässt. $\frac{dp}{dt}$, $\frac{dq}{dt}$, $\frac{dr}{dt}$ sind dann die Coordinaten des Endpunkts von ϑ im ruhenden, $\frac{d\pi}{dt}$, $\frac{d\chi}{dt}$, $\frac{d\varrho}{dt}$ sind die Coordinaten desselben Punktes im bewegten System, zwischen beiden müssen demnach die einfachen Transformationsformeln (3) und (4) bestehen, welche den Gl. (1) und (2) des § **273** entsprechen.

284. Algebraische Zunahme der Winkelgeschwindigkeit; Wechselgeschwindigkeit. Aus der Gleichung

$$(1) \qquad \omega^2 = p^2+q^2+r^2 = \pi^2+\chi^2+\varrho^2$$

folgt durch Differentiation nach t und Division mit ω

$$(2) \quad \begin{cases} \dfrac{d\omega}{dt} = \dfrac{p}{\omega}\dfrac{dp}{dt}+\dfrac{q}{\omega}\dfrac{dq}{dt}+\dfrac{r}{\omega}\dfrac{dr}{dt} \\ \quad = \dfrac{\pi}{\omega}\dfrac{d\pi}{dt}+\dfrac{\chi}{\omega}\dfrac{d\chi}{dt}+\dfrac{\varrho}{\omega}\dfrac{d\varrho}{dt}, \end{cases}$$

wo ω durch $\sqrt{p^2+q^2+r^2}$ oder $\sqrt{\pi^2+\chi^2+\varrho^2}$ ersetzt werden kann. Damit ist $\frac{d\omega}{dt}$ bestimmt. Die Wechselgeschwindigkeit w der Momentanaxe ist nichts anderes als die Winkelgeschwindigkeit, mit welcher die Momentanaxe sich um o dreht, w hat also, wie jede Winkelgeschwindigkeit, eine Axe, kann auf dieser Axe als Abschnitt dargestellt, und in drei Componenten w_x, w_y, w_z zerlegt werden. Damit w nicht bloss der Grösse, sondern auch der Lage nach bekannt sei, müssen w_x, w_y, w_z bestimmt werden. Die Richtungscosinus der Axe von w sind $\frac{w_x}{w}$, $\frac{w_y}{w}$, $\frac{w_z}{w}$. Diese sind leicht nach den gewöhnlichen Methoden der analytischen Geometrie zu bestimmen. Die Axe von w steht nämlich senkrecht auf der Ebene, welche durch die beiden Momentanaxen der Drehungsgeschwindigkeiten ω und ω' geht. Diese Ebene geht 1) durch den Punkt o, dessen Coordinaten alle drei Null sind, 2) durch irgend einen Punkt der Axe von ω, als solchen können wir den Punkt auswählen, der die Coordinaten p, q, r besitzt, 3) durch irgend einen Punkt der Axe von ω', als solchen wählen wir den Punkt, dessen Coordinaten $p+\frac{dp}{dt}dt$, $q+\frac{dq}{dt}dt$, $r+\frac{dr}{dt}dt$ sind. Die Ebene, welche durch die drei genannten Punkte geht, hat im System der x, y, z die Gleichung

$$\left(q\frac{dr}{dt}-r\frac{dq}{dt}\right)x+\left(r\frac{dp}{dt}-p\frac{dr}{dt}\right)y+\left(p\frac{dq}{dt}-q\frac{dp}{dt}\right)r = 0.$$

Setzt man abkürzend

$$\varDelta = +\sqrt{\left(q\frac{dr}{dt}-r\frac{dq}{dt}\right)^2+\left(r\frac{dp}{dt}-p\frac{dr}{dt}\right)^2+\left(p\frac{dq}{dt}-q\frac{dp}{dt}\right)^2},$$

so sind die drei Cosinus der Winkel, welche das Perpendikel der Ebene mit den Axen macht

$$(3)\quad \begin{cases} \dfrac{w_x}{w}=\pm\dfrac{q\dfrac{dr}{dt}-r\dfrac{dq}{dt}}{\varDelta}, \quad \dfrac{w_y}{w}=\pm\dfrac{r\dfrac{dp}{dt}-p\dfrac{dr}{dt}}{\varDelta}, \\ \dfrac{w_z}{w}=\pm\dfrac{p\dfrac{dq}{dt}-q\dfrac{dp}{dt}}{\varDelta}. \end{cases}$$

Es bleiben die Vorzeichen und das Verhältniss $w:\varDelta$ zu bestimmen. Zu dem Zweck denken wir uns einen Hülfspunkt ε in der Einheit der Entfernung auf der Axe von ω angebracht und lassen ihn an der Drehung der Momentanaxe theilnehmen. Die Geschwindigkeit dieses ε ist die Winkelgeschwindigkeit der Momentanaxe; sie entsteht also durch Drehung um die eben behandelte Axe, deren Richtungscosinus $\frac{w_x}{w}$, $\frac{w_y}{w}$, $\frac{w_z}{w}$ sind. Irgend eine Componente der Geschwindigkeit von ε, etwa $\frac{dx_\varepsilon}{dt}$, kann also nach 277 Gl. (3) gefunden werden, wenn man dort für x, y, z die Coordinaten von ε einsetzt $\left(\text{diese sind } \frac{p}{\omega}, \frac{q}{\omega}, \frac{r}{\omega}\right)$ und für p, q, r die Werthe w_x, w_y, w_z. Nach der Formel $\frac{dx}{dt}=qz-ry$ ist also

$$(4)\quad \begin{cases} \dfrac{dx_\varepsilon}{dt}=\pm\left[\dfrac{r}{\omega}\left(r\dfrac{dp}{dt}-p\dfrac{dr}{dt}\right)-\dfrac{q}{\omega}\left(p\dfrac{dq}{dt}-q\dfrac{dp}{dt}\right)\right]\dfrac{w}{\varDelta} \\ \qquad =\pm\left[(q^2+r^2)\dfrac{dp}{dt}-pq\dfrac{dq}{dt}-rp\dfrac{dr}{dt}\right]\dfrac{w}{\varDelta\omega}. \end{cases}$$

Andererseits hat der Punkt ε zur Zeit t die Coordinaten $\frac{p}{\omega}$, $\frac{q}{\omega}$, $\frac{r}{\omega}$, zur Zeit $t+dt$ aber $\dfrac{p+\frac{dp}{dt}dt}{\omega'}$, $\dfrac{q+\frac{dq}{dt}dt}{\omega'}$ u. s. w. Die x-Componente der Geschwindigkeit von ε ist also

$$\frac{dx_\varepsilon}{dt}=\left(\frac{p+\dfrac{dp}{dt}dt}{\omega+\dfrac{d\omega}{dt}dt}-\frac{p}{\omega}\right)\frac{1}{dt}=\frac{\omega\dfrac{dp}{dt}-p\dfrac{d\omega}{dt}}{\omega^2+\omega\dfrac{d\omega}{dt}dt}.$$

Hier kann jetzt der unendlich kleine Zusatz im Nenner vernachlässigt werden; also ist

$$(5)\quad \begin{cases} \frac{dx_\varepsilon}{dt} = \frac{1}{\omega^3}\left(\omega^2 \frac{dp}{dt} - p\,\omega \frac{d\omega}{dt}\right) \\ \quad = \frac{1}{\omega^3}\left[(p^2+q^2+r^2)\frac{dp}{dt} - p\left(p\frac{dp}{dt} + q\frac{dq}{dt} + r\frac{dr}{dt}\right)\right] \\ \quad = \frac{1}{\omega^3}\left[(q^2+r^2)\frac{dp}{dt} - pq\frac{dq}{dt} - rp\frac{dr}{dt}\right]. \end{cases}$$

Da w und ω vorzeichenlose, also positive Grössen sind, ergiebt sich aus dem Vergleich von (4) und (5) erstens, dass in (4) das positive Vorzeichen zu wählen ist, zweitens, dass

$$(6)\qquad \frac{w}{\Delta} = \frac{1}{\omega^2},$$

und damit werden die Gleichungen (3)

$$(7)\quad \begin{cases} w_x = \frac{1}{\omega^2}\left(q\frac{dr}{dt} - r\frac{dq}{dt}\right), \\ w_y = \frac{1}{\omega^2}\left(r\frac{dp}{dt} - p\frac{dr}{dt}\right), \\ w_z = \frac{1}{\omega^2}\left(p\frac{dq}{dt} - q\frac{dp}{dt}\right). \end{cases}$$

Damit ist $w = \sqrt{w_x^2 + w_y^2 + w_z^2}$ völlig bestimmt. Um die Componenten von w im System der ξ, η, ζ zu haben, braucht man in den vorstehenden Gleichungen nur griechische statt lateinischer Buchstaben zu schreiben, da man offenbar für den Augenblick der Betrachtung das System der x, y, z mit dem der ξ, η, ζ coincidiren lassen kann.

285. Die Winkelbeschleunigung und ihre Axe. Zur Zeit t ist die Bewegung von G dargestellt durch die drei Winkelgeschwindigkeiten

$$p, \quad q, \quad r,$$

welche sich zu ω zusammensetzen. Zur Zeit $t+dt$ ist sie dargestellt durch die Componenten von ω'

$$p+\frac{dp}{dt}dt, \quad q+\frac{dq}{dt}dt, \quad r+\frac{dr}{dt}dt.$$

Zur Zeit $t+dt$ setzt sie sich also zusammen aus zwei Winkelgeschwindigkeiten, welche sind

$$p, \; q, \; r \quad \text{und} \quad \frac{dp}{dt}dt, \; \frac{dq}{dt}dt, \; \frac{dr}{dt}dt.$$

Die letztere ist unendlich klein. Sie hat aber offenbar eine Axe von bestimmter Richtung, deren Richtungscosinus sind

$$(1)\quad \left\{\begin{array}{l} \dfrac{\frac{dp}{dt}}{\sqrt{\left(\frac{dp}{dt}\right)^2+\left(\frac{dq}{dt}\right)^2+\left(\frac{dr}{dt}\right)^2}},\quad \dfrac{\frac{dq}{dt}}{\sqrt{\left(\frac{dp}{dt}\right)^2+\left(\frac{dq}{dt}\right)^2+\left(\frac{dr}{dt}\right)^2}},\\ \dfrac{\frac{dr}{dt}}{\sqrt{\left(\frac{dp}{dt}\right)^2+\left(\frac{dq}{dt}\right)^2+\left(\frac{dr}{dt}\right)^2}}. \end{array}\right.$$

Diese Axe nennen wir die Axe der **Winkelbeschleunigung** und bezeichnen sie mit e. Die auf ihr herrschende Winkelgeschwindigkeit sei mit de bezeichnet; dann ist

$$(2)\qquad de=\sqrt{\left(\frac{dp}{dt}\right)^2+\left(\frac{dq}{dt}\right)^2+\left(\frac{dr}{dt}\right)^2}\,dt.$$

Die Grösse $\frac{de}{dt}$ nennen wir die **Winkelbeschleunigung** von G. Das Gesagte lässt sich in den Satz zusammenfassen: Die Bewegung von G zur Zeit $t+dt$ resultirt aus 1) der Winkelgeschwindigkeit ω um die Momentanaxe, 2) der mit dt multiplicirten Winkelbeschleunigung um die Axe e.

Die Momentanaxe zur Zeit t sei mit c, die Momentanaxe zur Zeit $t+dt$ mit c' bezeichnet. Dann folgt aus dem vorstehenden unmittelbar: die drei Axen c, c' und e liegen in derselben Ebene; ω', auf c' aufgetragen, ist die Diagonale des Parallelogramms, dessen Seiten sind ω (auf c aufgetragen) und de (auf e aufgetragen). Hieraus folgt weiter (die Figur ist leicht herzustellen)

$$\begin{array}{c} de:\omega'=\sin(cc'):\sin(cc'+ec')\\ \underline{\omega:\omega'=\sin(ec'):\sin(cc'+ec')}\\ de:\omega=\sin(cc'):\sin ec'. \end{array}$$

Da cc' unendlich klein ist, kann (cc') für $\sin(cc')$ gesetzt werden; der Winkel cc' ist aber wdt; ferner kann aus demselben Grunde $\sin ec$ für $\sin ec'$ gesetzt werden; man erhält also

$$(3)\qquad \sin(ec)\cdot\frac{de}{dt}=w\omega.$$

Damit ist der Winkel (ec) bestimmt, den e mit c macht. e liegt nach dem obigen in der gemeinsamen Tangentialebene der beiden Kegel (*C*) und (*Γ*).

Fig. 137.

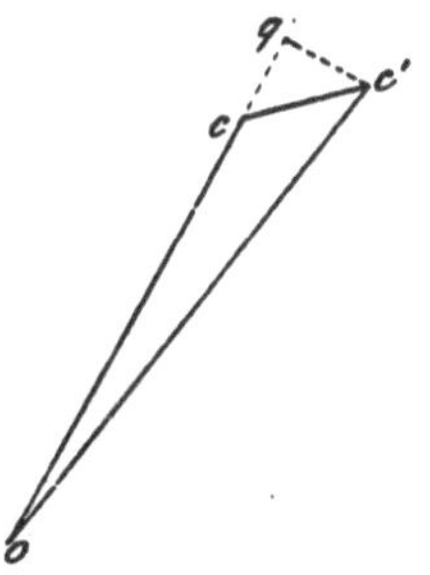

Fig. 137 liege in der Ebene der drei Axen c, c', e, und es sei oc nach Richtung und Länge die Darstellung von ω, oc' die von ω'. Dann ist $oc' = oc \hat{+} cc'$, also ist cc' die Darstellung von de. Ist $c'q$ ein Perpendikel auf oc, so ist cq die Längenzunahme $d\omega$, qc' aber ist $\omega'.di$, da $\angle qoc' = di$ (cf. p. 807) ist. Es folgt aus der Rechtwinkligkeit des Dreiecks qcc'

$$(4) \qquad de^2 = d\omega^2 + (\omega' di)^2,$$

wo nunmehr $\omega' di = (\omega + d\omega) di$ ist und die unendlich kleine Grösse zweiter Ordnung $d\omega di$ vernachlässigt werden kann. Da $\frac{di}{dt} = w$, ergiebt sich aus der vorstehenden Gleichung durch Division mit dt^2

$$(5) \qquad \left(\frac{de}{dt}\right)^2 = \left(\frac{d\omega}{dt}\right)^2 + \omega^2 w^2,$$

eine Gleichung, die sich auch leicht durch directe Ausrechnung mit Gl. (2) des vorigen Paragraphen verificiren lässt. Die Winkelbeschleunigung zerfällt hiernach in zwei aufeinander senkrechte Componenten; von diesen ist die erste die algebraische Zunahme der Winkelgeschwindigkeit, sie fällt in die Momentanaxe; die zweite ist ωw und fällt in die gemeinsame Berührungsebene der Kegel (*C*) und (*Γ*), ist dabei senkrecht zu ω. Die Zerlegung ist ganz analog der Zerlegung der Beschleunigung eines Punktes, wenn oc und oc' dessen Geschwindigkeit zur Zeit t und $t + dt$ darstellen. Man nennt dementsprechend $\frac{d\omega}{dt}$ die tangentiale, ωw die normale Componente der Winkelbeschleunigung.

286. Die Kegel (*C*) **und** (Γ). 1) Kennt man p, q, r als Functionen der Zeit oder irgend einer anderen gemeinsamen Veränderlichen t, so kennt man auch $\frac{p}{\sqrt{p^2+r^2+q^2}}$ u. s. w., hat also drei Gleichungen

$$(1) \qquad \frac{p}{\sqrt{p^2+r^2+q^2}} = f_1(t), \qquad \frac{q}{\sqrt{p^2+q^2+r^2}} = f_2(t), \qquad \frac{r}{\sqrt{p^2+q^2+r^2}} = f_3(t).$$

Von diesen drei Gleichungen ist eine durch die beiden andern bedingt, da ja

$$(2) \qquad [f_1(t)]^2 + [f_2(t)]^2 + [f_3(t)]^2 = 1$$

sein muss. Irgend zwei von ihnen sind also unabhängig. Eliminirt man t zwischen diesen, so erhält man eine Gleichung

$$(3)\qquad C(p,\ q,\ r)=0.$$

Diese Gleichung, in der wir den Buchstaben C als Functionszeichen benutzen, ist die Gleichung des Kegels (C) im System der $x,\ y,\ z$.

Ganz analog erhält man aus $\pi,\ \chi,\ \rho$ durch Elimination von t die Gleichung des Kegels (Γ) im System der $\xi,\ \eta,\ \zeta$ in der Form

$$(4)\qquad \Gamma(\pi,\ \chi,\ \rho)=0.$$

Substituirt man $p=a_1\pi+a_2\chi+a_3\rho$ u. s. w. in (3) oder $\pi=a_1p+b_1q+c_1r$ u. s. w. in (4), so hat man die Gleichung von (C) im System der $\xi,\ \eta,\ \zeta$ bezw. die von (Γ) im System der $x,\ y,\ z$.

Fig. 138.

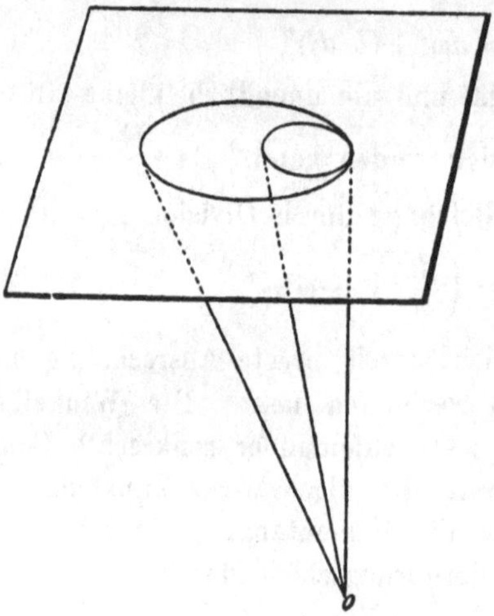

2) Die beiden Kegel (C) und (Γ) haben eine Eigenschaft, welche der in § **252** erwähnten der Curven C und Γ analog ist. In der Einheit des Abstandes von o legen wir eine Ebene senkrecht zur Momentanaxe; die Momentanaxe schneide diese Ebene im Punkte $c(\gamma)$; die beiden Kegel schneiden die Ebene in zwei Curven C' und Γ', welche sich in $c(\gamma)$ berühren. Wir nennen r' den Krümmungsradius von C', ρ' den von Γ' und zählen ρ' positiv, wenn es mit r' auf derselben Seite der gemeinschaftlichen Tangente von C' und Γ' liegt. Bei der Bewegung von G rollt Γ' auf C', es gilt also für beide Curven ohne weiteres der Satz, der in **252** aufgestellt wurde: Ist ds das gemeinschaftliche Bogenelement derselben, $d\varphi$ der Winkel, den Γ' bei der Elementarbewegung beschreibt, so ist $d\varphi=de-d\varepsilon$, wenn de und $d\varepsilon$ die Contingenzwinkel beider Curven sind, also

$$\frac{\frac{d\varphi}{dt}}{\frac{ds}{dt}}=\frac{\frac{de}{dt}}{\frac{ds}{dt}}-\frac{\frac{d\varepsilon}{dt}}{\frac{ds}{dt}}=\frac{1}{r'}-\frac{1}{\rho'}.$$

Nun ist aber $\frac{d\varphi}{dt}$ in unserem Falle die Winkelgeschwindigkeit ω von G, und $\frac{ds}{dt}$ ist die Wechselgeschwindigkeit der Momentanaxe, also ist

$$(5)\qquad \frac{\omega}{w}=\frac{1}{r'}-\frac{1}{\rho'}.$$

Dabei ist gemäss **252** ρ' positiv zu nehmen, wenn (C) und (Γ) sich von innen, negativ, wenn sie sich von aussen berühren.

3) Wir wollen die Gleichung der Ebene feststellen, welche die gemeinsame Normalebene beider Kegel ist. Dieselbe geht durch die Momentanaxe $p,\ q,\ r$; sind also für den Augenblick $A,\ B,\ C$ die Coefficienten ihrer Gleichung, so muss

$$(6) \qquad Ap + Bq + Cr = 0$$

sein. Sie steht ferner senkrecht zu der Ebene der Wechselgeschwindigkeit; da diese nach **284** die Gleichung

$$\left(q\frac{dr}{dt} - r\frac{dq}{dt}\right)x + \left(r\frac{dp}{dt} - p\frac{dr}{dt}\right)y + \left(p\frac{dq}{dt} - q\frac{dp}{dt}\right)z = 0$$

hat, muss

$$(7) \qquad A\left(q\frac{dr}{dt} - r\frac{dq}{dt}\right) + B\left(r\frac{dp}{dt} - p\frac{dr}{dt}\right) + C\left(p\frac{dq}{dt} - q\frac{dp}{dt}\right) = 0$$

sein. Aus (6) und (7) berechnen sich $\frac{A}{C}$ und $\frac{B}{C}$; setzt man abkürzend

$$(8) \qquad \begin{cases} P = r\left(r\frac{dp}{dt} - p\frac{dr}{dt}\right) - q\left(p\frac{dq}{dt} - q\frac{dp}{dt}\right), \\ Q = p\left(p\frac{dq}{dt} - q\frac{dp}{dt}\right) - r\left(q\frac{dr}{dt} - r\frac{dq}{dt}\right), \\ R = q\left(q\frac{dr}{dt} - r\frac{dq}{dt}\right) - p\left(r\frac{dp}{dt} - p\frac{dr}{dt}\right), \end{cases}$$

so wird

$$(9) \qquad Px + Qy + Rz = 0$$

die Gleichung der gemeinsamen Normalebene zur Zeit t.

4. Es sei k die Axe des Schmiegungskegels (Krümmungsaxe) von (C). Man kann dann die Momentanaxe aus der Lage oc, die sie zur Zeit $t = t$ hat, in die Lage oc' bringen, die dem Augenblick $t + dt$ entspricht, indem man sie eine unendlich kleine Drehung um k machen lässt. Diese Drehung geschehe mit einer solchen Winkelgeschwindigkeit, dass dadurch die Momentanaxe gerade in der Zeit dt von oc nach oc' gelangt, und k bezeichne nicht bloss die Lage der oben genannten Axe, sondern es sei auch die Länge von k so abgemessen, dass sie diese Winkelgeschwindigkeit darstellt. k ist dann die geometrische Darstellung der Winkelgeschwindigkeit, mit welcher sich die Momentanaxe um die Krümmungsaxe des Kegels (C) drehen muss, wenn sie in der Zeit dt den Winkel beschreiben soll, den sie vermöge der Wechselgeschwindigkeit wirklich auf dem Kegel (C) zurücklegt. Ebenso sei auf der Krümmungsaxe des Kegels (Γ) eine Länge $\varkappa$ abgeschnitten, welche die Winkelgeschwindigkeit darstellt, mit der sich die Momentanaxe um die Krümmungsaxe von (Γ) drehen muss, wenn sie auf dem Kegel (Γ) in der Zeit dt von $o\gamma$ nach $o\gamma'$ gelangen soll. Zwischen k und $\varkappa$ besteht eine bemerkenswerth einfache Beziehung.

Fig. 139.

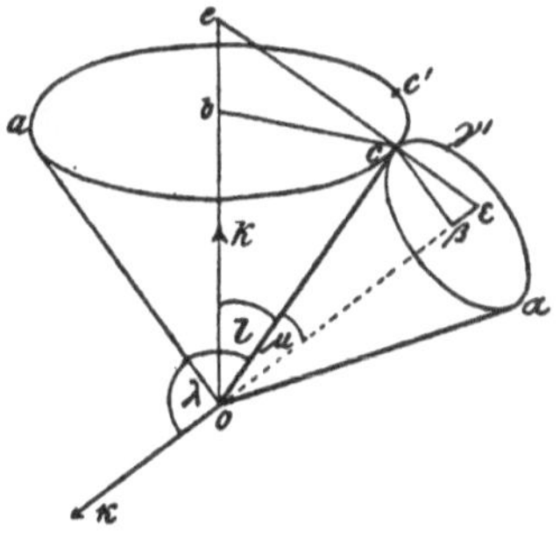

In Fig. 139 sei oc die Momentanaxe, (verlängert bis sie in $c(\gamma)$ die Himmelskugel schneidet), der Kreis ca der Durchschnitt des Schmiegungskegels von (C) mit der Himmelskugel, $c\alpha$ der Durchschnitt der letzteren mit dem Schmiegungskegel von (Γ). ok sei die Krümmungsaxe von (C), $o\varkappa$ die von (Γ). (Warum $o\varkappa$ in der Verlängerung der Kegelaxe liegt, wird sich gleich zeigen.) ok schneidet (verlängert) den Kreis ca in seinem Mittelpunkt

b, $o\varkappa$ schneidet ebenso $c\alpha$ im Centrum β. $\angle koc$ heisse l, $\varkappa oc$ heisse λ, und μ sei der Nebenwinkel von λ. Der absolute Werth des Radius bc sei mit r'', der von $c\beta$ mit ρ'' bezeichnet. Ausserdem sei durch c eine Ebene senkrecht zu oc gelegt, diese werde von ok in e, von $o\varkappa$ in ε geschnitten; dann sind ce und $c\varepsilon$ dem absoluten Werth nach die beiden Krümmungsradien r' und ρ', welche in Gl. (5) vorkommen. In der Figur ist angenommen, dass der Kegel (Γ) ausserhalb (C) liegt. Nach dem zu Gl. (5) bemerkten ist dann ρ' negativ zu denken; verstehen wir also unter (ρ') den absoluten Werth von $c\varepsilon$, so heisst die Gl. (5) nunmehr

$$(5\text{b}) \qquad \frac{\omega}{w} = \frac{1}{r'} + \frac{1}{(\rho')}.$$

Es drehe sich nun G in der durch den Pfeil bezeichneten Richtung. Dann legt c in der Zeit dt das Element $w\,dt$ des Kreises ca zurück. Dies Element wird also auch zurückgelegt, wenn der Schmiegungskegel von (C), bezw. der Kreis ca, sich mit der Winkelgeschwindigkeit k während dt um die Krümmungsaxe, bzw. den Punkt b dreht. Dabei dreht sich c mit den Radius r'', legt also die Strecke $r''k\,dt$ zurück. Folglich ist

$$w\,dt = kr''dt \quad \text{oder} \quad k = \frac{w}{r''}.$$

Man bemerke, dass die Axe ok dieser Drehung die in der Figur angegebene Richtung hat; für einen Menschen, der mit den Füssen in o, mit dem Kopf in k steht, geht eine Drehung, die c nach c' bringt, von rechts nach links vor sich.

Andrerseits legt nun γ auf dem Schmiegungskegel von (Γ) die Strecke $w\,dt$ zurück, wenn dieser sich in der angegebenen Richtung um (C) wälzt. Und zugleich kann $w\,dt$ zurückgelegt werden, indem der Schmiegungskegel sich während dt mit der Winkelgeschwindigkeit $\varkappa$ um seine Axe $o\varkappa$ dreht. Dies $o\varkappa$ liegt so, wie in der Figur angegeben ist; denn eine Drehung, die γ nach γ' führt, geht für einen mit den Füssen in o, mit dem Kopf in $\varkappa$ postirten Beobachter von rechts nach links vor sich, wenn $o\varkappa$ die oben bezeichnete Lage hat. Die Strecke, welche γ bei der Drehung beschreibt, ist $\varkappa\rho''dt$, also ist

$$w\,dt = \varkappa\rho''dt, \quad \varkappa = \frac{w}{\rho''}.$$

Nun ist

$$r'' = r'\cos(r', r'') = r'\cos\lambda,$$

$$\rho'' = (\rho')\cos(\rho', \rho'') = (\rho')\cos\mu.$$

Also nach (5b)

$$\frac{\omega}{w} = \frac{1}{r'} + \frac{1}{(\rho')} = \frac{\cos l}{r''} + \frac{\cos\mu}{\rho''},$$

oder, da $\cos\mu = -\cos\lambda$

$$\omega = \frac{w}{r''}\cos l - \frac{w}{\rho''}\cos\lambda, \quad \text{d. i.}$$

$$(10) \qquad \omega = k\cos l - \varkappa\cos\lambda.$$

Da nun ω, k und $\varkappa$ in derselben Ebene liegen, heisst das „ω ist die Resultante von k und $-\varkappa$“, oder

$$(11) \qquad \omega \equiv k \triangleq \varkappa.$$

Die Gl. (10), (11) gelten auch für den Fall, wo der Kegel (Γ) den Kegel (C) von innen berührt. Denn dann ist $\rho' = (\rho')$, Gl. (5b) lautet also $\frac{\omega}{w} = \frac{1}{r'} - \frac{1}{(\rho')}$, $o\varkappa$ aber liegt, wie in Fig. 140 angegeben ist, ρ'' wird gleich $\rho'\cos\lambda$, und damit ergiebt sich leicht Gl. (10) in unveränderter Gestalt.

Fig. 140.

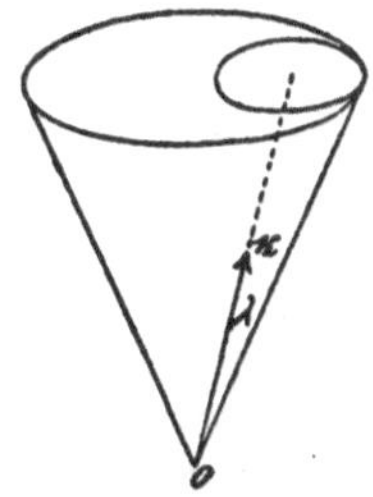

Für die Componenten von k lassen sich folgende Gleichungen aufstellen, die wir ohne Beweis geben:

$$(12)\quad \begin{cases} k_x = w_x + \dfrac{p}{\omega^2}\,\dfrac{w_x \dfrac{d^2p}{dt^2} + w_y \dfrac{d^2q}{dt^2} + w_z \dfrac{d^2r}{dt^2}}{w^2}, \\[2ex] k_y = w_y + \dfrac{q}{\omega^2}\,\dfrac{w_x \dfrac{d^2p}{dt^2} + w_y \dfrac{d^2q}{dt^2} + w_z \dfrac{d^2r}{dt^2}}{w^2}, \\[2ex] k_z = w_z + \dfrac{r}{\omega^2}\,\dfrac{w_x \dfrac{d^2p}{dt^2} + w_y \dfrac{d^2q}{dt^2} + w_z \dfrac{d^2r}{dt^2}}{w^2}. \end{cases}$$

5) Will man von den Formeln (7), (8), (9), (12) zu den entsprechenden für das Coordinatensystem der ξ, η, ζ übergehen, so braucht man nur das Coordinatensystem der x, y, z mit dem der ξ, η, ζ zusammenfallen zu lassen, d. h. man hat bloss griechische Buchstaben statt lateinische zu schreiben.

287. Die Beschleunigung der einzelnen Punkte von *G*. Ein Punkt α, dessen Coordinaten im ruhenden Coordinatensystem x, y, z sind, hat nach **277** (3) zur Zeit t die Seitengeschwindigkeiten

$$(1)\quad \begin{cases} \dfrac{dx}{dt} = zq - yr \\[2ex] \dfrac{dy}{dt} = xr - zp \\[2ex] \dfrac{dz}{dt} = yp - xq. \end{cases}$$

Durch Differentiation nach t ergiebt sich daraus

$$\frac{d^2x}{dt^2} = \frac{dz}{dt}q + z\frac{dq}{dt} - \frac{dy}{dt}r - y\frac{dr}{dt}$$

$$= q(yp - xq) + z\frac{dq}{dt} - r(xr - zp) - y\frac{dr}{dt},$$

$$(2)\quad \begin{cases} \dfrac{d^2x}{dt^2} = z\dfrac{dq}{dt} - y\dfrac{dr}{dt} + q(yp-xq) - r(xr-zp) \\ \dfrac{d^2y}{dt^2} = x\dfrac{dr}{dt} - z\dfrac{dp}{dt} + r(zq-yr) - p(yp-xq) \\ \dfrac{d^2z}{dt^2} = y\dfrac{dp}{dt} - x\dfrac{dq}{dt} + p(xr-zp) - q(zq-yr). \end{cases}$$

Die beiden letzten Gleichungen (2) sind aus der ersten durch Buchstabenvertauschung gebildet. Legen wir nun die Axe der z in die Drehungsaxe, so ist zur Zeit t sowohl p wie $q=0$, und $r=\omega$. Man erhält also

$$(3)\quad \begin{cases} \dfrac{d^2x}{dt^2} = z\dfrac{dq}{dt} - y\dfrac{dr}{dt} - x\omega^2 \\ \dfrac{d^2y}{dt^2} = x\dfrac{dr}{dt} - z\dfrac{dp}{dt} - y\omega^2 \\ \dfrac{d^2z}{dt^2} = y\dfrac{dp}{dt} - x\dfrac{dq}{dt}. \end{cases}$$

Die Beschleunigung von α setzt sich hiernach aus zwei Componenten zusammen. Die zweite von diesen hat die Axenbestandtheile $-x\omega^2$ und $-y\omega^2$ ist also offenbar die Centripetalbeschleunigung der Drehung um die Momentanaxe; ihre Resultante ist $\omega^2\sqrt{x^2+y^2}$, wo $\sqrt{x^2+y^2}$ der Abstand des Punktes α von der Momentanaxe ist, und sie ist nach der Momentanaxe hin gerichtet. Die erste liefert in der Zeit dt an α einen Geschwindigkeitszuwachs, der die Componenten

$$z\frac{dq}{dt}dt - y\frac{dr}{dt}dt, \quad x\frac{dr}{dt}dt - z\frac{dp}{dt}dt, \quad y\frac{dp}{dt}dt - x\frac{dq}{dt}dt$$

besitzt. Dies sind aber (vergl. (1)) Geschwindigkeiten die einer Drehung um eine Axe entsprechen, deren Coordinaten sind

$$\frac{dp}{dt}dt, \quad \frac{dq}{dt}dt, \quad \frac{dr}{dt}dt,$$

und diese drei Grössen sind (vergl. **285**) die Coordinaten der Winkelgeschwindigkeit um die Beschleunigungsaxe. Durch dt dividirt sind sie die Coordinaten der Winkelbeschleunigung e.

Hiernach zerfällt die Beschleunigung von α in zwei Theile: 1) Centripetalbeschleunigung nach der Momentanaxe hin, 2) Winkelbeschleunigung um die Axe der Winkelbeschleunigung. Dies stimmt damit überein, dass der ganze Geschwindigkeitszustand, den G zur Zeit $t+dt$ besitzt, sich zusammensetzt aus 1) der Rotationsgeschwindigkeit ω, welche für α die Centripetalbeschleunigung $\omega^2\sqrt{x^2+y^2}$ involvirt, 2) der Winkelgeschwindigkeitszunahme *edt*, welche die Beschleunigungscomponenten $ze_y - ye_z$, $xe_z - ze_x$, $ye_x - xe_y$ für α hervorbringt. Diese sind $z\frac{dq}{dt} - y\frac{dr}{dt}$ u. s. w. Die Winkelbeschleunigung von α liegt hiernach in einer Ebene, welche senkrecht zur Axe der Winkelbeschleunigung durch α gelegt wird, und steht senkrecht auf dem kürzesten Abstande des Punktes α von der Axe der Winkelbeschleunigung.

Da die Winkelbeschleunigung selbst in eine tangentiale und eine normale Componente zerfällt, folgt weiter, dass die Beschleunigung von α sich aus drei Componenten zusammensetzen lässt, nämlich 1) der Centripetalbeschleunigung $\omega^2\sqrt{x^2+y^2}$, 2) der Beschleunigung $\sqrt{x^2+y^2}\,\frac{d\omega}{dt}$ um die Momentanaxe, 3) der Beschleunigung $\omega w r'''$ um die Axe $\overline{qc'}$ der Fig. 137, wo r''' den Abstand des Punktes α von $\overline{qc'}$ bedeutet.

Fasst man die beiden ersten Bestandtheile in einen zusammen, so ist $\omega^2\sqrt{x^2+y^2} \mp \sqrt{x^2+y^2}\,\frac{d\omega}{dt}$ der Antheil der Beschleunigung von α, der vorhanden sein würde, wenn die Momentanaxe stationär wäre, während der Antheil $\omega w r'''$ durch den Wechsel der Momentanaxe hervorgebracht wird.

Verstehen wir unter ρ den Abstand irgend eines Punktes α von o, und nennen die Richtungscosinus von ρ a, b, c, so ist $x = a\rho$, $y = b\rho$, $z = c\rho$. Setzt man dies in Gl. (3) ein, so enthalten sämmtliche Posten der drei Gleichungen den Factor ρ. Die Beschleunigung von α ist also in jeder einzelnen Componente proportional ρ. D. h. alle Punkte einer durch o gelegten Geraden besitzen parallele Beschleunigungen, die ihrem Abstand von o proportional sind. Beim Durchgang durch o wechselt ρ sein Zeichen, dasselbe thun also auch die Beschleunigungen: auf der einen Hälfte der Geraden sind sie denen der anderen Hälfte antiparallel.

Die Geschwindigkeit des Punktes α hat im System der Gl. (3) die Richtungscosinus $\frac{-y}{\sqrt{x^2+y^2}}$, $\frac{x}{\sqrt{x^2+y^2}}$, 0. Also ist

$$\dot{u}_t = -\frac{y}{\sqrt{x^2+y^2}}\,\frac{d^2x}{dt^2} + \frac{x}{\sqrt{x^2+y^2}}\,\frac{d^2y}{dt^2}$$

die Summe der Projectionen der drei Seitenbeschleunigungen von α auf die Geschwindigkeitsrichtung von α, d. i. die in Bezug auf die Bahn von α tangentiale Componente der Beschleunigung von α. Die Ausrechnung mit Gl. (3) ergiebt

$$(4) \qquad \dot{u}_\tau = \sqrt{x^2+y^2}\,\frac{dr}{dt} - \frac{z}{\sqrt{x^2+y^2}}\left(y\frac{dq}{dt} + z\frac{dp}{dt}\right).$$

Hiervon stellt der erste Antheil offenbar die tangentiale Beschleunigung dar, welche durch Zunahme der Winkelgeschwindigkeit ω stattfindet, der zweite also diejenige, welche ihren Ursprung dem Wechsel der Momentanaxe verdankt. Die drei Axencomponenten von $\dot{u}_\tau$ erhält man, indem man $\dot{u}_\tau$ mit den Richtungscosinus $\frac{-y}{\sqrt{x^2+y^2}}$, $\frac{+x}{\sqrt{x^2+y^2}}$, 0 multiplicirt; sie sind demnach

$$\dot{u}_{\tau x} = -y\frac{dr}{dt} + \frac{zy}{x^2+y^2}\left(y\frac{dq}{dt}+z\frac{dp}{dt}\right),$$

$$\dot{u}_{\tau y} = x\frac{dr}{dt} - \frac{zx}{x^2+y^2}\left(y\frac{dq}{dt}+z\frac{dp}{dt}\right),\quad \dot{u}_{\tau z} = 0.$$

Zieht man diese drei Grössen von $\frac{d^2x}{dt^2}$, $\frac{d^2y}{dt^2}$, $\frac{d^2z}{dt^2}$, (Gl. 3) ab, so hat man die Componenten der Normalbeschleunigung von a im System der Gl. (3).

Die nähere Betrachtung dieser Zerlegungen hat nicht so viel praktischen Werth, dass wir ihr hier den erforderlichen Raum widmen könnten. Wir bemerken nur, dass wenn man in Gl. (4) $\dot{u}_\tau = 0$ setzt, man offenbar eine Gleichung zweiten Grades in x, y, z erhält. Der Ort der Punkte ohne Tangentialbeschleunigung ist also eine Fläche zweiten Grades, und da dieselbe nach dem obigen Satz eine Kegelfläche sein muss, deren Erzeugende sich in o schneiden, ist er ein Kegel zweiten Grades. Die Normalbeschleunigung von a verschwindet vollständig nur, wenn a auf der Momentanaxe liegt.

Die Gesammtbeschleunigung verschwindet im Allgemeinen nur im Punkt o selbst. Denn setzt man in Gl. (3) $\frac{d^2x}{dt^2}$, $\frac{d^2y}{dt^2}$, $\frac{d^2z}{dt^2}$ gleich Null, so findet man im Allgemeinen $x = y = z = 0$. Eine Ausnahme macht nur der Fall, wo $\frac{dp}{dt} = \frac{dq}{dt} = 0$ ist, also die Drehungsaxe stationär bleibt; die dritte der Gleichungen (3) ist dann von selbst erfüllt, und die beiden ersten sind bei beliebigen Werthen von z erfüllt, wenn man $x = y = 0$ setzt; bei stationärer Momentanaxe ist also diese Axe selbst der Ort der Punkte ohne Beschleunigung.

Es ist nun sehr wichtig, die Componenten der Beschleunigung von a in der Richtung der ξ, η, ζ herzustellen. Das kann nicht dadurch geschehen, dass man die Geschwindigkeitsgleichungen 277 (5)

$$(5)\qquad u_\xi = \zeta\chi - \eta\varrho,\quad u_\eta = \xi\varrho - \zeta\pi,\quad u_\zeta = \eta\pi - \xi\chi,$$

in denen ξ, η, ζ constant sind, einfach nach der Zeit differentiirt; denn das System der ξ, η, ζ ist ja selbst in Bewegung, die Beschleunigung des Punktes a in Bezug auf das System der ξ, η, ζ ist also nicht identisch mit seiner Beschleunigung im Raume der x, y, z. Es geschieht aber sehr einfach dadurch, dass wir das System der x, y, z im Augenblick t mit dem der ξ, η, ζ zusammenfallen lassen; dann erhalten wir aus Gl. (2)

$$(6)\qquad \left\{\begin{aligned}
\dot{u}_\xi &= \zeta\frac{d\chi}{dt} - \eta\frac{d\varrho}{dt} + \chi(\eta\pi - \xi\chi) - \varrho(\xi\varrho - \zeta\pi)\\
\dot{u}_\eta &= \xi\frac{d\varrho}{dt} - \zeta\frac{d\pi}{dt} + \varrho(\zeta\chi - \eta\varrho) - \pi(\eta\pi - \xi\chi)\\
\dot{u}_\zeta &= \eta\frac{d\pi}{dt} - \xi\frac{d\chi}{dt} + \pi(\xi\varrho - \zeta\pi) - \chi(\zeta\chi - \eta\varrho).
\end{aligned}\right.$$

288. Die Beschleunigungsmenge von G. dm sei die Masse eines Elements von G, welches die Coordinaten x, y, z (ξ, η, ζ) hat. Wir bilden zunächst die 6 Coordinaten seiner Beschleunigungsmenge im System der ξ, η, ζ bei der Lage, die dasselbe zur Zeit t hat. Diese sind nach Gl. (6) des vorigen Paragraphen

$$(1)\quad \begin{cases} \dot{u}_\xi dm = \left[\zeta \frac{d\chi}{dt} - \eta \frac{d\varrho}{dt} + \chi(\pi\eta - \chi\xi) - \varrho(\varrho\xi - \pi\zeta)\right] dm \\ \text{u. s. w. in } \eta \text{ und } \zeta. \end{cases}$$

$$(2)\quad \begin{cases} (\eta\dot{u}_\zeta - \zeta\dot{u}_\eta)dm = \Big[(\eta^2+\zeta^2)\frac{d\pi}{dt} + (\eta^2-\zeta^2)\varrho\chi \\ \qquad - \xi\eta\frac{d\chi}{dt} - \zeta\xi\frac{d\varrho}{dt} + \eta\zeta(\varrho^2-\chi^2) \\ \qquad + \xi\eta\pi\varrho - \zeta\xi\pi\chi\Big] dm \\ \text{u. s. w. in } \zeta\xi \text{ und } \xi\eta. \end{cases}$$

Summirt man diese Grössen über sämmtliche dm, so hat man die 6 Coordinaten der Beschleunigungsmenge von G im System der ξ, η, ζ. Die Coordinaten des Schwerpunkts von G seien, wie früher, durch die Marke σ bezeichnet; bezüglich der Summationen in Gl. (2) ist zu bemerken, dass die Grössen $\Sigma\xi\eta dm$ u. s. w. sämmtlich Null sind, weil die Axen der ξ, η, ζ Hauptaxen der Trägheit sind; $\Sigma(\eta^2+\zeta^2)dm$ ist das Trägheitsmoment A in Bezug auf die Axe der ξ, $\Sigma(\eta^2-\zeta^2)dm$ $= \Sigma[\eta^2+\xi^2-(\zeta^2+\xi^2)]dm = C-B$, wo B und C die Trägheitsmomente für die Axen der η und ζ sind. Man erhält hiernach für die 6 Coordinaten der Beschleunigungsmenge von G

$$(3)\quad \begin{cases} \Xi = \left[\zeta_\sigma \frac{d\chi}{dt} - \eta_\sigma \frac{d\varrho}{dt} - (\chi^2+\varrho^2)\xi_\sigma + \pi\chi\eta_\sigma + \varrho\pi\zeta_\sigma\right] m, \\ H = \left[\xi_\sigma \frac{d\varrho}{dt} - \zeta_\sigma \frac{d\pi}{dt} - (\varrho^2+\pi^2)\eta_\sigma + \chi\varrho\zeta_\sigma + \pi\chi\xi_\sigma\right] m, \\ Z = \left[\eta_\sigma \frac{d\pi}{dt} - \xi_\sigma \frac{d\chi}{dt} - (\pi^2+\chi^2)\zeta_\sigma + \varrho\pi\xi_\sigma + \chi\varrho\eta_\sigma\right] m. \end{cases}$$

$$(4)\quad \begin{cases} \Lambda = A\frac{d\pi}{dt} + (C-B)\chi\varrho, \\ M = B\frac{d\chi}{dt} + (A-C)\varrho\pi, \\ N = C\frac{d\varrho}{dt} + (B-A)\pi\chi. \end{cases}$$

Die drei ersten Gleichungen enthalten den bei allen ähnlichen Gelegenheiten wiederkehrenden Satz, dass der resultirende Vector der Beschleunigungsmenge von G gleich dem Product aus der Masse m in die Beschleunigung des Schwerpunkts ist. Liegt der Schwerpunkt in o, so wird $\Xi = H = Z = 0$.

Auf den Gleichungen (3) und (4) beruht die Dynamik des Körpers G, wie sie sich seit Euler entwickelt hat. Es ist indessen nicht ohne Interesse, auch einen Blick auf die Form zu werfen, welche die Coordinaten der Beschleunigungsmenge im System der x, y, z annehmen. Diese Coordinaten seien X, Y, Z, L, M, N. Was X, Y, Z angeht, so kann man nach dem eben ausgesprochenen Satz dafür einfach die Componenten der Beschleunigungsmenge des Schwerpunkts von G setzen; man erhält sie also, wenn man Gl. (3) einfach mit lateinischen Buchstaben schreibt.

$$(5)\quad \begin{cases} X = \left[z_\sigma \dfrac{dq}{dt} - y_\sigma \dfrac{dr}{dt} - (q^2+r^2)x_\sigma + pqy_\sigma + rpz_\sigma\right] m, \\ Y = \left[x_\sigma \dfrac{dr}{dt} - z_\sigma \dfrac{dp}{dt} - (r^2+p^2)y_\sigma + qrz_\sigma + pqx_\sigma\right] m, \\ Z = \left[y_\sigma \dfrac{dp}{dt} - x_\sigma \dfrac{dq}{dt} - (p^2+q^2)z_\sigma + rpx_\sigma + qry_\sigma\right] m, \end{cases}$$

Die Grössen L, M, N erhält man, wenn man $\left(y\dfrac{d^2z}{dt^2} - z\dfrac{d^2y}{dt^2}\right) dm$ u. s. w. bildet und summirt. Man denke sich Gl. (2) lateinisch geschrieben, so hat man das Element der Summe L. Dabei verschwinden aber die Deviationsmomente nicht, weil die Axen der x, y, z im Allgemeinen keine Hauptaxen sind; wir setzen wieder $\Sigma yz\,dm = D'$, $\Sigma zx\,dm = E'$, $\Sigma xy\,dm = F'$; und bezeichnen die Trägheitsmomente $\Sigma(y^2+z^2)dm$ u. s. w. mit A', B', C'. Dann ist

$$(6)\quad \begin{cases} L = A'\dfrac{dp}{dt} + (C'-B')qr - F'\dfrac{dq}{dt} - E'\dfrac{dr}{dt} + D'(r^2-q^2) + F'rp - E'pq, \\ M = B'\dfrac{dq}{dt} + (A'-C')rp - D'\dfrac{dr}{dt} - F'\dfrac{dp}{dt} + E'(p^2-r^2) + D'pq - F'qr, \\ N = C'\dfrac{dr}{dt} + (B'-A')pq - E'\dfrac{dp}{dt} - F'\dfrac{dq}{dt} + F'(q^2-p^2) + E'qr - D'rp. \end{cases}$$

Da übrigens L, M, N einerseits und Λ, M, N Coordinaten derselben Grösse, des Moments der Beschleunigungsmenge, in den beiden Systemen der x, y, z und der ξ, η, ζ sind, so folgt

$$L = a_1\Lambda + a_2\mathrm{M} + a_3\mathrm{N} \quad \text{u. s. w.}$$
$$\Lambda = a_1 L + b_1 M + c_1 N \quad \text{u. s. w.}$$

Führt man die erste dieser Gleichungen aus, und bedenkt, dass gleichzeitig $\pi = a_1 p + b_1 q + c_1 r$, $\dfrac{d\pi}{dt} = a_1\dfrac{dp}{dt} + b_1\dfrac{dq}{dt} + c_1\dfrac{dr}{dt}$ u. s. w. ist, so erhält man aus Gl. (4)

$$(7)\quad \begin{cases} L = a_1\left\{A\left(a_1\dfrac{dp}{dt} + b_1\dfrac{dq}{dt} + c_1\dfrac{dr}{dt}\right) + (C-B)(a_2p+b_2q+c_2r)(a_3p+b_3q+c_3r)\right\} \\ \quad + a_2\left\{B\left(a_2\dfrac{dp}{dt} + b_2\dfrac{dq}{dt} + c_2\dfrac{dr}{dt}\right) + (A-C)(a_3p+b_3q+c_3r)(a_1p+b_1q+c_1r)\right\} \\ \quad + a_3\left\{C\left(a_3\dfrac{dp}{dt} + b_3\dfrac{dq}{dt} + c_3\dfrac{dr}{dt}\right) + (B-A)(a_1p+b_1q+c_1r)(a_2p+b_2q+c_2r)\right\}. \end{cases}$$

Vergleicht man die Coefficienten, mit denen $\frac{dp}{dt}$, $\frac{dq}{dt}$, $\frac{dr}{dt}$ in dieser Gleichung behaftet sind, mit denen der Gl. (6) und setzt die Formeln cyklisch fort, so findet man

$$(8)\quad \begin{cases} a_1^2 A + a_2^2 B + a_3^2 C = A', \\ b_1^2 A + b_2^2 B + b_3^2 C = B', \\ c_1^2 A + c_2^2 B + c_3^2 C = C', \\ b_1 c_1 A + b_2 c_2 B + b_3 c_3 C = -D', \\ c_1 a_1 A + c_2 a_2 B + c_3 a_3 C = -E', \\ a_1 b_1 A + a_2 b_2 B + a_3 b_3 C = -F'. \end{cases}$$

Die drei ersten Gleichungen enthalten den bekannten Satz, der in der Theorie der Trägheitsmomente § 182 Gl. (10) ausgesprochen wurde; die drei letzten liefern entsprechende Ausdrücke für D, E, F; sie können die Grundlage einer Theorie der Deviationsmomente bilden. Führt man die Gl. (8) in (6) ein, so hat man L, M, N.

Die Gleichungen (4) lassen sich in einer anderen, von Lagrange angegebenen Form darstellen. Im § **279** wurde nachgewiesen, dass

$$(9)\quad \frac{\partial T}{\partial \pi} = \pi A, \quad \frac{\partial T}{\partial \chi} = \chi B, \quad \frac{\partial T}{\partial \rho} = \rho C$$

ist. Sonach ist $A\frac{d\pi}{dt} = \frac{d}{dt}\left(\frac{\partial T}{\partial \pi}\right)$ und $(C-B)\chi\rho = \chi\frac{\partial T}{\partial \rho} - \rho\frac{\partial T}{\partial \chi}$ u. s. w., also

$$(10)\quad \begin{cases} \Lambda = \frac{d}{dt}\left(\frac{\partial T}{\partial \pi}\right) + \chi\frac{\partial T}{\partial \rho} - \rho\frac{\partial T}{\partial \chi}, \\ \mathrm{M} = \frac{d}{dt}\left(\frac{\partial T}{\partial \chi}\right) + \rho\frac{\partial T}{\partial \pi} - \pi\frac{\partial T}{\partial \rho}, \\ \mathrm{N} = \frac{d}{dt}\left(\frac{\partial T}{\partial \rho}\right) + \pi\frac{\partial T}{\partial \chi} - \chi\frac{\partial T}{\partial \pi}. \end{cases}$$

Wenn man anderntheils die Componenten der Schwerpunktsgeschwindigkeit, zerlegt nach den Richtungen ξ, η, ζ mit u_σ, v_σ, w_σ bezeichnet, so ist

$$u_\sigma = \zeta_\sigma \chi - \eta_\sigma \rho, \quad v_\sigma = \xi_\sigma \rho - \zeta_\sigma \pi, \quad w_\sigma = \eta_\sigma \pi - \xi \chi,$$

und damit

$$(11)\quad \begin{cases} \Xi = \left[\frac{du_\sigma}{dt} + \chi w_\sigma - \rho v_\sigma\right] m, \\ \mathrm{H} = \left[\frac{dv_\sigma}{dt} + \rho u_\sigma - \pi w_\sigma\right] m, \\ \mathrm{Z} = \left[\frac{dw_\sigma}{dt} + \pi v_\sigma - \chi u_\sigma\right] m. \end{cases}$$

Nun ist nach einem bekannten Satz die lebendige Kraft von G gleich der lebendigen Kraft des Schwerpunktes von G plus der lebendigen Kraft der Rotation um den Schwerpunkt. Bezeichnen wir also die letztere abkürzend mit T_1, so ist

$$T = \tfrac{1}{2} m (u_\sigma^2 + v_\sigma^2 + w_\sigma^2) + T_1, \quad \frac{\partial T}{\partial u_\sigma} = m u_\sigma \text{ u. s. w.},$$

also

$$(12)\quad \begin{cases} \Xi = \dfrac{d}{dt}\left(\dfrac{\partial T}{\partial u_\sigma}\right) + \chi\dfrac{\partial T}{\partial w_\sigma} - \rho\dfrac{\partial T}{\partial v_\sigma}, \\ \mathrm{H} = \dfrac{d}{dt}\left(\dfrac{\partial T}{\partial v_\sigma}\right) + \rho\dfrac{\partial T}{\partial u_\sigma} - \pi\dfrac{\partial T}{\partial w_\sigma}, \\ \mathrm{Z} = \dfrac{d}{dt}\left(\dfrac{\partial T}{\partial w_\sigma}\right) + \pi\dfrac{\partial T}{\partial v_\sigma} - \chi\dfrac{\partial T}{\partial u_\sigma}. \end{cases}$$

Bezeichnet man die Geschwindigkeitscomponenten des Schwerpunktes im System der x, y, z mit u_s, v_s, w_s, so folgt sehr leicht

$$(13)\quad \begin{cases} X = \dfrac{d}{dt}\left(\dfrac{\partial T}{\partial u_s}\right) + q\dfrac{\partial T}{\partial w_s} - r\dfrac{\partial T}{\partial v_s}, \\ Y = \dfrac{d}{dt}\left(\dfrac{\partial T}{\partial v_s}\right) + r\dfrac{\partial T}{\partial u_s} - p\dfrac{\partial T}{\partial w_s}, \\ Z = \dfrac{d}{dt}\left(\dfrac{\partial T}{\partial w_s}\right) + p\dfrac{\partial T}{\partial v_s} - q\dfrac{\partial T}{\partial u_s}. \end{cases}$$

Um L, M, N in analoger Form darzustellen, gehen wir auf die Gleichungen

$$L = a_1\Lambda + a_2\mathrm{M} + a_3\mathrm{N} \text{ u. s. w.}$$

zurück. Mit Gl. (10) liefert dies bei leichter Umordnung

$$L = a_1\frac{d}{dt}\left(\frac{\partial T}{\partial \pi}\right) + \frac{\partial T}{\partial \pi}(a_2\rho - a_3\chi) + a_2\frac{d}{dt}\left(\frac{\partial T}{\partial \chi}\right) + \frac{\partial T}{\partial \chi}(a_3\pi - a_1\rho)$$
$$+ a_3\frac{d}{dt}\left(\frac{\partial T}{\partial \rho}\right) + \frac{\partial T}{\partial \rho}(a_1\chi - a_2\pi),$$

d. i. nach **276** (9)

$$L = a_1\frac{d}{dt}\left(\frac{\partial T}{\partial \pi}\right) + \frac{\partial T}{\partial \pi}\frac{da_1}{dt} + a_2\frac{d}{dt}\left(\frac{\partial T}{\partial \chi}\right) + \frac{\partial T}{\partial \chi}\frac{da_2}{dt} + a_3\frac{d}{dt}\left(\frac{\partial T}{\partial \rho}\right)$$
$$+ \frac{\partial T}{\partial \rho}\frac{da_3}{dt}.$$

Also

$$(14)\quad \begin{cases} L = \dfrac{d}{dt}\left(a_1\dfrac{\partial T}{\partial \pi} + a_2\dfrac{\partial T}{\partial \chi} + a_3\dfrac{\partial T}{\partial \rho}\right), \\ M = \dfrac{d}{dt}\left(b_1\dfrac{\partial T}{\partial \pi} + b_2\dfrac{\partial T}{\partial \chi} + b_3\dfrac{\partial T}{\partial \rho}\right), \\ N = \dfrac{d}{dt}\left(c_1\dfrac{\partial T}{\partial \pi} + c_2\dfrac{\partial T}{\partial \chi} + c_3\dfrac{\partial T}{\partial \rho}\right). \end{cases}$$

Die (14) lassen sich übrigens noch bedeutend weiter vereinfachen, wenn man die griechischen Buchstaben gänzlich eliminirt. Wegen $\dfrac{\partial T}{\partial \pi} = \pi A$ u. s. w. ist nämlich, wenn man nach $\pi = a_1 p + b_1 q + c_1 r$ u. s. w. setzt

$$a_1\frac{\partial T}{\partial \pi} + a_2\frac{\partial T}{\partial \chi} + a_3\frac{\partial T}{\partial \rho} = a_1(a_1 p + b_1 q + c_1 r)A + a_2(a_2 p + b_2 q + c_2 r)B$$
$$+ a_3(a_3 p + b_3 q + c_3 r)C.$$

Nun ist aber

$$T = \tfrac{1}{2}(\pi^2 A + \chi^2 B + \rho^2 C) = \tfrac{1}{2}(a_1 p + b_1 q + c_1 r)^2 A + \tfrac{1}{2}(a_2 p + b_2 q + c_2 r)^2 B$$
$$+ \tfrac{1}{2}(a_3 p + b_3 q + c_3 r)^2 C,$$

und somit offenbar

$$a_1 \frac{\partial T}{\partial \pi} + a_2 \frac{\partial T}{\partial \chi} + a_3 \frac{\partial T}{\partial \rho} = \frac{\partial T}{\partial p} \text{ u. s. w.}$$

Also werden die (14)

$$(15) \quad \begin{cases} L = \frac{d}{dt}\left(\frac{\partial T}{\partial p}\right), \\ M = \frac{d}{dt}\left(\frac{\partial T}{\partial q}\right), \\ N = \frac{d}{dt}\left(\frac{\partial T}{\partial r}\right). \end{cases}$$

289. Die Gleichungen der Bewegung von G. An G sei eine explicite Dyname thätig, deren Coordinaten im System der x, y, z durch X, Y, Z, L, M, N, im System der ξ, ζ, η durch Ξ, H, Z, Λ, M, N bezeichnet werden mögen. Der feste Punkt o liefert eine Zwangskraft, deren Coordinaten P_x, P_y, P_z im ruhenden, P_ξ, P_η, P_ζ im bewegten Coordinatensysteme seien. Die Momente der Zwangskraft sind offenbar Null, weil diese durch o geht. Die frei an G thätige Dyname ist demnach

$$X+P_x, \quad Y+P_y, \quad Z+P_z, \quad L, \quad M, \quad N \quad \text{im ruhenden,}$$

$$\Xi+P_\xi, \quad H+P_\eta, \quad Z+P_\zeta, \quad \Lambda, \quad M, \quad N \quad \text{im bewegten}$$

Coordinatensystem. Nach **222** erhält man die Gleichungen der Bewegung von G, wenn man die 6 Coordinaten dieser Totaldyname in irgend einem System gleich den entsprechenden Coordinaten der Beschleunigungsmenge in demselben System setzt. Vollständig in allen Formen aufgezählt sind dieselben demnach, wenn wir sie in zwei Gruppen theilen, von denen sich die eine auf die Zwangskräfte, die andere auf die erzeugte Rotation bezieht:

Erste Gruppe. Zerlegung nach den augenblicklichen Axenrichtungen des bewegten Systems; Euler'sche Form:

$$(1) \quad \begin{cases} \Xi+P_\xi = \left[\zeta_o \frac{d\chi}{dt} - \eta_o \frac{d\varrho}{dt} - (\chi^2+\varrho^2)\xi_o + \pi\chi\eta_o + \varrho\pi\zeta_o\right] m, \\ H+P_\eta = \left[\xi_o \frac{d\varrho}{dt} - \zeta_o \frac{d\pi}{dt} - (\varrho^2+\pi^2)\eta_o + \chi\varrho\zeta_o + \pi\chi\xi_o\right] m, \\ Z+P_\zeta = \left[\eta_o \frac{d\pi}{dt} - \xi_o \frac{d\chi}{dt} - (\pi^2+\chi^2)\zeta_o + \varrho\pi\xi_o + \chi\varrho\eta_o\right] m. \end{cases}$$

Dieselbe Zerlegung, Lagrange'sche Form:

$$(2)\quad \begin{cases} \Xi + P_\xi = \dfrac{d}{dt}\left(\dfrac{\partial T}{\partial u_\sigma}\right) + \chi\dfrac{\partial T}{\partial w_\sigma} - \varrho\dfrac{\partial T}{\partial v_\sigma}, \\ H + P_\eta = \dfrac{d}{dt}\left(\dfrac{\partial T}{\partial v_\sigma}\right) + \varrho\dfrac{\partial T}{\partial u_\sigma} - \pi\dfrac{\partial T}{\partial w_\sigma}, \\ Z + P_\zeta = \dfrac{d}{dt}\left(\dfrac{\partial T}{\partial w_\sigma}\right) + \pi\dfrac{\partial T}{\partial v_\sigma} - \chi\dfrac{\partial T}{\partial u_\sigma}. \end{cases}$$

Zerlegung nach den Richtungen x, y, z; Euler'sche Form:

$$(3)\quad \begin{cases} X + P_x = \left[z_s\dfrac{dq}{dt} - y_s\dfrac{dr}{dt} - (q^2+r^2)x_s + pqy_s + rpz_s\right]m, \\ Y + P_y = \left[x_s\dfrac{dr}{dt} - z_s\dfrac{dp}{dt} - (r^2+p^2)y_s + qrz_s + pqx_s\right]m, \\ Z + P_z = \left[y_s\dfrac{dp}{dt} - x_s\dfrac{dq}{dt} - (p^2+q^2)z_s + rpx_s + qry_s\right]m. \end{cases}$$

Zerlegung nach denselben Richtungen; Lagrange'sche Form:

$$(4)\quad \begin{cases} X + P_x = \dfrac{d}{dt}\left(\dfrac{\partial T}{\partial u_s}\right) + q\dfrac{\partial T}{\partial w_s} - r\dfrac{\partial T}{\partial v_s}, \\ Y + P_y = \dfrac{d}{dt}\left(\dfrac{\partial T}{\partial v_s}\right) + r\dfrac{\partial T}{\partial u_s} - p\dfrac{\partial T}{\partial w_s}, \\ Z + P_z = \dfrac{d}{dt}\left(\dfrac{\partial T}{\partial w_s}\right) + p\dfrac{\partial T}{\partial v_s} - q\dfrac{\partial T}{\partial u_s}. \end{cases}$$

Zweite Gruppe. Zerlegung nach den Momentanrichtungen der ξ, η, ζ; Euler'sche Form:

$$(5)\quad \begin{cases} \Lambda = A\dfrac{d\pi}{dt} + (C-B)\chi\varrho, \\ M = B\dfrac{d\chi}{dt} + (A-C)\varrho\pi, \\ N = C\dfrac{d\varrho}{dt} + (B-A)\pi\chi. \end{cases}$$

Dieselbe Zerlegung, Lagrange'sche Form:

$$(6)\quad \begin{cases} \Lambda = \dfrac{d}{dt}\left(\dfrac{\partial T}{\partial \pi}\right) + \chi\dfrac{\partial T}{\partial \varrho} - \varrho\dfrac{\partial T}{\partial \chi}, \\ M = \dfrac{d}{dt}\left(\dfrac{\partial T}{\partial \chi}\right) + \varrho\dfrac{\partial T}{\partial \pi} - \pi\dfrac{\partial T}{\partial \varrho}, \\ N = \dfrac{d}{dt}\left(\dfrac{\partial T}{\partial \varrho}\right) + \pi\dfrac{\partial T}{\partial \chi} - \chi\dfrac{\partial T}{\partial \pi}. \end{cases}$$

Zerlegung nach den Richtungen x, y, z; Euler'sche Form:

$$
7)\quad \begin{cases} L = A'\dfrac{dp}{dt} + (C'-B')qr - F'\dfrac{dq}{dt} - E'\dfrac{dr}{dt} + D'(r^2-q^2) \\ \qquad\qquad + F'rp - E'pq, \\ M = B'\dfrac{dq}{dt} + (A'-C')rp - D'\dfrac{dr}{dt} - F'\dfrac{dp}{dt} + E'(p^2-r^2) \\ \qquad\qquad + D'pq - F'qr, \\ N = C'\dfrac{dr}{dt} + (B'-A')pq - E'\dfrac{dp}{dt} - F'\dfrac{dq}{dt} + F'(q^2-p^2) \\ \qquad\qquad + E'qr - D'rp. \end{cases}
$$

Dieselbe Zerlegung; modificirte Lagrange'sche Form:

$$
(8)\quad \begin{cases} L = \dfrac{d}{dt}\left(\dfrac{\partial T}{\partial p}\right), \\ M = \dfrac{d}{dt}\left(\dfrac{\partial T}{\partial q}\right), \\ N = \dfrac{d}{dt}\left(\dfrac{\partial T}{\partial r}\right). \end{cases}
$$

Die Gleichungen der zweiten Gruppe liefern, wenn sie integrirt werden können, die Componenten der Winkelgeschwindigkeit; sind diese bekannt, so liefern die Gleichungen der ersten Gruppe die Werthe der Componenten von P. Die Integration der Gleichungen aus der zweiten Gruppe ist daher die zunächst vorliegende Hauptaufgabe. Von den Formen derselben ist (7) offenbar unbequem, (6) kaum geeignet; (8) ist bequem, wenn L, M, N als Functionen der Zeit gegeben sind, was aber im praktischen Probleme nicht leicht der Fall ist, ausser für $L = M = N = 0$, (5) ist im Allgemeinen die günstigste Form, weil in ihr die Variablen π, χ, ϱ nur mit Constanten verknüpft sind.

Die Integration der Bewegungsgleichungen für einzelne Fälle.

287. Der Körper G ohne arbeitende Kräfte; die Momente der expliciten Dynamen sind Null. 1) Wirken auf G überhaupt keine andern Kräfte als die Zwangskraft P, oder besteht die wirkende explicite Dyname nur aus Kräften, die durch o gehen, so ist $\Lambda = \mathrm{M} = \mathrm{N} = L = M = N = 0$. Die Gleichungen der Bewegung von G stellten sich also dann in der Form dar

$$
(1)\quad \begin{cases} \dfrac{d}{dt}\left(\dfrac{\partial T}{\partial p}\right) = 0, \\ \dfrac{d}{dt}\left(\dfrac{\partial T}{\partial q}\right) = 0, \\ \dfrac{d}{dt}\left(\dfrac{\partial T}{\partial r}\right) = 0, \end{cases} \quad \text{oder} \quad (2)\quad \begin{cases} A\dfrac{d\pi}{dt} = (B-C)\chi\varrho, \\ B\dfrac{d\chi}{dt} = (C-A)\varrho\pi, \\ C\dfrac{d\varrho}{dt} = (A-B)\pi\chi. \end{cases}
$$

Dabei haben wir nach dem vorigen Paragraphen die Gleichungen

$$(3)\quad \begin{cases} \dfrac{\partial T}{\partial p} = a_1 \dfrac{\partial T}{\partial \pi} + a_2 \dfrac{\partial T}{\partial \chi} + a_3 \dfrac{\partial T}{\partial \rho}, \\ \dfrac{\partial T}{\partial q} = b_1 \dfrac{\partial T}{\partial \pi} + b_2 \dfrac{\partial T}{\partial \chi} + b_3 \dfrac{\partial T}{\partial \rho}, \\ \dfrac{\partial T}{\partial r} = c_1 \dfrac{\partial T}{\partial \pi} + c_2 \dfrac{\partial T}{\partial \chi} + c_3 \dfrac{\partial T}{\partial \rho}, \end{cases}$$

und aus diesen folgt, da sie dieselben Coefficienten haben, wie die Gl. (2) von **273**, also auch ebenso aufgelöst werden

$$(4)\quad \begin{cases} \dfrac{\partial T}{\partial \pi} = a_1 \dfrac{\partial T}{\partial p} + b_2 \dfrac{\partial T}{\partial q} + c_1 \dfrac{\partial T}{\partial r}, \\ \dfrac{\partial T}{\partial \chi} = a_2 \dfrac{\partial T}{\partial p} + b_2 \dfrac{\partial T}{\partial q} + c_2 \dfrac{\partial T}{\partial r}, \\ \dfrac{\partial T}{\partial \rho} = a_3 \dfrac{\partial T}{\partial p} + b_3 \dfrac{\partial T}{\partial q} + c_3 \dfrac{\partial T}{\partial r}. \end{cases}$$

Es muss nun zunächst das Prinzip der lebendigen Kräfte Anwendung finden. Dass dem so ist, ersieht man leicht, wenn man die Gl. (2) der Reihe nach mit π, χ, ρ, multiplicirt, addirt und integrirt. Man erhält

$$(5)\quad \tfrac{1}{2}(A\pi^2 + B\chi^2 + C\rho^2) = T = \text{const.}$$

Die Constante ist selbstverständlich gleich dem T des gegebenen Anfangszustandes.

Ferner geht die einzig wirksame Kraft P beständig durch o, also muss das Flächenprincip gelten, und zwar für jede Coordinaten-Ebene oder -Axe. In der That liefern die (1), wenn α, β, γ drei Constanten sind, die Integrale

$$(6)\quad \frac{\partial T}{\partial p} = \alpha, \quad \frac{\partial T}{\partial q} = \beta, \quad \frac{\partial T}{\partial r} = \gamma.$$

Nun ist, wie in **279** gezeigt wurde, πA das Moment der Bewegungsmenge von G in Bezug auf die Axe der ξ, χB dasselbe in Bezug auf die Axe der η, ρC in Bezug auf ζ. Die Momente der Bewegungsmenge in Bezug auf die Axen der x, y, z sind also nach den Transformationsformeln

$$a_1 \pi A + a_2 \chi B + a_3 \rho C,$$
$$b_1 \pi A + b_2 \chi B + b_3 \rho C,$$
$$c_1 \pi A + c_2 \chi B + c_3 \rho C.$$

πA ist aber $\dfrac{\partial T}{\partial \pi}$, χB ist $\dfrac{\partial T}{\partial \chi}$ etc., also sind die drei Momente der Bewegungsmenge im System der x, y, z mit Gl. (3) einfach $\dfrac{\partial T}{\partial p}$, $\dfrac{\partial T}{\partial q}$, $\dfrac{\partial T}{\partial r}$. Gl. (6) spricht also die Gültigkeit des Flächenprincips für die drei Axen der x, y, z aus. Bezeichnen wir das Gesammtmoment der resultirenden Bewegungsmenge mit S, so ist

$$(7)\quad S = \sqrt{\alpha^2 + \beta^2 + \gamma^2},$$

und die Gleichungen (6) sagen aus, dass S dem Werth und der Richtung nach constant ist. Die Ebene, in der dies Moment liegt, wenn es als Paar gedacht wird, ist die invariable Ebene Laplace's. Nach **279** ist diese Ebene im Trägheitsellipsoid die conjugirte zur Momentanaxe.

Ferner liefert uns Gl. (8) des § **279**, da das dortige S mit dem S der Gl. (7) identisch ist, noch den Satz

$$(8) \qquad 2T = \omega S \cos \varepsilon,$$

wo ε der Winkel ist, den S mit der Momentanaxe macht. Schreibt man die Gleichung $\omega \cos \varepsilon = \frac{2T}{S}$, so sagt sie: „Die Projection der Winkelgeschwindigkeit auf die invariable Axe ist constant."

2) Die im vorstehenden enthaltenen Sätze, betreffend die Constanz a) der lebendigen Kraft, b) der Bewegungsmenge und ihrer Axenrichtung, c) der Projection $\omega \cos \varepsilon$, genügen, um den geometrischen Charakter der Bewegung von G zu eruiren. Das geschieht am leichtesten mit Hülfe des Trägheitsellipsoids von o. Dies Ellipsoid hat die Gleichung $A\xi^2 + B\eta^2 + C\zeta^2 = \text{const.}$, und die Constante ist vollkommen willkürlich, muss aber homogen mit $A\xi^2$ sein. Wir wollen sie gleich $2T$ setzen, dabei aber unter π, χ, ρ, ω nicht die Zahlenwerthe dieser Grössen, sondern die Längenwerthe ihrer Axendarstellungen verstehen; es sei also ω der mit der Längeneinheit multiplicirte Zahlenwerth der Winkelgeschwindigkeit, und π, χ, ρ die Componenten desselben. Dann ist $2T = A\pi^2 + B\chi^2 + C\rho^2$ homogen mit $A\xi^2 + B\eta^2 + C\zeta^2$, und

$$(9) \qquad A\xi^2 + B\eta^2 + C\zeta^2 = 2T$$

die Gleichung desjenigen Ellipsoids, welches wir κατ' ἐξοχὴν des Trägheitsellipsoid für o nennen.

Zur Zeit t hat eine Gerade durch o, welche in die Drehungsaxe fällt, in ξ, η, ζ die Gleichungen

$$(10) \qquad \xi = \frac{\pi}{\rho}\zeta, \quad \eta = \frac{\chi}{\rho}\zeta.$$

Sie schneidet das Ellipsoid (9) in einem Punkt, dessen Coordinaten man findet, wenn man (9) und (10) nach ξ, η, ζ auflöst; das ergiebt sehr leicht

$$(11) \qquad \xi = \pi, \quad \eta = \chi, \quad \zeta = \rho.$$

Die Lösungen haben eigentlich das Vorzeichen $\pm$, aber wenn wir festsetzen, dass die fragliche Gerade die einsinnige Richtung der Momentanaxe, nicht die entgegengesetzte haben soll, gilt offenbar das Zeichen $+$. Und die Gl. (11) ergeben, quadrirt und addirt, wenn man $\sqrt{\xi^2 + \eta^2 + \zeta^2}$ mit $\mathfrak{r}$ bezeichnet,

$$(12) \qquad \mathfrak{r} = \omega.$$

Der Semidiameter des Trägheitsellipsoides, welcher in die Richtung der Drehungsaxe fällt, ist auch seiner Länge nach die geometrische Darstellung der Winkelgeschwindigkeit.

Die invariable Ebene ist nun im Flächenprincip nur nach derjenigen Eigenschaft bestimmt, welche man bei einer Linie die Richtung nennt, kann aber parallel mit sich selbst beliebig im Raume verschoben werden. Da die durch o gehende invariable Ebene unseres Problemes zur Momentanaxe conjugirt ist, berührt eine ihr parallele Ebene, welche durch den Endpunkt von $\mathfrak{r}$ geht, das Trägheitsellipsoid in diesem Endpunkt, m. a. W. die Ebene, welche das Ellipsoid im Endpunkt der Momentanaxe berührt, ist richtungsinvariabel, sie ist der anfänglichen Ebene des Momentes S stets parallel. Wir bezeichnen nun den Abstand jener Berührungsebene von o mit δ und bestimmen δ. Die Ebene, welche das Ellipsoid $\Psi = 0$ im Punkt π, χ, ρ berührt, hat die Gleichung

$$(\xi-\pi)\left(\frac{\partial\Psi}{\partial\xi}\right)_{\xi=\pi}+(\eta-\chi)\left(\frac{\partial\Psi}{\partial\chi}\right)_{\eta=\chi}+(\zeta-\rho)\left(\frac{\partial\Psi}{\partial\rho}\right)_{\zeta=\rho}=0,$$

oder mit Gl. (9)

$$A\pi\xi+B\chi\eta+C\rho\zeta=A\pi^2+B\chi^2+C\rho^2.$$

Also ist ihr Abstand δ nach bekannter Formel

$$(14) \qquad \delta=\frac{A\pi^2+B\chi^2+C\rho^2}{\sqrt{A^2\pi^2+B^2\chi^2+C^2\rho^2}}.$$

Der Zähler dieses Bruches ist $2T$: was den Nenner angeht, so ist $A\pi=\frac{\partial T}{\partial\pi}$ u. s. w. also nach (4) und (6)

$$A\pi=a_1\alpha+b_1\beta+c_1\gamma,\quad B\chi=a_2\alpha+b_2\beta+c_2\gamma,\quad C\rho=a_3\alpha+b_3\beta+c_3\gamma,$$

woraus sich durch Quadriren und addiren leicht ergiebt

$$(15) \qquad A^2\pi^2+B^2\chi^2+C^2\rho^2=\alpha^2+\beta^2+\gamma^2=S^2,$$

also ist

$$(16) \qquad \delta=\frac{2T}{S}$$

und damit zugleich auch nach Gl. (8)

$$(17) \qquad \delta=\omega\cos\varepsilon.$$

δ ist also constant; d. h. die Ebene, welche das Trägheitsellipsoid im Endpunkt der Momentanaxe berührt, ist nicht bloss der Richtung, sondern auch der Lage nach invariabel; sie ist absolut invariabel im System der x, y, z.

Das Trägheitsellipsoid berührt diese Ebene stets mit dem Endpunkt der Momentanaxe, es rollt also auf ihr, während G sich bewegt, und der zum Berührungspunkt gezogene Semidiameter ist Momentanaxe auch bezüglich der Länge. Der Abstand der absolut invariablen Ebene von o ist gleich der Projection der Winkelgeschwindigkeit auf die invariable Axe, und gleich dem Quotienten aus der lebendigen Kraft und dem halben Moment der Bewegungsmenge.

Die successiven Endpunkte der Momentanaxe auf dem Trägheitsellipsoid bilden eine Curve, welche nach Poinsot die Polodie heisst (nicht „Poloide" da das Wort von πόλος und ὅδος kommt und „Polweg" bedeutet); der Endpunkt der Momentanaxe beschreibt zugleich in der invariablen Ebene eine Curve, welche die Herpolodie heisst (von ἕρπειν, kriechen, wegen ihrer vermeintlich geschlängelten Gestalt, siehe unten).

3) Die Polodie ist der Ort aller Punkte des Trägheitsellipsoids, deren Tangentenebene von o den Abstand δ hat. Sie ist also bestimmt 1) durch die Gleichung des Ellipsoids selbst. Nennen wir die Halbaxen des letzteren a, b, c, setzen also $a^2=\frac{2T}{A}$, $b^2=\frac{2T}{B}$, $c^2=\frac{2T}{C}$, so ist die Gleichung des Ellipsoids (9)

$$(18) \qquad \frac{\xi^2}{a^2}+\frac{\eta^2}{b^2}+\frac{\zeta^2}{c^2}=1.$$

Hat zweitens ein Punkt des Ellipsoids die Coordinaten ξ, η, ζ, so ist der Abstand seiner Tangentialebene von o auszudrücken durch Gl. (14), wenn man in dieser ξ, η, ζ statt π, χ, ρ setzt, er ist also

$$\frac{A\xi^2+B\eta^2+C\zeta^2}{\sqrt{A^2\xi^2+B^2\eta^2+C^2\zeta^2}} \quad \text{oder} \quad \frac{\frac{\xi^2}{a^2}+\frac{\eta^2}{b^2}+\frac{\zeta^2}{c^2}}{\left(\frac{\xi^2}{a^4}+\frac{\eta^2}{b^4}+\frac{\zeta^2}{c^4}\right)^{\frac{1}{2}}}.$$

Der Zähler dieses Bruches ist 1 nach (18), die Bedingung, dass der fragliche Abstand gleich δ sei, lautet also $\left(\frac{1}{\frac{\xi^2}{a^4}+\frac{\eta^2}{b^4}+\frac{\zeta^2}{c^4}}\right)^{\frac{1}{2}}=\delta$ oder

$$(19) \qquad \frac{\xi^2}{a^4}+\frac{\eta^2}{b^4}+\frac{\zeta^2}{c^4}=\frac{1}{\delta^2}.$$

(18) und (19) bestimmen die Polodie. Multiplicirt man (19) mit δ^2 und zieht sie von (18) ab, so erhält man

$$(20) \qquad \frac{\xi^2}{a^2}\left(1-\frac{\delta^2}{a^2}\right)+\frac{\eta^2}{b^2}\left(1-\frac{\delta^2}{b^2}\right)+\frac{\zeta^2}{c^2}\left(1-\frac{\delta^2}{c^2}\right)=0.$$

Das ist die Gleichung eines Kegels vom zweiten Grade, dessen Mittelpunkt in o liegt. Die Polodie ist also der Durchschnitt des Trägheitsellipsoids mit diesem Kegel, und da jede Verbindungslinie von o mit einem Punkt der Polodie einmal Momentanaxe wird, so ist dieser Kegel zugleich der Kegel (Γ) der Momentanaxen in G.

Soweit er durch Gl. (20) bestimmt ist, besteht der Kegel natürlich aus zwei congruenten Hälften, die sich in o treffen; nach unserer durchgehenden Convention haben aber die Momentanaxen eine bestimmte einsinnige Richtung; es zählt also nur eine Hälfte des Kegels, diejenige, welche die Momentanaxe der Anfangsbewegung enthält.

δ kann nun nur zwischen der grössten und kleinsten Halbaxenlänge des Ellipsoids enthalten sein; ist b die mittlere von den drei Halbaxen a, b, c, so liegt der Werth von δ zwischen a und c. Ist $\delta=a$, so degenerirt der Kegel (20) zur geraden Linie $\eta=0$, $\zeta=0$; die Momentanaxe liegt also in der Axe der ξ, und ist daselbst stationär. Ist $\delta=c$, so liegt die Momentanaxe in der Axe der ζ und ist dort stationär. Es sei nun etwa $A \angle B \angle C$, also $a>b>c$. Ist dann $\delta=b$, so ist $\frac{\delta^2}{a^2}<1$ und $\frac{\delta^2}{c^2}>1$; Gl. (20) degenerirt also für den Fall $\delta=b$ zur Gleichung zweier reellen Ebenen

$$\frac{\xi}{a}\sqrt{1-\frac{\delta^2}{a^2}}=\pm\frac{\zeta}{c}\sqrt{\frac{\delta^2}{c^2}-1},$$

welche das Ellipsoid in zwei Ellipsen schneiden. Befindet sich die Momentanaxe einmal in einer dieser beiden Ebenen, so bleibt sie immer in derselben. Fällt sie zu Anfang mit b zusammen, so bleibt sie stationär in b, weil b dann senkrecht auf der invariablen Ebene steht, also kein Rollen statt findet.

Liegt δ zwischen a und b, so wird ξ imaginär, wenn $\eta=\zeta=0$; die $\eta\zeta$-Ebene enthält also keine reellen Erzeugungslinien des Kegels (Γ), d. h. dieser umgiebt die Axe der ξ. Liegt δ zwischen b und c, so umschliesst der Kegel (Γ) die Axe der ζ.

Die beiden Grenzellipsen, für welche $\delta = b$ ist, theilen das Ellipsoid in zwei Paar Scheitelräume, von denen einer die Halbaxe a, der andere die Halbaxe c enthält. Befindet sich der Endpunkt der Momentanaxe einmal in einem dieser Scheitelräume, so bleibt er nach dem vorstehenden immer in demselben: die Polodie umläuft die in dem Scheitelraum enthaltene Axe des Trägheitsellipsoids; sie wälzt sich um a, wenn der Scheitelraum a umgiebt, um c, wenn der Scheitelraum c umgiebt. Befindet sich aber der Endpunkt der Momentanaxe einmal auf einer der Grenzellipsen, so bleibt er auf ihr.

Es folgt weiter: Liegt die Momentanaxe einmal sehr nahe an a, so bleibt sie stets sehr nahe an a. Dasselbe gilt für c. Aber nicht für b; liegt die Momentanaxe einmal sehr nahe an b, so wälzt sie sich nicht um b, sondern um a oder c herum, bleibt also nicht fortwährend nahe an b.

Anm. Ein besonderer Fall tritt bezüglich der letzten Folgerung ein, wenn der Endpunkt der Momentanaxe auf einer der Grenzellipsen liegt; wenn er sich dann in der Nähe von b befindet, können wir hier noch nicht angeben, ob er sich b nähert oder von b entfernt, auch nicht, ob er durch b hindurchgeht, und ob er vielleicht in b von einer Grenzellipse zur andern übergehen kann; (beide Ellipsen schneiden sich ja im Endpunkt von b): das wird später seine Erledigung finden.

Die Hauptaxen des Trägheitsellipsoids sind nach dem obigen „Hauptaxen der Drehung“, weil die Momentanaxe, wenn sie in ihnen liegt, stationär bleibt. Die längste und die kürzeste von ihnen heissen stabile Hauptaxen, weil, wenn die Momentanaxe einmal unendlich nahe an ihnen liegt, sie auch unendlich nahe an ihnen bleibt; die mittlere dagegen heisst labile Hauptaxe, weil sie diese Eigenschaft nicht hat.

Die Polodie läuft immer in sich zurück, die Bewegung von G ist also periodisch, was die Lage der Axe im System der ξ, η, ζ angeht.

Die Herpolodie ist offenbar bestimmt durch die Bedingung, dass der Abstand eines ihrer Punkte von o gleich sein muss dem Abstand des entsprechenden Polodienpunktes von o, also gleich $\mathfrak{r}$. Nun schwankt $\mathfrak{r}$ offenbar auf der Polodie periodisch zwischen zwei extremen Werken, die Herpolodie windet sich daher zwischen einem Maximal- und einem Minimalwerth hin und her; sie berührt abwechselnd zwei Kreise der invariablen Ebene, deren gemeinsamer Mittelpunkt der Fusspunkt von δ ist. Poinsot zeichnete die Herpolodie, wie Fig. 141 angegeben ist, und gab ihr ihren Namen wegen der vorausgesetzten geschlängelten Form; neuerdings haben aber Hess und de Sparre gezeigt, dass die Herpolodie weder Spitzen noch Wendepunkte hat; ihre wirkliche Form hat Aehnlichkeit mit der Horizontalprojection der Bahn des sphärischen Pendels, vergl. Fig. 142.

Fig. 141.

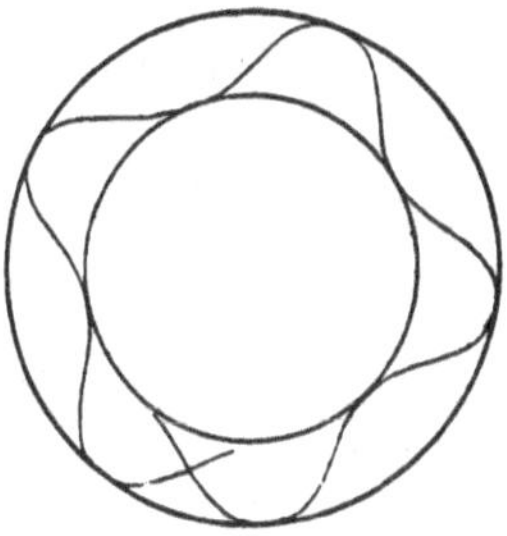

Fig. 142.

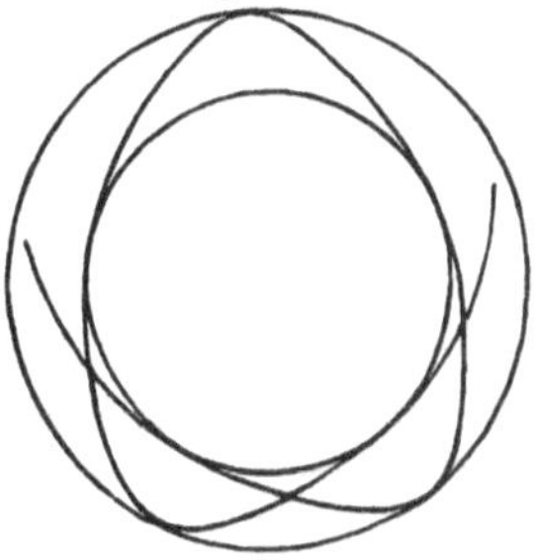

Der Abstand zweier Contactpunkte τ und τ' entspricht der Zeit, in welcher die Polodie einmal halb abgerollt wird. Näheres wird sich im Folgenden ergeben.

4) Wir wollen nun hier schon eine Voraussetzung einführen, die sich später als nöthig erweist und vorläufig grössere Bestimmtheit der Darstellung ermöglicht. Wir behalten die Annahme bei, dass B das mittlere der drei Hauptträgheitsmomente sei, und dass die Axe der ξ in a, der ζ in c, der η in b falle; wir setzen aber ausserdem fest: Die Axe der ζ falle immer in diejenige der beiden extremen Hauptträgheitsaxen von G, welche vom Kegel (Γ) umschlossen wird. M. a. W. δ liegt immer zwischen b und c. Ist also $\delta > b$, so muss c, die in die ζ-Axe fallende Halbaxe des Trägheitsellipsoids, grösser als a sein, ist aber $\delta < b$, so ist $c < b < a$. Da $\delta S = 2T$, und $b^2 B = 2T$, sind die Bedingungen $\delta > b$ und $\delta < b$ gleichlautend mit $2TB > S^2$ und $2TB < S^2$. Ist also $S^2 - 2TB > 0$, so ist $c < b$ und $A < B < C$; ist $S^2 - 2TB < 0$, so ist $A > B > C$.

Löst man nun die drei Gleichungen

$$(21) \quad \begin{cases} \pi^2 + \chi^2 + \rho^2 = \omega^2 \\ A\pi^2 + B\chi^2 + C\rho^2 = 2T \\ A^2\pi^2 + B^2\chi^2 + C^2\rho^2 = S^2 \end{cases}$$

nach π^2, χ^2, ρ^2 auf, so erhält man

$$(22) \quad \begin{cases} \pi^2 = \dfrac{BC}{(A-B)(A-C)}(\omega^2 - \lambda^2) \\ \chi^2 = \dfrac{CA}{(B-C)(B-A)}(\omega^2 - \mu^2) \\ \rho^2 = \dfrac{AB}{(C-A)(C-B)}(\omega^2 - \nu^2), \end{cases}$$ wo abkürzend

$$(23)\quad \begin{cases} \lambda^2 = \dfrac{2T(B+C)-S^2}{BC}, \\ \mu^2 = \dfrac{2T(C+A)-S^2}{CA}, \\ \nu^2 = \dfrac{2T(A+B)-S^2}{AB} \end{cases}$$

gesetzt ist. Indem man die Ausdrücke für π^2, χ^2, ρ^2 in (21) einsetzt, finden sich nebenbei folgende Identitäten, in welchen das Summenzeichen $\sum\limits_3$, wie früher, eine Summe von drei Gliedern bedeutet, von denen die beiden letzten aus dem hingeschriebenen ersten durch cyklische Vertauschung gebildet werden.

$$(24)\quad \begin{cases} \sum\limits_3 \dfrac{BC}{(A-B)(A-C)} = 1, & \sum\limits_3 \dfrac{BC\lambda^2}{(A-B)(A-C)} = 0, \\ \sum\limits_3 \dfrac{1}{(A-B)(A-C)} = 0, & \sum\limits_3 \dfrac{\lambda^2}{(A-B)(A-C)} = -\dfrac{2T}{ABC}, \\ \sum\limits_3 \dfrac{A}{(A-B)(B-C)} = 0, & \sum\limits_3 \dfrac{A\lambda^2}{(A-B)(A-C)} = -\dfrac{S^2}{ABC}. \end{cases}$$

Ferner ergiebt sich aus (22)

$$(25)\quad \begin{cases} \mu^2-\nu^2 = \dfrac{C-B}{ABC}(S^2-2TA), \\ \nu^2-\lambda^2 = \dfrac{A-C}{ABC}(S^2-2TB), \\ \lambda^2-\mu^2 = \dfrac{B-A}{ABC}(S^2-2TC), \end{cases}$$

und wenn man noch abkürzend setzt

$$(26)\quad \Delta = \frac{(S^2-2TA)(S^2-2TB)(S^2-2TC)}{ABCS^3},$$

so kann man die weiteren Gleichungen hinzufügen:

$$(26)\quad \begin{cases} \delta^2-\lambda^2 = \dfrac{(S^2-2TB)(S^2-2TC)}{BCS^2}, \\ \delta^2-\mu^2 = \dfrac{(S^2-2TC)(S^2-2TA)}{CAS^2}, \\ \delta^2-\nu^2 = \dfrac{(S^2-2TA)(S^2-2TB)}{ABS^2}, \\ (\delta^2-\mu^2)(\delta^2-\nu^2) = \dfrac{\Delta}{AS}(S^2-2TA), \\ (\delta^2-\nu^2)(\delta^2-\lambda^2) = \dfrac{\Delta}{BS}(S^2-2TB), \\ (\delta^2-\lambda^2)(\delta^2-\mu^2) = \dfrac{\Delta}{CS}(S^2-2TC), \\ \Delta^2 = (\delta^2-\lambda^2)(\delta^2-\mu^2)(\delta^2-\nu^2). \end{cases}$$

Die Einführung der Grössen λ, μ, ν gestattet, die folgenden Entwickelungen auf möglichst einfache Formeln zu bringen.

Die Gl. (25) zeigen nun zunächst, dass $\lambda^2 > \nu^2$; denn ist $A > C$, so ist nach der obigen Festsetzung $S^2 - 2TB < 0$ und umgekehrt, also ist $\nu^2 - \lambda^2$ immer negativ. Ferner, ist $A > C$, also in der dritten Gl. (25) $B - A < 0$, so ist $c > b$, also $\delta^2 > c^2$, $\frac{4T^2}{S^2} > \frac{2T}{C}$ oder $S^2 - 2TC > 0$, also $\lambda^2 - \mu^2 < 0$. Ist aber $A < C$, so ist $S^2 - 2TC$, wie dieselbe Betrachtung ergiebt, negativ, also wieder $\lambda^2 - \mu^2 < 0$. Es ist also bei der obigen Festsetzung stets

$$\mu^2 > \lambda^2 > \nu^2.$$

In der zweiten Gleichung (22) ist nun der Factor von $\omega^2 - \mu^2$ immer negativ; also wird χ imaginär, sobald $\omega^2 > \mu^2$ ist, d. h. μ ist der grösste absolute Werth, den ω überhaupt erlangen kann. Dagegen wird π imaginär, sobald $\omega^2 < \lambda^2$, also ist λ der kleinste absolute Werth, den ω erlangen kann. Im Augenblick wo $\omega = \lambda$ wird, ist ρ offenbar immer noch reell. Das Maximum $\omega^2 = \mu^2$ tritt ein in dem Augenblick, wo $\chi = 0$ ist, also die Momentanaxe erreicht ihre Maximallänge in dem Augenblick, wo sie in die $\xi\zeta$-Ebene fällt; sie erreicht ihre Minimallänge in dem Augenblick, wo sie in die $\eta\zeta$-Ebene fällt, weil $\pi = 0$ für $\omega = \lambda$ ist. Die vier Punkte der Polodie, für welche $\mathfrak{r}$ einen Grenzwerth hat, liegen also in den Ebenen der $\xi\zeta$ und der $\eta\zeta$.

5) Offenbar lässt sich nun ω in zwei Componenten zerlegen, von denen die erste in der invariablen Axe liegt, die zweite senkrecht dazu steht. Die erstere ist das $\omega\cos\varepsilon$ der Gl. (8), ist also δ, die letztere ist der Radiusvector der Herpolodie, der mit v bezeichnet sei. Es ist also $v^2 = \omega^2 - \delta^2$, und die Maximal- und Minimalwerthe von v sind nach dem Vorstehenden

$$v_1 = \sqrt{\mu^2 - \delta^2}, \quad v_2 = \sqrt{\lambda^2 - \delta^2}.$$

Dieses sind also die Radien der beiden Kreise, zwischen denen die Herpolodie eingeschlossen ist. v ergiebt sich ohne Weiteres aus

$$(27) \qquad v^2 = \omega^2 - \delta^2 = \pi^2 + \chi^2 + \rho^2 - \delta^2.$$

Wir wollen nun die Winkelgeschwindigkeit, womit sich v um dem Fusspunkt von δ dreht, $\frac{d\sigma}{dt}$ nennen und einen Ausdruck für sie suchen. Zu dem Ende legen wir das Coordinatensystem der x, y, z so, dass die Axe der z in die invariable Axe fällt. Dann ist das Moment der Bewegungsmenge identisch mit seiner Componente auf der z-Axe, also in Gl. (7)

$$S = \gamma, \quad \alpha = \beta = 0,$$

und von den drei Componenten p, q, r ist zugleich, da r in die Richtung von S fällt

$$(28) \qquad r = \omega\cos\varepsilon = \delta.$$

Aus Gl. (4) und (6) folgt dann

$$\pi A = \frac{\partial T}{\partial \pi} = c_1 S, \quad \chi B = c_2 S, \quad \rho C = c_3 S, \quad \text{also}$$

$$(29) \qquad c_1 = \frac{\pi A}{S}, \quad c_2 = \frac{\chi B}{S}, \quad c_3 = \frac{\rho C}{S}.$$

Nun sei in Fig. 143, S. 836, o der feste Punkt von G, h der Fusspunkt von δ in der invariablen Ebene, hk der Radiusvector v zur Zeit t, hk' derselbe zur Zeit $t + dt$. Der Winkel khk' ist dann $d\sigma$, also der u. kl. Sector khk' ist $\frac{1}{2}v^2 d\sigma$. Dieser

Fig. 143.

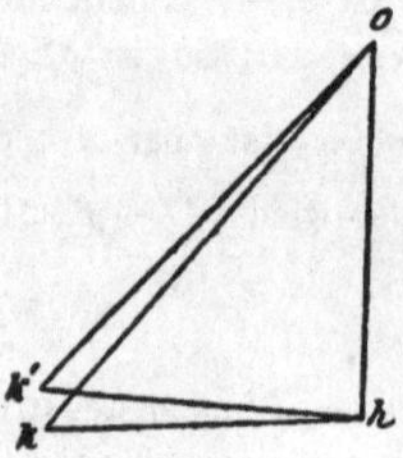

Sector ist die Projection des Sectors kok' auf die Ebene der xy. Der Sector kok' hat aber die Seite $ok = \omega$, und sein Winkel kok' ist $w\,dt$, wo w, wie früher, die Wechselgeschwindigkeit der Momentanaxe bezeichnet; er hat also den Inhalt $\frac{1}{2}\omega^2 w\,dt$. Denkt man sich beide Sectoren auf ihren Axen dargestellt, so ist die Axe der z Axe von $\frac{v^2 d\sigma}{2}$ und die Axe der Wechselgeschwindigkeit ist Axe von $\frac{1}{2}\omega^2 w\,dt$. Also ist $\frac{1}{2}v^2 d\sigma$ die Projection $\frac{1}{2}\omega^2 dt . w_z$. Nun ist $w_z = c_1 w_\xi + c_2 w_\eta + c_3 w_\zeta$, also

$$v^2 d\sigma = \omega^2 dt (c_1 w_\xi + c_2 w_\eta + c_3 w_\zeta).$$

Nun ist nach **284**

$$\omega^2 w_\xi = \chi \frac{d\rho}{dt} - \rho \frac{d\chi}{dt},$$

oder, wenn man $\frac{d\rho}{dt}$ und $\frac{d\chi}{dt}$ den Euler'schen Gleichungen gemäss durch $\frac{A-B}{C}\pi\chi$ u. s. w. ersetzt,

$$\omega^2 w_\xi = \pi\left(\frac{A-B}{C}\chi^2 + \frac{C-A}{B}\rho^2\right),$$

$$\omega^2 w_\eta = \chi\left(\frac{B-C}{A}\rho^2 + \frac{A-B}{C}\pi^2\right),$$

$$\omega^2 w_\zeta = \rho\left(\frac{C-A}{B}\pi^2 + \frac{B-C}{A}\chi^2\right).$$

Also wird, wenn man für c_1, c_2, c_3 ihre Werthe aus (29) setzt

$$v^2 \frac{d\sigma}{dt} = \sum_3 \frac{\pi^2 A}{S}\left(\frac{A-B}{C}\chi^2 - \frac{C-A}{B}\rho^2\right)$$

$$= \frac{(B-C)^2}{AS}\chi^2\rho^2 + \frac{(C-A)^2}{BS}\rho^2\pi^2 + \frac{(A-B)^2}{CS}\pi^2\chi^2.$$

Setzt man darin die Werthe von π^2, χ^2, ρ^2 ein, so ergiebt sich

$$(30) \qquad Sv^2 \frac{d\sigma}{dt} = -ABC \sum_3 \frac{(\omega^2-\mu^2)(\omega^2-\nu^2)}{(A-B)(A-C)}.$$

Nun ist $\omega^2 = \delta^2 + v^2$, also

$$(\omega^2-\mu^2)(\omega^2-\nu^2) = v^4 + (2\delta^2-\mu^2-\nu^2)v^2 + (\delta^2-\mu^2)(\delta^2-\nu^2),$$

oder, indem man $\lambda^2 v^2$ addirt und subtrahirt, mit der vierten Gl. (26)

$$(\omega^2-\mu^2)(\omega^2-\nu^2) = v^4 + 2\delta^2 v^2 - (\lambda^2+\mu^2+\nu^2)v^2 + \lambda^2 v^2 + \Delta\left(\frac{S}{A} - \delta\right).$$

In der Gleichung (30) fallen nun, wenn man diesen Zähler einsetzt, nach der zweiten Gleichung (24) alle diejenigen Posten bei der Summation fort, welche sich durch cyclische Vertauschung nicht ändern, also v^4, $2\delta^2 v^2$, $(\lambda^2+\mu^2+\nu^2)v^2$ und $\Delta\delta$; es bleibt

$$Sv^2 \frac{d\sigma}{dt} = -ABC \sum_3 \frac{\lambda^2 v^2 + \Delta \frac{S}{A}}{(A-B)(A-C)}$$

$$= ABCv^2 \sum_3 \frac{-\lambda^2}{(A-B)(A-C)} - S\Delta \sum_3 \frac{BC}{(A-B)(A-C)},$$

oder nach (24)

$$Sv^2\frac{d\sigma}{dt} = 2Tv^2 - S\Delta$$

$$(31) \qquad \frac{d\sigma}{dt} = \delta - \frac{\Delta}{v^2},$$

womit der einfachste Ausdruck für $\frac{d\sigma}{dt}$ gefunden ist.

6) Wir gehen nun dazu über, das Zeitliche der Bewegung von G zu betrachten; zunächst sollen π, χ, ρ als Functionen der Zeit dargestellt werden. Dazu dienen die Euler'schen Gleichungen (2), die wir in der leicht abgeänderten Form schreiben

$$(32) \qquad \begin{cases} \dfrac{d\pi}{dt} = \dfrac{B-C}{A}\chi\rho, \\[2mm] \dfrac{d\chi}{dt} = \dfrac{C-A}{B}\rho\pi, \\[2mm] \dfrac{d\rho}{dt} = \dfrac{A-B}{C}\pi\chi. \end{cases}$$

Auf den Weg zur Integration führt die Bemerkung, dass drei bekannte Functionen ähnliche Differentialgleichungen haben. Sind nämlich u und τ zwei Veränderliche, und definirt man die Function „am u" (Amplitude von u) durch die Gleichung, in welcher $k^2 < 1$ ist,

$$u = \int_0^{\mathrm{am}\,u} \frac{d\tau}{\sqrt{1-k^2\sin^2\tau}},$$

führt man zugleich den abkürzenden Ausdruck

$$\Delta\,\mathrm{am}\,u = \sqrt{1-k^2\sin^2\mathrm{am}\,u}$$

ein, so bestehen die Gleichungen

$$d\sin\mathrm{am}\,u = \cos\mathrm{am}\,u\,\Delta\,\mathrm{am}\,u\,du$$
$$d\cos\mathrm{am}\,u = -\sin\mathrm{am}\,u\,\Delta\,\mathrm{am}\,u\,du$$
$$d\Delta\,\mathrm{am}\,u = -k^2\sin\mathrm{am}\,u\cos\mathrm{am}\,u\,du.$$

Die Analogie dieser Formeln mit Gl. (32) führt dazu, dass man versuchsweise setzt

$$(33) \qquad \pi = \pi_1\cos\mathrm{am}\,u, \quad \chi = \chi_1\sin\mathrm{am}\,u, \quad \rho = \rho_1\Delta\,\mathrm{am}\,u, \quad u = gt+f.$$

In diesen Gleichungen sind π_1, χ_1, ρ_1, g und f Constante; lassen sich dieselben nebst k so bestimmen, dass sie alle reell sind, dass $k^2 < 1$ ist, und dass die Differentialgleichungen von (33) identisch mit (32) werden, so sind (33) die Integrale von (32). Die Differentiation von (33) ergiebt nun

$$d\pi = -\pi_1\sin\mathrm{am}\,u\,\Delta\,\mathrm{am}\,u\,g\,dt$$
$$d\chi = +\chi_1\cos\mathrm{am}\,u\,\Delta\,\mathrm{am}\,u\,g\,dt$$
$$d\rho = -\rho_1 k^2\cos\mathrm{am}\,u\sin\mathrm{am}\,u\,g\,dt \quad \text{oder}$$

$$(34) \qquad \begin{cases} \dfrac{d\pi}{dt} = -\dfrac{\pi_1 g}{\chi_1\rho_1}\chi\rho, \\[2mm] \dfrac{d\chi}{dt} = \dfrac{\chi_1 g}{\rho_1\pi_1}\rho\pi, \\[2mm] \dfrac{d\rho}{dt} = -k^2\dfrac{\rho_1 g}{\pi_1\chi_1}\pi\chi. \end{cases}$$

Der Vergleich mit (32) ergiebt nun die Bedingungen

$$(35)\qquad \frac{B-C}{A} = -\frac{\pi_1 g}{\chi_1 \rho_1},\quad \frac{C-A}{B} = \frac{\chi_1 g}{\rho_1 \pi_1},\quad \frac{A-B}{C} = -k^2 \frac{\rho_1 g}{\pi_1 \chi_1}.$$

Diese Gleichungen bestimmen 3 der 6 Grössen π_1, χ_1, ρ_1, g, f, k^2, drei von ihnen bleiben also willkürliche Integrationsconstanten; die Integrale (33) sind demnach allgemein. Die willkürlichen drei Constanten wollen wir nun zunächst, so weit es angeht, den gegebenen Anfangsbedingungen anpassen. Es giebt offenbar einen Zeitpunkt, wo $\chi = 0$ ist; für diesen ist auch $\operatorname{am} u = 0$, also $\cos\operatorname{am} u = 1$, $\sin\operatorname{am} u = 0$, $\Delta\operatorname{am} u = 1$, also nach (33) $\pi = \pi_1$ und $\rho = \rho_1$. Folglich sind π_1 und ρ_1 die Werthe, welche π und ρ in dem Augenblick haben, wo die Momentanaxe die $\xi\zeta$-Ebene passirt. In diesem Augenblick ist nun, wegen $\chi = 0$

$$2T = A\pi_1^2 + C\rho_1^2,\quad S^2 = A^2\pi_1^2 + C^2\rho_1^2.$$

Hieraus ergiebt sich

$$(36)\qquad \pi_1^2 = \frac{S^2 - 2TC}{A(A-C)},\quad \rho_1^2 = \frac{S^2 - 2TA}{C(C-A)}.$$

Man kann nun hierin, wenn π_0, χ_0, ρ_0 die Anfangswerthe von π, χ, ρ sind, $S^2 = A^2\pi_0^2 + B^2\chi_0^2 + C^2\rho_0^2$, $2T = A\pi_0^2 + B\chi_0^2 + C\rho_0^2$ setzen und erhält so

$$(37)\qquad \begin{cases} \pi_1^2 = \dfrac{A(A-C)\pi_0^2 + B(B-C)\chi_0^2}{A(A-C)}, \\[2ex] \rho_1^2 = \dfrac{B(B-A)\chi_0^2 + C(C-A)\rho_0^2}{C(C-A)}. \end{cases}$$

Man kann aber auch die Grössen λ, μ, ν einführen; aus (25) und (36) folgt nämlich leicht

$$(38)\qquad \pi_1^2 = \frac{BC}{(A-B)(A-C)}(\mu^2 - \lambda^2),\quad \rho_1^2 = \frac{AB}{(C-B)(C-A)}(\mu^2 - \nu^2).$$

Daraus folgt weiter mit Gl. (35)

$$(39)\qquad \begin{cases} \chi_1^2 = \pi_1^2 \dfrac{A(A-C)}{B(B-C)} = \dfrac{AC}{(A-B)(B-C)}(\mu^2 - \lambda^2), \\[2ex] g^2 = \rho_1^2 \dfrac{(A-C)(B-C)}{AB} = \mu^2 - \nu^2, \\[2ex] k^2 = \dfrac{\pi_1^2}{\rho_1^2} \dfrac{A(A-B)}{C(B-C)} = \dfrac{\mu^2 - \lambda^2}{\mu^2 - \nu^2}. \end{cases}$$

Es ist leicht zu sehen, dass die 5 hiermit bestimmten Constanten sämmtlich reell sind; auch ist $k^2 < 1$ wegen $\lambda > \nu$. In diesem letzteren Umstand liegt der Grund, der uns, wenn es nicht schon oben geschehen wäre, an dieser Stelle gezwungen haben würde, die Convention zu treffen, wonach die Axe der ζ stets im Innern des Kegels (Γ) liegt; fiele sie ausserhalb (Γ), so würde $\nu > \lambda$ werden, die 3 Gleichungen (33) würden also nicht für alle Fälle zur Darstellung ausreichen. Im concreten Fall hat man, wenn etwa π_0, χ_0, ρ_0 gegeben sind, π_1^2 und ρ_1^2 bei willkürlicher Lage der Axen ξ und ζ mit (37) zu berechnen und zu untersuchen, ob $k^2 < 1$ wird. Ist dem so, so liegen die Axen richtig; wird aber $k^2 > 1$, so hat man die Axe der ζ an die Stelle zu legen, wo bei der Probe die Axe der ξ lag, und die Axe der ξ dahin, wo die Axe der $-\zeta$ lag; dann wird $k^2 < 1$ werden. Da k in der Theorie der elliptischen Integrale als absoluter Werth auftritt, ist eine Bestimmung des Vorzeichens von k nicht erforderlich. Wohl aber müssen die Vorzeichen von π_0, χ_0 u. s. w. bestimmt werden. Die Gl. (33) liefern für den Zeitpunkt Null

$$(40) \qquad \pi_0 = \pi_1 \cos \operatorname{am} f, \quad \chi_0 = \chi_1 \sin \operatorname{am} f, \quad \rho_0 = \rho_1 \Delta \operatorname{am} f.$$

Da $\Delta \operatorname{am} f$ immer positiv ist, muss ρ_1 immer das Vorzeichen von ρ_0 haben. Es liegt darin der weitere Satz, dass ρ während der Bewegung von G immer dasselbe Vorzeichen besitzt; dies versteht sich von selbst, wenn man bedenkt, dass die Axe der ζ im Innern des Kegels (Γ) liegt, dass also die Projection aller Momentanaxen auf die Axe der ζ die gleiche Richtung hat. Die Vorzeichen von χ_1, π_1 und g dagegen sind durch die Gl. (35) nur so miteinander verknüpft, dass zwei von ihnen das dritte bestimmen. Wir nehmen g als positiv, und geben π_1 das Vorzeichen von π_0. Dann hat χ_1 nach (35) das Vorzeichen von $(C-A)\pi_0\rho_0$.

Schreibt man mit Jacobi

$$K \text{ für } \int_0^{\frac{\pi}{2}} \frac{d\tau}{\sqrt{1-\varkappa^2 \sin^2\tau}},$$

so ist $4K$ der Index der reellen Periode von $\sin \operatorname{am} u$ und $\cos \operatorname{am} u$, es ist $\cos \operatorname{am}(u+4K) = \cos \operatorname{am} u$. So oft nun t um $\frac{4K}{g}$ wächst, wächst u um $4K$, also ist $\frac{4K}{g}$ die Zeit, in welcher der Endpunkt der Momentanaxe die Polodie einmal umläuft; $\frac{K}{g}$ ist die Zeit, in welcher die Momentanaxe aus einer Coordinatenebene des beweglichen Systems in die nächstfolgende wandert.

Zur Bestimmung von f haben wir endlich die beiden Gleichungen (40)

$$(41) \qquad \cos \operatorname{am} f = \frac{\pi_0}{\pi_1}, \quad \sin \operatorname{am} f = \frac{\chi_0}{\chi_1}.$$

Die Bedeutung von f erhellt aus (33). $\sin \operatorname{am} u$ ist Null für $u = 2\varepsilon K$, wo ε eine ganze Zahl ist, also $\chi = 0$ für $t = \frac{2\varepsilon K - f}{g}$. Danach ist $\frac{-f}{g}$ die Zeit, welche vergeht, bis die Momentanaxe zum εten Mal in die $\xi\zeta$-Ebene fällt. Setzen wir willkürlich $\varepsilon = 1$, so ist $\frac{2K-f}{g}$ die Zeit, welche vom Anfangsmoment bis zu dem Augenblick vergeht, wo die Momentanaxe **zum ersten Mal** in die $\xi\zeta$-Ebene gelangt. Dann liegt $\operatorname{am} f$ zwischen 0 und π, ist also durch die beiden Gleichungen (41) eindeutig bestimmt. Rechnet man die Zeit von einem Augenblick an, wo die Momentanaxe in der $\xi\zeta$-Ebene liegt, so ist $\chi_0 = 0$, $f = 0$.

ω findet sich am bequemsten aus der zweiten Gleichung (22); nach dieser ist nämlich

$$\omega^2 = \mu^2 + \frac{(B-C)(B-A)}{CA}\chi^2 = \mu^2 + \frac{(B-C)(B-A)}{CA}\chi_1^2 \sin^2 \operatorname{am} u,$$

also nach (39)

$$(42) \qquad \omega^2 = \mu^2 - (\mu^2 - \lambda^2)\sin^2 \operatorname{am} u.$$

Aus dieser Gleichung ergiebt sich die schon früher gemachte Bemerkung, dass ω sein Maximum hat, wenn $u = 0$, also in der $\xi\zeta$-Ebene, und sein Minimum, wenn $\operatorname{am} u = \frac{\pi}{2}$, also in der $\eta\zeta$-Ebene.

7) Um nun die Bewegung in dem System der x, y, z darzustellen, denken wir uns dies System wieder so gelegt, dass die Axe der z in die invariable Axe fällt. ω zerfällt dann in die beiden Componenten r und v, von denen $v=\sqrt{p^2+q^2}$ ist. Für r haben wir bereits die Gleichung (28)

$$(28) \qquad r=\delta=\frac{2T}{S}.$$

v^2 ist $\omega^2-\delta^2$, also nach (42)

$$v=\sqrt{(\mu^2-\delta^2)-(\mu^2-\lambda^2)\sin^2 \mathrm{am}\, u} \quad \text{oder}$$

$$(43) \qquad v=\sqrt{\mu^2-\delta^2}\sqrt{1-\frac{\mu^2-\lambda^2}{\mu^2-\delta^2}\sin^2 \mathrm{am}\, u}.$$

Maximum und Minimum von v liegen in den Punkten, wo die invariable Ebene von der Polodie in der $\xi\zeta$- und $\xi\eta$-Ebene berührt wird. Ihre Werthe sind die schon oben berührten Durchmesser der beiden die Herpolodie einschliessenden Kreise, $\sqrt{\mu^2-\delta^2}$ und $\sqrt{\lambda^2-\delta^2}$. Ferner hatten wir in (31)

$$\frac{d\sigma}{dt}=\delta-\frac{\Delta}{v^2},$$

woraus mit (43), wenn man abkürzend $\frac{\mu^2-\lambda^2}{\mu^2-\delta^2}=h^2$ setzt,

$$d\sigma=\delta\, dt-\frac{\Delta}{\mu^2-\delta^2}\cdot\frac{dt}{1-h^2\sin^2 \mathrm{am}\, u}.$$

Nun ist nach der Definitionsgleichung von am u

$$du=\frac{d\, \mathrm{am}\, u}{\sqrt{1-k^2\sin^2 \mathrm{am}\, u}}, \quad \text{ferner} \quad dt=\frac{1}{g}\, du,$$

also

$$d\sigma=\delta dt-\frac{\Delta}{g(\mu^2-\delta^2)}\cdot\frac{d\, \mathrm{am}\, u}{(1-h^2\sin^2 \mathrm{am}\, u)\sqrt{1-k^2\sin^2 \mathrm{am}\, u}},$$

und sonach σ durch ein elliptisches Integral dritter Gattung auszudrücken. Im Moment $t=0$ ist am $u=$ am f, im Moment $t=t$ ist am $u=\mathrm{am}(gt+f)$; also ist

$$\sigma-\sigma_0=\delta t-\frac{\Delta}{g(\mu^2-\delta^2)}\int_{\mathrm{am} f}^{\mathrm{am}(gt+f)}\frac{d\, \mathrm{am}\, u}{(1-h^2\sin^2 \mathrm{am}\, u)\sqrt{1-k^2\sin^2 \mathrm{am}\, u}}.$$

Verstehen wir unter t_1 die Zeit, wo die Momentanaxe zum ersten Mal in die $\xi\zeta$-Ebene fällt, und rechnen wir u von derjenigen Lage ab, in welcher v sich zu dieser Zeit befindet, m. a. W. rechnen wir u von einem Maximalwerth von v ab, so ist $\sigma=0$ für $t=t_1$, also

$$-\sigma_0=\delta t_1-\frac{\Delta}{g(\mu^2-\delta^2)}\int_{\mathrm{am} f}^{0}\frac{d\, \mathrm{am}\, u}{(1-h^2\sin^2 \mathrm{am}\, u)\sqrt{1-k^2\sin^2 \mathrm{am}\, u}},$$

also

$$(44) \qquad \sigma=\delta(t-t_1)-\frac{\Delta}{g(\mu^2-\delta^2)}\int_{0}^{\mathrm{am}[g(t-t_1)]}\frac{d\Theta}{(1-h^2\sin^2\Theta)\sqrt{1-k^2\sin^2\Theta}},$$

wo nunmehr im Integral einfach ein laufender Buchstabe Θ statt am u gesetzt ist.

Legt man die Axe der x in dieselbe Gerade, von der aus σ gezählt wird, so ist $p = v\cos\sigma$, $q = v\sin\sigma$, und damit sind p, q, r bestimmt. Von einem Maximalwerth der Grösse v zum andern vergeht die Zeit $\frac{2K}{g}$; also ist

$$\sigma_b = \delta\frac{2K}{g} - \frac{\Delta}{g(\mu^2-\delta^2)}\int_0^\pi \frac{d\theta}{(1-h^2\sin^2\theta)\sqrt{1-k^2\sin^2\theta}}$$

der Winkel, welcher dem Abstande zweier Berührungspunkte der Fig. 142 entspricht. Ist derselbe mit 2π commensurabel, so kehrt die Herpolodie in sich selbst zurück; im andern Falle ist sie transcendent.

8) Es erübrigt nun noch, die Winkel, welche die Lage von G im System der x, y, z bestimmen, also die Winkel φ, ψ, ϑ des § **272** als Functionen von t auszudrücken. Nach **272** Gl. (6) ist $\cos\vartheta = c_3$ und nach (29) ist $c_3 = \frac{\rho C}{S}$, also

$$(45) \qquad \cos\vartheta = \frac{\rho C}{S}.$$

Die positive Hälfte der z-Axe kann immer so gelegt werden, dass sie mit der Axe der ζ einen spitzen Winkel bildet; dann genügt Gl. (45) zur eindeutigen Bestimmung von ϑ.

Weiter hat man nach **272** (6)

$$c_1 = \cos\psi\sin\vartheta, \quad c_2 = \sin\psi\sin\vartheta,$$

also

$$(46) \qquad \cos\psi\sin\vartheta = \frac{\pi A}{S}, \quad \sin\psi\sin\vartheta = \frac{\chi B}{S}.$$

Damit ist auch ψ eindeutig bestimmt, sobald man die Festsetzung trifft, dass ψ in der Anfangslage zwischen 0 und 2π enthalten sei; denn ψ ändert sich continuirlich.

Für φ endlich liefern die 7. und 8. Gleichung (6) des § **272**

$$\operatorname{tang}\varphi = \frac{b_3}{a_3} \quad \text{oder} \quad \cos^2\varphi = \frac{a_3^2}{a_3^2+b_3^2},$$

woraus leicht zu finden ist

$$d\varphi = \frac{a_3\,db_3 - b_3\,da_3}{a_3^2+b_3^2} = \frac{a_3\,db_3 - b_3\,da_3}{1-c_3^2}.$$

Nun ist nach **276** Gl. (9)

$$db_3 = (b_1\chi - b_2\pi)\,dt, \quad da_3 = (a_1\chi - a_2\pi)\,dt,$$

also

$$d\varphi = \frac{(a_3b_1 - b_3a_1)\chi - (a_3b_2 - a_2b_3)\pi}{1-c_3^2}\,dt = \frac{c_1\pi + c_2\chi}{c_1^2+c_2^2}\,dt,$$

letzteres nach **272** Gl. (5). Also ist mit (29)

$$d\varphi = S\frac{A\pi^2+B\chi^2}{A^2\pi^2+B^2\chi^2}\,dt,$$

oder, da $A\pi^2+B\chi^2 = 2T - C\rho^2$ und $A^2\pi^2+B^2\chi^2 = S^2 - C^2\rho^2$ ist,

$$d\varphi = S\frac{C\rho^2-2T}{C^2\rho^2-S^2}\,dt = \frac{S}{C}\,dt - \frac{S(S^2-2CT)}{C(C^2\rho^2-S^2)}\,dt.$$

Nun ist

$$\rho^2 = \rho_1^2\Delta^2\operatorname{am}u = \rho_1^2(1-k^2\sin^2\operatorname{am}u) = \frac{S^2-2TA}{C(C-A)} - \rho_1^2k^2\sin^2\operatorname{am}u,$$

also

$$C^2\rho^2 - S^2 = \frac{A(S^2-2TC)}{C-A} - C^2\rho_1^2 k^2 \sin^2 \mathrm{am}\, u$$

$$= \frac{A(S^2-2TC)}{C-A}\left(1 - \frac{C-A}{A}\cdot\frac{C^2\rho_1^2 k^2 \sin^2\mathrm{am}\, u}{S^2-2TC}\right)$$

$$= \frac{A(S^2-2TC)}{C-A}\left(1 + \frac{A(A-C)}{S^2-2TC}\cdot\frac{C^2}{A^2}\cdot\rho_1^2 k^2 \sin^2\mathrm{am}\, u\right)$$

$$= \frac{A(S^2-2TC)}{C-A}\left(1 + \frac{C^2}{A^2}\,\frac{\rho_1^2}{\pi_1^2}\, k^2 \sin^2\mathrm{am}\, u\right).$$

Zugleich ist, wie oben, $dt = \dfrac{d\,\mathrm{am}\, u}{g\sqrt{1-k^2\sin^2\mathrm{am}\, u}}$, also

$$d\varphi = \frac{S}{C}dt - \frac{SA}{gC(C-A)}\cdot\frac{d\,\mathrm{am}\, u}{\left(1+\frac{C^2}{A^2}\,\frac{\rho_1^2}{\pi_1^2}\,k^2\sin^2\mathrm{am}\, u\right)\sqrt{1-k^2\sin^2\mathrm{am}\, u}}\,.$$

φ ist der Winkel, den die Ebene der zx mit der Ebene $zo\zeta$ macht. Liegt die Axe der x, wie oben angegeben, so fällt im Augenblick t_1 die Ebene der $\zeta\xi$ mit der Ebene der xz zusammen, also ist $\varphi = 0$ für $t = t_1$, somit

$$(47)\qquad \varphi = \frac{S}{C}(t-t_1) - \frac{SA}{gC(C-A)}\int_0^{\mathrm{am}\, u}\frac{d\theta}{\left(1+\frac{C^2}{A^2}\,\frac{\rho_1^2}{\pi_1^2}\,k^2\sin^2\theta\right)\sqrt{1-k^2\sin^2\theta}},$$

womit φ als elliptisches Integral dritter Gattung hergestellt ist, dessen Parameter den Werth $-\dfrac{C^2}{A^2}\,\dfrac{\rho_1^2}{\pi_1^2}\,k^2$ hat.

9) Wir stellen die bisher gewonnenen Resultate für den allgemeinen Fall zusammen. Vorausgesetzt wird, die Axe der ζ sei so gelegt, dass der Kegel (Γ) sie umschliesst. T sei die lebendige Kraft, S das Moment der Bewegungsmenge von G; beide sind constant, also durch den gegebenen Anfangszustand ein für allemal bestimmt. Man setze abkürzend

$$\lambda^2 = \frac{2T(B+C)-S^2}{BC}, \quad \pi_1^2 = \frac{BC}{(A-B)(A-C)}(\mu^2-\lambda^2),$$

$$\mu^2 = \frac{2T(C+A)-S^2}{CA}, \quad \chi_1^2 = \frac{CA}{(A-B)(B-C)}(\mu^2-\lambda^2),$$

$$\nu^2 = \frac{2T(A+B)-S^2}{AB}, \quad \rho_1^2 = \frac{AB}{(C-B)(C-A)}(\mu^2-\nu^2),$$

$$g^2 = \mu^2-\nu^2, \qquad k^2 = \frac{\mu^2-\lambda^2}{\mu^2-\nu^2}$$

und rechne die Zeit von dem Augenblick an, wo die Drehungsaxe zum ersten Mal in die Ebene der $\xi\zeta$ fällt; dann ist, wenn $\mathfrak{d}$ durch das gleichbedeutende r ersetzt wird,

$$\pi = \pi_1 \cos\mathrm{am}\, gt, \quad \chi = \chi_1 \sin\mathrm{am}\, gt, \quad \rho = \rho_1 \Delta\mathrm{am}\, gt,$$

$$p = v\cos\sigma, \qquad q = v\sin\sigma; \qquad r = \frac{2T}{S},$$

$$\omega^2 = \mu^2 - (\mu^2-\lambda^2)\sin^2\mathrm{am}\, gt,$$

$$v = \sqrt{\mu^2 - r^2}\sqrt{1 - \frac{\mu^2-\lambda^2}{\mu^2-r^2}\sin^2 \operatorname{am} gt},$$

$$\sigma = rt - \frac{\Delta}{g(\mu^2-r^2)}\int_0^{\operatorname{am} gt} \frac{d\theta}{(1-h^2\sin^2\theta)\sqrt{1-k^2\sin^2\theta}},$$

wo $\Delta^2 = (r^2-\lambda^2)(r^2-\mu^2)(r^2-\nu^2)$ und $h^2 = \frac{\mu^2-\lambda^2}{\mu^2-r^2}$ steht. Ferner ist

$$\cos\vartheta = \frac{\rho C}{S}, \quad \cos\psi = \frac{\pi A}{S\sin\vartheta}, \quad \sin\psi = \frac{\chi B}{S\sin\vartheta},$$

$$\varphi = \frac{S}{C}t - \frac{SA}{gC(C-A)}\int_0^{\operatorname{am} gt} \frac{d\theta}{\left(1+\frac{C^2}{A^2}\frac{\rho_1^2}{\pi_1^2}k^2\sin^2\theta\right)\sqrt{1-k^2\sin^2\theta}}.$$

Dabei liegt die Axe der z in der invariablen Axe, und die Axe der x im ersten Maximalradiusvector der Herpolodie. In dieser Lage ist zugleich

$$c_1 = \frac{\pi A}{S}, \quad c_2 = \frac{\chi B}{S}, \quad c_3 = \frac{\rho C}{S},$$

und $a_1, b_1, \ldots b_3$ lassen sich hieraus mittels der 6 Bedingungsgleichungen, welche für die 9 Grössen $a_1 \ldots c_3$ bestehen, ermitteln.

10) Wir betrachten nunmehr den Specialfall $\delta = b$, oder $2TB = S^2$. Derselbe liefert $\lambda^2 = \nu^2 = \frac{2T}{B}$, also $k^2 = 1$. Die elliptischen Integrale und Functionen degeneriren also zu cyclometrischen und goniometrischen. Zugleich ist wegen $B = \frac{S^2}{2T}$ auch $\frac{2T}{B} = \delta^2$, also $\lambda = \nu = \delta$.

$$\mu^2 = \frac{2T}{B}\,\frac{B(C+A) - \frac{BS^2}{2T}}{CA} = \delta^2 B\,\frac{C+A-B}{CA},$$

$$\Delta = 0, \quad h = 1;$$

$$\pi_1^2 = \delta^2\frac{B}{A}\,\frac{B-C}{A-C}, \quad \chi_1^2 = \delta^2, \quad \rho_1^2 = \delta^2\frac{B}{C}\,\frac{A-B}{A-C}.$$

Die Definitionsgleichung von $\operatorname{am} u$ degenerirt zu

$$u = \int_0^{\operatorname{am} u} \frac{d\theta}{\sqrt{1-\sin^2\theta}} = \int_0^{\operatorname{am} u} \frac{\cos\theta\, d\theta}{1-\sin^2\theta} = \tfrac{1}{2}\log\frac{1+\sin\operatorname{am} u}{1-\sin\operatorname{am} u},$$

woraus

$$\sin\operatorname{am} u = \frac{e^{2u}-1}{e^{2u}+1}, \quad \cos\operatorname{am} u = \frac{2}{e^u+e^{-u}} = \Delta\operatorname{am} u.$$

Also wird, wenn man die Zeit wie oben zählt, so dass $u = gt$ ist,

$$(48) \qquad \pi = \pi_1\cdot\frac{2}{e^{gt}+e^{-gt}}, \quad \chi = \delta\frac{e^{2gt}-1}{e^{2gt}+1}, \quad \rho = \rho_1\frac{2}{e^{gt}+e^{-gt}}.$$

Man sieht hieraus, dass für $t = \infty$ π und ρ sich asymptotisch der Null nähern, während χ sich der Eins nähert. Die Momentanaxe rückt also asymptotisch in die mittlere Trägheitsaxe, und da sie hierzu unendliche Zeit braucht, kann ein Ueberschreiten der Halbaxe b nie vorkommen. Hiermit ist die Anmerkung zu No. 3 erledigt.

Ferner ist

$$(49)\qquad \sigma = \delta t,\quad v = \sqrt{\mu^2 - \delta^2}\cos\operatorname{am} gt = \delta\,\frac{(A-B)(B-C)}{CA}\cdot\frac{2}{e^{gt}+e^{-gt}}.$$

v dreht sich hiernach mit constanter Winkelgeschwindigkeit um den Fusspunkt von δ und nähert sich dabei asymptotisch der Null; die Herpolodie ist eine Spirale, welche sich dem Fusspunkt von δ asymptotisch nähert.

11) Der Specialfall $A = B$. Sind zwei Trägheitsmomente einander gleich, etwa $A = B$, so wird $k^2 = 0$ und π_1 nebst χ_1 nehmen die Form $\frac{0}{0}$ an. Der Fall ist leicht direct zu behandeln. Setzt man $\frac{A-C}{A} = \frac{A-C}{B} = \mu$, so werden die Euler'schen Gleichungen:

$$(50)\qquad \frac{d\pi}{dt} = \mu\chi\rho,\quad \frac{d\chi}{dt} = -\mu\rho\pi,\quad \frac{d\rho}{dt} = 0.$$

ρ ist also constant. Multiplicirt man die erste Gl. (50) mit π, die zweite mit χ, so erhält man durch Addition

$$(51)\qquad \pi\frac{d\pi}{dt} + \chi\frac{d\chi}{dt} = 0,\quad \pi^2+\chi^2 = \text{const.}$$

Es folgt

$$(52)\qquad \omega^2 = \pi^2+\chi^2+\rho^2 = \text{const.},\quad \cos(\omega_1\zeta) = \frac{\rho}{\omega} = \text{const.}$$

Die Momentanaxe macht also mit der Axe der ζ constanten Winkel, d. h. der Kegel (Γ) ist ein Kreiskegel, welcher die Axe der ζ umgiebt. Die Polodien sind also Parallelkreise des Trägheitsellipsoids, die Herpolodien Kreise.

Die erste Gleichung (50) liefert differentiirt $\frac{d^2\pi}{dt^2} = \mu\rho\frac{d\chi}{dt}$, und wenn man darin $\frac{d\chi}{dt}$ durch die zweite Gl. (50) ausdrückt, erhält man

$$\frac{d^2\pi}{dt^2} = -\mu^2\rho^2\pi^2,\quad \text{nebst } \chi = \frac{1}{\mu\rho}\frac{d\pi}{dt}.$$

Danach wird

$$\pi = l\cos\mu\rho t + m\sin\mu\rho t,\quad \chi = -l\sin\mu\rho t + m\cos\mu\rho t,$$

wo die Constanten l, m durch die Anfangswerthe π_0, χ_0 bestimmt werden. Man findet leicht: für $t = 0$ ist $\pi_0 = l$, $\chi_0 = m$, also

$$(53)\qquad \pi = \pi_0\cos\mu\rho t + \chi_0\sin\mu\rho t,\quad \chi = -\pi_0\sin\mu\rho t + \chi_0\cos\mu\rho t.$$

Setzt man $\pi^2+\chi^2 = u^2$, so ist u constant; setzt man ferner $\pi = u\sin\varepsilon$, $\chi = u\cos\varepsilon$, nennt also ε den Winkel, welchen u mit der Axe der ξ bildet, so ist

$$(54)\qquad \pi = u\sin(\mu\rho t+\varepsilon),\quad \chi = u\cos(\mu\rho t+\varepsilon)$$

und $u = \sqrt{\pi_0^2+\chi_0^2}$.

Die Gleichung $r = \delta = \frac{2T}{S}$ bleibt bestehen, und $2T = Au^2+C\rho^2$, $S^2 = A^2u^2 + C^2\rho^2$. Man findet leicht für den Radius der Herpolodie

$$(55)\qquad v = \pm\frac{(A-C)}{S}u\rho,$$

wo das Vorzeichen $+$ zu wählen ist, wenn $A > C$, und umgekehrt. Dabei liegt v immer in der Ebene $zo\zeta$, der Winkel σ ist also identisch mit φ. Man hat

$$
(56)\quad \begin{cases} \cos\vartheta = \dfrac{pC}{S} = \text{const.}, \quad \operatorname{tang}\psi = \dfrac{c_2}{c_1} = \dfrac{\chi}{\pi} = \operatorname{tang}(\mu p t + \varepsilon) \\ d\varphi = \dfrac{S}{A}\,dt, \quad \varphi = \dfrac{S}{A}\,t + \varphi_0. \end{cases}
$$

Setzt man fest, dass ψ von demselben Anfang an gerechnet wird, wie $\mu pt + \varepsilon$, so ist demnach

$$
(57)\qquad \psi = \mu p t + \varepsilon, \quad \varphi = \frac{S}{A}\,t + \varphi_0.
$$

Der Radius der Herpolodie dreht sich demnach mit constanter Geschwindigkeit.

Schliesslich sei bemerkt, dass zur physikalischen Herstellung eines Körpers, auf den kein Moment wirkt, das Bohnenberger'sche Präcessionsmaschinchen dient, wenn die drei Axen, um welche sich der Körper G drehen kann, sich im Schwerpunkt von G schneiden.

291. Der Körper G unter dem Einfluss der Schwere. Das System der x, y, z sei so gelegt, dass die Axe der z vertical nach oben steht; $x_\sigma, y_\sigma, z_\sigma$, $(\xi_\sigma, \eta_\sigma, \zeta_\sigma)$ seien die Coordinaten des Schwerpunktes von G. Die Schwere greift dann in diesem Schwerpunkt mit den Componenten $X = 0$, $Y = 0$, $Z = -mg$ an, ihre drei Momente sind demnach $L = -mgy_\sigma$, $M = mgx_\sigma$, $N = 0$. Die Lagrange'schen Gleichungen des Problems sind demnach

$$
(1)\quad \begin{cases} \dfrac{d}{dt}\left(\dfrac{\partial T}{\partial p}\right) = -mgy_\sigma = -mg(b_1\xi_\sigma + b_2\eta_\sigma + b_3\zeta_\sigma), \\ \dfrac{d}{dt}\left(\dfrac{\partial T}{\partial q}\right) = mgx_\sigma = mg(a_1\xi_\sigma + a_2\eta_\sigma + a_3\zeta_\sigma), \\ \dfrac{d}{dt}\left(\dfrac{\partial T}{\partial r}\right) = 0. \end{cases}
$$

Die dritte von diesen liefert sofort das Integral

$$
(2)\qquad \frac{\partial T}{\partial r} = \gamma,
$$

wo γ eine Constante. Wie aus dem vorigen Paragraphen bekannt, enthält diese Gleichung das Flächenprincip für die Axe der z; dasselbe muss in der That gelten, da die Resultante aus Schwere und Zwangskraft beständig durch die Axe der z geht.

Das Princip der lebendigen Kräfte gilt gleichfalls. Um es auf die Gl. (1) anzuwenden, multiplicire man die linken Seiten derselben der Reihe nach mit p, q, r, die rechten mit den äquivalenten Ausdrücken $(a_1\pi + a_2\chi + a_3\rho)$ u. s. w. und addire. Links erhält man $\dfrac{dT}{dt}$; denn es ist $2T = p\dfrac{\partial T}{\partial p} + q\dfrac{\partial T}{\partial q} + r\dfrac{\partial T}{\partial r}$, woraus

$$
T = 2T - T = p\frac{\partial T}{\partial p} + q\frac{\partial T}{\partial q} + r\frac{\partial T}{\partial r} - T,
$$

$$
\begin{aligned}
\frac{dT}{dt} &= p\frac{d}{dt}\left(\frac{\partial T}{\partial p}\right) + q\frac{d}{dt}\left(\frac{\partial T}{\partial q}\right) + r\frac{d}{dt}\left(\frac{\partial T}{\partial r}\right) + \frac{dp}{dt}\frac{\partial T}{\partial p} + \frac{dq}{dt}\frac{\partial T}{\partial q} \\
&\qquad + \frac{dr}{dt}\frac{\partial T}{\partial r} - \left(\frac{\partial T}{\partial p}\frac{dp}{dt} + \frac{\partial T}{\partial q}\frac{dq}{dt} + \frac{\partial T}{\partial r}\frac{dr}{dt}\right) \\
&= p\frac{d}{dt}\left(\frac{\partial T}{\partial p}\right) + q\frac{d}{dt}\left(\frac{\partial T}{\partial q}\right) + r\frac{d}{dt}\left(\frac{\partial T}{\partial r}\right).
\end{aligned}
$$

Rechts erhält man

$$mg\,[(b_1\pi+b_2\chi+b_3\rho)(a_1\xi_\sigma+a_2\eta_\sigma+a_3\zeta_\sigma)-(a_1\pi+a_2\chi+a_3\rho)(b_1\xi_\sigma+b_2\eta_\sigma+b_3\zeta_\sigma)],$$

oder mit **272** Gl. (5)

$$mg\,[\xi_\sigma(c_3\chi-c_2\rho)+\eta_\sigma(c_1\rho-c_3\pi)+\zeta_\sigma(c_2\pi-c_1\chi)].$$

Mit **272** (9) ist also

$$-\frac{dT}{dt}=\left(\xi_\sigma\frac{dc_1}{dt}+\eta_\sigma\frac{dc_2}{dt}+\zeta_\sigma\frac{dc_3}{dt}\right)mg.$$

Somit durch Integration

$$(3)\qquad T=-mg\,(c_1\xi_\sigma+c_2\eta\;+c_3\zeta_\sigma)+\text{const.}=-mgz_\sigma+\text{const.}$$

Dies hätte auch die directe Anwendung des Satzes $T+U=$ const. ergeben.

Die Gleichungen (2) und (3) sind zwei Integrale von (1). Das dritte Integral hat sich bisher allgemein nicht finden lassen. Es kann nur geliefert werden in dem speciellen Fall, wo das Trägheitsellipsoid ein Rotationsellipsoid ist, dessen ungleiche Axe den Schwerpunkt enthält. Wir nehmen die letztere zur Axe der ζ, machen also die Annahmen $A=B$ und $\eta_\sigma=\xi_\sigma=0$, setzen zugleich $\zeta_\sigma=h$. Unter diesen Voraussetzungen ist $x_\sigma=a_3h$, $y_\sigma=b_3h$, $z_\sigma=c_3h$, also

$$L=-mghb_3,\quad M=mgha_3,\quad N=0,$$

und nach den Transformationsformeln

$$\Lambda=a_1L+b_1M+c_1N=mgh(b_1a_3-a_1b_3)=mghc_2,\quad \mathrm{M}=-mghc_1,\quad \mathrm{N}=0.$$

Die Differentialgleichungen der Bewegung vereinfachen sich also zu

$$(4)\quad\begin{cases}\dfrac{d}{dt}\left(\dfrac{\partial T}{\partial p}\right)=-mghb_3\\[2mm] \dfrac{d}{dt}\left(\dfrac{\partial T}{\partial q}\right)=mgha_3\\[2mm] \dfrac{d}{dt}\left(\dfrac{\partial T}{\partial r}\right)=0,\end{cases}\qquad\text{oder}\qquad(5)\quad\begin{cases}A\dfrac{d\pi}{dt}=(A-C)\chi\rho+mghc_2\\[2mm] A\dfrac{d\chi}{dt}=(C-A)\rho\pi-mghc_1\\[2mm] \dfrac{d\rho}{dt}=0.\end{cases}$$

Die Systeme (4) und (5) ergeben unmittelbar drei Integrale, nämlich, wenn E und D zwei Constanten sind,

$$(6)\qquad T+mghc_3=E,\quad \frac{\partial T}{\partial r}=D,\quad \rho=\text{const.},$$

von denen die beiden ersten die oben schon hergestellten sind. Die dritte besagt, dass die Projection der Winkelgeschwindigkeit auf die Axe der ζ unveränderlich ist. Da $2T=A\pi^2+A\chi^2+C\rho^2$, folgt, wenn man $2E-C\rho^2=$ einer neuen Constante H setzt,

$$(7)\qquad A(\pi^2+\chi^2)+2mghc_3=H.$$

Ferner ist $\dfrac{\partial T}{\partial r}=c_1\dfrac{\partial T}{\partial\pi}+c_2\dfrac{\partial T}{\partial\chi}+c_3\dfrac{\partial T}{\partial\rho}$, und $\dfrac{\partial T}{\partial\pi}=A\pi$ etc, also aus der zweiten Gleichung (6)

$$(8)\qquad A(\pi c_1+\chi c_2)+C\rho c_3=D.$$

Nun ist $c_3=\cos\vartheta$, also

$$(9)\qquad \sin\vartheta\frac{d\vartheta}{dt}=-\frac{dc_3}{dt}=c_2\pi-c_1\chi.$$

Ferner nach dem vorigen Paragraphen

$$d\varphi = \frac{c_1\pi + c_2\chi}{1-c_3^2}\,dt \quad \text{oder}$$

$$(10) \qquad \sin^2\vartheta\,\frac{d\varphi}{dt} = c_1\pi + c_2\chi.$$

Quadrirt und addirt man (9) und (10), so erhält man

$$\sin^2\vartheta\,(d\vartheta^2 + \sin^2\vartheta\,d\varphi^2) = (c_1^2 + c_2^2)(\pi^2+\chi^2)\,dt^2 \quad \text{oder}$$

$$d\vartheta^2 + \sin^2\vartheta\,d\varphi^2 = (\pi^2+\chi^2)\,dt.$$

Damit werden die Gl. (7) und (8)

$$(11) \qquad \begin{cases} A\sin^2\vartheta\,d\varphi = (D - C\rho\cos\vartheta)\,dt, \\ A\,(d\vartheta^2+\sin^2\vartheta\,d\varphi^2) = (H - 2mgh\cos\vartheta)\,dt^2. \end{cases}$$

Endlich ist nach **276** $\rho = a_2\frac{da_1}{dt} + b_2\frac{db_1}{dt} + c_2\frac{dc_1}{dt}$, und wenn man das mit **272** Gl. (6) ausrechnet, findet man die allgemein gültige Relation

$$(12) \qquad \cos\vartheta\,d\varphi - d\psi = \rho\,dt.$$

Substituirt man $d\varphi$ aus der ersten Gl. (11) in die zweite, so erhält man

$$(13) \qquad \begin{cases} dt = \dfrac{A\sin\vartheta\,d\vartheta}{\sqrt{A\sin^2\vartheta\,(H-2mgh\cos\vartheta) - (D - C\rho\cos\vartheta)^2}}, \\ d\varphi = \dfrac{(D-C\rho\cos\vartheta)\,d\vartheta}{\sin\vartheta\sqrt{A\sin^2\vartheta\,(H-2mgh\cos\vartheta) - (D - C\rho\cos\vartheta)^2}}, \\ d\psi = \dfrac{[(D-C\rho\cos\vartheta)\cos\vartheta - \rho A\sin^2\vartheta]\,d\vartheta}{\sin\vartheta\sqrt{A\sin^2\vartheta\,(H-2mgh\cos\vartheta) - (D - C\rho\cos\vartheta)^2}}. \end{cases}$$

In diesen, von Lagrange herrührenden Gleichungen ist die Herstellung der endlichen Gleichungen zwischen t, ϑ, φ, ψ auf Quadraturen zurückgeführt, welche ihrerseits auf elliptische Integrale führen.

Die erste Gl. (13) schreibt sich leicht um in die Form

$$(14) \qquad \sin^2\vartheta\left(\frac{d\vartheta}{dt}\right)^2 = \frac{2mgh}{A}\left(\frac{H}{2mgh} - \cos\vartheta\right)(1-\cos^2\vartheta) - \frac{C^2\rho^2}{A^2}\left(\frac{D}{C\rho} - \cos\vartheta\right)^2.$$

Man bemerkt nun zunächst, dass ϑ offenbar nur dann Null werden kann, wenn $D = C\rho$ ist. Ferner, dass die Maximal- und Minimalwerthe von ϑ eintreten, wenn $\frac{d\vartheta}{dt} = 0$, also die rechte Seite der vorstehenden Gleichung Null ist. Drittens, dass diese rechte Seite für jeden im Problem wirklich vorkommenden Werth von ϑ positiv sein muss, weil die linke Seite der Gleichung essentiell positiv ist. Also ist die rechte Seite z. B. für $\vartheta = \vartheta_0$ nothwendig positiv. Ist D von $C\rho$ verschieden, so ist die rechte Seite augenscheinlich negativ für $\cos\vartheta = \pm 1$. Ferner ist sie positiv für $\cos\vartheta = \infty$. Die fragliche rechte Seite wird hiernach im Allgemeinen Null für drei Werthe von $\cos\vartheta$, von denen der erste zwischen -1 und $\cos\vartheta_0$, der zweite zwischen $\cos\vartheta_0$ und $+1$, der dritte zwischen $+1$ und $+\infty$ liegt. Die beiden ersten entsprechen zwei reellen Werthen von ϑ, der erste sei mit $\cos\alpha$, der zweite mit $\cos\gamma$ bezeichnet; der dritte heisse f. Dann ist

$$(15) \qquad \sin^2\vartheta\left(\frac{d\vartheta}{dt}\right)^2 = \frac{2mgh}{A}(\cos\vartheta - f)(\cos\vartheta - \cos\alpha)(\cos\vartheta - \cos\beta),$$

und alle im Problem vorkommenden Werthe von $\cos\vartheta$ liegen zwischen $\cos\alpha$ und $\cos\beta$. In dem besonderen Falle, wo $D = C\rho$ ist, wird offenbar $\cos\beta = +1$. Da nun $\cos\vartheta$ zwischen $\cos\alpha$ und $\cos\beta$ liegt und $\cos\alpha < \cos\beta$ ist, kann man setzen

$$(16) \qquad \cos\vartheta = \cos\alpha + (\cos\beta - \cos\alpha)\sin^2 u.$$

Der Hülfswinkel u ist 0 für $\vartheta = \alpha$ und $\frac{1}{2}\pi$ für $\vartheta = \beta$.

Es ist nun durch Differentiation von (16)

$$\sin\vartheta\frac{d\vartheta}{dt} = 2(\cos\beta - \cos\alpha)\sin u\cos u\frac{du}{dt}; \quad \text{ferner ist}$$

$$\cos\vartheta - f = \cos\alpha + (\cos\beta - \cos\alpha)\sin^2 u - f,$$

$$\cos\vartheta - \cos\beta = \cos\alpha - \cos\alpha\sin^2 u - (\cos\beta - \cos\beta\sin^2 u) = (\cos\alpha - \cos\beta)\cos^2 u,$$

$$\cos\vartheta - \cos\alpha = (\cos\beta - \cos\alpha)\sin^2 u.$$

Hiermit wird Gl. (15)

$$\left(\frac{du}{dt}\right)^2 = \frac{mgh}{2A}[f - \cos\alpha + (\cos\alpha - \cos\beta)\sin^2 u],$$

oder, wenn man

$$\frac{\cos\beta - \cos\alpha}{f - \cos\alpha} = k^2$$

setzt, wo k^2 offenbar reell und < 1 ist,

$$(17) \qquad \frac{\sqrt{\cos\beta - \cos\alpha}}{k}\sqrt{\frac{mgh}{2A}}\,dt = \frac{du}{\sqrt{1 - k^2\sin^2 u}}.$$

Integrirt lautet diese Gleichung

$$\frac{\sqrt{\cos\beta - \cos\alpha}}{k}\sqrt{\frac{mgh}{2A}}\,t = \int_0^u \frac{du}{\sqrt{1 - k^2\sin^2 u}}, \quad \text{oder}$$

$$(18) \qquad u - u_0 = \operatorname{am}\left(\frac{\sqrt{\cos\beta - \cos\alpha}}{k}\sqrt{\frac{mgh}{A}}\,t\right),$$

oder auch, indem man die Zeit, wo u zum ersten Male Null wird, mit t_1 bezeichnet

$$(19) \qquad u = \operatorname{am}\left\{\frac{\sqrt{\cos\beta - \cos\alpha}}{k}\sqrt{\frac{mgh}{A}}(t - t_1)\right\}.$$

Die Zeit, in welcher die Axe der ζ einmal aus einer tiefsten in die nächstfolgende höchste Lage geht, sei mit $\frac{1}{2}P$ bezeichnet; während derselben geht u von 0 bis $\frac{1}{2}\pi$; also ist

$$(20) \qquad \tfrac{1}{2}P = \frac{k}{\sqrt{\cos\beta - \cos\alpha}}\sqrt{\frac{2A}{mgh}}\,K_{\operatorname{mod} k},$$

wo K das vollständige elliptische Integral erster Gattung ist. Gl. (19) lautet dann kürzer

$$(21) \qquad u = \operatorname{am}\frac{2K(t - t_1)}{P},$$

und P ist die Dauer einer vollständigen Nutation.

Zugleich ist nach (16)

$$(22) \qquad \cos\vartheta = \cos\alpha + (\cos\beta - \cos\alpha)\sin^2\operatorname{am}\frac{2K(t - t_1)}{P}.$$

Den Präcessionswinkel φ reducirt man gleichfalls am bequemsten auf u. Die erste Gleichung (11) giebt

$$\frac{d\varphi}{dt} = \frac{D - C\rho\cos\vartheta}{A(1-\cos^2\vartheta)} = \frac{C\rho}{2A}\left[\frac{\frac{D}{C\rho}+1}{1+\cos\vartheta} + \frac{\frac{D}{C\rho}-1}{1-\cos\vartheta}\right]$$

$$\frac{d\varphi}{dt} = \frac{C\rho}{2A}\left\{\frac{\frac{D}{C\rho}+1}{1+\cos\alpha+(\cos\beta-\cos\alpha)\sin^2 u} + \frac{\frac{D}{C\rho}-1}{1-\cos\alpha-(\cos\beta-\cos\alpha)\sin^2 u}\right\}.$$

Dazu ist nach (17)

$$\text{(23)}\qquad \frac{du}{dt} = \frac{\sqrt{\cos\beta-\cos\alpha}}{k}\sqrt{\frac{mgh}{2A}}\sqrt{1-k^2\sin^2 u},$$

und somit

$$\text{(24)}\qquad \left\{\begin{aligned} &\frac{d\varphi}{du} = \\ &\frac{C\rho}{2A}\cdot\frac{k}{\sqrt{\cos\beta-\cos\alpha}}\sqrt{\frac{2A}{mgh}}\left\{\frac{\left(\frac{D}{C\rho}+1\right):(1+\cos\alpha)}{\left(1+\frac{\cos\beta-\cos\alpha}{1+\cos\alpha}\sin^2 u\right)\sqrt{1-k^2\sin^2 u}} + \right.\\ &\left.\qquad\qquad \frac{\left(\frac{D}{C\rho}-1\right):(1-\cos\alpha)}{\left(1-\frac{\cos\beta-\cos\alpha}{1-\cos\alpha}\sin^2 u\right)\sqrt{1-k^2\sin^2 u}}\right\}\end{aligned}\right.$$

und ist somit φ auf zwei elliptische Integrale dritter Gattung reducirt.

Für die weitere Discussion ist es erforderlich, die Anfangsbedingungen näher zu präcisiren. Wir wollen hier einige der einfachsten und wichtigsten Specialfälle untersuchen.

Specialfall 1. G dreht sich zu Anfang mit sehr grosser Geschwindigkeit um die Axe der ζ. Dies ist der Fall, der beim Bohnenberger'schen Maschinchen, bezw. beim Fessel'schen Apparat in der Regel hergestellt wird; man setzt den drehbaren Körper in schnelle Rotation um die Axe der ζ und überlässt ihn dann sich selbst.

Die Anfangsbedingungen lauten zunächst $\pi_0 = \chi_0 = 0$. Es folgt $2T = A\pi_0^2 + A\chi_0^2 + C\rho_0^2 = C\rho^2$; $2E - C\rho^2 = 2mgh\cos\vartheta_0 = H$. Die Gleichung, deren drei Wurzeln $\cos\alpha$, $\cos\beta$ und f sind, nimmt also (vgl. die die rechte Seite von (14)) die Form von

$$\frac{2mgh}{A}(\cos\vartheta_0 - \cos\vartheta)(1-\cos^2\vartheta) - \frac{C^2\rho^2}{A^2}\left(\frac{D}{C\rho} - \cos\vartheta\right)^2 = 0.$$

Zugleich ist $D = \frac{\partial T}{\partial r} = (c_1 A\pi + c_2 A\chi + c_3 C\rho)_{t=0} = C\rho\cos\vartheta^2$, also wird die vorstehende Gleichung

$$\text{(25)}\qquad (\cos\vartheta_0 - \cos\vartheta)\left\{\frac{2mgh}{A}(1-\cos^2\vartheta) - \frac{D^2}{A^2\cos^2\vartheta_0}(\cos\vartheta_0 - \cos\vartheta)\right\} = 0.$$

Eine der Lösungen ist also jedenfalls $\cos\vartheta = \cos\vartheta_0$; die Anfangslage der ζ-Axe ist, was die Grösse des Nutationswinkels angeht, eine Grenzlage. Ist nun ρ sehr gross, so ist auch D sehr gross, d. h. der erste Posten in der Klammer kann gegen den zweiten vernachlässigt werden; dann hat also die obige Gleichung zwei Wurzeln gleich $\cos\vartheta_0$, m. a. W. es ist

$$\cos\alpha = \cos\beta = \cos\vartheta_0.$$

Es findet also keine merkliche Nutation statt; $\vartheta = \vartheta_0$, weil die beiden Grenzwinkel α und β, zwischen denen ϑ eingeschlossen ist, zusammenfallen. k ist $=0$, aber $\frac{\sqrt{\cos\beta - \cos\alpha}}{k} = \sqrt{f - \cos\vartheta_0}$, bleibt also endlich. u lässt sich demnach leicht bestimmen, aber die Ausdrücke für $\frac{d\varphi}{dt}$ und $\frac{d\varphi}{du}$ nehmen die Form $0 . C\rho$ d. h. $0.\infty$ an. Hieraus folgt, dass, um φ zu ermitteln, die Annäherung weiter getrieben werden muss, als es geschieht, wenn man einfach $\vartheta = \vartheta_0$ setzt. Wir gehen deshalb auf Gl. (25) zurück. Setzt man abkürzend $2mghA\cos\vartheta_0 = Q$, so ergiebt sich leicht für die beiden letzten Lösungen derselben

$$\cos\vartheta = \frac{D^2}{2Q\cos\vartheta_0} \pm \sqrt{1 - \frac{D^2}{Q} + \frac{D^4}{4Q^2\cos^2\vartheta_0}}.$$

Das Pluszeichen ergiebt die Wurzel f, das Minuszeichen liefert die fehlende zweite Wurzel α. Man formt leicht um in

$$\cos\alpha = \frac{D^2}{2Q\cos\vartheta_0} - \sqrt{\left(\frac{D^2}{2Q\cos\vartheta_0} - \cos\vartheta_0\right)^2 + \sin^2\vartheta_0},$$

und wenn man die Wurzel bis zur Potenz D^{-2} entwickelt, erhält man

$$\cos\alpha = \cos\vartheta_0 - \frac{Q\cos\vartheta_0}{D^2}\sin^2\vartheta_0, \quad \text{und ebenso}$$

$$f = \frac{2D^2}{2Q\cos\vartheta_0} + \text{etc.}$$

Demnach hat k^2 den Factor $\frac{1}{D^4}$, ist also zu vernachlässigen; somit wird der Amplitudensinus in Gl. (22) durch den Sinus ersetzt; $\frac{\sqrt{\cos\beta - \cos\alpha}}{k}$ ist $= \sqrt{f}$, und Gl. (22) nimmt die Form an

$$\cos\vartheta = \cos\vartheta_0 - \frac{Q\cos\vartheta_0}{D^2}\sin^2\vartheta_0\cos^2\left[\sqrt{\frac{mghf}{A}}(t - t_1)\right],$$

oder, wenn man für Q und D ihre Werthe einsetzt,

$$(26) \qquad \cos\vartheta = \cos\vartheta_0 - \frac{2mghA}{C^2\rho^2}\sin^2\vartheta_0\cos^2\left[\frac{C\rho}{2A}(t - t_1)\right].$$

Die erste Gl. (11) ergiebt

$$\frac{d\varphi}{dt} = \frac{C\rho(\cos\vartheta_0 - \cos\vartheta)}{A\sin^2\vartheta},$$

und hierin kann im Nenner ϑ_0 statt ϑ gesetzt werden; dann ergiebt sich

$$d\varphi = \frac{2mgh}{C\rho}\cos^2\left[\frac{C\rho}{2A}(t - t_1)\right]dt.$$

Da nun $\int \cos^2 x\,dx = \frac{x}{2} + \frac{1}{4}\sin 2x$ ist, ergiebt die Integration

$$\varphi = \frac{4mghA}{C^2\rho^2}\left\{\frac{C\rho}{4A}(t-t_1) + \frac{1}{4}\sin\left[\frac{C\rho}{A}(t-t_1)\right]\right\}.$$

Der Sinus in der Klammer verschwindet gegen das vorhergehende Glied; es kann also gesetzt werden

$$(27) \qquad \varphi = \frac{mgh}{C\rho}(t-t_1) + \text{const.}$$

Die Integrationsconstante ist aus dem Anfangswerth von φ zu bestimmen; sie ist Null, wenn φ von einer Lage $\vartheta = \beta$ aus gerechnet wird. Setzt man endlich in Gl. (12) $\cos\vartheta_0$ für $\cos\vartheta$, so hat man sofort

$$(28) \qquad \psi = \left(\frac{mgh}{C\rho}\cos\vartheta_0 - \rho\right)(t-t_1) = -\rho(t-t_1).$$

Die Gleichungen (26), (27), (28) zeigen, was man beim Ansehen der Präcessionsmaschinen wahrnimmt: die Nutation ist unendlich klein, die Präcession schreitet gleichförmig fort, und die Momentanaxe liegt so nahe an der Axe der ζ, dass sie mit dieser zusammenzufallen scheint.

Zweiter Specialfall. ρ sei gleich Null; die Axe der Drehung liegt dann ein- für allemal in der Ebene der $\xi\eta$. Die Gleichungen (11), (12) reduciren sich dann auf

$$(29) \qquad \begin{cases} A\sin^2\vartheta\,d\varphi = D\,dt, & d\psi = \cos\vartheta\,d\varphi, \\ A(d\vartheta^2 + \sin^2\vartheta\,d\varphi^2) = (2E - 2mgh\cos\vartheta)\,dt^2. \end{cases}$$

Dabei ist $D = A(c_1\pi + c_2\chi)_{t=0}$, $2E = A(\pi_0^2 + \chi_0^2)$. Schreibt man abkürzend a für $\frac{D}{A}$, e für $\frac{E}{A}$, so lauten die erste und dritte von diesen Gleichungen

$$(30) \qquad \begin{cases} \sin^2\vartheta\,d\varphi = a\,dt \\ d\vartheta^2 + \sin^2\vartheta\,d\varphi^2 = \left(2e - 2g\frac{mh}{A}\cos\vartheta\right)dt^2. \end{cases}$$

In ganz entsprechender Abkürzung lauten die Gleichungen des sphärischen Pendels **72** (12) und (13), wenn man in ihnen l statt r und $+g$ statt $-g$ schreibt (letzteres, weil die Axe der z dort nach unten positiv gerechnet war)

$$(31) \qquad \begin{cases} \sin^2\vartheta\,d\varphi = a\,dt \\ d\vartheta^2 + \sin^2\vartheta\,d\varphi^2 = \left(2e - 2g\frac{1}{l}\cos\vartheta\right)dt^2. \end{cases}$$

a und e sind in (30) wie (31) willkürliche, durch die Anfangswerthe bestimmte Integrationsconstanten. Die Gleichungen (30) und (31) stimmen also vollständig überein, wenn man $l = \frac{A}{mh}$ setzt. Die Axe der ζ bewegt sich also in unserm Fall, wie ein sphärisches Pendel von der Länge $\frac{A}{mh}$.

Unterfall $D = 0$. $(c_1\pi + c_2\chi)_{t=0}$ ist die Projection der anfänglichen Winkelgeschwindigkeit auf die ζ-Axe. Liegt demnach die Momentanaxe zu Anfang in der Knotenlinie, in welcher die Ebene der $\xi\eta$ und die der xy einander schneiden, so ist $D = 0$. In diesem Fall ist nach (29) ohne Weiteres

$$\varphi = \text{const.}, \quad \psi = \text{const.}$$

und

$$d\vartheta^2 = \left(2e - 2\frac{g}{l}\cos\vartheta\right)dt^2.$$

Das ist aber die Gleichung **67** (3) des Kreispendels, wenn man in der letzteren $\vartheta_0 = 0$ nimmt. Also schwingt der Körper G in diesem Fall als gewöhnliches Pendel um seine unveränderliche Momentanaxe.

292. Die Resal'sche Umformung der Differentialgleichungen. Da die Präcession und die Nutation in den endlichen Gleichungen der Bewegung die Hauptrolle spielen, liegt es nahe, die Momente, welche in den Gleichungen der Bewegung auftreten, in drei auf einander senkrechte Componenten zu zerlegen, von denen eine sich auf die Axe der ζ bezieht, während die beiden andern durch den augenblicklichen Präcessions- und Nutationszustand bestimmt sind.

Drei hierzu geeignete Axen sind die folgenden: 1) die Axe der ζ, 2) die zu ihr senkrechte Knotenlinie, in welcher die Ebene der $\xi\eta$ von der Ebene der xy geschnitten wird, sie sei die Axe der ξ', 3) eine Senkrechte zu den beiden vorigen, welche Axe der η' sei. Die Axen der ξ' und η' liegen in der Ebene der $\xi\eta$, sind aber selbstverständlich gegen die Axen der ξ und η beweglich. Liegt die Figur 144 in der Ebene der $\xi\eta$, so fällt $o\eta'$ in die Projection der z-Axe auf die Ebene der $\xi\eta$, $o\eta'$ liegt also in der Ebene ζoz. Nun ist ψ definitionsgemäss der Winkel, um den man die Ebene $\zeta o\xi$ in positiver Richtung drehen muss, damit sie in die Ebene ζoz falle; also ist ψ der Winkel $\xi o\eta'$. Folglich ist

Fig. 144.

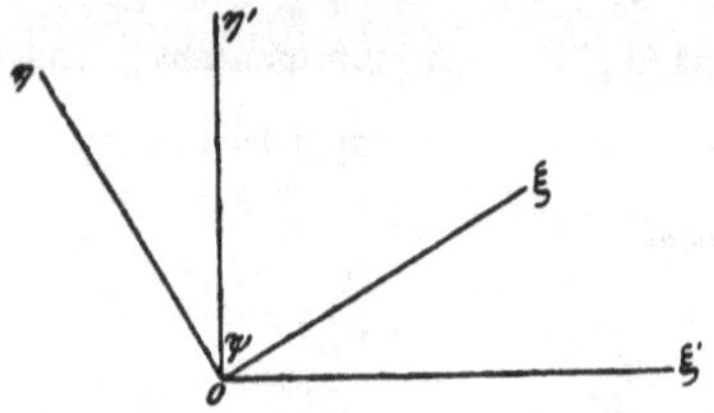

$$(1) \quad \begin{cases} \cos(\xi'\xi) = \sin\psi, & \cos(\xi'\eta) = -\cos\psi, \\ \cos(\eta'\xi) = \cos\psi, & \cos(\eta'\eta) = \sin\psi. \end{cases}$$

Sind also λ und μ irgend zwei Momente in Bezug auf die Axen der ξ und η, so erhält man die entsprechenden Momente λ' und μ' in Bezug auf ξ' und η' nach den Formeln

$$\lambda' = \lambda\sin\psi - \mu\cos\psi, \quad \mu' = \lambda\cos\psi + \mu\sin\psi.$$

Wenden wir dies nun auf die Euler'schen Differentialgleichungen an, und nennen $\varLambda'$, M' die Momente der thätigen Kräfte in Bezug auf die Axen der ξ', η', so ergiebt sich

$$(2)\quad \begin{cases} \sin\psi\left\{A\dfrac{d\pi}{dt}+(C-B)\chi\varrho\right\}-\cos\psi\left\{B\dfrac{d\chi}{dt}+(A-C)\varrho\pi\right\}=\varLambda', \\ \cos\psi\left\{A\dfrac{d\pi}{dt}+(C-B)\chi\varrho\right\}+\sin\psi\left\{B\dfrac{d\chi}{dt}+(A-C)\varrho\pi\right\}=M', \\ C\dfrac{d\varrho}{dt}+(B-A)\pi\chi=N. \end{cases}$$

Dabei ist $\varLambda'=\varLambda\sin\psi-M\cos\psi$ und $M'=\varLambda\cos\psi+M\sin\psi$.

Aus diesen Gleichungen sind nun noch π und χ zu entfernen; es werden dann ganz von selbst in ihnen diejenigen Veränderlichen auftreten, welche die Lage des Systems der ξ', η', ζ im System der x, y, z bestimmen; das sind ϑ und φ. Rechnet man die drei Gleichungen $\pi=a_3\dfrac{da_2}{dt}+b_3\dfrac{db_2}{dt}+c_3\dfrac{dc_2}{dt}$ etc. des § **276** mit **272** Gl. (6) aus, so erhält man die verhältnissmässig einfachen Formeln

$$(3)\quad \begin{cases} \pi=\sin\vartheta\cos\psi\dfrac{d\varphi}{dt}+\sin\psi\dfrac{d\vartheta}{dt}, \\ \chi=\sin\vartheta\sin\psi\dfrac{d\varphi}{dt}-\cos\psi\dfrac{d\vartheta}{dt}, \\ \varrho=\cos\vartheta\dfrac{d\varphi}{dt}-\dfrac{d\psi}{dt}, \end{cases}$$

von denen die dritte schon oben in **291** benutzt wurde. Schreiben wir φ' statt $\dfrac{d\varphi}{dt}$ u. s. w., so ergiebt sich weiter

$$(4)\quad \begin{cases} \dfrac{d\pi}{dt}=\cos\vartheta\cos\psi\vartheta'\varphi'-\sin\vartheta\sin\psi\psi'\varphi'+\sin\vartheta\cos\psi\dfrac{d\varphi'}{dt} \\ \qquad\qquad+\cos\psi\vartheta'\psi'+\sin\psi\dfrac{d\vartheta'}{dt} \\ \dfrac{d\chi}{dt}=\cos\vartheta\sin\psi\vartheta'\varphi'+\sin\vartheta\cos\psi\psi'\varphi'+\sin\vartheta\sin\psi\dfrac{d\varphi'}{dt} \\ \qquad\qquad+\sin\psi\vartheta'\psi'-\cos\psi\dfrac{d\vartheta'}{dt} \\ \dfrac{d\varrho}{dt}=-\sin\vartheta\vartheta'\varphi'+\cos\vartheta\dfrac{d\varphi'}{dt}-\dfrac{d\psi'}{dt}. \end{cases}$$

Setzt man diese Werthe in (2), so entstehen im Allgemeinen recht verwickelte Gleichungen. Wenn aber $A=B$ ist, vereinfacht sich das Ergebniss sehr; man findet durch Ausrechnen:

$$(5)\quad \begin{cases} A\dfrac{d\vartheta'}{dt}+C\varrho\sin\vartheta\varphi'-A\sin\vartheta\cos\vartheta\varphi'^2=\varLambda', \\ A\sin\vartheta\dfrac{d\varphi'}{dt}+2A\cos\vartheta\vartheta'\varphi'-C\varrho\vartheta'=M', \\ C\dfrac{d\varrho}{dt}=N. \end{cases}$$

ψ und ψ' fallen von selbst heraus; die Differentialgleichungen sind also auf die Veränderlichen $\vartheta, \varphi, \varrho$ zurückgeführt. Die Gleichungen (5) sind sehr ähnlich denjenigen, welche Résal in seiner Ciném. pure, p. 339ff. behandelt hat; nur führt Résal statt ϱ die Veränderliche $-\psi'$ ein. Eine Anwendung derselben wird sich in den nächsten Paragraphen finden.

293. Relativbewegung eines Punktes in einem rotirenden Coordinatensystem. Es ist hier der Ort, die in § **98** vorbehaltene Untersuchung über Relativbewegungen in einem rotirenden Coordinatensystem vorzunehmen. Im System der x, y, z sei ein zweites System der ξ, η, ζ gegeben, welches mit jenem den gleichen Anfangspunkt o hat und um eine durch o gehende Axe rotirt, von der nunmehr vorausgesetzt werde, dass sie nicht, wie in § **98**, nothwendig mit einer Coordinatenaxe zusammenfällt. Da die Anwendung der Betrachtung auf die Erde das meiste Interesse hat, sei erstens angenommen, dass die Winkelgeschwindigkeit der Rotation constante Componenten besitze, zweitens werde ein Beobachter vorausgesetzt, der im System der ξ, η, ζ ruht und die wirkenden Kräfte nur aus der Beobachtung im System der ξ, η, ζ kennt; für diesen müssen die zu untersuchenden Grössen im System der ξ, η, ζ dargestellt werden. In diesem seien π, χ, ϱ die Componenten der Winkelgeschwindigkeit des rotirenden Systems. Wir rechnen in x und ξ; die übrigen Coordinatengrössen lassen sich leicht durch Buchstabenvertauschung ergänzen.

Ein Punkt μ bewege sich gleichzeitig in beiden Systemen; seine Coordinaten seien x, y, z im ruhenden, ξ, η, ζ im bewegten System. Es ist jederzeit

$$(1)\qquad x=a_1\xi+a_2\eta+a_3\zeta,$$

woraus durch zweimalige Differentiation nach t

$$(2)\quad \begin{cases} \dfrac{d^2x}{dt^2}=a_1\dfrac{d^2\xi}{dt^2}+a_2\dfrac{d^2\eta}{dt^2}+a_3\dfrac{d^2\zeta}{dt^2}+\xi\dfrac{d^2a_1}{dt^2}+\eta\dfrac{d^2a_2}{dt^2}+\zeta\dfrac{d^2a_3}{dt^2} \\ \qquad +2\dfrac{da_1}{dt}\dfrac{d\xi}{dt}+2\dfrac{da_2}{dt}\dfrac{d\eta}{dt}+2\dfrac{da_3}{dt}\dfrac{d\zeta}{dt}. \end{cases}$$

Denkt man sich die drei Gleichungen dieser Art in x, y, z gebildet, so haben $\frac{d^2\xi}{dt^2}, \frac{d^2\eta}{dt^2}, \frac{d^2\zeta}{dt^2}$ in ihnen dieselben Coefficienten wie ξ, η, ζ in (1); bringt man also die übrigen Grössen rechts auf die linke Seite und löst nach $\frac{d^2\xi}{dt^2}$ etc. auf, so treten in der Auflösung dieselben Coefficienten auf, wie beim Auflösen von (1); d. h. es wird

$$(3)\quad \left\{\begin{aligned} \frac{d^2\xi}{dt^2} = a_1 &\left\{\frac{d^2x}{dt^2} - \xi\frac{d^2a_1}{dt^2} - \eta\frac{d^2a_2}{dt^2} - \zeta\frac{d^2a_3}{dt^2}\right.\\ &\left. -2\frac{da_1}{dt}\frac{d\xi}{dt} - 2\frac{da_2}{dt}\frac{d\eta}{dt} - 2\frac{da_3}{dt}\frac{d\zeta}{dt}\right\}\\ +b_1&\left\{\frac{d^2y}{dt^2} - \xi\frac{d^2b_1}{dt^2} - \eta\frac{d^2b_2}{dt^2} - \zeta\frac{d^2b_3}{dt^2}\right.\\ &\left. -2\frac{db_1}{dt}\frac{d\xi}{dt} - 2\frac{db_2}{dt}\frac{d\eta}{dt} - 2\frac{db_3}{dt}\frac{d\zeta}{dt}\right\}\\ +c_1&\left\{\frac{d^2z}{dt^2} - \xi\frac{d^2c_1}{dt^2} - \eta\frac{d^2c_2}{dt^2} - \zeta\frac{d^2c_3}{dt^2}\right.\\ &\left. -2\frac{dc_1}{dt}\frac{d\xi}{dt} - 2\frac{dc_1}{dt}\frac{d\eta}{dt} - 2\frac{dc_3}{dt}\frac{d\xi}{dt}\right\}. \end{aligned}\right.$$

Hierin ist $a_1\frac{d^2x}{dt^2} + b_1\frac{d^2y}{dt^2} + c_1\frac{d^2y}{dt^2}$ die Projection der im ruhenden System vorhandenen Beschleunigung $\dot{u}$ auf die momentane Lage der ξ-Axe, kann also kurz durch $\dot{u}_\xi$ bezeichnet werden; in den übrigen Posten setze man für die Differentialquotienten $\frac{da}{dt}$ und $\frac{d^2a}{dt^2}$ etc. ihre Werthe aus **276** Gl. (9). Dann findet sich nach einigen leichten Reductionen

$$(4)\qquad \frac{d^2\xi}{dt^2} = \dot{u}_\xi + (\varrho^2+\chi^2)\xi - \pi\chi\eta - \varrho\pi\zeta + 2\left(\varrho\frac{d\eta}{dt} - \chi\frac{d\zeta}{dt}\right).$$

Nehmen wir zur weiteren Verallgemeinerung noch an, der Anfangspunkt der ξ, η, ζ besitze in x, y, z eine Beschleunigung φ, deren in die augenblickliche Lage der ξ-Axe fallende Componente φ_ξ heisst, so ist diese Componente nach den in § **98** aufgestellten Grundsätzen auf der rechten Seite von (4) einfach mit dem Minuszeichen einzufügen, also ist

$$(5)\qquad \frac{d^2\xi}{dt^2} = \dot{u}_\xi - \varphi_\xi + (\varrho^2+\chi^2)\xi - \pi\chi\eta - \varrho\pi\zeta + 2\left(\varrho\frac{d\eta}{dt} - \chi\frac{d\zeta}{dt}\right)$$

die allgemeine Darstellung der relativen Beschleunigung in einem Coordinatensystem, welches neben der Translation noch eine beliebig gegebene, aber stationäre Rotation besitzt. Ist nun das System der x, y, z ein Fundamentalsystem, so ist $\mu \ddot{u}_\xi$ die in die momentane ξ-Richtung fallende Componente der absoluten Kraft, welche auf μ wirkt; nennen wir dieselbe $\mathfrak{x}$, so ist

$$(6)\quad \begin{cases} \mu \dfrac{d^2\xi}{dt^2} = \mathfrak{x} - \mu\varphi_\xi + \mu[(\varrho^2+\chi^2)\xi - \pi\chi\eta - \varrho\pi\zeta] \\ \qquad\qquad + 2\mu\left(\varrho\dfrac{d\eta}{dt} - \chi\dfrac{d\zeta}{dt}\right). \end{cases}$$

Diese Gleichung reproducirt § **99** Gl. (4) mit Rücksicht auf die hier eingeführten Bezeichnungen; es ist in ihr $\mathfrak{x}$ die absolute Kraft, $\mu\varphi_\xi$ der Antheil der scheinbaren Kraft, welche auf der Translation des bewegten Systems beruht, $[\mu(\varrho^2+\chi^2)\xi - \pi\chi\eta - \varrho\pi\zeta]$ die Centrifugalkraft, und $2\mu\left(\varrho\frac{d\eta}{dt} - \chi\frac{d\xi}{dt}\right)$ die zusammengesetzte Centrifugalkraft.

Wenn wir nun auf der Erde beobachten, so können wir uns von den Antheilen $-\mu\varphi_\xi + \mu[(\varrho^2+\chi^2)\xi - \pi\chi\eta - \varrho\pi\zeta]$ durchaus nicht frei machen; sie wirken auf ruhende irdische Körper sowohl wie auf bewegte; statisch auf der Erde bestimmte Kräfte enthalten also diese Antheile ganz von selbst. Was wir z. B. gemeinhin die Schwere eines Körpers nennen, das ist die geometrische Summe aus der wirklichen Schwere (Erdanziehung $\mathfrak{x}$, $\mathfrak{y}$, $\mathfrak{z}$), aus der Einwirkung der Beschleunigung des Erdmittelpunkts und aus der Centrifugalkraft. Wir fassen daher die Grösse $\mathfrak{x} = \varphi_\xi + \mu[(\varrho^2+\chi^2)\xi - \pi\chi\eta - \varrho\pi\zeta]$ in eine einzige $\boldsymbol{\Xi}$ zusammen; diese ist dann die Kraft, welche wir auf der Erde an dem ruhenden Punkt μ wahrnehmen können, und Gl. (6) giebt nunmehr, für alle drei Coordinaten ausgeschrieben

$$(7)\quad \begin{cases} \mu\dfrac{d^2\xi}{dt^2} = \boldsymbol{\Xi} + 2\mu\left(\varrho\dfrac{d\eta}{dt} - \chi\dfrac{d\zeta}{dt}\right), \\ \mu\dfrac{d^2\eta}{dt^2} = \boldsymbol{H} + 2\mu\left(\pi\dfrac{d\zeta}{dt} - \varrho\dfrac{d\xi}{dt}\right), \\ \mu\dfrac{d^2\zeta}{dt^2} = \boldsymbol{Z} + 2\mu\left(\chi\dfrac{d\xi}{dt} - \pi\dfrac{d\eta}{dt}\right). \end{cases}$$

In diesen Gleichungen sind nunmehr $\boldsymbol{\Xi}$, $\boldsymbol{H}$, $\boldsymbol{Z}$ die Kraftcomponenten, wie wir sie auf der Erde am ruhenden Punkt bestimmen, genommen in irgend einem auf der Erde ruhenden System. Damit die Buchstaben π, χ, ϱ für die folgende Untersuchung wieder frei werden, wollen wir nunmehr die Winkelgeschwindigkeit des Systems der ξ, η, ζ mit w bezeichnen und die Winkel, welche ihre Axe mit den Axen der ξ, η, ζ macht, α, β, γ nennen; zugleich werde x, y, z statt ξ, η, ζ geschrieben; Gl. (7) liefern dann

$$(8)\quad \begin{cases} \mu \dfrac{d^2x}{dt^2} = X + 2\mu w \left(\cos\gamma \dfrac{dy}{dt} - \cos\beta \dfrac{dz}{dt}\right), \\ \mu \dfrac{d^2y}{dt^2} = Y + 2\mu w \left(\cos\alpha \dfrac{dz}{dt} - \cos\gamma \dfrac{dx}{dt}\right), \\ \mu \dfrac{d^2z}{dt^2} = Z + 2\mu w \left(\cos\beta \dfrac{dx}{dt} - \cos\alpha \dfrac{dy}{dt}\right), \end{cases}$$

wo die Axen der x, y, z auf der Erde ruhen, wenn es sich um Bewegungen auf der Erde handelt. Man sieht leicht, dass die Gl. (8) sich auf die des § **98** und **99** reduciren, wenn man

$$\cos\alpha = 1, \quad \cos\beta = \cos\gamma = 0$$

setzt.

294. Rotation eines starren Körpers auf der bewegten Erde; Gyroskop. In dem auf der Erde ruhenden System der x, y, z sei ein starrer Körper G in Rotation um den Coordinatenanfang begriffen. Wir legen, wie früher, ein System der ξ, η, ζ durch seine Hauptträgheitsaxen. An irgend einem Element $d\mu$ desselben wirken, wenn es in Ruhe ist, scheinbare Kräfte X, Y, Z, während der Rotation aber die durch Gleichung (8) des vorigen Paragraphen bestimmten scheinbaren Kräfte (nachdem μ durch $d\mu$ ersetzt ist). Die Bewegung des Körpers ist also scheinbar dieselbe, als wäre die Erde in Ruhe und die Kräfte (8) griffen wirklich an seinen Theilen an. Um also seine Bewegungsgleichungen relativ zur Erde zu eruiren, haben wir die 6 Coordinaten der auf ihn wirkenden Dyname mit Gl. (8) in gewöhnlicher Weise zu bilden. Die drei ersten kommen wegen der Befestigung im Coordinatenanfang nicht zur Geltung: die Momente sind, wenn die aus X, Y, Z hervorgehenden Momente kurz mit L', M', N' bezeichnet werden

$$(1)\quad \begin{cases} L = L' + 2w\Sigma\left[y\left(\cos\beta \dfrac{dx}{dt} - \cos\alpha \dfrac{dy}{dt}\right) - z\left(\cos\alpha \dfrac{dz}{dt} - \cos\gamma \dfrac{dx}{dt}\right)\right] d\mu, \\ M = M' + 2w\Sigma\left[z\left(\cos\gamma \dfrac{dy}{dt} - \cos\beta \dfrac{dz}{dt}\right) - x\left(\cos\beta \dfrac{dx}{dt} - \cos\alpha \dfrac{dy}{dt}\right)\right] d\mu, \\ N = N' + 2w\Sigma\left[x\left(\cos\alpha \dfrac{dz}{dt} - \cos\gamma \dfrac{dx}{dt}\right) - y\left(\cos\gamma \dfrac{dy}{dt} - \cos\beta \dfrac{dz}{dt}\right)\right] d\mu. \end{cases}$$

Der bequemeren Summation wegen transformiren wir diese Momente auf die Momentanlage des Systems der ξ, η, ζ nach den Formeln $\Lambda = a_1 L + b_1 M + c_1 N$ u. s. w. Man drücke $\dfrac{dx}{dt}$, $\dfrac{dy}{dt}$, $\dfrac{d\zeta}{dt}$ nach **277** Gl. (5) durch ξ, η, ζ, π, χ, ρ aus, setze

$x = a_1\xi + b_1\eta + c_1\zeta$ u. s. w. Bei der Summation fallen alle Deviationsmomente fort, es sind bloss die Posten zu berücksichtigen, in denen $\Sigma\xi^2 d\mu$, $\Sigma\eta^2 d\mu$, $\Sigma\zeta^2 d\mu$ vorkommen, und es ist, wenn A, B, C, wie früher, die Trägheitsmomente sind,

$$\begin{aligned}\Sigma\xi^2 d\mu &= \tfrac{1}{2}\Sigma(\xi^2+\eta^2)d\mu + \tfrac{1}{2}\Sigma(\eta^2+\zeta^2)d\mu + \tfrac{1}{2}\Sigma(\zeta^2+\xi^2)d\mu - \Sigma(\eta^2+\zeta^2)d\mu \\ &= \tfrac{1}{2}C + \tfrac{1}{2}A + \tfrac{1}{2}B - A = \tfrac{1}{2}(-A+B+C), \quad \text{ebenso}\end{aligned}$$

$$\Sigma\eta^2 d\mu = \tfrac{1}{2}(A-B+C), \quad \Sigma\zeta^2 d\mu = \tfrac{1}{2}(A+B-C).$$

So erhält man schliesslich, wenn $a_1 L' + b_1 M' + c_1 N' = \Lambda'$ u. s. w. gesetzt wird,

$$(2)\quad \left\{\begin{aligned}\Lambda &= \Lambda' + w\{(A+B-C)(a_3\cos\alpha + b_3\cos\beta + c_3\cos\gamma)\chi \\ &\qquad - (A-B+C)(a_2\cos\alpha + b_2\cos\beta + c_2\cos\gamma)\rho\}, \\ \mathrm{M} &= \mathrm{M}' + w\{(-A+B+C)(a_1\cos\alpha + b_1\cos\beta + c_1\cos\gamma)\rho \\ &\qquad - (A+B-C)(a_3\cos\alpha + b_3\cos\beta + c_3\cos\gamma)\pi\}, \\ \mathrm{N} &= \mathrm{N}' + w\{(A-B+C)(a_2\cos\alpha + b_2\cos\beta + c_2\cos\gamma)\pi \\ &\qquad - (-A+B+C)(a_1\cos\alpha + b_1\cos\beta + c_1\cos\gamma)\chi\}.\end{aligned}\right.$$

Man kann die Gleichungen noch kürzer schreiben: nennt man λ, μ, ν die Winkel, welche die Erdaxe mit den Axen der ξ, η, ζ macht, so ist $a_1\cos\alpha + b_1\cos\beta + c_1\cos\gamma = \cos\lambda$ u. s. w. Sie sind aber in der vorstehenden Form am bequemsten. Die kürzere Schreibart thut indessen dar, dass die Scheinkräfte von der Wahl des auf der Erde festen Coordinatensystems unabhängig sind, wie es der Fall sein muss.

Anwendung: das Gyroskop. Foucault's Gyroskop ist ein in seinem Schwerpunkt unterstützter, schnell um den Schwerpunkt rotirender Körper, der zwei gleiche Hauptträgheitsaxen besitzt.

Erster Fall: das freie Gyroskop. Am bequemsten legt man die Axe der z parallel der Erdaxe, so dass $\cos\gamma = 1$ wird. Da der Körper in der Ruhe äquilibrirt ist, fallen Λ', M', N' fort, und für $A = B$ reduciren sich die (2) auf

$$(3)\quad \left\{\begin{aligned}\Lambda &= w\{(2A-C)c_3\chi - Cc_2\rho\}, \\ \mathrm{M} &= w\{Cc_1\rho - (2A-C)c_3\pi\}, \\ \mathrm{N} &= w\{Cc_2\pi - Cc_1\chi\} = -wC\frac{dc_3}{dt} = -wC\frac{d\cos\vartheta}{dt}.\end{aligned}\right.$$

Zur Integration derselben wollen wir die Resal'schen Gleichungen **292**, (5) verwenden. In denselben wird mit Benützung von **292**, Gl. (3) und **272**, (6)

$$\begin{aligned}\Lambda' &= \Lambda\sin\psi - \mathrm{M}\cos\psi = w\{(2A-C)c_3(\chi\sin\psi + \pi\cos\psi) - C\rho(c_2\sin\psi + c_1\cos\psi)\} \\ &= w\{(2A-C)\cos\vartheta\sin\vartheta\varphi' - C\rho\sin\vartheta\}, \\ \mathrm{M}' &= \Lambda\cos\psi + \mathrm{M}\sin\psi = w\{(2A-C)c_3(\chi\cos\psi - \pi\sin\psi) - C\rho(c_2\cos\psi - c_1\sin\psi)\} \\ &= w\{-(2A-C)\cos\vartheta\vartheta'\}.\end{aligned}$$

Also die Gleichungen der Bewegung

$$(4)\quad \left\{\begin{aligned}&A\frac{d\vartheta'}{dt} + C\rho\sin\vartheta\varphi' - A\sin\vartheta\cos\vartheta\varphi'^2 = w\{(2A-C)\cos\vartheta\sin\vartheta\varphi' - C\rho\sin\vartheta\} \\ &A\sin\vartheta\frac{d\varphi'}{dt} + 2A\cos\vartheta\vartheta'\varphi' - C\rho\vartheta' = -w(2A-C)\cos\vartheta\vartheta' \\ &\qquad\frac{d\rho}{dt} = -w\frac{d\cos\vartheta}{dt}.\end{aligned}\right.$$

Die letzte giebt unmittelbar

$$(5)\qquad \rho = \rho_1 - w\cos\vartheta,$$

wo ρ_1 die Integrationsconstante. Multiplicirt man die erste mit ϑ', die zweite mit $\sin\vartheta\varphi'$, addirt und setzt dann $\frac{1}{w}\frac{d\rho}{dt}$ für $\sin\vartheta\vartheta'$, so ergiebt sich

$$(6)\qquad A(\vartheta'^2 + \sin^2\vartheta\varphi'^2) + C\rho^2 = \text{const.},$$

was die Gleichung der lebendigen Kraft für unsern Fall ist. Nimmt man ferner an, ρ sei so gross, dass die Momentanaxe unmerklich von der ζ-Axe abweicht, so kann man in der ersten Gleichung die Glieder, welche kein ρ enthalten, vernachlässigen und hat dann

$$(7)\qquad \varphi' = -w.$$

Damit giebt die zweite Gleichung nach Einführung von (5) $\vartheta = \text{const.}$, also auch $\rho = \text{const.}$ Das Gyroskop hat also bei sehr schneller Drehung keine merkliche Nutation, constante Rotationsgeschwindigkeit und eine gleichförmige Präcession, vermöge deren es sich in einem Sterntag um die Weltaxe wälzt, mit der Sonne, weil in Gl. (7) w das negative Vorzeichen hat.

Hat man zu Anfang dem Gyroskop eine Drehung um die ζ-Axe ertheilt, so hatte es die Anfangsgeschwindigkeit $\rho = \rho_0$, woraus mit Gl. (6) für $\vartheta' = 0$

$$C\rho^2 = C\rho_0^2 - A\sin^2\vartheta\varphi'^2.$$

Zweiter Fall; das Gyroskop in horizontaler Ebene. Wir wollen nun annehmen, die Axe der ζ sei in der Weise gefesselt, dass sie sich nur in einer horizontalen Ebene bewegen könne. Die Axe der z werde dann horizontal nach Norden, die der x nach oben gelegt: ist λ die geographische Breite des Orts, an dem sich das Gyroskop befindet, so ist demnach in Gl. (2) des vorigen Paragraphen $\cos\alpha = \sin\lambda$, $\cos\gamma = \cos\lambda$, $\cos\beta = 0$ zu setzen. Behandelt man damit die genannten Hauptgleichungen gerade so wie vorhin, so erhält man schliesslich als Gleichungen der Bewegung für das freie Gyroskop:

$$A\frac{d\vartheta'}{dt} + C\rho\sin\vartheta\varphi' - A\sin\vartheta\cos\vartheta\varphi'^2 = w\{(2A - C)(\cos\varphi\sin\vartheta\sin\lambda + \cos\vartheta\cos\lambda)\sin\vartheta\varphi'$$
$$+ C(\cos\varphi\cos\vartheta\sin\lambda - \sin\vartheta\cos\lambda)\rho\},$$

$$A\sin\vartheta\frac{d\varphi'}{dt} + 2A\cos\vartheta\vartheta'\varphi' - C\rho\vartheta' = w\{-(2A - C)(\cos\varphi\sin\vartheta\sin\lambda + \cos\vartheta\cos\lambda)\vartheta'$$
$$- C\sin\varphi\sin\lambda.\rho\},$$

$$\frac{d\rho}{dt} = w\{(-\cos\varphi\cos\vartheta\vartheta' + \sin\varphi\sin\vartheta\varphi')\sin\lambda + \sin\vartheta\vartheta'\cos\lambda\}.$$

Die Bedingung ist nun, dass die Axe der ζ in der Horizontalebene bleiben, d. h. dass der Winkel φ der Ebene ζoz mit der Ebene zox ein rechter sein soll; sie lautet also

$$\varphi = \frac{\pi}{2}.$$

Sie liefert ein Zwangsmoment: dasselbe hindert die Aenderung des Winkels φ, lässt aber ϑ und ρ völlig frei; das Zwangsmoment tritt also in der Gleichung für $\frac{d^2\varphi}{dt^2}$ zu; bezeichnen wir es mit P, so lautet nunmehr das System der Differentialgleichungen:

$$
(8)\quad \begin{cases}
A\dfrac{d\vartheta'}{dt}+C\rho\sin\vartheta\varphi'-A\sin\vartheta\cos\vartheta\varphi'^2 \\
\qquad = w\{(2A-C)(\cos\varphi\sin\vartheta\sin\lambda+\cos\vartheta\cos\lambda)\sin\vartheta\varphi' \\
\qquad\qquad +C(\cos\varphi\cos\vartheta\sin\lambda-\sin\vartheta\cos\lambda)\rho\}, \\
A\sin\vartheta\dfrac{d\varphi'}{dt}+2A\cos\vartheta\vartheta'\varphi'-C\rho\vartheta' \\
\qquad = w\{-(2A-C)(\cos\varphi\sin\vartheta\sin\lambda+\cos\vartheta\cos\lambda)\vartheta' \\
\qquad\qquad -C\sin\varphi\sin\lambda\rho\}+P, \\
\dfrac{d\rho}{dt}=w\{(-\cos\varphi\cos\vartheta\vartheta'+\sin\varphi\sin\vartheta\varphi')\sin\lambda+\sin\vartheta\vartheta'\cos\lambda\}, \\
\varphi=\dfrac{\pi}{2},
\end{cases}
$$

und der Vortheil der Resal'schen Gleichungsform tritt hier darin hervor, dass man die Bedingung ganz eben so einführen kann, wie wir es bisher immer gethan haben. Das liegt daran, dass die in (8) auftretenden Grössen φ und ϑ wirkliche Lagencoordinaten sind. Mit der Bedingung und ihren Consequenzen $\cos\varphi=0$, $\varphi'=0$, $\sin\varphi=1$ reducirt sich nun (8) sofort auf

$$
(9)\quad \begin{cases}
A\dfrac{d^2\vartheta}{dt^2}=-wC\cos\lambda\sin\vartheta.\rho \\
-C\rho\dfrac{d\vartheta}{dt}=w[(C-2A)\cos\vartheta\cos\lambda\rho-C\sin\lambda\rho]+P, \\
\dfrac{d\rho}{dt}=w\sin\vartheta\dfrac{d\vartheta}{dt}\cos\lambda.
\end{cases}
$$

Die letzte giebt integrirt, wenn ρ_1 die Integrationsconstante

$$
(10)\qquad \rho=\rho_1-w\cos\lambda\cos\vartheta.
$$

Setzt man dies in die erste und vernachlässigt das Glied mit w^2, so erhält man

$$
(11)\qquad A\frac{d^2\vartheta}{dt^2}=-wC\cos\lambda\rho_1.\sin\vartheta.
$$

Das ist die Pendelgleichung; das mit ruhender ζ-Axe losgelassene Gyroskop pendelt also um die Mittellage $\vartheta=0$, d. h. um die nach Norden gerichtete z-Axe. Seine Rotationsgeschwindigkeit wird nach (10) ein Maximum in den Punkten grösster Elongation, ein Minimum in der Mittellage. Die rechte Seite von (11) giebt zugleich den Betrag des Momentes an, welches die Nutation verursacht, also auch den Betrag, welchen die Dämpfung durch Reibungswiderstände etc. nicht erreichen darf, wenn das Gyroskop seine Bewegung noch zeigen soll. Das Minuszeichen zeigt an, dass für $\vartheta=0$ die Grösse $w\cos\lambda\rho$ positiv sein muss; denn in der Pendelgleichung ist ja der Factor von $-\sin\vartheta$ die jeweilige Amplitude; also müssen ρ und w in der Nulllage gleiches Vorzeichen haben; die Nulllage ist diejenige, in welcher sich das Gyroskop in gleichem Sinne mit der Erde dreht.

Für $\lambda=0$, unter dem Aequator, ist das Moment, welches die Pendelung verursacht, ein Maximum, auf den Polen steht das mit ruhender ζ-Axe losgelassene Gyroskop (in der Horizontalebene) still; dies auf den ersten Anblick auffallende Resultat erklärt sich daraus, dass das Gyroskop, wenn es auf dem Pol ruhend losgelassen wird, weil es an der Erddrehung vorher theilnahm, in einem absolut festen Coordinatensystem, welches für den Augenblick mit dem System der x, y, z zusammenfällt, bereits die Geschwindigkeit $\frac{d\vartheta}{dt} = w$ besitzt und dieselbe vermöge der Trägheit beibehält.

Man sieht leicht, dass die Rechnungen in jeder beliebigen Ebene gelten, wenn man unter λ den Winkel versteht, welchen die Erdaxe mit ihrer Projection auf die Ebene bildet. Geht die Ebene, in der die Axe der ζ sich bewegen kann, durch die Erdaxe, so ist $\cos\lambda = 1$. Auf den Polen hat also das Gyroskop das Bestreben, wenn seine ζ-Axe in einer Verticalebene festgehalten wird, um die Verticale zu pendeln.

Die zweite der Gleichungen (9) liefert das Zwangsmoment P, welches die ζ-Axe afficirt.

G. Phoronomie der Windungen von endlichem Parameter.

295. Im Allgemeinen ist die Elementarbewegung des starren Körpers, wie in den beiden ersten Abschnitten dieses Buches nachgewiesen wurde, eine Windung, die als Schraubung vom Parameter ϖ dargestellt werden kann. Die Abschnitte **D, E, F** behandeln Fälle, in welchen die Schraubung degenerirt, indem $\varpi = 0$ wird. Wird $\varpi = \infty$, so verschwindet die Drehung aus der Elementarbewegung, und es bleibt bloss die Verschiebung übrig; der Fall bedarf kaum einer besonderen Erörterung. Für $\varpi = 0$ verschwindet die Verschiebung, man erhält die Fälle der Abschnitte **D, E, F**. Der allgemeinste Fall, in welchem G bloss Drehungen ausführt, ist umfassender, als der des Abschnitts **F**; er tritt offenbar ein, wenn G so gefesselt ist, dass es sich um eine continuirliche Folge von Momentanaxen drehen kann, ohne auf denselben zu gleiten. Diese Momentanaxen bilden in ihrer Gesammtheit im Allgemeinen irgend eine Regelfläche; vereinfacht sich die Regelfläche zum Kegel, so tritt der Fall des Abschnitts **F** ein, rückt der Mittelpunkt des Kegels ins Unendliche, so haben wir den Fall des Abschnitts **E**, degenerirt der Kegel zur Geraden, so ist der Fall **D** gegeben. Der Fall, dass G bloss Drehungen um die Erzeugungslinien irgend einer Regelfläche ausführen kann, ist immer noch ein ziemlich specialisirter; in allen anderen Fällen, einerlei ob G frei oder Bedingungen unterworfen sei, kann die Elementarbewegung von G eine Schraubung von endlichem Parameter sein. Es ist demnach die Phoronomie eines windungsfähigen Körpers, d. h. eines solchen, der sich drehen und zugleich verschieben kann, in ihren Grundzügen festzustellen, und sie findet Anwendung sowohl auf den freien, wie auf den bedingten Körper G.

Der Specialfall, in welchem G sich bloss drehen kann, wird sich, so weit er nicht schon in den früheren Abschnitten eingehend discutirt ist, dem allgemeinen Fall anschliessen lassen, indem man im letzteren $\varpi = 0$ nimmt. Er ist übrigens, den Unterfall **F** ausgenommen, nicht von so grosser Bedeutung, dass wir besonders auf ihn zurückzukommen hätten.

296. Die continuirliche Bewegung. 1) Es sei α ein willkürlich ausgewählter Punkt des Körpers G. α beschreibt bei der Bewegung von G irgend eine Bahn; zur Zeit t befinde sich α im Punkt a_1, zur Zeit $t + dt_1$ im Punkt a_2 derselben. Die Elementarbewegung, welche G in der Zeit dt_1 ausgeführt hat, lässt sich dann in zwei Theilbewegungen zerlegen, 1) eine Verschiebung vom Betrage $\overline{a_1 a_2}$, 2) eine Drehung $d\varphi_1$ um den Punkt α. $d\varphi_1$ ist der an α angeheftete Vector, $\overline{a_1 a_2}$ das Moment der Elementarbewegung, wenn die letztere in der Form Vector plus Moment gedacht wird. Während des nächstfolgenden Zeittheilchens dt_2 gelangt α von a_2 nach einem Punkt a_3 der Bahn, und die Elementarbewegung von G in diesem Zeittheilchen setzt sich zusammen aus 1) einer Verschiebung vom Betrage $\overline{a_2 a_3}$, 2) einer Drehung $d\varphi_2$ um α. Und so weiter. Die endliche Bewegung von G lässt sich beschreiben, indem man angiebt 1) welche Bahn der ausgewählte Punkt α zurücklegt, 2) welche Drehungen um α der Körper G in der Zeit der Betrachtung ausführt.

Da der Punkt α in G beliebig ausgewählt werden kann, lässt sich die Zerlegung der Elementarbewegung und die Darstellung der continuirlichen Bewegung auf unendlich viele Arten ausführen. Wählt man statt des ursprünglich angenommenen Punktes α einen andern β aus, so lässt sich die Zerlegung der Elementarbewegung nach den Methoden des Abschnitts **B** von α auf β reduciren. Ist $d\varphi$ die (nach Grösse und Axendrehung bestimmte) Elementardrehung, welche G um α ausführt und $d\tau$ die zugehörige Verschiebung, so ist die Bewegung $d\varphi \overset{*}{+} d\tau$ an α äquivalent mit $d\varphi \overset{*}{+} d\tau \overset{*}{+}$ dem Moment des Paares $\pm d\varphi$ mit dem Arm $\alpha\beta$ an β. Der Vector $d\varphi$ bleibt bei der Reduction unverändert; also: „welchen Punkt α von G man auch auswählen möge, die Elementardrehung, welche G in dem Zeitelement dt um α macht, ist für alle Bezugspunkte dieselbe (nach Grösse und Richtung.)

Die im Vorstehenden angegebene Darstellung der continuirlichen Bewegung von G lässt sich sehr bequem mittels eines Hülfscoordinatensystems ausdrücken. Das System der x, y, z sei, wie immer, das ruhende. Durch den willkürlich ausgewählten Punkt α von G legen wir ein Hülfssystem der x', y', z', dessen Axen sich stets in α schneiden, dabei aber den gleichnamigen Axen des ruhenden Systems immer parallel bleiben. Die Bewegung von G zerlegt sich dann von selbst in zwei Theile: 1) Verschiebung des Anfangspunkts α im System der x, y, z; 2) Bewegung von G im System der x', y', z'; da der Punkt α von G stets im Ursprung der x', y', z' liegt, ist diese Bewegung stets eine Drehung um den in x', y', z' festen Punkt α.

Die Bewegung von G im System der x', y', z' lässt sich nach **F** beschreiben als das Rollen eines in G festen Kegels (Γ') auf einem im System der x', y', z' festen Kegel (C'). Die Bewegung von G im ruhenden System der x, y, z kann daher auch beschrieben werden als das Rollen eines in G festen Kegels (Γ') auf einen Kegel (C') der sich stets parallel und congruent bleibt, dessen Mittelpunkt aber in dem beweglichen Punkt α liegt und an der Translation von α Theil nimmt. Aus dem obigen Satz, dass $d\varphi$ für alle α den gleichen Werth hat, folgt: Wie man auch den Punkt α auswählen möge, der Kegel (C') des Punktes α_1 ist immer congruent dem Kegel (C') eines beliebigen andern Punktes α_2, und das gleiche gilt für die Kegel (Γ') beider Punkte. Die Congruenz ist auch dann noch vorhanden, wenn man sich die Kegel metrisch denkt, d. h. wenn man auf jeder Erzeugungslinie eines Kegels den ihr entsprechenden Betrag $d\varphi$ der Elementardrehung abschneidet.

2) Die Elementarbewegung, welche G in der Zeit dt macht, besitzt eine Centralaxe und lässt sich auf dieser als Schraubung darstellen; sie besteht 1) aus einer unendlich kleinen Drehung $d\varphi$ um die Centralaxe, 2) einer unendlich kleinen Verschiebung $d\tau$ längs derselben. Die continuirliche Bewegung von G besteht demnach aus einer continuirlichen Folge von Schraubenbewegungen um unendlich viele aufeinanderfolgende Axen. Diese Axen bilden in ihrer Gesammtheit irgend eine Regelfläche (C) im ruhenden und eine andere Regelfläche (Γ) im beweglichen Raum. Zur Zeit t fällt eine der Erzeugungslinien von (Γ) mit einer der Erzeugungslinien von (C) zusammen, und diese gemeinsame Erzeugungslinie $c(\gamma)$ ist Centralaxe der Bewegung innerhalb des an den Moment t anschliessenden Zeittheilchens dt; es findet gleichzeitig Drehung um und Gleiten längs $c(\gamma)$ statt. Durch diese Doppelbewegung während der Zeit dt kommt eine Gerade γ_1 von G in die Lage c_1, in welcher sie im nächsten Augenblick als $c_1(\gamma_1)$ Centralaxe der Bewegung wird; zur Zeit $t+dt$ haben also die Flächen (C) und (Γ) die Erzeugungslinien $c(\gamma)$ und $c_1(\gamma_1)$ miteinander gemein, d. h. sie berühren sich in $c(\gamma)$. Die Fläche

(Γ) rollt demnach auf (C) unter gleichzeitigem Gleiten längs der Berührungslinie, und die Bewegung von G lässt sich darstellen als gleichzeitiges Rollen und Gleiten der Fläche (Γ) auf (C).

Man nennt die Flächen (Γ) und (C) am besten die Axenflächen der Bewegung; in der Litteratur finden sich auch die Bezeichnungen „Polaxenflächen" und „Axoide", erstere kaum begründet, da die Centralaxe keinen „Pol" hat, letztere sprachlich unrichtig.

3) Endlich kann die Elementarbewegung, welche G in der Zeit dt macht, als Drehungskreuz dargestellt werden; sie besteht dann aus zwei unendlich kleinen Drehungen um zwei conjugirte Geraden l und λ. (Vergl. **206, 207, 213.**) Bei der continuirlichen Bewegung von G conjugiren sich unendlich viele Axen l zu einer constant gewählten Axe λ, und unendlich viele Axen λ zu einer constant gewählten l; die Gesammtheit der l bildet eine, die Gesammtheit der λ eine zweite Regelfläche, und man könnte auch diese beiden Regelflächen zur Darstellung der Bewegung von G benutzen.

297. Der Geschwindigkeitszustand von G zur Zeit t lässt sich nach dem Vorstehenden in mehrfacher Weise darstellen.

1) Man wählt irgend einen Punkt a von G willkürlich aus; zur Zeit t besitzt dieser Punkt einer Translationsgeschwindigkeit $\frac{ds}{dt}$, und zu gleicher Zeit hat G eine Winkelgeschwindigkeit $\frac{d\varphi}{dt}$ um irgend eine durch a gehende Axe. $\frac{ds}{dt}$ und $\frac{d\varphi}{dt}$ bestimmen, wenn sie nach Grösse und Richtung gegeben sind, den Geschwindigkeitszustand von G.

Es sei, wie oben, a als Ursprung eines Hülfssystems der x', y', z' gedacht. Die Geschwindigkeit von a im System der x, y, z hat drei Componenten v_x, v_y, v_z und ist durch diese bestimmt. Die Winkelgeschwindigkeit $\frac{d\varphi}{dt}$ im System der x', y', z' ist bestimmt durch die drei Projectionen p', q', r' ihrer Axendarstellung auf die Coordinatenaxen der x', y', z'. Die 6 Grössen $v_x, v_y, v_z, p', q', r'$ bestimmen den Geschwindigkeitszustand von G. Da die Axen der x', y', z' jederzeit parallel den Axen der x, y, z sind, sind die Projectionen p, q, r der Winkelgeschwindigkeit auf die Axen der x, y, z gleich den Projectionen p', q', r', können also an deren Stelle treten.

2) Man giebt die Lage der Centralaxe des Bewegungszustandes von

G zur Zeit t an und beziffert einerseits die Winkelgeschwindigkeit $\frac{d\varphi}{dt}$, mit der sich G um die Centralaxe dreht, andererseits die Translationsgeschwindigkeit $\frac{ds_c}{dt}$, mit welcher G längs derselben gleitet. $\frac{d\varphi}{dt}$ hat denselben Werth, wie ad 1), $\frac{ds_c}{dt}$ ist der kleinste unter den vorhandenen Werthen von $\frac{ds}{dt}$. Statt $\frac{ds_c}{dt}$ direct anzugeben, kann man natürlich auch der Parameter ϖ oder $\frac{ds_c}{d\varphi}$ der Elementarschraubenbewegung angeben. Die Lage der Centralaxe im Coordinatensystem der x, y, z ist durch 4 Grössen bestimmt; als solche kann man wählen a) die Coordinaten x_0, y_0 des Punktes, in welchem sie die xy-Ebene schneidet und zwei von ihren Richtungscosinus, oder b) man schneidet auf der Centralaxe irgend eine Länge l ab, bildet die drei Projectionen $\mathfrak{x}$, $\mathfrak{y}$, $\mathfrak{z}$ und die drei Momente $\mathfrak{l}$, $\mathfrak{m}$, $\mathfrak{n}$ derselben; nach **211** bestimmen die 4 Stücke $\frac{\mathfrak{x}}{\mathfrak{z}}$, $\frac{\mathfrak{y}}{\mathfrak{z}}$, $\frac{\mathfrak{l}}{\mathfrak{z}}$, $\frac{\mathfrak{m}}{\mathfrak{z}}$ die Lage der Centralaxe. In jedem Fall hat man 4 Bestimmungsstücke für die Lage der Centralaxe und ausserdem noch $\frac{d\varphi}{dt}$ und $\frac{ds_c}{dt}$; diese 6 Grössen bestimmen den Geschwindigkeitszustand von G. Am einfachsten nimmt man $\frac{d\varphi}{dt}$ selbst für die eben erwähnte Länge l. Sind dann $\mathfrak{x}$, $\mathfrak{y}$, $\mathfrak{z}$ die Projectionen und $\mathfrak{l}$, $\mathfrak{m}$, $\mathfrak{n}$ die Momente der (auf der Centralaxe abgeschnittenen) Winkelgeschwindigkeit $\frac{d\varphi}{dt}$, so bestimmen vermöge der Gleichung $\mathfrak{x}\mathfrak{l}+\mathfrak{y}\mathfrak{m}+\mathfrak{z}\mathfrak{n}=0$ irgend 5 von den Grössen $\mathfrak{x}$, $\mathfrak{y}$, $\mathfrak{z}$, $\mathfrak{l}$, $\mathfrak{m}$, $\mathfrak{n}$ die Grösse, Richtung und Lage von $\frac{d\varphi}{dt}$; diese 5 Grössen nebst dem Parameter $\frac{ds_c}{d\varphi}$ bestimmen den Geschwindigkeitszustand zur Zeit t.

3) Zu irgend einer Zeit t dreht sich G gleichzeitig um zwei conjugirte Axen l und λ. Giebt man die Lage derselben und die zu ihnen gehörigen Winkelgeschwindigkeiten an, so ist damit der Geschwindigkeitszustand von G zur Zeit t bestimmt. Wir berücksichtigen dies Verfahren nicht weiter, da es geometrisch nicht ausgebildet ist und analytisch sich auf das Folgende reducirt.

4) Sind l und λ die beiden eben erwähnten conjugirten Drehungsaxen, und giebt man dem l die Länge der Winkelgeschwindigkeit, mit welcher G sich um l dreht, dem λ die Länge der Winkelgeschwindigkeit, mit welcher G sich um λ dreht, so haben l und λ je drei Projectionen und je drei Momente auf den Coordinatenaxen. Sind $\mathfrak{x}_1, \mathfrak{y}_1, \mathfrak{z}_1, \mathfrak{l}_1, \mathfrak{m}_1, \mathfrak{n}_1$ diese Grössen für l und $\mathfrak{x}_2, \mathfrak{y}_2, \mathfrak{z}_2, \mathfrak{l}_2, \mathfrak{m}_2, \mathfrak{n}_2$ dieselben für λ, und setzt man $\mathfrak{x}_1+\mathfrak{x}_2 = X$, $\mathfrak{y}_1+\mathfrak{y}_2 = Y$, $\mathfrak{z}_1+\mathfrak{z}_2 = Z$, $\mathfrak{l}_1+\mathfrak{l}_2 = L$, $\mathfrak{m}_1+\mathfrak{m}_2 = M$, $\mathfrak{n}_1+\mathfrak{n}_2 = N$, so sind die 6 Grössen X, Y, Z, L, M, N die 6 Coordinaten des Geschwindigkeitszustandes im Sinne des Abschnitts **B.**

Es erwächst aus dem Vorstehenden die Aufgabe, die verschiedenen Arten der Geschwindigkeitsbestimmung von G aufeinander zu reduciren. Dieselbe hängt so innig mit der Aufgabe, die Geschwindigkeiten der einzelnen Punkte von G zu untersuchen, zusammen, dass sie mit dieser zugleich in Angriff genommen werden soll.

298. Die Geschwindigkeit der einzelnen Punkte von *G*, und die Reduction der Geschwindigkeitsbestimmungen aufeinander. 1) Geschwindigkeitsbestimmung durch Coordinatentransformation. Wie oben sei der Punkt a des Körpers G willkürlich ausgewählt; er sei Ursprung zweier Coordinatensysteme, 1) des Hülfssystems der x', y', z', dessen Axen denen der x, y, z jederzeit parallel bleiben, 2) des Systems der ξ, η, ζ, welches in G festliegt und dessen Axen in die Hauptträgheitsaxen von G fallen. Die Coordinaten des Anfangspunkts a im ruhenden System der x, y, z seien a, b, c. Hat dann irgend ein Punkt von G in den drei Coordinatensystemen die Coordinaten x, y, z; x', y', z' und ξ, η, ζ, so bestehen die bekannten Transformationsgleichungen

$$(1)\qquad \begin{cases} x = x'+a = a+a_1\,\xi+a_2\,\eta+a_3\,\zeta, \\ y = y'+b = b+b_1\,\xi+b_2\,\eta+b_3\,\zeta, \\ z = z'+c = c+c_1\,\xi+c_2\,\eta+c_3\,\zeta, \end{cases}$$

oder

$$(2)\qquad \begin{cases} \xi = a_1(x-a)+b_1(y-b)+c_1(z-c), \\ \eta = a_2(x-a)+b_2(y-b)+c_2(z-c), \\ \zeta = a_3(x-a)+b_3(y-b)+c_3(z-c). \end{cases}$$

Die Coefficienten $a_1, b_1, c_1 \ldots c_3$ sind dieselben wie in Abschnitt F, und es bestehen zwischen ihnen dieselben Beziehungen. Durch Differentiation von (1) folgt zunächst

$$(4)\quad \begin{cases} \dfrac{dx}{dt} = \dfrac{da}{dt} + \xi \dfrac{da_1}{dt} + \eta \dfrac{da_2}{dt} + \zeta \dfrac{da_3}{dt}, \\[2ex] \dfrac{dy}{dt} = \dfrac{db}{dt} + \xi \dfrac{db_1}{dt} + \eta \dfrac{db_2}{dt} + \zeta \dfrac{db_3}{dt}, \\[2ex] \dfrac{dz}{dt} = \dfrac{dc}{dt} + \xi \dfrac{dc_1}{dt} + \eta \dfrac{dc_2}{dt} + \zeta \dfrac{dc_3}{dt}. \end{cases}$$

Da ferner die Bewegung von G im System der x', y', z' eine Drehung um den Anfangspunkt a ist, folgt aus **277** Gl. (3)

$$(5)\quad \frac{dx'}{dt} = q'z' - r'y', \quad \frac{dy'}{dt} = r'x' - p'z', \quad \frac{dz'}{dt} = p'y' - q'x',$$

und daraus mit Gl. (1)

$$(6)\quad \begin{cases} \dfrac{dx}{dt} = \dfrac{da}{dt} + q(z-c) - r(y-b), \\[2ex] \dfrac{dy}{dt} = \dfrac{db}{dt} + r(x-a) - p(z-c), \\[2ex] \dfrac{dz}{dt} = \dfrac{dc}{dt} + p(y-b) - q(x-a). \end{cases}$$

Hierin gelten für p, q, r (oder p', q', r') die Definitionsgleichungen des § **276**, und mit diesen ist sehr leicht nachzuweisen, dass die Gleichungen (6) mit den (4) identisch sind.

Legt man durch a ein Coordinatensystem, dessen Axen parallel der Momentanlage der ξ, η, ζ sind, bezeichnet die drei Projectionen der Winkelgeschwindigkeit auf diese Axen mit π, χ, ϱ und die Geschwindigkeit, welche der Punkt ξ, η, ζ in demselben hat, mit $v'_\xi, v'_\eta, v'_\zeta$, so ist nach **277**, (5) $v'_\xi = \chi\zeta - \varrho\eta$, $v'_\eta = \varrho\xi - \pi\zeta$, $v'_\zeta = \pi\eta - \chi\xi$. Nach den Richtungen ξ, η, ζ zerlegt sich zugleich die Translationsgeschwindigkeit von a in die drei Componenten $a_1 \dfrac{da}{dt} + b_1 \dfrac{db}{dt} + c_1 \dfrac{dc}{dt}$, $a_2 \dfrac{da}{dt} + b_2 \dfrac{db}{dt} + c_2 \dfrac{dc}{dt}$, $a_3 \dfrac{da}{dt} + b_3 \dfrac{db}{dt} + c_3 \dfrac{dc}{dt}$; die Geschwindigkeit des Punkts ξ, η, ζ zerlegt sich also nach den Momentanrichtungen der Hauptträgheitsaxen in die Componenten

$$(7)\quad \begin{cases} v_\xi = a_1 \dfrac{da}{dt} + b_1 \dfrac{db}{dt} + c_1 \dfrac{dc}{dt} + \chi\zeta - \varrho\eta, \\[2ex] v_\eta = a_2 \dfrac{da}{dt} + b_2 \dfrac{db}{dt} + c_2 \dfrac{dc}{dt} + \varrho\xi - \pi\zeta, \\[2ex] v_\zeta = a_3 \dfrac{da}{dt} + b_3 \dfrac{db}{dt} + c_3 \dfrac{dc}{dt} + \pi\eta - \chi\xi. \end{cases}$$

Es ist auch leicht zu zeigen, dass diese Gleichungen aus (6) durch Transformation entstehen, nach den Formeln $v_\xi = a_1 \frac{dx}{dt} + b_1 \frac{dy}{dt} + c_1 \frac{dz}{dt}$ u. s. w.

2) Geschwindigkeitsbestimmung in Plücker'schen Coordinaten. Die Geschwindigkeit von G sei durch die 6 Grössen X, Y, Z, L, M, N bestimmt. X, Y, Z sind die drei Componenten der Geschwindigkeit, womit sich G um die Momentanaxe dreht; d. h.

$$(8) \qquad X = p, \quad Y = q, \quad Z = r.$$

L, M, N sind die Componenten der Translationsgeschwindigkeit, welche man der am Anfangspunkt o angehefteten Drehungsgeschwindigkeit $\sqrt{X^2 + Y^2 + Z^2}$ zufügen muss, um die Gesammtbewegung von G zu erhalten, d. h. sie sind die Componenten der Translationsgeschwindigkeit, welche der zur Zeit in o fallende Punkt von G besitzt. Man erhält also die Werthe von L, M, N ausgedrückt in p, q, r, wenn man in Gl. (6) L statt $\frac{dx}{dt}$, M statt $\frac{dy}{dt}$ etc. schreibt, und auf der rechten Seite $x = y = z = 0$ setzt;

$$(9) \qquad \begin{cases} L = \frac{da}{dt} - qc + rb, \\ M = \frac{db}{dt} - ra + pc, \\ N = \frac{dc}{dt} - pb + qa. \end{cases}$$

Führt man dies in (6) ein, so ergiebt sich mit Rücksicht auf (8)

$$(10) \qquad \begin{cases} \frac{dx}{dt} = L + Yz - Zy, \\ \frac{dy}{dt} = M + Zx - Xz, \\ \frac{dz}{dt} = N + Xy - Yx. \end{cases}$$

Hiermit ist die Bestimmung der Geschwindigkeit des einzelnen Punktes und in den Gleichungen (8) (9) zugleich die Reduction der ersten auf die zweite Bestimmungsart und umgekehrt gegeben.

3) Geschwindigkeitsbestimmung mittels der Centralaxe. Man denke sich zunächst, die momentane Centralaxe sei der Anschauung vorgezeigt, und auf ihr sei die Winkelgeschwindigkeit

R nebst der Translationsgeschwindigkeit S gegeben. Ein Punkt β von G, dessen Abstand von der Centralaxe gleich δ ist, hat dann zwei Geschwindigkeitscomponenten: 1) vermöge der Drehung R hat er die Geschwindigkeit δR senkrecht zu R und senkrecht zu δ, 2) vermöge der Translation S hat er die Geschwindigkeit S parallel R, seine totale Geschwindigkeit ist also $v = \sqrt{S^2 + \delta^2 R^2}$, und die v sämmtlicher Punkte von G bilden offenbar denjenigen Complex zweiten Grades, der in Abschnitt **B** mit dem vorläufigen Namen „Concurs der Momente" belegt wurde. Damit hat man eine bequeme Uebersicht über die räumliche Vertheilung der Geschwindigkeiten der Punkte von G, und es leuchtet ein, das alles, was in Abschnitt **B** über die Momente ausgesagt wurde, auf die Geschwindigkeiten v unmittelbar Anwendung findet. So z. B.: In jeder Ebene von G giebt es einen und nur einen Punkt, dessen Geschwindigkeit senkrecht auf der Ebene selbst steht, das ist ihr Pol. Es giebt in ihr eine Gerade, deren Punkte die Eigenschaft haben, dass ihre Geschwindigkeiten in die Ebene selbst fallen, d. i. die Charakteristik der Ebene. Das Perpendikel im Pol und die Charakteristik sind conjugirte Geraden; also lässt sich die Bewegung der Ebene in eine Drehung um den Pol und eine gleichzeitige Drehung um die Charakteristik zerlegen. Jede Gerade von G dreht sich um ihre Conjugirte, u. s. w.

Wir wollen nun annehmen, die Centralaxe sei im ruhenden System der x, y, z gegeben, und zwar in der Form, dass einerseits die Coordinaten von R, andererseits S gegeben seien. $\mathfrak{x}$, $\mathfrak{y}$, $\mathfrak{z}$ seien die Projectionen von R auf die Coordinatenaxen, $\mathfrak{l}$, $\mathfrak{m}$, $\mathfrak{n}$ die Axenmomente von R; für S werde τ geschrieben; von den 6 Grössen $\mathfrak{x}$, $\mathfrak{y}$, $\mathfrak{z}$, $\mathfrak{l}$, $\mathfrak{m}$, $\mathfrak{n}$ ist selbstverständlich eine überzählig vermöge der Gleichung $\mathfrak{x}\mathfrak{l} + \mathfrak{y}\mathfrak{m} + \mathfrak{z}\mathfrak{n} = 0$.

Wir stellen zunächst die Geschwindigkeit desjenigen Punktes von G fest, welcher zur Zeit der Betrachtung im Anfangspunkt o liegt. Die Gleichungen der Centralaxe im System der x, y, z sind $\mathfrak{l} = y\mathfrak{z} - z\mathfrak{y}$, $\mathfrak{m} = z\mathfrak{x} - x\mathfrak{z}$, $\mathfrak{n} = x\mathfrak{y} - y\mathfrak{x}$. Setzt man in diesen $z = 0$, so erhält man für den Durchschnittspunkt der Centralaxe mit der xy-Ebene: $x_0 = -\frac{\mathfrak{m}}{\mathfrak{z}}$, $y_0 = \frac{\mathfrak{l}}{\mathfrak{z}}$, $z_0 = 0$. Verschiebt man das Coordinatensystem parallel mit sich selbst, so dass sein Anfang in x_0, y_0, z_0 fällt, so hat der frühere Anfangspunkt o in dem neuen System die Coordinaten $+\frac{\mathfrak{m}}{\mathfrak{z}}$, $-\frac{\mathfrak{l}}{\mathfrak{z}}$, 0. Nun sind $\mathfrak{x}$, $\mathfrak{y}$, $\mathfrak{z}$ die Componenten der

Winkelgeschwindigkeit, mit denen sich G um den neuen Anfang dreht; vermöge der blossen Drehung um die Centralaxe besitzt also o drei Seitengeschwindigkeiten, welche, nach den Formeln **277** (3) berechnet, sind:

$$\frac{dx_1}{dt} = 0.y - \left(-\frac{\mathfrak{l}}{\mathfrak{z}}\mathfrak{z}\right) = \mathfrak{l}, \quad \frac{dy_1}{dt} = \mathfrak{m}, \quad \frac{dz_1}{dt} = -\frac{\mathfrak{l}}{\mathfrak{z}}\mathfrak{x} - \frac{\mathfrak{m}}{\mathfrak{z}}\mathfrak{y} = \mathfrak{n}.$$

Hieraus erhellt die kinematische Bedeutung der drei Grössen $\mathfrak{l}, \mathfrak{m}, \mathfrak{n}$; sie sind einfach die Seitengeschwindigkeiten des Coordinatenanfangs, welche aus der Drehung um die Centralaxe hervorgehen. Vermöge der Verschiebung längs der Centralaxe besitzt nun der Anfangspunkt ausserdem die Geschwindigkeit τ, deren Richtungscosinus mit denen der Centralaxe übereinstimmen; dieselbe zerfällt also in die Componenten

$$\frac{dx_2}{dt} = \varpi\mathfrak{x} = \tau\frac{\mathfrak{x}}{\sqrt{\mathfrak{x}^2+\mathfrak{y}^2+\mathfrak{z}^2}}, \quad \frac{dy_2}{dt} = \varpi\mathfrak{y} = \tau\frac{\mathfrak{y}}{\sqrt{\mathfrak{x}^2+\mathfrak{y}^2+\mathfrak{z}^2}},$$

$$\frac{dz_2}{dt} = \varpi\mathfrak{z} = \tau\frac{\mathfrak{z}}{\sqrt{\mathfrak{x}^2+\mathfrak{y}^2+\mathfrak{z}^2}}.$$

Die Totalgeschwindigkeit des in o fallenden Punktes von G ist also bestimmt durch

$$(11) \quad \begin{cases} L = \mathfrak{l}+\tau\dfrac{\mathfrak{x}}{\sqrt{\mathfrak{x}^2+\mathfrak{y}^2+\mathfrak{z}^2}} = \mathfrak{l}+\varpi\mathfrak{x}, \\ M = \mathfrak{m}+\tau\dfrac{\mathfrak{y}}{\sqrt{\mathfrak{x}^2+\mathfrak{y}^2+\mathfrak{z}^2}} = \mathfrak{l}+\varpi\mathfrak{y}, \\ N = \mathfrak{n}+\tau\dfrac{\mathfrak{z}}{\sqrt{\mathfrak{x}^2+\mathfrak{y}^2+\mathfrak{z}^2}} = \mathfrak{l}+\varpi\mathfrak{z}. \end{cases}$$

Ausserdem ist offenbar

$$(12) \quad X = \mathfrak{x}, \quad Y = \mathfrak{y}, \quad Z = \mathfrak{z}.$$

Die Gleichungen (11) stellen die Beziehung zwischen der zweiten und dritten Geschwindigkeitsbestimmung her. Um die (11) nach $\mathfrak{l}, \mathfrak{m}, \mathfrak{n}$ und $\frac{d\tau}{dt}$ auflösen zu können, bedenke man, dass nach **211** Gl. (5)

$$(13) \quad \tau = \frac{XL+YM+ZN}{\sqrt{X^2+Y^2+Z^2}}, \quad \varpi = \frac{XL+YM+ZN}{X^2+Y^2+Z^2},$$

womit, wenn ϖ als abkürzendes Zeichen fortgeführt wird, aus (11) kommt:

$$(14) \quad \mathfrak{l} = L - X\varpi, \quad \mathfrak{m} = M - Y\varpi, \quad \mathfrak{n} = N - Z\varpi.$$

Somit sind $\mathfrak{l}$, $\mathfrak{m}$, $\mathfrak{n}$ durch die Plücker'schen Coordinaten bestimmt. Führt man die Gleichungen (11), (12) in (10) ein, so findet sich

$$(15)\quad \begin{cases} \dfrac{dx}{dt} = \mathfrak{l} + \mathfrak{x}\varpi + \mathfrak{y}z - \mathfrak{z}y, \\[2ex] \dfrac{dy}{dt} = \mathfrak{m} + \mathfrak{y}\varpi + \mathfrak{z}x - \mathfrak{x}z, \\[2ex] \dfrac{dz}{dt} = \mathfrak{n} + \mathfrak{z}\varpi + \mathfrak{x}y - \mathfrak{y}x, \end{cases}$$

womit die Geschwindigkeitscomponenten des Punktes x, y, z auf Grund der dritten Darstellung bestimmt sind.

Endlich ist noch die dritte Darstellung auf die erste zu reduciren. Man braucht zu dem Zweck nur Gl. (11) in (9) einzusetzen und erhält dann neben den selbstverständlichen Gleichungen

$$(16)\qquad \mathfrak{x} = p, \quad \mathfrak{y} = q, \quad \mathfrak{z} = r$$

die Beziehungen

$$(17)\quad \begin{cases} \mathfrak{l} + \mathfrak{x}\varpi = \dfrac{da}{dt} - qc + rb, \\[2ex] \mathfrak{m} + \mathfrak{y}\varpi = \dfrac{db}{dt} - ra + pc, \\[2ex] \mathfrak{n} + \mathfrak{z}\varpi = \dfrac{dc}{dt} - pb + qa, \end{cases}$$

so wie aus (13) und (9)

$$(18)\qquad \varpi = \frac{p\dfrac{da}{dt} + q\dfrac{db}{dt} + r\dfrac{dc}{dt}}{p^2 + q^2 + r^2}.$$

Will man die (17) benutzen, um $\mathfrak{l}$, $\mathfrak{m}$, $\mathfrak{n}$ durch a, b, c, p, q, r auszudrücken, so hat man auf der linken Seite p, q, r statt $\mathfrak{x}$, $\mathfrak{y}$, $\mathfrak{z}$ zu schreiben; will man $\frac{da}{dt}$, $\frac{db}{dt}$, $\frac{dc}{dt}$ durch $\mathfrak{l}$, $\mathfrak{m}$, $\mathfrak{n}$ ausdrücken, so hat man rechts das umgekehrte zu thun. In beiden Fällen ist die Auflösung unmittelbar auf der Hand liegend.

Indem man $\mathfrak{x}$, $\mathfrak{y}$, $\mathfrak{z}$, $\mathfrak{l}$, $\mathfrak{m}$, $\mathfrak{n}$, ϖ aus (16), (17), (18) herstellt, ist die Aufgabe gelöst, die Lage, die Länge und den Parameter der momentanen Centralaxe des Geschwindigkeitszustandes zu bestimmen, wenn der letztere in Form (1) gegeben ist.

299. Lebendige Kraft und Bewegungsmenge. Die lebendige Kraft T von G ist einfach die Summe aus der lebendigen Kraft seines Schwerpunkts und der lebendigen Kraft der Rotation um den Schwerpunkt. Ist also m die Masse von G und sind A, B, C die Hauptträgheitsmomente in Bezug auf den Schwerpunkt, so ist, wenn v_o die Geschwindigkeit des Schwerpunkts,

$$(1) \qquad 2T = mv_o^2 + A\pi^2 + B\chi^2 + C\varrho^2.$$

Es sei dem Leser überlassen, nachzuweisen, dass man dieselbe Formel aus Gl. (7) des vorigen Paragraphen erhält, wenn man als Punkt a den Schwerpunkt von G wählt.

Die 6 Coordinaten der Bewegungsmenge von G erhält man nach bekanntem Summationsverfahren aus Gl. (6) oder (9) des vorigen Paragraphen. Bei Bildung derselben sei wieder vorausgesetzt, dass a mit dem Schwerpunkt von G zusammenfalle. Multiplicirt man die (3) mit dm und summirt über alle dm von G, so findet man für die Componenten der Bewegungsmenge, zerlegt nach x, y, z

$$(2) \qquad X = m\frac{da}{dt}, \quad Y = m\frac{db}{dt}, \quad Z = m\frac{dc}{dt}.$$

„Der resultirende Vector der Bewegungsmenge ist gleich der Bewegungsmenge des Schwerpunkts.“ Bildet man die Ausdrücke $\left(y\frac{dz}{dt} - z\frac{dy}{dt}\right)dm$ u. s. w. und summirt, so findet sich für das erste der Axenmomente der Bewegungsmenge zunächst

$$L = m\left(b\frac{dc}{dt} - c\frac{db}{dt}\right) + \Sigma dm\{[p(y-b) - q(x-a)]y - [r(x-a) - p(z-c)]z\}.$$

Setzt man unter den Summenzeichen x' für $x-a$, y' für $y-b$, z' für $z-c$, so wird daraus

$$L = m\left(b\frac{dc}{dt} - c\frac{db}{dt}\right) + \Sigma dm\{p(y'+b)y' - q(y'+b)x' - r(z'+c)x' + p(z'+c)z'\}.$$

Nun ist $\Sigma y'dm = \Sigma x'dm = \Sigma z'dm = 0$, weil der Schwerpunkt Ursprung der x', y', z' ist, also, wenn A', B', C', D', E', F' die Trägheits- und Deviationsmomente für die Axen der x', y', z' sind,

$$(3) \qquad L = m\left(b\frac{dc}{dt} - c\frac{db}{dt}\right) + pA' - qF' - rE'.$$

Hierin kann man für A', F', E' ihre Werthe aus (288) Gl. (8) setzen: dann kommt

$$L = m\left(b\frac{dc}{dt} - c\frac{db}{dt}\right) + p(a_1^2A + a_2^2B + a_3^2C)$$
$$+ q(a_1b_1A + a_2b_2B + a_3b_3C) + r(c_1a_1A + c_2a_2B + c_3a_3C),$$

wo A, B, C wieder die Hauptträgheitsmomente des Schwerpunkts sind. Fasst man die Factoren von A zusammen, so ist $pa_1^2+qa_1b_1+rc_1a_1=a_1(a_1p+b_1q+c_1r)=a_1\pi$. Ebenso haben B und C die Factoren $a_2\chi$ und $a_3\varrho$, also ist schliesslich

$$(4)\quad\begin{cases} L=m\left(b\frac{dc}{dt}-c\frac{db}{dt}\right)+a_1\pi A+a_2\chi B+a_3\varrho C,\\ M=m\left(c\frac{da}{dt}-a\frac{dc}{dt}\right)+b_1\pi A+b_2\chi B+b_3\varrho C,\\ N=m\left(a\frac{db}{dt}-b\frac{da}{dt}\right)+c_1\pi A+c_2\chi B+c_3\varrho C.\end{cases}$$

Die drei ersten Posten sind offenbar die Momente der Bewegungsmenge des Schwerpunkts, die mit π, χ, ϱ behafteten sind die Momente der Bewegungsmenge, welche aus der Rotation um den Schwerpunkt hervorgeht. Legt man o in die Momentanlage des Schwerpunkts, so fallen die a, b, c enthaltenden Antheile fort.

Legt man durch o ein Coordinatensystem, dessen Axen der Momentanlage der ξ, η, ζ parallel sind, so erhält man die Coordinaten der Bewegungsmenge in diesem System durch einfache Transformation aus Gl. (2) und (3). Die Coordinaten des Schwerpunkts in diesem System seien zur Abkürzung mit α, β, γ bezeichnet, so dass also $\alpha=a_1a+b_1b+c_1c$, $\beta=a_2a+b_2b+c_2c$, $\gamma=a_3a+b_3b+c_3c$ ist; es ist dann zugleich $\frac{d\alpha}{dt}=a_1\frac{da}{dt}+b_1\frac{db}{dt}+c_1\frac{dc}{dt}$ u. s. w., weil das neue Coordinatensystem ruhend gedacht ist, a_1, b_1, c_1 also für die Transformation unveränderlich sind. So erhält man

$$(5)\quad\begin{cases} \Xi=m\frac{d\alpha}{dt},\quad H=m\frac{d\beta}{dt},\quad Z=m\frac{d\gamma}{dt},\\ \Lambda=m\left(\beta\frac{d\gamma}{dt}-\gamma\frac{d\beta}{dt}\right)+\pi A,\quad M=m\left(\gamma\frac{d\alpha}{dt}-\alpha\frac{d\gamma}{dt}\right)+\chi B,\\ N=m\left(\alpha\frac{d\beta}{dt}-\beta\frac{d\alpha}{dt}\right)+\varrho C.\end{cases}$$

Dieselben Gleichungen ergeben sich auch durch directe Summation der Gl. (9) des vorigen Paragraphen. Auf Grund der beiden Sätze: „Der Vector der Bewegungsmenge von G ist die Bewegungsmenge seines Schwerpunkts“, und „das Moment der Bewegungsmenge von G ist die geometrische Summe aus dem Moment der Bewegungsmenge des Schwerpunkts und aus dem der Rotation um den Schwerpunkt“

kann man die Gl. (9) ohne weiteres hinschreiben und nachträglich durch Einsetzen der Werthe von α, β, γ nachweisen, dass $\Lambda = a_1 L + b_1 M + c_1 N$ ist u. s. w.

300. Zusammensetzung zweier Geschwindigkeitszustände. Es ist der Mühe werth, noch einen Blick auf die Frage zu werfen, wie zwei Geschwindigkeitszustände von G zusammengesetzt werden, wenn sie in den drei Hauptformen gegeben sind. Die beiden componirenden Geschwindigkeitszustände seien durch die Marken 1 und 2 characterisirt, der resultirende dadurch, dass die ihn bezeichnenden Grössen keine Marke haben.

1) Plücker'sche Form. Der erste Zustand habe die Componente $X_1, Y_1 \ldots N_1$, der zweite $X_2, Y_2 \ldots N_2$, der resultirende $X, Y \ldots N$. Nach Abschnitt **B** ist vollkommen selbstverständlich, dass

$$(1) \quad \begin{cases} X = X_1 + X_2, & Y = Y_1 + Y_2, & Z = Z_1 + Z_2, \\ L = L_1 + L_2, & M = M_1 + M_2, & N = N_1 + N_2. \end{cases}$$

Die Zusammensetzung geschieht durch einfache Addition der Coordinaten.

2) Form der Coordinatentransformation. Nach **298** Gl. (8) folgt hieraus ohne weiteres

$$(2) \quad p = p_1 + p_2, \quad q = q_1 + q_2, \quad r = r_1 + r_2.$$

Die erste Gleichung (9) desselben Paragraphen liefert

$$\frac{da_1}{dt} = L_1 + q_1 c - r_1 b,$$

$$\frac{da_2}{dt} = L_2 + q_2 c - r_2 b,$$

$$\frac{da}{dt} = L + qc - rb = L_1 + L_2 + (q_1 + q_2)c - (r_1 + r_2)b = \frac{da_1}{dt} + \frac{da_2}{dt}.$$

Ebenso beweisen sich die beiden entsprechenden Gleichungen in b und c, also

$$(3) \quad \frac{da}{dt} = \frac{da_1}{dt} + \frac{da_2}{dt}, \quad \frac{db}{dt} = \frac{db_1}{dt} + \frac{db_2}{dt}, \quad \frac{dc}{dt} = \frac{dc_1}{dt} + \frac{dc_2}{dt}.$$

Die oben als die erste aufgeführte Darstellungsart theilt also mit der Plücker'schen die werthvolle Eigenschaft, dass jedes Bestimmungsstück einer heteraptischen Summe gleich der algebraischen Summe der entsprechenden Bestimmungsstücke für die Componenten ist.

3) Schraubenform. Dagegen hat die Schraubenform nicht

diese Eigenschaft; vielmehr ergiebt sich aus **208**, dass der Parameter ϖ der Resultante mit den Parametern ϖ_1 und ϖ_2 der Componenten auf demselben Cylindroid liegt und mit ihnen durch ein verwickeltes Gleichungssystem verbunden ist. Die Schraubendarstellung des Geschwindigkeitszustandes eignet sich daher wenig zur Behandlung in beliebigen cartesischen Coordinaten; sie will vielmehr unabhängig von diesen betrachtet sein, entweder rein geometrisch oder in einem Coordinatensystem, welches auf dem Boden der Schraubentheorie selbst erwachsen ist. Ball hat ein solches angegeben (Theory of screws, Cap. IV); der Raum gestattet uns aber hier nicht, darauf einzugehen.

301. Der Beschleunigungszustand von G kann, entsprechend der dreifachen Darstellung des Geschwindigkeitszustandes, in drei Hauptformen dargestellt werden.

1) Transformationsform. Zur Zeit t ist der Geschwindigkeitszustand von G bestimmt durch die 6 Grössen $\frac{da}{dt}$, $\frac{db}{dt}$, $\frac{dc}{dt}$, p, q, r des § **297** und **298**. Zur Zeit $t+dt$ sind seine Bestimmungsstücke $\frac{da}{dt}+\frac{d^2a}{dt^2}dt$, $\frac{db}{dt}+\frac{d^2b}{dt}dt$, $q+\frac{dq}{dt}dt$ u. s. w. Die 6 Grössen

$$\frac{d^2a}{dt^2},\ \frac{d^2b}{dt^2},\ \frac{d^2c}{dt^2},\ \frac{dp}{dt},\ \frac{dq}{dt},\ \frac{dr}{dt}$$

bestimmen also den Unterschied zwischen dem Geschwindigkeitszustand zur Zeit t und dem zur Zeit $t+dt$, d. h. sie sind die 6 Coordinaten des Beschleunigungszustandes. Und zwar ist nach dem vorigen Paragraphen der Geschwindigkeitszustand im Moment $t+dt$ einfach die heteraptische Summe aus 1) dem zur Zeit t vorhandenen Geschwindigkeitszustand und 2) dem unendlich kleinen Geschwindigkeitszustand, dessen Coordinaten die 6 mit dt multiplicirten Beschleunigungscoordinaten

$$\frac{d^2a}{dt^2}dt,\quad \frac{d^2b}{dt^2}dt,\quad \frac{d^2c}{dt^2}dt,\quad \frac{dp}{dt}dt,\quad \frac{dq}{dt}dt,\quad \frac{dr}{dt}dt$$

sind.

2) Plücker'sche Form. Wird der Geschwindigkeitszustand in Plücker'schen Coordinaten dargestellt, so sind ganz entsprechend

$$\frac{dX}{dt},\ \frac{dY}{dt},\ \frac{dZ}{dt},\ \frac{dL}{dt},\ \frac{dM}{dt},\ \frac{dN}{dt}$$

die Coordinaten des Beschleunigungszustandes, und dieselben Grössen, mit dt

multiplicirt, sind die Coordinaten des unendlich kleinen Geschwindigkeitszustandes, der in der Zeit dt zu dem im Augenblick t vorhandenen Geschwindigkeitszustand hinzugefügt wird.

3) Schraubenform; Wechselgeschwindigkeit. Zur Zeit t ist eine Gerade c Momentanaxe der Schraubengeschwindigkeit, die Winkelgeschwindigkeit um c ist ω und die Translationsgeschwindigkeit längs c sei τ. Zur Zeit $t+dt$ ist eine unendlich benachbarte Gerade c' Momentanaxe, die Winkelgeschwindigkeit auf ihr ist $\omega+d\omega$, die Translationsgeschwindigkeit $\tau+d\tau$. Die Aenderung, welche der Geschwindigkeitszustand von G in der Zeit dt erlitten hat, lässt sich demnach characterisiren durch 1) die beiden Zunahmen $d\omega$ und $d\tau$, 2) die gleichzeitig eingetretene Lagenänderung der Centralaxe. c und c' kreuzen sich im Allgemeinen; es sei de ihr kürzester Abstand und $d\psi$ der Winkel, den sie miteinander machen. Man bringt dann eine Gerade aus der Lage c in die Lage c', indem man sie erst längs des kürzesten Abstandes um die Strecke de verschiebt und sie hierauf um den kürzesten Abstand eine Drehung vom Betrage $d\psi$ beschreiben lässt. Die Geschwindigkeit, mit welcher die Momentanaxe sich ändert, ist also selbst eine Schraubengeschwindigkeit, deren Centralaxe die Gerade ist, in welcher de liegt, und deren Componenten sind $\frac{d\psi}{dt}$ für die Drehung, $\frac{de}{dt}$ für die Verschiebung: man nennt sie die Wechselgeschwindigkeit der Momentanaxe; die Componente $\frac{de}{dt}$ führt auch den Namen Orthogonalgeschwindigkeit. Die 5 Coordinaten von $\frac{d\psi}{dt}$, nebst $\frac{de}{dt}$, $\frac{d\omega}{dt}$ und $\frac{d\tau}{dt}$ bestimmen den Beschleunigungszustand von G. Von den 5 Coordinaten der Grösse $\frac{d\psi}{dt}$ sind aber 2 von vorn herein dadurch gegeben, dass die Gerade, auf welcher $\frac{d\psi}{dt}$ liegt, die Momentanaxe c schneiden muss: im Ganzen sind also wieder 6 Bestimmungsstücke für den Beschleunigungszustand vorhanden.

Andererseits hat der unendlich kleine Geschwindigkeitszustand, der sich nach dem obigen während der Zeit dt zu dem Geschwindigkeitszustand des Moments t addirt, seinerseits eine momentane Centralaxe, und auf dieser einen bestimmten Werth nebst Parameter. Diese Grössen sind zu bestimmen. Analytisch am einfachsten gestaltet sich die Bestimmung, wenn wir annehmen, der Beschleunigungszustand sei in Plücker'schen Coordinaten gegeben. Dann sind

$$dX,\quad dY,\quad dZ,\quad dL,\quad dM,\quad dN$$

die 6 Coordinaten des unendlich kleinen Geschwindigkeitszustandes; seine Centralaxe hat nach **211** die Gleichungen

$$(1)\qquad \frac{dL-ydZ+zdY}{dX}=\frac{dM-zdX+xdZ}{dY}=\frac{dN-xdY+ydX}{dZ}.$$

Die Componenten der Drehung auf der Centralaxe sind dX, dY, dZ, und für den Parameter gilt die Gleichung

$$(2)\qquad \varpi_a=\frac{dXdL+dYdM+dZdN}{dX^2+dY^2+dZ^2},$$

wo der Parameter mit ϖ_a bezeichnet ist, um ihn von dem Parameter ϖ des Geschwindigkeitszustandes zur Zeit t zu unterscheiden.

Um über die geometrische Beziehung unserer Centralaxe zur Momentanaxe ins Klare zu kommen, denken wir uns das Coordinatensystem der x, y, z so gelegt, dass seine z-Axe in die Momentanaxe c des Augenblicks t fällt, die y-Axe in den kürzesten Abstand de der beiden aufeinander folgenden Momentanaxen c und c', die Axe der x senkrecht zu beiden. Zur Zeit t dreht sich also G um die z-Axe mit der Winkelgeschwindigkeit ω, und verschiebt sich längs derselben mit der Geschwindigkeit τ oder $\varpi\omega$. Zur Zeit t sind also die Coordinaten des Geschwindigkeitszustandes

$$(3) \qquad X=0,\quad Y=0,\quad Z=\omega,\quad L=0,\quad M=0,\quad N=\varpi\omega.$$

Zur Zeit $t+dt$ dagegen geht die Centralaxe durch den Punkt $x=0$, $y=de$, $z=0$, und macht mit den drei Axen den Winkel $\frac{\pi}{2}-d\psi$, 0, $d\psi$; dabei ist die Winkelgeschwindigkeit $\omega+d\omega$ und der Parameter $\varpi+d\varpi$. Die drei Componenten der Rotation um c' sind also

$$(4) \qquad \begin{cases} \mathfrak{x}=X+dX=(\omega+d\omega)\sin d\psi, & \mathfrak{y}=Y+dY=0, \\ \mathfrak{z}=Z+dZ=(\omega+d\omega)\cos d\psi. \end{cases}$$

Gleichzeitig ist, wenn für x, y, z die Werthe des Durchschnitts von c' mit der y-Axe eingesetzt werden,

$$\mathfrak{l}=y\mathfrak{z}-z\mathfrak{y}=de(\omega+d\omega)\cos d\psi,\quad \mathfrak{m}=0,$$
$$\mathfrak{n}=-de(\omega+d\omega)\sin d\psi.$$

Hieraus kommt mit den Gleichungen (11) des § **298**,

$$(5) \qquad \begin{cases} L+dL=de(\omega+d\omega)\cos d\psi+(\varpi+d\varpi)(\omega+d\omega)\sin d\psi, \\ M+dM=0,\quad N+dN=-de(\omega+d\omega)\sin d\psi+(\varpi+d\varpi)(\omega+d\omega)\cos d\psi. \end{cases}$$

Lässt man in den Gleichungen (4) und (5) die unendlich kleinen Grössen höherer Ordnung fort, setzt also auch $\sin d\psi=d\psi$ und $\cos d\psi=1$, so ergiebt sich

$$(6) \qquad \begin{cases} X+dX=\omega d\psi,\quad Y+dY=0,\quad Z+dZ=\omega+d\omega, \\ L+dL=\omega de+\varpi\omega d\psi,\quad M+dM=0,\quad N+dN=\varpi\omega+d(\varpi\omega). \end{cases}$$

Durch Vergleich mit (3) folgt hieraus

$$(7) \qquad \begin{cases} dX=\omega d\psi,\quad dY=0,\quad dZ=d\omega, \\ dL=\omega de+\varpi\omega d\psi,\quad dM=0,\quad dN=d(\varpi\omega), \end{cases}$$

wo für $\varpi\omega$ das kürzere τ geschrieben werden kann. Wendet man hierauf die Gleichung (1) an, so erhält man als Gleichungen der untersuchten Centralaxe, welche nunmehr die Beschleunigungsaxe heissen möge

$$(8) \qquad \frac{\omega de+\tau d\psi-y d\omega}{\omega d\psi}=\frac{-z\omega d\psi+x d\omega}{0}=\frac{d\tau+y\omega d\psi}{d\omega}.$$

Die Gleichungen geben aufgelöst

$$(9) \qquad x=\omega\frac{d\psi}{d\omega}z. \qquad\qquad (10) \qquad y=\frac{\omega de d\omega+d\psi(\tau d\omega-\omega d\tau)}{d\omega^2+\omega^2 d\psi^2}.$$

Die Gleichungen zeigen: Die Beschleunigungsaxe geht durch den (verlängerten) kürzesten Abstand der beiden Momentanaxen c und c' und steht senkrecht auf ihm; in der That ist ja dieser Abstand die Directrix des Cylindroids, dem die Beschleunigungsaxe nebst den Axen c und c' angehören. Sie macht mit der

Momentanaxe einen Winkel, dessen Tangente $\omega \frac{\frac{d\psi}{dt}}{\frac{d\omega}{dt}}$ ist. Ihren Abstand von der Momentanaxe giebt der Ausdruck (10) an. Endlich ist nach (2)

$$(11) \qquad \varpi_a = \frac{\omega^2 d\psi\, de + \tau\omega\, d\psi^2 + d\omega\, d\tau}{d\omega^2 + \omega^2 d\psi^2}.$$

Die resultirende Winkelbeschleunigung ist $\sqrt{dX^2 + dY^2 + dZ^2} = \sqrt{d\omega^2 + \omega^2 d\psi^2} : dt$. Man bemerke, dass Gl. (9) nur ω, ψ und $\frac{d\psi}{dt}$, $\frac{d\omega}{dt}$ enthält. Sie findet also auch statt, wenn an G keine Verschiebungen und keine Wechselgeschwindigkeit vorkommt. In der That ist sie die Gleichung, welche den Winkel der Beschleunigungsaxe mit der Momentanaxe für den Fall der Drehung um einen festen Punkt bestimmt. Setzt man dagegen $\frac{d\psi}{dt} = 0$, lässt also die Axenflächen zu Cylindern degeneriren, so erhält man die Gleichung $y = \omega \frac{de}{d\omega}$, welche in Abschnitt **E** den Abstand des Beschleunigungscentrums vom Momentancentrum bestimmte. (Vergl. **253** Gl. (3).)

302. Die Beschleunigung der einzelnen Punkte von G.
1) Transformationsform. Aus **298** Gl. (4) folgt durch Differentiation nach t

$$(1) \qquad \begin{cases} \dfrac{d^2x}{dt^2} = \dfrac{d^2a}{dt^2} + \xi \dfrac{d^2a_1}{dt^2} + \eta \dfrac{d^2a_2}{dt^2} + \zeta \dfrac{d^2a_3}{dt^2}, \\[2ex] \dfrac{d^2y}{dt^2} = \dfrac{d^2b}{dt^2} + \xi \dfrac{d^2b_1}{dt^2} + \eta \dfrac{d^2b_2}{dt^2} + \zeta \dfrac{d^2b_3}{dt^2}, \\[2ex] \dfrac{d^2z}{dt^2} = \dfrac{d^2c}{dt^2} + \xi \dfrac{d^2c_1}{dt^2} + \eta \dfrac{d^2c_2}{dt^2} + \zeta \dfrac{d^2c_3}{dt^2}. \end{cases}$$

Differentiirt man ebenso die Gl. (6) desselben Paragraphen und setzt dabei für $\frac{dx}{dt}$, $\frac{dy}{dt}$, $\frac{dz}{dt}$ ihre Werthe aus denselben Gleichungen, so erhält man

$$(2) \qquad \begin{cases} \dfrac{d^2x}{dt^2} = \dfrac{d^2a}{dt^2} + (z-c)\dfrac{dq}{dt} - (y-b)\dfrac{dr}{dt} \\ \qquad + pq(y-b) + rp(z-c) - (q^2+r^2)(x-a), \\[2ex] \dfrac{d^2y}{dt^2} = \dfrac{d^2b}{dt^2} + (x-a)\dfrac{dr}{dt} - (z-c)\dfrac{dp}{dt} \\ \qquad + qr(z-c) + pq(x-a) - (r^2+p^2)(y-b), \\[2ex] \dfrac{d^2z}{dt^2} = \dfrac{d^2c}{dt^2} + (y-b)\dfrac{dp}{dt} - (x-a)\dfrac{dq}{dt} \\ \qquad + rp(x-a) + qr(y-b) - (p^2+q^2)(z-c). \end{cases}$$

Schreibt man ξ, η, ζ statt $x-a$, $y-b$, $z-c$ und setzt im übrigen griechische Buchstaben an Stelle der lateinischen, so erhält man die Componenten der Beschleunigung des Punktes ξ, η, ζ in einem ruhenden System, dessen Axen der Momentanlage der Hauptträgheitsaxen parallel sind.

2) Plücker'sche Form. Ganz ähnlich ergiebt sich durch Differentiation der Gleichungen **298** (10)

$$(3)\quad\begin{cases}\dfrac{d^2x}{dt^2}=\dfrac{dL}{dt}+YN-ZM+z\dfrac{dY}{dt}-y\dfrac{dZ}{dt}+XYy+ZXz-(Y^2+Z^2)x,\\ \dfrac{d^2y}{dt^2}=\dfrac{dM}{dt}+ZL-XN+x\dfrac{dZ}{dt}-z\dfrac{dX}{dt}+YZz+XYx-(Z^2+X^2)y,\\ \dfrac{d^2z}{dt^2}=\dfrac{dN}{dt}+XM-YL+y\dfrac{dX}{dt}-x\dfrac{dY}{dt}+ZXx+YZy-(X^2+Y^2)z.\end{cases}$$

Wie in den Gleichungen (2) das erste Glied auf der rechten Seite, so sind hier die drei ersten Glieder auf der rechten Seite unabhängig von x, y, z, stellen also einen allen Punkten von G gemeinsamen Antheil der Beschleunigung dar. Differentiirt man die Gleichungen (9) des § **298** nach t, so ist die Identität von (3) und (2) leicht nachzuweisen.

3) Darstellung mittels der Wechselgeschwindigkeit. In dem Coordinatensystem, welches in den Gleichungen (3) bis (11) des § **301** gebraucht wurde, hat der Punkt x, y, z zur Zeit t, wo $X=Y=L=M=0$, $Z=\omega$, $N=\varpi\omega$ ist, gemäss **298** (10) die Seitengeschwindigkeiten

$$(4)\qquad \frac{dx}{dt}=-y\omega,\qquad \frac{dy}{dt}=x\omega,\qquad \frac{dz}{dt}=\varpi\omega=\tau.$$

Zur Zeit $t+dt$ oder, wo $X=\omega d\psi$, $Y=0$, $Z=\omega+d\omega$, $L=\omega de+\tau d\psi$, $M=0$, $N=\tau+d\tau$, und wo derselbe Punkt die Coordinaten $x+\frac{dx}{dt}dt$, $y+\frac{dy}{dt}dt$, $z+\frac{dz}{dt}dt$ hat, ist nach denselben Gleichungen

$$(5)\quad\begin{cases}\dfrac{dx}{dt}=\omega de+\tau d\psi-\left(y+\dfrac{dy}{dt}dt\right)(\omega+d\omega)\\ \qquad=-\omega y-x\omega^2dt-y\,d\omega+\omega\,de+\tau\,d\psi,\\ \dfrac{dy}{dt}=\left(x+\dfrac{dx}{dt}dt\right)(\omega+d\omega)-\left(z+\dfrac{dz}{dt}dt\right)\omega d\psi\\ \qquad=\omega x-y\omega^2dt+xd\,\omega-z\omega\,d\psi,\\ \dfrac{dz}{dt}=\tau+d\tau+\left(y+\dfrac{dy}{dt}dt\right)\omega d\psi\\ \qquad=\tau+y\omega\,d\psi+d\tau\end{cases}$$

mit Weglassung der unendlich kleinen Grössen 2. Ordnung. Hieraus folgt durch Vergleich mit (4), dass die Componenten der Beschleunigung des betrachteten Punktes sind:

$$(6)\quad\begin{cases}\dfrac{d^2x}{dt^2}=-x\omega^2-y\dfrac{d\omega}{dt}+\omega\dfrac{de}{dt}+\tau\dfrac{d\psi}{dt},\\[2ex]\dfrac{d^2y}{dt^2}=-y\omega^2+x\dfrac{d\omega}{dt}-z\omega\dfrac{d\psi}{dt},\\[2ex]\dfrac{d^2z}{dt}=\dfrac{d\tau}{dt}+y\omega\dfrac{d\psi}{dt}.\end{cases}$$

Hiernach zerlegt sich die Beschleunigung des Punktes x, y, z von selbst in 5 Componenten: 1) die Centripetalbeschleunigung $\omega^2\sqrt{x^2+y^2}$, die auch bei stationärer Rotation um die Axe c vorhanden sein würde, selbsverständlich nach c hin gerichtet; 2) die Grösse, deren Componenten $-y\dfrac{d\omega}{dt}$ und $x\dfrac{d\omega}{dt}$ sind; d.i. die Beschleunigung, welche aus der blossen Zunahme von ω hervorgehen würde; sie steht senkrecht auf c und auf dem Radius, der vom Punkte x, y, z zur Momentanaxe c führt; 3) die Grösse, deren Componenten $-z\omega\dfrac{d\psi}{dt}$ und $+y\omega\dfrac{d\psi}{dt}$ sind; sie rührt von der Drehung der Momentanaxe her, steht senkrecht auf der Axe der x, ist also parallel der Ebene, welche durch die Momentanaxe und die Centralaxe der Wechselgeschwindigkeit geht, und steht ausserdem senkrecht auf ihrem Abstand von der Axe der x, 4) der Componente $\omega\dfrac{de}{dt}+\tau\dfrac{d\psi}{dt}$, welche allen Punkten von G gemeinsam ist und senkrecht auf der eben erwähnten Ebene steht, in der die Momentanaxe und die Centralaxe der Winkelgeschwindigkeit liegen, 5) der Componente $\dfrac{d\tau}{dt}$ parallel zur Momentanaxe, welche gleichfalls allen Punkten von G gemeinsam ist.

Lässt man aus den Gleichungen (6) diejenigen Grössen fort, die allen Punkten von G gemeinsam sind, so bleiben nur solche übrig, die ω, $\dfrac{d\omega}{dt}$ und $\dfrac{d\psi}{dt}$ enthalten, die also auch vorkommen würden, wenn G sich um einen festen Punkt drehte. Es folgt, dass die Punkte gleicher Beschleunigung in G unter allen Umständen ebenso vertheilt sind, wie in einem Körper, der einen festen Punkt hat. Sie unterliegen der Bedingung $\left(\dfrac{d^2x}{dt^2}\right)^2+\left(\dfrac{d^2y}{dt^2}\right)^2+\left(\dfrac{d^2z}{dt^2}\right)^2=\text{const.}$, welche mit (6) ausgerechnet, eine Fläche zweiter Ordnung ergiebt, und zwar ein Ellipsoid.

4) Darstellung mittels der Beschleunigungsaxe. Vermöge der blossen Winkelgeschwindigkeit ω hat jeder Punkt x, y, z, wenn sein Abstand von der Momentanaxe mit ρ_c bezeichnet wird, die Beschleunigung $\omega^2\rho_c$, nach c hin gerichtet. Zu dieser tritt nun noch die Schraubenbeschleunigung um die Beschleunigungsaxe; sie besteht aus zwei Theilen. Die unendlich kleine Drehungsgeschwindigkeit um die Beschleunigungsaxe ist nach **301** Gl. (7) gleich $\sqrt{d\omega^2+\omega^2 d\psi^2}$; die unendlich kleine Zusatzgeschwindigkeit, welche sie dem Punkt x, y, z mittheilt, ist, wenn ρ_d seinen Abstand von der Beschleunigungsaxe bedeutet, $\rho_d\sqrt{d\omega^2+\omega^2 d\psi^2}$, die entsprechende Beschleunigung also $\rho_d\sqrt{\left(\dfrac{d\omega}{dt}\right)^2+\omega^2\left(\dfrac{d\psi}{dt}\right)^2}$; sie steht senkrecht auf der Beschleunigungsaxe und auf dem Radius ρ_d. Ebenso ist die Beschleunigung, welche aus der Ver-

schiebungsgeschwindigkeit längs der Beschleunigungsaxe hervorgeht, gleich $\varpi_a \sqrt{d\omega^2+\omega^2 d\psi^2}$, d. i. nach **301** Gl. (11) $\frac{\omega^2 d\psi\, de + \tau\omega\, d\psi^2 + d\omega\, d\tau}{\sqrt{d\omega^2+\omega^2 d\psi^2}}$. Wenn man die Grösse $\frac{\sqrt{d\omega^2+\omega^2 d\psi^2}}{dt}$, die Winkelbeschleunigung von G, mit dem einfachen Buchstaben σ bezeichnet, dann hat die Beschleunigung von x, y, z, kurz ausgedrückt, die Componenten $\rho_c \omega^2$, $\rho_d \sigma$ und $\varpi_a \sigma$ von den angegebenen Richtungen.

5) Darstellung mittels des Beschleunigungsmittelpunkts. In irgend eines der gegebenen Gleichungssysteme für $\frac{d^2x}{dt^2}$ u. s. w. kann man die Bedingung einführen $\frac{d^2x}{dt^2} = \frac{d^2y}{dt^2} = \frac{d^2z}{dt^2} = 0$. So erhält man die Punkte, deren Beschleunigung Null ist. Aus Gl. (1) z. B. ergiebt sich, wenn die Coordinaten für diesen Fall mit der Marke 0 versehen werden,

$$(7)\quad \begin{cases} 0 = \frac{d^2a}{dt^2} + \xi_0 \frac{d^2a_1}{dt^2} + \eta_0 \frac{d^2a_2}{dt^2} + \zeta_0 \frac{d^2a_3}{dt^2}, \\ 0 = \frac{d^2b}{dt^2} + \xi_0 \frac{d^2b_1}{dt^2} + \eta_0 \frac{d^2b_2}{dt^2} + \zeta_0 \frac{d^2b_3}{dt^2}, \\ 0 = \frac{d^2c}{dt^2} + \xi_0 \frac{d^2c_1}{dt^2} + \eta_0 \frac{d^2c_2}{dt^2} + \zeta_0 \frac{d^2c_3}{dt^2}. \end{cases}$$

Die linearen Gleichungen ergeben offenbar je einen Werth für ξ_0, η_0 und ζ_0; es giebt also einen und nur einen Punkt, der die Beschleunigung Null hat; wir nennen ihn den Beschleunigungsmittelpunkt. Zieht man Gl. (7) von (1) ab und schreibt ξ' für $\xi - \xi_0$ u. s. w., so erhält man

$$(8)\quad \begin{cases} \frac{d^2x}{dt^2} = \xi' \frac{d^2a_1}{dt^2} + \eta' \frac{d^2a_2}{dt^2} + \zeta' \frac{d^2a_3}{dt^2}, \\ \frac{d^2y}{dt^2} = \xi' \frac{d^2b_1}{dt^2} + \eta' \frac{d^2b_2}{dt^2} + \zeta' \frac{d^2b_3}{dt^2}, \\ \frac{d^2z}{dt^2} = \xi' \frac{d^2c_1}{dt^2} + \eta' \frac{d^2c_2}{dt^2} + \zeta' \frac{d^2c_3}{dt^2}. \end{cases}$$

Diese Gleichungen stimmen offenbar überein mit denen für die Beschleunigung der Punkte eines Körpers G, der sich um den fest gedachten Beschleunigungsmittelpunkt drehen kann. Nimmt man also den Beschleunigungsmittelpunkt zum Coordinatenanfang, so besitzen die Punkte von G in diesem Coordinatensystem dieselben Beschleunigungen, als ob der Beschleunigungsmittelpunkt fest wäre. Eine anschauliche Zerlegung derselben erhält man, wenn man dieselbe Operation mit Gl. (6) vornimmt. Sind x_0, y_0, z_0 die Coordinaten des Beschleunigungsmittelpunktes in dem dort gebrauchten System, so liefern die Gl. (6)

$$(9)\quad \begin{cases} \frac{d^2x}{dt^2} = -(x-x_0)\,\omega^2 - (y-y_0)\,\frac{d\omega}{dt}, \\ \frac{d^2y}{dt^2} = -(y-y_0)\,\omega^2 + (x-x_0)\,\frac{d\omega}{dt} - (z-z_0)\,\frac{d\psi}{dt}, \\ \frac{d^2z}{dt^2} = (y-y_0)\,\frac{d\psi}{dt}. \end{cases}$$

D. h. die Beschleunigung zerfällt in drei Componenten: 1) Centripetalbeschleunigung, gerichtet nach einer Axe hin, die parallel zur Momentanaxe durch den Beschleunigungsmittelpunkt geht, und vom Betrage $\rho_0 \omega^2$, wenn ρ_0 den Abstand des Punktes x, y, z von der genannten Axe bezeichnet. 2) Winkelbeschleunigung $\rho_0 \frac{d\omega}{dt}$ um dieselbe Axe, 3) Beschleunigung, welche aus der Winkelgeschwindigkeit der Momentanaxe hervorgeht; sie ist parallel der Ebene, welche durch die Momentanaxe und die Centralaxe der Wechselgeschwindigkeit geht; legt man durch den Beschleunigungsmittelpunkt eine Gerade senkrecht zu dieser Ebene und nennt ρ_1 den Abstand des Punktes x, y, z von dieser Geraden, so ist die dritte Componente gleich $\rho_1 \frac{d\psi}{dt}$.

6) Zerlegung in Tangential- und Normalbeschleunigung. Die Beschleunigung $\dot{u}$ des Punktes zerfällt in die Componenten $\dot{u}_\tau$ und $\dot{u}_\nu$, erstere tangential, parallel der Geschwindigkeit v, letztere normal. Um sie herzustellen, braucht man nur die Gleichungen (12) und (15) des § **23** auf eine der obigen Gleichungsgruppen für $\frac{dx}{dt}$ und $\frac{d^2x}{dt}$ etc. anzuwenden. Für die Frage: „Welche Punkte von G haben die Tangentialbeschleunigung Null?" ergiebt sich aus (4) und (6), dass diese Punkte der Gleichung genügen müssen:

$$(x^2+y^2)\,\omega \frac{d\omega}{dt} - zx\omega^2 \frac{d\psi}{dt} - y\omega^2 \frac{de}{dt} + \tau \frac{d\tau}{dt} = 0,$$

oder

$$x^2 + \left(y - \tfrac{1}{2}\omega \frac{\frac{de}{dt}}{\frac{d\omega}{dt}}\right)^2 - \omega \frac{\frac{d\psi}{dt}}{\frac{d\omega}{dt}} zx = \left(\tfrac{1}{2}\omega \frac{\frac{de}{dt}}{\frac{d\omega}{dt}}\right)^2 - \tau \frac{d\tau}{dt}.$$

D. i. die Gleichung einer Mittelpunktsfläche zweiten Grades, deren Mittelpunkt auf der Centralaxe der Wechselgeschwindigkeit im Abstand $\frac{1}{2}\omega \frac{de}{dt} : \frac{d\omega}{dt}$ liegt. Sie ist im Allgemeinen ein Hyperboloid, und wird von Flächen senkrecht zur Momentanaxe ($z = \text{const.}$), wie leicht ersichtlich, in Kreisen geschnitten.

Ganz ähnlich findet man als Ort der Punkte, deren Normalbeschleunigung Null ist, eine Curve 3. Grades.

303. Die Beschleunigungsmenge von G. Die 6 Coordinaten der Beschleunigungsmenge ergeben sich in bekannter Weise durch Summation aus den Beschleunigungscomponenten der einzelnen Punkte von G.

1) Wir stellen sie zunächst her für die Transformationsform; und zwar soll dabei der bequemeren Summation wegen ein ruhendes Coordinatensystem der ξ', η', ζ' zu Grunde gelegt werden, dessen Anfang der willkürliche Punkt o ist, und dessen Axen parallel sind der Momentanlage der Axen ξ, η, ζ. Als willkürlich zu wählender Punkt a von G sei der Schwerpunkt von G genommen, und

seine Coordinaten im System der ξ', η', ζ' seien nunmehr, wie es schon oben geschehen, mit α, β, γ bezeichnet. Es ist dann $\xi'=\xi+\alpha$, $\eta'=\eta+\beta$, $\zeta'=\zeta+\gamma$, und die Beschleunigungscomponenten des Punktes ξ', η', ζ' sind nach Gl. (2) des vorigen Paragraphen

$$(1)\quad\begin{cases}\dfrac{d^2\xi'}{dt^2}=\dfrac{d^2\alpha}{dt^2}+\zeta\dfrac{d\chi}{dt}-\eta\dfrac{d\varrho}{dt}+\pi\chi\eta+\varrho\pi\zeta-\xi(\chi^2+\varrho^2),\\[2ex] \dfrac{d^2\eta'}{dt^2}=\dfrac{d^2\beta}{dt^2}+\xi\dfrac{d\varrho}{dt}-\zeta\dfrac{d\pi}{dt}+\chi\varrho\zeta+\pi\chi\xi-\eta(\varrho^2+\pi^2),\\[2ex] \dfrac{d^2\zeta'}{dt^2}=\dfrac{d^2\gamma}{dt^2}+\eta\dfrac{d\pi}{dt}-\xi\dfrac{d\chi}{dt}+\varrho\pi\xi+\chi\varrho\eta-\zeta(\pi^2+\chi^2).\end{cases}$$

Multiplicirt man die drei Gleichungen mit dem Massenelement dm von G und summirt über alle dm, so erhält man, da im Schwerpunkt von G $\xi=\eta=\zeta=0$, für die drei Vectorcomponenten der Beschleunigungsmenge

$$(2)\qquad \mathit{\Xi}=m\frac{d^2\alpha}{dt^2},\quad \mathit{H}=m\frac{d^2\beta}{dt^2},\quad \mathit{Z}=m\frac{d^2\gamma}{dt^2}\cdot$$

Sie sind identisch mit den Componenten der Beschleunigungsmenge des Schwerpunkts.

Die drei Momente der Beschleunigungsmenge aber erhält man, wenn man die Ausdrücke $\left(\eta'\dfrac{d^2\zeta'}{dt^2}-\zeta'\dfrac{d^2\eta'}{dt^2}\right)dm$ u. s. w. bildet und summirt. Mit Rücksicht darauf, dass die Deviationsmomente verschwinden, findet sich

$$\mathit{\Lambda}=m\left(\beta\frac{d^2\gamma}{dt^2}-\gamma\frac{d^2\beta}{dt^2}\right)+\frac{d\pi}{dt}\,\Sigma(\eta^2+\zeta^2)dm+\chi\varrho\Sigma(\eta^2-\zeta^2)dm.$$

Sind nun A, B, C die Hauptträgheitsmomente des Schwerpunkts, so ist $\Sigma(\eta^2+\zeta^2)dm=A$, $\Sigma(\eta^2-\zeta^2)dm=C-B$, also

$$(3)\quad\begin{cases}\mathit{\Lambda}=m\left(\beta\dfrac{d^2\gamma}{dt^2}-\gamma\dfrac{d^2\beta}{dt^2}\right)+A\dfrac{d\pi}{dt}+(C-B)\chi\varrho,\\[2ex] \mathit{M}=m\left(\gamma\dfrac{d^2\alpha}{dt^2}-\alpha\dfrac{d^2\gamma}{dt^2}\right)+B\dfrac{d\chi}{dt}+(A-C)\varrho\pi,\\[2ex] \mathit{N}=m\left(\alpha\dfrac{d^2\beta}{dt^2}-\beta\dfrac{d^2\alpha}{dt^2}\right)+C\dfrac{d\varrho}{dt}+(B-A)\pi\chi.\end{cases}$$

Die ersten Glieder in diesen Gleichungen stellen offenbar die Axenmomente der Beschleunigungsmenge des Schwerpunkts dar; die Grössen $A\dfrac{d\pi}{dt}+(C-B)\chi\varrho$ u. s. w. stimmen genau überein mit den rechten

Seiten der Gleichungen **288**, (4). Es ergiebt sich also 1) dass die Beschleunigungsmenge von G sich zusammensetzt aus Beschleunigungsmenge des Schwerpunkts und Beschleunigungsmenge der Rotation um den fest gedachten Schwerpunkt. 2) Dass man die auf die Rotation bezüglichen Antheile der Beschleunigungsmenge ganz ähnlich umformen kann, wie das in § **288** geschehen ist. Kehrt man insbesondere zu dem Coordinatensystem der x, y, z zurück, so gelangt man, wenn die Coordinaten der Bewegungsmenge in diesem mit grossen lateinischen Buchstaben bezeichnet werden, und wenn T die lebendige Kraft ist, durch Anwendung der Formeln $X = a_1\boldsymbol{\Xi} + a_2\boldsymbol{H} + a_3\boldsymbol{Z}$ u. s. w. sehr leicht zu den folgenden Gleichungen:

$$(4)\quad \begin{cases} X = m\dfrac{d^2a}{dt^2} = \dfrac{d}{dt}\left(\dfrac{\partial T}{\partial a'}\right), \quad Y = m\dfrac{d^2b}{dt^2} = \dfrac{d}{dt}\left(\dfrac{\partial T}{\partial b'}\right), \\ Z = m\dfrac{d^2c}{dt^2} = \dfrac{d}{dt}\left(\dfrac{\partial T}{\partial c'}\right). \end{cases}$$

$$(5)\quad \begin{cases} L = m\left(b\dfrac{d^2c}{dt^2} - c\dfrac{d^2b}{dt^2}\right) + \dfrac{d}{dt}\left(\dfrac{\partial T}{\partial p}\right) \\ \quad = \dfrac{d}{dt}\left\{b\dfrac{\partial T}{\partial c'} - c\dfrac{\partial T}{\partial b'} + \dfrac{\partial T}{\partial p}\right\}, \\ M = \dfrac{d}{dt}\left\{c\dfrac{\partial T}{\partial a'} - a\dfrac{\partial T}{\partial c'} + \dfrac{\partial T}{\partial q}\right\}, \\ N = \dfrac{d}{dt}\left\{a\dfrac{\partial T}{\partial b'} - b\dfrac{\partial T}{\partial a'} + \dfrac{\partial T}{\partial r}\right\}, \end{cases}$$

wo a', b', c' für $\dfrac{da}{dt}$, $\dfrac{db}{dt}$, $\dfrac{dc}{dt}$ steht.

Die Momente $\boldsymbol{\Lambda}$, $\boldsymbol{M}$, $\boldsymbol{N}$ und L, M, N sind auf den willkürlichen Anfangspunkt O des Coordinatensystems bezogen. Legt man diesen in den Schwerpunkt von G, so fallen die Grössen, welche α, β, γ und a, b, c enthalten, weg, und es bleibt

$$(6)\quad \begin{cases} \boldsymbol{\Lambda}_\sigma = A\dfrac{d\pi}{dt} + (C-B)\chi\varrho, \quad L_s = \dfrac{d}{dt}\left(\dfrac{\partial T}{\partial p}\right), \\ \boldsymbol{M}_\sigma = B\dfrac{d\chi}{dt} + (A-C)\varrho\pi, \quad M_s = \dfrac{d}{dt}\left(\dfrac{\partial T}{\partial q}\right), \\ \boldsymbol{N}_\sigma = C\dfrac{d\varrho}{dt} + (B-A)\pi\chi, \quad N_s = \dfrac{d}{dt}\left(\dfrac{\partial T}{\partial r}\right), \end{cases}$$

wo die Marken σ, s die Beziehung auf den Schwerpunkt andeuten.

H. Der freie starre Körper.

304. Gleichgewicht. Ein System von Kräften, die an einem freien starren Körper angreifen, ist im Gleichgewicht, d. h. reducirt sich auf Null, wenn seine 6 Coordinaten sämmtlich Null sind.

305. Der Körper unter dem Einfluss continuirlicher Kräfte. Es seien X, Y, Z, L, M, N die Coordinaten einer am freien Körper G angreifenden Dyname in irgend einem Coordinatensystem. Die durch diese Dyname hervorgebrachte Beschleunigung wird bestimmt durch den Satz des § 222.

Man erhält also die Gleichungen der Bewegung von G, wenn man die Werthe der 6 Coordinaten der Beschleunigungsmenge aus Gl. (2) und (3) oder (4) und (5) des vorigen Paragraphen entnimmt und sie gleich X, Y u. s. w. setzt. Im System der ξ', η', ζ', wo wir auch die Coordinaten der Dyname mit grossen griechischen Buchstaben schreiben wollen, lauten daher die Gleichungen der Bewegung von G

$$(1)\quad \begin{cases} m\dfrac{d^2\alpha}{dt^2} = \Xi, \quad m\dfrac{d^2\beta}{dt^2} = H, \quad m\dfrac{d^2\gamma}{dt^2} = Z, \\ m\left(\beta\dfrac{d^2\gamma}{dt^2} - \gamma\dfrac{d^2\beta}{dt^2}\right) + A\dfrac{d\pi}{dt} + (C-B)\chi\varrho = \Lambda, \\ m\left(\gamma\dfrac{d^2\alpha}{dt^2} - \alpha\dfrac{d^2\gamma}{dt^2}\right) + B\dfrac{d\chi}{dt} + (A-C)\varrho\pi = M, \\ m\left(\alpha\dfrac{d^2\beta}{dt^2} - \beta\dfrac{d^2\alpha}{dt^2}\right) + C\dfrac{d\varrho}{dt} + (B-A)\pi\chi = N. \end{cases}$$

Die drei ersten Gleichungen liefern integrirt die Bewegung des Schwerpunkts. Sie enthalten offenbar den bekannten Satz, dass der Schwerpunkt sich so bewegt, als ob die Resultante aller thätigen Kräfte an ihm angriffe. Hat man sie integrirt, so sind $m\beta\dfrac{d^2\gamma}{dt^2}$ u. s. w. in den drei letzten Gleichungen bekannte Grössen; bringt man sie auf die rechte Seite, so hat das Problem die Form der Euler'schen Differentialgleichungen **289,** (5); die weitere Integration reducirt sich also von selbst auf die Behandlung eines Körpers G, der sich um seinen festen Schwerpunkt drehen kann.

Die Momente $\boldsymbol{\Lambda}$, $\boldsymbol{M}$, $\boldsymbol{N}$ sind auf den willkürlichen Anfang ξ', η', ζ' bezogen. Versteht man unter $\boldsymbol{\Lambda}_\sigma$, $\boldsymbol{M}_\sigma$, $\boldsymbol{N}_\sigma$ die Momente der thätigen Kräfte in Bezug auf den Schwerpunkt, so ist, wenn ξ_n, η_n, ζ_n den Angriffspunkt irgend einer Componente von $\boldsymbol{\Xi}$, $\boldsymbol{H}$, $\boldsymbol{Z}$ bezeichnet,

$$\boldsymbol{\Lambda}_\sigma = \boldsymbol{\Sigma}[(\eta_n-\beta)\boldsymbol{Z}_n-(\zeta_n-\gamma)\boldsymbol{H}_n] = \boldsymbol{\Sigma}[(\eta_n\boldsymbol{Z}_n-\zeta_n\boldsymbol{H}_n)]+\gamma\boldsymbol{\Sigma}\boldsymbol{H}_n-\beta\boldsymbol{\Sigma}\boldsymbol{Z}_n$$

$$= \boldsymbol{\Lambda}+\gamma\boldsymbol{H}-\beta\boldsymbol{Z} = \boldsymbol{\Lambda}+\left(\gamma\frac{d^2\beta}{dt^2}-\beta\frac{d^2\gamma}{dt^2}\right)m,$$

$$\boldsymbol{M}_\sigma = \boldsymbol{M}+\left(\alpha\frac{d^2\gamma}{dt^2}-\gamma\frac{d^2\alpha}{dt^2}\right)m,$$

$$\boldsymbol{N}_\sigma = \boldsymbol{N}+\left(\beta\frac{d^2\alpha}{dt^2}-\gamma\frac{d^2\beta}{dt^2}\right)m.$$

Man kann also die drei letzten Gleichungen (1) auch schreiben

$$\text{(1b)}\quad\begin{cases} A\dfrac{d\pi}{dt}+(C-B)\chi\varrho = \boldsymbol{\Lambda}_\sigma, \\ B\dfrac{d\chi}{dt}+(A-C)\varrho\pi = \boldsymbol{M}_\sigma, \\ C\dfrac{d\varrho}{dt}+(B-A)\pi\chi = \boldsymbol{N}_\sigma, \end{cases}$$

wo sie nunmehr mit den Euler'schen Differentialgleichungen völlig übereinstimmen. Ueberträgt man die drei ersten Gleichungen (1) und die Gleichungen (1b) auf das System der x, y, z, dessen Axen beliebig gerichtet sind, so werden sie nunmehr mit Anwendung mehrfach benutzter Umformungen

$$\text{(2)}\quad\begin{cases} m\dfrac{d^2a}{dt^2} = X, \quad m\dfrac{d^2b}{dt^2} = Y, \quad m\dfrac{d^2c}{dt^2} = Z, \\ \dfrac{d}{dt}\left(\dfrac{\partial T}{\partial p}\right) = L_s, \quad \dfrac{d}{dt}\left(\dfrac{\partial T}{\partial q}\right) = M_s, \quad \dfrac{d}{dt}\left(\dfrac{\partial T}{\partial r}\right) = N_s, \end{cases}$$

wo L_s, M_s, N_s die auf den Schwerpunkt von G bezogenen Momente der thätigen expliciten Kräfte sind. Will man die Momente L, M, N auf den Anfangspunkt der Coordinaten beziehen, so hat man nach **303** Gl. (5)

$$(2\,b)\quad \begin{cases} \dfrac{d}{dt}\left(b\dfrac{\partial T}{\partial c'}-c\dfrac{\partial T}{\partial b'}+\dfrac{\partial T}{\partial p}\right)=L, \\ \dfrac{d}{dt}\left(c\dfrac{\partial T}{\partial a'}-a\dfrac{\partial T}{\partial c'}+\dfrac{\partial T}{\partial q}\right)=M, \\ \dfrac{d}{dt}\left(a\dfrac{\partial T}{\partial b'}-b\dfrac{\partial T}{\partial a'}+\dfrac{\partial T}{\partial r}\right)=N. \end{cases}$$

Drittens endlich kann man sich die Gleichungen (1b) nun auch auf diejenige Form gebracht denken, die in § **292** Gl. (3) gegeben wurde, wobei die Momente A', M', N' natürlich, wie in (1b), auf den Schwerpunkt von G zu beziehen sind.

Anm. Die Gleichungen der Bewegung des freien starren Körpers lassen sich auch leicht auf andere Weise ableiten. Der Satz, dass der Schwerpunkt sich so bewegt, als ob alle vorhandenen Kräfte an ihm angriffen, liefert ohne weiteres die Gleichungen

$$m\frac{d^2a}{dt^2}=X,\quad m\frac{d^2b}{dt^2}=Y,\quad m\frac{d^2c}{dt^2}=Z.$$

Die drei weiteren Gleichungen aber folgen aus der Theorie der Relativbewegung. Das System der x, y, z sei parallel der Momentanlage der ξ, η, ζ gelegt, das System der x', y', z' sei parallel dem der x, y, z und haben seinen Ursprung im Schwerpunkt von G. Dann liegt der Schwerpunkt fest im System der x', y', z', auf die Bewegung von G in diesem finden also die Euler'schen Gleichungen ohne Weiteres Anwendung. Sind demnach $\Lambda', \mathrm{M}', \mathrm{N}'$ die Momentcomponenten im System der x', y', z', so ist $A\dfrac{d\pi}{dt}+(C-B)\chi\rho=\Lambda'$ u. s. w. Es sei nun $\Xi, \mathrm{H}, \mathrm{Z}, \Lambda, \mathrm{M}, \mathrm{N}$ die im System der x, y, z bestimmte Dyname, welche an G angreift. Sie lässt sich in Einzelkräfte zerlegen, die an den einzelnen Elementen dm von G angreifen. Eine solche Einzelkraft habe die Componenten $d\Xi$, $d\mathrm{H}$, dZ, und das Element, an dem sie angreift, haben die Coordinaten x, y, z oder $\xi+a$, $\eta+b$, $\zeta+c$. Da nun der Ursprung des Systems der x', y', z' die Beschleunigungscomponenten $\dfrac{d^2a}{dt^2}, \dfrac{d^2b}{dt^2}, \dfrac{d^2c}{dt^2}$ besitzt, so ist, wenn $d\Xi', d\mathrm{H}', d\mathrm{Z}'$ die Componenten derselben Kraft im System der x', y', z' sind, nach **99**

$$d\Xi'=d\Xi-\frac{d^2a}{dt^2}dm,\quad d\mathrm{H}'=d\mathrm{H}-\frac{d^2b}{dt^2}dm,\quad d\mathrm{Z}'=d\mathrm{Z}-\frac{d^2c}{dt^2}dm.$$

Nun ist

$$d\Lambda'=\Sigma[\eta d\mathrm{Z}'-\zeta d\mathrm{H}']=\Sigma\left[\eta d\mathrm{Z}-\zeta d\mathrm{H}-\eta dm\frac{d^2c}{dt^2}+\zeta dm\frac{d^2b}{dt^2}\right].$$

Summirt man dies über alle dm, so erhält man, da $\Sigma\eta dm=\Sigma\zeta dm=0$ ist,

$$\Lambda'=\Sigma(\eta d\mathrm{Z}-\zeta d\mathrm{H}).$$

Andererseits ist

$$\Lambda=\Sigma[(\eta+b)d\mathrm{Z}-(\zeta+c)\,d\mathrm{H}].$$

Also

$$\Lambda'=\Lambda-b\mathrm{Z}+c\mathrm{H}=\Lambda-m\left(b\frac{d^2c}{dt^2}-c\frac{d^2b}{dt^2}\right).$$

Ebenso ergiebt sich $M' = M - m\left(c\frac{d^2a}{dt^2} - a\frac{d^2c}{dt^2}\right)$, $N' = N - m\left(a\frac{d^2b}{dt^2} - b\frac{d^2a}{dt^2}\right)$, und wenn man diese Ausdrücke in die Euler'schen Gleichungen einsetzt, erhält man Gleichungen, die bei der gewählten Lage der x, y, z mit den drei letzten Gleichungen (1) übereinstimmen.

Der wichtigste Specialfall ist der, wo der freie starre Körper sich unter dem Einfluss von Kräften bewegt, deren Resultante beständig durch seinen Schwerpunkt geht. In diesem Fall sind in den Gl. (1b) $\Lambda_\sigma = M_\sigma = N_\sigma = 0$. G dreht sich also um seinen Schwerpunkt gerade so, wie ein im Schwerpunkt befestigter Körper, auf den überhaupt keine Kräfte wirken. Das Trägheitsellipsoid von G rollt auf einer Ebene, die im Hülfssystem der x', y', z' absolut invariabel ist; diese Ebene nimmt an der Translationsbewegung des Schwerpunkts Theil, sie folgt dem Schwerpunkt im Abstand δ des § **290.** Hat man also die drei ersten Gleichungen (1) integrirt, so kennt man die ganze Bewegung von G. Im Falle, dass an G gar keine Kräfte thätig sind, ist ausserdem $\frac{da}{dt} = \text{const.}$, $\frac{db}{dt} = \text{const.}$, $\frac{dc}{dt} = \text{const.}$

306. Der Körper unter dem Einfluss momentaner Impulse. Die momentanen Impulse am freien Körper G verlangen eine besondere Betrachtung, weil die Frage, wie sich der Schwerpunkt nach dem Stoss bewegt, auf Grund der Untersuchungen des § **280** nicht ohne Weiteres beantwortet werden kann. Es seien $\mathfrak{x}, \mathfrak{y}, \mathfrak{z}, \mathfrak{l}, \mathfrak{m}, \mathfrak{n}$ die Coordinaten des Impulses in irgend einem Coordinatensystem, d. h. wenn τ die Wirkungszeit des Impulses ist und X, Y, Z, L, M, N die Coordinaten der kurz wirkenden Dyname, so sei $\int_0^\tau X dt = \mathfrak{x}$, $\int_0^\tau Y dt = \mathfrak{y}$ u. s. w. gesetzt. Das allgemeine Gesetz der Impulswirkung lautet nach **223:** Durch den Impuls wächst jede Coordinate der Bewegungsmenge um die entsprechende Coordinate des Impulses.

Der Satz gilt, wie der Beweis, in jedem beliebigen Coordinatensystem. Nehmen wir an, die Coordinaten des Impulses seien in dem System der ξ', η', ζ' gebildet, dessen Axen der Momentanlage der ξ, η, ζ parallel sind, so liefert er mit **299** (4) die Gleichungen

$$(1)\quad \begin{cases} m\dfrac{d\alpha}{dt}-m\dfrac{d\alpha_0}{dt}=\mathfrak{x}, \quad m\dfrac{d\beta}{dt}-m\dfrac{d\beta_0}{dt}=\mathfrak{y}, \\ m\dfrac{d\gamma}{dt}-m\dfrac{d\gamma_0}{dt}=z. \end{cases}$$

$$(2)\quad \begin{cases} \mathfrak{l}=m\left(\beta\dfrac{d\gamma}{dt}-\gamma\dfrac{d\beta}{dt}\right)-m\left(\beta\dfrac{d\gamma_0}{dt}-\gamma\dfrac{d\beta_0}{dt}\right)+(\pi-\pi_0)A, \\ \mathfrak{m}=m\left(\gamma\dfrac{d\alpha}{dt}-\alpha\dfrac{d\gamma}{dt}\right)-m\left(\gamma\dfrac{d\alpha_0}{dt}-\alpha\dfrac{d\gamma_0}{dt}\right)+(\chi-\chi_0)B, \\ \mathfrak{n}=m\left(\alpha\dfrac{d\beta}{dt}-\beta\dfrac{d\alpha}{dt}\right)-m\left(\alpha\dfrac{d\beta_0}{dt}-\beta\dfrac{d\alpha_0}{dt}\right)+(\varrho-\varrho_0)C, \end{cases}$$

wo α, β, γ die Coordinaten des Schwerpunkts sind und der Zustand vor dem Stoss durch die Marke 0 charakterisirt ist. Verlegt man den Anfangspunkt der ξ', η', ζ' in den Schwerpunkt von G, so fallen die Glieder, welche α, β, γ enthalten, fort, und es bleibt

$$(3)\quad \mathfrak{l}=(\pi-\pi_0)A, \quad \mathfrak{m}=(\chi-\chi_0)A, \quad \mathfrak{n}=(\varrho-\varrho_0)A.$$

Die drei letzten sind mit **280** (10) identisch, wenn man in letzteren annimmt, der feste Punkt sei der Schwerpunkt. Die drei ersten enthalten wieder den Satz, dass der Schwerpunkt dieselbe Bewegungsänderung erleidet, als ob die Resultante des Impulses ihn direct angriffe.

In dem beliebig gerichteten Coordinatensystem der x, y, z lauten die entsprechenden Gleichungen nach **299** (2) und (3)

$$(4)\quad \begin{cases} \mathfrak{x}=m\left(\dfrac{da}{dt}-\dfrac{da_0}{dt}\right), \quad \mathfrak{y}=m\left(\dfrac{db}{dt}-\dfrac{db_0}{dt}\right), \\ \mathfrak{z}=m\left(\dfrac{dc}{dt}-\dfrac{dc_0}{dt}\right), \\ \mathfrak{l}=m\left(b\dfrac{dc}{dt}-c\dfrac{db}{dt}\right)-m\left(b\dfrac{dc_0}{dt}-c\dfrac{db_0}{dt}\right) \\ \qquad +a_1(\pi-\pi_0)A+a_2(\chi-\chi_0)B+a_3(\varrho-\varrho_0)C \\ \text{u. s. w.} \end{cases}$$

Wir untersuchen einige der wichtigeren besonderen Fälle.

1) Der Anfangszustand sei Ruhe. Die Gleichungen (1) und (3) vereinfachen sich zu

$$(5)\quad m\frac{d\alpha}{dt}=\mathfrak{x}, \quad m\frac{d\beta}{dt}=\mathfrak{y}, \quad m\frac{d\gamma}{dt}=\mathfrak{z}, \quad \mathfrak{l}=\pi A, \quad \mathfrak{m}=\chi B, \quad \mathfrak{n}=\varrho C.$$

Der Schwerpunkt bewegt sich nach dem Stoss, als ob er direct von der Resultante angegriffen wäre. Zugleich dreht sich G um eine durch den Schwerpunkt gehende Axe, und diese Axe ist im Trägheitsellipsoid conjugirt zu der Ebene des Moments $\sqrt{\mathfrak{l}^2+\mathfrak{m}^2+\mathfrak{n}^2}$. Der Schwerpunkt erlangt die Geschwindigkeit Null, wenn die Dyname sich auf ein reines Moment reducirt, die Drehung wird Null, wenn $\mathfrak{l}=\mathfrak{m}=\mathfrak{n}=0$, d. h. wenn die Dyname sich auf eine durch den Schwerpunkt gehende Kraft reducirt.

Beispiel. Eine homogene gerade Linie von der Länge $2l$ und Masse m wird von einem Impuls der Intensität i getroffen, der aus einer Einzelkraft hervorgeht, im Abstand δ vom Schwerpunkt angreift und mit der vom Schwerpunkt nach δ hin gerechneten Richtung der Linie den Winkel φ macht. Wie bewegt sich die Linie im Augenblick nach dem Stoss?

Die Gerade selbst sei Axe der ξ; da jede zu ihr senkrechte Gerade eine Hauptträgheitsaxe ist, kann man diejenige Gerade, welche im Schwerpunkt senkrecht auf der Ebene (l, i) steht, zur Hauptcentralaxe der ζ nehmen. Nach Ablauf des Stosses dreht sich dann die Gerade um diese Axe der ζ. Die Componenten des Impulses sind

$$i\cos\varphi,\quad i\sin\varphi,\quad 0.$$

Da der Angriffspunkt die Coordinaten δ, 0, 0 hat, sind seine Momente

$$0,\quad 0,\quad \delta i\sin\varphi.$$

Also ist nach dem Stoss

$$\frac{d\alpha}{dt}=\frac{i\cos\varphi}{m},\quad \frac{d\beta}{dt}=\frac{i\sin\varphi}{m},\quad \frac{d\gamma}{dt}=0.$$

Der Schwerpunkt bleibt in der $\xi\eta$-Ebene. Ferner ist

$$\pi=0,\quad \chi=0,\quad \rho=\frac{\delta i\sin\varphi}{C}=\frac{3\delta i\sin\varphi}{ml^2}.$$

Die ganze Linie bewegt sich nach dem Stoss in der $\xi\eta$-Ebene.

2) Der Endzustand sei Ruhe. Zu bestimmen sind die Eigenschaften des Impulses, der die Ruhe hervorbringt. Man hat nur die Gleichungen (5) mit negativen Vorzeichen auf einer Seite zu nehmen und unter $\frac{d\alpha}{dt}$ etc. die vor dem Stoss vorhandenen Werthe zu verstehen. Die drei ersten bestimmen eindeutig die Grössen $\mathfrak{x}$, $\mathfrak{y}$, $\mathfrak{z}$, also Intensität und Richtung des Impulses; die drei letzten bestimmen ebenso eindeutig das Moment desselben. Soll der Impuls durch eine einzelne Momentankraft hervorgebracht werden, so müssen für den Angriffspunkt ξ, η, ζ die Gleichungen

$$(6)\qquad \mathfrak{l}=\eta\mathfrak{z}-\zeta\mathfrak{y},\quad \mathfrak{m}=\zeta\mathfrak{x}-\xi\mathfrak{z},\quad \mathfrak{n}=\xi\mathfrak{y}-\eta\mathfrak{x}$$

erfüllt sein; irgend zwei von ihnen bestimmen drei Angriffslinien des Impulses. Setzt man willkürlich etwa $\zeta=0$, so liefern die beiden ersten den Durchschnittspunkt der Angriffslinie mit der $\xi\eta$-Ebene.

Damit aber die Gleichungen (6) ohne inneren Widerspruch existiren können, muss die Bedingung $\mathfrak{l}\mathfrak{x}+\mathfrak{m}\mathfrak{y}+\mathfrak{n}\mathfrak{z}=0$ identisch erfüllt sein, d. h. es muss sein

$$(7)\qquad \pi A\frac{d\alpha}{dt}+\chi B\frac{d\beta}{dt}+\rho C\frac{d\gamma}{dt}=0.$$

Schreibt man S für $\sqrt{\pi^2A^2+\chi^2B^2+\rho^2C^2}$, so ist $\frac{\pi A}{S}$ der erste, $\frac{\chi B}{S}$ und $\frac{\rho C}{S}$ der zweite und dritte Richtungscosinus des Moments der aus der Rotation hervorgehenden Bewegungsmenge. Die Gl. (6) sagt also aus, dass die Translationsgeschwindigkeit des Schwerpunkts senkrecht steht auf der Axe des Moments der Rotationsbewegungsmenge, d. h. die Translationsgeschwindigkeit des Schwerpunkts muss in diejenige Ebene fallen, welche der Momentanaxe der Drehung um den Schwerpunkt im Centralellipsoid conjugirt ist. Ist diese Bedingung nicht erfüllt, so lässt sich G nicht durch eine einzelne Momentankraft zur Ruhe bringen. Ist das Centralellipsoid eine Kugel, oder ist die Drehungsaxe eine Hauptcentralaxe, so heisst die Bedingung: die Geschwindigkeit des Schwerpunkts muss auf der Rotationsaxe senkrecht stehen. Z. B. eine homogene schwere Kugel, die eine Wurfparabel beschreibt und sich dabei um ihre verticale Axe dreht, lässt sich nur im höchsten Punkt ihrer Bahn durch eine einzelne Momentankraft völlig zur Ruhe bringen.

3) G sei zu Anfang in Bewegung und eine momentane Einzelkraft bringe ihren vorgeschriebenen Angriffspunkt zur Ruhe. Der Coordinatenanfang liege wieder im Schwerpunkt von G, und ξ, η, ζ sei der Punkt, welcher durch den Impuls zur Ruhe kommt. Die Bedingung, dass nach dem Stoss die drei Seitengeschwindigkeiten von ξ, η, ζ Null sein sollen, liefert die drei Gleichungen

$$(8)\qquad \begin{cases} \dfrac{d\alpha}{dt} + \chi\zeta - \rho\eta = 0, \\ \dfrac{d\beta}{dt} + \rho\xi - \pi\zeta = 0, \\ \dfrac{d\gamma}{dt} + \pi\eta - \chi\xi = 0. \end{cases}$$

Ferner hat man, da der Impuls sich auf eine einzelne Momentankraft reduciren soll, die Bedingungen $\mathfrak{l} = \eta\mathfrak{z} - \zeta\mathfrak{y}$ u. s. w. Also werden die Gleichungen (3)

$$(9)\qquad \begin{cases} \eta\mathfrak{z} - \zeta\mathfrak{y} = (\pi - \pi_0)A, \\ \zeta\mathfrak{x} - \xi\mathfrak{z} = (\chi - \chi_0)B, \\ \xi\mathfrak{y} - \eta\mathfrak{x} = (\rho - \rho_0)C, \end{cases} \qquad \text{nebst} \qquad \begin{cases} \dfrac{d\alpha}{dt} - \dfrac{d\alpha_0}{dt} = \dfrac{\mathfrak{x}}{m}, \\ \dfrac{d\beta}{dt} - \dfrac{d\beta_0}{dt} = \dfrac{\mathfrak{y}}{m}, \\ \dfrac{d\gamma}{dt} - \dfrac{d\gamma_0}{dt} = \dfrac{\mathfrak{z}}{m}. \end{cases}$$

Die Auflösung dieser 9 Gleichungen ergiebt die 9 Unbekannten des Problems $\mathfrak{x}, \mathfrak{y}, \mathfrak{z}, \frac{d\alpha}{dt}; \frac{d\beta}{dt}, \frac{d\gamma}{dt}, \pi, \chi, \rho$, also den Werth des Impulses und die übrig bleibende Bewegung, und zwar eindeutig, da alle Gleichungen linear sind.

Man bemerke zunächst, dass nach **298** Gl. (9) die Plücker'schen Coordinaten Λ, M, N in dem hier angewandten Coordinatensystem, wo $\alpha = \beta = \gamma = 0$, den Gleichungen $\Lambda = \frac{d\alpha}{dt}$, $\mathrm{M} = \frac{d\beta}{dt}$, $\mathrm{N} = \frac{d\gamma}{dt}$ unterliegen. Die Gleichungen der Centralaxe des Geschwindigkeitszustandes nach dem Stoss sind also

$$(10)\qquad \frac{\dfrac{d\alpha}{dt} + \chi\zeta - \rho\eta}{\pi} = \frac{\dfrac{d\beta}{dt} + \rho\xi - \pi\zeta}{\chi} = \frac{\dfrac{d\gamma}{dt} + \pi\eta - \chi\xi}{\rho}.$$

Der durch den Impuls zur Ruhe gebrachte Punkt ξ, η, ζ der Gl. (7) genügt offenbar diesen Gleichungen, liegt also auf der Centralaxe des Geschwindigkeitszustandes im Augenblick nach dem Stoss. Das ist selbstverständlich, weil er in Ruhe ist, die Bewegung von G nach dem Stoss also nur eine Drehung um ξ, η, ζ sein kann.

Aus (7) (8) (9) folgen die Gleichungen

$$(11)\quad \begin{cases} \left(\frac{BC}{m}+B\eta^2+C\zeta^2\right)\mathfrak{x}-B\xi\eta\mathfrak{y}-C\zeta\xi\mathfrak{z}=BC\left(\eta\rho_0-\zeta\chi_0-\frac{d\alpha_0}{dt}\right)\\ -A\xi\eta\mathfrak{x}+\left(\frac{CA}{m}+C\zeta^2+A\xi^2\right)\mathfrak{y}-C\eta\zeta\mathfrak{z}=CA\left(\zeta\pi_0-\xi\rho_0-\frac{d\beta_0}{dt}\right)\\ -A\zeta\xi\mathfrak{x}-B\eta\zeta\mathfrak{y}+\left(\frac{AB}{m}+A\xi^2+B\eta^2\right)\mathfrak{z}=AB\left(\xi\chi_0-\eta\pi_0-\frac{d\gamma_0}{dt}\right). \end{cases}$$

Setzt man demnach abkürzend

$$l_1=\frac{BC}{m}+B\eta^2+C\zeta^2,\quad m_1=-B\xi\eta,\quad n_1=-C\zeta\xi,$$

$$l_2=-A\xi\eta,\quad m_2=\frac{CA}{m}+C\zeta^2+A\xi^2,\quad n_2=-C\eta\zeta,$$

$$l_3=-A\zeta\xi,\quad m_3=-B\eta\zeta,\quad n_3=\frac{AB}{m}+A\xi^2+B\eta^2,$$

$$p_1=BC\left(\eta\rho_0-\zeta\chi_0-\frac{d\alpha_0}{dt}\right),\quad p_2=CA\left(\zeta\pi_0-\xi\rho_0-\frac{d\beta_0}{dt}\right),$$

$$p_3=AB\left(\xi\chi_0-\eta\pi_0-\frac{d\gamma_0}{dt}\right),$$

so folgen die Werthe von $\mathfrak{x}, \mathfrak{y}, \mathfrak{z}$ aus den bekannten Determinantenformeln

$$(12)\quad \begin{cases} \Delta=\begin{vmatrix} l_1 & m_1 & n_1\\ l_2 & m_2 & n_2\\ l_3 & m_3 & n_3\end{vmatrix},\quad \Delta.\mathfrak{x}=\begin{vmatrix} p_1 & m_1 & n_1\\ p_2 & m_2 & n_2\\ p_3 & m_3 & n_3\end{vmatrix},\quad \Delta.\mathfrak{y}=\begin{vmatrix} l_1 & p_1 & n_1\\ l_2 & p_2 & n_2\\ l_3 & p_3 & n_3\end{vmatrix},\\ \Delta.\mathfrak{z}=\begin{vmatrix} l_1 & m_1 & p_1\\ l_2 & m_2 & p_2\\ l_3 & m_3 & p_3\end{vmatrix}. \end{cases}$$

Hieraus ergiebt sich:

1) Der Impuls $\mathfrak{x}, \mathfrak{y}, \mathfrak{z}$ ist durch die Anfangsdaten nach Grösse und Richtung eindeutig bestimmt.

2) Demgemäss sind auch die restirenden Werthe von $\frac{d\alpha}{dt}$, π u. s. w. durch die Gl. (9) und (8) eindeutig bestimmt.

3) Grösse und Richtung des resultirenden Impulses $\sqrt{\mathfrak{x}^2+\mathfrak{y}^2+\mathfrak{z}^2}$ hängen von ξ, η, ζ, also von der Lage des ausgewählten Punktes ab, der zur Ruhe gebracht werden soll.

4) Im allgemeinen giebt es Punkte ξ, η, ζ, für welche der resultirende Impuls ein Maximum ist. Dieselben finden sich, entsprechend der Bedingung $\mathfrak{x}^2+\mathfrak{y}^2+\mathfrak{z}^2=\max.$, aus den Gleichungen

$$\mathfrak{x}\frac{\partial\mathfrak{x}}{\partial\xi}+\mathfrak{y}\frac{\partial\mathfrak{y}}{\partial\xi}+\mathfrak{z}\frac{\partial\mathfrak{z}}{\partial\xi}=0,\quad \mathfrak{x}\frac{\partial\mathfrak{x}}{\partial\eta}+\mathfrak{y}\frac{\partial\mathfrak{y}}{\partial\eta}+\mathfrak{z}\frac{\partial\mathfrak{z}}{\partial\eta}=0,$$

$$\mathfrak{x}\frac{\partial\mathfrak{x}}{\partial\zeta}+\mathfrak{y}\frac{\partial\mathfrak{y}}{\partial\zeta}+\mathfrak{z}\frac{\partial\mathfrak{z}}{\partial\zeta}=0.$$

Die Untersuchung derselben in völliger Allgemeinheit wird ungemein weitläuftig. Wir betrachten vereinfachte Fälle mit Berücksichtigung folgender Umstände: a) Der Impuls kann auf seiner Angriffslinie beliebig verlegt werden, der Punkt, welcher zur Ruhe gebracht werden soll, nicht auf der Angriffslinie des Impulses, wohl aber auf der Centralaxe der Gl. (10). b) Vereinfachungen, die darin bestehen, dass man dem Impuls von vorn herein eine bestimmte Richtung anweist, sind mit Vorsicht einzuführen, da dadurch der Bewegungszustand von G vor dem Stoss specialisirt wird, unter Umständen so weit, dass die Rechnung fast alle Anwendbarkeit verliert. Wollte man z. B. von vorn herein festsetzen, dass der Stoss in die Richtung der Axe der ξ fallen soll, so müssten die Determinanten $\Delta\mathfrak{y}$ und $\Delta\mathfrak{z}$ von selbst verschwinden, was nur unter sehr speciellen Voraussetzungen möglich ist. (Siehe unten.)

Erster Unterfall. Es soll ein Punkt einer Hauptaxe, etwa der Axe der ξ, zur Ruhe gebracht werden. Dann ist in Gl. (12) $\zeta = \eta = 0$,

$$l_1 = \frac{BC}{m},\quad m_1 = 0,\quad n_1 = 0,\quad p_1 = -BC\frac{d\alpha_0}{dt},$$

$$l_2 = 0,\quad m_2 = \frac{CA}{m} + A\xi^2,\quad n_2 = 0,\quad p_2 = -CA\left(\frac{d\beta_0}{dt} + \xi\rho_0\right),$$

$$l_3 = 0,\quad m_3 = 0,\quad n_3 = \frac{AB}{m} + A\xi^2,\quad p_3 = -AB\left(\frac{d\gamma_0}{dt} - \xi\chi_0\right).$$

Die Determinanten (12) reduciren sich demnach auf ihre Anfangsglieder

$$\Delta = l_1 m_2 n_3,\quad \Delta\mathfrak{x} = p_1 m_2 n_3,\quad \Delta\mathfrak{y} = l_1 p_2 n_3,\quad \Delta\mathfrak{z} = l_1 m_2 p_3,$$

$$\mathfrak{x} = \frac{p_1}{l_1} = -m\frac{d\alpha_0}{dt},$$

$$\mathfrak{y} = \frac{p_2}{m_2} = -\frac{mC}{C + m\xi^2}\left(\frac{d\beta_0}{dt} + \xi\rho_0\right),$$

$$\mathfrak{z} = \frac{p_3}{n_3} = -\frac{mB}{B + m\xi^2}\left(\frac{d\gamma_0}{dt} - \xi\chi_0\right).$$

Besitzt der Körper G vor dem Stoss bloss Translation ($\rho_0 = \chi_0 = 0$), so tritt das Maximum des Stosses offenbar ein, wenn $m\xi^2$ ein Minimum ist, also für $\xi = 0$.

„Ein Körper, der keine Rotation besitzt, stösst mit dem Schwerpunkt heftiger als mit irgend einem andern Punkt seiner Hauptaxen. Der Satz gilt, da die Axe der ξ willkürlich ausgewählt ist, auch in η und ζ und lässt sich sofort zu dem Folgenden verallgemeinern: Ein Körper ohne Rotation stösst mit dem Schwerpunkt überhaupt am heftigsten. Denn bezeichnen wir absoluten Werth des resultirenden Impulses $\sqrt{\mathfrak{x}^2 + \mathfrak{y}^2 + \mathfrak{z}^2}$ ohne die Einschränkung, dass der Stosspunkt auf einer Axe liegen soll, abkürzend mit $\mathfrak{q}$, so ist $\mathfrak{q}$ eine Function der Coordinaten, welche nach dem vorigen die Eigenschaft hat, dass im Schwerpunkt $\frac{d\mathfrak{q}}{d\xi} = \frac{d\mathfrak{q}}{d\eta} = \frac{d\mathfrak{q}}{d\zeta} = 0$ ist und $\frac{d^2\mathfrak{q}}{d\xi^2}$, $\frac{d^2\mathfrak{q}}{d\eta^2}$; $\frac{d^2\mathfrak{q}}{d\zeta^2}$ negativ sind; also ist $\mathfrak{q}$ überhaupt im Schwerpunkt ein Maximum. Stösst der rotationslose Körper mit dem Schwerpunkt, so wird selbstverständlich $\mathfrak{x} = -m\frac{d\alpha_0}{dt}$, $\mathfrak{y} = -m\frac{d\beta_0}{dt}$, $\mathfrak{z} = -m\frac{d\gamma_0}{dt}$, der Impuls fällt also in die Bewegungsdoppelrichtung des Schwerpunkts und der Körper kommt vollständig zur Ruhe. Das ist aus den obigen Formeln leicht nachzuweisen.

Soll der Punkt ξ sich durch einen Stoss senkrecht zu einer der Hauptebenen zur Ruhe bringen lassen, soll z. B. der Impuls in die Richtung der ζ fallen, so muss $\mathfrak{x} = \mathfrak{y} = 0$ werden, es muss also von vorn herein $\frac{d\alpha_0}{dt} = 0$ sein, und $\mathfrak{y}$ kann zu Null gemacht werden, wenn man $\xi = -\frac{1}{\rho_0}\frac{d\beta_0}{dt}$ wählt. Von einem Maximum des Stosses ist also da nicht mehr die Rede; nur in dem besonderen Fall, wo ausser $\frac{d\alpha_0}{dt}$ auch ρ_0 und $\frac{d\beta_0}{dt}$ Null sind, wird ξ unbestimmt und kann beliebig gewählt werden. Soll der Stoss in eine Hauptebene fallen, etwa in die Ebene der $\xi\eta$, so muss $\mathfrak{z} = 0$ werden, also $\zeta = \frac{1}{\chi_0}\frac{d\gamma_0}{dt}$ sein. Also giebt es auch unter dieser Bedingung im Allgemeinen nur einen Punkt der ξ-Axe, der sich durch einen Stoss in der $\xi\eta$-Ebene zur Ruhe bringen lässt; wenn aber die Anfangsbewegung die Bedingung $\chi_0 = \frac{d\gamma_0}{dt} = 0$ zufällig erfüllt, und nur dann, kann man jeden Punkt der ξ-Axe durch einen Stoss in der $\xi\eta$-Ebene zur Ruhe bringen. Man hat dann $\mathfrak{x} = -m\frac{d\alpha_0}{dt}$, $\mathfrak{y} = -\frac{mC}{C+m\xi^2}\left(\frac{d\beta_0}{dt}+\xi\rho_0\right)$. Für das Maximum des Stosses findet sich leicht die Bedingung

$$\xi = -\frac{1}{\rho_0}\frac{d\beta_0}{dt} \pm \sqrt{\frac{1}{\rho_0^2}\left(\frac{d\beta_0}{dt}\right)^2 + \frac{C}{m}}.$$

Im Punkte $\xi = -\frac{1}{\rho_0}\frac{d\beta_0}{dt}$ wird $\mathfrak{y} = 0$: die beiden Punkte maximalen Stosses stehen von diesem gleich weit ab.

Zweiter Unterfall. Ein Punkt einer Hauptebene, etwa der $\eta\zeta$-Ebene soll zur Ruhe gebracht werden. Wegen $\xi = 0$ ist

$$l_1 = \frac{BC}{m} + B\eta^2 + C\zeta^2, \quad m_1 = 0, \quad n_1 = 0, \quad p_1 = BC\left(\eta\rho_0 - \zeta\chi_0 - \frac{d\alpha_0}{dt}\right),$$

$$l_2 = 0, \quad m_2 = \frac{CA}{m} + C\zeta^2, \quad n_2 = -C\eta\zeta, \quad p_2 = CA\left(\zeta\pi_0 - \frac{d\beta_0}{dt}\right),$$

$$l_3 = 0, \quad m_3 = -B\eta\zeta, \quad n_3 = \frac{AB}{m} + B\eta^2, \quad p_3 = AB\left(-\eta\pi_0 - \frac{d\gamma_0}{dt}\right),$$

$$\Delta = l_1(m_2n_3 - m_3n_2), \quad \Delta\mathfrak{x} = p_1(m_2n_3 - m_3n_2), \quad \Delta\mathfrak{y} = l_1(p_2n_3 - p_3n_2),$$

$$\Delta\mathfrak{z} = l_1(m_2p_3 - m_3p_2), \quad \text{also}$$

$$\mathfrak{x} = -mBC\frac{\frac{d\alpha_0}{dt} - \eta\rho_0 + \zeta\chi_0}{BC + Bm\eta^2 + Cm\zeta^2},$$

$$\mathfrak{y} = -m\frac{(A+m\eta^2)\frac{d\beta_0}{dt} + m\eta\zeta\frac{d\gamma_0}{dt} - A\zeta\pi_0}{A + m\eta^2 + m\zeta^2},$$

$$\mathfrak{z} = -m\frac{(A+m\zeta^2)\frac{d\gamma_0}{dt} + m\eta\zeta\frac{d\beta_0}{dt} + A\eta\pi_0}{A + m\eta^2 + m\zeta^2};$$

Nehmen wir zunächst an, der Körper G besitze vor dem Stoss bloss Translation, $\pi_0 = \chi_0 = \rho_0 = 0$. Dass er mit dem Schwerpunkt am heftigsten stösst, wurde schon oben gesagt. Durch den Stoss bekommt er eine Rotation; die Centralaxe des Geschwindigkeitszustandes nach dem Stoss geht durch den Punkt $0, \eta, \zeta$. Kann die restirende Bewegung jemals reine Rotation werden? Sollte das der Fall sein, so müsste $\frac{d\alpha}{dt}, \frac{d\beta}{dt}, \frac{d\gamma}{dt}$ in Gl. (9) zu Null, also $\mathfrak{x}$ zu $-m\frac{d\alpha_0}{dt}$ u. s. w. werden. Ein Blick auf die obigen Gleichungen zeigt, dass das für $\pi_0 = \chi_0 = \rho_0 = 0$ nur möglich ist, wenn $\eta = \zeta = 0$ ist, also nur in dem Fall, wo der Körper durch einen Stoss auf den Schwerpunkt völlig zur Ruhe gebracht wird. Es giebt aber Punkte η, ζ, für welche die aus dem Stoss entstehende Rotationsgeschwindigkeit ein Maximum ist. Wir wollen sie aufsuchen für den Fall, dass die Anfangsbewegung die Richtung der ξ-Axe hat, also $\frac{d\beta_0}{dt} = \frac{d\gamma_0}{dt} = 0$ ist. Dann ist $\mathfrak{y} = \mathfrak{z} = 0$ also nach Gl. (8)

$$\pi = 0, \quad \chi = \frac{\zeta\mathfrak{x}}{B} = -\frac{mC\frac{d\alpha_0}{dt}\zeta}{BC + Bm\eta^2 + Cm\zeta^2}, \quad \rho = -\frac{\eta\mathfrak{x}}{C} = -\frac{mB\frac{d\alpha_0}{dt}\eta}{BC + Bm\eta^2 + Cm\zeta^2}.$$

Das Maximum der Rotationsgeschwindigkeit tritt ein für $\chi^2 + \rho^2 = \max.$, also für

$$\frac{B^2\eta^2 + C^2\zeta^2}{(BC + Bm\eta^2 + Cm\zeta^2)^2} = \max.$$

Setzt man willkürlich $\zeta = \varkappa\eta$, betrachtet also die Punkte η, ζ einer Geraden, die mit der Axe der η den Winkel $\operatorname{arc\,tang}\varkappa$ macht, so wird daraus

$$\frac{(B^2 + C^2\varkappa^2)\eta^2}{[BC + m(B + C\varkappa^2)\eta^2]^2} = \max., \quad \text{oder} \quad \frac{\eta}{BC + m(B + C\varkappa^2)\eta^2} = \max.,$$

d. i. nach der Differentiation

$$BC - m(B + C\varkappa^2)\eta^2 = 0.$$

Eliminirt man hieraus $\varkappa$ mittels der Beziehung $\varkappa = \frac{\zeta}{\eta}$, so kommt

$$B\eta^2 + C\zeta^2 = \frac{BC}{m}.$$

Die Punkte, welche aufgehalten werden müssen, damit die restirende Rotationsgeschwindigkeit so gross wie möglich sei, liegen also auf einer Ellipse, welche dem Durchschnitt des Trägheitsellipsoides mit der $\eta\zeta$-Ebene ähnlich ist; ihre Halbaxen sind $\frac{C}{m}$ und $\frac{B}{m}$.

Nehmen wir zweitens an, der Körper G besitze bloss Rotation, also $\frac{d\alpha_0}{dt} = \frac{d\beta_0}{dt} = \frac{d\gamma_0}{dt} = 0$, so reduciren sich die Gleichungen auf

$$\mathfrak{x} = -mBC\frac{\zeta\chi_0 - \eta\rho_0}{BC + Bm\eta^2 + Cm\zeta^2}, \quad \mathfrak{y} = \frac{Am\zeta\pi_0}{A + m\zeta^2 + m\eta^2}, \quad \mathfrak{z} = \frac{-Am\eta\pi_0}{A + m\eta^2 + m\zeta^2}.$$

Ein Grenzwerth für den absoluten Betrag des Impulses tritt offenbar für $\eta = \zeta = 0$ ein; man sieht aber leicht ein, dass er ein Minimalwerth ist, im Schwerpunkt wird $\mathfrak{x} = \mathfrak{y} = \mathfrak{z} = 0$, was selbstverständlich ist, da der Schwerpunkt bei blosser Rotation in Ruhe ist. Es giebt aber auch Punkte maximalen Stosses. Nimmt man z. B. an, der Körper G rotire zu Anfang nur um die Axe der $\mathfrak{x}$, so wird $\mathfrak{x} = 0$ und $\mathfrak{y}^2+\mathfrak{z}^2$ wird ein Maximum für

$$\frac{\eta^2+\zeta^2}{[A+m(\eta^2+\zeta^2)]^2} = \text{max.}, \quad \text{oder} \quad \frac{\mathfrak{r}}{A+m\mathfrak{r}^2} = \text{max.},$$

wenn man $\sqrt{\eta^2+\zeta^2} = \mathfrak{r}$ setzt. Die Differentiation ergiebt die Bedingung

$$\mathfrak{r}^2 = \frac{A}{m}.$$

Das Maximum des Stosses tritt also bei Drehung um eine Hauptaxe ein für alle Punkte, deren Abstand von der Hauptaxe gleich dem Trägheitsradius derselben ist. Gemäss den Gleichungen (9) liefert das Maximum des Stosses gleichzeitig die maximale Geschwindigkeit des Schwerpunkts nach dem Stoss.

Aufgaben. 1) Eine homogene gerade Linie von der Masse m und Länge $2l$, die keinen continuirlichen Kräften unterworfen ist, wird in ihrem Punkte P von einem senkrecht gegen sie gerichteten Impuls der Intensität i getroffen. Im Abstand δ von ihrer Anfangslage und im Abstand ε von der Bahn ihres Schwerpunkts ($\varepsilon < l$) befindet sich in der Ebene der Bewegung ein unelastischer fester Punkt Q. Unter welchen Umständen prallt die Linie gegen Q an, und wie bewegt sie sich nach dem Anprall?

2) Gegeben sei eine homogene Kugel, die bloss Rotationsgeschwindigkeit um eine horizontale Axe besitzt. Ein Punkt ihrer Oberfläche wird durch einen Impuls zur Ruhe gebracht; nachher besitzt sie im Allgemeinen eine Rotationscomponente um ihre verticale Axe; unter welchen Umständen wird diese ein Maximum? Kann man einen zweiten Impuls, der einen Punkt der Kugeloberfläche zur Ruhe bringt, so einrichten, dass die Bewegung der Kugel nachher eine reine Rotation um die verticale Axe ist? (Man lege die $\xi\eta$-Ebene durch den ersten Stosspunkt.)

307. Der unelastische Stoss zweier Körper. Als „Stoss" κατ' ἐξοχήν bezeichnet man den Vorgang des Zusammenprallens zweier Körper; bei demselben wirkt an der Stelle, wo die Körper sich berühren, ein Impuls. Insofern dieser Impuls eine Folge der Compression ist, welche die Körper an der Contactstelle erleiden, gehört die genauere Theorie desselben in die Deformationslehre. Annähernd lässt er sich indessen auch unter der Voraussetzung behandeln, dass die stossenden Körper starr seien; man nimmt dann an, dass sie sich nur in einem Element ihrer Oberflächen berühren, und dass dies Element den Impuls liefert, welcher die Bewegung beider Körper modificirt. Da die Compression eines Elements nur senkrecht gegen das Element erfolgen kann, liefert der Zusammenprall für jeden der beiden betheiligten Körper einen Impuls, der sich auf eine Einzelkraft normal zum Contactelement reducirt. Wir setzen zunächst voraus, die untersuchten Körper seien unelastisch, d. h. es bestehe keine Störung des Gleichgewichts mehr an der Contactstelle, sobald die Contactelemente beider Körper relativ zu einander in der Richtung ihrer gemeinsamen Normale keine Geschwindigkeit besitzen, also, wenn sie aufgehört haben, einander zu comprimiren.

m sei die Masse des ersten Körpers. Die Contactstelle sei zum Coordinatenanfang gewählt, die Axe der z in die gemeinsame Normale gelegt, die Axen der x und y liegen irgend wie in der Berührungsebene. In diesem System habe der erste Körper vor dem Stoss die Schwerpunktsgeschwindigkeiten U, V, W, nach dem Stoss u, v, w; die Componenten seiner Rotation seien vor dem Stoss P, Q, R, nacher p, q, r; die Coordinaten des Schwerpunkts seien a, b, c und die Trägheits- bezw. Deviationsmomente für drei Axen, welche parallel zu den Coordinatenaxen durch den Schwerpunkt gelegt sind, seien A, B, C, D, E, F. Für den zweiten Körper gelten dieselben Zeichen accentuirt.

Der Impulsvector, welcher auf den ersten Körper wirkt, geht durch den Coordinatenanfang; seine drei Momente sind also Null, und demgemäss erleiden die drei Momente der Bewegungsmenge durch den Stoss keine Aenderung. Da die Axen der A, B, C nicht nothwendig Hauptträgheitsaxen sind, benutzen wir die in **299** Gl. (3) gegebene Formel; nach derselben ist

$$(1)\quad \begin{cases} 0 = m[b(w-W)-c(v-V)]+A(p-P)-F(q-Q)-E(r-R), \\ 0 = m[c(u-U)-u(w-W)]+B(q-Q)-D(r-R)-F(p-P), \\ 0 = m[a(v-V)-b(u-U)]+C(r-R)-E(p-P)-D(q-Q). \end{cases}$$

Ganz dasselbe gilt für den zweiten Körper, also gelten dieselben Gleichungen, wenn man in ihnen alle Grössen accentuirt. Die accentuirten Gleichungen sollen (2) heissen.

Es gilt ferner das Reactionsprincip; die beiden Impulse in der Richtung der z-Axe sind entgegengesetzt gleich; was also der eine Körper an Bewegungsmenge des Schwerpunkts in der Richtung der z-Axe gewinnt, das verliert der andere, d. h.

$$(3)\qquad m(w-W)+m'(w'-W') = 0.$$

In der Richtung der z-Axe hat der Contactpunkt des ersten Körpers am Ende des Stosses die Geschwindigkeit $w-bp+aq$ (**298** Gl. 6), der des zweiten $w'-b'p'+a'q'$. Die Nichtelasticität verlangt, dass diese Geschwindigkeiten einander gleich sind, also

$$(4)\qquad w-bp+aq = w'-b'p'+a'q'.$$

Somit sind 8 Gleichungen für die 12 Unbekannten u, v, w, p etc. gewonnen. Die weiteren vier, deren wir bedürfen, gestalten sich verschieden, je nachdem man die Reibung einführt.

a) Sind die beiden stossenden Körper so glatt, dass man die Reibung vernachlässigen kann, so gleiten sie in der xy-Ebene aneinander vorbei, ohne dass zwischen ihnen eine Wirkung einträte; also ist

$$(5)\qquad \begin{cases} u = U, & v = V, \\ u' = U', & v' = V'. \end{cases}$$

b) Reiben sie sich, so wollen wir den Gränzfall betrachten, wo die Reibung gross genug ist, um das Gleiten vollständig zu verhindern. Dann gilt für die Impulscomponenten in x und y zunächst wieder das Reactionsprincip, also

$$(6)\qquad \begin{cases} m(u-U)+m'(u'-U') = 0, \\ m(v-V)+m'(v'-V') = 0. \end{cases}$$

Ausserdem müssen die Contactstellen beider Körper nach dem Stoss die gleiche Geschwindigkeit in x und y haben, also analog (4)

$$(7)\qquad \begin{cases} u-cq+br = u'-c'q'+b'r', \\ v-ar+cp = v'-a'r'+c'p'. \end{cases}$$

Die Gleichungen 1 bis 5 oder 1, 2, 3, 4, 6, 7 bestimmen die 12 Unbekannten, also die Bewegung beider Körper nach dem Stoss.

Die während des Impulses wirksamen Kräfte sind diejenigen, welche aus der Compression hervorgehen; dieselben widerstehen der Compression, und da die Körper thatsächlich stets comprimirt werden, ist ihre Arbeit negativ. Die lebendige Kraft des aus beiden Körpern bestehenden Systems wird also verkleinert, und eben weil die Körper unelastisch sind, wird dabei keine Potentialzunahme gebildet, welche dieser Verkleinerung äquivalent wäre. Also geht beim unelastischen Stoss stets Energie verloren, selbst wenn er ohne Reibung statt hat.

308. Elastischer Stoss, speciell zweier Kugeln. Sind die zusammenprallenden Körper elastisch, so verläuft der Stoss bis zum Augenblick der grössten Compression ganz wie bei den unelastischen Körpern und die Gleichungen des vorigen Paragraphen liefern den Zustand in diesem Augenblick; die Contactschichten sind aber dann in der Compression nicht im Gleichgewicht, sondern streben, sich wieder auszudehnen. Diese Ausdehnung findet theils rückwärts, theils vorwärts, also theils gegen die Richtung, in welcher die Schichten comprimirt wurden, theils in das Innere der Körper hinein statt. In Folge der Fortpflanzung nach innen zieht eine Compressionswelle durch das Innere eines jeden stossenden Körpers; der Vorgang kann also genau nur verfolgt werden, wenn man die Deformation der Körper in Betracht zieht. Annähernd aber lässt er sich unter Beibehaltung der Fiction, dass die Körper starr seien, wie folgt, darstellen.

Es seien o und o' die Punkte, in welchen die Körper einander berühren. Im Augenblick der maximalen Compression hat c eine Geschwindigkeitsänderung in z erlitten, welche ausgedrückt wird durch (vergl. Gl. (4) des vorigen Paragraphen)

$$\Delta_z = W - bP + aQ - (w - bp + aq).$$

Sie kann berechnet werden, weil die Gleichungen zur Herstellung von w, q, p ausreichen. Die elastischen Kräfte wirken nun in gleichem Sinn, wie die Compression gewirkt hat; sie bringen also ihrerseits eine weitere Geschwindigkeitsänderung in gleichem Sinn hervor, und diese kann gleich $e\Delta z$ gesetzt werden, wo e eine Constante ist, die von der Natur des stossenden Materials abhängt und „der Restitutionscoefficient“ heisst. Die elastische Rückwirkung ist nie so stark, wie die Wirkung der Compression selbst, e ist also immer kleiner als 1 und kann sich nur im idealen Falle der sogenannten „vollkommen elastischen“ Körper der 1 nähern. Die wirkliche Geschwindigkeitsänderung, welche o erleidet, ist also $(1+e)\Delta_z$, und die Geschwindigkeit von o nach dem Stoss ist in der z-Richtung

$$W - bP + aQ - (1+e)[W - bP + aQ - (w - bp + aq)],$$

oder

$$(1) \qquad (1+e)(w - bp + aq) - e(W - bP + aQ),$$

wenn man unter w, p, q die Geschwindigkeitsgrössen im Augenblick der maximalen Compression versteht, welche aus den Gleichungen des vorigen Paragraphen zu berechnen sind. Eine der vorigen ganz entsprechende Gleichung besteht für o', folgt übrigens aus Gl. (3) des vorigen Paragraphen und aus der vorstehenden Gl. (1). Die übrigen Gleichungen des vorigen Paragraphen bleiben selbstverständlich erhalten, weil an den Betrachtungen, auf denen sie beruhen, nichts geändert wird. Die Rechnung soll an homogenen oder concentrisch geschichteten Kugeln durchgeführt werden.

Stoss glatter Kugeln. Für diese ist $D = E = F = 0$, $A = B = C$, $a = b = 0$. Die Gleichungen des vorigen Paragraphen, von denen die vierte ans Ende gestellt werde, vereinfachen sich also zu:

$$\begin{cases} 0 = -mc(v-V)+A(p-P) = -m'c'(v'-V')+A'(p'-P'), \\ 0 = -mc(u-U)+A(q-Q) = -m'c'(u'-U')+A'(q'-Q'), \\ 0 = A(r-R) \qquad\qquad = A'(r'-R'). \end{cases} \quad \begin{matrix}(1)\\(2)\end{matrix}$$

$$(5) \qquad u = U, \quad v = V, \quad u' = U', \quad v' = V'.$$

$$(3) \qquad m(w-W)+m'(w'-W') = 0.$$

$$(4) \qquad w = w'.$$

Die ersten Zehn ergeben sofort $p = P$, $q = Q$, $r = R$, $p' = P'$, $q' = Q'$, $r' = R'$. Die beiden letzten liefern durch einfache Ausrechnung

$$w = w' = \frac{mW+m'W'}{m+m'}.$$

Dies gilt für den Augenblick der grössten Compression, in demselben hat also der Punkt o die Geschwindigkeitsänderung

$$\Delta_z = W - \frac{mW+m'W'}{m+m'} = \frac{m'(W-W')}{m+m'}$$

erlitten. Durch die elastische Reaction erleidet er die fernere Aenderung $e\Delta_z$, also, wenn wir die schliessliche z-Geschwindigkeit von o, d. i. $\frac{dc}{dt}$ am Ende des ganzen Stosses mit w_e bezeichnen, ist

$$(6) \qquad w_e = W-(1+e)\frac{m'(W-W')}{m+m'}.$$

Durch Vertauschung der Accente oder auch durch Combination von Gl. (6) mit (3) erhält man

$$(7) \qquad w'_e = W'-(1+e)\cdot\frac{m(W'-W)}{m+m'}.$$

Diese Gleichungen treten nunmehr an die Stelle von (3) und (4); die Gl. (5 und $p = P$ etc. bleiben bestehen.

Im idealen Falle $e = 1$ vereinfachen sich (6) und (7) zu

$$w_e = \frac{W(m-m')+2m'W'}{m+m'},$$

$$w'_e = \frac{W'(m'-m)+2mW}{m+m'}.$$

Man findet hiermit leicht, dass $\frac{1}{2}mw_e^2+\frac{1}{2}m'w_e'^2 = \frac{1}{2}mW^2+\frac{1}{2}m'W'^2$; beim vollkommenen glatten und vollkommen elastischen Stoss bleibt also, da ohnehin $u = U$, $p = P$ etc. ist, die lebendige Kraft des aus beiden Körpern gebildeten Systems erhalten, und das Princip der Erhaltung der Energie hätte von vorn herein an die Stelle der Gl. (6) mit $e = 1$ treten können; die elastischen Kräfte restituiren dann die Arbeit, welche sie während der Compression erlitten haben, vollständig, und es leuchtet ein, dass dies allgemein gilt. Findet aber Reibung beim Stoss statt, so gilt Gl. (5) nicht mehr, an ihre Stelle treten die Gl. (6), (7) des vorigen Paragraphen.

Specialfälle, wobei $e = 1$ vorausgesetzt werde.

1) Glatter Stoss und $m' = \infty$. Die zweite Kugel ist fest oder so gross, dass die Masse der ersten gegen sie verschwindet. Indem man m gegen m' vernachlässigt, erhält man: U', V', W' bleiben unverändert, $u = U$,

$v = V$, $w_e = -W + 2W'$. Die Relativgeschwindigkeit in z von m gegen m' ist vor dem Stoss $W - W'$, nach demselben $w_e - W'$ oder $W' - W$, kehrt sich also einfach um. In einem Coordinatensystem, welches in m' fest liegt, prallt also m nach demselben Gesetz zurück, wie ein Lichtstrahl.

2) Glatter Stoss und $m = m'$. Man erhält $w_e = W'$, $w'_e = W$. Die Kugeln tauschen also ihre Geschwindigkeiten in z einfach aus. Ist der Stoss central, d. h. geht die z-Axe durch die Mittelpunkte beider Kugeln, so trifft der Austausch, weil $U = W = U' = W' = 0$, die Gesammtgeschwindigkeit der Schwerpunkte. Ist m zu Anfang in Ruhe, so hat nach dem Stoss m die Geschwindigkeit W' in z, m' die Geschwindigkeit 0 in z und $U' \mp V'$ in der xy-Ebene. Beide Kugeln prallen also dann rechtwinklig auseinander, die gestossene in der Richtung, welche die Centrale während des Stosses hatte.

I. Der starre Körper unter beliebigen Bedingungen.

309. Zahl und Hauptformen der Bedingungen. Da der starre Körper 6 Coordinaten hat, kann man ihm eine bis fünf Bedingungen auferlegen, ohne ihn unbeweglich zu machen. Er besitzt 1, 2 ... 6 Grade der Freiheit, je nachdem er 5, 4 ... 0 Bedingungen unterworfen ist.

Eine Bedingung kann nun in zwei wesentlich verschiedenen Formen erscheinen. A. Die virtuelle Form. Im Princip der virtuellen Geschwindigkeiten und im D'Alembert'schen Princip treten die virtuellen Bewegungen des zu untersuchenden Gebildes auf. Dem entsprechend kann eine Bedingung auftreten als Bedingung für die virtuellen Bewegungen; wir sagen dann abkürzend, sie habe die virtuelle Form. In der Phoronomie wurde gezeigt, dass eine Elementarbewegung des starren Körpers, einerlei ob derselbe frei oder bedingt ist, sich allgemein in folgenden Formen mit Vortheil darstellen lässt: 1) Elementarverschiebung seines Schwerpunkts nebst Drehung um denselben, 2) Elementarschraubung vom Parameter ϖ längs einer Centralaxe, 3) ohne Rücksicht auf ihre geometrische Form durch ihre Plücker'schen Coordinaten X, Y, Z, L, M, N. Demgemäss kann eine Bedingung in virtueller Form in einer der drei folgenden Varietäten gegeben sein:

1) als vorgeschriebene Gleichung zwischen den Seitengeschwindigkeiten $\frac{da}{dt}$, $\frac{db}{dt}$, $\frac{dc}{dt}$ des Schwerpunkts von G und den gleichzeitig vorhandenen Rotationsgeschwindigkeiten, welche letztere durch p, q, r oder π, χ, ϱ oder $\frac{d\varphi}{dt}$, $\frac{d\psi}{dt}$, $\frac{d\vartheta}{dt}$ (φ, ψ, ϑ die Euler'schen Winkel) ausgedrückt sein können;

2) als Bedingung für Lage und Parameter der möglichen Centralaxen;

3) als vorgeschriebene Gleichung zwischen den 6 Coordinaten des zu irgend einer Zeit möglichen Geschwindigkeitszustandes, also zwischen X, Y, Z, L, M, N.

In jeder dieser Formen würde die Bedingung unmittelbar zur Einfügung in die oben genannten Principien geeignet sein.

B. Die practische Form. In Wirklichkeit kommt es aber nur ausnahmsweise vor, dass eine Bedingung sich in virtueller Form oder auch in einer Form, der man ihre Uebertragbarkeit in die virtuelle Form sofort ansieht, präsentirt*). Practisch werden vielmehr die Bedingungen dadurch hergestellt, dass man den Körper G unvollständig befestigt, sei es durch Fäden, sei es dadurch, dass man eine seiner Flächen mit einer festen Fläche in Berührung bringt. Die Fadenbefestigung bewirkt, dass bestimmte Punkte von G auf bestimmten Flächen bleiben müssen, subsummirt sich also der Fesselung durch Contact. Demnach ist die allgemeine practische Form einer Bedingung die folgende:

4) Eine vorgeschriebene, im Körper G feste Fläche Π soll eine Fläche P, die im System der x, y, z festliegt, fortwährend berühren.

Dabei kann Π oder P zu einem Punkt degeneriren. Die Bedingung lautet dann: „Ein Punkt von G soll fortwährend auf der festen Fläche P bleiben", oder „eine in G feste Fläche soll fortwährend durch einen festen Punkt gehen". Der erste von diesen Specialfällen umfasst die Fadenbefestigungen. Degeneriren Π und P gleichzeitig zu Punkten, so liegt der Fall des Abschnitts **F** vor.

Soll ein Punkt von G auf einer festen Linie bleiben, so ist diese Vorschrift selbstverständlich äquivalent mit der Doppelbedingung, dass der Punkt zwei Flächen berühren soll, die sich in der Linie schneiden. Soll die Fläche Π eine Fläche P in n Punkten berühren, so sind damit n Bedingungen gegeben etc.

Die Aufgabe der Lehre vom beliebig bedingten starren Körper besteht demnach aus zwei Theilen. Erstens sind die in practischer Form gegebenen Bedingungen auf eine der vir-

*) Z. B. ein Pendel sei mittels einer Schraubenmutter auf einen Cylinder gefesselt, der die entsprechende männliche Schraube trägt; oder ein Stab sei bifilar aufgehängt, und es werden nur Bewegungen in Betracht gezogen, bei denen sein Schwerpunkt vertical auf- und abwärts geht. Beim ersteren ist die virtuelle Windung unmittelbar in Schraubenform gegeben, beim letzteren leicht zu erkennen.

tuellen Formen zu reduciren; Zweitens sind aus den auf die virtuelle Form reducirten Bedingungen die Gleichungen der Bewegung und des Gleichgewichts abzuleiten.

Die zweite Aufgabe ist für die Plücker'schen Coordinaten überhaupt noch nicht systematisch in Angriff genommen, desshalb sollen die Plücker'schen Coordinaten hier nicht mehr berücksichtigt werden. Die Schraubentheorie löst die erste Aufgabe in ausgezeichneter Weise, beschränkt sich aber in Ball's Ausführung, was die zweite angeht, auf kleine Schwingungen ohne Reibung. Wir werden sie desshalb hauptsächlich benutzen, um eine geometrische Uebersicht über die Wirkung von Bedingungen zu liefern. Die Reduction der Bedingungen auf Beziehungen zwischen Schwerpunktstranslation und Rotation weist erhebliche Schwächen auf, muss aber von uns vorläufig noch bevorzugt werden, weil die physikalisch interessanteren Probleme, deren Lösung durchführbar ist, ihre Anwendung erfordern.

310. Geometrische Uebersicht über die Wirkung von Bedingungen, geliefert mittels der Reduction auf virtuelle Schraubungen. Es werde untersucht, wie die möglichen Centralaxen einer Elementarbewegung beschaffen sind, die an 5, 4, 3, 2, 1 Bedingungen geknüpft ist.

A. Mannheim's Methode. 1) Es seien 5 Bedingungen gegeben, also 5 Flächen Π des Körpers G sollen 5 feste Flächen P berühren. Π_1 sei die erste in G feste, P_1 die von ihr berührte, im Coordinatensystem der x, y, z feste Fläche, α_1 der Punkt von G, der P_1 berührt. Dann kann α_1 nur auf P_1 gleiten, die durch α_1 gelegte gemeinsame Normale N_1 von Π_1 und P_1 steht also senkrecht auf der Bewegungsrichtung von α_1. Die Bewegung von N_1 ist nun aber nothwendig Drehung um eine ihr conjugirte Gerade ν_1; soll α_1 sich bei Drehung um ν_1 in der Tangentialebene von P_1 bewegen, so muss ν_1 senkrecht auf dieser Tangentialebene stehen, also parallel N_1 sein. Gemäss der Construction des Comitiums § **206** und **213** sind aber zwei conjugirte Linien desselben nur dann parallel, wenn sie zusammenfallen; also ist N_1 eine Doppellinie und gehört dem Complex an, der durch die virtuelle Elementarbewegung von G bestimmt wird. Die 5 Contactnormalen der Flächen Π und P sind also sämmtlich Linien dieses Complexes. Wählt man irgend 4 von den Normalen N_1 bis N_5 aus, so werden sie von zwei Transversalen l_a und λ_a geschnitten, welche zu einander conjugirt sind. Ihre kürzeste Verbindungslinie, die D_a heisse, schneidet also die Centralaxe (des Complexes und der Elementarbewegung) senkrecht. Wählt man eine zweite Gruppe von 4 Normalen N aus, so liefern diese wieder zwei Transversalen l_b und λ_b, und eine kürzeste Verbindungslinie D_b zwischen diesen. Der kürzeste Abstand zwischen D_a und D_b ist der Lage nach die Centralaxe. Wird der kürzeste Abstand zwischen D_a und D_b metrisch mit δ bezeichnet, so ist der Parameter der virtuellen Elementarbewegung nach **206** $\varpi = \delta \operatorname{tang}(D_a D_b)$.

5 Bedingungen liefern hiernach eine einzige, vollkommen bestimmte virtuelle Schraubenbewegung.

2) 4 Bedingungen gegeben. Bei vier Bedingungen sind die 4 Contactnormalen N_1 bis N_4 Strahlen eines Complexes, dessen Centralaxe die Centralaxe irgend einer virtuellen Bewegung ist. Sie werden von zwei Conjugaten l und λ geschnitten, deren kürzester Abstand D die Centralaxe rechtwinklig schneidet. Ein fünfter Strahl des Complexes kann willkürlich angenommen werden. Alle so entstehenden Complexe haben aber die 4 obigen Strahlen gemein, bei allen geht also die Centralaxe senkrecht durch den obigen Abstand D und macht mit l und λ zwei Winkel, deren Tangenten sich verhalten, wie die beiden Stücke, in welche D durch die Centralaxe getheilt wird. Die Gesammtheit der möglichen Centralaxen bildet also ein Cylindroid, dem l und λ angehören. Welche von den Erzeugungslinien des Cylindroids auch eine thatsächliche Centralaxe sein möge, die beiden Linien l und λ sind immer conjugirte Linien, also rotirt bei allen möglichen Bewegungen die eine um die andere. Für die Hauptparameter ϖ' und ϖ'' des Cylindroids haben wir nach **215** die Gleichungen $-\varpi'\varpi'' = \frac{1}{4}D^2$, und wenn ϑ der Winkel, den l mit λ macht, $-\frac{\varpi''}{\varpi'} = \cos^2\frac{\vartheta}{2}$.

3) Drei Bedingungen gegeben. Die drei Contactnormalen N_1, N_2, N_3 gehören sämmtlichen Complexen an, deren Axen virtuelle Centralaxen sind. Eine vierte Gerade, welche dieselbe Eigenschaft hat, kann beliebig gewählt werden, es gilt also eine einfach unendliche Mannigfaltigkeit von Cylindroiden, welche die möglichen Centralaxen enthalten und die Directricen aller dieser Cylindroide schneiden die drei Geraden N_1, N_2, N_3. Diese Directricen sind demnach Erzeugungslinien eines Hyperboloids, welches durch die Geraden N_1, N_2, N_3 bestimmt wird, und zwar gehören die Directricen zu der einen, die Normalen zu der anderen Schaar der Erzeugungslinien. Irgend

zwei Gerade der ersten Schaar können conjugirte Axen der Bewegung sein und bestimmen je eins der Cylindroide, wie ad 2.

4. Zwei Bedingungen gegeben. Die beiden Contactnormalen N_1 und N_2 sind Glieder aller in Betracht kommenden Complexe; irgend zwei Gerade, welche N_1 und N_2 schneiden, können also conjugirte Axen der virtuellen Bewegung sein. Die Gesammtheit dieser Conjugaten ist eine Congruenz ersten Grades, deren Directricen N_1 und N_2 sind. Die Gesammtheit der virtuellen Axen ist eine zweifach unendliche Schaar von Cylindroiden, die man erhält, wenn man irgend zwei der conjugirten Axen zur Bestimmung eines Cylindroids verwendet.

5. Eine Bedingung gegeben. Zu der einzigen Contactnormale N_1 kann eine zweite willkürlich angenommen werden; also irgend zwei Gerade, die N_1 schneiden, können conjugirte Axen der Bewegung sein, und irgend zwei von ihnen bestimmen ein Cylindroid, dessen Erzeugungslinien virtuelle Centralaxen sind. Die Gesammtheit der letzteren ist eine dreifach unendliche Mannigfaltigkeit von Cylindroiden, eine vierfach unendliche Mannigfaltigkeit von Geraden. Da der Raum selbst nur eine vierfach unendliche Mannigfaltigkeit von Geraden enthält, muss jede Gerade des Raumes, wenn sie mit einem passenden Parameter versehen wird, virtuelle Centralaxe sein.

B. Ball's Methode. Dieselben Resultate erhält man sehr einfach und noch deutlicher aus Ball's Theorie der reciprocalen Axen. Eine Bedingung liefert im Berührungspunkt der Flächen Π und P eine Zwangskraft, also eine Zwangsdyname vom Parameter Null, und nach dem d'Alembert'schen Princip muss diese Zwangsdyname bei jeder virtuellen Bewegung von G die Arbeit Null leisten. Sind also n Bedingungen vorhanden, so muss jede virtuelle Centralaxe reciprokal zu den n Zwangskräften sein. Nach § **219** haben wir also folgende Hauptsätze:

a) Sind n Bedingungen gegeben, so bilden die virtuellen Centralaxen ein Axensystem $(6-n)^{\text{ter}}$ Stufe.

b) Die n Bedingungen können aber auch durch irgend welche n Zwangsdynamen ersetzt werden, welche dem durch sie bestimmten Axensystem n^{ter} Stufe angehören. Im Einzelnen also:

Einer Bedingung entspricht ein Comitium virtueller Axen. Diejenigen unter diesen, die einen bestimmten Parameter haben, bilden einen Complex ersten Grades. Die vom Parameter Null (blosse Drehungen) schneiden die Contactnormale. Jede Gerade des Raumes kann, mit einem passenden Parameter versehen, dem Comitium angehören.

Zwei Bedingungen entspricht ein Complex zweiten Grades von virtuellen Axen. Diejenigen unter diesen, die denselben Parameter p haben, bilden eine Congruenz ersten Grades; die mit dem Parameter Null insbesondere bilden diejenige Congruenz, deren Glieder die beiden Contactnormalen schneiden. Die Bedingungen können ersetzt werden durch irgend zwei Zwangsdynamen, welche dem durch die Contactnormalen bestimmten Cylindroid angehören.

Drei Bedingungen entspricht eine Congruenz (die auch als Schaar von Cylindroiden aufgefasst werden kann), in welcher sich zwei Complexe zweiten Grades schneiden. Diejenigen Axen, welche einen bestimmten Parameter p haben, liegen als Erzeugende einer Schaar auf einem Hyperboloid. Diejenigen vom Parameter Null insbesondere liegen auf demselben Hyperboloid, dem die drei Contactnormalen als Erzeugende der andern Schaar angehören. Die drei Zwangskräfte können ersetzt werden durch irgend drei Zwangsdynamen, die der durch sie bestimmten Congruenz angehören, insbesondere auch durch drei Zwangskräfte ($p = 0$), die mit den Contactnormalen zu derselben Schaar desselben Hyperboloids gehören.

Vier Bedingungen entspricht ein Cylindroid von virtuellen Axen. Nur zwei derselben haben den gleichen Parameter p. Den Parameter Null haben die beiden Transversalen, welche die 4 Contactnormalen schneiden. Die 4 Zwangskräfte können durch Glieder ihres Complexes vom 2. Grade ersetzt werden.

Fünf Bedingungen lassen nur eine virtuelle Windung von völlig bestimmtem Parameter zu. Sie können durch 5 Glieder ihres Comitiums ersetzt werden. Die Bestimmung der Centralaxe ist dieselbe wie unter A.

311. Analytische Reduction einer Bedingung. Eine Contactbedingung soll in eine Relation zwischen den virtuellen Bewegungen des Schwerpunkts von G und der entsprechenden Rotation übersetzt werden. Es bietet sich folgender Weg dar:

Die Fläche Π hat im beweglichen Coordinatensystem der ξ, η, ζ, dessen Ursprung im Schwerpunkt von G liegt, eine Gleichung

$$(1) \qquad \Psi(\xi, \eta, \zeta) = 0.$$

Transformirt man dieselbe mittels der Formeln

$$\xi = a_1(x-a) + b_1(y-b) + c_1(y-c) \text{ u. s. w.}$$

auf das System der x, y, z, so nimmt sie die Gestalt

$$(1a) \qquad \Psi_1(x, y, z, a, b, c, a_1, b_1 \dots c_3) = 0$$

an. Die Fläche P hat im System der x, y, z die Gleichung

$$(2) \qquad \Phi(x, y, z) = 0.$$

In einem Berührungspunkt sind beide Gleichungen (1a) und (2) erfüllt, und ausserdem bestehen, weil die Normalen der Flächen Π und P zusammenfallen, die Gleichungen

$$(3), (4) \qquad \frac{\partial \Psi_1}{\partial x} : \frac{\partial \Phi}{\partial x} = \frac{\partial \Psi_1}{\partial y} : \frac{\partial \Phi}{\partial y} = \frac{\partial \Psi_1}{\partial z} : \frac{\partial \Phi}{\partial z}.$$

Man hat also 4 Gleichungen (1a) bis (4) für die drei Coordinaten des Berührungspunkts; eliminirt man x, y, z aus ihnen, so bleibt eine Beziehung zwischen a, b, c, a_1, $b_1 \dots c_3$ übrig; diese drückt die aus der Berührung hervorgehende Bedingung aus. Liefern die Gleichungen (1a), (2), (3) mehrere Berührungspunkte, so hat man bei der Elimination diejenigen Werthe von x, y, z in Betracht zu ziehen, welche dem oder den physisch vorgeschriebenen Berührungspunkten entsprechen.

In sehr einfachen Fällen kann es geschehen, dass die Gleichung, welche man so erhält, keine anderen Grössen, als a, b, c enthält.

Z. B. Eine homogene Kugel berühre eine Ebene. Man nehme die Ebene zur Ebene der xy, wo dann die Gl. (2) lautet

$$\Phi = z = 0.$$

Die Kugel habe die auf ihren Mittelpunkt bezogene Gleichung $\xi^2 + \eta^2 + \zeta^2 = \varkappa^2$. Diese lautet transformirt

$$\Psi_1 = (x-a)^2 + (y-b)^2 + (z-c)^2 = \varkappa^2.$$

Die Gleichungen (3), (4) lauten

$$0 : x-a = 0 : y-b = 1 : z-c.$$

Daraus wird für den Berührungspunkt $x = a$, $y = b$, $z = 0$, und wenn man dies in die Gleichung für Ψ_1 einsetzt, erhält man die Bedingung

$$c = \pm\varkappa.$$

Derartige Fälle können aber offenbar nur dann eintreten, wenn die Lage des Schwerpunkts unabhängig ist von den Richtungscosinus $a_1 \dots c_3$, und das ist nur der Fall, wenn die Fläche Π eine Kugel ist, deren Mittelpunkt in den Schwerpunkt von G fällt. Ist dies der Fall, so braucht man die Bedingungsgleichung nur nach t zu differentiiren; sie hat dann sofort die Form einer Beziehung zwischen

$\frac{da}{dt}$, $\frac{db}{dt}$, $\frac{dc}{dt}$, p, q, r, in welcher p, q, r mit dem Factor Null behaftet sind. Sie kann also ohne Weiteres zur Anwendung des d'Alembert'schen Princips dienen.

Im Allgemeinen aber werden in der Bedingungsgleichung, wie sie aus den Gl. (1a) bis (4) hervorgeht, auch die Richtungscosinus $a_1 \dots c_3$ enthalten sein; sie hat also die Form

$$(5) \qquad \Omega(a, b, c, a_1, b_1 \dots c_3) = 0.$$

Man ersetze nun hierin die 9 Cosinus $a_1 \dots c_3$ durch ihre Werthe aus **272** Gl. (6), so hat die Bedingung die Form

$$(6) \qquad \Omega_1(a, b, c, \varphi, \psi, \vartheta) = 0.$$

Diese Gleichung kann man einmal nach t differentiiren, und dann kann man versuchen, mittels der Gleichungen **292**, (3) die Grössen π, χ, ϱ für φ, ψ, ϑ zu substituiren. Dies wird aber nur in besonderen Fällen so gelingen, dass φ, ψ, ϑ und φ', ψ', ϑ' völlig aus Gl. (6) verschwinden; im allgemeinen werden sich die Bedingungen nicht auf die Form einer reinen Beziehung zwischen π, χ, ϱ oder p, q, r und den Seitengeschwindigkeiten des Schwerpunkts bringen lassen. Demgemäss werden auch die Euler'schen oder Lagrange'schen Differentialgleichungen des starren Körpers sich nicht allgemein für die Dynamik bedingter starrer Körper verwenden lassen, und darin liegt ihre Schwäche gegenüber anderen Formen der Darstellung des Beschleunigungszustandes von G.

Wohl aber wird es möglich sein, die Bedingungsgleichung in der Form (6) beizubehalten, und sie auf diejenige Form der Bewegungsgleichungen anzuwenden, in welcher φ, ψ, ϑ und deren Differentialquotienten vorkommen, d. h. auf die Resal'schen bezw. auf eine derselben nahe verwandte Gruppe von Bewegungsgleichungen.

Anm. 1. Berührt Π die Fläche P mit einer Spitze, so fallen die Gleichungen (3) (4) fort; dafür hat aber der Berührungspunkt im System der ξ, η, ζ drei Gleichungen $\xi = \xi_1$, $\eta = \eta_1$, $\zeta = \zeta_1$, welche transformirt in Verbindung mit (2) die Bedingung (6), wie oben, liefern.

Anm. 2. In besonderen Fällen kann man durch directe geometrische Betrachtungen eine Beziehung zwischen den Seitengeschwindigkeiten des Schwerpunkts und p, q, r oder π, χ, ρ ermitteln; dafür lassen sich aber keine allgemein gültigen Vorschriften geben.

Die Gleichungen der Bewegung für den bedingten starren Körper.

312. Einige besondere Fälle, in denen die Euler'schen oder Lagrange'schen Gleichungen anwendbar bleiben, sollen hier gesondert behandelt werden.

1. Homogene Kugel auf der schiefen Ebene ohne Reibung. Wir nehmen die schiefe Ebene zur Ebene der xy, legen die Axe der x in die Linie stärksten Abfalls und die Axe der z nach oben. Ist m die Masse der Kugel, so greift die explicite Kraft der Schwere in ihrem Mittelpunkt an und hat die Componenten $mg\sin\lambda$, 0, $-mg\cos\lambda$, wenn λ der Winkel ist, den die Ebene mit dem Horizont macht. Der Radius der Kugel sei $\mathfrak{r}$, dann ist die Bedingung, wie im vorigen Paragraphen schon gezeigt wurde

$$(1) \qquad c = +\mathfrak{r}.$$

Das positive Vorzeichen gilt, weil die Kugel über der Ebene liegen muss. Der Berührungspunkt hat die Coordinaten $x_1 = a$, $y_1 = b$, $z_1 = 0$; er liefert eine Zwangskraft, deren Componenten $\mathfrak{Y}$, $\mathfrak{X}$, $\mathfrak{Z}$ seien. Die drei Momente dieser Zwangskraft in Bezug auf den willkürlich zu wählenden Coordinatenanfang sind $L = b\mathfrak{Z}$, $M = -a\mathfrak{Z}$, $N = a\mathfrak{Y} - b\mathfrak{X}$. Das Trägheitsmoment in Bezug auf irgend einen Durchmesser sei A. Da jeder Durchmesser eine Hauptcentralaxe ist, können die Gleichungen (1) des § **305** ohne weiteres angewendet werden, auch für lateinische Buchstaben; die Gleichungen der Bewegung sind also

$$(2) \quad \left\{ \begin{aligned} & m\frac{d^2a}{dt^2} = mg\sin\lambda + \mathfrak{X}, \\ & m\frac{d^2b}{dt^2} = \mathfrak{Y}, \\ & m\frac{d^2c}{dt^2} = -mg\cos\lambda + \mathfrak{Z}, \\ & m\left(b\frac{d^2c}{dt^2} - c\frac{d^2b}{dt^2}\right) + A\frac{dp}{dt} = -bmg\cos\lambda + b\mathfrak{Z}, \\ & m\left(c\frac{d^2a}{dt^2} - a\frac{d^2c}{dt^2}\right) + A\frac{dq}{dt} = cmg\sin\lambda + amg\cos\lambda - a\mathfrak{Z}, \\ & m\left(a\frac{d^2b}{dt^2} - b\frac{d^2a}{dt^2}\right) + A\frac{dr}{dt} = -bmg\sin\lambda + a\mathfrak{Y} - b\mathfrak{X}. \end{aligned} \right.$$

Die Zwangskraft steht senkrecht auf der Ebene, d. h. $\mathfrak{X} = \mathfrak{Y} = 0$; aus Gl. (1) folgt $\frac{d^2c}{dt^2} = 0$, also $\mathfrak{Z} = mg\cos\lambda$. Mit Einführung dieser Beziehungen reduciren sich die 6 Gleichungen (2) leicht auf die folgenden:

$$\frac{d^2a}{dt^2} = g\sin\lambda, \quad \frac{d^2b}{dt^2} = 0, \quad \frac{d^2c}{dt^2} = 0, \quad \frac{dp}{dt} = \frac{dq}{dt} = \frac{dr}{dt} = 0.$$

Der anfängliche Drehungszustand bleibt also ungeändert und der Schwerpunkt der Kugel bewegt sich wie ein schwerer Punkt auf einer schiefen Ebene vom Neigungswinkel λ.

2. Homogene schwere Kugel mit gleitender Reibung auf einer horizontalen Ebene. Der Reibungscoefficient sei ε. Denken wir uns die Reibung zunächst vernachlässigt, so sind die Differentialgleichungen des Problems, da die Beziehung $\mathfrak{X} = \mathfrak{Y} = 0$ offenbar erhalten bleibt, nach der vorigen Aufgabe ($\lambda = 0$)

$$m\frac{d^2a}{dt^2} = 0,$$

$$m\frac{d^2b}{dt^2} = 0,$$

$$m\frac{d^2c}{dt^2} = -mg + \mathfrak{Z},$$

$$m\left(b\frac{d^2c}{dt^2} - c\frac{d^2b}{dt^2}\right) + A\frac{dp}{dt} = -bmg + b\mathfrak{Z},$$

$$m\left(c\frac{d^2a}{dt^2} - a\frac{d^2c}{dt^2}\right) + A\frac{dq}{dt} = amg - a\mathfrak{Z},$$

$$m\left(a\frac{d^2b}{dt^2} - b\frac{d^2a}{dt^2}\right) + A\frac{dr}{dt} = 0,$$

mit der Bedingung

$$c = \text{const.} = \mathfrak{r}.$$

Hier sind nun die Reibungseffecte zuzufügen. Der Berührungspunkt der Kugel mit der Ebene hat die Seitengeschwindigkeiten

$$\frac{da}{dt} + q(z_1 - c) - r(y_1 - b), \quad \frac{db}{dt} + r(x_1 - a) - p(r_1 - c),$$

$$\frac{dc}{dt} + p(y_1 - b) - q(x_1 - a),$$

oder

$$\frac{da}{dt} - q\mathfrak{r}, \quad \frac{db}{dt} + p\mathfrak{r}, \quad 0,$$

Die Reibung ist proportional dem Normaldrucke $\mathfrak{Z}$ und ihre Richtung ist der der Geschwindigkeit des Berührungspunktes entgegengesetzt, setzen wir also abkürzend $\mathfrak{f} = +\sqrt{\left(\frac{da}{dt} - q\mathfrak{r}\right)^2 + \left(\frac{db}{dt} + p\mathfrak{r}\right)^2}$, so sind die Componenten der Reibung

$$-\left(\frac{da}{dt} - q\mathfrak{r}\right)\frac{\varepsilon\mathfrak{Z}}{\mathfrak{f}}, \quad -\left(\frac{db}{dt} + p\mathfrak{r}\right)\frac{\varepsilon\mathfrak{Z}}{\mathfrak{f}}, \quad 0,$$

und da sie in $a, b, 0$ angreift, sind ihre Momente

$$0, \quad 0, \quad \frac{b\left(\frac{da}{dt} - q\mathfrak{r}\right) - a\left(\frac{db}{dt} + p\mathfrak{r}\right)}{\mathfrak{f}}\varepsilon\mathfrak{Z}.$$

Fügt man diese Grössen in den obigen Differentialgleichungen zu, und benutzt gleich die Relation $\frac{d^2c}{dt^2} = 0$, so erhält man

$$m\frac{d^2a}{dt^2} = -\left(\frac{da}{dt} - q\mathfrak{r}\right)\frac{\varepsilon\mathfrak{Z}}{\mathfrak{f}},$$

$$m\frac{d^2b}{dt^2} = -\left(\frac{db}{dt} + p\mathfrak{r}\right)\frac{\varepsilon\mathfrak{Z}}{\mathfrak{f}},$$

$$m\frac{d^2c}{dt^2} = 0 = -mg + \mathfrak{Z}$$

$$-mc\frac{d^2b}{dt^2} + A\frac{dp}{dt} = -bmg + \mathfrak{b}\mathfrak{Z},$$

$$mc\frac{d^2a}{dt^2} + A\frac{dq}{dt} = amg - \mathfrak{a}\mathfrak{Z},$$

$$m\left(a\frac{d^2b}{dt^2} - b\frac{d^2a}{dt^2}\right) + A\frac{dr}{dt} = \frac{b\left(\frac{da}{dt} - q\mathfrak{r}\right) - a\left(\frac{db}{dt} + p\mathfrak{r}\right)}{\mathfrak{f}}\varepsilon\mathfrak{Z}.$$

Die dritte Gleichung liefert $\mathfrak{Z} = mg$; der Normaldruck ist also constant und hebt einfach die Schwere der Kugel auf. Man erhält weiter, wenn $\frac{A}{m} = \frac{2}{5}\mathfrak{r}^2$ gesetzt wird, durch auf der Hand liegende Hebungen

$$(1)\quad \begin{cases} \dfrac{d^2a}{dt^2} = -\left(\dfrac{da}{dt} - q\mathfrak{r}\right)\dfrac{\varepsilon g}{\mathfrak{f}}, \quad \dfrac{d^2b}{dt^2} = -\left(\dfrac{db}{dt} + p\mathfrak{r}\right)\dfrac{\varepsilon g}{\mathfrak{f}}, \\ \mathfrak{r}\dfrac{dp}{dt} = -\frac{5}{2}\left(\dfrac{db}{dt} + p\mathfrak{r}\right)\dfrac{\varepsilon g}{\mathfrak{f}}, \quad \mathfrak{r}\dfrac{dq}{dt} = \frac{5}{2}\left(\dfrac{da}{dt} - q\mathfrak{r}\right)\dfrac{\varepsilon g}{\mathfrak{f}}, \\ \dfrac{d^2c}{dt^2} = 0, \quad \dfrac{d^2r}{dt^2} = 0, \end{cases}$$

Die letzte Gleichung zeigt, dass die Rotationsgeschwindigkeit um die verticale Axe constant ist. Die beiden obersten Gleichungen (1) geben, quadrirt und addirt

$$(2)\quad \left(\frac{d^2a}{dt^2}\right)^2 + \left(\frac{d^2b}{dt^2}\right)^2 = \varepsilon^2 g^2.$$

Die beiden folgenden in einander dividirt

$$(3)\quad -\frac{dp}{dt} : \frac{dq}{dt} = \left(\frac{db}{dt} + p\mathfrak{r}\right) : \left(\frac{da}{dt} - q\mathfrak{r}\right).$$

Ausserdem erhält man durch zwei auf der Hand liegende Divisionen

$$(4)\quad \frac{d^2a}{dt^2} = -\frac{2}{5}\mathfrak{r}\frac{dq}{dt}, \quad \frac{d^2b}{dt^2} = \frac{2}{5}\mathfrak{r}\frac{dp}{dt},$$

und hieraus, wenn die Anfangswerthe mit der Marke 0 bezeichnet werden,

$$\frac{da}{dt} - \frac{da_0}{dt} = -\frac{2}{5}\mathfrak{r}(q - q_0), \quad \frac{db}{dt} - \frac{db_0}{dt} = \frac{2}{5}\mathfrak{r}(p - p_0), \quad \text{oder}$$

$$q = q_0 - \frac{5}{2\mathfrak{r}}\left(\frac{da}{dt} - \frac{da_0}{dt}\right), \quad p = p_0 + \frac{5}{2\mathfrak{r}}\left(\frac{db}{dt} - \frac{db_0}{dt}\right).$$

Sonach ist

$$(5)\quad \begin{cases} \dfrac{da}{dt} - q\mathfrak{r} = \frac{7}{2}\left(\dfrac{da}{dt} - \frac{5}{7}\dfrac{da_0}{dt} - \frac{2}{7}\mathfrak{r}q_0\right), \\ \dfrac{db}{dt} + p\mathfrak{r} = \frac{7}{2}\left(\dfrac{db}{dt} - \frac{5}{7}\dfrac{db_0}{dt} + \frac{2}{7}\mathfrak{r}p_0\right). \end{cases}$$

Setzt man also abkürzend $u = \frac{da}{dt} - q\mathfrak{r}$, $v = \frac{db}{dt} + p\mathfrak{r}$, so ist

$$\tfrac{2}{7}\frac{du}{dt} = \frac{d^2a}{dt^2},\quad \tfrac{2}{7}\frac{dv}{dt} = \frac{d^2b}{dt^2},\text{ also nach (4)}$$

$$\frac{dq}{dt} = -\frac{5}{2\mathfrak{r}}\frac{d^2a}{dt^2} = -\frac{5}{7\mathfrak{r}}\frac{dv}{dt},\quad \frac{dp}{dt} = \frac{5}{7\mathfrak{r}}\frac{du}{dt}.$$

Sonach wird aus den Gleichungen (2) und (3)

$$\left(\frac{du}{dt}\right)^2 + \left(\frac{dv}{dt}\right)^2 = \frac{49}{4}\varepsilon^2 g^2,\quad u\frac{du}{dt} = v\frac{dv}{dt}.$$

Die letztere liefert unmittelbar das Integral

$$\frac{v}{v_0} = \frac{u}{u_0}.$$

Führt man dies in die erstere ein, so erhält man

$$\frac{du}{dt} = \pm\tfrac{7}{2}\frac{u_0}{\sqrt{u_0^2+v_0^2}}\varepsilon g.$$

Man kann die Axe der x immer in solcher Richtung positiv nehmen, dass u positiv ist; dann muss $\frac{du}{dt}$ negativ sein; es gilt also dann das negative Vorzeichen der Wurzel. Somit ist

$$u - u_0 = -\tfrac{7}{2}\frac{u_0}{\sqrt{u_0^2+v_0^2}}\varepsilon g t,\quad v - v_0 = -\tfrac{7}{2}\frac{v_0}{\sqrt{u_0^2+v_0^2}}\varepsilon g t.$$

Wegen $u_0 v = u v_0$ hat die Geschwindigkeit des Berührungspunkts fortwährend dieselbe Richtung. Am einfachsten legt man die Axen so, dass $v_0 = 0$ wird. Dann lauten die Gleichungen

$$u = u_0 - \tfrac{7}{2}\varepsilon g t,\quad v = 0.$$

Die Geschwindigkeit des Berührungspunktes ist sonach gleichmässig verzögert. Man vergesse aber nicht, dass das Element der vom Berührungspunkt auf der Ebene beschriebenen Bahn nicht die Richtung der Geschwindigkeit des Berührungspunktes hat. Aus Gl. (5) folgt vielmehr

$$\frac{da}{dt} - \tfrac{5}{7}\frac{da_0}{dt} - \tfrac{2}{7}\mathfrak{r}q_0 = \tfrac{2}{7}u_0 - \varepsilon g t,$$

$$\frac{db}{dt} - \tfrac{5}{7}\frac{db_0}{dt} + \tfrac{2}{7}\mathfrak{r}p_0 = 0,\quad \text{oder}$$

$$\frac{da}{dt} - \frac{da_0}{dt} = -\varepsilon g t,\quad \frac{db}{dt} - \frac{db_0}{dt} = 0,$$

$$a = \text{const.} + \frac{da_0}{dt}t - \frac{\varepsilon}{2}gt^2,\quad b = \text{const.} + \frac{db_0}{dt}t.$$

Der Mittelpunkt der Kugel und der senkrecht unter ihm liegende Berührungspunkt beschreiben also eine Parabel, deren Parameter $\frac{\left(\frac{da_0}{dt}\right)^2}{2\varepsilon g}$ ist.

Endlich ist

$$(6)\quad \begin{cases} p = \dfrac{1}{\mathfrak{r}}\left(v - \dfrac{db}{dt}\right) = \dfrac{1}{\mathfrak{r}}\dfrac{db_0}{dt}, \\ q = -\dfrac{1}{\mathfrak{r}}\left(u - \dfrac{da}{dt}\right) = q_0 + \frac{5}{2}\dfrac{\varepsilon g}{\mathfrak{r}}t. \end{cases}$$

Die Winkelgeschwindigkeit um diejenige Axe, welche der Anfangsbewegung des Berührungspunktes parallel ist, ist also constant. Was q_0 angeht, so sind folgende Fälle möglich:

1) Die Drehung ist der Art, dass die Geschwindigkeit des Berührungspunkts, welche aus q hervorgeht, gleichen Sinn mit $\frac{da_0}{dt}$ hat (Fig. 145a). Dann hat $-q_0\mathfrak{r}$ gleichen Sinn mit $\frac{da_0}{dt}$, q_0 ist also negativ, und sein absoluter Betrag nimmt nach (6) gleichförmig ab.

Fig. 145a.

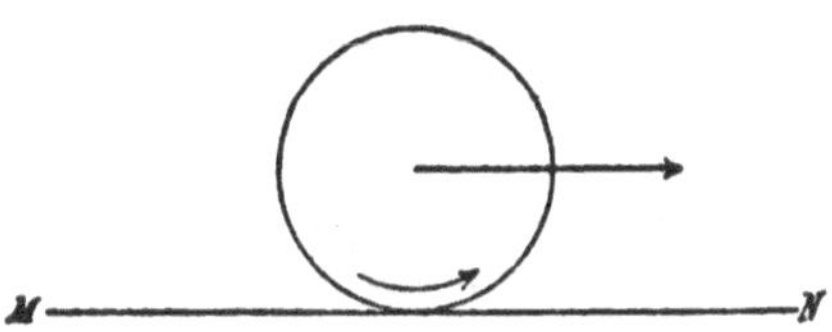

b.

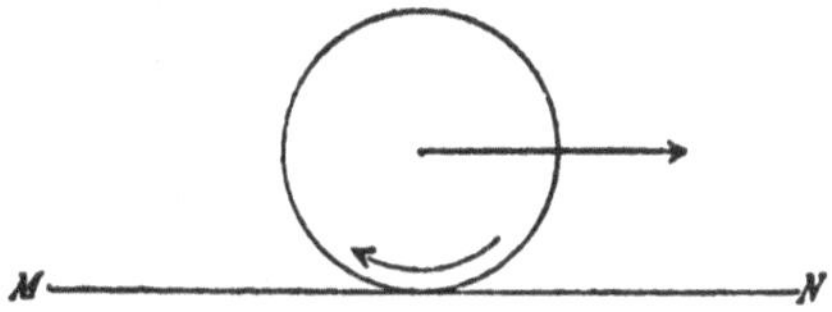

2) Die Drehung ist entgegengesetzter Art (Fig. 145b). Dann sind zwei Unterfälle möglich. a) $q_0\mathfrak{r}$ ist dem absoluten Werth nach grösser als $\frac{da_0}{dt}$. Dann ist die Geschwindigkeit des Berührungspunktes von N nach M hin gerichtet, also NM die positive x-Richtung und q_0 dreht von x nach z hin, d. h. $\frac{da_0}{dt}$ ist negativ, also q_0 auch negativ. q nimmt gleichförmig ab, und der absolute Werth von $\frac{da_0}{dt}$ nimmt zu. b) $q_0\mathfrak{r}$ ist dem absoluten Werth nach kleiner als $\frac{da_0}{dt}$; dann ist MN die positive x-Richtung, $\frac{da_0}{dt}$ nimmt ab, q_0 ist positiv und q nimmt zu.

In allen Fällen tritt ein Zeitpunkt ein, wo $u = 0$ wird; im Fall (1) und (2a) geschieht dies durch Abnahme, in (2b) durch Zunahme des absoluten Werthes von q. Von diesem Augenblick an beginnt das Rollen und die Differentialgleichungen verlieren ihre Gültigkeit. Der Moment des beginnenden Rollens ist bestimmt durch

$$t = \frac{2}{7}\frac{u_0}{\varepsilon g}.$$

Im Augenblick, wo er eintritt, ist

$$\frac{da}{dt} = \frac{da_0}{dt} - \frac{2}{7}u_0 = \frac{5}{7}\frac{da_0}{dt} + \frac{2}{7}\mathfrak{r}q_0,$$

und die weitere Bewegung geht im Sinne von $\frac{da}{dt}$ vor sich. Im Falle 1, wo $\frac{da_0}{dt}$ positiv und q_0 negativ ist, kann also die Kugel vor- oder rückwärts (im

Sinne von $\frac{da_0}{dt}$ oder gegen denselben) rollen, je nachdem $\frac{5}{7}\frac{da_0}{dt} \gtrless [\frac{2}{7}\mathfrak{r}q_0]$ ist, wo die Klammer den absoluten Werth bezeichnet. Im Falle (2a) ist $\frac{da_0}{dt}$ nebst q_0 negativ, also rollt die Kugel immer im Sinne von $\frac{da_0}{dt}$, vorwärts. Im Falle (2b) ist $\frac{da_0}{dt}$ und q_0 positiv, also rollt sie vorwärts.

3. **Homogene schwere Kugel mit rollender Reibung auf der Horizontalebene.** Soll die Kugel bloss rollen, so treten zu der Bedingung $c = \mathfrak{r}$ noch die Bedingungen $\frac{da}{dt} - q\mathfrak{r} = 0$, $\frac{db}{dt} + p\mathfrak{r} = 0$, weil die Geschwindigkeit des Berührungspunktes beim Rollen Null ist. Da der Berührungspunkt nur eine Normalkraft $\mathfrak{Z}$ liefert, sind die Differentialgleichungen der Bewegung ohne Reibung dieselben, wie im vorigen Fall:

$$m\frac{d^2a}{dt^2} = 0, \quad m\frac{d^2b}{dt^2} = 0, \quad 0 = m\frac{d^2c}{dt^2} = -mg + \mathfrak{Z},$$

$$m\left(b\frac{d^2c}{dt^2} - c\frac{d^2b}{dt^2}\right) + A\frac{dp}{dt} = -bmg + b\mathfrak{Z},$$

$$m\left(c\frac{d^2a}{dt^2} - a\frac{d^2c}{dt^2}\right) + A\frac{dq}{dt} = amg - a\mathfrak{Z},$$

$$m\left(a\frac{d^2b}{dt^2} - b\frac{d^2a}{dt^2}\right) + A\frac{dr}{dt} = 0.$$

Die rollende Reibung liefert nun eine an a, b, 0 thätige Kraft, welche in die Richtung des vom Berührungspunkt beschriebenen Bahnelementes fällt, dem Sinn seiner Bewegung entgegengesetzt und der Geschwindigkeit desselben proportional ist. Ist v diese Geschwindigkeit, so ist v offenbar gleich $\sqrt{\left(\frac{da}{dt}\right)^2 + \left(\frac{db}{dt}\right)^2}$. Die Kraft der rollenden Reibung ist also $\varepsilon\sqrt{\left(\frac{da}{dt}\right)^2 + \left(\frac{db}{dt}\right)^2}$ und ihre Richtungscosinus sind $-\frac{da}{dt} : \sqrt{\left(\frac{da}{dt}\right)^2 + \left(\frac{db}{dt}\right)^2}$ und $-\frac{db}{dt}\sqrt{\left(\frac{da}{dt}\right)^2 + \left(\frac{db}{dt}\right)^2}$. Sonach sind ihre Componenten

$$-\varepsilon\frac{da}{dt}, \quad -\varepsilon\frac{db}{dt}, \quad 0,$$

und ihre Momente

$$0, \quad 0, \quad -\varepsilon\left(a\frac{db}{dt} - b\frac{da}{dt}\right).$$

Man erhält also mit Anwendung von $c = \mathfrak{r}$

$$(1) \quad \begin{cases} m\frac{d^2a}{dt^2} = -\varepsilon\frac{da}{dt}, \quad m\frac{d^2b}{dt^2} = -\varepsilon\frac{db}{dt}, \quad \mathfrak{Z} = mg, \\ \varepsilon\mathfrak{r}\frac{db}{dt} + A\frac{dp}{dt} = 0, \quad -\varepsilon\mathfrak{r}\frac{da}{dt} + A\frac{dq}{dt} = 0, \quad \frac{dr}{dt} = 0. \end{cases}$$

Aus den Bedingungsgleichungen $\frac{da}{dt} = q\mathfrak{r}$, $\frac{db}{dt} = -p\mathfrak{r}$ ergiebt sich nun

$$\mathfrak{r}\frac{dq}{dt}=\frac{d^2a}{dt^2}=-\frac{\varepsilon}{m}\frac{da}{dt},\quad \mathfrak{r}\frac{dp}{dt}=-\frac{d^2b}{dt^2}=\frac{\varepsilon}{m}\frac{db}{dt}.$$

Setzt man dies in die letzten Gleichungen (1), so erhält man

$$\frac{db}{dt}=0,\quad \frac{da}{dt}=0.$$

Das sind singuläre Lösungen, weil sie durch blosse Elimination entstanden sind und keine Integrationsconstante enthalten; sie decken den Fall, wo die Kugel keine Anfangsgeschwindigkeit hat. Setzt man aber dieselben Gleichungen in der Form $\frac{da}{dt}=-\frac{\mathfrak{r}m}{\varepsilon}\frac{dq}{dt}$, $\frac{db}{dt}=\frac{\mathfrak{r}m}{\varepsilon}\frac{dq}{dt}$ in die Bedingungsgleichungen $\frac{da}{dt}=q\mathfrak{r}$, $\frac{db}{dt}=-p\mathfrak{r}$, so findet sich

$$q=-\frac{m}{\varepsilon}\frac{dq}{dt},\quad p=-\frac{m}{\varepsilon}\frac{dp}{dt},\quad \text{also integrirt}$$

$$q=q_0e^{-\frac{\varepsilon}{m}t},\quad p=p_0e^{-\frac{\varepsilon}{m}t},$$

$$\frac{da}{dt}=\mathfrak{r}q_0e^{-\frac{\varepsilon}{m}t},\quad \frac{db}{dt}=-\mathfrak{r}p_0e^{-\frac{\varepsilon}{m}t}.$$

Die Bewegung ist also geradlinig und nähert sich asymptotisch der Ruhe. Die zweite Integration liegt auf der Hand.

313. Der allgemeine Fall. Im Allgemeinen präsentirt sich eine Bedingung als Gleichung zwischen a, b, c, φ, ψ, ϑ. Um dieselbe also systematisch verwerthen zu können, müssen die Gleichungen der Bewegung als Gleichungen zwischen diesen 6 Grössen gegeben sein. Die Herstellung derselben in dieser Form ist sehr einfach, führt aber, wenn die drei Trägheitsmomente A, B, C beliebig sind, auf verwickelte Formeln, die nur in Ausnahmefällen integrirbar sein werden. Wir beschränken daher die kinetische Untersuchung auf den Fall, wo $A=B$ ist.

Ist T das Trägheitsmoment, so ist

$$2T=m\left[\left(\frac{da}{dt}\right)^2+\left(\frac{db}{dt}\right)^2+\left(\frac{dc}{dt}\right)^2\right]+A\pi^2+B\chi^2+C\varrho^2.$$

Setzt man darin nach **292** (3)

$$\pi=\sin\vartheta\cos\psi\frac{d\varphi}{dt}+\sin\psi\frac{d\vartheta}{dt},$$

$$\chi=\sin\vartheta\sin\psi\frac{d\varphi}{dt}-\cos\psi\frac{d\vartheta}{dt},$$

$$\varrho=\cos\vartheta\frac{d\varphi}{dt}-\frac{d\psi}{dt},$$

so erhält man, wenn $A = B$ gesetzt wird

$$2T = m\left[\left(\frac{da}{dt}\right)^2 + \left(\frac{db}{dt}\right)^2 + \left(\frac{dc}{dt}\right)^2\right] + A\left[\sin^2\vartheta\left(\frac{d\varphi}{dt}\right)^2 + \left(\frac{d\vartheta}{dt}\right)^2\right]$$
$$+ C\left[\cos\vartheta\frac{d\varphi}{dt} - \frac{d\psi}{dt}\right]^2.$$

Von den Grössen, welche in der zweiten Lagrange'schen Form der Bewegungsgleichungen vorkommen, sind demnach die drei auf a, b, c bezüglichen

$$\frac{d}{dt}\left(\frac{\partial T}{\partial a'}\right) = m\frac{d^2a}{dt^2}, \quad \frac{\partial T}{\partial a} = 0, \quad \frac{d}{dt}\left(\frac{\partial T}{\partial b'}\right) = m\frac{d^2b}{dt^2},$$
$$\frac{\partial T}{\partial b} = 0, \quad \frac{d}{dt}\left(\frac{\partial T}{\partial c'}\right) = m\frac{d^2c}{dt^2}, \quad \frac{\partial T}{\partial c} = 0,$$

und somit lauten die drei ersten Differentialgleichungen der Bewegung, wie in der Euler'schen Form

$$(1) \qquad m\frac{d^2a}{dt^2} = \Sigma X, \quad m\frac{d^2b}{dt^2} = \Sigma Y, \quad m\frac{d^2c}{dt^2} = \Sigma Z.$$

Ferner ist

$$\frac{\partial T}{\partial \varphi'} = A\sin^2\vartheta\frac{d\varphi}{dt} + C\left[\cos\vartheta\frac{d\varphi}{dt} - \frac{d\psi}{dt}\right]\cos\vartheta, \quad \frac{\partial T}{\partial \varphi} = 0,$$
$$\frac{\partial T}{\partial \psi'} = -C\left(\cos\vartheta - \frac{d\psi}{dt}\right), \quad \frac{\partial T}{\partial \psi} = 0,$$
$$\frac{\partial T}{\partial \vartheta'} = A\frac{d\vartheta}{dt}, \quad \frac{\partial T}{\partial \vartheta} = (A-C)\sin\vartheta\cos\vartheta\left(\frac{d\varphi}{dt}\right)^2$$
$$+ C\sin\vartheta\frac{d\varphi}{dt}\frac{d\psi}{dt}.$$

Die drei letzten Gleichungen der Bewegung werden demnach

$$(2)\begin{cases} \dfrac{d}{dt}\left[A\sin^2\vartheta\dfrac{d\varphi}{dt} + C\left(\cos\vartheta\dfrac{d\varphi}{dt} - \dfrac{d\psi}{dt}\right)\cos\vartheta\right] = -\dfrac{\partial U}{\partial \varphi}, \\ C\dfrac{d}{dt}\left[\cos\vartheta\dfrac{d\varphi}{dt} - \dfrac{d\psi}{dt}\right] = +\dfrac{\partial U}{\partial \psi}, \\ A\dfrac{d^2\vartheta}{dt^2} - (A-C)\sin\vartheta\cos\vartheta\left(\dfrac{d\varphi}{dt}\right)^2 - C\sin\vartheta\dfrac{d\varphi}{dt}\dfrac{d\psi}{dt} = -\dfrac{\partial U}{\partial \vartheta}. \end{cases}$$

Führt man die Differentiation nach t in der ersten Gleichung aus und substituirt die zweite hinein, so lässt sich die erste Gleichung auf die Form bringen

$$(2a)\quad \begin{cases} A \sin\vartheta \dfrac{d^2\varphi}{dt^2} + (2A - C)\cos\vartheta \dfrac{d\varphi}{dt}\dfrac{d\vartheta}{dt} + C\dfrac{d\psi}{dt}\dfrac{d\vartheta}{dt} \\ \qquad = \dfrac{-1}{\sin\vartheta}\left(\dfrac{\partial U}{\partial\varphi} + \cos\vartheta \dfrac{\partial U}{\partial\psi}\right), \end{cases}$$

und man bemerkt dann leicht, dass die linken Seiten der drei Gleichungen mit denen der in § **292** (3) gegebenen Gleichungen übereinstimmen.

Die Symbole $-\dfrac{\partial U}{\partial\varphi}$, $-\dfrac{\partial U}{\partial\psi}$, $-\dfrac{\partial U}{\partial\vartheta}$ stehen für

$$\Sigma\left(X_n \frac{\partial x_n}{\partial\varphi} + Y_n \frac{\partial y_n}{\partial\varphi} + Z_n \frac{\partial z_n}{\partial\varphi}\right) \quad \text{u. s. w.}$$

Besitzen die auftretenden Kräfte thatsächlich eine Kräftefunction U, die sich als Function von $a, b, c, \varphi, \psi, \vartheta$ darstellen lässt, so erhält man ihre Werthe durch directe Differentiation dieser Function. Ist das aber nicht der Fall — und bei Zwangskräften wird es nicht der Fall sein — so muss man die Summen einführen; in ihnen sind x_n, y_n, z_n die Coordinaten des Angriffspunktes der Kraft X_n, Y_n, Z_n, und es handelt sich darum, die Grössen $\dfrac{\partial x_n}{\partial\varphi}$ u. s. w. herzustellen, bezw. durch ihre Vermittlung die Summen auf bekannte Formen zu bringen. Es hat nun der Punkt x_n, y_n, z_n im System der ξ, η, ζ die Coordinaten ξ_n, η_n, ζ_n und es ist

$$x_n = a_1\xi_n + a_2\eta_n + a_3\zeta_n, \quad y_n = b_1\xi_n + b_2\eta_n + b_3\zeta_n,$$
$$z_n = c_1\xi_n + c_2\eta_n + c_3\zeta_n.$$

Also

$$\frac{\partial x_n}{\partial\varphi} = \xi_n \frac{\partial a_1}{\partial\varphi} + \eta_n \frac{\partial a_2}{\partial\varphi} + \zeta_n \frac{\partial a_3}{\partial\varphi},$$
$$\frac{\partial y_n}{\partial\varphi} = \xi_n \frac{\partial b_1}{\partial\varphi} + \eta_n \frac{\partial b_2}{\partial\varphi} + \zeta_n \frac{\partial b_3}{\partial\varphi},$$
$$\frac{\partial z_n}{\partial\varphi} = \xi_n \frac{\partial c_1}{\partial\varphi} + \eta_n \frac{\partial c_2}{\partial\varphi} + \zeta_n \frac{\partial c_3}{\partial\varphi}.$$

Entnimmt man die Werthe von $\dfrac{\partial a_1}{\partial\varphi}$ u. s. w. aus den Euler'schen Gleichungen **272** (6), so findet sich

$$\frac{\partial x_n}{\partial\varphi} = -(b_1\xi_n + b_2\eta_n + b_3\zeta_n) = -(y_n - b),$$
$$\frac{\partial y_n}{\partial\varphi} = a_1\xi_n + a_2\eta_n + a_3\zeta_n = (x_n - a), \quad \frac{\partial z_n}{\partial\varphi} = 0.$$

Also ist

$$(3) \qquad -\frac{\partial U}{\partial \varphi} = \Sigma[(x_n - a)Y_n - (y_n - b)X_n],$$

d. i. das Moment der Kräfte in Bezug auf eine durch den Schwerpunkt von G gehende Parallele zur z-Axe.

Ebenso ist

$$\frac{\partial x_n}{\partial \psi} = -a_2 \xi_n + a_1 \eta_n, \quad \frac{\partial y_n}{\partial \psi} = -b_2 \xi_n + b_1 \eta_n,$$

$$\frac{\partial z_n}{\partial \psi} = -c_2 \xi_n + c_1 \eta_n,$$

$$(4) \quad \begin{cases} -\dfrac{\partial U}{\partial \psi} = \Sigma[-\xi_n(a_2 X_n + b_2 Y_n + c_2 Z_n) \\ \qquad\qquad + \eta_n(a_1 X_n + b_1 Y_n + c_1 Z_n)] \\ \qquad = -\Sigma(\xi_n H_n - \eta_n \Xi_n) \\ +\dfrac{\partial U}{\partial \psi} = \Sigma(\xi_n H_n - \eta_n \Xi_n), \end{cases}$$

d. i. das Moment in Bezug auf die Axe der ζ.

Endlich ist

$$\frac{\partial x_n}{\partial \vartheta} = \cos\varphi \cos\psi \sin\vartheta\, \xi_n + \cos\varphi \sin\psi \sin\vartheta\, \eta_n + \cos\varphi \cos\vartheta\, \zeta_n,$$

$$\frac{\partial y_n}{\partial \vartheta} = \sin\varphi \cos\psi \sin\vartheta\, \xi_n + \sin\varphi \sin\psi \sin\vartheta\, \eta_n + \sin\varphi \cos\vartheta\, \zeta_n,$$

$$\frac{\partial z_n}{\partial \vartheta} = \cos\psi \cos\vartheta\, \xi_n + \sin\psi \cos\vartheta\, \eta_n - \sin\vartheta\, \zeta_n.$$

Man kann damit $-\dfrac{\partial U}{\partial \vartheta}$ zunächst in folgende bequeme Form bringen:

$$-\frac{\partial U}{\partial \vartheta} = \Sigma[\cos\psi(\cos\varphi \sin\vartheta X_n + \sin\varphi \sin\vartheta Y_n + \cos\vartheta Z_n)\xi_n +$$
$$+ \sin\psi(\cos\varphi \sin\vartheta X_n + \sin\varphi \sin\vartheta Y_n + \cos\vartheta Z_n)\eta_n$$
$$+ (\cos\varphi \cos\vartheta X_n + \sin\varphi \cos\vartheta Y_n - \sin\vartheta Z_n)\zeta_n], \quad \text{d. i.}$$

$$(5) \quad \begin{cases} -\dfrac{\partial U}{\partial \vartheta} = \Sigma[(\cos\psi\, \xi_n + \sin\psi\, \eta_n) Z_n \\ \qquad + \zeta_n(\cos\varphi \cos\vartheta X_n + \sin\varphi \cos\vartheta Y_n - \sin\vartheta Z_n)]. \end{cases}$$

Ferner ist leicht nachzuweisen, dass

$$H_n \sin\psi + \Xi_n \cos\psi = -\cos\varphi \cos\vartheta X_n - \sin\varphi \cos\vartheta Y_n + \sin\vartheta Z_n.$$

Man braucht zu dem Zwecke nur $\Xi_n = a_1 X_n + b_1 Y_n + c_1 Z_n$ u. s. w. zu setzen und die Euler'schen Formeln **272** (6) anzuwenden. Es folgt

$$-\frac{\partial U}{\partial \vartheta} = \Sigma[\sin\psi(\eta_n Z_n - \zeta_n H_n) - \cos\psi(\zeta_n \Xi_n - \xi_n Z_n)]$$
$$= \Lambda',$$

wenn Λ' dieselbe Bedeutung hat, wie in **292** (3).

Ganz ähnlich lässt sich nachweisen, dass der Ausdruck

$$\frac{-1}{\sin\vartheta}\left(\frac{\partial U}{\partial \varphi} + \cos\vartheta \frac{\partial U}{\partial \psi}\right)$$

der Gl. (2) identisch ist mit dem Resal'schen M'. Es gelten also die Resal'schen Gleichungen der Bewegung für die Drehung unseres Körpers, was selbstverständlich ist, weil die Momente Λ', M', N in ihnen auf den Schwerpunkt von G bezogen sind. Meistens werden aber die Formeln, wie sie oben in (2), (3), (4), (5) gegeben sind, für die Anwendung am bequemsten sein. Wir schreiben demnach die vollständigen Gleichungen der Bewegung von G unter der Voraussetzung $A = B$:

$$(6)^*)\quad\left\{\begin{aligned}
&m\frac{d^2a}{dt^2} = \Sigma X, \qquad m\frac{d^2b}{dt^2} = \Sigma Y, \qquad m\frac{d^2c}{dt^2} = \Sigma Z,\\
&\frac{d}{dt}\left[A\sin^2\vartheta\frac{d\varphi}{dt} + C\cos\vartheta\left(\cos\vartheta\frac{d\varphi}{dt} - \frac{d\psi}{dt}\right)\right]\\
&\qquad\qquad = \Sigma[(x_n - a)Y_n - (y_n - b)X_n],\\
&C\frac{d}{dt}\left(\cos\vartheta\frac{d\varphi}{dt} - \frac{d\psi}{dt}\right) = \Sigma[\xi_n H_n - \eta_n Z_n],\\
&A\frac{d^2\vartheta}{dt^2} - A\sin\vartheta\cos\vartheta\left(\frac{d\varphi}{dt}\right)^2 + C\sin\vartheta\frac{d\varphi}{dt}\left(\cos\vartheta\frac{d\varphi}{dt} - \frac{d\psi}{dt}\right)\\
&\quad = \Sigma[(\cos\psi\,\xi_n + \sin\psi\,\eta_n)Z_n +\\
&\qquad + \zeta_n(\cos\varphi\cos\vartheta X_n + \sin\varphi\cos\vartheta Y_n - \sin\vartheta Z_n)].
\end{aligned}\right.$$

Es sei nun zunächst eine Bedingung der Berührung zwischen zwei Flächen Π und P

$$(7)\qquad \Omega(a, b, c, \varphi, \psi, \vartheta) = 0$$

gegeben. Die expliciten Antheile der Kräfte bezeichnen wir dann durch X, Y, Z schlechthin, ihre Angriffspunkte durch x, y, z oder ξ, η, ζ; die Zwangskräfte seien $\mathfrak{X}$, $\mathfrak{Y}$, $\mathfrak{Z}$ und ihr einziger Angriffspunkt x_1, y_1, z_1 oder ξ_1, η_1, ζ_1. Damit formen sich die Gleichungen (6) um in

*) In Gl. (5), (6), (7) ist das griechische Z mit dem lateinischen Z nicht zu verwechseln.

$$
(8)\quad\left\{\begin{aligned}
&m\frac{d^2a}{dt^2}=X+\mathfrak{X},\quad m\frac{d^2b}{dt^2}=Y+\mathfrak{Y},\quad m\frac{d^2c}{dt^2}=Z+\mathfrak{Z},\\
&\frac{d}{dt}\left[A\sin^2\vartheta\frac{d\varphi}{dt}+C\cos\vartheta\left(\cos\vartheta\frac{d\varphi}{dt}-\frac{d\psi}{dt}\right)\right]\\
&\qquad=\Sigma[(x-a)Y-(y-b)X]+(x_1-a)\mathfrak{Y}-(y_1-b)\mathfrak{X},\\
&C\frac{d}{dt}\left(\cos\vartheta\frac{d\varphi}{dt}-\frac{d\psi}{dt}\right)\\
&\quad=\Sigma[\xi H-\eta\Xi]+\xi_1(a_2\mathfrak{X}+b_2\mathfrak{Y}+c_2\mathfrak{Z})-\eta_1(a_1\mathfrak{X}+b_1\mathfrak{Y}+c_1\mathfrak{Z}),\\
&A\frac{d^2\vartheta}{dt^2}-A\sin\vartheta\cos\vartheta\left(\frac{d\varphi}{dt}\right)^2+C\sin\vartheta\frac{d\varphi}{dt}\left(\cos\vartheta\frac{d\varphi}{dt}-\frac{d\psi}{dt}\right)\\
&\quad=\Sigma[(\cos\psi\xi-\sin\psi\eta)Z+\zeta(\cos\varphi\cos\vartheta X+\sin\varphi\cos\vartheta Y-\sin\vartheta Z)]\\
&\qquad+(\cos\psi\xi_1-\sin\psi\eta_1)(a_3\mathfrak{X}+b_3\mathfrak{Y}+c_3\mathfrak{Z})\\
&\qquad\qquad+\zeta_1(\cos\varphi\cos\vartheta\mathfrak{X}+\sin\varphi\cos\vartheta\mathfrak{Y}-\sin\vartheta\mathfrak{Z}).
\end{aligned}\right.
$$

Differentiirt man (7) zweimal nach t, so erhält man zwei Gleichungen

$$
(9)\quad \frac{d\Omega}{dt}=0,\qquad\qquad (10)\quad \frac{d^2\Omega}{dt^2}=0,
$$

von denen die zweite eine Beziehung zwischen $\frac{d^2a}{dt^2}$, $\frac{d^2\varphi}{dt^2}$ etc. herstellt. Ausserdem muss die Zwangskraft in die Contactnormale fallen, woraus, wenn $P=0$ die Gleichung der festen Fläche ist, welche von Π berührt wird, die Doppelbedingung folgt

$$
(11)\qquad \mathfrak{X}:\mathfrak{Y}:\mathfrak{Z}=\frac{\partial P}{\partial x_1}:\frac{\partial P}{\partial y_1}:\frac{\partial P}{\partial z_1}\cdot
$$

Da die Zwangskraft gleichzeitig in die Normale von Π fällt, lässt sich diese Doppelgleichung auch ersetzen durch

$$
(11\text{a})\quad\left\{\begin{aligned}
&a_1\mathfrak{X}+b_1\mathfrak{Y}+c_1\mathfrak{Z}:a_2\mathfrak{X}+b_2\mathfrak{Y}+c_2\mathfrak{Z}:a_3\mathfrak{X}+b_3\mathfrak{Y}+c_3\mathfrak{Z}\\
&\qquad=\frac{\partial\Pi}{\partial\xi_1}:\frac{\partial\Pi}{\partial\eta_1}:\frac{\partial\Pi}{\partial\zeta_1}\cdot
\end{aligned}\right.
$$

x_1, y_1, z_1 und ξ_1, η_1, ζ_1 sind nach **311** als Functionen von a, b, c, a_1, $b_1 \dots c_3$ darstellbar; ersetzt man überall $a_1 \dots c_3$ durch ihre Werthe in φ, ψ, ϑ, so hat man, die Gleichungen für x_1, y_1, z_1 und ξ_1, η_1, ζ_1 mitgerechnet, in (8), (10), (11) oder (8), (10), (11a) fünfzehn Gleichungen für die 15 Unbekannten $\frac{d^2a}{dt^2}$, $\frac{d^2b}{dt^2}$, $\frac{d^2c}{dt^2}$, $\frac{d^2\varphi}{dt^2}$, $\frac{d^2\psi}{dt^2}$, $\frac{d^2\vartheta}{dt^2}$, $\mathfrak{X}$, $\mathfrak{Y}$, $\mathfrak{Z}$, x_1, y_1, z_1, ξ_1, η_1, ζ_1.

Sind mehrere Bedingungen $\Omega_n = 0$ gegeben, so liefert jede Bedingung eine Gleichung $\frac{d^2\Omega_n}{dt^2} = 0$, zwei Gleichungen von der Form (11) oder (11a), nebst den erforderlichen Gleichungen, um die Coordinaten x_n, y_n, z_n oder ξ_n, η_n, ζ_n des Berührungspunkts zu bestimmen. Sie führt gleichzeitig drei Zwangskräfte $\mathfrak{X}_n, \mathfrak{Y}_n, \mathfrak{Z}_n$ ein, und die drei Gleichungen der Form (10), (11) oder (10), (11a) reichen hin, um diese zu ermitteln. Die Aufgabe, die Differentialgleichungen der Bewegung eines Körpers herzustellen, der an eine bis fünf Contactbedingungen gebunden ist, ist somit allgemein gelöst für $A = B$.

Reducirt sich eine Fläche Π_n auf einen Punkt, so sind die Coordinaten ξ_n, η_n, ζ_n desselben von vorn herein gegeben; die Gleichung der Form (11a) fällt fort, aber in (11) kann man x_n, y_n, z_n durch ξ_n, η_n, ζ_n und $a_1 \ldots c_3$ ausdrücken, worauf $a_1 \ldots c_3$ in φ, ψ, ϑ auszudrücken sind. Reducirt sich eine Fläche P_n auf einen Punkt, so fällt (11) weg, aber x_n, y_n, z_n ist von vorn herein gegeben, und in (11a) sind ξ_1, η_1, ζ_1 durch x_1, y_1, z_1 und $a_1 \ldots c_3$ auszudrücken.

Bei ganz gleichartigem Vorgehen kann man natürlich auch die Gleichungen der Bewegung für den Fall $A \gtrless B$ aufstellen. Die rechten Seiten der Gleichungen (8) bleiben erhalten, die linken sind leicht auszurechnen, werden aber so verwickelt, dass sie nur ausnahmsweise integrabel sein werden.

Häufig kann man die Bedingungsgleichung $\Omega = 0$ ohne weiteres durch geometrische Betrachtung der gegebenen Verhältnisse eruiren, womit eine Abkürzung des Verfahrens gegeben sein wird.

Kommt nach Herstellung der Gleichungen und Elimination von $\mathfrak{X}, \mathfrak{Y}, \mathfrak{Z}$ auf den rechten Seiten der Bewegungsgleichungen ψ entweder gar nicht oder nur in der Verbindung $\cos\vartheta \frac{d\varphi}{dt} - \frac{d\psi}{dt}$ vor, so wird man selbstverständlich die Rechnung durch Einführung von $\varrho = \cos\vartheta \frac{d\varphi}{dt} - \frac{d\psi}{dt}$ vereinfachen.

Beispiel. Der Kreisel. Ein schwerer Körper G, dessen Centralellipsoid ein Rotationsellipsoid ist, berührt mit einer Spitze, die auf der ungleichen Hauptcentralaxe liegt, eine horizontale Ebene. Wie bewegt er sich?

Die horizontale Ebene sei Ebene der x, y, die z-Axe aufwärts gerichtet; der Abstand der Spitze vom Schwerpunkt des Kreisels sei h. Die Schwere greift mit der Kraft $X = 0$, $Y = 0$, $Z = -mg$ in a, b, c ($\xi = 0$, $\eta = 0$, $\zeta = 0$) an; der Angriffspunkt der Zwangskraft liegt in der xy-Ebene beliebig, hat also die Coordinaten $x_1, y_1, 0$ oder $\xi_1 = 0$, $\eta_1 = 0$, $\zeta_1 = -h$. Für die Bedingung findet man sehr leicht

$$(7b) \qquad c = h\cos\vartheta.$$

Die Gleichungen (8), (10), (11) werden damit

$$(8b) \quad \begin{cases} m\dfrac{d^2a}{dt^2} = \mathfrak{X}, \quad m\dfrac{d^2b}{dt^2} = \mathfrak{Y}, \quad m\dfrac{d^2c}{dt^2} = -mg + \mathfrak{Z}, \\ \dfrac{d}{dt}\left[A\sin^2\vartheta\dfrac{d\varphi}{dt} + C\cos\vartheta\left(\cos\vartheta\dfrac{d\varphi}{dt} - \dfrac{d\psi}{dt}\right)\right] = (x_1 - a)\mathfrak{Y} - (y_1 - b)\mathfrak{X}, \\ C\dfrac{d}{dt}\left(\cos\vartheta\dfrac{d\varphi}{dt} - \dfrac{d\psi}{dt}\right) = 0, \\ A\dfrac{d^2\vartheta}{dt^2} - A\sin\vartheta\cos\vartheta\left(\dfrac{d\varphi}{dt}\right)^2 + C\sin\vartheta\dfrac{d\varphi}{dt}\left(\cos\vartheta\dfrac{d\varphi}{dt} - \dfrac{d\psi}{dt}\right) \\ \qquad = -h(\cos\varphi\cos\vartheta\,\mathfrak{X} + \sin\varphi\cos\vartheta\,\mathfrak{Y} - \sin\vartheta\,\mathfrak{Z}). \end{cases}$$

$$(10b) \qquad -\frac{d^2c}{dt^2} = h\sin\vartheta\frac{d^2\vartheta}{dt^2} + h\cos\vartheta\left(\frac{d\vartheta}{dt}\right)^2.$$

$$(11b) \qquad \mathfrak{X} = \mathfrak{Y} = 0.$$

Mit Einführung von (11b) hat man sofort

$$\frac{d^2a}{dt^2} = 0, \quad \frac{d^2b}{dt^2} = 0, \quad \frac{d\rho}{dt} = 0, \quad \frac{d}{dt}\left[A\sin^2\vartheta\frac{d\varphi}{dt} + C\rho\cos\vartheta\right] = 0.$$

Die Projection des Schwerpunkts auf die xy-Ebene beschreibt sonach gleichförmig eine gerade Linie; ist $\frac{da_0}{dt} = \frac{db_0}{dt} = 0$, so bleibt die Projection in Ruhe, der Kreisel bewegt sich „auf dem Fleck“: diesen Fall fassen wir besonders in's Auge, da die Bewegung des Schwerpunkts im horizontalen Sinn leicht nachträglich zuzufügen ist; wir nehmen also an, der Schwerpunkt bewege sich auf der Axe der z. Die dritte der vorstehenden Gleichungen zeigt, dass ρ eine Constante ist; wir bezeichnen dieselbe einfach mit ρ. Die vierte Gleichung giebt

$$(12) \qquad A\sin^2\vartheta\frac{d\varphi}{dt} + C\rho\cos\vartheta = A\sin^2\vartheta_0\frac{d\varphi_0}{dt} + C\rho\cos\vartheta_0$$

und enthält das Princip der Flächen für die Horizontalebene. Es bleiben zu behandeln

$$(13) \quad \begin{cases} m\dfrac{d^2c}{dt^2} = -mg + \mathfrak{Z}, \\ A\dfrac{d^2\vartheta}{dt^2} - A\sin\vartheta\cos\vartheta\left(\dfrac{d\varphi}{dt}\right)^2 + C\rho\sin\vartheta\dfrac{d\varphi}{dt} = h\sin\vartheta\,\mathfrak{Z} \\ -\dfrac{d^2c}{dt^2} = h\sin\vartheta\dfrac{d^2\vartheta}{dt^2} + h\cos\vartheta\left(\dfrac{d\vartheta}{dt}\right)^2. \end{cases}$$

Um $\mathfrak{Z}$ zu bestimmen, setze man $\frac{d^2\vartheta}{dt^2}$ und $\frac{d^2c}{dt^2}$ aus den beiden ersten Gleichungen in die dritte. Für die Integration kann man einfach das Princip der lebendigen Kräfte anwenden; dies giebt für Drehung auf dem Fleck

$$(14) \qquad m\left(\frac{dc}{dt}\right)^2 + A\left[\sin^2\vartheta\left(\frac{d\varphi}{dt}\right)^2 + \left(\frac{d\vartheta}{dt}\right)^2\right] + C\rho^2 + 2mgc = 2H,$$

wo H eine Constante.

Wir wollen nun annehmen, die Anfangsbewegung sei eine reine Drehung um die Axe der ζ. Dann ist in Gl. (12) $\frac{d\varphi_0}{dt}=0$, also

$$\sin\vartheta\,\frac{d\varphi}{dt}=C\rho\,\frac{\cos\vartheta_0-\cos\vartheta}{A\sin\vartheta}$$

und (14) wird für den Anfangszustand

$$C\rho^2+2mgc_0=2H.$$

Endlich ist, der Bedingung gemäss

$$\frac{d\vartheta}{dt}=-\frac{1}{h\sin\vartheta}\,\frac{dc}{dt}.$$

Drückt man mittels der drei letzten Gleichungen und der Gleichung

$$h^2\sin^2\vartheta=h^2-c^2$$

die Variablen in (14) sämmtlich durch c aus, so erhält man

$$[A+m(h^2-c^2)]\left(\frac{dc}{dt}\right)^2+\frac{C^2\rho^2}{A}(c_0-c)^2+2mg(c-c_0)(h^2-c^2)=0.$$

Setzt man $A=m\varkappa^2$, $C\rho=m\varkappa\sqrt{2g\lambda}$, so kommt

$$(15)\qquad \left(\frac{dc}{dt}\right)^2=2g\,\frac{(c-c_0)[c^2-h^2+\lambda(c_0-c)]}{h^2+\varkappa^2-c^2}.$$

Der Divisor ist wegen $c=h\cos\vartheta$ immer positiv. Der Zähler wird Null für $c=c_1$. Die Gleichung

$$c^2-h^2+\lambda(c_0-c)=0$$

hat zwei Wurzeln, die immer reell sind,

$$c'=\tfrac{1}{2}(\lambda+\sqrt{\lambda^2-4\lambda c_0+4h^2})\quad\text{und}\quad c''=\tfrac{1}{2}(\lambda-\sqrt{\lambda^2-4\lambda c_0+4h^2}).$$

Von diesen ist eine immer positiv und $>h$. Denn wegen $c_0<h$ ist $\lambda^2-4\lambda c_0+4h^2>\lambda^2-4\lambda h+4h^2$, also, wenn $2h>\lambda$, ist $+\sqrt{\lambda^2-4\lambda c_0+4h^2}>2h-\lambda$, und $c'>h$; ist aber $2h<\lambda$, so ist $+\sqrt{\lambda^2-4\lambda c_0+4h^2}>\lambda-2h$, also $c'>\frac{1}{2}(2\lambda-2h)$, also $>\lambda-h$, und $\lambda-h>h$. Die Wurzel c' kann also unter den Werthen, die c im Problem wirklich annimmt, nicht vorkommen; wir bezeichnen sie mit f. Die andere Wurzel c'' dagegen ist, wie sich auf dieselbe Weise zeigen lässt, stets kleiner als h, und zwar ist sie negativ, wenn $h^2>4\lambda c_0$, positiv, wenn $h^2<4\lambda c_0$. Wir wollen schnelle Anfangsrotation, also grosses λ, d. i. positives c'' voraussetzen, und c_1 statt c'' schreiben. Dann lautet Gl. (15)

$$(16)\qquad \left(\frac{dc}{dt}\right)^2=2g\,\frac{(c-c_0)(c-c_1)(c-f)}{h^2+\varkappa^2-c^2}.$$

$\frac{dc}{dt}$ wird also Null für $c=c_0$ und $c=c_1$, und da $c-f<0$, wird $\frac{dc}{dt}$ reell nur für Werthe von c, die zwischen c_0 und c_1 liegen. Der Schwerpunkt des Kreisels schwankt also auf der Axe der z zwischen den Grenzlagen c_0 und c_1 auf und nieder. (Ist $h^2>4\lambda c_0$, so wird für den Anfang nichts hieran geändert, aber der Punkt c_1 liegt unterhalb der xy-Ebene; der Kreisel schlägt also bei der ersten Abwärtsbewegung auf die Ebene auf, und die Bedingungen des Problems gelten von da ab nicht mehr.) Für die Dauer einer Nutation abwärts liefert Gl. (16) den Ausdruck

$$(17) \qquad t_1 - t_0 = \frac{1}{\sqrt{2g}} \int\limits_{c_0}^{c_1} \frac{\sqrt{h^2 + \varkappa^2 - c^2}\, dc}{\sqrt{(c-c_0)(c-c_1)(c-f)}},$$

der sich auf elliptische Integrale reduciren lässt. Die Nutation aufwärts hat die gleiche Dauer.

Für den Punkt, in welchem der Kreisel die xy-Ebene berührt, besteht offenbar die Gleichung

$$x^2 + y^2 + c^2 = h^2.$$

Derselbe bewegt sich also hin und her zwischen den beiden Kreisen $x^2 + y^2 = h^2 - c_0^2$ und $x^2 + y^2 = h^2 - c_1^2$. Ferner ist $x = a_1 \xi_1 + a_2 \eta_1 + a_3 \zeta_1 = -a_3 h = -h \cos\varphi \sin\vartheta$, $y = -h \sin\varphi \sin\vartheta$, woraus

$$(18) \qquad \frac{dy}{dx} = \frac{-\cos\varphi \sin\vartheta\, d\varphi - \sin\varphi \cos\vartheta\, d\vartheta}{\sin\varphi \sin\vartheta\, d\varphi - \cos\varphi \cos\vartheta\, d\vartheta}.$$

Nun ist aber

$$\frac{d\vartheta}{dt} = -\frac{1}{h \sin\vartheta} \frac{dc}{dt} = -\frac{1}{h \sin\vartheta} \sqrt{c - c_0} \sqrt{\frac{(c-c_1)(c-f)}{h^2 + \varkappa^2 - c^2}},$$

oder abgekürzt

$$\frac{d\vartheta}{dt} = \sqrt{c - c_0}\, E,$$

wo E eine Grösse ist, die für $c = c_1$, aber nicht für $c = c_0$ zu Null wird. Ferner ist

$$\frac{d\varphi}{dt} = \frac{C\rho}{A} \frac{\cos\vartheta_0 - \cos\vartheta}{\sin^2\vartheta} = \frac{C\rho}{Ah} \frac{c_0 - c}{\sin^2\vartheta}$$
$$= -(c - c_0) F,$$

wo F für $c = c_0$ nicht Null wird. Damit wird Gl. (18)

$$\frac{dy}{dx} = \frac{\cos\varphi \sin\vartheta (c - c_0) F - \sin\varphi \cos\vartheta \sqrt{c - c_0}\, E}{-\sin\varphi \sin\vartheta (c - c_0) F - \cos\varphi \cos\vartheta \sqrt{c - c_0}\, E}$$
$$= \frac{\cos\varphi \sin\vartheta \sqrt{c - c_0}\, F - \sin\varphi \cos\vartheta\, E}{-\sin\varphi \sin\vartheta \sqrt{c - c_0}\, F - \cos\varphi \cos\vartheta\, E}.$$

Fig. 146.

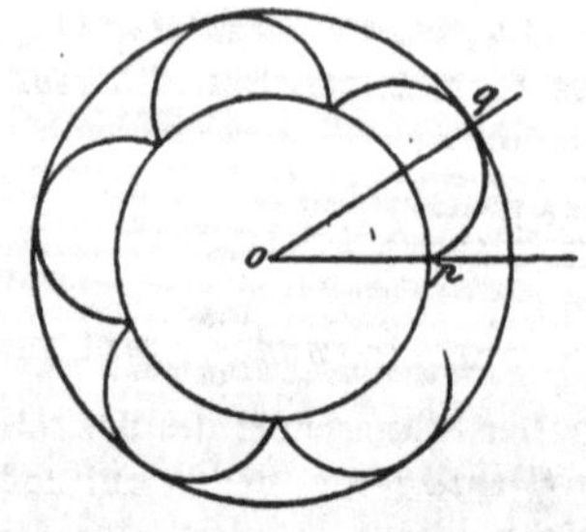

Für $c = c_0$ wird also $\frac{dy}{dx} = \operatorname{tang}\varphi$, für $c = c_1$ aber (wegen $E = 0$) wird $\frac{dy}{dx} = -\cot\varphi$. An den Stellen p, welche der Maximalhöhe des Schwerpunkts entsprechen, liegt also die Tangente der vom Berührungspunkt beschriebenen Curve in dem Radius op; an den Stellen q, welche der Minimalhöhe entsprechen, liegt sie senkrecht zu oq; d. h. die vom Berührungspunkt beschriebene Curve berührt den äusseren Grenzkreis und steht auf dem inneren mit Spitzen auf. Ist der Abstand zwischen zwei Spitzen commensurabel mit dem Umfang des inneren Grenzkreises, so läuft die Curve in sich zurück, sonst nicht. $\frac{d\varphi}{dt}$ hat nach Gl. (12) dasselbe Vorzeichen wie $C\rho(\cos\vartheta_0 - \cos\vartheta)$, also wie ρ.

314. Lagrange'sche Coordinaten bei sehr beschränkter Freiheit. Besitzt der Körper G nur einen Grad der Freiheit, so gelingt es meist ohne Schwierigkeit, eine Coordinate desselben anzugeben, welche dem Lagrange'schen Postulat genügt, dass sie die vorgeschriebenen Bedingungen von selbst erfüllt, und mit Hülfe dieser Coordinate den Ausdruck für die lebendige Kraft von G herzustellen. Dann kann man einfach auf diese Coordinate die zweite Lagrange'sche Form anwenden und erhält damit die einzige Gleichung der Bewegung. Unter günstigen Umständen mag sich das Verfahren auch für zwei oder drei Gerade der Freiheit eignen.

Beispiel. Auf einem horizontalen Cylinder ist eine männliche Schraube von der Ganghöhe h eingeschnitten; auf demselben läuft eine Schraubenmutter, an der eine schwere Masse befestigt ist. Der Schwerpunkt des Systems „Schraubenmutter plus schwere Masse" liege im Abstand $\mathfrak{r}$ von der Axe des Cylinders; wie bewegt sich das System?

Eine Ebene sei vertical durch die Axe des Cylinders nach unten gelegt, eine zweite durch die Axe und den Schwerpunkt; der Winkel φ, den beide miteinander machen, ist offenbar eine Coordinate, welche dem Lagrange'schen Postulat genügt. m sei die Masse des Systems, K sein Trägheitsmoment in Bezug auf die Axe des Cylinders. Besitzt G die Winkelgeschwindigkeit $\frac{d\varphi}{dt}$, so hat sein Schwerpunkt offenbar die Translationsgeschwindigkeit $\frac{h}{2\pi}\frac{d\varphi}{dt}$, also ist seine lebendige Kraft $\frac{1}{2}\left(K+\frac{mh^2}{4\pi^2}\right)\left(\frac{d\varphi}{dt}\right)^2$, und sonach die Lagrange'sche Gleichung

$$\left(K+\frac{mh^2}{4\pi^2}\right)\frac{d^2\varphi}{dt^2}=-\frac{\partial U}{\partial\varphi}.$$

Für $-\frac{\partial U}{\partial \varphi}$ findet man leicht, da U die Kräftefunction der Schwere ist, den Werth $-mg\mathfrak{r}\sin\varphi$; die Bewegung ist also die eines physischen Pendels, dessen Trägheitsmoment um $\frac{mh^2}{4\pi^2}$ erhöht ist.

Der Leser behandle dasselbe „Schraubenpendel" für den Fall, dass die Axe nicht horizontal steht.

Die Bedingungen des Gleichgewichts.

315. Gleichgewichtsbedingungen bei unabhängigen Contacten. Es seien n Bedingungen an G gegeben ($n<6$), d. h. in G feste Flächen Π gehen n Berührungen mit Flächen P ein, die im Coordinatensystem der x, y, z festliegen. Als Grundvariable, von denen die Lage des Körpers G abhängt, betrachten wir a, b, c, φ, ψ, ϑ. Es sei vorausgesetzt, dass jede der vorkommenden Berührungen eine selbständige Bedingung darstellt. (Ueber

Abweichungen von dieser Voraussetzung siehe den nächsten Paragraphen.) Die n Bedingungen gestatten dann, die n Berührungspunkte der Π mit den P zu finden, deren Coordinaten $x_1, y_1, z_1 \ldots x_n, y_n, z_n$ seien; sie gestatten ferner, n Gleichungen zwischen $a, b, c, \varphi, \psi, \vartheta$ aufzustellen ($\Omega = 0$ vergl. **311**) und n von diesen Grössen durch die anderen auszudrücken. Es sind also $6-n$ von den Coordinaten des Körpers G frei und zu bestimmen. Jeder Contact liefert eine Zwangskraft, deren Componenten sind der Reihe nach $\mathfrak{X}_1, \mathfrak{Y}_1, \mathfrak{Z}_1 \ldots \mathfrak{Z}_n$. Die Bedingungen des Gleichgewichts, zunächst ohne Berücksichtigung der Reibung, erhalten wir nun offenbar, wenn wir diese Zwangskräfte zur explicite gegebenen Dyname hinzufügen und dann G als frei behandeln. Sind also X, Y, Z, L, M, N die Coordinaten der expliciten Dyname, so lauten die Bedingungen des Gleichgewichts ohne Reibung

$$(1)\quad \begin{cases} X+\mathfrak{X}_1+\mathfrak{X}_2+\mathfrak{X}_3+\cdots+\mathfrak{X}_n = 0, \\ Y+\mathfrak{Y}_1+\mathfrak{Y}_2+\cdots\cdots+\mathfrak{Y}_n = 0, \\ Z+\mathfrak{Z}_1+\cdots\cdots\cdots+\mathfrak{Z}_n = 0. \end{cases}$$

$$(2)\quad \begin{cases} L+y_1\mathfrak{Z}_1-z_1\mathfrak{Y}_1+y_2\mathfrak{Z}_2-z_2\mathfrak{Y}_2+\cdots+y_n\mathfrak{Z}_n-z_n\mathfrak{Y}_n = 0, \\ M+z_1\mathfrak{X}_1-x_1\mathfrak{Z}_1+\cdots\cdots\cdots+z_n\mathfrak{X}_n-x_n\mathfrak{Z}_n = 0, \\ N+x_1\mathfrak{Y}_1-y_1\mathfrak{X}_1+\cdots\cdots\cdots+x_n\mathfrak{Y}_n-y_n\mathfrak{X}_n = 0. \end{cases}$$

$$(3)\quad \begin{cases} \mathfrak{X}_1:\mathfrak{Y}_1:\mathfrak{Z}_1 = \dfrac{\partial P_1}{\partial x_1}:\dfrac{\partial P_1}{\partial y_1}:\dfrac{\partial P_1}{\partial z_1}, \\ \mathfrak{X}_2:\mathfrak{Y}_2:\mathfrak{Z}_2 = \dfrac{\partial P_2}{\partial x_2}:\dfrac{\partial P_2}{\partial y_2}:\dfrac{\partial P_2}{\partial z_2}, \\ \quad\vdots \qquad\qquad \vdots \qquad \vdots \qquad \vdots \\ \mathfrak{X}_n:\mathfrak{Y}_n:\mathfrak{Z}_n = \dfrac{\partial P_n}{\partial x_n}:\dfrac{\partial P_n}{\partial y_n}:\dfrac{\partial P_n}{\partial z_n}. \end{cases}$$

Die $2n$ Gleichungen (3) sagen aus, dass die Zwangskraft, welche irgend ein Berührungspunkt liefert, senkrecht zu seiner Fläche steht. Der Gleichungen sind $2n+6$; unbekannt sind $6-n$ freie Coordinaten und $3n$ Zwangscomponenten, zusammen $2n+6$ Grössen; die Gleichungen reichen also zur Bestimmung aller Unbekannten aus. Im Allgemeinen hat man sich $X, Y, \ldots N$ als Functionen von $a, b, c, \varphi, \psi, \vartheta$ zu denken, bezw. als Functionen der freien Coordinaten; doch braucht man die Functionsbeziehung nicht immer ausdrücklich herzustellen, kann vielmehr in einfacheren Fällen mit den Berührungspunkten x_1, y_1, z_1 u. s. w. rechnen, selbst ohne dass man die Bedingungsgleichungen hergestellt hat, und erhält dann als Ergebniss $6-n$

Gleichungen zwischen den Berührungspunkten und den expliciten Kräften, die man geometrisch zu interpretiren hat.

Berühren sich zwei Flächen Π und P in mehr als einem Punkt, so zählt jeder Contact als besondere Bedingung. Degenerirt ein Π_ν zu einem Punkt, so bleiben die Gleichungen (3) bestehen, es ändert sich nur die Herstellung der Bedingungsgleichung $\Omega_\nu = 0$ in leicht ersichtlicher Weise (vergl. **811**). Degenerirt ein P_ν zu einem Punkt, so tritt an die Stelle der betreffenden Doppelgleichung (3) die Gleichung, welche aussagt, dass die Zwangskraft senkrecht auf der entsprechenden Fläche Π_ν steht: denkt man sich die Zwangskräfte $\mathfrak{X}_\nu, \mathfrak{Y}_\nu, \mathfrak{Z}_\nu$ im System der ξ, η, ζ ausgedrückt, so lautet sie

$$\frac{\partial \Pi_\nu}{\partial \xi_\nu} : \frac{\partial \Pi_\nu}{\partial \eta_\nu} : \frac{\partial \Pi_\nu}{\partial \zeta_\nu} = \mathfrak{X}_\nu : \mathfrak{Y}_\nu : \mathfrak{Z}_\nu, \quad \text{u. s. w.}$$

Soll die Reibung berücksichtigt werden, so liefert irgend ein Berührungspunkt eine Normalkraft $N_\nu = \sqrt{\mathfrak{X}_\nu^2 + \mathfrak{Y}_\nu^2 + \mathfrak{Z}_\nu^2}$, und demgemäss, wenn ε_ν der Reibungscoefficient ist, die Reibungskraft εN_ν. Dieselbe ist tangential, innerhalb der Berührungsebene von P_ν übrigens von unbestimmter Richtung; sie zerfällt demnach in drei Componenten $\mathfrak{x}_\nu, \mathfrak{y}_\nu, \mathfrak{z}_\nu$, für welche die Gleichungen gelten

$$(4) \quad \begin{cases} \mathfrak{x}_\nu^2 + \mathfrak{y}_\nu^2 + \mathfrak{z}_\nu^2 = \varepsilon^2(\mathfrak{X}_\nu^2 + \mathfrak{Y}_\nu^2 + \mathfrak{Z}_\nu^2), \\ \mathfrak{x}_\nu \dfrac{\partial P_\nu}{\partial x_\nu} + \mathfrak{y}_\nu \dfrac{\partial P_\nu}{\partial y_\nu} + \mathfrak{z}_\nu \dfrac{\partial P_\nu}{\partial z_\nu} = 0. \end{cases}$$

Diese Reibungskräfte und ihre Momente hat man in den Gleichungen (1) und (2) zuzufügen. Da der Gleichungen (4) nur zwei sind, genügen die Gleichungen (1), (2), (3) dann nicht zur vollständigen Bestimmung der sämmtlichen Unbekannten; man erhält also im Allgemeinen nicht mehr bestimmte Werthe für die freien Coordinaten von G bezw. für die expliciten Kräfte, sondern Gleichungen zwischen denselben; diese Gleichungen geben die Grenzen der Gleichgewichtsbezirke an. In speciellen Fällen erhält man Lösungen von der Form $x_1 = \pm k$, welche die Grenzen angeben, zwischen denen eine bestimmte Coordinate schwanken darf. Ist Reibung vorhanden, so ist das Gleichgewicht innerhalb eines solchen Grenzbezirks indifferent. Abstrahirt man von der Reibung, so kann das Gleichgewicht in irgend einer der untersuchten Lagen stabil oder labil sein. Besitzen die expliciten Kräfte eine Kräftefunction, so ist Stabilität vorhanden, wenn die Kräftefunction ein Minimum ist. Dabei kann übrigens gleichzeitig Stabilität für die Aenderung einzelner Coordinaten und Labilität für die Aenderung anderer eintreten; absolute Stabilität erfordert, dass die Kräftefunction ein Minimum für jede Coordinate sei.

Die Gleichgewichtsbedingungen, welche man nach dem obigen erhält, gelten ohne weiteren Zusatz, wenn die Flächen Π allseitig an ihre Contacte mit P gefesselt sind, so dass jene sich weder nach der einen noch nach der anderen Richtung von diesen entfernen können. Sehr häufig aber hat man mit einseitiger Fesselung zu thun; eine Fläche Π befindet sich auf einer Seite der Fläche P, die wir willkürlich die „rechte“ nennen wollen; Π kann dann nicht nach links durch die Fläche P hindurchgehen, wohl aber sich nach rechts von P entfernen. Dann wirkt die Fessel nur, so lange die expliciten Kräfte den Körper G in Bezug auf P nach links zu bewegen streben, oder, was dasselbe sagt, so lange die von P geleistete Zwangskraft nach rechts gerichtet ist. Es muss also besonders untersucht werden, ob das der Fall ist; das kann entweder direct geometrisch oder dadurch geschehen, dass man das Vorzeichen der von P ausgehenden Zwangskraft beachtet.

Wenn man von der Reibung abstrahirt und die Zwangskräfte nicht untersuchen will, kommt man meist rascher zum Ziel, indem man das Princip der virtuellen Geschwindigkeiten oder auch die Ball'sche Reciprocalitätsbeziehung direct auf den einzelnen Fall anwendet. Auch kann die rein geometrische Behandlung angemessen sein; für diese lässt sich aber kein allgemeines Verfahren angeben.

316. Abhängige oder tautologische Contacte. Der Körper G sei n von einander unabhängigen Bedingungen $\Omega_1 = 0$, $\Omega_2 = 0 \ldots$ $\ldots \Omega_n = 0$ unterworfen. Man kann ihm weiter vorschreiben, dass ν in ihm feste Flächen (oder Punkte) Π in Berührung mit ν festen Flächen P sein sollen. Dann ist zweierlei möglich: 1) die ν Contacte von $\Pi_{n+1} \ldots \Pi_{n+\nu}$ mit $P_{n+1} \ldots, P_{n+\nu}$ liefern Bedingungsgleichungen $\Omega_{n+1} = 0 \ldots \Omega_{n+\nu} = 0$, welche von den obigen n Bedingungsgleichungen unabhängig sind. Dann hat man im ganzen $n+\nu$ voneinander unabhängige Bedingungen, die nach **315** zu behandeln sind, und es kann $n+\nu$ selbstverständlich nicht grösser als 5 sein, wenn G beweglich bleiben soll. Oder 2) die ν neuen Contacte liefern Bedingungsgleichungen, welche aus den Gleichungen $\Omega_1 = 0 \ldots \Omega_n = 0$ bereits folgen. Sie stellen also dann nicht selbständige, neue Bedingungen dar, sondern die durch sie gesetzten Gleichungen $\Omega = 0$ sind abhängig von den schon vorhandenen, oder anders ausgedrückt, die ν neuen Contactbedingungen sagen für die Beweglichkeit von G nur dasselbe aus, was schon in den n ersten enthalten ist. Derartige

Contacte wollen wir desshalb **abhängige** oder **tautologische Contacte** nennen.

Ein altbekanntes Beispiel dafür ist das folgende: Der Körper G soll mit drei Punkten α, β, γ eine feste Ebene P berühren. Sind dann $\delta, \varepsilon, \zeta$ u. s. w. irgend welche Punkte von G, die mit α, β, γ in derselben Ebene liegen, so fallen $\delta, \varepsilon, \zeta$ u. s. w. in die Ebene P, sobald α, β, γ hineinfallen. Schreibt man also vor, dass die Punkte $\alpha, \beta, \gamma, \delta, \varepsilon, \zeta \ldots$ von G die Ebene P berühren sollen, so ist damit nicht mehr ausgesagt, als wenn man vorschreibt, dass α, β, γ allein die Ebene P berühren sollen; $\delta, \varepsilon, \zeta$ u. s. w. liefern tautologische Contacte.

Dieselben haben folgende Eigenschaften:

1) Sie können in unbegrenzter Zahl gegeben sein; denn der Satz, dass G höchstens 5 unabhängige Bedingungsgleichungen erfüllen kann, ohne unbeweglich zu werden, wird offenbar nicht afficirt, so lange die $n+\nu$ Contacte nur n Bedingungsgleichungen ergeben und $n<6$ ist, ν mag so gross sein, wie es will.

2) Sind unter $n+\nu$ Contacten ν tautologische, so kann man diese aus der Rechnung einfach fortlassen, wenn es sich nur darum handelt, die Schlussgleichungen ohne Rücksicht auf die Reibung zu eruiren, welche zwischen den Coordinaten von G und den expliciten Kräften bestehen. Denn die n unabhängigen Contacte sind ja gleichwerthig mit den $n+\nu$, so weit es sich um die Bedingungsgleichungen handelt.

3) Es liefert nun aber jeder Contact, auch jeder tautologische, eine Zwangskraft. Sind also $n+\nu$ Contacte gegeben, unter denen ν tautologische sich befinden, so hat man $3(n+\nu)$ Zwangskräfte in den Gleichungen. Dabei hat man $6-n$ freie Coordinaten von G, 3 Gleichungen der Form (1) des vorigen Paragraphen, 3 der Form (2), und $2(n+\nu)$ der Form (3). Rechnet man also die $6-n$ Gleichungen ab, welche zur Bestimmung der freien Coordinaten erforderlich sind, so bleiben $3n+2\nu$ Gleichungen für die Zwangskräfte übrig; d. h. sobald ein tautologischer Contact gegeben ist, hat man nicht mehr die erforderliche Anzahl von Gleichungen, um die Zwangskräfte zu bestimmen; **alle oder einzelne Zwangskräfte werden unbestimmt.** Dadurch werden dann auch Aufgaben, in denen die Reibung zu berücksichtigen ist, im Allgemeinen unlösbar, wenn tautologische Contacte in ihnen vorkommen.

Näheres über die Frage, welche Zwangskräfte unbestimmt werden, lehrt folgende einfache Ueberlegung: Es sei $m+\mu=n$, n die Zahl der vorhandenen Contacte, m die Zahl derjenigen, von denen jeder

59*

eine unabhängig für sich da stehende Bedingung liefert, μ die Zahl derjenigen, welche Tautologien enthalten, und zwar sei ν die Zahl der von den μ gelieferten unabhängigen Bedingungen ($\nu < \mu$). Dann kann man die μ Contacte der tautologischen Gruppen durch ν ersetzen, welche ihnen äquivalent sind, und von denen jeder eine unabhängige Bedingung liefert. Man hat dann $m+\nu$ Bedingungen mit $3(m+\nu)$ Zwangskräften und hat $3(m+\nu)$ Gleichungen zur Bestimmung der Zwangskräfte. Die Zwangskräfte der m unabhängigen Contacte bleiben also bestimmbar: Unabhängige Contacte, welche ausserhalb aller tautologischen Gruppen stehen, liefern immer bestimmbare Zwangskräfte; die Unbestimmtheit trifft die tautologischen Gruppen.

Beispiel. G ruhe mit vier Punkten auf einer Ebene und sei schwer. Das Perpendikel der Ebene mache mit der Richtung der Schwere den Winkel λ, und die Ebene sei Ebene der x, y, die Axe der x sei in eine Linie stärksten Abfalls gelegt, also $X = mg\sin\lambda$, $Y = 0$, $Z = mg\cos\lambda$; der Angriffspunkt der Schwere ist a, b, c; die vier Berührungspunkte können offenbar in der xy-Ebene ganz beliebig liegen, es bedarf also keiner Berechnung ihres Ortes. Die Gleichgewichtsgleichungen werden demnach, da $z = 0$ an die Stelle von $P = 0$ tritt

$$mg\sin\lambda + \mathfrak{X}_1 + \mathfrak{X}_2 + \mathfrak{X}_3 + \mathfrak{X}_4 = 0,$$
$$\mathfrak{Y}_1 + \mathfrak{Y}_2 + \mathfrak{Y}_3 + \mathfrak{Y}_4 = 0,$$
$$mg\cos\lambda + \mathfrak{Z}_1 + \mathfrak{Z}_2 + \mathfrak{Z}_3 + \mathfrak{Z}_4 = 0,$$
$$bmg\cos\lambda + y_1\mathfrak{Z}_1 + y_2\mathfrak{Z}_2 + y_3\mathfrak{Z}_3 + y_4\mathfrak{Z}_4 = 0,$$
$$mg(c\sin\lambda - a\cos\lambda) - x_1\mathfrak{Z}_1 - x_2\mathfrak{Z}_2 - x_3\mathfrak{Z}_3 - x_4\mathfrak{Z}_4 = 0,$$
$$-bmg\sin\lambda + x_1\mathfrak{Y}_1 - y_1\mathfrak{X}_1 + x_2\mathfrak{Y}_2 - y_2\mathfrak{X}_2 + \cdots = 0,$$
$$\mathfrak{X}_1 = \mathfrak{X}_2 = \mathfrak{X}_3 = \mathfrak{X}_4 = \mathfrak{Y}_1 = \mathfrak{Y}_2 = \mathfrak{Y}_3 = \mathfrak{Y}_4 = 0.$$

Daraus folgt zunächst mit der ersten Gleichung $\sin\lambda = 0$, also die Ebene muss horizontal sein. Die 6te Gleichung ist dann identisch erfüllt, und zur Bestimmung der 4 Zwangskräfte bleiben nur die dritte, vierte und fünfte Gleichung übrig, welche nicht ausreichen, um die vier $\mathfrak{Z}$ voneinander zu trennen.

Ganz ähnlich steht es, wenn mehr als zwei Punkte von G auf einer geraden Linie bleiben sollen. Da eine gerade Linie durch 2 Punkte bestimmt ist, sind offenbar in diesem Falle alle Contacte bis auf zwei tautologisch, und die Zwangskräfte unbestimmbar.

Stützt man dagegen einen starren Körper mit 4 Punkten auf eine schiefe Ebene und mit einem fünften auf eine Ebene, welche die erstere in einer horizontalen Geraden schneidet, so steht dieser fünfte Contact ausserhalb der Tautologie und seine Zwangskraft ist bestimmbar, was der Leser verificiren möge.

Das erste der hier citirten Beispiele wurde von Abel und Crelle in Crelle's Journal Bd. 1, S. 117 behandelt. Man ersieht aus dem obigen, dass sie nur ganz specielle Fälle eines Vorkommens sind, welches viel allgemeinere Möglichkeiten umfasst. Sind z. B. drei Punkte α, β, γ von G gezwungen, auf festen Flächen zu bleiben, und weist man ihnen eine bestimmte Stellung auf diesen an, so hat ein vierter Punkt δ eine bestimmte Lage im Raum. Variirt man die Lage der Punkte β, γ auf ihren Flächen, so beschreibt δ eine Fläche P_δ im Raum, und jeder Contact, welcher vorschreibt, dass irgend ein δ auf dieser Fläche P_δ bleiben soll, ist durch die drei ersten Bedingungen von selbst erfüllt, also tautologisch. Geometrisch lässt sich die Bedingung für die Existenz tautologischer Contacte offenbar in den Satz fassen: „Wenn k Zwangskräfte an eben so vielen Contactpunkten ein Ball'sches System $k - \varkappa$ Stufe bilden, so sind $\varkappa$ von den Contacten tautologisch." Die Zwangskräfte werden unbestimmbar, sobald $\varkappa > 0$.

4) Wenn ein realer Körper physisch durch Contacte gestützt wird, so folgt im Fall, dass einige der Contacte abhängig sind, nicht, dass die Kräfte in den Unterstützungspunkten thatsächlich unbestimmt werden. Vielmehr folgt nur, dass die Abstraction, vermittels deren wir die in Wirklichkeit elastische Unterstützung durch eine absolut starre für die Rechnung ersetzen, im Fall tautologischer Contacte unzulänglich wird. Steht z. B. ein realer Körper mit 4 Punkten auf einer Ebene von Messing, so sinkt jeder der 4 Punkte bis zu einer gewissen Tiefe in die Ebene ein; berücksichtigt man dies Einsinken, zieht also die elastischen Kräfte des Messings in Rechnung, so sind die von der Ebene ausgehenden Kräfte keineswegs unbestimmt; sie werden es aber, wenn man das elastische Einsinken vernachlässigt und die Ebene in abstracto als starr behandelt.

5) Einen besonderen, nicht seltenen Fall tautologischer Berührung hat man vor sich, wenn eine Fläche Π die entsprechende Fläche P nicht in einzelnen Punkten sondern mit einer Area von endlicher Ausdehnung berührt. Da die Lage von Π festgestellt ist, sobald drei Punkte von Π eine feste Lage auf der Fläche P haben, kann man den Fall allgemein nach **313** behandeln, indem man irgend drei Punkte der Fläche Π innerhalb des Contactbezirks willkürlich auswählt und die Bedingung dahin formulirt, dass diese drei Punkte auf der Fläche P bleiben sollen. Die übrigen unendlich vielen Berührungspunkte sind dann tautologisch und brauchen nach dem Obigen nicht berücksichtigt zu werden, so weit es sich um Feststellung der Gleichgewichtsbeziehung zwischen G und den expliciten Kräften handelt. Meist aber kann man das Verfahren erheblich abkürzen. Das Gleiten

eines Flächenstücks Π auf einer Fläche P ist nämlich nur dann möglich, wenn Π und P innerhalb des betrachteten Bezirks constante und gleiche Krümmungen haben. Es kommen also folgende Fälle in Betracht: 1) Eine Ebene Π gleitet auf einer Ebene P. Man kann alle von P ausgehenden Zwangskräfte ohne Weiteres zu einer einzigen $\mathfrak{X}$, $\mathfrak{Y}$, $\mathfrak{Z}$ summiren und mit dieser rechnen. 2) Eine Kugel gleitet mit Fläche auf einer Kugel; dann fallen die Mittelpunkte beider Kugeln zusammen, und die Bedingung reducirt sich darauf, dass der Mittelpunkt von Π mit dem von P coincidiren muss. 3) Ein Cylinder dreht sich in einem andern; beide müssen conaxial sein, die Axen sind durch je zwei Punkte bestimmt, die Bedingung reducirt sich also darauf, dass zwei Punkte der Axe von Π auf der Axe von P liegen müssen. 4) Eine Schraubenmutter gleitet längs einer männlichen Schraube oder umgekehrt. Hier muss man, wenn man nach **313** verfahren will, und wenn das Profil der Schraube ganz beliebig sein soll, thatsächlich 3 Punkte auswählen, kommt aber rascher zum Ziel durch directe Anwendung des Princips der virtuellen Geschwindigkeiten oder mittels der Reciprocalität.

Zwei Rotationsflächen können dauernd längs eines Stückes von einem Meridian der einen aufeinander gleiten (ein Cylinder vom Radius a berührt einen festen Cylinder vom Radius b längs einer Erzeugungslinie; er kann sich um seine Axe drehen und längs der Contactlinie gleiten, ohne dass die Berührung aufhört, längs der Linie statt zu finden; ähnlich zwei Kegel). In diesem Fall schneiden sich die von der Contactlinie ausgehenden Zwangskräfte oder sind parallel, es kann also ihre Resultante in Rechnung gebracht werden.

6) Die Einführung der Reibung bei tautologischen Contacten hat keine Schwierigkeit, wenn es sich um einen Körper G handelt, der bloss Verschiebungsbewegungen machen kann. Denn dann sind alle Reibungskräfte parallel und können durch ihre Resultante ersetzt werden; zugleich kommt es nicht auf das Moment, sondern nur auf die Grösse der Resultante an. Sobald aber Drehungen von G möglich sind, müssen die Momente der Reibungskräfte berücksichtigt werden, und der einzelne Fall bedarf einer besonderen Betrachtung. In den meisten praktischen Fällen kann man sich dadurch helfen, dass man den reibenden Flächen, Linien etc. einen mittleren Reibungscoefficienten und der Reibung einen mittleren Angriffspunkt zuschreibt. Die theoretische Bestimmung dieser Mittelgrössen auf Grund der geometrisch gegebenen Verhältnisse ist aber nicht immer möglich; die

Theorie muss sich dann damit begnügen, die Untersuchung so weit zu führen, dass das Experiment die fehlenden Angaben ermitteln kann.

317. Beispiele. 1. Der schwere Körper G liegt mit seiner ebenen Unterfläche auf einer Kugel; der Reibungscoefficient ist ε. Wann ist G im Gleichgewicht?

Ursprung der x, y, z sei der Mittelpunkt der Kugel, die Axe der z durch den Berührungspunkt der Kugel mit G gelegt; die Axe der z mache mit der Verticalen aufwärts den Winkel λ, und die Ebene der xz sei vertical, so dass die Componenten der an G thätigen Schwere sind

$$X = -mg\sin\lambda, \quad Y = 0, \quad Z = -mg\cos\lambda.$$

Das System der ξ, η, ζ sei so durch den Schwerpunkt von G gelegt, dass die Unterfläche von G parallel der $\xi\eta$-Ebene ist. Die letztere hat dann die Gleichung $\zeta = -h$, wo h eine Constante; die Coordinaten des Berührungspunkts sind, wenn $\mathfrak{r}$ der Kugelradius, einerseits $x_1 = 0$, $y_1 = 0$, $z_1 = \mathfrak{r}$, andererseits $\xi_1, \eta_1, -h$, wo ξ_0, η_1 beliebig sind. Für die Bedingung findet man leicht $c = \mathfrak{r} + h$. Die Zwangskraft, welche vom Berührungspunkt ausgeht, hat die Componenten $0, 0, \mathfrak{Z}$. Die Reibungskraft ist parallel der xy-Ebene, hat also die Componenten $f_x, f_y, 0$. Die Bedingungen für die Gleichgewichtsgrenze sind sonach

$$\begin{aligned}
-mg\sin\lambda + f_x &= 0,\\
f_y &= 0,\\
-mg\cos\lambda + \mathfrak{Z} &= 0,\\
bmg\cos\lambda - \mathfrak{r}f_y &= 0,\\
mg(a\cos\lambda - c\sin\lambda) + \mathfrak{r}f_x &= 0,\\
bmg\sin\lambda &= 0,\\
f_x^2 + f_y^2 &= \varepsilon^2\mathfrak{Z}^2.
\end{aligned}$$

Hieraus ergiebt sich leicht: $\mathfrak{Z} = mg\cos\lambda$ und $f_x = \pm\varepsilon mg\cos\lambda$, also $\operatorname{tang}\lambda = \pm\varepsilon$. Die äussersten möglichen Berührungspunkte bilden also auf der Kugel einen Kreis, und der halbe Oeffnungswinkel des Kegels, der vom Mittelpunkt der Kugel aus diesen Kreis aus der Kugel herausschneidet, ist der Reibungswinkel. Ferner $b = 0$, also der Schwerpunkt von G muss in der Ebene liegen, welche durch den Berührungspunkt und den höchsten Punkt der Kugel geht. Endlich

$$a\cos\lambda - c\sin\lambda \pm \mathfrak{r}\varepsilon\, mg\cos\lambda = 0,$$

oder, wenn man $c = \mathfrak{r} + h$ setzt und den Werth von $\operatorname{tang}\lambda$ einführt, $a = \pm h\varepsilon$. Die äussersten Berührungspunkte bilden also auch auf der Unterfläche von G einen Kreis, dessen Radius gleich $h\varepsilon$ ist; legt man durch den Schwerpunkt von G und diesen Kreis einen Kegel, so ist sein halber Oeffnungswinkel wieder der Reibungswinkel. Wegen der zusammengehörigen Bedingungen $\operatorname{tang}\lambda = +\varepsilon$ und $a = h\varepsilon$ oder $\operatorname{tang}\lambda = -\varepsilon$ und $a = -h\varepsilon$ liegt dabei der Schwerpunkt von G senkrecht über oder unter dem Berührungspunkt.

Da die Gestaltung der beiden sich berührenden Flächen ausserhalb des Berührungspunktes für die Kräfte im Contact ganz gleichgültig ist, und da nur von diesen das Gleichgewicht abhängt, kann man das Ergebniss ohne Weiteres auf Flächen von beliebiger Gestalt übertragen: Soll ein schwerer Körper G, der mit einer Fläche Π die feste Fläche P berührt, im Gleichgewicht sein, so müssen folgende Bedingungen erfüllt sein: Die Contactnormale von Π und P muss mit der Verticalen einen Winkel machen, der nicht grösser ist als der Reibungswinkel, und der Schwerpunkt von G muss senkrecht über oder unter dem Berührungspunkt liegen.

Das Beispiel zeigt nun aber recht deutlich, wie ungenügend die Annahme absolut starrer Berührungsflächen sein kann. Legt man wirklich einen Balken auf eine Kugel, so lässt sich das nur in der Weise ausführen, dass der Schwerpunkt des Balkens über, nicht unter dem Berührungspunkt liegt; dann aber ist das Gleichgewicht evident labil. Die Bedingung, dass der Schwerpunkt senkrecht über dem Berührungspunkt liegt, ist nicht genau erfüllbar; sobald aber z. B. b einen endlichen Werth hat, besitzt das Moment um die z-Axe einen endlichen Werth, welcher die Abweichung vergrössert. Es müsste also nach der Rechnung technisch unmöglich sein, einen Balken dauernd auf eine Kugel zu legen, während es practisch sehr wohl angeht. Practisch berühren sich nämlich Ebene und Kugel nicht in einem Punkt, sondern in einer durch elastische Compression entstandenen Fläche. Die Reibung $\varepsilon\mathfrak{Z}$ greift in Folge dessen nicht in dem Punkt $x = 0$, $y = 0$, $z = \mathfrak{r}$ an, sondern in einer die z-Axe umgebenden, in erster Annäherung kreisförmigen Fläche. Sie besitzt also auch ein Moment um die z-Axe; in erster Annäherung können wir dies gleich $\delta . \varepsilon\mathfrak{Z}$ setzen, wo δ ein experimentell zu bestimmender Abstand ist, der offenbar um so grösser wird, je grösser die Contactfläche, also je weicher das Material ist, aus dem G und die Kugel construirt sind. Annähernd können wir demnach statt der 6ten Gleichung setzen $bmg \sin\lambda \pm \varepsilon\delta mg \cos\lambda = 0$, woraus $b \operatorname{tang}\lambda = \varepsilon\delta$ oder $b = \pm\delta$. Das Gleichgewicht ist also indifferent gegen Drehungen um die z-Axe, so lange die Abweichung des Schwerpunkts aus der durch die mittlere Contactnormale gelegten Verticalebene nicht über eine gewisse Grösse δ hinausgeht. Ferner wird der Körper G keine Tendenz haben, aus der Gleichgewichtslage in der x-Richtung zu rollen, so lange der Schwerpunkt senkrecht über irgend einem Punkt der Contactfläche liegt; denn so lange das der Fall ist, ist der Schwerpunkt noch unterstützt. So kommt die practische Möglichkeit, das Gleichgewicht dauernd herzustellen, im realen Fall zu Stande, und man sieht, dass die obige Rechnung der Erfahrung nicht gerecht werden kann, weil sie von vorn herein die einander berührenden Flächen als starr annimmt, ihre Contactarea also auf Null reducirt. Es ist die Abstraction, die Einführung absolut starrer Flächen, welche den Mangel verschuldet.

Beispiel 2. Ein homogener, schwerer, rechtwinklig parallelepipedischer Balken ruht mit seinem unteren Ende auf einer horizontalen Ebene, mit dem oberen ist er an eine verticale Ebene gelehnt. Wann ist er im Gleichgewicht?

Eine rein mathematische Lösung ist offenbar die folgende: Der Balken berührt beide Ebenen mit je einer Ecke, die Reibungskräfte sind gross genug, um das Gleiten beider Ecken zu verhindern, und der Schwerpunkt liegt senkrecht über der Kante, welche beide Ecken verbindet. Das Gleichgewicht ist aber dann offenbar labil, der Balken wird das Bestreben haben, sich um jene Kante zu drehen, bis er eine der beiden Ebenen mit einer Kante berührt. Steht der Balken, wie wir voraussetzen wollen, nahe senkrecht, so wird diese Kante an seinem unteren Ende liegen. Wir nehmen also an, der Balken berühre die Horizontalebene mit einer Kante, die Verticalebene mit einer Ecke; an jener sei der Reibungscoefficient ε, an dieser η. Die Berührung längs einer Kante ist nun aber für alle Punkte der Kante bis auf zwei tautologisch; dabei kann die Reibung augenscheinlich ein Moment besitzen, welches verschieden ist, je nachdem wir uns die Zwangskräfte auf der Kante vertheilt denken, und zur Bestimmung dieser Zwangskräfte fehlen die Mittel. Wir helfen uns durch die Annahme, gegen deren angenäherte Zulässigkeit a priori nichts einzuwenden ist, dass die Reibung gerade so wirke, als ob der Balken die horizontale Ebene bloss mit den beiden Endpunkten der Contactkante berührte. Die Annahme bedarf der Bestätigung durch das Experiment. Machen wir sie, so läuft nunmehr die Aufgabe auf die folgende hinaus: Der Balken berührt eine horizontale Ebene mit zwei Ecken, eine verticale mit einer Ecke; wann ist er im Gleichgewicht?

Die Kantenlängen des Balkens seien $2h$, $2k$, $2l$, das System der ξ, η, ζ sei so durch den Schwerpunkt gelegt, dass die Axen den Kanten parallel sind. Die drei berührenden Ecken mögen in ξ, η, ζ die Coordinaten $-h$, $-k$, $-l$, $+h$, $-k$, $-l$, $+h$, $+k$, $-l$ haben, $2h$ also die Kante sein, welche die verticale, $2k$ diejenige, welche die horizontale Ebene berührt. Die Gerade, in welcher die horizontale Ebene sich mit der verticalen schneidet, sei Axe der y, die Axe der x horizontal gelegt. Dann hat also die verticale Ebene die Gleichung $x = 0$ und die horizontale $z = 0$. Die drei Berührungspunkte mögen in derselben Reihenfolge, wie sie eben angeführt wurden, mit $0, y_1, z_1$, $x_2, y_2, 0$, $x_3, y_3, 0$ bezeichnet sein. Man hat dann

$$\begin{array}{lll} 0 = -a_1 h - a_2 k - a_3 l, & 0 = c_1 h - c_2 k - c_3 l, & 0 = c_1 h + c_2 k - c_3 l, \\ y_1 = -b_1 h - b_2 k - b_3 l, & x_2 = a_1 h - a_2 k - a_3 l, & x_3 = a_1 h + a_2 k - a_3 l, \\ z_1 = -c_1 h - c_2 k - c_3 l, & x_3 = b_1 h - b_2 k - b_3 l, & y_3 = b_1 h + b_2 k - b_3 l. \end{array}$$

Die drei ersten dieser Gleichungen sind die Bedingungen; man findet leicht

$$(x_2 - 0)^2 + (y_2 - y_1)^2 + (z_2 - z_1)^2 = 4h^2, \qquad (x_3 - x_2)^2 + (y_3 - y_2)^2 = 4k^2,$$
$$(x_1 - x_3)^2 + (y_1 - y_3)^2 + (z_1 - 0)^2 = 4l^2, \qquad c_2 = 0.$$

Die Gleichungspaare, welche ausdrücken, dass die Zwangskräfte senkrecht zu den festen Ebenen stehen, reduciren sich offenbar auf $\mathfrak{Y}_1 = \mathfrak{Z}_1 = 0$, $\mathfrak{X}_2 = \mathfrak{Y}_2 = 0$, $\mathfrak{X}_3 = \mathfrak{Y}_3 = 0$. Wenn demnach die Reibungskräfte mit kleinen deutschen Buchstaben bezeichnet werden, erhält man folgende, ohne Weiteres verständliche Zusammenstellung für die Kräfte, ihre Angriffspunkte und Momente:

$$\text{Schwere:} \left\{ \begin{array}{llll} X = 0, & Y = 0, & Z = -mg & \text{Kräfte} \\ a, & b, & c & \text{Angriffspunkt} \\ -bmg, & amg, & 0 & \text{Momente.} \end{array} \right.$$

$$\text{Normalkräfte:} \left\{ \begin{array}{lll|lll|lll} \mathfrak{X}_1, & 0, & 0 & 0, & 0, & \mathfrak{Z}_2 & 0, & 0, & \mathfrak{Z}_3 \\ 0, & y_1, & z_1 & x_2, & y_2, & 0 & x_3, & y_3, & 0 \\ 0, & z_1 \mathfrak{X}_1, & -y_1 \mathfrak{X}_1 & y_2 \mathfrak{Z}_2, & -x_2 \mathfrak{Z}_2, & 0 & y_3 \mathfrak{Z}_3, & -x_3 \mathfrak{Z}_3, & 0, \end{array} \right.$$

$$\text{Reibung:} \left\{ \begin{array}{lll|lll|lll} 0, & \mathfrak{y}_1, & \mathfrak{z}_1 & \mathfrak{x}_2, & \mathfrak{y}_2, & 0 & \mathfrak{x}_3, & \mathfrak{y}_3, & 0 \\ 0, & y_1, & z_1 & x_2, & y_2, & 0 & x_3, & y_3, & 0 \\ y_1 \mathfrak{z}_1 - z_1 \mathfrak{y}_1, & 0, & 0 & 0, & 0, & x_2 \mathfrak{y}_2 - y_2 \mathfrak{x}_2 & 0, & 0, & x_3 \mathfrak{y}_3 - y_3 \mathfrak{x}_3, \end{array} \right.$$

$$\mathfrak{y}_1^2 + \mathfrak{z}_1^2 = \eta^2 \mathfrak{X}_1^2, \qquad \mathfrak{x}_2^2 + \mathfrak{y}_2^2 = \varepsilon^2 \mathfrak{Z}_2^2, \qquad \mathfrak{x}_3^2 + \mathfrak{y}_3^2 = \varepsilon^2 \mathfrak{Z}_3^2.$$

Damit ergeben sich die Gleichungen:

$$\mathfrak{X}_1 + \mathfrak{x}_2 + \mathfrak{x}_3 = 0,$$
$$\mathfrak{y}_1 + \mathfrak{y}_2 + \mathfrak{y}_3 = 0,$$
$$-mg + \mathfrak{Z}_2 + \mathfrak{Z}_3 + \mathfrak{z}_1 = 0,$$
$$-bmg + y_2 \mathfrak{Z}_2 + y_3 \mathfrak{Z}_3 + y_1 \mathfrak{z}_1 - \mathfrak{z}_1 \mathfrak{y}_1 = 0,$$
$$amg + z_1 \mathfrak{X}_1 - x_2 \mathfrak{Z}_2 - x_3 \mathfrak{Z}_3 = 0,$$
$$-y_1 \mathfrak{X}_1 + x_2 \mathfrak{y}_2 - y_2 \mathfrak{x}_2 + x_3 \mathfrak{y}_3 - y_3 \mathfrak{x}_3 = 0,$$
$$\mathfrak{y}_1^2 + \mathfrak{z}_1^2 = \eta^2 \mathfrak{X}_1^2,$$
$$\mathfrak{x}_3^2 + \mathfrak{y}_2^2 = \varepsilon^2 \mathfrak{Z}_2^2,$$
$$\mathfrak{x}_3^2 + \mathfrak{y}_3^2 = \varepsilon^2 \mathfrak{Z}_3^2.$$

Die Lösung derselben, die keine Schwierigkeit bietet, überlassen wir dem Leser. Man beachte, dass die Unterstützung den Balken nur einseitig fesselt. Damit sie wirke, ist also eine Zusatzbedingung erforderlich: Legt man drei verticale Linien durch die drei Berührungspunkte, so muss der Schwerpunkt des Balkens innerhalb des Prismas liegen, dessen Kanten die drei Linien sind; sonst wird $\mathfrak{X}_1$ negativ und der Balken hebt sich von der verticalen Wand ab, um sich auf die Grundfläche zu stellen.

3. Ein Cylinder liegt mit Reibung vom Coefficienten ε in einer Hohlkugel.

4. Schraube. Eine Schraubenmutter G bewegt sich auf einer festen Schraubenspindel (oder umgekehrt). a) ohne Reibung. Ist h die Höhe des Schraubenganges, so entspricht der Drehung 2π um die Axe der Spindel die Verschiebung $\pm h$, also ist $\pm \frac{h}{2\pi}$ der Parameter der einzig möglichen Schraubenbewegung, und zwar $+\frac{h}{2\pi}$, wenn die Schraube rechts, $-\frac{h}{2\pi}$ wenn sie links gewunden ist. Die Axe der Spindel werde als Axe der $\mathfrak{z}$ angesehen, und es sei die explicite Dyname X, Y, Z, L, M, N an der Mutter thätig. Dann muss diese Dyname, wenn Gleichgewicht herrschen soll, reciprocal zur virtuellen Schraubung sein, dreht sich die Mutter um den unendlich kleinen Winkel $d\vartheta$, so sind die Coordinaten der Bewegung $0, 0, \pm \frac{h}{2\pi} d\vartheta, 0, 0, d\vartheta$, der virtuelle Coefficient ist also $\pm Z \frac{h}{2\pi} + N$; Reciprocalität ist also vorhanden wenn

$$\frac{N}{Z} = \mp \frac{h}{2\pi},$$

wo das obere Zeichen für rechts-, das untere für linksgewundene Schrauben gilt. Dieselbe Gleichung liefert das Princip der virtuellen Geschwindigkeiten unmittelbar, da sich für die Arbeit der Dyname X, Y, Z, L, M, N auf die Schraubung $0, 0, \pm \frac{h}{2\pi} d\vartheta, 0, 0, \vartheta$ nach **218** der Ausdruck $\pm \left(Z \frac{h}{2\pi} + N\right) d\vartheta$ ergiebt.

b) mit Reibung. Das obere Vorzeichen werde benutzt. Mutter und Spindel haben unendlich viele tautologische Contactpunkte, die Zwangskräfte sind also nicht bestimmbar. Es bleibt demnach nichts übrig, als anzunehmen, die Reibung verhalte sich im Mittel so, als ob sämmtliche Zwangskräfte in einem unbestimmten Punkt a angriffen, der von der Spindelaxe den Abstand $\mathfrak{r}$ hat. Bei der Drehung um $d\vartheta$ legt der Punkt den Weg $d\vartheta\sqrt{\mathfrak{r}^2+\frac{h^2}{4\pi^2}}$ zurück; ist also f die Reibungskraft, so ist die virtuelle Arbeit der Reibung $fd\vartheta\sqrt{\mathfrak{r}^2+\frac{h^2}{4\pi^2}}$, die Gleichgewichtsbedingung demnach

$$Z\frac{h}{2\pi}+N\pm f\sqrt{\mathfrak{r}^2+\frac{h^2}{4\pi^2}}=0.$$

Da f und $\mathfrak{r}$ unbekannt sind, kann man das dritte Glied dieser Gleichung in eine unbekannte Grösse η zusammenfassen; in der Gleichung

$$Z\frac{h}{2\pi}+N\pm\eta=0$$

ist η experimentell zu bestimmen.

5. Bifilare Aufhängung. Hängt man einen Körper G an zwei Fäden auf, so hat er 4 Grade der Freiheit, und seine 4 Gleichgewichtscoordinaten können nach **315** bestimmt werden. Gewöhnlich benutzt man die bifilare Aufhängung, um das Gleichgewicht herzustellen zwischen der an G thätigen Schwere einerseits und einem Moment N, dessen Axe vertical steht, andererseits. Sind α_1 und α_2 die oberen, β_1 und β_2 die unteren Anknüpfungspunkte der Fäden, so gehen die Zwangskräfte durch die beiden Linien $\alpha_1\alpha_2$ und $\beta_1\beta_2$, besitzen also in Bezug auf diese Linien das Moment Null. Die Schwere ist also aufgehoben, wenn auch die Schwerkraft $-mg$ in Bezug auf beide Linien das Moment Null hat, d. h., wenn der Schwerpunkt von G senkrecht unter $\alpha_1\alpha_2$ und $\beta_1\beta_2$ liegt. Das gegebene Moment N kann dann den Körper nur noch um eine durch den Schwerpunkt gehende Verticale drehen, und der Drehungswinkel φ ist so zu bestimmen, dass das Moment der Zwangskräfte dem Moment N das Gleichgewicht hält. In Fig. 147 sei die Ebene der Zeichnung horizontal, λ und λ' seien die Projectionen der beiden Fäden, e und e' also die Projectionen von $\alpha_1\alpha_2$ und $\beta_1\beta_2$. φ ist dann der Winkel, den die durch $\beta_1\beta_2$ gehende Verticalebene mit der durch $\alpha_1\alpha_2$ gehenden macht. Nun soll das Moment der Zwangskräfte um die Verticale, deren Kräftepaar N das Gleichgewicht halten; also müssen die Zwangskräfte in der Horizontalprojection ein Kräftepaar bilden, d. h. λ muss parallel λ' sein, und die Zwangskräfte selbst müssen entgegengesetzt gleiche Horizontalcomponenten haben. Nennt man h_1 die Verticalhöhe von α_1 über β_1, und h_2 die von α_2 über β_2, p_1 die Zwangskraft mit welcher der Faden $\alpha_1\beta_1$ und p_2 die, mit welcher $\alpha_2\beta_2$ an G zieht, q_1 und q_2 ihre Horizontalcomponenten, so ist dem absoluten Werth nach

Fig. 147.

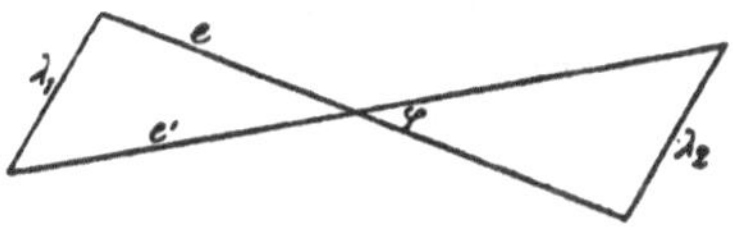

$$q_1:p_1=\lambda_1:h_1,\qquad q_2:p_2=\lambda_2:h_2,\quad \text{also}$$

$$q_1=p_1\frac{\lambda_1}{h_1},\qquad q_2=p_2\frac{\lambda_2}{h_2},$$

$$q_1=q_2.$$

Ferner ist aus der Gleichheit der Parallelogramme

$$ee' \sin\varphi = (\lambda + \lambda_2)\mathfrak{r},$$

wenn $\mathfrak{r}$ den Abstand zwischen λ_1 und λ_2, also den Arm des Zwangskräftepaars bezeichnet. Daraus folgt

$$\mathfrak{r} = \frac{ee' \sin\varphi}{\lambda_1 + \lambda_2},$$

und wenn $\mathfrak{N}$ das Moment der Zwangskräfte ist,

$$\mathfrak{N} = \frac{ee' \sin\varphi}{\lambda_1 + \lambda_2} p_1 \frac{\lambda_1}{h_1} = \frac{ee' \sin\varphi}{\lambda_1 + \lambda_2} p_2 \frac{\lambda_2}{h_2}$$

$$= \frac{ee' \sin\varphi}{\frac{h_1}{p_1} + \frac{h_2}{p_2}}.$$

Nun hängen e, e', h_1, p_1, h_2 und p_2 sämmtlich von φ ab; setzt man aber, was bei der practischen Verwendung regelmässig geschieht, voraus, dass 1) α_1 und α_2 sowohl wie β_1 und β_2 nahe in derselben Horizontalebene liegen, 2) dass der Schwerpunkt von G nahe unter der Mitte von $\beta_1 \beta_2$ liegt, die beiden Zwangskräfte also nahe gleich sind, und dass ausserdem der Winkel φ klein sei, so kann man die fraglichen Grössen, wie folgt ausdrücken: H sei die mittlere Höhe von $\alpha_1 \alpha_2$ über $\beta_1 \beta_2$, P die Summe der Verticalcomponenten beider Zwangskräfte. Dann kann man setzen

$$h_1 = H(1 + \varepsilon), \qquad p_1 = \frac{P}{2}(1 + \delta),$$

$$h_2 = H(1 - \varepsilon), \qquad p_2 = \frac{P}{2}(1 - \delta),$$

wo ε und δ kleine Grössen sind. Dann wird

$$\mathfrak{N} = P \frac{ee'}{4H} \frac{1 - \delta^2}{1 - \delta\varepsilon} \sin\varphi.$$

Und wenn die Fadenlänge gross gegen die Abstände $\alpha_1 \alpha_2$ und $\beta_1 \beta_2$ ist, so ändern sich bei kleinen φ die Werthe von e, e', δ und ε so wenig, dass man sie als constant ansehen kann, Dann ist also die Gleichgewichtsbedingung

$$-\mathfrak{N} = P \frac{ee'}{4H} \frac{1 - \delta^2}{1 - \delta\varepsilon} \sin\varphi,$$

wo nun sämmtliche Grössen mit Ausnahme von φ auf der rechten Seite constant und durch Messung bestimmbar sind. Der Ausschlag φ ist hiernach Null, wenn $\mathfrak{N} = 0$ ist; d. h. wenn bloss die Schwere an G wirkt, liegen beide Fäden in derselben Ebene; wirkt ausserdem ein Moment N, so ist der Ausschlag, da $\sin\varphi$ bei kleinem φ mit φ verwechselt werden kann, nahe proportional $\mathfrak{N}$. In der Praxis kann man meist $\frac{1 - \delta^2}{1 - \delta\varepsilon}$ völlig vernachlässigen, da ε und δ so klein gemacht werden können, dass der Bruch $\frac{1 - \delta^2}{1 - \delta\varepsilon}$ um weniger als $\frac{1}{10000}$ von 1 abweicht; und wenn die Fäden sehr nahe vertical hängen, ist auch P sehr nahe gleich dem Gravitationsdrucke von G, also

$$\mathfrak{N} = mg \frac{ee'}{4H}$$

die vereinfachte Gleichgewichtsbedingung. Ueber anzubringende Correctionen vergl. Kohlrausch in Wied. Ann. XVII p. 737 ff.

Nimmt man an, die Fäden seien gleich lang, und für $\varphi = 0$ seien die Verbindungslinien der oberen wie der unteren Anknüpfungspunkte horizontal, der Schwerpunkt von G aber liege unter der Mitte der letzteren, so vereinfacht sich die Aufgabe bedeutend und die Behandlung nach § **315** ist leicht geometrisch zu interpretiren, was sich als Uebungsaufgabe empfiehlt.

318. Bedingungen der Astasie. Astatisch heisst ein starrer Körper, wenn er in jeder seiner möglichen Lagen im Gleichgewicht ist. Anwendbare Untersuchungen über die Bedingungen, unter denen dies in allgemeinster Weise möglich ist, sind erst noch zu schaffen. Gewöhnlich untersucht man nur den Fall, wo die thätigen Kräfte an den Elementen eines Gebildes G mit unveränderlicher Stärke und unveränderlicher Richtung haften, einerlei, welches die Lage von G sei. Kräfte aber, deren Richtung und Grösse sich nicht ändert, wenn das angegriffene Element sich innerhalb der Grenzen eines gewissen Raums R bewegt, müssen nothwendig von Punkten ausgehen, deren Abstand ausserordentlich gross gegen die Dimensionen des Raumes R ist, müssen also mit derselben Genauigkeit, womit sie als unveränderlich angesehen werden, auch als parallel zu betrachten sein. Die Untersuchungen über die Bedingungen der Astasie finden daher vorläufig nur Anwendung auf „homogene“ Kraftfelder, d. h. auf Kräfte, die parallel und unabhängig von den Coordinaten sind. Dieser Art sind z. B. Schwere und Erdmagnetismus, und diese beiden liefern zugleich Beispiele für die beiden Formen, unter denen die Dynamen im homogenen Kraftfelde auftreten können. Nämlich die wirksamen parallelen Kräfte haben entweder eine von Null verschiedene Resultante oder nicht; sie reduciren sich also auf eine Einzelkraft oder auf ein Kräftepaar; ersteres ist bei der Schwere, letzteres beim Magnetismus der Fall. Wir werden also so ziemlich an die Grenze des Anwendbaren gelangen, wenn wir die Frage behandeln: Unter welchen Bedingungen ist ein Körper auf der Erde astatisch, der zugleich schwer und magnetisch ist?

Von den parallelen Kräften der Schwere, die eine endliche Resultante haben, wissen wir bereits, dass sie einen Mittelpunkt, den Schwerpunkt, besitzen, der mit dem Massenmittelpunkt von G zusammenfällt und dessen Lage in G von der Stellung des Körpers G unabhängig ist.

Wir untersuchen zunächst, ob sich ein ähnlicher Satz für parallele Kräfte angeben lässt, die, wie die magnetischen Anziehungen im homogenen Felde, die Resultante Null haben, die sich also auf ein Moment reduciren. Bei einer bestimmten Stellung von G lässt sich dies resultirende Moment offenbar dadurch ersetzen, dass man in G zwei Punkte x_1, y_1, z_1, (ξ_1, η_1, ζ_1), x_2, y_2, z_2, (ξ_2, η_2, ζ_2) passend auswählt und an diesen zwei entgegengesetzt gleiche Kräfte Q und $-Q$ anbringt. Sind Ξ, H, Z die Componenten von Q, L, M, N die drei Componenten des resultirenden Momentes, so müssen die Bedingungen

$$(1) \quad \begin{cases} (y_1 - y_2)\mathrm{Z} - (z_1 - z_2)\mathrm{H} = L, \\ (z_1 - z_2)\Xi - (x_1 - x_2)\mathrm{Z} = M, \\ (x_1 - x_2)\mathrm{H} - (y_1 - y_2)\Xi = N, \end{cases}$$

erfüllt sein, was, da man für die 9 Unbekannten $x_1, y_1, z_1, x_2, y_2, z_2, \Xi, \mathrm{H}, \mathrm{Z}$ nur drei Gleichungen hat, auf ∞^6 Arten geschehen kann. Nimmt man nun an, dass irgend zwei Punkte x_1, y_1, z_1 und x_2, y_2, z_2 nebst den Kräften Ξ, H, Z passend ausgewählt seien, und verschiebt dann den Körper G parallel mit sich selbst, so ändern sich L, M, N nicht, weil vorausgesetzt ist, dass die Kräfte, aus denen das resultirende Moment hervorgeht, sich nach Grösse und Richtung nicht ändern, wenn die Elemente des Körpers G ihre Lage ändern. Ebenso wenig ändern sich die Werthe von $(x_2 - x_1)$, $(y_2 - y_1)$, $(z_2 - z_1)$; bestehen also die Gleichungen (1) in irgend einer Lage von G, so bestehen sie auch in jeder Lage, die aus der ersten durch eine blosse Verschiebung hervorgeht.

Wenn aber G gedreht wird, so ändern sich im allgemeinen sowohl L, M, N wie $x_1 - x_2$ u. s. w. Um diesen Fall näher zu verfolgen, wählen wir eine willkürliche Anfangsstellung von G und legen in dieser das System der ξ, η, ζ so in G fest, dass seine Axen mit denen des Systems der x, y, z zusammenfallen. Dabei habe die Axe der z die Richtung der parallelen Kräfte, welche das resultirende Moment erzeugen. An irgend einem Punkt ξ, η, ζ greife also eine Kraft Z an, und es ist $\Sigma Z = 0$. Die drei an ξ, η, ζ thätigen Momente sind ηZ, $-\xi Z$, 0, und, wenn die Summationen über den ganzen Körper G ausgedehnt werden, ist

$$\Sigma\eta Z = L, \quad -\Sigma\xi Z = M, \quad 0 = N.$$

Wir wählen nun in G irgend zwei Punkte ξ_1, η_1, ζ_1 und ξ_2, η_2, ζ_2 aus, bringen am ersten eine Kraft $0, 0, Z_1$, und am zweiten die Kraft $0, 0, -Z_1$ an.

Die drei Momente dieses Kräftepaars sind $(\eta_1 - \eta_2)Z_1$, $-(\xi_1 - \xi_2)Z_1$, 0, und das Kräftepaar kann die Wirkung des Magnetismus ersetzen, wenn

$$(\eta_1 - \eta_2)Z_1 = \Sigma\eta Z, \qquad (\xi_1 - \xi_2)Z_1 = \Sigma\xi Z$$

ist. Hierauf drehen wir den Körper G um eine beliebige, durch den Coordinatenanfang gehende Axe, so dass $a_1, a_2 \ldots c_3$ die Richtungscosinus der ξ, η, ζ gegen die x, y, z werden. Während in der Anfangsstellung $x = \xi$, $y = \eta$, $z = \zeta$ war, ist nunmehr $x = a_1\xi + a_2\eta + a_3\zeta$ u. s. w. Also werden die Momente des Magnetismus

$$L = \Sigma(b_1\xi + b_2\eta + b_3\zeta)Z, \qquad M = -(a_1\xi + a_2\eta + a_3\zeta)Z,$$

und die Momente von Z_1

$$Z_1[b_1(\xi_1 - \xi_2) + b_2(\eta_1 - \eta_2) + b_3(\zeta_1 - \zeta_2)], \quad -Z_1[a_1(\xi_1 - \xi_2) + a_2(\eta_1 - \eta_2) + a_3(\zeta_1 - \zeta_2)].$$

Sollen nun die beiden letzten Momente den beiden ersten äquivalent sein, so muss

$$b_1[(\xi_1 - \xi_2)Z_1 - \Sigma\xi Z] + b_2[(\eta_1 - \eta_2)Z_1 - \Sigma\eta Z] + b_3[(\zeta_1 - \zeta_2)Z_1 - \Sigma\zeta Z] = 0,$$
$$a_1[(\xi_1 - \xi_2)Z_1 - \Sigma\xi Z] + a_2[(\eta_1 - \eta_2)Z_1 - \Sigma\eta Z] + a_3[(\zeta_1 - \zeta_2)Z_1 - \Sigma\zeta Z] = 0$$

sein. Und sollen die ein für allemal ausgewählten Punkte ξ_1, η_1, ζ_1 und ξ_2, η_2, ζ_2 dieser Bedingung bei jeder Lage von G genügen, so müssen die vorstehenden Gleichungen bei jedem Werth von $a_1, a_2 \ldots b_3$ erfüllt sein; das ist der Fall, wenn

$$(2) \qquad \begin{cases} (\xi_1 - \xi_2) Z_1 = \Sigma \xi Z, \\ (\eta_1 - \eta_2) Z_1 = \Sigma \eta Z, \\ (\zeta_1 - \zeta_2) Z_1 = \Sigma \zeta Z. \end{cases}$$

Damit aber diese drei Gleichungen miteinander bestehen können, muss

$$\frac{\zeta_1 - \zeta_2}{\xi_1 - \xi_2} = \frac{\Sigma \zeta Z}{\Sigma \xi Z}, \qquad \frac{\zeta_1 - \zeta_2}{\eta_1 - \eta_2} = \frac{\Sigma \zeta Z}{\Sigma \eta Z}$$

sein, und das ist der Fall, wenn die Punkte 1 und 2 auf einer Geraden liegen, deren Gleichungen sind

$$(3) \qquad \zeta = \frac{\Sigma \zeta Z}{\Sigma \xi Z} \xi + \varepsilon, \qquad \zeta = \frac{\Sigma \zeta Z}{\Sigma \eta Z} \eta + \delta,$$

wo ε und δ ganz beliebige Constante sind. Ist dies der Fall, so reduciren sich die drei Gleichungen (2) auf eine einzige; diese kann zur Bestimmung von Z_1 dienen, wenn man $(\xi_1 - \xi_2)$ und zur Bestimmung von $(\xi_1 - \xi_2)$, wenn man Z_1 willkürlich annimmt. Wir erhalten also folgenden Satz:

In jedem Körper, auf den der Erdmagnetismus wirkt, gibt es eine fest bestimmte, d. h. im Körper selbst festliegende Richtung, welche wir die magnetische Axenrichtung des Körpers nennen. Wählt man auf einer Geraden von dieser Richtung zwei Punkte ξ_1, η_1, ζ_1 und ξ_2, η_2, ζ_2 willkürlich aus und bringt an ihnen ein Kräftepaar $(p_1 Z_1)$ an, dessen Angriffspunkte von einander den Abstand p haben, dessen Kräfte der Richtung der erdmagnetischen Kraft parallel sind, und deren Grösse so gewählt ist, dass das Moment des Kräftepaars bei irgend einer Stellung von G äquivalent dem Moment ist, welches der Erdmagnetismus an G hervorbringt, dann ist das Kräftepaar $(p_1 Z_1)$ angebracht an den Punkten ξ_1, η_1, ζ_1 und ξ_2, η_2, ζ_2 bei jeder beliebigen Stellung von G äquivalent dem Moment, welches für G aus dem Erdmagnetismus hervorgeht.

Unterstützt man G im Schwerpunkt, so unterliegt G nur noch der Wirkung des Erdmagnetismus: der Körper ist also dann im Gleichgewicht, wenn die beiden Momente $(x_1 - x_2) Z_1$ und $(y_1 - y_2) Z_1$ verschwinden, d. h. wenn $x_1 - x_2 = 0$ und $y_1 - y_2 = 0$ ist. In der Gleichgewichtslage ist also die magnetische Axenrichtung von G parallel der Richtung der erdmagnetischen Kraft. Hierin liegt das Mittel zur empirischen Bestimmung der Axenrichtung: man unterstütze G im Schwerpunkt; eine in G feste Gerade, welche die Richtung der erdmagnetischen Kraft annimmt, hat die magnetische Axenrichtung von G.

Nach dem Gesagten kann man nun die Kräfte, welche an dem zugleich schweren und magnetischen Körper G thätig sind, reduciren auf: 1) eine verticale Kraft vom absoluten Betrag mg, welche im Schwerpunkt von G angreift, 2) zwei entgegengesetzt gleiche Kräfte P und $-P$, welche der erdmagnetischen Kraft parallel sind; die Angriffspunkte dieser Kräfte liegen in irgend zwei Punkten von G, deren Verbindungslinie die magnetische Axenrichtung hat. Die eine Kraft P können wir also im Schwerpunkt selbst angreifen lassen, die andere in einem zweiten Punkt x_2, y_2, z_2, dessen Abstand vom Schwerpunkt parallel der magnetischen Axenrichtung von G ist. Wir nehmen nun an, G könne irgend eine virtuelle Schraubenbewegung machen, nehmen die Centralaxe dieser Schraube zur Axe der z, und legen, nachdem wir dem G eine willkürliche Anfangsstellung gegeben haben, die Axe der x durch den Schwerpunkt. Dann hat dieser die Coordinaten $a, 0, 0$; macht die Schwere mit den Axen die Winkel α, β, γ, und macht die Richtung der magnetischen Kraft mit ihnen die Winkel λ, μ, ν, so greifen in a an die Componenten

$$mg\cos\alpha + P\cos\lambda, \qquad mg\cos\beta + P\cos\mu, \qquad mg\cos\gamma + P\cos\nu,$$

und in dem Punkt, dessen Coordinaten bei der Anfangslage sind x_2, y_2, z_2, greifen an die Kräfte

$$-P\cos\lambda, \qquad -P\cos\mu, \qquad -P\cos\nu.$$

Es mache nun G eine virtuelle Schraubenbewegung vom Betrage φ und vom Parameter ϖ um die Axe der z. Dann werden die Coordinaten des Schwerpunktes

$$x = a\cos\varphi, \qquad y = a\sin\varphi, \qquad z = \varpi\varphi,$$

und die desjenigen Punktes, der zu Anfang die Coordinaten x_2, y_2, z_2 hatte, werden

$$x = x_2\cos\varphi - y_2\sin\varphi, \qquad y = x_2\sin\varphi + y_2\cos\varphi, \qquad z = z_2 + \varpi\varphi.$$

In der neuen Lage ist also das Moment um die z-Axe

$$a\cos\varphi(mg\cos\beta + P\cos\mu) - a\sin\varphi(mg\cos\alpha + P\cos\lambda) -$$
$$-(x_2\cos\varphi - y_2\sin\varphi)P\cos\mu + (x_2\sin\varphi + y_2\cos\varphi)P\cos\lambda,$$

und die längs der z-Axe wirkende Kraft ist $mg\cos\gamma$; Gleichgewicht ist vorhanden, wenn das Moment gleich $-\varpi mg\cos\gamma$ ist, also wenn

$$\begin{aligned} 0 = {} & \cos\varphi(amg\cos\beta + y_2 P\cos\lambda - (x_2 - a)P\cos\mu) \\ & + \sin\varphi(-amg\cos\alpha + y_2 P\cos\mu + (x_2 - a)P\cos\lambda) \\ & + \varpi mg\cos\gamma \end{aligned}$$

ist. Astatisch ist G, wenn dies Gleichgewicht für jeden Werth von φ besteht also sind die Bedingungen der Astasie

$$(4) \qquad \left\{ \begin{aligned} amg\cos\beta + y_2 P\cos\lambda - (x_2 - a)P\cos\mu &= 0, \\ -amg\cos\alpha + y_2 P\cos\mu + (x_2 - a)P\cos\lambda &= 0, \\ \varpi mg\cos\gamma &= 0, \end{aligned} \right.$$

wobei die Relation gilt

$$(5) \qquad \cos\alpha\cos\lambda + \cos\beta\cos\mu + \cos\gamma\cos\nu = \sin i,$$

wenn i die erdmagnetische Inclination bezeichnet. Die Gleichungen (4) müssen für irgend eine willkürlich gewählte Anfangslage von G erfüllt werden, dann gelten sie für jede mögliche Lage des Körpers.

Die dritte Gl. (4) kann auf zweierlei Weise constructiv erfüllt werden: man macht $\varpi = 0$ oder $\cos\gamma = 0$. Also kann G sich um eine horizontale Axe winden, um jede andere aber bloss drehen. Bei horizontaler Axe ist ferner der Parameter ϖ der Schraubung ganz willkürlich, da die dritte Gleichung (4) für jede horizontale Axe erfüllt ist und ϖ in den beiden andern nicht vorkommt. Wir wollen also annehmen, ϖ sei ein für allemal gleich Null. Dann sind zunächst folgende Specialfälle möglich:

1) $a = 0$, die Axe der Drehung geht durch den Schwerpunkt von G. Es

bleiben die Bedingungen

$$y_2 P\cos\lambda - x_2 P\cos\mu = 0,$$
$$y_2 P\cos\mu + x_2 P\cos\lambda = 0.$$

Sie sind erfüllt, wenn entweder $y_2 = x_2 = 0$ oder $P\cos\lambda = P\cos\mu = 0$ ist. Also entweder: die magnetische Axenrichtung von G ist parallel der Drehungsaxe, oder: die Drehungsaxe hat die Richtung der erdmagnetischen Kraft. (Die letztere Bedingung stellt man künstlich her, wenn man eine Magnetnadel mittels eines Magnetstabes astasirt. Der letztere wird so angebracht, dass die Horizontalcomponente des magnetischen Feldes verschwindet, und der Körper G ist an einem verticalen Faden aufgehängt, seine Drehungsaxe also parallel der Kraft des Magnetfeldes.)

2) Die Drehungsaxe hat die Richtung der erdmagnetischen Kraft; dann ist $\cos\lambda = \cos\mu = 0$, also muss auch $a = 0$ sein. Der Fall ist identisch mit dem zweiten Fall 1.

3) $\cos\gamma = 1$, also $\cos\alpha = \cos\beta = 0$. Die Bedingungen sind dieselben wie ad 1. Schliessen wir künstliche Modificationen des erdmagnetischen Feldes aus, so muss, da $\cos\lambda$ und $\cos\mu$ nicht gleichzeitig Null sein können, die Axenrichtung von G vertical stehen.

4) Wir betrachten nun näher den Fall $\cos\gamma = 0$, also die Drehungsaxe liegt horizontal (und kann einen beliebigen Parameter ϖ haben, um den wir uns nicht kümmern). Der oben bereits behandelte Fall $a = 0$ sei ausgeschlossen. Die Axe der x, d. h. das Perpendikel vom Schwerpunkt auf die Drehungsaxe, hat dann in G eine bestimmte Lage, und wir können festsetzen, dass sie in der Anfangsstellung vertical nach oben gerichtet sei. Dann ist $\cos\alpha = -1$, $\cos\beta = 0$, also sind die Bedingungen

$$y_2 \cos\lambda = (x_2 - a)\cos\mu$$
$$y_2 P\cos\mu + (x_2 - a) P\cos\lambda = -amg$$

zu erfüllen. Projicirt man einerseits die Richtung der erdmagnetischen Kraft, andererseits die magnetische Axenlinie von G auf die xy-Ebene, so macht die Projection der erdmagnetischen Kraft mit den Axen der x und y die Richtungscosinus $\frac{\cos\lambda}{\sin\nu}$ und $\frac{\cos\mu}{\sin\nu}$, die Projection der magnetischen Axenlinie aber macht $\frac{x_2 - a}{\sqrt{(x_2-a)^2+y_2^2}}$ und $\frac{y_2}{\sqrt{(x_2-a)^2+y_2^2}}$. Die erste Gleichung, geschrieben in der Form

$$\frac{\cos\lambda}{\sin\nu} : \frac{\cos\mu}{\sin\nu} = \frac{x_2 - a}{\sqrt{(x_2-a)^2+y_2^2}} : \frac{y_2}{\sqrt{(x_2-a)^2+y_2^2}}$$

sagt also aus, dass die Projection der magnetischen Axenrichtung auf eine zur Drehungsaxe senkrechte Ebene mit der Projection der erdmagnetischen Kraft auf dieselbe Ebene parallel sein muss in dem Augenblick, wo der Schwerpunkt senkrecht über der Drehungsaxe liegt. Die zweite sagt aus, dass das Virial der zur Drehungsaxe senkrechten Componente der erdmagnetischen Kraft gleich dem Virial der Schwere sein muss; sie dient zur Bestimmung von a, wenn man mg und P als gegeben annimmt.

Fig. 148.

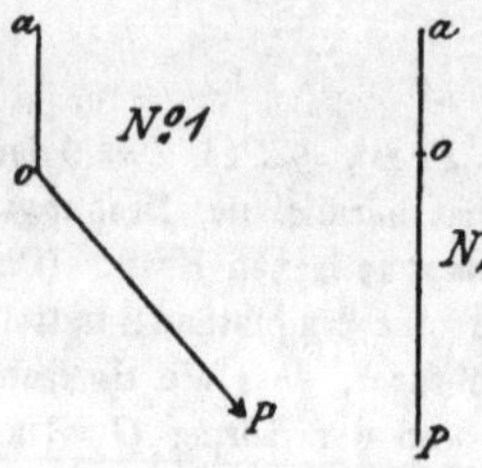

Grenzfälle: 1) Die Drehungsaxe steht (bei horizontaler Lage) senkrecht zum magnetischen Meridian: dann muss, wenn a über der Axe liegt, die magnetische Axenrichtung, auf den Meridian projicirt, mit der Richtung der Inclinationsnadel übereinstimmen. Fig. 148 Nro. 1.

2) Die Drehungsaxe liegt im magnetischen Meridian; dann muss, wenn der Schwerpunkt über der Axe liegt, die Projection der Axenrichtung von G auf eine zur Drehungsaxe senkrechte Ebene vertical nach unten zeigen. Fig. 148 Nro. 2. Bei passender Grösse von a ist in beiden Fällen das Moment, mit welchem die Schwere den oberen Theil von G nach unten zu drehen strebt, in jeder Stellung von G gleich dem Moment, mit welchem der Erdmagnetismus ihn nach oben dreht.

Zweiter Theil.

Verbindungen mehrerer starren Gebilde.

319. Gruppen starrer Gebilde, von denen jedes einzelne mit irgend einem der übrigen durch Relativbedingungen verknüpft ist, spielen eine wichtige Rolle in der Maschinenlehre. In der grossen Mehrzahl der Fälle aber werden bei der Construction zusammengesetzter Maschinen Verbindungen benutzt, welche der Gesammtheit der verbundenen Gebilde nur e i n e n Grad der Freiheit lassen, ausserdem ist die Beweglichkeit derselben vielfach auf Bewegungen parallel einer Ebene beschränkt. In Folge dessen ist die allgemeine Theorie der Beweglichkeit verknüpfter starrer Körper nicht durchgebildet. Ueber vereinzelte Untersuchungen, welche sich geometrisch mit bestimmten Classen von Einzelproblemen beschäftigen, siehe das Litteraturverzeichniss. Im Allgemeinen begnügt man sich damit, folgende Grundsätze direct auf das concrete Problem anzuwenden.

1. Berühren sich zwei Körper an einer Stelle P, so wirken sie daselbst mit Zwangskräften aufeinander. Sind A und B die beiden Körper, so wirkt B auf A mit einer Zwangskraft $\mathfrak{X}, \mathfrak{Y}, \mathfrak{Z}$, und diese steht senkrecht auf dem Element, in welchem die Berührung statt findet. A aber wirkt auf B nach dem Princip der Gleichheit von Action und Reaction mit der Zwangskraft $-\mathfrak{X}, -\mathfrak{Y}, -\mathfrak{Z}$, die wieder auf dem Contactelement senkrecht steht. Jede Berührung lässt sich also ersetzen durch Einführung der Zwangskräfte; ist Reibung vorhanden, so kommen ausserdem noch Reibungskräfte hinzu; diese wirken in der gemeinschaftlichen Tangentialebene der beiden einander berührenden Flächen, und wenn sie an A die Componenten $\mathfrak{x}, \mathfrak{y}, \mathfrak{z}$ haben, besitzen sie an B die Componenten $-\mathfrak{x}, -\mathfrak{y}, -\mathfrak{z}$.

2. Ist ein Punkt des Körpers A mit einem Punkt des Körpers B durch einen Faden verknüpft, so liefert der Faden an A eine

Zwangskraft $\mathfrak{X}, \mathfrak{Y}, \mathfrak{Z}$ und an B die Zwangskraft $-\mathfrak{X}, -\mathfrak{Y}, -\mathfrak{Z}$. Dabei haben beide die Richtung des Fadens, woraus sich zwei Gleichungen zwischen $\mathfrak{X}, \mathfrak{Y}, \mathfrak{Z}$ ergeben.

3. Ein Punkt β des Körpers B kann durch ein Kugelgelenk in dem Punkt α des Körpers A festgelegt sein. Der gemeinsame Punkt $\alpha(\beta)$ liefert dann an A eine Zwangskraft $\mathfrak{X}, \mathfrak{Y}, \mathfrak{Z}$ und an B die Zwangskraft $-\mathfrak{X}, -\mathfrak{Y}, -\mathfrak{Z}$.

4. Eine gerade Linie λ des Körpers B kann in einer geraden Linie $\varkappa$ an A festgelegt sein, so dass beide sich um die Axe $\lambda(\varkappa)$ als Charnier drehen können. Die Axe $\lambda(\varkappa)$ kann durch irgend zwei ihrer Punkte ersetzt werden; jeder von diesen liefert an A eine Zwangskraft $\mathfrak{X}_1, \mathfrak{Y}_1, \mathfrak{Z}_1$ und $\mathfrak{X}_2, \mathfrak{Y}_2, \mathfrak{Z}_2$ und an B die entgegengesetzten Zwangskräfte $-\mathfrak{X}_1, -\mathfrak{Y}_1$ u. s. w.

5. Führt man in all diesen Fällen die Zwangskräfte ein, so bewegt sich jeder der betrachteten Körper so, als ob er frei wäre und als ob neben den expliciten Kräften die Zwangskräfte an ihm angriffen. Man kann also für jeden einzelnen Körper der Gruppe die Gleichungen der Bewegung oder des Gleichgewichts nach den für das einzelne starre Gebilde aufgestellten Grundsätzen herstellen. Bei Gelenkverbindungen liefert die Reibung ein Moment, welches am Umfang der physischen Axe des Gelenks angreift und demgemäss eingeführt werden kann.

6. Andererseits kann man, wenn die ganze Gruppe von starren Gebilden, um die es sich handelt, nur eine freie Coordinate φ hat, die lebendige Kraft und die Kräftefunction, bezw. die virtuelle Arbeit durch diese Coordinate ausdrücken und damit zu der Gleichung der Bewegung oder des Gleichgewichts gelangen. Dasselbe Verfahren kann zum Ziele führen, wenn die Zahl der freien Coordinaten grösser als Eins ist. Es liefert aber keine Zwangskräfte, kann also nur angewendet werden, wenn die Reibung zu vernachlässigen ist. Möglich ist allerdings auch hier die Einführung der Zwangs- und Reibungskräfte, indem man überzählige Coordinaten einführt; indessen, wenn man das einmal thut, wird es meistens praktisch sein, eben die Cartesischen Coordinaten als überzählige, d. h. als Coordinaten überhaupt zu benutzen.

7. Geometrische Betrachtungen können das Verfahren abkürzen; es lässt sich aber für sie keine andere Vorschrift geben, als die, dass sie dem concreten Fall angepasst werden müssen.

Bei Gleichgewichtsproblemen können besondere Grundsätze zur Verwendung gelangen, von denen die wichtigsten die beiden folgenden sind:

8. Die ganze Gruppe der miteinander verknüpften starren Körper kann als ein deformables Gebilde angesehen werden. Dann findet auf sie der folgende Satz Anwendung:

„Kräfte, die an einem deformirbaren System im Gleichgewicht sind, bleiben im Gleichgewicht, wenn man das System in der gerade vorhandenen Form starr werden lässt.“

Beweis. Eine der virtuellen Bewegungen des Systems besteht darin, dass das ganze System sich, ohne seine Form zu ändern, dreht und verschiebt. Da nun für jede virtuelle Bewegung die Arbeit der Kräfte Null ist, so ist sie auch Null für diese Bewegung. Das heisst aber: wenn man das System starr werden lässt, ist die virtuelle Arbeit der Kräfte an ihm Null, also sind die Kräfte an ihm im Gleichgewicht.

Bezüglich der Anwendung des Satzes sind zwei Fälle zu unterscheiden. 1) Die Gruppe der starren Körper ist bloss durch Relativbedingungen miteinander verknüpft. Dann liefert jede Relativbedingung zwei entgegengesetzt gleiche Zwangskräfte, die am gleichen Punkt, Faden, etc. angreifen; diese Zwangskräfte stehen also an sich im Gleichgewicht, es müssen also auch die expliciten Kräfte, welche nach Abzug der Zwangskräfte am System thätig bleiben, für sich dem obigen Satz genügen. Sind also bloss Relativbedingungen vorhanden, so gilt der Satz 8. für die expliciten Kräfte allein. 2) Sind aber gleichzeitig Absolutbedingungen vorhanden, so liefert jede Absolutbedingung nur eine Zwangskraft; diese ist an sich nicht im Gleichgewicht, sondern wird durch einen Antheil der expliciten Kräfte im Gleichgewicht gehalten. Sind also Absolutbedingungen vorhanden, so gilt der Satz 8 nur, wenn man ausser den expliciten Kräften auch die aus den Absolutbedingungen hervorgehenden Zwangskräfte bei seiner Anwendung berücksichtigt.

9. Kommt im Problem eine Linie AB vor, so muss dieselbe für sich im Gleichgewicht sein, mag sie nun einen Faden, eine Stange oder Anderes darstellen. Die Einwirkung, die sie erfährt, muss sich also auf zwei entgegengesetzt gleiche Kräfte P und $-P$ reduciren, von denen P an Punkt A und $-P$ an B angreifend gedacht werden kann. Irgendwo schneide man nun die Linie durch, so dass sie zwei neue Endpunkte α (nach der Seite von A hin) und β (nach B hin)

bekommt. Bringt man dann in α eine Kraft $T = -P$, in β die Kraft $-T = +P$ an, so bleibt die Linie offenbar im Gleichgewicht. $+T$ und $-T$ repräsentiren also die dehnenden oder pressenden Kräfte, welche in jedem Punkt der Linie thätig sind; man nennt T die Spannung (Pressung) der Linie. Die Einführung der T, welche offenbar nichts anderes sind, als Zwangskräfte, die von der als Bedingung gefassten Linie ausgehen, vereinfacht oft die geometrische Betrachtung der Probleme.

Wir zeigen hier an einzelnen Fällen die Art, wie die obigen Grundsätze anzuwenden sind.

320. Gleichgewichtsbedingungen. 1. Zwei homogene, gleich schwere, starre Linien, beide von der Länge l, sind mit ihren oberen Enden an zwei festen Punkten α und β befestigt, die in einer Horizontalen liegen; ihre unteren Enden sind durch einen Faden miteinander verknüpft; wann sind sie im Gleichgewicht?

Fig. 149.

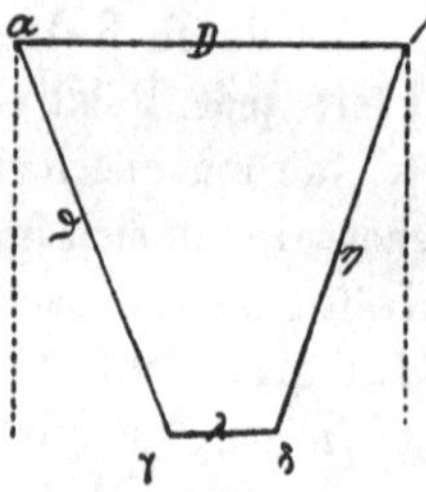

$\alpha\gamma$ und $\beta\delta$ seien die beiden Linien, λ die Länge des Fadens $\gamma\delta$. Der Faden liefert an γ eine Zwangskraft, und $\alpha\gamma$ muss sich unter dem Einfluss der Schwere und dieser Zwangskraft im Gleichgewicht befinden. Dazu ist erforderlich, dass das Moment der Schwere an $\alpha\gamma$ und das Moment dieser Zwangskraft, beide in Bezug auf den Punkt α genommen, einander aufheben. Das können sie aber nur, wenn sie in derselben Ebene liegen. Also muss der Faden in die durch $\alpha\gamma$ gehende Verticalebene fallen. Aus demselben Grunde muss er in die durch $\beta\delta$ gehende Verticalebene fallen. Also ist zum Gleichgewicht erforderlich, dass $\alpha\gamma$ und $\beta\delta$ in derselben Verticalebene liegen, die dann auch den Faden λ enthält. Diese Ebene nehmen wir zur Ebene der xy, legen die Axe der y vertical nach unten durch α und die Axe der x von α aus durch β. Betrachten wir nun zunächst $\alpha\gamma$, so wirkt an diesem die Schwere mit der Kraft $m_1 g$ im Schwerpunkt, dessen Coordinaten sind (vergl. Figur 149) $x = \frac{l}{2}\sin\vartheta$, $y = \frac{l}{2}\cos\vartheta$; das Moment der Schwere in Bezug auf α ist also $\frac{l}{2} m_1 g \sin\vartheta$. Am Ende γ wirkt nun die Zwangskraft des Fadens mit zwei unbekannten Componenten $\mathfrak{X}$, $\mathfrak{Y}$ und mit dem Angriffspunkt $l\sin\vartheta$, $l\cos\vartheta$, also ist ihr Moment in Bezug auf α durch $l(\mathfrak{Y}\sin\vartheta - \mathfrak{X}\cos\vartheta)$ auszudrücken, und $\alpha\gamma$ ist im Gleichgewicht, wenn

$$\frac{l}{2} mg \sin\vartheta + l(\mathfrak{Y}\sin\vartheta - \mathfrak{X}\cos\vartheta) = 0.$$

Ganz entsprechend ist $\beta\delta$ im Gleichgewicht, wenn das Moment der Schwere plus dem Moment der Zwangskraft $-\mathfrak{X}$, $-\mathfrak{Y}$, genommen in Bezug auf β Null ist, also wenn

$$-\frac{l}{2} mg \sin\eta + l(\mathfrak{Y}\sin\eta + \mathfrak{X}\cos\eta) = 0.$$

Die Zwangskraft an γ hat nun die Richtung des Fadens, d. h. $\mathfrak{X}:\mathfrak{Y} = x_\delta - x_\gamma : y_\delta - y_\gamma$, also wenn D der Abstand $\alpha\beta$ ist

$$\mathfrak{X}:\mathfrak{Y} = D - l(\sin\vartheta + \sin\eta) : l(\cos\eta - \cos\vartheta).$$

Die vorstehenden drei Gleichungen reichen aus, um $\mathfrak{X}$ und $\mathfrak{Y}$ nebst einem der Winkel η oder ϑ zu bestimmen, bezw. eine Gleichung zwischen diesen Winkeln zu gewinnen. Die noch fehlende 4. Gleichung ergiebt sich daraus, dass der Abstand $\gamma\delta$ gleich λ sein muss

$$l^2(\cos\eta - \cos\vartheta)^2 + [D - l(\sin\vartheta + \sin\eta)]^2 = \lambda^2.$$

Die Auflösung hat keine Schwierigkeiten; $\mathfrak{Y} = 0$ und $\eta = \vartheta$, $\mathfrak{X} = \frac{mg}{2}\,\mathrm{tang}\,\vartheta$. $\mathfrak{X}$ wird also negativ, d. h. der Faden wirkt nicht mehr, wenn ϑ negativ ist; das tritt ein, wenn $\lambda > D$.

2. Ein Rechteck liegt mit einer Ecke auf einer horizontalen Geraden, mit einer an die Ecke stossenden Langseite auf einem Kreise, der selbst wieder auf der Geraden ruht. (Der Kreis kann einen Cylinder, das Rechteck einen Balken oder einen zweiten Cylinder vertreten, wenn die Axe des Balkens oder des zweiten Cylinders senkrecht zu der Axe des ersten Cylinders steht.) Der Reibungscoefficient in 1 und 2 sei ε, der in 3 sei ε_3, und es werde zunächst ε_3 so gross angenommen, dass die Reibung in 3 für das Gleiten des Kreises grösser ist als die in 2.

Fig. 150.

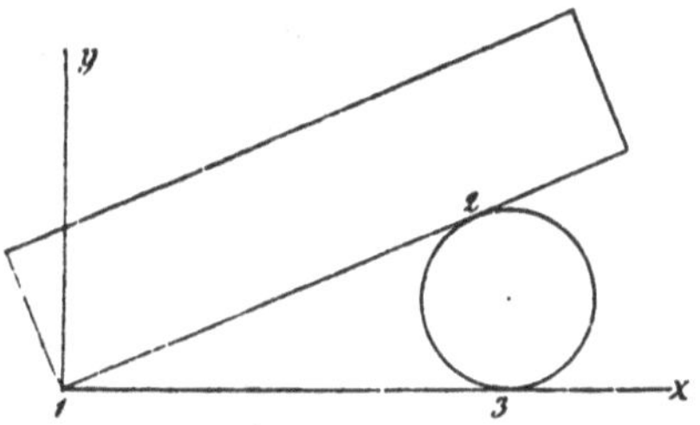

Die Ebene der Figur sei Ebene der x, y; die drei vorkommenden Berührungspunkte seien mit 1, 2, 3 bezeichnet und die auf sie bezüglichen Grössen entsprechend markirt. Explicite Kräfte werden mit grossen lateinischen, Zwangskräfte mit grossen deutschen, Reibungskräfte mit kleinen deutschen Buchstaben bezeichnet. Der Berührungspunkt 1 sei Ursprung der Coordinaten, r der Radius des Kreises und p der Abstand seines Mittelpunkts von der y-Axe. Aus der Kreisgleichung $(x-p)^2 + (y-r)^2 = r^2$ findet man leicht, dass der Punkt 2 die Coordinaten $x_2 = p\frac{p^2-r^2}{p^2+r^2}$, $y_2 = p\frac{2pr}{p^2+r^2}$ hat. Wir erhalten folgende Zusammenstellung der Kräfte und Momente:

1. Schwere am Balken. $X = 0$, $Y = -mg$, Angriffspunkt a, b, Moment $-amg$.

2. Zwangskraft in 1. $\mathfrak{X}_1 = 0$, $\mathfrak{Y}_1 = \mathfrak{Y}_1$, Angriffspunkt 0, 0, Moment 0.

3. Zwangskraft am Balken in 2. $\mathfrak{X}_2$, $\mathfrak{Y}_2$, Angriffsp. $p\frac{p^2-r^2}{p^2+r^2}$, $p\frac{2pr}{p^2+r^2}$,

$$\text{Moment } \frac{p}{p^2+r^2}[(p^2-r^2)\mathfrak{Y} - 2pr\mathfrak{X}].$$

4. Reibung in 1; wirkt nach $+x$ hin. $\mathfrak{x}_1 = \varepsilon\mathfrak{Y}_1$, Angriffsp. 0, 0, Moment 0.

5. Reibung in 2. Componenten $\mathfrak{x}_2, \mathfrak{y}_2$: Angriffspunkt $p\frac{p^2-r^2}{p^2+r^2}$, $p\frac{2pr}{p^2+r^2}$, Moment $\frac{p}{p^2+r^2}[(p^2-r^2)\mathfrak{y}_2-2pr\mathfrak{x}_2]$.

$\mathfrak{X}_2, \mathfrak{Y}_2$ steht senkrecht auf dem Contactelement, also

$$\mathfrak{X}_2:\mathfrak{Y}_2 = x_2-p:y_2-\mathfrak{r} = -2pr:p^2-r^2.$$

$\mathfrak{x}_2, \mathfrak{y}_2$ fällt in die Richtung der Tangente (2, 1), von 1 nach 2 hin, also $\mathfrak{x}_2, \mathfrak{y}_2$ positiv und

$\mathfrak{x}_2:\mathfrak{y}_2 = x_2:y_2 = p^2-\mathfrak{r}^2:2pr$, ferner

$$\mathfrak{x}_2^2+\mathfrak{y}_2^2 = \varepsilon^2(\mathfrak{X}_2^2+\mathfrak{Y}_2^2).$$

Unter dem Einfluss der hier betrachteten Kräfte und Momente muss der Balken im Gleichgewicht sein. Der Cylinder darf einfach nicht rollen, d. h. das Moment aller an ihm angreifenden Kräfte, bezogen auf seinen Mittelpunkt, muss Null sein. Diese Kräfte sind a) Schwere, Moment Null, b) Zwangskraft in 3, Moment Null, c) Zwangskraft in 2, $-\mathfrak{X}$, $-\mathfrak{Y}$, geht durch den Mittelpunkt, also Moment Null, d) Reibung in 2, Moment $r\sqrt{\mathfrak{x}_2^2+\mathfrak{y}_2^2}$, e) Reibung in 3, nach $-x$ gerichtet, Moment $-r\mathfrak{x}_3$. Der Cylinder ist also in Ruhe, wenn $\mathfrak{x}_3 = -\sqrt{\mathfrak{x}_2^2+\mathfrak{y}_2^2}$, eine neue Gleichung für die neue Unbekannte $\mathfrak{x}_3$, die wir später beleuchten. Für das Gleichgewicht des Rechtecks haben wir nach der obigen Zusammenstellung die Gleichungen

$$\mathfrak{X}_2+\mathfrak{x}_1+\mathfrak{x}_2 = 0,$$
$$-mg+\mathfrak{Y}_1+\mathfrak{Y}_2+\mathfrak{y}_2 = 0,$$
$$-amg+\frac{p}{p^2+r^2}[(p^2-r^2)(\mathfrak{Y}_2+\mathfrak{y}_2)-2pr(\mathfrak{X}_2+\mathfrak{x}_2)] = 0,$$
$$\mathfrak{x}_1 = \varepsilon\mathfrak{Y}_1, \quad \mathfrak{X}_2:\mathfrak{Y}_2 = -2pr:p^2-r^2,$$
$$\mathfrak{x}_2^2+\mathfrak{y}_2^2 = \varepsilon^2(\mathfrak{X}_2^2+\mathfrak{Y}_2^2), \quad \mathfrak{x}_2:\mathfrak{y}_2 = p^2-r^2:2pr,$$

7 Gleichungen für 6 Unbekannte, woraus eine Bedingung. Nach Elimination der Zwangs- und Reibungskräfte ergiebt sich diese Bedingung zu

$$(1) \qquad 2ra = \frac{\varepsilon}{1+\varepsilon^2}(p^2+r^2).$$

Damit ist die eine Grenzlage des Rechtecks bestimmt. Eine Grenzlage mit negativem ε giebt es nicht, da, wie aus der Figur zu ersehen, die Reibung immer eine positive x-Componente haben muss. Die zweite Grenzlage ist also die, bei der die Reibung überhaupt nicht in Anspruch genommen wird; wir erhalten sie, wenn wir ε gleich Null setzen, woraus folgt $a = 0$ oder $r = 0$ oder $p = \infty$. Der Fall $r = 0$ ist auszuschliessen, so lange der Kreis ein wirklicher Kreis sein soll. Die Gesammtlösung fasst sich am einfachsten zusammen in der Form

$$p = +\sqrt{2\frac{1+\delta^2}{\delta}ra-r^2},$$

wo δ eine Grösse ist, die jeden Werth zwischen 0 und ε haben kann. Das $+$zeichen gilt, insofern wir p von vorn herein positiv gesetzt haben. Es ist nun a eine Function von r und p. Betrachten wir die Seite (1, 2) des Rechtsecks als Axe der ξ, die dazu senkrechte Seite, welche durch 1 geht, als Axe der η, so hat der Schwerpunkt des Rechtecks im System der ξ, η irgend zwei Coordinaten ξ, η. Ist φ der Winkel, den die Axe der ξ mit der Axe der x macht, so ist aus der Figur $\sin\frac{1}{2}\varphi = \frac{r}{\sqrt{p^2+r^2}}$, $\cos\frac{1}{2}\varphi = \frac{p}{\sqrt{p^2+r^2}}$, also

$$\sin\varphi = \frac{2pr}{p^2+r^2}, \quad \cos\varphi = \frac{p^2-r^2}{p^2+r^2},$$

und, da $a = \xi\cos\varphi - \eta\sin\varphi$,

$$a = \frac{p^2-r^2}{p^2+r^2}\xi - \frac{2pr}{p^2+r^2}\eta.$$

Setzt man dies in Gl. (1) ein, so bekommt man

$$2r[(p^2-r^2)\xi - 2pr\eta] = \frac{\varepsilon}{1+\varepsilon^2}(p^2+r^2)^2,$$

eine Gleichung 4ten Grades in p, die zwei positive Wurzeln hat. Ist die kleinere von diesen p_1, die grössere p_2, so liegt ein Gleichgewichtsbezirk zwischen $p = \frac{r}{\xi}(\eta + \sqrt{\eta^2+\xi^2})$, wo $a = 0$ ist, und p_1; ein zweiter Gleichgewichtsbezirk liegt zwischen p_2 und $p = \infty$.

Da die Fesselung des Rechtecks einseitig ist, existirt die Nebenbedingung, dass a positiv und kleiner als p sein muss. Ist a negativ, so dreht sich das Rechteck um 1 und stellt sich auf die kurze Seite; ist $a > p$, so wälzt es sich über den Kreis hinüber und legt sich auf der andern Seite desselben der x-Axe an. Im letzteren Fall braucht man übrigens nur den Punkt, mit welchem es nunmehr die Axe der x berührt, als 1 zu bezeichnen, und die Rechnung gilt, wie vorher.

Schliesslich ist noch die Gleichung $\mathfrak{x}_3 = -\sqrt{\mathfrak{x}_2^2+\mathfrak{y}_2^2}$ zu beachten. In 3 wirkt eine Zwangskraft $\mathfrak{Y}_3$ die beliebig gross gemacht werden kann, wenn man die Masse M des Kreises vergrössert; denn $\mathfrak{Y}_3$ muss offenbar das Gewicht des Kreises nebst den Kräften $-\mathfrak{Y}_2 - \mathfrak{y}_2$ aufheben. Eruirt man die in 3 vorhandene Reibung, indem man sie gleich $\varepsilon_3\mathfrak{Y}_3$ setzt, so bekommt man den Werth

$$-\mathfrak{x}_3 = \varepsilon_3(Mg+\mathfrak{Y}_2+\mathfrak{y}_2).$$

Setzen wir $\varepsilon_3(Mg+\mathfrak{Y}_2+\mathfrak{y}_2) = \sqrt{\mathfrak{x}_2^2+\mathfrak{y}_2^2}+k$, wo k eine positive Grösse sei, so zeigt die Gleichung $\mathfrak{x}_3 = -\sqrt{\mathfrak{x}_2^2+\mathfrak{y}_2^2}$, dass der Antheil k nicht zur Geltung kommt. In der That, wenn die thätigen Kräfte die Reibung in 2 überwinden können, so kann der Kreis auf der x-Axe rollen; seine gleitende Reibung wird also nur zu dem Betrage in Anspruch genommen, wo das Rollen verhindert ist, d. h. bis zum Werth $\sqrt{\mathfrak{x}_2^2+\mathfrak{y}_2^2}$; darüber hinaus kommt seine gleitende Reibung nicht zur Geltung, weil das Rollen nicht durch sie behindert wird. Ist der Reibungscoefficient in 3 klein und M nicht gross, so kann umgekehrt der Fall eintreten, dass $\varepsilon\sqrt{\mathfrak{X}_2^2+\mathfrak{Y}_2^2} > \varepsilon_3(Mg+\mathfrak{Y}_2+\mathfrak{y}_2)$ wird. Dann wirkt an 2 als gleitende Reibung nur der Antheil $\varepsilon_3(Mg+\mathfrak{Y}_2+\mathfrak{y}_2)$, der Ueberschuss wird durch Rollen unwirksam gemacht, und man erhält einen andern Satz von Gleichungen, den der Leser selbst aufstellen möge.

3. Kräfte an den Ecken eines einfachen Polygons von unveränderlichen Seiten. $A, B, C, D, \ldots$ seien n Punkte die in dieser Reihenfolge durch starre Stäbe miteinander verbunden werden. Sie bilden dann ein einfaches n-Eck. Die Stäbe seien um die Ecken drehbar, die Winkel des Polygons also veränderlich, während seine Seiten unveränderlich sind. Wir werfen die Frage

auf: wie müssen Kräfte beschaffen sein, die, auf die Ecken des Polygons wirkend, einander bei einer bestimmten Stellung desselben das Gleichgewicht halten?

Die expliciten Kräfte, welche an den Ecken des Polygons angreifen, seien $P, Q, R, S \ldots$ in der Reihenfolge der Ecken. Jede Seite wird von beiden Enden her gedrückt oder gezogen, und diese Druck- oder Zugkräfte müssen im Gleichgewicht sein, wenn die Seite im Gleichgewicht sein soll. Daraus folgt, 1) dass die Druck- oder Zugkräfte in die Richtung der Seite fallen müssen (denn sonst hätten sie an ihr ein angebbares Moment, und die Seite würde sich drehen) 2) dass sie einander entgegengesetzt gleich sein müssen.

Fig. 151.

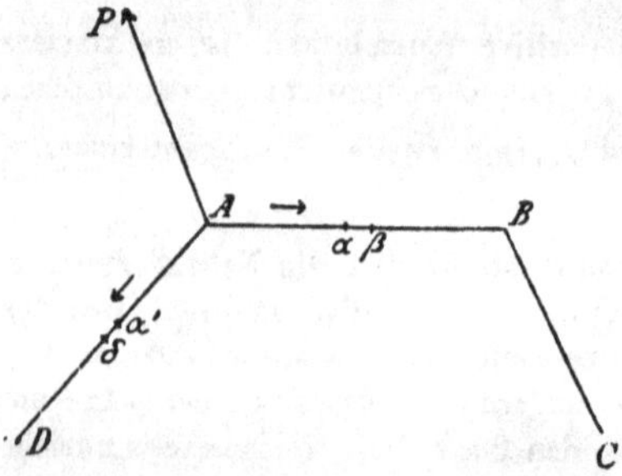

An der Seite AB wirkt z. B. von A her eine Kraft, von B her die entgegengesetzt gleiche. Schneiden wir also die Seite irgendwo bei $\alpha\beta$ durch, und bringen in α eine Kraft T', in β eine Kraft $-T'$ an, so bleibt das Gleichgewicht bestehen, wenn T' so gross gewählt wird, dass es der von A her wirkenden Kraft das Gleichgewicht hält. Die Kraft T' nennt man die Spannung (auch Pressung, wenn AB gedrückt wird) von AB. Ebenso kann man AD irgendwo in $\alpha'\delta$ durchschneiden, in δ die Spannung T^N, in α' die Kraft $-T^N$ anbringen; bei passender Grösse von T^N bleibt das Gleichgewicht erhalten. Am Punkt A müssen dann die drei Kräfte $P, T', -T^N$ einander Gleichgewicht halten. Entsprechendes gilt für die andern Ecken. Man erhält also die Bedingungen:

1) Die Kraft P liegt in der Ebene BAD, die Kraft Q an B liegt in der Ebene ABC u. s. w.

Fig. 152.

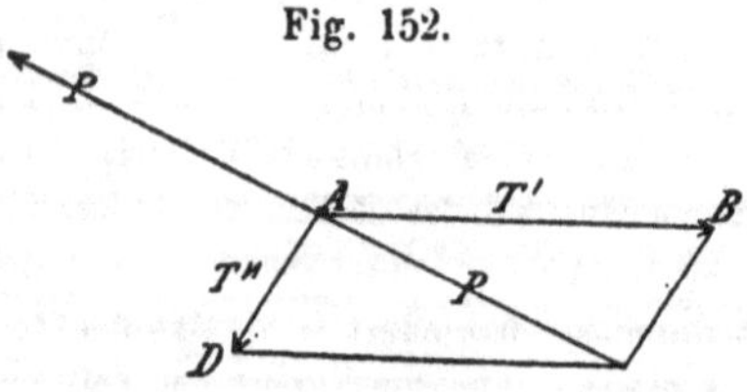

2)

$$\frac{T^V}{\sin PAB} = \frac{-T'}{\sin PAD} = \frac{P}{\sin DAB},$$

$$\frac{T'}{\sin QBC} = \frac{-T''}{\sin QBA} = \frac{Q}{\sin ABC},$$

$$\frac{T''}{\sin RCD} = \frac{-T'''}{\sin RCB} = \frac{R}{\sin BCD}$$

u. s. w.,

wo $T', T'', T''' \ldots$ die Spannungen der Seiten, letztere der Reihe nach in dem Sinn von A über B nach C hin positiv gerechnet sind. Aus (2) folgt

$$(2)\quad \begin{cases} T' = -P\dfrac{\sin PAD}{\sin DAB} = Q\dfrac{\sin QBC}{\sin ABC}, \\ T'' = -Q\dfrac{\sin QBA}{\sin ABC} = R\dfrac{\sin RCD}{\sin BCD}, \\ T''' = -R\dfrac{\sin RCB}{\sin BCD} = S\dfrac{\sin SDA}{\sin CDA}, \text{ u. s. w.} \end{cases}$$

Durch Multiplication der Gleichungen (2) folgt

$$(3)\qquad \frac{\sin PAD}{\sin PAB}\cdot\frac{\sin QBA}{\sin QBC}\cdot\frac{\sin RCB}{\sin RCA}\cdots\cdots = \pm 1,$$

wo das $+$zeichen gilt, wenn die Zahl der Ecken gerade, das $-$zeichen, wenn sie ungerade ist. Gl. (3) liefert die Richtung der letzten Kraft, wenn die aller andern gegeben sind, Gl. (2) liefern die Grösse aller übrigen Kräfte, wenn die einer einzigen willkürlich angenommen wird. Man kann also alle Kraftrichtungen bis auf eine und zugleich eine Kraftgrösse willkürlich annehmen; dann ist die Richtung der letzten Kraft und die Grösse aller bestimmt.

Anstatt die Richtung der letzten Kraft und die Grösse der übrigen zu berechnen, kann man sie auch durch successive geometrische Construction ermitteln. Man nehme z. B. die Grösse von P auf seiner gegebenen Richtung willkürlich an und zerlege $-P$ nach den Richtungen AB und AD. Dann hat man T' und $-T^N$. An B bilde man ein Parallelogramm, dessen Diagonale die Doppelrichtung von Q hat, und dessen eine Seite $-T'$ ist. So erhält man $-Q$, und die andere Seite des Parallelogrammes ist T''. Mit $-T''$ bilde man an C ein Parallelogramm, dessen eine Seite $-T''$ ist und dessen Diagonale die Doppelrichtung von R besitzt: die andere Seite ist T'''. U. s. w. Durch successives Fortschreiten von Ecke zu Ecke findet man schliesslich T^{N-1}, und dies, mit T^N usammengesetzt, giebt den negativen Werth der letzten Kraft.

Specialfall des ebenen Vierecks. Ist das Viereck $ABCD$ eben, so fallen die 4 Kräfte P, Q, R, S offenbar in seine Ebene. An der Seite AB halten sich die Kräfte P, Q, $-T''''$ und T'' Gleichgewicht, also muss die Resultante von P, Q in die Resultante von $-T''''$ und T'' fallen, d. h. wenn P und Q sich in Ω, CA und DB sich in Σ schneiden, fällt die Resultante von P und Q in $\Omega\Sigma$. Ebenso fällt die Resultante von R und S in die Gerade $\Omega'\Sigma$, wenn R und S sich in Ω' schneiden.

Fig. 153.

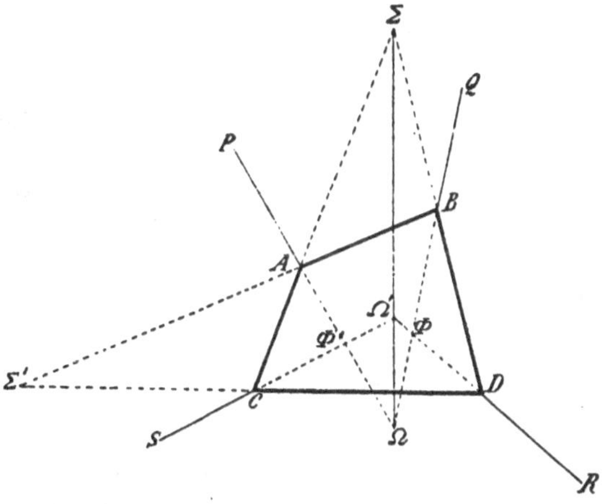

Nun müssen ferner die beiden Resultanten $P \dotplus Q$ und $R \dotplus S$ einander Gleichgewicht halten, weil dies der Fall sein müsste, wenn das ganze Viereck $ABCD$ starr wäre; d. h. die Geraden $\Omega'\Sigma$ und $\Omega\Sigma$ müssen zusammenfallen. Also fällt Ω' in $\Omega\Sigma$. Hiermit ist aber die Richtung der 4ten Kraft leicht zu construiren, wenn die Richtungen der drei ersten gegeben sind. Sind z. B. P, Q, R gegeben, so hat man nur den Durchschnittspunkt Ω von P und Q mit Σ zu verbinden und den Durchschnitt Ω' dieser Geraden mit R aufzusuchen. Dann ist $\Omega' D$ die Doppelrichtungslinie von S.

Analog wie oben wird bewiesen, dass die Durchschnittspunkte Φ und Φ' von Q und R einerseits, S und P andererseits, auf einer Geraden liegen die durch Σ', den Durchschnittspunkt von BA und CD geht. Die 4 Kräfte P, Q, R, S bilden also im Gleichgewichtszustande ein Vierseit, welches durch die Ecken von $ABCD$ geht (welches dem Viereck $ABCD$ umschrieben ist) und dessen Diagonalen $\Omega\Omega'$, $\Phi\Phi'$ durch die Ergänzungsecken des vollständigen Vierseits $ABCD\Sigma\Sigma'$ gehen.

Um die Grösse von Q, R, S zu finden, wenn die von P gegeben ist oder willkürlich angenommen wird, braucht man nur zu bedenken, dass je drei der Kräfte, auf die vierte projicirt, eine Projectionssumme ergeben müssen, die gleich der negativ genommenen vierten Kraft ist. Es ist demnach

$$Q \cos PQ + R \cos PR + S \cos PS = -P, \quad R \cos QR + S \cos QS + P \cos QP = -Q,$$
$$S \cos RS + P \cos PR + Q \cos QR = -R,$$

woraus sich, da die Cosinus bekannt sind, die Grössenverhältnisse $R:P$, $Q:P$, $S:P$ ergeben. Dasselbe lässt sich natürlich durch die oben angegebene consecutive Construction geometrisch erzielen.

4. Kräfte an den Seiten eines ebenen Vierecks. Die Seiten des ebenen Vierecks $ABCD$ seien unveränderlich, die Winkel veränderlich. An den vier Punkten F, G, H, I, welche der Reihe nach auf den Seiten AB, BC, CD, DA liegen, greifen 4 Kräfte P, Q, R, S an. Die Kräfte sollen im Gleichgewicht sein. Man kann dann P in 2 parallele Componenten an A und B zerlegen, ebenso Q in zwei parallele Componenten an B und C u. s. w. Bei leicht ersichtlicher Bezeichnung müssen also die Kräfte $P_a \mp S_a$ an A, $P_b \mp Q_b$ an B, $Q_c \mp R_c$ an C und $S_d + R_d$ an D im Gleichgewicht sein, wodurch die Aufgabe auf die vorige zurückgeführt ist.

5. In welcher Gestalt ist ein Parallelogramm im Gleichgewicht, wenn an seinen Ecken Kräfte von unveränderlicher Grösse in der Richtung der Diagonalen ziehen?

Fig. 154.

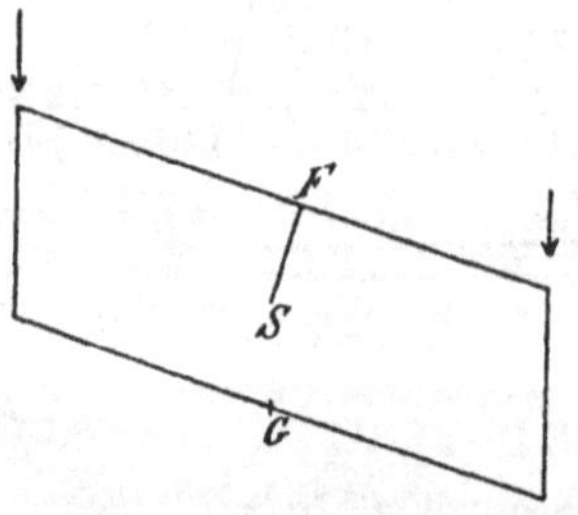

6. Ein Parallelogramm von veränderlichen Winkeln ist in der Mitte zweier parallelen Seiten (F und G) befestigt, und zwar liegen die Befestigungspunkte vertical untereinander. An einer der beiden befestigten Seiten ist eine schwere Masse m angebracht, so dass der Schwerpunkt derselben unter ihr liegt; auf jede der verticalen Seiten wirkt eine verticale Kraft, einerseits P, andererseits Q. Bei welcher Stellung tritt Gleichgewicht ein? (Tafelwaage.)

321. Bewegungsaufgaben. 1. Wie bewegt sich das Parallelogramm der Aufgabe (6) des vorigen Paragraphen, wenn keine fremden Kräfte wirken, und bei horizontaler Lage der Langseiten der Schwerpunkt S vertical zwischen den Befestigungspunkten liegt?

φ sei der Winkel, den die Langseiten mit der Horizontalen machen. Aendert er sich mit der Schnelligkeit $\frac{d\varphi}{dt}$, so dreht sich die obere Langseite um F, die untere um G; ist also K_1 das Trägheitsmoment der oberen, K_2 das der unteren, so ist ihre lebendige Kraft $\frac{1}{2}(K_1+K_2)\left(\frac{d\varphi}{dt}\right)^2$. Die verticalen Schmalseiten bleiben vertical, drehen sich also nicht, sondern werden bloss verschoben; ist also m ihre vereinigte Masse und l die halbe Länge einer Langseite, so haben sie die lebendige Kraft $l^2m\left(\frac{d\varphi}{dt}\right)^2$. Also ist $T=\frac{1}{2}(K_1+K_2+2l^2m)\left(\frac{d\varphi}{dt}\right)^2$, $\frac{\partial U}{\partial\varphi}$ ist offenbar $-s\sin\varphi$, wenn s den Abstand des Schwerpunkts von F bedeutet; sonach wird

$$(K_1+K_2+2l^2m)\frac{d^2\varphi}{dt^2}=-s\sin\varphi$$

die Lagrange'sche Gleichung der Bewegung: letztere ist also eine Pendelschwingung.

Wie modificirt sich die Aufgabe, wenn ausserdem noch, wie in **813** No. 6, zwei Zusatzkräfte P und Q auf die Enden der Verticalseiten drücken?

2. Zwei schwere gerade Linien A und B sind durch ein Gelenk miteinander verknüpft, dessen Axe β horizontal ist, ausserdem kann sich A um eine zweite Axe α drehen, die parallel β ist. Welches sind die Bewegungsgleichungen des Systems?

Es sei h der Abstand $\alpha\beta$, m_a die Masse von A, m_b die von B, K_a das Trägheitsmoment von A in Bezug auf α, K_b das von B in Bezug auf β, s_a der Abstand zwischen α und dem Schwerpunkt von A, s_b der zwischen dem Schwerpunkt von B und β, endlich φ der Winkel, den A, und ψ der Winkel, den B mit der Verticalen macht; φ und ψ zusammen bestimmen offenbar die Lage des Systems. Aendert sich φ mit der Geschwindigkeit $\frac{d\varphi}{dt}$ oder φ', so ist die lebendige Kraft von A gleich $\frac{1}{2}K_a\varphi'^2$. Aendert sich ψ mit der Geschwindigkeit ψ', so hat ein Element dm von B 1) die Geschwindigkeit $h\varphi'$ des Punkts β, 2) relativ zu β die Geschwindigkeit $r\psi'$, wenn r der Abstand zwischen dm und β ist. Diese beiden Theilgeschwindigkeiten machen miteinander den Winkel $\psi-\varphi$, also ist das Quadrat der Geschwindigkeit von dm gleich $(h\varphi')^2+(r\psi')^2+2hr\varphi'\psi'\cos(\psi-\varphi)$, und somit, wenn k die Länge von B, die doppelte lebendige Kraft von B gleich

$$\int_0^k[(h\varphi')^2+(r\psi')^2+2hr\varphi'\psi'\cos(\psi-\varphi)]\,dm, \quad \text{d. i.}$$

$$h^2m_b\varphi'^2+K_b\psi'^2+2hs_b\varphi'\psi'\cos(\psi-\varphi)\,m_b.$$

Demnach ist die doppelte lebendige Kraft des ganzen Systems

$$2T=(K_a+m_bh^2)\varphi'^2+K_b\psi_1^2+2m_bhs_b\cos(\psi-\varphi)\varphi'\psi'$$

$$\frac{\partial T}{\partial\varphi'}=(K_a+m_bh^2)\varphi'+m_bhs_b\cos(\psi-\varphi)\psi'$$

$$\frac{d}{dt}\left(\frac{\partial T}{\partial\varphi'}\right)=(K_a+m_bh^2)\varphi''+m_bhs_b\cos(\psi-\varphi)\psi''-m_bhs_b\psi'.\sin(\psi-\varphi)(\psi'-\varphi'),$$

$$\frac{\partial T}{\partial \psi'} = K_b \psi' + m_b h s_b \cos(\psi - \varphi)\varphi',$$

$$\frac{d}{dt}\left(\frac{\partial T}{\partial \psi'}\right) = K_b \psi'' + m_b h s_b \cos(\psi - \varphi)\varphi'' - m_q h s_b \sin(\psi - \varphi)\varphi'(\varphi' - \varphi'),$$

$$\frac{\partial T}{\partial \varphi} = m_b h s_b \sin(\psi - \varphi)\varphi'\psi',$$

$$\frac{\partial T}{\partial \psi} = -m_b h s_b \sin(\psi - \varphi)\varphi'\psi'.$$

Die Potentialfunction der Schwere am Schwerpunkt von A ist $-g m_a s_a \cos\varphi$: der Anfangspunkt β von B liegt um den Betrag $h\cos\varphi$ unter α, der Schwerpunkt von B also um $h\cos\varphi + s_b\cos\psi$, also ist die Potentialfunction der Schwere

$$-g[m_a s_a \cos\varphi + m_b(h\cos\varphi + s_b\cos\psi)],$$

woraus

$$-\frac{\partial U}{\partial \varphi} = -g(m_a s_a + m_b h)\sin\varphi, \qquad -\frac{\partial U}{\partial \psi} = -g m_b s_b \sin\psi.$$

Die Lagrange'schen Gleichungen sind also

$$(K_a + m_b h^2)\frac{d^2\varphi}{dt^2} + m_b h s_b \cos(\varphi - \psi)\frac{d^2\psi}{dt^2} - m_b h s_b \sin(\varphi - \psi)\left(\frac{d\psi}{dt}\right)^2$$
$$= -g(m_a s_a + m_b h)\sin\varphi,$$

$$K_b \frac{d^2\psi}{dt^2} + m_b h s_b \cos(\varphi - \psi)\frac{d^2\varphi}{dt^2} + m_b h s_b \sin(\psi - \varphi)\left(\frac{d\varphi}{dt}\right)^2 = -g m_b s_b \sin\psi.$$

Die Gleichungen sind nicht integrabel, lassen sich aber benutzen, um einzelne practische Fragen zu erledigen. Z. B. die Frage: Unter welchen Umständen können beide Linien zusammen wie ein starres Pendel schwingen, so dass $\psi - \varphi$ stets Null ist? Soll das der Fall sein, so müssen beide Gleichungen unter der Voraussetzung $\varphi = \psi$ identisch sein. Sie reduciren sich dann auf

$$(K_a + m_b h^2)\frac{d^2\varphi}{dt^2} + m_b h s_b \frac{d^2\varphi}{dt^2} = -g(m_a s_a + m_b h)\sin\varphi,$$

$$K_b \frac{d^2\varphi}{dt^2} + m_b h s_b \frac{d^2\varphi}{dt^2} = -g m_b s_b \sin\varphi.$$

Also muss sein

$$\frac{K_a + m_b h^2 + m_b h s_b}{m_a s_a + m_b h} = \frac{K_b + m_b h s_b}{m_b s_b}.$$

Wäre A allein gegeben, so würde es eine gewisse Pendellänge l_a um α haben, und es ist $\frac{K_a}{m_a s_a} = l_a$: ebenso ist die Pendellänge, womit B um den fest gedachten Punkt β schwingen würde $\frac{K_b}{m_b s_b}$; führt man dies ein, so erhält man

$$l_a - l_b = h\left(1 + \frac{m_b}{m_a}\frac{l_b - s_b}{s_a}\right).$$

Ist $\frac{m_b}{m_a}$ klein, so hat man näherungsweise $l_a - l_b = h$, d. h. die beiden Körper schwingen zusammen, als ob sie starr verbunden wären, wenn die Differenz ihrer Pendellängen gleich dem Axenabstand ist. Mittels dieser Rechnung hat Veltmann erklärt, wesshalb die Kölner Kaiserglocke sich nicht läuten lassen wollte. Der Klöppel schlug nicht an, weil die Glocke so aufgehängt war, dass $l_a - l_b = 1{,}02h$ war.

3. Poggendorff's Fallmaschine. Eine schwere Leiste ACB ist in ihrem Mittelpunkt unterstützt; liegt sie horizontal, so liegt ihr Schwerpunkt im Abstande a senkrecht unter C. Ueber C und B ist ein Faden gezogen, an dem zwei schwere Massen p und q hängen, ausserdem ist q durch eine Masse q', die gleich p ist, in A für den Fall der Ruhe äquilibrirt. Welches sind die Bewegungsgleichungen des Systems, insbesondere in welcher Stellung bleibt AB in Ruhe?

Fig. 155.

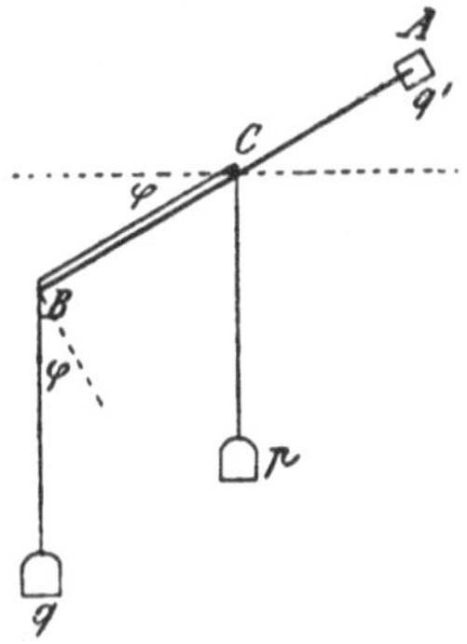

Die Masse von AB sei m, ihr Trägheitsmoment K, $CB = CA = l$, φ der Winkel, den AB mit der Horizontalen macht, positiv, wenn B unterhalb C liegt; die Fadenlänge zwischen C und p sei λ, die zwischen B und q ist dann $k - \lambda$, wo k eine Constante. Die Masse von p sei mit p, die von q' und q mit q bezeichnet. p bewegt sich mit der Geschwindigkeit $\frac{d\lambda}{dt}$, seine lebendige Kraft ist also $\frac{1}{2}p\lambda'^2$. Hat die Linie die Winkelgeschwindigkeit $\frac{d\varphi}{dt}$, so ist ihre lebendige Kraft $\frac{1}{2}K\varphi'^2$, die von q' ist $\frac{1}{2}ql^2\varphi'^2$; die Geschwindigkeit von q (von pendelnden Schwingungen um B wird der Einfachheit wegen abgesehen) setzt sich zusammen aus 1) der Geschwindigkeit $l\varphi'$ des Punktes B, 2) der vertical abwärts gerichteten Geschwindigkeit $-\lambda'$, mit welcher q relativ gegen B sinkt: beide machen miteinander den Winkel φ, also ist das Quadrat ihrer Resultante $l^2\varphi'^2 + \lambda'^2 - 2l\lambda'\varphi'\cos\varphi$. Somit ist

$$2T = K\varphi'^2 + 2ql^2\varphi'^2 + (p+q)\lambda'^2 - 2ql\cos\varphi\lambda'\varphi',$$

$$\frac{\partial T}{\partial\varphi'} = (K+2ql^2)\varphi' - ql\cos\varphi\lambda', \quad -\frac{\partial T}{\partial\varphi} = -ql\sin\varphi\lambda'\varphi',$$

$$\frac{d}{dt}\left(\frac{\partial T}{\partial\varphi'}\right) = (K+2ql^2)\frac{d^2\varphi}{dt^2} + ql\sin\varphi\lambda'\varphi' - ql\cos\varphi\frac{d^2\lambda}{dt^2},$$

$$\frac{\partial T}{\partial\lambda'} = (p+q)\lambda' - ql\cos\varphi\varphi', \quad \frac{\partial T}{\partial\lambda} = 0.$$

Die Tiefen unter C, in welchen sich die Schwerpunkte der verschiedenen Massen befinden, sind:

für m . . . $a\cos\varphi$

für q' . . . $-l\sin\varphi$

für p . . . λ

für q . . . $l\sin\varphi + k - \lambda$.

Die Potentialfunction der Schwere ist also

$$-g(ma\cos\varphi + p\lambda + q(k-\lambda)).$$

Also

$$-\frac{\partial U}{\partial \varphi} = -mag\sin\varphi, \quad -\frac{\partial U}{\partial \lambda} = +(p-q)g.$$

Somit sind die Gleichungen der Bewegung

$$(K+2ql^2)\frac{d^2\varphi}{dt^2} - ql\cos\varphi\frac{d^2\lambda}{dt^2} = -mag\sin\varphi,$$

$$\frac{d}{dt}[(p+q)\lambda' - ql\cos\varphi\varphi'] = (p-q)g.$$

Die zweite Gleichung giebt unmittelbar ihre beiden Integrale

$$(p+q)\lambda' - ql\cos\varphi\varphi' = (p-q)gt$$

mit der Integrationsconstante Null, wenn man annimmt, das ganze System sei zu Anfang in Ruhe gewesen, und

$$(p+q)\lambda - ql\sin\varphi = \tfrac{1}{2}(p-q)gt^2 + \text{const.}$$

Führt man die Differentiation in der zweiten Bewegungsgleichung aus und substituirt $\frac{d^2\lambda}{dt^2}$ in die erste, so erhält man

$$\left(K+2ql^2 - \frac{q^2l^2\cos\varphi^2}{p+q}\right)\frac{d^2\varphi}{dt^2} + \frac{q^2l^2}{p+q}\cos\varphi\sin\varphi\left(\frac{d\varphi}{dt}\right)^2 - \frac{ql}{p+q}\cos\varphi\,(p-q)g$$
$$= -mag\sin\varphi.$$

Damit also der Balken ABC in Ruhe bleibe, muss diese Gleichung für $\frac{d^2\varphi}{dt^2} = 0$ und $\frac{d\varphi}{dt} = 0$ gelten, d. h. es muss sein

$$\operatorname{tang}\varphi = \frac{p-q}{p+q}\cdot\frac{ql}{ma}.$$

ACB bleibt also nur dann in horizontaler Lage, wenn $p = q$, d. h. wenn das ganze System im Gleichgewicht ist; im andern Falle senkt sich B, wenn $p > q$, und steigt, wenn $p < q$ ist. Zugleich wird $(p+q)\lambda' = (p-q)gt$, wenn φ' Null ist, d. h. die Massen p und q bewegen sich wie bei der Atwood'schen Fallmaschine, wenn der Balken ACB von vorn herein in seine Gleichgewichtsstellung gebracht wurde.

Register der Begriffsbestimmungen.

Die Ziffern sind Seitenzahlen.

Vor dem Gebrauche bittet man folgende Druckfehler zu verbessern:

S. 624 letzte Zeile statt „Tetraeder“ lies „6 fache Tetraeder“.

S. 633 Zeile 17 v. o. hinter „5 in einer Geraden“ fehlt das Zeichen !?, welches zur Auflösung des in dem Satz enthaltenen Widerspruches auffordern soll.

S. 648 Zeile 7 v. u. statt „Coordinatenzahl“ lies „Coordinatenwahl“.

S. 689 Zeile 2 v. o. statt $\frac{u_1}{v}$ am Ende der zweiten Gleichung lies $\frac{u_1}{\omega}$.

Litteraturübersicht.

1) Allgemeines. Dem Leser sei zunächst die Bearbeitung einer Aufgabensammlung empfohlen. Das beste Buch dieser Art, Jullien's Problèmes de mécanique rationelle, ist leider seit Jahren vollständig vergriffen. Als deutsche Sammlungen sind zu nennen Fuhrmann (Leipzig 1887) und Kraft (Stuttgart 1884/85). Zahlreiche brauchbare Aufgaben finden sich auch in Routh's Treatise on the dynamics of a system of rigid bodies; (London 1883/84, I The elementary, II the advanced part).

Zur weiteren Ausbildung ist vor allem aufmerksam zu machen auf Jacobis Vorlesungen über Dynamik (herausg. v. Lottner, Berlin 1884), so wie auch auf das Original von Lagrange's mécanique analytique (Ausg. von Bertrand, Paris 1853—55).

Die im vorliegenden Buch nicht behandelte Theorie der Deformation findet sich in fasslicher Kürze bei W. Voigt, Elementare Mechanik (Leipzig 1889), specialisirter in Kirchhoffs Mechanik (Leipzig 1877). Viel werthvolles Material in Thomson u. Tait, Theoretische Physik, deutsch von Helmholtz und Wertheim (Braunschweig 1873/74). Siehe ferner die speciellen Lehrbücher über Elasticität (Clebsch, französische Ausgabe mit Noten von St. Venant) und Hydrodynamik.

2) Zu den physikalischen Grundlagen der Mechanik vergl.

C. Neumann, Ueber die Principien der Galilei-Newton'schen Theorie. (Akad. Antrittsrede, Leipzig 1870.)

Streintz, Die physikalischen Grundlagen der Mechanik (Leipzig 1883).

3) Zur Bewegung auf Curven.

Ohrtmann, Das Problem der Tautochronen, Prog. d. Realschule, Vorschule und Elisabethenschule zu Berlin, 1872, wo sich die ältere Geschichte und Litteratur des Problems findet. Fortgesetzt ist dieselbe von

F. Amodeo, Monografia delle curve tautochrone, Avellino 1883.

Ueber Tautochronen mit Reibung siehe R. Hoppe in Schlömilchs ZS. f. Math. und Phys. XIV, 382, Darboux im Bull. des sc. math. (2) III, 484, und Hâton de la Goupillière in den Mém. de divers savants XXVII, S. 1.

4) Zur Bewegung auf Flächen. Zum sphärischen Pendel siehe den Art. Raumpendel in Hofmann's math. Wörterbuch, so wie die meisten neueren

Lehrbücher der elliptischen Functionen. Das sphärische Pendel mit Luftwiderstand ist von Resal in den Comptes Rendus LXXVIII, 1449 behandelt. Zur Bewegung auf Flächen überhaupt siehe Stäckel „Ueber die Bewegung eines Punktes auf einer Fläche", Dissertation, Berlin 1885 und Padova in Battaglinis Giornale VIII, 90. Zur Erweiterung des Begriffs Bedingung A. Voss: Ueber die Differentialgleichungen der Mechanik, Math. Ann. XXV, 258.

5) Zum Virial. Den Begriff hat, ohne ihn so zu benennen, Schweins, über Fliehmomente, in Crelle J. XXXVIII, 77 benutzt. Der Virialsatz wurde aufgestellt von Clausius in Pogg. Ann. CXLI, 124, 1870. Weitere Mittheilungen desselben Autors finden sich in Gött. Nachr. 1871, 600 (Pogg. Ann. Jubelband 411) und Comptes Rendus LXX, 1314. Siehe auch Grinwis in Archives neerlandaises XIX, 461.

6) Zur Relativbewegung. Die grundlegende Abhandlung ist Coriolis' Mémoire sur les équations du mouvement rélatif des systèmes de corps in Journ. de l'éc. polyt. XV (Heft 24), 142. Fernere Beiträge von Belang lieferten P. Gilbert, recherches sur les mouvements rélatifs in Ann. soc. scientif. de Bruxelles, III, Seite 58, 71 und 81 und Kamerling Onnes im Nieuw. Archiv. V, 58 und 135 (holländisch), wo eine eingehende Untersuchung über das Foucault'sche Pendel gegeben ist. Siehe auch Samter über das Gauss'sche Pendel in Hoppe's Archiv, (2) IV, 1. Die Einzelprobleme der Bewegung eines schweren Punktes sind im Text nach Page (Nouv. Ann. de math., (2) VI, 97, 387 und 481,) Bour (Liouville J., 1863) und Resal (Nouv. Ann. (2) XI, 348, 433, nicht frei von Rechenfehlern) gegeben. Vergl. ferner H. Bruns in Math. Ann. XXII, 296, wo die Reibung an der Erdoberfläche in Betracht gezogen wird.

7) Zu den variativen Principien.

a) Das Princip der kleinsten Wirkung wurde von Maupertuis als angeblich metaphysischer Grundsatz aufgestellt, erhielt aber seine feste, rein mathematische Formulirung durch Euler, 1744, im zweiten Zusatz zu der Schrift Methodus inveniendi lineas curvas maximi minimive proprietate gaudentes. Zur Geschichte desselben siehe Mayer „Geschichte des Principes der kleinsten Action", Leipzig 1877, und v. Helmholtz in den Sitzber. d. Berliner Academie 1887, 225.

b) Das D'Alembert'sche Princip wurde von seinem Urheber 1742 in einem besonderen Mémoire an die Pariser Akademie aufgestellt, und von Lagrange in der méc. anal. zum Ausgangspunkt der Dynamik erhoben.

c) Das Hamilton'sche Princip wurde von Hamilton in zwei Essays „on a general method in dynamics", Phil. Trans. 1834 Th. II, 247 und 1835 Th. I, 95 aufgestellt. Siehe dazu ausser Jacobi's Vorlesungen eine Reihe von Noten Bertrand's in Comptes Rendus XXXII, 709, XXXIV, 636 und XXXV, 698, J. J. Müller in Pogg. Ann. CII 105, Lipschitz „Sätze aus dem Grenzgebiet der Mechanik und der Geometrie" in Math. Ann. VI, 416, Weinstein in der schon im Text citirten Abhandlung Wied. Ann. XV, Helmholtz über das Princip der kleinsten Wirkung in Crelle J. C, 137 und 213.

d) Gauss' Princip des kleinsten Zwanges ist aufgestellt in Crelle's J. IV, 232. Siehe dazu Scheffler in Schlömilch's Z.S. III 197 und Rachmaninoff ebenda XXIV, 206.

e) Das Princip der virtuellen Geschwindigkeiten wurde von Joh. Bernouilli ausgesprochen und von Lagrange zum Fundamentalsatz der Mechanik erhoben, indem er das d'Alembert'sche Princip aus ihm ableitete. Gauss gab in der oben unter d) citirten Abhandlung eine Formulirung, die auch den Fall einseitiger, nicht immer wirksamer Fesseln umfasst.

f) Maximum- und Minimumprincipien für momentane Impulse sind von Euler-Lagrange mit Verallgemeinerung von Delaunay und Bertrand (Noten zur méc. analyt.), so wie von Sir W. Thomson aufgestellt. Die übersichtlichste Zusammenstellung findet sich in Routh's oben citirter Dynamik, elementarer Theil Seite 296; siehe auch Thomson und Tait Bd. I, S. 213ff. der deutschen Uebersetzung.

8) Zur Potentialtheorie. Grundlegend sind der im Text Seite 464 citirte Essay von Green und die Abh. v. Gauss „Allgemeine Lehrsätze in Beziehung auf die im verkehrten Verhältniss des Quadrates der Entfernung wirkenden Anziehungs- und Abstossungskräfte" (Resultate der magnetischen Beobachtungen für 1836, Sep. Leipzig 1840). Eine treffliche Monographie ist Clausius „die Potentialfunction und das Potential" (Leipzig 3. Aufl. 1877). Der Dirichlet'sche Satz findet sich in Crelle J. XXXII, 80. Die Laplace'sche Gleichung $\Delta^2 V = 0$ steht im 2ten Buch der méc. céleste § 11, die Poisson'sche im Bull. de la soc. philomatique III, 368.

Siehe ferner Neumann in Math. Ann. III, 424, Kötteritzsch in Schlömilchs Z.S. XVII, 232, 257 und XVIII, 252, XX, 342. Für manche in den letzten Jahrzehenden behandelte Specialaufgaben sei auf die Fortschritte der Mathematik verwiesen. Zur Potentialfunction des Ellipsoides siehe Laplace in Mém. de l'Ac. des sciences 1782, und das dritte Buch der mécanique céleste, Gauss, theoria attractionis etc. in Comment. Goeting. recentiores Bd. II (Werke Bd. V). Legendre (Mém. des sav. étrangers X, auch im traité des fonctions elliptiques), Chasles im Journ. de l'école polyt. cah. XXV, in Comptes Rendus VI, 902, und in Liouvilles Journal Bd. V, Dirichlet in den Abh. der Berliner Akademie von 1839, (auch in Dirichlet's Vorlesungen, herausg. v. Grube, Leipzig 1876) endlich Jacobi's Brief an Liouville in Liouv. J. Bd. XI.

9) Trägheitsmomente. Die Binet'schen Momente sind in Binet „Mémoire sur la théorie des axes conjugués et des moments d'inertie", J. de l'éc. polyt. cah. XVI entwickelt, das Trägheitsellipsoid in Cauchy's exercices de math., II, 93. Siehe auch Schlömilch in den Abh. der Leipziger Akademie II, 377. Der Reye'sche Satz über die Ersetzung eines Körpers durch 4 Punkte (nebst einer Verallgemeinerung des Begriffs) findet sich in Schlömilch's Z.S. X, 433. Ueber Deviationsmomente siehe Hâton de la Goupillière im Journ. de l'éc. polyt. XXXVII, über das reciproke Ellipsoid Clebsch in Crelle J. LVII, 73.

10) Zur Kinematik der Windungen, zum Dualismus und zur allgemeinen Theorie der linienflüchtigen Vectoren. Grössere grund-

legende Werke sind Möbius, Der barycentrische Calcul (1827) und ders. Statik (1837), Chasles Aperçu historique sur l'origine et le développement des méthodes en géométrie (Paris 1837 und 1875, auch deutsch von Sohncke, Halle 1839); Poinsot théorie nouvelle de la rotation des corps (Einführung der Kräftepaare) in Liouville J. XVI, 9 und 289, auch sep. Paris 1852; Plücker Neue Geometrie des Raumes, Leipzig 1868. Als Sammelwerk ist Resals cinématique pure (Paris 1862) zu erwähnen. Endlich Ball theory of screws, Dublin 1876, nebst den späteren Arbeiten des Verfassers deutsch bearbeitet von Gravelius, Berlin 1890, unter dem Titel: Theoretische Mechanik starrer Systeme.

Abhandlungen: Möbius über die Zusammensetzung unendlich kleiner Drehungen in Crelle J. XVIII. Chasles, Note sur les propriétés générales etc. im Bull. de la soc. philomatique von 1830. Plücker, fundamental views regarding mechanics (Phil. Trans. CLVI, 361. Andeutungen auch in Phil. Trans., Febr. 1886, 786 ff.). Jordan sur le mouvement des figures dans le plan et dans l'espace, Bull. soc. math. de France I, 144. Darboux im Bull. sc. math. (2) II, 333. Mannheim, Etude sur le déplacement d'une figure de forme invariable, J. d. l'éc. pol. Cah. XLIII, 57. Derselbe in Comptes rendus LXX, 1215, 1259, LXXII, 1096, LXXVI, 551, 653, 752. Fiedler, Geometrie und Geomechanik, Züricher Vierteljahrsschrift 1876, 50. Chelini, Sulla composizione geometrica etc. und Nuova geometria dei complessi in Bologna Mem. 2. Serie, X, 343 und 3. Serie I, 125. Zur Cylindroidconstruction siehe Lewis im Messenger, IX, 1—5, Clifford in seinen Elements of Dynamics.

11) Speciell zur Bewegung in der Ebene. Chasles im Bull. d. sciences math. von 1830; derselbe in Comptes rendus XVI, LI, LII, LXXX, LXXXII. Zu vielen Sätzen, die von ihm ohne Beweis aufgestellt wurde, hat Jonquières in seinen mélanges de géométrie pure (Paris 1856) die Beweise geliefert. Brisse in Liouv. J. Serie 2 Bd. XIX. Schell über den Beschleunigungszustand des ebenen, unveränderlichen, in der Ebene beweglichen Systems, Schlömilchs Z.S. XIX, 185, sowie Schell's Mechanik 2. Aufl., Braunschweig 1879.

Zum Trochoidenproblem siehe Besant in Nouv. Ann. de math. zweite Serie, X, 284, 324, 432, 474, 553 und XI, 258. Bresse im J. de l'éc. pol. XXXV, 89, Mannheim ebenda XXI, 177, Gilbert in mém. couronnés de l'ac. de Brux. XXX, 1.

12) Zur Drehung des starren Körpers um einen festen Punkt. Euler's Theoria motus corporum solidorum, Rostock 1765, mit Zusätzen, Greifswald 1780. Zur Bestimmung der Lage zweier Coordinatensysteme gegeneinander vergl. Euler in Nov. commentarii ac. petropolit. XX, 196. Ferner Euler Du mouvement de rotation des corps solides autour d'un axe variable in den Berliner Memoiren von 1758, S. 154 (reproducirt im Quarterly Journal Bd. IX). Lagrange's Weiterbildung des Problems siehe die méc. analytique. Dann Jacobi in Crelle's J. XXXIX, 293 (Behandlung in Thetafunctionen), Jacobi's gesammelte Werke II, 480, 520 ff.

Lottner in Crelle J. L, 111 (Reducirt das Problem auf die elliptischen Transcendenten, was im Titel der Abh. angegeben ist); Weierstrass, siehe Hoffmann's math. Wörterbuch Artikel Rotation, Greenhill im Quarterly J. XIV, 197. Zur geometrischen Deutung vergl. vor allem Poinsot's Théorie nouvelle, ferner Mac Cullagh Proc. Dublin. Ac. II und III, so wie eine Compilation seiner Vorlesungen von Haughton in Dublin Transactions XXII. (Benutzt das reciproke Ellipsoid). Bour in L'Institut 1865, 404, Chelini in Bologna Mem. dritte Serie VI, 409, VIII, 273.

Von neueren Arbeiten sind besonders belangreich Sylvester in Proc. Roy. Soc. XV, 139. Hess, Das Rollen einer Fläche zweiten Grades auf einer invariablen Ebene, Dissert. München 1880 (Für die grosse Zahl von Untersuchungen über Polodien und Herpolodien, welche in den nächsten Jahren folgte, sei auf das Jahrbuch über die Fortschritte der Math. verwiesen.); Hess, Ueber das Gyroskop bei allgemeinster Wahl des zur Bewegung anregenden Momentankräftesystems, Math. Ann. XXIX, 500 (Unter Gyroskop ist der schwere starre Körper mit einem festen Punkt verstanden). S. v. Kowalevsky, Sur le problème de la rotation d'un corps solide etc. in Acta math. XII, 177 und Hess, Ueber die Euler'schen Bewegungsgleichungen etc., 1te Abh. im Programm des Lyceums Bamberg 1889, zweite in Math. Ann. XXXVII, 153. Die drei letzten Abh. liefern neue theils partikuläre, theils singuläre Integrationen für Specialfälle. Auf eine neue Basis wird die Behandlung des ganzen Rotationsproblems gestellt durch Caspary, Sur les expressions des angles d'Euler, de leurs fonctions trigonométriques etc. au moyen des fonctions thêta d'un seul argument, Bull. scienc. math. XIII, Maiheft 1889; doch fehlt noch die Durchführung.

13) Zur Bewegung des starren Körpers unter Bedingungen siehe Coriolis' théorie mathém. du jeu de Billard, Paris 1835. Resal in Nouv. Ann. de math. (2) II, 193, Finck, note sur la toupie, Nouv. Ann. de math. IX, 316.

14) Zum Stoss. Poinsot in Liouv. J. (2) II, 283 und IV, 161, 421. Chelini in Bologna Mem. Serie 3, VI, 409, VIII, 273.

15) Zur Astatik. Die geometrische Astatik hat sich zu einem speciellen Zweig ausgebildet, der rein mathematisch die Frage behandelt, wie sich Kräfte verhalten, die ihren Werth nicht ändern, wenn der angegriffene Körper relativ zu ihnen oder sie relativ zum Körper gedreht werden. Die Grundlagen dieser Theorie findet man in zwei Untersuchungen von Minding, Crelle J. XIV, 289, XV, 27 und 313, so wie in Darboux' Memoire sur l'équilibre astatique etc., Mém. de Bordeaux (2) II, 1—65, auch sep., Bordeaux. Auszüge in den Lehrbüchern von Duhamel-Schlömilch und von Broch, recht eingehende Behandlung in Schell's Mechanik.

16) Zu den Systemen, die aus starren Körpern gebildet sind. Ball's Arbeiten hierüber sind in Kap. XXIII der Gravelius'schen Mechanik behandelt. Vergl. ferner Kempe über „linkages" in Messenger (2) IV, 121, Proc. Roy. Soc. XXIII, 565, Proc. London mathem. Society VII, 213, IX, 133; Rittershaus die kinematische Kette, Civilingenieur XXII, F. August Ueber Körperketten, Schlömilch Z.S. XXXI, 348, Darboux recherches sur un système articulé Bull. sc. math. (2) III, 144 und 151. W. W. Johnson Recent results in the study of linkages, Analyst. III, 42.

Kolibri 360 GmbH
Ferdinand-Jühlke-Straße 7
99095 Erfurt, Deutschland
produktsicherheit@kolibri360.de